plurall

CB142222

Parabéns!
Agora você faz parte do **Plurall**, a plataforma digital do seu livro didático!
No **Plurall**, você tem acesso gratuito aos recursos digitais deste livro por meio do seu computador, celular ou *tablet*.
Além disso, você pode contar com a nossa tutoria *on-line* sempre que surgir alguma dúvida sobre as atividades e os conteúdos deste livro.

Incrível, não é mesmo?
Venha para o **Plurall** e descubra uma nova forma de estudar!
Baixe o aplicativo do **Plurall** para Android e IOS ou acesse **www.plurall.net** e cadastre-se utilizando o seu código de acesso exclusivo:

AAAKYU5FH

Este é o seu código de acesso Plurall. Cadastre-se e ative-o para ter acesso aos conteúdos relacionados a esta obra.

@plurallnet

@plurallnetoficial

SOMOS EDUCAÇÃO

PROJETO MÚLTIPLO

Física

Ensino Médio

Wilson Carron

Mestre em Energia Nuclear aplicada à agricultura pela Escola Superior de Agricultura Luiz de Queiroz (Esalq) da Universidade de São Paulo (USP), Piracicaba.
Especializado em Eletricidade pelo Instituto Tecnológico da Aeronáutica (ITA), São Paulo.
Licenciado em Física pela FFCL da Universidade de São Paulo (USP).
Professor e gestor aposentado da rede pública de ensino.

Osvaldo Guimarães

Doutor em Engenharia Elétrica pela Escola Politécnica da USP.
Mestre em História da Ciência pela Pontifícia Universidade Católica de São Paulo (PUC-SP).
Pós-graduado pela Escola Politécnica da USP, em Ciência Cognitiva.
Pós-graduado em Teoria de Campos e Mecânica Quântica pelo Instituto de Física Teórica (IFT-SP).
Bacharel em Física pela PUC-SP.
Diretor educacional do Catavento Cultural e Educacional.

José Roberto Piqueira

Livre-docente em Controle e Automação pela Escola Politécnica da USP.
Doutor em Engenharia Elétrica pela Escola Politécnica da USP.
Mestre em Engenharia Elétrica pela Escola de Engenharia de São Carlos da USP.
Engenheiro eletricista pela Escola de Engenharia de São Carlos da USP.
Professor titular e diretor da Escola Politécnica da USP.

editora ática

editora ática

Diretoria editorial: Lidiane Vivaldini Olo
Editoria de Ciências Exatas: Cármen Matricardi
Editores: Alterson Cação e Danilo Claro Zanardi
Supervisor de arte e produção: Sérgio Yutaka
Supervisor de arte e criação: Didier Moraes
Editora de arte e criação: Andréa Dellamagna
Editor de arte: Edson Haruo Toyota
Diagramação: Formato, Celma Ronquini e Ester Harue Inakake
Design gráfico: UC Produção Editorial e Andréa Dellamagna
Gerente de revisão: Hélia de Jesus Gonsaga
Equipe de revisão: Rosângela Muricy (coord.), Ana Carolina Nitto, Ana Curci, Ana Paula Chabaribery; Flávia Venézio dos Santos e Gabriela Macedo de Andrade (estags.)
Supervisor de iconografia: Sílvio Kligin
Pesquisadora iconográfica: Claudia Bertolazzi
Tratamento de imagem: Cesar Wolf e Fernanda Crevin
Fotos da capa: DNY59/E+/Getty Images
Grafismos: Shutterstock/Glow Images (utilizados na capa e aberturas de capítulos e seções)
Cartografia: Allmaps e Maps World
Ilustrações: Adilson Secco, Antonio Robson, Formato, Maspi, Moisés Gonçalves, Paulo Manzi, Pedro Hamdan, Soud, Tânia Ricci, Walmir Santos

Direitos desta edição cedidos à Editora Ática S.A.
Av. das Nações Unidas, 7221, 3º andar, setor C –
Pinheiros – São Paulo – SP – CEP 05425-902
Tel.: 4003-3061
www.atica.com.br/editora@atica.com.br

Dados Internacionais de Catalogação na Publicação (CIP)
(Câmara Brasileira do Livro, SP, Brasil)

Guimarães, Osvaldo
Projeto Múltiplo: Física / Osvaldo Guimarães, José Roberto Piqueira, Wilson Carron. – 1. ed. – São Paulo : Ática, 2014.

Obra em 3 v.
Bibliografia.

1. Física (Ensino Médio) I. Piqueira, José Roberto. II. Carron, Wilson. III. Título.

14-00569 CDD-530.07

Índice para catálogo sistemático:
1. Projeto Múltiplo: Física : Ensino Médio 530.07

2020
ISBN 978 85 08 16674-9 (AL)
ISBN 978 85 08 16675-6 (PR)
Código da obra CL 737766
CAE 501462 (AL)
CAE 501480 (PR)
1ª edição
1ª impressão

Impressão e acabamento: Gráfica Eskenazi

Uma publicação Abril EDUCAÇÃO

Apresentação

Aleks Melnik/Shutterstock/Glow Images

Em um dos seus livros, o físico Richard Feynman (1918-1988) ironiza uma explicação do século V a.C. sobre os raios:

> *Veja como os deuses, com seus raios, sempre golpeiam os maiores animais e não se importam com os menores. Como também seus raios sempre caem sobre as casas e as árvores mais altas. Desse modo, eles adoram esmagar tudo o que se mete a besta.*

Para entender a importância das ciências para a civilização, basta olhar para trás. Um pequeno ferimento infeccionado poderia ser fatal, e uma viagem intercontinental demorava semanas ou meses. Em menos de três séculos, passamos por uma evolução rápida, a partir da qual algumas respostas para os fenômenos do mundo foram criadas, sem precisar recorrer aos deuses, e as tecnologias e os aparelhos artificiais desenvolvidos pelo homem foram incorporados ao mundo natural. Apesar disso, ainda temos um longo caminho pela frente.

A Física é parte dessa evolução das ciências. Ela busca compreender, prever e até mesmo controlar o comportamento da matéria no espaço e no tempo.

Por essa razão, nossa missão é levar a Física até você. Como fazer isso? A resposta não é muito fácil. Podemos, apoiados em nossas experiências, trabalhar os fenômenos naturais envolvidos, descritos e explicados, agregando a linguagem, a escrita, a razão, a lógica e a Matemática a esse estudo, para desvendar um pouco mais os caminhos da evolução.

Parece complicado, mas com o passar do tempo você vai notar que o conhecimento que vem sendo construído há mais de dois milênios pode e deve ser conhecido e valorizado por você.

Quanto ao futuro, Feynman nos alerta: “se você achou engraçada a explicação de 2 500 anos atrás sobre os raios, espere para ver o que dirão daqui a mil anos sobre as explicações que temos hoje”.

Guimarães, Piqueira e Carron

Neste livro você vai encontrar

Física explica

Explora aplicações tecnológicas desenvolvidas para auxílio do ser humano.

Capítulos

A teoria é apresentada com textos dinâmicos e imagens de impacto.

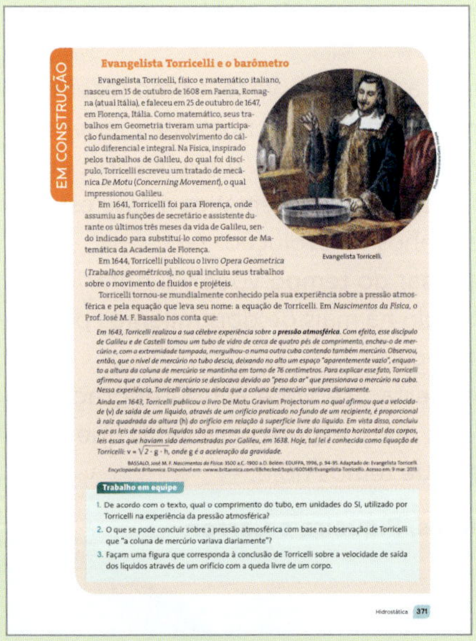

Em construção

Traz biografias de pessoas envolvidas com a Física.

Experimento

Sugestões de experimentos interessantes e fáceis de fazer.

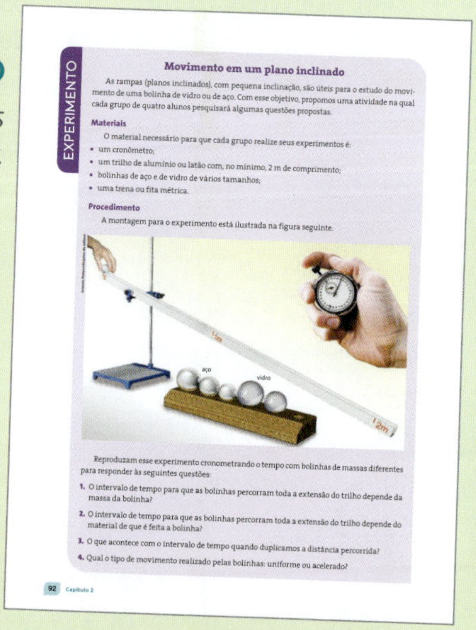

Este ícone indica os Objetos Educacionais Digitais relacionados aos conteúdos do livro. Disponíveis em: <www.projetomultiplo.com.br>.

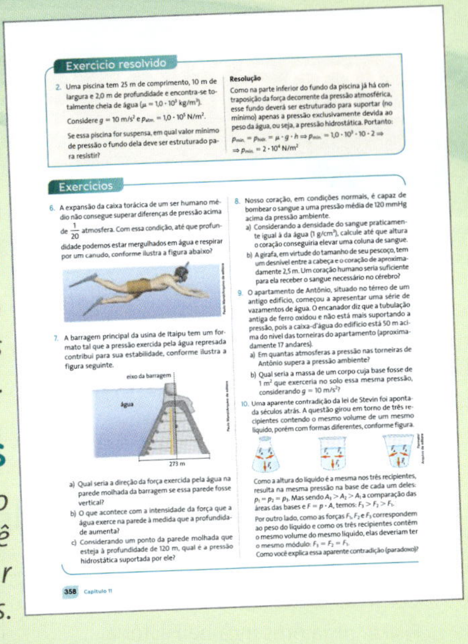

Exercícios resolvidos

Exemplos que ajudam a resolver os exercícios propostos.

Exercícios

Um grande número de exercícios para você treinar e consolidar seus conhecimentos.

Física tem História

Apresenta elementos tecnológicos, políticos, sociais, econômicos, religiosos e culturais para compreender o desenvolvimento da Física.

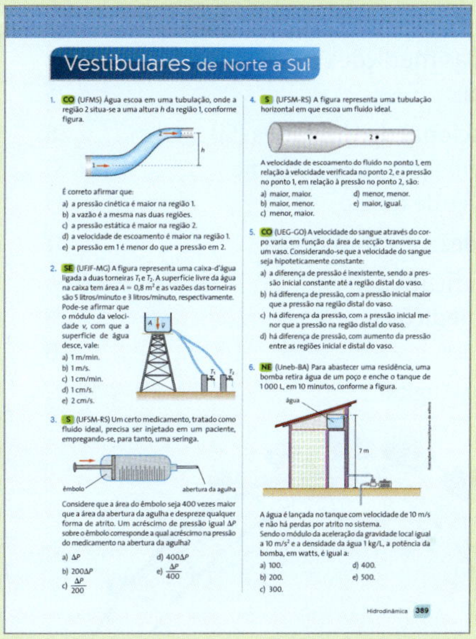

Vestibulares de Norte a Sul

Exercícios de vestibulares de todas as regiões do Brasil com diferentes abordagens dos assuntos.

Enem

Preparamos duas seções especiais que vão aprimorar suas habilidades e competências: ***Pensando no Enem*** *e* ***Caiu no Enem****. Com elas você vai ficar mais do que pronto para encarar esse e outros desafios!*

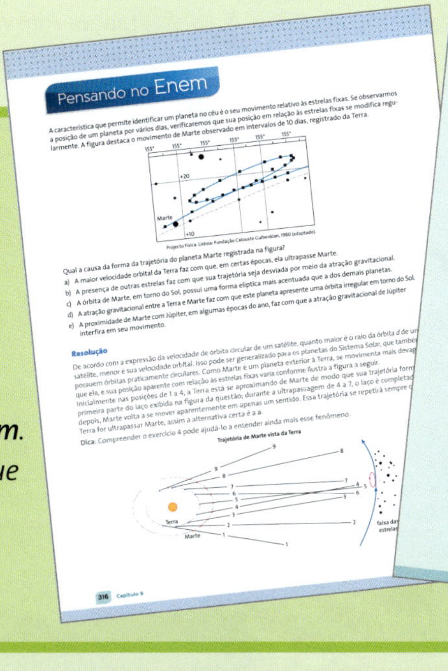

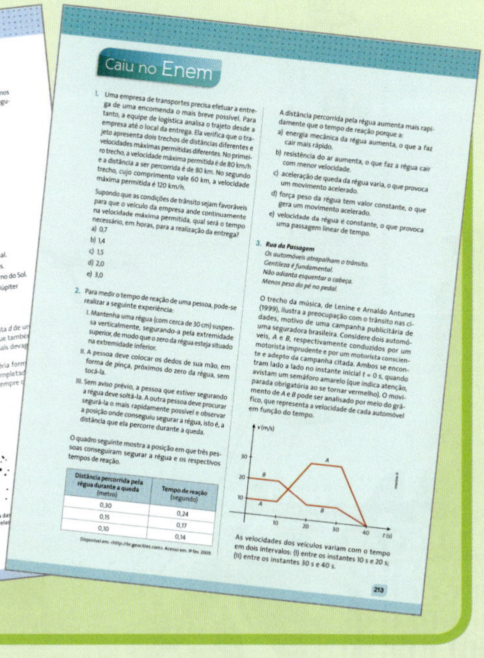

Sumário geral

Parte 1

CAPÍTULO 1

CAPÍTULO 2

Deyan Georgiev/Shutterstock/Glow Images

CAPÍTULO 3

Movimentos em duas dimensões 97

CAPÍTULO 4

As leis de Newton para os movimentos 135

CAPÍTULO 5

Aplicações das leis de Newton: trajetórias retas 169

CAPÍTULO 6

Aplicações das leis de Newton: trajetórias curvas 193

Racheal Grazias/Shutterstock/Glow Images

Parte 2

Parte 1

Deyan Georgiev/Shutterstock/Glow Images

CAPÍTULO

1 Grandezas e sistemas de unidades

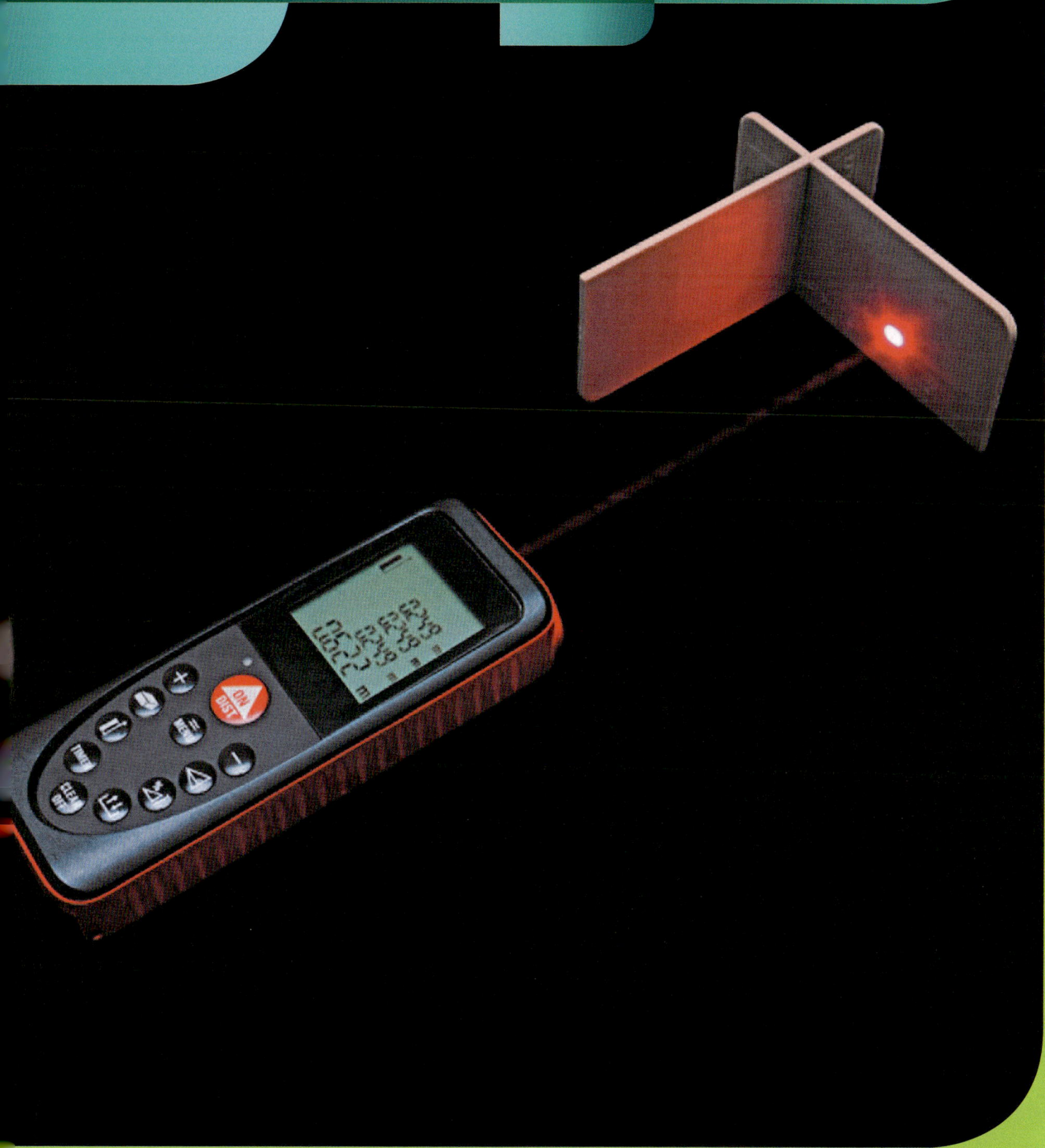

Mark Collinson/Alamy/Other Images

Utilizando uma trena a *laser* para medir uma distância, essa medida terá extrema precisão.

Dmitriy Shironosov/Shutterstock/Glow Images

Ravl/Shutterstock/Glow Images

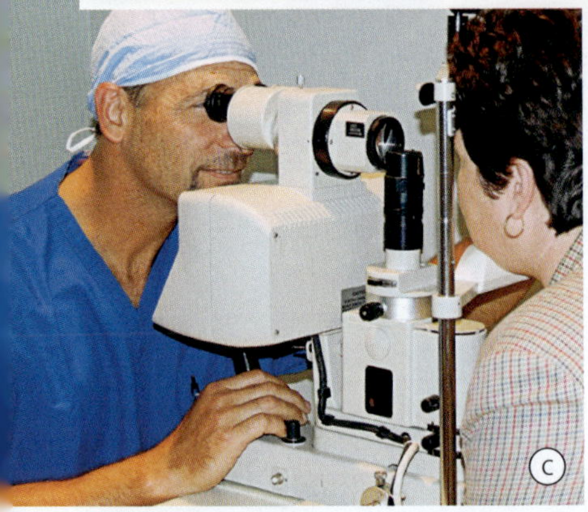

SandiMako/Shutterstock/Glow Images

EpicStockMedia/Shutterstock/Glow Images

1 Apresentação da Física

No século IV a.C., na Grécia antiga, o estudo dos fenômenos naturais – também denominado *physiké* (do grego), do qual deriva a palavra latina *physica* – era conhecido como **Filosofia natural**. E qual era o objetivo da Filosofia natural? Compreender, descrever, prever e, se possível, controlar o comportamento da matéria ao longo do tempo e do espaço. Nessa concepção, toda matéria e espaço constituíam o mundo natural. O estudo do mundo natural, assim, abrangia um campo muito vasto.

No período que se seguiu ao Renascimento (a partir do século XV), o objeto de estudo da antiga Filosofia natural foi sendo diversificado. Primeiramente, separou-se o estudo da matéria inanimada e dos seres vivos, dando origem à Biologia. Posteriormente, o estudo da matéria dividiu-se em Química, que cuida dos fenômenos em que há alterações nas substâncias, e Física, que se preocupa com o restante.

Como o objeto de estudo da Física – comportamento da matéria no espaço e no tempo – compreende uma extensa variedade de fenômenos, foi um processo natural a divisão desse ramo do conhecimento em outras áreas:

- **Mecânica**: relaciona as forças que agem nos corpos com seus movimentos (figura 1.1.a);
- **Física térmica**: aborda os fenômenos térmicos em geral (figura 1.1.b);
- **Óptica**: estuda a energia luminosa e suas interações com a matéria (figura 1.1.c);
- **Física ondulatória**: estuda as ondas e a Acústica (figura 1.1.d);
- **Eletromagnetismo**: estuda os fenômenos relacionados simultaneamente à eletricidade e ao magnetismo (figura 1.1.e);
- **Física moderna**: ramo da Física que revolucionou o estudo do movimento e da energia no século XX, entre outras implicações (figura 1.1.f).

Hoje, no entanto, essa classificação não é tão rígida. A expansão do conhecimento nos trouxe novos campos de estudo, que envolvem diferentes áreas, como a Biomecânica, a Radioatividade e a Bioquímica.

Além das Ciências Naturais, temos as Ciências Humanas, como a História, a Sociologia e a Geografia.

Levent Konuk/Shutterstock/Glow Images

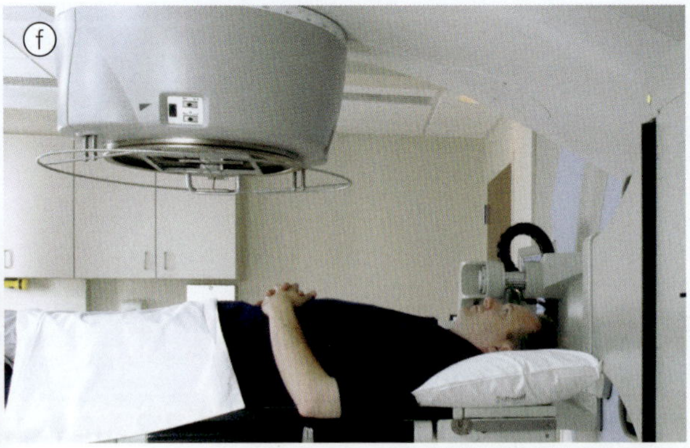

Dwight Cendrowski/Alamy/Other Images

Figura 1.1 Os fenômenos físicos estão presentes em todas as situações do nosso dia a dia.

Como a Física estuda os fenômenos

A Física costuma ser dividida em Física clássica e Física contemporânea.

- **Física clássica**: construída até o fim do século XIX, baseia-se sobretudo no método científico de Galileu Galilei (figura 1.2).
- **Física contemporânea**: iniciou-se no século XX com um método de construção diferente do científico em diversos sentidos e mais abrangente que ele.

Figura 1.2 Galileu Galilei (1564-1642).

Estudar a natureza com um método que se revelou tão valioso na Matemática parecia ser um projeto humano decisivo para a compreensão e/ou a descrição dos fenômenos naturais em nosso Universo. No século IV a.C., Aristóteles deu um grande passo nesse sentido, embora suas suposições tenham sido derrubadas séculos mais tarde, à luz de novos conhecimentos.

Qual deve ser o ponto de partida desse estudo? As suposições que podem ser verificadas por experiências. Esse é o ponto de partida da Física clássica.

Figura 1.3 Roger Bacon (1214-1294).

No século XIII, período em que um grande fluxo de textos do mundo árabe revolucionava a vida intelectual do Ocidente europeu, Roger Bacon (figura 1.3) propôs a observação da natureza e a experimentação como fundamentos do conhecimento natural. Ele descreveu o **método científico** como um ciclo composto de **observação**, **hipótese**, **experimentação** e **verificação independente**. Bacon registrava, com detalhes precisos, de que maneira conduzia seus experimentos, a fim de que outros pudessem reproduzi-los e testar os resultados.

Também conhecido como *Doctor Mirabilis* ('Doutor Admirável', em latim), Roger Bacon foi um dos mais famosos frades franciscanos de seu tempo. Seus estudos em Óptica geométrica possibilitaram a invenção dos óculos, que se mostraram imprescindíveis para a obtenção do telescópio quase três séculos depois.

A figura 1.4 mostra o esquema do método proposto por Roger Bacon: observação, formulação de hipóteses e experimentação controlada, tudo isso aliado à verificação independente.

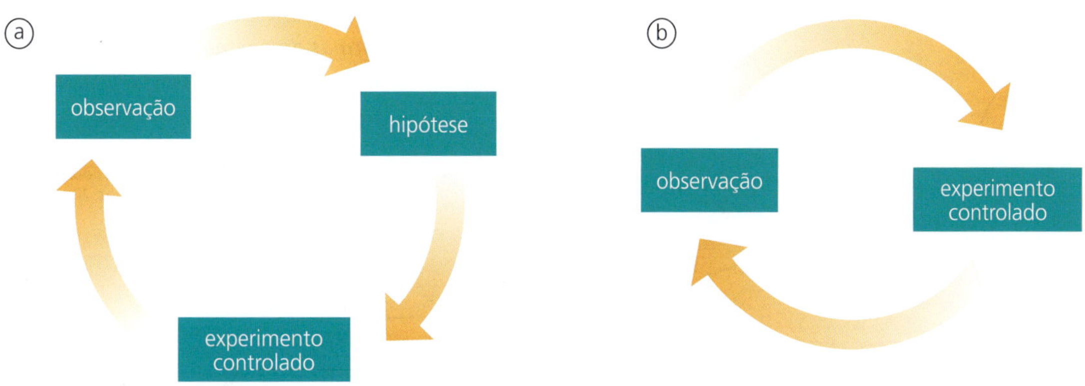

Figura 1.4 O ciclo de Roger Bacon (**a**), ladeado pela verificação independente (**b**).

Suponhamos que uma pessoa esteja fazendo dieta para emagrecer. Todos os dias bem cedo, ainda em jejum, ela mede sua massa na primeira balança que encontra. Se a cada dia ela estiver vestida de uma forma diferente, a massa das roupas utilizadas poderá provocar variações nas medidas; assim não é possível determinar "com precisão" a variação da massa dessa pessoa. Além disso, balanças diferentes podem não estar igualmente calibradas. Portanto, do ponto de vista da Física, esse experimento não terá um bom controle. Entretanto, se todos os dias, em jejum, a pessoa for à mesma balança, com roupas e calçados sempre de mesma massa, o experimento estará mais controlado, possibilitando um bom monitoramento da eficiência da dieta.

Somente no século XVII, graças a Galileu Galilei, o método proposto por Roger Bacon foi divulgado em muitas aplicações concretas (**figura 1.5**), com base na observação, na condução de experimentos controlados e no registro detalhado dos resultados. O trabalho de Galileu assumiu, nessa época, um caráter verdadeiramente científico. Talvez seja esse o motivo pelo qual Galileu rivalize com Roger Bacon na acepção histórica da paternidade do método científico.

Com o desenvolvimento da ciência no século XX, tivemos de conceber uma nova maneira de pensar a natureza. Muitas vezes precisamos questionar sobre as alterações que causamos na experiência, os conceitos envolvidos e o contexto social em que ela está inserida, entre outros fatores. (Essa abordagem será mais aprofundada durante o estudo da Física contemporânea.)

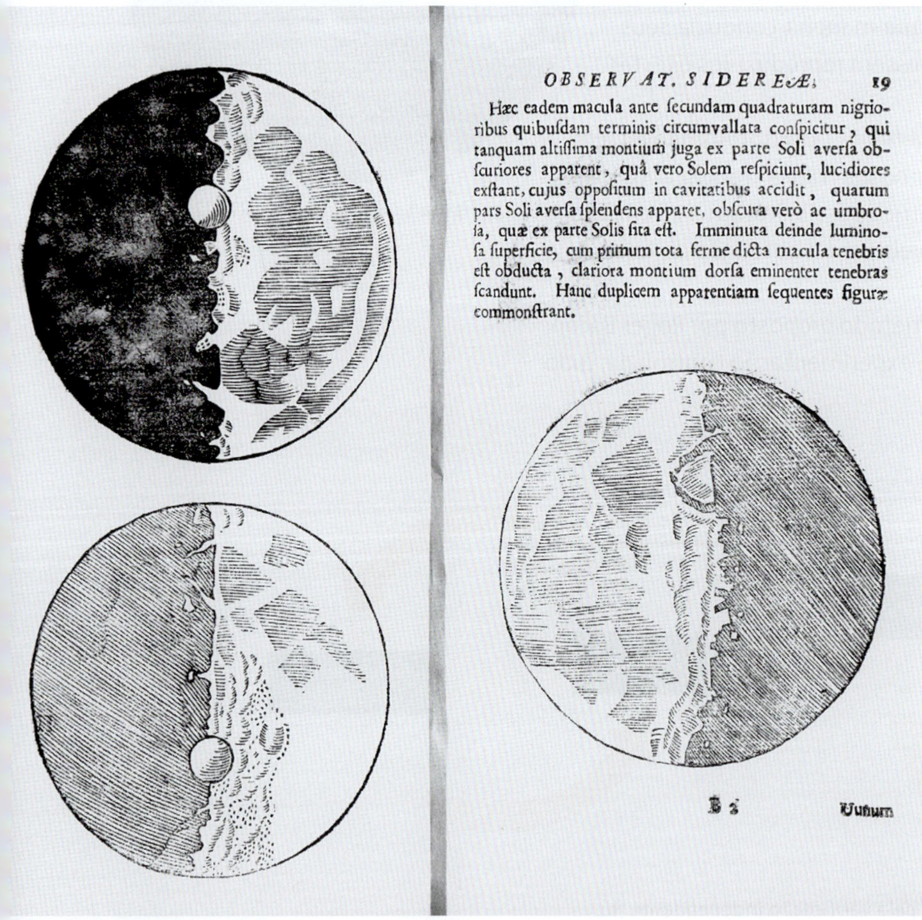

SPL/Latinstock

Figura 1.5 Ilustrações de Galileu mostrando fases da Lua observadas por meio de um telescópio.

Em geral, as ciências procuram explicar, descrever e compreender seus objetos de estudo utilizando a Lógica. Por exemplo, se você sabe que todo carioca é brasileiro e também sabe que João é carioca, pode concluir, então, que João é brasileiro.

A Lógica não é conhecimento prático de nenhum objeto. É um instrumento do pensamento para pensarmos corretamente. Não se referindo a nenhum ser, a nenhuma coisa, a nenhum objeto material, a lógica não se refere a nenhum conteúdo, mas à forma ou às formas de pensamento ou às estruturas do raciocínio em vista de uma prova ou de uma demonstração.

CHAUI, Marilena. *Introdução à história da Filosofia*. 2. ed. São Paulo: Companhia das Letras, 2002. p. 357.

Embora a Lógica seja o instrumento do bem pensar, precisamos de pontos de partida para construir um raciocínio. Não podemos concluir o que quer que seja a partir do nada.

Em Física, as premissas iniciais são denominadas **princípios**. Quando quantificados matematicamente, estes são chamados de **leis**. As conclusões que se obtêm amparadas nesses fundamentos são os **teoremas**. Essa seria a classificação formal. Na história da Física, porém, algumas leis ou princípios foram reconhecidos como teoremas bem depois de terem sido enunciados, a partir do momento que puderam ser demonstrados com base em outras premissas.

Trabalho em equipe

Sob a orientação do professor, reúnam-se em grupos para pesquisar as ideias de um destes pensadores:

Karl Popper.

Stephen Toulmin.

Thomas Kuhn.

Mario Bunge.

Humberto Maturana.

Procurem apresentar as diferenças e as semelhanças entre o método científico e o método do pensador pesquisado.

Física: uma presença na História

A primeira universidade só foi criada no século IX, em Salerno, no sul da Itália, e restringia-se ao curso de Medicina. Somente dois séculos depois surgiu a universidade de Bolonha, também na Itália, e mais um século se passou para que surgissem as universidades de Paris, na França, e de Oxford, na Inglaterra.

A expectativa média de vida do ser humano, naquela época, era muito baixa. Um simples corte infeccionado poderia ser letal. Aglomerados urbanos eram os palcos prediletos para a propagação de doenças. Na figura 1.6, temos a representação da devastação e do horror causados pela peste negra na Europa. Surtos de diferentes pestilências dizimavam vilas inteiras. Um momento difícil para a educação e a produção científica.

Somente no fim do século XV ocorreu uma feliz conjunção de fatores – entre eles, o surgimento das universidades e a descoberta do papel e da imprensa. Depois do primeiro livro, impresso em 1455, mais de 30 mil **incunábulos** já circulavam ao fim daquele século, no início do Renascimento. Tudo isso contribuiu para a preservação dos registros do conhecimento humano e, consequentemente, para o desenvolvimento da ciência.

Incunábulo – Livro impresso que data dos primeiros tempos da imprensa até o ano de 1500.

A escrita possibilitara à humanidade registrar e transmitir sua história, suas descobertas e criações. O papel trouxera uma morada acessível, duradoura e barata para a escrita. A imprensa possibilitara a difusão das obras em grande quantidade e com rapidez. E, então, o que faltava? Faltavam leitores. No início do Renascimento, ainda era pequena a parcela da população alfabetizada.

Figura 1.6 O quadro *O triunfo da morte* (1562), do pintor belga Pieter Brueghel (1525-1569).

Pieter Brueghel the Elder/Museu do Prado, Madri, Espanha.

Em seu livro *A vida de Isaac Newton* (*Never at Rest*), Richard S. Westfall (1924-1996) relata quão difícil foi para Isaac Newton (1643-1727), um dos mais notáveis físicos ingleses da História, chegar a uma universidade. A relutância de sua mãe, proprietária rural, em enviá-lo a Cambridge tinha como argumento a inutilidade do que ele iria aprender para a fazenda da família, além do tempo que ele iria perder com seus estudos. Nessa perspectiva, nem mesmo Isaac Newton foi um homem livre para se dedicar à ciência: foi a intervenção de um tio, porém, que conhecia as aptidões do menino e seu profundo desejo de aprender, que levou Newton a Cambridge.

A partir do século XVII, os avanços na Física foram-se sucedendo, com grande impacto nas tecnologias. A Mecânica de Newton passou por diversos aperfeiçoamentos no século XVIII e suas leis passaram a integrar os projetos de máquinas e equipamentos. Ao longo dos séculos XVIII e XIX, ampliaram-se profundamente os conhecimentos de Eletricidade, Magnetismo, Termodinâmica, Óptica, Ondas, Mecânica dos Fluidos e outros ramos da Física.

O século XX destacou-se por seus avanços no conhecimento da estrutura da matéria e da dinâmica das altas energias (**figura 1.7**). Com o desenvolvimento da teoria da relatividade e da Mecânica quântica, surgiram inovações tecnológicas que hoje inundam nosso cotidiano, como a TV com monitor de cristal líquido, o LED, os *chips* de computadores, o telefone celular, os robôs, a injeção eletrônica para automóveis, os diagnósticos por ressonância magnética e a televisão digital, para citar apenas alguns exemplos.

Figura 1.7 Conferência patrocinada por Solvay, em 1911, na cidade de Bruxelas, Bélgica. Na foto estão presentes Einstein, Planck, Solvay, Lorentz, De Broglie, Madame Curie, entre outros.

Prof. Peter Fowler/SPL/Latinstock

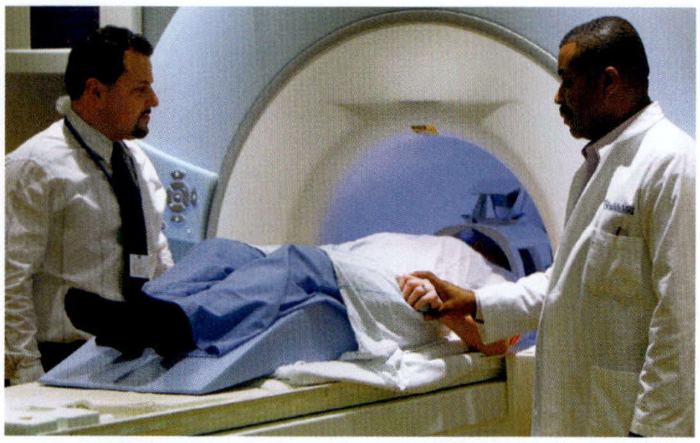

John Tlumacki/The Boston Globe/Getty Images

Figura 1.8 Ressonância nuclear magnética.

Ciência e tecnologia

Podemos entender **tecnologia** como o domínio de técnicas, processos, métodos, meios e instrumentos com aplicações nas atividades humanas. Em nossos dias, quando pensamos em tecnologia, é quase inevitável virem à nossa mente aplicações do conhecimento científico. De fato, essa é uma parte da verdade. Os progressos da ciência foram incorporados em várias áreas, como na de medicamentos, de engenharia, de diagnósticos, computação, próteses, robótica, alimentação, vestuário, transporte, etc.

Para a obtenção de diagnósticos clínicos mais precisos, são utilizados aparelhos de ressonância nuclear magnética (figura 1.8), em que são empregados campos magnéticos para gerar imagens de alta definição de órgãos do corpo humano.

Bloomua/Shutterstock/Glow Images

Figura 1.9 Os *tablets* são bons exemplos de elementos eletrônicos que utilizam circuitos eletrônicos com *chips* de tamanho cada vez menor.

A cada dia, *chips* e processadores diminuem de tamanho e têm aumentada a sua capacidade de processar e gerenciar informações (figura 1.9).

Os aviões usados no transporte de passageiros são cada vez maiores (para acomodar mais e mais passageiros) e têm enorme autonomia (para cobrir maiores distâncias sem escalas). Um exemplo é o Air Bus A380 (figura 1.10), que transporta entre 555 e 845 passageiros (dependendo da versão) e tem autonomia de 14 800 km, o que equivale à distância entre as cidades de São Paulo, no Brasil, e Nova Délhi, na Índia.

Liu Haifeng/Xinhua/Photoshot/Latinstock

Figura 1.10 Air Bus A380.

Outra parte da verdade em relação à tecnologia se refere a coisas muito simples, de inestimáveis impactos na civilização e que não provieram da ciência.

O físico e matemático inglês Freeman Dyson (1923-) fornece-nos alguns exemplos de tecnologias simples, mas decisivas na história da civilização. Vamos comentar três delas.

O primeiro exemplo é o feno (figura 1.11). Não se sabe quem descobriu a utilidade do feno, a ideia de cortar o capim no outono e armazená-lo em quantidades suficientes para manter os cavalos e as vacas vivos durante o inverno. A tecnologia do feno emergiu anonimamente durante a Alta Idade Média (séculos V a IX), período marcado pela formação da sociedade feudal. Dyson ressalta:

> *O Império Romano não precisava do feno porque, no clima mediterrâneo, o capim cresce suficientemente bem no inverno para permitir a pastagem dos animais. Ao norte dos Alpes, sem o feno não foi possível a existência de grandes cidades dependentes de cavalos e bois para força motriz. Portanto, foi ele que permitiu o crescimento das populações e o florescimento das civilizações entre as florestas da Europa setentrional. [...] O feno transferiu a grandeza de Roma para Londres e Paris e, mais tarde, para Berlim, Moscou e Nova York.*

DYSON, Freeman. *O infinito em todas as direções.* São Paulo: Companhia das Letras, 2000.

Album/Oronoz/Latinstock

Figura 1.11 *O carro de feno*, pintura do holandês Hieronymus Bosch (c. 1450-1516).

OED Nanotecnologia

O segundo exemplo é a roda de fiar (figura 1.12), uma invenção chinesa que parece ter chegado à Europa no século XIII.

Figura 1.12 *As fiandeiras*, pintura do espanhol Diego Velázquez (1599-1660), datada de 1657.

Esse invento provocou a rápida expansão da manufatura e do comércio têxtil, particularmente do linho. Como consequência direta e imediata, houve uma queda de preços e o aumento do uso de camisas, lençóis e toalhas. Mas os resultados indiretos tiveram importância ainda maior. O linho barato acarretou o acúmulo de trapos. Trapos baratos fizeram com que o papel se tornasse mais barato que o pergaminho. Desse modo, no fim do século XIII, a grande maioria dos manuscritos era redigida em papel de linho.

Com base nesse segundo exemplo, Dyson nos leva para a terceira invenção tecnológica decisiva para a civilização: a imprensa (figura 1.13).

> *Havia mais papel do que os escribas da Europa podiam cobrir com sua caligrafia. Estava aberta a oportunidade para um livreiro empreendedor de Mainz* [Gutenberg – 1450] *livrar-se dos escribas e usar máquinas para grafar palavras no papel. Desse modo, a invenção da roda de fiar abriu o caminho para a invenção da prensa tipográfica.*
>
> Ibidem.

Há tecnologias provenientes da ciência; há ciências que derivaram da tecnologia, como a teoria sobre as máquinas térmicas ou a luneta de Galileu. Há, também, a tecnologia, como a do feno, que é simplesmente tecnologia, e a ciência que é simplesmente ciência, pelo menos por enquanto, como as pesquisas sobre a origem do Universo.

Figura 1.13 Ilustração de época da prensa de Johannes Gutenberg (c. 1398-1468), datada de cerca de 1440.

Concluindo

Este é um livro didático. Assim, a expectativa mais natural dos estudantes seria encontrar nele as "verdades" da Física. No entanto, nossa intenção, nessa retrospectiva histórica, é mostrar que as "verdades" se modificam. Não há verdade absoluta em ciência. Há premissas verdadeiras perante as justificativas de que dispomos em cada época. Na maior parte das vezes, peneiradas pela razão, as "verdades" se aprimoram, mas a História também nos aponta períodos de perseguição ao pensamento livre, de perseguição ao saber.

Enquanto os sucessos nos experimentos controlados nos conduzem a um terreno de maior confiança nas teorias físicas, as eventuais discrepâncias nos levam a melhorar o conteúdo das hipóteses, o que, por sua vez, nos remete a novos experimentos controlados. Por contraditório que possa parecer, o avanço da ciência vai ocorrendo à medida que ela própria vai negando concepções anteriores, ou seja, ela continuará avançando, continuará confiável, desde que mantenha a capacidade de negar a si mesma, mesmo que seja em aspectos cada vez menores quando os comparamos com todo o conteúdo da teoria.

Há ainda muitas questões em aberto na Física (**figura 1.14**).

A ciência não dispõe de todas as respostas. Nem sequer sabemos todas as perguntas. No entanto, um rápido olhar para o passado nos mostra que já percorremos um longo caminho.

Figura 1.14 Algumas dúvidas da ciência atual.

Exercícios

1. Pesquise, em livros, revistas e na internet, a atual classificação das diversas ciências e construa um diagrama. Após sua pesquisa, reúna-se com os colegas e o professor e, utilizando esse diagrama, discuta a respeito da diversidade científica e de como as inovações do século XX aproximaram diversos campos da ciência.

2. Veja a definição de alguns termos, segundo os dicionários:
   - **Arco-íris**: arco luminoso resultante da refração e da reflexão dos raios solares nas gotículas de água suspensas na atmosfera, em geral provenientes de chuva.
   - **Fotossíntese**: processo pelo qual as plantas e certas espécies de bactérias e protistas sintetizam compostos orgânicos a partir de matéria-prima inorgânica (água e dióxido de carbono da atmosfera), utilizando como fonte de energia a luz solar, que é absorvida e convertida em energia química pelos pigmentos (clorofilas e carotenoides).
   - **Ozônio**: variedade alotrópica do oxigênio (O_3), que se forma na alta atmosfera por reações fotoquímicas.

   Quais dessas definições se encaixam em uma única área da ciência (Física, Química ou Biologia) e quais envolvem diferentes áreas ao mesmo tempo?

3. No começo do século XVII, um médico flamengo, Jan Baptista van Helmont (1577-1644), sugeriu uma "receita" para a geração espontânea de ratos. Segundo ele, devia-se misturar uma roupa suja, de preferência feminina, com germe de trigo e esperar vinte e um dias para obter ratos. Algumas vezes a receita funcionava, outras vezes, não. O que faltou nesse experimento para ele ser considerado científico?

4. A tecnologia pode tanto ser um instrumento de paz, trazendo melhorias na qualidade de vida, como uma ferramenta de guerra, se utilizada na construção de armas. Contudo, as vantagens e as desvantagens da tecnologia não estão somente nesses extremos, havendo mesmo vários pontos controversos, como nos mostra Millôr Fernandes, com muito bom humor, no "anúncio" a seguir.

   Anúncio: Meu amigo, sente-se cansado, abatido, desmoralizado, com a consciência de que a vida não vale nada? Acha permanentemente que a existência perdeu seus valores, que não há mais ética, conceitos estéticos, nenhum objetivo mais profundo e mais humano a atingir? Sua vista está obnubilada por uma permanente poluição visual? O mundo não passa de uma comercialização a qualquer preço? Não desespere: Telefone-nos imediatamente e destruiremos logo o seu aparelho de televisão. Já! Grátis. Sem televisão você será um homem inteiramente novo. [...]

   FERNANDES, Millôr. *Millôr definitivo*: a bíblia do caos. 7. ed. Porto Alegre: L&PM, 1994.

   a) Relacione alguns aparelhos ou tecnologias que você considera decisivos para a melhora da qualidade de vida.

   b) Agora, liste alguns aparelhos ou tecnologias que você considera, em algum aspecto, dispensáveis ou prejudiciais ao ser humano.

5. A preocupação com o meio ambiente tem tido um destaque importante nas discussões atuais.
   - Pesquise de que modo a tecnologia aliada à ciência pode trazer ideias inovadoras para essa questão.
   - Seguindo as orientações do professor e utilizando sua pesquisa, reúna-se em equipe para escolher uma das situações ilustradas a seguir e buscar soluções práticas e economicamente viáveis para ela.

Ilustrações: Moisés Gonçalves/Arquivo da editora

2 A importância das medições e das unidades

Da alta precisão exigida em um laboratório à simplicidade da compra de uma roupa, nosso convívio com as grandezas e os sistemas de unidades de medidas tornou-se inevitável. Por isso, aprender o significado correto dessas medidas é fundamental para o nosso dia a dia.

Mas a preocupação com o uso de medidas e unidades não é privilégio dos tempos modernos. Não bastassem as questões filosóficas, nossos antepassados também enfrentaram outros problemas no campo prático, pois, até o fim do século XVIII, cada região escolhia de modo arbitrário e independente as unidades utilizadas em suas medidas. Por motivos históricos, os países de língua inglesa utilizam até hoje os seus padrões regionais, como a jarda (figura 1.15.a), a polegada (figura 1.15.b), o pé (figura 1.15.c), a milha, a libra, o galão (figura 1.15.d) e outros mais.

Padrão – Base de comparação aprovada como modelo pelo consenso geral ou por um órgão especializado. No caso das unidades de medida, os padrões são estabelecidos por autoridades tecnicamente reconhecidas, que ditam as regras para medir e expressar as medidas das grandezas, como ocorre com o comprimento, a massa e o tempo.

Muitas vezes quantificamos os elementos usando adjetivos. Quando dizemos que a sala de aula é grande, que o texto a ser estudado é longo ou ainda que o tempo para resolver a prova foi pequeno, é evidente que estamos comparando esses elementos com algum **padrão**.

Em Física, a quantificação é feita usando-se números em vez de adjetivos, explicitando-se claramente qual o padrão utilizado para a obtenção desses números.

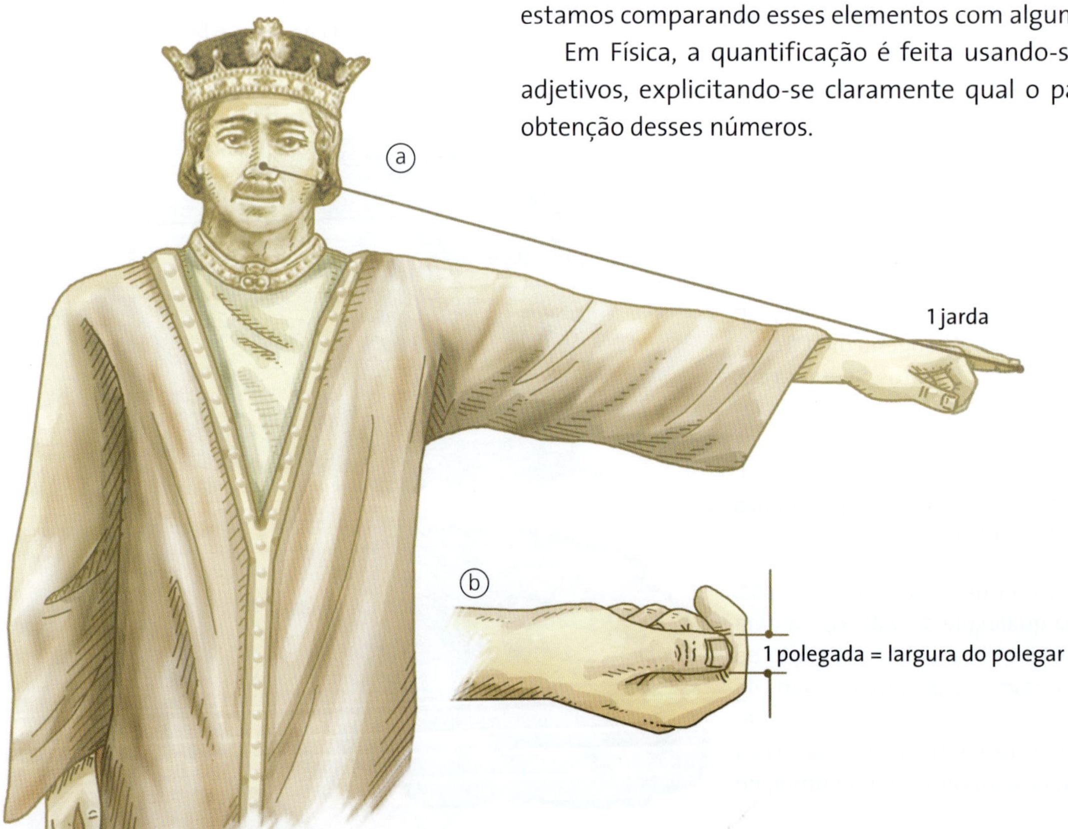

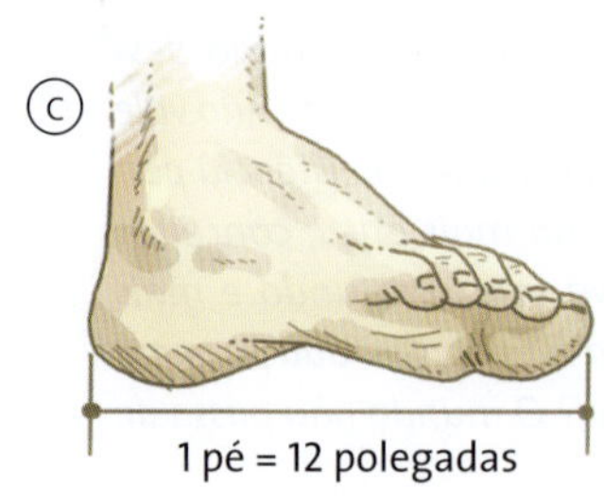

Ilustrações: Paulo Manzi/Arquivo da editora

Figura 1.15 Jarda: unidade de medida de comprimento inglesa e norte-americana (**a**). Polegada: unidade de medida de comprimento inglesa (**b**). Pé: unidade de medida de comprimento anglo-saxônica (**c**). Galão: unidade de medida de volume anglo-saxônica e norte-americana (**d**).

Assim, quando alguém diz "uma sala tem 3 metros de altura" ou "durmo 8 horas por dia", temos a ideia exata das grandezas mencionadas: altura e intervalo de tempo. Os valores 3 e 8 correspondem a um certo número de vezes para uma quantidade padrão: o metro, no primeiro caso, e a hora, no segundo.

Arroba – Antiga unidade de medida de massa que corresponde a aproximadamente 14,7 kg.

Uma quantidade padrão recebe o nome de **unidade**. A unidade é a quantidade específica que serve de comparação entre grandezas de mesma espécie. De modo geral, podemos definir como **grandeza** tudo aquilo que podemos comparar a um padrão efetuando uma medição.

Ao efetuarmos a medição de uma grandeza, o resultado obtido deve ser sempre apresentado por um número seguido de uma unidade. Medidas como o comprimento, a largura ou a espessura de um livro, por exemplo, são expressas geralmente em centímetros (figura 1.16.a); já as dimensões de um terreno residencial são dadas em metros (figura 1.16.b); as distâncias entre cidades são expressas em quilômetros, e as distâncias astronômicas, em anos-luz. Observe que uma mesma grandeza, no caso o comprimento, pode ser expressa com unidades diferentes (centímetro, metro, quilômetro e ano-luz), dependendo da situação.

MTrebbin/Shutterstock/Glow Images

Sergio Ranalli/Pulsar Imagens

Figura 1.16 Medidas expressas em unidades adequadas às dimensões de um livro **(a)** e de um terreno **(b)**. As imagens não estão em escala.

O mesmo acontece com outras grandezas. Tomemos como exemplo a massa. Ao utilizarmos uma balança na determinação da massa de um corpo qualquer, o resultado pode ser expresso em gramas, quilogramas, arrobas, toneladas... Geralmente, no dia a dia, valores de massa menores que 1,0 kg são expressos em gramas, e os maiores que 1 000 kg, em toneladas. Entretanto, a comercialização da carne bovina em grande escala continua sendo feita em arrobas.

Nosso cotidiano está impregnado de unidades que herdamos de outros países. Por exemplo, os mecânicos utilizam, com naturalidade, chaves de boca ou de roda com medidas em polegadas, e a maioria das pessoas tem a noção exata do tamanho da tela de um televisor dado em polegadas – mesmo sem saber o valor de uma polegada em centímetros (figura 1.17). Continuamos comercializando tinta em galões, e o petróleo, em barris.

É importante lembrar que não incluir a unidade na medida de uma grandeza pode gerar dúvidas e, em alguns casos, acarretar sérias consequências, como se descreve na seção **Física explica**.

Hywit Dimyadi/Shutterstock/Glow Images

Figura 1.17 As dimensões dos televisores, indicadas em polegadas, equivalem ao comprimento diagonal da tela do aparelho.

Para refletir

Quais os inconvenientes de expressar as medidas do livro em metros, ou em quilômetros, e as medidas do terreno em centímetros, ou em milímetros?

Física explica

Erro da Nasa pode ter destruído sonda

"Um erro elementar de conversão de pesos e medidas cometido pelos controladores de voo pode ter sido o motivo pelo qual a sonda espacial Mars Climate Orbiter foi destruída ao tentar entrar na órbita de Marte há sete dias.

Ao se aproximar do planeta, a sonda recebeu duas informações conflitantes dos controladores na Terra. Uma, no Sistema Métrico Decimal (que usa metro e quilograma) e outra, em unidades britânicas (que usa pé e libra). As informações eram consideradas críticas para que a sonda alcançasse a órbita apropriada de Marte. É o que indicam os primeiros resultados obtidos por uma comissão que investiga as causas da perda da sonda, formada por membros do Laboratório de Propulsão a Jato, da Nasa, agência espacial norte-americana.

'As pessoas cometem erros às vezes', disse Edward Weiler, administrador-associado para as Ciências Espaciais da Nasa, em um comunicado à imprensa. Para Weiler, no entanto, o problema principal não foi o erro cometido pelos controladores de voo, mas sim a falha dos sistemas de engenharia da Nasa, que não foram capazes de detectar as diferenças numéricas e corrigir os dados a tempo.

O erro de navegação fez com que a Mars Climate Orbiter (MCO) chegasse a apenas 60 km de Marte – 100 km mais perto do que o planejado e 25 km abaixo do nível de segurança do projeto. O erro de rota teria sido suficiente para que ela fosse destruída pela atmosfera do planeta, em 23 de setembro, segundo a Nasa. [...]."

FERRONI, Marcelo. *Folha de S.Paulo*, 1º out. 1999.

- Em sua opinião, quais as medidas a serem tomadas para que erros, como o mencionado no texto, não se repitam?

Concepção artística da Mars Climate Orbiter.

NASA/JPL-Caltech

Notação científica

Ao efetuar a medida de determinada grandeza física, podemos eventualmente obter um número pequeno (muito menor que 1) ou muito grande (muito maior que 1). Por exemplo, o microscópio eletrônico de tunelamento (**figura 1.18**) é capaz de obter imagens em uma escala atômica de 0,000 000 000 2 metros (dois décimos de bilionésimo de metro), sendo usado na manipulação individual de átomos. Trata-se, portanto, de uma medida muito menor que 1 m.

Por sua vez, medidas do raio da Terra (**figura 1.19**), como a efetuada por Eratóstenes de Cirene (276 a.C.-194 a.C.), indicam o valor de 6 400 000 m (seis milhões e quatrocentos mil metros). Nesse caso, temos uma medida muito maior que 1 m.

O mesmo acontece com medidas de massa, de intervalo de tempo e, de modo geral, com medidas da maioria das grandezas físicas.

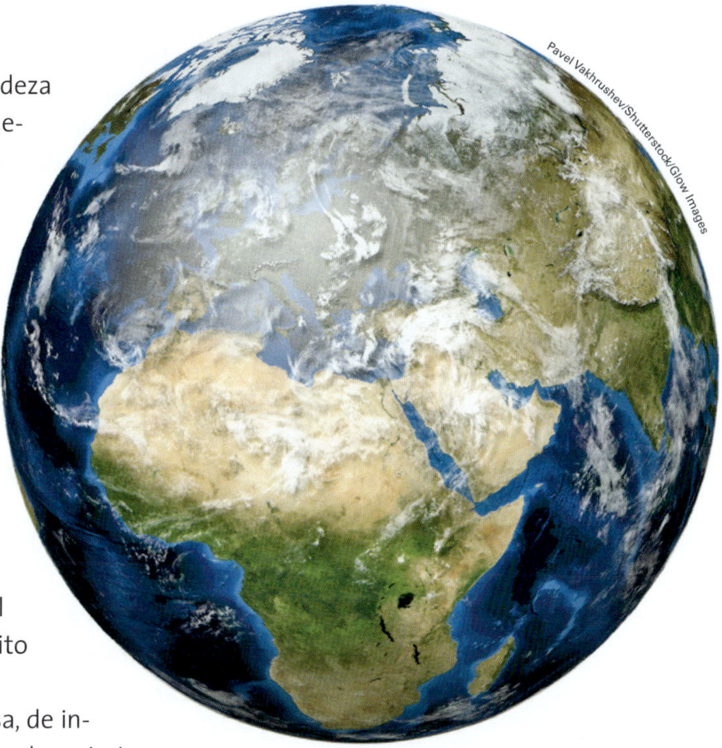

Figura 1.19 O valor atualmente aceito para o raio da Terra é 6 378 100 m, embora ela não seja exatamente esférica.

Figura 1.18 Microscópio de tunelamento.

Uma maneira prática de manipular números com grande quantidade de zeros é a **notação científica**, na qual se utilizam as potências de dez.

Qualquer número real x pode ser escrito como o produto de um número a, cujo módulo está entre 1 e 10 (incluindo o 1) por outro, que é uma potência de 10 com expoente inteiro 10^n, ou seja:

$$x = a \cdot 10^n$$

Essa forma de representação do número x é denominada notação científica.

Vejamos, inicialmente, como escrever números maiores do que 1 em notação científica. Por exemplo, o número 200 pode ser escrito como:

$$200 = 2 \cdot 100 = 2 \cdot 10^2$$

Assim, o número 200, na forma de notação científica, torna-se $2 \cdot 10^2$.

Para estabelecer uma regra prática, tomemos como exemplo o número 5 300 000. Para escrevê-lo em notação científica, deslocamos a vírgula da última casa (na qual ela está subentendida) para a esquerda, até alcançar o primeiro algarismo do número (no caso, o 5).

Assim, o número de casas (seis) pelas quais a vírgula foi deslocada para a esquerda corresponde ao expoente positivo da potência de 10:

$$5\,\underbrace{300\,000}_{\text{6 casas}} = 5{,}3 \cdot 10^6$$

Vejamos, agora, como proceder com números menores do que 1. Tomemos como exemplo o número 0,000 000 24. Nesse caso, deslocamos a vírgula para a direita até transpor o primeiro algarismo diferente de zero. Observe que o número de casas (sete) de deslocamento da vírgula corresponde ao expoente negativo da potência de 10.

Assim, temos:

$$0{,}\underbrace{0000002}_{\text{7 casas}}4 = 2{,}4 \cdot 10^{-7}$$

Devemos observar que, ao apresentarmos um número em notação científica, o módulo do número a, que multiplica a potência de 10, deve obedecer à condição:

$$1 \leq a < 10$$

Assim, o modo correto de escrever o número $25 \cdot 10^4$ em notação científica é $2{,}5 \cdot 10^5$. O mesmo acontece com o número $84 \cdot 10^{-3}$, que em notação científica deve ser escrito $8{,}4 \cdot 10^{-2}$.

A notação científica nem sempre é a forma mais familiar de apresentar um resultado. Por exemplo, para expressar a velocidade de um carro de corrida, é mais prático escrever 300 km/h do que $3 \cdot 10^2$ km/h. Além da praticidade, a forma 300 km/h nos dá uma ideia mais clara do valor da velocidade do carro.

Exercícios

6. Um brasileiro fica sabendo que, na época do ano em que pretende ir aos Estados Unidos, a temperatura média por lá é da ordem de 41 graus.
   a) Você acha que ele vai enfrentar um clima quente ou um clima frio com essa temperatura?
   b) No Brasil, utiliza-se a escala Celsius (°C) nas medidas de temperatura, enquanto nos Estados Unidos a escala utilizada é a Fahrenheit (°F). Considerando que 41 °F correspondem a 5 °C e que 41 °C correspondem a 105,8 °F, responda à pergunta do item **a** com essas informações.

7. *Baleia-azul.* Balaenoptera musculus, *espécie de baleia de barbatana da família Balaenopteridae. A baleia-azul pode atingir 33 metros de comprimento, pesar 120 toneladas, nadar a velocidades de até 36 quilômetros por hora e pode chegar a 65 anos de idade. A população dessas baleias tem sido violentamente reduzida pelo excesso de pesca e ela se tornou uma espécie em perigo de extinção.*

NOVA Enciclopédia Ilustrada Folha. São Paulo: *Folha de S.Paulo*, 1996. v. 1, p. 97.

François Gohier/VWPics/Alamy/Other Images

Quais são as grandezas e as unidades de medida citadas no texto?

8. Em 2011, a população mundial atingiu $7 \cdot 10^9$ habitantes. Sabendo que na Europa vivem 710 milhões de pessoas, qual era a população do restante do mundo naquele ano? Dê a resposta em notação científica.

9. A plataforma continental brasileira é rica em jazidas de petróleo. As reservas de petróleo do país somavam, em 2012, 15 bilhões de barris. Escreva em notação científica e em unidades de barris essas reservas petrolíferas.

10. No Brasil, a implantação de ferrovias se deu com forte influência inglesa, enquanto na indústria automobilística houve grande influência norte-americana. Com isso, ainda hoje temos várias ferramentas, como as chaves usadas na manutenção de veículos, cujas medidas são dadas em polegadas em vez de milímetros. Um mecânico precisa soltar uma porca cuja medida do diâmetro é $\frac{5}{16}$ de polegada. Dispondo apenas de um jogo de chaves medidas em milímetros, ele opta pela chave de 8 milímetros para realizar a tarefa. Sabendo-se que 1 polegada (pol.) vale, aproximadamente, 25 milímetros, a escolha do mecânico está correta? Justifique.

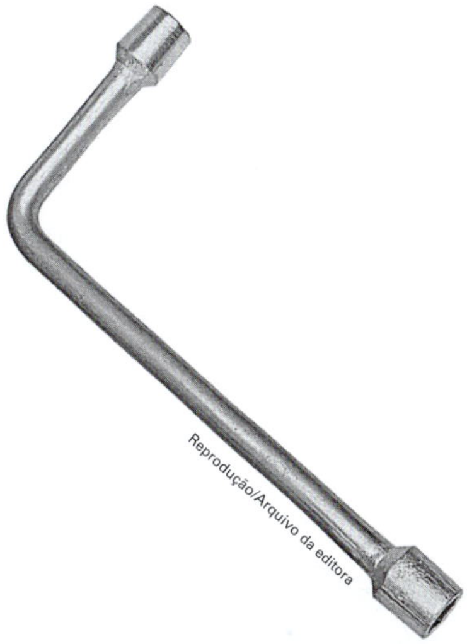
Reprodução/Arquivo da editora

11. A densidade demográfica de um país é a relação entre o número de habitantes e a área ocupada pelo país, dada em habitantes/km^2.

País	**População** (habitantes)	**Área** (km^2)
Brasil	196,7 milhões	8,5 milhões
China	1,347 bilhão	9,6 milhões
Cingapura	5,2 milhões	710

Fonte: <www.ibge.gov.br/paisesat/main.php>. Acesso em: set. 2012.

   a) Escreva os números da tabela em notação científica.
   b) Qual dos três países possui maior densidade demográfica?
   c) Possuir uma densidade demográfica alta é bom ou ruim? Justifique.

3 Sistema Internacional de Unidades (SI)

Com o avanço das ciências, veio a necessidade de se agruparem as unidades, formando sistemas, para unificar os métodos de trabalho em todo o mundo. Atualmente, o mais usado é o Sistema Internacional de Unidades, conhecido como **SI**, padronizado em 1960 na 11ª- Conferência Geral de Pesos e Medidas (CGPM), tendo como base o antigo Sistema MKS (metro, quilograma, segundo). Hoje o SI é o sistema oficialmente adotado na maioria dos países – incluindo o Brasil, que aderiu a ele em 1962.

O embrião do SI foi o Sistema Métrico Decimal, criado em 1792, durante a Revolução Francesa, e adotado no Brasil em 1862. Essa adoção causou problemas em algumas regiões, principalmente no nordeste do território, conforme relato do **Física tem História**.

Com a criação do Sistema Métrico Decimal, foram construídos dois padrões de platina, representando o metro e o quilograma, que foram guardados nos Arquivos da República, em Paris, em 1799. De acordo com o Instituto Nacional de Metrologia, Normalização e Qualidade Industrial (Inmetro), a criação desses padrões pode ser considerada a primeira etapa do processo que fez surgir o atual SI.

Após a padronização do SI, em 1960, outras unidades de medida ainda foram incorporadas ao sistema com o passar do tempo. Em 1971, na 14ª CGPM, o **mol** foi incluído como unidade de base para quantidade de matéria, compondo o SI tal como conhecemos hoje – isto é, com sete unidades de base.

Física tem História

No final de 1874, eclodiu na Paraíba uma rebelião popular conhecida como a **Revolta do Quebra-Quilos**, que durou até meados de 1875 e se estendeu a Pernambuco e ao Rio Grande do Norte. Descontentes com as imposições arbitrárias da Coroa, os sertanejos revoltaram-se quando suas antigas medidas (arroba, jarda e alqueire) foram substituídas pelo sistema métrico. As novas balanças, alugadas ou compradas pela Câmara Municipal, foram alvo de depredação nas muitas vilas rebeladas.

Autoria desconhecida/IHGB, RJ.

Os altos preços e a intensa fiscalização fizeram das feiras do interior centros da revolta.

Trabalho em equipe

Façam uma pesquisa, em grupos e sob orientação de seu professor, sobre a Revolta do Quebra-Quilos com ênfase nas unidades utilizadas na época, nas implicações socioeconômicas das medidas tomadas pelo governo e nas conotações políticas do movimento. Solicitem a participação do professor de História em um debate, juntamente com a apresentação dos trabalhos de cada grupo.

Segundo o Inmetro, “as definições oficiais de todas as unidades de base do SI, que foram aprovadas ao longo dos anos, são modificadas periodicamente a fim de acompanhar a evolução das técnicas de medição e para permitir uma realização mais exata das unidades de base”.

Atualmente, o SI é composto de:

Unidades de base. Essas unidades se referem às sete grandezas de base: comprimento, massa, tempo, corrente elétrica, temperatura termodinâmica, quantidade de matéria e intensidade luminosa (tabela 1.1).

Tabela 1.1 – Unidades de base do SI

Grandeza	Unidades de base	
	Nome	**Símbolo**
comprimento	metro	m
massa	quilograma	kg
tempo	segundo	s
corrente elétrica	ampère	A
temperatura termodinâmica	kelvin	K
quantidade de matéria	mol	mol
intensidade luminosa	candela	cd

Fonte: INMETRO. *Sistema Internacional de Unidades (SI)*. 8. ed. Rio de Janeiro, 2003.

Sistema Internacional de Unidades

Unidades derivadas. Unidades que podem ser expressas a partir das unidades de base, utilizando-se símbolos matemáticos de multiplicação e de divisão (tabela 1.2). As unidades derivadas referem-se às grandezas derivadas, que são definidas em razão das sete grandezas de base.

Tabela 1.2 – Algumas unidades derivadas do SI expressas a partir das unidades de base

Grandeza	Unidades derivadas			
	Nome	**Símbolo**	**Expressão em outras unidades do SI**	**Expressão em unidades de base do SI**
velocidade	metro por segundo	m/s		
aceleração	metro por segundo ao quadrado	m/s^2		
massa específica	quilograma por metro cúbico	kg/m^3		
superfície	metro quadrado	m^2		
volume	metro cúbico	m^3		
força	newton	N		$m \cdot kg \cdot s^{-2}$
pressão	pascal	Pa	N/m^2	$m^{-1} \cdot kg \cdot s^{-2}$
energia, trabalho	joule	J	$N \cdot m$	$m^2 \cdot kg \cdot s^{-2}$
potência	watt	W	J/s	$m^2 \cdot kg \cdot s^{-3}$
impulso	newton · segundo	N · s	N · s	$m \cdot kg \cdot s^{-1}$

Fonte: INMETRO. *Sistema Internacional de Unidades (SI)*. 8. ed. Rio de Janeiro, 2003.

Múltiplos e submúltiplos decimais das unidades SI. São expressos com os prefixos adotados pelo SI (tabela 1.3), os quais podem ser usados com qualquer uma das unidades.

Ao indicar uma medida (número e unidade), devemos obedecer a algumas regras oficiais internacionais:

- Todas as unidades, quando escritas por extenso, devem ter letra inicial minúscula, mesmo no caso em que elas derivem de nomes de pessoas. Assim, escrevemos metro (unidade de comprimento), newton (unidade de força), joule (unidade de energia), ampère (unidade de intensidade de corrente elétrica), etc. A exceção é o grau Celsius, unidade de temperatura em que o nome Celsius deve ser escrito com inicial maiúscula.
- Os símbolos devem ser grafados com letra minúscula, exceto quando derivam de nomes de pessoas. Exemplos: m, para metro; N, para newton; J, para joule; s, para segundo; e A, para ampère.
- Não se devem misturar unidades escritas por extenso com símbolos. Por exemplo: é errado escrever metro/s. O correto é m/s ou metro por segundo.
- O plural das unidades é obtido pelo acréscimo da letra s no final de seu nome. Portanto, escrevem-se metros, segundos, newtons e pascals. São exceções as unidades lux, hertz e siemens, que não são flexionadas no plural.
- Os símbolos não sofrem flexão no plural. Por exemplo, deve-se escrever 50 m e não “50 ms” (grafia que poderia ser interpretada como “50 milissegundos”).

Tabela 1.3 – Alguns prefixos das potências de 10

Múltiplo/Submúltiplo	Prefixo	Símbolo
10^{12}	tera	T
10^{9}	giga	G
10^{6}	mega	M
10^{3}	quilo	k
10^{2}	hecto	h
10^{1}	deca	da
10^{-1}	deci	d
10^{-2}	centi	c
10^{-3}	mili	m
10^{-6}	micro	μ
10^{-9}	nano	n

Fonte: INMETRO. *Sistema Internacional de Unidades (SI)*. 8. ed. Rio de Janeiro, 2003.

Medidas de comprimento, área e volume

No SI, a unidade de medida de comprimento é o **metro (m)**. De acordo com o Inmetro, "a definição do metro baseada no protótipo internacional em platina ligada a 10% de irídio, em vigor desde 1889 (figura 1.20), foi substituída na 11ª CGPM (1960) por outra definição, baseada no comprimento de onda de uma radiação de criptônio 86, com a finalidade de aumentar a exatidão da realização do metro".

A 17ª CGPM (1983) substituiu essa última definição pela seguinte:

> O metro é o comprimento do trajeto percorrido pela luz no vácuo durante um intervalo de tempo de $\frac{1}{299\,792\,458}$ de segundo.

Figura 1.20 Protótipo do metro-padrão, arquivado na Repartição Internacional de Pesos e Medidas, em Paris, França.

O metro possui múltiplos e submúltiplos. Alguns múltiplos e submúltiplos são mostrados na tabela 1.4.

Tabela 1.4 – Múltiplos e submúltiplos do metro

Múltiplos	Relação com o metro	Submúltiplos	Relação com o metro
quilômetro (km)	$1\,km = 1000\,m = 10^3\,m$	decímetro (dm)	$1\,dm = 0{,}1\,m = 10^{-1}\,m$
hectômetro (hm)	$1\,hm = 100\,m = 10^2\,m$	centímetro (cm)	$1\,cm = 0{,}01\,m = 10^{-2}\,m$
decâmetro (dam)	$1\,dam = 10\,m$	milímetro (mm)	$1\,mm = 0{,}001\,m = 10^{-3}\,m$

Existem algumas unidades de comprimento que, mesmo não fazendo parte do SI, continuam sendo utilizadas na prática. São elas:

- milha marítima = 1852 m;
- milha terrestre = 1609 m;
- angström = 10^{-10} m;
- ano-luz = $9{,}6 \cdot 10^{15}$ m = $9{,}6 \cdot 10^{12}$ km.

Ao adquirir um terreno para construção de sua casa, uma pessoa deve levar em conta a área delimitada pelo terreno. Por exemplo, um terreno retangular, com 20 m de comprimento e 30 m de largura, tem área de 600 m^2:

$$a = b \cdot l \Rightarrow a = 20\,m \cdot 30\,m \Rightarrow a = 600\,m^2$$

O **metro quadrado (m²)** é a unidade de área do SI e também possui múltiplos e submúltiplos. Na tabela 1.5, temos alguns múltiplos e submúltiplos do metro quadrado.

Para refletir

Na Astronomia, as distâncias da Terra às estrelas são expressas em anos-luz. Qual é a vantagem de expressar essas distâncias nessa unidade, em vez de se utilizar o metro?

Tabela 1.5 – Múltiplos e submúltiplos do metro quadrado

Múltiplos	Relação com o metro quadrado	Submúltiplos	Relação com o metro quadrado
quilômetro quadrado (km^2)	$1\,km^2 = (1000\,m)^2 = 10^6\,m^2$	decímetro quadrado (dm^2)	$1\,dm^2 = (0{,}1\,m)^2 = 10^{-2}\,m^2$
hectômetro quadrado (hm^2)	$1\,hm^2 = (100\,m)^2 = 10^4\,m^2$	centímetro quadrado (cm^2)	$1\,cm^2 = (0{,}01\,m)^2 = 10^{-4}\,m^2$
decâmetro quadrado (dam^2)	$1\,dam^2 = (10\,m)^2 = 10^2\,m^2$	milímetro quadrado (mm^2)	$1\,mm^2 = (0{,}001\,m)^2 = 10^{-6}\,m^2$

Uma unidade de área que não pertence ao SI, mas que ainda é muito utilizada no Brasil para medir grandes extensões de terra, como no caso de fazendas, é o alqueire. A relação entre o alqueire e o metro quadrado depende da região: enquanto o alqueire mineiro ou goiano corresponde a 48 400 m^2, o alqueire paulista corresponde a 24 200 m^2.

Vejamos agora um exemplo referente à unidade de volume do SI. Nas cidades, a companhia responsável pelo abastecimento de água envia mensalmente, para todos os moradores que utilizam água encanada, a conta para pagamento referente ao consumo de água. Nela, a quantidade (volume) de água utilizada pelo usuário está especificada em metros cúbicos. O **metro cúbico (m^3)** é a unidade de volume no SI. Alguns múltiplos e submúltiplos são mostrados na tabela 1.6.

Para refletir

Compare o preço do metro quadrado de um terreno em sua cidade com o preço do metro quadrado de uma fazenda em sua região. Justifique as diferenças.

Tabela 1.6 – Múltiplos e submúltiplos do metro cúbico

Múltiplos	Relação com o metro cúbico	Submúltiplos	Relação com o metro cúbico
quilômetro cúbico (km^3)	$1\ km^3 = (1000\ m)^3 = 10^9\ m^3$	decímetro cúbico (dm^3)	$1\ dm^3 = (0{,}1\ m)^3 = 10^{-3}\ m^3$
hectômetro cúbico (hm^3)	$1\ hm^3 = (100\ m)^3 = 10^6\ m^3$	centímetro cúbico (cm^3)	$1\ cm^3 = (0{,}01\ m)^3 = 10^{-6}\ m^3$
decâmetro cúbico (dam^3)	$1\ dam^3 = (10\ m)^3 = 10^3\ m^3$	milímetro cúbico (mm^3)	$1\ mm^3 = (0{,}001\ m)^3 = 10^{-9}\ m^3$

Uma unidade de volume muito utilizada na prática é o **litro (L)**. Um litro é o volume de um cubo com 10 cm de aresta: 10 cm de comprimento, 10 cm de largura e 10 cm de altura. Então, o volume desse cubo é 1 000 cm^3 (10 cm · 10 cm · 10 cm). Assim, 1 L corresponde a 1 000 cm^3 ou a 1 milésimo do m^3:

$$1\ L = 10^3\ cm^3 = 10^{-3}\ m^3$$

Se o consumo mensal de água de uma residência é 18 m^3, significa que há um consumo médio de 600 L de água por dia.

Trabalho em equipe

Segundo a Organização das Nações Unidas (ONU), o consumo de água de uma pessoa deveria ser, no máximo, de 180 L por dia. Assim, o consumo mensal de água de uma família de quatro pessoas seria de 21,6 m^3.

Façam uma pesquisa em dupla, sob a orientação do professor, sobre o consumo de água nas residências do seu bairro. Apresentem os resultados em um painel e, se necessário, estabeleçam algumas formas de conscientização da população sobre a necessidade de economia de água.

O petróleo é a mais importante fonte de energia para muitos países. A comercialização do petróleo é feita em uma unidade que não pertence ao SI nem ao sistema inglês: o **barril**. Para que tenhamos uma noção da quantidade de petróleo existente em 1 barril, temos a relação:

1 barril corresponde a 159 L, ou a 0,159 m^3.

Medidas de massa e de tempo

Desde o surgimento do comércio, o ser humano sentiu necessidade de estabelecer comparações, lançando mão, inicialmente, de métodos intuitivos. Posteriormente, surgiu a balança de comparação, que consistia em dois pratos iguais, em equilíbrio, ligados simetricamente por uma haste. Esse tipo de balança (figura 1.21) possibilitava a comparação da massa de certa quantidade de matéria com objetos cujas massas haviam sido previamente determinadas. Esses objetos ficaram conhecidos como "pesos". O "peso" mais antigo de que temos notícia era usado na Babilônia; conhecido como **mina**, valia entre 500 g e 600 g.

A unidade de massa do SI é o **quilograma (kg)**. Esse padrão foi estabelecido a partir da massa de um cilindro, composto de 90% de platina e 10% de irídio, com o diâmetro da base igual à altura (3,9 cm). Esse protótipo (figura 1.22), sancionado pela 1ª CGPM, em 1889, encontra-se conservado no **Birô Internacional de Pesos e Medidas**, em Sèvres, na França. É importante lembrar que a 3ª CGPM (1901) confirmou: "o **quilograma é a unidade de massa** (e não de peso nem de força); ele é igual à massa do protótipo internacional do quilograma". Na tabela 1.7 são apresentados alguns submúltiplos do quilograma.

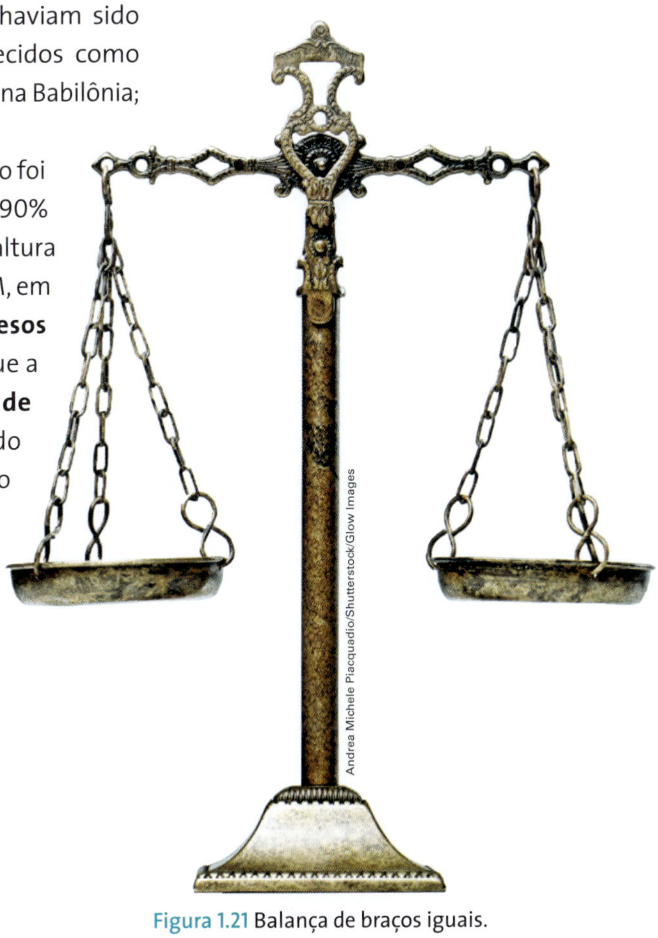

Figura 1.21 Balança de braços iguais.

Figura 1.22 Quilograma-padrão.

Tabela 1.7 – Submúltiplos do quilograma

Submúltiplo	Relação com o quilograma (kg)
hectograma (hg)	$1\,hg = 0{,}1\,kg = 10^{-1}\,kg$
decagrama (dag)	$1\,dag = 0{,}01\,kg = 10^{-2}\,kg$
grama (g)	$1\,g = 0{,}001\,kg = 10^{-3}\,kg$
decigrama (dg)	$1\,dg = 0{,}0001\,kg = 10^{-4}\,kg$
centigrama (cg)	$1\,cg = 0{,}00001\,kg = 10^{-5}\,kg$
miligrama (mg)	$1\,mg = 0{,}000001\,kg = 10^{-6}\,kg$

Algumas unidades práticas de massa (figura 1.23), que não pertencem ao SI, são:

- tonelada (t): 1 t = 1 000 kg = 10^3 kg
- libra (lb, unidade do sistema inglês): 1 lb = 0,45 kg
- onça (oz): 1 oz = 28 g = 0,028 kg

Vejamos agora as unidades de medida de tempo. Para medir o tempo, o ser humano há muito utiliza o movimento dos astros. A rotação da Terra determinou o **dia** – intervalo de tempo entre duas passagens consecutivas do Sol pela mesma posição no céu, para um observador fixo na Terra. O dia foi então dividido em **horas (h)**, **minutos (min)** e **segundos (s)**.

No SI, a unidade de tempo é o **segundo (s)**. De acordo com a primeira definição, 1 s era a fração $\frac{1}{86\,400}$ do dia solar médio. Com o passar dos anos, porém, constatou-se que o dia solar médio não apresentava a exatidão que se fazia necessária, devido às irregularidades na rotação da Terra. Com isso, foi preciso substituir a definição da unidade de tempo do SI. Posteriormente, pesquisas experimentais baseadas na transição entre dois níveis de energia de um átomo mostraram que esse seria um padrão de intervalo de tempo altamente confiável e com uma precisão muito superior à anterior. Assim, a 13ª CGPM (1967) adotou a seguinte definição:

> O segundo é a duração de 9 192 631 770 períodos da radiação correspondente à transição entre dois níveis hiperfinos do estado fundamental do átomo de césio 133.

Na tabela 1.8 são apresentadas algumas relações entre as unidades de tempo.

Tabela 1.8 – Relações entre unidades de tempo

Unidade	Relação com o segundo (s)
minuto	1 min = 60 s
hora	1 h = 60 min = 3 600 s ($3{,}6 \cdot 10^3$ s)
dia	1 dia = 24 h = 1 440 min = 86 400 s ($8{,}6 \cdot 10^4$ s)
ano	1 ano = 365 dias = 8 760 h = $5{,}3 \cdot 10^5$ min = $3{,}2 \cdot 10^7$ s

Conversor de unidades

Fotos: Agstudios/Shutterstock/Glow Images

Figura 1.23 Produtos comercializados em mais de um país geralmente trazem indicações de quantidades em mais de uma unidade de medida, de acordo com o que é usual em cada país.

Física tem História

Calendário gregoriano

Em fevereiro de 1582, o papa Gregório XIII promulgou o calendário gregoriano em substituição ao calendário juliano, introduzido por Júlio César em 45 a.C. Oficialmente, o primeiro dia do novo calendário foi 15 de outubro de 1582. As principais regras estabelecidas no calendário gregoriano foram:

- A manutenção da Era Cristã, considerando o ano de nascimento de Cristo o ano 1 dessa era. Cada novo ano inicia-se em 1º de janeiro.
- A correção da duração do ano solar, que era, em média, de 365,25 dias (365 dias, 16 horas) no calendário juliano, para 365,2425 dias (365 dias, 5 horas, 49 minutos e 12 segundos). Atualmente, a duração do ano solar é de 365,242190 dias.
- Na compensação da diferença de dias acumulada ao longo dos tempos entre os dois calendários, optou-se pela omissão de dez dias do mês de outubro (de 5 a 14 de outubro de 1582). Assim, o dia seguinte ao 4 de outubro (5ª-feira) foi o dia 15 de outubro (6ª-feira).
- Todo ano divisível por 4 é bissexto, mas os anos centenários (múltiplos de 100) deixam de ser bissextos, com exceção dos anos múltiplos de 400.

Album/Oronoz/Latinstock

Gregório XIII (1502-1585).

Archive Photos/Getty Images

Júlio César (100 a.C-44 a.C).

A implementação do calendário gregoriano foi um processo lento, que ocorreu ao longo de mais de três séculos. Alguns países, como Portugal, Itália e Espanha, aderiram imediatamente ao novo calendário, enquanto a adesão da Suécia só ocorreu em 1753, e a do Japão, somente em 1873.

Fontes: OLIVEIRA Filho, K. S.; SARAIVA, M. F. O. Medidas de tempo. (adaptado). Disponível em: <http://astro.if.ufrgs.br/tempo/tempo.htm>. Acesso em: out. 2012. CHERMAN, A.; VIEIRA, F. *O tempo que o tempo tem*. Rio de Janeiro: Jorge Zahar, 2008.

1. Por que foi necessário substituir o calendário juliano?
2. A duração do ano solar no calendário gregoriano está de acordo com o valor atual? Justifique.
3. O ano de 2008 foi bissexto (fevereiro com 29 dias). O ano de 2014 será bissexto? E o de 2024? Justifique.

Exercícios

12. O advento da era dos computadores levou à criação de novas unidades de medida. Uma delas é o *gigabyte* (GB). Giga é um prefixo que expressa uma potência de 10 (veja a tabela 1.3) e *byte* é uma unidade de quantidade de informação, usada principalmente na especificação da capacidade de memória de computadores. Um disco rígido de um computador de 2 GB é um disco de:

a) $2 \cdot 10^3$ *byte*.

b) $2 \cdot 10^6$ *byte*.

c) $2 \cdot 10^9$ *byte*.

d) $2 \cdot 10^{-9}$ *byte*.

13. Nano (de origem grega, que significa 'anão') é o prefixo usado na notação científica para expressar um bilionésimo (10^{-9}). Ele pode ser usado com as mais diferentes unidades. Se um vírus, invisível a olho nu, possui cerca de duzentos nanômetros (200 nm), podemos afirmar que o tamanho desse vírus corresponde a:

a) dois décimos de milésimo de metro.

b) dois décimos de milionésimo de metro.

c) dois centésimos de bilionésimo de metro.

d) duzentos milésimos de metro.

14. (Ufla-MG) Todo sistema de unidades é composto por padrões arbitrários de grandezas físicas. Joãozinho, um astuto estudante que mora nos grotões da Serra da Canastra, sabendo disso, criou seu próprio sistema de unidades — o Sistema JACU (Johnny Arbitrary Concepts Units). Para isso, utilizou como medida arbitrária de distância o tchirim (leia-se tirinho de espingarda); de massa, o cadjiquim (leia-se cadiquinho); e de tempo, o minutim (leia-se minutinho). Pode-se afirmar que a grandeza física ENERGIA, no sistema JACU, é dada por:

a) $(\text{tchirim})^1 \cdot (\text{cadjiquim})^2 \cdot (\text{minutim})^{-1}$.

b) $(\text{tchirim})^1 \cdot (\text{cadjiquim})^0 \cdot (\text{minutim})^{-3}$.

c) $(\text{tchirim})^2 \cdot (\text{cadjiquim})^1 \cdot (\text{minutim})^{-2}$.

d) $(\text{tchirim})^2 \cdot (\text{cadjiquim})^2 \cdot (\text{minutim})^{-2}$.

15. Os sapatos são identificados por um número que corresponde a 1,5 vez o comprimento do pé, em centímetros, da pessoa que vai utilizá-los. Assim, se uma criança calça sapatos de número 30, o comprimento do seu pé é 20 cm.

a) Qual o comprimento, em centímetros, do seu pé?

b) Qual é o comprimento do pé, em centímetros, de uma pessoa que calça 42?

c) Sabendo que 1 pé-padrão do sistema inglês de unidades equivale a 12 pol., qual é o número do calçado que corresponde ao pé-padrão?

16. Diversas companhias fornecedoras de água encanada utilizam uma tabela progressiva para o cálculo do consumo por parte dos usuários. Nesses casos, quanto maior é o consumo, maior é o preço do metro cúbico de água consumido. Considere que a tabela a seguir indica os valores praticados em uma cidade do estado de São Paulo.

Tarifas para uso residencial normal	
Consumo mensal	**Custo por metro cúbico**
até 10 m³	R$0,40
de 11 m³ a 15 m³	R$0,68
de 16 m³ a 25 m³	R$1,47
de 26 m³ a 30 m³	R$1,91
de 31 m³ a 35 m³	R$2,55
de 36 m³ a 40 m³	R$2,69
de 41 m³ a 50 m³	R$3,38
de 51 m³ a 80 m³	R$4,35
de 81 m³ a 100 m³	R$5,86
acima de 100 m³	R$5,92

Para dada residência, as leituras obtidas no medidor de consumo de água, em um intervalo de trinta dias, estão indicadas nas figuras a seguir, nas quais os dígitos em vermelho indicam frações do metro cúbico.

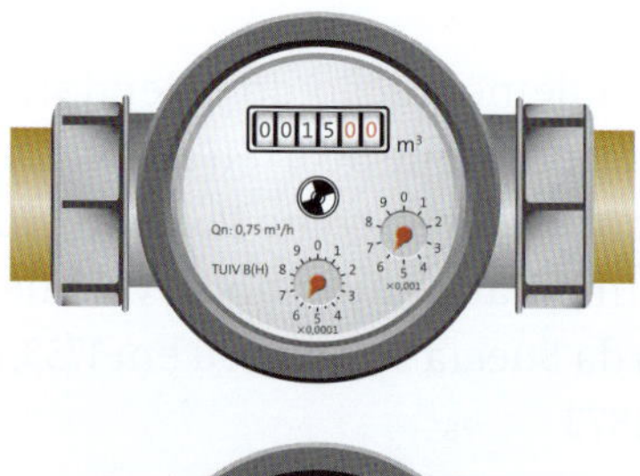

Formato/Arquivo da editora

a) Sabendo que o consumo mensal de água, em metros cúbicos, é dado pela diferença entre as duas leituras mostradas na figura, calcule o custo da água consumida, em reais, nessa residência.

b) Qual seria a economia, em reais, se o consumo de água dessa residência fosse 10% menor?

4 Ordem de grandeza e estimativas

Em muitos casos, é suficiente uma noção aproximada do número que exprime o valor de uma grandeza. Por exemplo, os cálculos dos cientistas indicam valores entre 10 bilhões e 20 bilhões de anos para a idade do Universo. Segundo a teoria do *big-bang*, o Universo teve início há cerca de 15 bilhões de anos, ou seja, a idade do Universo é $1{,}5 \cdot 10^{10}$ anos. Como o valor apresentado é uma estimativa, podemos usar somente a potência de 10. Nesse caso, dizemos que a idade do Universo é da ordem de 10^{10} anos. Em outras palavras, a **ordem de grandeza (OG)** da idade do Universo, em anos, é 10^{10}.

Ordem de grandeza (OG) – Potência de 10, de expoente inteiro, que mais se aproxima da medida da grandeza analisada.

Qualquer que seja o número x correspondente a uma medida, seu módulo estará entre duas potências inteiras e consecutivas de 10, ou seja:

$$10^n < |x| < 10^{(n+1)}$$

Para obter a ordem de grandeza de um número, devemos, inicialmente, escrevê-lo em notação científica: $x = a \cdot 10^n$. Temos que:

$$1 \leqslant |a| < 10$$

Para decidir se a ordem de grandeza é 10^n ou 10^{n+1}, devemos comparar o número a com o valor 5,5 (média aritmética entre 1 e 10), da seguinte forma:

- $|a| \leqslant 5{,}5 \rightarrow$ ordem de grandeza 10^n
- $|a| > 5{,}5 \rightarrow$ ordem de grandeza 10^{n+1}

Vejamos um exemplo. Um professor solicitou a seus alunos que fizessem a estimativa da espessura da folha de um livro e dessem a resposta em metros. Os resultados obtidos pelos alunos foram apresentados em quatro grupos:

I. 10^{-5} m II. 10^{-4} m III. 10^{-3} m IV. 10^{-2} m

Qual dos grupos representou melhor a espessura da folha de papel?

Na prática, observamos que um livro com 600 páginas (300 folhas) possui espessura de aproximadamente 3,0 cm. Assim, a espessura d de uma folha será:

$$d = \frac{3{,}0}{300} = 0{,}01 \text{ cm} = 10^{-4} \text{ m}$$

Portanto, a espessura de uma folha de papel foi mais bem representada pelo grupo II.

Trabalhando com ordem de grandeza

Exercícios

17. Em um hotel com 500 apartamentos, o consumo médio de água por apartamento durante o verão é de 150 litros por dia. Faça uma estimativa da ordem de grandeza do consumo de água, em litros, durante um mês, considerando que 80% dos apartamentos estão ocupados.

18. Pneus utilizados em automóveis têm diâmetro externo de aproximadamente 60 cm. Suponha que um carro equipado com pneus dessa medida faça uma viagem de 360 km. Sabendo que a cada volta completa do pneu a distância percorrida pelo carro é dada por $\pi \cdot d$ (sendo d o diâmetro do pneu), faça uma estimativa da ordem de grandeza do número de voltas de cada pneu nessa viagem. Considere $\pi = 3$.

19. A dimensão de uma bactéria é da ordem de 1 μm (1 micrômetro). Faça uma estimativa do número de bactérias que cabe em um recipiente com volume de 1 L. Suponha que as bactérias tenham formato cúbico.

5 Algarismos significativos: a precisão nas medições

As medidas de comprimento obtidas com um **micrômetro** (figura 1.24) apresentam uma precisão 100 vezes maior do que as efetuadas com uma régua. Portanto, o resultado de uma medição deve ser apresentado com uma quantidade de algarismos que expresse a precisão do aparelho utilizado para sua determinação. Assim, uma medida igual a 2,00 cm não deve ser escrita como 2,0 cm ou como 2 cm.

Micrômetro – Instrumento utilizado para medir dimensões pequenas, tais como a espessura de uma folha de papel ou o diâmetro de um fio de cabelo.

Arnd Wiegmann/Reuters/Latinstock

Figura 1.24 Micrômetro digital.

A figura 1.25 ilustra a indicação fornecida por uma régua usada para medir a altura de um copo.

Como devemos expressar essa medida? Olhando para as marcas da escala da régua, observamos que:

- na casa dos centímetros, a altura do copo está entre 7 cm e 8 cm;
- na casa dos décimos de centímetros (mm), a medida está entre 3 mm e 4 mm;
- na casa dos centésimos de centímetros, não temos certeza sobre o valor, mas podemos estimar em cerca de 5 unidades.

Assim, expressamos a altura do copo como **7,35 cm**. Não há sentido em expressar essa medida além da segunda casa decimal, pois a última casa (algarismo 5) já é incerta. Portanto, a medida realizada só tem sentido se a expressarmos com três algarismos. A medida tem, portanto, três **algarismos significativos**, sendo dois algarismos corretos (7 e 3) e um algarismo duvidoso (5).

Ao expressarmos a medida de uma grandeza, são significativos todos os algarismos situados a partir do primeiro algarismo diferente de zero, da esquerda para a direita, que expressam o valor da medida. A seguir apresentamos algumas medidas e o correspondente número de algarismos significativos.

Figura 1.25 Medição da altura de um copo com a utilização de uma régua.

- A medida 1,87 m apresenta três algarismos significativos (1, 8 e 7), sendo dois corretos (1 e 8) e um duvidoso (7).
- A medida 1,870 m apresenta quatro algarismos significativos (1, 8, 7 e 0), sendo três corretos (1, 8 e 7) e um duvidoso (0).
- A medida 0,0053 kg apresenta somente dois algarismos significativos (5 e 3). O 5 é o algarismo correto e o 3 é o algarismo duvidoso. Nesse caso, é aconselhável escrever a medida em notação científica, $5,3 \cdot 10^{-3}$ kg.
- A medida 2,00 s apresenta três algarismos significativos (2, 0 e 0). Os algarismos 2 e 0 são corretos e o último 0 é duvidoso.

No caso de constantes numéricas, como $\pi = 3{,}14159...$, $\sqrt{2} = 1{,}41421...$ e outras, devemos utilizar uma quantidade de algarismos significativos no mínimo igual à quantidade de algarismos das medidas que estão envolvidas com as constantes. O mesmo procedimento deve ser adotado para as constantes físicas, como a velocidade da luz: $c = 2{,}9979... \cdot 10^8$ m/s.

Para escrever essas constantes com uma quantidade menor de algarismos significativos, devemos proceder do seguinte modo:

- Se o algarismo é menor que 5, ele é simplesmente eliminado. Exemplo:

$$\sqrt{2} = 1{,}41421 = 1{,}4142 = 1{,}414 = 1{,}41 = 1{,}4$$

- Se o algarismo é igual a 5 ou maior que ele, é eliminado, mas acrescentamos uma unidade no algarismo anterior. Exemplo:

$$\pi = 3{,}14159 = 3{,}1416 = 3{,}142$$

Não podemos esquecer que, por melhor que seja o aparelho, qualquer medição que fizermos estará sujeita a erros. Por exemplo, se alguns estudantes fizerem, isoladamente, a medição do comprimento do copo mostrado na **figura 1.25**, é possível que os resultados obtidos não sejam iguais. As discrepâncias se referem principalmente ao algarismo duvidoso. Mas por que isso acontece?

Em primeiro lugar, vamos descartar os chamados erros acidentais, isto é, aqueles que se devem ao descuido da pessoa que efetua a medição. Tais erros podem ser evitados – basta que a pessoa que realiza o procedimento tome as devidas precauções. Existe outro tipo de erro, chamado de erro sistemático, que é inerente ao aparelho de medição. Por mais cuidado que a pessoa tenha, ela não consegue evitá-lo, pois esse tipo de erro está relacionado à limitação do aparelho.

Algumas medidas necessitam de um alto grau de precisão; outras, nem tanto. Assim, o grau de precisão requerido para cada medida deve determinar a escolha do aparelho. Por exemplo, para determinar o tempo de duração de uma aula, um cronômetro calibrado em minutos é suficiente, mas para o tempo dos carros nas provas de classificação da Fórmula 1, hoje, é necessário um cronômetro calibrado em milésimos de segundos. Aliás, desde a década de 1950, quando se iniciaram as corridas de Fórmula 1, a cronometragem evoluiu de segundos a milésimos de segundos, ou seja, tornou-se mil vezes mais precisa.

Atualmente, muitos centros de pesquisa dispõem de instrumentos que possibilitam tanto a visualização como a manipulação de materiais em nível atômico. Estamos na era da nanociência e da nanotecnologia.

Segundo Chaves e Shellard, em *Física para o Brasil: pensando o futuro*, "acredita-se que a nanotecnologia será a plataforma de partida de uma revolução cujo impacto social será superior ao de outras por quais a humanidade passou, como a da agricultura, da indústria e da microeletrônica" (**figura 1.26**).

Argonne National Laboratory/Photo Researchers, Inc./Latinstock

Figura 1.26 Cientista em laboratório de nanotecnologia obtendo nanoesferas, que podem ser observadas na tela do computador.

Operações

Ao apresentar o resultado da **adição** ou **subtração** devemos utilizar a menor quantidade de **casas decimais** das parcelas, como nos exemplos:

- $1{,}87 + 2{,}6 + 3{,}8456 = 8{,}3$
- $8{,}87 - 2{,}659 - 1{,}75789 = 4{,}45$

Ao apresentar o resultado da **multiplicação** ou **divisão** devemos utilizar a menor quantidade possível de **números significativos** das parcelas, como nos exemplos:

$$\frac{36{,}479 \cdot 2{,}6}{14{,}85} \simeq 6{,}387 \simeq 6{,}4$$

O texto da seção **Física tem História** é um bom exemplo de que a precisão de uma medida é determinada pelo instrumento utilizado em sua medição.

Física tem História

Stapleton Collection/Corbis/Latinstock

Tycho Brahe (1546-1601).

Ao longo dos anos, a precisão das medidas tem ajudado os cientistas de maneira decisiva no estabelecimento de correlações entre grandezas e na elaboração de novas teorias. É o caso do astrônomo e matemático alemão Johannes Kepler (1571-1630). No início do século XVII, trabalhando na elaboração das leis relativas aos movimentos dos planetas conhecidos em torno do Sol, Kepler utilizou as medições efetuadas pelo matemático e astrônomo dinamarquês Tycho Brahe. Em 1575, quando Tycho Brahe recebeu, como concessão do rei Frederico II da Dinamarca, uma pequena ilha próxima a Copenhague e recursos para construir um observatório, inaugurou-se uma nova era na história da Astronomia.

Naquele centro de estudos, que passaria a ser conhecido como Uraniborg ('castelo dos céus'), Tycho Brahe, um obstinado pela precisão, munido dos melhores instrumentos da época (construídos por ele mesmo, na maioria dos casos), obteve medidas astronômicas de uma precisão até então desconhecida.

O que levou Tycho Brahe a construir seus próprios aparelhos?

Exercícios

20. O turco Sultan Kosen, com 2,510 m, é considerado o homem mais alto do mundo. Isso significa dizer que:

a) Sultan Kosen possui dois metros, cinquenta e um centímetros e zero milímetro de altura.

b) o aparelho utilizado nessa medida possui uma precisão que se estende apenas até os centímetros.

c) o algarismo correspondente ao milímetro não foi apresentado por falta de interesse prático.

d) para indicar um grau de precisão maior nessa medida, bastaria escrever 2,5100 m.

21. Como deve ser expresso o resultado da medida representada na figura a seguir?

Akiyoko/Shutterstock/Glow Images

EM CONSTRUÇÃO

Eratóstenes de Cirene e o raio da Terra

Eratóstenes.

Eratóstenes nasceu no ano 276 a.C., em Cirene, antiga colônia grega e atual Líbia, e faleceu em 194 a.C., em Alexandria, no Egito. Realizou seus estudos em Atenas (Grécia) e Alexandria, sendo considerado por todos da época um dos maiores gênios do mundo. Passou boa parte de sua vida em Alexandria, onde exerceu o cargo de bibliotecário-chefe da famosa Biblioteca de Alexandria.

Eratóstenes tratou praticamente de todas as ciências do seu tempo. Além da poesia e do teatro, sua obra inclui História, Geografia, Matemática, Astronomia e Filosofia. Na Matemática, inventou o método denominado crivo de Eratóstenes, utilizado para encontrar números primos. Por volta de 235 a.C., realizou o experimento científico considerado o mais extraordinário da Antiguidade: calculou o comprimento da circunferência da Terra e obteve a primeira estimativa para o raio da Terra.

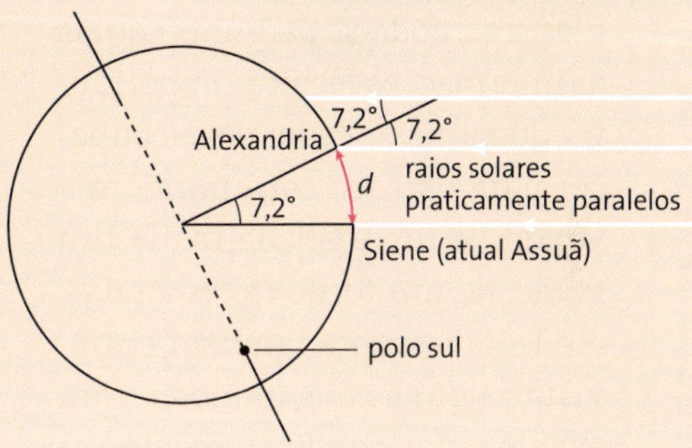

Ao ler alguns papiros na Biblioteca de Alexandria, Eratóstenes descobriu o registro de um fato curioso: na cidade de Siene (atual Assuã), uma vez por ano, no solstício de verão (época de maior elevação do Sol), precisamente ao meio-dia, uma vara que fosse colocada verticalmente não apresentava sombra. Resolveu então fazer a experiência em Alexandria, no mesmo dia do ano, para ver o que acontecia. Pois bem, em Alexandria a sombra nunca chegava a desaparecer; ao meio-dia, o ângulo que os raios solares faziam com a vara vertical era de 7,2°, o que seria impossível, com o Sol extremamente distante, se a Terra fosse plana. Supondo então que a Terra era esférica (hipótese já citada por Aristóteles, sustentada pelo fato de que a sombra projetada pela Terra sobre a Lua nos eclipses era sempre circular), Eratóstenes concluiu que 7,2° era o ângulo formado no centro da Terra pelos raios terrestres de Siene e Alexandria.

Adaptado de *Grand atlas historique*. Paris: Larousse, 2006. p. 8.

Na época, a distância entre Siene e Alexandria era fixada em 5 000 estádios, que correspondem a aproximadamente 789 km (existem algumas divergências sobre a relação entre essas duas unidades, isto é, entre o estádio e o quilômetro).

Como o ângulo de 7,2° é igual à quinquagésima parte do ângulo do círculo (360°), Eratóstenes pôde concluir que a distância *d* (entre Siene e Alexandria) era igual à quinquagésima parte da circunferência terrestre. Portanto, a circunferência terrestre era igual a 50 vezes a distância entre Siene e Alexandria, ou seja, 50×789 km $= 39\,450$ km.

Hoje, sabemos que a medida do raio da Terra é 6 370 km, o que nos dá uma circunferência de comprimento pouco maior que 40 000 km. Em relação a esses valores, Eratóstenes errou em menos de 2%.

1. Qual é o significado da palavra "estádio" utilizada para especificar a distância entre Siene e Alexandria? Qual é o valor de 1 estádio no SI?

2. Pesquise em um dicionário o significado da palavra "estádio".

3. Como você explica o fato de que, se a Terra fosse plana, ao meio-dia, não haveria sombra da vara vertical nas duas cidades?

EXPERIMENTO

As unidades no cotidiano

Em particular, esta é uma atividade de campo que consiste em efetuar um levantamento das diferentes unidades com as quais a população em geral convive diariamente e de quais delas as pessoas realmente conhecem o significado. O trabalho deve ser realizado em equipes. Cada equipe vai pesquisar um determinado ramo do comércio.

Deverá ser feito o levantamento das unidades que aparecem nas especificações técnicas ou nos rótulos dos produtos comercializados pelos diferentes segmentos do comércio. Sugerimos, também, que sejam feitas entrevistas com funcionários das lojas visitadas. Por exemplo, em uma loja de eletrodomésticos, pode-se perguntar quais as informações técnicas importantes que um vendedor deve conhecer para realizar corretamente a venda de uma geladeira, de um fogão, de um forno micro-ondas, etc. É interessante, também, entrevistar alguns consumidores para avaliar o grau de entendimento que eles têm das informações técnicas fornecidas pelos fabricantes – as quais sempre envolvem o uso de unidades de medida.

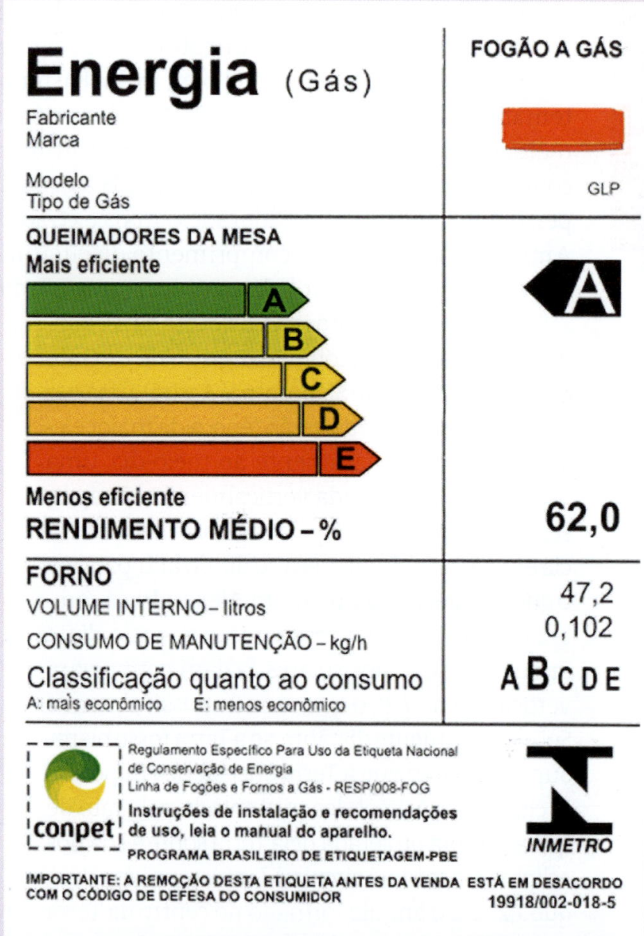

Jacek/<www.kino.com.br>. Acesso em: 28 maio 2013.

Você pode iniciar a pesquisa pelos selos Procel e Inmetro dos equipamentos.

Como sugestão, apresentamos alguns setores a serem visitados: lojas de eletrodomésticos, supermercados, postos de combustíveis, casas de tintas, lojas especializadas em computadores e suprimentos de informática. De acordo com o número de equipes, outros ramos também poderão ser pesquisados.

Após o trabalho de campo, sugerimos que cada equipe prepare um painel para exposição e explicação em sala de aula dos resultados obtidos nas entrevistas. Nessa exposição, alguns pontos deverão ser destacados, tais como:

- o uso de unidades do SI;
- prováveis razões para a não utilização efetiva do SI em cada ramo do comércio;
- quais dessas unidades (do SI ou não) são de domínio público;
- quais delas exigem um trabalho de esclarecimento para que possam ser interpretadas pelo consumidor;
- a opinião dos alunos a respeito do seguinte aspecto: de que maneira(s) o conhecimento dessas unidades pode contribuir para a construção da cidadania plena?

Pensando no Enem

Na linha de uma tradição antiga, o astrônomo grego Ptolomeu (100-170 d.C.) afirmou a tese do geocentrismo, segundo a qual a Terra seria o centro do Universo, girando o Sol, a Lua e os planetas em seu redor em órbitas circulares. A teoria de Ptolomeu resolvia de modo razoável os problemas astronômicos da sua época. Vários séculos mais tarde, o clérigo e astrônomo polonês Nicolau Copérnico (1473-1543), ao encontrar inexatidões na teoria de Ptolomeu, formulou a teoria do heliocentrismo, segundo a qual o Sol deveria ser considerado o centro do Universo, com a Terra, a Lua e os planetas girando circularmente em torno dele. Por fim, o astrônomo e matemático alemão Johannes Kepler (1571-1630), depois de estudar o planeta Marte por cerca de trinta anos, verificou que a sua órbita é elíptica. Esse resultado generalizou-se para os demais planetas.

A respeito dos estudiosos citados no texto, é correto afirmar que:

a) Ptolomeu apresentou as ideias mais valiosas, por serem mais antigas e tradicionais.

b) Copérnico desenvolveu a teoria do heliocentrismo inspirado no contexto político do Rei Sol.

c) Copérnico viveu em uma época em que a pesquisa científica era livre e amplamente incentivada pelas autoridades.

d) Kepler estudou o planeta Marte para atender às necessidades de expansão econômica e científica da Alemanha.

e) Kepler apresentou uma teoria científica que, graças aos métodos aplicados, pôde ser testada e generalizada.

Resolução

O texto dessa questão revela o caminho da construção dos modelos de Universo de acordo com a ciência ao longo do tempo. Mesmo sem conhecimentos específicos sobre o episódio histórico apresentado é possível, a partir do texto e do conhecimento sobre como a Física e a ciência constroem seus modelos e teorias, fornecendo elementos que podem e auxiliá-lo na escolha da alternativa correta.

- Ptolomeu, segundo o texto, foi o primeiro a apresentar seu modelo sobre o Universo. Para sua época seu modelo trazia bons resultados e era coerente com a observação cotidiana de que os astros é que giram em torno da Terra. Sabemos, entretanto, que isto não condiz com a realidade e, portanto, apesar de seu valor histórico não podemos dizer que suas ideias são as mais valiosas.

- Copérnico, segundo o texto, viveu até meados do século XVI, contexto no qual a Igreja ainda possuía grande influência na cultura e na ciência, censurando-as toda vez que alguma ideia pudesse prejudicar seus dogmas. Tanto Copérnico quanto Kepler se dedicaram à construção de um modelo para o Universo porque percebiam inconsistências entre os modelos anteriores e os dados observacionais, e é isto que move a ciência. A Física busca descrever o mais próximo da realidade possível os fenômenos da natureza. Enquanto um modelo parece estar de acordo com ela, ele é defendido pela comunidade científica, mas novos dados e observações podem levar à sua reformulação ou à uma proposta totalmente diferente e, contanto que este novo modelo consiga sanar as inconsistências do antigo, ele passa a ser adotado, até que possivelmente este ciclo se reinicie.

Neste caso, apenas Kepler anos mais tarde conseguiu sistematizar seus dados de maneira consistente, de modo que foi possível, como indica o texto, extrapolar seus resultados – obtidos para o estudo particular de Marte – para os demais planetas, indicando assim que ele conseguiu construir uma teoria científica, que pôde ser testada e generalizada, como indica a alternativa **e**, que é a correta.

Vestibulares de Norte a Sul

1. **SE** (CEFSA-SP) Urano é o terceiro maior planeta do sistema solar e sua distância média do Sol é de 2 870 000 000 km que, em notação científica, é:

a) $28{,}7 \cdot 10^8$.

b) $28{,}7 \cdot 10^9$.

c) $2{,}87 \cdot 10^8$.

d) $2{,}87 \cdot 10^9$.

e) $0{,}287 \cdot 10^9$.

2. **S** (Cesumar-PR) **Na era dos *zettabytes*:**

Com o avanço da tecnologia da informação, as empresas têm à disposição novas ferramentas para tirar proveito do volume de dados gerados a cada dia. O total de dados existentes no mundo vem crescendo em escala exponencial (volume digital gerado no mundo): em 2012 (1,8 zettabytes) e uma previsão para 2015 (7,9 zettabytes).

Adaptado: Revista EXAME – Ano 46, n.19. Edição 1025, 03/10/2012, p.150, São Paulo: Abril

Segundo o Sistema Internacional de Unidades (SI), os nomes dos múltiplos e submúltiplos de uma unidade são formados mediante os seguintes prefixos:

Nome	Símbolo	Fator pelo qual a unidade é multiplicada
yotta	Y	10^{24}
zetta	Z	10^{21}
exa	E	10^{18}
peta	P	10^{15}
tera	T	10^{12}
giga	G	10^{9}
mega	M	10^{6}

De acordo com essas informações, é correto afirmar que 1 *zettabyte* é igual:

a) à décima milésima parte de 1 *yottabyte*.

b) a 100 *exabytes*.

c) a 1 trilhão de *gigabytes*.

d) a 1 bilhão de *petabytes*.

e) a 1 quatrilhão de *bytes*.

3. **NE** (UFRN) Dados os números $M = 9{,}84 \cdot 10^{15}$ e $N = 1{,}23 \cdot 10^{16}$ podemos afirmar que:

a) $M < N$.

b) $M + N = 1{,}07 \cdot 10^{16}$.

c) $M > N$.

d) $M \cdot N = 1{,}21 \cdot 10^{31}$.

4. **SE** (PUC-RJ) $41\,000 \cdot 10^{-5} + 3 \cdot 10^{-4}$ é igual:

a) 0,4013.

b) 0,4103.

c) 0,0413.

d) 0,44.

e) 0,044.

5. **SE** (FEI-SP) A massa do Sol é cerca de $1{,}99 \cdot 10^{30}$ kg. A massa do átomo de hidrogênio, constituinte principal do Sol, é $1{,}67 \cdot 10^{-27}$ kg. Quantos átomos de hidrogênio há aproximadamente no Sol?

a) $1{,}5 \cdot 10^{-57}$

b) $1{,}2 \cdot 10^{-57}$

c) $1{,}2 \cdot 10^{57}$

d) $1{,}2 \cdot 10^{3}$

e) $1{,}5 \cdot 10^{57}$

6. **CO** (UFGD-MS) Localizada próximo às ilhas Marianas, no oceano Pacífico, a Fossa das Marianas é considerada o local mais profundo dos oceanos, atingindo cerca de onze quilômetros de profundidade. Usando adequadamente a notação de potência de dez, qual das opções a seguir equivale à mesma profundidade?

a) $1{,}1 \cdot 10^3$ m

b) $1{,}1 \cdot 10^6$ cm

c) $1{,}1 \cdot 10^2$ dm

d) $1{,}1 \cdot 10^{12}$ μm

e) $1{,}1 \cdot 10^3$ hm

7. **SE** (UFU-MG) Na história da humanidade, nem sempre houve consenso sobre os padrões de medida a serem usados. Antes da instituição do Sistema Internacional de Unidades (SI), medidas de comprimento, por exemplo, podiam ser expressas a partir das partes do corpo do rei de cada país, o que acarretava, entre outras coisas, conflitos em transações comerciais. Marque, para as afirmativas abaixo, (V) verdadeira, (F) falsa ou (SO) sem opção.

1. ( ) O SI considera o metro (m) como unidade de medida de comprimento padrão, em contraposição a outras unidades de medida, como a milha (mi), o pé (ft) e a polegada (in).
2. ( ) No SI, a unidade de medida padrão para força é o Newton (N), sendo que 1 N é igual a $1\ \text{m} \cdot \text{kg/s}^2$.
3. ( ) A hora (h), tomada como 1/24 do dia, é considerada a unidade de medida de tempo padrão no SI.
4. ( ) No SI, a energia cinética é medida em Joules (J), sendo que 1 J é igual a $1\ \text{N} \cdot \text{m}$.

8. **S** (UFPR) Sobre grandezas físicas, unidades de medida e suas conversões, considere as seguintes igualdades:

1. $3\,000\ m^3 = 30$ litros
2. $0{,}206\ m^2 = 2\,060\ cm^2$
3. $180\ km/h = 50\ m/s$
4. 2 dias $= 172{,}800\ s$
5. $2{,}5 \cdot 10^8\ g = 250$ toneladas

Estão corretos os itens:

a) 1, 2, 3 e 4 apenas.
b) 2, 3, 4 e 5 apenas.
c) 1, 2, 3, 4 e 5.
d) 2 e 5 apenas.
e) 1, 3 e 4 apenas.

9. **N** (UEA-AM) Fundamentado no corpo humano, como muitos outros antigos padrões de medida linear, o côvado baseava-se no comprimento do braço, desde o cotovelo até a ponta do dedo. O côvado era subdividido em 28 dígitos, sendo o dígito relacionado com a largura do dedo. Suponha que um bloco de 50,4 cm de comprimento fosse medido como sendo igual a 1 côvado e subdividido em 28 dígitos. Em unidades do Sistema Internacional, cada 1 dígito equivale a:

a) 1,8.
b) $1{,}8 \cdot 10^2$.
c) $1{,}8 \cdot 10^1$.
d) $1{,}8 \cdot 10^{-1}$.
e) $1{,}8 \cdot 10^{-2}$.

10. **N** (Ufam) O hidrogênio é o menor átomo do Universo, contendo um próton e um elétron, como o diâmetro da ordem de 10^{-10} m. O núcleo do átomo de hidrogênio, composto pelo próton, tem diâmetro da ordem de 10^{-15} m.

O núcleo do átomo de hidrogênio é ___I___ ordens de grandeza menor que o diâmetro do átomo. Logo, se o átomo de hidrogênio pudesse ficar tão grande, de modo que seu diâmetro tivesse a mesma ordem de grandeza do comprimento de um campo de futebol, ou seja, 100 m, o próton teria aproximadamente o tamanho de ___II___.

Assinale a alternativa que completa a sentença anterior.

a) I – cinco; II – um grão de areia
b) I – cem mil; II – uma bola de futebol
c) I – cinco; II – uma bola de futebol
d) I – cem mil; II – um grão de areia
e) I – cem mil; II – um caroço de abacate

11. **NE** (Uespi) O módulo da aceleração da gravidade (g) na superfície terrestre é aproximadamente igual a $10\ m/s^2$. Quando expresso em km/h^2, o módulo de g possui ordem de grandeza igual a:

a) 10^1.
b) 10^3.
c) 10^5.
d) 10^7.
e) 10^9.

12. **SE** (FEI-SP) Sabendo-se que 20 gotas de água ocupam, aproximadamente, $1\ cm^3$, quantas gotas de água há em uma piscina de comprimento 20 m, largura 12 m e profundidade 2 m?

a) $9{,}6 \cdot 10^7$
b) $9{,}6 \cdot 10^8$
c) $9{,}6 \cdot 10^9$
d) $9{,}6 \cdot 10^{10}$
e) $4{,}8 \cdot 10^8$

13. **SE** (Uerj) Um evento está sendo realizado em uma praia cuja faixa de areia tem cerca de 3 km de extensão e 100 m de largura. (Suponha que uma pessoa sentada ocupe uma área de $0{,}35\ m^2$). A ordem de grandeza do maior número possível de adultos que podem assistir a esse evento, sentado na areia, é de:

a) 10^4.
b) 10^5.
c) 10^6.
d) 10^7.

14. **SE** (Efei-MG) O índice pluviométrico médio anual da cidade de Itajubá é de 1 380 mm. De posse desse dado, o proprietário de um posto de gasolina tem a ideia de usar a água da chuva que cai sobre o telhado de seu posto para lavar automóveis. Supondo que o telhado seja horizontal e tenha $200\ m^2$ de área, calcule o volume médio mensal de água que ele terá a sua disposição.

15. **NE** (UFPE) Um estudante de Física aceita o desafio de determinar a ordem de grandeza do número de feijões em 5 kg de feijão, sem utilizar qualquer instrumento de medição. Ele simplesmente despeja os feijões em um recipiente com um formato de paralelepípedo e conta quantos feijões há na aresta de menor comprimento c, como mostrado na figura. Ele verifica que a aresta c comporta 10 feijões. Calcule a potência da ordem de grandeza do número de feijões no recipiente, sabendo-se que a relação entre os comprimentos das arestas é: $a/4 = b/3 = c/1$.

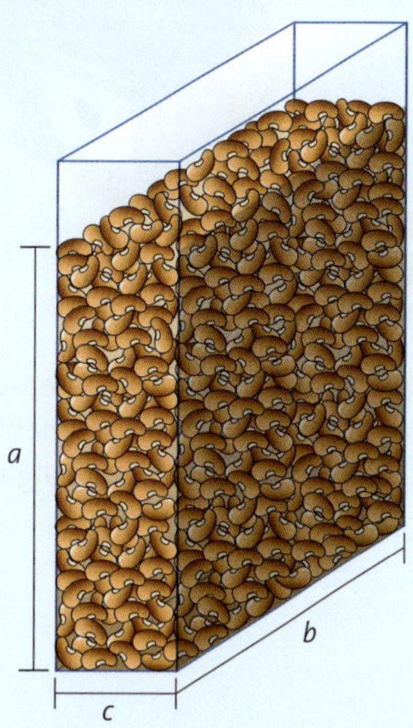

Walmir Santos/Arquivo da editora

$c = 10$ feijões

16. **NE** (UEFS-BA) Com base nos conhecimentos sobre algarismos significativos utilizados na representação de medidas e nos cálculos efetuados a partir de medidas, marque com V as afirmativas verdadeiras e com F as falsas.

( ) O algarismo duvidoso da medida 2,452 m é 2,0 mm.

( ) A medida 0,024 kg tem três algarismos significativos.

( ) A medida 2,5 km deve ser escrita com os seus algarismos significativos corretos como sendo 2 500,0 m.

( ) O volume de um cilindro calculado a partir das medidas da área da base e da altura iguais a 0,302 m^2 e 1,010 m, respectivamente, deve ser escrito com três algarismos signifivativos.

A alternativa que indica a sequência correta, de cima para baixo, é a:

a) F V V F.

b) V F V F.

c) V F V V.

d) V F F V.

e) F V F F.

17. **S** (Cefet-PR) A medição do comprimento de um lápis foi realizada por um aluno usando uma régua graduada em mm. Das alternativas apresentadas, aquela que expressa corretamente a medida obtida é:

a) 15 cm.

b) 150 mm.

c) 15,00 cm.

d) 15,0 cm.

e) 150,00 mm.

18. **SE** (UFV-MG) Utilizando uma trena milimetrada (a menor divisão da escala é 1 milímitro), um estudante mede o comprimento de uma mesa. A trena, normalmente uma fita metálica com 10 m ou 20 m de comprimeto, é usada principalmente para medir terrenos.

B Calkins/Shutterstock/Glow Images

Considerando a precisão do instrumento utilizado, a opção que representa a medida, em metros, feita pelo estudante com o número correto de algarismos significativos é:

a) 1,234567.

b) 1,23456.

c) 1,2345.

d) 1,23.

e) 1,2.

19. **NE** (UFPE) A figura apresenta medidas de uma mesa efetuadas com instrumentos de precisões diferentes.

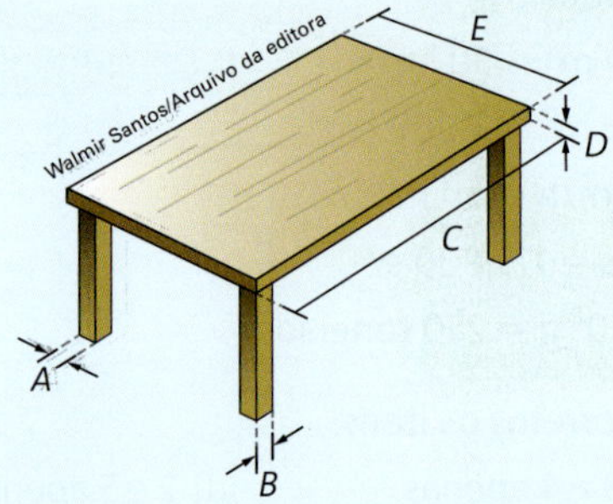

Walmir Santos/Arquivo da editora

Escolha, dentre as medidas apresentadas a seguir, a mais precisa.

a) $A = 2{,}5$ cm

b) $B = 35{,}0$ mm

c) $C = 135$ cm

d) $D = 15$ mm

e) $E = 1{,}15$ m

20. **NE** (UEFS-BA) Para determinar o volume de um bloco de madeira com base retangular, utilizou-se uma régua cuja escala tinha como menor divisão 1,0 mm. As medidas da largura, do comprimento e da altura do bloco foram determinadas como sendo, respectivamente, iguais a 55,0 mm, 10,00 cm e 2,000 dm. O volume do bloco, calculado a partir dessas medidas, deve ser escrito corretamente com um número de algarismos significativos igual a:

a) 7.

b) 6.

c) 5.

d) 3.

e) 2.

21. **SE** (UFSJ-MG) A Física é uma ciência experimental e os resultados de medidas de grandezas físicas obtidos direta ou indiretamente devem ser expressos com um número de algarismos que represente a precisão da medida: são os chamados algarismos significativos. Considerando que uma pessoa pode percorrer uma distância de 3,6 km em 50 minutos, o valor da velocidade $\left(\frac{\text{distância}}{\text{tempo}}\right)$ que a pessoa desenvolve nesse percurso será igual a:

a) 12,0 m/s.

b) 1,2 m/s.

c) $0{,}120 \cdot 10^{-3}$ m/s.

d) $1{,}2 \cdot 10$ m/s.

22. **SE** (UFRRJ) Uma determinada marca de automóvel possui um tanque de gasolina com volume igual a 54 litros. O manual de apresentação do veículo informa que ele pode percorrer 12 km com 1 litro. Supondo-se que as informações do fabricante sejam verdadeiras, a ordem de grandeza da distância, medida em metros, que o automóvel pode percorrer, após ter o tanque completamente cheio, sem precisar reabastecer, é de:

a) 10^0.

b) 10^2.

c) 10^3.

d) 10^5.

e) 10^6.

CAPÍTULO

2 Movimentos em uma dimensão

Andre van der Veen/Shutterstock/Glow Images

As pegadas na areia são um exemplo de trajetória em uma dimensão.

1 Um pouco da história dos movimentos

Figura 2.1 Estátua de Aristóteles, no vilarejo de Estagira, na Grécia.

A natureza sempre fascinou a humanidade. As diferentes maneiras com que explicamos os fenômenos do mundo em que vivemos fazem parte de sua própria evolução. A simples observação do movimento do Sol possibilitou a compreensão da regularidade dos dias e das noites. A partir do momento em que o movimento dos astros passou a ser acompanhado de maneira mais organizada, tornou-se possível prever a regularidade de fenômenos, como os períodos de frio e de calor ou épocas de seca e de enchente. Essas observações possibilitaram aos povos do antigo Egito a elaboração de um calendário e, com ele, a organização da agricultura com base em três estações – a Inundação, a Vegetação e a Colheita.

A invenção da roda foi, com certeza, um dos passos mais importantes no desenvolvimento da civilização. Assim como a utilização controlada do fogo pode ser vista como a origem da Química, a roda pode ser considerada a origem da Mecânica. Com a roda, tornou-se muito mais fácil produzir movimento; a compreensão das causas dos movimentos, porém, ainda iria demorar mais alguns milhares de anos.

Desde a Antiguidade até as descobertas revolucionárias dos séculos XVI e XVII, muitas foram as tentativas para explicar o movimento. Aristóteles (384 a.C.-322 a.C.) (**figura 2.1**) é, provavelmente, o nome de maior destaque da Grécia antiga.

> [...] *o nome que por mais tempo, em todo o mundo, influiu no fazer ciência da humanidade... Entre os muitos escritos aristotélicos, está a* Physis *ou* Física, *composta por quatorze livros, na qual são discutidos os assuntos relativos à matéria, à forma, às leis do Universo, o movimento, o tempo e o espaço* [...]
>
> CHASSOT, Attico. *A ciência através dos tempos*. São Paulo: Moderna, 2004.

Para Aristóteles, os corpos terrestres se moviam graças a uma "tendência natural" – os mais pesados, em direção ao centro da Terra, e os mais leves, afastando-se do centro da Terra. Além desses movimentos naturais, Aristóteles admitia também os "movimentos forçados", isto é, contrários à natureza, aqueles provocados, por exemplo, pelo ser humano. Para os corpos celestes, Aristóteles atribuía o movimento circular, pois o círculo representa a forma ideal e perfeita.

No século XIV, a Escola de Oxford, na Inglaterra, e a Escola Parisiense, na França, deram importantes contribuições para o estudo dos movimentos. Os **mertonianos** (membros do Merton College, de Oxford – **figura 2.2**) realizaram pesquisas que avançaram na aplicação de conhecimentos matemáticos ao estudo da velocidade e da aceleração nos movimentos.

Figura 2.2 Merton College, na Inglaterra, fundado em 1264.

Foi assim que, por volta de 1350, surgiu a denominação **movimento uniformemente disforme**, que se refere ao movimento em que a velocidade varia em quantidades iguais em tempos iguais. Nessa época, as demonstrações eram essencialmente geométricas, pois o estudo do movimento por meio da Álgebra somente seria possível com a Geometria analítica de René Descartes (1596-1650) (figura 2.3) no século XVI e do cálculo diferencial de Isaac Newton (1643-1727), no século XVII.

Os professores da chamada Escola Parisiense, por sua vez, contribuíram com a teoria da **impulsão**. Ao lançar um objeto, fornecemos a ele certa impulsão, que vai se esgotando à medida que ele se move.

Podemos dizer que o século XVI marcou o início da revolução científica na Física. Em 1543, no livro *Das revoluções dos corpos celestes*, Nicolau Copérnico (1473-1543) (figura 2.4), um monge polonês, postulou o **heliocentrismo** (a Terra e os demais planetas do Sistema Solar girando em torno do Sol), em oposição à ideia aceita na época, que era a do **geocentrismo** (a Terra como centro do Universo).

No final do século XVI, Galileu realizou uma série de experimentos sobre a queda dos corpos e mostrou que a doutrina aristotélica de que os corpos mais pesados chegam ao solo antes dos mais leves estava errada, dando assim uma grande contribuição para o entendimento de como e por que os corpos se movimentam.

Album/Oronoz/Latinstock

Figura 2.3 René Descartes – filósofo, físico e matemático francês.

Jan Matejko/Museu Nicolau Copérnico, Polônia/The Bridgeman/Keystone

Figura 2.4 *Astrônomo Copérnico conversando com Deus*, pintura feita em 1872 pelo polonês Jan Matejko.

Geralmente, o conhecimento científico se acumula e a produção de uma nova teoria se apoia nos trabalhos já existentes, ainda que alguns se destaquem mais do que outros. Assim, os trabalhos de pensadores importantes, como Aristóteles, Ptolomeu, Copérnico, Descartes, Kepler, Galileu e muitos outros, contribuíram significativamente para que, no século XVII, Newton lançasse as bases da gravitação universal — movimento dos corpos celestes — e as leis dos movimentos dos corpos terrestres. O reconhecimento de Newton para com os seus predecessores pode ser sintetizado na sua frase:

> "Somente consegui enxergar mais longe porque me apoiei nos ombros de gigantes."

Com o advento do século XVII nascia a ciência moderna, e a humanidade pôde então começar a entender e descrever melhor a mecânica do Universo. No limiar do século XX, a teoria da relatividade de Albert Einstein (1879-1955) trouxe novas perspectivas para o estudo dos movimentos.

No século XX, os conhecimentos científicos e a tecnologia experimentaram um desenvolvimento sem precedentes, mas nem por isso as teorias estão prontas e acabadas. A História nos mostra que elas refletem o momento histórico em que foram concebidas.

Atualmente, a parte da Física que estuda os movimentos é denominada **Mecânica** e, dentro dela, temos a Cinemática, que estuda os movimentos sem levar em conta as causas que os provocam. Para fins didáticos, dividimos a Cinemática em dois capítulos: a Cinemática escalar, na qual levamos em conta somente o valor numérico da velocidade, sem nos preocuparmos com sua direção e sentido; e a Cinemática vetorial, em que todas as características da velocidade (valor numérico, direção e sentido) são levadas em conta.

Exercícios

1. Quando se joga uma pedra para cima, ela sobe até certa altura e, em seguida, cai em direção ao solo. De acordo com Aristóteles, a pedra é um corpo pesado e, portanto, o seu lugar natural é no solo (Terra). Nessas condições, utilizando as ideias de Aristóteles, classifique o movimento da pedra na subida e na descida.

2. De acordo com os mertonianos, no movimento uniformemente disforme, a velocidade varia em quantidades iguais em tempos iguais.
Construa uma tabela que exemplifique um movimento uniformemente disforme no intervalo de 0 s a 15 s.

3. Analise as afirmativas seguintes e reescreva as incorretas, corrigindo-as.

   I. Nicolau Copérnico foi um dos maiores defensores do geocentrismo, teoria segundo a qual a Terra seria o centro do Universo.

   II. Com o nascimento da ciência moderna no século XVII, ficaram resolvidos todos os problemas da mecânica do Universo.

   III. A teoria da relatividade de Albert Einstein, lançada no início do século XX, substituiu as leis de Newton para os movimentos.

   IV. No século XXI, podem surgir novas ideias e teorias sobre o estudo dos movimentos.

2 Localização, movimento, repouso e trajetória

Você já deve ter notado a quantidade de siglas e números associados à nossa vida. Uma casa, por exemplo, é localizada na rua por um número, e uma rua pode ser identificada em uma cidade por um Código de Endereçamento Postal (CEP).

Parece evidente que o objetivo de tantos números é a identificação ou a localização correta de uma pessoa ou um local. Mas essa necessidade é um reflexo da vida moderna. No passado, as pessoas eram identificadas apenas pelo primeiro nome e, em alguns casos, acrescentava-se o nome do pai ou o nome da cidade de nascimento, como Salomão filho de Davi, Pitágoras de Samos, Aristóteles de Estagira e Tales de Mileto.

Hoje, a justificativa para não utilizarmos apenas o nome para identificar uma pessoa pode ser encontrada até mesmo em simples listas telefônicas, nas quais o número de pessoas homônimas (isto é, que têm o mesmo nome) é muito grande.

Por estarem sempre se movimentando de um lugar para outro, os seres humanos foram desenvolvendo, ao longo dos anos, mecanismos de orientação. Uma das formas de orientação utilizadas há mais tempo baseia-se na observação do Sol, durante o dia, e das estrelas, à noite.

Os marinheiros da Antiguidade (figura 2.5), além das observações astronômicas, usavam sondagens e a direção dos ventos, das correntes marítimas e dos pássaros em migração. A partir do século XII, o emprego da bússola tornou a navegação mais rápida e segura, ocasionando uma grande expansão do comércio mundial.

Figura 2.5 Determinar a localização é essencial durante uma viagem.

No Brasil de hoje, o meio de transporte mais comum é o rodoviário. Praticamente todas as rodovias, sejam elas federais, sejam estaduais, são identificadas por uma sigla e um número. De acordo com o Departamento Nacional de Infraestrutura de Transportes (Dnit), a nomenclatura das 150 (aproximadamente) rodovias federais é definida pela sigla BR seguida por três algarismos; o primeiro algarismo indica a categoria e os dois últimos definem a posição da rodovia (figura 2.6). Na identificação de rodovias estaduais, cada estado utiliza o seu método.

Mas quais são as finalidades de todos esses métodos e sistemas? Basicamente, eles facilitam a identificação, a orientação e a localização de pessoas ou corpos, quer estejam em repouso, quer em movimento.

Quando estudamos o movimento de um corpo qualquer, o ponto fundamental é a determinação de sua **função horária**. Trata-se de uma equação matemática que possibilita a localização do corpo em qualquer instante. Para que o estudo de um movimento seja possível, precisamos, inicialmente, estabelecer alguns conceitos básicos e conciliar a linguagem do cotidiano com a linguagem científica.

Translação – Movimento de um sistema físico no qual todas as suas partes se deslocam na mesma direção e com a mesma velocidade.

Aqui, vamos tratar do movimento de **translação** de um corpo no espaço. O corpo em movimento pode ser uma pessoa, um meio de transporte, um planeta, etc., que chamaremos genericamente de **móvel**.

Na maioria dos casos, os móveis serão considerados **pontos materiais**, ou seja, não levaremos em conta as suas dimensões. Observe que não se trata de algo distante da nossa realidade; estaremos, apenas, deixando de considerar as dimensões que não são relevantes ao estudo de cada situação. Vejamos um exemplo: quando fazemos uma viagem em um ônibus de 10 m de comprimento entre duas cidades separadas por 40 km, não há necessidade de levar em conta o comprimento do ônibus, pois 10 m podem ser desprezados em relação à distância percorrida pelo ônibus (que equivale a 40 000 m). Em outras palavras, não tem sentido falarmos que as pessoas sentadas nos bancos da frente do ônibus chegam primeiro do que aquelas sentadas nos bancos traseiros. No entanto, se esse mesmo ônibus for ultrapassar um caminhão em uma rodovia, as dimensões dos veículos (tanto a do ônibus como a do caminhão) devem ser levadas em conta.

Figura 2.6 Marco quilométrico de uma rodovia federal no estado do Rio de Janeiro.

Delfim Martins/Pulsar Imagens

Vejamos agora um dos principais objetivos no estudo dos movimentos: a **localização** do móvel.

Como localizar em determinado instante um corpo que se movimenta? É importante lembrar que, uma vez em movimento, o móvel altera sua posição continuamente. Então, para que sua localização seja possível, precisamos conhecer a sua posição em determinado instante.

A posição de um móvel está ligada à ideia de **referencial**, ou seja, para especificá-la, necessitamos usar outro corpo como referência. Geralmente, os referenciais são fixos em relação ao solo, mas nada impede que o movimento de um corpo seja estudado em relação a outro corpo que também se movimenta.

Física explica

Sistema de Posicionamento Global (GPS)

O Sistema de Posicionamento Global (GPS, sigla inglesa para *Global Positioning System*) é um sistema de localização e navegação baseado em sinais de rádio que utiliza 24 satélites, em órbita da Terra a uma altitude de 20 200 km, e estações associadas em terra. Esses satélites servem de pontos de referência para os receptores terrestres e possibilitam a determinação de posições precisas, em três dimensões, além de velocidade e tempo, em qualquer parte do mundo, durante as 24 horas do dia.

Formato/Arquivo da editora

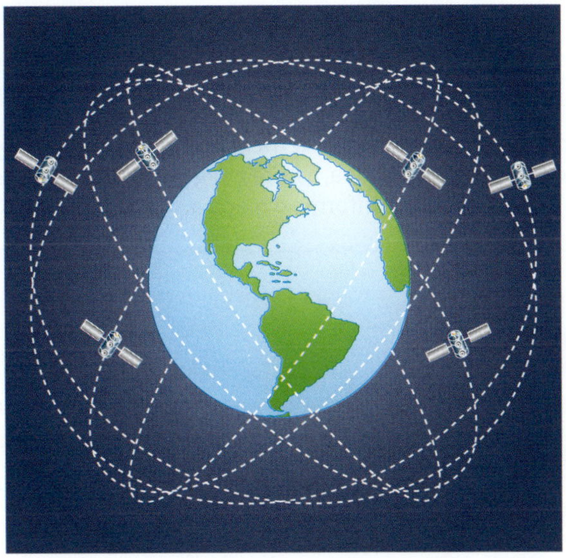

Representação esquemática das órbitas dos satélites que integram o GPS.

O sistema foi desenvolvido pelo Departamento de Defesa dos Estados Unidos e é controlado por esse órgão desde o lançamento do primeiro satélite Navstar, em 1978. Inicialmente, o objetivo principal era possibilitar que usuários militares se orientassem em terra, no mar e no ar com grande precisão.

Hoje, mais de 30 milhões de pessoas, a maioria civis, utilizam o GPS para conferir sua posição – principalmente topógrafos e geofísicos, no mapeamento de territórios. A agricultura já pode dispor de tratores comandados automaticamente por GPS, e o sistema já foi estendido a carros e aviões.

Uma curiosidade é que um mesmo satélite transmite dois sinais, um para uso nos GPS de navegação e posicionamento global (menos preciso) e outro no qual é possível alcançar e obter valores de coordenadas mais precisos, utilizando, porém, processamento de dados mais complexos.

Pincasso/Shutterstock/Glow Images

O navegador GPS é um equipamento cada vez mais comum no painel dos automóveis. Além da localização, aparelhos desse tipo podem também fornecer opções de trajeto.

De acordo com Per Enge, professor da Universidade de Stanford, Estados Unidos:

> [...] *cada vez que um receptor GPS localiza a si próprio na superfície do planeta, ele faz uma trilateração (espécie de triangulação) de sua distância de pelo menos quatro satélites GPS. Basicamente, os sinais de rádio especialmente codificados funcionam como réguas invisíveis que medem a trajetória dos satélites até o receptor.*
>
> ENGE, Per. Coordenadas do futuro. *Scientific American Brasil*, jun. 2004.

1. Quais são as principais vantagens e desvantagens na utilização de um GPS para a localização de um corpo na Terra?
2. De que maneiras o GPS pode contribuir para o combate à criminalidade?

Exercício resolvido

1. A seguir são apresentados dois textos que fizeram parte do processo seletivo para ingresso na Universidade Federal do Paraná, em 2007.

Texto 1

Curitiba – Um grupo de índios da tribo cainguangue, de Tamarana, a 340 km de Curitiba, no norte do Paraná, invadiu na tarde de domingo a usina hidrelétrica de Apucaraninha, pertencente à Companhia Paranaense de Energia (Copel). [...] *Os índios querem uma indenização rápida no processo de indenização por danos ambientais, que cobram da Copel.* [...]

FADEL, Evandro. *Índios invadem usina da Copel para negociar indenização ambiental.* 16 out. 2006. Disponível em: <www.estadao.com.br/arquivo/economia/2006/not20061016p17324.htm>. Acesso em: ago. 2012.

Texto 2

[...] *Os índios da reserva Apucaraninha, em Tamarana, invadiram a usina hidrelétrica da Copel (80 km de Londrina), que está localizada dentro da aldeia. Eles protestam contra a demora no pagamento da indenização, gerada em razão dos impactos ambientais causados pela instalação da usina há quase 60 anos.* [...]

ARAÚJO, Fernando. Índios invadem usina e fazem dois reféns em Apucaraninha. *Jornal de Londrina*, 17 out. 2006.

Sabendo que, em relação ao centro de Curitiba, a terra indígena se localiza a 340 km a noroeste e, em relação ao centro de Londrina, ela se encontra a 80 km ao sul, responda às seguintes questões:

a) Nos dois textos, a localização da terra indígena é apresentada de forma diferente. Qual dos dois textos está correto?

b) Adotando a terra indígena como referência, qual é a localização de Curitiba?

Resolução

a) Os dois textos estão corretos. A diferença na informação da localização da terra indígena se deve à adoção de sistemas de referência diferentes. Em relação ao centro de Curitiba, a terra indígena está a 340 km a noroeste; em relação ao centro de Londrina, está a 80 km ao sul, conforme o mapa a seguir.

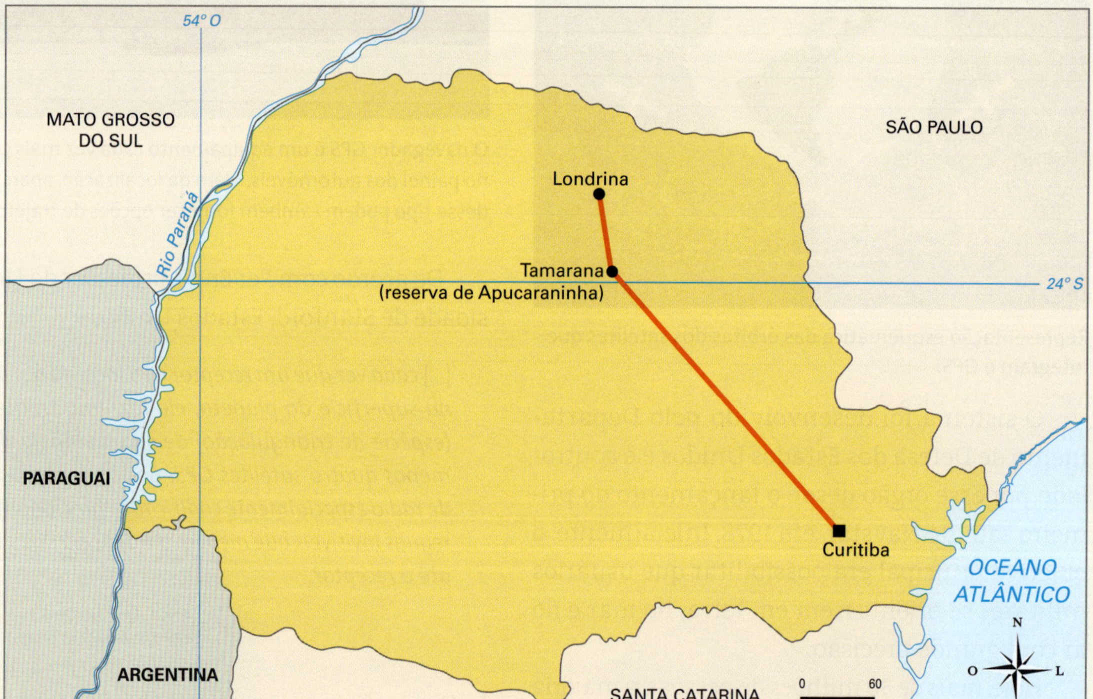

Mapa do estado do Paraná. A linha vermelha indica a distância entre a reserva indígena de Apucaraninha, a cidade de Londrina e Curitiba.

b) Em relação ao centro da terra indígena, Curitiba localiza-se a 340 km a sudeste. Veja o mapa.

Movimento, repouso e trajetória

Na **figura 2.7**, o Cascão está parado ou em movimento? Observe que, em relação ao *skate*, ele está em repouso; mas, em relação ao solo, está em movimento, com o *skate*. Afinal, Cascão está ou não em movimento? Seria possível realizar um experimento para comprovar se **realmente** ele está em movimento? Em outras palavras, é possível determinar o movimento absoluto de um corpo, ou somente podemos determinar seu movimento relativo em relação a outro corpo?

A localização de um móvel não permite dizer se ele está ou não em movimento. Um móvel se encontra em movimento em relação a determinado referencial quando ele muda de posição no decorrer do tempo. Se, durante determinado intervalo de tempo, a sua posição permanece inalterada, ele está em repouso para esse referencial.

Figura 2.7 Quem está em movimento?

Física explica

O absoluto e o relativo

"[...] Imaginemos por exemplo que estamos no mar, a bordo de um barco, e observamos outro barco ultrapassando o nosso. Suponhamos também que estamos tão distantes da costa que tudo o que vemos é o outro barco. Considerando apenas os dados sensoriais, não temos nenhuma possibilidade de determinar se nosso barco está parado e o outro em movimento ou se, ao contrário, o outro está parado e o nosso para trás, à deriva. Nos dois casos, em um mar calmo, nosso barco parecerá imóvel sob nossos pés.

[...] Essas interpretações, compatíveis com nossos dados sensoriais, significam que nossos sentidos são impotentes para determinar a situação real. Em outras palavras, os dados sensoriais nos revelam não nosso movimento real, mas unicamente nosso movimento em relação a outros corpos, no caso o segundo barco.

Esta relação é simétrica: se um corpo é animado de um movimento relativo em relação a outro corpo, o segundo corpo é animado de um movimento relativo em relação ao primeiro, com uma velocidade igual, mas de sentido oposto.

Retomando o exemplo, o segundo barco está em movimento relativo em relação ao nosso, e nós o vemos nos ultrapassar. Mas um observador situado no segundo barco vê o nosso passar em sentido inverso: nosso barco está de fato em movimento relativo em relação ao desse observador. Essa simetria, inerente ao movimento relativo, significa que é impossível determinar qual dos dois está realmente em movimento.

O movimento aparente do Sol no céu significa não só que o Sol está em movimento relativo em relação à Terra, mas também que a Terra está em movimento relativo em relação ao Sol. É ilusório, portanto, perguntar qual dos dois, o Sol ou a Terra, está animado de um movimento absoluto."

BEN-DOV, Yoav. *Convite à Física*. Rio de Janeiro: Jorge Zahar, 1996. p. 23.

Se dois carros movimentam-se lado a lado com a mesma velocidade, qual deles está em movimento:

a) em relação ao solo?

b) em relação ao outro?

Trajetória

Quando um corpo se movimenta, ele deixa "pegadas" (**figura 2.8**) por onde passa.

Essas "pegadas" determinam a sua trajetória, isto é, indicam se o corpo se movimenta em linha reta ou em curva. Além disso, o espaçamento entre as "pegadas" pode nos fornecer informações a respeito da velocidade do corpo, mostrando se ela permaneceu constante, se aumentou ou diminuiu. Com todos esses dados, podemos prever onde o corpo estará em determinado instante ou quanto tempo será necessário para alcançá-lo.

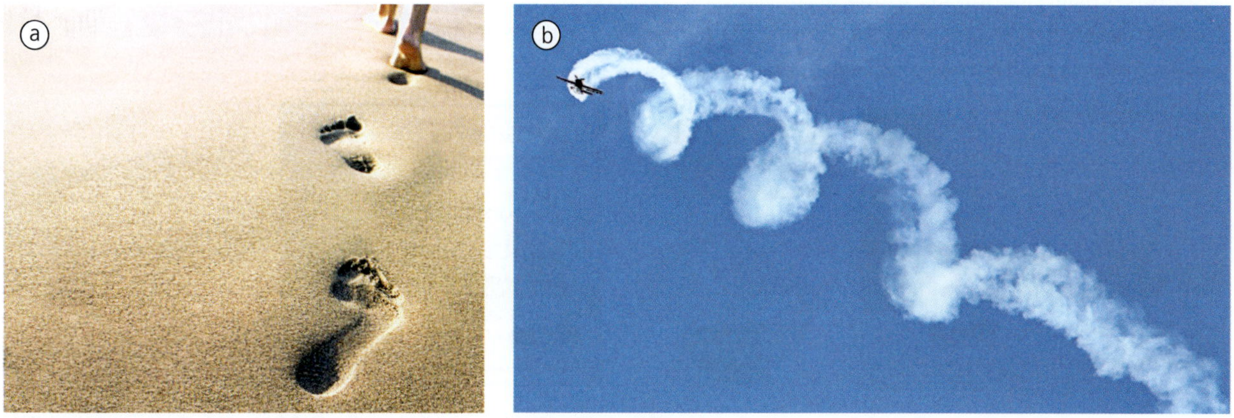

Gerashcenko Kostiantyn/Shutterstock/Glow Images

Saddako/Shutterstock/Glow Images

Figura 2.8 Assim como as pegadas que uma pessoa deixa na areia (**a**), "pegadas" como os rastros de fumaça produzidos em voos de exibição (**b**) evidenciam a trajetória de um corpo em movimento.

Exercícios

4. (UFRJ) Heloísa, sentada na poltrona de um ônibus, afirma que o passageiro sentado à sua frente não se move, ou seja, está em repouso. Ao mesmo tempo, Abelardo, em pé à margem da rodovia, vê o ônibus passar e afirma que o referido passageiro está em movimento.

Paulo Manzi/Arquivo da editora

De acordo com os conceitos de movimento e repouso usados em Mecânica, explique de que maneira devemos interpretar as afirmações de Heloísa e Abelardo para dizer que ambos estão corretos.

5. Imagine a seguinte experiência: um marinheiro deixa cair uma chave do alto do mastro de um barco. Em relação a esse fato, apresentamos as seguintes considerações:

I. Se o barco estiver em repouso, a chave cairá exatamente ao pé do mastro e sua trajetória é retilínea.

II. Se o barco estiver em movimento, a chave cairá em um ponto próximo da popa do barco e sua trajetória é parabólica.

III. Para uma pessoa fora do barco, independentemente de o barco estar em repouso ou em movimento, a trajetória da chave é retilínea.

Qual(is) consideração(ões) está(ão) correta(s)? Justifique.

6. Suponha agora que você está ao pé do mastro do barco e jogue a chave verticalmente para cima, na tentativa de devolvê-la para o marinheiro que se encontra no alto do mastro. Admitindo que o marinheiro não consiga pegar a chave, e considerando que a Terra gira em torno do Sol com uma velocidade de cerca de 30 quilômetros por segundo, analise as afirmativas seguintes.

I. A chave voltará exatamente para a sua mão, ou seja, ela cai no pé do mastro.

II. A chave cai a alguns quilômetros longe do ponto de lançamento em razão da velocidade de revolução da Terra em torno do Sol.

3 Espaço, deslocamento e velocidade

Vamos desenvolver os conceitos de espaço, deslocamento e velocidade levando em conta que o móvel realiza um movimento unidimensional.

Movimento unidimensional é aquele que acontece ao longo de uma linha. Por exemplo, nas rodovias, a localização é feita por meio de placas correspondentes aos marcos quilométricos. Assim, uma placa com a indicação "km 407" (figura 2.9) nos informa que aquele ponto se encontra a 407 km do marco zero (origem) da rodovia, adotado como referencial.

Figura 2.9 Este ponto se encontra a 407 km do marco zero da rodovia.

Nas ruas, a numeração das casas obedece a critérios preestabelecidos. De modo geral, a numeração aumenta no sentido centro-bairro e o número da casa indica aproximadamente a distância, em metros, daquele ponto ao início da rua, adotado como referencial. Assim, a numeração é feita de tal maneira que os números pares são colocados no sentido crescente à direita de quem olha para o final da rua.

Nos dois exemplos citados, a localização de um móvel é feita com **uma única coordenada**: a indicação da placa (figura 2.10) ou o número da casa. Essa é a característica do movimento unidimensional: uma única coordenada define a posição do móvel. Essa coordenada – uma medida algébrica positiva ou negativa – recebe o nome de **espaço**, que representaremos pela letra S.

Figura 2.10 Indicar o intervalo da numeração de cada quarteirão é um meio de facilitar a localização. Na foto, vemos uma placa voltada para o quarteirão que vai do número 990 ao 902 de uma rua do município de São Paulo, SP.

O espaço S é a medida algébrica da distância, obtida ao longo da trajetória, do ponto onde se encontra o móvel ao ponto de referência adotado como origem (O).

Na figura 2.11, o espaço do móvel na posição A é $S_A = 80$ km e o espaço do móvel na posição B é $S_B = -30$ km. Assim, podemos dizer que, se o móvel está no ponto A, ele está a 80 km à direita do ponto de referência, e estando no ponto B, está a 30 km à esquerda do mesmo ponto de referência. A orientação "positivo para a direita" é arbitrária, isto é, dependendo da situação, podemos adotar livremente a orientação "positivo para a esquerda".

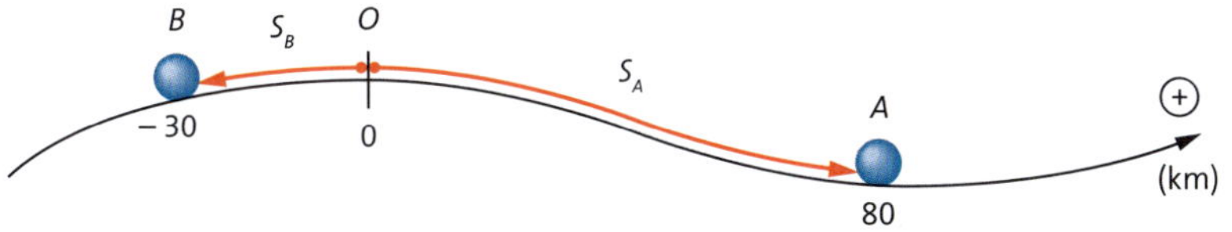

Figura 2.11 Representação esquemática do espaço de um móvel.

A unidade do espaço é qualquer unidade de medida de comprimento. Portanto, podemos usar milímetro (mm), centímetro (cm), metro (m), quilômetro (km), etc.

Se o móvel modifica sua posição, o espaço varia. Nesse caso, dizemos que o móvel sofreu um **deslocamento escalar**, que representamos por ΔS, dado pela diferença entre o espaço final S_f e o espaço inicial S_i:

$$\Delta S = S_f - S_i$$

O deslocamento escalar pode ser positivo, negativo ou nulo; nem sempre ele equivale à distância efetivamente percorrida pelo móvel, que é sempre positiva; na verdade, essa equivalência só acontece quando o móvel se movimenta sempre no mesmo sentido e a favor da orientação da trajetória.

Exercício resolvido

2. O mapa representa um trecho da rodovia BR-116, na qual destacamos as cidades de Porto Alegre (km 0), São Leopoldo (km 34), Novo Hamburgo (km 45), Nova Petrópolis (km 106) e Caxias do Sul (km 136). As quilometragens entre parênteses indicam as distâncias, em quilômetros, de cada cidade a Porto Alegre, tomada como referencial.

Suponha que um automóvel saia de Porto Alegre, vá até Caxias do Sul e, em seguida, retorne a São Leopoldo. Com base nessas informações, determine:

a) o espaço do automóvel quando ele se encontra em Caxias do Sul e em São Leopoldo;

b) o deslocamento escalar ΔS do automóvel entre Porto Alegre e Caxias do Sul, entre Caxias do Sul e São Leopoldo e entre Porto Alegre e São Leopoldo;

c) a distância efetivamente percorrida d pelo automóvel no trajeto Porto Alegre-Caxias do Sul-São Leopoldo.

Trecho da rodovia BR-116.

Adaptado de: *Atlas geográfico escolar*. Rio de Janeiro: IBGE, 2012. p. 177.

Resolução

a) De acordo com os dados, quando o automóvel se encontra em Caxias do Sul, o seu espaço é 136 km. E, quando ele se encontra em São Leopoldo, seu espaço é 34 km.

b) Entre Porto Alegre (PA) e Caxias do Sul (CS), o deslocamento escalar é:

$$\Delta S = S_{CS} - S_{PA} \Rightarrow \Delta S = 136 - 0 \Rightarrow \Delta S = 136 \text{ km}$$

Entre Caxias do Sul (CS) e São Leopoldo (SL), temos:

$$\Delta S = S_{SL} - S_{CS} \Rightarrow \Delta S = 34 - 136 \Rightarrow \Delta S = -102 \text{ km}$$

E entre Porto Alegre (PA) e São Leopoldo (SL):

$$\Delta S = S_{SL} - S_{PA} \Rightarrow \Delta S = 34 - 0 \Rightarrow \Delta S = 34 \text{ km}$$

c) A distância efetivamente percorrida pelo automóvel no trajeto Porto Alegre-Caxias do Sul-São Leopoldo é a soma da distância percorrida no trajeto de Porto Alegre a Caxias do Sul com a distância percorrida no trajeto de Caxias do Sul a São Leopoldo.

No primeiro trajeto, o automóvel vai do km 0 ao km 136, percorrendo uma distância igual a:

$$d_1 = 136 - 0 \Rightarrow d_1 = 136 \text{ km}$$

E, no segundo trajeto, o automóvel vai do km 136 para o km 34, percorrendo uma distância igual a:

$$d_2 = 136 - 34 \Rightarrow d_2 = 102 \text{ km}$$

Portanto, a distância total percorrida é:

$$d_T = d_1 + d_2 \Rightarrow d_T = 136 + 102 \Rightarrow d_T = 238 \text{ km}$$

Velocidade

A primeira ideia que fazemos de velocidade está associada à rapidez. Quanto maior é a velocidade de um carro, mais rápido ele se movimenta e, portanto, maior é a distância percorrida por ele em dado intervalo de tempo. Essa ideia nos remete ao valor numérico da velocidade, aquele indicado no velocímetro dos automóveis. Se um carro parte de uma cidade com o velocímetro sempre indicando 60 km/h, aproximadamente, será que podemos afirmar, com segurança, que após duas horas o carro vai estar a 120 km do ponto de partida? A resposta é: não, a menos que tenhamos o conhecimento prévio da direção e do sentido do movimento. O velocímetro de um automóvel indica o valor numérico da velocidade em determinado instante (velocidade instantânea), sem levar em conta para onde o veículo se movimenta.

Para que a velocidade possa ser usada como fator fundamental para a localização de um móvel, em movimento unidimensional, é preciso associá-la ao deslocamento escalar e não à distância percorrida. Isso nos leva ao conceito de velocidade escalar média, representada por v_m. Vejamos um exemplo.

Um carro parte às 7h de um ponto localizado no km 50 de uma rodovia, e, às 10h, ele se encontra no km 110 (**figura 2.12**).

Figura 2.12 Representação esquemática do movimento de um carro em uma rodovia.

De acordo com essas informações, determinamos que o deslocamento do carro foi de 60 km (isto é, 110 km − 50 km) em um intervalo de tempo de 3 h (decorridas entre 7h e 10h). Logo, podemos afirmar que, em média, o carro se deslocou 20 km a cada hora. Esse resultado (20 km/h) é o valor da velocidade escalar média.

Observe que, para o cálculo da velocidade escalar média, não interessa o que se passou com o carro durante essas três horas de percurso. Mesmo que o hodômetro do carro indique uma distância percorrida de, por exemplo, 200 km, ela não é levada em conta. Para o cálculo da velocidade escalar média somente interessam o deslocamento escalar e o correspondente intervalo de tempo.

Assim, a velocidade escalar média (v_m) é dada pela relação entre o deslocamento escalar (ΔS) e o correspondente intervalo de tempo (Δt). Em símbolos, temos:

$$v_m = \frac{\Delta S}{\Delta t}$$

OED Velocidade constante

No Sistema Internacional (SI), a unidade de velocidade é o **metro por segundo** (m/s), mas é muito comum no dia a dia o emprego da unidade **quilômetro por hora** (km/h). Pode-se demonstrar que 1 m/s é equivalente a 3,6 km/h. Para isso, devemos lembrar que 1 km = 1 000 m e que 1 h = 3 600 s. Portanto:

$$1\,\frac{km}{h} = \frac{1\,000\ m}{3\,600\ s} = \frac{1\ m}{3{,}6\ s} \Rightarrow 1\,\frac{m}{s} = 3{,}6\,\frac{km}{h}$$

Embora os velocímetros indiquem sempre um valor positivo para a velocidade, a velocidade escalar média pode ser positiva, negativa ou nula, pois ela acompanha o sinal do deslocamento. Um deslocamento positivo (isto é, no mesmo sentido da orientação da trajetória) implica uma velocidade escalar média positiva, e um deslocamento negativo (sentido contrário ao da orientação da trajetória) implica uma velocidade escalar média negativa. Se o espaço final (S_f) coincidir com o espaço inicial (S_i), o deslocamento escalar é nulo e o mesmo acontece com a velocidade escalar média. O fato de a velocidade escalar média ser nula não implica, necessariamente, que o móvel não tenha se movimentado.

Exercício resolvido

3. Uma cidade *A* está situada no km 160 de uma rodovia. Se um carro parte dessa cidade e desenvolve uma velocidade escalar média de 70 km/h, em módulo, determine a sua posição, após 2,0 h de percurso, nas seguintes condições:

a) o carro movimenta-se no sentido da orientação da rodovia;

b) o carro movimenta-se no sentido contrário à orientação da rodovia.

Resolução

As duas situações citadas estão representadas na figura seguinte. No primeiro caso (item **a**), a velocidade é considerada positiva, e no segundo (item **b**), a velocidade é considerada negativa.

a) $v_m = \frac{\Delta S}{\Delta t} = 70 = \frac{\Delta S}{2{,}0} \Rightarrow \Delta S = 140$ km

b) $v_m = \frac{\Delta S}{\Delta t} = -70 = \frac{\Delta S}{2{,}0} \Rightarrow \Delta S = -140$ km

Então, para obter a posição do carro na rodovia após 2,0 h de percurso, basta lembrar que $\Delta S = S_f - S_i$. Assim, temos:

a) $\Delta S = S_f - S_i \Rightarrow 140 = S_f - 160 \Rightarrow S_f = 300$ km

b) $\Delta S = S_f - S_i \Rightarrow -140 = S_f - 160 \Rightarrow S_f = 20$ km

Portanto, se o carro parte do km 160 e movimenta-se no sentido da orientação da rodovia, após 2,0 h vai estar no km 300. Se ele se movimentar no sentido contrário à orientação da rodovia, vai estar no km 20.

Exercícios

7. A Anhanguera (SP-330) é uma importante rodovia do estado de São Paulo. Na figura abaixo, podemos ver representadas algumas cidades existentes ao longo dessa rodovia.

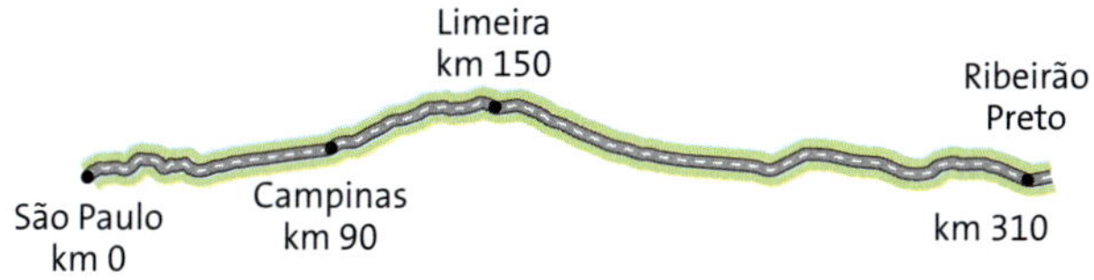

a) De acordo com a figura, qual é o espaço *S* da cidade de Campinas? E o da cidade de Ribeirão Preto?

b) Qual é o deslocamento escalar de um carro que vai de São Paulo a Limeira?

c) Se um carro vai de São Paulo a Limeira e retorna a Campinas, o deslocamento escalar e a distância percorrida são iguais?

8. De acordo com o Código de Trânsito Brasileiro, quando a velocidade em rodovias, vias de trânsito rápido e arteriais for superior em mais de 20% à máxima permitida e, nas demais vias, superior em mais de 50%, a infração é gravíssima. Na Rodovia dos Bandeirantes, no estado de São Paulo, a velocidade máxima permitida para automóveis é de 120 km/h. Se um radar acusar, para determinado automóvel, a velocidade de 140 km/h, a infração pode ser considerada gravíssima? Justifique.

9. Para fiscalizar excessos de velocidade em uma rodovia, um policial dispõe de duas marcas separadas por 1 000 m. Com um cronômetro, ele mede o intervalo de tempo gasto pelos carros entre essas duas marcas. Sabendo que a velocidade máxima permitida nessa rodovia é de 100 km/h, responda: se, para determinado carro, o cronômetro registrou um tempo de 32 s, esse carro excedeu ou não o limite de velocidade? Justifique.

10. A figura ilustra trechos de algumas ruas de uma região plana de uma cidade, onde uma pessoa faz caminhadas todas as tardes.

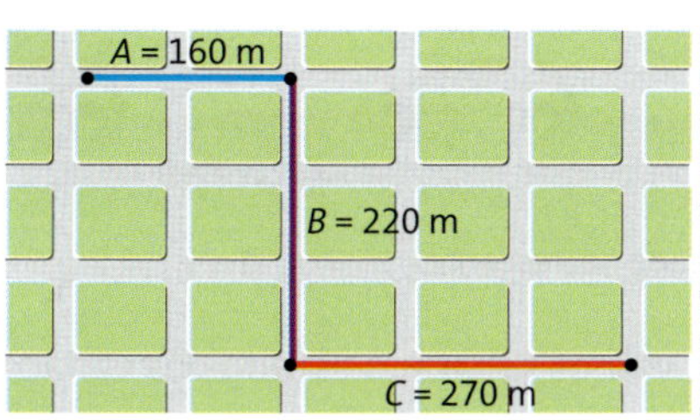

Ilustrações: Formato/Arquivo da editora

Quanto tempo, em minutos, ela demora para fazer o percurso *ABC*, mostrado na figura, se ela caminha, em média, 100 m por minuto?

11. (Ufes)

Saúde e Esporte *— A primeira maratona dos Jogos Olímpicos modernos foi realizada no ano de 1896. A maratona moderna originou-se da lenda segundo a qual um herói grego sacrificou a sua vida para percorrer os 40 km entre as cidades de Maratona e Atenas, na Grécia. O corredor era Pheidippides, que correu essa distância para levar a notícia da vitória grega sobre os persas, na Batalha de Maratona, no ano de 490 antes de Cristo. Em 1908, nos Jogos Olímpicos de Londres, o percurso da maratona sofreu uma alteração. Para que a família real britânica pudesse assistir ao início da prova do jardim do Castelo de Windsor, o comitê organizador aferiu a distância total em 42 195 metros, que continua até hoje. Atualmente o recorde mundial pertence ao marroquino, naturalizado americano, Khalid Khannouchi, de 30 anos, que, no dia 14 de abril de 2002, em Londres, estabeleceu o tempo de 2h5min38s, média de 2min57s por quilômetro (1h2min42s nos 21 km iniciais). O primeiro resultado oficial de uma mulher a correr uma maratona pertence à inglesa Violet Piercy, com o tempo de 3h40min22s, no ano de 1926.*

Disponível em: <www.atletas.net/atletismo/historia>. Acesso em: ago. 2007. Adaptado.

Com base nos dados fornecidos no texto, o valor que mais se aproxima da velocidade média no percurso total do recordista mundial da maratona é:

a) 0,2 m/s.
b) 5,6 km/h.
c) 5,6 m/s.
d) 14 km/min.
e) 0,2 km/h.

12. A cidade de Ribeirão Preto encontra-se a aproximadamente 320 km de São Paulo, capital desse estado. Diariamente, duas linhas de ônibus fazem o trajeto entre as duas cidades, ida e volta. A linha *A* opera nas horas inteiras (6h; 7h; 8h; ...) e a linha *B*, nas meias horas (6h30min; 7h30min; 8h30min; ...). O trajeto é feito a uma velocidade média de 80 km/h com uma parada obrigatória de 20 minutos praticamente no meio do caminho.

Se Pedro sair de Ribeirão Preto às 8h da manhã com destino a São Paulo e Mateus sair de São Paulo às 11h30min da manhã do mesmo dia, com destino a Ribeirão Preto:

a) Pedro chegará a São Paulo antes da saída de Mateus.

b) Quando Pedro chegar a São Paulo, Mateus estará, praticamente, a 80 km de São Paulo.

c) A parada do ônibus de Mateus ocorrerá às 13h.

d) Os ônibus de Pedro e de Mateus se cruzarão na estrada às 11h55min.

e) Ambos utilizarão ônibus de uma mesma linha.

4 Aceleração

Algumas pessoas têm verdadeiro pavor das altas velocidades. No entanto, o que realmente incomoda a essas pessoas não é a velocidade em si, mas sim suas variações. Por exemplo, em algumas viagens de avião, a velocidade é superior a 800 km/h e as pessoas movimentam-se tranquilamente nele, como se o avião estivesse parado em relação ao solo. Em outras situações, as pessoas buscam o prazer de sentir os efeitos das variações de velocidade, como aquelas que vão aos parques de diversões em busca de brinquedos "radicais" (figura 2.13). Você pode imaginar como seria um passeio em uma montanha-russa se o carrinho subisse e descesse sempre com a mesma velocidade? Certamente não teria graça.

Rubens Chaves/Pulsar Imagens

Figura 2.13 As sensações que experimentamos em uma montanha-russa são decorrentes de variações de velocidade.

Na Física, quando ocorre mudança na velocidade de um corpo, dizemos que existe **aceleração**. Geralmente, a palavra "aceleração" é associada a um aumento de velocidade. No cotidiano, acelerar significa aumentar a velocidade. Nas ciências, o termo **acelerar** possui um sentido mais amplo. Aceleramos quando produzimos um aumento na velocidade (figura 2.14), aceleramos quando produzimos uma diminuição na velocidade (figura 2.15) e aceleramos quando fazemos uma alteração na trajetória, mesmo que o valor da velocidade permaneça constante.

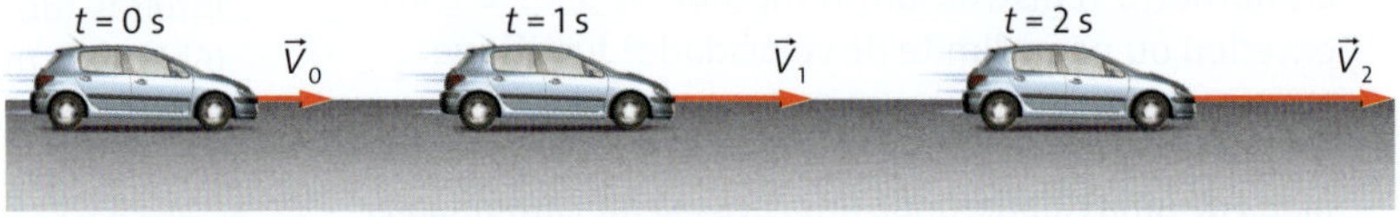

Figura 2.14 Exemplo de velocidade crescente.

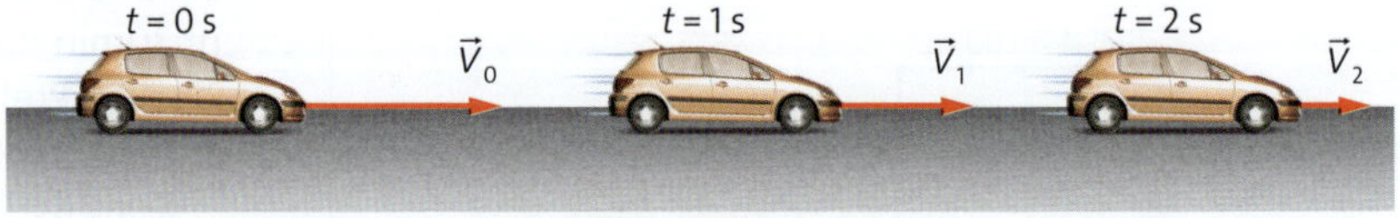

Figura 2.15 Exemplo de velocidade decrescente.

Paulo Manzi/Arquivo da editora

Para efeitos didáticos, vamos separar o estudo das variações de velocidade — a aceleração — em dois casos distintos: no primeiro, as variações ocorrem somente no valor numérico da velocidade, e, no segundo caso, as variações ocorrem somente na direção da velocidade. Neste capítulo estudaremos somente o primeiro caso. O segundo caso será tratado nos movimentos curvilíneos, no capítulo seguinte.

Aceleração escalar

Geralmente, as revistas especializadas publicam resultados de testes realizados com os mais diversos modelos de automóveis. Entre outras informações técnicas, podemos observar que os automóveis de pequeno porte fazem de 0 km/h a 100 km/h em aproximadamente 16 s. Essa informação significa que, partindo do repouso, o carro demora 16 s para atingir a velocidade de 100 km/h. Em outras palavras, podemos dizer que, em média, a velocidade do carro aumenta 6,25 km/h a cada segundo. Esse valor, 6,25 (km/h)/s $\left(\text{resultado de } \dfrac{100 \text{ km/h}}{16 \text{ s}}\right)$, representa a variação da velocidade escalar por unidade de tempo e é denominado **aceleração escalar média (a_m)**.

Assim, se um móvel possui velocidade escalar instantânea v_1 no instante t_1 e, após um intervalo de tempo Δt, possui velocidade escalar instantânea v_2 no instante t_2, a aceleração escalar média é dada pela razão entre a variação de velocidade escalar instantânea (Δv) e o intervalo de tempo correspondente (Δt):

$$a_m = \frac{\Delta v}{\Delta t} = \frac{v_2 - v_1}{t_2 - t_1}$$

No SI, a unidade de aceleração é (m/s)/s = m/s². Assim, o automóvel do exemplo anterior possui uma aceleração dada por:

$$a_m = \frac{\Delta v}{\Delta t} = \frac{\dfrac{100 - 0}{3,6}}{16} \Rightarrow \frac{\Delta v}{\Delta t} = 1,7 \text{ m/s}^2$$

Quando consideramos a aceleração escalar em determinado instante, e não em um intervalo de tempo, ela recebe a denominação de **aceleração escalar instantânea (a)**.

Algumas observações são necessárias:

- A aceleração não indica o sentido do movimento, apenas mostra com que rapidez a velocidade varia.
- A aceleração é uma grandeza algébrica, ou seja, pode ser positiva, negativa ou nula. Uma aceleração positiva não significa, obrigatoriamente, que a velocidade esteja aumentando. Do mesmo modo, uma aceleração negativa não significa, obrigatoriamente, que a velocidade esteja diminuindo.

Trabalho em equipe

Reúna-se com um colega e, com base nas informações dadas sobre a aceleração escalar e no gráfico, determinem a aceleração média do jamaicano Usain Bolt na quebra do recorde mundial em 2009. Vocês consideram que essa aceleração pode ser considerada sempre crescente?

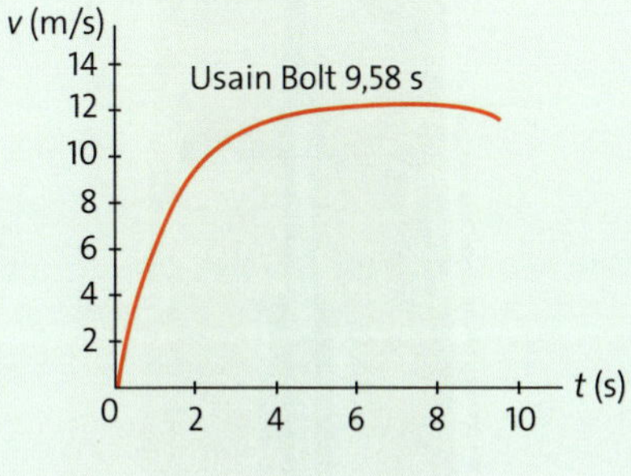

Paul Brennan/Shutterstock/Glow Images

Figura 2.16
O "elevador" simula, em parte de seu trajeto, uma queda livre.

Aceleração da gravidade

Em alguns parques de diversões existe um brinquedo (**figura 2.16**) em que as pessoas experimentam, durante poucos segundos, a sensação de queda livre.

Embora a queda não seja exatamente livre, pois existe a resistência do ar, o dispositivo cumpre bem a sua função. Em menos de dois segundos, as pessoas atingem velocidades da ordem de 60 km/h. Trata-se de uma grande variação de velocidade em um pequeno intervalo de tempo, se comparada à aceleração de um carro de pequeno porte. O mesmo acontece com as pessoas que praticam o esporte denominado *bungee-jump*.

A expressão "queda livre" significa cair no vazio, sem a resistência que o ar oferece ao movimento dos corpos. Em queda livre, a velocidade de um corpo aumenta, aproximadamente, 35 km/h a cada segundo. Assim, partindo do repouso, após 1 s de queda, o corpo atinge a velocidade de 35 km/h (ou 9,8 m/s); após 2 s, 70 km/h (ou 19,6 m/s); após 3 s, 105 km/h (ou 39,2 m/s); e assim por diante (**figura 2.17**).

Essa variação de velocidade por unidade de tempo recebe o nome de **aceleração da gravidade**, que representamos pela letra g, e vale:

$$g = 35\,\frac{\text{km/h}}{\text{s}} = 9{,}8\,\frac{\text{m/s}}{\text{s}} = 9{,}8\ \text{m/s}^2$$

E como podemos comprovar esse valor de 9,8 m/s^2? O experimento mais simples para isso consiste em medir o tempo de queda de um corpo de uma altura predeterminada. Partindo do fato de que, em 1 s de queda livre, um corpo cai 4,9 m, a maior dificuldade desse experimento é medir o tempo de queda com precisão. Atualmente, existem dispositivos dotados de fotocélulas que, na passagem do corpo em queda, ligam e desligam cronômetros precisos, minimizando os erros de medição.

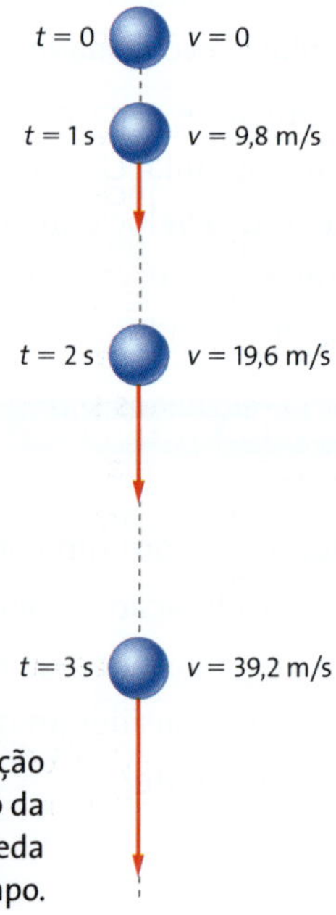

Figura 2.17 Representação esquemática da variação da velocidade de um corpo em queda livre ao longo do tempo.

Existem situações nas quais as pessoas ficam sujeitas a uma aceleração maior do que g, como acontece no cotidiano de pilotos de avião e astronautas. Em manobras do tipo "mergulho", como a mostrada na figura 2.18, os pilotos dos aviões podem ser submetidos a acelerações bem maiores do que g, especialmente quando manobram para retomar a subida.

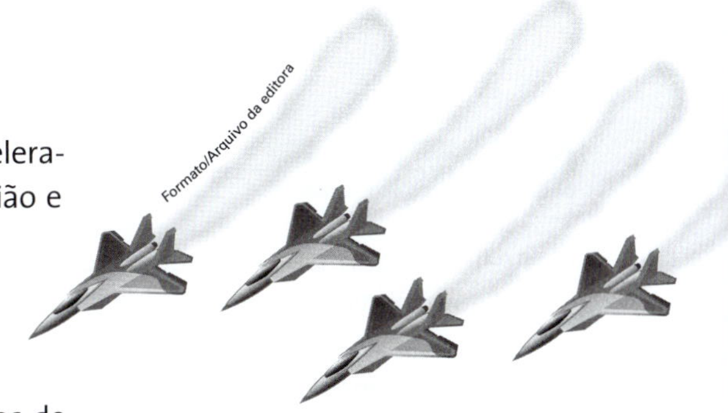
Formato/Arquivo da editora

Figura 2.18 Aviões a jato executando um "mergulho".

O mesmo pode acontecer com os astronautas nos lançamentos de naves espaciais. Durante o treinamento, pilotos e astronautas passam por um período de adaptação em equipamentos denominados centrífugas (figura 2.19) para que conheçam os efeitos das altas acelerações a que serão submetidos em voo. Além de náuseas e tonturas, acelerações de valor elevado chegam a causar até mesmo a perda da consciência.

Bill Heinsohn/Alamy/Other Images

Figura 2.19 Centrífuga utilizada no treinamento de pilotos e astronautas.

Classificação dos movimentos

Velocidade escalar

Um objeto pode se movimentar no sentido da orientação positiva da trajetória ou no sentido contrário a essa orientação. No primeiro caso, sua velocidade é positiva ($v > 0$) e o movimento é denominado **progressivo**; no segundo caso, a velocidade é negativa ($v < 0$) e o movimento recebe o nome de **retrógrado**.

Aceleração

O valor da velocidade em módulo (rapidez) de um móvel pode aumentar, diminuir ou permanecer constante, com o decorrer do tempo:

- se a rapidez aumenta, o movimento é denominado **acelerado**;
- se a rapidez diminui, o movimento é denominado **retardado**;
- se a rapidez é constante, o movimento é denominado **uniforme**.

Velocidade e aceleração

Vimos que a velocidade pode ser positiva ou negativa dependendo de sua orientação em relação à orientação da trajetória. A aceleração pode ser positiva, negativa ou nula, dependendo de o valor algébrico da velocidade estar aumentando, diminuindo ou permanecendo constante. Portanto, em relação aos sinais da velocidade e da aceleração, podemos ter:

- se a velocidade e a aceleração têm o mesmo sinal ($v > 0$ e $a > 0$; ou $v < 0$ e $a < 0$), o movimento é acelerado;
- se a velocidade e a aceleração têm sinais contrários ($v > 0$ e $a < 0$; ou $v < 0$ e $a > 0$), o movimento é retardado;
- se a aceleração é nula ($a = 0$), o movimento é uniforme.

Com base no exposto, concluímos que o fato de uma aceleração ser negativa não significa que o móvel está freando. Para concluir se um móvel é acelerado ou freado, devemos levar em conta os sinais da velocidade e da aceleração.

Exercícios

13. Analise as afirmativas seguintes e indique aquelas em que o movimento descrito certamente apresenta aceleração.

I. Um automóvel faz uma viagem de 400 km. Os primeiros 250 km são percorridos com uma velocidade média de 100 km/h. Após uma parada de 30 minutos, a viagem é reiniciada e os 150 km restantes são percorridos com velocidade média de 75 km/h.

II. Um ciclista efetua 20 voltas em um circuito circular com velocidade constante de 30 km/h.

III. Um automóvel move-se durante 20 minutos em uma estrada retilínea com o velocímetro indicando sempre 80 km/h.

14. Caçador nato, o guepardo é uma espécie de mamífero que reforça a tese de que os animais predadores estão entre os mais velozes da natureza. Afinal, a velocidade é essencial para os que caçam outras espécies em busca de alimento. O guepardo é capaz de, saindo do repouso e correndo em linha reta, chegar à velocidade de 72 km/h em apenas 2 s, o que nos permite concluir que o módulo de sua aceleração escalar média, em m/s^2, é igual a:

a) 10.

b) 15.

c) 18.

d) 36.

e) 50.

15. A figura mostra um jovem praticando o seu esporte preferido em uma pista apropriada.

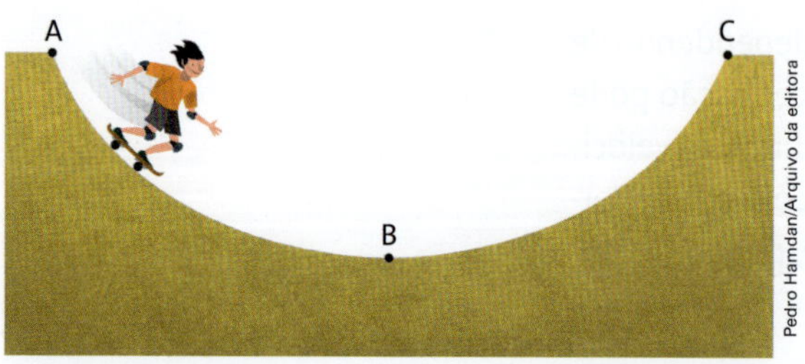

Pedro Hamdan/Arquivo da editora

Ele parte do repouso no ponto *A*, sua velocidade aumenta até atingir o ponto *B* e, em seguida, a velocidade diminui até ele parar, momentaneamente, no ponto *C*.

Classifique o movimento de *A* até *C*, orientando a trajetória positivamente de *A* para *C*.

16. Um estudante faz as seguintes afirmações sobre um móvel que cai apenas sob ação da gravidade:

I. Em 2 s o móvel estará a 19,6 m de distância da origem.

II. Em 3 s o móvel estará com uma velocidade de 39,2 m/s.

III. Em 6 s o móvel estará com uma velocidade de 58,8 m/s.

IV. Em 10 s o móvel estará com uma velocidade de 97 m/s.

Julgue as alternativas em seu caderno.

17. O motorista de um carro, em uma rodovia, avista uma placa com a seguinte indicação: "Posto de abastecimento a 20 km". Se a velocidade máxima permitida nessa rodovia é 100 km/h, qual é o intervalo de tempo mínimo necessário para que o motorista chegue ao posto de abastecimento sem exceder o limite de velocidade?

18. O Sol encontra-se a aproximadamente 150 milhões de quilômetros da Terra. Se, em determinado instante, ocorre um evento solar, após quanto tempo esse evento será observado na Terra? Considere que a luz se desloca com velocidade constante de 300 mil quilômetros por segundo.

19. Na figura abaixo, estão representados os espaços (em metros) em função do tempo (em segundos) de dois móveis, *A* e *B*, que se movimentam, simultaneamente, na mesma trajetória.

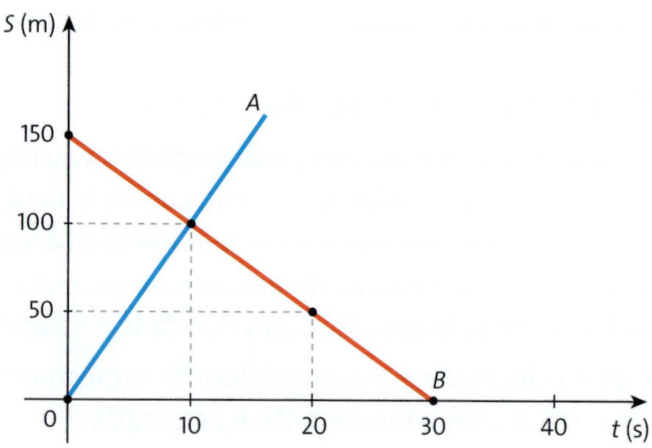

a) Os móveis se movimentam no mesmo sentido ou em sentidos contrários?

b) Em que instante e em que ponto os móveis se encontram?

c) Determine a velocidade de cada móvel.

5 Movimento uniforme (M.U.)

Nas grandes cidades, em razão do intenso trânsito de veículos, é praticamente impossível manter constante a velocidade de um carro. Já em uma rodovia, em determinados trechos retilíneos, não é raro que se consiga manter o carro em velocidade constante durante um tempo maior. Quando isso acontece, dizemos que o móvel realiza um **movimento retilíneo e uniforme**.

Podemos observar o movimento uniforme em algumas situações cotidianas. Por exemplo, as escadas rolantes (figura 2.20.a) se movimentam praticamente com velocidade constante. O mesmo pode ser dito das rodas-gigantes (figura 2.20.b). Com exceção das paradas, para que os passageiros possam entrar ou sair, o movimento da roda-gigante é praticamente uniforme. No caso da escada rolante, temos um movimento retilíneo e uniforme e, no da roda-gigante, o movimento é circular e uniforme. Outros exemplos de movimento uniforme são o dos ponteiros de um relógio e o das extremidades das pás de um ventilador.

A luz que recebemos do Sol percorre a maior parte da distância até a Terra a uma velocidade constante de aproximadamente 300 mil quilômetros por segundo. Já o som se propaga no ar com velocidade de cerca de 340 metros por segundo (aproximadamente 1200 km/h), enquanto você, sentado, lendo este livro, se movimenta em torno do Sol com a incrível velocidade, praticamente constante, de 107000 km/s!

Uma característica fundamental dos **movimentos uniformes** é a de, em **intervalos de tempo iguais, o móvel percorrer deslocamentos iguais**. Essa é a característica que define uma velocidade cujo valor numérico permanece constante.

Vejamos um exemplo. Se conseguirmos manter a velocidade de um carro constante em 90 km/h, observaremos que, em 15 minutos (0,25 h), ele percorre 22,5 km; em 30 minutos (0,50 h), 45 km; e em 1 hora, 90 km. Se for possível dar continuidade a esse movimento, em 2 horas o carro terá percorrido 180 km, e em 3 horas, 270 km.

Romakoma/Shutterstock/Glow Images

Deyan Georgiev/Shutterstock/Glow Images

Figura 2.20 O movimento de uma pessoa transportada em uma escada rolante (**a**), ou em uma roda-gigante (**b**), é um exemplo de movimento praticamente uniforme.

Tabela 2.1 – Deslocamentos e intervalos de tempo para um movimento uniforme no qual a velocidade é igual a 90 km/h	
Δt (h)	ΔS (km)
0,25	22,5
0,50	45
1,0	90
2,0	180
3,0	270

Um modo prático de mostrar a relação entre deslocamentos e intervalos de tempo é por meio de uma tabela, como a 2.1.

Podemos usar também um diagrama horário de eixos ortogonais, no qual representamos, no eixo vertical, os valores do deslocamento, e, no eixo horizontal, os valores do intervalo de tempo. A **figura 2.21** ilustra esse procedimento.

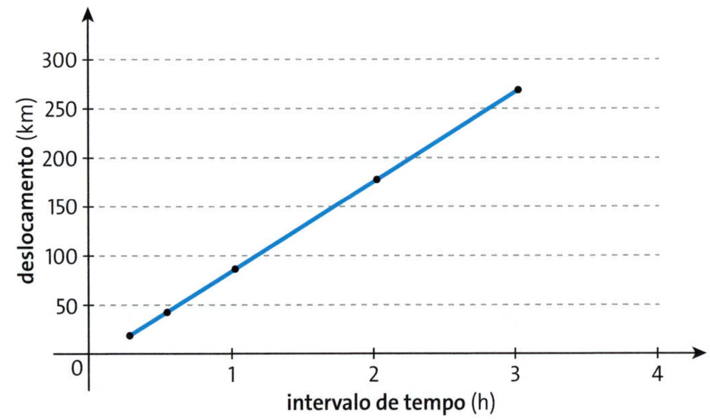

Figura 2.21 Gráfico deslocamento × tempo.

Observe, na tabela 2.1, ou no diagrama horário, que o deslocamento escalar (ΔS) é diretamente proporcional ao intervalo de tempo (Δt). Isso significa dizer que o quociente entre eles é uma constante:

$$\frac{\Delta S}{\Delta t} = \frac{22{,}5}{0{,}25} = \frac{45}{0{,}50} = \frac{90}{1{,}0} = \frac{180}{2{,}0} = \frac{270}{3{,}0} \Rightarrow \frac{\Delta S}{\Delta t} = 90 \text{ km/h}$$

De olho na velocidade

Essa razão constante é o valor da **velocidade escalar** (v) do veículo. Portanto, podemos escrever:

$$v = \frac{\Delta S}{\Delta t} \Rightarrow \Delta S = v \cdot \Delta t$$

A primeira equação acima é exatamente igual à da velocidade escalar média $\left(v_m = \frac{\Delta S}{\Delta t}\right)$, o que significa dizer: no movimento uniforme, é indiferente falarmos em velocidade escalar média ou velocidade escalar instantânea, pois a velocidade escalar é uma constante.

Na equação $\Delta S = v \cdot \Delta t$, substituindo ΔS por $S - S_0$ e Δt por $t - t_0$, obtemos:

$$S - S_0 = v \cdot (t - t_0)$$

Adotando o instante inicial t_0 como igual a zero, podemos escrever:

$$S = S_0 + v \cdot t$$

Esta última equação recebe nome de **função horária do espaço** do movimento uniforme e nos fornece o espaço de um móvel em qualquer instante $t \neq 0$, desde que sejam conhecidos o espaço inicial (espaço no instante $t = 0$) e sua velocidade (que é constante). A função $S = S_0 + v \cdot t$ aplica-se a qualquer movimento uniforme, seja ele retilíneo ou curvilíneo.

A utilização de diagramas horários como ferramenta auxiliar na resolução de situações que envolvem movimentos está ilustrada no exercício resolvido a seguir.

Diagramas horários

O diagrama horário de um movimento serve para visualizarmos o comportamento de uma grandeza (espaço, velocidade ou aceleração) em função do tempo. Vejamos, a seguir, a representação dessas grandezas no movimento uniforme.

Iniciemos pela aceleração escalar. No movimento uniforme, a aceleração escalar é nula; assim, a **figura 2.22** representa o diagrama horário para uma grandeza que é nula durante um intervalo de tempo Δt.

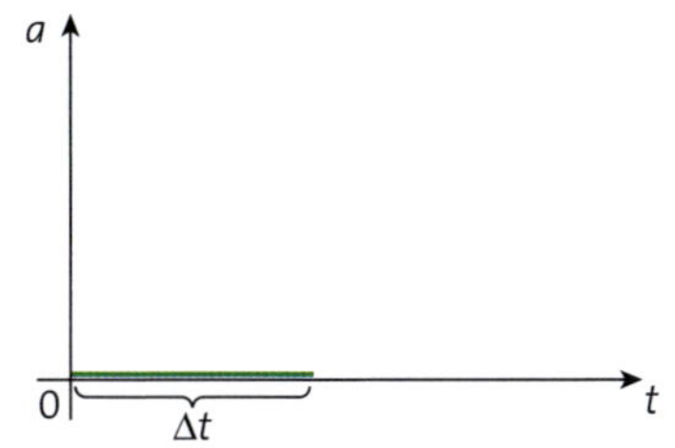

Figura 2.22 Diagrama horário da aceleração para o movimento uniforme.

Com relação à velocidade escalar, devemos lembrar que ela é constante para o movimento uniforme, podendo ser positiva (movimento progressivo) ou negativa (movimento retrógrado). Os diagramas horários correspondentes estão representados nas **figuras 2.23** e **2.24**.

Figura 2.23 Diagrama horário da velocidade escalar para o movimento uniforme e progressivo.

Figura 2.24 Diagrama horário da velocidade escalar para o movimento uniforme e retrógrado.

Para a construção do diagrama horário do espaço, devemos lembrar que o espaço varia com o tempo de acordo com a função:

$$S = S_0 + v \cdot t$$

A representação gráfica dessa função é uma reta inclinada em relação aos eixos S e t. As **figuras 2.25** e **2.26** ilustram, respectivamente, os diagramas horários para o espaço nos movimentos progressivo e retrógrado.

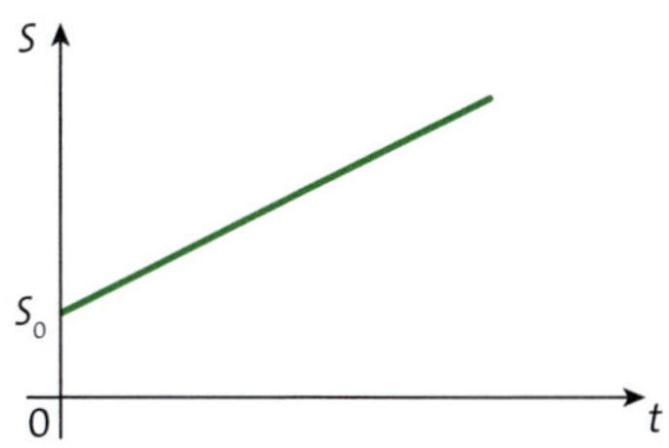

Figura 2.25 Movimento uniforme e progressivo ($v > 0$).

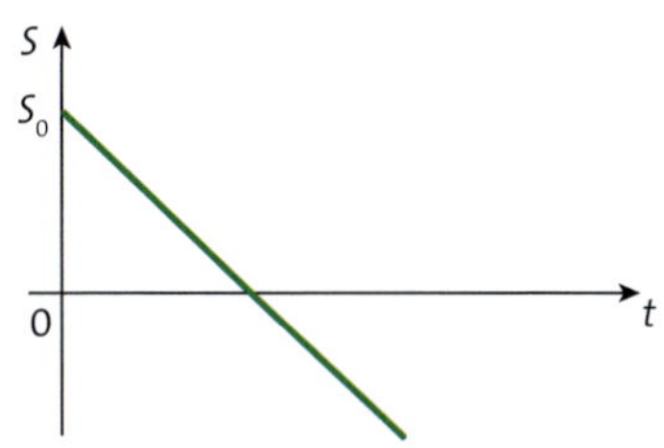

Figura 2.26 Movimento uniforme e retrógrado ($v < 0$).

Velocidade e deslocamento

A partir do diagrama horário da velocidade escalar, podemos efetuar o cálculo do deslocamento escalar para um determinado intervalo de tempo e, a partir do diagrama horário do espaço, efetuar o cálculo da velocidade escalar.

Vejamos o primeiro caso. Dado o diagrama horário da velocidade escalar (velocidade em função do tempo), podemos calcular o deslocamento escalar correspondente a um determinado intervalo de tempo (**figura 2.27**).

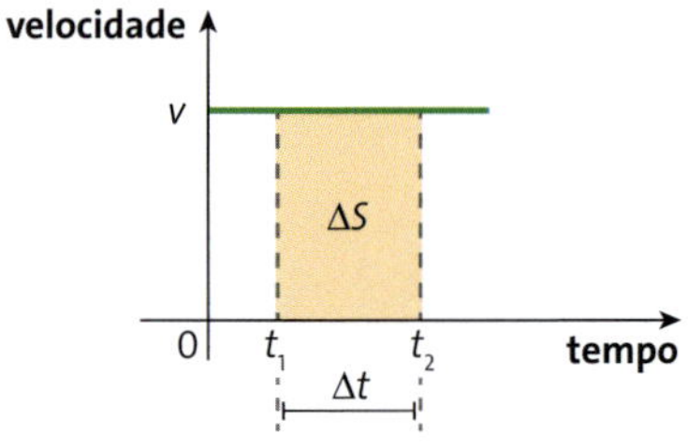

Figura 2.27 A área do gráfico fornece o deslocamento escalar.

Sabendo que, no M.U., $\Delta S = v \cdot \Delta t$ e que o produto $v \cdot \Delta t$ corresponde, numericamente, à área do retângulo assinalado na **figura 2.27**, temos:

$$\Delta S \overset{n}{=} \text{Área do retângulo}$$

No diagrama horário da velocidade escalar, o deslocamento escalar para um determinado intervalo de tempo é dado, numericamente, pela área do retângulo formado pela curva do gráfico com o eixo dos tempos.

Vejamos agora o cálculo da velocidade escalar a partir do diagrama horário do espaço (**figura 2.28**).

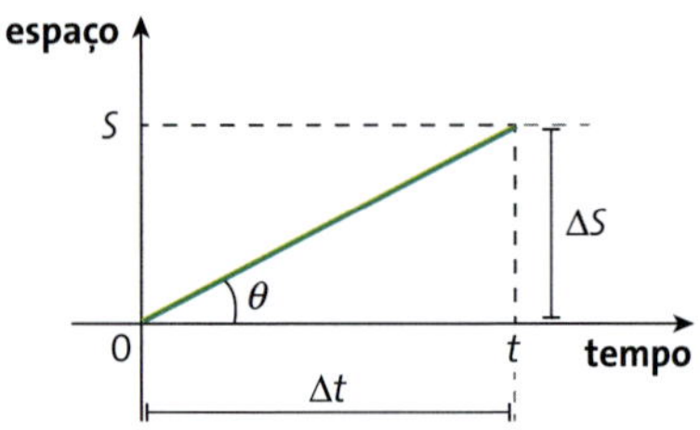

Figura 2.28 Diagrama espaço × tempo.

Observe, na **figura 2.28**, que a razão $\frac{\Delta S}{\Delta t}$ coincide com a expressão da tangente do ângulo θ:

$$\frac{\Delta S}{\Delta t} \overset{n}{=} \tan \theta$$

Lembrando que $v = \frac{\Delta S}{\Delta t}$, obtemos: $v \overset{n}{=} \tan \theta$

No diagrama horário do espaço, a velocidade escalar é dada, numericamente, pela tangente do ângulo que a linha do gráfico forma com o eixo horizontal.

Velocidade relativa de aproximação e de afastamento

Existem situações que envolvem dois ou mais corpos com velocidades diferentes. Nestes casos, temos que encontrar a velocidade relativa entre esses corpos. Para isso, devemos observar o sentido do movimento de cada corpo. Há duas opções para esse caso. Vejamos:

- velocidade com sentidos contrários
  O módulo da velocidade relativa entre os corpos *A* e *B* é dado pela soma dos módulos das velocidades *A* e *B*.

$$v_{AB} = v_A + v_B$$

- velocidade com mesmo sentido
  O módulo da velocidade entre os corpos *A* e *B* é dado pela diferença entre os módulos das velocidades *A* e *B*.

$$v_{AB} = v_A - v_B$$

Exercícios resolvidos

4. Dois móveis, *A* e *B*, movimentam-se simultaneamente numa mesma trajetória e no mesmo sentido. O diagrama horário abaixo representa o espaço *S* de cada móvel em função do tempo *t*.

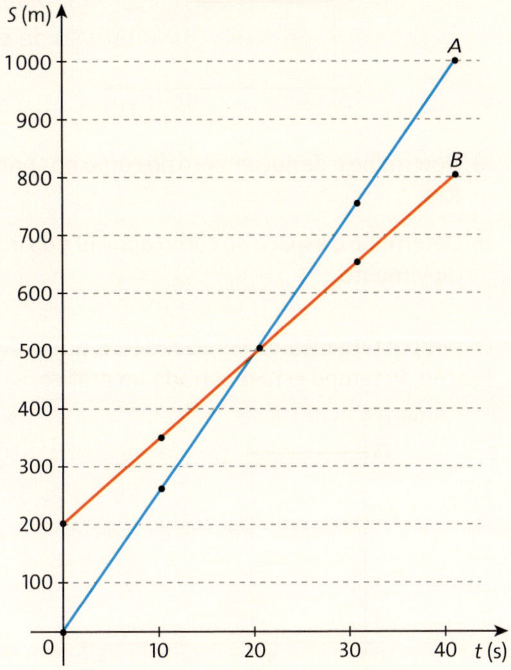

Com base no diagrama horário, determine:

a) o espaço inicial S_0 de cada móvel;

b) o instante em que os móveis se encontram na mesma posição;

c) a velocidade de cada móvel.

Resolução

a) De acordo com o diagrama horário, temos que, no instante $t = 0$, o espaço do móvel *A* é 0 (zero) e o do móvel *B* é 200 m. Então, os espaços iniciais são:

- Móvel *A*: $S_0 = 0$
- Móvel *B*: $S_0 = 200$ m

b) Para que os móveis estejam na mesma posição, eles devem apresentar o mesmo espaço *S*. De acordo com o diagrama horário, isso acontece no instante $t = 20$ s.

c) Podemos obter a velocidade de cada móvel por meio da função horária do espaço. Usando os dados do diagrama horário, obtemos:

- Móvel *A*: $S = S_0 + v \cdot t \Rightarrow 500 = 0 + v_A \cdot 20 \Rightarrow$ $\Rightarrow v_A = 25$ m/s
- Móvel *B*: $S = S_0 + v \cdot t \Rightarrow 500 = 200 + v_B \cdot 20 \Rightarrow$ $\Rightarrow v_B = 15$ m/s

5. Um automóvel faz uma viagem em 5 h, e sua velocidade escalar varia com o tempo conforme mostra o gráfico.

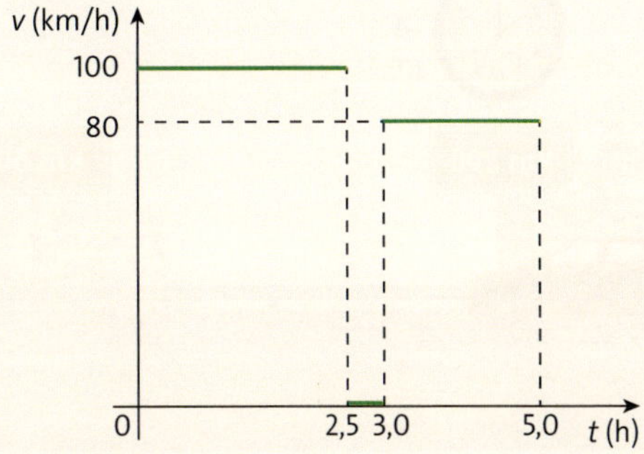

Determine:

a) o deslocamento escalar efetuado nas 5 h;

b) a velocidade escalar média do movimento.

Resolução

a) De acordo com o gráfico, durante as 2,5 h iniciais, a velocidade do automóvel foi mantida constante em 100 km/h. Em seguida, o automóvel ficou parado 0,5 h e, durante as duas últimas horas, movimentou-se com velocidade constante de 80 km/h.

O deslocamento escalar total vale:

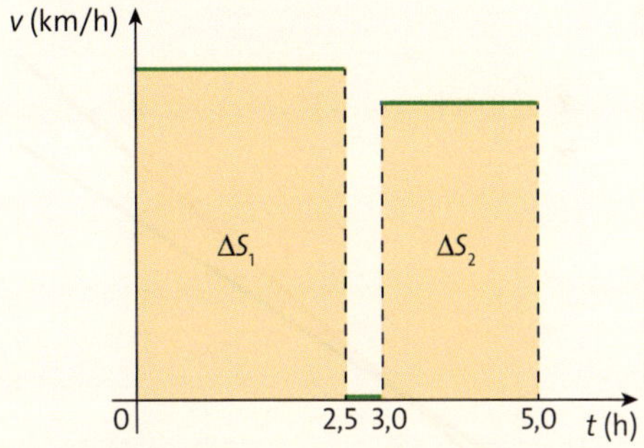

$\Delta S \overset{n}{=} \text{Área}$

$\Delta S = \Delta S_1 + \Delta S_2$

$\Delta S = 2{,}5 \cdot 100 + 2{,}0 \cdot 80 \Rightarrow \Delta S = 410$ km

b) A velocidade escalar média do movimento é dada por:

$$v_m = \frac{\Delta S}{\Delta t}$$

$$v_m = \frac{410}{5{,}0} \Rightarrow v_m = 82 \text{ km/h}$$

Exercícios

20. Um carro passa pela cidade A às 10h com velocidade constante de 75 km/h, conforme mostra a figura a seguir.

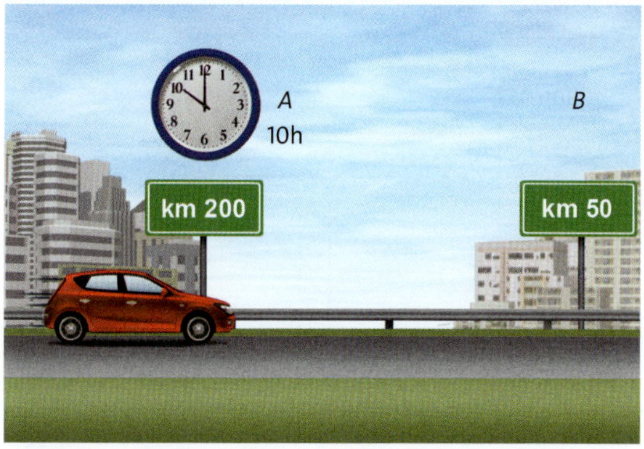

Paulo Manzi/Arquivo da editora

Podemos afirmar que o carro passará pela cidade B às:

a) 11h. c) 13h. e) 15h.

b) 12h. d) 14h.

21. (Vunesp-SP) Duas carretas, A e B, cada uma com 25 m de comprimento, transitam em uma rodovia, no mesmo sentido e com velocidades constantes. Estando a carreta A atrás de B, porém movimentando-se com velocidade maior que a de B, a carreta A inicia uma ultrapassagem sobre a carreta B. O gráfico seguinte mostra o deslocamento de ambas as carretas em função do tempo.

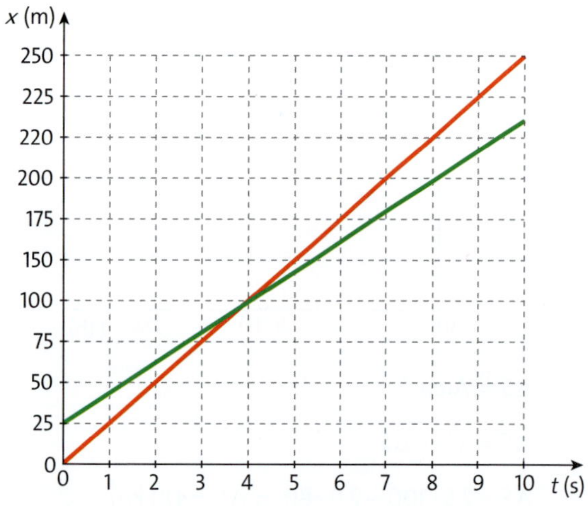

Considere que a ultrapassagem começa em $t = 0$, quando a frente da carreta A está alinhada com a traseira da carreta B, e termina quando a traseira de A estiver alinhada com a frente de B. O instante em que A completa a ultrapassagem sobre B é:

a) 2,0 s. c) 6,0 s. e) 10,0 s.

b) 4,0 s. d) 8,0 s.

22. O diagrama horário representa o comportamento da velocidade escalar de um móvel em função do tempo. No instante $t = 0$, o móvel encontra-se na posição $S_0 = 3$ m.

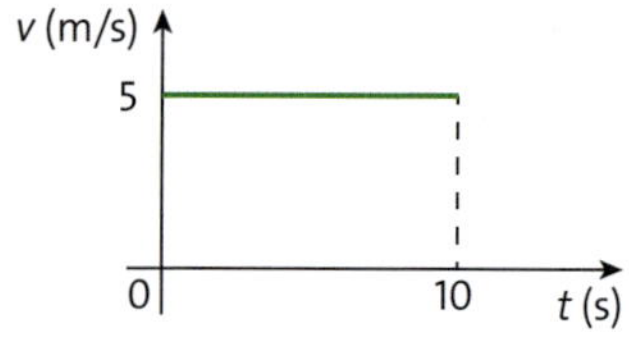

a) Determine o deslocamento do corpo nos primeiros 10 s.

b) Determine o espaço do corpo após 10 s do início do movimento.

23. O comportamento da velocidade de um móvel em função do tempo está mostrado no gráfico.

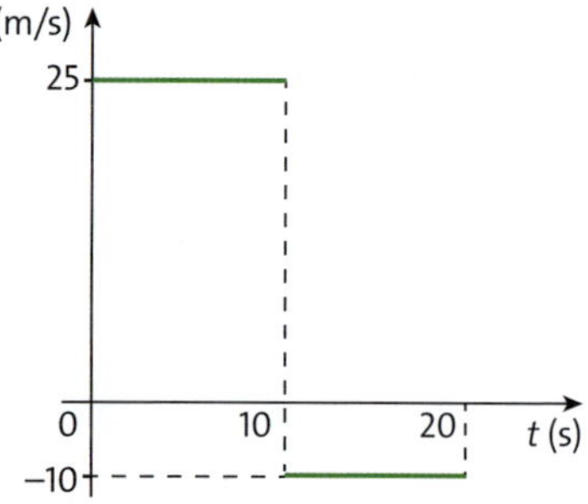

Sabendo-se que o espaço inicial do móvel é 10 m, determine o espaço do móvel no instante $t = 20$ s.

24. Na figura, estão representados os espaços (em metros) em função do tempo (em segundos) de dois móveis A e B que se movimentam, simultaneamente, na mesma trajetória.

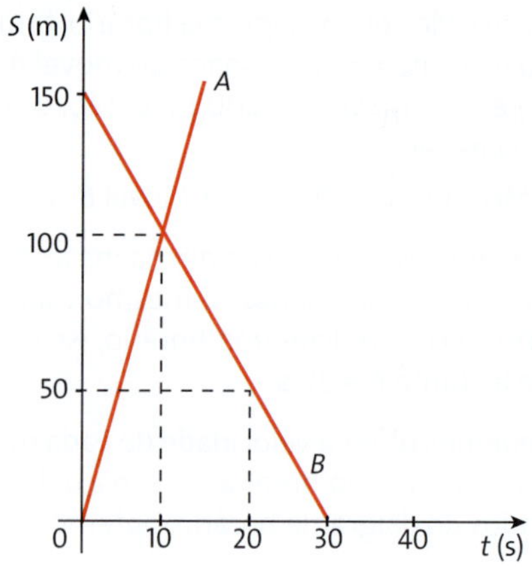

a) Determine a velocidade de cada móvel.

b) Classifique o movimento de cada móvel.

Física explica

O bom senso e o respeito às leis do trânsito

Ao dirigir um veículo automotor, o motorista deve pautar sua conduta pelo bom senso. E o emprego do bom senso começa pelo respeito à sinalização que há nas ruas e nas estradas.

Rubens Chaves/Pulsar Imagens

Limite de velocidade por tipo de veículo.

Por que a velocidade máxima permitida para os automóveis é de 80 km/h em algumas rodovias e em outras é de 100 km/h? Porque esses valores são determinados em função da probabilidade de ocorrerem acidentes em cada faixa de velocidade, de acordo com as condições de cada estrada ou mesmo de cada trecho de uma estrada. Aliás, vale frisar que essa sinalização representa um limite e, como tal, não significa que o motorista deva procurar conduzir o seu veículo o tempo todo "no limite", mas sim abaixo dele, como manda o bom senso.

Um ponto básico para a segurança, principalmente nas rodovias, é a distância entre carros, conhecida como **distância de seguimento**. Devemos levar em conta que, em média, o **tempo de reação** dos motoristas é da ordem de 0,7 s. Isso significa dizer que demoram, em média, 0,7 s para aplicar os freios do automóvel a partir do momento em que pensaram em fazê-lo. Durante esse tempo, o carro continua em movimento com velocidade praticamente constante. Assim, se a velocidade do carro for 90 km/h (ou 25 m/s), em 0,7 s ele percorrerá 17,5 m. Se o motorista usar o bom senso, manterá uma distância do carro da frente de, pelo menos, três vezes esse valor, para essa velocidade. Com esse cálculo rápido, fica fácil entender como a Cinemática pode ajudar um cidadão a construir o seu bom senso.

Além de promover campanhas educativas, essenciais para a redução do número de acidentes no trânsito, o Código de Trânsito Brasileiro estabelece as infrações e as correspondentes penalidades para os motoristas que excedem os limites de velocidade. Além das multas, os infratores acumulam pontos, que podem determinar até mesmo a perda da habilitação. Na tabela a seguir são apresentadas as penalidades aplicadas aos excessos de velocidade, de acordo com a Lei n. 11 334, de 2006, que modificou a redação original do Código de Trânsito Brasileiro.

Velocidade	Gravidade	Penalidade
superior à máxima em até 20%	média	4 pontos multa de R$ 85,00
entre 20% e 50% superior à máxima	grave	5 pontos multa de R$ 127,00
superior à máxima em mais de 50%	gravíssima	7 pontos multa de R$ 574,00

Mas não é somente o excesso de velocidade que consiste em infração e acarreta multa. Segundo o Código, "transitar com o veículo em velocidade inferior à metade da velocidade máxima estabelecida para a via, retardando ou obstruindo o trânsito, a menos que as condições de tráfego e meteorológicas não o permitam, salvo se estiver na faixa da direita", constitui uma infração média (4 pontos), que sujeita o condutor a uma multa de R$ 85,00.

Utilizando-se de radares, principalmente os fotográficos, os órgãos competentes tentam conscientizar os infratores atingindo-os no bolso. Enfim, é mais fácil, econômico e civilizado obedecer às leis de trânsito.

a) O que significam as expressões "distância de seguimento" e "tempo de reação" dos motoristas?

b) Em sua opinião, as campanhas educativas de trânsito têm surtido os efeitos esperados, ou seja, a diminuição do número de acidentes de trânsito? Se acha que não, pense em outras soluções para amenizar essa situação.

6 Movimentos acelerados

No atletismo, uma prova que desperta grande interesse é a corrida dos 100 metros rasos. O interesse se justifica, pois nessa prova está em jogo o intervalo de tempo que define o atleta mais rápido do planeta. Em agosto de 2009, em Berlim, o jamaicano Usain Bolt estabeleceu um novo recorde para essa prova, com o tempo de 9,58 s.

Observando o gráfico (figura 2.29), alguns pontos chamam a atenção:

1. A maior variação de velocidade ocorre nos primeiros 20 metros da corrida, quando a velocidade aumenta de 0 km/h a 36 km/h (10 m/s), aproximadamente.
2. No meio da corrida, entre 40 m e 60 m, a velocidade do atleta sofre um pequeno aumento e, no final desse intervalo, atinge o valor máximo de 43,56 km/h.
3. O gráfico contraria a suposição de que o atleta, no final da corrida, dá uma arrancada, aumentando a velocidade, em busca da vitória. A velocidade do atleta diminuiu um pouco no final da corrida.

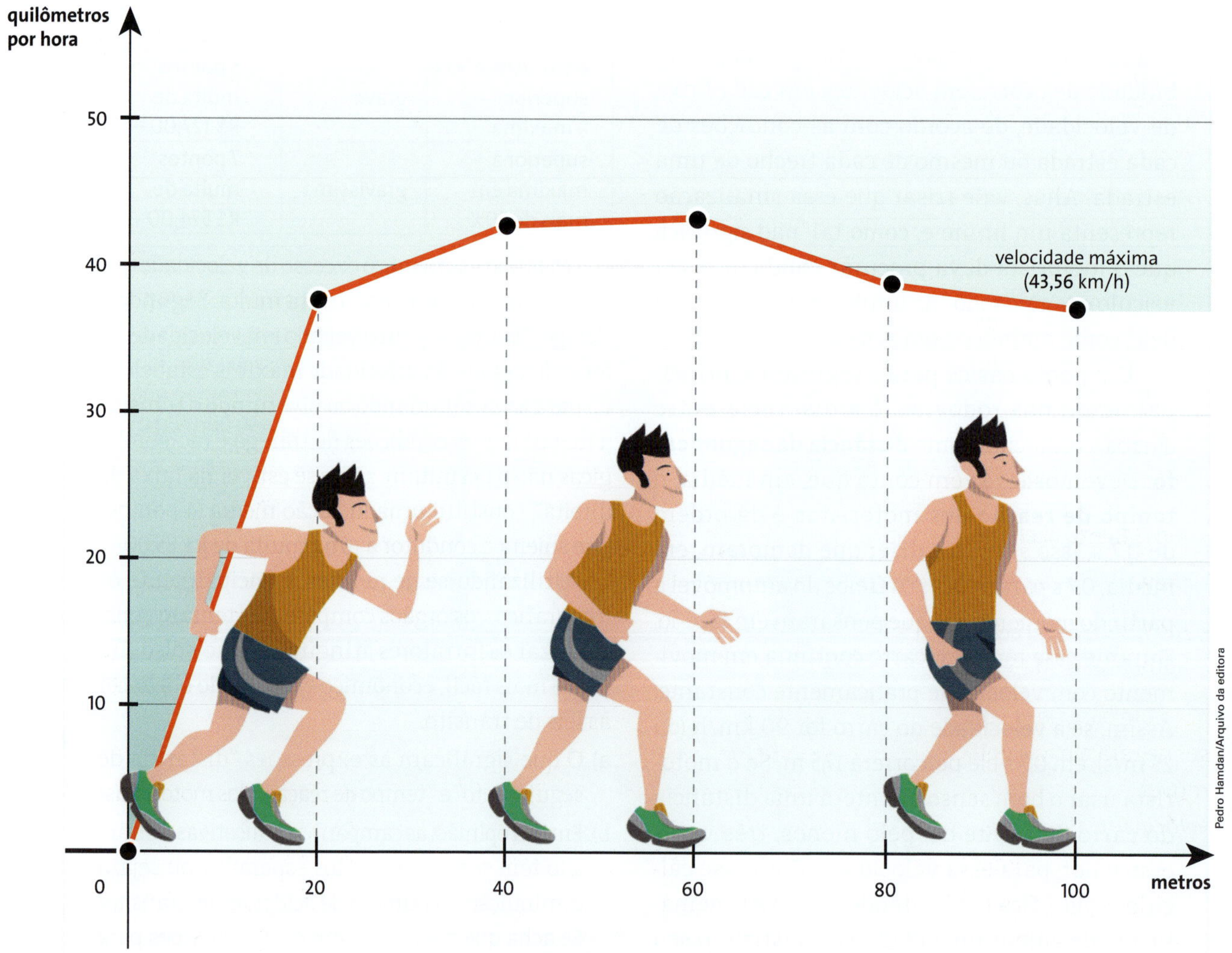

Figura 2.29 Gráfico da velocidade de um atleta em função da distância, em uma prova de 100 m rasos.

Com base no gráfico, podemos concluir que a prova dos 100 metros rasos é caracterizada pelo fato de que a velocidade varia ao longo de todo o percurso. Essa variação define o tipo de movimento realizado pelo atleta: trata-se de um **movimento acelerado**.

Já vimos que a aceleração é a grandeza que nos informa a rapidez com que acontecem as variações de velocidade e que ela estabelece a diferença fundamental entre os movimentos acelerado e uniforme.

Vimos, também, que podemos usar um sinal $+$ ou um sinal $-$ na velocidade para indicar o sentido do movimento, conforme seja a favor ou contra a orientação da trajetória. O mesmo pode ser feito com a aceleração: usamos os sinais $+$ e $-$ para indicar se a variação de velocidade é positiva ou negativa. Observe que a velocidade indica o sentido do movimento, enquanto a aceleração indica a variação de velocidade.

Assim, um móvel pode apresentar velocidade positiva e variação de velocidade negativa. É o que ocorre quando um móvel se movimenta no sentido da orientação da trajetória com o valor numérico de sua velocidade diminuindo. Também podemos ter uma velocidade negativa com uma aceleração positiva. Nesse caso, o móvel se movimenta no sentido contrário ao da orientação da trajetória com o valor numérico de sua velocidade diminuindo.

Generalizando, nos movimentos acelerados, podemos ter velocidade positiva ou negativa e aceleração positiva ou negativa, o que nos dá quatro possibilidades de associação:

- As duas primeiras, velocidade e aceleração de mesmo sinal (ambas positivas ou ambas negativas), resultam em aumento no valor numérico da velocidade.
- As duas últimas, velocidade e aceleração de sinais contrários ($v > 0$ e $a < 0$, ou $v < 0$ e $a > 0$), resultam na diminuição do valor numérico da velocidade.

É costume a utilização de termos diferentes para as várias possibilidades da variação de velocidade. Assim, temos:

- **movimento acelerado** — o valor absoluto da velocidade aumenta;
- **movimento retardado** — o valor absoluto da velocidade diminui;
- **movimento variado** — o valor absoluto da velocidade varia, podendo aumentar ou diminuir.

Com base no exposto acima, concluímos que o fato de uma aceleração ser negativa não significa que o móvel está freando. Para concluir se um móvel é acelerado ou freado, devemos levar em conta os sinais da velocidade e da aceleração.

Entre os movimentos variados, existe um tipo especial no qual a velocidade varia de quantidades iguais em intervalos de tempo iguais. Esse movimento recebe a denominação de **movimento uniformemente variado (M.U.V.)**. Nele, como as variações de velocidades por unidade de tempo são constantes, a aceleração é constante.

Movimento uniformemente variado

Observe a tabela 2.2, que apresenta a velocidade de um móvel em função do tempo.

Tabela 2.2 – Velocidade, em metros por segundo, em função do tempo, em segundos							
t (s)	0	1,0	2,0	3,0	4,0	5,0	6,0
v (m/s)	2,0	5,0	8,0	11	14	17	20

Nessa tabela observamos que, no intervalo de tempo de 0 s a 6,0 s, as variações de velocidade são iguais. A cada intervalo de tempo de 1,0 s, a velocidade aumenta 3,0 m/s, ou seja, a velocidade aumenta 3,0 m/s a cada segundo, o que significa dizer: a aceleração é constante e igual a 3,0 m/s².

Dizemos que, nesse intervalo de tempo, o movimento é uniformemente acelerado: **acelerado** porque o módulo da velocidade aumenta e **uniformemente** porque a aceleração é constante.

Na **figura 2.30** temos a representação gráfica dos dados da tabela acima.

Observe, na tabela 2.2 ou no diagrama horário da **figura 2.30**, que a variação de velocidade (Δv) é diretamente proporcional ao intervalo de tempo (Δt). Isso significa dizer que a razão entre eles é uma constante:

$$\frac{\Delta v}{\Delta t} = \frac{5{,}0 - 2{,}0}{1{,}0 - 0} = \frac{3{,}0}{1{,}0} = 3{,}0 \Rightarrow \frac{\Delta v}{\Delta t} = 3{,}0 \text{ m/s}^2$$

Essa razão constante é o valor da **aceleração (a)** do movimento. Portanto, podemos escrever:

$$a = \frac{\Delta v}{\Delta t} \Rightarrow \Delta v = a \cdot \Delta t$$

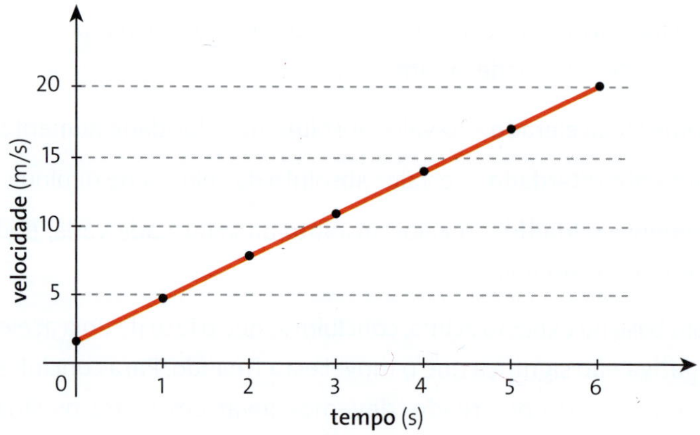

Figura 2.30 – Gráfico velocidade × tempo.

A equação acima é exatamente igual à da aceleração escalar média, o que significa dizer: no movimento uniformemente variado, é indiferente falar em aceleração escalar média ou aceleração escalar instantânea, pois a aceleração escalar é uma constante.

Na equação $\Delta v = a \cdot \Delta t$, substituindo Δv por $v - v_0$ e Δt por $t - t_0$, obtemos $v - v_0 = a \cdot (t - t_0)$.

Adotando o instante inicial t_0 como igual a zero, podemos escrever:

$$v = v_0 + a \cdot t$$

Essa equação recebe o nome **de função horária da velocidade** do movimento uniformemente variado e nos fornece a velocidade do móvel em qualquer instante $t \neq 0$, desde que sejam conhecidas a velocidade inicial do móvel (velocidade no instante $t = 0$) e sua aceleração constante.

Podemos, também, determinar a **função horária do espaço** para o movimento uniformemente variado. Para isso, vamos utilizar uma propriedade importante dos gráficos de velocidade em função do tempo.

No gráfico $v \times t$, a área compreendida entre a linha do gráfico e o eixo das abscissas, em determinado intervalo de tempo, corresponde ao módulo do deslocamento nesse intervalo de tempo.

Vamos aplicar essa propriedade no gráfico ao lado (figura 2.31), que mostra a variação da velocidade em função do tempo, para um movimento uniformemente variado.

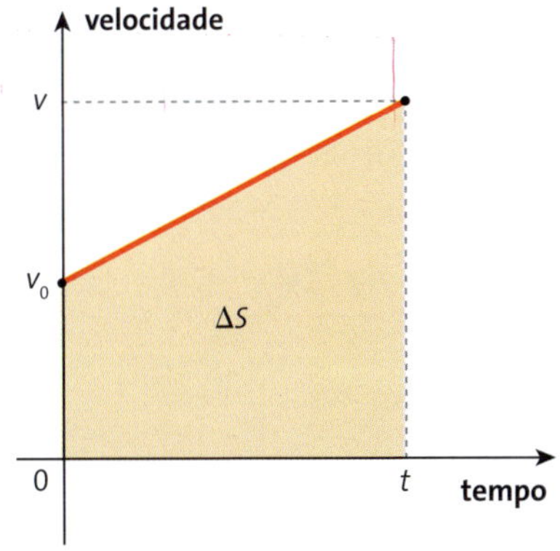

Figura 2.31 Gráfico da velocidade em função do tempo, com base no qual se pode calcular o deslocamento do móvel.

Observe que a figura compreendida entre a linha do gráfico e o eixo dos tempos (abscissas), no intervalo de tempo entre os instantes 0 e t, é um trapézio. Lembrando que a área do trapézio é dada pela média aritmética das bases multiplicada pela altura, conforme mostra a figura 2.32, temos:

$$A = \frac{B + b}{2} \cdot h$$

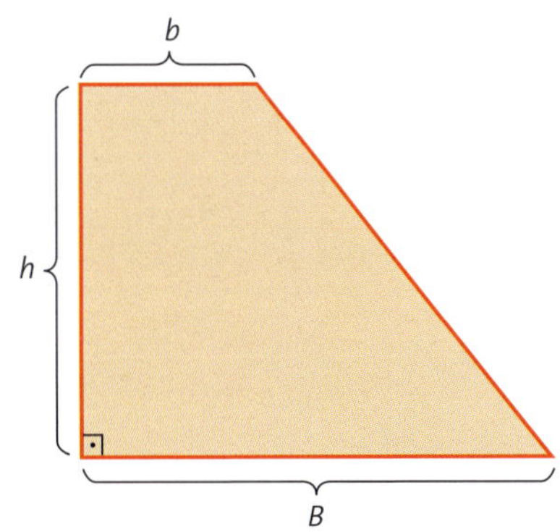

Figura 2.32 Cálculo da área de um trapézio.

Aplicando essa expressão ao gráfico da velocidade em função do tempo dado acima, escrevemos $\Delta S = \frac{v + v_0}{2} \cdot t$.

Como $v = v_0 + a \cdot t$, temos:

$$\Delta S = \frac{v_0 + a \cdot t + v_0}{2} \cdot t \Rightarrow \Delta S = \frac{2v_0 \cdot t + a \cdot t^2}{2}$$

Simplificando, obtemos:

$$\Delta S = v_0 \cdot t + \frac{a}{2} \cdot t^2$$

Essa equação nos permite calcular o deslocamento escalar de um móvel desde o instante inicial $t_0 = 0$ até o instante $t > 0$, determinando a velocidade inicial e a aceleração do movimento.

Para determinar a função horária do espaço, basta substituirmos, nessa última equação, ΔS por $S - S_0$. Isolando S, obtemos:

$$S = S_0 + v_0 \cdot t + \frac{a}{2} \cdot t^2$$

Essa expressão é conhecida como **a função horária do espaço** para o MUV. Com ela, podemos calcular o espaço (S) de um móvel em qualquer instante, desde que sejam conhecidos o espaço inicial (S_0), a velocidade inicial (v_0) e a aceleração do movimento. Veja o exercício resolvido 6.

Diagramas do M.U.V.

Espaço

A função horária do espaço de um M.U.V. é uma função quadrática (do segundo grau), e sua representação gráfica é uma curva, denominada parábola. As **figuras 2.33** e **2.34** representam os dois tipos de parábola para o M.U.V.

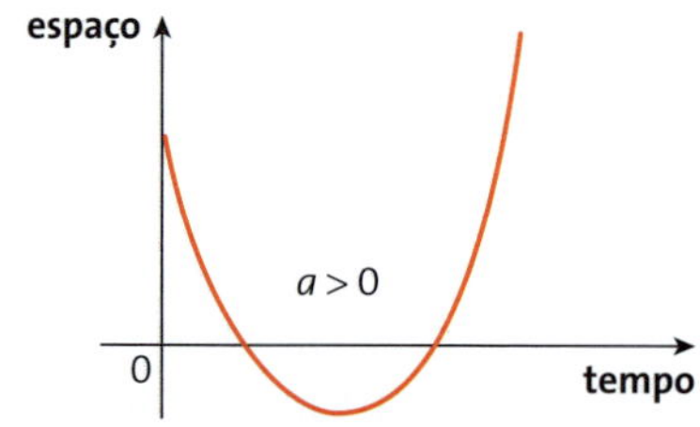

Figura 2.33 Aceleração positiva: concavidade para cima.

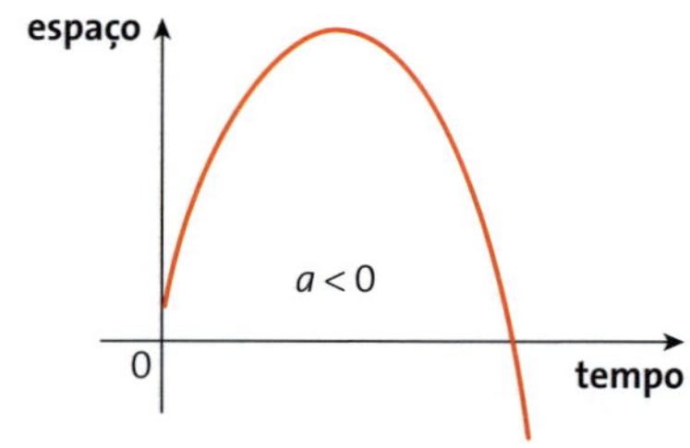

Figura 2.34 Aceleração negativa: concavidade para baixo.

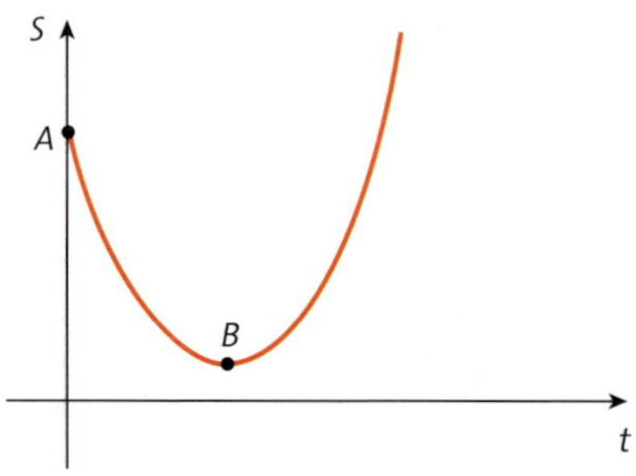

Figura 2.35 Diagrama horário do espaço.

No diagrama horário do espaço podemos obter todas as informações sobre a velocidade e a aceleração escalares correspondentes. Como exemplo, consideremos o diagrama horário da **figura 2.35**.

Analisando esse diagrama, concluímos que:

- como a concavidade da parábola está voltada para cima, a aceleração é constante e positiva;
- o ponto *A* corresponde ao espaço inicial (S_0) do movimento; de *A* até *B*, os valores de *S* diminuem (função decrescente), e temos velocidade negativa e movimento retrógrado; nesse trecho, temos $v < 0$ e $a > 0$ (sinais contrários), o que indica um movimento retardado;
- de *B* em diante, os valores de *S* aumentam (função crescente); como a velocidade é positiva, o movimento é progressivo; aqui temos $v > 0$ e $a > 0$ (mesmo sinal), o que indica um movimento acelerado;
- o ponto *B* (ponto de mínimo) representa o ponto de menor valor do espaço *S* e corresponde ao ponto de inversão no sentido do movimento ($v = 0$).

Para determinar a velocidade escalar instantânea (*v*) num instante (*t*) qualquer, traçamos uma reta tangente à curva no ponto considerado. Calculamos então a inclinação dessa reta utilizando a tangente do ângulo que ela forma com o eixo do tempo (**figura 2.36**):

$$v \overset{n}{=} \tan \theta$$

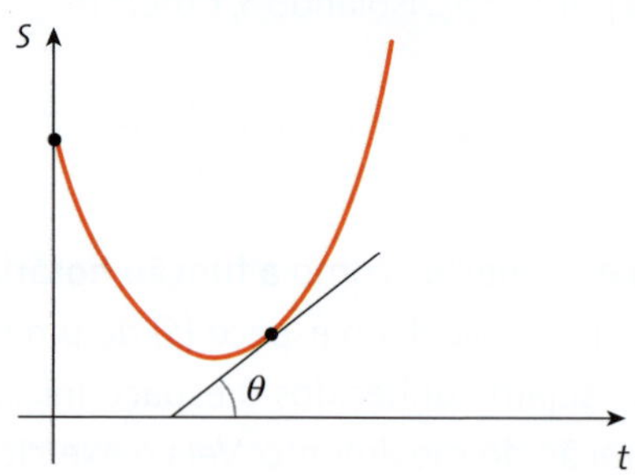

Figura 2.36 Diagrama horário do espaço para o cálculo da velocidade.

Velocidade

Podemos também representar a velocidade escalar do M.U.V. por um diagrama horário. Como a velocidade varia com o tempo segundo uma função linear, $v = v_0 + a \cdot t$, em que $a \neq 0$, sua representação gráfica é uma reta inclinada em relação aos eixos. A aceleração escalar determina a inclinação da reta (**figuras 2.37** e **2.38**).

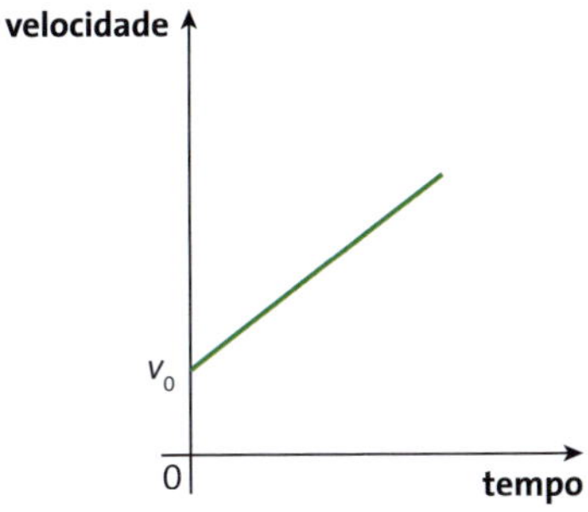

Figura 2.37 Função crescente: aceleração positiva.

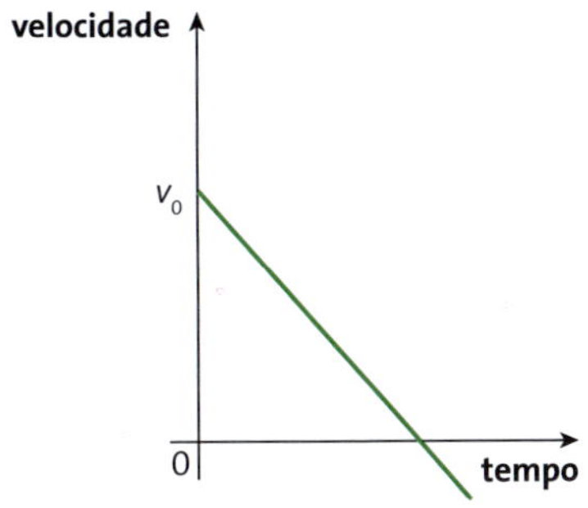

Figura 2.38 Função decrescente: aceleração negativa.

A aceleração escalar pode ser obtida numericamente pela inclinação da reta, ou seja, pela tangente do ângulo que a reta do gráfico forma com o eixo do tempo (**figuras 2.39** e **2.40**).

- No caso da **figura 2.39**: $a \stackrel{n}{=} \tan \theta$.
- No caso da **figura 2.40**: $a \stackrel{n}{=} \tan \theta = -\tan \alpha$.

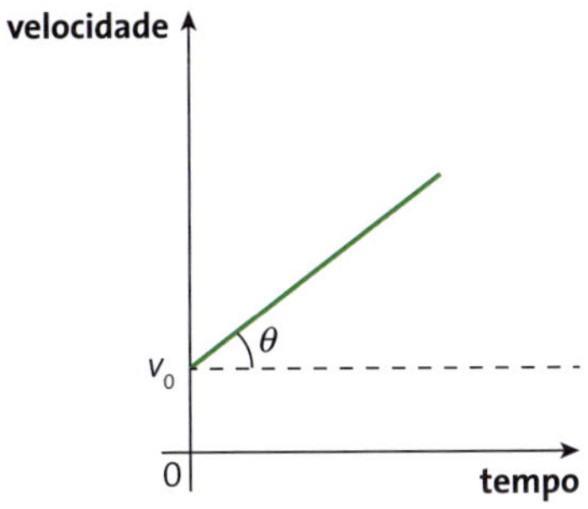

Figura 2.39 Função crescente: aceleração positiva.

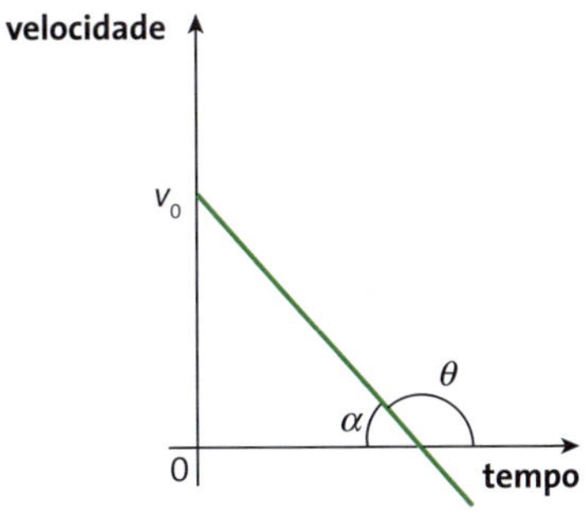

Figura 2.40 Função decrescente: aceleração negativa.

Velocidade escalar média no M.U.V.

Utilizando o gráfico da **figura 2.41**, vamos calcular a velocidade média. Lembrando que $\Delta S \stackrel{n}{=}$ área do trapézio, vem:

$$\Delta S = \frac{v_2 + v_1}{2} \cdot (t_2 - t_1) = \frac{v_2 + v_1}{2} \cdot \Delta t \text{ (I)}$$

Como $v_m = \dfrac{\Delta S}{\Delta t}$, substituindo ΔS por (I), temos:

$$v_m = \frac{\frac{v_2 + v_1}{2} \cdot \Delta t}{\Delta t} \Rightarrow v_m = \frac{v_2 + v_1}{2}$$

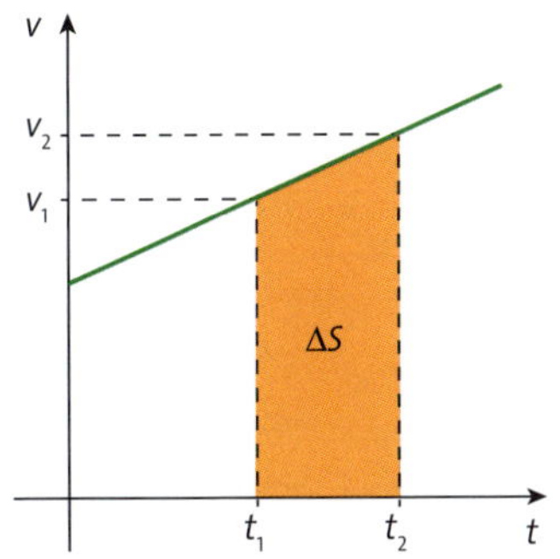

Figura 2.41 Diagrama velocidade pelo tempo.

Aceleração

Uma vez que em nosso exemplo a aceleração escalar é constante durante todo o intervalo de tempo no qual acontece o movimento, então, num diagrama horário, ela é representada por uma reta paralela ao eixo do tempo, acima ou abaixo do eixo, dependendo de o seu valor algébrico ser positivo ou negativo (figuras 2.42 e 2.43).

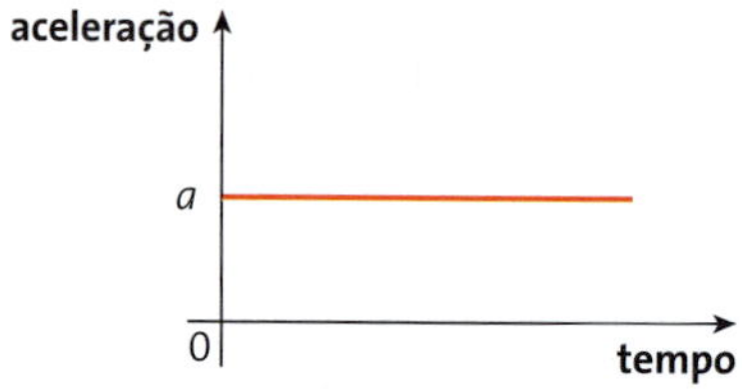

Figura 2.42 Diagrama horário da aceleração constante e positiva.

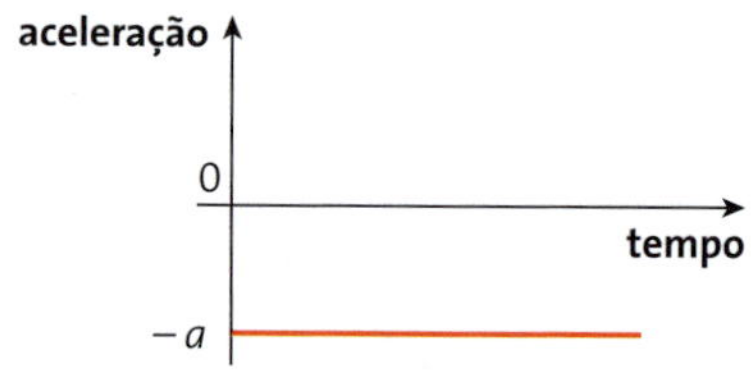

Figura 2.43 Diagrama horário da aceleração constante e negativa.

O diagrama horário da aceleração escalar nos fornece, numericamente, a variação da velocidade escalar (Δv) por meio do cálculo da área da figura, determinada pela linha do gráfico com o eixo dos tempos, dentro do intervalo de tempo considerado (figura 2.44):

$$\left.\begin{array}{l} \Delta v = a \cdot \Delta t \\ \Delta v \overset{n}{=} \text{área do retângulo} \end{array}\right\} \Delta v \overset{n}{=} \text{área do retângulo}$$

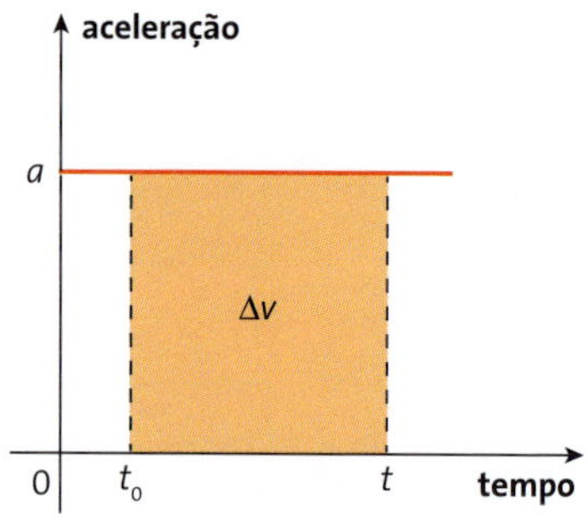

Figura 2.44 Pelo gráfico da aceleração pelo tempo é possível determinar a variação da velocidade.

Equação de Torricelli

Com a função horária da velocidade escalar e a função horária do deslocamento escalar, podemos obter uma terceira equação, relacionando velocidade, aceleração e deslocamento, independentemente do tempo.

Na equação $v = v_0 + a \cdot t$, isolando o tempo t, obtemos:

$$t = \frac{v - v_0}{a}$$

Substituindo essa expressão na equação que representa a função horária do deslocamento, temos:

$$\Delta S = v_0 \cdot t + \frac{a}{2} \cdot t^2 \Rightarrow \Delta S = v_0 \cdot \frac{v - v_0}{a} + \frac{a}{2} \cdot \left[\frac{v - v_0}{a}\right]^2 \Rightarrow$$

$$\Rightarrow \Delta S = \frac{v \cdot v_0 - v_0^2}{a} + \frac{a}{2} \cdot \left[\frac{v^2 - 2v \cdot v_0 + v_0^2}{a^2}\right] \Rightarrow$$

$$\Rightarrow \Delta S = \frac{v \cdot v_0}{a} - \frac{v_0^2}{a} + \frac{v^2}{2a} - \frac{v \cdot v_0}{a} + \frac{v_0^2}{2a} \Rightarrow \Delta S = \frac{v^2}{2a} - \frac{v_0^2}{2a} \Rightarrow$$

$$\Rightarrow 2a \cdot \Delta S = v^2 - v_0^2 \Rightarrow v^2 = v_0^2 + 2a \cdot \Delta S$$

Essa expressão – **equação de Torricelli** para o M.U.V. – é de grande utilidade na resolução de exercícios em que não existe a variável tempo. Nesses exercícios, sem a equação de Torricelli, precisaríamos aplicar as duas equações do M.U.V. que utilizamos nessa demonstração, o que alongaria os cálculos desnecessariamente.

Calculando distâncias de frenagem

Exercício resolvido

6. Um carro movimenta-se em uma rodovia a 54 km/h (15 m/s). Em determinado instante, o motorista acelera uniformemente e, após 5,0 s, o carro atinge a velocidade de 90 km/h (25 m/s).

a) Trace o gráfico da velocidade em função do tempo para esse movimento, no intervalo de 0 s a 5,0 s.

b) Com base no gráfico, determine o valor da aceleração escalar do movimento e o deslocamento escalar nos 5,0 s.

Resolução

a)

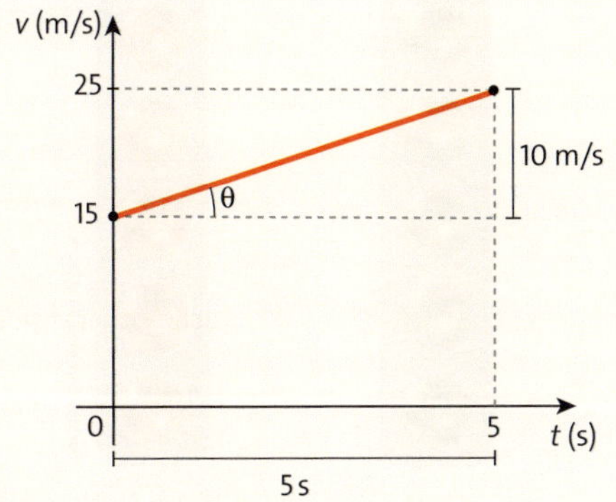

b) Com os dados do gráfico, obtemos a aceleração escalar:

$$a = \frac{\Delta v}{\Delta t} = \frac{25 - 15}{5}$$

$$a = 2 \text{ m/s}^2$$

E o deslocamento escalar pela área do trapézio:

$$\Delta S = \frac{B + b}{2} \cdot h = \frac{25 + 15}{2} \cdot 5$$

$$\Delta S = 100 \text{ m}$$

Exercícios

25. Uma partícula movimenta-se em uma trajetória retilínea e sua velocidade varia com o tempo conforme a tabela a seguir.

t (s)	0	2	4	6	8	10	12	14	16
v (m/s)	0	4	8	12	12	12	10	5	2

a) Em quais intervalos de tempo o movimento é acelerado? E retardado? Explique se o movimento é acelerado (ou retardado) uniformemente.

b) Determine a aceleração escalar do movimento no intervalo de 0 s a 6 s.

26. Um carro parte do repouso e acelera uniformemente durante 10 s, atingindo a velocidade de 20 m/s. Em seguida, ele é freado uniformemente, atingindo o repouso 15 s após o início do movimento.

a) Faça o gráfico da velocidade em função do tempo.

b) Calcule a distância total percorrida pelo carro.

27. Um carro parte do repouso com aceleração escalar constante de 2 m/s². Após 10 s da partida, desliga-se o motor e, em razão do atrito, o carro passa a ter movimento retardado de aceleração constante de módulo 0,5 m/s².

a) Se fosse possível eliminar todas as formas de atrito, o que aconteceria com a velocidade do carro a partir do instante em que se desliga o motor?

b) Nas condições dadas, qual é o deslocamento total do carro, desde a sua partida até atingir novamente o repouso?

28. (UFF-RJ) Policiais rodoviários são avisados de que um carro *B* vem trafegando em alta velocidade numa estrada. No instante t_0 em que o carro *B* passa, os policiais saem em sua perseguição. A figura ilustra as velocidades do carro *B* e do carro dos policiais *P* em função do tempo.

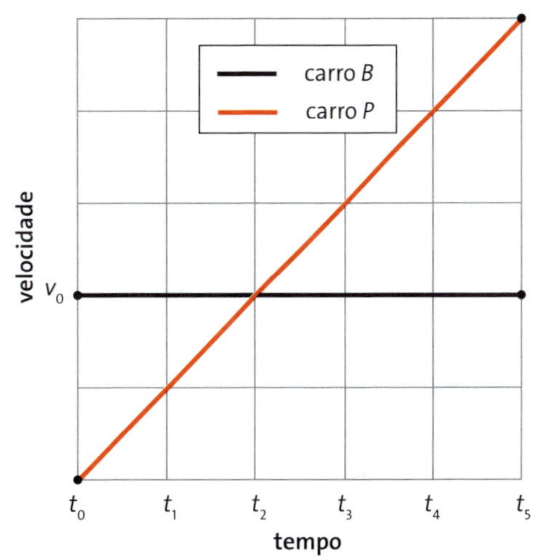

Assinale a alternativa que especifica o instante de tempo em que o carro *P* alcança o carro *B*.

a) t_1

b) t_2

c) t_3

d) t_4

e) t_5

29. Um automóvel parte de uma cidade *A* em direção a uma cidade *B* e um ônibus parte da cidade *B* em direção à cidade *A*. O gráfico abaixo representa as posições do automóvel e do ônibus, em função do tempo.

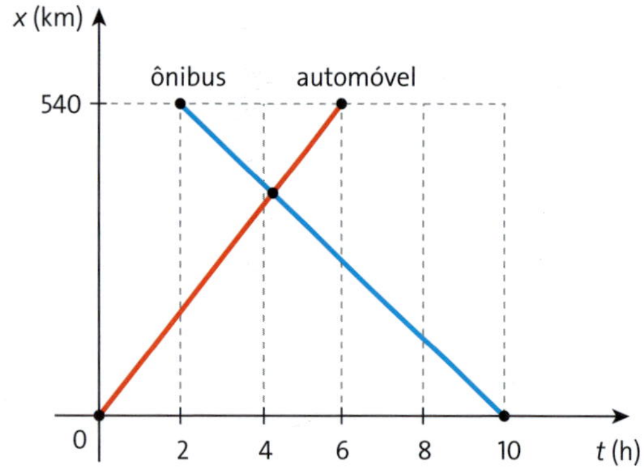

Sabendo-se que as cidades *A* e *B* localizam-se às margens de uma mesma rodovia e considerando a origem na cidade *A*, podemos afirmar que:

a) o ônibus demora 10 h no trajeto entre as duas cidades.
b) o ônibus cruza com o automóvel após 4 h de sua partida.
c) a viagem entre as duas cidades de automóvel demora 6 h e de ônibus, 8 h.
d) a velocidade do ônibus nesse trajeto é de 54 km/h.
e) o ponto de cruzamento do automóvel com o ônibus ocorre a 360 km da cidade *B*.

30. A polícia técnica utiliza conhecimentos de Física para elucidar situações que envolvem, por exemplo, acidentes de trânsito. Suponha que, em uma dada situação, um motorista atropela um pedestre causando-lhe alguns ferimentos, sem risco de morte. O pedestre alega que o motorista estava acima da velocidade permitida para aquela via, que é de 60 km/h. Em contrapartida, o motorista alega que estava com velocidade abaixo do limite e, ao avistar o pedestre, freou o carro até parar.
Dados coletados pela polícia, ao analisar as marcas deixadas pelos pneus (em bom estado de conservação) no asfalto, indicam que o carro percorreu 12 m até parar. De acordo com a montadora, que produz esse modelo de carro, a aceleração máxima de frenagem é 6,0 m/s^2, para pneus novos.
Nessas condições, a polícia concluiu que, no instante inicial da frenagem, a velocidade do carro:

a) era 72 km/h.
b) estava abaixo do limite de 60 km/h.
c) estava acima do limite de 60 km/h.
d) era 54 km/h.
e) era 60 km/h.

31. (UFU-MG) Semáforos inteligentes ajudam no trânsito de grandes cidades, pois além de possuírem regulagem de tempo, também informam ao motorista o momento exato em que o cruzamento será liberado ou fechado, evitando acidentes. Um desses semáforos funciona com cinco lâmpadas verdes e cinco vermelhas, dispostas conforme a figura abaixo.

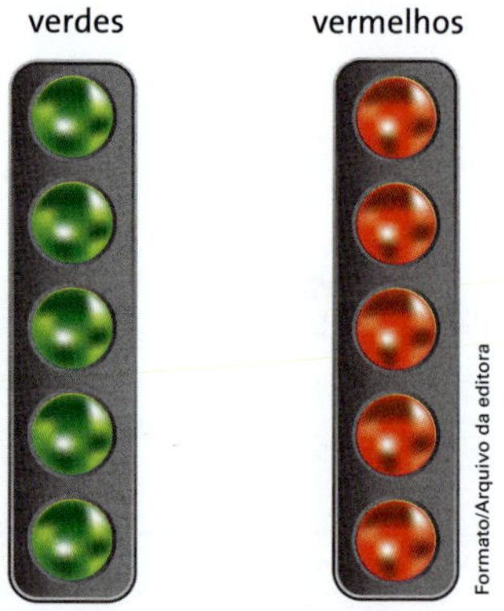

Formato/Arquivo da editora

Quando todas as lâmpadas verdes estão acesas, o trânsito é liberado, sendo que a cada 10 s uma delas se apaga. Quando a última lâmpada verde se apaga, instantaneamente as cinco vermelhas se acendem, bloqueando o trânsito. A respeito de tal semáforo, considere as três situações apresentadas abaixo.

I. Um motorista que trafega à velocidade constante de 36 km/h avista o semáforo no exato momento em que a primeira lâmpada verde se apaga. Se ele estiver a 100 m do semáforo, conseguirá ultrapassar o cruzamento antes de as lâmpadas vermelhas se acenderem.

II. Se um motorista que trafega à velocidade constante de 36 km/h, no exato momento em que vê a quarta lâmpada verde se apagar, imprimir uma aceleração constante de 2 m/s^2 ao seu carro, conseguirá passar pelo cruzamento antes que a primeira lâmpada vermelha se acenda, pois está a 400 m do semáforo.

III. Se um motorista que trafega à velocidade constante de 36 km/h perceber, a 25 m de distância do semáforo, que as lâmpadas vermelhas estão acesas, ele terá de imprimir uma desaceleração constante mínima de 2 m/s^2 para que o carro pare até o semáforo.

Indique a alternativa que apresenta a(s) afirmativa(s) correta(s).

a) Apenas II e III.
b) Apenas III.
c) Apenas I e III.
d) Apenas II.

7 Queda livre

Em princípio, a ideia de uma pena caindo lado a lado com uma esfera de chumbo nos parece estranha e contrária ao senso comum. Aristóteles considerava que os corpos mais pesados caíam mais rápido do que os mais leves, mas sua concepção estava equivocada, como mostrou Galileu Galilei.

A discussão sobre a queda dos corpos, levando em conta a resistência do ar, será feita no capítulo 5, após o conhecimento das leis de Newton para os movimentos.

Um fato importante é que, em queda livre, todos os corpos aceleram do mesmo modo, independentemente de suas massas. Geralmente, esse fato é expresso da seguinte maneira: "No vácuo (ausência de ar), todos os corpos soltos simultaneamente de uma mesma altura chegam ao solo ao mesmo tempo e com a mesma velocidade". Esse fato se verifica sempre, qualquer que seja a massa de cada corpo, o formato ou o material que constitui cada um deles.

Agora, analisaremos as relações entre deslocamento, velocidade, aceleração e tempo considerando a queda dos corpos no vácuo, a que denominamos **queda livre**.

Na figura 2.45, temos uma foto que mostra a sequência, em intervalos de tempo iguais, de uma bola caindo praticamente em queda livre.

GIPhotoStock/Photo Researchers/Latinstock

Figura 2.45 Registro fotográfico da queda de uma maçã, mostrando o aumento de velocidade decorrente da queda.

Trabalho em equipe

Em equipe e sob orientação do professor, vocês podem constatar que no vácuo todos os corpos, quando soltos de uma mesma altura, chegam ao solo no mesmo tempo realizando um experimento muito simples. De uma mesma altura, soltem, simultaneamente, uma folha de papel e um caderno, lado a lado. Vocês vão observar que o caderno atinge o solo antes da folha de papel (**figura a**).

Experimentem agora soltar o caderno com a folha colocada sobre ele (**figura b**). Nesse caso, eles caem juntos.

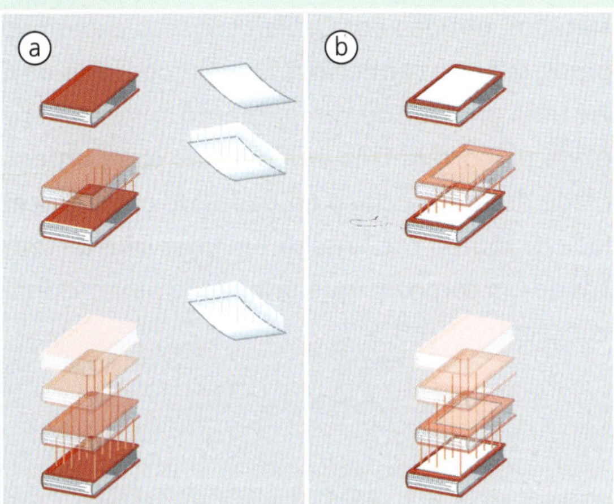

Formato/Arquivo da editora

Como vocês explicam esses resultados?

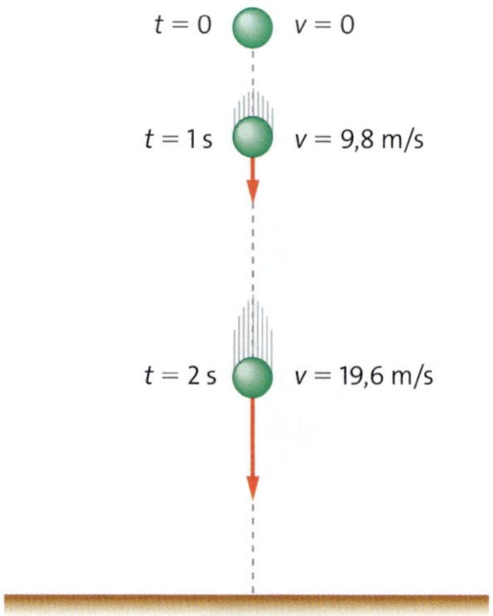

Figura 2.46 Queda livre de um corpo a partir do repouso. A velocidade é proporcional ao tempo de queda, aumentando 9,8 m/s a cada segundo.

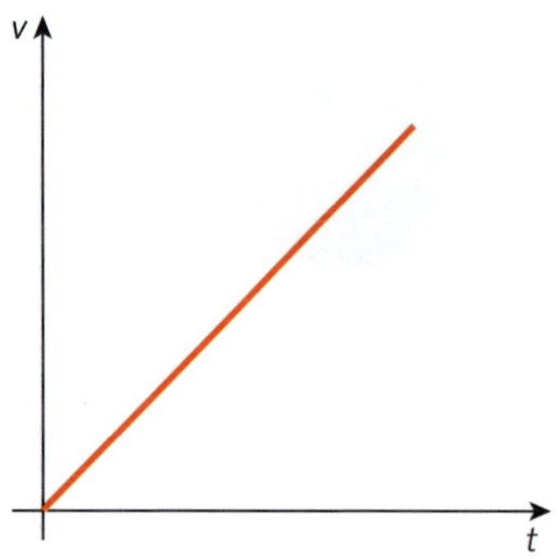

Figura 2.47 Diagrama da velocidade de um corpo em queda livre a partir do repouso. À medida que o tempo de queda livre aumenta, a velocidade também aumenta, proporcionalmente, o mesmo número de vezes.

Observe que o deslocamento da bola aumenta em cada intervalo de tempo. Isso nos permite concluir que a velocidade de queda da bola aumenta, o que implica um movimento acelerado. Experiências comprovam tal afirmação. A velocidade de um corpo em queda livre aumenta 9,8 m/s a cada segundo de queda (figura 2.46). Portanto, um corpo em queda livre realiza um movimento uniformemente acelerado.

Essa variação de velocidade por unidade de tempo é a aceleração que conhecemos como **aceleração da gravidade (*g*)**. Em nosso planeta, a sua intensidade é de aproximadamente 9,8 m/s^2, valor que normalmente é arredondado para 10 m/s^2. Em outros astros celestes, a aceleração de queda tem intensidade diferente. Na superfície de Júpiter, a aceleração da gravidade vale 25 m/s^2 e, na superfície da Lua, 1,6 m/s^2.

Na figura 2.47, temos a representação gráfica do comportamento da velocidade escalar no decorrer do tempo para um corpo em queda livre, a partir do repouso, abandonado no instante $t = 0$.

Para demonstrar o que acontece com o deslocamento em intervalos de tempo iguais e consecutivos, vamos proceder como o indicado na figura 2.48. Nessa figura, escolhemos um intervalo padrão de tempo igual a 1 s, mas a análise continua válida para qualquer outro intervalo que seja escolhido.

Nesse gráfico, representamos por *d* o deslocamento sofrido pelo corpo em queda livre no primeiro segundo de queda. No gráfico da velocidade em função do tempo a área entre a linha do gráfico e o eixo das abscissas (tempo), em dado intervalo de tempo, nos fornece o valor numérico do módulo do deslocamento escalar nesse intervalo. Assim, a área de cada triângulo mostrado na figura 2.48 é numericamente igual ao deslocamento *d*.

Comparando os deslocamentos em intervalos de tempo iguais, verificamos que:

- no primeiro intervalo de tempo, o deslocamento é *d*;
- no segundo intervalo de tempo, 3*d*;
- no terceiro intervalo de tempo, 5*d*; e assim sucessivamente.

Esses resultados, obtidos por Galileu em seus experimentos sobre a queda dos corpos, ficaram conhecidos como proporções de Galileu: "Se o móvel percorre uma unidade de comprimento durante a primeira unidade de tempo, ele percorrerá três unidades de comprimento durante a segunda unidade de tempo, cinco unidades de comprimento durante a terceira unidade de tempo, etc.". Assim, em intervalos de tempo iguais, os deslocamentos de um corpo em queda livre são proporcionais aos números ímpares consecutivos (1, 3, 5, 7, ...).

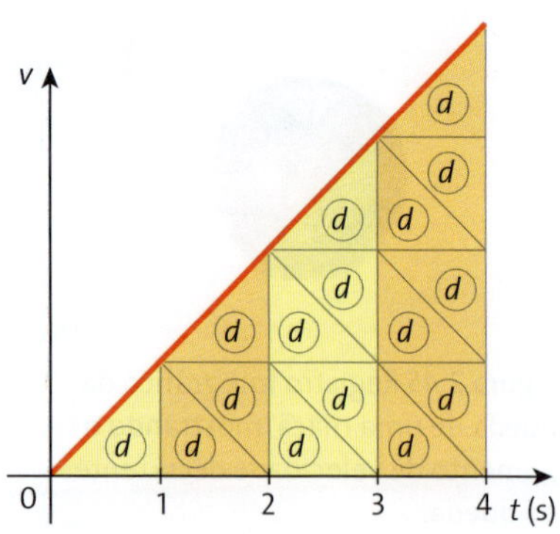

Figura 2.48 Os deslocamentos em intervalos de tempo iguais e consecutivos são proporcionais aos números ímpares consecutivos 1, 3, 5, 7, ...

Equações da queda livre

Salvando o náufrago

Tendo em vista que a queda livre é um movimento variado uniformemente, podemos aplicar as equações do M.U.V., com o cuidado de observar a orientação da trajetória, conforme as **figuras 2.49** e **2.50**.

As equações para a queda livre obtidas de acordo com a orientação de cada trajetória são:

- para a situação representada na **figura 2.49**: $\begin{cases} S = h - \dfrac{g \cdot t^2}{2} \\ v = -g \cdot t \\ v^2 = -2g \cdot (S - h) \end{cases}$

- para a situação representada na **figura 2.50**: $\begin{cases} S = \dfrac{g \cdot t^2}{2} \\ v = g \cdot t \\ v^2 = 2g \cdot S \end{cases}$

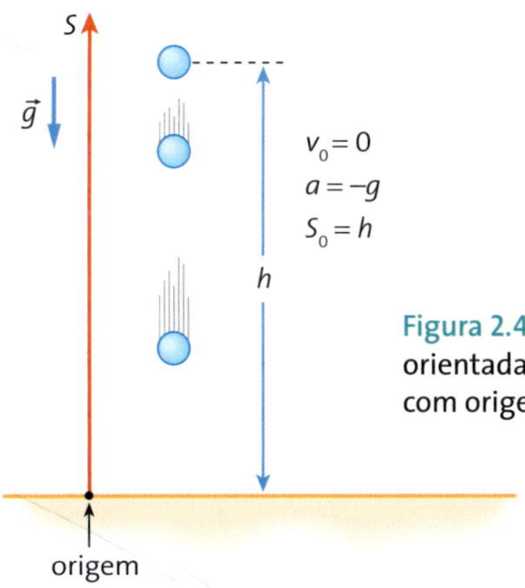

Figura 2.49 Trajetória orientada para cima, com origem no solo.

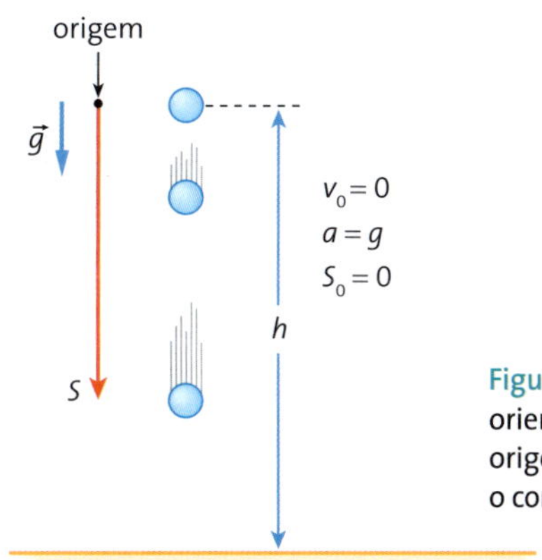

Figura 2.50 Trajetória orientada para baixo com origem no ponto em que o corpo foi abandonado.

Exercícios resolvidos

7. Uma bola é abandonada do repouso de uma altura de 80 m acima do solo. Despreze a resistência do ar e considere $g = 10\ m/s^2$.

a) Determine a função horária do espaço, a função da velocidade e a equação de Torricelli para o movimento da bola, considerando a trajetória orientada para baixo com a origem no ponto em que o corpo foi abandonado.

b) Determine o tempo que a bola demora para chegar ao solo.

c) Qual é a velocidade da bola ao atingir o solo?

Resolução

a) $S = \dfrac{g \cdot t^2}{2} \Rightarrow S = 5 \cdot t^2$ (função horária do espaço)

$v = g \cdot t \Rightarrow v = 10t$ (função horária da velocidade)

$v^2 = 2g \cdot \Delta S \Rightarrow v^2 = 20 \cdot \Delta S$ (equação de Torricelli para esse movimento)

b) $S = 5t^2 \Rightarrow 80 = 5t^2 \Rightarrow t^2 = 16 \Rightarrow t = 4\ s$

c) Como $v = 10t$, temos: $v = 10 \cdot 4 \Rightarrow v = 40\ m/s$ (ou 144 km/h)

8. Uma bola é abandonada do repouso de uma altura de 80 m acima do solo. Despreze a resistência do ar e considere $g = 10\ m/s^2$. Determine:

a) o tempo que a bola demora para chegar ao solo;

b) a velocidade da bola ao atingir o solo;

c) quantos metros a bola percorre em cada segundo de queda.

Resolução

Como a queda livre é um movimento uniformemente acelerado, podemos aplicar as mesmas equações vistas no MUV:

$$\Delta S = v_0 \cdot t + \frac{a}{2} \cdot t^2 \text{ e } v = v_0 + a \cdot t$$

a) Lembrando que a velocidade inicial é nula ($v_0 = 0$), pois a bola parte do repouso, e que $a = g = 10\ m/s^2$, obtemos o tempo de queda com a equação:

$$\Delta S = v_0 \cdot t + \frac{a}{2} \cdot t^2 \Rightarrow 80 = 0 + \frac{10}{2} \cdot t^2 \Rightarrow t^2 = 16 \Rightarrow t = 4{,}0\ s$$

Portanto, a bola demora 4,0 s para chegar ao solo.

b) A velocidade da bola ao atingir o solo é obtida com a equação:

$$v = v_0 + a \cdot t \Rightarrow v = 0 + 10 \cdot 4{,}0 \Rightarrow v = 40\ m/s$$

A bola atinge o solo com velocidade de 40 m/s (ou 144 km/h).

c) Sabendo que a velocidade aumenta 10 m/s a cada segundo de queda, construímos o gráfico da velocidade em função do tempo, de acordo com a tabela:

t (s)	***v*** (m/s)
0	0
1	10
2	20
3	30
4	40

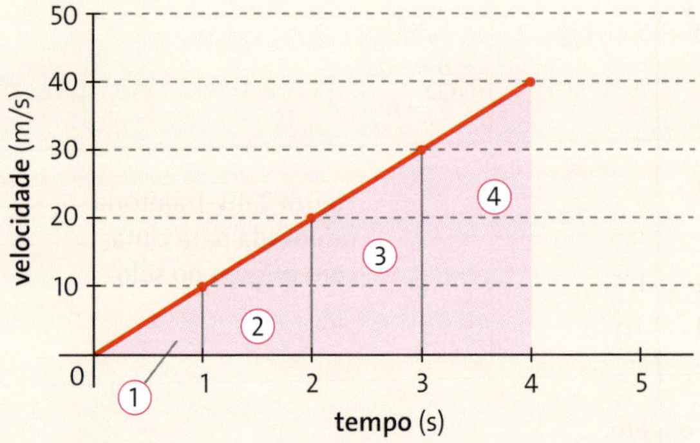

No gráfico, as áreas 1, 2, 3 e 4 representam, respectivamente, os deslocamentos em cada segundo. Assim, temos:

1º segundo – Área 1

$$\text{área do triângulo} = \frac{b \cdot h}{2} = \frac{1 \cdot 10}{2} \Rightarrow \Delta S = 5,0\ m$$

2º segundo – Área 2

$$\text{área do trapézio} = \frac{b + B}{2} \cdot h = \frac{20 + 10}{2} \cdot 1{,}0 = 15 \Rightarrow \Delta S = 15\ m$$

3º segundo – Área 3

$$\text{área do trapézio} = \frac{30 + 20}{2} \cdot 1{,}0 = 25 \Rightarrow \Delta S = 25\ m$$

4º segundo – Área 4

$$\text{área do trapézio} = \frac{40 + 30}{2} \cdot 1{,}0 = 35 \Rightarrow \Delta S = 35\ m$$

No 1º segundo, a bola percorre 5,0 m; no 2º segundo, 15 m; no 3º segundo, 25 m; e no 4º segundo, 35 m. Somando esses quatro deslocamentos, obtemos 80 m, que é a altura de queda.

Lançamento vertical

Vejamos, agora, o **lançamento vertical**. O que acontece com uma pedra, por exemplo, lançada verticalmente para cima? Na visão aristotélica, que prevaleceu por quase dois mil anos, como a pedra é um "corpo pesado", o seu lugar natural é no solo. Então, inicialmente, temos um movimento "forçado", contra a natureza, provocado pelo ser humano, que faz a pedra subir; mas, em seguida, a pedra retorna naturalmente, pois o seu lugar natural é o solo.

Observe a figura 2.51. Desprezando a resistência do ar, hoje descrevemos o movimento da pedra da seguinte maneira: no ato do lançamento, a pedra adquire uma velocidade, denominada velocidade inicial, no sentido vertical para cima. Mas, à medida que sobe, a pedra perde velocidade à razão de aproximadamente 9,8 m/s a cada segundo de subida (aceleração da gravidade). No instante em que a velocidade de subida se anula, a pedra atinge o ponto de altura máxima e, em seguida, inicia a queda livre.

Na subida, a pedra realiza um movimento uniformemente retardado, pois velocidade e aceleração são de sinais contrários e, na descida, um movimento uniformemente acelerado, conforme visto na queda livre.

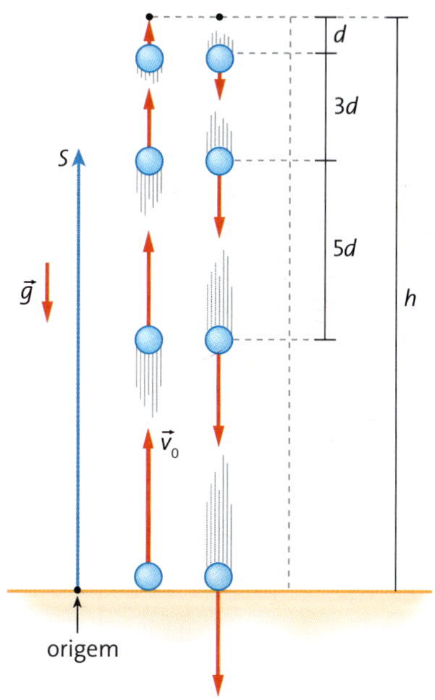

Figura 2.51 Representação esquemática do movimento de uma pedra lançada verticalmente para cima.

Equações do lançamento vertical

Um modo prático para estudar os lançamentos verticais para cima consiste em adotar o ponto de lançamento como origem e orientar a trajetória positivamente para cima, conforme a figura 2.51.

O esquema se refere a uma situação particular, muito comum, em que o lançamento é feito a partir do solo. Nessas condições, as equações do M.U.V. tornam-se:

$$S = v_0 \cdot t - \frac{g \cdot t^2}{2}$$

$$v = v_0 - g \cdot t$$

$$v^2 = v_0^2 - 2g \cdot S$$

No lançamento vertical, devemos observar que:

- No ponto de altura máxima, a velocidade é nula ($v = 0$). Se assim não fosse, o móvel ainda estaria subindo (ou descendo) e a altura considerada não seria a máxima. Substituindo $v = 0$ na equação de Torricelli, obtemos:

$$h_{máx} = \frac{v_0^2}{2g}$$

- O móvel retorna ao ponto de partida com velocidade de mesmo módulo com que foi lançado, porém se movendo em sentido contrário.
- Para um corpo que retorna à mesma posição, o tempo de descida é igual ao tempo de subida:

$$t_d = t_s = \frac{v_0}{g}$$

O tempo total (tempo de voo) é a soma do tempo de subida com o tempo de descida.

$$t_t = t_s + t_d$$

Exercício resolvido

9. Do alto de uma torre, a uma altura de 35 m em relação ao solo, um corpo é lançado verticalmente para cima, com velocidade inicial de 30 m/s. Despreze a resistência do ar e considere $g = 10$ m/s^2. Determine:

a) o tempo desde o instante de lançamento ($t = 0$) até o corpo atingir o ponto de altura máxima;

b) a altura máxima atingida pelo corpo, em relação ao solo.

Resolução

A figura ilustra o lançamento do corpo a partir do alto da torre, indicando o sentido da velocidade e o da aceleração da gravidade.

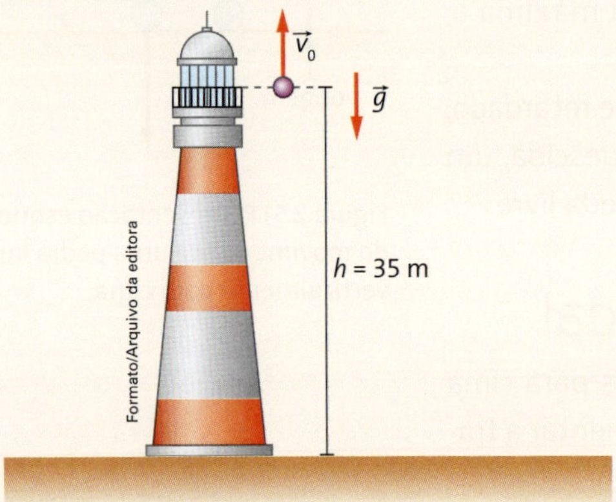

a) Para um referencial no solo, as condições iniciais do movimento são:

$S_0 = 35$ m

$v_0 = 30$ m/s

$a = -g = -10$ m/s^2

Quando o corpo atinge o ponto de altura máxima, temos $v = 0$. Assim, na função horária da velocidade do M.U.V., obtemos o tempo de subida:

$$v = v_0 + a \cdot t \Rightarrow 0 = 30 + (-10) \cdot t \Rightarrow t = 3{,}0 \text{ s}$$

O corpo demora 3,0 s desde o lançamento até o ponto de altura máxima.

b) A altura máxima atingida pelo corpo, em relação ao solo, é obtida com a expressão:

$$S = S_0 + v_0 \cdot t + \frac{a}{2} \cdot t^2$$

$$S = 35 + 30 \cdot 3{,}0 + \frac{(-10)}{2} \cdot (3{,}0)^2$$

$$S = 80 \text{ m}$$

A altura máxima atingida pelo corpo, em relação ao solo, é 80 m.

Exercícios

32. Um corpo é lançado verticalmente para cima e 8,0 s após retorna ao ponto de lançamento. Considere $g = 10$ m/s^2 e despreze a resistência do ar. Determine:

a) o tempo de subida e o tempo de descida;

b) a velocidade de lançamento;

c) a altura máxima atingida pelo corpo.

33. De um ponto situado a 25 m do solo, um corpo é lançado verticalmente para cima com velocidade inicial de 20 m/s.
Considere $g = 10$ m/s^2 e despreze a resistência do ar.

a) Qual é a altura máxima atingida pelo corpo em relação ao solo?

b) Determine o tempo total de movimento do corpo.

c) Com que velocidade o corpo atinge o solo?

34. Um corpo é lançado verticalmente para cima, a partir do solo, com velocidade inicial de 30 m/s. Considere $g = 10$ m/s^2 e despreze a resistência do ar. Após quanto tempo do lançamento o corpo se encontra a 40 m do solo?

35. (Fuvest-SP) A figura a seguir representa o gráfico posição × tempo do movimento de um corpo lançado verticalmente para cima, com velocidade inicial v_0, na superfície de um planeta.

a) Qual o valor da aceleração da gravidade na superfície do planeta?

b) Qual o valor da velocidade inicial v_0?

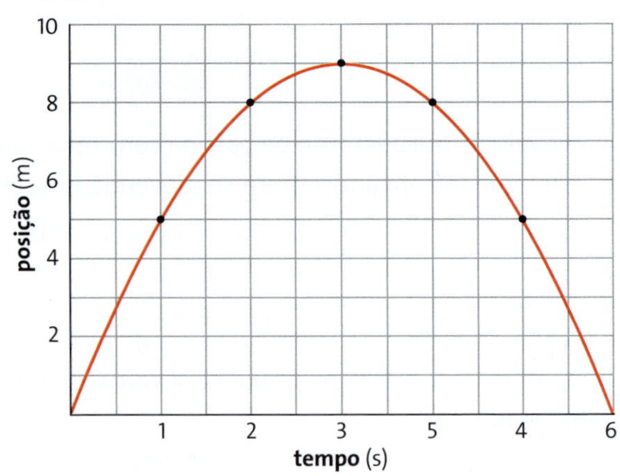

36. (UFTM-MG) Em 1971, no final da última caminhada na superfície da Lua, o comandante da Apollo 15, astronauta David Scott, realizou uma demonstração ao vivo para as câmaras de televisão, deixando cair uma pena de falcão de 0,03 kg e um martelo de alumínio de 1,32 kg. Assim ele descreveu o experimento:

Bem, na minha mão esquerda eu tenho uma pena, na minha mão direita, um martelo. Há muito tempo Galileu fez uma descoberta muito significativa sobre objetos em queda em campos gravitacionais, e nós pensamos: que lugar seria melhor para confirmar suas descobertas do que na Lua? Eu deixarei cair a pena e o martelo [...]

Depois de abandonados simultaneamente da mesma altura a pena e o martelo, Scott comentou:

O que acham disso? Isso mostra que o Sr. Galileu estava correto em sua descoberta.

A descoberta de Galileu, comprovada pelo astronauta David Scott na superfície da Lua, foi de que:

a) na Lua não há gravidade e, portanto, a pena e o martelo flutuaram.

b) em queda livre, um corpo mais pesado, como o martelo, chega ao solo em menos tempo do que um mais leve como a pena.

c) ambos os objetos chegam juntos ao solo, pois como a gravidade lunar é desprezível, não importa qual objeto tem maior massa.

d) na ausência de resistência do ar, o corpo mais pesado (martelo) chega primeiro ao solo, pois a gravidade de um planeta é diretamente proporcional à massa do corpo que cai.

e) na ausência de resistência do ar, mesmo com massas diferentes, eles levam o mesmo intervalo de tempo para chegar ao solo, pois caem com a mesma aceleração.

37. (UFSC) Uma pedra *A* é lançada para cima com velocidade inicial de 20 m/s. Um segundo antes, outra pedra *B* era largada de uma altura de 35 m em relação ao solo. Supondo o atrito com o ar desprezível, no instante em que elas se encontram, é correto afirmar:

(01) A aceleração da pedra *A* tem sentido oposto à aceleração da pedra *B*.

(02) O módulo da velocidade da pedra *B* é de 20 m/s.

(04) O módulo da velocidade da pedra *A* é de 10 m/s.

(08) A distância percorrida pela pedra *A* é de 16 m.

(16) A posição da pedra *B* em relação ao solo é de 20 m.

Dê a soma dos números dos itens corretos.

38. Duas pequenas esferas são soltas, simultaneamente e a partir do repouso, de pontos diferentes de um prédio. Uma delas, esfera *A*, é solta do 10º andar e a outra, esfera *B*, é solta do 5º andar. Ambas se movimentam na mesma vertical. Desprezando a resistência do ar, explique o que acontece com a distância entre as esferas durante a queda – aumenta, diminui ou permanece constante?

39. (Fuvest-SP) Em uma filmagem, no exato instante em que um caminhão passa por uma marca no chão, um dublê se larga de um viaduto para cair dentro de sua caçamba. A velocidade *v* do caminhão é constante, e o dublê inicia sua queda, a partir do repouso, de uma altura de 5 m da caçamba, que tem 6 m de comprimento. A velocidade ideal do caminhão é aquela em que o dublê cai bem no centro da caçamba, mas a velocidade real *v* do caminhão poderá ser diferente e ele cairá mais à frente ou mais atrás do centro da caçamba. Para que o dublê caia dentro da caçamba, v pode diferir da velocidade ideal, em módulo, no máximo: (Dado: $g = 10 \text{ m/s}^2$.)

a) 1 m/s.

b) 3 m/s.

c) 5 m/s.

d) 7 m/s.

e) 9 m/s.

40. Uma torneira, que se encontra a 90 cm do solo, pinga água, em intervalos de tempo iguais, mesmo após ter sido fechada. Uma pessoa, que observava a torneira pingar, fez o desenho mostrado a seguir, indicando a posição de cada um dos quatros pingos observados por ela.

Os pingos de água estão corretamente indicados no desenho da pessoa? Em caso positivo, justifique. Em caso negativo, refaça o desenho colocando os pingos de água nas posições corretas.

Galileu Galilei e o plano inclinado

Galileu Galilei.

Justus Susterman/Album/akg-images/Orsi Battaglini/Latinstock

Galileu nasceu em Pisa, Itália, no dia 15 de fevereiro de 1564, filho de Vincenzio Galilei e Giulia Ammanati. Em 1581, Galileu iniciou o curso de Medicina na Universidade de Pisa; em 1585, abandonou o curso e partiu para Florença, para estudar Geometria. Em 1589 retornou a Pisa, iniciando um período de aulas e estudos sobre os movimentos, e em 1592 mudou-se para Pádua, onde lecionou e concluiu seus trabalhos sobre planos inclinados e queda dos corpos. Em um laboratório montado em sua casa, Galileu construía seus instrumentos, tanto para uso próprio quanto para o mercado, que exigia bons aparelhos. Assim conseguia incrementar a sua renda, pois o salário como professor era baixo. "O cientista de Pisa era um experimentador extraordinariamente inventivo que resolvia as dificuldades práticas com procedimentos cuja genialidade ainda nos espanta", diz Enrico Bellone, professor de História das Ciências da Universidade de Pádua.

Na época de Galileu, a Física dos movimentos nas universidades estava alicerçada nos ensinamentos de Aristóteles – movimentos naturais e movimentos forçados – dos quais Galileu se afastou e, durante 15 anos, dedicou-se com afinco à explicação das relações entre distância, velocidade e tempo – as bases dos movimentos. Mesmo para Galileu, dotado de um cérebro privilegiado, conceitos como "velocidade" e principalmente "aceleração" eram de difícil interpretação. Suas experiências com pêndulos, planos inclinados e corpos em queda possibilitaram a explicação, em 1604, da função horária do movimento acelerado. Galileu chamava os corpos cadentes de graves – origem provável do termo gravidade.

Em 1609, Galileu, após tomar conhecimento do telescópio, voltou suas atenções para um novo mundo: a observação dos astros. Publicou, em 1610, o livro *A mensagem das estrelas*, obra que causou um grande impacto na Astronomia da época e que o tiraria de Pádua para ocupar o cargo de matemático e filósofo do grão-duque de Florença. A observação de luas em Júpiter, a descrição do sistema de Saturno e a explicação das manchas solares e das marés reforçaram sua fé no sistema heliocêntrico de Copérnico.

Em 1632, Galileu publicou sua obra máxima, *Diálogos sobre os dois máximos sistemas do mundo ptolomaico e copernicano*. Nesse livro, provavelmente por já ter sido admoestado pela Igreja em 1616 e proibido de pregar a doutrina copernicana, e levando em conta que suas descobertas corriam sérios riscos de serem tachadas de bruxarias, Galileu, brilhante como era, tentou uma saída: suas ideias, apresentadas na forma de diálogo, eram defendidas não por ele, mas por um dos personagens do livro.

Apesar desse cuidado, Galileu foi levado a julgamento perante a Inquisição, em 1633, pelo conjunto de sua obra. Acusado de subversão à doutrina aristotélica, às sagradas escrituras e à Igreja, foi condenado à prisão e obrigado a uma leitura pública do ato de abjuração (renúncia solene da fé que professava):

[...] com sinceridade e fé verdadeira abjuro, amaldiçoo e esconjuro os citados erros e heresias e, de modo geral, quaisquer que sejam, outros erros, heresias e seitas contrárias à Santa Igreja, e juro que, no futuro, nunca mais direi nem afirmarei, verbalmente nem por escrito, nada que proporcione motivo para semelhante suspeita a meu respeito [...].

Nos últimos anos de vida, Galileu cumpriu prisão domiciliar e faleceu em Florença, na Itália, em 8 de janeiro de 1642.

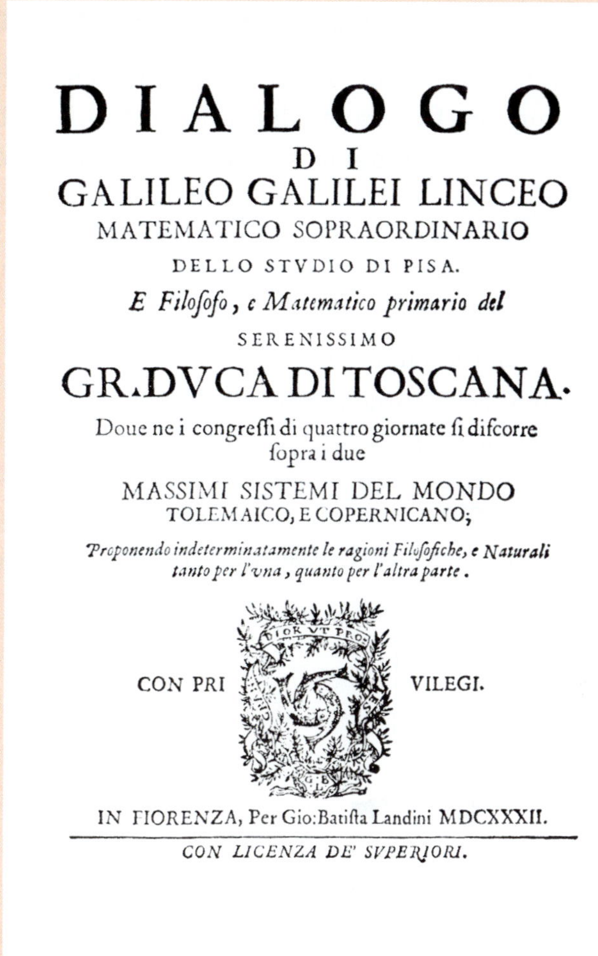

DIALOGO
DI
GALILEO GALILEI LINCEO
MATEMATICO SOPRAORDINARIO
DELLO STVDIO DI PISA.
E Filosofo, e Matematico primario del
SERENISSIMO
GR.DVCA DI TOSCANA.
Doue ne i congressi di quattro giornate si discorre
sopra i due
MASSIMI SISTEMI DEL MONDO
TOLEMAICO, E COPERNICANO;
Proponendo indeterminatamente le ragioni Filosofiche, e Naturali tanto per l'vna, quanto per l'altra parte.
CON PRI VILEGI.
IN FIORENZA, Per Gio:Batista Landini MDCXXXII.
CON LICENZA DE' SVPERIORI.

SPL/Latinstock

Frontispício em latim da obra *Diálogos* [...], na qual um dos personagens defende o sistema heliocêntrico proposto por Copérnico.

Trabalho em equipe

Dificilmente encontramos uma pessoa que não tenha ouvido falar em Galileu, mesmo desconhecendo sua obra. Suas famosas experiências na torre de Pisa, na Itália, têm sido objeto de livros e pesquisas, e alguns historiadores colocam em dúvida a realização de tais experimentos.

Façam uma pesquisa em grupo sobre a vida e a obra desse cientista, com destaque aos pontos controversos de sua vida: a realização dos experimentos e sua participação no processo de Inquisição. Os trabalhos de cada grupo devem ser apresentados em um debate com a presença dos professores de Física e de História.

Existe uma extensa lista de referências para consulta. Entre elas, citamos:

GALILEU: o destronamento da Terra. *Scientific American Brasil*. Edição especial n. 33.

GALILEU: o Universo em movimento. *Scientific American Brasil*. (Gênios da Ciência).

PIRES, Antonio S. T. *Evolução das ideias da Física*. São Paulo: Livraria da Física, 2008.

EXPERIMENTO

Movimento em um plano inclinado

As rampas (planos inclinados), com pequena inclinação, são úteis para o estudo do movimento de uma bolinha de vidro ou de aço. Com esse objetivo, propomos uma atividade na qual cada grupo de quatro alunos pesquisará algumas questões propostas.

Materiais

O material necessário para que cada grupo realize seus experimentos é:

- um cronômetro;
- um trilho de alumínio ou latão com, no mínimo, 2 m de comprimento;
- bolinhas de aço e de vidro de vários tamanhos;
- uma trena ou fita métrica.

Procedimento

A montagem para o experimento está ilustrada na figura seguinte.

Antonio Robson/Arquivo da editora

Reproduzam esse experimento cronometrando o tempo com bolinhas de massas diferentes para responder às seguintes questões:

1. O intervalo de tempo para que as bolinhas percorram toda a extensão do trilho depende da massa da bolinha?
2. O intervalo de tempo para que as bolinhas percorram toda a extensão do trilho depende do material de que é feita a bolinha?
3. O que acontece com o intervalo de tempo quando duplicamos a distância percorrida?
4. Qual o tipo de movimento realizado pelas bolinhas: uniforme ou acelerado?

Pensando no Enem

Para melhorar a mobilidade urbana na rede metroviária é necessário minimizar o tempo entre estações. Para isso a administração do metrô de uma grande cidade adotou o seguinte procedimento entre duas estações: a locomotiva parte do repouso com aceleração constante por um terço do tempo de percurso, mantém a velocidade constante por outro terço e reduz sua velocidade com desaceleração constante no trecho final, até parar.

Qual é o gráfico de posição (eixo vertical) em função do tempo (eixo horizontal) que representa o movimento desse trem?

a)

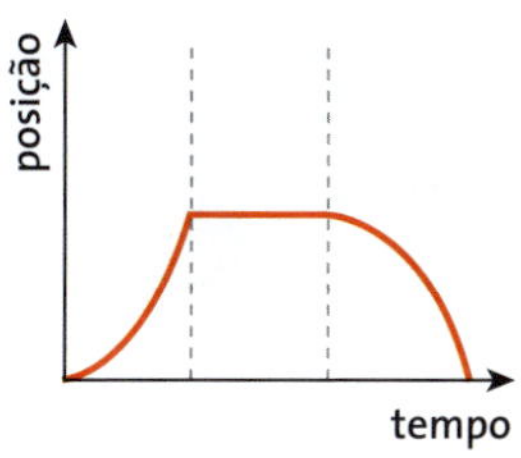

b)

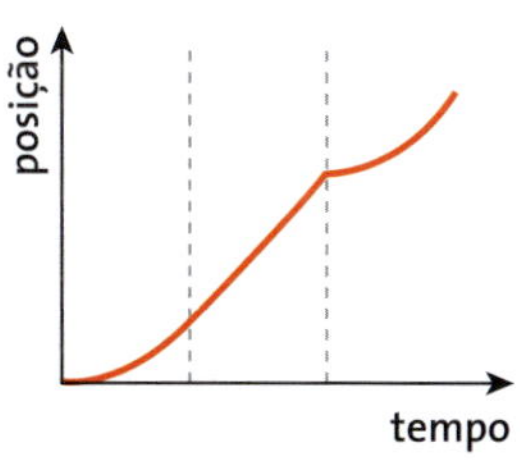

c)

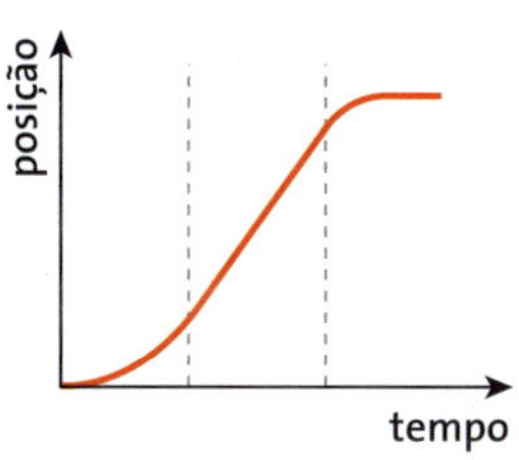

d)

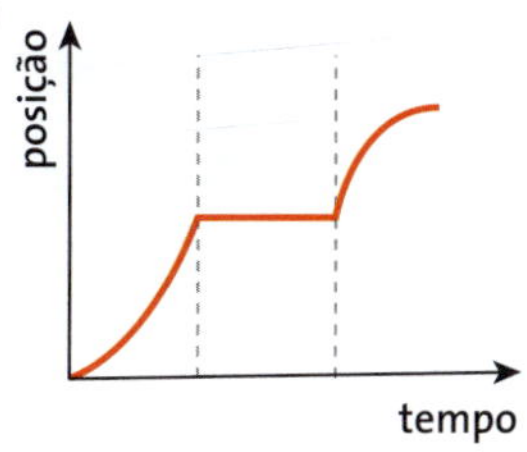

e)

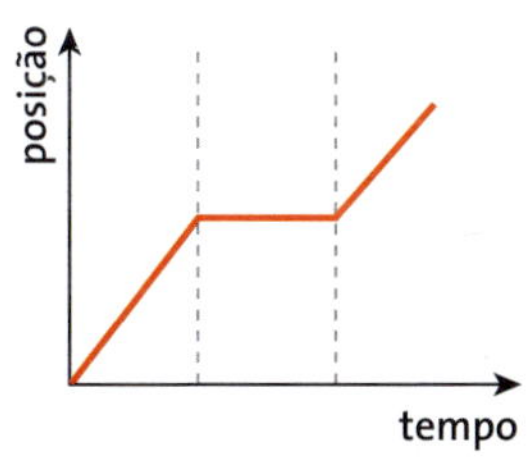

Resolução

Para resolver esta questão do Enem, deve-se construir o gráfico com base na análise separada dos três trechos descritos no enunciado. No primeiro $\frac{1}{3}$ do tempo de trajeto o movimento é retilíneo uniformemente acelerado, portanto a curva do gráfico posição × tempo é descrita pela função horária do espaço do MUV:

$$S = S_0 + v_0 \cdot t + \frac{a}{2} \cdot t^2$$

Como essa função é uma função de 2º grau, já que o tempo aparece elevado ao quadrado no último termo da expressão, a curva do primeiro trecho do gráfico posição × tempo é uma parábola com concavidade para cima, pois a aceleração é positiva, visto que tem mesmo sentido do referencial adotado:

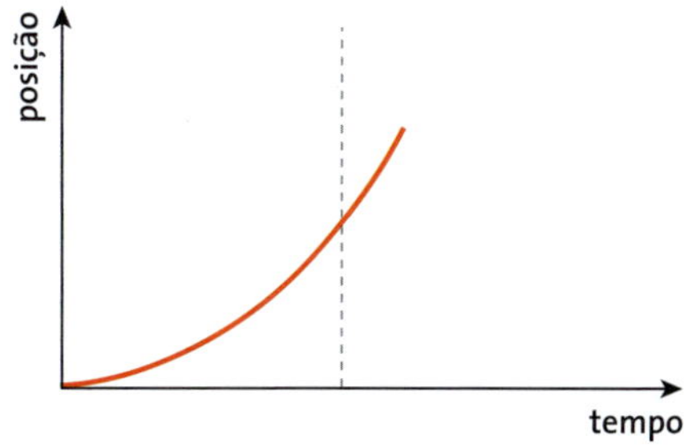

No segundo trecho, o movimento é uniforme, e o gráfico posição × tempo é uma reta, pois a função horária do espaço do movimento uniforme é uma função de 1º grau: $S = S_0 + v \cdot t$. Como o trem se desloca a favor da trajetória, sua velocidade é positiva e a reta do gráfico é crescente:

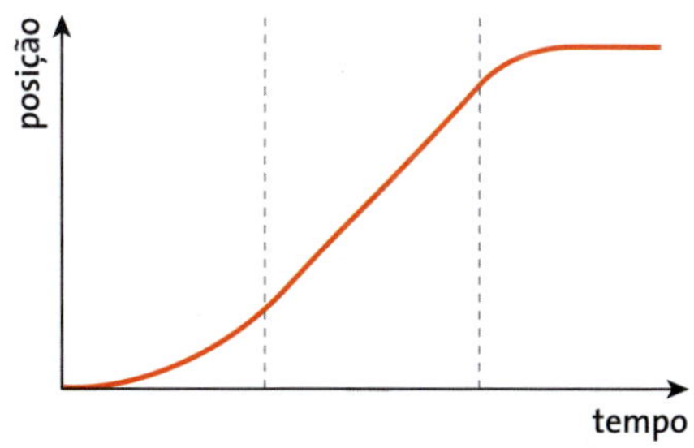

Note que com essas duas informações é possível excluir quase todas as alternativas, exceto a *C* e a *B*.

No último $\frac{1}{3}$ do tempo, o movimento é uniformemente variado com aceleração negativa, segundo o referencial adotado anteriormente, já que o movimento é retardado. O gráfico é uma parábola com concavidade para baixo, pois o coeficiente que multiplica o termo t^2 na função horária do espaço do MUV é a metade da aceleração, que é negativa. Assim, conforme indica a ilustração abaixo, a alternativa correta é a **c**.

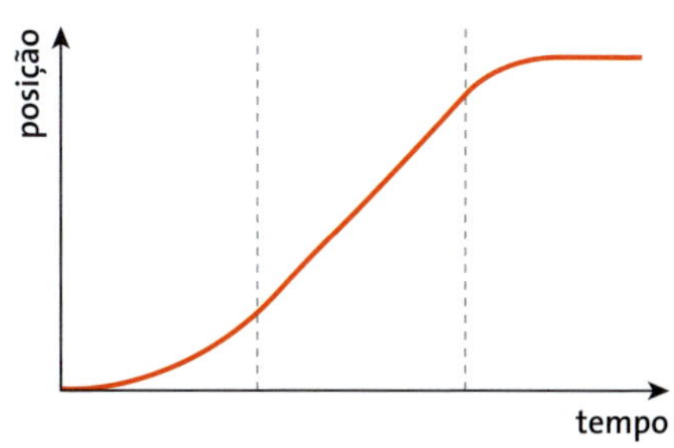

Vestibulares de Norte a Sul

1. NE (UEPB) Um professor de física verificando em sala de aula que todos os seus alunos encontram-se sentados passou a fazer algumas afirmações para que eles refletissem e recordassem alguns conceitos sobre movimento. Das afirmações seguintes formuladas pelo professor, a única correta é:
   a) Pedro (aluno da sala) está em repouso em relação aos demais colegas, mas todos nós estamos em movimento em relação à Terra.
   b) Mesmo para mim (professor), que não paro de andar seria possível achar um referencial em relação ao qual eu estivesse em repouso.
   c) A velocidade dos alunos eu consigo observar agora, sentados em seus lugares, é nula para qualquer observador humano.
   d) Como não há repouso absoluto, nenhum de nós está em repouso, em relação a nenhum referencial.
   e) O sol está em repouso em relação a qualquer referencial.

2. NE (Uesb-BA) Um avião, voando com velocidade constante e próximo à superfície da Terra, abandona um objeto. Despreze o efeito do ar. Para um observador parado no solo, a trajetória do objeto é:
   a) vertical.
   b) oblíqua.
   c) semicircular.
   d) hiperbólica.
   e) parabólica.

3. NE (Ufal) Uma pessoa percorreu, caminhando a pé, 1,8 km em 20 minutos. A sua velocidade escalar média, em unidades do Sistema Internacional, foi de:
   a) 0,50.
   b) 1,0.
   c) 1,5.
   d) 3,0.
   e) 4,0.

4. SE (FEI-SP) Um ciclista percorre 3 508,75 m de uma pista em um intervalo de tempo de 175 s. Qual é a velocidade escalar média do ciclista?
   a) 20,05 m/s
   b) 2,50 m/s
   c) 25,05 m/s
   d) 20,50 m/s
   e) 20,55 m/s

5. SE (Uerj) No interior de um avião que se desloca horizontalmente em relação ao solo, com velocidade constante de 1 000 km/h, um passageiro deixa cair um copo. Observe a ilustração, na qual estão indicados quatro pontos no piso do corredor do avião e a posição desse passageiro.

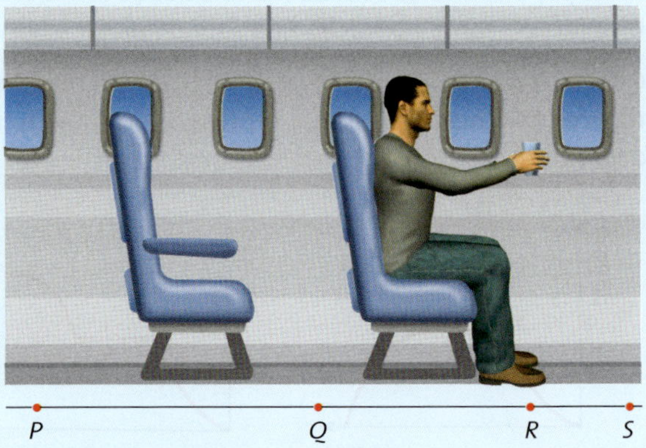

Paulo Manzi/Arquivo da editora

O copo, ao cair, atinge o piso do avião próximo ao ponto indicado pela letra:
   a) *P*.
   b) *Q*.
   c) *R*.
   d) *S*.

6. NE (UFPB) Um observador, situado em um veículo que se move para a direita com velocidade *v*, deixa cair uma pedra. Qual dos gráficos a seguir melhor representa o movimento dessa pedra, do ponto de vista de um observador que se move, também para a direita, com velocidade *v* em relação ao primeiro?

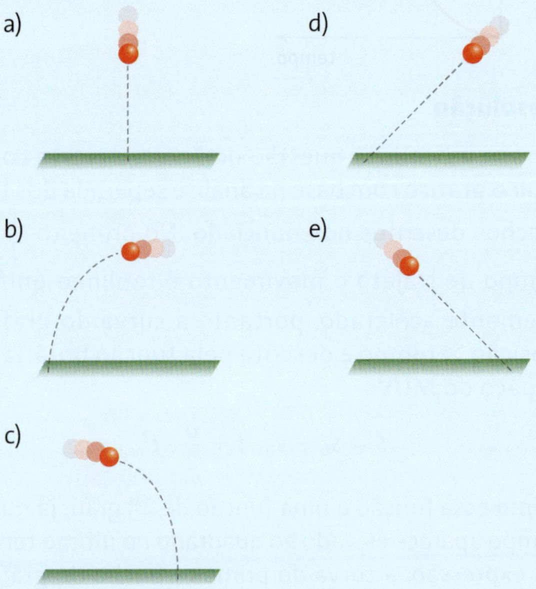

7. **SE** (Unicastelo-SP) O painel das esteiras das academias de ginástica costuma exibir, em milhas, a medida da distância percorrida pelo usuário. Após caminhar por 45 minutos sobre a esteira, uma pessoa notou que havia percorrido 3,0 milhas. Sabendo que uma milha equivale a 1,6 km, o tempo gasto no percurso e a distância percorrida correspondem, respectivamente, em unidades do Sistema Internacional a:

a) 45 min e 4,8 km.

b) 45 min e 4 800 m.

c) 0,75 h e 4,8 km.

d) 2 700 s e 4 800 m.

e) 2 700 s e 4,8 km.

8. **NE** (UPE) Um automóvel vai de *P* até *Q*, com velocidade escalar média de 20 m/s e, em seguida, de *Q* até *R*, com velocidade escalar média de 10 m/s. A distância entre *P* e *Q* vale 1 km, e a distância entre *Q* e *R*, 2 km. Qual é a velocidade escalar média em todo o percurso em m/s?

a) 15

b) 12

c) 9

d) 10

e) 20

9. **N** (Ueap) Em um passeio de fim de semana, uma família viaja de carro de Macapá até Porto Grande, percorrendo, aproximadamente, 100 km a uma velocidade média de 100 km/h. Nesta cidade, param por uma hora e seguem viagem para Ferreira Gomes, percorrendo mais de 40 km em 30 minutos. Com esses dados, pode-se afirmar que a velocidade média (em km/h) desenvolvida pelo carro, no percurso entre Macapá e Ferreira Gomes, foi de:

a) 100.

b) 84.

c) 60.

d) 56.

e) 48.

10. **NE** (Uece) Dois automóveis, I e II, inicialmente trafegam lado a lado em uma estrada reta. Em algum instante, o carro I aumenta sua velocidade e, simultaneamente, o outro começa uma frenagem. Assim, pode-se afirmar corretamente que:

a) a aceleração do carro I é diferente de zero e a do carro II é zero.

b) a aceleração do carro I é zero e a do carro II é diferente de zero.

c) as acelerações dos dois carros são diferentes de zero.

d) as acelerações dos dois carros são iguais a zero.

11. **SE** (UFTM-MG) Em uma viagem pelo interior de Minas Gerais, um motorista, partindo do repouso da cidade de Sacramento às 20h30, chegou à cidade de Uberaba às 22h30 do mesmo dia.

Considerando que a distância entre essas duas cidades é de 72 km, é correto afirmar que, nessa viagem, o veículo:

a) manteve velocidade superior a 72 km/h em todo o percurso.

b) manteve uma velocidade constante e igual a 36 km/h.

c) atingiu a velocidade de 10 m/s em algum instante.

d) permaneceu parado durante algum intervalo de tempo após a sua partida.

e) não ultrapassou a velocidade de 10 m/s.

12. **SE** (Unimep-SP) Uma lancha de salvamento, patrulhando a costa marítima com velocidade de 20 km/h, recebe um chamado de socorro. Verifica-se que, em 10 s, a lancha atinge a velocidade de 128 km/h. A aceleração média utilizada pela lancha foi:

a) 3,0 m/s^2.

b) 3,6 m/s^2.

c) 10,8 m/s^2.

d) 12,8 m/s^2.

e) 30 m/s^2.

13. **SE** (Unicid-SP) Uma revista sobre carros faz testes de desempenho em automóveis e depois publica os valores para que os compradores avaliem os veículos. Em um desses testes, em pistas retilíneas, o automóvel *A* parte do repouso e adquire uma velocidade de 126 km/h no tempo de 10 s. O automóvel *B* parte do repouso e adquire uma velocidade de 108 km/h em 6 s. Nos dois casos, os veículos são mantidos sob aceleração máxima e constante durante o teste. O módulo da diferença entre a aceleração escalar média do carro *A* e a do carro *B* é, em m/s^2:

a) 0,5.

b) 1,0.

c) 1,5.

d) 2,0.

e) 2,5.

14. **SE** (Inatel-MG) A tabela é uma reprodução de um folheto proporcional de um certo tipo de carro de passeio.

Série RT/RX 2.0 16v	
Cilindradas 1 998 cm^3	Potência 140/138 cv (DIN/ISSO – ABNT)
Velocidade máxima 185 km/h	Aceleração 0 – 100 km/h 12,1 s
Peso 1 320 kg	Porta-malas 410 litros

Em quanto tempo, aproximadamente, esse modelo de carro atinge a sua velocidade máxima, a partir do repouso?

a) 22,4 s
b) 224 s
c) 2,24 s
d) 6,54 s
e) 65,4 s

15. **S** (UFPR) Em uma caminhada por um parque, uma pessoa, após percorrer 1 km a partir de um ponto inicial de uma pista e mantendo uma velocidade constante de 5 km/h, cruza com outra pessoa que segue em sentido contrário e com velocidade constante de 4 km/h. A pista forma um trajeto fechado com percurso total de 3 km. Calcule quanto tempo levará para as duas pessoas se encontrarem na próxima vez.

16. **S** (Acafe-SC) Para garantir a segurança no trânsito, deve-se reduzir a velocidade de um veículo em dias de chuva, senão vejamos: um veículo em uma pista reta, asfaltada e seca, movendo-se com velocidade de módulo 36 km/h (10 m/s) é freado e desloca-se 5,0 m até parar. Nas mesmas circunstâncias, só que com a pista molhada sob chuva, necessita de 1,0 m a mais para parar. Considerando a mesma situação (pista seca e molhada) e agora a velocidade do veículo de módulo 108 km/h (30 m/s), a alternativa correta que indica a distância a mais para parar, em metros, com a pista molhada em relação à pista seca é:

a) 6.
b) 2.
c) 1,5.
d) 9.

17. **CO** (UFG-GO) O GPS (sigla em inglês para sistema global de posicionamento) é composto de uma malha de 24 satélites que orbitam a Terra a uma altitude fixa e com velocidade constante. Nesses satélites estão instalados relógios atômicos que podem aferir o tempo com precisão de nanossegundos. Os satélites emitem ondas eletromagnéticas que se propagam com a velocidade da luz *c*. Essas ondas são codificadas de modo a fornecer as coordenadas do satélite e o instante em que o sinal foi emitido. Num certo instante *t*, o receptor capta os sinais de vários satélites e, a partir dos sinais obtidos de quatro satélites distintos, calcula as coordenadas (x, y, z) do receptor e o instante de tempo da recepção.

A figura a seguir representa uma versão unidimensional de um GPS, na qual os satélites foram substituídos por duas antenas fixas que emitem sinais informando suas posições e os instantes da emissão (x_1, t_1) e (x_2, t_2). Um veículo equipado com um GPS, que se move em uma dimensão, pode ter sua localização *x* e o instante *t* conhecidos, obtendo simultaneamente os sinais das duas antenas.

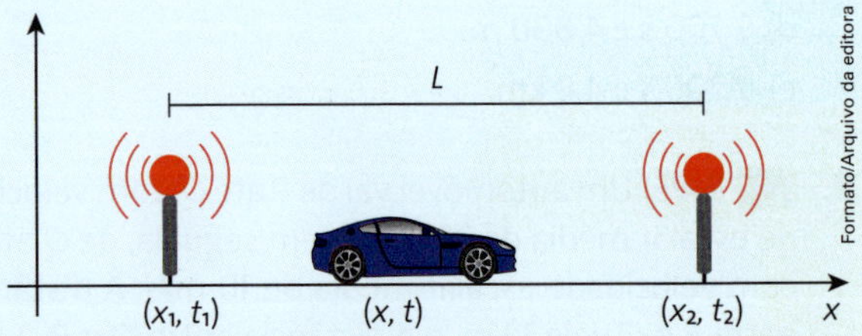

Formato/Arquivo da editora

Considerando o exposto, determine:

a) as equações que fornecem a posição e o instante de tempo do veículo (*x* e *t*) em função das coordenadas das antenas, dos instantes de emissão e da velocidade da luz *c*;

b) a posição do veículo e sua distância da antena mais próxima, quando $t_1 = 2T$ e $t_2 = T$, em função de x_1, *L* e *T*.

18. **CO** (Unemat-MT) O gráfico em função do tempo mostra dois carros *A* e *B* em movimento retilíneo.

Em $t = 0$ s os carros estão na mesma posição.

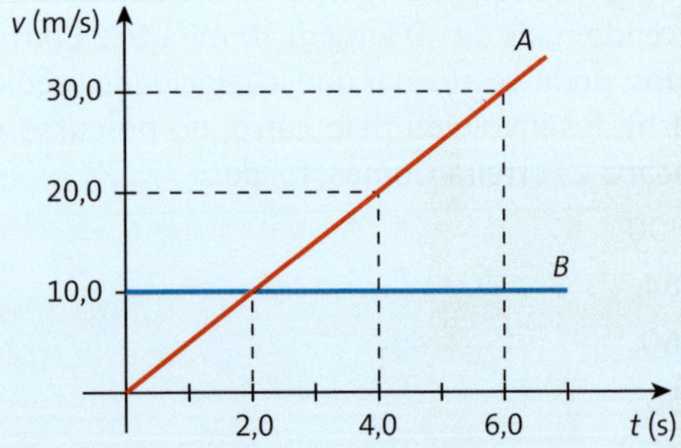

Com base na análise do gráfico, é correto afirmar:

a) Os carros vão estar na mesma posição nos instantes $t = 0$ s e $t = 4,0$ s.

b) Os carros não vão se encontrar após $t = 0$, porque a velocidade de *A* é maior que a do carro *B*.

c) Os carros vão se encontrar novamente na posição $S = 10$ m.

d) Os carros não vão se encontrar, porque estão em sentidos contrários.

e) Os instantes em que os carros vão estar na mesma posição são $t = 0$ s e $t = 8,0$ s.

CAPÍTULO

3 Movimentos em duas dimensões

Ao lançar uma bola na pequena área para o cabeceio certeiro, a trajetória que ela desenvolve é parabólica.

1 Grandezas escalares e grandezas vetoriais

Se você assistir a duas aulas seguidas, cada uma com 50 min de duração, ao final terá assistido a 100 min de aula (1 h 40 min). A adição de dois intervalos de tempo é feita de acordo com as propriedades da adição dos números reais, assim como ocorre com outras grandezas. Por exemplo, se adquirimos 1 kg de feijão e, em seguida, mais 2 kg, teremos 3 kg de feijão. Se colocarmos 2 L de água em um recipiente que já contenha 3 L, teremos 5 L de água no recipiente.

Entre outras, as grandezas físicas que acabamos de mencionar – tempo, massa e volume – são denominadas **grandezas escalares**. Tais grandezas ficam perfeitamente caracterizadas quando expressas simplesmente por um número acompanhado da unidade de medida.

Vejamos agora outro exemplo. Se você sair de sua casa e percorrer 4 km em linha reta e, em seguida, percorrer mais 3 km, também em linha reta, podemos afirmar com certeza que ao final do percurso você estará a 7 km de sua casa?

A resposta é **não!** O que podemos afirmar é que a distância entre você e sua casa estará compreendida entre 1 km e 7 km. Como isso é possível?

Ilustrações: Paulo Manzi/Arquivo da editora

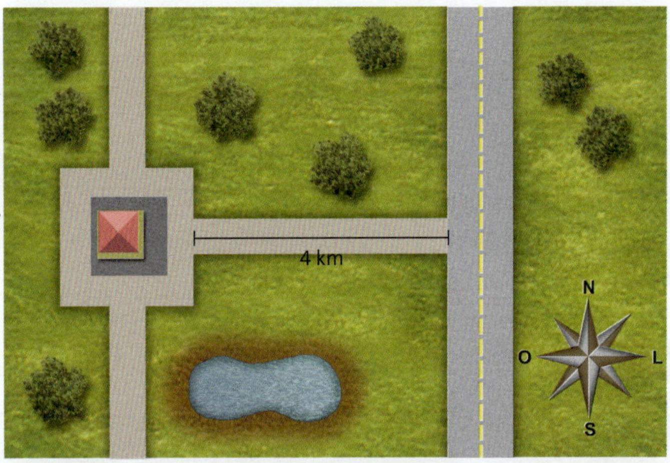

Figura 3.1 Um deslocamento de 4 km para o leste.

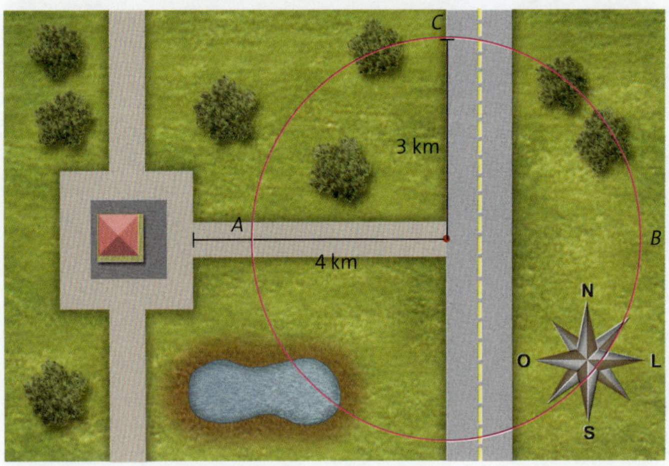

Figura 3.2 Raio de possíveis localizações.

Em primeiro lugar, precisamos conhecer a orientação de cada deslocamento. Você saiu de sua casa e se afastou 4 km para: norte, sul, leste ou oeste? O mesmo podemos dizer do segundo deslocamento. Para exemplificar, vamos considerar que o primeiro deslocamento tenha sido para leste, conforme mostra a figura 3.1.

Vamos traçar agora o segundo trecho do percurso. Sabemos que esse deslocamento foi de 3 km, mas para onde? Existem várias possibilidades: norte, sul, leste, oeste, sudeste, noroeste, ...

Para incluir todas as possibilidades, traçamos uma circunferência com raio de 3 km com centro na extremidade do primeiro deslocamento, conforme mostra a figura 3.2.

Observe na figura que, após percorrer o segundo trecho, você poderá estar em qualquer ponto da circunferência traçada, uma vez que todos os pontos dela estão a 3 km do final do primeiro deslocamento. Vamos destacar dois pontos em especial: o ponto *A*, que se encontra mais próximo de sua casa, e o ponto *B*, que é o ponto mais afastado.

Quais são as distâncias dos pontos *A* e *B* até sua casa? O ponto *A* está a 1 km de sua casa, e o ponto *B*, a 7 km. Observe que, para qualquer outro ponto da circunferência, a distância até sua casa será maior que 1 km e menor que 7 km. E se você estiver no ponto *C*, conforme mostrado na figura 3.2?

Nesse caso, a distância d do ponto C à sua casa é de 5 km, obtida por meio da aplicação do teorema de Pitágoras ao triângulo retângulo mostrado na **figura 3.3**.

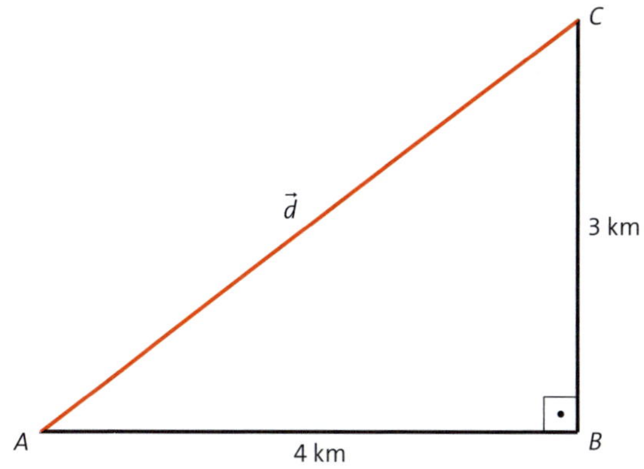

Figura 3.3 Aplicação do teorema de Pitágoras ao triângulo retângulo que representa o deslocamento até o ponto C.

$$d^2 = 4^2 + 3^2 \Rightarrow d = \sqrt{16 + 9} \Rightarrow d = 5 \text{ km}$$

Nesse exemplo observamos que, para compor (somar) deslocamentos, não podemos proceder como nas grandezas escalares. O **deslocamento** é um exemplo de **grandeza vetorial** – uma grandeza que, para ser devidamente caracterizada, exige não só um número com a respectiva unidade, mas também uma **direção** e um **sentido**.

Para refletir

Qual é a importância de saber se uma grandeza é escalar ou vetorial? Pesquise sobre como são traçadas as rotas dos aviões.

Em Física encontramos várias grandezas vetoriais, como força, velocidade, aceleração, entre outras. Em algumas situações particulares, uma grandeza vetorial pode ser tratada como escalar, como no caso específico do tratamento dado à velocidade no capítulo 2.

Operações com vetores

Para efetuar operações (adição, subtração, por exemplo) com grandezas vetoriais, precisamos, em primeiro lugar, estabelecer um modo prático de representá-las, levando em conta que elas apresentam módulo, direção e sentido. Essa representação é feita com o uso de vetores.

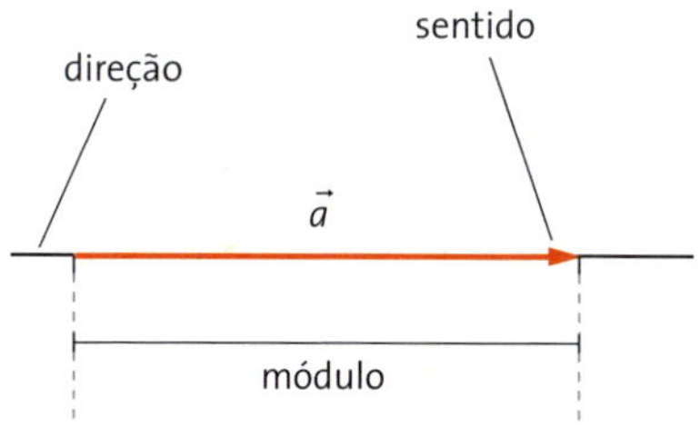

Figura 3.4 Módulo, direção e sentido de um vetor simbolizado por $\vec{a}$.

Um **vetor** é um segmento de reta que agrega as características básicas das grandezas vetoriais – o módulo, a direção e o sentido (**figura 3.4**):

- **Módulo** – O módulo (valor numérico ou intensidade) de um vetor é sempre um número real e positivo. Na representação gráfica, o comprimento do vetor corresponde ao módulo da grandeza que ele representa.
- **Direção** – A reta suporte de um vetor determina a sua direção.
- **Sentido** – A orientação do segmento (ponta de seta) indica o sentido do vetor.

Um vetor pode ser nomeado por uma letra qualquer, maiúscula ou minúscula, com uma seta sobre ela, indicando que representa uma grandeza vetorial.

Em segundo lugar, necessitamos das noções de vetores iguais e vetores opostos. Dois vetores são **iguais** quando apresentam o mesmo módulo, a mesma direção e o mesmo sentido; dois vetores são **opostos** quando apresentam o mesmo módulo, a mesma direção, mas sentidos contrários (**figura 3.5**).

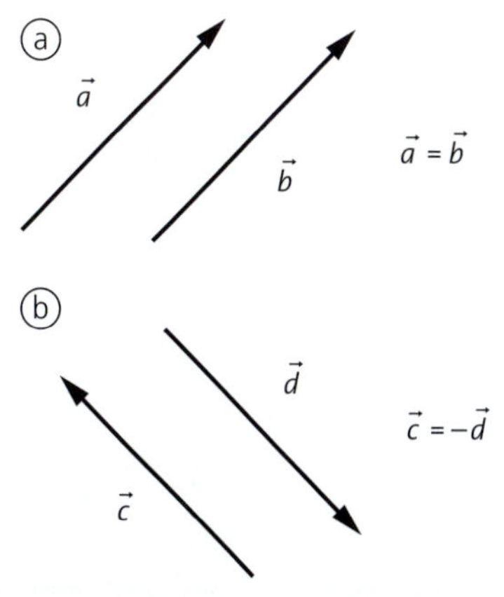

Figura 3.5 $\vec{a}$ e $\vec{b}$ são vetores iguais (**a**); $\vec{c}$ e $\vec{d}$ são vetores opostos (**b**).

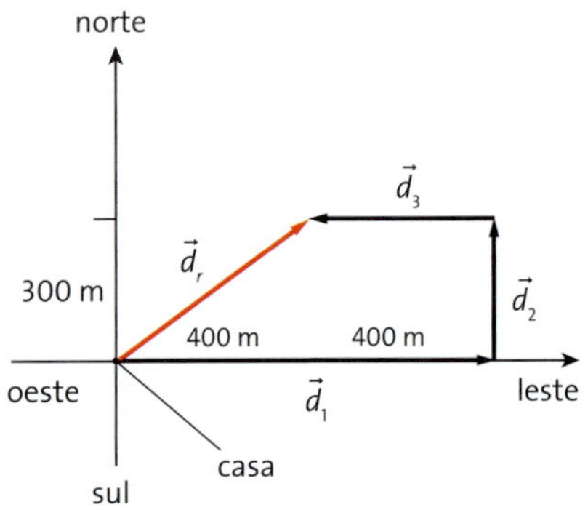

Figura 3.6 Representação dos três vetores do deslocamento efetuado pela pessoa para ir de sua casa ao trabalho e o vetor deslocamento resultante.

Adição de vetores

Para efetuar uma adição de vetores, devemos primeiramente verificar se os vetores representam grandezas físicas da mesma espécie. Por exemplo: podemos somar duas ou mais forças, ou ainda dois ou mais deslocamentos; mas não podemos somar uma força com um deslocamento, porque estas não são grandezas da mesma espécie.

Para exemplificar a adição de vetores, vamos considerar um exemplo com a grandeza vetorial deslocamento. Suponha que uma pessoa, para chegar ao trabalho partindo de sua casa, efetue os seguintes deslocamentos: inicialmente, ela se desloca 800 m para o leste; em seguida, 300 m para o norte e, finalmente, 400 m para o oeste. Nessas condições, qual é a distância, em linha reta, da casa da pessoa ao trabalho? Qual é a distância efetivamente percorrida pela pessoa?

Na **figura 3.6**, temos a ilustração dos três vetores $\vec{d}_1$, $\vec{d}_2$ e $\vec{d}_3$, que representam cada um dos deslocamentos efetuados pela pessoa, e o vetor $\vec{d}_r$, que representa o deslocamento em linha reta da casa para o trabalho.

O procedimento utilizado na **figura 3.6** para somar deslocamentos (grandezas vetoriais) é conhecido como **regra do polígono**.

O vetor $\vec{d}_r$ é chamado de **vetor soma** ou **vetor resultante** dos vetores $\vec{d}_1$, $\vec{d}_2$ e $\vec{d}_3$:

$$\vec{d}_r = \vec{d}_1 + \vec{d}_2 + \vec{d}_3$$

Para refletir

Essa condição de que as grandezas somadas sejam de mesma espécie vale somente para as grandezas vetoriais ou é válida também para as grandezas escalares?

Para calcular o módulo do vetor $\vec{d}_r$, utilizamos a **figura 3.7**, obtida com base na **figura 3.6**, e usamos o teorema de Pitágoras:

$$|\vec{d}_r| = \sqrt{(400)^2 + (300)^2} \Rightarrow |\vec{d}_r| = 500 \text{ m}$$

Portanto, a distância, em linha reta, da casa da pessoa ao trabalho é **500 m**. Por outro lado, como a distância percorrida é uma grandeza escalar, a distância efetivamente percorrida pela pessoa, d_p, é dada por:

$$d_p = d_1 + d_2 + d_3 \Rightarrow d = 800 + 300 + 400 \Rightarrow d_p = 1500 \text{ m}$$

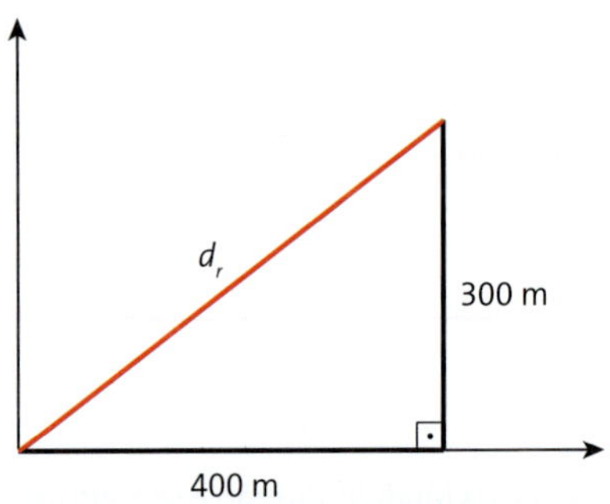

Figura 3.7 O segmento de reta, que representa o módulo do vetor resultante, é a hipotenusa de um triângulo retângulo de catetos 400 m e 300 m.

Há um caso particular de adição de vetores que se aplica a muitas das situações analisadas no estudo das grandezas vetoriais: a adição de dois vetores. Vejamos o exemplo ilustrado na **figura 3.8**. O piloto de um barco pretende atravessar um rio com correnteza. Se ele partir do ponto *A* e mantiver a proa do barco numa direção perpendicular à correnteza, conseguirá atingir a margem oposta no ponto *B*, situado na mesma perpendicular que passa pelo ponto de saída?

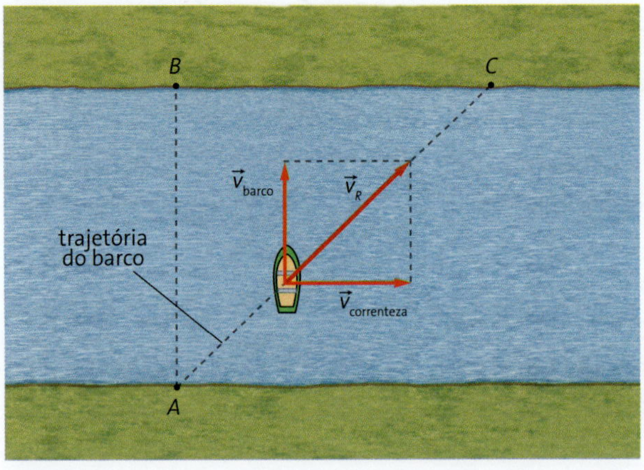

Paulo Manzi/Arquivo da editora

Para refletir

Na regra do polígono, o resultado é o mesmo se alterarmos a ordem de colocação dos vetores (deslocamentos)?

Figura 3.8 A velocidade resultante do barco é a soma vetorial da velocidade do barco em relação à correnteza com a velocidade da correnteza em relação à margem.

Para a determinação do ponto exato em que o barco atingirá a margem oposta, assim como em diversas outras situações que envolvem a adição de dois vetores, podemos utilizar o método conhecido como **regra do paralelogramo**.

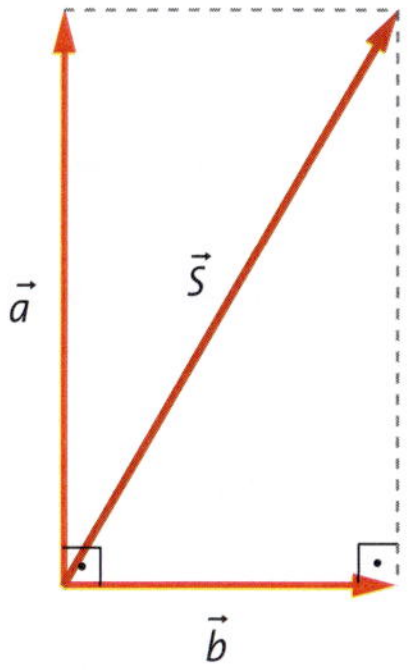

Figura 3.9 Aplicação da regra do paralelogramo.

Na figura 3.9, considere que o vetor $\vec{a}$ represente a velocidade do barco em relação à correnteza e o vetor $\vec{b}$ represente a velocidade da correnteza em relação à margem. O vetor $\vec{s}$ representa a soma vetorial das duas velocidades. Traçamos os dois vetores a partir de uma origem comum; a partir da extremidade do vetor $\vec{a}$, traçamos um segmento de reta paralelo à direção do vetor $\vec{b}$; a partir da extremidade de $\vec{b}$, traçamos um segmento de reta paralelo à direção de $\vec{a}$; o vetor soma (resultante) é dado pelo segmento de reta orientado do ponto de origem comum ao ponto de cruzamento dos segmentos de reta traçados anteriormente.

$$\vec{s} = \vec{a} + \vec{b}$$

Como o vetor $\vec{a}$ é perpendicular ao vetor $\vec{b}$, o **módulo** do vetor soma $\vec{s}$ é dado por:

$$s = \sqrt{a^2 + b^2}$$

Esse procedimento pode ser utilizado para obter a soma de dois vetores qualquer que seja o ângulo entre eles, bastando para isso que eles sejam coplanares, isto é, que estejam ambos em um mesmo plano. Na figura 3.10, temos a adição dos vetores $\vec{a}$ e $\vec{b}$, sendo θ o ângulo entre eles.

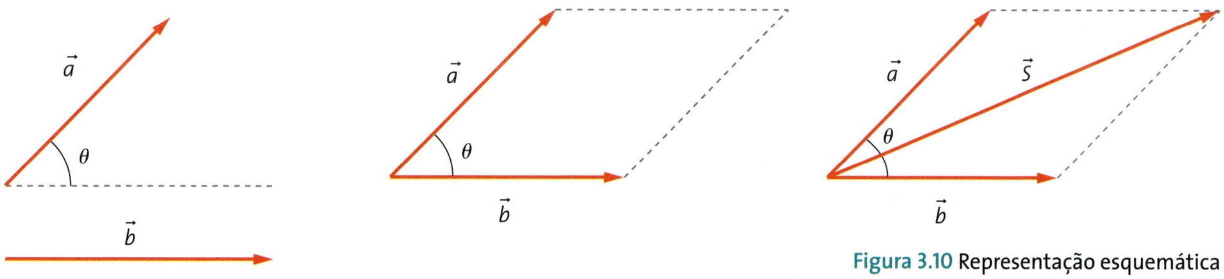

Figura 3.10 Representação esquemática da aplicação da regra do paralelogramo para a obtenção do vetor soma entre dois vetores quaisquer.

Conhecendo-se os módulos dos vetores $\vec{a}$ e $\vec{b}$ e o ângulo θ entre eles, o módulo do vetor $\vec{s}$ (vetor soma) é dado por:

$$s = \sqrt{a^2 + b^2 + 2 \cdot a \cdot b \cdot \cos\theta}$$

Acompanhe o exercício resolvido seguinte, que mostra a aplicação dessa equação em quatro casos distintos.

Exercício resolvido

1. Duas forças coplanares, $\vec{F}_1$ e $\vec{F}_2$, cujos módulos são 12 N e 5 N, respectivamente, são aplicadas simultaneamente em um mesmo corpo.

   a) Qual deve ser o ângulo entre as duas forças para que o módulo da força resultante seja máximo? Qual é esse valor máximo?

   b) Qual deve ser o ângulo entre as duas forças para que o módulo da força resultante seja mínimo? Qual é esse valor mínimo?

   c) Qual será o valor do módulo da força resultante se as forças $\vec{F}_1$ e $\vec{F}_2$ forem perpendiculares entre si?

   d) Qual será o módulo da força resultante se o ângulo entre as forças $\vec{F}_1$ e $\vec{F}_2$ for de 60°?

Resolução

a) O módulo da força resultante de duas forças é dado por:

$$F_R = \sqrt{(F_1)^2 + (F_2)^2 + 2 \cdot F_1 \cdot F_2 \cdot \cos\theta}$$

O módulo da força resultante depende do ângulo θ. Logo, o módulo será máximo quando $\cos\theta$ for máximo. Tendo em vista que o máximo valor do cosseno de um ângulo é 1, e que esse valor corresponde a um ângulo de 0°, concluímos que $\vec{F}_1$ e $\vec{F}_2$ **têm a mesma direção e o mesmo sentido**, conforme mostra a figura.

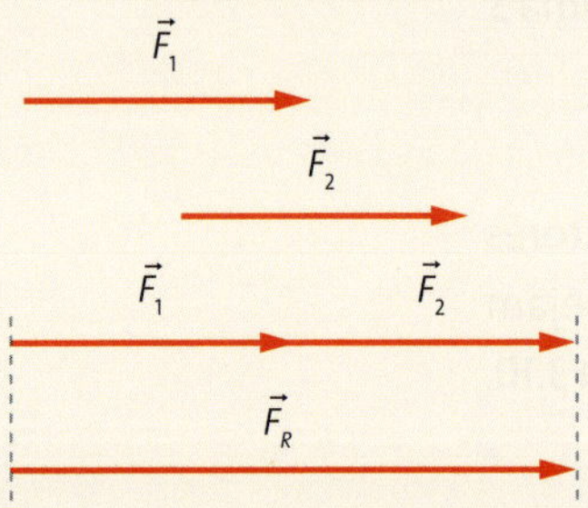

O módulo do vetor resultante (força resultante) é dado por:

$$F_R = \sqrt{(F_1)^2 + (F_2)^2 + 2 \cdot F_1 \cdot F_2} = \sqrt{(F_1 + F_2)^2} \Rightarrow$$

$$\Rightarrow F_R = F_1 + F_2$$

$$F_R = 12 + 5 \Rightarrow F_R = 17 \text{ N}$$

b) O módulo da força resultante será mínimo quando $\cos\theta$ for mínimo, ou seja, -1. Nesse caso, $\theta = 180°$. Concluímos que os vetores $\vec{F}_1$ e $\vec{F}_2$ possuem a **mesma direção e sentidos contrários**, conforme mostra a figura.

Portanto, o módulo da força resultante é dado por:

$$F_R = \sqrt{(F_1)^2 + (F_2)^2 + 2 \cdot F_1 \cdot F_2 \cdot (-1)} = \sqrt{(F_1 - F_2)^2} \Rightarrow$$

$$\Rightarrow F_R = F_1 - F_2$$

Portanto:

$$F_R = 12 - 5 \Rightarrow F_R = 7 \text{ N}$$

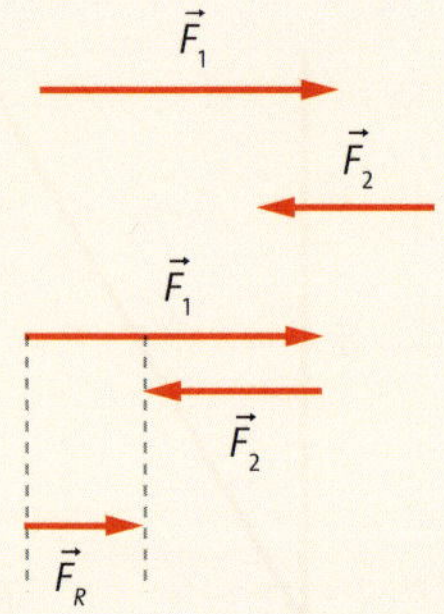

c) No caso em que as forças são perpendiculares entre si, o ângulo entre elas é 90°, conforme figura.

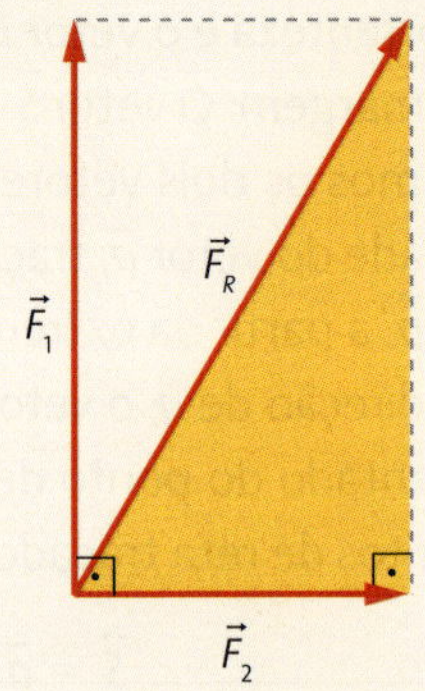

Sendo $\cos 90° = 0$, o módulo da força resultante é dado por:

$$F_R = \sqrt{(F_1)^2 + (F_2)^2 + 2 \cdot F_1 \cdot F_2 \cdot 0} = \sqrt{(F_1)^2 + (F_2)^2}$$

Portanto:

$$F_R = \sqrt{12^2 + 5^5} \Rightarrow F_R = 13 \text{ N}$$

d) Na figura seguinte, temos o caso no qual $\theta = 60°$.

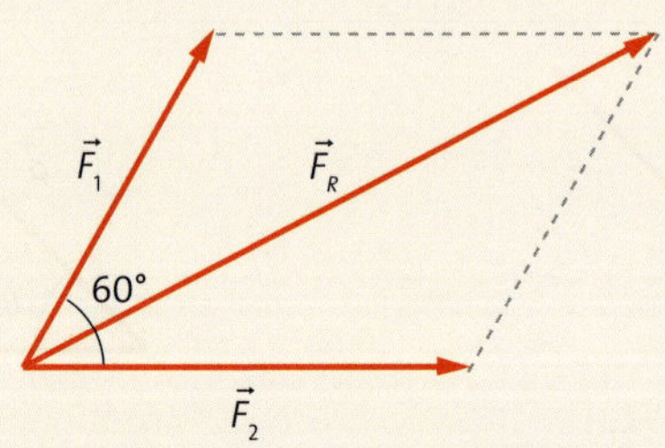

Sendo $\cos 60° = 0{,}5$, obtemos o módulo da força resultante substituindo diretamente os valores numéricos na expressão geral:

$$F_R = \sqrt{(F_1)^2 + (F_2)^2 + 2 \cdot F_1 \cdot F_2 \cdot \cos 60°} =$$

$$= \sqrt{(12)^2 + (5)^2 + 2 \cdot 12 \cdot 5 \cdot 0{,}5} = \sqrt{229}$$

$$F_R = 15 \text{ N}$$

Multiplicação de um vetor por um escalar

O produto de um vetor $\vec{a}$ por um número real k (escalar) é o vetor $\vec{p}$ que apresenta as seguintes características:

- o módulo é dado por $|k \cdot a|$;
- a direção é a mesma do vetor $\vec{a}$;
- com relação ao sentido, temos duas possibilidades, dependendo se $k > 0$ ou $k < 0$.
  No primeiro caso ($k > 0$), o vetor $\vec{p}$ tem o mesmo sentido do vetor $\vec{a}$ e, no segundo caso ($k < 0$), o vetor $\vec{p}$ tem sentido contrário ao vetor $\vec{a}$.

Na **figura 3.11**, temos a representação de um vetor $\vec{a}$, de um vetor $\vec{p}_1 = 3\vec{a}$ e de um vetor $\vec{p}_2 = -2\vec{a}$.

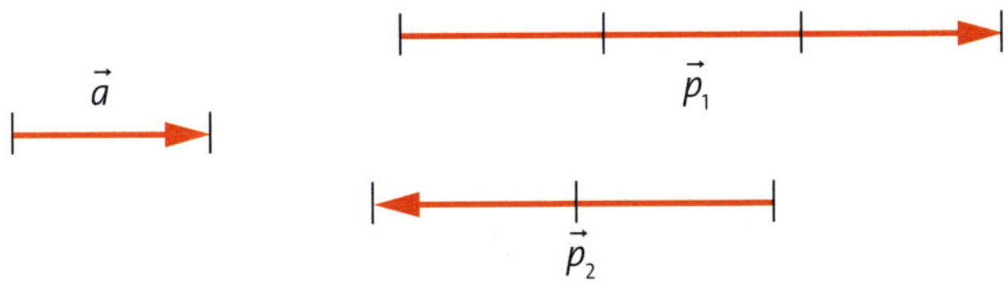

Figura 3.11 O vetor $\vec{p}_1$ é o produto do vetor $\vec{a}$ pelo escalar 3. O vetor $\vec{p}_2$ é o produto do vetor $\vec{a}$ pelo escalar -2.

Componentes de um vetor

Todo vetor pode ser obtido a partir da soma de dois outros vetores, perpendiculares entre si, chamados de componentes do vetor. Assim, dado um vetor $\vec{a}$, ele pode ser decomposto em dois outros vetores, $\vec{a}_x$ e $\vec{a}_y$, que recebem o nome de componentes do vetor $\vec{a}$ nos eixos perpendiculares x e y.

A **figura 3.12** ilustra o procedimento para a decomposição de um vetor. As relações matemáticas entre o vetor $\vec{a}$ e seus componentes perpendiculares, $\vec{a}_x$ e $\vec{a}_y$, são dadas pelo teorema de Pitágoras e pelas relações trigonométricas no triângulo retângulo:

$$a^2 = a_x^2 + a_y^2$$

$$\cos \alpha = \frac{a_x}{a} \Rightarrow a_x = a \cdot \cos \alpha$$

$$\text{sen } \alpha = \frac{a_y}{a} \Rightarrow a_y = a \cdot \text{sen } \alpha$$

$$\tan \alpha = \frac{a_y}{a_x}$$

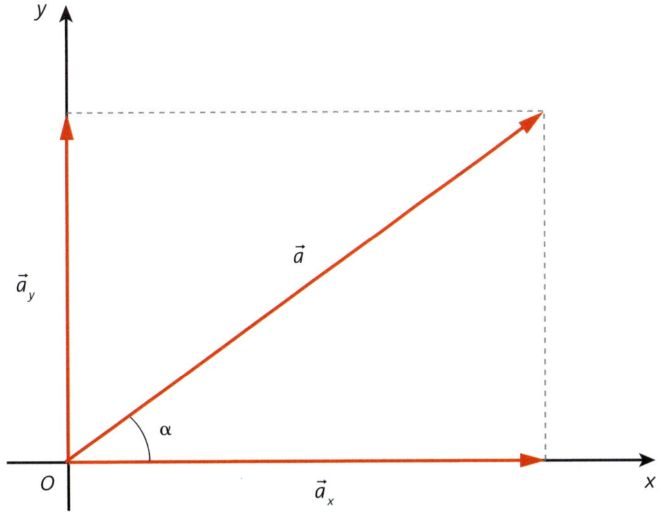

Figura 3.12 Exemplo de decomposição de vetor.

Subtração de vetores

Suponha que um carro em movimento apresente, em determinado instante, uma velocidade (módulo, direção e sentido) representada pelo vetor $\vec{a}$, e após um intervalo de tempo, uma velocidade representada pelo vetor $\vec{b}$, conforme mostrado na **figura 3.13**.

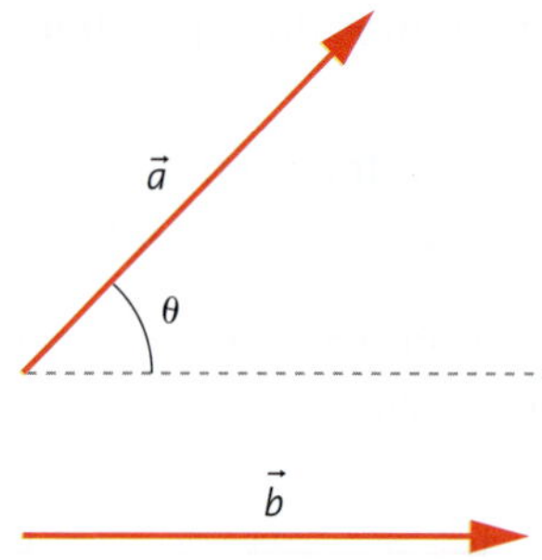

Figura 3.13 A linha tracejada representa a direção do vetor $\vec{b}$, evidenciando o ângulo entre os vetores $\vec{a}$ e $\vec{b}$.

Como as duas velocidades são diferentes, podemos dizer que houve uma variação de velocidade. Essa variação de velocidade é um vetor ($\vec{d}$) dado pela subtração vetorial entre os vetores $\vec{b}$ e $\vec{a}$. Em símbolos, escrevemos:

$$\vec{d} = \vec{b} - \vec{a}$$

Essa operação pode ser entendida como:

$$\vec{d} = \vec{b} + (-\vec{a})$$

ou seja, a subtração de dois vetores $\vec{b}$ e $\vec{a}$ pode ser entendida como a soma do vetor $\vec{b}$ com o vetor oposto de $\vec{a}$. Dessa forma, podemos aplicar a regra do paralelogramo à subtração de dois vetores.

Exercícios

1. Com base no texto deste tópico, construa uma tabela apropriada para classificar como escalares ou vetoriais as seguintes grandezas físicas: força, temperatura, deslocamento, distância percorrida, área, volume, velocidade e aceleração.

2. Em uma rodovia, um motorista observa uma placa com as seguintes informações:
   - Petrópolis 16 km
   - Teresópolis 53 km

   Podemos afirmar que, certamente, a distância entre Petrópolis e Teresópolis é de 37 km? Justifique.

3. João marcou de ir à casa de Pedro para fazer um trabalho de Filosofia, mas antes ele passou na padaria para comprar pães para o café da tarde.

   A figura a seguir mostra o caminho feito por ele. Note que cada quarteirão tem 200 m.

   Qual o deslocamento e a distância percorrida por João? Justifique.

4. Para conseguir colocar a bola em um dos buracos de um campo de golfe, um jogador efetua três tacadas, conforme mostra a figura seguinte.

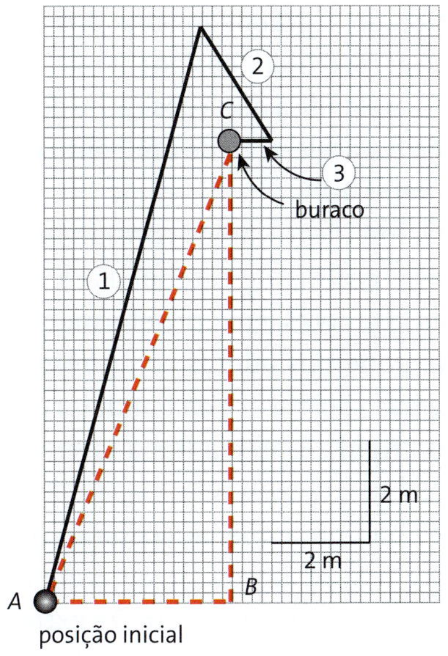

De acordo com a escala mostrada na figura, determine a quantos metros do buraco a bola estava inicialmente.

5. A figura seguinte mostra uma região de uma cidade em que as ruas são retilíneas e se cruzam perpendicularmente.

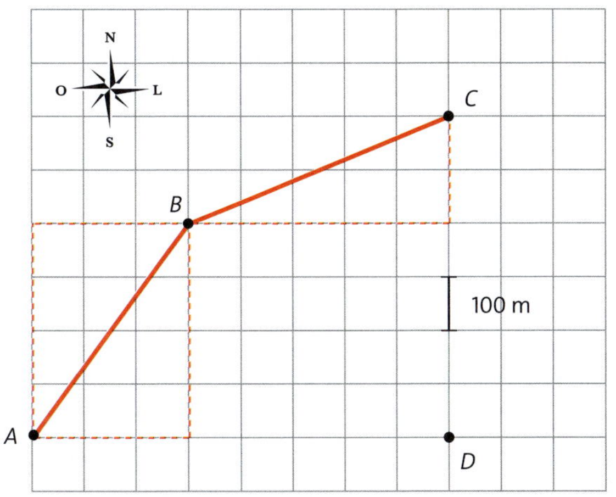

Suponha que o ponto *A* represente a casa de uma pessoa; *B*, a escola onde ela estuda; *C*, o local de trabalho dessa pessoa; e *D*, um parque de diversões. Sabendo que cada quarteirão possui 100 m, conforme mostrado na figura, determine:

a) a mínima distância percorrida pela pessoa para ir de sua casa à escola;

b) a distância em linha reta de sua casa à escola;

c) o módulo do vetor resultante supondo que a pessoa saia do seu trabalho, passe pelo parque de diversões e vá à escola.

6. (UFRN) Considere que uma tartaruga marinha esteja se deslocando diretamente do Atol das Rocas para o Cabo de São Roque e que, entre esses dois pontos, exista uma corrente oceânica dirigida para noroeste.

Na figura a seguir, $\vec{v}_R$ e $\vec{v}_C$ são vetores de módulos iguais que representam, respectivamente, a velocidade resultante e a velocidade da corrente oceânica em relação à Terra.

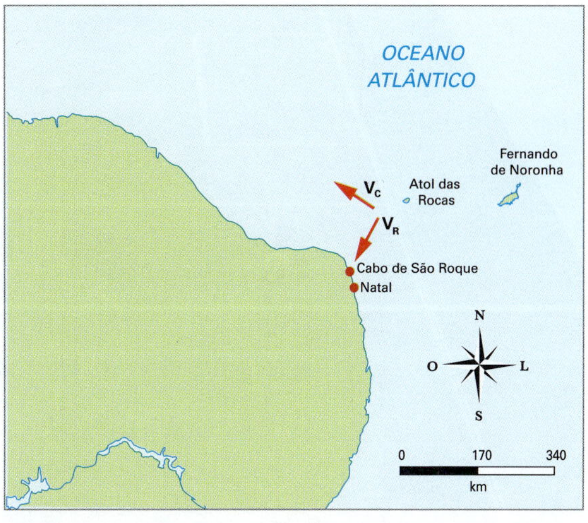

Allmaps/Arquivo da editora

Entre os vetores a seguir, aquele que melhor representa a velocidade *v* com que a tartaruga deve nadar, de modo que a resultante dessa velocidade com $\vec{v}_r$ seja $\vec{v}_c$, é:

a) 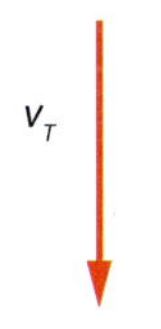

c) 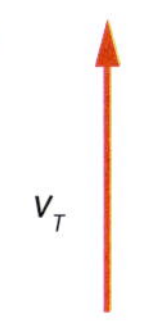

b) 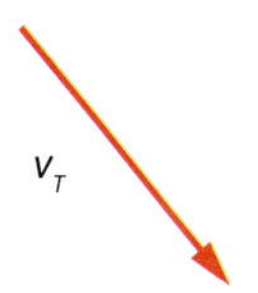

d) 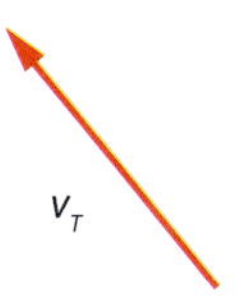

7. Um carro movimenta-se em uma rua com velocidade de 16 m/s. Num dado momento, o carro faz a curva em uma esquina e passa a se movimentar com velocidade de 12 m/s. Sabendo que as ruas são perpendiculares entre si e que o módulo da variação vetorial do carro é dado por $\Delta\vec{v} = \vec{v}_2 - \vec{v}_1$, assinale a alternativa correta:

a) O vetor velocidade do carro varia somente em módulo.

b) O módulo da variação vetorial da velocidade do carro é 4,0 m/s.

c) A direção do vetor velocidade permanece constante.

d) O módulo da variação vetorial da velocidade do carro é 20 m/s.

2 Deslocamento, velocidade e aceleração vetoriais

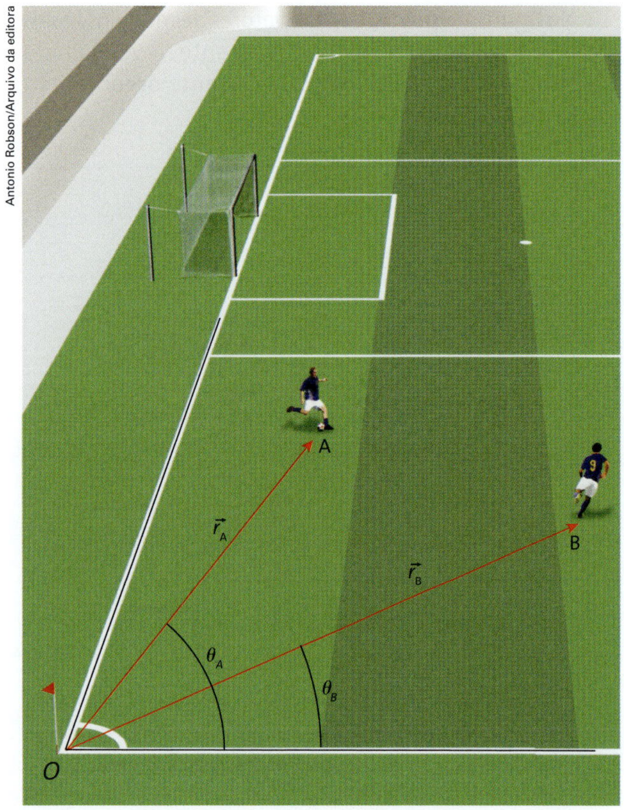

Figura 3.14 Posições de dois jogadores (*A* e *B*) em um campo de futebol, cada qual expressa por um vetor, em relação a um ponto de referência O.

No cotidiano, a grande maioria dos movimentos acontece no espaço tridimensional, em várias direções e sentidos. Isso significa que a posição, o deslocamento, a velocidade e a aceleração de um ponto material são grandezas vetoriais.

Para exemplificar, vamos considerar um evento comum: uma partida de futebol. Para identificar a posição dos jogadores, em um determinado instante da partida, podemos adotar como referencial, por exemplo, a base do mastro da bandeira de escanteio (ponto *O* da **figura 3.14**) e a linha lateral horizontal adjacente.

Observe na figura que, no instante considerado, cada jogador tem a sua posição determinada por um segmento de reta, com origem em *O* e extremidade na posição que ele ocupa. A direção dos segmentos orientados pode ser expressa pelo ângulo entre cada segmento e a linha lateral.

Vamos descrever a posição da bola que se encontra com o jogador *A*. Admitindo que a posição da bola seja a mesma do jogador, temos, para o vetor $\vec{r}_A$, as seguintes características:

- intensidade: medida da distância $\overline{OA}$;
- direção: reta que contém os pontos *O* e *A*;
- sentido: de *O* para *A*.

O vetor posição $\vec{r}$ de um ponto material é o vetor com origem em um ponto de referência, arbitrariamente escolhido, com extremidade na posição ocupada pelo ponto material e com intensidade igual à distância que o separa da origem.

Voltemos ao nosso exemplo do jogo de futebol. Suponha que a bola seja passada do jogador *A* para o jogador *B*. Nesse processo, a bola sofre um deslocamento. Esse deslocamento é uma grandeza vetorial com origem no ponto *A* e extremidade no ponto *B* (**figura 3.15**) e corresponde à diferença entre o vetor posição no final da jogada ($\vec{r}_B$) e o vetor posição inicial ($\vec{r}_A$):

O vetor deslocamento ($\Delta\vec{r}$) é dado por:

$$\Delta\vec{r} = \vec{r}_B - \vec{r}_A$$

Observe que o vetor deslocamento ($\Delta\vec{r}$) entre *A* e *B* independe do fato de a trajetória da bola, entre essas duas posições, ser retilínea ou curvilínea. O vetor deslocamento apenas indica, no intervalo de tempo considerado, a variação do vetor posição.

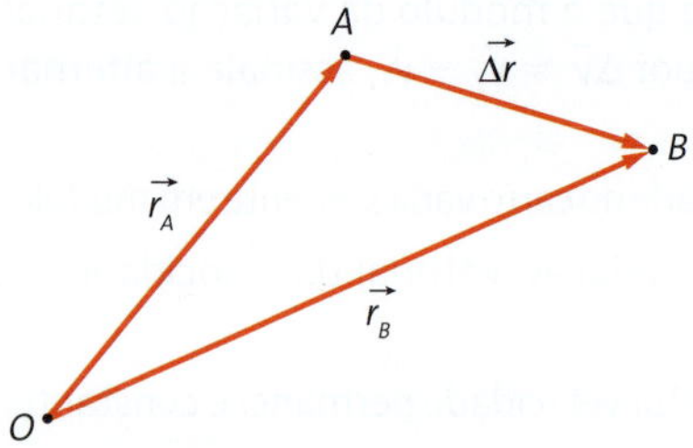

Figura 3.15 Observe que $\vec{r}_A + \Delta\vec{r} = \vec{r}_B$. Portanto: $\Delta\vec{r} = \vec{r}_B - \vec{r}_A$.

Velocidade vetorial

Em relação à velocidade vetorial, vamos iniciar com a velocidade vetorial média. Se o deslocamento vetorial $\Delta\vec{r}$ da bola ocorreu em um intervalo de tempo Δt, então a velocidade vetorial média $\vec{v}_m$ é dada pela razão entre o vetor deslocamento e o correspondente intervalo de tempo, ou seja:

$$\vec{v}_m = \frac{\Delta\vec{r}}{\Delta t}$$

O vetor velocidade média tem a mesma direção e o mesmo sentido do vetor deslocamento, pois o intervalo de tempo (grandeza escalar) é sempre um número real positivo.

E o que podemos dizer da velocidade vetorial instantânea? No instante em que olhamos para o velocímetro de um carro, identificamos o módulo da velocidade escalar. Caso o movimento do carro seja retilíneo, identificamos também a velocidade vetorial nesse mesmo instante. Observe a **figura 3.16**, em que a direção da velocidade vetorial é a direção da reta sobre a qual o veículo se move, e o sentido é o mesmo em que o movimento ocorre.

Caso o movimento do carro seja curvilíneo, a direção do vetor velocidade instantânea é a direção da tangente à curva no ponto considerado; o sentido é o indicado pela orientação do vetor, e a intensidade é o módulo da velocidade escalar no instante considerado (**figura 3.17**).

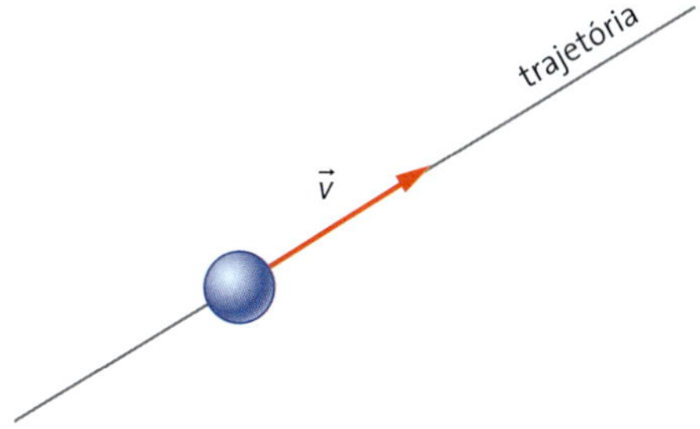

Figura 3.16 Vetor velocidade instantânea em um movimento retilíneo.

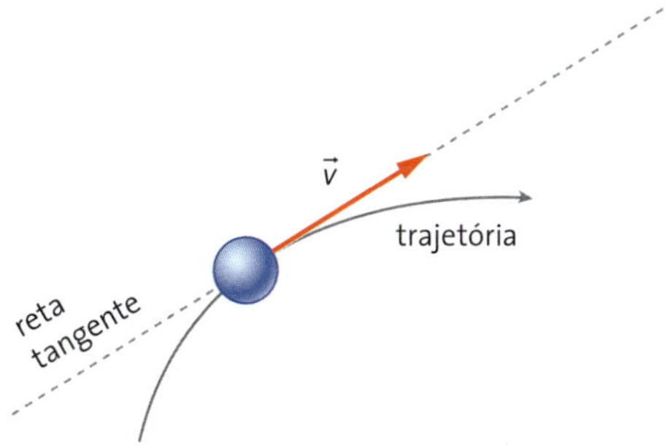

Figura 3.17 Vetor velocidade instantânea em um movimento curvilíneo.

Aceleração vetorial

A **figura 3.18** mostra o esquema do Autódromo de Interlagos (Autódromo José Carlos Pace), na cidade de São Paulo, SP, com as respectivas velocidades de um carro de Fórmula 1 em uma volta completa.

Figura 3.18 Nesta representação, os retângulos em vermelho indicam a velocidade típica de um carro de Fórmula 1, em km/h, em cada trecho do circuito.

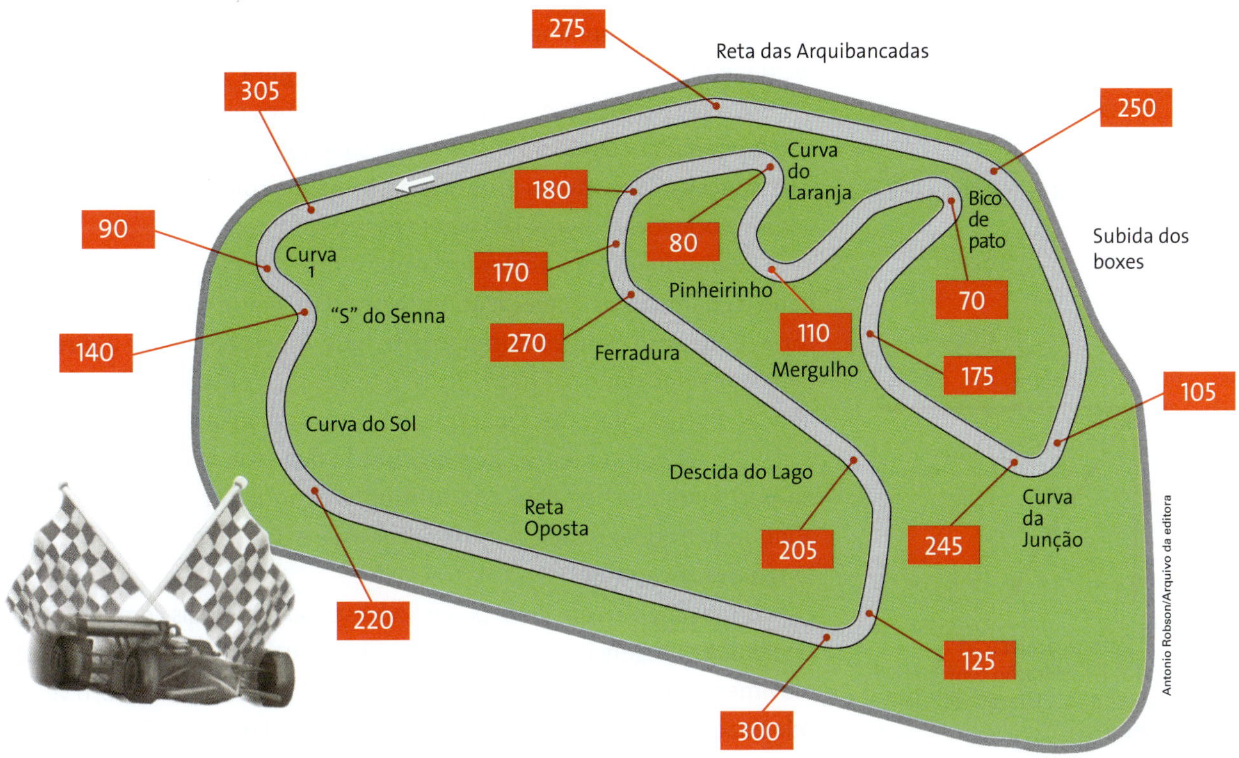

Vamos destacar duas curvas dessa trajetória: a Curva do Laranja e a Curva da Junção. Na Curva do Laranja, vamos supor que o carro mantenha a velocidade constante de 80 km/h (como indicada na figura), em módulo, durante toda a curva, e que na Curva da Junção, o carro entre a 245 km/h e saia com velocidade de 105 km/h, iniciando a Subida dos boxes. Em qual das curvas houve variação da velocidade do carro?

A resposta é: nas duas. Na Curva do Laranja, a velocidade foi mantida constante em módulo, mas houve variação na direção e no sentido; já na Curva da Junção, a velocidade variou em módulo, direção e sentido. Dizemos que, em ambos os casos, houve variação do vetor velocidade, ou seja, o movimento do carro apresentou aceleração vetorial.

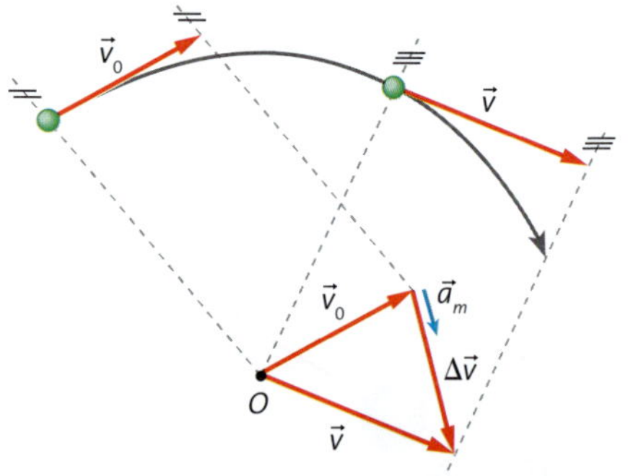

Figura 3.19 Construção geométrica para obtenção da variação vetorial da velocidade $\Delta\vec{v}$.

Sendo Δt o intervalo de tempo entre a entrada do carro na curva, com velocidade $\vec{v}_1$, e a saída da curva, com velocidade $\vec{v}_2$, a aceleração vetorial média $\vec{a}_m$ é definida pela razão entre a variação vetorial da velocidade e o correspondente intervalo de tempo, isto é:

$$\vec{a}_m = \frac{\Delta\vec{v}}{\Delta t} = \frac{\vec{v}_2 - \vec{v}_1}{\Delta t}$$

O vetor aceleração vetorial média tem a mesma direção e sentido do vetor $\Delta\vec{v}$, e seu módulo é dado em m/s^2 (SI).

A **figura 3.19** mostra um móvel em movimento curvilíneo variado. Para obter o vetor $\Delta\vec{v}$, transladamos os vetores $\vec{v}_0$ e $\vec{v}$ para uma origem comum *O* e, a seguir, obtemos $\Delta\vec{v}$ geometricamente.

Aceleração tangencial e aceleração centrípeta

A aceleração vetorial instantânea $\vec{a}$ é a aceleração vetorial de um móvel em cada ponto de sua trajetória. Ela é representada por um vetor que pode formar um ângulo qualquer, entre 0° e 180°, com o vetor velocidade instantânea $\vec{v}$, conforme mostra a **figura 3.20**.

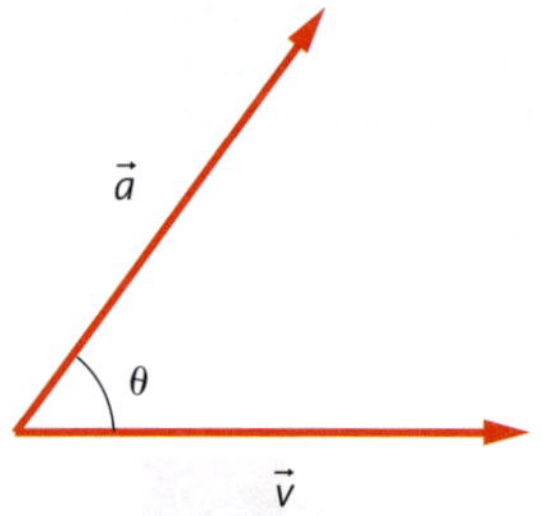

Figura 3.20 O ângulo θ entre os vetores $\vec{v}$ (velocidade vetorial instantânea) e $\vec{a}$ (aceleração vetorial instantânea) pode variar de 0° a 180°.

Todo vetor pode ser decomposto em dois outros perpendiculares entre si, denominados componentes do vetor. Sabendo disso, vamos decompor o vetor aceleração vetorial instantânea, tomando como base a direção do vetor velocidade. A **figura 3.21** ilustra essa decomposição.

O componente da aceleração que tem a direção do vetor velocidade é chamado de aceleração tangencial $\vec{a}_t$, pois é tangente à trajetória, enquanto o outro componente, que é perpendicular à direção do vetor velocidade, é chamado de aceleração centrípeta $\vec{a}_c$, ou aceleração normal. Vale destacar que, ao contrário do que possa parecer, o uso desses componentes (um na direção do vetor velocidade e outro na perpendicular) só está sendo proposto aqui por ser um recurso adequado e conveniente para facilitar esse estudo, como veremos ao longo deste capítulo.

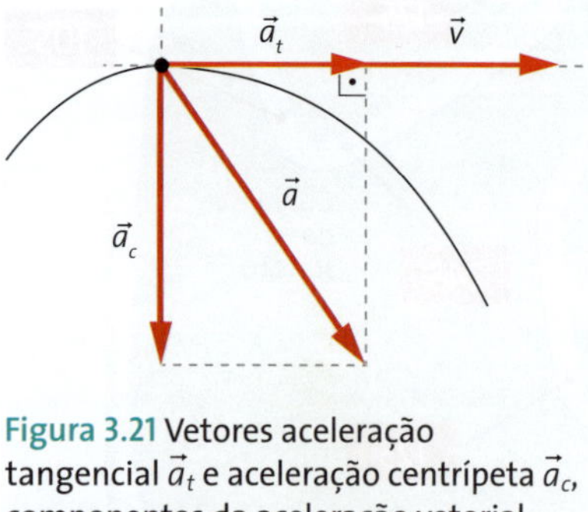

Figura 3.21 Vetores aceleração tangencial $\vec{a}_t$ e aceleração centrípeta $\vec{a}_c$, componentes da aceleração vetorial instantânea $\vec{a}$.

Os movimentos em geral podem apresentar esses dois componentes (aceleração tangencial e centrípeta), ou somente um deles. Há também movimentos que não apresentam aceleração alguma; nesse caso, o vetor velocidade é constante, isto é, o movimento é retilíneo e uniforme.

Movimentos que têm apenas aceleração tangencial

Nesse caso, o módulo da aceleração tangencial é o módulo da aceleração escalar, ou seja, $|\vec{a}_t| = |\vec{a}|$. Quando os vetores $\vec{v}$ e $\vec{a}$ têm a mesma direção, o vetor velocidade sofre variação apenas em sua intensidade, isto é, mantém a sua direção, ainda que eventualmente inverta o sentido. O movimento nesse caso é retilíneo e acelerado (ou retardado), conforme mostra a **figura 3.22**.

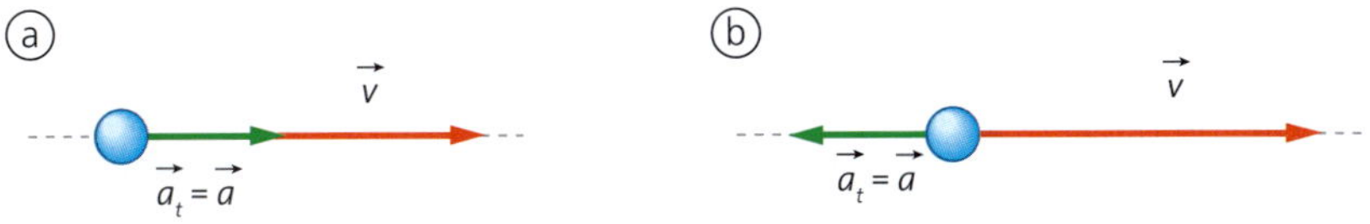

Figura 3.22 Representação dos vetores $\vec{a}$ e $\vec{b}$ em um movimento retilíneo acelerado (**a**) e em um movimento retilíneo retardado (**b**).

Movimentos que têm apenas aceleração centrípeta

Se um movimento apresenta apenas aceleração centrípeta, significa que o módulo do vetor velocidade é constante, mas sua direção e sentido variam: o movimento é curvilíneo e uniforme. Na **figura 3.23**, temos um corpo em movimento circular e uniforme, ou seja, $r_1 = r_2 = R$ e $|\vec{v}_1| = |\vec{v}_2| = v$.

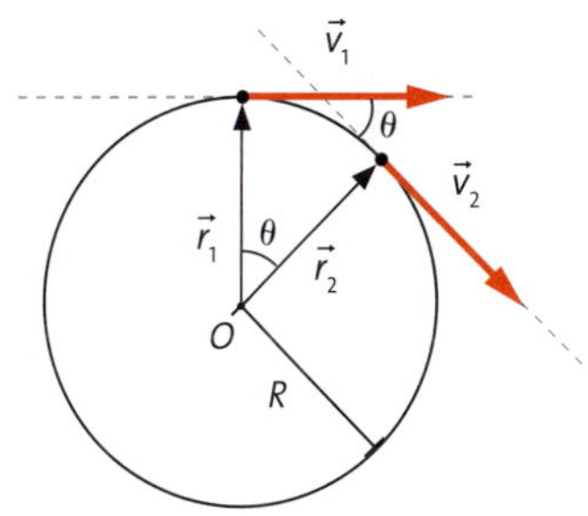

Figura 3.23 Vetor posição ($\vec{r}$) e vetor velocidade instantânea ($\vec{v}$) de um corpo em movimento circular e uniforme em dois instantes distintos.

Geometricamente, demonstra-se que o ângulo θ, determinado pelos vetores velocidade $\vec{v}_1$ e $\vec{v}_2$, tem a mesma medida que o ângulo central correspondente ao arco descrito pelo corpo. Com base na disposição relativa dos vetores, podemos montar os triângulos mostrados na **figura 3.24**.

Como esses dois triângulos são semelhantes, podemos escrever:

$$\frac{|\Delta\vec{v}|}{v_1} = \frac{|\Delta\vec{r}|}{r_1} = \frac{|\Delta\vec{v}|}{v} = \frac{|\Delta\vec{r}|}{R} \Rightarrow |\Delta\vec{v}| = \frac{v}{R} \cdot |\Delta\vec{r}|$$

Dividindo ambos os membros dessa última expressão pelo correspondente intervalo de tempo Δt, obtemos:

$$\frac{|\Delta\vec{v}|}{\Delta t} = \frac{v}{R} \cdot \frac{|\Delta\vec{r}|}{\Delta t}$$

Para um intervalo de tempo muito pequeno, o quociente $\frac{|\Delta\vec{v}|}{\Delta t}$ é a intensidade da aceleração vetorial instantânea que, nesse caso especial, coincide com a aceleração centrípeta, e $\frac{|\Delta\vec{r}|}{\Delta t}$ é a intensidade da velocidade vetorial instantânea $\vec{v}$. Assim, a expressão acima pode ser escrita como:

$$|\vec{a}_c| = \frac{v}{R} \cdot |\vec{v}|$$

Nessa expressão, concluímos que o módulo do vetor aceleração centrípeta é dado pela razão entre o quadrado do módulo da velocidade e pelo raio da circunferência:

$$a_c = \frac{v^2}{R}$$

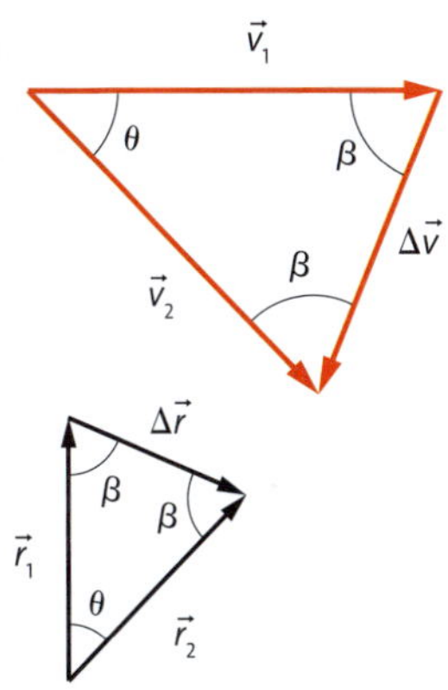

Figura 3.24 Os ângulos designados por β foram assinalados apenas para frisar que ambos os triângulos são isósceles.

Exercícios

8. Uma pessoa percorre em 20 minutos as ruas de um bairro, de *A* até *B*, como mostra a figura.

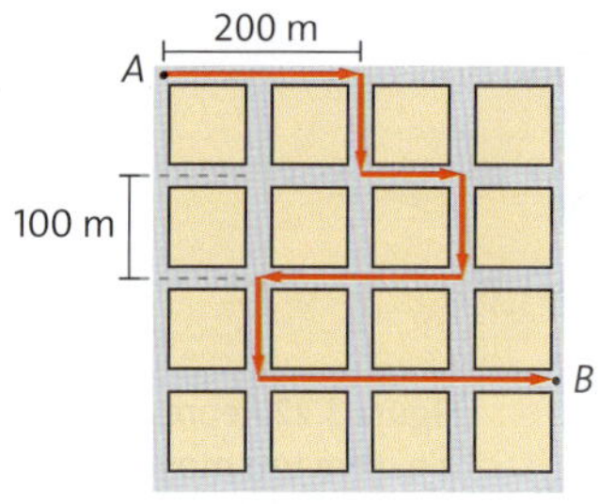

As ruas são paralelas, tanto na horizontal como na vertical, e separadas por 100 m. Nessas condições, determine, para o trajeto de *A* até *B* indicado na figura:

a) a distância percorrida pela pessoa;

b) o módulo do deslocamento vetorial;

c) o módulo da velocidade vetorial média.

9. Um jogador de tênis recebe uma bola com velocidade de 20 m/s e a rebate na mesma direção e em sentido contrário, com a mesma velocidade de 20 m/s. A bola permanece em contato com a raquete do tenista durante 0,10 s.

a) Houve variação na velocidade vetorial da bola? Se sim, de quanto?

b) Qual é o módulo da aceleração vetorial média da bola?

Stock Photo/Arquivo da editora

10. Para responder a esta questão, utilize a figura 3.18, que mostra o Autódromo de Interlagos, na cidade de São Paulo. Nessa figura, considere os seguintes trechos: Reta das Arquibancadas, Curva do Sol, Reta Oposta e Curva do Laranja. Em qual(is) dele(s) existe(m), com certeza:

a) variação do vetor velocidade?

b) aceleração tangencial?

c) aceleração centrípeta?

11. Um carro desloca-se em uma trajetória curvilínea, conforme mostra a figura.

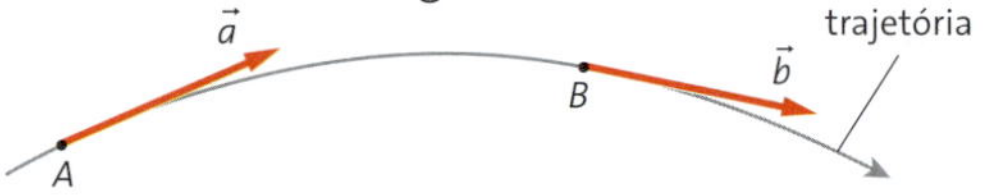

A e *B* são duas posições ocupadas pelo carro. A esse respeito, julgue as afirmativas seguintes.

I. O vetor $\vec{a}$ representa o vetor deslocamento do carro no ponto *A*.

II. O vetor $\vec{b}$ representa a velocidade vetorial média entre os pontos *A* e *B*.

III. Os vetores $\vec{a}$ e $\vec{b}$ representam as velocidades vetoriais instantâneas nos pontos *A* e *B*, respectivamente.

IV. Se os vetores $\vec{a}$ e $\vec{b}$ fossem iguais, a trajetória do carro seria retilínea.

12. (Unicid-SP) Passeando de veleiro por um largo canal marítimo, o comandante da embarcação pretende navegar no sentido norte. Está soprando um vento no sentido nordeste, de intensidade 2,0 nós, a 45° com o leste, mas simultaneamente há uma corrente de 1,5 nó no sentido sudeste, a 45° com o sul. O barco dispõe de um motor de popa capaz de oferecer a velocidade máxima de 3,5 nós. Analise as afirmações.

I. Apenas pela ação do vento e da correnteza o barco se deslocará com a velocidade de 2,5 nós, exatamente no sentido leste.

II. Para conseguir seu intento, o comandante deverá ligar o motor a plena potência e apontar a proa no sentido norte.

III. O comandante poderá apontar a proa para um determinado sentido entre o norte e o oeste e assim conseguirá atingir seu intento, desde que ajuste a velocidade do motor.

É correto o que se afirma apenas em:

a) I. b) II. c) III. d) I e III. e) II e III.

13. Classifique as afirmativas a seguir como verdadeiras ou falsas.

I. Em movimentos uniformes, a aceleração resultante é sempre nula.

II. Em movimentos retilíneos, não existe aceleração centrípeta, mas pode haver aceleração tangencial.

III. Em movimentos retilíneos e uniformes, jamais haverá aceleração.

IV. Se um movimento apresenta aceleração tangencial, sua trajetória não pode ser circular.

V. Nos movimentos acelerados, obrigatoriamente existe aceleração centrípeta.

3 Movimentos circulares

Fotoluminate LLC/Shutterstock/Glow Images

Na Grécia antiga, o movimento circular era considerado "o movimento perfeito", e acreditava-se ser esse o tipo de movimento que as estrelas e os planetas apresentavam em torno da Terra.

O próprio Nicolau Copérnico (1473-1543), cuja obra é um marco da ciência do século XVI, ao afirmar que a Terra e os demais planetas giram ao redor do Sol, não conseguiu se libertar das órbitas circulares:

> *O movimento dos corpos celestes é circular. O movimento de uma esfera consiste em girar em círculo; por isso, no corpo mais simples, início e final não podem se distinguir mutuamente, enquanto se move. Mas há muitos movimentos, considerando a multiplicidade de esferas ou círculos orbitais.*

Figura 3.25 Os movimentos descritos pelas hélices de um avião são circulares.

Em nosso cotidiano, o movimento circular é encontrado em uma infinidade de dispositivos. Basta observar o movimento descrito pelos ponteiros de um relógio, pelas polias de um guindaste, pelas hélices de um avião (figura 3.25) ou de um ventilador.

Nas pesquisas sobre partículas subatômicas, os físicos utilizam um acelerador denominado síncroton protônico (figura 3.26), no qual prótons efetuam cerca de 400 mil viagens circulares para atingir a velocidade necessária.

Nos movimentos circulares utilizamos, além das grandezas lineares, as grandezas angulares, que nos possibilitam descrever de modo prático as propriedades inerentes a esse tipo de movimento. A tabela 3.1 apresenta os dois conjuntos de grandezas: as lineares e as angulares.

Tabela 3.1 – Grandezas lineares e grandezas angulares e suas respectivas unidades

Grandezas lineares e respectivas unidades	Grandezas angulares e respectivas unidades
deslocamento escalar: ΔS (m)	deslocamento angular: $\Delta\theta$ (rad)
velocidade escalar: v (m/s)	velocidade angular: ω (rad/s)
aceleração escalar: a (m/s^2)	aceleração angular: γ (rad/s^2)

Brookhaven National Laboratory/Photo Researchers, Inc./Latinstock

Figura 3.26 Vista interna do túnel do Fermilab, acelerador de partículas instalado em Batávia (estado de Illinois, nos Estados Unidos).

No movimento circular, o deslocamento realizado por uma partícula (figura 3.27), em um dado intervalo de tempo, pode ser expresso de dois modos: pela grandeza deslocamento ΔS, medida ao longo da trajetória, ou pela grandeza angular $\Delta\theta$, igual à medida do ângulo central que abrange a trajetória da partícula.

Assim, temos:

- deslocamento escalar = deslocamento angular × raio: $\Delta S = \Delta\theta \cdot R$;
- velocidade escalar = velocidade angular × raio: $v = \omega \cdot R$;
- aceleração escalar = aceleração angular × raio: $a = \gamma \cdot R$.

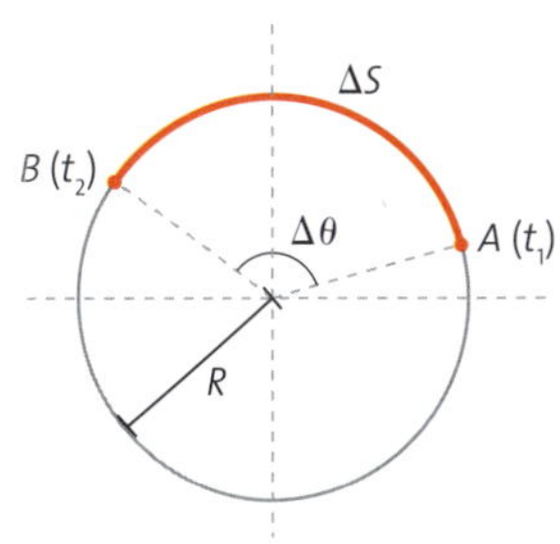

Figura 3.27 No movimento circular podemos medir o deslocamento de duas maneiras.

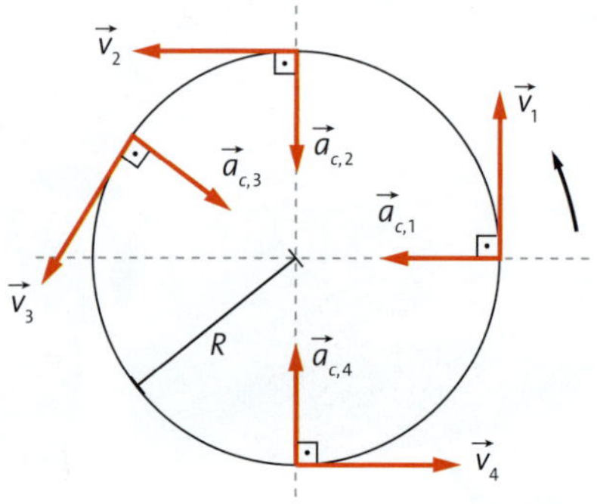

Figura 3.28 Velocidade vetorial instantânea e vetor aceleração centrípeta em diversos instantes de um movimento circular e uniforme.

Movimento circular e uniforme (MCU)

Quando um corpo descreve um movimento circular e uniforme, sua trajetória é uma circunferência e o vetor velocidade é constante em módulo, mas variável na direção e no sentido. Nessas condições, a aceleração tangencial é nula e a aceleração centrípeta apresenta módulo constante, diferente de zero, e direção e sentido variáveis, conforme ilustrado na figura 3.28.

O movimento circular e uniforme é periódico, ou seja, ele se repete em intervalos de tempo iguais. Por exemplo, se um corpo gira em uma circunferência e demora 2,0 s para dar uma volta completa, isso significa que, a cada 2,0 s, ele volta a ocupar a mesma posição.

O intervalo de tempo gasto em uma volta completa é chamado de **período *T*** do movimento e o inverso do período é chamado de **frequência *f*** do movimento. A frequência representa o número de voltas que o móvel efetua por unidade de tempo. O período é dado em segundos, e a frequência, em rotações por segundo, que recebe o nome de hertz (Hz). A relação entre frequência e período é:

$$f = \frac{1}{T} \text{ ou } T = \frac{1}{f}$$

Vejamos um exemplo. Suponha que o volante de um motor efetue 300 rotações por minuto (300 rpm). Nessas condições, qual é a frequência desse motor em hertz e qual é o período em segundos?

Lembrando que 1 min = 60 s, então 300 rpm correspondem a 5 rotações por segundo. Isso significa que a frequência do movimento é 5 Hz. Como o período é o inverso da frequência, temos:

$$T = \frac{1}{f} = \frac{1}{5} = 0{,}2 \text{ s}$$

No movimento circular e uniforme, a velocidade é constante em módulo. Assim, a **velocidade angular** ω em qualquer instante do movimento é igual à velocidade angular média, ou seja, $\omega = \omega_m = \dfrac{\Delta\theta}{\Delta T}$.

Podemos relacionar a velocidade angular com a frequência ou com o período do movimento. Se considerarmos uma volta completa, o deslocamento angular $\Delta\theta$ é igual a 2π rad e o intervalo de tempo Δt é igual ao período do movimento. Assim, temos: $\omega = \dfrac{\Delta\theta}{\Delta t} = \dfrac{2\pi}{T}$.

Sendo a frequência igual ao inverso do período, obtemos:

$$\omega = 2 \cdot \pi \cdot f$$

No MCU, a velocidade vetorial é constante em módulo, mas é variável na direção e no sentido. Sendo assim, no MCU não há aceleração tangencial; há somente aceleração centrípeta, dada por $a_c = \dfrac{v^2}{R}$.

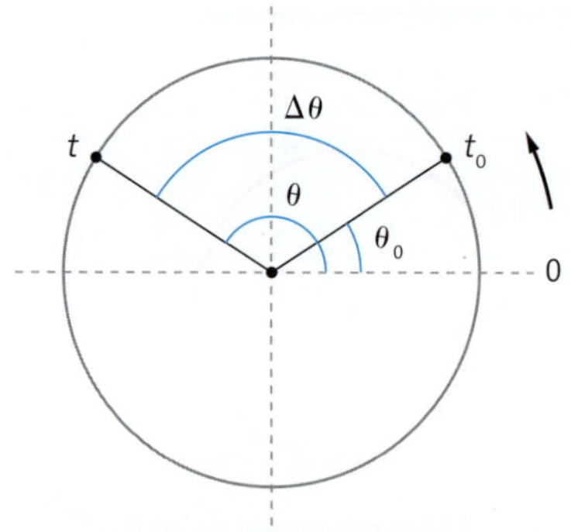

Figura 3.29 Variação angular em um movimento circular.

Finalmente, podemos estabelecer a função horária do MCU. De acordo com a figura 3.29, escrevemos:

$$\Delta\theta = \theta - \theta_0 \text{ e } \Delta t = t - t_0$$

Substituindo na expressão da velocidade angular, obtemos:

$$\omega = \frac{\theta - \theta_0}{t - t_0}$$

E, para $t_0 = 0$, obtemos a função horária do MCU na forma angular:

$$\theta = \theta_0 + \omega \cdot t$$

Movimentos concêntricos e transmissão de M.C.U.

Os movimentos concêntricos e a transmissão de movimento circular e uniforme podem ser feitos por meio de polias, engrenagens, correntes e correias. As **figuras 3.30**, **3.31** e **3.32** mostram algumas situações.

Figura 3.30 Transmissão por meio de corrente.

No caso específico das polias e das engrenagens, devemos observar que todos os pontos de um corpo rígido em rotação têm a mesma velocidade angular. Na **figura 3.33**, P_1, P_2 e P_3 representam três pontos de um disco rígido em rotação em torno do ponto O (centro de rotação).

Observe que os três pontos, P_1, P_2 e P_3, estão inicialmente alinhados com o ponto O e continuam alinhados após a rotação, pois, como o corpo é rígido, a posição relativa de todos os pontos se mantém. Em decorrência dessa propriedade, esses três pontos têm o mesmo deslocamento angular, mas deslocamentos escalares diferentes.

$$\Delta\theta_1 = \Delta\theta_2 = \Delta\theta_3 \text{ e } \Delta S_1 < \Delta S_2 < \Delta S_3$$

A velocidade angular é a mesma para todos os pontos do corpo, mas a velocidade linear de cada ponto depende da distância do ponto considerado até o centro de rotação.

Polia é um disco rígido que pode girar em torno de seu centro (**figura 3.34**). Sendo um corpo rígido, todos os seus pontos têm a mesma velocidade angular.

Figura 3.31 Transmissão por meio de engrenagens.

Figura 3.32 Transmissão por meio de correias lisas e de correias dentadas.

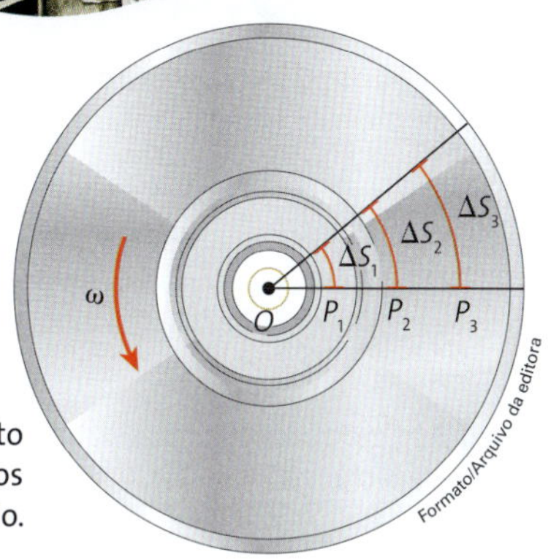

Figura 3.33 Deslocamento escalar de diferentes pontos de um disco em rotação.

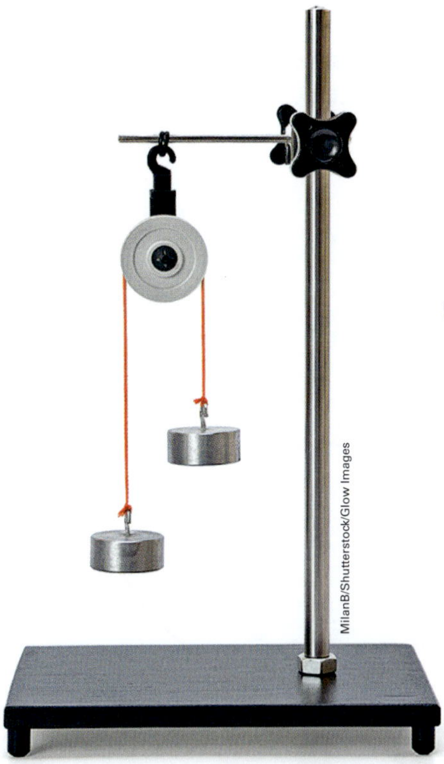

Figura 3.34 Um tipo de polia bastante comum.

O movimento de rotação de uma polia pode ser transmitido a outra polia. Essa transmissão pode ser feita por meio de uma correia dobrável e inextensível, conforme mostra a figura 3.35.

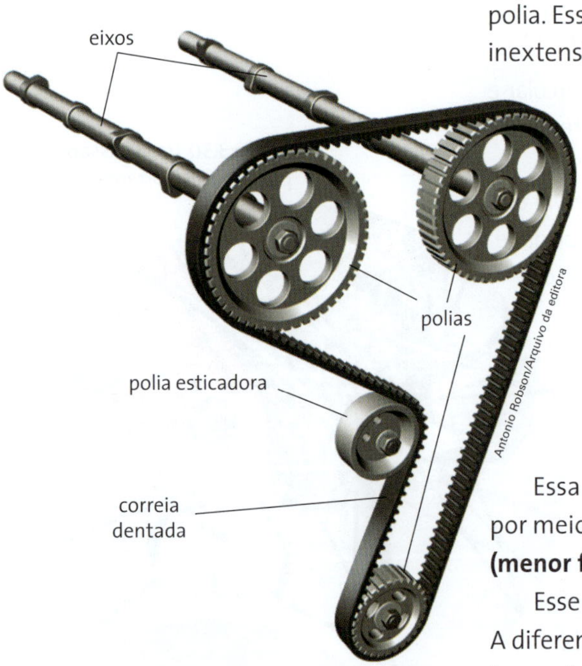

O fato de a correia ser inextensível garante que todos os seus pontos tenham a mesma velocidade linear, uma vez que não se afastam nem se aproximam uns dos outros, se medirmos as distâncias entre eles ao longo da correia. Assim, na situação mostrada nessa figura, temos: $v_1 = v_2$.

Com essa expressão, e lembrando que $v = \omega \cdot R$, obtemos:

$$\omega_1 \cdot R_1 = \omega_2 \cdot R_2$$

Como $\omega = 2 \cdot \pi \cdot f$, vem: $2 \cdot \pi \cdot f_1 \cdot R_1 = 2 \cdot \pi \cdot f_2 \cdot R_2$. Portanto:

$$f_1 \cdot R_1 = f_2 \cdot R_2$$

Essa equação demonstra que, na transmissão de movimento circular por meio de polias, **a polia de maior raio tem menor velocidade angular (menor frequência)**.

Esse princípio, entre várias outras utilidades, é aplicado nas bicicletas. A diferença é que, em vez de polias, as bicicletas têm **rodas dentadas**, e a transmissão do movimento é feita por meio de uma corrente.

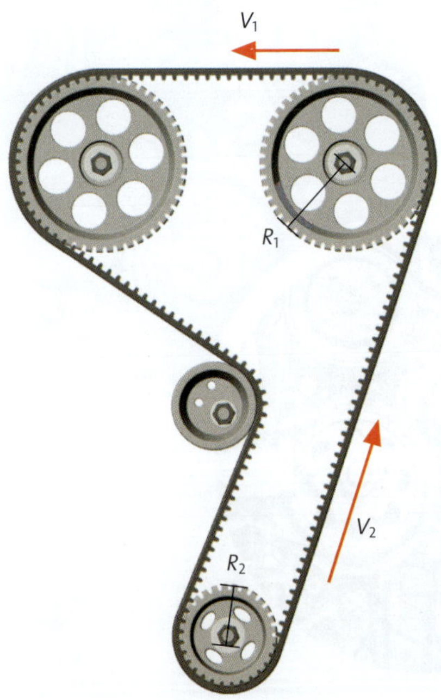

Figura 3.35 Transmissão de movimento circular por meio de correia dentada.

A equação que obtivemos para as polias também se aplica às **engrenagens**. A transmissão do movimento, nesse caso, se dá pelo contato direto de uma engrenagem com outra, dispensando o uso de correia ou de qualquer outro elemento intermediário. As engrenagens são dotadas de dentes que se encaixam aos dentes das outras, o que evita que haja escorregamento entre elas. A figura 3.36 mostra duas engrenagens acopladas.

Nas engrenagens, os pontos dos dentes que estão em contato (pontos P_1 e P_2, têm a mesma velocidade linear, ou seja: $v_1 = v_2$. Logo, aplicando às engrenagens o mesmo raciocínio que utilizamos no caso das polias, chegamos à mesma conclusão ($f_1 \cdot R_1 = f_2 \cdot R_2$), isto é, a engrenagem de maior raio gira com menor frequência.

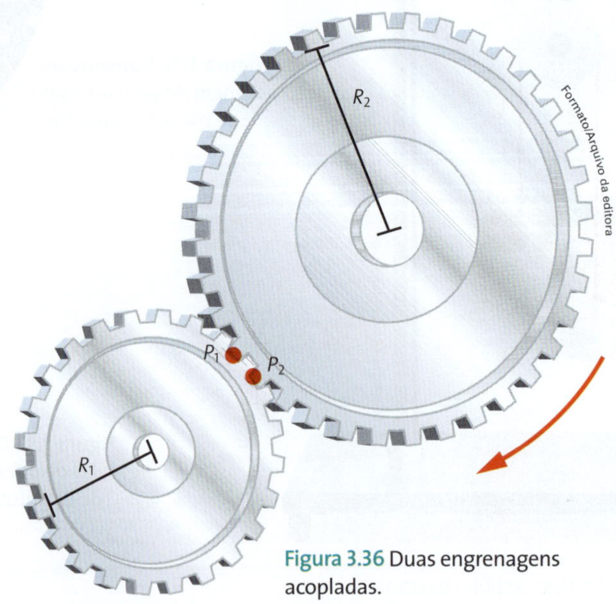

Figura 3.36 Duas engrenagens acopladas.

Esse tipo de transmissão é usado na caixa de câmbio dos automóveis, com a mesma finalidade das marchas da bicicleta (**figura 3.37**). Nas subidas, usam-se as primeiras marchas, transmitindo assim menor velocidade (e maior força) do motor para as rodas que impulsionam o veículo; já nos trechos planos, quando o tráfego permite, usam-se as últimas marchas para obter velocidades maiores.

Podemos ter também **duas polias concêntricas e solidárias** (ou duas engrenagens, dispostas dessa mesma maneira), conforme mostrado na **figura 3.38**.

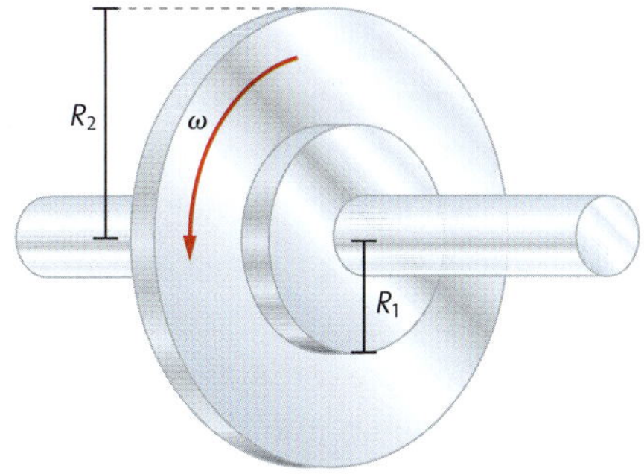

Figura 3.38 Polias concêntricas e solidárias. No comércio, esse arranjo também é conhecido como polia escalonada.

Nesse caso, as duas polias (ou as duas engrenagens) têm a mesma velocidade angular, ou seja, $\omega_1 = \omega_2$. Para as velocidades lineares dos pontos periféricos das polias, temos:

$$\left.\begin{array}{l} v_1 = \omega \cdot R_1 \\ v_2 = \omega \cdot R_2 \end{array}\right\} \Rightarrow \frac{v_1}{v_2} = \frac{R_1}{R_2}$$

Finalmente, podemos ter **associações mistas**. A **figura 3.39** ilustra um exemplo que engloba alguns dos casos anteriores.

Em tais situações, a associação é analisada por partes, ou seja, equacionamos a transmissão passo a passo, de dois em dois elementos.

Movimento circular

Ilustrações: Formato/ Arquivo da editora

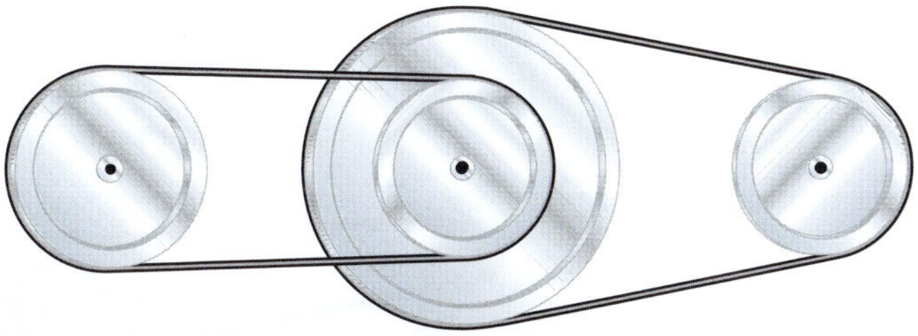

Figura 3.39 Associação mista de polias, com o emprego de duas correias para transmitir movimento.

Thor Jorgen Udvang/Shutterstock/Glow Images

Figura 3.37 Transmissão de movimento circular por meio de engrenagens.

Física explica

O funcionamento de uma bicicleta

Em uma bicicleta, a engrenagem que é movimentada pelos pedais, denominada coroa (**1**), é ligada por uma corrente à engrenagem acoplada à roda traseira, que é conhecida como catraca (**2**).

A catraca é menor do que a coroa. Por isso, quando o ciclista pedala, a coroa dá certo número de voltas, mas a catraca dá um número de voltas maior – e esse mesmo número de voltas é dado pela roda traseira, já que esta é acoplada à catraca.

Como exemplo, vamos supor que a coroa tenha 60 dentes, e a catraca, 20 dentes. Levando em conta que o raio da engrenagem é proporcional ao número de dentes, obtemos: $R_1 = 3 \cdot R_2$. Assim, para cada volta completa da coroa, teremos 3 voltas completas da catraca e, consequentemente, 3 voltas completas da roda traseira.

Nas bicicletas com marchas, o ciclista dispõe de várias combinações, mudando o tamanho das engrenagens de acordo com a conveniência de cada trecho. A combinação "coroa maior que catraca" é utilizada quando o ciclista quer obter maior velocidade. Ao usar essa combinação, ele transmite (mesmo sem saber) maior velocidade angular à roda traseira e, desse modo, consegue o seu objetivo, pois a velocidade da bicicleta em relação ao solo é diretamente proporcional à velocidade angular da roda.

Por outro lado, com a combinação "coroa menor que catraca", o ciclista visa transmitir maior força à roda traseira: ele gira o pedal rapidamente, mas a bicicleta desloca-se lentamente. Essa é a combinação utilizada na subida de uma ladeira.

1. Se um ciclista pretende que, a cada pedalada, a roda traseira dê duas voltas, qual deve ser a relação entre a coroa e a catraca?
2. Qual a vantagem de uma bicicleta moderna (com marchas) em relação a uma bicicleta mais antiga, que possua uma única catraca e uma única coroa?

Exercícios

14. (UFRN) Em seu livro *Diálogos sobre os dois principais sistemas do mundo*, Galileu, através de seu personagem Salviati, refuta um dos principais argumentos aristotélicos sobre o movimento da Terra, defendido pelo personagem Simplício, que diz:

"Se de fato a Terra tivesse um movimento diurno de rotação, uma torre do alto da qual se deixasse cair uma pedra, sendo transportada pela Terra em sua rotação, já se teria deslocado de muitas centenas de jardas para leste durante o tempo de queda da pedra, e a pedra deveria atingir o solo a essa distância da base da torre".

Seguindo o argumento de Simplício, poder-se-ia concluir que a Terra não gira, pois a pedra sempre cai atingindo o ponto verticalmente abaixo de onde foi solta.

Entretanto, a argumentação de Simplício está equivocada, pois sabe-se que a terra tem movimento de rotação, isto é, ela gira, e que a pedra cai no ponto abaixo do qual foi solta porque:

a) sua velocidade de queda depende da velocidade linear da Terra.
b) sua velocidade angular é igual à velocidade angular da Terra.
c) sua aceleração angular é igual à aceleração da gravidade.
d) sua aceleração linear depende da aceleração linear da Terra.

15. A maioria das provas de automobilismo da Fórmula Indy é disputada em um tipo de circuito chamado **circuito oval**. Ano após ano, os aperfeiçoamentos técnicos vêm propiciando o aumento da velocidade dos carros. Entretanto, há uma limitação biológica: se o piloto ficar sujeito a uma aceleração maior do que 6 vezes a aceleração da gravidade, ele corre sério risco de desmaiar ou sofrer danos vasculares.

Considere um carro percorrendo, com velocidade constante em módulo, a pista ilustrada na figura.

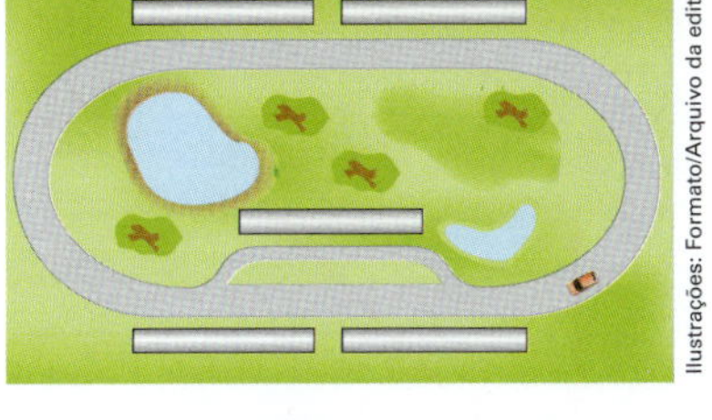

Ilustrações: Formato/Arquivo da editora

Essa pista é constituída por duas semicircunferências e dois segmentos de reta. Na linha ao longo da qual se move o veículo, os raios dos trechos circulares são iguais e valem 240 m. Considerando a limitação biológica do piloto, qual é a velocidade máxima que pode ser desenvolvida no trecho circular?

16. Na maioria dos carros, o velocímetro recebe as informações da caixa de câmbio, e a velocidade é indicada com base no número de voltas da roda em relação à transmissão. Na realidade, o velocímetro mede a velocidade angular do eixo da roda e indica um valor que corresponde à velocidade do carro. A substituição de rodas e pneus por outros, com diâmetros diferentes, pode comprometer essa medição. Suponha que um carro tenha saído da fábrica com rodas de 20 polegadas e que o motorista tenha resolvido trocar as rodas e os pneus do carro por um conjunto de 22 polegadas (1 polegada = 2,54 cm).

(Observação: Os técnicos não recomendam a troca de rodas e pneus, porque a recalibragem do velocímetro é tarefa difícil).

a) A indicação do velocímetro do carro será maior ou menor do que a real?
b) Se o velocímetro estiver indicando 100 km/h, qual é a velocidade real do carro?

17. Considere a Terra perfeitamente esférica, com raio de 6 400 km. Duas pessoas, *A* e *B*, paradas em relação à superfície do planeta, estão no mesmo meridiano, mas em latitudes diferentes, conforme indica a figura. A pessoa *A* está sobre a linha do equador (latitude 0°), e a latitude da pessoa *B* é 60°.

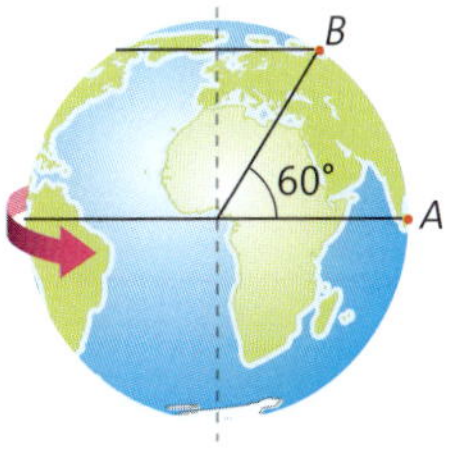

Considerando o movimento de rotação da Terra, responda: qual das duas pessoas, *A* ou *B*, possui maior velocidade angular? E velocidade escalar?

18. Considere três engrenagens acopladas conforme mostra a figura.

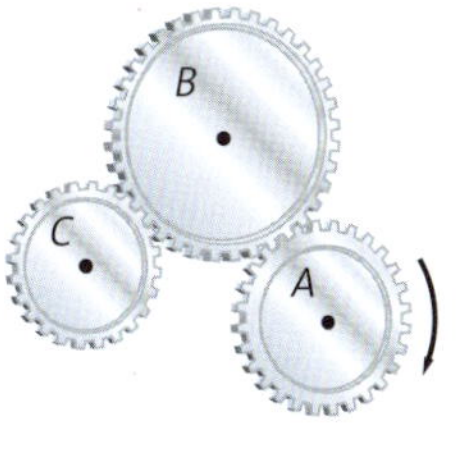

A engrenagem *A* possui 50 cm de diâmetro, a *B* tem 100 cm, e a *C*, 20 cm. De acordo com a figura, a engrenagem *A* gira no sentido horário.

a) Qual é o sentido de rotação da engrenagem *C*?
b) Se a engrenagem *A* efetua 10 rotações por segundo, quantas rotações por segundo efetua a engrenagem *B*? E a engrenagem *C*?

Figura 3.40 O movimento da pessoa na esteira rolante, em relação ao solo, é uma composição do movimento da pessoa com o movimento da esteira.

4 Composição de movimentos

Vamos ilustrar a composição de movimentos em duas situações práticas. Na primeira, suponha que um aluno utilize um ônibus para ir de sua casa à escola. Ao avistar o seu ponto de descida, o aluno se desloca de seu assento até a porta dianteira do veículo. Em relação ao ônibus, o deslocamento desse aluno é igual à distância entre o seu assento e a porta de saída. Mas qual terá sido o deslocamento do aluno em relação ao solo?

Na segunda situação, considere a figura 3.40, na qual uma pessoa se exercita em uma esteira. Observe que a pessoa não está parada em relação à esteira, mas está parada em relação ao solo. Como isso é possível?

Nas duas situações citadas, o movimento da pessoa em relação ao solo pode ser obtido pela **composição de dois movimentos**. No primeiro caso, temos o movimento do aluno em relação ao ônibus e o do ônibus em relação ao solo. O deslocamento do aluno em relação ao solo é a soma vetorial de seu deslocamento em relação ao ônibus com o deslocamento do ônibus em relação ao solo.

O mesmo raciocínio pode ser aplicado à segunda situação. O deslocamento da pessoa em relação ao solo é a soma vetorial do deslocamento dela em relação à esteira com o deslocamento da esteira em relação ao solo. Tendo em vista que o deslocamento da pessoa em relação ao solo é nulo, podemos concluir que o deslocamento da pessoa em relação à esteira é igual, em módulo, ao deslocamento da esteira em relação ao solo, mas de sentido contrário.

De modo geral, podemos estabelecer que a composição de dois movimentos, resultando em um terceiro, pode ser obtida aplicando-se o princípio da simultaneidade de Galileu:

> O movimento de um corpo pode ser o resultado da composição de outros movimentos realizados simultaneamente.

Vejamos um exemplo de aplicação desse princípio. Suponha que um piloto de um barco a motor resolva atravessar um rio, a partir de um ponto *A*, mantendo a proa do barco sempre em uma direção perpendicular à correnteza, conforme mostra a figura 3.41. Ele conseguirá atingir o ponto *B*, na margem oposta?

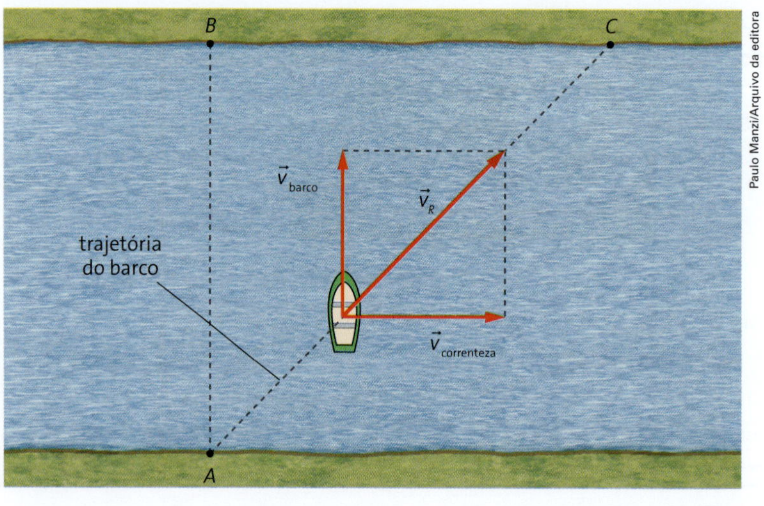

Figura 3.41 Exemplo do princípio de simultaneidade de Galileu.

Certamente não. Enquanto o barco se movimenta em relação às águas, estas se movimentam em relação ao solo (correnteza). O movimento do barco, em relação à margem (solo), é o resultado da composição de dois movimentos simultâneos – o do barco em relação às águas e o das águas em relação à margem.

A **figura 3.42** ilustra essa composição de velocidades, supostas constantes ao longo da travessia, e o ponto onde o barco atinge a margem oposta (ponto *C*). Nessa figura, *AB* representa o deslocamento do barco em relação às águas; *BC*, o deslocamento do barco rio abaixo, arrastado pela correnteza; e *AC*, o deslocamento do barco em relação à margem do rio.

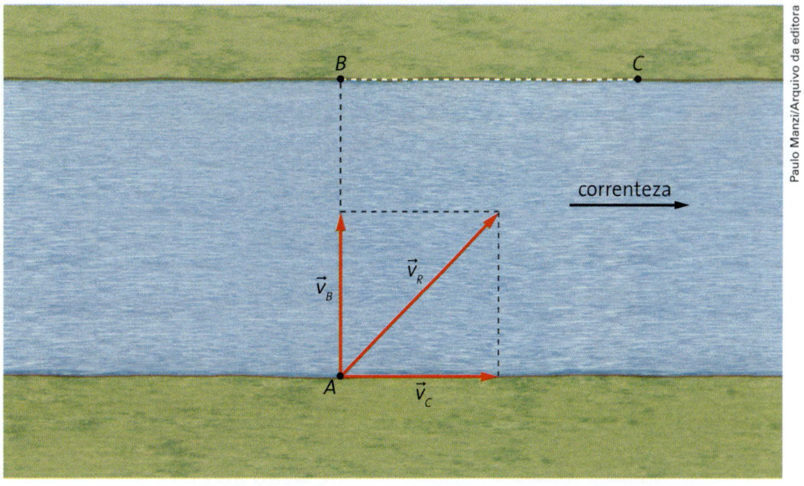

Figura 3.42 Nesta representação, $\vec{v}_B$ representa a velocidade do barco em relação às águas, $\vec{v}_C$ é a velocidade *C* da correnteza das águas em relação à margem e $\vec{v}_R$ é a velocidade resultante do barco em relação à margem.

Do ponto de vista de um observador sentado às margens do rio, cada um desses três deslocamentos recebe uma denominação especial:

- o deslocamento *AB*, do barco em relação às águas, é denominado **deslocamento relativo** ($\Delta\vec{r}_r$), pois ocorre num referencial (água) que se movimenta em relação ao observador;
- o deslocamento *BC*, das águas em relação à margem, é denominado **deslocamento de arrastamento** ($\Delta\vec{r}_a$), pois se trata do deslocamento sofrido pelo referencial móvel (água) em relação ao observador;
- o deslocamento *AC*, do barco em relação à margem (onde se encontra o observador), é denominado **deslocamento total** ($\Delta\vec{r}_t$) do barco em relação à margem (observador).

A relação vetorial entre esses três deslocamentos é:

$$\Delta\vec{r}_t = \Delta\vec{r}_r + \Delta\vec{r}_a$$

E quanto ao tempo de travessia? Observe que os movimentos do barco em relação às águas e das águas em relação à margem são simultâneos (ocorrem ao mesmo tempo). Em outras palavras, o deslocamento relativo e o de arrastamento ocorrem ao mesmo tempo – e, portanto, o deslocamento total também. Sendo assim, a relação acima pode ser escrita da seguinte maneira: $\dfrac{\Delta\vec{r}_t}{\Delta t} = \dfrac{\Delta\vec{r}_r}{\Delta t} + \dfrac{\Delta\vec{r}_a}{\Delta t}$

Dessa igualdade, obtemos a relação entre os vetores velocidade:

$$\vec{v}_t = \vec{v}_r + \vec{v}_a$$

A velocidade total é, portanto, a soma vetorial da velocidade relativa com a velocidade de arrastamento.

Esse resultado pode ser generalizado para uma situação em que tenhamos vários referenciais e também para as velocidades instantâneas. Considerando os referenciais *A*, *B*, *C* e *D*, o resultado é (**figura 3.43**):

$$\vec{v}_{AD} = \vec{v}_{AB} + \vec{v}_{BC} + \vec{v}_{CD}$$

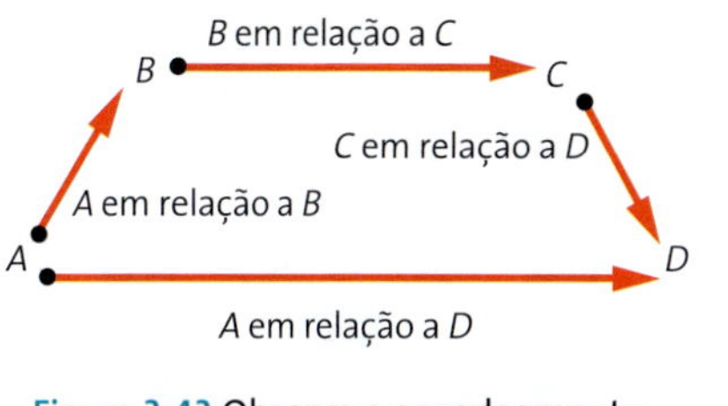

Figura 3.43 Observe o encadeamento dos índices *AB*, *BC* e *CD* resultando *AD*. Esse encadeamento de referenciais recebe o nome de regra da cadeia do movimento relativo.

Rolamento

Figura 3.44 O rolamento corresponde a um movimento de rotação e translação simultâneas.

Rolamento é a situação em que um corpo se desloca sobre uma superfície, sem que haja escorregamento entre ele e a superfície com a qual mantém contato. A **figura 3.44** ilustra o rolamento de um prisma (de base pentagonal) sobre uma superfície plana, mostrando algumas posições que ele assume, sequencialmente, enquanto rola.

Quando uma bicicleta desce uma ladeira, sem escorregar, suas rodas estão rolando ladeira abaixo. Todos os pontos de cada uma das rodas dessa bicicleta giram em torno de seu respectivo eixo. Além disso, enquanto os vários pontos de uma roda giram em torno de seu eixo, esse eixo se desloca em relação ao chão. Nessa situação, para um observador fixo no solo, temos:

- velocidade relativa ($\vec{v}_r$): é a velocidade de cada ponto da roda em relação ao eixo;
- velocidade de arrastamento ($\vec{v}_a$): é a velocidade do eixo da roda em relação ao solo;
- velocidade total ($\vec{v}_t$): é a velocidade de cada ponto da roda em relação ao solo.

Esses vetores variam de acordo com o ponto da roda que estejamos considerando. Em relação ao eixo, todos os pontos da roda estão em rotação. Nesse referencial, vamos admitir que cada ponto da periferia da roda tem velocidade de módulo *v*, como já fizemos no estudo do movimento circular. O eixo, nessa situação, tem translação em relação ao solo e sua velocidade de translação também tem módulo *v*. Essa "coincidência" pode ser explicada da seguinte maneira: o solo se desloca em relação ao eixo com velocidade *v*. Como não há escorregamento, o ponto do pneu em contato com o solo tem essa mesma velocidade.

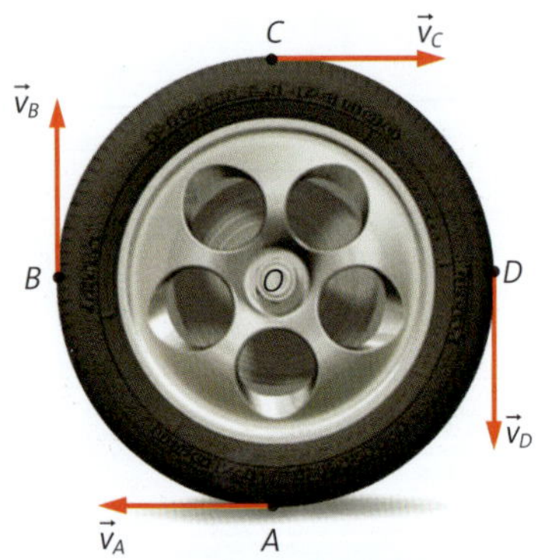

Figura 3.45 Velocidade de alguns pontos da periferia da roda em relação ao eixo *O*.

Assim, se um automóvel se desloca a 80 km/h em relação à estrada, os eixos das rodas estão se deslocando a 80 km/h em relação ao solo, e cada ponto periférico da roda se desloca com velocidade instantânea de 80 km/h em sua rotação em relação ao eixo. As **figuras 3.45, 3.46** e **3.47** ilustram a disposição e a composição dos vetores para os pontos *A, B, C, D* e *O* da roda.

Observe que, em relação ao solo, o ponto *A* deve ter a mesma velocidade que o solo, pois não há, por hipótese, o escorregamento. Ora, a velocidade do solo, em relação ao próprio solo, é nula. Logo, a composição de velocidade no ponto *A* deve ser tal que a velocidade desse ponto resulte nula em relação à rodovia e, portanto, $|\vec{v}_a| = |\vec{v}_r| = v$. Assim, justifica-se formalmente o fato de a velocidade de arrastamento ser, em módulo, igual à velocidade de um ponto da periferia da roda em relação ao eixo.

Figura 3.46 – Velocidade do eixo (*O*) em relação ao solo.

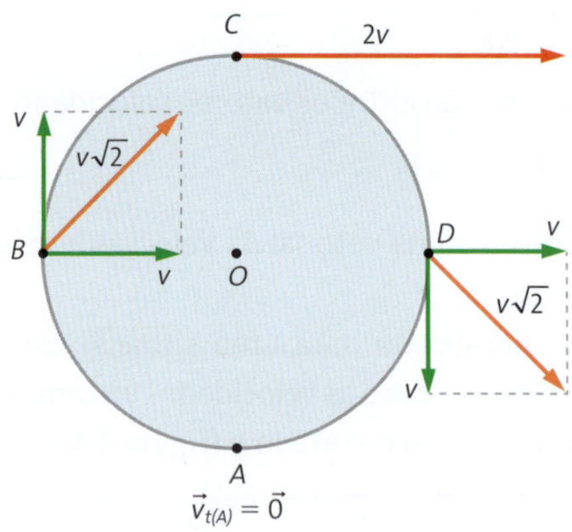

Figura 3.47 – Velocidade total (em relação ao solo) de alguns pontos da periferia da roda.

Exercício resolvido

2. A largura de um rio é 800 m, e suas águas movimentam-se com velocidade constante de 3,0 m/s em relação às margens. Suponha que um barco a motor, com velocidade constante de 4,0 m/s em relação às águas, se movimente nesse rio.

a) Qual será a distância percorrida pelo barco em relação à margem, em 20 s, se ele se movimentar a favor da correnteza? E contra a correnteza?

b) Em quanto tempo o barco atravessará o rio se sua proa for mantida na direção perpendicular à correnteza?

c) Nas condições do item **b**, determine em que ponto o barco alcançará a margem oposta e qual será seu deslocamento total.

Resolução

a) Com o barco movimentando-se a favor da correnteza, sua velocidade em relação à margem (v_{BM}) é dada pela soma da velocidade do barco em relação às águas (v_{BA}) com a velocidade das águas em relação à margem (v_{AM}):

$v_{BM} = v_{BA} + v_{AM} \Rightarrow v_{BM} = 4{,}0 + 3{,}0 \Rightarrow v_{BM} = 7{,}0$ m/s

E a distância percorrida em 20 s vale:

$d = v_{BM} \cdot \Delta t \Rightarrow d = 7{,}0 \cdot 20 \Rightarrow d = 140$ m

Com o barco movimentando-se contra a correnteza, sua velocidade em relação à margem (v_{BM}) é dada pela subtração entre a velocidade do barco em relação às águas (v_{BA}) e a velocidade das águas em relação à margem (v_{AM}):

$v_{BM} = v_{BA} - v_{AM} \Rightarrow v_{BM} = 4{,}0 - 3{,}0 \Rightarrow$

$\Rightarrow v_{BM} = 1{,}0$ m/s

E a distância percorrida em 20 s vale:

$d = v_{BM} \cdot \Delta t \Rightarrow d = 1{,}0 \cdot 20 \Rightarrow d = 20$ m

b) Se o barco mantiver sua proa na direção perpendicular à correnteza, o tempo para atravessar o rio de largura $L = 800$ m será dado por:

$L = v_{BA} \cdot \Delta t \Rightarrow 800 = 4{,}0 \cdot \Delta t \Rightarrow \Delta t = 200$ s

c) A figura seguinte ilustra a situação proposta.

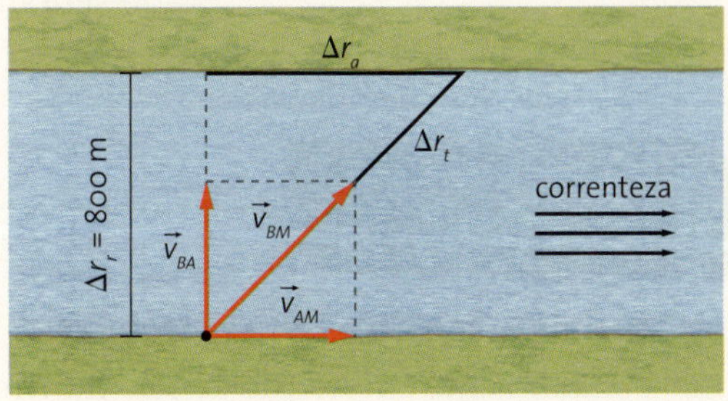

Paulo Manzi/Arquivo da editora

Durante o tempo de travessia (200 s), o deslocamento de arrastamento do barco em razão da correnteza vale:

$\Delta r_a = v_{AM} \cdot \Delta t \Rightarrow \Delta r_a = 3{,}0 \cdot 200 \Rightarrow \Delta r_a = 600$ m

Portanto, o barco alcançará a margem oposta em um ponto situado a 600 m rio abaixo, e o deslocamento total do barco será de:

$\Delta r_t = \sqrt{(\Delta r_r)^2 + (\Delta r_a)^2} = \sqrt{800^2 + 600^2} \Rightarrow$

$\Rightarrow \Delta r_a = 1000$ m

Exercícios

19. Identifique os deslocamentos (relativo, de arrastamento e total) do aluno no ônibus e da pessoa na esteira nas duas situações descritas no início deste tópico.

20. Com um barco que desenvolve a velocidade de 15 m/s (ou 54 km/h) em relação às águas, um pescador sai de sua casa e sobe o rio durante 5,0 minutos até um ponto de pesca. Sabendo-se que a velocidade da correnteza é 5,0 m/s (18 km/h), pergunta-se:

a) Qual é a distância, em metros, da casa do pescador até o ponto de pesca?

b) Quanto tempo o pescador demora para voltar do ponto de pesca à sua casa?

21. Um barco deve atravessar um canal com 300 m de largura. A velocidade da água do canal, em relação às margens, é 2,0 m/s, e a velocidade do barco, em relação às águas, é 10 m/s. Durante a travessia, a proa do barco é mantida sempre na direção perpendicular à correnteza.

a) Quanto tempo dura a travessia?

b) Durante a travessia, quantos metros o barco é arrastado pela correnteza das águas?

22. (Unicamp-SP) O transporte fluvial de cargas é pouco explorado no Brasil, considerando-se nosso vasto conjunto de rios navegáveis. Uma embarcação navega a uma velocidade de 26 nós, medida em relação à água do rio (use 1 nó = 0,5 m/s). A correnteza do rio, por sua vez, tem velocidade aproximadamente constante de 5,0 m/s em relação às margens. Qual é o tempo aproximado de viagem entre duas cidades separadas por uma extensão de 40 km de rio se o barco navega rio acima, ou seja, contra a correnteza?

a) 2 horas e 13 minutos.
b) 1 hora e 23 minutos.
c) 51 minutos.
d) 37 minutos.

5 Lançamento de corpos (projéteis)

Neste tópico vamos tratar somente do lançamento de corpos próximos à superfície da Terra, com velocidades relativamente baixas, de tal maneira que eles descrevam uma trajetória parabólica até atingir o solo; esse estudo também é conhecido como **lançamento de projéteis**.

Hoje, com o conhecimento e os equipamentos de que dispomos, podemos afirmar que, desprezando-se a resistência do ar, os corpos que se movimentam próximos à superfície da Terra, sem contato com o solo, apresentam algo em comum: todos se movimentam com a mesma aceleração – a aceleração da gravidade.

Física tem História

Até o início do século XVI, predominava a ideia de Aristóteles (384 a.C.-322 a.C.) de que um corpo lançado obliquamente em relação ao solo movimentava-se em linha reta e com velocidade constante, em razão de seu *impetus* (ímpeto), até atingir a altura máxima. Em seguida, o corpo caía verticalmente.

Dessa época, um trabalho que merece destaque é o do matemático italiano Niccolò Fontana Tartaglia (1500-1557). Segundo José M. F. Bassalo, em *Nascimento da Física (3500 a.C.-1900 a.D.)*, Tartaglia era o sobrenome adotado por Niccolò Fontana com base em um apelido que tivera na infância, em razão de uma ferida no queixo, provocada por um golpe de espada, que o fazia gaguejar (*tartagliare*, em italiano).

Em 1546, em seu livro *Questões e invenções diversas*, Tartaglia se opôs a Aristóteles e adotou a trajetória curvilínea para o movimento de um corpo lançado obliquamente, possibilidade já considerada anteriormente por Leonardo da Vinci. Como as trajetórias curvas eram destinadas somente aos astros da região supralunar (acima da Lua), as colocações de Tartaglia corriam o sério risco de serem taxadas como heresia, pois contrariavam os dogmas aristotélicos. Prudentemente, Tartaglia contornou o problema e evitou confrontos com a Inquisição.

Antonio Robson/Arquivo da editora

Trajetória descrita por um corpo lançado obliquamente, segundo Aristóteles (**a**) e segundo Tartaglia (**b**).

Trabalho em equipe

Façam uma pesquisa em grupo sobre os trabalhos de Tartaglia e o que ele fez para evitar confrontos com a Inquisição. Para isso, utilizem o *site* do Prof. José Maria Filardo Bassalo, da Universidade Federal do Pará (UFPA): <www.bassalo.com.br>. Acesso em: out. 2012.

Lançamento oblíquo

Na **figura 3.48**, vemos um bocal fixo no solo jorrando água com uma velocidade $\vec{v}_0$ que forma um ângulo θ com a horizontal. As trajetórias das várias partículas que compõem o jato de água podem facilmente ser visualizadas pela continuidade do fluxo que se estabelece no ar.

CandyBox Images/Shutterstock/Glow Images

Figura 3.48 Em um jato de água, evidencia-se a trajetória curvilínea das partículas lançadas obliquamente.

Para o estudo desse movimento, vamos aplicar o princípio da simultaneidade de Galileu: "O movimento de um corpo pode ser o resultado da composição de outros movimentos realizados simultaneamente". Nessa perspectiva, podemos entender esse movimento da seguinte maneira: enquanto cada gota (ou corpo, ou projétil) sobe e desce verticalmente, em movimento acelerado, ela se desloca horizontalmente em movimento uniforme (velocidade constante), como esquematizado na **figura 3.49**.

Assim, o movimento parabólico pode ser representado por dois movimentos: um movimento retilíneo e uniforme, na horizontal, e um movimento uniformemente variado na vertical, retardado na subida e acelerado na descida. Para isso, o primeiro passo é decompor a velocidade $\vec{v}_0$ de lançamento, que forma um ângulo θ com a horizontal, nas duas direções, horizontal e vertical perpendiculares entre si. Esse procedimento está ilustrado na **figura 3.50**.

Com base no triângulo retângulo em destaque na **figura 3.50**, escrevemos:

$$\begin{cases} \cos\theta = \dfrac{v_{0x}}{v_0} \Rightarrow v_{0x} = v_0 \cdot \cos\theta \\ \text{sen}\,\theta = \dfrac{v_{0y}}{v_0} \Rightarrow v_{0y} = v_0 \cdot \text{sen}\,\theta \end{cases}$$

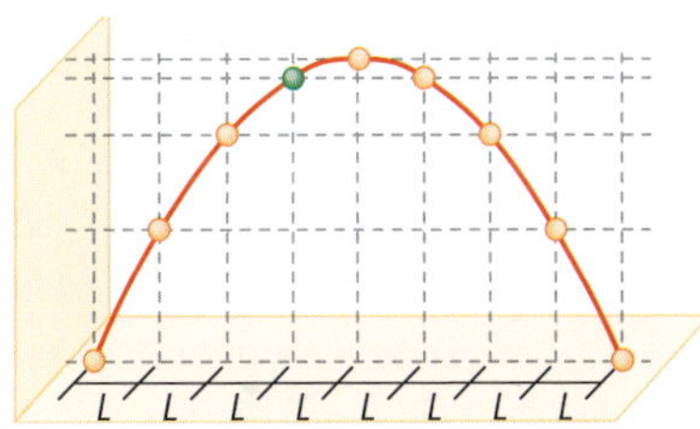

Figura 3.49 No lançamento oblíquo, o movimento dos corpos é parabólico.

Na **direção horizontal** (0x), o movimento é retilíneo e uniforme; a velocidade $\vec{v}_{0x}$ é constante. Assim, o corpo apresenta deslocamentos iguais em intervalos de tempo iguais. Nessa direção, a função horária do espaço é dada por:

$$x = v_0 \cdot \cos\theta \cdot t$$

Na **direção vertical** (0y), o módulo da velocidade vertical ($\vec{v}_{0y}$) diminui uniformemente até se tornar nulo, o que acontece no ponto de altura máxima. Em seguida, aumenta uniformemente até a partícula atingir o solo. Portanto, na vertical, temos um movimento retilíneo uniformemente variado **retardado**, do lançamento até o ponto de altura máxima, e **acelerado**, do ponto de altura máxima até o solo. Em intervalos de tempo iguais, medidos a partir do instante em que a partícula inicia o movimento, os deslocamentos obedecem às proporções de Galileu, isto é, eles são proporcionais aos números ímpares (1d, 3d, 5d, 7d, ...) conforme mostra a **figura 3.49**.

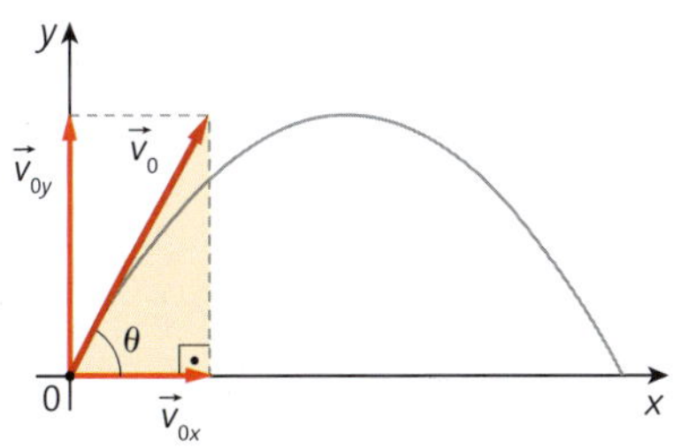

Figura 3.50 Decomposição vetorial da velocidade de um corpo lançado obliquamente, mostrando as componentes vertical e horizontal.

Nessa direção, as funções horárias do espaço e da velocidade são as mesmas vistas no capítulo 2, quando estudamos o movimento acelerado, aplicadas à situação que abordamos agora:

$$S = S_0 + v_0 \cdot t + \frac{a \cdot t^2}{2} \Rightarrow y = y_0 + v_{0y} \cdot t + \frac{g \cdot t^2}{2}$$

$$v = v_0 + a \cdot t \Rightarrow v_y = v_0 \cdot \text{sen}\,\theta + g \cdot t$$

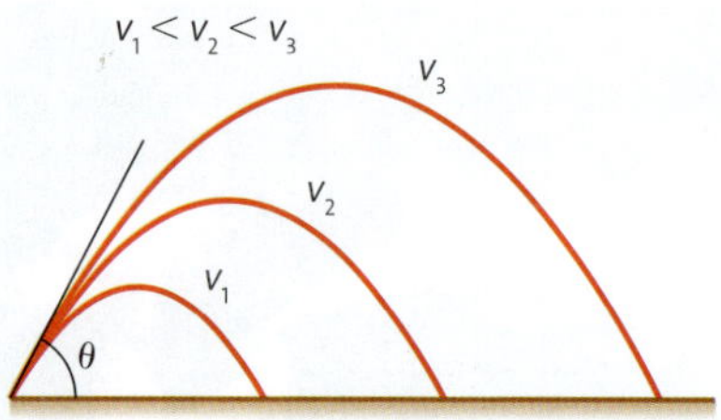

Figura 3.51 Variação do alcance em função da velocidade de lançamento.

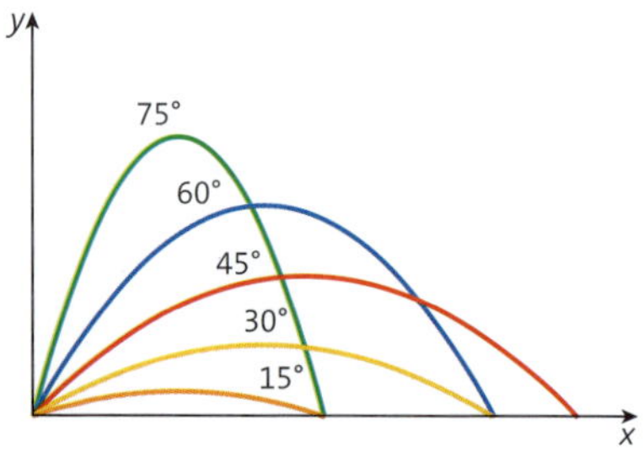

Figura 3.52 Variação do alcance em função do ângulo de lançamento.

Vamos enfatizar algumas conclusões importantes.

1. Se o corpo (projétil) retornar à mesma posição horizontal do lançamento, o movimento é simétrico em relação ao ponto de altura máxima (reveja a figura 3.49). Isso significa que o tempo de descida é igual ao de subida, e que o tempo total (tempo de permanência no ar) é a soma dos tempos de subida e de descida ($t_T = t_S + t_D$).
2. No ponto de altura máxima atingida pelo projétil, somente a velocidade vertical é nula ($v_y = 0$). Nesse ponto, o corpo tem velocidade horizontal, pois ela é constante durante todo o movimento.
3. O alcance do projétil corresponde à coordenada x que a partícula atingiu ao retornar ao solo. Essa coordenada é obtida com base no movimento retilíneo e uniforme que o projétil realiza na horizontal: $A = x = v_0 \cdot \cos\theta \cdot t_T$
4. Para um mesmo ângulo de lançamento (ou ângulo de tiro), quanto maior for a velocidade de lançamento, maior será o alcance. A figura 3.51 ilustra o alcance de vários lançamentos, todos efetuados sob um mesmo ângulo, porém com velocidades crescentes.
5. Se os lançamentos forem feitos com a mesma velocidade, porém sob ângulos diferentes, o alcance será o mesmo para dois lançamentos em que os ângulos de disparo sejam complementares (ângulos cuja soma é igual a 90°), conforme mostra a figura 3.52.
6. Para uma determinada velocidade, o alcance máximo será obtido quando o ângulo de lançamento for de 45°. Pode-se demonstrar que o alcance máximo é dado por:

$$A_{máx} = \frac{v_0^2}{g}$$

De acordo com o referencial adotado na figura 3.50, temos:

- **Direção horizontal** (eixo $0x$) – O movimento é retilíneo e uniforme. A velocidade é dada por $v_x = v_{0x} = v_0 \cdot \cos\theta$ (constante). A função horária é do tipo $S = S_0 + v \cdot t$, dada por:

$$x = v_0 \cdot \cos\theta \cdot t$$

- **Direção vertical** (eixo $0y$) – O movimento é variado uniformemente. A função da velocidade é do tipo $v = v_0 + a \cdot t$:

$$v_y = v_0 \cdot \text{sen}\,\theta - g \cdot t$$

A função horária é do tipo $S = S_0 + v \cdot t + \dfrac{a \cdot t^2}{2}$. Assim, temos:

$$y = v_0 \cdot \text{sen}\,\theta \cdot t - \frac{g \cdot t^2}{2}$$

- **Tempo de voo** – Se a partícula retorna à mesma posição horizontal do lançamento, o movimento é simétrico em relação ao ponto de altura máxima. Isso significa dizer que o tempo de descida é igual ao tempo de subida:

$$t_{subida} = t_{descida} = \frac{v_0 \cdot \text{sen}\,\theta}{g}$$

O tempo de voo é a soma do tempo de subida com o tempo de descida.

$$t_{voo} = t_{subida} + t_{descida}$$

- **Altura máxima** – Para a determinação da altura máxima ($h_{máx.}$) atingida pela partícula lançada obliquamente em relação ao solo, aplicamos a equação de Torricelli para o movimento vertical, lembrando que, no ponto de altura máxima, a velocidade vertical é nula ($v_y = 0$). Nessas condições, obtemos:

$$h_{máx.} = \frac{(v_0 \cdot \text{sen}\ \theta)^2}{2g}$$

- **Alcance** – O alcance (A) corresponde à coordenada x que a partícula atingiu ao retornar ao solo. Para obter essa coordenada, basta observar que, no instante em que a partícula chega ao solo, $t = t_{voo} = 2t_{subida}$. Assim, temos:

$x = (v_0 \cdot \cos\theta) \cdot t$

$A = v_0 \cdot \cos\theta \cdot 2 \cdot \frac{v_0 \cdot \text{sen}\ \theta}{g}$

$A = \frac{v_0^2 \cdot 2 \cdot \text{sen}\ \theta \cdot \cos\theta}{g}$

Da Trigonometria, obtemos que:

$$2 \cdot \text{sen}\ \theta \cdot \cos\theta = \text{sen}\ 2\theta$$

E, substituindo na expressão anterior, temos:

$$A = \frac{v_0^2 \cdot \text{sen}\ 2\theta}{g}$$

Exercício resolvido

3. Na figura a seguir, temos a ilustração de um dispositivo vertical, que lança bolas, montado na carroceria de um caminhão.

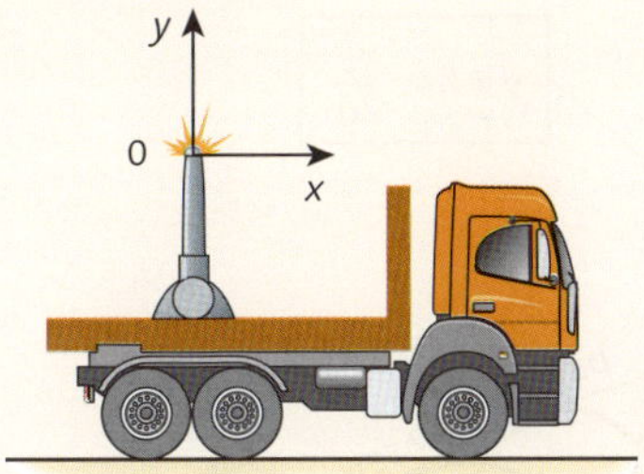

Formato/Arquivo da editora

Com o caminhão deslocando-se em movimento retilíneo e horizontal com velocidade constante de 20 m/s, uma bola é lançada verticalmente com velocidade de 10 m/s, em relação ao caminhão. A origem do sistema de coordenadas coincide com o ponto de lançamento da bola. Despreze a resistência do ar e considere $g = 10\ m/s^2$. Nessas condições, responda:

a) Qual é a trajetória da bola em relação ao caminhão? E em relação ao solo?

b) Qual é a altura máxima atingida pela bola em relação à origem do sistema de coordenadas?

c) Em relação ao solo, qual é a distância percorrida pelo dispositivo até o retorno da bola?

Resolução

a) Em relação ao caminhão, a bola descreve uma trajetória retilínea (subida e descida) e, em relação ao solo, a trajetória é parabólica.

b) O tempo de subida da bola é obtido na função horária da velocidade vertical. Lembrando que no ponto de altura máxima a velocidade vertical é nula. Assim, temos:

$v_y = v_{0y} + g \cdot t \Rightarrow 0 = 10 + (-10) \cdot t_s \Rightarrow t_s = 1{,}0\ s$

E a altura máxima atingida pelo projétil em relação ao ponto de lançamento é dada por:

$y = y_0 + v_{0y} \cdot t + \frac{g \cdot t^2}{2} \Rightarrow$

$\Rightarrow y_{máx.} = 0 + 10 \cdot 1{,}0 + \frac{(-10) \cdot (1{,}0)^2}{2} \Rightarrow$

$\Rightarrow y_{máx.} = 5{,}0\ m$

c) Em relação ao solo, a bola e o dispositivo estão sempre acompanhando um ao outro, pois ambos se movimentam com a mesma velocidade constante de 20 m/s. Assim, a distância percorrida pelo dispositivo é exatamente o alcance da bola. Como o tempo de subida da bola é 1,0 s, o tempo de permanência no ar é 2,0 s. Nesse intervalo de tempo, a distância horizontal percorrida pela bola e pelo dispositivo é:

$x = v_0 \cdot \cos\theta \cdot t \Rightarrow x = 20 \cdot 2{,}0 \Rightarrow x = 40\ m$

Parábola de segurança

Ao efetuarmos vários lançamentos, todos com a mesma velocidade inicial $\vec{v}_0$, mas com diferentes ângulos, devemos ter em mente que:

- se o objetivo é conseguir a maior altura possível, o lançamento deve ser feito verticalmente; nessas condições, a altura máxima é dada por:

$$h_{máx.} = \frac{v_0^2}{2g}$$

- se o objetivo é conseguir o maior alcance possível, o lançamento deve ser feito a um ângulo de 45°; nesse caso, o alcance máximo é dado por:

$$A_{máx.} = \frac{v_0^2}{g}$$

Comparando as duas expressões, obtemos: $A_{máx.} = 2 \cdot h_{máx.}$. Isso nos permite afirmar que todos os lançamentos com a mesma velocidade inicial ficarão restritos a uma região delimitada por uma parábola, denominada parábola de segurança, que pode ser construída com três pontos fundamentais, conforme mostra a **figura 3.53**:

- o ponto de altura máxima (h) para um lançamento vertical;
- o de alcance máximo ($-2h$) à esquerda do ponto de lançamento, na mesma horizontal;
- o de alcance máximo ($2h$) à direita do ponto de lançamento, na mesma horizontal.

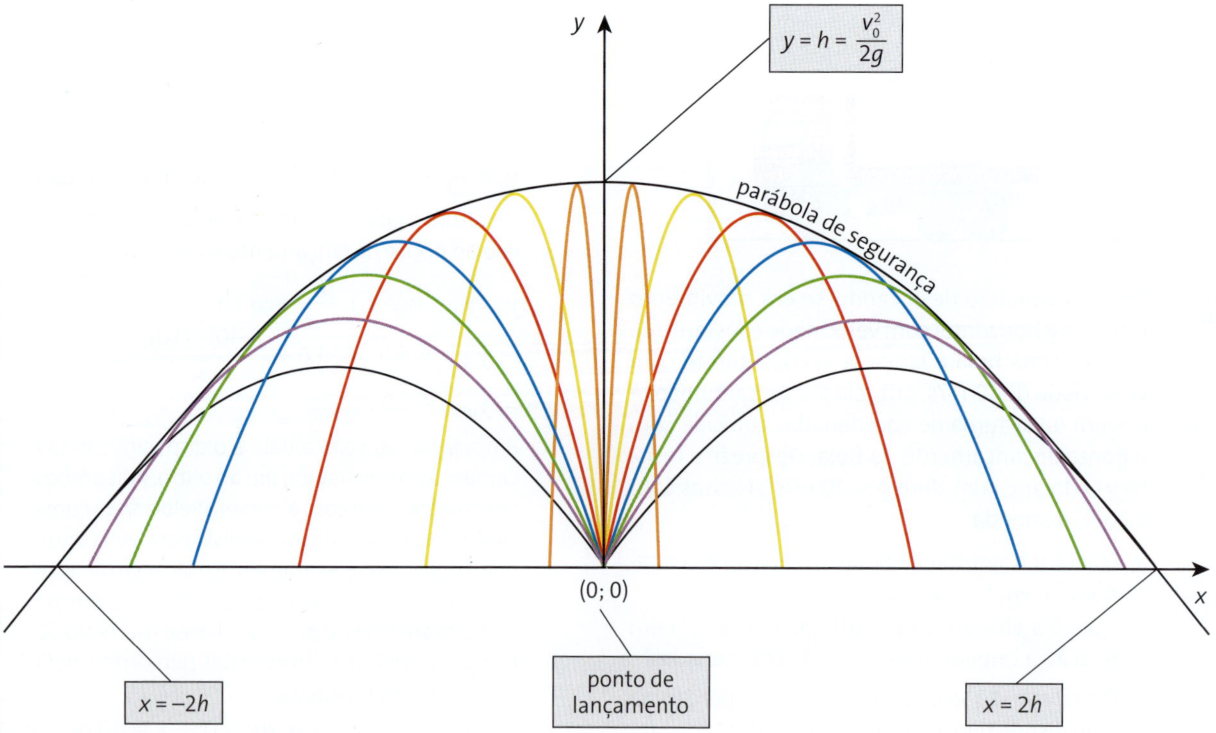

Figura 3.53 Parábola de segurança.

Lançamento horizontal

A **figura 3.54** ilustra um avião de carga, com velocidade constante em módulo, sendo usado para prestar socorro a um barco que se encontra parado em alto-mar. Nessa operação, uma pessoa dentro do avião abandona um pacote que cai bem próximo do barco.

Para a pessoa dentro do avião, o pacote cai verticalmente, pois, na horizontal, o pacote possui a mesma velocidade do avião (desprezando-se a resistência do ar).

Mas qual será a trajetória do pacote para uma pessoa que esteja no barco? Em relação à superfície do mar, a trajetória do pacote é parabólica e obedece às condições indicadas na **figura 3.55**.

Paulo Manzi/Arquivo da editora

Figura 3.54 Lançamento de um pacote a partir de um avião.

Equações do lançamento horizontal

Com base no lançamento horizontal mostrado na **figura 3.55** e de acordo com o referencial adotado, temos:

- **Direção horizontal** (eixo Ox) – O movimento é retilíneo e uniforme, ou seja, a velocidade é constante e não nula (v_x). No M.U., a função horária é do tipo $S = S_0 + v \cdot t$. Em relação à figura, temos $|\vec{v}_x| = |\vec{v}_0|$, o que acarreta:

$$x = v_0 \cdot t \text{ (I)}$$

- **Direção vertical** (eixo Oy) – O movimento é retilíneo acelerado uniformemente, ou seja, a velocidade aumenta uniformemente com o tempo e seu módulo é dado por $v_y = g \cdot t$. A função horária do M.V.U. é do tipo $S = S_0 + v_0 \cdot t + \frac{a \cdot t^2}{2}$. Em relação à figura, temos:

$$y = \frac{g \cdot t^2}{2} \text{ (II)}$$

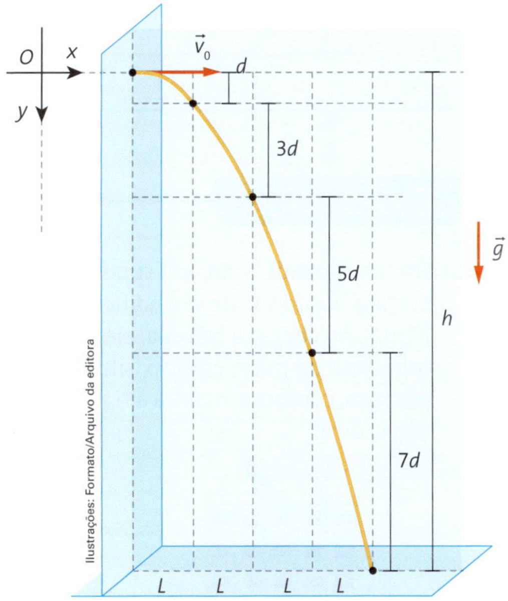

Ilustrações: Formato/Arquivo da editora

Figura 3.55 Na direção horizontal o movimento é uniforme; na direção vertical é uniformemente variado.

Para obter a equação da trajetória (coordenada y em função da coordenada x), basta isolar o parâmetro t em I e substituí-lo em II. Assim, obtemos:

$$y = \frac{g}{2v_0^2} \cdot x^2$$

Essa é uma função do 2º grau, cuja representação gráfica no plano cartesiano é uma parábola. Portanto, a trajetória descrita por um corpo lançado horizontalmente é um trecho de parábola.

Observe que essa curva corresponde exatamente à parte da curva que, no lançamento oblíquo, vai do ponto de altura máxima ao solo.

Levando em conta que o movimento vertical do corpo é independente do movimento horizontal, o tempo que um corpo leva para atingir o solo não depende da velocidade horizontal de lançamento. Assim, um corpo abandonado de determinada altura chega ao solo junto com outro corpo lançado horizontalmente do mesmo ponto e no mesmo instante. A **figura 3.56** ilustra três corpos nessa situação.

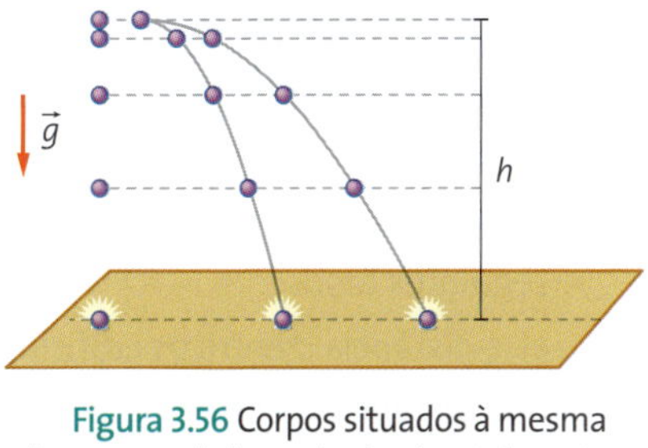

Figura 3.56 Corpos situados à mesma altura, quando lançados horizontalmente ou abandonados, simultaneamente, chegam ao solo no mesmo instante.

Exercício resolvido

4. Um corpo é lançado horizontalmente com velocidade de 20 m/s de um prédio de 20 m de altura. Adotando $g = 10\ m/s^2$ e desprezando a resistência do ar, determine o ponto em que o corpo atinge o solo.

Resolução

A figura a seguir ilustra o movimento do corpo, desde o lançamento até atingir o solo, com os respectivos referenciais para os movimentos horizontal e vertical.

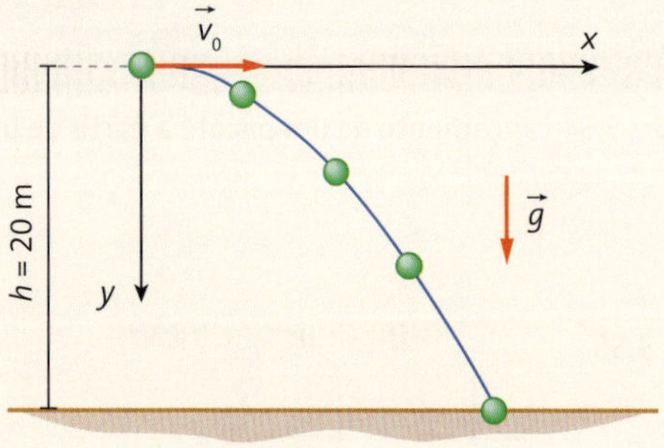

Inicialmente, precisamos determinar o tempo de queda do corpo. Na vertical, temos um movimento acelerado uniformemente, a partir do repouso ($v_{0y} = 0$).

Aplicando a função horária desse movimento de acordo com o referencial adotado, obtemos:

$$y = y_0 + v_{0y} \cdot t + \frac{g \cdot t^2}{2} \Rightarrow$$

$$\Rightarrow 20 = 0 + 0 + \frac{10 \cdot t^2}{2} \Rightarrow t = 2{,}0\ s$$

Nesses 2,0 s de queda, o corpo percorre na horizontal, com velocidade constante $v_{0x} = 20\ m/s$, uma distância x dada por:

$$x = v_{0x} \cdot t \Rightarrow x = 20 \cdot 2{,}0 \Rightarrow x = 40\ m$$

Portanto, o corpo atinge o solo a 40 m da vertical que passa pelo ponto de lançamento.

Exercícios

23. Em um filme de ação, um super-herói corre pela cobertura horizontal de um edifício com velocidade de 10 m/s. Ao chegar à beirada, ele salta para alcançar a cobertura de outro edifício, situada 20 m abaixo da primeira, conforme mostra a figura. Despreze a resistência do ar.

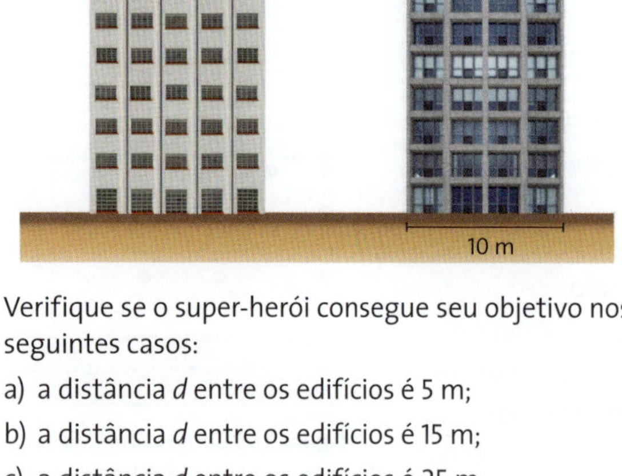

Verifique se o super-herói consegue seu objetivo nos seguintes casos:

a) a distância d entre os edifícios é 5 m;

b) a distância d entre os edifícios é 15 m;

c) a distância d entre os edifícios é 25 m.

24. Se um jogador de golfe lançar uma bola com velocidade inicial de 30 m/s e a 35° em relação à horizontal, ele conseguirá vencer um obstáculo de 80 m de extensão? Considere sen 35° = 0,57; cos 35° = 0,82 e $g = 10\ m/s^2$.

25. Uma unidade de combate a incêndio está a 120 m de um edifício. Existe um foco de chamas a, aproximadamente, 35 m de altura em relação ao solo, no 12º andar. O jato de água sai da mangueira com velocidade de 40 m/s, formando um ângulo de 53° com a horizontal (sen 53° = 0,80; cos 53° = 0,60). Despreze a resistência do ar e considere $g = 10\ m/s^2$.

Ilustrações: Paulo Manzi/Arquivo da editora

Trace, em escala, a parábola de segurança e verifique se o jato de água tem condições de atingir o foco das chamas.

EM CONSTRUÇÃO

Pierre Varignon

Pierre Varignon (1654-1722), matemático e físico francês, foi educado no Colégio Jesuíta e completou seus estudos na Universidade de Caen, em 1682, e no ano seguinte ordenou-se padre. Em 1688, tornou-se professor de Matemática no Colégio Mazarin e, em 1704, no Colégio Royal, ambos em Paris. Em 1688, foi eleito para a Academia Francesa de Ciências; em 1713, para a Academia de Berlim de Ciências; e em 1718, para a Sociedade Real de Londres.

Pierre Varignon.

O interesse de Varignon pela Matemática foi despertado com a leitura de *Os elementos*, de Euclides, e de *A Geometria*, de Descartes. Após um período de dedicação, por conta própria, aos estudos matemáticos, apresentou à Academia Francesa de Ciências, em 1687, o trabalho denominado *Projeto de uma nova Mecânica*, no qual discute a composição de forças, aplicando o cálculo diferencial de Leibniz ao estudo da Mecânica. Nesse trabalho, encontra-se o importante princípio do equilíbrio de um corpo sob a ação de forças concorrentes.

> *Varignon usou a regra geométrica sobre composição de forças – o célebre* ***paralelogramo das forças*** *– cuja ideia* [...] *ele a obteve usando uma espécie de máquina simples que idealizou e construiu: o funicular. Ainda nesse trabalho, Varignon apresentou a demonstração do hoje famoso* ***teorema de Varignon****, no qual associa o momento da força resultante com os momentos das forças componentes* [...].

BASSALO, José M. F. *Nascimento da Física (3500 a.C.-1900 a.D.)*. Belém: EDUFPA, 1996.

> *As publicações de Varignon, caracterizadas pela preocupação didática, incluem vários artigos matemáticos, sendo que as principais contribuições encontram-se nas áreas da Estática (equilíbrio de forças) e da Mecânica dos fluidos. No período de 1707 a 1711, realizou vários estudos sobre o problema do movimento de projéteis em meios resistentes. Algumas dessas publicações somente ocorreram após a sua morte, como se deu com seu livro sobre movimentos de fluidos, publicado em 1725, e suas conferências sobre Matemática ministradas no Colégio Mazarin, publicadas em 1731 com o título de* Elementos de Matemática.

RONAN, Colin A. *História Ilustrada da Ciência*. Rio de Janeiro: Jorge Zahar Editor, 1997. v. 3.

BASSALO, José M. F. *Nascimento da Física (3500 a.C.-1900 a.D.)*. Belém: EDUFPA, 1996.

- O "paralelogramo de forças" já havia sido citado, pelo menos 100 anos antes do trabalho de Varignon, por Simon Stevin em 1586 com o trabalho *Princípios de estática*. Pesquise sobre o método utilizado por Stevin e compare com o de Varignon.

EXPERIMENTO

Construção da trajetória parabólica de um projétil

Nesta atividade, você terá a oportunidade de aplicar seus conhecimentos e habilidades na construção da trajetória parabólica de um projétil e, com base nela, determinar as características numéricas do movimento: tempo de subida, tempo de voo, altura máxima atingida pelo projétil, alcance, velocidade de lançamento e ângulo de lançamento.

O ponto de partida é o vértice da parábola (ponto de altura máxima do projétil). Se a partir desse ponto considerarmos somente o movimento vertical, o projétil cai, percorrendo distâncias cada vez maiores, na proporção dos números ímpares consecutivos (1*d*, 3*d*, 5*d*, ...) para intervalos de tempo iguais (*d* é a distância que ele percorre caindo, no primeiro intervalo de tempo). Lembre-se de que, na vertical, o movimento do projétil é uniformemente variado. A velocidade diminui uniformemente na subida e aumenta uniformemente na descida.

Em relação à horizontal, a distância percorrida em cada intervalo de tempo é sempre a mesma, pois a velocidade horizontal do projétil é constante.

A construção da trajetória parabólica será feita utilizando-se uma figura semelhante à mostrada a seguir, na qual o ponto *A* representa o vértice da trajetória parabólica, e os pontos B_1 e B_2, duas posições simétricas (uma na subida e outra na descida) que correspondem cada uma a um intervalo de tempo de 1,0 s.

Com base nessas informações, complete, em seu caderno, a figura dada, marcando as posições simétricas ocupadas pelo projétil (uma na subida e outra na descida), considerando sempre intervalos de tempo iguais a 1,0 s. Feito isso, trace a curva descrita pelo projétil até o solo e responda às questões propostas, utilizando a escala dada na figura.

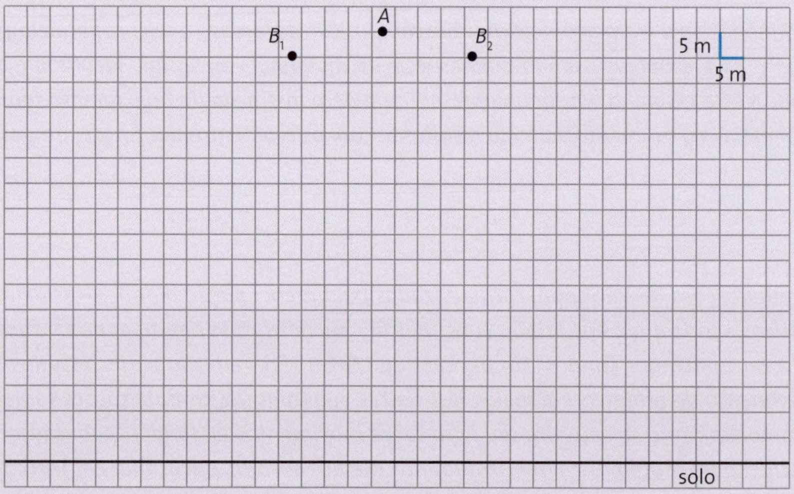

1. Quais são, em segundos, o tempo de subida, o tempo de descida e o tempo de voo do projétil?

2. Qual é a altura máxima atingida pelo projétil?

3. Qual é o alcance do projétil?

4. Determine os componentes da velocidade do projétil na horizontal e na vertical no instante em que ele atinge o solo.

5. Com que velocidade o projétil atinge o solo? E com que velocidade ele foi lançado do solo?

6. Qual é o ângulo de lançamento desse projétil?

Pensando no Enem

O Brasil pode se transformar no primeiro país das Américas a entrar no seleto grupo das nações que dispõem de trens-bala. O Ministério dos Transportes prevê o lançamento do edital de licitação internacional para a construção da ferrovia de alta velocidade Rio-São Paulo. A viagem ligará os 403 quilômetros entre a Central do Brasil, no Rio, e a Estação da Luz, no centro da capital paulista, em uma hora e 25 minutos.

Disponível em: <http://oglobo.globo.com>. Acesso em: 14 jul. 2009.

Devido à alta velocidade, um dos problemas a ser enfrentado na escolha do trajeto que será percorrido pelo trem é o dimensionamento das curvas. Considerando-se que uma aceleração lateral confortável para os passageiros e segura para o trem seja de 0,1 g, em que g é a aceleração da gravidade (considerada igual a 10 m/s^2), e que a velocidade do trem se mantenha constante em todo o percurso, seria correto prever que as curvas existentes no trajeto deveriam ter raio de curvatura mínimo de, aproximadamente:

a) 80 m.

b) 430 m.

c) 800 m.

d) 1600 m.

e) 6400 m.

Resolução

A velocidade escalar média do trem durante a viagem, em m/s, é encontrada a partir da definição dessa grandeza. Para isto primeiro devemos transformar os valores dados de deslocamento escalar e intervalo de tempo nas unidades de metros e segundos, respectivamente.

Segundo o enunciado o trem-bala percorre $\Delta S = 403$ km em $\Delta t = 1$ h 25 min.

- A mudança de unidade do deslocamento é feita, lembrando-se que 1 km $= 10^3$ m, assim:

  $\Delta S = 403 \text{ km} = 403 \cdot 10^3 \text{ m}$

- Para transformar o tempo em segundos, precisamos descobrir quantos segundos equivalem a uma hora e descobrir com a quantidade de segundos que equivale a 25 minutos. Sabemos que:

  $1 \text{ h} = 60 \text{ min e } 1 \text{ min} = 60 \text{ s}$

  Assim:

  $1 \text{ h} = 60 \cdot 60 \text{ s ou } 1 \text{ h} = 3\,600 \text{ s}$

  Para os 25 min:

  $5 \text{ min} = 25 \cdot 60 = 1\,500 \text{ s}$

  Logo:

  $\Delta t = 1 \text{ h } 25 \text{ min} = 3\,600 + 1\,500 \Rightarrow \Delta t = 5\,100 \text{ s}$

Utilizando a definição de velocidade escalar média, encontramos:

$$v_m = \frac{\Delta S}{\Delta t} = \frac{403 \cdot 10^3}{5100} = 80 \text{ m/s}$$

Como o módulo da aceleração centrípeta no máximo pode assumir o valor de

$a_c = 0{,}1 \cdot g = 0{,}1 \cdot 10 = 1 \text{ m/s}^2$,

então o raio de curvatura mínimo pode ser encontrado pela expressão do módulo da aceleração centrípeta:

$$a_c = \frac{v^2}{r} \Rightarrow r = \frac{v^2}{a_c} = \frac{80^2}{1} = 6\,400 \text{ m}$$

A alternativa correta é a **e**.

Vestibulares de Norte a Sul

1. **S** (Acafe-SC) Assinale, entre as opções seguintes, aquela que completa corretamente a afirmativa: “Grandezas vetoriais são aquelas que necessitam de ___, ___, ___ e ___ para serem perfeitamente definidas”.
a) valor numérico – desvio – unidade – direção
b) desvio – sentido – direção – módulo
c) valor numérico – unidade – direção – sentido
d) módulo – vetor – padrão – quantidade
e) padrão – valor numérico – unidade – sentido

2. **N** (UEA-AM) São exclusivamente grandezas vetoriais:
a) força, aceleração, tempo e temperatura.
b) deslocamento, velocidade, calor e potência.
c) período, frequência, energia e força.
d) campo elétrico, velocidade, aceleração e força.
e) aceleração, campo magnético, energia e massa.

3. **SE** (UFV-MG) A figura a seguir ilustra um diagrama com três vetores: $\vec{M}$, $\vec{N}$ e $\vec{Q}$.

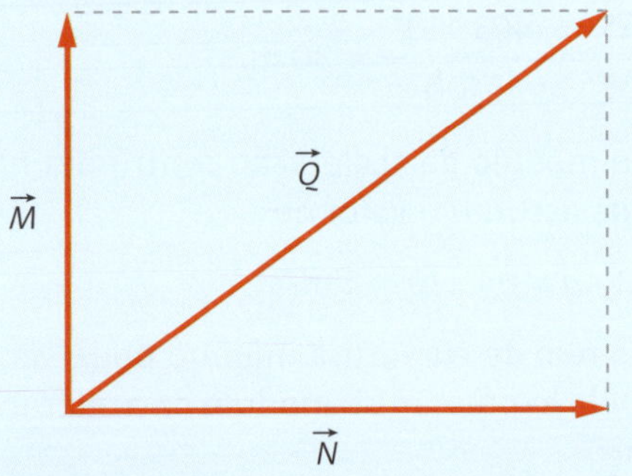

É correto afirmar:
a) $\vec{M} = \vec{Q} + \vec{N}$.
b) $\vec{M} = \vec{Q} - \vec{N}$.
c) $\vec{N} = \vec{M} + \vec{Q}$.
d) $\vec{N} = \vec{M} - \vec{Q}$.

4. **SE** (AFA-SP) Sejam três vetores $\vec{A}$, $\vec{B}$ e $\vec{C}$. Os módulos dos vetores $\vec{A}$ e $\vec{B}$ são, respectivamente, $6u$ e $8u$. O módulo do vetor $\vec{S} = \vec{A} + \vec{B}$ vale $10u$, já o módulo do vetor $\vec{D} = \vec{A} + \vec{C}$ é nulo. Sendo o vetor $\vec{R} = \vec{B} + \vec{C}$, tem-se que o módulo de $\vec{F} = \vec{S} + \vec{R}$ é igual a:
a) $16u$.
b) $10u$.
c) $8u$.
d) $6u$.

5. **S** (Cesumar-PR) O módulo do vetor soma $\vec{s} = \vec{a} + \vec{b} + \vec{c} + \vec{d} + \vec{e}$ entre os vetores a seguir representados vale:

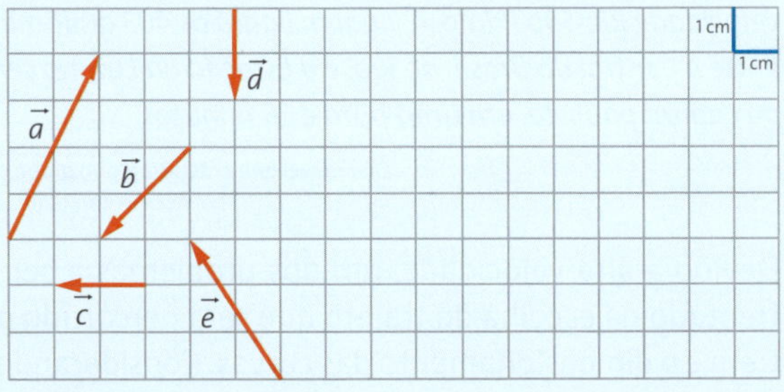

a) 5 cm.
b) 7 cm.
c) 8 cm.
d) 10 cm.
e) zero.

6. **SE** (ITA-SP) Ao passar pelo ponto *O*, um helicóptero segue na direção norte com velocidade *v* constante. Nesse momento, um avião passa pelo ponto *P*, a uma distância δ de *O*, e voa para o oeste, em direção a *O*, com velocidade *u* também constante, conforme mostra a figura.

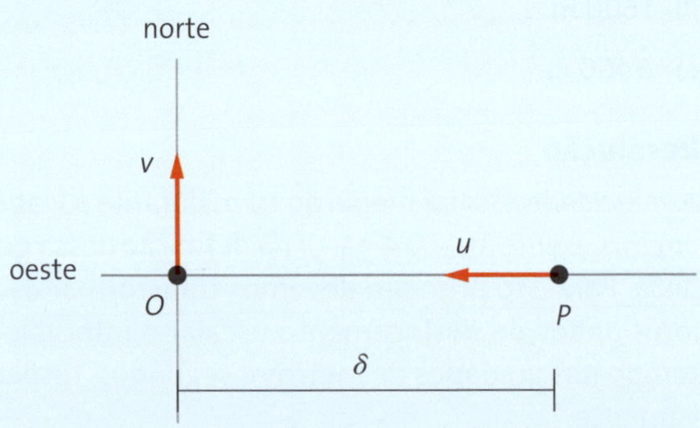

Considerando *t* o instante em que a distância *d* entre o helicóptero e o avião for mínima, assinale a alternativa correta.
a) A distância percorrida pelo helicóptero no instante em que o avião alcança o ponto *O* é $\delta u/v$.
b) A distância do helicóptero ao ponto *O* no instante *t* é igual a $\delta u/\sqrt{v^2 + u^2}$.
c) A distância do avião ao ponto *O* no instante *t* é igual a $\delta v^2/(v^2 + u^2)$.
d) O instante *t* é igual a $\delta v/(v^2 + u^2)$.
e) A distância *d* é igual a $\delta u/\sqrt{v^2 + u^2}$.

7. **SE** (Uerj) A velocidade vetorial média de um carro de Fórmula 1, em uma volta completa do circuito, corresponde a:

a) 0. b) 24. c) 191. d) 240.

8. **NE** (UFPB) Um presidiário, em liberdade condicional, usando uma tornozeleira eletrônica, apresenta um comportamento suspeito em uma determinada esquina no centro da cidade. Imediatamente, a Central de Polícia passa um rádio para a viatura em diligência no bairro. A viatura para no ponto *A*, representado na figura a seguir, e passa a observar o presidiário pelo computador de bordo.

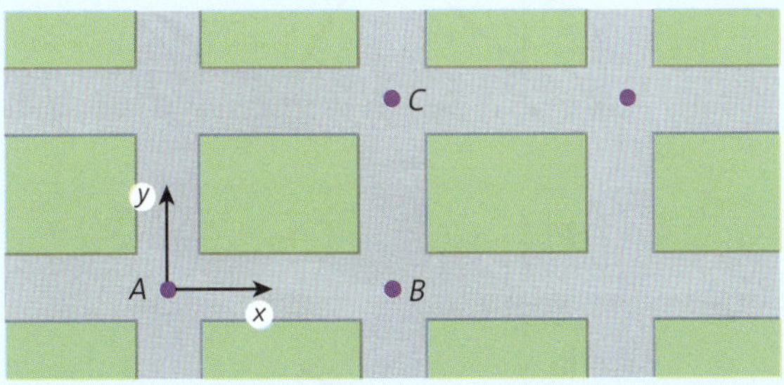

O sinal captado por esse computador mostra que o presidiário saiu do ponto *B*, foi até a esquina, no ponto *C*, e depois se deslocou até o ponto *D*, onde ficou parado. Considere que: a distância entre os pontos *A* e *B* é igual a 40 m; entre os pontos *B* e *C* é igual a 30 m e entre os pontos *C* e *D* é igual a 40 m. Adote o referencial, conforme mostrado na figura, cuja origem está na viatura, no ponto *A*. Em relação ao movimento do presidiário, considerando as distâncias em metros, pode-se afirmar:

I. O vetor posição do ponto *C* é $r_C = 30j$.

II. O vetor posição do ponto *D* é $r_D = 80i + 30j$.

III. O módulo do vetor deslocamento entre os pontos *C* e *B* é $|r_C \cdot r_B| = 30$.

IV. O módulo do vetor deslocamento entre os pontos *D* e *B* é $|r_D \cdot r_B| = 50$.

Estão corretas apenas:

a) II e III. b) I e III. c) I e IV. d) II, III e IV. e) I, II e IV.

9. **SE** (FGV-SP) Um avião decola de um aeroporto e voa 100 km durante 18 min no sentido leste; a seguir, seu piloto aponta para o norte e voa mais 400 km durante 1 h; por fim, aponta para o oeste e voa os últimos 50 km, sempre em linha reta, em 12 min, até pousar no aeroporto de destino. O módulo de sua velocidade vetorial média nesse percurso todo terá sido, em km/h, de aproximadamente:

a) 200. b) 230. c) 270. d) 300. e) 400.

10. **SE** (Unicamp-SP) A figura a seguir representa um mapa da cidade de Victoria, o qual indica a direção das mãos do tráfego. Por causa do congestionamento, os veículos trafegam com a velocidade média de 18 km/h. Cada quadra dessa cidade mede 200 m por 200 m (do centro de uma rua ao centro de outra rua).

Uma ambulância localizada em *A* precisa pegar um doente localizado bem no meio da quadra em *B*, sem andar na contramão.

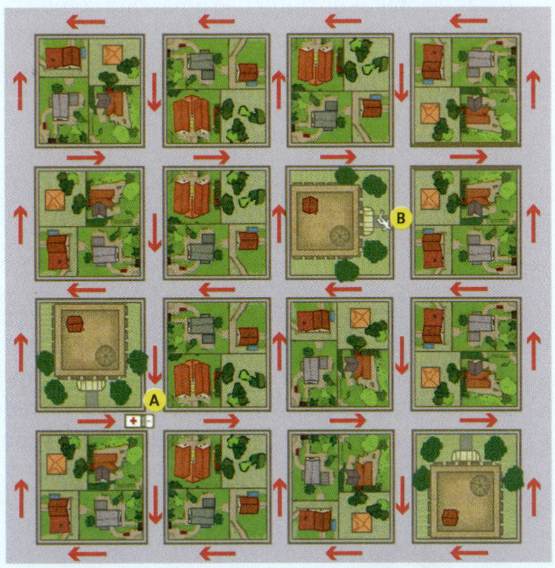

a) Qual o menor tempo gasto (em minutos) no percurso de *A* para *B*?

b) Qual é o módulo do vetor velocidade média (em km/h) entre os pontos *A* e *B*?

11. **N** (UEA-AM) Em uma missão no espaço aéreo amazônico, um avião Hércules C130 realiza uma curva de raio 5 km sob a mesma altitude, mantendo velocidade de intensidade constante de valor 540 km/h. Nessa manobra, a aceleração centrípeta, em m/s^2, é de:

a) 3,0. b) 3,5. c) 4,0. d) 4,5. e) 5,0.

12. **CO** (UFMT) Uma pessoa tem velocidade, relativa a uma esteira, de módulo 1,5 m/s e direção perpendicular à da velocidade de arrastamento da esteira. A largura da esteira é de 3,0 m e sua velocidade de arrastamento, em relação ao solo, tem módulo igual a 2,0 m/s. Calcule:

a) o módulo da velocidade da pessoa em relação ao solo;

b) a distância percorrida pela pessoa, em relação ao solo, ao atravessar a esteira.

13. **N** (UEA-AM) O trator mostrado na figura move-se em linha reta, com velocidade constante e sem escorregar sobre uma superfície plana e horizontal.

Formato/Arquivo da editora

Considerando as medidas mostradas e sabendo que as rodas dianteiras do trator dão uma volta completa em 1,25 segundo, é correto afirmar que a frequência de rotação, em hertz, das rodas traseiras do trator é igual a:

a) 0,4.

b) 0,7.

c) 0,3.

d) 0,5.

e) 0,6.

14. **NE** (UFPB) Parques de diversão são um espetáculo de tecnologia. Quase todos os brinquedos são controlados por computador. Um brinquedo bastante radical, de nome EXTREME, gira em torno de um eixo, conforme figura abaixo:

Antonio Robson/Arquivo da editora

O clímax do brinquedo ocorre quando ele realiza duas revoluções anti-horárias em 40 segundos, seguidas por uma revolução horária em 20 segundos, e depois para. Nesse caso, o programa de computador comprime uma velocidade de rotação constante, em ambos os trechos do movimento.

Com base nesses dados, identifique, dentre os gráficos abaixo, o que melhor representa a variação do ângulo de rotação com o tempo:

a)

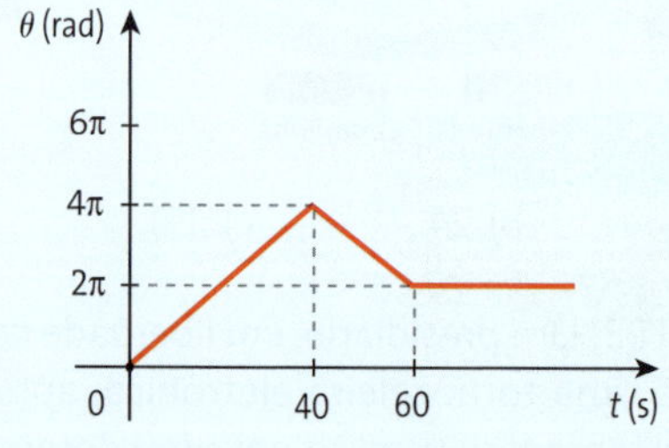

b)

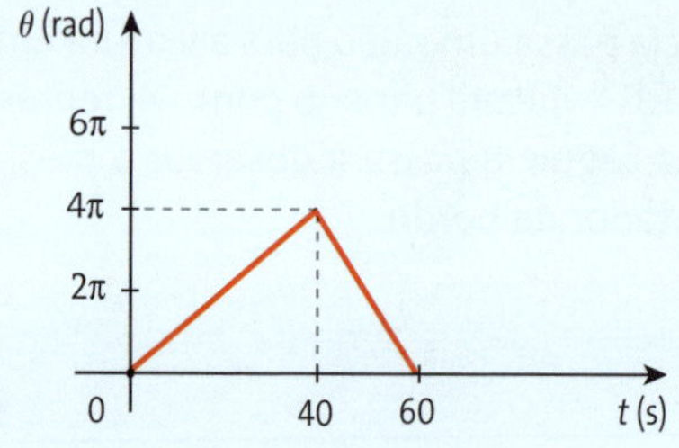

c)

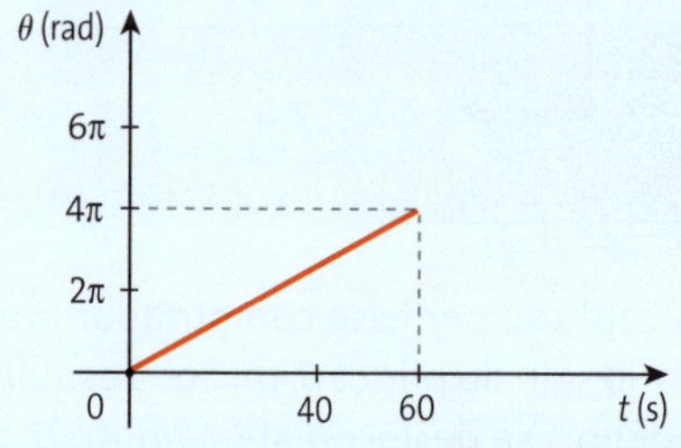

d)

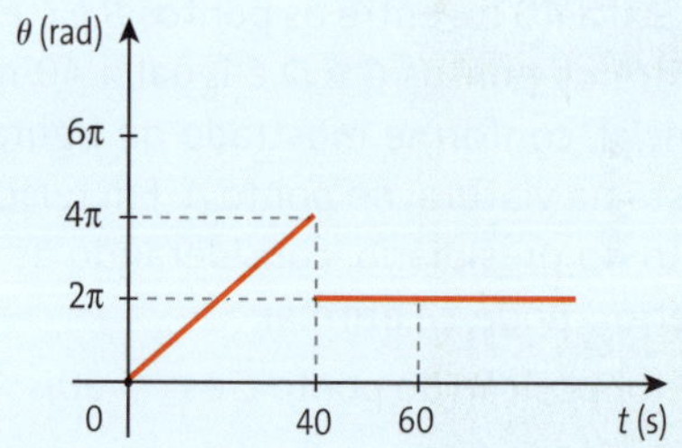

e)

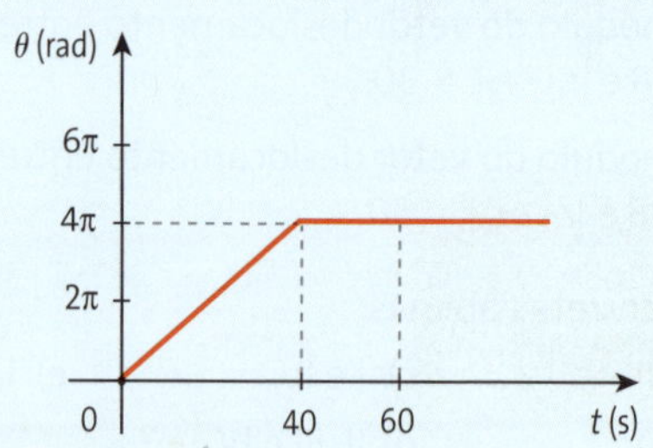

CAPÍTULO

4 As leis de Newton para os movimentos

Renato Soares/Pulsar Imagens

O que altera o estado de movimento da roda-d'água?

Física tem História

De Aristóteles a Newton

No século IV a.C., na Grécia antiga, Aristóteles ensinava a seus discípulos que a Terra, imóvel, ocupava o centro do Universo e este seria finito, constituído por duas regiões, inteiramente distintas. A primeira, denominada **região sublunar** (abaixo da Lua), seria formada pelos quatro elementos (terra, água, ar e fogo) propostos por Empédocles de Agrigento (filósofo grego que viveu no século V a.C.). A segunda, denominada **região supralunar**, seria constituída por um quinto elemento – o éter. Para Aristóteles existiam nessa região cascas esféricas, nas quais ocorria o movimento dos planetas, sendo a última casca a esfera das estrelas. Por considerá-la uma região perfeita e imutável, ele defendia que o único movimento possível ali seria o movimento circular e uniforme, uma vez que o círculo era visto pelos gregos como a forma perfeita.

Éter – Espécie de fluido "sutil", mais rarefeito que o ar, presente em todos os espaços do Universo.

Na Física de Aristóteles, os movimentos na região sublunar eram classificados em **naturais** (causas internas) e **violentos** (causas externas). Em relação aos movimentos naturais, Aristóteles afirmava que cada objeto tem seu lugar próprio e, quando fora desse lugar, ele busca atingi-lo. Assim, os movimentos dos corpos terrestres ocorreriam segundo uma "tendência natural": os corpos graves (pesados), como a terra e a água, tenderiam a dirigir-se para o centro da Terra, e os corpos leves, como o ar e o fogo, a afastar-se dele. Assim, se uma pedra solta de determinada altura cai e as labaredas de uma fogueira sobem, tais movimentos aconteceriam porque os corpos estariam buscando o seu lugar natural no Universo: o lugar natural da pedra seria a terra, e o do fogo, o céu.

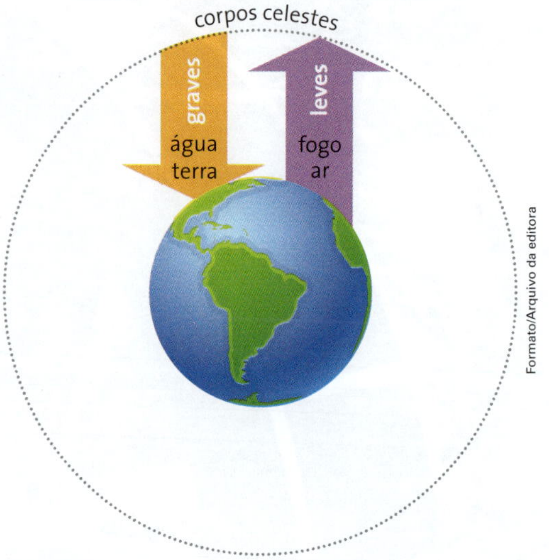

A tendência natural dos corpos no mundo sublunar proposto por Aristóteles.

Para explicar a queda de uma pena ou de uma folha, Aristóteles considerava que esses corpos eram formados por misturas dos elementos terra e ar, com mais terra do que ar. Esse seria o motivo de tais corpos caírem mais lentamente do que um corpo só de terra, como uma pedra. Aristóteles defendia que os corpos mais pesados caem mais rapidamente que os mais leves.

Em relação aos movimentos violentos – aqueles provocados por causas externas – Aristóteles afirmava que, assim que a ação fosse esgotada, o corpo voltaria ao seu lugar natural. Essa seria a explicação para o que acontece quando atiramos uma pedra verticalmente para cima: ela sobe até que a ação inicial se esgote e, em seguida, cai, buscando o seu lugar natural na terra.

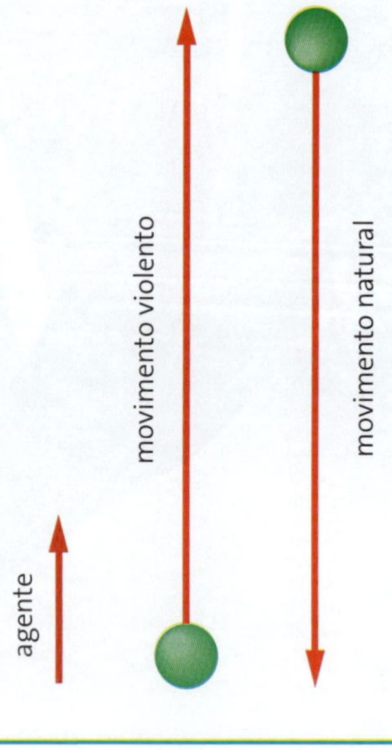

Classificação aristotélica dos movimentos.

Renascimento

A partir do século XV, lentamente a Física aristotélica começou a sofrer os primeiros questionamentos. O século XVI marcou o início da revolução científica na Física. Trabalhos como o do monge polonês Nicolau Copérnico (1473-1543), que em 1543 destituiu a Terra da condição de centro do Universo, e do físico-matemático italiano Galileu Galilei (1564-1642), com experimentos sobre a queda dos corpos, colocaram em xeque a doutrina aristotélica.

O conceito de **inércia** – tendência que os corpos têm de manter o seu estado de movimento ou de repouso –, que posteriormente viria a se tornar um dos pilares da Mecânica de Isaac Newton, teve com René Descartes (1596-1650) uma das primeiras formulações corretas. O princípio da inércia também estava presente na teoria do movimento de Galileu. As "tendências naturais" de Aristóteles gradativamente iam dando lugar a uma nova visão, baseada no conceito de **força**: a tendência à conservação da velocidade dos corpos enquanto eles não sofrem a ação de uma força externa.

Toni Schneiders/Interfoto/Latinstock

Johannes Kepler (1571-1630).

Na mesma época em que Galileu realizava seus experimentos, Johannes Kepler, astrônomo alemão, transformou a compreensão do Sistema Solar com o estabelecimento das leis sobre o movimento dos planetas. Com suas observações e com os dados coletados por Tycho Brahe (1546-1601), Kepler demonstrou que as órbitas dos planetas são elípticas, e não circulares. Além disso, provou que a Terra, assim como os demais planetas, gira em torno do Sol. Na década de 1620, as leis de Kepler sobre o movimento dos planetas em torno do Sol e as conclusões de Galileu sobre corpos em queda representavam o ápice do conhecimento sobre Astronomia e Física da época.

Pouco mais de cinquenta anos ainda seriam necessários para que as bases da mecânica dos movimentos ficassem totalmente solidificadas, tal como as conhecemos hoje. Essas explicações vieram em 1687 com a primeira edição dos *Princípios matemáticos da Filosofia natural* de Newton, divididos em três livros. Nos dois primeiros, Newton explica o movimento dos corpos no vácuo e nos meios resistivos (ar e água); no terceiro, Newton apresenta a sua visão do sistema do mundo: as mesmas leis que descrevem a queda dos corpos aplicam-se ao movimento da Lua em torno da Terra e, também, ao dos planetas em torno do Sol.

1. De acordo com Aristóteles, os movimentos podem ser naturais (causas internas) ou violentos (causas externas). Essa classificação é válida para as duas regiões (sublunar e supralunar) que constituem o Universo aristotélico? Justifique.
2. No texto, a palavra "inércia" é associada à tendência que os corpos têm de manter o seu estado de movimento ou de repouso. Utilize um dicionário para verificar se essa associação está de acordo com a linguagem cotidiana.
3. Em relação aos movimentos, quais são as principais diferenças entre a Física de Aristóteles e a de Newton?

1 Interações fundamentais

Todas as forças existentes na natureza são decorrentes das três **interações fundamentais**, e a mais familiar a todos nós é a **interação gravitacional**. É esse tipo de interação que mantém a órbita da Terra em torno do Sol e nos mantém na superfície da Terra. Resultado da atração entre massas, a interação gravitacional é responsável pela organização do Universo, atuando entre galáxias, estrelas e sistemas planetários. Das três interações fundamentais é a que possui a menor intensidade, mas com certeza é uma das primeiras com a qual temos contato – o nosso peso.

Em segundo lugar, temos a **interação eletrofraca**, da qual a interação eletromagnética é uma manifestação recorrente no cotidiano. Apenas para citar alguns exemplos, a visão funciona mediante **interações eletromagnéticas**, o que também ocorre com todos os aparelhos elétricos e eletrônicos que hoje utilizamos (intensamente) no dia a dia. Mais do que isso: por atuar entre corpos e partículas dotados de carga elétrica, a interação eletromagnética é a responsável pelas ligações entre átomos e moléculas, ou seja, está na base de todas as substâncias.

A **interação fraca** (responsável pela radioatividade e decaimento das partículas nucleares), antes concebida separadamente da eletromagnética, pode ser descrita com essa última na chamada teoria eletrofraca, que deu o prêmio Nobel de Física a Steven Weinberg (1933-) em 1979.

A terceira interação, chamada de **interação forte**, age em nível subatômico, e é a responsável pelas reações nucleares. Em relação a essa interação, podemos dizer que se trata de uma interação com um raio de ação restrito ao núcleo atômico e que atua entre partículas elementares, sendo responsável pela estabilidade dos núcleos atômicos.

Para termos ideia da intensidade de cada uma dessas forças, podemos estabelecer uma comparação: se atribuirmos à interação gravitacional o valor 1, teremos para a interação forte o valor 10^{37} e para a eletrofraca, o valor 10^{35}. Assim, observamos que a interação forte é, entre as três, a de maior intensidade; em seguida, temos a interação eletrofraca e, finalmente, a interação gravitacional.

Conceito de força

Nós temos uma noção intuitiva de **força**. Embora em nosso cotidiano a palavra "força" seja usada com diferentes significados, o nosso conceito primitivo nos leva a associá-la a um puxão ou a um empurrão (**figura 4.1**). Nessa linha de raciocínio, as forças estariam associadas ao contato físico, mas nem sempre isso acontece. Muitas vezes não percebemos que uma força é o resultado da interação entre dois corpos que não estão obrigatoriamente em contato. As interações entre os corpos podem ocorrer a distância, como no caso dos ímãs, ou quando observamos um corpo abandonado de uma determinada altura cair em direção ao solo. Além disso, se um corpo sofre a ação de uma força, é porque outro corpo a aplicou. As forças não surgem isoladamente em um corpo: elas são resultado da interação entre dois corpos e, portanto, agem simultaneamente em ambos.

Andresr/Shutterstock/Glow Images

Figura 4.1 Nem todas as forças precisam de contato.

Por meio de uma força aplicada a um corpo, podemos:

- alterar o estado de movimento (ou de repouso) desse corpo (**figura 4.2**);
- produzir uma deformação no corpo (**figura 4.3**);
- anular a ação de outra força aplicada ao corpo (**figura 4.4**).

© Sampics/Corbis/Latinstock

Figura 4.2 Uma força pode provocar a alteração do movimento de um corpo, como ocorre nas provas de lançamento do martelo.

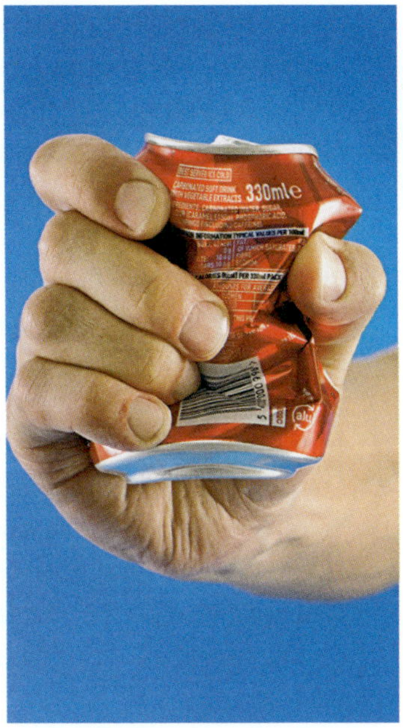

Image Source/Getty Images

Figura 4.3 Uma força pode deformar um corpo.

BUILT Images/Alamy/Other Images

Figura 4.4 A força aplicada pela alça equilibra a força peso da bolsa.

Na natureza, é comum um corpo estar sujeito à ação de várias forças simultaneamente. Mas, por motivos práticos, podemos substituir essas forças por uma única, chamada de **força resultante**. Trata-se de uma força hipotética, que produziria o mesmo efeito dinâmico de todas as forças que agem simultaneamente sobre o corpo.

Como as forças são grandezas vetoriais, a determinação da força resultante é feita segundo as regras da adição vetorial. Veja a **figura 4.5**.

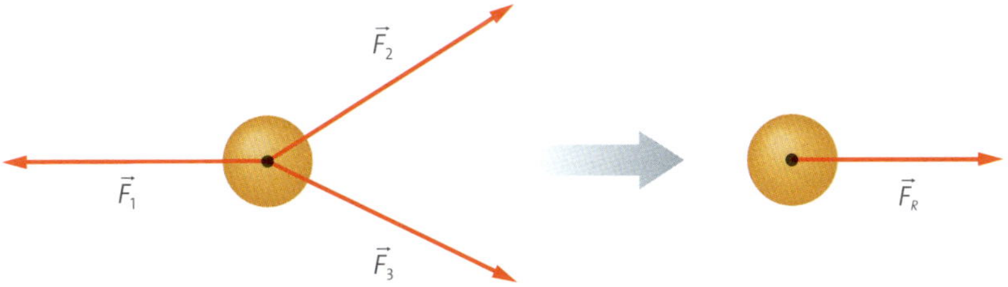

Figura 4.5 Substituição de várias forças pela força resultante.

Generalizando, quando *n* forças agem simultaneamente sobre um corpo, a força resultante é dada pela soma vetorial das *n* forças, ou seja:

$$\vec{F}_R = \vec{F}_1 + \vec{F}_2 + ... + \vec{F}_n$$

No Sistema Internacional (SI), a unidade de força é o **newton (N)**.

Força peso e força de contato

Forças de contato – Resultado de um imenso número de interações elétricas.

Dois corpos podem interagir, ou seja, exercer forças um no outro, mutuamente. Algumas interações envolvem contato físico entre os corpos e, nesse caso, são chamadas de **forças de contato**. Há também interações que ocorrem a distância, como acontece, por exemplo, com dois ímãs que se atraem ou se repelem; interações desse tipo são denominadas **forças de campo**.

Você pode constatar a existência de uma força de campo soltando um objeto qualquer de certa altura acima do chão – um lápis, por exemplo. À medida que o lápis cai, sua velocidade aumenta. Esse movimento acelerado de queda resulta da **atração gravitacional** entre a Terra e o lápis.

De modo geral, a força de atração gravitacional entre dois corpos quaisquer depende das massas dos corpos e também da distância entre eles. Para a maioria dos corpos presentes no cotidiano, a intensidade da força de atração gravitacional entre eles é muito pequena. Por exemplo, duas pessoas com 100 kg de massa cada uma, separadas por 1,0 m, atraem-se com uma força de intensidade da ordem de 10^{-6} N (isto é, 0,000 001 N). Contudo, quando consideramos a atração entre uma dessas pessoas e a Terra, o resultado passa a ser da ordem de 10^3 N (ou 1 000 N).

A força de atração entre a Terra e um corpo qualquer é denominada peso do corpo (a rigor, **força peso**). A intensidade do peso de um corpo P é obtida pelo produto da massa do corpo m pela aceleração da gravidade g:

$$P = m \cdot g$$

A força peso é uma grandeza vetorial e está sempre orientada para o centro da Terra (figura 4.6).

Na superfície da Terra, o valor da aceleração da gravidade é 9,8 m/s^2. Essa aceleração diminui à medida que nos afastamos da superfície do planeta. Na tabela 4.1, temos o valor da aceleração da gravidade na superfície de alguns astros.

Tabela 4.1 – Intensidade do campo gravitacional na superfície de alguns astros

Astro	g (m/s^2)
Sol	274
Júpiter	26,5
Terra	9,80
Marte	3,92
Lua	1,67

Fonte: HANDBOOK of Chemistry and Physics. Chemical R. Publishing.

É comum confundirmos massa e peso. Quando uma pessoa diz “Eu peso 80 kg”, está se referindo à massa, não ao peso. Se uma pessoa tem 80 kg de massa, ela terá esses mesmos 80 kg em qualquer lugar – seja na Terra, em qualquer outro planeta ou na Lua. Já o peso dessa pessoa, de massa 80 kg, é de aproximadamente 800 N na superfície da Terra, enquanto na Lua seria reduzido a um sexto desse valor. Essa diferença se deve ao fato de que a gravidade da Lua é aproximadamente seis vezes menor que a gravidade da Terra, conforme dados da tabela 4.1.

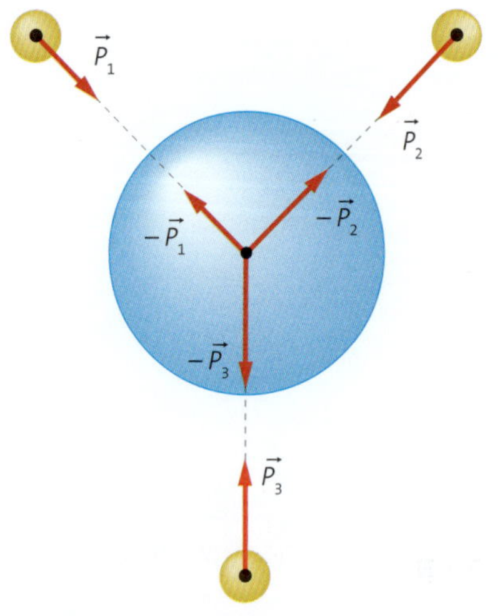

Figura 4.6 Forças envolvidas na interação gravitacional de três corpos com a Terra.

Na tabela 4.2, apresentamos algumas diferenças entre massa e peso.

Tabela 4.2 – Diferenças entre massa e peso

Massa	Peso
Grandeza escalar (intensidade e unidade).	Grandeza vetorial (intensidade com unidade, direção e sentido).
É uma característica do corpo e não depende da gravidade local.	Depende do campo gravitacional.
No SI, é medida em quilograma (kg).	No SI, é medido em newton (N).

Interação de contato. Quando você pressiona o tampo de uma mesa com os dedos, o que impede que seus dedos penetrem essa superfície?

Para responder a essa questão, devemos lembrar que os corpos são constituídos de átomos, os quais têm sua região externa, denominada **eletrosfera**, ocupada por elétrons. Quando você pressiona o tampo da mesa, as eletrosferas dos átomos presentes em seu dedo são repelidas pelas presentes nos átomos da mesa; do ponto de vista microscópico, seu dedo nem chega a tocar a mesa.

Globalmente, considerando o resultado desse imenso número de interações elétricas, nós o substituímos por uma única força, chamada de **força de contato**, que impede a penetração dos corpos sólidos.

Se você deixar cair uma borracha de uma altura de 1,0 m, por exemplo, ela será acelerada pela gravidade ao longo de todo esse percurso; ao aproximar-se do chão, porém, será repelida em centésimos de milímetro. A simples observação desse fenômeno nos dá uma ideia de como é intensa a força elétrica quando comparada à gravitacional.

Sérgio Dotta Jr./Arquivo da editora

Figura 4.7 A força peso $\vec{P}$ (atração) e a força de contato $\vec{C}$ (força aplicada pela rampa na pessoa) se anulam. Por facilidade, as forças $\vec{P}$ e $\vec{C}$ foram mostradas no mesmo ponto (centro de gravidade da pessoa).

Vejamos outro exemplo: uma pessoa em pé e em repouso sobre uma rampa. Como a pessoa é atraída pela Terra, fica sob a ação da força peso $\vec{P}$, vertical para baixo (figura 4.7). Com isso, no ponto de contato entre seus pés e o chão, a pessoa aplica uma força na rampa no sentido de penetrá-la. Impedindo a penetração dos pés da pessoa e equilibrando a ação da força peso, a rampa exerce sobre a pessoa uma força vertical para cima, que chamamos de **força de contato** $\vec{C}$, que, como explicado anteriormente, é na verdade a resultante de um número muito grande de forças elétricas repulsivas.

Para um melhor entendimento dessa interação, a força de contato $\vec{C}$ pode (e frequentemente deve) ser decomposta em duas: uma **normal** $\vec{N}$ à superfície de contato, que representa a componente que se opõe à penetração dos pés na rampa, e outra, tangente à superfície, que representa a componente que se opõe ao deslizamento da pessoa rampa abaixo, chamada de **força de atrito** $\vec{A}$.

Na figura 4.8, a força normal $\vec{N}$ e a força de atrito $\vec{A}$ são as componentes da força de contato $\vec{C}$, que age na pessoa.

Pedro Hamdan/Arquivo da editora

Figura 4.8 A força de contato $\vec{C}$ exercida pela rampa sobre a pessoa, e suas componentes: normal $\vec{N}$ e atrito $\vec{A}$.

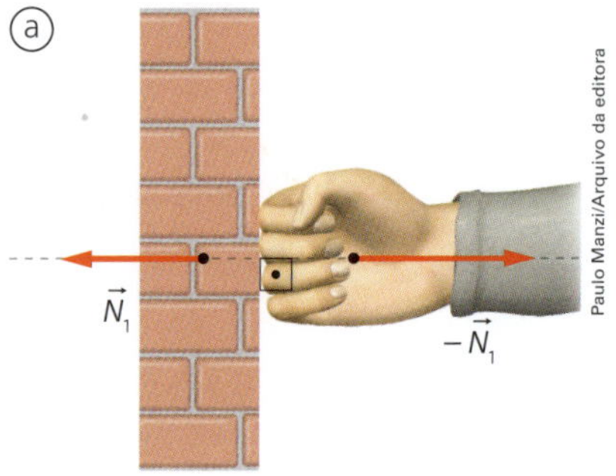

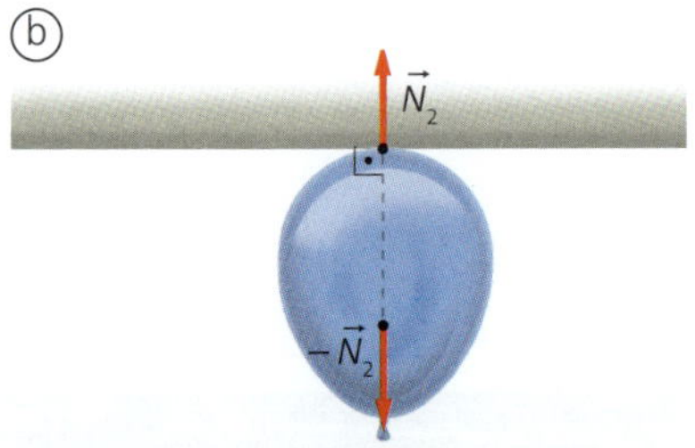

Figura 4.9 A força normal age na mão de uma pessoa que empurra a parede (**a**) e em um balão, após subir e tocar o teto (**b**).

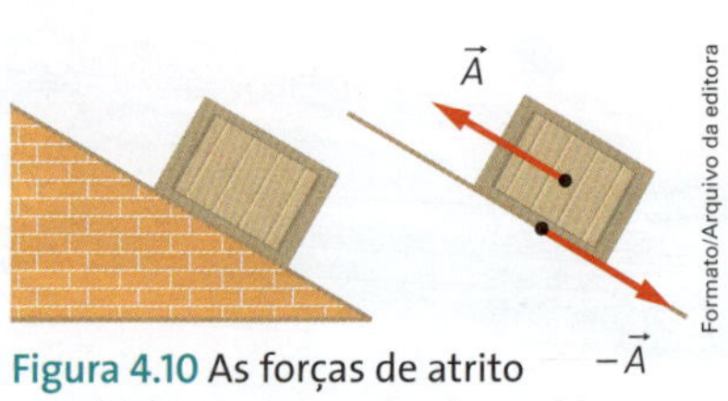

Figura 4.10 As forças de atrito envolvidas na interação de um bloco com uma rampa.

Figura 4.11 O atrito estático pode impedir que um corpo entre em movimento.

Força normal

A força normal – componente da força de contato – age sempre no sentido de empurrar os corpos, impedindo a interpenetração, e nunca no sentido de puxá-los uns contra os outros.

As figuras 4.9.a e 4.9.b mostram situações nas quais temos a atuação da força normal.

Em cada um dos casos apresentados na figura 4.9, temos uma interação – da mão com a parede e do balão com o teto. Em ambos os exemplos, forças de mesma intensidade, mesma direção e sentidos contrários agem nos dois corpos que interagem.

A força normal $\vec{N}$, representada na figura, age na direção perpendicular à superfície de contato, no sentido de empurrá-la, e sua intensidade depende da interação.

Força de atrito

A força de atrito, uma das componentes da força de contato, não existe sem a componente normal. Para que haja força de atrito é necessário que haja compressão entre os corpos. O atrito é causado pelo fato de as superfícies de contato, por mais lisas que sejam, apresentarem rugosidades – ainda que estas sejam microscópicas. Quando um bloco está em repouso sobre uma rampa, a força de atrito se opõe ao seu deslizamento. Há a ação da força de atrito em uma direção paralela à superfície de contato, no sentido da rampa para cima. Do mesmo modo, a reação da rampa na força de atrito se dá numa direção paralela à superfície de contato, no sentido da rampa para baixo (figura 4.10).

Em relação ao atrito, consideramos dois casos: o **atrito estático** e o **atrito dinâmico**.

O **atrito estático** existe quando dois corpos estão em contato e há a tendência de deslizamento, sem que, no entanto, este esteja de fato ocorrendo. Na figura 4.11, temos uma representação do atrito estático: uma pessoa tentando colocar em movimento uma caixa que está apoiada no solo, mas sem conseguir.

Se a pessoa aumentar gradativamente a força com que empurra a caixa, a força de atrito estático também aumentará gradativamente. Desse modo, a força de atrito estático equilibra a força aplicada pela pessoa, e o repouso relativo das duas superfícies é mantido. Porém, a força de atrito estático não aumenta indefinidamente; ela aumenta até atingir um valor máximo denominado **força de atrito de destaque**. Quando a força aplicada pela pessoa superar esse valor máximo, ocorre o deslizamento da caixa.

O físico francês Charles Augustin de Coulomb (1736-1806) verificou experimentalmente as leis do atrito seco entre as superfícies de dois corpos e concluiu que a intensidade da força de atrito estático máxima $A_{e_{máx.}}$ é diretamente proporcional à intensidade da força normal $\vec{N}$ entre os corpos em contato e é dada por:

$$A_{e_{máx.}} = \mu_e \cdot N$$

Nessa expressão, μ_e (constante de proporcionalidade) é o coeficiente de atrito estático entre as superfícies.

Uma vez superado o ponto de destaque, tem início o deslizamento. A partir daí, passamos a ter um atrito dinâmico entre a caixa e a superfície de apoio. A força de atrito dinâmico é constante e possui uma intensidade dada por:

$$A_{din.} = \mu_d \cdot N$$

Nessa expressão, μ_d (constante de proporcionalidade) é o coeficiente de atrito dinâmico entre as superfícies.

Os coeficientes de atrito dependem dos materiais e da rugosidade das superfícies em contato. Normalmente, o coeficiente de atrito estático é maior do que o dinâmico. Isso significa que a intensidade da força de atrito dinâmico é menor do que a intensidade da força de atrito estático máxima.

O gráfico mostrado na figura 4.12 resume as conclusões acima.

Durante a fase estática, a intensidade da força de atrito é variável e o seu valor é exatamente igual à intensidade da força aplicada. A partir do momento em que a intensidade da força aplicada superar a intensidade da força de atrito estático máxima, tem início a fase dinâmica. Nessa fase, a intensidade da força de atrito é constante, isto é, independente do valor da força aplicada.

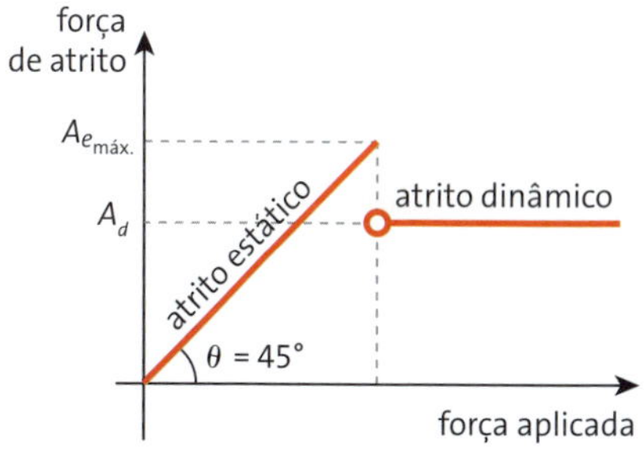

Figura 4.12 Quando a força de solicitação se torna mais intensa do que a força de atrito estático máxima, o corpo entra em movimento.

Pisando no freio

Para refletir

O que é mais fácil: colocar um corpo em movimento ou mantê-lo em movimento?

Exercício resolvido

1. A figura mostra um caixote de massa 300 kg apoiado sobre uma superfície horizontal sendo solicitado por uma força $\vec{F}$ paralela à superfície. A intensidade de $\vec{F}$ cresce paulatinamente até que o caixote se destaca da superfície e inicia um movimento horizontal.

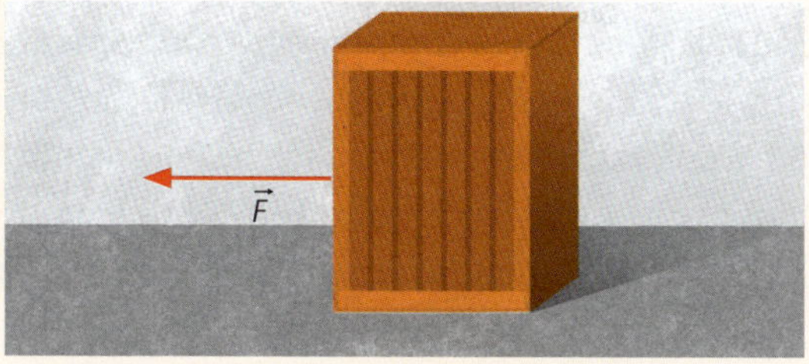

Pedro Hamdan/Arquivo da editora

São dados:

$g = 10 \text{ m/s}^2$

coeficiente de atrito estático: $\mu_e = 0,7$

coeficiente de atrito dinâmico: $\mu_d = 0,5$

Calcule:

a) a intensidade da força normal que atua no caixote;

b) a intensidade de $\vec{F}$ no instante em que o caixote inicia o movimento;

c) a intensidade da força de atrito dinâmico durante o movimento do caixote.

Resolução

a) O bloco tem possibilidade de movimento somente na horizontal, portanto, as forças verticais (força peso e força normal) se equilibram: $P = N$. Além disso, a intensidade da força peso pode ser calculada pela expressão: $P = m \cdot g$.

Concluindo: $N = P = 300 \cdot 10 = 3\,000$ N

b) O caixote permanece em repouso porque a força de atrito estático cresce à mesma medida que a força que solicita o movimento ($\vec{F}$), de modo que as duas se equilibram. Isso ocorre até que a força de atrito estático atinja o valor máximo possível, instante imediatamente anterior ao movimento. Assim, a intensidade de $\vec{F}$ nesse instante coincide com o valor máximo da força de atrito estático:

$$|\vec{F}| = A_{e_{máx.}} = \mu_e \cdot N \Rightarrow |\vec{F}| = 0,7 \cdot 3\,000 \Rightarrow$$
$$\Rightarrow |\vec{F}| = 2\,100 \text{ N}$$

c) A intensidade da força de atrito dinâmico pode ser calculada pela expressão:

$$A_{din.} = \mu_d \cdot N \Rightarrow A_{din.} = 0,5 \cdot 3\,000 = 1\,500 \text{ N}$$

Juca Varella/Folhapress

Figura 4.13 É comum a utilização de um cabo de aço em um trabalho de reboque.

Força de tração

A **figura 4.13** mostra um carro em um atoleiro sendo rebocado por um trator por meio de um cabo de aço.

Observe que a função do cabo de aço é transmitir para o carro a força exercida pelo trator. Nessas condições, dizemos que o cabo de aço está tracionado, ou seja, ele está sob **forças de tração** – um par de forças que age nos extremos do cabo, mantendo-o tenso.

Mas o que impede que o cabo arrebente? Novamente, aparecem as interações elétricas. Forças de natureza elétrica mantêm os átomos fortemente ligados uns aos outros, formando a estrutura microscópica que constitui o aço. Desse modo, quando o cabo é tracionado, essas forças elétricas atuam no sentido de impedir que os átomos se afastem uns dos outros, e é essa interação que impede a ruptura do cabo.

A intensidade dessas interações elétricas depende do tipo de substância. Nas substâncias formadas por moléculas, essas interações denominam-se ligações intermoleculares. No caso das substâncias formadas por íons, temos as chamadas ligações iônicas, que são estudadas com detalhes em Química. A resistência que os materiais apresentam, quando são esticados, é decorrente da ação de forças de natureza elétrica.

Ao observar a resistência que um cabo de aço oferece quando é esticado, estamos de fato observando o quão intensas são as forças elétricas que interligam suas partículas. Para simplificar, de modo equivalente ao que fizemos com a força de contato $\vec{C}$, vamos substituir todas essas forças elétricas por uma única, e chamá-la simplesmente de **tração** $\vec{T}$.

Para estudar as forças de tração, vamos considerar um fio (cabo ou corda) inextensível, ou seja, um fio cujo comprimento não aumente quando ele é tracionado e que tenha massa desprezível em relação aos corpos que o tracionam. Além disso, vamos considerar o fio perfeitamente flexível (dobrável), não sendo possível empurrar um corpo com ele nem usá-lo para aplicar forças que não estejam na direção em que ele é tracionado. Nessas condições, dizemos que o fio é ideal.

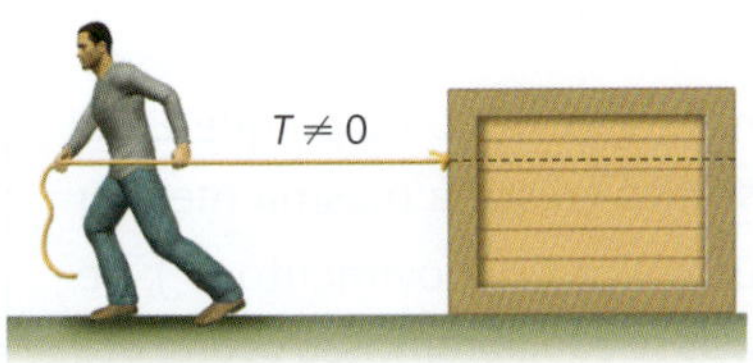

Figura 4.14 As forças de tração exercidas pelo fio agem para impedir que os corpos se afastem.

Na verdade, não existe corpo completamente indeformável, mas nas situações práticas, como um cabo de aço, por exemplo, essa deformação é tão pequena em relação ao seu comprimento que podemos desconsiderá-la.

Assim, quando um fio ideal ligado a dois corpos é tracionado, ele impede que os corpos se separem; os sentidos das forças de tração que o cabo aplica nos corpos são os que se opõem à separação deles. Na **figura 4.14**, o fio está ligado à mão da pessoa e ao bloco.

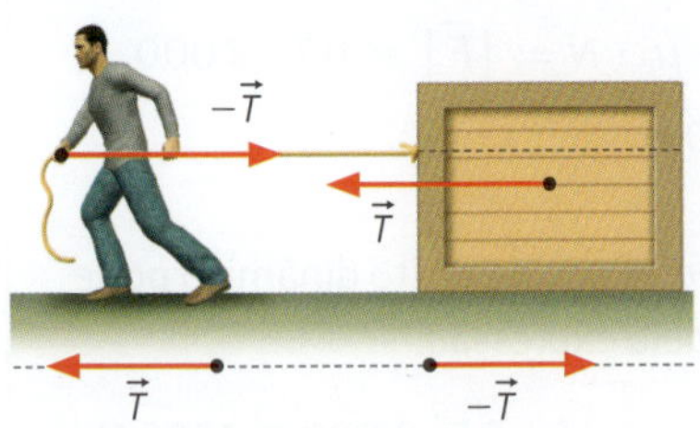

Ilustrações: Paulo Manzi/ Arquivo da editora

Figura 4.15 Representação das forças que agem nos corpos e no fio.

Como a massa do fio é desprezível, a força resultante sobre ele é nula. O fio ideal se comporta como mero transmissor de forças: ele transmite integralmente a força de uma extremidade à outra. A força de tração tem a direção do fio, o sentido de puxar, e a intensidade só depende da interação (**figura 4.15**).

Força elástica

Tente esticar uma mola. Se ela for do tipo mostrado na **figura 4.16**, sua tarefa será bem fácil. Puxando pelas extremidades, ou fixando uma extremidade e puxando a outra, você certamente produzirá uma deformação na mola (aumento do comprimento).

Você pode verificar que, para produzir uma deformação cada vez maior, maior deve ser a força aplicada. Dizemos que a força aplicada é diretamente proporcional à deformação que produzimos na mola. A aplicação da força pode ser feita por meio de porcas penduradas na sua extremidade.

Observe agora a mola mostrada na **figura 4.17**.

Nesse caso, certamente você encontrará muita dificuldade para esticar a mola. Se pendurarmos em uma mola desse tipo as porcas mostradas na **figura 4.16**, é provável que não notemos deformação alguma.

Esse fato pode ser explicado associando-se a cada mola uma característica própria. Essa característica, que recebe o nome de **constante elástica**, depende do comprimento, do diâmetro e do tipo de material usado na confecção da mola. Assim, quanto maior for a constante elástica de uma mola, maior será a força necessária para produzir determinada deformação.

A constante elástica k de uma mola pode ser obtida pela relação:

$$k = \frac{F_e}{x}$$

Nessa expressão, F_e é a intensidade da força elástica (força que a mola exerce quando é solicitada) e x é a deformação sofrida pela mola. Na **figura 4.18**, a deformação x é dada por $L - L_0$. No SI, a constante elástica k é dada em **newton por metro (N/m)**.

Quando tentamos comprimir uma mola, ela resiste por meio de uma força contrária à aplicada por nós. O mesmo acontece quando tentamos esticá-la. Assim, o sentido da força aplicada pela mola (força elástica) é sempre contrário ao sentido da deformação. Vetorialmente, escrevemos:

$$\vec{F}_e = -k \cdot \vec{x}$$

As molas são classificadas como **corpos elásticos**, isto é, corpos que, ao serem deformados, tendem a retornar à forma original. Vários outros corpos exibem essa mesma propriedade, tais como as tiras de borracha que usamos para prender pastas e papéis ou as tiras elásticas usadas em roupas. Nesses casos, assim como nos exemplos anteriores, a força elástica é também a combinação das forças elétricas que atuam entre as partículas constituintes do material – interações que, por simplicidade, substituímos por uma única força.

É importante destacar que as molas somente apresentam esse comportamento elástico se as forças aplicadas forem na direção do seu comprimento. Nesse caso, dizemos que as molas estão tracionadas ou comprimidas. Sendo assim, sistemas mecânicos dotados de molas são montados de tal maneira que a força aplicada na mola tenha sempre essa direção.

Ilustrações: Adilson Secco/Arquivo da editora

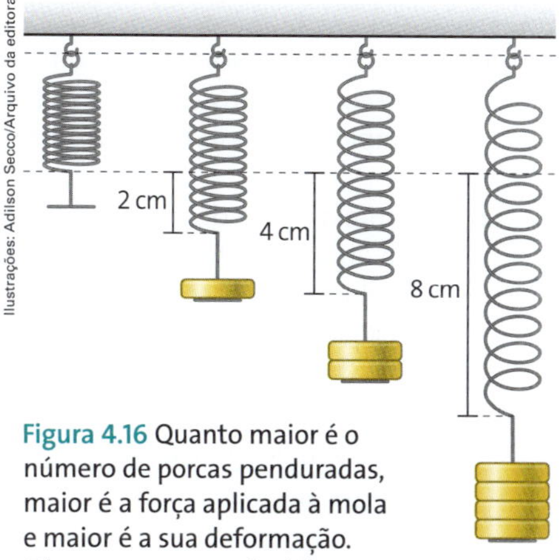

Figura 4.16 Quanto maior é o número de porcas penduradas, maior é a força aplicada à mola e maior é a sua deformação. Observe que, quando dobramos o número de porcas, a deformação também dobra.

Marco de Bari/Arquivo da editora

Figura 4.17 Mola dimensionada para compor a suspensão traseira de uma motocicleta.

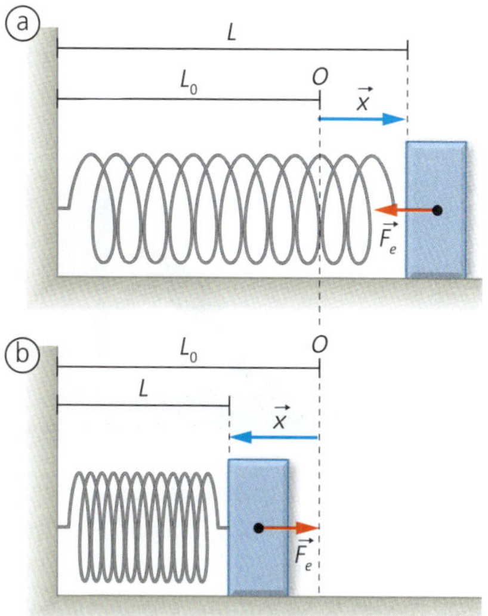

Figura 4.18 Representação da força elástica exercida por uma mola quando distendida (**a**) e quando comprimida (**b**).

Exercícios

1. É possível um corpo aplicar uma força em outro sem que haja contato entre eles? Em caso positivo, dê exemplos. Em caso negativo, justifique.

2. Durante a queda de um corpo, duas forças agem sobre ele: a atração da Terra e a resistência do ar. Classifique essas duas interações (gravitacional, eletrofraca ou forte) e explique com que o corpo interage para cada uma delas.

3. Qual é a intensidade da força que produzirá no corpo o mesmo efeito dinâmico que as três forças mostradas na figura abaixo?

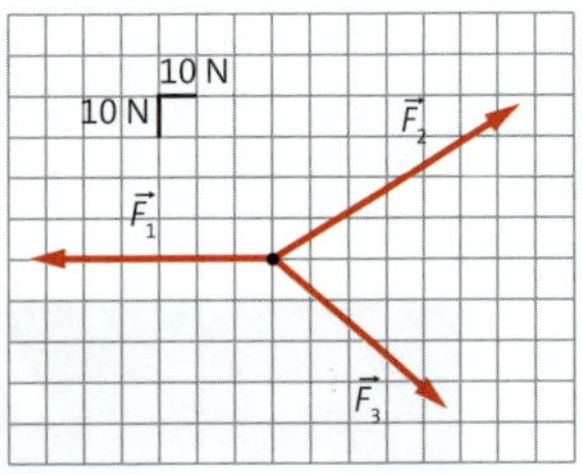

4. Um carro encontra-se parado em uma rampa, conforme mostra a figura.

Paulo Manzi/Arquivo da editora

a) Que força a rampa exerce no carro? Qual é a relação dessa força com a força peso do carro?

b) Faça um esquema para representar a força exercida no carro pela rampa mostrando os componentes dessa força.

5. Uma caixa de peso 300 N encontra-se em repouso sobre um piso horizontal. Em um determinado instante, uma pessoa começa a empurrar horizontalmente a caixa, conforme mostra a figura abaixo.

Antonio Jobson/Arquivo da editora

a) Quais são as forças que agem na caixa antes de a pessoa empurrá-la? E enquanto ela está sendo empurrada?

b) Se o coeficiente de atrito estático entre a caixa e o piso é igual a 0,2, qual é a intensidade da força que a pessoa aplica na caixa para colocá-la em movimento?

6. Uma pessoa empurra um caixote, que se encontra em um piso horizontal, com uma força horizontal de intensidade *F*, na tentativa de colocá-lo em movimento. Observa-se que o caixote permanece em repouso. Nesse caso, qual é a intensidade da força de atrito que o piso exerce sobre o caixote?

7. A figura a seguir mostra um dinamômetro (medidor de força) tracionado por dois fios, com um bloco de 100 N dependurado em cada fio.

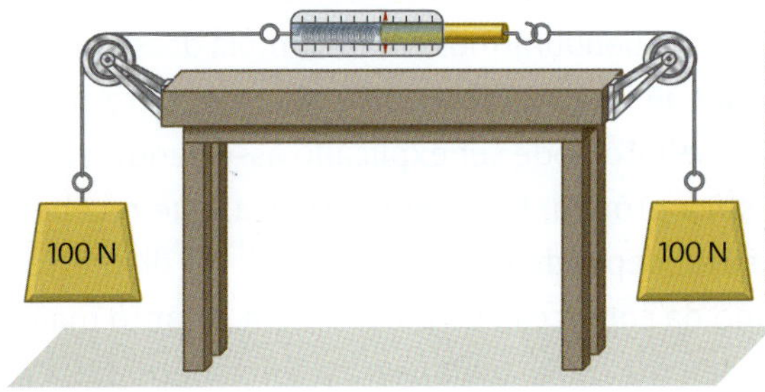

Adilson Secco/Arquivo da editora

a) Nessas condições, qual é a indicação do dinamômetro: zero, 100 N ou 200 N? Justifique.

b) Suponha que um dos fios seja desligado do bloco e amarrado a uma parede. Qual passará a ser a indicação do dinamômetro?

8. Um lustre de 20 kg é preso a uma corrente, que pende do teto de uma sala, e permanece em repouso. Considere $g = 10\ \text{m/s}^2$.

a) Quais são as forças que agem no lustre? Calcule a intensidade de cada uma delas.

b) Quais são as forças que agem na corrente? Calcule a intensidade de cada uma delas.

9. Uma mola, de constante elástica $k = 400\ \text{N/m}$, sofre uma deformação de 5,0 cm para equilibrar um bloco, conforme mostra a figura.

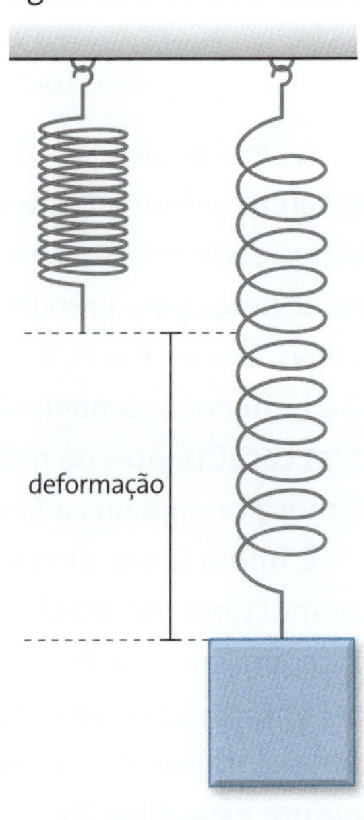

Adilson Secco/Arquivo da editora

a) Faça um esquema mostrando as forças que agem no bloco, identificando cada uma delas.

b) Calcule o módulo da força elástica da mola e do peso do bloco.

2 Primeira lei de Newton

As leis de Newton se referem ao movimento de corpos nas proximidades da superfície da Terra. Com as três leis de Newton, responderemos a algumas questões básicas, tais como: o que é necessário para colocar um corpo em movimento? E para manter um corpo em movimento?

Para o entendimento da primeira lei de Newton, necessitamos conhecer uma propriedade fundamental da matéria, a **inércia**.

O que acontece com as pessoas dentro do ônibus, inicialmente parado em relação ao solo, se ele entrar em movimento acelerando rapidamente?

Para responder a essa questão, vamos analisar, inicialmente, como o ônibus entra em movimento. As rodas do ônibus interagem com o solo e, nessa interação, o atrito existente entre as rodas e o solo impede que elas fiquem "patinando" (figura 4.19.a). Com isso, o ônibus vai para a frente, ou seja, entra em movimento.

As pessoas dentro do ônibus, por sua vez, precisam de alguma interação que as coloque em movimento juntamente com o ônibus.

Nos passageiros que estão sentados, a interação acontece entre suas costas e os encostos dos assentos. Por estarem fixados ao ônibus, os assentos entram em movimento junto com o ônibus, e os encostos empurram os passageiros para a frente.

E aqueles que estão em pé? Para acompanhar o movimento do ônibus, eles precisam interagir com algo que esteja rigidamente ligado ao ônibus, isto é, segurar-se em um assento, ou em uma alça, ou ainda na barra que normalmente é fixada próximo ao teto dos ônibus urbanos. Assim, eles entrarão em movimento juntamente com o veículo. Se a pessoa permanecer em pé sem se segurar, quando o ônibus acelerar, ela poderá cair. Um observador fora do ônibus diria que a pessoa que está lá dentro foi "projetada para trás". Na realidade, isso não acontece; a pessoa apresenta uma tendência natural de permanecer no mesmo lugar em relação ao solo e, como o ônibus vai para a frente, a pessoa fica para trás (figura 4.19.b).

Para refletir

O que aconteceria com o ônibus se não existisse atrito entre as rodas e o solo?

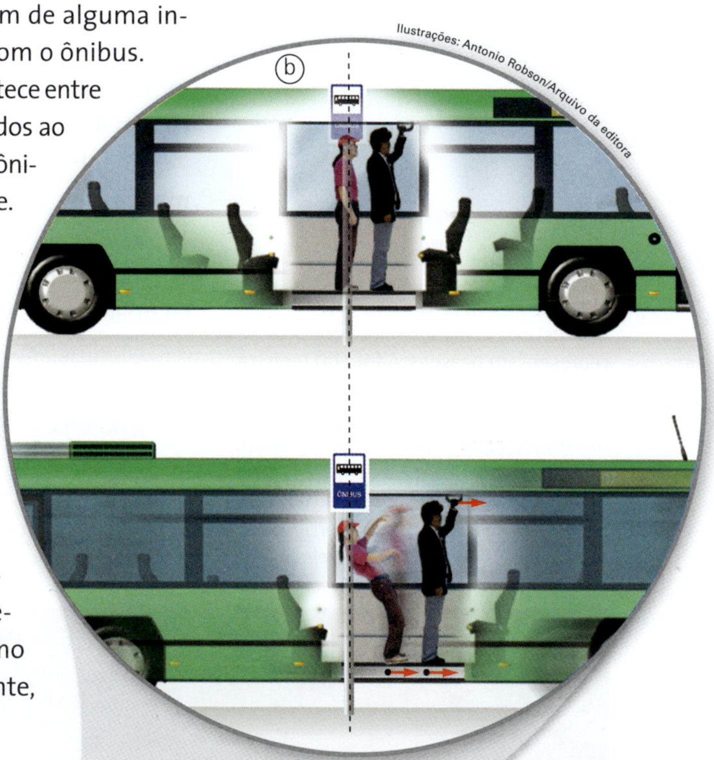

Figura 4.19 A aceleração $\vec{a}$ do ônibus é resultado da interação das rodas propulsoras com o solo **(a)**. O poste fixo no solo serve como referência para identificar as posições dos passageiros antes e depois de o ônibus entrar em movimento **(b)**.

De modo geral, podemos dizer que **corpos em repouso tendem a permanecer em repouso**.

Vejamos agora outra situação. Suponha que o ônibus esteja em movimento e, num determinado instante, o motorista pise no freio, reduzindo rapidamente a velocidade do veículo. Nesse caso, tanto as pessoas sentadas como as que estão em pé precisam providenciar alguma interação com algo fixo no ônibus para que sua velocidade em relação ao solo seja reduzida da mesma maneira.

As pessoas que estão sentadas costumam se segurar no banco da frente, e as que estão em pé, nas alças ou nas barras de apoio. Mas por que isso é necessário? Porque as pessoas estão com velocidade igual à do ônibus. No momento da freada, a velocidade do veículo é reduzida. E a velocidade das pessoas? Se elas estiverem ligadas ao ônibus, a velocidade de cada uma delas também será reduzida; mas, se estiverem livres, a velocidade delas continuará com o mesmo valor inicial. Um observador fora do ônibus diria que as pessoas dentro do ônibus foram "projetadas para a frente". Novamente, isso não está correto. Na realidade, as pessoas em movimento tendem naturalmente a continuar em seu movimento original (**figura 4.20**).

Concluindo, **corpos em movimento tendem a continuar em movimento**.

Essa tendência natural – corpos em movimento tendem a se manter em movimento e corpos em repouso tendem a se manter em repouso – é chamada de inércia.

Finalmente, analisemos uma terceira situação. O ônibus está em movimento em linha reta e com o velocímetro indicando sempre o mesmo valor, ou seja, a velocidade vetorial é constante. Nesse caso, não há variação da velocidade do veículo nem das pessoas dentro dele. Essas pessoas estão em repouso em relação ao ônibus, e apresentam, em relação ao solo, a velocidade do ônibus.

Figura 4.20 Sequência de imagens de um teste de colisão, em que bonecos representam pessoas. A foto (**a**) registra o exato momento em que o carro, a uma velocidade de 56 km/h, colide com um muro. As fotos (**b**), (**c**) e (**d**) registram momentos posteriores à colisão, quando o carro para, mas seus ocupantes se mantêm, por inércia, em movimento. Quanto maior a velocidade, maiores são os riscos.

As pessoas, tanto as sentadas como as que estão em pé, estão em equilíbrio estático em relação ao ônibus e em equilíbrio dinâmico em relação ao solo (figura 4.21). Como já observamos, não é a velocidade em si que provoca o desconforto dos passageiros, mas sim as mudanças de velocidade.

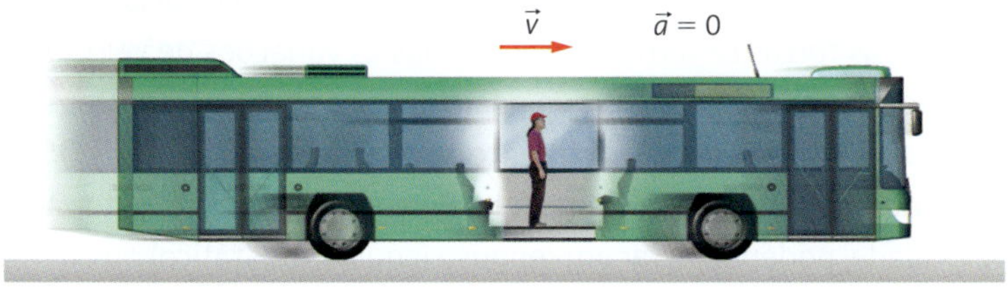

Antonio Robson/Arquivo da editora

Figura 4.21 Passageiro em equilíbrio no interior de um ônibus com velocidade vetorial constante.

Com base nas considerações acima, concluímos que a tendência natural de um corpo em repouso é permanecer em repouso, e a tendência natural de um corpo em movimento é permanecer em movimento.

Assim, para tirar um corpo do repouso ou alterar a velocidade de um corpo em movimento, necessitamos de uma interação entre o corpo e um agente externo. Em outras palavras, precisamos aplicar no corpo uma **força**.

Para compreender a relação entre força e movimento, vamos considerar como exemplo um jogo muito comum nas cidades do interior e nos bairros das capitais: o jogo de malha (figura 4.22).

Após a pessoa arremessar a malha, esta desliza pelo campo. À medida que isso acontece, a malha perde velocidade devido ao atrito existente entre ela e o campo. Quanto menor o atrito, maior a distância percorrida pela malha até parar. E se conseguíssemos eliminar completamente os efeitos da força de atrito na malha? Embora na prática isso não seja possível, se imaginássemos uma situação ideal na qual a força de atrito fosse reduzida a zero, a malha não pararia.

Sérgio Dotta Jr./Arquivo da editora

Figura 4.22 O jogo de malha consiste em arremessar pequenos discos de metal (malhas) e atingir o pino adversário, que fica do outro lado do campo.

Fotos: TRL LTD/SPL/Latinstock

Dizemos que um corpo em movimento, livre da ação de forças, continua em movimento.

A expressão "livre da ação de forças" não significa, necessariamente, que não existem forças agindo no corpo, mas sim que aquelas que o fazem apresentam uma força resultante nula.

A correção fundamental introduzida por Newton nas ideias de Aristóteles é que as forças devem ser relacionadas às variações de velocidade (e não à velocidade). Se as forças que agem em um corpo apresentam resultante não nula, esse corpo certamente apresenta variação de velocidade; por outro lado, se a força resultante for nula, o corpo não apresenta variação de velocidade, podendo estar em repouso (equilíbrio estático) ou em movimento retilíneo com velocidade constante (equilíbrio dinâmico).

Em resumo, uma força resultante se faz necessária para:

1. colocar em movimento um corpo inicialmente parado. Observe que nesse caso temos uma variação de velocidade: a velocidade era zero (o corpo estava parado) e passa a ser diferente de zero (quando o corpo entra em movimento);
2. alterar o movimento de um corpo, mudando a sua velocidade. Por mudança na velocidade, devemos entender não só a mudança no valor numérico da velocidade, mas, também, a mudança de sua orientação (direção e sentido), como acontece nas curvas.

Finalmente, podemos enunciar a **primeira lei de Newton**, também conhecida como **lei da inércia**:

> Um corpo livre da ação de forças está em repouso ou em movimento retilíneo e uniforme.

Os referenciais inerciais

Qualquer corpo escolhido como referência, em relação ao qual serão analisadas as situações (posição, velocidade, etc.) de outros corpos, constitui um referencial. E qualquer corpo livre da ação de forças, nos termos da primeira lei de Newton – a lei da inércia – é chamado de **referencial inercial**. A partir de um referencial inercial, outros podem ser definidos. Qualquer referencial que esteja se movendo em linha reta e com velocidade constante, em relação a um referencial inercial, também é um referencial inercial.

A rigor, o solo (a Terra) não é um referencial inercial, mas o movimento de rotação da Terra em torno do seu próprio eixo afeta muito pouco os movimentos que presenciamos no dia a dia. Para os movimentos dos corpos celestes, a Terra não é um referencial adequado.

Em Astronomia, estrelas distantes que há séculos mantêm suas posições relativas são adotadas como referencial inercial de precisão (figura 4.23).

Figura 4.23 No céu noturno as estrelas parecem fixas em suas posições e são adotadas como referenciais inerciais. Já os planetas são diferentes, eles deslizam devagar de forma irregular em todo o céu e não podem ser considerados referenciais inerciais.

Exercícios

10. (Uepa) Na parte final de seu livro *Discursos e demonstrações concernentes a duas novas ciências*, publicado em 1638, Galileu Galilei trata do movimento do projétil da seguinte maneira:

Suponhamos um corpo qualquer, lançado ao longo de um plano horizontal, sem atrito; [...] sabemos que esse corpo se moverá indefinidamente ao longo desse mesmo plano, com um movimento uniforme e perpétuo, se tal plano for ilimitado.

O princípio físico com o qual se pode relacionar o trecho destacado acima é:

a) o princípio da inércia ou primeira lei de Newton.

b) o princípio fundamental da dinâmica ou segunda lei de Newton.

c) o princípio da ação e reação ou terceira lei de Newton.

d) a lei da gravitação universal.

e) o princípio das proporções de Galileu.

11. Um corpo é lançado com determinada velocidade numa superfície plana, cuja inclinação com a horizontal pode ser variada. Verifica-se que, nas inclinações *A* e *B*, a velocidade do corpo vai diminuindo, enquanto nas inclinações *C* e *D* ela vai aumentando.
O que se pode concluir em relação à situação *E*, que não apresenta inclinação em relação à horizontal? Despreze todas as formas de atrito.

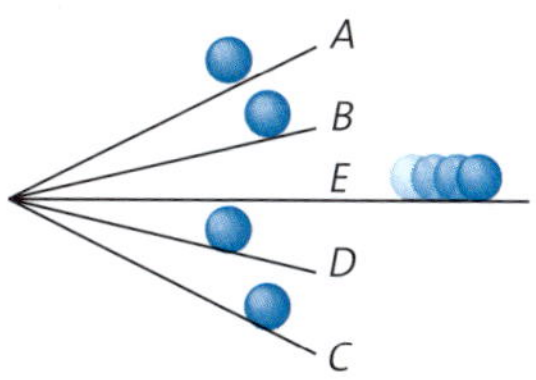

12. Uma pessoa sentada em uma cadeira dentro de um vagão de um trem observa um pêndulo constituído por uma esfera presa a um fio que pende do teto do vagão, conforme a figura.

Formato/Arquivo da editora

a) Com base nessas informações, podemos concluir que o trem está parado ou em movimento? Justifique.

b) Suponha que o vagão, inicialmente em repouso, entre em movimento acelerando rapidamente no sentido indicado pela seta, na figura. Durante a fase de aceleração, a esfera do pêndulo permanece ou não na posição mostrada na figura? Justifique.

c) Suponha que o vagão esteja em movimento uniforme no sentido indicado pela seta e o condutor do trem aplique os freios, fazendo-o parar. Durante a fase de aplicação dos freios, a esfera do pêndulo permanece ou não na mesma posição mostrada na figura? Justifique.

13. Um corpo encontra-se em movimento retilíneo com velocidade constante.

a) Existem forças agindo no corpo?

b) Existe força resultante agindo no corpo?

14. Para puxar um carrinho com velocidade constante sobre um gramado, você tem que exercer constantemente uma força. Como você explica esse fato em relação à primeira lei de Newton, segundo a qual o movimento com velocidade constante não requer força alguma?

15. Uma mala é colocada solta no bagageiro instalado na capota de um ônibus que se movimenta em linha reta em uma rodovia com velocidade constante.

a) A mala se movimenta em relação ao ônibus? E em relação ao solo?

b) Suponha que, em determinado instante, o ônibus faça uma curva plana e horizontal para a direita. Explique o que acontece com a mala.

c) Nas condições do item **b**, o ônibus pode ser considerado um referencial inercial? Justifique.

16. (Unifesp) Na divulgação de um novo modelo, uma fábrica de automóveis destaca duas inovações em relação à prevenção de acidentes decorrentes de colisões traseiras: protetores móveis de cabeça e luzes intermitentes de freio.
Em caso de colisão traseira,

[...] *os protetores de cabeça, controlados por sensores, são movidos para a frente para proporcionar proteção para a cabeça do motorista e do passageiro dianteiro dentro de milissegundos. Os protetores* [...] *previnem que a coluna vertebral se dobre, em caso de acidente, reduzindo o risco de ferimentos devido ao efeito chicote (a cabeça é forçada para trás e, em seguida, volta rápido para a frente).*

As luzes intermitentes de freio [...] *alertam os motoristas que estão atrás com maior eficiência em relação às luzes de freio convencionais, quando existe o risco de acidente. Testes* [...] *mostram que o tempo de reação de frenagem dos motoristas pode ser encurtado em média de até 0,20 s, se uma luz de aviso piscante for utilizada durante uma frenagem de emergência. Como resultado, a distância de frenagem pode ser reduzida em 5,5 m, aproximadamente, quando o carro estiver a uma velocidade de 100 km/h.*

Disponível em: <www.daimlerchchrysler.com.br/noticias/Agosto/Nova-ClasseE-2006/popexpande.htm>.

a) Qual lei da Física explica a razão de a cabeça do motorista ser "forçada para trás" quando o seu carro sofre uma colisão traseira, dando origem ao "efeito chicote"? Justifique.

b) Mostre como foi calculada a redução na distância de frenagem.

3 Segunda lei de Newton

De acordo com a primeira lei de Newton, se um corpo está em repouso ou em movimento retilíneo com velocidade constante, as forças que agem sobre ele se equilibram, ou seja, a força resultante é nula.

Com base na primeira lei, concluímos que qualquer variação na velocidade de um corpo (em valor numérico e/ou em direção e sentido), em relação a um referencial inercial, está sempre associada a uma força resultante não nula. Isso significa que, se a força resultante em um corpo não é nula, o valor numérico da velocidade do corpo e/ou sua direção e sentido são variáveis. A segunda lei de Newton expressa a relação entre força resultante $\vec{F}_R$ e variação de velocidade $\Delta\vec{v}$.

Para estabelecer essa relação, vamos considerar algumas experiências. A primeira delas tem o objetivo de determinar a relação existente entre força resultante e variação de velocidade. Para isso, vamos considerar que uma bola de futebol seja chutada, com toda a força possível, primeiro por uma criança e depois por um adulto. Nos dois casos, vamos supor que o tempo de interação do pé da pessoa com a bola seja o mesmo (figura 4.24).

Observamos que a bola adquire maior velocidade quando chutada pelo adulto, pois a força que ele imprime à bola é maior que a imprimida pela criança. Concluímos que, para um dado tempo de interação, **quanto maior é a força aplicada em um corpo, maior é a variação de velocidade** nesse intervalo de tempo.

Uma grandeza que influi na relação força/(variação de velocidade) é a **massa** do corpo. Vamos considerar agora que uma mesma pessoa chute duas bolas diferentes, uma com 500 g de massa e a outra com 900 g de massa (figura 4.25).

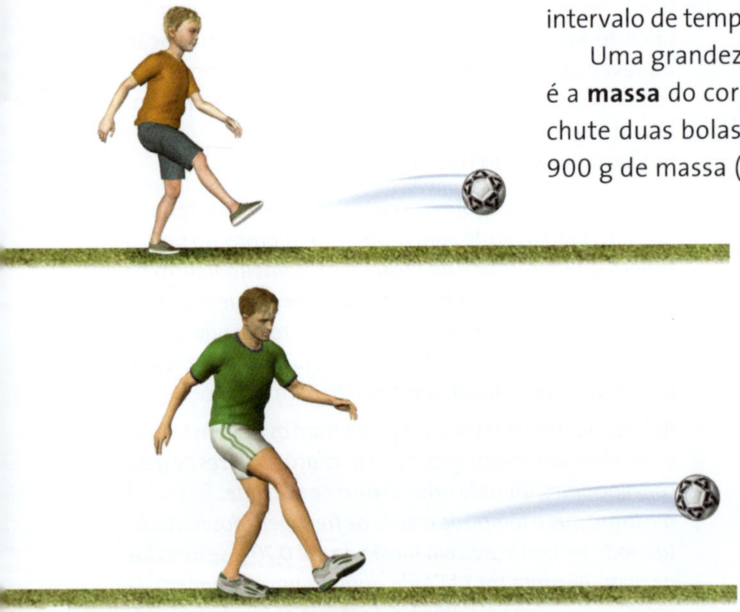

Figura 4.24 Forças de intensidades diferentes produzem, no mesmo corpo e no mesmo intervalo de tempo, variações de velocidade diferentes.

Figura 4.25 Forças de intensidades diferentes, aplicadas em corpos de massas diferentes, produzem variações de velocidade diferentes.

Ilustrações: Paulo Manzi/Arquivo da editora

Para que as bolas adquiram a mesma velocidade no mesmo intervalo de tempo, é preciso que a bola de maior massa seja chutada com uma força maior. Assim, **quanto maior for a massa de um corpo, maior será a força necessária para produzir a mesma variação de velocidade** no mesmo intervalo de tempo.

Finalmente, analisemos a dependência entre a força resultante e o intervalo de tempo em que a interação ocorre. Suponha que um mesmo carro seja acelerado de 10 km/h para 40 km/h, em duas situações distintas: na primeira, o motorista pisa levemente no acelerador, pelo tempo que for necessário, e na segunda, pressiona o acelerador ao máximo. Observamos que, no segundo caso, o carro atinge a velocidade de 40 km/h em um intervalo de tempo menor do que no primeiro (figura 4.26). Isso nos permite concluir que, **quanto maior é a força, menor é o intervalo de tempo necessário para o corpo sofrer a mesma variação de velocidade**.

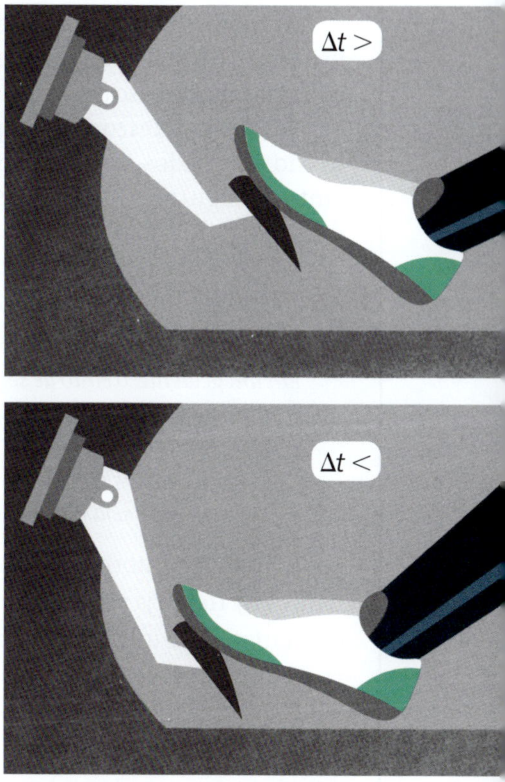

Figura 4.26 A força aplicada determina o tempo necessário para alterar o movimento.

Com as conclusões dessas três experiências, podemos relacionar a força resultante $\vec{F}_R$, a variação da velocidade vetorial $\Delta\vec{v}$, a massa m do corpo sujeito a essa interação e o intervalo de tempo Δt. Essa interação ocorre por meio da expressão:

$$\vec{F}_R = m \cdot \frac{\Delta\vec{v}}{\Delta t}$$

Como a aceleração vetorial é a variação da velocidade vetorial por unidade de tempo, a expressão acima pode ser escrita:

$$\vec{F}_R = m \cdot \vec{a}$$

Essa expressão representa a **segunda lei de Newton**. Devemos observar que a aceleração $\vec{a}$ possui sempre a mesma orientação (direção e sentido) da força resultante $\vec{F}_R$.

De acordo com o SI, na aplicação da segunda lei de Newton, devemos obedecer às seguintes unidades:

- força resultante em newton (N);
- massa em quilograma (kg);
- variação de velocidade em metro por segundo (m/s);
- intervalo de tempo em segundo (s);
- aceleração em metro por segundo por segundo ($m/s/s = m/s^2$).

Exercício resolvido

2. Um automóvel com massa de 1000 kg, inicialmente em repouso, acelera uniformemente, atinge a velocidade de 90 km/h (ou 25 m/s) em 12,5 s e, em seguida, mantém essa velocidade constante durante 20 s. Determine a força resultante sobre o automóvel nas duas etapas: movimento acelerado e movimento uniforme.

Resolução

A aceleração na primeira etapa é dada por:

$$a = \frac{\Delta v}{\Delta t} \Rightarrow a = \frac{25 - 0}{12,5} \Rightarrow a = 2,0\ m/s^2$$

E a força resultante é dada por:

$$F_R = m \cdot a \Rightarrow F_R = 1000 \cdot 2,0 \Rightarrow F_R = 2000\ N$$

Na segunda etapa, o movimento do automóvel é uniforme, o que significa dizer que a aceleração escalar é nula.

Portanto, a força resultante é nula ($F_R = 0$).

Física explica

Cinto de segurança e *airbag*

As pessoas que utilizam meios de transporte, tais como carros, ônibus e aviões, podem, em qualquer instante, ficar sujeitas a grandes variações de velocidade. É o que acontece no pouso e na decolagem de um avião ou, no caso dos veículos terrestres, nas freadas bruscas, na proximidade de um acidente.

Para evitar desconforto e possíveis lesões nos passageiros, os meios de transporte normalmente são equipados com um dispositivo denominado **cinto de segurança**. Equipamento básico, o cinto de segurança estabelece a interação entre o passageiro e o veículo, fazendo que a velocidade do passageiro varie da mesma forma que a velocidade do veículo.

O *Manual básico de segurança no trânsito*, uma publicação de responsabilidade técnica da Associação Brasileira de Educadores de Trânsito (Abetran) que acompanha todos os veículos automotores, apresenta a seguinte orientação para o condutor e os passageiros de um veículo:

Em um acidente, o cinto de segurança:
- *evita que você seja lançado para fora do veículo;*
- *evita que você seja lançado de encontro ao painel do veículo, ao volante ou ao para-brisa;*
- *evita que você seja lançado de encontro a outros veículos.*

Tom Grill/Photographer's Choice/Getty Images

O uso do cinto de segurança pelos passageiros que viajam no banco traseiro aumenta a segurança de todos os ocupantes do veículo.

Com a obrigatoriedade legal, o uso do cinto de segurança nos bancos da frente já está bastante disseminado no Brasil. Mas é preciso enfatizar a utilidade e a propriedade do uso do cinto de segurança também por parte daqueles que viajam no banco de trás.

Leia o que diz o *Manual*:

Em caso de colisão frontal, os passageiros que viajam no banco de trás ganham, com a velocidade, um peso muito maior do que aquele correspondente à sua massa corporal. Um adulto de 70 kg, dependendo da velocidade no momento do choque, pode ser projetado com força correspondente a uma tonelada de peso. Daí a importância do uso do cinto de segurança para quem viaja atrás.

Outro equipamento cujo uso vem se tornando cada vez mais comum nos automóveis, com o intuito de aumentar ainda mais a segurança dos ocupantes, é o *airbag*, equipamento constituído por um saco de material plástico. Se o veículo sofrer uma desaceleração violenta, o *airbag* se infla rapidamente, interpondo-se entre os ocupantes dos bancos dianteiros e a estrutura do veículo.

Numa colisão, a função do *airbag* é aumentar a distância de ação da força retardadora. Assim, em uma colisão, o passageiro fica sob a ação de uma força cuja intensidade média é menor que aquela a que ficaria sujeito sem o *airbag*, ou seja, contra a estrutura do veículo.

1. As unidades utilizadas no texto estão de acordo com o SI? O que levou a Abetran a publicar o texto dessa forma?
2. Por que alguns carros, além do cinto de segurança, são equipados também com o *airbag*?

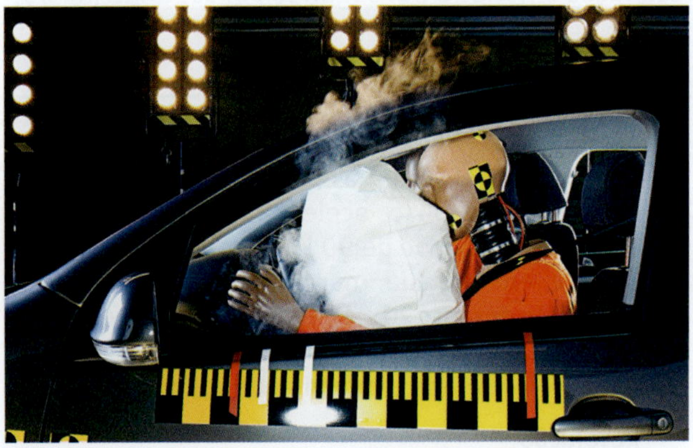
Masterfile/Other Images

Airbag em veículo de passeio inflando-se durante um teste de colisão.

Exercícios

17. Um automóvel e um caminhão são acelerados de 0 km/h a 80 km/h, em uma pista horizontal, no mesmo intervalo de tempo. Sabendo-se que a massa do caminhão é maior que a do automóvel, em qual deles a força resultante é maior? Justifique.

18. Um caminhão se move com velocidade constante de 72 km/h (ou 20 m/s) em uma trajetória retilínea e transporta em sua carroceria uma caixa de 300 kg de massa.

Paulo Manzi/Arquivo da editora

Em determinado instante, o motorista aciona os freios do veículo durante 10 s, fazendo o caminhão parar. Observa-se que, durante a aplicação dos freios, a caixa não escorrega na carroceria do caminhão.

Com base nessas informações, julgue as afirmações a seguir e reescreva as incorretas, corrigindo-as.

I. Antes da aplicação dos freios, a força resultante na caixa é nula, pois ela está em movimento retilíneo com velocidade constante em relação ao solo.

II. Durante a aplicação dos freios, como a caixa permanece em repouso em relação ao caminhão, a força resultante sobre ela é nula.

III. Durante a aplicação dos freios, o módulo da força resultante na caixa é 600 N.

19. Sobre um corpo de 2,0 kg, em repouso, são aplicadas três forças coplanares, conforme mostra a figura.

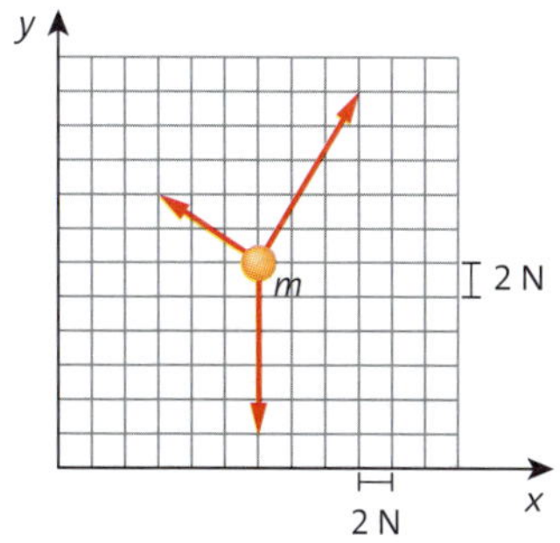

a) Determine a intensidade da força resultante das três forças mostradas na figura.

b) Qual é o módulo da aceleração do corpo?

c) Quais são a direção e o sentido do movimento do corpo?

20. A foto do teste de colisão que aparece na página anterior nos mostra o que acontece com uma pessoa dentro de um carro que é freado repentinamente. A aplicação dos freios retarda o veículo. Os ocupantes tendem, por inércia, a continuar com a mesma velocidade de antes da freada.

Qual é a função do *airbag*, mostrado na foto, durante a freada?

21. Em uma publicação de orientação de trânsito afirma-se que "em uma colisão a 90 km/h, uma criança de massa 20 kg exerce uma força de 2 500 N nos braços da pessoa que a segura".

Com base nesses dados, explique o porquê da exigência de se transportar crianças no banco de trás do automóvel em cadeiras apropriadas e com cinto de segurança.

22. Um automóvel a 72 km/h (20 m/s) colide com a traseira de um veículo parado. Precavido, o motorista do automóvel estava usando cinto de segurança. Utilizando valores razoáveis para a massa do motorista e a distância de frenagem, estime o módulo da força constante, por hipótese, exercida pelo motorista sobre o cinto de segurança. Compare o resultado com os dos colegas de classe.

4 Terceira lei de Newton

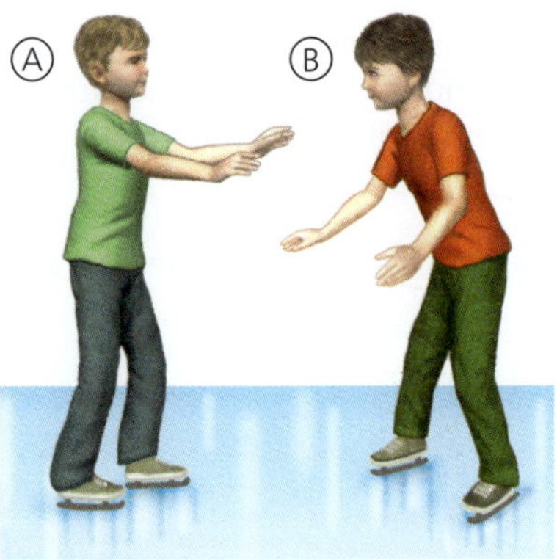

Figura 4.27 O fato de o menino *A* empurrar o menino *B* estabelece entre eles uma interação que age simultaneamente nos dois.

O fundamental para o entendimento da terceira lei de Newton, conhecida como **lei da ação e reação**, é a noção de que, na natureza, as forças aparecem aos pares, sendo fruto da interação entre dois corpos. Quando dois corpos interagem, essa interação tem uma determinada intensidade que é a mesma nos dois corpos. Vejamos um exemplo.

Na figura 4.27, vamos admitir que os patins tornem o atrito praticamente desprezível. Se o menino *A* empurrar o menino *B*, qual deles entra em movimento?

Certamente, os dois. O fato de o menino *A* empurrar o menino *B* estabelece entre eles uma interação que age simultaneamente nos dois. O menino *B*, recebendo um empurrão, entra em movimento para a direita e, reciprocamente, o menino *A* recebe o mesmo empurrão, entrando em movimento em sentido contrário ao movimento de *B*, ou seja, para a esquerda.

Esse exemplo caracteriza a lei da ação e reação: um par de forças de mesma intensidade (valor numérico), de mesma direção e de sentidos contrários age nos dois corpos que interagiram. É importante observar que a **causa** (**força**) é a mesma nos dois corpos, mas os **efeitos** (**aceleração**) podem ser diferentes, se os corpos apresentarem massas diferentes (figura 4.28).

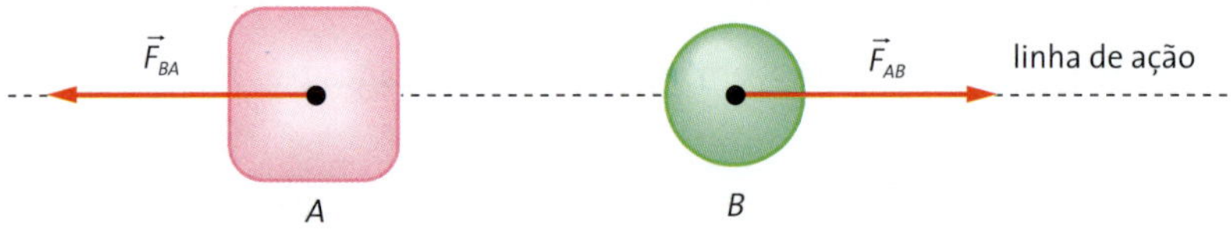

Figura 4.28 Representação das forças de ação e reação na interação entre dois corpos.

Assim, a terceira lei de Newton estabelece que:

> Se um corpo *A* exerce uma força sobre um corpo *B*, o corpo *B* reage em *A* com uma força de mesma intensidade e de mesma direção, mas de sentido contrário.

Em relação às forças de ação e reação, algumas observações são necessárias:

- Não existe força de ação sem a correspondente força de reação, ou seja, é impossível a um corpo exercer força sobre outro e não sofrer a consequente reação.
- As forças de ação e reação são simultâneas; não existe a possibilidade de ocorrer a ação e depois a reação; elas ocorrem no mesmo instante.
- Elas podem apresentar efeitos diferentes. Por exemplo, quando uma bola bate numa vidraça, embora o vidro e a bola sejam submetidos a forças de mesma intensidade, as consequências podem ser desastrosas para a vidraça, mas normalmente não são para a bola.
- O fato de elas apresentarem sempre a mesma intensidade, a mesma direção e sentidos contrários não significa que elas se anulam. Pelo contrário, isso nunca acontece, pois elas são aplicadas em corpos diferentes. Só tem sentido falar em forças que se anulam quando consideramos duas ou mais forças aplicadas a um único corpo.

Aplicações da terceira lei de Newton

Peso

Todo corpo de massa m próximo à superfície da Terra interage pelo princípio da ação e reação. Assim, a Terra atrai o corpo com uma força peso $\vec{P}$ e o corpo atrai a Terra com mesma intensidade e direção, porém com sentido contrário ($-\vec{P}$), como exemplificado na **figura 4.29**.

Normal

Há situações em que o corpo de massa m interage com a Terra enquanto está apoiado sobre uma superfície qualquer, como ilustra a **figura 4.30.a**. Nesse caso, a interação do corpo com a Terra está representada na **figura 4.30.b**. Ao ser puxado para baixo pela força peso $\vec{P}$, o bloco comprime a superfície da mesa com uma força normal de contato designada, na **figura 4.30.c**, por $-\vec{F}_N$. Isso ocorre ao mesmo tempo em que a mesa exerce no bloco uma força normal $\vec{F}_N$. Essas duas forças, $\vec{F}_N$ e $-\vec{F}_N$, constituem um par de forças de ação e reação e, como tal, agem em corpos distintos: $-\vec{F}_N$ está aplicada na mesa e $\vec{F}_N$, no bloco.

Como ilustra a **figura 4.30.d**, no bloco existe a ação das forças: $\vec{P}$ (vertical e para baixo) e $\vec{F}_N$ (vertical e para cima). Sob a ação dessas duas forças, ele permanece em repouso e, portanto, é nula a força resultante sobre ele. Sendo assim, elas devem se equilibrar: $|\vec{P}| = |\vec{F}_N|$. Convém ressaltar que $\vec{P}$ e $\vec{F}_N$ **não constituem** um par de forças de ação e reação, já que estão aplicadas em um mesmo corpo e apresentam naturezas distintas: $\vec{P}$ é força de campo e $\vec{F}_N$, de contato.

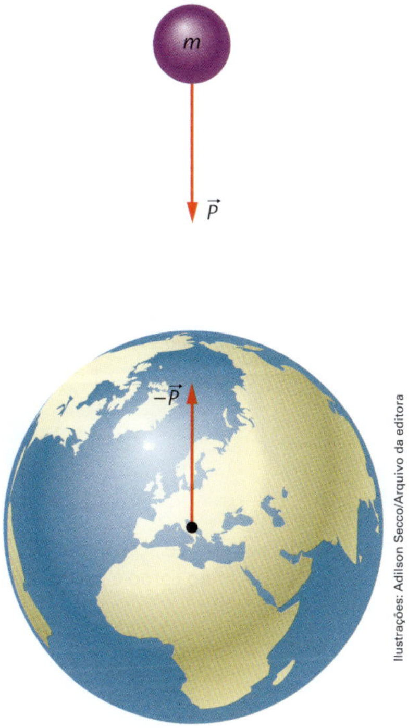

Figura 4.29 Exemplos de ação e reação na força peso.

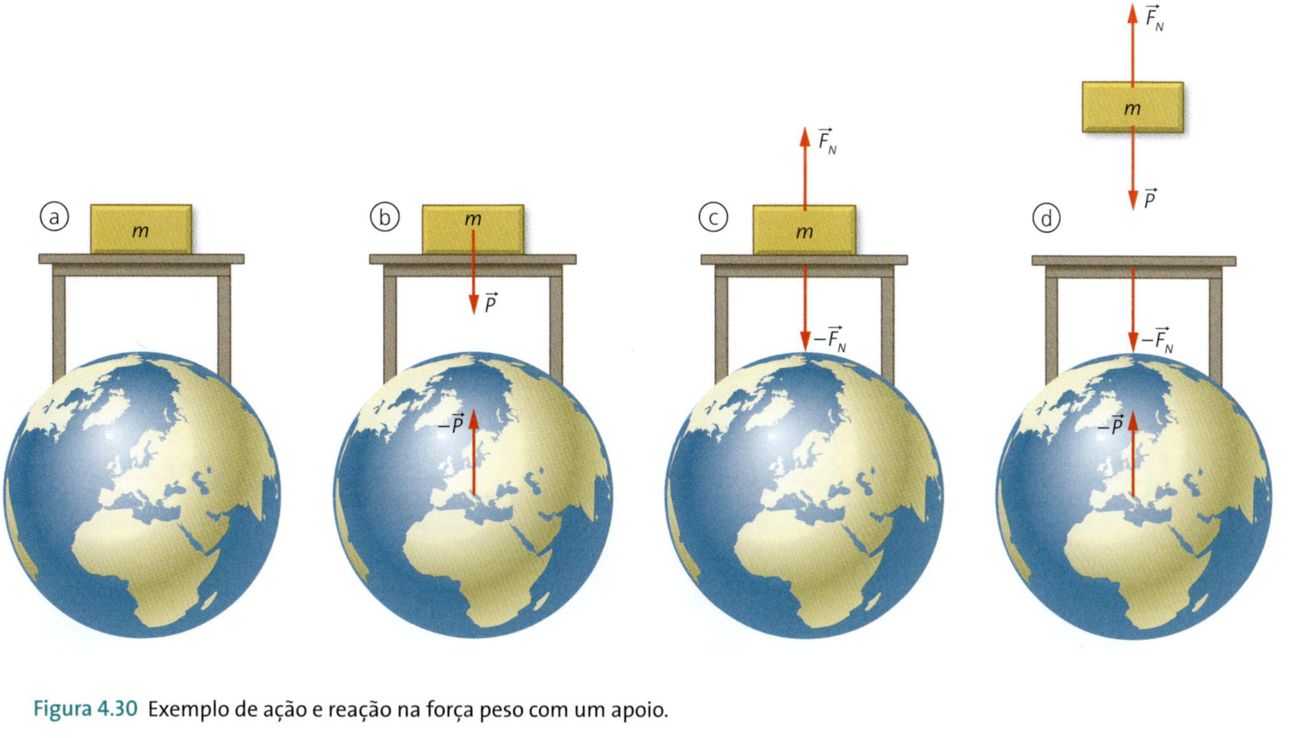

Figura 4.30 Exemplo de ação e reação na força peso com um apoio.

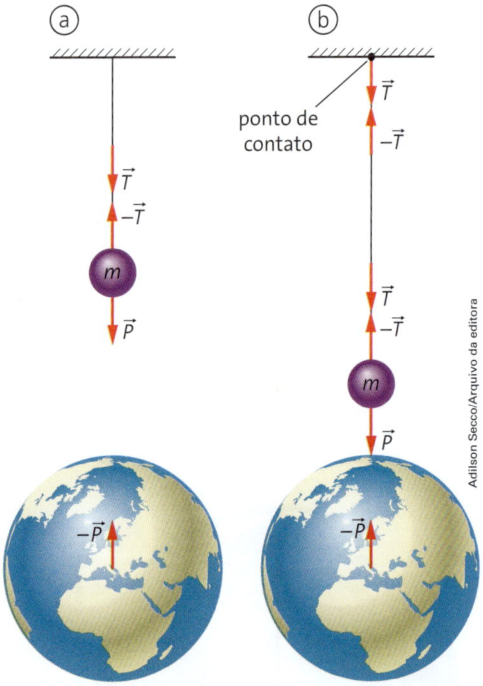

Figura 4.31 Exemplo de ação e reação da força de tração no corpo e no fio (**a**) e no fio e no teto (**b**).

Tração

Vamos analisar o caso de um corpo de massa m suspenso por um fio ideal. A situação está representada na **figura 4.31.a**. Observe que o fio impede a queda do corpo, ou seja, impede que ele se separe do teto, mantendo-se em equilíbrio estático. Em termos de forças, isso é explicado pelo fato de o fio exercer, no corpo, uma força de tração $-\vec{T}$ vertical e para cima que anula a ação da força peso $\vec{P}$, vertical e para baixo. A força de tração $-\vec{T}$ é uma força exercida pelo fio sobre o corpo. A reação, $\vec{T}$, é a força que o corpo exerce sobre o fio e, portanto, está representada no fio. De fato, ao ser solicitado pela força peso $\vec{P}$ para baixo, o corpo traciona o fio, exercendo a força $\vec{T}$ sobre ele. Essa força é, então, transmitida pelo fio ao teto, ou seja, o fio puxa o teto para baixo, no ponto de contato, por meio da força $\vec{T}$ da **figura 4.31.b**, e isso se passa ao mesmo tempo em que o ponto de contato, no teto, sustenta o fio por intermédio da força $-\vec{T}$.

Ação e reação na força elástica

No tópico 1 deste capítulo vimos as propriedades da força elástica. Mas para comprimir ou esticar uma mola é necessário que as duas extremidades estejam submetidas à ação de forças.

Para facilitar a visualização das forças, vamos considerar a mola e o puxador como sendo um único corpo. Na **figura 4.32.a**, a mola, fixa em uma parede, é distendida pela ação de uma força $\vec{F}$ aplicada, por uma mão, no puxador. Uma vez distendida, a mola puxa os corpos localizados em suas extremidades (mão e apoio da parede) para "encolher". Dessa forma, constituem um par de forças de ação e reação: a força $\vec{F}$ aplicada pela mão no puxador da mola e a força $-\vec{F}$ que o puxador da mola exerce na mão. Na extremidade oposta, observa-se o par de forças de ação e reação: $\vec{F}$, aplicada pela mola no apoio da parede, e $-\vec{F}$, aplicada pelo apoio da parede na mola. Para uma mola ideal, essas quatro forças têm o mesmo módulo, o que nos autoriza dizer que uma mola ideal exerce forças de mesmo módulo nos dois corpos que a deformam. Observe que raciocínio análogo pode ser empregado quando a mola está comprimida, como ilustra a **figura 4.32.b**.

Figura 4.32 Exemplo de ação e reação da força elástica no caso da mola estendida (**a**) e comprimida (**b**).

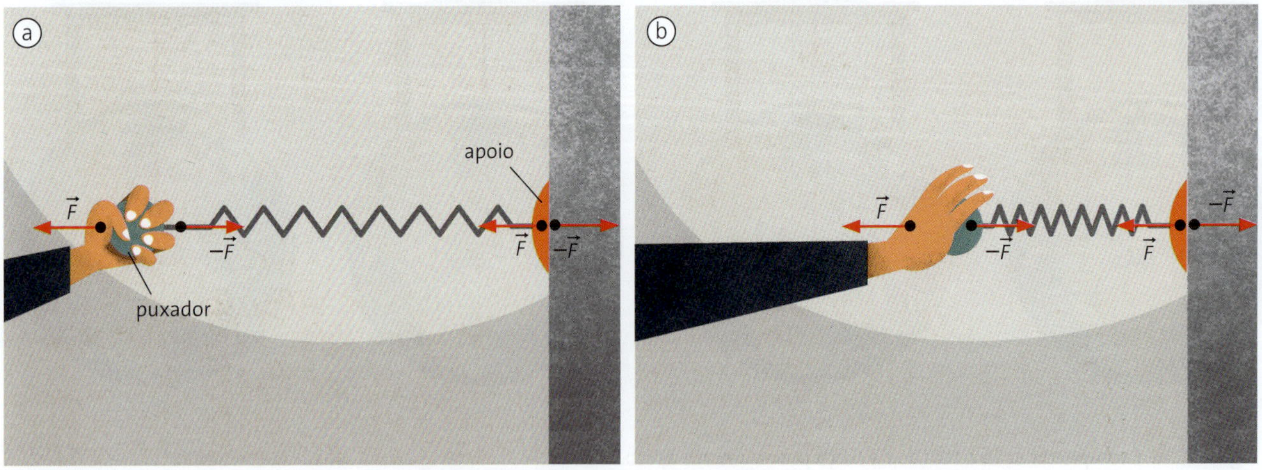

Física explica

O atrito pode ser útil

Por que não conseguimos andar muito bem em superfícies com pouco atrito, como o gelo, um piso encerado ou uma superfície com detergente? O ato de caminhar exige a troca de forças com o solo. Quando iniciamos o movimento de um passo, a sola do calçado de um dos pés exerce uma força de atrito na superfície do solo (força de ação), empurrando-o para trás. Trata-se do atrito estático, já que não existe deslizamento entre as superfícies; por outro lado, existe uma tendência desse pé de escorregar para trás e, portanto, a força de atrito que a superfície do solo exerce na sola do calçado (reação) é dirigida para a frente — essa é a força que nos alavanca em movimentos para a frente.

Atrito aplicado no ato de caminhar.

O mesmo acontece com as rodas de um carro e o chão. Quando as rodas são impulsionadas pelo motor, elas empurram o chão para trás, e o chão exerce, ao mesmo tempo, uma força no sentido contrário, que movimenta o carro para a frente. Essas rodas são chamadas de rodas de tração motora.

As rodas que não estão submetidas ao impulso do motor, no movimento de aceleração do carro, empurram o chão para a frente e sofrem a reação do chão no sentido oposto, contrário ao movimento.

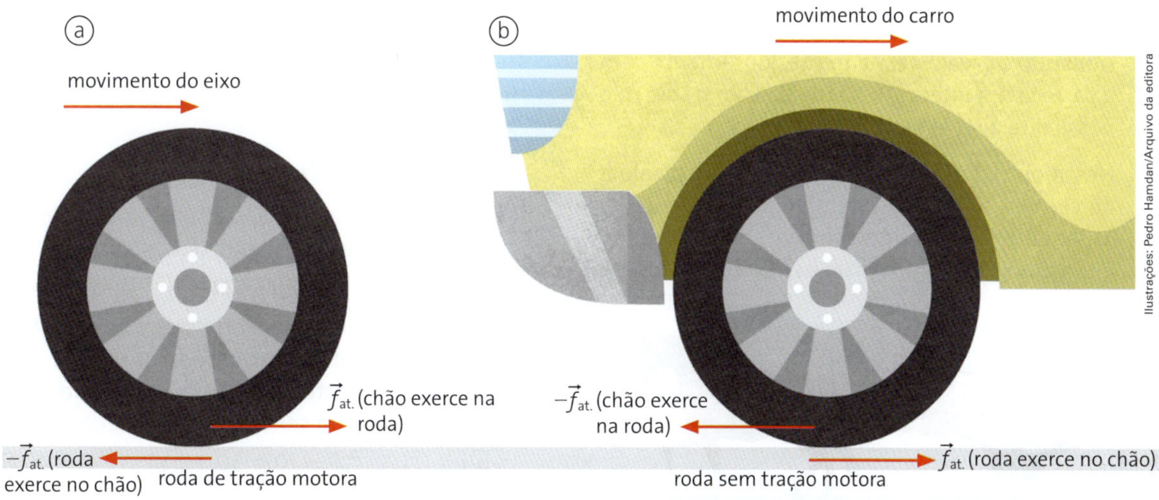

Ilustrações: Pedro Hamdan/Arquivo da editora

Atrito aplicado nas rodas de um carro, rodas de tração motora (**a**) e rodas normais (**b**).

Exercícios resolvidos

3. Um cavalo está atrelado a uma carroça e parado em relação ao solo. Se o cavalo puxar a carroça, na tentativa de colocá-la em movimento, ela também vai puxar o cavalo, com uma força de mesma intensidade, mesma direção e sentido contrário (ação e reação). Portanto, o conjunto não sai do lugar. Certo ou errado? Justifique.

Pulsar Imagens/Arquivo da editora

Resolução

Se considerarmos apenas as forças que agem na direção horizontal e somente a interação entre o cavalo e a carroça, sem a presença do solo, teremos as forças agindo no cavalo e na carroça, conforme mostra a figura.

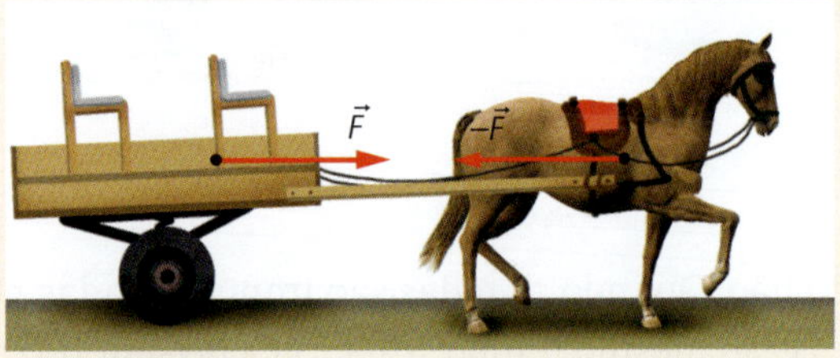

Se a interação fosse somente entre cavalo e carroça, o cavalo iria para trás, e a carroça, para a frente. No entanto, o cavalo consegue puxar a carroça. O movimento do conjunto é possível em razão da interação com um terceiro corpo, que é o solo. O cavalo empurra o solo para trás. Este reage, impulsionando o cavalo para a frente, juntamente com a carroça. É a interação do cavalo com o solo que possibilita o movimento do conjunto.

Nesta outra figura observamos que, no cavalo e na carroça, a força resultante é para a direita. O atrito entre a carroça e o solo, por ser bem menos intenso, foi desprezado (para isso servem as rodas).

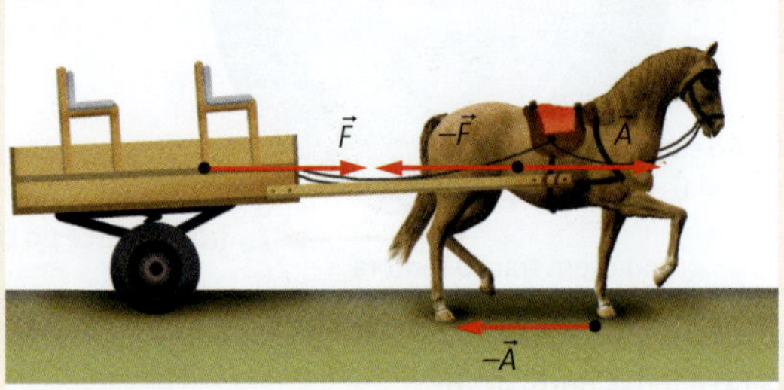

Ilustrações: Paulo Manzi/Arquivo da editora

4. A figura (fora de escala) mostra um bloco de massa $m = 7$ kg, apoiado sobre uma mesa horizontal ao mesmo tempo que é sustentado, parcialmente, por um fio ideal preso ao teto. A tração no fio tem intensidade $T = 30$ N.
Utilize $g = 10$ m/s² para o módulo da aceleração da gravidade.

Ilustrações: Adilson Secco/Arquivo da editora

a) Desenhe, na própria figura, as forças que atuam sobre o bloco, bem como as respectivas reações.

b) Determine a intensidade de todas as forças desenhadas no item **a**.

Resolução

a)

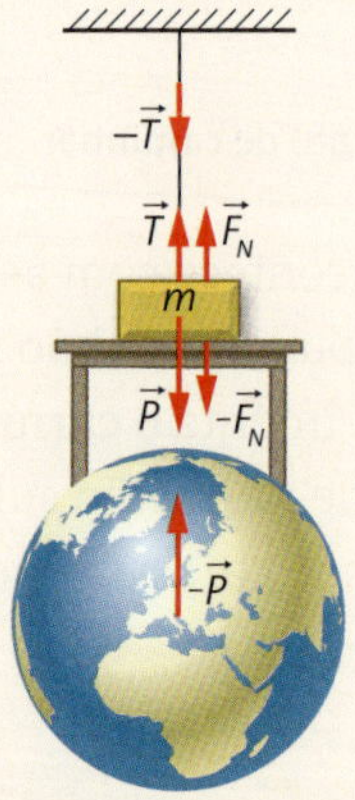

b) Ação e a reação têm a mesma intensidade, assim:

$|\vec{T}| = |-\vec{T}| = 30$ N

Lembrando da expressão para o cálculo da intensidade da força peso, temos:

$|\vec{P}| = |-\vec{P}| = m \cdot g = 70$ N.

O bloco está em equilíbrio sob a ação de três forças, portanto, a força peso, com sentido para baixo, deve ter a mesma intensidade das duas forças com sentido para cima:

$|\vec{P}| = |\vec{T}| + |\vec{F}_N| \Rightarrow 70 = 30 + |\vec{F}_N| \Rightarrow |\vec{F}_N| = 40$ N

Portanto:

$|\vec{F}_N| \Rightarrow |-\vec{F}_N| = 40$ N

Exercícios

23. Dois jovens, um de 60 kg e o outro de 40 kg, utilizando patins, estão juntos e em repouso sobre uma pista de patinação. Num determinado instante, um dos jovens empurra o outro. Sabendo que o jovem de 40 kg adquiriu uma velocidade de 3,0 m/s, podemos afirmar que:

a) o empurrão foi dado pelo jovem de 60 kg e este permaneceu parado, pois possui maior massa.
b) o jovem de 60 kg adquiriu velocidade de 2,0 m/s no sentido contrário ao do jovem de 40 kg.
c) a intensidade da força é maior no jovem de 40 kg do que no de 60 kg.
d) os dois jovens movimentam-se juntos.
e) nesse caso, não é válida a terceira lei de Newton, pois existe uma única força de um jovem no outro.

24. Analise a afirmação: "Se duas equipes disputam um jogo de cabo de guerra (veja a figura), sairá vencedora a equipe que conseguir empurrar o solo com força de maior intensidade".

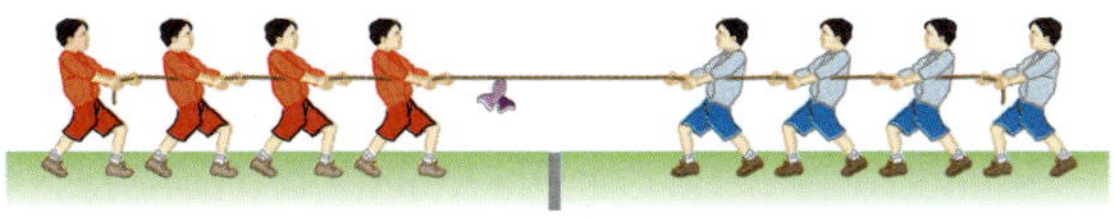

Você a considera correta? Justifique.

25. (Ufpel-RS) Um pescador possui um barco a vela que é utilizado para passeios turísticos. Em dias sem vento, esse pescador não conseguia realizar seus passeios. Tentando superar tal dificuldade, instalou na popa do barco um enorme ventilador voltado para a vela, com o objetivo de produzir vento artificialmente. Na primeira oportunidade em que utilizou seu invento, o pescador percebeu que o barco não se movia. O invento não funcionou!

Ilustrações: Formato/Arquivo da editora

A razão para o não funcionamento desse invento é que:

a) a força de ação atua na vela, e a de reação, no ventilador.
b) a força de ação atua no ventilador, e a de reação, na água.
c) ele viola o princípio de conservação de massa.
d) as forças que estão aplicadas no barco formam um sistema cuja resultante é nula.
e) ele não produziu vento com velocidade suficiente para movimentar o barco.

26. Os princípios básicos da Mecânica foram estabelecidos por Newton e publicados em 1686, sob o título *Princípios matemáticos da Filosofia natural*. Com base nesses princípios, julgue as afirmativas a seguir e reescreva as incorretas, corrigindo-as.

I. As forças de ação e reação são forças de mesmo módulo e sempre estão aplicadas em um mesmo corpo.
II. A massa de um corpo é uma medida da inércia desse corpo.
III. Quanto maior é a massa de um corpo, menor é a sua inércia.
IV. De acordo com a lei da inércia, é necessária a ação de uma força resultante para manter um corpo em movimento retilíneo com velocidade constante.

27. Se um caminhão e um automóvel colidem frontalmente, sobre qual deles atuará uma força mais intensa? Qual dos veículos experimentará maior aceleração?

28. (UFRN) Em tirinhas, é muito comum encontrarmos situações que envolvem conceitos de Física e que, inclusive, têm sua parte cômica relacionada, de alguma forma, com a Física.

Considere a tirinha envolvendo a "Turma da Mônica", mostrada a seguir.

Maurício de Sousa/Maurício de Sousa Produções Ltda.

Supondo que o sistema se encontra em equilíbrio, é correto afirmar que, de acordo com a lei da ação e reação (terceira lei de Newton),

a) a força que a Mônica exerce sobre a corda e a força que os meninos exercem sobre a corda formam um par ação-reação.
b) a força que a Mônica exerce sobre o chão e a força que a corda faz sobre a Mônica formam um par ação-reação.
c) a força que a Mônica exerce sobre a corda e a força que a corda faz sobre a Mônica formam um par ação-reação.
d) a força que a Mônica exerce sobre a corda e a força que os meninos exercem sobre o chão formam um par ação-reação.

EM CONSTRUÇÃO

Isaac Newton

Newton nasceu em Woolsthorpe, no interior da Inglaterra, em 1643, e faleceu em 1727, aos 85 anos de idade, incompletos.

Em 1661, foi admitido no Trinity College, de Cambridge. Nessa época, embora a Universidade ainda estivesse ligada às tradições aristotélicas, Newton se dedicou à leitura dos *Princípios de Filosofia*, de René Descartes (1596-1650), do *Diálogo sobre os dois principais sistemas do mundo*, de Galileu, e dos trabalhos de Kepler, entre outros.

O ano de 1665 é considerado "o ano das maravilhas" de Isaac Newton, em razão de sua produção intelectual. Nesse ano, quando cursava o quarto ano, um surto de peste bubônica atingiu várias partes da Europa, chegando a Londres e também à Universidade de Cambridge, que teve de fechar as portas. Newton então retornou à sua aldeia natal, lá permanecendo cerca de dois anos. Durante esse tempo, como o próprio Newton afirma, "apoiado em ombros de gigantes", referindo-se especialmente a Copérnico, Galileu e Kepler, ele desenvolveu grande parte de suas teorias, principalmente a teoria universal da gravitação.

Segundo a lenda, a queda de uma maçã teria inspirado Newton a construir essa teoria, unificando "os céus e a Terra" pelas mesmas leis. Não deixa de ter sentido, se considerarmos as plantações de macieiras existentes em sua terra natal. Mas o importante é que Newton explicou que os planetas são mantidos em órbita ao redor do Sol em razão de uma força de atração, de origem gravitacional, que varia com o inverso do quadrado da distância.

Seu mais importante trabalho, *Os Princípios matemáticos da Filosofia natural*, foi publicado somente em 1687. Por conter demonstrações matemáticas extremamente complicadas, essa obra foi considerada de difícil leitura. Acredita-se que, no máximo, uma dezena de pessoas contemporâneas à publicação tenha conseguido entendê-la.

Nesse trabalho, Newton lançou as bases modernas da Física aplicada à dinâmica dos corpos, aos movimentos no vácuo e aos meios resistivos (ar e água). Ele apresentou, também, o seu sistema de mundo, isto é, as bases da gravitação universal, trabalho que o consagrou perante a comunidade científica.

Em 1672, graças à construção de um telescópio (que passou a ser conhecido como telescópio newtoniano), Newton foi eleito membro da Royal Society, que presidiu por 24 anos. Em 1696, foi nomeado diretor da Casa da Moeda, em Londres.

Newton foi o segundo titular da cadeira lucasiana da Universidade de Cambridge, cátedra criada em 1663 que tem hoje, como titular, o físico britânico Michael Green, um dos pioneiros da teoria das cordas. Newton recebeu muitas honrarias ainda em vida, tendo sido eleito Cavaleiro do Reino, recebendo o título de *Sir*. Por ocasião da sua morte, a Inglaterra tributou uma reverência digna dos reis e dos grandes heróis. Seu túmulo encontra-se na Abadia de Westminster, em Londres.

Trinity College, em Cambridge, Inglaterra.

David Willis/Alamy/Other Images

EXPERIMENTO

Calibração de uma mola

Martyn F. Chillmaid/SPL/Latinstock

Dinamômetro analógico.

Um dinamômetro – dispositivo utilizado para a medição da intensidade de forças, como o da foto ao lado – é constituído basicamente por uma mola que, sob a ação de uma força, sofre uma deformação. Uma mola também pode funcionar como uma balança para a determinação da massa de um corpo. Para isso, é preciso que ela seja previamente calibrada.

Propomos nesta atividade prática a calibração de uma mola helicoidal, munida de um suporte para pesos e dependurada ao lado de uma régua, conforme mostra a ilustração abaixo.

Ao colocarmos uma massa medida, comumente chamada de "peso" no suporte, como devemos proceder para determinar a deformação produzida por essa massa na mola? Discuta com os colegas o procedimento.

Cada grupo de alunos deve repetir esse procedimento pelo menos mais quatro vezes, com um peso de valor diferente a cada vez e organizar os dados em uma tabela como a seguir.

Massa medida (g)	**Deformação** (cm)

De acordo com os valores da tabela, é possível afirmar que a deformação é diretamente proporcional ao peso colocado no suporte?

Um gráfico da deformação da mola (eixo *y*) em função da massa medida colocada no suporte (eixo *x*) pode ajudá-lo a responder a essa questão.

Como podemos utilizar esse dispositivo como uma balança? Faça uma comparação entre os valores da massa de um objeto obtidos por uma balança de precisão e por meio de sua mola calibrada. Os valores obtidos são iguais? Em caso negativo, justifique.

Observação: Sugerimos que cada grupo identifique a mola utilizada nessa calibração, pois, na atividade prática do capítulo seguinte, ela será usada como medidor de forças.

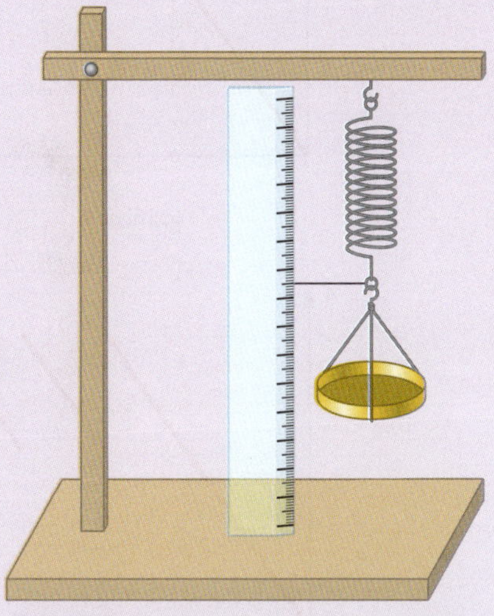

Calibrando a mola. A leitura dessa posição da régua deve ser considerada o ponto zero para a medição da deformação da mola.

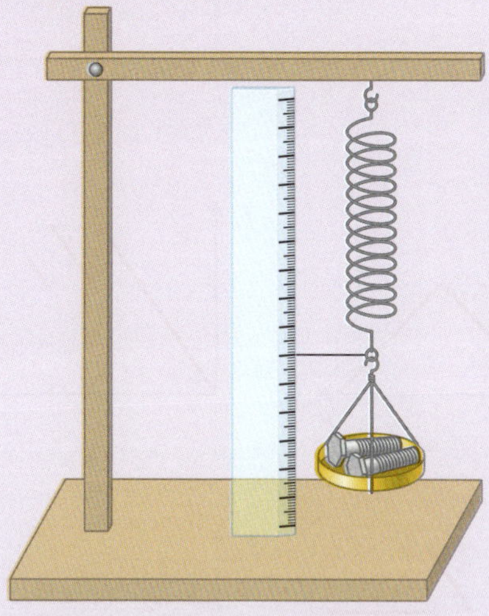

Medição da deformação da mola.

Ilustrações: Adilson Secco/Arquivo da editora

Pensando no Enem

Os freios ABS são uma importante medida de segurança no trânsito, os quais funcionam para impedir o travamento das rodas do carro quando o sistema de freios é acionado, liberando as rodas quando estão no limiar do deslizamento. Quando as rodas travam, a força de frenagem é governada pelo atrito cinético.

As representações esquemáticas da força de atrito f_{at} entre os pneus e a pista, em função da pressão p aplicada no pedal de freio, para carros sem ABS e com ABS, respectivamente, são:

a) 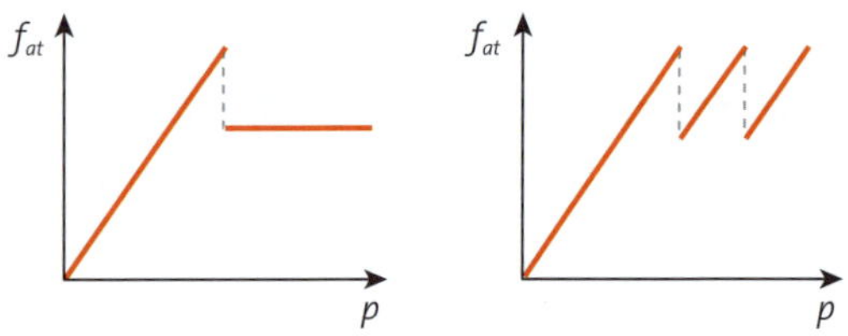

b) 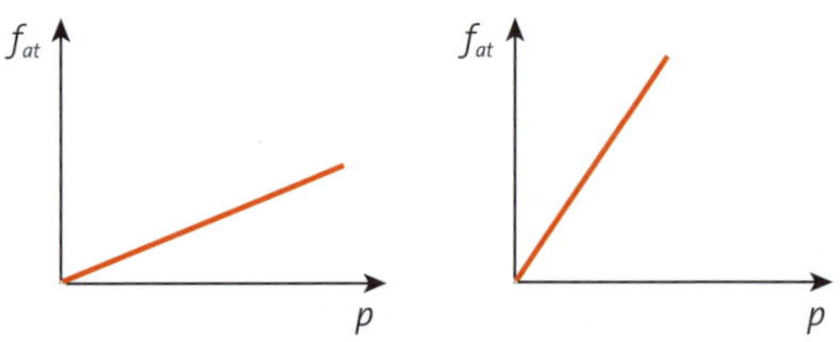

c) 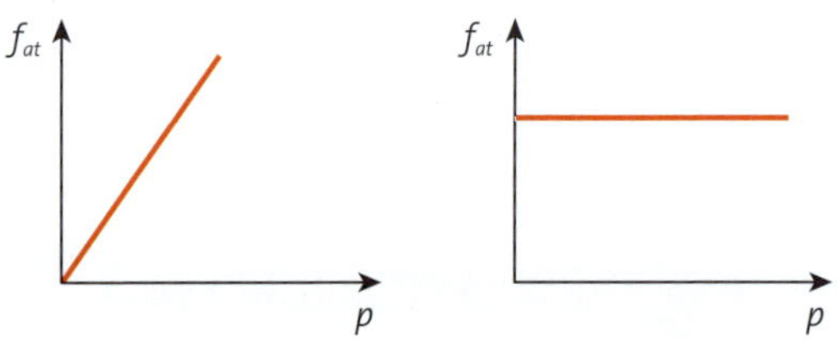

d) 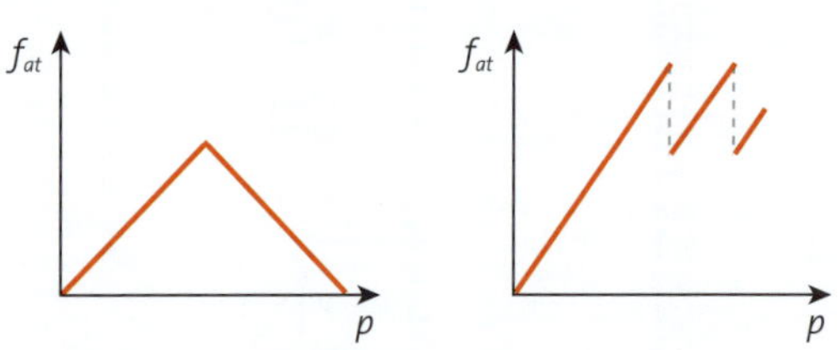

e) 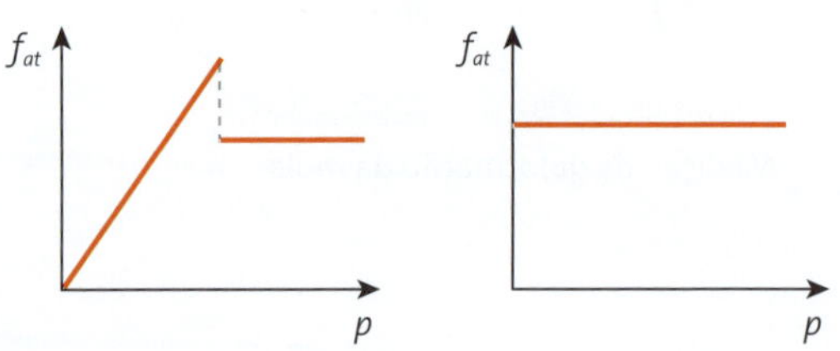

Resolução

A principal diferença entre o freio a disco e o ABS é que no freio a disco comum, por causa da travagem repentina das rodas, a força de atrito entre o chão e o pneu, conforme o pedal é acionado, passa do estático para o cinético, enquanto que o sistema ABS automaticamente mantém sempre a atuação da força de atrito estático para frenagem no carro, garantindo assim um melhor desempenho.

Como a força de atrito estático varia desde zero até um valor máximo ($A_{e\text{máx.}}$), o gráfico da força de atrito no início da frenagem com o freio a disco deve ser uma reta crescente do zero até $A_{e\text{máx.}}$, a partir daí passa atuar o atrito cinético que é constante e menor que $A_{e\text{máx.}}$, conforme o gráfico 1 abaixo.

Como no freio ABS, ao invés de passar a atuar a força de atrito cinético, as rodas são liberadas e mais uma vez a força de atrito estático é responsável pela frenagem, o gráfico mostrará sucessivamente a força de atrito variando uniformemente de um valor menor do que $A_{e\text{máx.}}$ até ele, conforme mostra o gráfico 2.

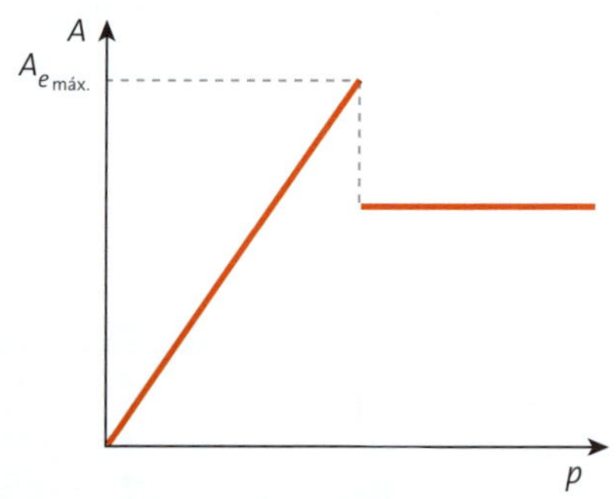

gráfico 1

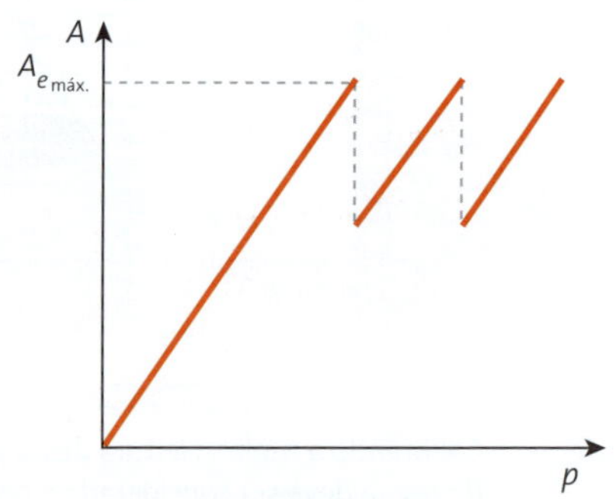

gráfico 2

Assim, a alternativa correta é a **a**.

Vestibulares de Norte a Sul

1. SE (PUC-MG) Sobre uma partícula *P* agem quatro forças, representadas na figura abaixo.

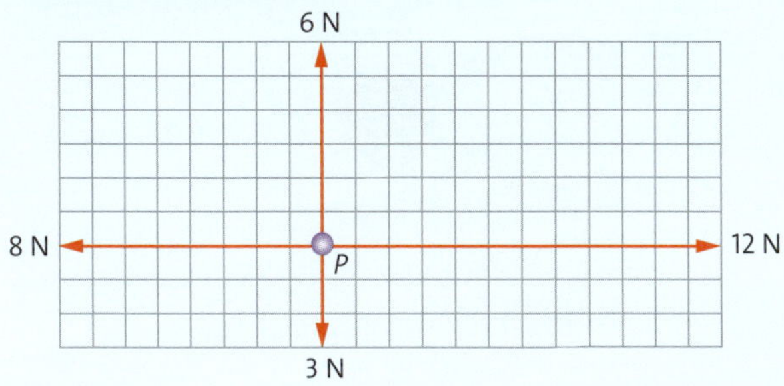

O módulo da força resultante sobre a partícula é de:

a) 5 N.
b) 24 N.
c) 6 N.
d) 10 N.

2. S (UEPG-PR) Analisando a ação do sistema de forças que age no corpo, conforme figura abaixo, assinale o que for correto.

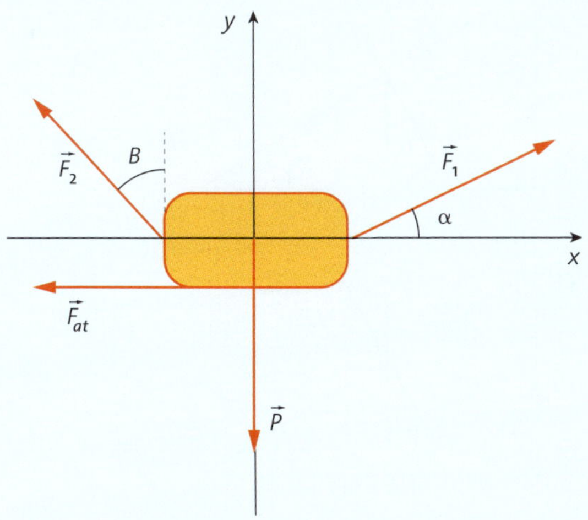

(01) A resultante das forças sobre o eixo *X* será conhecida por $R_x = F_1\cos\alpha - \mu N - F_2\text{sen}\,\beta$.

(02) A resultante de todo o sistema é conhecido pela soma dos vetores R_x e R_y.

(04) Se a resultante do sistema for igual a zero, então o corpo está em repouso absoluto.

(08) A resultante das forças sobre o eixo *Y* será conhecida por $R_y = F_1\cos\alpha + F_2\cos\beta - P$.

(16) A força de atrito mostrada na figura está fora do eixo *X* e não pode ser computada como a força atuante no sistema.

Dê como resposta a soma dos números correspondentes.

3. SE (UPM-SP) A figura mostra cinco forças representadas por vetores de origem comum, dirigindo-se aos vértices de um hexágono regular.

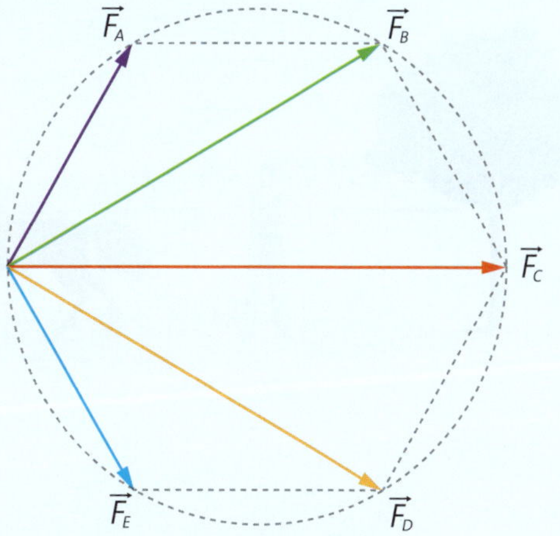

Sendo 10 N o módulo da $\vec{F}_c$, a intensidade da resultante dessas cinco forças é:

a) 50 N.
b) 45 N.
c) 40 N.
d) 35 N.
e) 30 N.

4. SE (CPS-SP) Na Física, objetos inanimados se comunicam. Uma forma de comunicação que um corpo pode estabelecer com outro é a força e, nesse sentido, as leis de Newton expressam muito bem essa ideia.

Um estudante, ao analisar a situação mecânica na qual se encontra um vaso em repouso sobre uma mesa plana e horizontal, desconsiderando a existência do ar, faz as seguintes afirmações:

I. O atrito mantém o vaso sobre a mesa.

II. A força peso e a força normal de contato com a mesa possuem a mesma direção.

III. Se o vaso cair da mesa, durante a queda, o peso do vaso será a força resultante.

É correto o que estudante afirma em:

a) I, apenas.
b) III, apenas.
c) I e II, apenas.
d) II e III, apenas.
e) I, II e III.

5. SE (UFF-RJ) Na preparação para a competição "O homem mais forte do mundo", um dedicado atleta improvisa seu treinamento fazendo uso de cordas resistentes, de dois cavalos do mesmo porte e de uma árvore. As modalidades de treinamento são apresentadas nas figuras a seguir, em que são indicadas as tensões nas cordas que o atleta segura.

Antonio Robson/Arquivo da editora

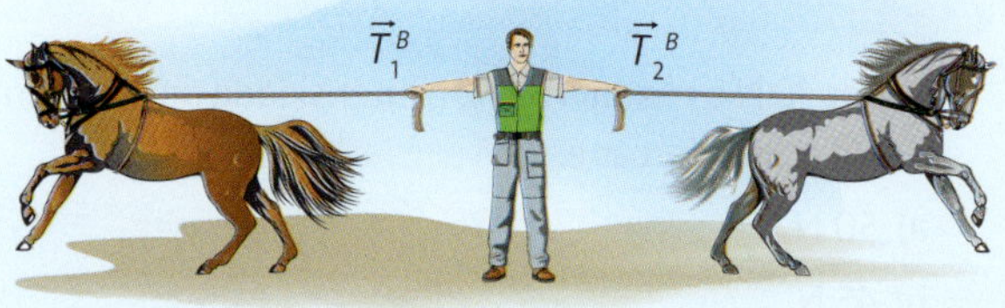

Suponha que os cavalos exerçam forças idênticas em todas as situações, que todas as cordas estejam na horizontal, e considere desprezíveis a massa das cordas e o atrito entre o atleta e o chão. Assinale, entre as alternativas a seguir, aquela que descreve as relações entre as tensões nas cordas quando os conjuntos estão em equilíbrio.

a) $T_1^A = T_2^A = T_1^B = T_2^B = T_1^C = T_2^C$

b) $(T_1^A = T_2^A) < (T_1^B = T_2^B) < (T_1^C = T_2^C)$

c) $(T_2^A = T_1^B = T_2^B) < T_2^C < (T_1^A = T_1^C)$

d) $(T_1^A = T_2^A = T_1^B = T_2^B) < (T_1^C = T_2^C)$

e) $(T_1^A = T_1^C) < (T_2^A = T_2^B = T_1^B) < T_2^C$

6. S (Udesc) A figura mostra uma caixa de madeira que desliza para baixo com velocidade constante sobre o plano inclinado, sob a ação das seguintes forças: peso, normal e de atrito. Assinale a alternativa que representa corretamente o esquema das forças exercidas sobre a caixa de madeira.

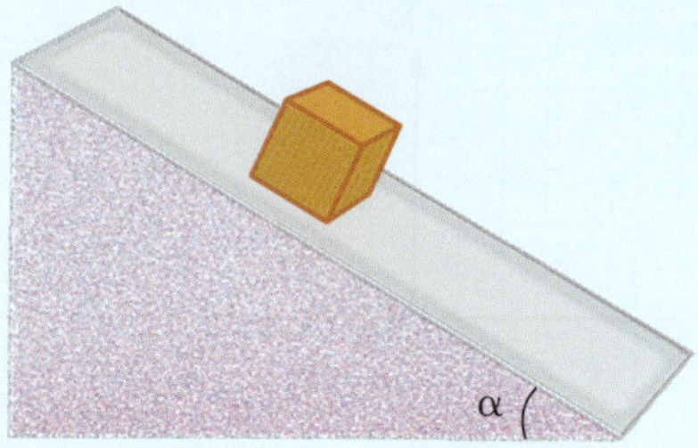

a)
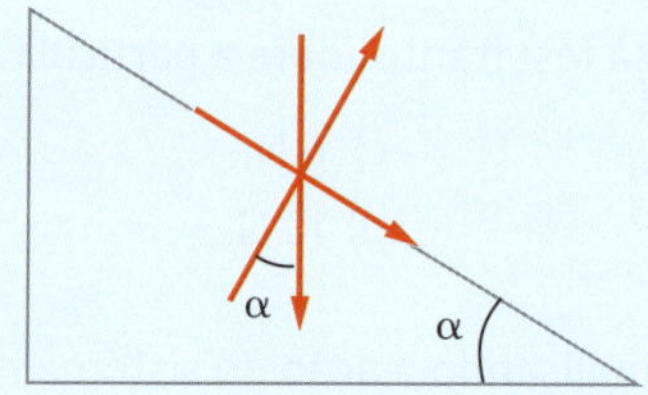

b)
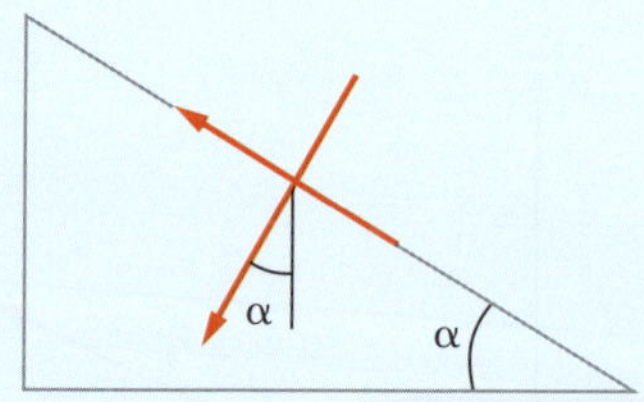

c)
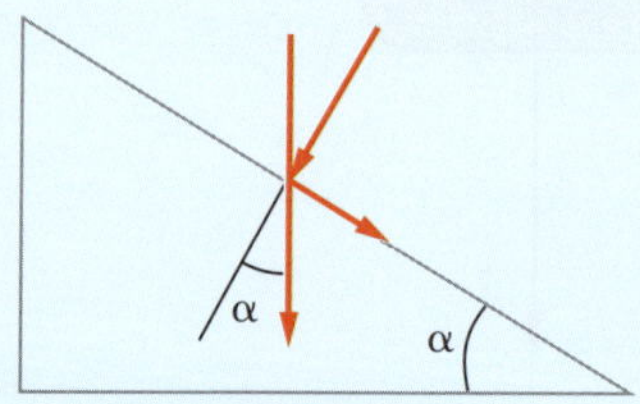

d)
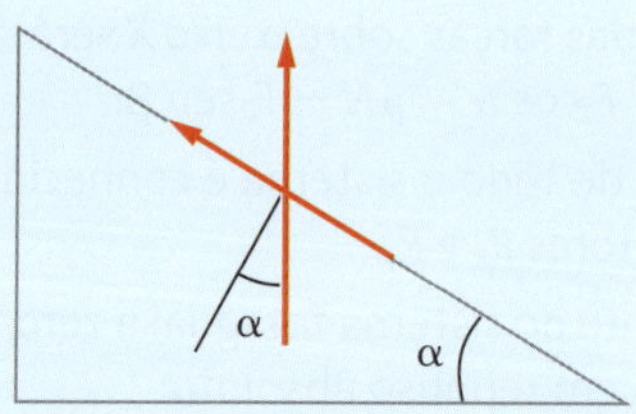

e)
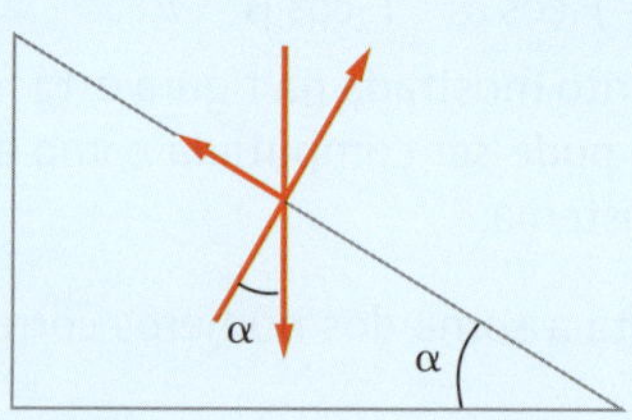

7. (Fasm-SP) Ao contrário do que julga o nosso senso comum, o deslocamento de um objeto no espaço não exige necessariamente a ação de uma força resultante. Se ele estiver, por exemplo, em um plano horizontal, sem atrito e/ou resistência de qualquer espécie, em movimento retilíneo e com velocidade constante, seu movimento continuará sem ação de força resultante.

Essa característica dos corpos materiais é chamada de:

a) dualidade.

b) viscosidade.

c) inércia.

d) uniformidade.

e) impenetrabilidade.

8. SE (ITA – SP) Um carro roda por uma estrada com várias malas no porta-bagagem, sobre seu teto. Numa curva fechada para a esquerda, uma das malas que estava mal segurada é atirada para a direita do motorista. Um físico parado à beira da estrada explicaria o fato:

a) pela força centrífuga.

b) pela lei da gravidade.

c) pela conservação de energia.

d) pelo princípio da inércia.

e) pelo princípio da ação e reação.

9. SE (Vunesp-SP) Em linguagem da época de Camões, o trecho abaixo "Não há cousa, a qual natural sendo, que não queira perpétuo o seu estado" lembra:

a) o princípio da ação e reação.

b) a primeira lei da termodinâmica.

c) a lei da gravitação universal.

d) a lei da inércia.

e) a conservação de massa-energia.

10. SE (UFSJ-MG-adaptado) Imagine que em um bloco de massa 100 kg localizado em uma superfície horizontal (sem atrito) atuem duas forças, de 3,0 N e 4,0 N, horizontais e perpendiculares. Se no momento em que essas forças começaram a atuar no bloco este estava com uma velocidade de 2 m/s, após 10 segundos de atuação das forças mencionadas anteriormente, a velocidade do bloco em m/s será de:

a) 2,50.

b) 5,0.

c) 8,0.

d) 20,0.

11. S (UFRGS-RS) Considere o movimento de um veículo, totalmente fechado, sobre uma estrada perfeitamente plana e horizontal. Nesse contexto, o solo constitui um sistema de referencial, e o campo gravitacional é considerado uniforme na região. Suponha que você se encontre sentado no interior desse veículo, sem poder observar nada do que acontece ao lado de fora. Analise as seguintes afirmações relativas à situação descrita.

I. Se o movimento do veículo fosse retilíneo e uniforme, o resultado de qualquer experimento mecânico realizado no interior do veículo em movimento seria idêntico ao obtido no interior do veículo parado.

II. Se o movimento do veículo fosse acelerado para frente, você perceberia seu tronco se inclinando involuntariamente para trás.

III. Se o movimento do veículo fosse acelerado para a direita, você perceberia seu tronco se inclinando involuntariamente para a esquerda.

Quais estão corretas?

a) Apenas I.

b) Apenas I e II.

c) Apenas I e III.

d) Apenas II e III.

e) I, II e III.

12. NE (UFRN) Considere um grande navio, tipo transatlântico, movendo-se em linha reta e com velocidade constante (velocidade de cruzeiro). Em seu interior, existe um salão de jogos climatizado e nele uma mesa de pingue-pongue orientada paralelamente ao comprimento do navio. Dois jovens resolvem jogar pingue-pongue, mas discordam sobre quem deve ficar de frente ou de costas para o sentido do deslocamento no navio. Segundo um deles, tal escolha influenciaria no resultado do jogo, pois o movimento do navio afetaria o movimento relativo da bolinha de pingue-pongue. Nesse contexto, de acordo com as leis da física, pode-se afirmar que:

a) a discussão não é pertinente, pois, no caso, o navio se comporta como um referencial não inercial, não afetando o movimento da bola.

b) a discussão é pertinente, pois, no caso, o navio se comporta como um referencial não inercial, não afetando o movimento da bola.

c) a discussão é pertinente, pois, no caso, o navio se comporta como um referencial inercial, afetando o movimento da bola.

d) a discussão não é pertinente, pois, no caso, o navio se comporta como um referencial, não afetando o movimento da bola.

13. **SE** (FEI-SP) Um foguete de massa igual a 65 toneladas possui motores que imprimem uma força resultante máxima de 910 kN. Desconsiderando a variação na massa do foguete, qual é a máxima aceleração do foguete?

a) $13\ m/s^2$
b) $18\ m/s^2$
c) $15\ m/s^2$
d) $16\ m/s^2$
e) $14\ m/s^2$

14. **SE** (UFTM-MG) O funcionário de um armazém, responsável pela reposição de produtos, empurra, a partir do repouso e em movimento retilíneo, um carrinho com massa total de 350 kg sobre uma superfície plana e horizontal.

Maspi/Arquivo da editora

Em um determinado trecho de 8 m de comprimento, ele dá três empurrões consecutivos no carrinho, exercendo uma força horizontal para a direita, cuja intensidade é representada no gráfico 1, em função da posição do carrinho. Nesse mesmo trecho, atua sobre o carrinho uma força de atrito de intensidade constante, representada no gráfico 2.

Gráfico 1

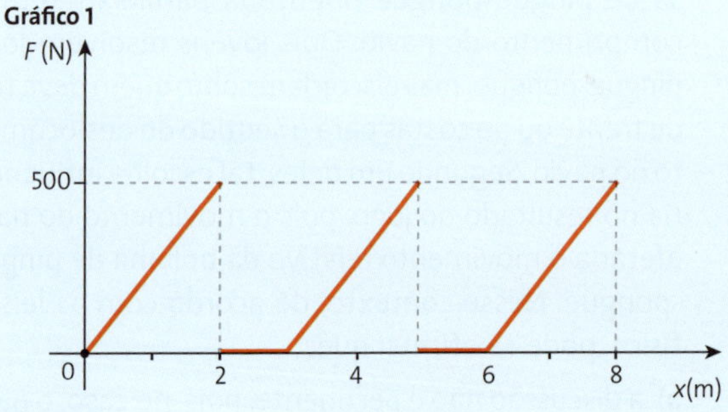

Gráfico 2

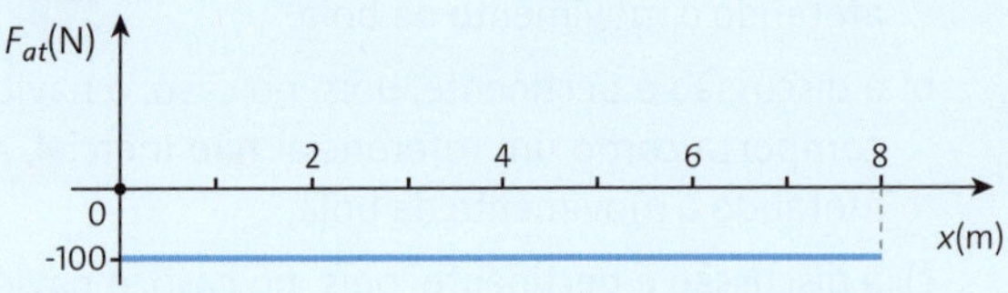

Calcule:

a) a intensidade máxima da força resultante que atuou no carrinho nos primeiros 2 m de deslocamento.

b) a velocidade atingida pelo carrinho ao final dos 8 m.

15. **NE** (UFPE) A respeito das leis de Newton, podemos afirmar que:

0-0) a primeira lei de Newton diz que, para que um corpo esteja em movimento, é obrigatório que haja pelo menos uma força atuando sobre ele.

1-1) a segunda lei de Newton não contém a primeira lei de Newton como caso particular porque elas são completamente diferentes.

2-2) a segunda lei de Newton implica uma equação para cada força que atua em um corpo massivo.

3-3) a terceira lei de Newton estabelece que a toda força de ação corresponde uma força de reação, sempre com ambas no mesmo corpo.

4-4) as três leis de Newton valem em qualquer referencial.

16. **CO** (UFG-GO) Um objeto de 5 kg move-se em linha reta sob a ação de uma força. O gráfico a seguir representa sua velocidade em função do tempo.

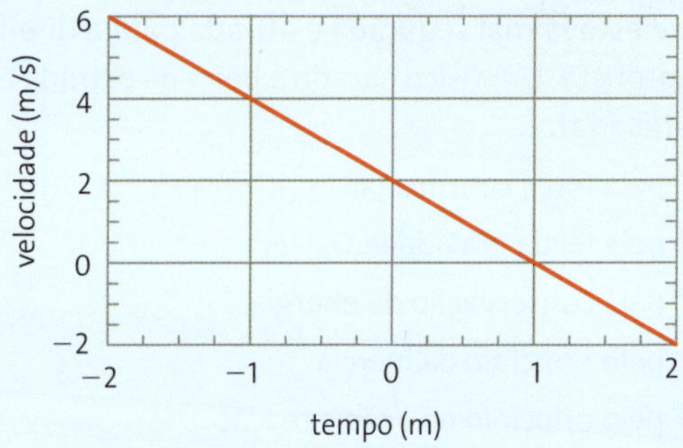

Considerando-se os dados apresentados, conclui-se que o gráfico, que representa a força que atua no objeto em função do tempo, é o seguinte:

a)

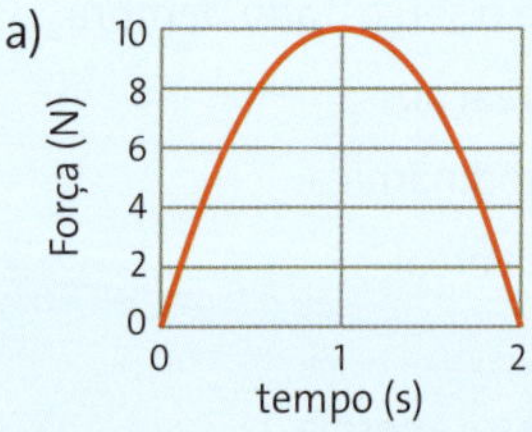

b)

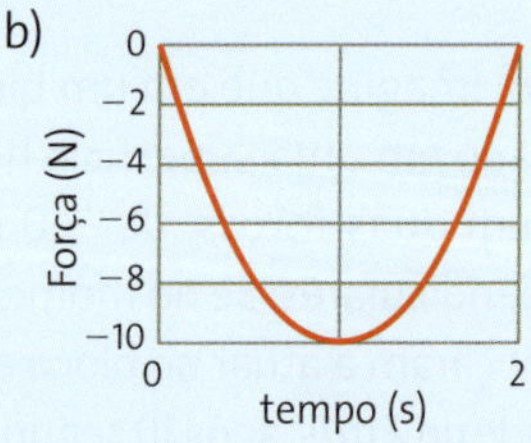

c)

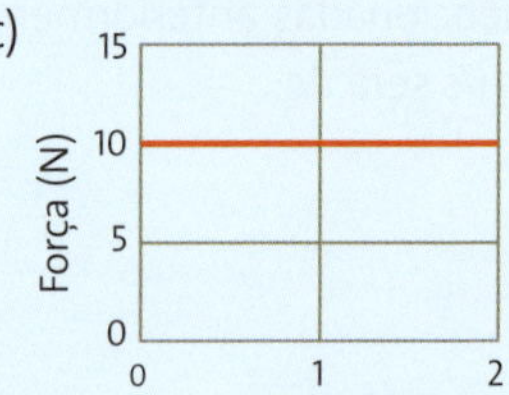

d)

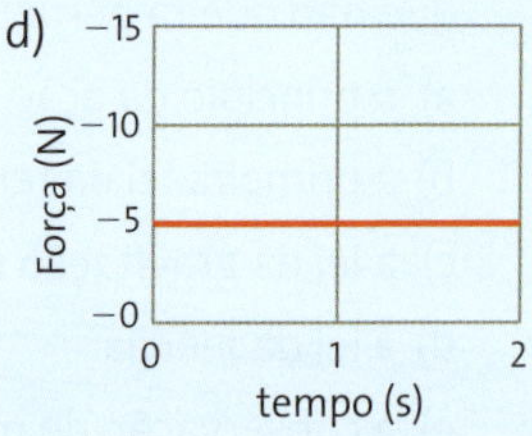

e)

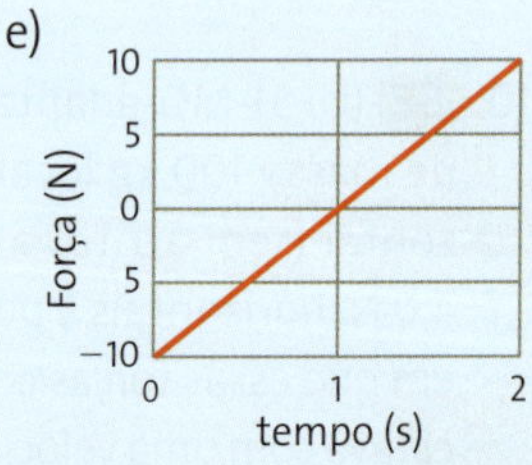

CAPÍTULO

5 Aplicações das leis de Newton: trajetórias retas

Christian Lagerek/Shutterstock/Glow Images

Qual é a relação entre a força no cabo e o peso do contêiner?

Westend61/Getty Images

Marioci/Shutterstock/Glow Images

Figura 5.2 Conforme o número de carrinhos aumenta, a aceleração é menor (**a**). O sistema avião + planador pode ser considerado um sistema isolado (**b**).

1 Corpos em movimento horizontal

Na figura 5.1 observamos uma composição ferroviária constituída por uma locomotiva e vários vagões, que podem ser usados para transporte de cargas ou passageiros.

A partir do instante em que a locomotiva inicia o movimento, por meio da interação de suas rodas com os trilhos, a velocidade do conjunto aumenta lentamente até atingir o valor que será mantido constante durante boa parte da viagem. Quanto maior o número de vagões que a locomotiva coloca em movimento, maior a massa (maior inércia) do sistema e, consequentemente, menor a aceleração do conjunto, supondo que a força dos motores da locomotiva seja constante.

Vamos analisar a aplicação das leis de Newton nessa situação e em várias situações semelhantes, como as mostradas na figura 5.2.

Uma vez escolhido o objeto de estudo, que pode ser um ou mais elementos do sistema, ele passa a ser um **sistema isolado**. Todo o restante constitui o meio externo. É preciso analisar detalhadamente todas as interações entre o sistema isolado e o meio externo. Isso se traduz em um diagrama de forças no qual a terceira lei de Newton – ação e reação – assume um papel de destaque.

Como exemplo, vamos supor que uma locomotiva, de massa M, puxe três vagões, de massa m cada um, conforme a figura 5.3.

Formato/Arquivo da editora

Figura 5.3 Locomotiva, com massa M, e três vagões, com massa m cada um.

Vamos escolher um dos vagões para análise; por exemplo, o número 2.

O vagão escolhido constitui um sistema isolado que interage com o meio externo. Desprezando as forças resistivas (resistência do ar e atrito nas rodas), o meio externo é constituído pela Terra, os vagões 1 e 3 e os trilhos. O nosso sistema isolado interage, portanto, com a Terra, com os vagões 1 e 3 e com os trilhos.

Figura 5.1 Composição de locomotiva e vagões.

Gerson Gerloff/Pulsar Imagens

A **figura 5.4** mostra o diagrama de forças no vagão 2 em razão dessas interações. Observe que assinalamos as forças que os componentes do meio externo exercem sobre o vagão escolhido e não as forças que ele exerce nos componentes do meio externo.

Observe que, na vertical, a força resultante sobre o vagão 2 é nula. Assim, em módulo, temos: $C = P$. Na horizontal, temos duas situações possíveis:

- O sistema movimenta-se com velocidade constante. Neste caso, temos, em módulo: $F_{12} = F_{32}$.
- O sistema apresenta movimento acelerado. Neste caso, existe uma força resultante sobre o vagão 2, dada por:

$$F_R = F_{12} - F_{32} \Rightarrow m \cdot a = F_{12} - F_{32}$$

Se o vagão 2 acelera para a direita, isso significa dizer que todos os vagões, incluindo a locomotiva, têm a mesma aceleração horizontal para a direita. Consequentemente, tanto nos vagões como na locomotiva, há uma força resultante para a direita.

Acompanhe os exercícios resolvidos, que mostram aplicações numéricas de movimentos horizontais.

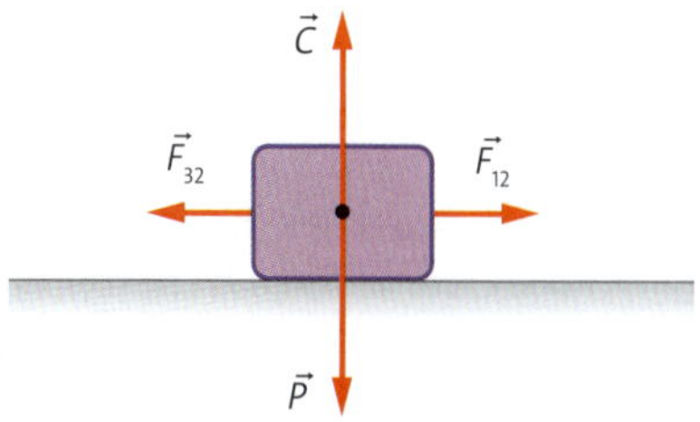

Figura 5.4 Diagrama das forças que atuam no vagão 2. Nessa linguagem esquemática, o vagão 2 é representado por um simples bloco; $\vec{F}_{12}$ significa "a força que o vagão 1 exerce sobre o vagão 2"; e $\vec{F}_{32}$, "a força que o vagão 3 exerce sobre o vagão 2".

Para refletir

Como seria o diagrama de forças nos vagões 1 e 3 adotando-se as mesmas considerações utilizadas para o vagão 2?

Exercícios resolvidos

1. Dois blocos, A e B, estão apoiados em uma superfície horizontal, e uma força $\vec{F}$, de intensidade 40 N, é aplicada ao bloco A, conforme mostra a figura.

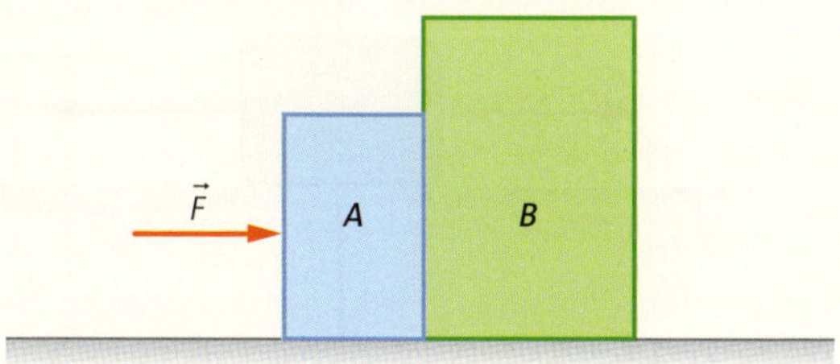

As massas dos blocos A e B são 1,0 kg e 3,0 kg, respectivamente. O coeficiente de atrito entre cada bloco e a superfície horizontal é 0,20. Considere $g = 10$ m/s^2. Determine:

a) a aceleração comum aos dois blocos;

b) a intensidade da força que o bloco A aplica no bloco B;

c) a aceleração comum aos dois blocos supondo o atrito desprezível.

Resolução

a) A superfície em que se apoiam os blocos impõe que a aceleração seja horizontal. Assim, na vertical, as forças (peso e normal) devem estar equilibradas. Considerando o conjunto, a intensidade da força resultante é dada por:

$$R = F - (A_A + A_B)$$

Sendo $R = (m_A + m_B) \cdot a$; $A_A = \mu \cdot N_A$ e $A_B = \mu \cdot N_B$, temos:

$$(m_A + m_B) \cdot a = F - \mu \cdot (N_A + N_B)$$

Substituindo os valores numéricos e sendo $N = P = m \cdot g$, obtemos:

$$(1{,}0 + 3{,}0) \cdot a = 40 - 0{,}20 \cdot (1{,}0 \cdot 10 + 3{,}0 \cdot 10) \Rightarrow$$
$$\Rightarrow a = 8{,}0 \text{ m/s}^2$$

b) Na figura seguinte, que mostra apenas as forças horizontais agindo nos blocos A e B, a força $\vec{f}$ representa a força normal que o bloco A aplica no bloco B.

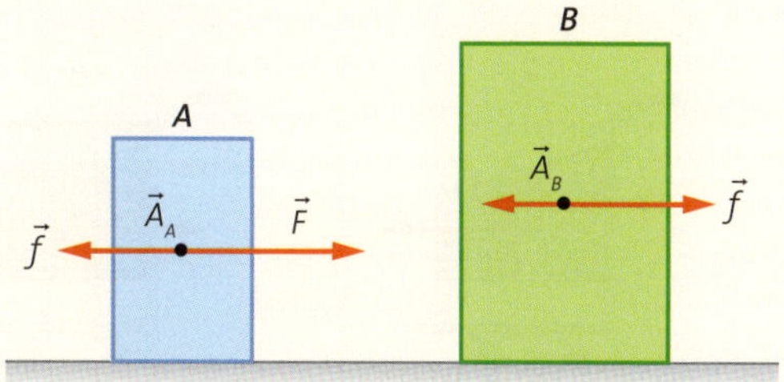

Usando a segunda lei de Newton para o bloco B, temos:

$$R = f - A_B \Rightarrow 3{,}0 \cdot 8{,}0 = f - 0{,}20 \cdot 3{,}0 \cdot 10 \Rightarrow$$
$$\Rightarrow f = 30 \text{ N}$$

c) No caso de desprezarmos o atrito, a aceleração comum aos blocos é dada por:

$$(m_A + m_B) \cdot a = F \Rightarrow (1{,}0 + 3{,}0) \cdot a = 40 \Rightarrow$$
$$\Rightarrow a = 10 \text{ m/s}^2$$

2. Dois carrinhos de supermercado, A e B, interligados por um cabo, são puxados horizontalmente, sobre uma superfície horizontal, por uma pessoa que aplica uma força F, conforme mostra a figura. Suponha que a massa do carrinho A seja 16 kg e, a do carrinho B, 8 kg. Em razão da existência de rodas nos carrinhos, o atrito pode ser desprezado. Nessas condições, determine:

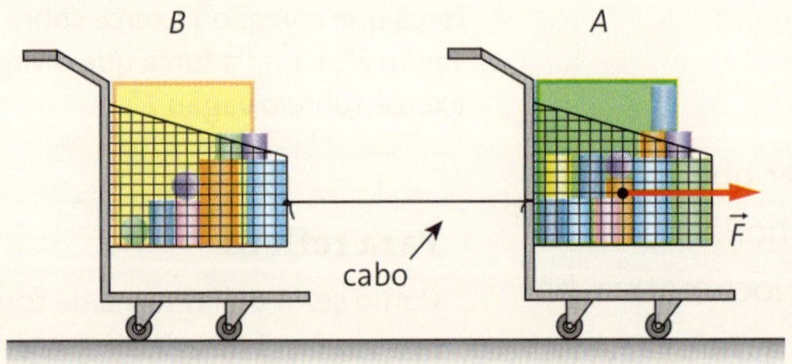

Ilustrações: Formato/Arquivo da editora

a) a intensidade da força exercida pela pessoa para acelerar o conjunto 0,5 m/s^2;

b) a intensidade da força de tração no cabo que interliga os carrinhos, nas condições do item **a**;

c) o que deve acontecer com a intensidade da força $\vec{F}$ se, por um defeito, as rodas dos carrinhos pararem de girar, mas a pessoa quiser continuar imprimindo ao conjunto a mesma aceleração.

Considere o coeficiente de atrito dinâmico igual a 0,4 e $g = 10$ m/s^2.

Resolução

Na figura seguinte temos as forças horizontais em cada carrinho e no cabo que interliga os dois carrinhos.

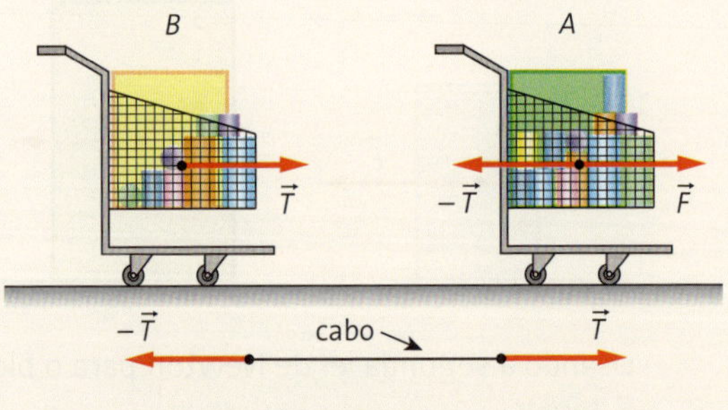

As forças verticais (peso e contato) não foram representadas, pois elas se equilibram.

a) Considerando que o objeto de estudo seja um único bloco constituído pelos dois carrinhos, $\vec{F}$ é a força resultante sobre o conjunto, cuja intensidade é dada pela segunda lei de Newton:

$F = (m_A + m_B) \cdot a \Rightarrow F = (16 + 8) \cdot 0{,}5 \Rightarrow F = 12$ N

Portanto, a força exercida pela pessoa tem intensidade igual a 12 N. Nesse caso, o que aconteceu com as forças $\vec{T}$ e $-\vec{T}$ mostradas na figura anterior?

b) Vamos considerar somente um dos carrinhos. Por exemplo, o carrinho B, cujo diagrama de forças está mostrado na figura anterior. Observe que a tração $\vec{T}$ é a força resultante. Então, de acordo com a segunda lei de Newton, obtemos:

$$T = F_R = m_B \cdot a \Rightarrow T = 8 \cdot 0{,}5 \Rightarrow T = 4 \text{ N}$$

Assim, a intensidade da força de tração que interliga os carrinhos é 4 N.

c) Se as rodas param de girar, o sistema passa a funcionar como um bloco sendo arrastado sobre uma superfície horizontal. A figura seguinte mostra o diagrama de forças em que os dois carrinhos são considerados como um único bloco, de massa m_T igual a 24 kg (que é a soma das massas dos dois carrinhos):

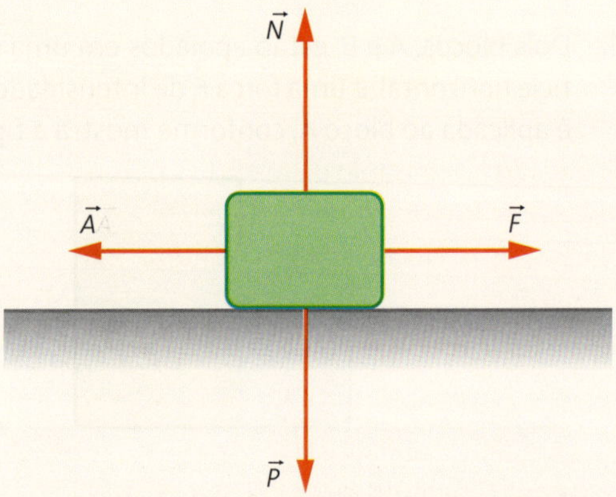

Observe na figura que optamos por representar a força de contato $\vec{C}$ que o piso exerce no bloco por meio de suas componentes: a força normal $\vec{N}$ e a força de atrito $\vec{A}$.

Na vertical, temos:

$N = P = m_T \cdot g \Rightarrow N = 24 \cdot 10 \Rightarrow N = 240$ N

E, na horizontal, temos:

$F_R = F - A \Rightarrow m_T \cdot a = F - \mu \cdot N$

Portanto, o módulo da força F passa a ser:

$F = m_T \cdot a + \mu \cdot m_T \cdot g \Rightarrow$

$\Rightarrow F = 24 \cdot 0{,}5 + 0{,}4 \cdot 24 \cdot 10 \Rightarrow F = 108$ N

Portanto, nessas condições, a intensidade da força $\vec{F}$ deve ser aumentada de 12 N para 108 N.

Exercícios

1. Três blocos, *A*, *B* e *C*, de massas iguais a 10,0 kg, 3,0 kg e 7,0 kg, respectivamente, encontram-se em repouso sobre uma superfície horizontal. Uma força de intensidade 60 N é aplicada no bloco *A*, conforme mostra a figura. Despreze atritos e considere $g = 10\ m/s^2$.

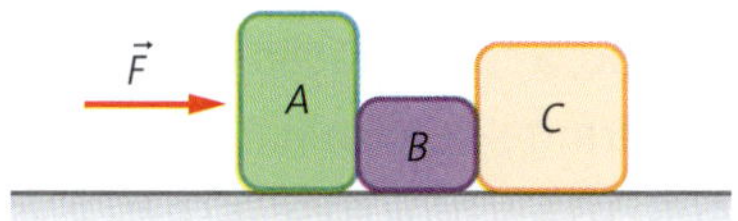

Faça o diagrama de forças correspondente a cada bloco e determine a aceleração do sistema.

2. (Uern) Na figura a seguir, há uma superfície plana horizontal sobre a qual pode deslizar sem atrito a plataforma *P* de 2,0 kg de massa. Sobre a plataforma é colocado um bloco *B* de 0,5 kg de massa. Os coeficientes de atrito estático e cinético entre o bloco e a plataforma são respectivamente 0,4 e 0,2. Observe:

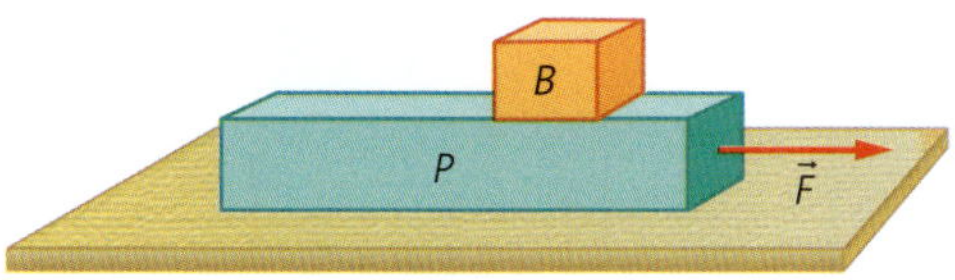

Sendo 7,5 N o módulo da força $\vec{F}$ horizontal aplicada à plataforma, o que ocorreu com o bloco *B*, em relação a um referencial fixo na Terra?

a) Desliza para a esquerda sobre a plataforma.

b) Realiza com a plataforma um movimento retilíneo uniforme, ambos com a mesma velocidade.

c) Realiza com a plataforma um movimento retilíneo uniformemente acelerado, ambos com a mesma aceleração.

d) Desliza sobre a plataforma para a esquerda, realizando um movimento retilíneo uniformemente acelerado.

3. (Vunesp-SP) Dois blocos, *A* e *B*, de massas 2,0 kg e 6,0 kg, respectivamente, e ligados por um fio, estão em repouso sobre um plano horizontal. Quando puxado para a direita pela força $\vec{F}$ mostrada na figura, o conjunto adquire aceleração de 2,0 m/s^2.

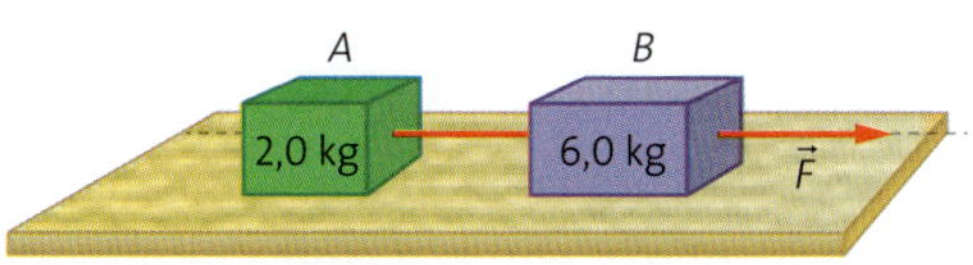

Nessas condições, determine o módulo da resultante das forças que atuam respectivamente em *A* e em *B*, em newtons.

4. A figura mostra um avião rebocando um planador, por meio de um cabo inextensível e de massa desprezível, e acelerando ao longo de uma pista para levantar voo.

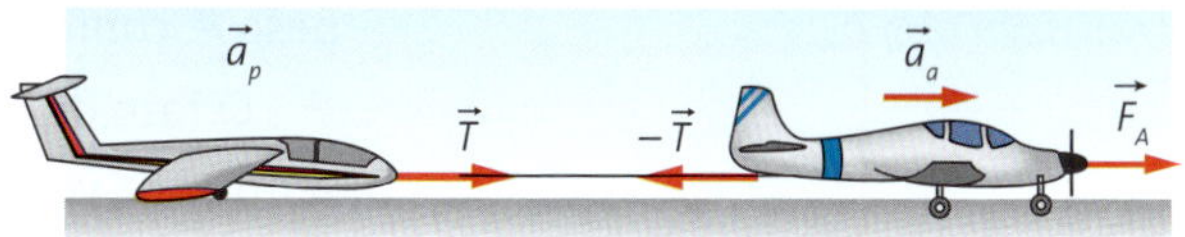

Sejam $\vec{F}_A$ a força do motor do avião; $\vec{T}$ a tração no cabo que une o avião ao planador; $\vec{a}_p$ a aceleração do planador e $\vec{a}_a$ a aceleração do avião. Compare, em módulo:

a) a aceleração do avião $\vec{a}_a$ com a do planador $\vec{a}_p$;

b) a tração $\vec{T}$ exercida no planador com a exercida no avião;

c) a força do motor do avião $\vec{F}_A$ com a tração $\vec{T}$ no cabo de reboque.

5. (Ufscar-SP) Com motores mais potentes, caminhões com duas carretas têm se tornando muito comuns nas estradas brasileiras.

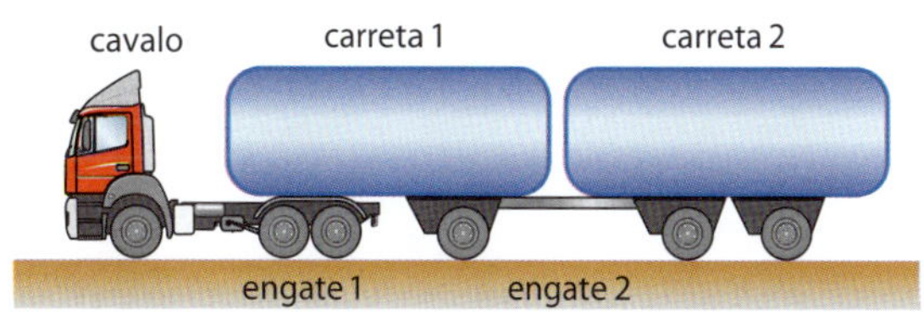

Ilustrações: Formato/Arquivo da editora

O caminhão esquematizado acelera uniformemente com aceleração de valor *a*. Nessas condições:

- o motor do cavalo aplica sobre o conjunto uma força constante de intensidade *F*;
- a interação entre as partes unidas pelos engates 1 e 2 tem intensidades respectivamente iguais a f_1 e f_2;
- as massas do cavalo, da carreta número 1 e da carreta número 2 são, nessa ordem, m, m_1 e m_2;
- a resistência do ar ao movimento da carreta pode ser considerada desprezível.

a) Construa a expressão, em termos das forças indicadas, que determina a intensidade da força resultante no primeiro engate, enquanto a carreta é mantida sob aceleração constante.

b) Alguns motoristas arriscam muito quando se trata de segurança. Uma ação perigosa é "andar na banguela", isto é, com as rodas livres, sem a marcha engatada. Supondo desprezíveis os atritos nos mancais do caminhão durante uma "banguela", determine a velocidade que uma dessas carretas atingiria no ponto mais baixo de um vale, após ter iniciado a descida, a partir do repouso, de um ponto a 45 m de altura, relativamente ao fundo do vale. Considere $g = 10\ m/s^2$.

2 Elevadores

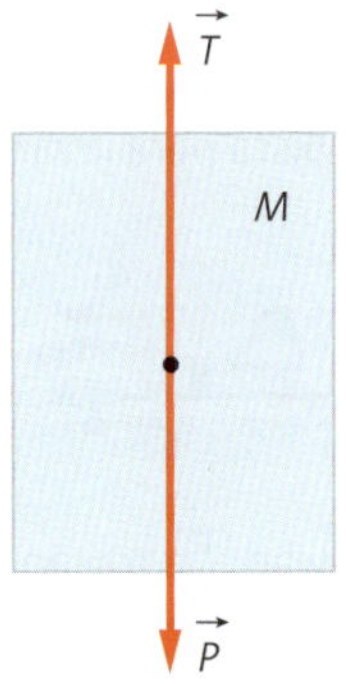

Figura 5.5 Diagrama de forças que agem em um elevador.

Basicamente, os elevadores podem ser tratados como um bloco de massa total M que se movimenta verticalmente em movimento retilíneo sob a ação de duas forças: a força de tração $\vec{T}$ no cabo (ou cabos) e a força peso $\vec{P}$, conforme mostra a **figura 5.5**.

O fato de o elevador estar subindo ou descendo determina apenas o sentido da velocidade. Por outro lado, a comparação entre as intensidades das forças peso e de tração nos permite determinar o que acontece com o módulo da velocidade enquanto o elevador sobe ou desce, isto é, se ele apresenta movimento uniforme, acelerado ou retardado.

Se o elevador, inicialmente parado, entra em movimento, para cima ou para baixo, o movimento só pode ser acelerado. Nessas condições, a resultante das forças peso e de tração tem o mesmo sentido do movimento. A **figura 5.6** mostra as duas possibilidades: a de subida e a de descida.

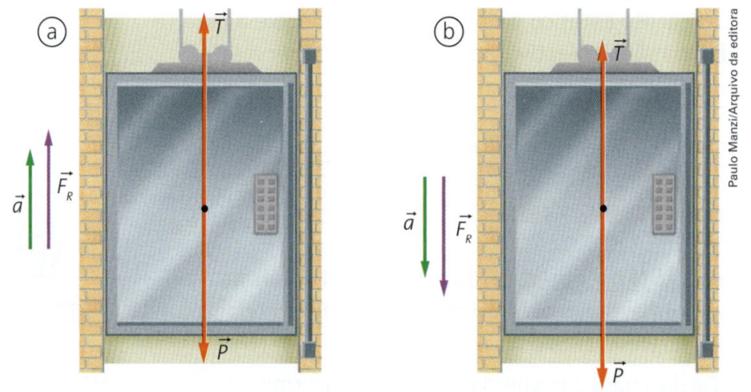

Figura 5.6 Representação da força resultante $\vec{F}_R$ e da aceleração $\vec{a}$ em um elevador entrando em movimento para cima (**a**) e para baixo (**b**).

Observe que, para um elevador parado iniciar a subida, a intensidade da força de tração deve ser maior que a intensidade da força peso, pois a aceleração tem o mesmo sentido da força resultante. Nesse caso, a intensidade da força resultante é dada por:

$$F_R = T - P \Rightarrow M \cdot a = T - M \cdot g$$

E, para iniciar a descida, a intensidade da força de tração deve ser menor que a intensidade da força peso. Assim, a intensidade da força resultante é dada por:

$$F_R = P - T \Rightarrow M \cdot a = M \cdot g - T$$

Vamos analisar agora o caso de um elevador que já esteja em movimento. Para isso, primeiro assinalamos o sentido do vetor velocidade (para cima ou para baixo); em seguida, comparamos a intensidade da força de tração com a da força peso: quando o sentido da força resultante coincide com o sentido da velocidade, significa que o elevador está em movimento acelerado; se a força resultante estiver no sentido contrário ao da velocidade, o elevador estará em movimento retardado; e, se a força resultante for nula, concluímos que o movimento do elevador é uniforme.

Trabalho em equipe

Na figura seguinte estão esquematizadas as cinco possibilidades para um elevador em movimento.

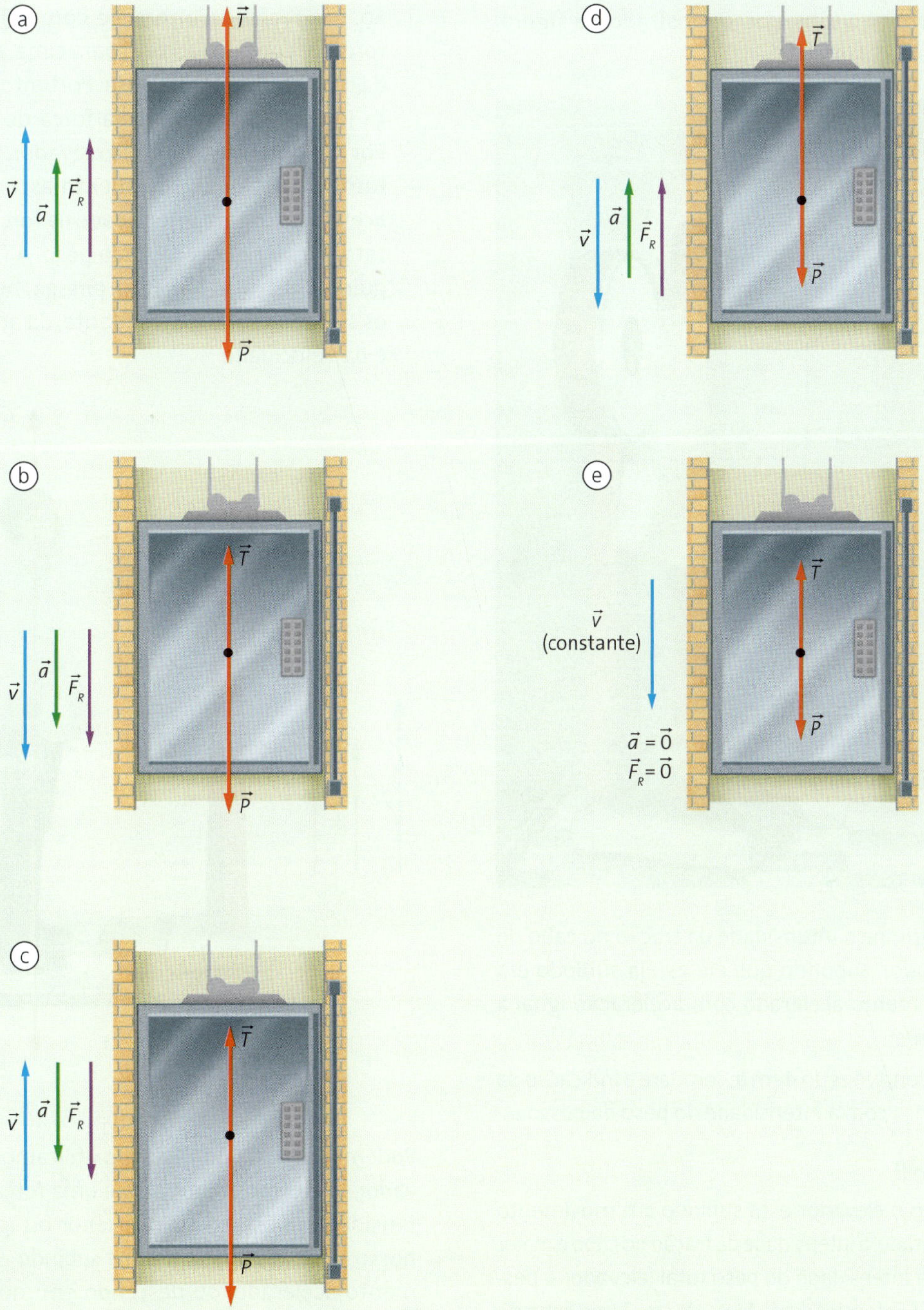

Ilustrações: Paulo Manzi/Arquivo da editora

Com um colega, deduzam a equação para a força resultante em cada um dos cinco casos mostrados. Discutam os resultados com as demais duplas.

Observação

O mesmo raciocínio pode ser aplicado para um objeto ou uma pessoa dentro do elevador. No caso de uma pessoa, a diferença reside no fato de que as forças que agem nela são as forças peso $\vec{P}$ e de contato $\vec{C}$.

Exercício resolvido

3. Em um elevador de massa 920 kg, uma pessoa de massa 80 kg encontra-se sobre uma balança calibrada em newtons, como mostrado na figura. Considere $g = 10\ m/s^2$.

Ilustrações: Antonio Robson/Arquivo da editora

a) Determine a intensidade da tração no cabo do elevador, supondo que ele esteja subindo em movimento acelerado com aceleração igual a 2,0 m/s^2.

b) Nas condições do item **a**, compare a indicação da balança com a intensidade do peso da pessoa.

Resolução

a) Como o elevador está subindo em movimento acelerado, a intensidade da tração no cabo é maior que a intensidade do peso total (elevador + pessoa). A intensidade da força de tração no cabo do elevador é obtida na equação da força resultante:

$F_R = T - P_{total} \Rightarrow m_T \cdot a = T - m_T \cdot g$

$(920 + 80) \cdot 2{,}0 = T - (920 + 80) \cdot 10 \Rightarrow$

$\Rightarrow 2\,000 = T - 10\,000 \Rightarrow T = 12\,000\ N$

A intensidade da tração no cabo do elevador é 12 000 N.

b) A pessoa sobre a balança está sujeita à ação de duas forças: a força peso, vertical para baixo, em razão da interação com a Terra, e a força de contato, vertical para cima, em razão da interação com a balança. Portanto, a balança indica a intensidade da força de contato. Por movimentar-se com o elevador, a pessoa também está em movimento ascendente e acelerado. Logo, a intensidade da força de contato é maior que a da força peso. A figura seguinte ilustra as forças na pessoa, bem como os sentidos da força resultante, da aceleração e da velocidade.

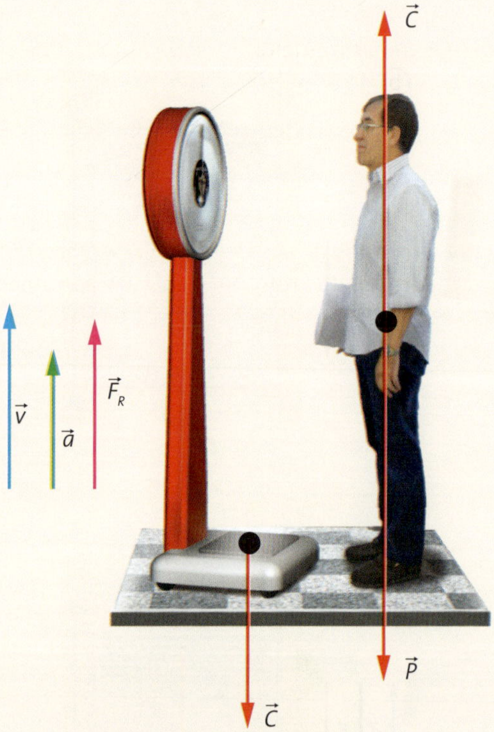

Podemos concluir que, quando utilizamos um elevador, exercemos no piso dele uma força cuja intensidade pode ser maior, menor ou igual à de nosso peso. Quando estamos subindo em movimento acelerado, ou descendo em movimento retardado, a intensidade da força que exercemos no piso é maior que a do nosso peso; se estamos subindo em movimento retardado, ou descendo em movimento acelerado, a intensidade da força que exercemos no piso é menor que a do nosso peso; e, se subimos ou descemos com velocidade constante, a intensidade da força que exercemos no piso é igual à do nosso peso.

Exercícios

6. Um corpo de 5 kg está preso em um dinamômetro, que por sua vez está preso ao teto de um elevador, como mostra a figura seguinte:

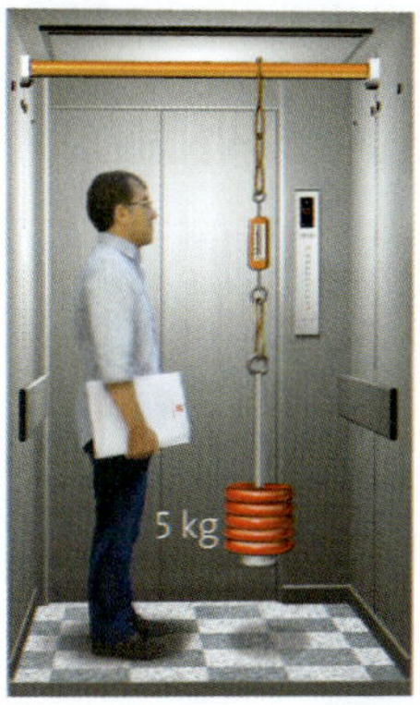

Antonio Robson/Arquivo da editora

São registradas três leituras no dinamômetro:

I. 80 N II. 50 N III. 20 N

Determine a aceleração e o tipo de movimento do elevador em cada uma das três situações.

7. Suponha que, em determinado instante, a intensidade da tração no cabo de um elevador é maior que a intensidade da força peso total do elevador. Nesse instante, o elevador está subindo ou descendo? Justifique.

8. Um bloco de massa *m* é preso por um fio ao teto de um elevador que se movimenta verticalmente para cima, conforme mostra a figura.

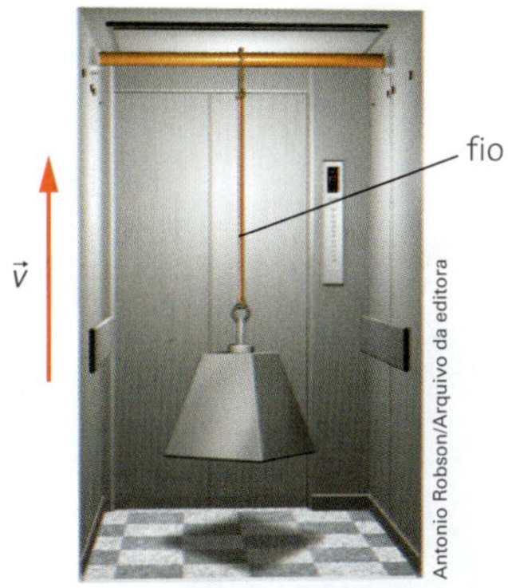

Antonio Robson/Arquivo da editora

Em relação às intensidades da tração no fio, $\vec{T}$, e da força peso do bloco, $\vec{P}$, podemos afirmar que:

a) T é sempre maior que P, pois o elevador está subindo.
b) Se a velocidade do elevador é constante, temos $T < P$.
c) Se a velocidade do elevador está aumentando, temos $T = P$.
d) Se a velocidade do elevador está diminuindo, temos $T < P$.
e) Se $T \neq P$, certamente a velocidade do elevador está aumentando.

9. Observe a tirinha.

©Caruso/Acervo do cartunista

Disponível em: <www.cbpf.br/~caruso>. Acesso: fev. 2013.

O que acontece com uma pessoa (ou um objeto) colocada dentro de um elevador parado no 5º andar de um prédio se o cabo que segura o elevador for cortado, conforme ilustrado na tirinha?

10. (UFTM-MG) No dia 5 de agosto de 2010, um desmoronamento ocorrido na mina de cobre de São José, no norte do Chile, deixou 33 mineiros isolados a 700 m de profundidade. O resgate teve início 69 dias depois, por meio de uma cápsula com a forma aproximada de um cilindro que, puxada por um cabo, subia por um túnel aproximadamente na vertical, levando os mineiros, um a um, para a superfície. Cada mineiro foi levado à superfície com uma velocidade constante de 0,7 m/s, mas que poderia dobrar ou triplicar em caso de emergência.

Paulo Manzi/Arquivo da editora

Considerando que, em um dos resgates, a massa total da cápsula mais a pessoa transportada era de 320 kg e que a intensidade da força de atrito aplicada pela parede lateral do túnel sobre a cápsula enquanto ela subia à superfície foi de 1 800 N.

a) Determine a intensidade da força de tração aplicada pelo cabo à cápsula, para levá-la à superfície, nas condições do problema.
b) Admita que, em uma situação de emergência no resgate de um mineiro de 60 kg, tenha sido necessário aumentar a velocidade de subida da cápsula de 0,7 m/s para 2,1 m/s, em 4 s. Determine, nesse intervalo de tempo, qual teria sido a intensidade da força média aplicada pelo piso da cápsula sobre os pés do mineiro transportado. Adote $g = 10 \text{ m/s}^2$.

3 Polia fixa e polia móvel

Um dispositivo simples e muito útil na construção civil, arquitetura naval, aparelhos de ginástica e motores é a polia, também conhecida como roldana.

As polias, sejam elas fixas ou móveis, têm como objetivo facilitar a tarefa dos operários e marinheiros no manejo dos **velames**. As caravelas de Cabral já possuíam uma grande variedade de polias. Na **figura 5.7** mostramos dois exemplos de barcos que utilizam polias.

Velame – Conjunto de velas de uma embarcação.

William West/Agência France-Presse

Figura 5.7 Em um veleiro (**a**), todas as regulagens e manobras de velas são feitas por meio de sistemas de polias, exigindo grande perícia dos velejadores – especialmente em competições de alto nível, como se pode perceber na foto (**b**) de Robert Scheidt (timoneiro, à esquerda) e Bruno Prada (à direita) nas Olimpíadas de Londres, em 2012, quando conquistaram a medalha de bronze na classe Star.

Rudy Trindade/Folhapress

As polias fixas têm por finalidade mudar a direção e/ou o sentido de uma força de tração, enquanto as polias móveis possibilitam a realização de uma tarefa com uma força de intensidade menor do que seria necessário sem a sua utilização. Vejamos cada caso mostrado na **figura 5.8**.

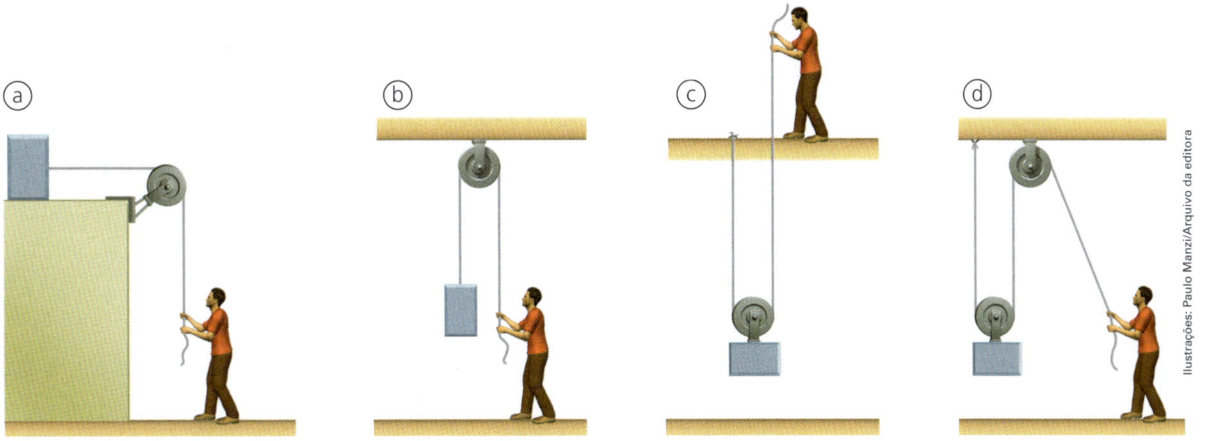

Figura 5.8 Diferentes possibilidades de utilização de polias.

Em **5.8.a** e **5.8.b**, a polia é fixa: muda a direção e/ou o sentido da força, sem ganho na intensidade. A utilização de uma polia fixa está relacionada à comodidade do operador, e não ao ganho de força: em **a**, a polia muda a direção da tração no fio (a pessoa puxa o fio na vertical e o bloco movimenta-se na horizontal); em **b**, há mudança no sentido (a pessoa puxa o fio para baixo e o bloco movimenta-se para cima).

Em **5.8.c**, a polia é móvel, cuja finalidade é duplicar a intensidade da força aplicada pelo operador. Se o peso do bloco for 80 N, o operador consegue equilibrá-lo com uma força de apenas 40 N. Os outros 40 N são aplicados pelo teto, onde está presa a outra extremidade do fio. Em contrapartida, para que o bloco suba 1,0 m, é preciso que o operador puxe 2,0 m do fio. Utilizando-se uma roldana móvel, o operador aplica somente metade da força que aplicaria diretamente no bloco; em compensação, precisa exercer essa força ao longo de um comprimento de fio que é o dobro da altura que o bloco sobe. Desse modo, a roldana móvel é uma máquina que, em termos práticos, "troca força por distância".

Finalmente, em **5.8.d**, temos uma associação de duas polias, uma fixa e outra móvel. Nesse caso, a polia móvel duplica a força do operador, ao mesmo tempo que a polia fixa facilita o trabalho dele. A polia móvel funciona como em (**c**), e a polia fixa, como em (**b**).

Para o levantamento de blocos muito pesados, podemos utilizar associações de várias polias móveis. A **figura 5.9** ilustra um arranjo, denominado talha exponencial, no qual a intensidade da força aplicada pelo operador é duplicada em cada uma das polias móveis.

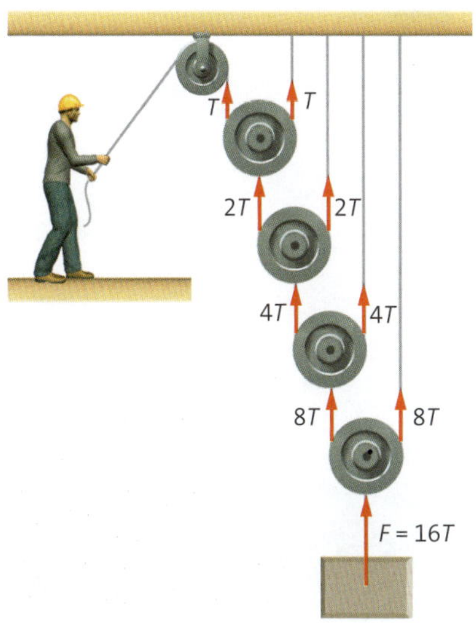

Figura 5.9 Talha exponencial.

Na situação mostrada (**figura 5.9**), o operador consegue equilibrar o sistema com uma força cuja intensidade é $\frac{1}{16}$ do peso do bloco suspenso. Para *n* polias móveis, a intensidade da força de tração mínima $T_{\text{mín.}}$ para elevar um bloco de peso *P* é dada por:

$$T_{\text{mín.}} = \frac{P}{2^n}$$

Vantagem mecânica

Quando uma polia duplica a intensidade da força aplicada por um operador, dizemos que houve uma **vantagem mecânica** igual a 2, pois a intensidade da força aplicada foi duplicada.

Na **figura 5.10**, temos uma talha exponencial com duas polias móveis e uma polia fixa em duas situações: na **figura 5.10.a**, a carga a ser içada está embaixo, e na **figura 5.10.b**, a carga foi erguida.

Como temos duas polias móveis, a intensidade mínima da força de tração é: $T_{\text{mín.}} = \dfrac{P}{2^2} = \dfrac{P}{4}$.

Portanto, a vantagem mecânica do sistema representado na figura é igual a 4, pois a intensidade da força aplicada para levantar a carga é quadruplicada, ou seja, essa força equivale a $\dfrac{1}{4}$ do valor do peso da carga. Na realidade, para iniciar o levantamento da carga, devemos aplicar uma força um pouco maior do que $\dfrac{1}{4}$ do peso dela e, uma vez em movimento, como a força é igual à do peso da carga, o movimento é uniforme.

Um fato que deve ser observado na figura é que o deslocamento da carga corresponde a $\dfrac{1}{4}$ do deslocamento do bloco utilizado para levantá-la, o que confirma a ideia de que nesse tipo de arranjo existe a troca da força pela distância.

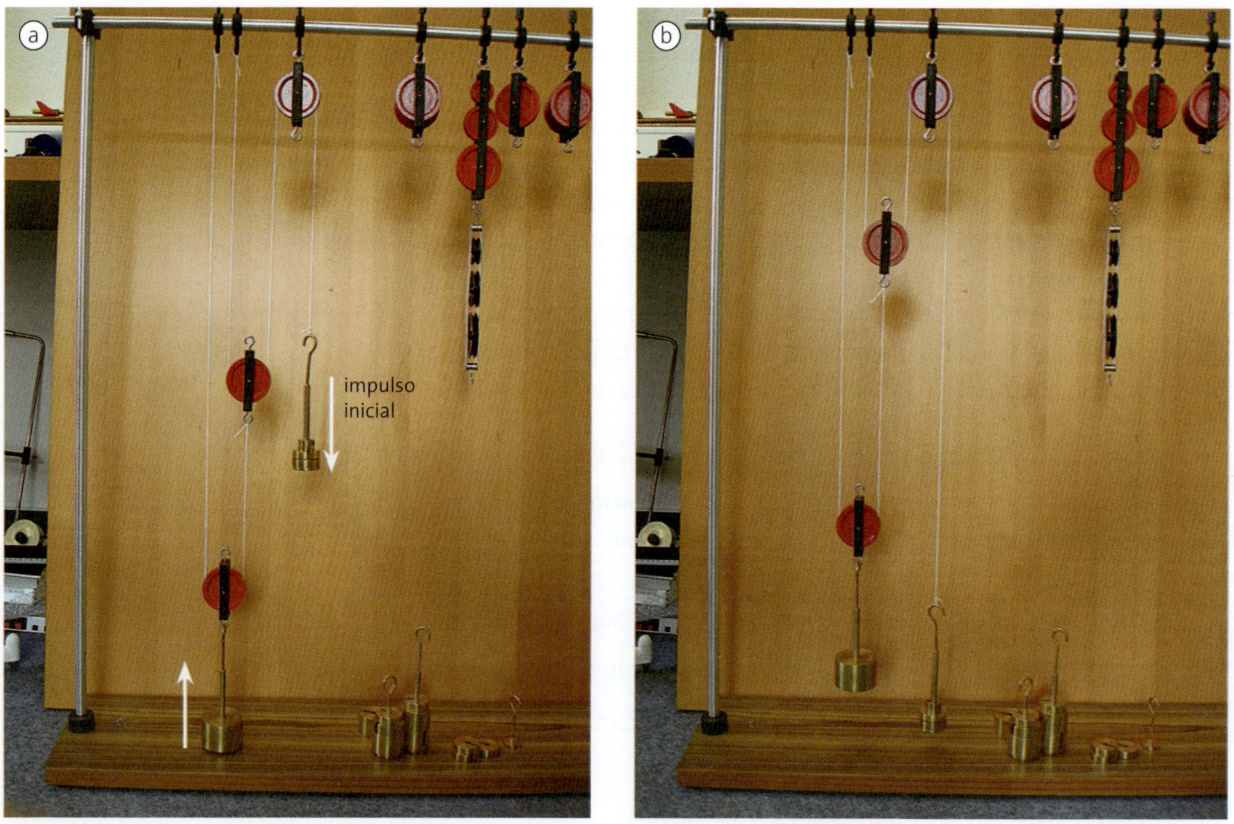

Fotografias: Acervo do autor/Arquivo da editora

Figura 5.10 Partindo de um leve impulso inicial (**a**), a carga é levantada por um corpo de peso 4 vezes menor que o dela (**b**).

Exercícios

11. Observe o arranjo com três polias e um bloco de 100 N de peso mostrado na figura seguinte.

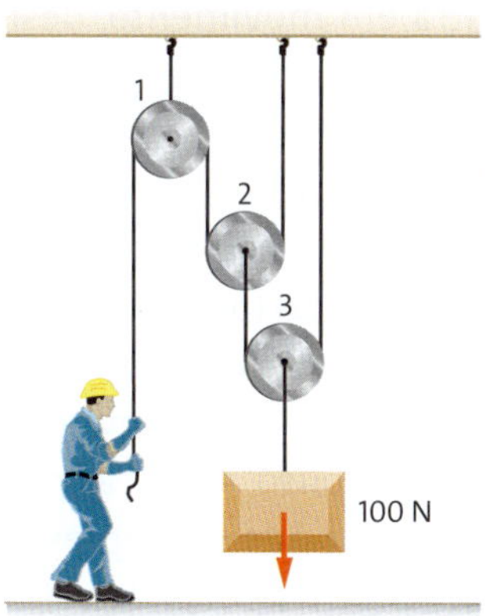

Ilustrações: Formato/Arquivo da editora

a) Identifique a(s) polia(s) móvel(is) e a(s) fixa(s).

b) Calcule a intensidade mínima da força que se deve exercer no fio para erguer o bloco.

c) Qual é a vantagem mecânica desse arranjo?

12. No sistema de polias mostrado na figura seguinte, determine quantos metros o bloco de 15 kg deve descer para que o de 120 kg suba 1,0 m.

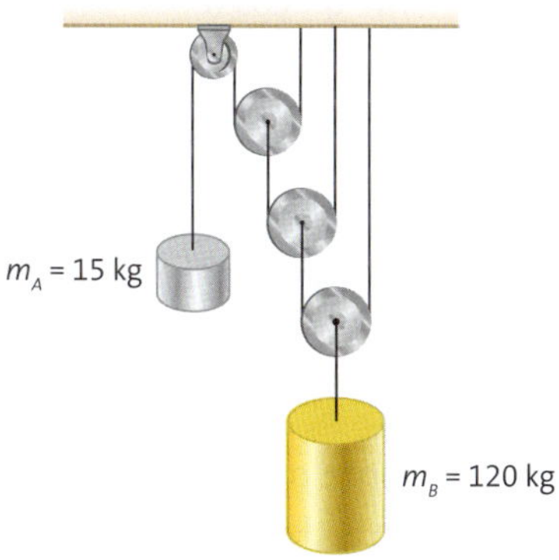

13. (UFPE) Um pequeno bloco de 0,50 kg desliza sobre um plano horizontal sem atrito, sendo puxado por uma força constante $F = 10{,}0$ N aplicada a um fio inextensível que passa por uma roldana, conforme a figura a seguir. Qual a aceleração do bloco, em m/s^2, na direção paralela ao plano, no instante em que ele perde o contato com o plano? Despreze as massas do fio e da roldana, bem como o atrito no eixo desta.

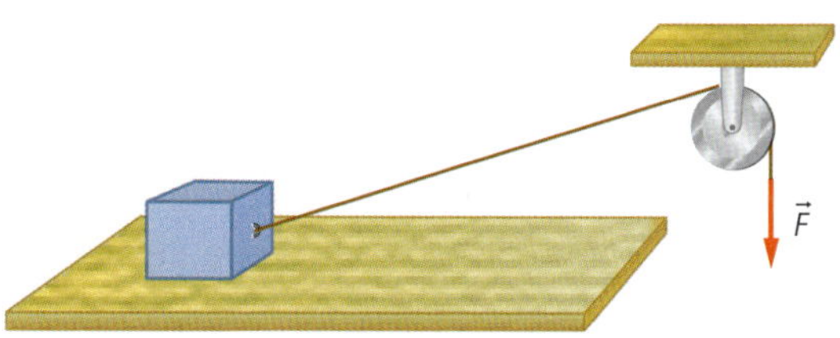

14. (PUC-RS) Numa obra de construção civil, os operários transportam verticalmente materiais usando roldanas, conforme mostra a figura.

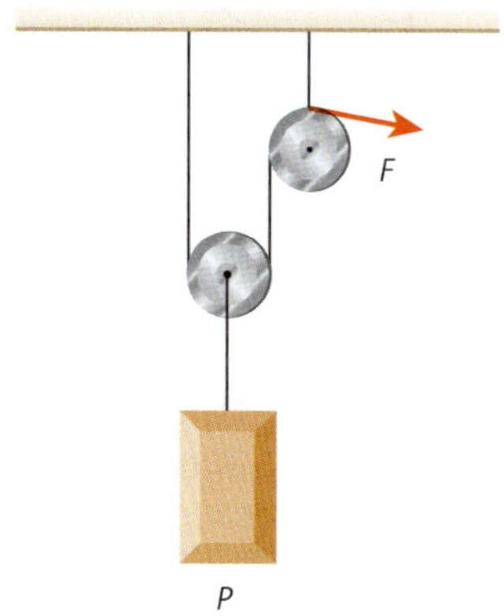

Desprezam-se o atrito, o peso das roldanas e o peso da corda. Para elevar um material de peso *P*, a força *F* deve ser um pouco superior a:

a) $\frac{P}{4}$.

b) $\frac{P}{2}$.

c) *P*.

d) 2*P*.

e) 4*P*.

15. (UFC-CE) A figura abaixo mostra dois blocos, de massas $m = 2{,}5$ kg e $M = 6{,}5$ kg, ligados por um fio que passa sem atrito por uma roldana. Despreze as massas do fio e da roldana e suponha que a aceleração da gravidade valha $g = 10$ m/s^2. O bloco de massa *M* está apoiado sobre a plataforma *P*, e a força *F* aplicada sobre a roldana é suficiente apenas para manter o bloco de massa *m* em equilíbrio estático na posição indicada. Sendo *F* a intensidade dessa força e *R* a intensidade da força que a plataforma exerce sobre *M*, determine as intensidades de *F* e *R*, em N.

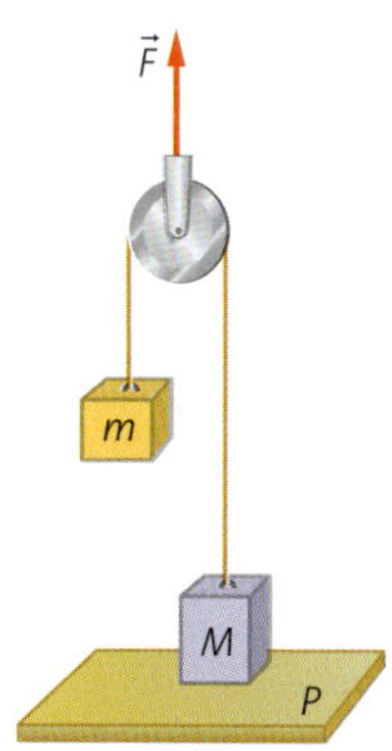

4 Plano inclinado

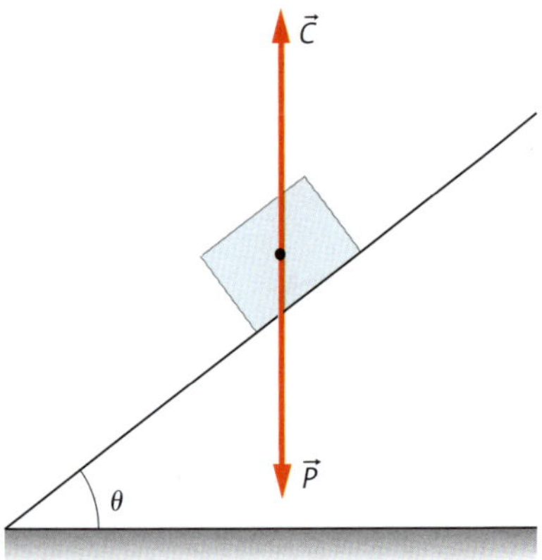

Figura 5.11 Representação esquemática de um carro em uma rampa. Por facilidade, o carro foi substituído por um bloco e as forças $\vec{P}$ e $\vec{C}$ foram mostradas no mesmo ponto (centro de gravidade do bloco).

Um motorista para seu carro em uma ladeira, puxa o freio de estacionamento (freio de mão) para travar as rodas e sai tranquilamente do carro. Por que o carro não entra em movimento, deslizando ladeira abaixo? A esta altura de nosso estudo, certamente a sua resposta será: "Em razão do atrito!".

Para interpretar fisicamente essa situação, vamos tratar o carro como um bloco que se encontra em repouso, apoiado em uma superfície plana, rugosa e inclinada em relação à horizontal (plano inclinado). Nessas condições, o bloco fica sob a ação de duas forças: a força peso $\vec{P}$ e a força de contato $\vec{C}$ com a superfície, conforme mostra a **figura 5.11**.

Como o carro (bloco) está em repouso, as forças peso e de contato se equilibram. A força de contato $\vec{C}$ pode ser representada por suas duas componentes: a força normal $\vec{N}$ e a força de atrito estático $\vec{A}$. O mesmo pode ser feito com a força peso. A **figura 5.12** mostra tanto a decomposição da força de contato como a da força peso, em duas direções perpendiculares entre si: uma delas, paralela ao plano inclinado, e a outra, perpendicular a esse plano.

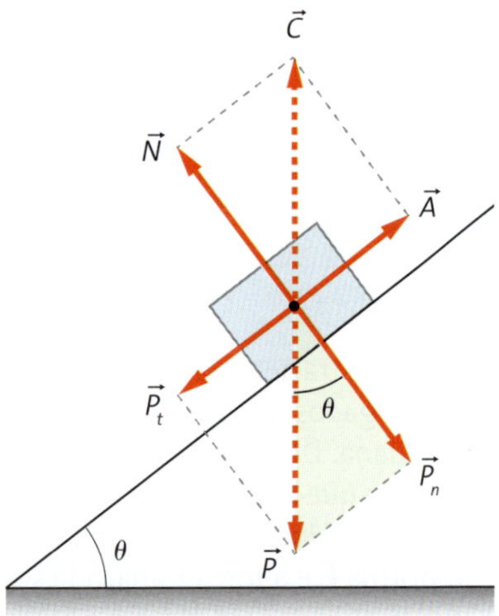

Figura 5.12 Componentes da força peso e da força de contato que atuam sobre um carro (representado por um bloco) em uma rampa.

A intensidade de cada componente da força peso ($\vec{P}_t$ na direção paralela ao plano inclinado, e $\vec{P}_n$ na direção perpendicular a esse plano) é dada por:

$$P_t = P \cdot \text{sen}\,\theta = m \cdot g \cdot \text{sen}\,\theta$$
$$P_n = P \cdot \cos\theta = m \cdot g \cdot \cos\theta$$

Independentemente de o bloco estar em repouso ou não, na direção perpendicular ao plano inclinado, a resultante das forças é nula:

$$N = P_n = P \cdot \cos\theta$$

Na direção paralela ao plano inclinado, vamos analisar quatro situações possíveis:

1. O bloco encontra-se em repouso

Se o bloco está em repouso, a resultante das forças é nula. A força de atrito estático equilibra a componente P_t da força peso ($A_e = P_t$).

2. O bloco encontra-se na iminência de movimento

Nessas condições, a resultante das forças é nula, mas a intensidade da força de atrito estático é máxima e continua equilibrando a componente P_t da força peso ($A_{máx.} = P_t$).

3. O bloco desce a rampa em movimento acelerado

Se o bloco está descendo a rampa em movimento acelerado, temos uma força resultante paralela ao plano inclinado e orientada para baixo, cuja intensidade é dada por:

$$F_R = P_t - A_d \Rightarrow m \cdot a = m \cdot g \cdot \text{sen}\,\theta - \mu_d \cdot m \cdot g \cdot \cos\theta$$
$$a = g \cdot \text{sen}\,\theta - \mu_d \cdot g \cdot \cos\theta$$

Se o plano inclinado for perfeitamente liso, o coeficiente de atrito será igual a zero, e a aceleração do bloco será dada por:

$$a = g \cdot \text{sen}\,\theta$$

4. O bloco sobe a rampa em movimento retardado

Neste caso, estamos pressupondo que o bloco tenha sido lançado rampa acima. O diagrama de forças está indicado na **figura 5.13**.

Na direção do movimento, temos:

$$F_R = P_t + A_d \Rightarrow m \cdot a = m \cdot g \cdot \text{sen } \theta + \mu_d \cdot m \cdot g \cdot \cos \theta$$

$$a = g \cdot \text{sen } \theta + \mu_d \cdot g \cdot \cos \theta$$

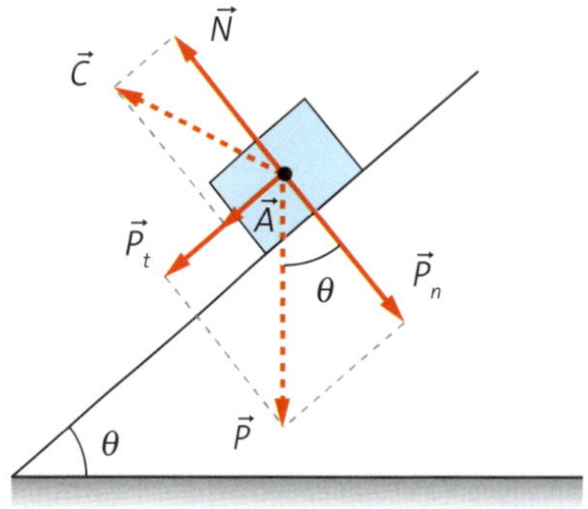

Figura 5.13 Diagrama de forças correspondente a um bloco que sobe uma rampa em movimento retardado.

Exercícios

16. Como você justifica o fato de que uma bola colocada em um piso horizontal permanece em repouso, mas colocada em uma rampa entra em movimento?

17. Galileu Galilei realizou uma série de experimentos fazendo bolas rolarem sobre planos inclinados. Com isso, ele minimizava os efeitos da gravidade na queda dos corpos, tornando os movimentos mais lentos.

a) Explique por que o movimento de um corpo num plano inclinado é mais lento do que em queda livre.

b) Suponha que o plano inclinado utilizado por Galileu apresentasse uma inclinação de 15° com a horizontal (sen 15° = 0,26; cos 15° = 0,96). Considerando-se $g = 10$ m/s^2, qual seria a aceleração máxima da bola descendo esse plano?

18. Para colocar uma caixa de 50 kg na carroceria de um caminhão, uma pessoa utiliza uma corda e puxa lentamente a caixa, conforme mostra a figura. Adote $g = 10$ m/s^2.

Ilustrações: Formato/Arquivo da editora

a) Admitindo que o coeficiente de atrito entre a caixa e a rampa seja 0,10, determine a intensidade mínima da força exercida pela pessoa na corda para realizar a tarefa.

b) Se a corda arrebentar, a caixa permanece em repouso ou desce a rampa? Considere o coeficiente de atrito entre a caixa e a rampa igual a 0,10.

19. (UFRJ) Um bloco de massa 2,0 kg está sobre a superfície de um plano inclinado, que está em movimento retilíneo para a direita, com aceleração de 2,0 m/s^2, também para a direita, como indica a figura a seguir. A inclinação do plano é de 30° em relação à horizontal.

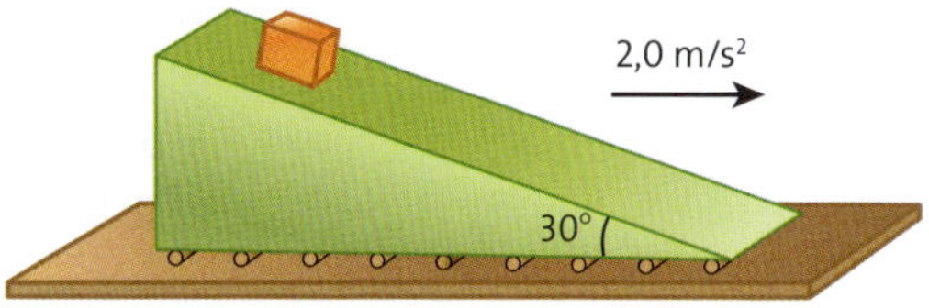

Suponha que o bloco não deslize sobre o plano inclinado e que a aceleração da gravidade seja $g = 10$ m/s^2. Usando a aproximação $\sqrt{3} \simeq 1,7$, calcule o módulo e indique a direção e o sentido da força de atrito *A* exercida pelo plano inclinado sobre o bloco.

20. (Ufla-MG) Um corpo de massa 10 kg é preso a uma mola, produzindo, assim, um alongamento de 5 cm (figura *A*). Coloca-se, agora, esse conjunto mola-corpo sobre um plano inclinado θ isento de atrito (figura *B*).

figura *A*

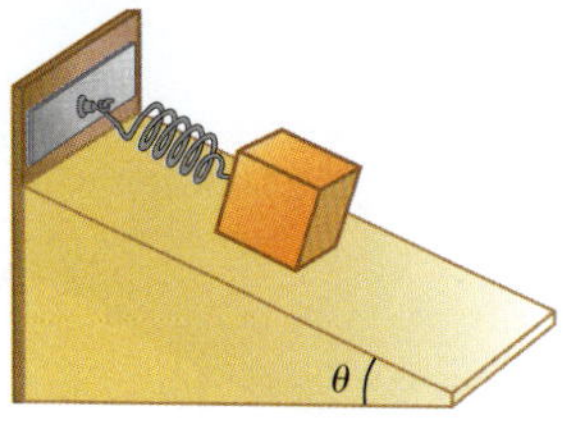

figura *B*

É correto afirmar que no plano inclinado a mola sofre alongamento de:

(Dados: aceleração da gravidade $g = 10$ m/s^2, cos $\theta = 0,8$ e sen $\theta = 0,6$)

a) 0,6 cm.
b) 0,8 cm.
c) 4 cm.
d) 3 cm.

O salto de paraquedas

5 Resistência do ar

As pessoas que praticam o paraquedismo têm a noção exata dos efeitos da resistência do ar. Na modalidade avançada, os saltos acontecem a 12 000 pés de altura (cerca de 3 600 m) e têm uma duração de 6 a 7 minutos, desde a saída do avião até o pouso no solo.

O movimento de descida pode ser dividido em duas etapas. A primeira, que os paraquedistas denominam "queda livre", tem a duração aproximada de 1,0 min e acontece com o paraquedas fechado. Nessa etapa, a velocidade de queda atinge valores entre 180 km/h e 240 km/h, dependendo da densidade do ar e de alguns fatores associados ao paraquedista, tais como a massa corporal e a maneira de posicionar o corpo durante a queda.

Na segunda etapa, denominada "navegação" (**figura 5.14**), temos a abertura do paraquedas. Nessa etapa, com duração entre 5 e 6 minutos, a velocidade do paraquedista é reduzida pela alta resistência que o ar oferece ao movimento do paraquedas, fazendo com que ele chegue ao solo com velocidade de 15 km/h, aproximadamente.

Vamos nos concentrar na primeira. Do ponto de vista da Física, não se trata exatamente de uma queda livre, visto que, além da força peso, os paraquedistas ficam sujeitos também a uma força que se opõe ao movimento, denominada força de resistência do ar, ou simplesmente **resistência do ar** $\vec{R}_{ar}$.

Deveríamos ainda levar em conta uma outra força, denominada empuxo, que se deve ao fato de os corpos estarem imersos em um fluido – no caso, o ar. Entretanto, para corpos imersos no ar, a intensidade do empuxo normalmente pode ser desprezada em relação ao peso do corpo, como veremos no capítulo 11.

Além de outros fatores, a intensidade da força de resistência do ar depende da velocidade, *v*, do corpo em relação ao meio. Para entender como essa correlação se verifica, vamos analisar três diferentes fases do movimento de um corpo abandonado em queda no ar:

Figura 5.14 A etapa de "navegação" no paraquedismo é a mais longa e com menor velocidade.

- No início do movimento, a resistência do ar é nula, pois a velocidade inicial do corpo é nula (figura 5.15.a).
- À medida que a velocidade do corpo aumenta, a intensidade da resistência do ar também aumenta – e continua aumentando enquanto a intensidade da força peso (constante durante a queda) for maior que a intensidade da resistência do ar, em virtude de existir uma força resultante não nula (figura 5.15.b).
- Dependendo da altura de queda, a intensidade da resistência do ar pode igualar-se à intensidade da força peso. Quando isso acontece, a força resultante se torna nula e, portanto, o corpo passa a se movimentar com velocidade constante, chamada de **velocidade terminal** ou **velocidade-limite**, conforme mostra a figura (figura 5.15.c).

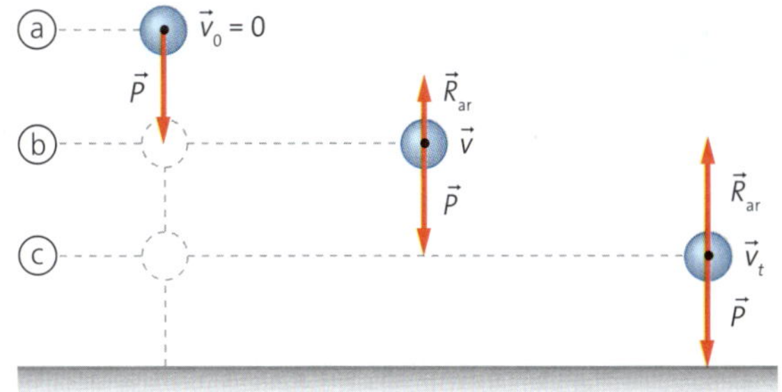

Figura 5.15 Início do movimento (corpo em repouso) (**a**); instante em que a velocidade do corpo é v (**b**); instante em que $R_{ar} = P$. A partir desse último instante, a velocidade do corpo é constante (**c**).

A ação da gravidade e a resistência do ar

No caso específico de corpos em altas velocidades, tais como aviões, paraquedistas em queda (com o paraquedas fechado), automóveis, bolas (em diversos esportes), etc., a intensidade da força de resistência do ar é dada por:

$$R_{ar} = \frac{1}{2} \cdot d \cdot A \cdot C \cdot v^2$$

Essa expressão nos mostra que a influência dos fatores que determinam a intensidade da resistência do ar R_{ar} se dá do seguinte modo:

- nos locais onde o ar é mais rarefeito – isto é, onde a densidade d é menor –, a resistência do ar é menor;
- quanto maior for a área frontal A do corpo (figura 5.16), maior será a resistência do ar;
- quanto menor for o coeficiente de arrasto aerodinâmico C do corpo (uma grandeza adimensional, associada à forma do corpo), menor será a resistência do ar;
- a resistência do ar varia com o quadrado da velocidade, isto é, se a velocidade do corpo dobra, a resistência do ar sobre ele quadruplica.

Vejamos agora a segunda etapa no paraquedismo. Com a abertura do paraquedas, a resistência do ar assume valores maiores que a intensidade da força peso, reduzindo bruscamente a velocidade de queda. Desse modo, rapidamente a intensidade da resistência do ar volta a se igualar à intensidade da força peso – mas em uma velocidade-limite muito menor, fazendo com que o paraquedista desça em segurança. Situação semelhante acontece com as gotas de chuva: em razão da resistência do ar, elas chegam ao solo com velocidades relativamente pequenas, da ordem de 20 km/h.

Figura 5.16 Área frontal de um automóvel; quanto menor for a área, menor será a resistência do ar.

Forças no nosso cotidiano

Exercício resolvido

4. A massa de um paraquedista, incluindo o equipamento, é de 85 kg. Considere a aceleração da gravidade igual a 10 m/s^2 e a densidade do ar igual a 1,2 kg/m^3, a 20 °C. Para determinada queda, com o paraquedas fechado, o produto do coeficiente aerodinâmico pela área frontal é estimado em 0,56 m^2. Nessas condições, determine a velocidade terminal do paraquedista.

Resolução

A velocidade terminal (velocidade-limite) de queda é obtida quando a resistência do ar anula a força peso ($R_{ar} = P$). Assim, temos:

$$\frac{1}{2} \cdot d \cdot A \cdot C \cdot v^2 = m \cdot g \Rightarrow v = \sqrt{\frac{2 \cdot m \cdot g}{d \cdot A \cdot C}}$$

Substituindo os valores, obtemos:

$$v = \sqrt{\frac{2 \cdot 85 \cdot 10}{1,2 \cdot 0,56}} \Rightarrow v = 50,3 \text{ m/s} = 181 \text{ km/h}$$

Física explica

Coeficiente aerodinâmico

Em muitas aplicações práticas, é importante minimizar os efeitos da resistência do ar. A indústria automobilística, por exemplo, tem desenvolvido desenhos de carrocerias que proporcionem aos carros melhor desempenho, economia e estabilidade.

Todo automóvel, quando se desloca, produz no ar uma região de turbulência que dificulta o avanço, mas esse feito pode ser minimizado pelo desenho do carro (chamado nesse contexto de perfil aerodinâmico). A cada perfil está associada uma grandeza adimensional, denominada coeficiente de arrasto aerodinâmico. Para os automóveis, de modo geral, o valor desse coeficiente varia de 0,3 a 0,9. Quanto maior é esse valor, maior é a força de resistência que o ar oferece ao movimento do carro.

A seguir vemos um modelo de automóvel cujo perfil apresenta uma boa aerodinâmica. Nesse modelo, a turbulência gerada na parte traseira é reduzida a níveis desprezíveis.

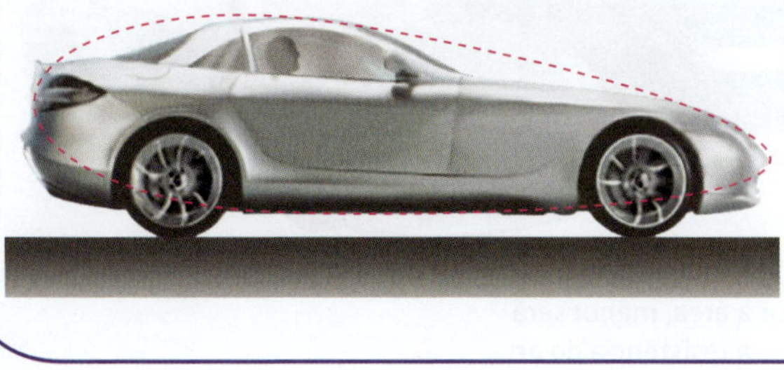
Antonio Robson/Arquivo da editora

Em competições esportivas, os ciclistas inclinam o corpo para obter a chamada "posição do ovo". Nessa posição, eles conseguem minimizar os efeitos da resistência do ar e, com isso, fazer o percurso em menor tempo. Além da postura, o equipamento do ciclista, como o capacete, o traje e as rodas da bicicleta, também visa reduzir o arrasto aerodinâmico.

As imagens estão fora de escala.

Rena Schild/Shutterstock/Glow Images

1. Pesquise e compare os coeficientes aerodinâmicos dos principais automóveis comercializados em nosso país e faça uma associação com o consumo de combustível. Elabore um painel com os resultados obtidos.

2. Hoje em dia, muito se tem discutido sobre economia de energia. Com base em sua pesquisa, explique o que a indústria automobilística tem feito a esse respeito.

Exercícios

21. Em relação à velocidade de um corpo em queda no ar, responda às questões:

a) Qual a interação responsável pela redução da aceleração na queda? Quais grandezas a influenciam?

b) O que acontece com a aceleração do corpo antes de ele atingir a velocidade terminal? E após atingir a velocidade terminal?

22. Considere dois corpos esféricos de mesmo tamanho, feitos do mesmo material, soltos simultaneamente de uma mesma altura no ar, sendo um deles oco e o outro maciço. Supondo que o coeficiente de arrasto aerodinâmico seja o mesmo para os dois, qual deles chega primeiro ao solo?

23. (UFMG) Durante um voo, uma caixa presa a um paraquedas é lançada do avião. Após o lançamento, o paraquedas abre-se e uma força, devida à resistência do ar, passa a atuar sobre o conjunto (caixa e paraquedas). Considere que o módulo dessa força é dado por $F = b \cdot v$, em que b é uma constante e v é o módulo da velocidade do conjunto. Observa-se que, depois de algum tempo, o conjunto passa a cair com velocidade constante ($g = 10\ m/s^2$).

a) Com base nessas informações, explique por que, depois de algum tempo, o conjunto passa a cair com velocidade constante.

b) Considere que a massa do conjunto é 50 kg e sua velocidade final é 10 m/s. Calcule a constante de proporcionalidade b.

24. (PUC-MG) Um paraquedista, após saltar de avião, atinge uma velocidade constante conhecida como "velocidade terminal". Nessa situação, duas forças atuam no paraquedista. Elas se cancelam, e a resultante das forças é igual a zero. A respeito dessa força, é correto afirmar:

a) As duas forças que atuam no paraquedista possuem o mesmo módulo, direção e sentido.

b) As forças que atuam no paraquedista são o peso e a resistência do ar. Elas formam um par de ação e reação.

c) As forças que atuam no paraquedista são o peso e a resistência do ar. Elas não formam um par de ação e reação, porque são aplicadas no mesmo corpo.

d) As forças que atuam no paraquedista são o peso e a resistência do ar. Elas não se cancelam, pois o peso está aplicado no homem e a resistência do ar está aplicada no paraquedas.

25. (Pasusp) Em um salto de paraquedas, a resistência do ar desempenha um papel fundamental e permite a seus praticantes saltar de grandes altitudes e chegar com segurança ao solo. O comportamento típico da magnitude da velocidade vertical (v) de um paraquedista, em função do tempo (t), é mostrado na figura.

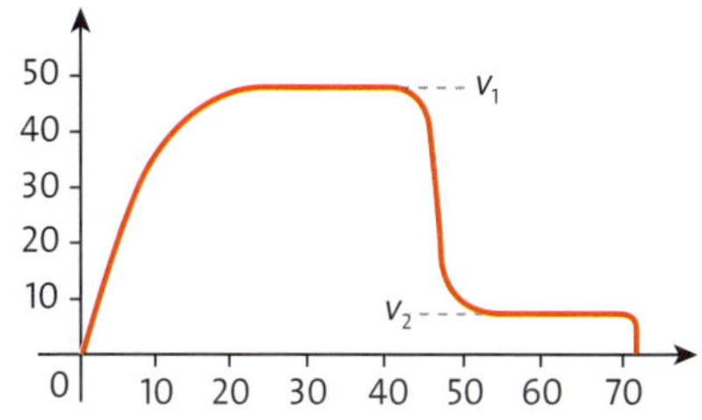

Após o salto ($t = 0$), a velocidade vertical v do paraquedista aumenta e, depois de aproximadamente 20 segundos, atinge a velocidade limite $v_1 \simeq 50$ m/s. Quando o paraquedas é aberto, a velocidade diminui rapidamente, atingindo uma nova velocidade limite, $v_2 \simeq 7$ m/s. Considerando $g = 10\ m/s^2$, analise as seguintes afirmações:

I. Desprezando-se a resistência do ar, um corpo qualquer em queda livre, partindo do repouso, após 20 segundos, teria velocidade v aproximadamente quatro vezes maior do que a velocidade limite v_1.

II. Quando a velocidade limite v_1 é atingida, o peso do paraquedista é igual à força de resistência viscosa exercida pelo ar.

III. A velocidade limite v_2, com que o paraquedista chega ao solo, é igual à velocidade vertical atingida por uma pessoa após um salto de uma altura de aproximadamente 5 metros.

De acordo com o texto e os seus conhecimentos, está correto apenas o que se afirma em:

a) I.
b) II.
c) III.
d) I e II.
e) II e III.

EM CONSTRUÇÃO

Charles Coulomb

Charles Augustin de Coulomb, engenheiro e físico francês, nasceu em Angoulême, em 1736, e faleceu em Paris, em 1806. Proveniente de uma família rica, cujos membros exerceram atividades administrativas na região de Languedoc, na França, Coulomb estudou no Colégio Mazarin, em Paris, onde recebeu uma boa formação em Línguas, Literatura, Filosofia, Matemática, Astronomia, Química e Botânica.

Joseph Marius Ramus/ The Bridgeman/Keystone

Charles Coulomb.

Engenheiro de formação, foi enviado para uma variedade de lugares diferentes onde esteve envolvido em projetos estruturais, fortificações, mecânica dos solos e outras áreas. Coulomb passou alguns anos nas Índias Ocidentais trabalhando como engenheiro militar e, nas horas vagas, dedicava-se às investigações em Física, principalmente nas áreas de Mecânica e Eletricidade.

Durante o tempo que passou em Cherbourg, Coulomb apresentou um livro de memórias com suas ideias sobre o Estado e o indivíduo desempenharem papéis iguais. Ele propôs que o *Corpo du Génie*, em particular, e todos os serviços públicos, em geral, devem reconhecer os talentos de seus membros individuais em promoção dentro da organização.

Em 1781, ingressou na Academia Francesa de Ciências, em virtude de artigos publicados que tiveram grande repercussão. Em um desses artigos, intitulado "Teoria das máquinas simples", Coulomb apresentou suas experiências e destacou as diferenças entre o atrito estático e o dinâmico. Em suas investigações sobre o atrito entre superfícies em movimento, Coulomb levou em conta vários parâmetros, tais como força normal de contato, área de contato e velocidade relativa de deslocamento. Esses estudos contribuíram significativamente para o desenvolvimento do estudo científico do atrito, tanto que Coulomb é considerado por muitos como o criador desse campo de estudo.

O grande reconhecimento ao trabalho de Coulomb, porém, veio de suas pesquisas sobre a eletricidade e o magnetismo. Entre 1777 e 1785, Coulomb publicou uma série de tratados, dentre os quais se destacam suas experiências sobre a força elétrica. Com esses trabalhos, Coulomb mostrou que a lei da atração gravitacional entre massas, elaborada por Newton, também se aplicava a interações elétricas. Em sua homenagem, a unidade de carga elétrica recebeu o nome de **coulomb (C)**.

De 1802 a 1806, os quatros últimos anos de vida de Coulomb, ele se dedicou ao ensino público, exercendo a função de inspetor geral. Também nesse campo, suas contribuições foram significativas.

- Segundo Marie Curie (Madame Curie), prêmio Nobel em 1903 e 1911, "uma grande descoberta não brota do cérebro de um cientista pronta e acabada, como Minerva saltando plenamente armada da cabeça de Júpiter; ela é fruto de um acúmulo de trabalho preliminar".

  Em sua opinião, a frase de Marie Curie se aplica ao trabalho de Coulomb? Justifique.

EXPERIMENTO

Coeficiente de atrito estático

Nesta atividade prática você vai utilizar os conhecimentos e competências adquiridos neste capítulo para determinar o coeficiente de atrito estático entre um bloco e uma prancha. Para isso, vamos propor a análise de duas situações-problema.

Situação 1

Cada grupo deve utilizar os seguintes materiais: um bloco de madeira, uma prancha de madeira e um dinamômetro. De preferência, cada grupo deve utilizar como dinamômetro a mola calibrada na atividade prática do capítulo anterior. Caso não seja possível, é necessária a calibração da mola, seguindo as orientações da atividade do capítulo anterior.

Converse com seu grupo sobre o significado de cada uma das montagens apresentadas nas figuras a seguir.

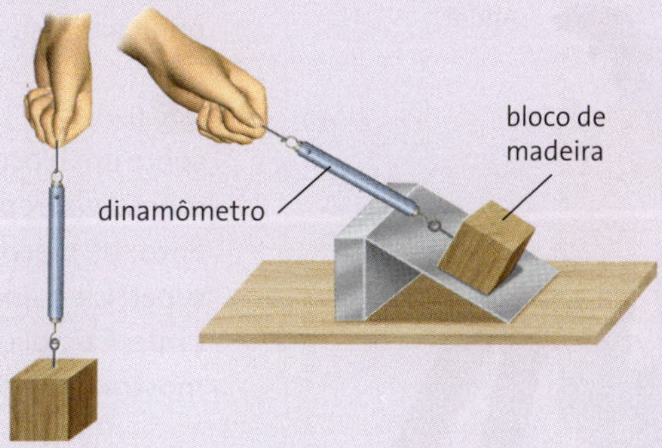

Ilustrações: Paulo Manzi/Arquivo da editora

Considerando que, na segunda figura, o bloco de madeira encontra-se na iminência de movimento, é possível a determinação do coeficiente de atrito estático entre ele e a prancha de madeira? Em caso positivo, calcule. Em caso negativo, justifique.

Situação 2

Com os mesmos materiais, analise com seu grupo a montagem apresentada na figura a seguir: o bloco é colocado sobre a prancha formando um plano inclinado.

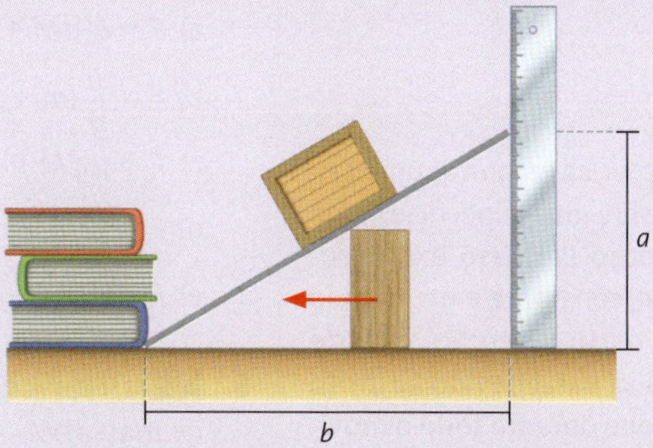

Como podemos variar a inclinação da rampa e deixar o bloco na iminência de movimento?

Utilizando o diagrama das forças que agem no bloco e efetuando-se, com a régua milimetrada, as medidas a e b indicadas na figura, com o bloco na iminência de movimento, é possível a determinação do coeficiente de atrito estático entre ele e a prancha? Em caso positivo, calcule. Em caso negativo, justifique.

Se foi possível a determinação do coeficiente de atrito estático nas duas situações propostas, compare os resultados de cada situação e justifique a diferença, se houver.

Vestibulares de Norte a Sul

1. **N** (UEA-AM) Dois amigos, Caio e André, estão tentando arrastar juntos uma caixa de 400 kg, inicialmente em repouso sobre uma superfície plana e horizontal. O coeficiente de atrito estático entre a caixa e o solo vale 0,4. Caio puxa a caixa para a esquerda, com uma força horizontal constante de 500 N. Ao mesmo tempo, André empurra a caixa também para a esquerda, com uma força também horizontal.

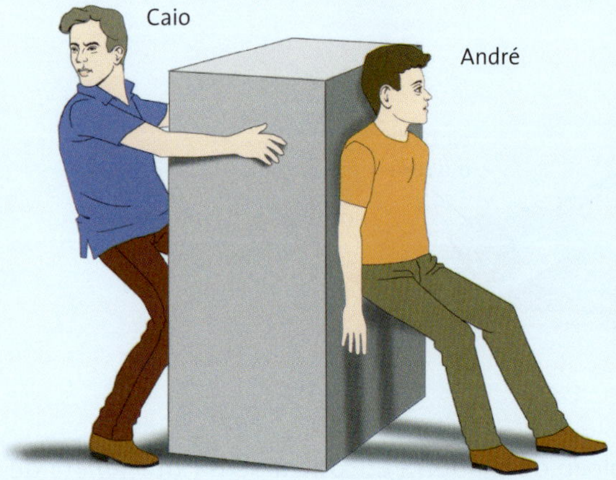

Maspi/Arquivo da editora

Adotando $g = 10\ m/s^2$, a caixa só iniciará o escorregamento sobre o solo se André aplicar uma força, em N, de módulo maior do que:

a) 1 200.

b) 1 900.

c) 1 800.

d) 1 100.

e) 1 600.

2. **N** (UEA-AM) Uma pessoa precisa empurrar uma caixa de 100 kg em linha reta sobre uma superfície plana e horizontal, a partir do repouso. Para isso, exerce sobre ela uma força horizontal, constante e de módulo 120 N ao longo de 10 m. A partir de então, para de exercer a força e espera a caixa parar devido ao atrito entre ela e o solo. Sabendo que durante todo o movimento da caixa atua sobre ela uma força de atrito de módulo constante e igual a 100 N, a distância, em metros, entre o ponto de onde a caixa partiu do repouso e o ponto onde a caixa parou é igual a:

a) 14.

b) 15.

c) 12.

d) 13.

e) 11.

3. **SE** (Fatec-SP) Três blocos, *A*, *B* e *C*, deslizam sobre uma superfície horizontal cujo atrito com esses corpos é desprezível, puxados por uma força $\vec{F}$ de intensidade 6,0 N.

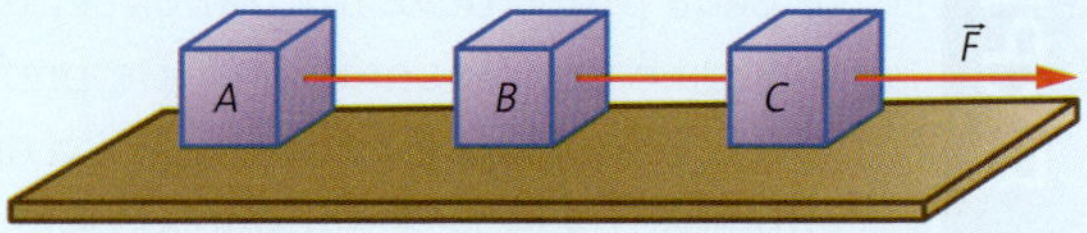

A aceleração do sistema é de $0{,}60\ m/s^2$, e as massas de *A* e *B* são, respectivamente, 2,0 kg e 5,0 kg. Determine a massa do corpo *C*, em kg.

4. **SE** (Unisa-SP) Um bloco *A*, de massa *m*, está colocado sobre um bloco *B*, de massa *M*, estando ambos inicialmente em repouso. O coeficiente de atrito estático entre os blocos *A* e *B* é μ. O bloco *B* está sobre uma superfície plana horizontal sem atrito. Uma força constante *F* é aplicada horizontalmente em *B*, conforme mostra a figura.

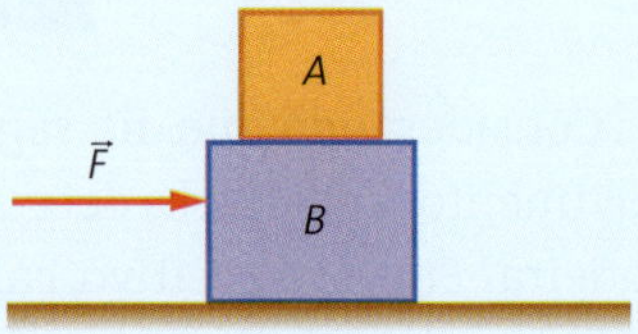

Nas condições descritas e sabendo que a aceleração da gravidade no local é *g*, a expressão que determina a intensidade máxima da força *F*, que não provoca deslizamento entre os blocos, é:

a) $F = g(\mu M + m)$.

b) $F = \frac{\mu}{g}(m + M)$.

c) $F = \mu g M + m$.

d) $F = \frac{\mu}{g}M + m$.

e) $F = \mu g(m + M)$.

5. **NE** (UFPE) A figura a seguir ilustra dois blocos *A* e *B* de massas $M_A = 2{,}0$ kg e $M_B = 1{,}0$ kg. Não existe atrito entre o bloco *B* e a superfície horizontal, mas há atrito entre os blocos. Os blocos se movem com aceleração de $2{,}0\ m/s^2$ ao longo da horizontal, sem que haja deslizamento relativo entre eles. Se sen $\theta = 0{,}60$ e cos $\theta = 0{,}80$, qual o módulo, em newtons, da força $\vec{F}$ aplicada no bloco *A*?

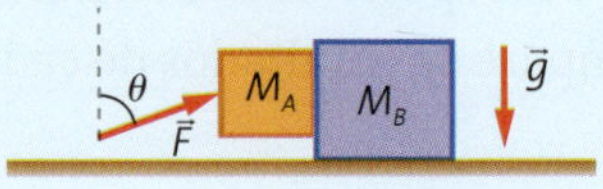

6. **SE** (UFMG) Durante uma brincadeira, uma menina arremessa uma bola de vôlei verticalmente para cima. Assinale a alternativa cujo diagrama melhor representa a(s) força(s) que atua(m) na bola no ponto mais alto de sua trajetória.

a) 

c) 

b) 

d) 
(Nenhuma força atua sobre a bola nesse ponto.)

7. **SE** (UFV-MG) Um elevador ora se encontra em repouso, ora sobe com velocidade constante de módulo *v*, ora desce com velocidade constante de módulo 2*v*. Indicando por T_0, T_1 e T_2, respectivamente, as trações no cabo do elevador quando ele está parado ou subindo, ou descendo, nessas condições, é correto afirmar que a relação entre essas trações é:

a) $T_0 < T_1 < T_2$.

b) $T_0 > T_1 > T_2$.

c) $T_0 = T_1 > T_2$.

d) $T_0 = T_1 = T_2$.

8. **NE** (Uece) Um elevador parte do repouso com uma aceleração constante para cima com relação ao solo. Esse elevador sobe 2,0 m no primeiro segundo. Um morador que se encontra no elevador está segurando um pacote de 3,0 kg por meio de uma corda vertical. Considerando $g = 10\ m/s^2$, a tração, em Newton, na corda é:

a) 0.
b) 12.
c) 42.
d) 88.

9. **SE** (FEI-SP) Dois blocos de massa $M_1 = 10$ kg e $M_2 = 4$ kg estão ligados por um fio leve e inextensível, conforme ilustração abaixo.

Quando o sistema é solto, qual é a atração no fio que liga os blocos?

a) 57,1 N.
b) 60,0 N.
c) 62,4 N.
d) 140 N.
e) 400 N.

10. **SE** (UFSJ-MG) Um elevador funciona de acordo com o esquema simplificado mostrado na figura a seguir. Um motor é responsável por exercer uma força sobre o elevador por meio de um cabo de aço. Passando por uma roldana, outro cabo de aço liga o elevador a um contrapeso.

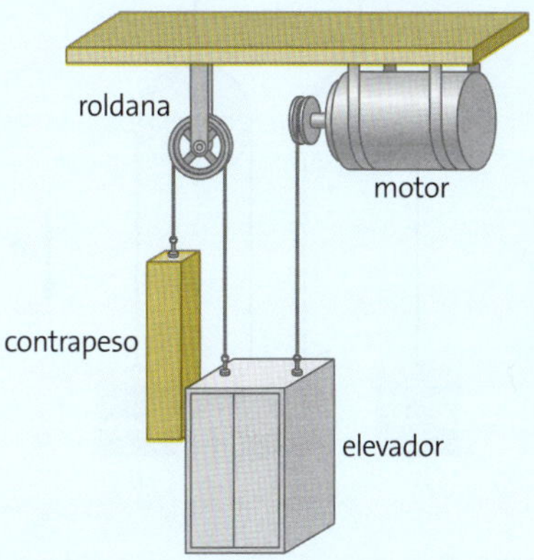

Ilustrações: Adilson Secco/Arquivo da editora

Ambos os cabos de aço e a roldana possuem massas desprezíveis. Quando o elevador está subindo a uma velocidade constante, é correto afirmar que o módulo da força exercida pelo motor sobre o elevador é igual:

a) ao peso do elevador.

b) a zero, uma vez que a velocidade do elevador é constante.

c) à soma dos módulos do peso do elevador e o peso do contrapeso.

d) à diferença entre os módulos do peso do elevador e o peso do contrapeso.

11. **SE** (Fuvest-SP) Considere o esquema representado na figura. As roldanas e a corda são ideais. O corpo suspenso da roldana móvel tem peso $P = 500$ N.

a) Qual o módulo da força vertical (para baixo) que o homem deve exercer sobre a corda para equilibrar o sistema?

b) Para cada 1 metro de corda que o homem puxa, de quanto se eleva o corpo suspenso?

12. **SE** (Fuvest-SP) Um sistema mecânico é formado por duas polias ideais que suportam três corpos *A*, *B* e *C* de mesma massa *m*, suspensos por fios ideais, como representado na figura. O corpo *B* está suspenso simultaneamente por dois fios, um ligado a *A* e outro a *C*.

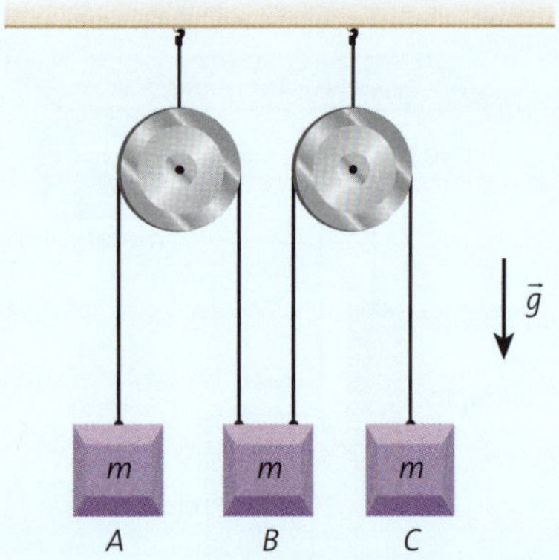

Podemos afirmar que a aceleração do corpo *B* terá módulo igual a:

a) zero.
b) (g/3) e orientação para baixo.
c) (g/3) e orientação para cima.
d) (2g/3) e orientação para baixo.
e) (2g/3) e orientação para cima.

13. **NE** (Uespi) No arranjo representado no esquema a seguir, considere as polias e os fios ideais. Considere também os valores indicados no esquema.

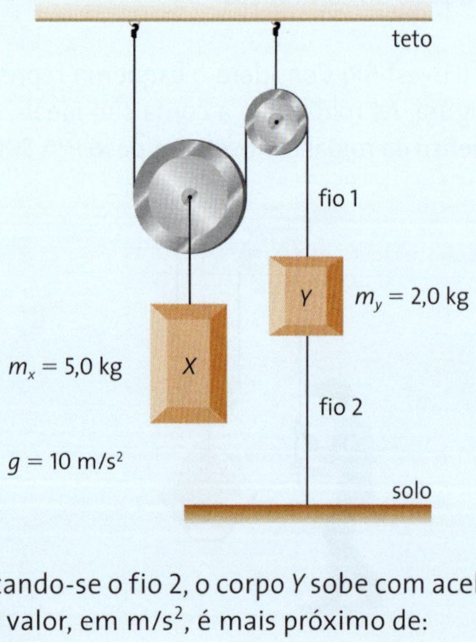

Cortando-se o fio 2, o corpo *Y* sobe com aceleração, cujo valor, em m/s^2, é mais próximo de:

a) 0,6.
b) 1,5.
c) 1,8.
d) 2,1.
e) 2,8.

14. **NE** (UFBA) Cada um dos baldes *A* e *B* da figura abaixo possui massa de 1,0 kg, quando vazio. Colocando-se 1 litro de água em *B*, determine, em litros, o volume de água que o balde *A* deve conter para que ele tenha aceleração de módulo 0,2 g e dirigida para cima.

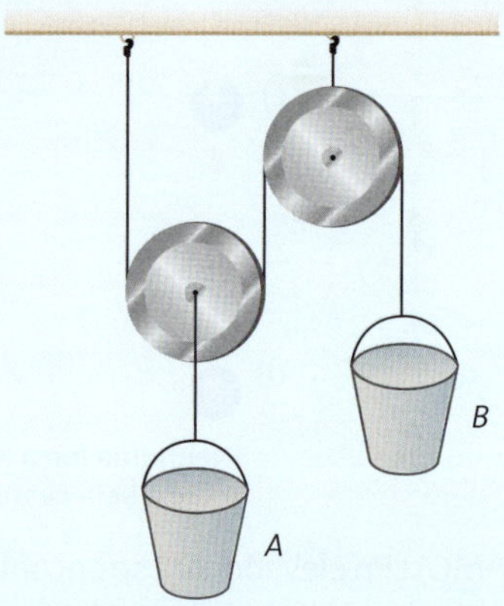

Notas:
1. A densidade da água é de 1,0 kg/litro.
2. Indicamos por *g* o módulo da aceleração da gravidade.

15. **CO** (Unemat-MT) A figura a seguir representa um elevador em movimento com velocidade constante.

Ilustrações: Formato/Arquivo da editora

A tração ($\vec{T}$) do cabo durante o movimento de subida é:

a) maior que o peso do elevador.
b) maior que durante o movimento de descida.
c) igual durante o movimento de descida.
d) menor que durante o movimento de descida.
e) menor que o peso do elevador.

16. **S** (IFSC) Um bloco, apoiado sobre uma superfície horizontal, está submetido a duas forças, F_1 = 4 N e F_2 = 2 N, como mostra a figura.

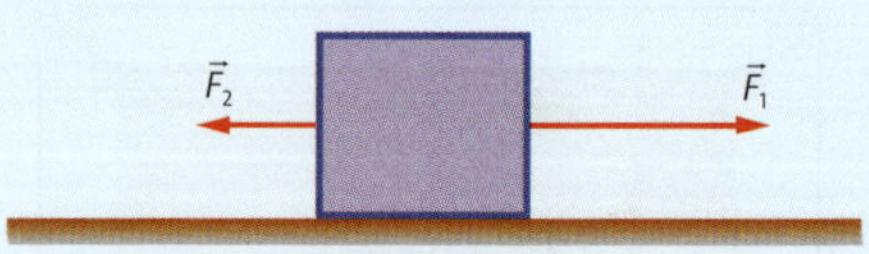

É correto afirmar que:

a) a resultante das forças é igual a 6 N.
b) o bloco não está em equilíbrio.
c) a resultante das forças que atuam sobre o bloco é nula.
d) a resultante das forças é diferente de zero e perpendicular à superfície.
e) se o bloco estiver em repouso continuará em repouso.

CAPÍTULO

6 Aplicações das leis de Newton: trajetórias curvas

Izarizhar/Shutterstock/Glow Images

Como agem as forças em um carro que efetua uma curva?

1 Resultante centrípeta

Figura 6.1 Ao fazer uma curva em um veículo automotor, temos a impressão de ser lançados para o lado contrário da curva.

Em uma curva brusca para a esquerda, por exemplo, os passageiros de um ônibus se sentem "lançados" para a direita (figura 6.1). Você concorda com essa afirmativa?

Na realidade, os passageiros não são lançados para a direita por causa da mudança na velocidade do ônibus, mas sim porque eles tendem a manter seu movimento original. Por reflexo, ao perceberem que o motorista vai efetuar uma curva, os passageiros procuram interagir com algo que esteja rigidamente ligado ao ônibus, segurando nas barras, por exemplo. Desse modo, eles tentam minimizar o desconforto causado pela curva.

Vamos supor que o ônibus efetue a curva em movimento circular e uniforme. Nessa situação, o módulo da velocidade permanece constante, mas a direção e o sentido variam. Então, de acordo com as leis de Newton, a força resultante no ônibus não pode ser nula e, como não há alteração no módulo da velocidade, ela só pode ser perpendicular ao vetor velocidade, como mostra a figura 6.2.

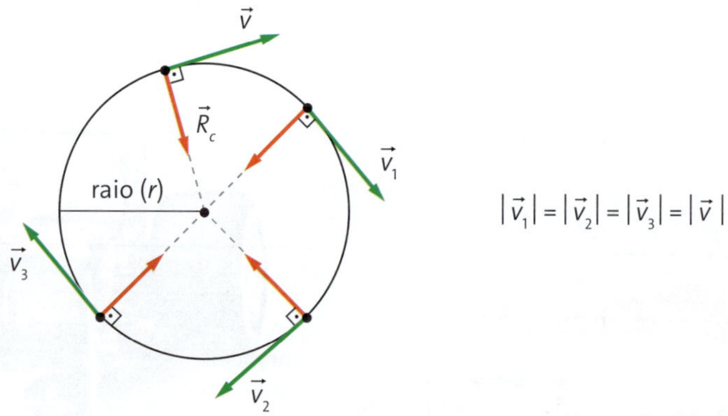

Figura 6.2 O vetor velocidade possui módulo constante, mas muda de direção a cada ponto da trajetória. Isso indica que a força resultante é perpendicular ao vetor velocidade.

Observe na figura 6.2 que o vetor velocidade é, em qualquer ponto da trajetória, tangente à curva. Desse modo, o vetor força resultante, sendo perpendicular ao vetor velocidade, está sempre orientado para o centro da curva. Quando apresenta essa característica, a força resultante é denominada **resultante centrípeta**, que representamos por $\vec{R}_c$.

Destacamos que a resultante centrípeta não é um novo tipo de força. Do mesmo modo que as forças resultantes em geral, a resultante centrípeta é apenas a soma vetorial das forças que efetivamente estão agindo em um corpo.

Podemos relacionar a intensidade da resultante centrípeta R_c com a velocidade v e com o raio da curva r por meio da expressão:

$$R_c = m \cdot a_c = \frac{m \cdot v^2}{r}$$

Nessa expressão, m é a massa (em kg) do corpo que descreve o movimento; v é a velocidade do corpo (em m/s); r é o raio da curva (em metros); a_c é a aceleração centrípeta (em m/s²); e R_c é a resultante centrípeta (em newtons).

Exercícios

1. Um corpo de massa 2,0 kg descreve uma trajetória circular de raio 2,0 m com velocidade constante de 10 m/s. Com base nessas informações, julgue as afirmativas a seguir e assinale a alternativa correta.

   I. De acordo com a primeira lei de Newton, a resultante das forças que agem nesse corpo é nula.

   II. A intensidade da força resultante no corpo vale 100 N.

   III. O vetor velocidade do corpo é constante.

   Podemos afirmar que:

   a) Somente I é correta.
   b) Somente II é correta.
   c) Somente III é correta.
   d) Somente I e II são corretas.
   e) Somente I e III são corretas.

2. Um satélite artificial encontra-se em movimento circular e uniforme em torno da Terra sob a ação de uma única força, devida à atração gravitacional da Terra.

   a) Que efeito a força gravitacional produz no movimento do satélite?
   b) O que acontece com o satélite se, em determinado instante, a atração gravitacional entre a Terra e ele deixar de existir?

3. (Vunesp-SP) No modelo clássico do átomo de hidrogênio, do físico dinamarquês Niels Bohr, um elétron gira em torno de um próton com uma velocidade constante de $2 \cdot 10^6$ m/s e em uma órbita circular de raio igual a $5 \cdot 10^{-11}$ m. Se o elétron possui massa $9 \cdot 10^{-31}$ kg, a força centrípeta sobre ele é de:

   a) $7,2 \cdot 10^{-14}$ N.
   b) $3,6 \cdot 10^{-14}$ N.
   c) $8,0 \cdot 10^{-10}$ N.
   d) $7,2 \cdot 10^{-8}$ N.
   e) $3,6 \cdot 10^{-8}$ N.

4. (UEMG) A velocidade de um móvel tem sempre o mesmo valor, mas a direção do movimento muda continuamente. Neste caso, assinale a alternativa correta.

   a) A aceleração e a velocidade têm a mesma direção, mas sentidos contrários.
   b) A resultante das forças e a aceleração são perpendiculares entre si.
   c) A velocidade e a resultante das forças são perpendiculares entre si.
   d) A aceleração e a velocidade têm a mesma direção e sentido.

5. (UFF-RJ) Considere que a Lua descreve uma órbita circular em torno da Terra. Assim sendo, identifique a opção em que estão mais bem representadas a força resultante ($\vec{R}$) sobre o satélite e a sua velocidade ($\vec{v}$).

   a)
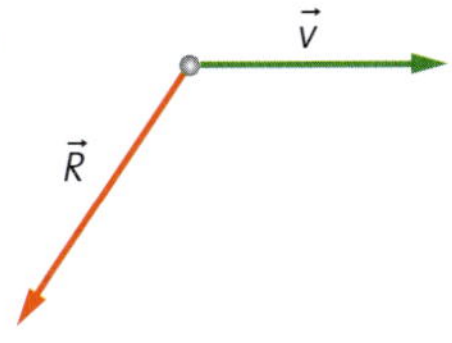

   b)

   c)
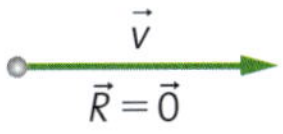

   d)
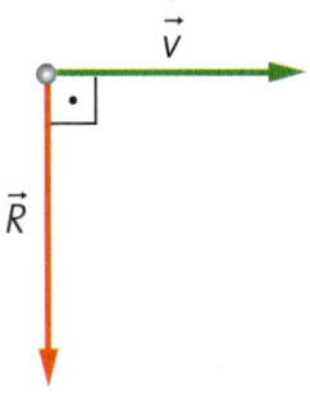

   e)
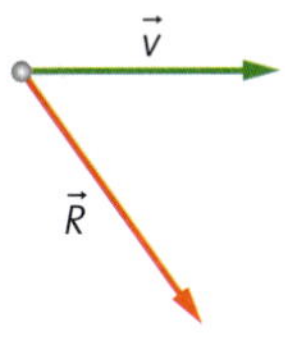

6. (Vunesp-SP) Uma partícula de massa m descreve uma trajetória circular com movimento uniforme, no sentido horário, como mostra a figura.

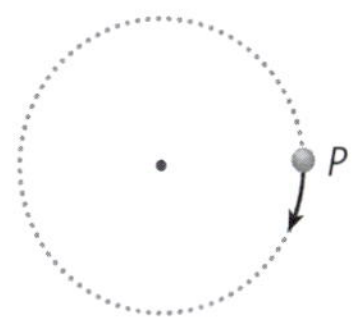

   Qual dos seguintes conjuntos de vetores melhor representa a força resultante $\vec{R}$ atuando na partícula, a velocidade $\vec{v}$ e a aceleração $\vec{a}$ da partícula, no ponto P indicado na figura?

   a)
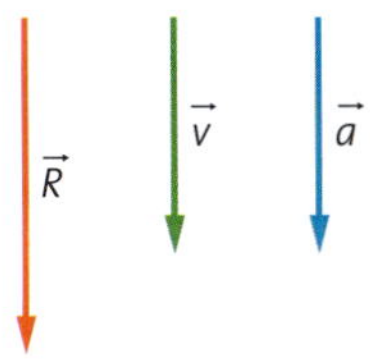

   b)
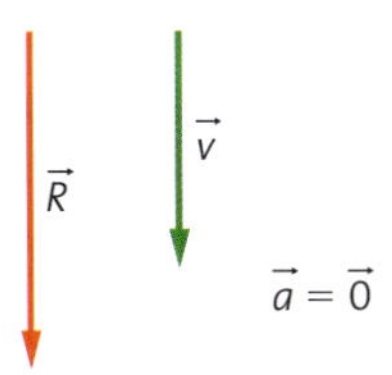

   c)
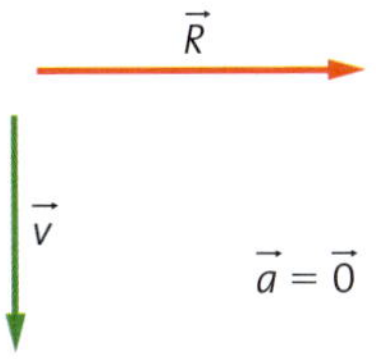

   d)
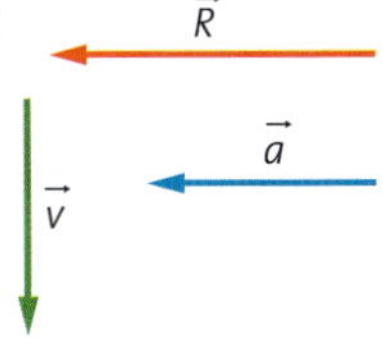

   e)
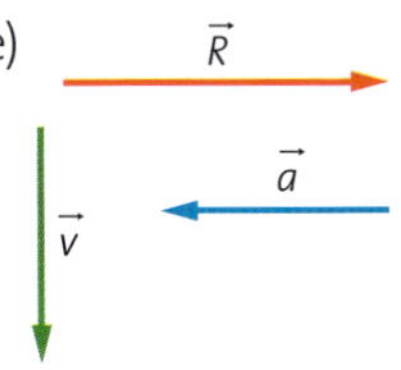

2 Trajetórias curvas em planos horizontais

É comum em nosso dia a dia observarmos corpos descrevendo trajetórias curvas. Para efetuar o estudo dessas trajetórias, vamos começar por aquelas que são descritas sobre planos horizontais; em seguida, analisaremos aquelas que são descritas sobre planos verticais.

Corpo girando preso a um fio

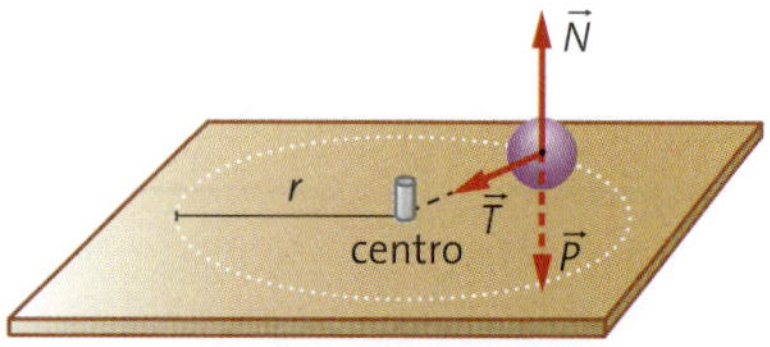

Figura 6.3 Forças agindo no corpo: peso ($\vec{P}$), normal ($\vec{N}$) e tração ($\vec{T}$).

Suponha um corpo, preso por um fio, sobre o tampo de uma mesa (sem atrito), descrevendo um movimento circular em torno de um ponto central (figura 6.3).

Como observamos na figura, a força resultante é horizontal. Portanto, o componente vertical da força resultante é nulo. Assim, temos que a força normal possui a mesma intensidade que a força peso: $N = P$.

A força de tração ($\vec{T}$) garante ao movimento a resultante centrípeta:

$$\vec{R}_c = \vec{T}$$

Em módulo, temos $T = ma_c \Rightarrow T = m \cdot \frac{v^2}{L}$

Nesta última expressão, L é o comprimento do fio, que corresponde ao raio da circunferência descrita pelo corpo.

Carro descrevendo uma curva plana

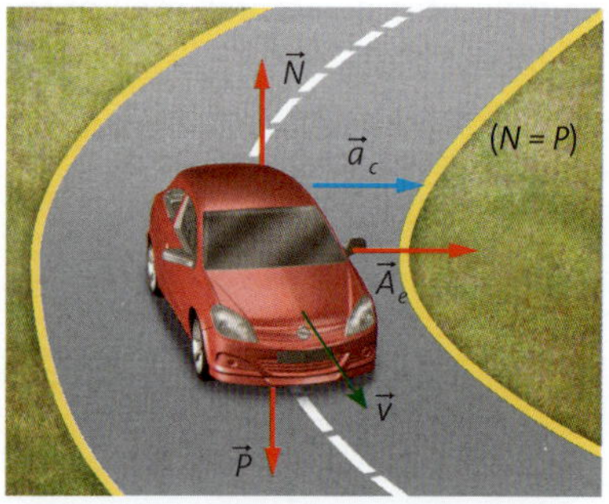

Figura 6.4 Representação esquemática das forças que agem em um automóvel que se movimenta em uma curva plana (sem inclinação).

Na figura 6.4, vemos um carro descrevendo uma **curva sem inclinação** e as forças que agem sobre ele. Observe que a força de contato entre o carro e a pista foi representada pelas suas componentes – normal e atrito.

Nesse caso, como a força resultante deve ser horizontal e orientada para o centro da curva, as forças verticais, peso e normal, se anulam. Então, a força de atrito estático ($\vec{A}_e$) faz o papel de resultante centrípeta:

$$A_e = R_c = \frac{m \cdot v^2}{r}$$

Sendo assim, é a força que mantém o carro na trajetória curva, alterando a direção e o sentido da velocidade. Entretanto, há um limite de velocidade para que a força de atrito seja suficiente para causar esse efeito. Esse limite depende do coeficiente de atrito entre os pneus e o piso, do raio da trajetória e da aceleração da gravidade no local. A velocidade máxima que o carro pode ter em uma curva plana, sem derrapar, é determinada considerando-se o carro na iminência de escorregar para fora da curva. Nessa situação, a força de atrito estático é máxima. Assim, temos:

$$A_{\text{máx.}} = \mu_e \cdot N = \frac{m \cdot v^2}{r}$$

Sendo $N = P = m \cdot g$, obtemos:

$$\mu_e \cdot m \cdot g = \frac{m \cdot v^2}{r}$$

Nessa expressão, *v* é a velocidade máxima do carro, dada por:

$$v_{máx.} = \sqrt{\mu_e \cdot r \cdot g}$$

De acordo com a expressão acima, quanto maior o raio da curva (curva aberta), maior a velocidade máxima do carro; em curvas fechadas (menor raio de curvatura), a velocidade máxima é menor.

Essa mesma conclusão pode ser aplicada ao caso de uma motocicleta descrevendo uma curva: a força de atrito é a resultante centrípeta.

O motociclista tem duas maneiras de direcionar o atrito para o centro da curva: girando o guidão (em baixas velocidades ou em curvas bem abertas) ou inclinando a moto – o que é mais recomendável, por razões de equilíbrio, para fazer curvas mais fechadas em velocidades maiores (**figura 6.5**).

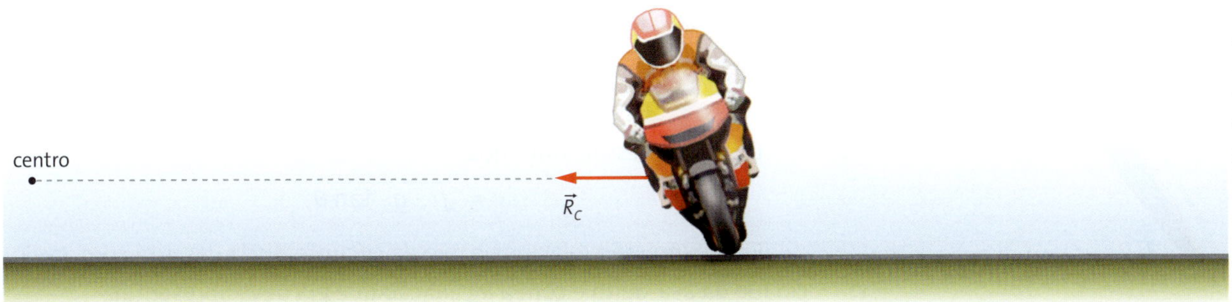

Figura 6.5 Representação esquemática da força resultante na motocicleta: resultante centrípeta ($\vec{R}_c$).

Carro descrevendo uma curva sobrelevada

Vejamos, agora, as **curvas com inclinação**, isto é, aquelas em que a parte externa da curva é mais alta do que a parte interna. Nesse caso, é possível a um carro efetuar a curva independentemente do atrito. Para que a composição de forças resulte em uma resultante apontando para o centro da curva (resultante centrípeta), ela deve obedecer ao diagrama de forças mostrado na **figura 6.6**. Com base na composição de forças mostrada nessa figura, escrevemos:

$$\tan\theta = \frac{R_C}{P} = \frac{\dfrac{m \cdot v^2}{r}}{m \cdot g}$$

Nessa expressão, obtemos o valor da velocidade do carro na curva:

$$v^2 = r \cdot g \cdot \tan\theta \Rightarrow v = \sqrt{r \cdot g \cdot \tan\theta}$$

Na curva, se o motorista mantiver a velocidade conveniente, ele não precisará girar o volante para alterar a direção do movimento. Para ultrapassar pelo lado de fora da curva, basta acelerar o carro sem virar o volante. Entretanto, se ele quiser aumentar a velocidade e permanecer no mesmo nível horizontal, deve girar o volante para dentro da curva. Nesse caso, ele usa a força de atrito para impedir que o carro se dirija para fora da trajetória pretendida.

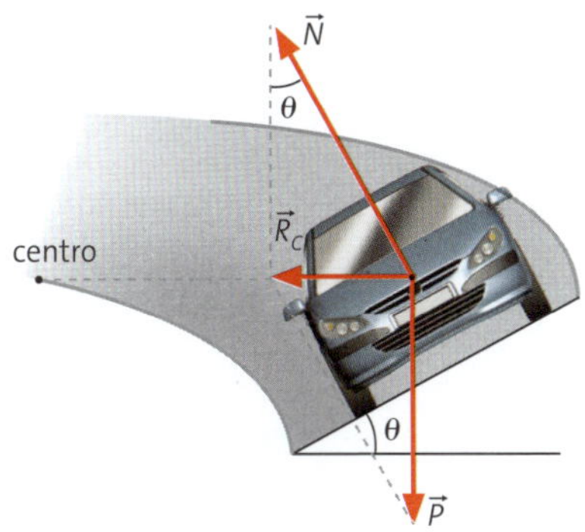

Figura 6.6 Representação esquemática da determinação da força resultante ($\vec{R}_c$) sobre o carro.

Asa-delta em voo circular

No caso de uma asa-delta em voo circular, a composição da força de sustentação com a força peso acarreta a resultante centrípeta (**figura 6.7**).

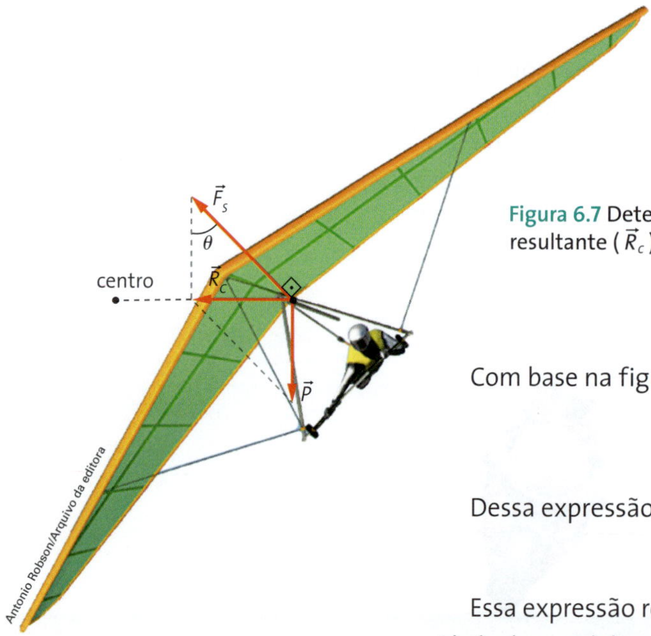

Figura 6.7 Determinação da força resultante ($\vec{R}_c$) na asa-delta.

Com base na figura, escrevemos:

$$\tan\theta = \frac{R_c}{P} \Rightarrow \tan\theta = \frac{\frac{m \cdot v^2}{r}}{m \cdot g}$$

Dessa expressão, obtemos:

$$v = \sqrt{r \cdot g \cdot \tan\theta}$$

Essa expressão relaciona o raio da circunferência descrita com a velocidade da asa-delta e com a inclinação que ela deve apresentar.

Se a correlação expressa por essa equação não for obedecida, a asa não estará descrevendo uma curva horizontal, mas sim uma curva para baixo ou para cima, dependendo de sua velocidade. Deslocando o próprio corpo, o piloto vai inclinando a asa até ajustá-la à curva desejada.

Dinâmica da rotação

Rotor

Um brinquedo emocionante de alguns parques de diversões é o chamado rotor. Ele é constituído por um cilindro vertical de raio *r* que gira em torno do seu próprio eixo. Uma pessoa, encostada na parede interna do brinquedo em movimento rotacional, não escorrega verticalmente mesmo quando o piso é retirado, pois a força de atrito estático equilibra a força peso. Assim, a força normal é a resultante centrípeta (**figura 6.8**).

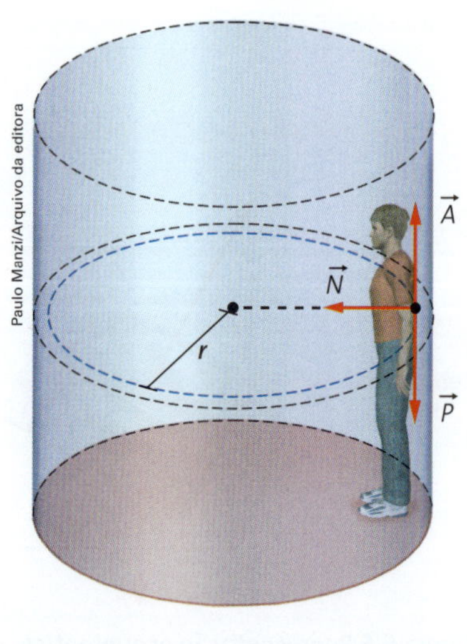

Figura 6.8 Forças agindo na pessoa: peso ($\vec{P}$), normal ($\vec{N}$) e atrito ($\vec{A}$).

De acordo com o diagrama de forças, temos:

$$R_c = N \Rightarrow \frac{m \cdot v^2}{r} = N$$

Sendo $v = \omega \cdot r$, temos $m \cdot \omega^2 \cdot r = N$.

Quando o cilindro gira com uma velocidade angular mínima, a pessoa fica na iminência de escorregar e, nessas condições, a força de atrito tem valor máximo:

$$A_{máx.} = \mu_e \cdot N = \mu_e \cdot m \cdot \omega^2{}_{mín.} \cdot r$$

Lembrando que a força de atrito deve equilibrar a força peso ($A_{máx.} = P = m \cdot g$), temos:

$$m \cdot g = \mu_e \cdot m \cdot \omega^2{}_{mín.} \cdot r \Rightarrow \omega_{mín.} = \sqrt{\frac{g}{\mu_e \cdot r}}$$

Exercícios

7. Um corpo com massa de 2 kg gira em movimento circular e uniforme sobre uma mesa plana e horizontal. Esse corpo está preso ao centro da trajetória por meio de uma mola com comprimento de 20 cm, medido sem ela estar tracionada. Nas condições da figura, a deformação da mola é de 4 cm, e a velocidade angular do corpo é de 10 rad/s. Calcule a constante elástica da mola.

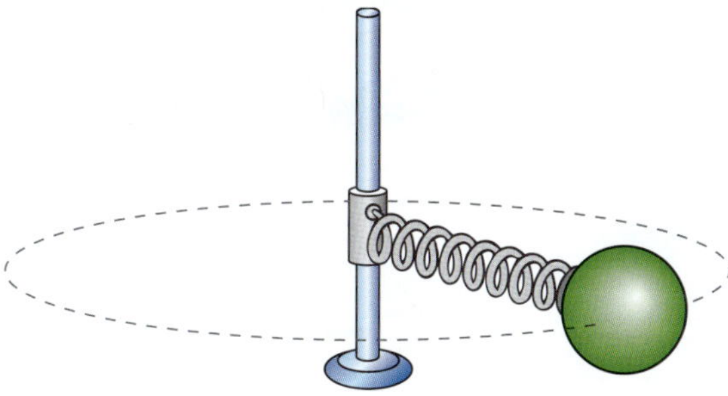

8. O diagrama seguinte apresenta o raio de curvatura-limite para evitar a derrapagem de um carro, em função de sua velocidade, em uma curva sem inclinação e com o asfalto em boas condições.

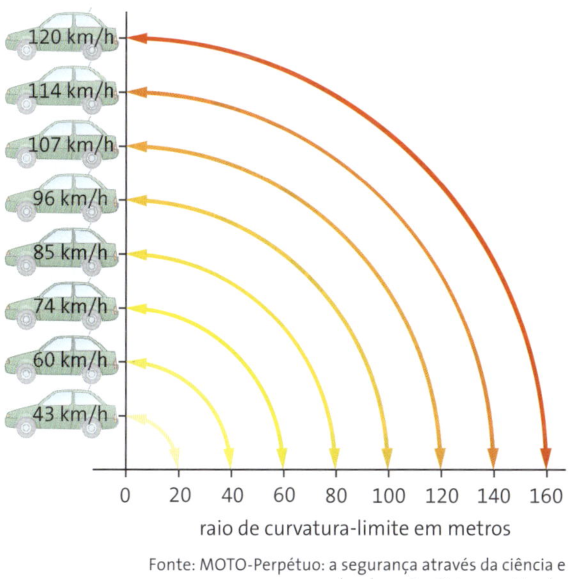

Ilustrações: Formato/Arquivo da editora

Fonte: MOTO-Perpétuo: a segurança através da ciência e da educação. Fiat para a Escola.

a) Explique por que, quando dobramos o raio de curvatura-limite, a velocidade não dobra.

b) O coeficiente de atrito estático usado para a construção do diagrama é constante ou variável? Justifique.

9. Em um passeio de *skate*, um garoto entra em uma esquina de ruas planas e horizontais, descrevendo um arco de círculo de raio $r = 3{,}0$ m, com velocidade constante $v = 2{,}5$ m/s. O coeficiente de atrito estático entre as rodas do *skate* e a calçada é $\mu = 0{,}30$. Adote $g = 10$ m/s^2.

a) Qual é a velocidade máxima com que o garoto pode fazer a manobra sem derrapar?

b) Nas condições da questão, o garoto consegue fazer a manobra?

10. Na foto, vemos alguns carros de corrida em um trecho circular de uma pista com elevação.

Antonio Scorza/Agência France-Presse

Em relação aos dois carros que estão praticamente emparelhados, analise as afirmações a seguir e reescreva aquelas que você julgar incorretas, corrigindo-as.

I. Como eles estão em níveis diferentes, obrigatoriamente suas velocidades são diferentes.

II. Somente o carro do lado de fora da curva está acelerado.

III. Se o carro que está do lado de dentro da curva frear, o piloto deverá girar o volante para dentro da curva para se manter no mesmo nível horizontal.

11. Em um parque de diversões existe um rotor que consiste em um cilindro vertical de raio 5,0 m. O coeficiente de atrito entre as roupas de uma pessoa e a parede do cilindro é 0,50. Considere $g = 10$ m/s^2.

a) Determine o menor valor da velocidade angular para que a pessoa, mesmo não estando apoiada no piso, não escorregue verticalmente.

b) O que acontece com a pessoa se o rotor girar com velocidade angular de 1,0 rad/s? E com 3,0 rad/s?

c) Se aumentarmos o raio do cilindro do rotor, que providência deve ser tomada quanto à velocidade angular mínima para que o brinquedo continue oferecendo segurança? E se aumentarmos o coeficiente de atrito?

3 Trajetórias curvas em planos verticais

Vamos analisar agora três situações do cotidiano nas quais corpos descrevem movimentos curvilíneos em planos verticais. São elas, carro passando por uma lombada (**figura 6.9**); carro passando por uma depressão (valeta) e um número circense conhecido como "globo da morte".

Hill Street Studios LLC/Workbook Stock/Getty Images

Figura 6.9 As lombadas são elementos que controlam a velocidade dos carros. Se um veículo, em alta velocidade, passar sobre uma lombada, pode danificar a suspensão.

A lombada impõe ao carro uma trajetória curva e, consequentemente, uma força resultante não nula. Nessas condições, a força de compressão (contato) que cada roda exerce sobre a lombada é menor do que a parcela do peso do carro sustentada por ela – e, de acordo com a lei da ação e reação, a força de compressão que a lombada exerce em cada roda é menor do que a força peso que a roda aplica na lombada. Essa conclusão se baseia no fato de que a força resultante deve, necessariamente, apontar para o centro da curva.

Considerando também que as rodas dianteiras suportam metade do peso do carro e encontram-se no ponto mais alto da lombada, temos na **figura 6.10** os diagramas de forças correspondentes.

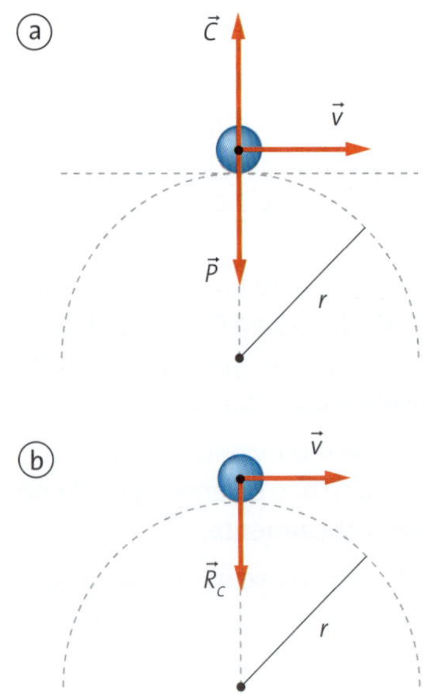

Figura 6.10 Forças agindo nas rodas dianteiras do veículo: peso $\vec{P}$ (metade do peso total do veículo) e contato $\vec{C}$ (**a**). Força resultante no veículo: resultante centrípeta $\vec{R}_c$ (**b**).

A intensidade da resultante centrípeta R_c é dada por:

$$R_c = P - C \Rightarrow \frac{m \cdot v^2}{r} = m \cdot g - C$$

E a intensidade da força de compressão C que o carro exerce na pista é:

$$C = m \cdot \left(g - \frac{v^2}{r}\right)$$

De acordo com essa expressão, quanto maior a velocidade do carro ao passar pelo ponto mais alto da lombada, menor a compressão que ele exerce no solo e, na iminência de perder o contato com a pista, a força de compressão é zero. Nessas condições, temos:

$$C = 0 \Rightarrow g - \frac{v^2}{r} = 0$$

Assim, obtemos:

$$v = \sqrt{r \cdot g}$$

Essa expressão nos fornece a velocidade do carro para a qual a força de compressão que ele exerce na pista é nula.

Depressão

Vamos analisar agora o caso de um carro passando por uma **depressão**. Para limitar a velocidade dos carros em ruas e cruzamentos, é comum a utilização de uma depressão, também conhecida como valeta, no lugar de uma lombada, conforme mostra a figura 6.11.

Na depressão, o ponto crítico é o ponto mais baixo da trajetória, ou seja, a partir desse ponto, o carro começa a subida. Observe que, nessa situação, podemos afirmar que a força de compressão que as rodas dianteiras do carro exercem sobre o solo é maior que a parcela do peso do carro que elas sustentam. Não podemos esquecer que a força resultante deve, necessariamente, apontar para o centro da curva (figura 6.12).

Como a resultante centrípeta deve apontar para o centro da curva, sua intensidade é dada por:

$$R_c = C - P \Rightarrow \frac{m \cdot v^2}{r} = C - m \cdot g$$

E a intensidade da força de compressão C que o carro exerce na pista é:

$$C = m \cdot \left(g + \frac{v^2}{r}\right)$$

De acordo com essa expressão, quanto maior a velocidade do carro ao passar pelo ponto crítico da depressão, maior será a sua compressão sobre o piso, e maior a força de compressão do piso sobre o carro. Assim, velocidades altas fazem com que ambos, carro e piso, sejam sobrecarregados.

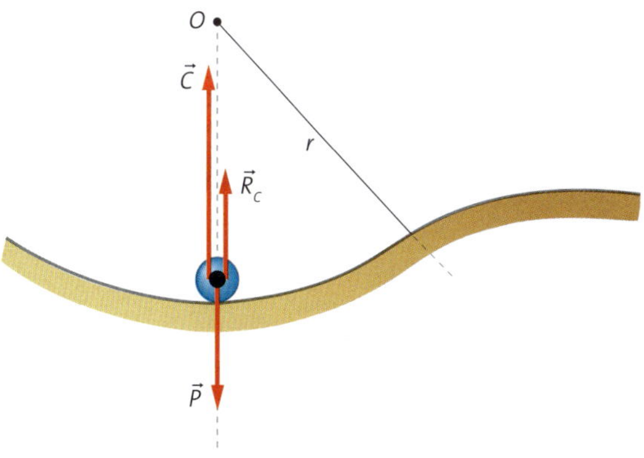

Figura 6.12 Forças agindo nas rodas dianteiras do veículo ao passar por uma depressão: peso P (metade do peso total do veículo) e contato C.

Ross M. Horowitz/The Image Bank/Getty Images

Figura 6.11 Exemplo de depressão.

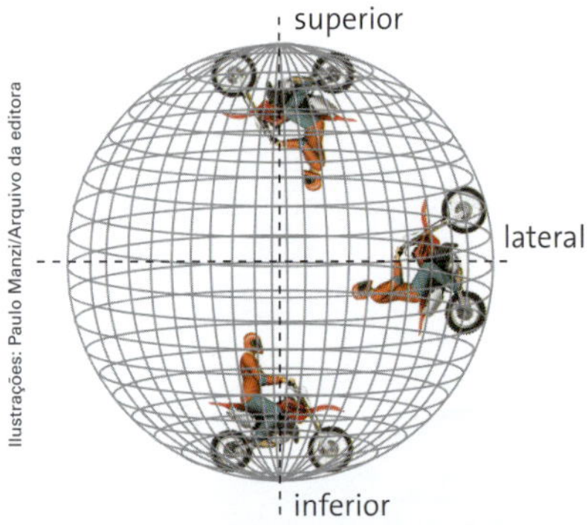

Figura 6.13 Motocicleta em movimento no globo da morte.

Para refletir

Se as duas forças são para baixo, por que a moto não cai?

Globo da morte

Nos grandes circos, um dos números que mais prendem a atenção do público é o chamado globo da morte. Nessas apresentações, o ponto culminante é quando o motociclista, com sua moto, executa círculos verticais em um globo, conforme mostra a **figura 6.13**.

Para o ponto inferior do globo, vale o mesmo raciocínio que utilizamos para analisar a passagem de um carro por uma depressão. O ponto crítico do movimento é o ponto superior do globo, isto é, o ponto mais alto da trajetória. Nesse ponto, como as forças peso e de contato são orientadas para baixo, a força resultante é para baixo e orientada para o centro do globo (**figura 6.14**).

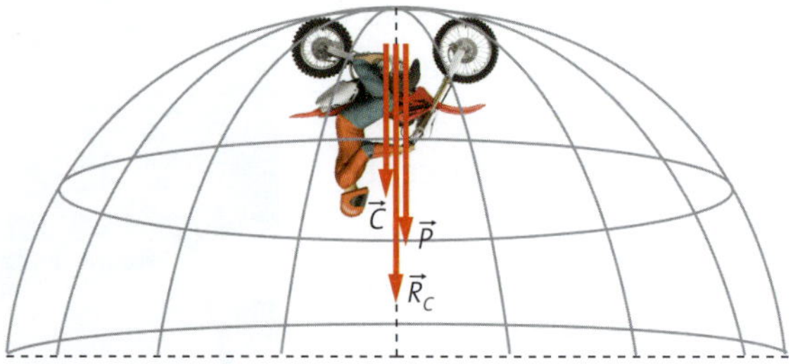

Figura 6.14 Forças na moto e a força resultante centrípeta na parte superior do globo da morte.

Nesse caso, a intensidade da resultante centrípeta é dada pela soma das intensidades das forças peso e de contato:

$$R_c = C + P \Rightarrow \frac{m \cdot v^2}{r} = C + m \cdot g$$

A moto vai estar na iminência de cair quando a força de contato for nula, pois sua intensidade diminui à medida que a moto passa pelo ponto superior com velocidade cada vez menor. Assim, existe uma velocidade mínima com que a moto pode passar por esse ponto sem cair. Essa velocidade é obtida considerando-se a força de contato nula – situação em que a força resultante é a força peso. Nessas condições, temos:

$$R_c = P \Rightarrow \frac{m \cdot v^2}{r} = m \cdot g$$

Dessa expressão, concluímos que a velocidade mínima para a moto passar pelo ponto mais alto do globo da morte sem cair é dada por:

$$v_{mín.} = \sqrt{r \cdot g}$$

Podemos aplicar esse mesmo raciocínio às montanhas-russas que apresentam *looping*, como mostrado na **figura 6.15**.

Figura 6.15 Carrinho completando o *looping* em uma montanha-russa.

Exercícios

12. A figura abaixo mostra o exato momento em que as rodas dianteiras de um carro iniciam a transposição de uma lombada (quebra-molas).

©Mark Azevedo/Alamy/Other Images

Considere que as rodas dianteiras suportam metade do peso do carro e encontram-se no ponto mais alto da lombada. Analise as afirmações a seguir e reescreva aquelas que você julgar incorretas, corrigindo-as.

I. A intensidade da força de compressão que as rodas dianteiras exercem sobre a lombada é maior do que a metade da intensidade da força peso do carro.

II. Quanto maior for a velocidade do carro ao passar pela lombada, menor será a compressão que as rodas exercerão sobre o ponto de contato.

III. Ao passar por esse ponto, o carro pode não apresentar aceleração.

IV. A intensidade da força de compressão que as rodas dianteiras exercem sobre a lombada é sempre maior do que zero e menor do que a intensidade do peso do carro.

13. Um automóvel de massa 1 200 kg passa por um trecho de estrada em lombada, conforme mostra a figura.

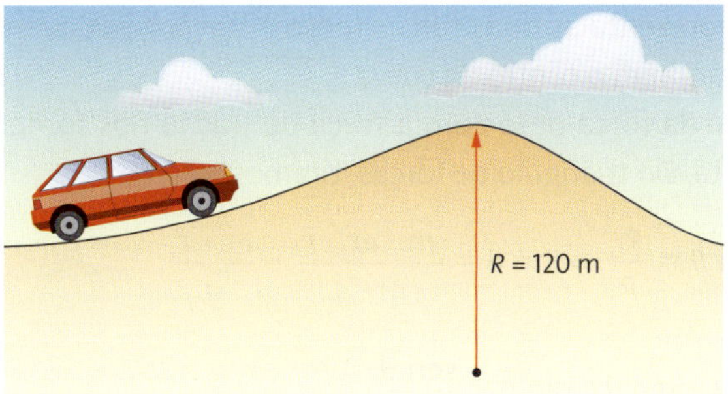

O automóvel passa pelo ponto mais alto da lombada com velocidade de 90 km/h. Adote $g = 10\ m/s^2$. Determine, nesse ponto, a intensidade:

a) da resultante centrípeta no automóvel;

b) da força da compressão que o automóvel exerce sobre o piso da estrada.

14. Um carrinho parte do repouso do alto de uma montanha-russa, conforme mostra a figura a seguir.

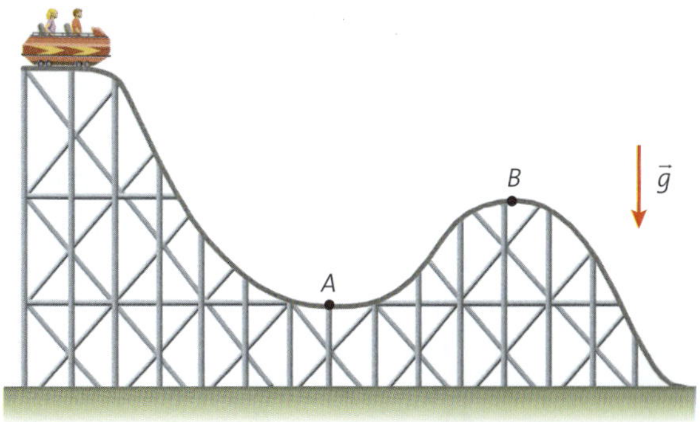

Sabe-se que os raios de curvatura da pista em *A* e em *B* são iguais, e que a velocidade do carrinho em *A* é maior do que em *B*. Despreze os atritos.

a) Em qual dos pontos, *A* ou *B*, a intensidade da resultante centrípeta é maior?

b) Em qual deles o carrinho exerce nos trilhos uma força de intensidade maior do que a intensidade do seu próprio peso?

15. Um carro com massa de 1 000 kg passa por uma depressão em uma estrada. O raio da depressão é igual a 100 m.
Considere $g = 10\ m/s^2$.

Determine a intensidade da reação normal que a estrada exerce no carro, no ponto *A*, se a velocidade do carro for 72 km/h (20 m/s).

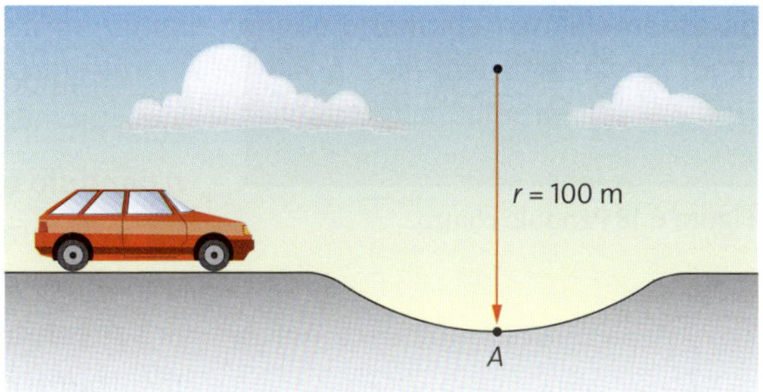

Ilustrações: Formato/Arquivo da editora

16. Um motociclista percorre uma trajetória vertical circular com 2,5 m de raio no interior de um globo, com velocidade constante em módulo. Considerando $g = 10\ m/s^2$, determine:

a) o menor valor da velocidade com que ele pode passar pelo ponto mais alto da trajetória;

b) a intensidade da força que o globo exerce na moto no ponto mais baixo da trajetória quando a velocidade da moto for igual a 10 m/s, sendo a massa do conjunto igual a 100 kg.

4 Pêndulo simples e pêndulo cônico

Um pêndulo simples (figura 6.16) é constituído por uma massa m, que oscila em um plano vertical, presa à extremidade de um fio de comprimento L.

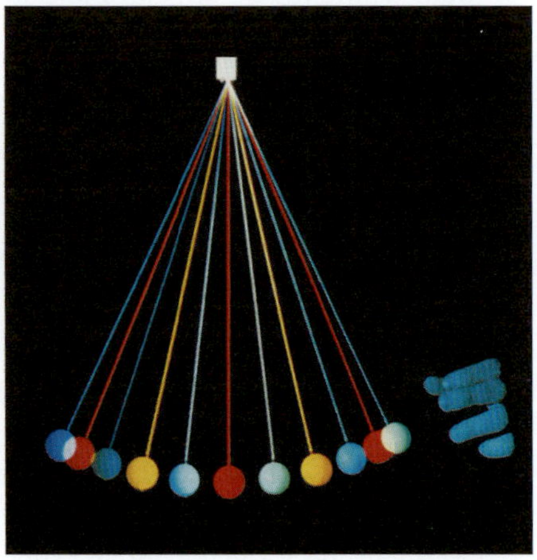

Loren Winters/Visuals Unlimited/Getty Images

Figura 6.16 Pêndulo simples.

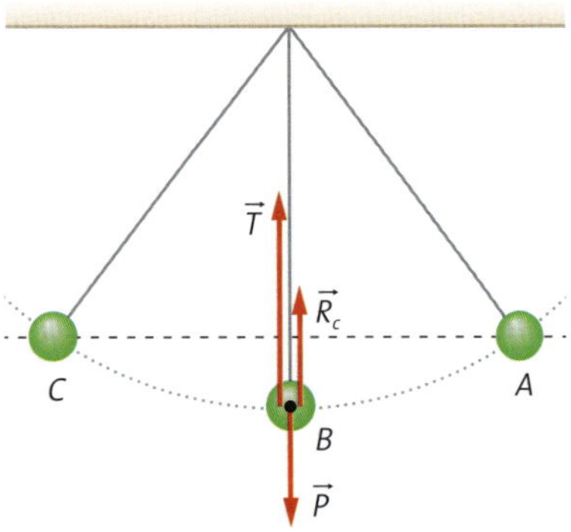

Figura 6.17 Diagrama de força de um pêndulo.

Na figura 6.17, temos o diagrama de força na massa pendular e a força resultante.

Os pontos A e C representam os extremos da oscilação; e B, a posição de equilíbrio (ponto mais baixo da trajetória). Em qualquer posição, agem duas forças sobre a massa pendular: **peso** e **tração**.

Ao ser solto do ponto A, o corpo de massa m adquire velocidade crescente até atingir o ponto B, onde a velocidade é máxima; em seguida, perde velocidade, até atingir o ponto C, onde inicia o retorno. Portanto, temos uma trajetória curva com centro no ponto O. Assim, no ponto B, a intensidade da resultante centrípeta é dada por:

$$R_c = T - P \Rightarrow \frac{m \cdot v_B^2}{L} = T - m \cdot g \Rightarrow \boxed{T = m \cdot \left(g + \frac{v_B^2}{L}\right)}$$

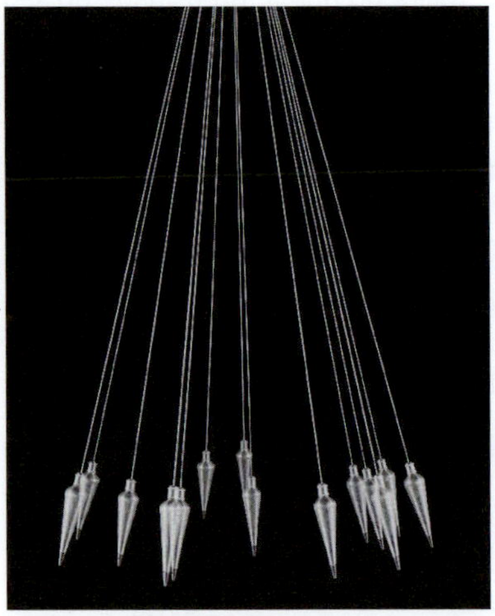

Kathryn Faulkner/Millennium Images/Latinstock

Figura 6.18 Pêndulo cônico.

Quando um corpo suspenso por um fio descreve um movimento circular em um plano horizontal, com velocidade angular (ω) constante, temos o **pêndulo cônico** (figura 6.18).

A figura 6.19 representa as duas forças (peso e tração) que agem na massa pendular e também o centro da curva.

A soma vetorial da força peso com a força de tração nos fornece a resultante centrípeta. Do triângulo de forças, tiramos:

$$\tan\theta = \frac{R_c}{P} \Rightarrow \tan\theta = \frac{m \cdot \omega^2 \cdot r}{m \cdot g} = \frac{\omega^2 \cdot r}{g}$$

Temos que $r = L \cdot \text{sen}\,\theta$ e $\tan\theta = \frac{\text{sen}\,\theta}{\cos\theta}$:

$$\frac{\text{sen}\,\theta}{\cos\theta} = \frac{\omega^2 \cdot r \cdot \text{sen}\,\theta}{g} \Rightarrow \boxed{\omega = \sqrt{\frac{g}{L \cdot \cos\theta}}}$$

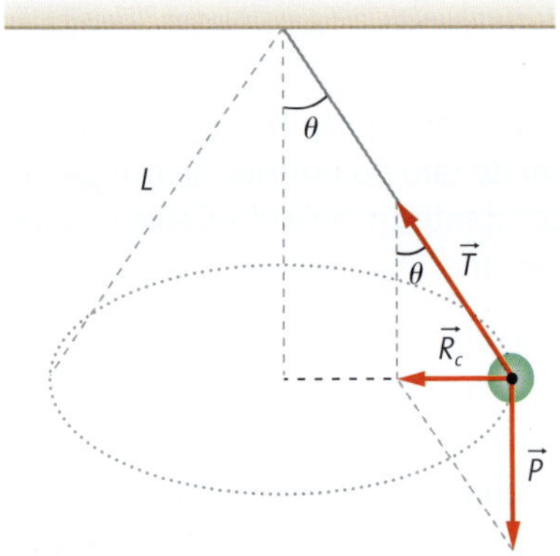

Figura 6.19 Diagrama de força de um pêndulo cônico.

Essa última expressão nos dá a velocidade do pêndulo cônico definido pelo ângulo θ.

Exercícios

17. (Vunesp-SP) A figura 1 representa uma esfera de massa *m*, em repouso, suspensa por um fio inextensível. A figura 2 representa o mesmo conjunto, oscilando como um pêndulo, no instante em que a esfera passa pelo ponto mais abaixo de sua trajetória. Explique para qual figura a tração no fio é maior.

figura 1 figura 2

18. Um pêndulo simples oscila, em condições ideais, passando pela posição mais baixa com velocidade de 5,0 m/s. Sendo a massa pendular 2,0 kg e $g = 10$ m/s^2, determine a tração no fio, ideal e de comprimento igual a 1,0 m, nessa posição.

19. (FEI-SP) Uma esfera gira com velocidade de 1,0 m/s, descrevendo uma trajetória circular de 10 cm de raio. Estando a esfera suspensa por meio de um fio, qual é o ângulo que este forma com a vertical? (Adote $g = 10$ m/s^2)

20. Uma pedra de 300 g de massa, amarrada a um fio inextensível de 2,5 m de comprimento, constitui um pêndulo cônico. Ela descreve uma circunferência horizontal de 2,0 m de raio. Sendo $g = 10$ m/s^2, determine:

a) a intensidade da força de tração no fio, em newtons;

b) a velocidade angular de rotação, em rad/s.

21. (Uepa) O nascimento da automação industrial se deu em 1788 com o dispositivo mostrado na figura a seguir, conhecido como regulador de Watt, em homenagem a seu inventor. Esse dispositivo era usado nas máquinas a vapor, para regular automaticamente a abertura de válvulas e assim controlar o fluxo de vapor em função da velocidade de rotação da máquina.

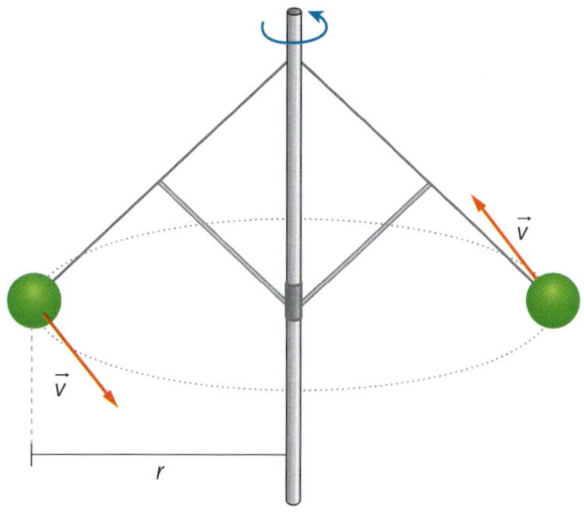

Se, na situação mostrada, as massas se movem em um plano horizontal, com velocidade linear constante em módulo, executando 120 rpm, então:

a) ambas têm a mesma frequência de 0,5 Hz.

b) ambas possuem velocidades angulares diferentes.

c) o módulo da velocidade linear *v* não depende do raio da trajetória *R*.

d) suas acelerações não são nulas.

e) executam uma volta completa em 2 s.

EM CONSTRUÇÃO

Aristóteles e a Filosofia natural

Album/DEA/G. DAGLI ORTI/Latinstock

Aristóteles (384 a.C.-322 a.C.).

"Aristóteles nasceu em Estagira, uma cidade grega na Macedônia. Com 17 anos foi enviado para Atenas para estudar com Platão, onde ficou durante vinte anos, até a morte do mestre. Viajou durante vários anos, até que regressou à Macedônia, onde se tornou tutor do jovem Alexandre. Quando este subiu ao trono, Aristóteles voltou a Atenas e lá fundou uma escola, o Liceu, que veio a ser conhecida como Escola Peripatética, devido ao nome do caminho no jardim, peripatos, onde caminhava falando aos seus discípulos.

A obra de Aristóteles é variada e numerosa. Boa parte de seu trabalho foi dedicado à Biologia, sendo o primeiro a introduzir o conceito de classificação dos animais e o método de observação controlada. Em seu trabalho, fez referências a mais de 500 espécies diferentes de animais.

Para ele, todos os objetos eram constituídos de forma e matéria. Ele aceitou a teoria proposta originalmente por Empédocles, e subsequentemente adotada por Platão, de que toda matéria era originária de várias combinações dos quatro elementos: terra, água, ar e fogo. Mas "terra" não era o solo que podemos pegar, e sim uma substância mais refinada, livre de misturas e impurezas.

[...] Aristóteles estabeleceu a Filosofia natural nos tratados: *Física*, *Do Céu*, *Meteorologia* e *Metafísica*. No tratado *Física*, ele lida com objetos naturais em geral. Ele usou uma palavra grega, que significa natureza, para se referir a todo o mundo natural, inanimado ou animado. Física é definida como o estudo de objetos naturais que têm uma capacidade para mudança ou movimento. Na Idade Média, a palavra *physica*, em latim, era rotineiramente usada como sinônimo para "filosofia natural".

[...] Na obra *Do Céu*, Aristóteles estende seus estudos para a região supralunar. Segundo ele, o céu era constituído de um quinto elemento, não gerado e indestrutível, que não existia na Terra e que estava sempre em movimento circular e uniforme, ao qual ele deu o nome de éter, derivado do fato de "mover para sempre". A forma do céu é por necessidade esférica, ele diz, pois essa é a forma mais apropriada à sua substância e também pela sua natureza primária. As estrelas são formadas de éter e não de fogo. O calor e luz que procede delas é explicado pelo atrito com o ar devido ao movimento delas. A Terra está em repouso no centro do Universo. As estrelas movem-se em círculos em torno da Terra, mas não giram em torno de si mesmas, como acontece com a Lua, ele conclui erroneamente.

[...] Na *Meteorologia*, Aristóteles discute a região intermediária entre aquela do movimento dos corpos celestes e a do movimento dos corpos materiais. Segundo ele, a revolução do céu arrasta o ar na região superior da atmosfera terrestre imprimindo nele um movimento circular. Escreve que, quando o Sol aquece a Terra surgem dois tipos de exalações. O primeiro tipo é vaporoso e se condensa formando as nuvens (que depois cai na forma de chuva). O segundo tipo é seco e quente, similar ao fogo, e sobe bem alto. Esse tipo de exalação, quando penetra na camada de fogo, entra em ignição e causa o que chamamos de estrelas cadentes, cometas e meteoritos (o ar seco e quente, ao subir, podia carregar elementos sólidos, produzindo assim os meteoritos). O trovão é causado pelo choque do ar seco com o ar úmido condensado nas nuvens. O ar expelido por essas nuvens produz um fogo, que é o relâmpago. Diz que a Terra é essencialmente seca, mas a chuva a torna úmida. Então o Sol a aquece dando origem a ventos, dentro e fora dela. Algumas vezes o vento flui para fora, algumas vezes para dentro, causando os terremotos. Afirma que sabe por experiência que a água salgada do mar, quando evapora, se transforma em água doce quando condensa."

PIRES, Antonio S. T. *Evolução das ideias da Física*. São Paulo: Livraria da Física, 2008.

Pesquise e conclua

- Quais teorias ainda se baseiam nas ideias de Aristóteles e quais tiveram de ser abandonadas em razão das novas concepções e ideias sobre a natureza?

EXPERIMENTO

A figura ilustra um dispositivo que você pode utilizar para analisar o movimento de um corpo *A*, de massa *m* e preso à extremidade de um fio, que descreve uma trajetória circular de raio *r*. O fio passa através de um tubo de vidro e mantém na outra extremidade um corpo *B* de massa *M*.

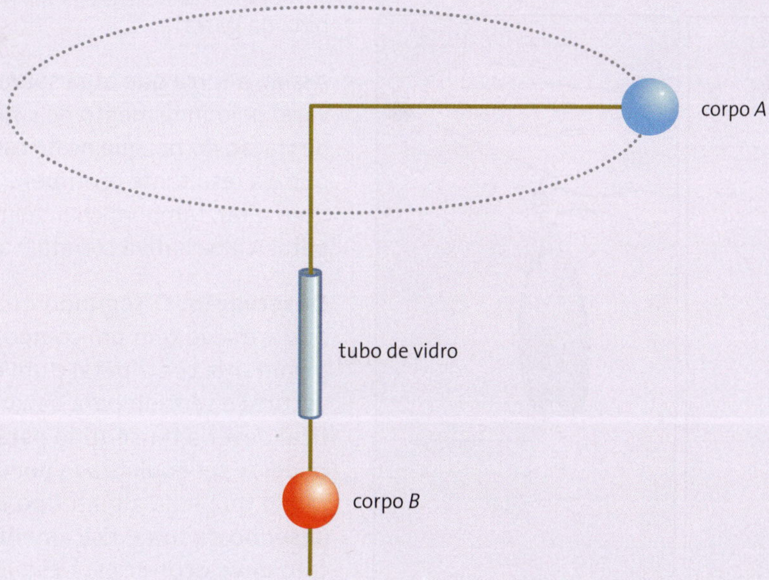

Ao fazer o tubo de vidro girar adequadamente, você faz com que o corpo *A* gire em um círculo praticamente horizontal com velocidade $\vec{v}$, constante em módulo. Faça o experimento e responda às questões.

1. Com o corpo *A* girando em movimento circular e uniforme, quais as forças que agem nos corpos *A* e *B*?

2. Compare os módulos das forças que agem no corpo *A*. Faça o mesmo com as forças que agem no corpo *B*.

3. Qual das forças faz o papel de resultante centrípeta no corpo *A*?

4. À medida que o corpo *A* gira com velocidade constante em módulo, o que acontece com o raio da circunferência descrita por ele?

5. Suponha que $m = 0{,}1$ kg; $M = 1$ kg; $r = 1$ m e $g = 10$ m/s^2. Nessas condições, determine o módulo da velocidade do corpo *A*.

6. O que acontece com os módulos das forças que agem nos corpos *A* e *B* se a pessoa passar a girar o tubo de vidro mais lentamente: aumentam, diminuem ou permanecem constantes?

7. Nas condições do item anterior, o círculo descrito pelo corpo *A* continua horizontal? O que acontece com o raio da circunferência descrita pelo corpo *A*?

8. Você acha possível a porção do fio compreendida entre o tubo e o corpo *A* ficar perfeitamente na horizontal, como mostrado na figura? Justifique.

Pensando no Enem

Observe o fenômeno indicado na tirinha.

(Adaptado. Luisa Daou & Francisco Caruso, Tirinhas de Física, vol. 2, CBPF, Rio de Janeiro, 2000.)

A força que atua sobre o peso e produz o deslocamento vertical da garrafa é a força:

a) de inércia.

b) gravitacional.

c) de empuxo.

d) centrípeta.

e) elástica.

Resolução

Para que o peso atado ao fio execute um movimento circular é preciso que haja sobre ele uma resultante centrípeta. Neste caso a resultante centrípeta é a força de tração do fio. Como o fio transmite esta força de tração até a garrafa, sobre ela, além da força peso, vertical para baixo, atua uma força vertical para cima que é a tração e que é responsável pelo movimento de subida da garrafa.

Assim, a força que atua sobre o peso e que é responsável pelo movimento de subida da garrafa é a força de tração do fio, que neste caso tem um componente que é a resultante centrípeta que atua no peso fazendo-o girar, também chamada apenas de força centrípeta. A alternativa correta é a **d**.

Observação: O segundo quadro da tirinha mostra que a tração tem um componente na direção radial (resultante centrípeta) e um componente na direção vertical e sentido para baixo. Esse componente vertical deveria ter sentido para cima, para que o peso pudesse ser equilibrado por ele, ou seja, desconsiderando que haja algum tipo de sustentação do ar, o desenho da tira é fisicamente impossível. O que de fato deve ocorrer está esquematizado abaixo, com a indicação das forças:

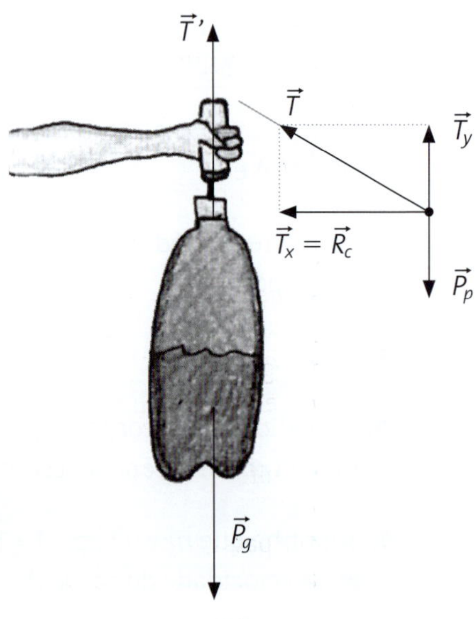

Vestibulares de Norte a Sul

1. **S** (UFSC) Um carro com velocidade de módulo constante de 20 m/s percorre a trajetória descrita na figura seguinte, sendo que de *A* a *C* a trajetória é retilínea e de *D* a *F* é circular, no sentido indicado.

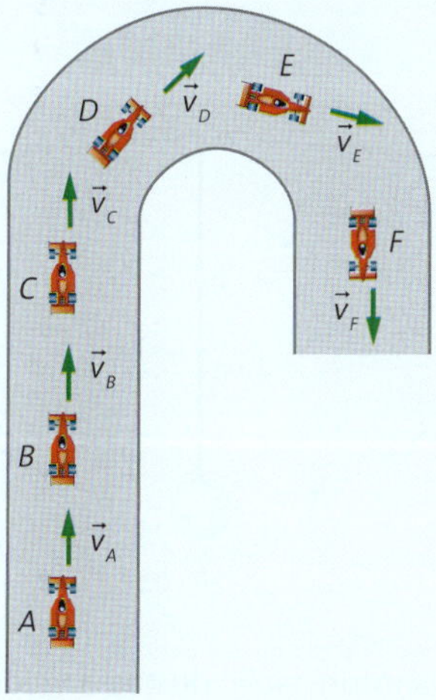

Formato/Arquivo da editora

Dê como resposta a soma da(s) alternativa(s) **correta(s)**:

(01) O carro tem movimento uniforme de *A* até *C*.

(02) O carro tem movimento uniforme de *A* até *F*.

(04) O carro tem aceleração de *A* até *C*.

(08) O carro tem aceleração de *D* até *F*.

(16) O carro tem movimento retilíneo uniformemente variado de *D* até *F*.

2. **S** (UFSM-RS) Algumas empresas privadas têm demonstrado interesse em desenvolver veículos espaciais com o objetivo de promover o turismo espacial. Nesse caso, um foguete ou avião impulsiona o veículo, de modo que ele entre em órbita ao redor da Terra. Admitindo-se que o movimento orbital é um movimento circular uniforme em um referencial fixo na Terra, é correto afirmar que:

a) o peso de cada passageiro é nulo, quando esse passageiro está em órbita.

b) uma força centrífuga atua sobre cada passageiro, formando um par ação-reação com a força gravitacional.

c) o peso de cada passageiro atua como força centrípeta do movimento; por isso, os passageiros são acelerados em direção ao centro da Terra.

d) o módulo da velocidade angular dos passageiros, medido em relação a um referencial fixo na Terra, depende do quadrado do módulo da velocidade tangencial deles.

e) a aceleração de cada passageiro é nula.

3. **SE** (UFSJ-MG) Suponha que fosse possível, para um jogador de futebol, chutar uma bola com velocidade suficiente para que ela orbitasse a Terra a certa altura constante em relação ao solo. Desconsiderando-se a resistência do ar e supondo a Terra como uma esfera perfeita, é correto afirmar que o movimento dessa bola orbitando a Terra seria um:

a) movimento retilíneo uniformemente acelerado, uma vez que a altura em relação ao solo permaneceria constante e a bola estaria sujeita à aceleração da gravidade.

b) movimento retilíneo uniforme, uma vez que a altura em relação ao solo permanece constante.

c) movimento circular uniforme, com peso da bola agindo como força centrípeta.

d) movimento circular uniformemente acelerado, com o peso da bola agindo como força centrípeta.

4. **SE** (Fuvest-SP) Um DJ, ao preparar seu equipamento, esquece uma caixa de fósforos sobre o disco de vinil, em um toca-discos desligado. A caixa se encontra a 10 cm do centro do disco. Quando o toca-discos é ligado, no instante $t = 0$, ele passa a girar com aceleração angular constante $\alpha = 1{,}1$ rad/s^2, até que o disco atinja a frequência final $f = 33$ rpm, que permanece constante. O coeficiente de atrito estático entre a caixa de fósforos e o disco é $\mu_e = 0{,}09$. Determine:

a) a velocidade angular final do disco, ω_f, em rad/s;

b) o instante t_f em que o disco atinge a velocidade angular ω_f;

c) a velocidade angular ω_c do disco no instante t_c em que a caixa de fósforos passa a se deslocar em relação a ele;

d) o ângulo total $\Delta\theta$ percorrido pela caixa de fósforos desde o instante $t = 0$ até o instante $t = t_c$.

> Note e adote:
> Aceleração da gravidade local $g = 10$ m/s^2.
> $\pi = 3$

5. **CO** (UEMS) Um pêndulo simples é constituído por um corpo de massa *m* suspenso por um fio de massa desprezível e comprimento *L*. Esse pêndulo oscila com um período *T* próximo à superfície da Terra, onde se pode assumir que a aceleração gravitacional vale *g*. Se o comprimento do pêndulo for quadruplicado, seu período *T'* será:

a) $T' = T$.

b) $T' = T/2$.

c) $T' = T/4$.

d) $T' = 2T$.

e) $T' = 4T$.

6. **N** (UEA-AM) Um carro pode fazer uma curva plana e horizontal segundo os dois traçados mostrados na figura, visto de cima. Os dois traçados são arcos de circunferência, sendo que no traçado 2 o raio de curvatura da curva é quatro vezes maior do que no traçado 1.

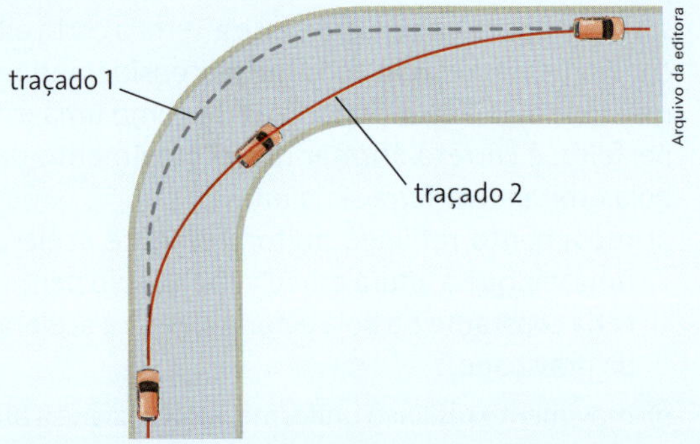

Sendo V_1 e V_2 as velocidades de um mesmo carro nos traçados 1 e 2, respectivamente, a condição para que as resultantes centrípetas sobre ele nos dois traçados sejam iguais em módulo é:

a) $V_1 = V_2$.
b) $V_1 = 2V_2$.
c) $V_2 = 2V_1$.
d) $V_2 = 4V_1$.
e) $V_1 = 4V_2$.

7. **NE** (Ufal) Um carro passa por uma elevação na pista com velocidade de módulo constante e igual a 10 km/h. A elevação corresponde a um arco de uma circunferência de raio $R = 5$ m, centrada no ponto O (veja a figura). Considerando o carro como uma partícula material, qual a sua aceleração centrípeta, em km/h², sobre a elevação?

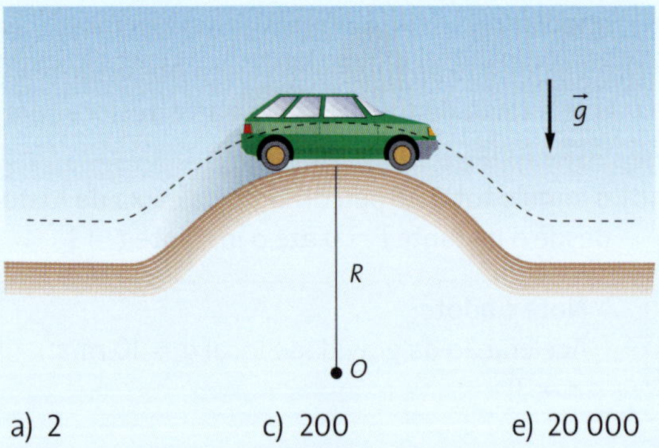

a) 2
b) 4
c) 200
d) 400
e) 20 000

8. **NE** (UEPB) No circo, uma das apresentações que gera sempre muita expectativa é a do "globo da morte". O auge desse espetáculo se dá quando o conjunto "motociclista e moto" não cai ao atingir o ápice do globo. Isso ocorre porque:

a) a força centrípeta sobre o conjunto é nula.
b) o peso do conjunto é maior do que a força centrípeta.
c) o peso do conjunto é menor ou igual à força centrípeta.
d) o conjunto está em equilíbrio dinâmico.
e) o peso do conjunto é nulo.

9. **SE** (UFSJ-MG) A figura abaixo representa um pêndulo simples que está oscilando sob condições ideais. O comprimento do fio vale 1 m e a massa da esfera é de 0,5 kg.

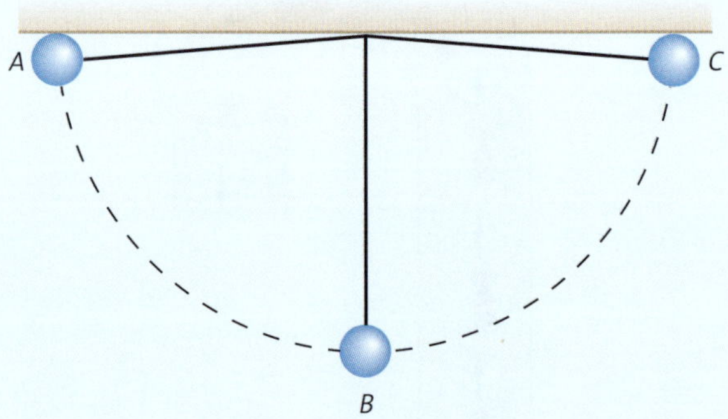

Utilizando a informação de que a velocidade da esfera no ponto B (altura mínima) é de 1 m/s, podemos afirmar que a tensão no fio T, quando a esfera passa pelo ponto B (considerando o módulo da aceleração da gravidade $g = 10$ m/s²), é:

a) nula.
b) igual ao peso da esfera.
c) maior que o peso da esfera.
d) metade do peso da esfera.

10. **SE** (PUCC-SP) No dia 7 de fevereiro de 1984, a uma altura de 100 km acima do Havaí e com uma velocidade de cerca de 29 000 km/h, Bruce McCandless, saindo de um ônibus espacial, sem estar preso por nenhuma corda, tornou-se o primeiro satélite humano. Sabe-se que a força de atração F entre o astronauta e a Terra é proporcional a $(m \cdot M)/r^2$, onde m é a massa do astronauta, M a da Terra, e r a distância entre o astronauta e o centro da Terra.

HALLIDAY, D.; RESNICK, R.; WALKER, J. *Fundamentos de Física*. Rio de Janeiro: LTC, 2002. v. 2. p. 36.

Na situação descrita no texto, com o referencial na Terra, o astronauta Bruce:

a) não tem peso.
b) sofre, além do peso, a ação de uma força centrífuga.
c) sofre, além do peso, a ação de uma força centrípeta.
d) tem peso, que é a resultante centrípeta.
e) tem peso aparente nulo graças à ação da força centrífuga.

11. **SE** (UFF-RJ) Considere que a Lua descreve uma órbita circular em torno da Terra. Assim sendo, assinale a opção em que estão mais bem representadas a força resultante ($\vec{R}$) sobre o satélite e a sua velocidade ($\vec{v}$).

a)

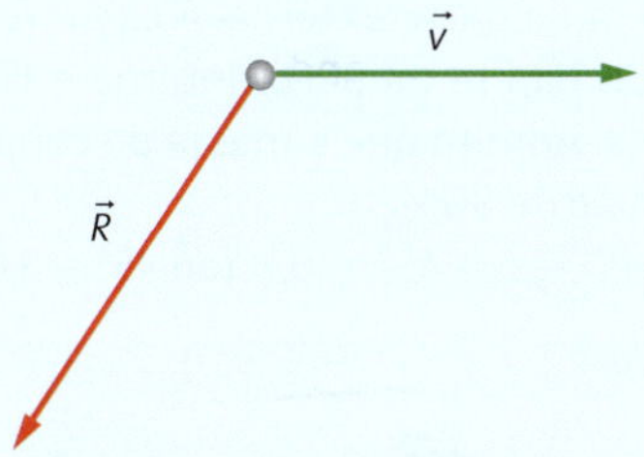

b)

c)

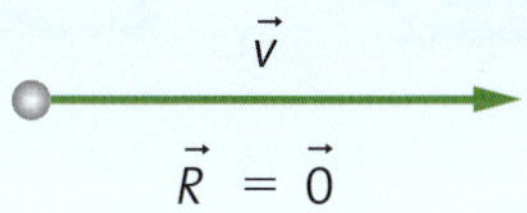

d)

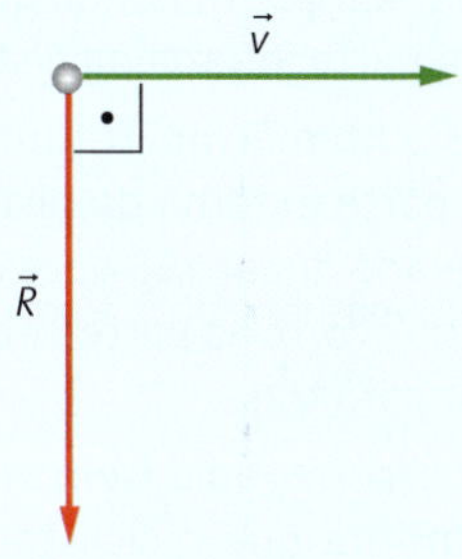

e)

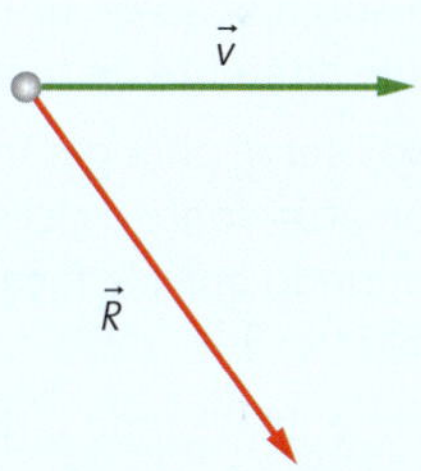

12. **S** (Ufpel-RS) Considere um satélite artificial que está em órbita circular ao redor da Terra. Nessa condição, é correto afirmar que:

a) seu vetor velocidade, vetor aceleração centrípeta e seu período são constantes.

b) seu vetor velocidade varia, seu vetor aceleração centrípeta e seu período são constantes.

c) seu vetor velocidade e seu vetor aceleração centrípeta variam e seu período é constante.

d) seu vetor velocidade e seu período são constantes e seu vetor aceleração centrípeta varia.

e) seu vetor velocidade, seu vetor aceleração centrípeta e seu período variam.

13. **NE** (Uece) Em um primeiro experimento, uma massa puntiforme é posta em movimento circular uniforme, com a realização de três voltas completas por minuto. A trajetória circular é mantida por uma mola de constante elástica k_1 que liga a massa a um ponto fixo. Em um segundo experimento, com a substituição da mola por outra de mesmo comprimento e constante elástica k_2, a massa percorre a mesma trajetória também com movimento circular uniforme, porém, realiza o dobro de voltas em um minuto. Assim, é correto afirmar-se que:

a) $k_2 = 2k_1$.

b) $k_2 = 6k_1$.

c) $k_2 = 4k_1$.

d) $k_2 = 3k_1$.

14. **SE** (FGV-SP) Em um dia muito chuvoso, um automóvel, de massa m, trafega por um trecho horizontal e circular de raios R. Prevendo situações como essa, em que o atrito dos pneus com a pista praticamente desaparece, a pista é construída com uma sobre-elevação externa de um ângulo α como mostra a figura. A aceleração da gravidade no local é g.

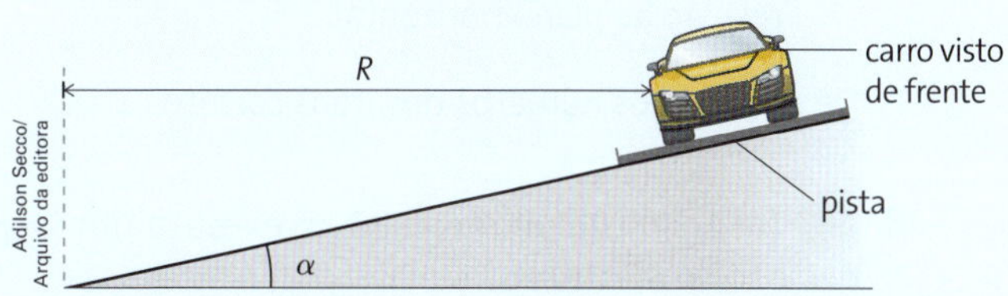

A máxima velocidade que o automóvel, tido como ponto material, poderá desenvolver nesse trecho, considerando ausência total de atrito, sem derrapar, é dada por:

a) $\sqrt{m \cdot g \cdot R \cdot \text{tg}\alpha}$.

b) $\sqrt{m \cdot g \cdot R \cdot \cos\alpha}$.

c) $\sqrt{g \cdot R \cdot \text{tg}\alpha}$.

d) $\sqrt{g \cdot R \cdot \cos\alpha}$.

e) $\sqrt{g \cdot R \cdot \text{sen}\alpha}$.

15. **S** (UFSC) Um avião descreve uma curva em trajetória circular com velocidade escalar constante, em um plano horizontal, conforme está representado na figura, em que $\vec{F}$ é a força de sustentação, perpendicular às asas; $\vec{P}$ é a força peso; α é o ângulo de inclinação das asas em relação ao plano horizontal; R é o raio de trajetória. São conhecidos os valores: $\alpha = 45°$; $R = 1\,000$ metros; massa do avião $= 10\,000$ kg.

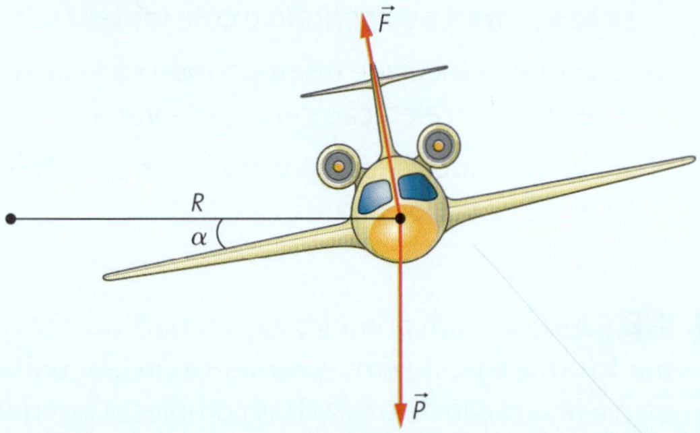

Ilustrações: Adilson Secco/Arquivo da editora

Assinale a(s) proposição(ões) correta(s), considerando, para efeito de cálculos, apenas as forças indicadas na figura.

(01) Se o avião descreve uma trajetória curvilínea, a resultante das forças externas que atuam sobre ele é, necessariamente, diferente de zero.

(02) Se o avião realiza movimento circular uniforme, a resultante das forças que atuam sobre ele é nula.

(04) A força centrípeta é, em cada ponto da trajetória, a resultante das forças externas que atuam no avião, na direção do raio da trajetória.

(08) A força centrípeta sobre o avião tem intensidade igual a 100 000 N.

(16) A velocidade do avião tem valor igual a 360 km/h.

(32) A força resultante que atua sobre o avião não depende do ângulo de inclinação das asas em relação ao plano horizontal.

Dê a soma dos números dos itens corretos.

16. **SE** (AFA-SP) Um piloto de 80 kg executa um *loop* perfeito de raio 90 m.

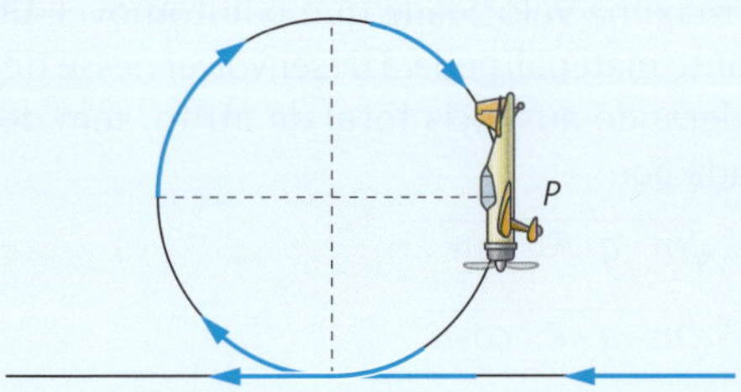

Se no ponto P do *loop*, conforme a figura, a velocidade do avião é de 216 km/h, o módulo da força com a qual o piloto comprimirá a poltrona, em newtons, é igual a:

a) 1 800. b) 2 400. c) 2 700. d) 3 200.

17. **S** (UFSC) O ciclismo praticado em uma pista oval e coberta, mais conhecida como velódromo, é uma das modalidades de competição dos Jogos Olímpicos. Vamos considerar um velódromo com pista circular de madeira, que possua uma inclinação de 45° com a horizontal e raio de curvatura de 18,0 m na parte interna e 24,0 m na parte externa. A circunferência da pista varia de 113,1 m na parte interna e 150,8 m na parte externa. Admita que a massa do conjunto bicicleta + atleta é de 80 kg.
(dados: sen 45° = cos 45° = 0,7; tan 45° = 1,0)

Disponível em: <http://pan.uol.com.br/2011/ultimas-noticias/2011/10/14/cbat-confirma-doping-e-suspende-atleta-dos-10-mil-metros-do-pan.htm>. Acesso em: 13 ago. 2012.

Com base no que foi exposto, assinale a(s) proposição(ões) CORRETA(S).

(01) A velocidade angular do ciclista que corre na parte externa da pista é sempre maior do que a do ciclista que corre na parte interna da pista.

(02) Largando alinhados e no mesmo instante, o ciclista que corre na parte externa da pista deve possuir uma velocidade linear 1,33 vezes maior do que a do ciclista que corre na parte interna da pista, para não ficar para trás.

(04) Caso a pista esteja escorregadia (sem atrito), a sua inclinação permitirá que o ciclista faça a curva, na parte interna, com uma velocidade de 180 m/s.

(08) Supondo que um ciclista faça três voltas com velocidade linear de módulo constante, podemos afirmar que ele está sob a ação de uma força resultante com módulo diferente de zero.

(16) A inclinação das curvas serve para garantir que a força centrípeta que atua sobre o ciclista seja paralela à pista, permitindo que ele faça as curvas mais rapidamente.

(32) Ao final de uma prova e analisando o deslocamento do ciclista que finalizou a prova, podemos afirmar que o seu deslocamento foi zero.

Caiu no Enem

1. Uma empresa de transportes precisa efetuar a entrega de uma encomenda o mais breve possível. Para tanto, a equipe de logística analisa o trajeto desde a empresa até o local da entrega. Ela verifica que o trajeto apresenta dois trechos de distâncias diferentes e velocidades máximas permitidas diferentes. No primeiro trecho, a velocidade máxima permitida é de 80 km/h e a distância a ser percorrida é de 80 km. No segundo trecho, cujo comprimento vale 60 km, a velocidade máxima permitida é 120 km/h.

Supondo que as condições de trânsito sejam favoráveis para que o veículo da empresa ande continuamente na velocidade máxima permitida, qual será o tempo necessário, em horas, para a realização da entrega?

a) 0,7

b) 1,4

c) 1,5

d) 2,0

e) 3,0

2. Para medir o tempo de reação de uma pessoa, pode-se realizar a seguinte experiência:

I. Mantenha uma régua (com cerca de 30 cm) suspensa verticalmente, segurando-a pela extremidade superior, de modo que o zero da régua esteja situado na extremidade inferior.

II. A pessoa deve colocar os dedos de sua mão, em forma de pinça, próximos do zero da régua, sem tocá-la.

III. Sem aviso prévio, a pessoa que estiver segurando a régua deve soltá-la. A outra pessoa deve procurar segurá-la o mais rapidamente possível e observar a posição onde conseguiu segurar a régua, isto é, a distância que ela percorre durante a queda.

O quadro seguinte mostra a posição em que três pessoas conseguiram segurar a régua e os respectivos tempos de reação.

Distância percorrida pela régua durante a queda (metro)	Tempo de reação (segundo)
0,30	0,24
0,15	0,17
0,10	0,14

Disponível em: <http://br.geocities.com>. Acesso em: 1º fev. 2009.

A distância percorrida pela régua aumenta mais rapidamente que o tempo de reação porque a:

a) energia mecânica da régua aumenta, o que a faz cair mais rápido.

b) resistência do ar aumenta, o que faz a régua cair com menor velocidade.

c) aceleração de queda da régua varia, o que provoca um movimento acelerado.

d) força peso da régua tem valor constante, o que gera um movimento acelerado.

e) velocidade da régua é constante, o que provoca uma passagem linear de tempo.

3. ***Rua da Passagem***

Os automóveis atrapalham o trânsito.
Gentileza é fundamental.
Não adianta esquentar a cabeça.
Menos peso do pé no pedal.

O trecho da música, de Lenine e Arnaldo Antunes (1999), ilustra a preocupação com o trânsito nas cidades, motivo de uma campanha publicitária de uma seguradora brasileira. Considere dois automóveis, *A* e *B*, respectivamente conduzidos por um motorista imprudente e por um motorista consciente e adepto da campanha citada. Ambos se encontram lado a lado no instante inicial $t = 0$ s, quando avistam um semáforo amarelo (que indica atenção, parada obrigatória ao se tornar vermelho). O movimento de *A* e *B* pode ser analisado por meio do gráfico, que representa a velocidade de cada automóvel em função do tempo.

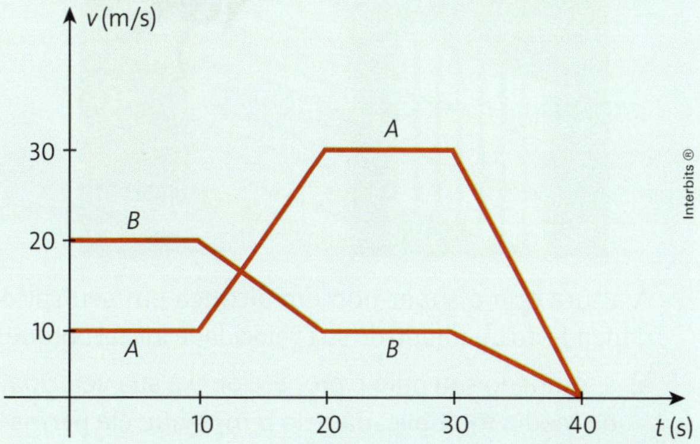

As velocidades dos veículos variam com o tempo em dois intervalos: (I) entre os instantes 10 s e 20 s; (II) entre os instantes 30 s e 40 s.

De acordo com o gráfico, quais são os módulos das taxas de variação da velocidade do veículo conduzido pelo motorista imprudente, em m/s², nos intervalos (I) e (II), respectivamente?

a) 1,0 e 3,0
b) 2,0 e 1,0
c) 2,0 e 1,5
d) 2,0 e 3,0
e) 10,0 e 30,0

4. No mundial de 2007, o americano Bernard Lagat, usando pela primeira vez uma sapatilha 34% mais leve do que a média, conquistou o ouro na corrida de 1500 metros com um tempo de 3,58 minutos. No ano anterior, em 2006, ele havia ganhado medalha de ouro com um tempo de 3,65 minutos nos mesmos 1500 metros.

Revista *Veja*, São Paulo, ago. 2008 (adaptado).

Sendo assim, a velocidade média do atleta aumentou em aproximadamente:

a) 1,05%.
b) 2,00%.
c) 4,11%.
d) 4,19%.
e) 7,00%.

5. O super-homem e as leis do movimento.

Uma das razões para pensar sobre a física dos super-heróis é, acima de tudo, uma forma divertida de explorar muitos fenômenos físicos interessantes, desde fenômenos corriqueiros até eventos considerados fantásticos. A figura abaixo mostra o super-homem lançando-se no espaço para chegar ao topo de um prédio de altura *H*. Seria possível admitir que com seus superpoderes ele estaria voando com propulsão própria, mas considere que ele tenha dado um forte salto. Neste caso, sua velocidade final no ponto mais alto do salto deve ser zero, caso contrário, ele continuaria subindo. Sendo *g* a aceleração da gravidade, a relação entre a velocidade inicial do super-homem e a altura atingida é dada por: $v^2 = 2 \cdot g \cdot H$.

Pedro Hamdan/Arquivo da editora

A altura que o super-homem alcança em seu salto depende do quadrado de sua velocidade inicial porque:

a) a altura do seu pulo é proporcional à sua velocidade média multiplicada pelo tempo que ele permanece no ar ao quadrado.
b) o tempo que ele permanece no ar é diretamente proporcional à aceleração da gravidade e essa é diretamente proporcional à velocidade.
c) o tempo que ele permanece no ar é inversamente proporcional à aceleração da gravidade e essa é inversamente proporcional à velocidade média.
d) a aceleração do movimento deve ser elevada ao quadrado, pois existem duas acelerações envolvidas: a aceleração da gravidade e a aceleração do salto.
e) a altura do seu pulo é proporcional à sua velocidade média multiplicada pelo tempo que ele permanece no ar, e esse tempo também depende da sua velocidade inicial.

6. Uma pessoa necessita da força de atrito em seus pés para se deslocar sobre uma superfície. Logo, uma pessoa que sobe uma rampa em linha reta será auxiliada pela força de atrito exercida pelo chão em seus pés. Em relação ao movimento dessa pessoa, quais são a direção e o sentido da força de atrito mencionada no texto?

a) Perpendicular ao plano e no mesmo sentido do movimento.
b) Paralelo ao plano e no sentido contrário ao movimento.
c) Paralelo ao plano e no mesmo sentido do movimento.
d) Horizontal e no mesmo sentido do movimento.
e) Vertical e sentido para cima.

7. Para serrar os ossos e carnes congeladas, um açougueiro utiliza uma serra de fita que possui três polias e um motor. O equipamento pode ser montado de duas formas diferentes, *P* e *Q*. Por questão de segurança, é necessário que a serra possua menor velocidade linear.

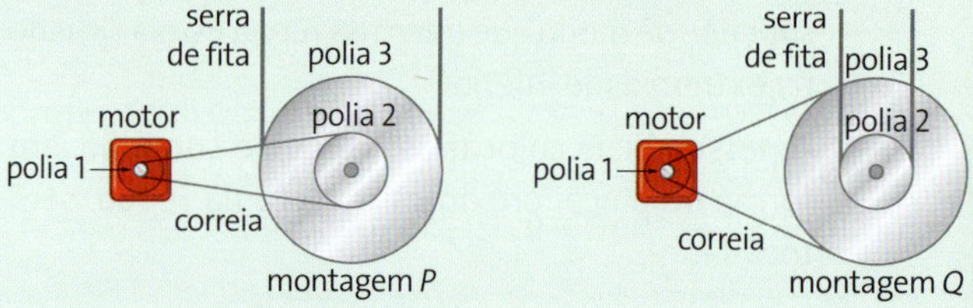

Adilson Secco/Arquivo da editora

Por qual montagem o açougueiro deve optar e qual a justificativa desta opção?

a) *Q*, pois as polias 1 e 2 giram com velocidade lineares iguais em pontos periféricos e a que tiver maior raio terá menor frequência.
b) *Q*, pois as polias 1 e 3 giram com frequências iguais e a que tiver maior raio terá menor velocidade linear em um ponto periférico.
c) *P*, pois as polias 2 e 3 giram com frequências diferentes e a que tiver maior raio terá menor velocidade linear em um ponto periférico.
d) *P*, pois as polias 1 e 2 giram com diferentes velocidades lineares em pontos periféricos e a que tiver menor raio terá maior frequência.
e) *Q*, pois as polias 2 e 3 giram com diferentes velocidades lineares em pontos periféricos e a que tiver maior raio terá menor frequência.

Respostas

Capítulo 1 • Grandezas e sistemas de unidades

2. Arco-íris: Física; Fotossíntese: Biologia, Física e Química; Ozônio: Biologia, Química, Física e Meteorologia.

3. Faltou controle ao experimento.

4. a) Liquidificador, fogão a gás, micro-ondas, telefone, computador, ...

6. a) Não é possível avaliar: faltou a unidade.
b) 5 °C: clima frio.

7. Grandezas: comprimento, massa, velocidade e idade.
Unidades: metro, tonelada, quilômetro por hora, ano.

8. $6{,}29 \cdot 10^9$ habitantes.

9. $1{,}5 \cdot 10^{10}$ barris.

10. Sua escolha está correta.

11. b) Cingapura.

12. c

13. b

14. c

15. b) 28 cm c) 46

16. a) R$ 51,57 b) R$ 16,29

17. 10^6 L

18. 10^5

19. 10^{15}

20. b

21. 3,04 cm

Vestibulares de Norte a Sul

1. d
2. c
3. a
4. b
5. c
6. b
7. V, V, F, V.
8. b
9. e
10. a
11. c
12. c
13. c
14. 23 m³
15. 10^4
16. d
17. c
18. c
19. b
20. d
21. b
22. e

Capítulo 2 • Movimentos em uma dimensão

1. Subida: movimento forçado. Descida: movimento natural.

3. I. Incorreta. II. Incorreta. III. Incorreta. IV. Correta.

4. Repouso e movimento dependem do referencial.

5. I. Correta. II. Incorreta. III. Incorreta.

6. I. Correta. II. Incorreta.

7. a) Campinas: 90 km;
Ribeirão Preto: 310 km.
b) 150 km
c) Não.
deslocamento = 90 km
dist. percorrida = 210 km

8. Não.

9. Excedeu. $\Delta t_{mínimo} \geqslant 36$ s.

10. 6,5 min

11. b

12. d

13. I e II

14. a

15. *AB*: Progressivo acelerado; *BC*: Progressivo retardado.

16. I. Correta. II. Incorreta. III. Correta. IV. Incorreta.

17. 12 min

18. 8 min 20 s

19. a) Sentidos contrários
b) 10 s e a 100 m da origem
c) A:10 m/s; B: −5 m/s

20. b

21. d

22. a) 50 m b) 53 m

23. 160 m

24. a) 10 m/s e −5 m/s
b) *A*: Movimento uniforme e progressivo; *B*: movimento uniforme e retrógrado.

25. a) Acelerado: 0 a 6 s; Retardado: 10 s a 16 s.
b) 2 m/s²

26. b) 150 m

27. a) Velocidade constante.
b) 500 m

28. d

29. c

30. b

31. c

32. a) 4,0 s e 4,0 s c) 80 m
b) 40 m/s

33. a) 45 m c) 30 m/s
b) 5,0 s

34. 2 s e 4 s

35. a) 2,0 m/s² b) 6,0 m/s

36. e

37. 06

38. Permanece constante.

39. b

40. Não. As posições não obedecem às proporções de Galileu.

Vestibulares de Norte a Sul

1. b
2. e
3. c
4. a
5. c
6. b
7. d
8. b
9. d
10. c
11. c
12. a
13. c
14. a
15. 20 min
16. d
17. a)

$$X = X_1 + \frac{L}{2} + \frac{c(t_1 + t_2)}{2}$$

$$t = \frac{L}{2c} + \frac{(t_1 - t_2)}{2}$$

b)

$$X = X_1 + \frac{L}{2} - \frac{cT}{2}$$

$$t = \frac{L}{2c} + \frac{3}{2}T$$

$$d = X - X_1 = \frac{L}{2} - \frac{cT}{2}$$

18. a

Capítulo 3 • Movimentos em duas dimensões

1. Escalares: temperatura, distância percorrida, área e volume e vetoriais: força, deslocamento, velocidade e aceleração.

2. Não.

3. 728 m e 1 300 m

4. 10,8 m

5. a) 700 m c) 538 m
b) 500 m

6. a

7. d

8. a) 1 100 m c) 25 m/min
b) 500 m

9. a) Sim. 40 m/s.
b) 400 m/s²

10. a) Curva do Sol e na Curva do Laranja.
b) Em nenhuma.
c) Nas curvas do Sol e do Laranja há aceleração centrípeta.

11. I. Errada; II. Errada; III. Correta; IV. Errada.

12. c

13. I. Errada; II. Correta; III. Correta; IV. Errada; V. Errada.

14. b

15. 120 m/s

16. a) Menor b) 110 km/h

17. $\omega_A = \omega_B$ e $v_A > v_B$

18. a) Horário. b) 5 rps e 25 rps

20. a) 3 000 m
b) 2 min 30 s

21. a) 30 s b) 60 m

22. b

23. a) Não consegue.
b) Consegue.
c) Não consegue.

24. Conseguirá vencer.

25. O jato de água atinge o foco de incêndio.

Vestibulares de Norte a Sul

1. c
2. d
3. b
4. a
5. a
6. c
7. a
8. d
9. c
10. a) 3 min b) 10 km/h
11. d
12. a) 2,5 m/s b) 5,0 m
13. d
14. a

Capítulo 4 • As leis de Newton para os movimentos

1. Sim; entre um ímã e um pedaço de ferro, por exemplo.

2. Gravitacional e eletrofraca (eletromagnética).

3. 40 N

4. a) Força de contato; $C = P$.

5. a) Peso e contato; Peso, contato (normal e atrito) e a força aplicada pelo homem.
   b) Maior que 60 N.
6. F.
7. a) 100 N
   b) 100 N
8. a) Peso e tração; 200 N cada
   b) Tração; 200 N
9. a) Peso e elástica.
   b) 20 N cada.
10. a
11. A velocidade permanece constante.
12. a) Não é possível dizer se o trem está parado ou em movimento.
    b) Não permanece.
    c) Não permanece.
13. a) Sim.
    b) Não.
15. a) Ela se movimenta somente em relação ao solo.
    b) Como ela não está presa ao ônibus, por inércia ela continua no seu movimento original.
    c) Não
16. a) Lei da inércia.
17. No caminhão.
18. I. Correta; II. Incorreta; III. Correta.
19. a) 4 N
    b) 2,0 m/s²
    c) Vertical para cima.
20. Ler física explica na pg. 154.
21. Ler física explica na pg. 154.
23. b
24. Correta.
25. d
26. I. Incorreta; II. Correta; III. Incorreta; IV. Incorreta.
27. A força é a mesma nos dois; o automóvel (menor massa).
28. c

Vestibulares de Norte a Sul

1. a
2. 03
3. e
4. d
5. d
6. e
7. c
8. d
9. d
10. a
11. e
12. d
13. e
14. a) 400 N   b) 2 m/s
15. FFFFF
16. d

Capítulo 5 • Aplicações das leis de Newton: trajetórias retas

1. 3 m/s²
2. c
3. 4 N e 12 N
4. a) Iguais.   c) $F_A > T$
   b) Iguais.
5. a) $f_1 = F \cdot \frac{m_1 + m_2}{m + m_1 + m_2}$
   b) 30 m/s
6. I. $T > P$: subindo acelerado ou descendo retardado.
   II. $T = P$: Repouso ou movimento uniforme para cima ou para baixo.
   III. $T < P$: descendo acelerado ou subindo retardado.
7. Pode estar subindo ou descendo.
7. Subindo.
8. d
9. Executa uma queda livre, junto com o elevador.
10. a) $T = 5\,000$ N
    b) $N = 621$ N
11. a) A polia 1 é uma polia fixa e as polias 2 e 3 são móveis.
    b) 25 N
    c) 4
12. 8,0 m
13. 17,3
14. b
15. 50 N e 40 N
17. b) 2,6 m/s²
18. a) 340 N
    b) Desce a rampa.
19. $F_{at} = 6{,}6$ N
20. d
21. a) Resistência do ar; densidade, área e velocidade.
    b) diminui; é nula.
22. O corpo maciço.
23. $b = 50$ N · s/m
24. c
25. d

Vestibulares de Norte a Sul

1. d
2. c
3. 3 kg
4. e
5. 10 N
6. c
7. d
8. c
9. a
10. d
11. a) 250 N   b) 0,5 m
12. c
13. b
14. 1 litro.
15. c
16. b

Capítulo 6 • Aplicações das leis de Newton: trajetórias curvas

1. b
2. a) Alterna a direção e sentido do vetor velocidade.
   b) O satélite passa a se movimentar numa trajetória tangente à circunferência.
3. d
4. c
5. d
6. d
7. 1200 N/m
8. Praticamente constante (0,7).
9. a) 3,0 m/s   b) Sim.
10. I, II e III incorretas.
11. a) 2,0 rad/s
    b) Escorrega verticalmente; não escorrega verticalmente.
    c) Diminuir a velocidade angular mínima.
12. I. Incorreta; II. Correta; III. Incorreta; IV. Incorreta.
13. a) 6 250 N   b) 5 750 N
14. a) No ponto *A*.
    b) No ponto *A*.
15. 14 000 N
16. a) 5,0 m/s   b) 5 000 N
17. Figura 2.
18. 70 N
19. 45°
20. a) 5 N   b) 2,6 rad/s
21. d

Vestibulares de Norte a Sul

1. 11
2. c
3. c
4. a) 3,3 rad/s   c) 3,0 rad/s
   b) 3,0 s   d) 4,1 rad
5. d
6. c
7. e
8. c
9. c
10. d
11. d
12. c
13. c
14. c
15. 29
16. d
17. 42

Caiu no Enem

1. c
2. d
3. d
4. b
5. e
6. c
7. a

Parte 2

Paul Brennan/Shutterstock/Glow Images

CAPÍTULO

7 Energia, trabalho e potência

Paul Brennan/Shutterstock/Glow Images

Qual é a relação entre uma montanha-russa e os princípios fundamentais da energia?

Moisés Gonçalves/Arquivo da editora

Figura 7.1 A alimentação adequada garante a energia necessária para a sobrevivência do ser humano. A alimentação desequilibrada pode gerar sérios riscos ao organismo.

1 Formas de energia

Um dos conceitos físicos mais importantes é o de energia, presença constante em todas as nossas atividades diárias. Desde que acordamos pela manhã, tomamos um banho quente, preparamos o café e utilizamos algum meio de transporte para chegar à escola ou ao trabalho, estamos utilizando energia. Mesmo em repouso, o nosso corpo necessita de energia para manter seu funcionamento; mas nossas necessidades energéticas vão muito além da alimentação. Na sociedade atual, nossa dependência de energia é tão grande que é difícil imaginar como seria nossa vida sem ela.

A fonte de energia para os animais é a alimentação. Ingerindo alimentos, os animais obtêm a energia necessária para a sua sobrevivência (figura 7.1). Carros, motos, aviões e foguetes também necessitam de energia para se movimentar (figura 7.2). Qualquer que seja o meio de transporte é preciso fornecer a ele certa quantidade de energia (obtida, por exemplo, da queima de um combustível), parte da qual é aproveitada como energia de movimento. O que observamos na natureza é uma série de contínuas transformações de energia.

Christian Mueller/Shutterstock/Glow Images

Figura 7.2 A queima do combustível no motor do ônibus produz movimento.

Tanto a nossa sobrevivência como a do planeta Terra estão diretamente ligadas à energia que vem do Sol. Essa energia, natural de reações nucleares que ocorrem no interior da estrela, ao chegar à Terra é armazenada e utilizada das mais variadas formas (figura 7.3). De toda a energia produzida no Sol, a Terra recebe uma parcela muito pequena. Dois fatores contribuem para isso: estamos a aproximadamente 150 milhões de quilômetros do Sol e nosso planeta possui um diâmetro da ordem de 110 vezes menor que o do Sol (figura 7.4).

Embora o uso de diversas formas de **energia** seja uma prática da humanidade desde o início, somente no início do século XIX esse conceito começou a fazer parte do vocabulário científico, passando rapidamente para o vocabulário popular. O termo foi cunhado por Thomas Young (1773-1829), em 1807, baseado no grego (*en*: dentro; *érgon*: trabalho, obra, ação). Aliás, muitos termos de uso comum no cotidiano atual foram definidos ao longo da história da Física, como temperatura, umidade do ar e corrente elétrica, apenas para citar alguns exemplos. Nesse aspecto, vale lembrar que a Física não só define as grandezas, mas também procura disponibilizar meios de medi-las ou calculá-las.

Energia – Capacidade que um sistema físico tem de realizar trabalho.

De acordo com a fonte, a energia recebe uma denominação: ela pode ser mecânica, térmica, elétrica, química, luminosa, sonora, nuclear, etc. Essas diferentes modalidades de energia são equivalentes, isto é, podem ser transformadas de um tipo em outro, tanto por meio de processos naturais como artificiais. As transformações de energia obedecem a um dos princípios fundamentais da Física: o **princípio da conservação de energia**:

A energia não pode ser criada, nem destruída, somente pode ser transformada.

Figura 7.3 A fotossíntese é o processo pelo qual as plantas utilizam luz solar, água e gás carbônico para produzir glicose e gás oxigênio.

Ricardo Azoury/Pulsar Imagens

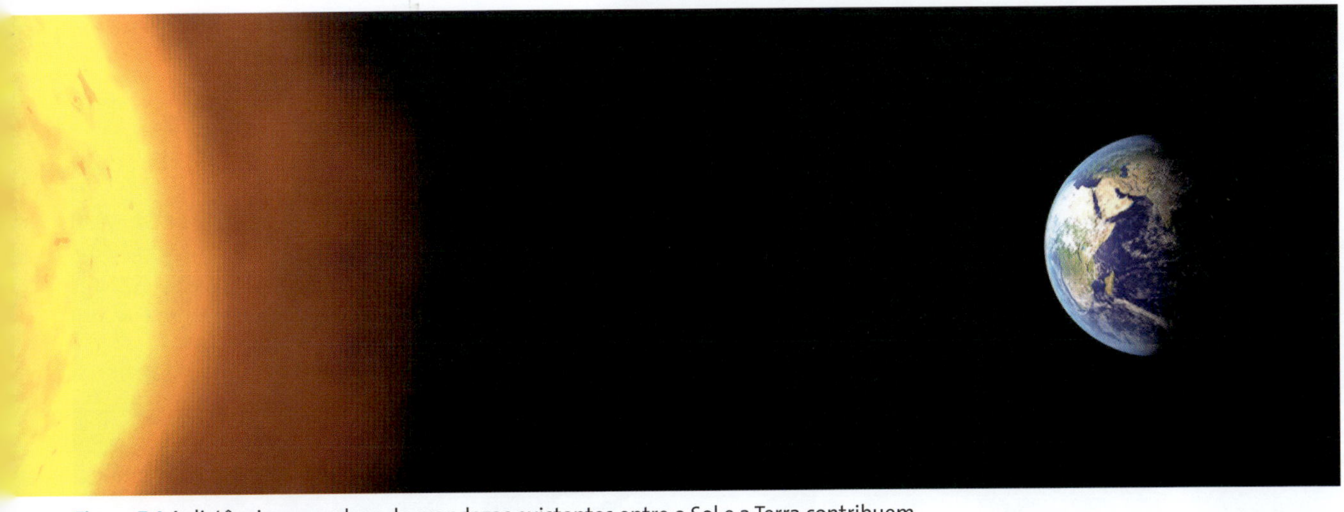
Cla78/Shutterstock/Glow Images

Figura 7.4 A distância e as ordens de grandezas existentes entre o Sol e a Terra contribuem para a pequena troca de energia entre eles. Imagem fora de escala.

Emran/Shutterstock/Glow Images

Joy Fera/Shutterstock/Glow Images

Figura 7.5 O desenvolvimento de combustíveis que promovam maior eficiência nos motores e menor consumo é uma das grandes características do setor automotivo moderno (**a**). À medida que os carrinhos descem a montanha-russa, a energia potencial vai diminuindo e a energia cinética vai aumentando (**b**).

Energia mecânica

A energia mecânica pode ser cinética ou potencial. A **energia cinética** é a energia associada ao movimento. Todo corpo em movimento possui energia cinética.

Quando chutamos uma bola, fornecemos a ela certa quantidade de energia. Parte dessa energia se transforma em energia cinética, isto é, a bola passa a apresentar movimento. O mesmo raciocínio pode ser aplicado a um carro: quando ele se movimenta, a energia obtida a partir da queima do combustível é, em parte, transformada em energia cinética (figura 7.5.a).

A **energia potencial** é a energia armazenada, associada à posição de um corpo ou de um sistema de corpos. Essa energia pode permanecer armazenada indefinidamente ou ser utilizada a qualquer momento na produção de movimento, ou seja, pode ser transformada, no todo ou em parte, em energia cinética, como ocorre, por exemplo, quando um carrinho desce em uma montanha-russa (figura 7.5.b).

Energia térmica

Tudo que nos rodeia é constituído por átomos que estão sempre em movimento. Mesmo nos sólidos, nos quais essas partículas ocupam posições bem determinadas, elas apresentam um movimento de vibração. Esse movimento, que recebe o nome de **agitação térmica**, nos dá a medida da **energia térmica** do corpo.

Quanto maior a temperatura de um corpo, maior a agitação de suas partículas e, portanto, maior sua energia térmica. Quando dois corpos com temperaturas diferentes interagem, a energia térmica transfere-se espontaneamente do corpo de maior temperatura para o corpo de menor temperatura. Essa **energia térmica em trânsito**, provocada por uma diferença de temperatura, é denominada **calor**.

O fornecimento de calor a um corpo pode acarretar consequências danosas. Em razão do aumento na agitação térmica das partículas que constituem o corpo, ocorre a dilatação, como podemos observar na figura 7.6.

Figura 7.6 Trilhos retorcidos por causa da dilatação.

SPL/Getty Images

Energia química

Segundo o Balanço Energético Nacional (BEN-2012), na Oferta Interna de Energia (OIE) no Brasil, tivemos uma estrutura de participação das fontes conforme mostrado na **figura 7.7**.

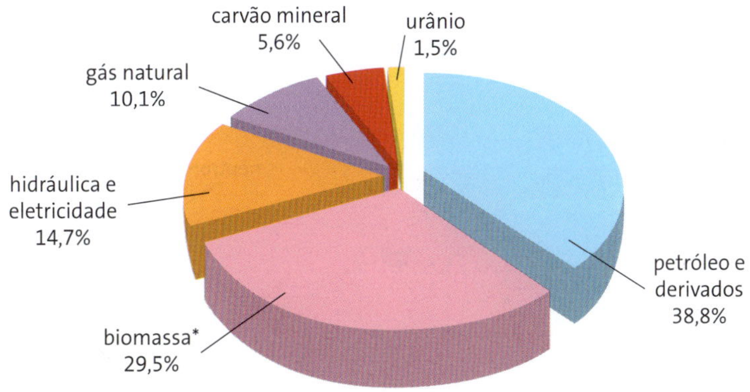

* inclui lenha, bagaço de cana, lixívia e outras recuperações

Fonte: <https://ben.epe.gov.br/downloads/Resultados_Pre_BEN_2012.pdf>. Acesso em: 2 out. 2012.

Figura 7.7 Estrutura de participação das fontes na oferta interna de energia no Brasil, de acordo com o BEN-2012.

Observe no gráfico que o petróleo e seus derivados, a biomassa, o gás natural e o carvão mineral, perfazem, juntos, 83,8% da oferta interna de energia (**figura 7.8**, **figura 7.9** e **figura 7.10**). A energia desses combustíveis é obtida por meio de uma transformação química chamada **combustão**.

Combustão – Desprendimento de calor e emissão de luz decorrentes de reação química entre substâncias combustíveis com oxigênio.

Em uma reação de combustão ocorre a liberação de grandes quantidades de energia, as quais podem ser aproveitadas para movimentar máquinas e motores.

Mas de onde provém a energia liberada em uma combustão? Das ligações químicas dos átomos, moléculas ou íons que compõem o material. Todos os materiais possuem energia armazenada em sua estrutura. Na combustão, as ligações entre partículas constituintes do material são quebradas, havendo formação de novas substâncias e liberação de energia.

Figura 7.10 O Brasil está entre os maiores desenvolvedores de tecnologias de extração de petróleo no mar. Graças ao desenvolvimento dessas tecnologias, o Brasil se tornou autossustentável em 2006.

Figura 7.8 O carvão pode ser usado como combustível na movimentação de máquinas a vapor ou diretamente na produção de calor.

Figura 7.9 No Brasil, a cana-de-açúcar é a principal matéria-prima do etanol, combustível muito utilizado nos automóveis.

Energia elétrica

Todos os corpos são formados de átomos que, por sua vez, são constituídos de partículas menores, sendo as principais os prótons, os elétrons e os nêutrons (figura 7.11). Os prótons e os elétrons apresentam uma propriedade denominada carga elétrica, determinante na força elétrica entre os corpos.

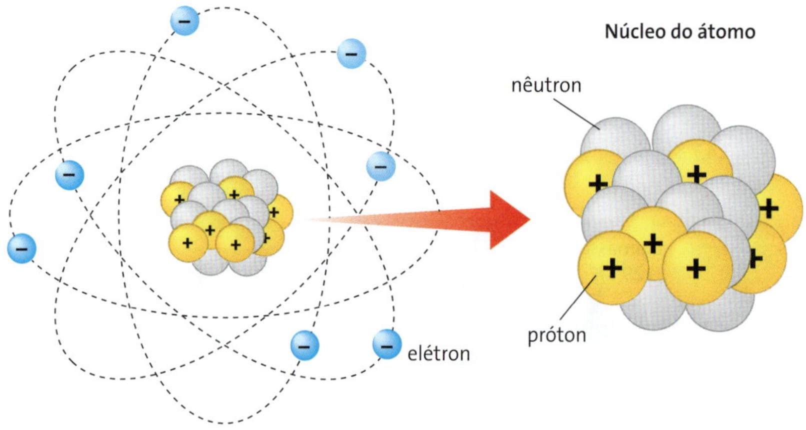

Figura 7.11 Representação esquemática de um átomo cujo núcleo está detalhado.

Quando separamos as cargas elétricas umas das outras, fornecemos a elas certa quantidade de energia, que fica armazenada no sistema na forma de **energia potencial elétrica**. Essa energia potencial elétrica armazenada, que encontramos, por exemplo, nas pilhas e baterias, pode ser aproveitada para colocar em funcionamento os mais diversos aparelhos elétricos, como os que podemos observar na figura 7.12.

As imagens estão fora de escala.

Figura 7.12 Equipamentos que utilizam pilhas e baterias como fonte de energia elétrica.

Energia solar

A matéria solar é constituída basicamente por hidrogênio em estado de **plasma**.

Plasma – Gás altamente ionizado e constituído por elétrons e íons positivos livres, de forma que sua carga elétrica total é nula.

Com o processo da fusão nuclear, o Sol produz energia continuamente. Sabe-se que cerca de 30% da energia solar que chega à Terra é refletida de volta para o espaço; aproximadamente 47% dessa energia se transforma em calor, aquecendo os continentes e os oceanos; 23% provocam a evaporação das águas que formam as chuvas; 0,2% é a parcela responsável pelo deslocamento do ar atmosférico e pela formação de ondas no mar; e somente 0,02% é aproveitado no processo da fotossíntese.

A energia solar pode ser aproveitada para aquecimento de água nas residências (figura 7.13).

Joe Ravi/Shutterstock/Glow Images

Figura 7.13 Casa com placas de captação de energia solar para o aquecimento de água.

Para refletir

Em relação à preservação do meio ambiente, qual é a vantagem da utilização de energia solar para aquecimento de água nas residências em vez de energia elétrica?

Energia luminosa

Somente uma pequena fração da energia liberada pelo Sol chega à Terra. Essa energia se propaga pelo espaço em forma de ondas (radiações) eletromagnéticas, chegando à Terra na forma de luz, raios infravermelhos, raios ultravioleta e outras radiações.

Da radiação eletromagnética emitida pelo Sol, a parcela que chega à Terra se transforma em outras formas de energia. As plantas se nutrem captando parte dessa energia, realizando a fotossíntese e armazenando energia; os animais herbívoros sobrevivem utilizando a energia armazenada nas plantas (figura 7.14); os carnívoros se alimentam dos herbívoros, e assim por diante.

Africanmoose/Shutterstock/Glow Images

Figura 7.14 As cadeias alimentares possibilitam a transferência de energia das plantas para os herbívoros e destes para os carnívoros.

Andrey Armyagov/Shutterstock/Glow Images

Figura 7.15 A vibração dos alto-falantes e dos pratos (de uma bateria) produz no ar à sua volta ondas, que captamos pelas orelhas.

Energia sonora

O som é uma forma de energia que parece com luz, pois é transportada por meio de ondas. Quando produzimos um som (figura 7.15), pela fala ou de outro modo qualquer, provocamos vibrações nas moléculas do ar. No interior da orelha, essas vibrações são transformadas em impulsos elétricos que, levados ao cérebro, são identificados como sons.

Energia nuclear

A energia nuclear é a forma mais concentrada de energia que conhecemos. Ela tem sua origem na fissão ou na fusão de núcleos atômicos.

No processo de **fissão** nuclear, o núcleo de um átomo que possui uma configuração instável sofre divisão, formando dois novos núcleos e liberando uma grande quantidade de energia. Nas usinas nucleares, a fissão de átomos de urânio é utilizada na produção de energia elétrica.

Nas estrelas ocorre a **fusão** nuclear. Nesse processo, os núcleos de hidrogênio se unem, formando núcleos de hélio, e ocorre a liberação de grande quantidade de energia.

O reator Tokamak (**acrônimo** russo para "câmara magnética toroidal") funcionou pela primeira vez em 1950, na extinta União Soviética (figura 7.16).

Acrônimo – Palavra formada pela primeira letra (ou mais de uma) de cada uma das partes sucessivas de uma locução ou pela maioria dessas partes.

Roger Ressmeyer/Corbis/Latinstock

Figura 7.16 O reator Tokamak é usado em pesquisas sobre fusão nuclear.

Unidades de energia

No Sistema Internacional de Unidades (SI), a unidade de energia é o **joule (J)**. Para exemplificar: um corpo de 100 g (0,1 kg) caindo de uma altura de 1,0 m atinge o solo com uma energia de 1,0 joule, aproximadamente.

Na prática, é comum a utilização de outras unidades de energia, tais como: caloria (cal), quilowatt-hora (kWh), tonelada equivalente de petróleo (tep) e unidade térmica britânica (Btu). Os fatores de conversão dessas unidades de energia para o joule (J) estão mostrados na tabela 7.1.

Tabela 7.1 – Fatores de conversão de unidade de energia

Unidade	Relação com o joule (J)
caloria (cal)	1 cal = 4,19 J
quilowatt-hora (kWh)	$1 \text{ kWh} = 3{,}6 \cdot 10^6 \text{ J}$
tonelada equivalente de petróleo (tep)	$1 \text{ tep} = 4{,}19 \cdot 10^{10} \text{ J}$
unidade térmica britânica (Btu)	$1 \text{ Btu} = 1{,}0 \cdot 10^3 \text{ J}$

Exercícios

1. De acordo com o **princípio de conservação de energia**, a energia não pode ser criada nem destruída; apenas transformada. Como você interpreta o fato de que "a escassez de energia é um problema mundial; precisamos poupar energia", informação amplamente veiculada pelos principais meios de comunicação?
2. Faça uma pesquisa sobre a razão de as companhias que fornecem energia elétrica para as residências utilizarem o quilowatt-hora e não o joule como unidade de energia.

Física tem História

Energia eólica

As massas de ar em movimento possuem energia cinética, a qual é chamada de energia dos ventos, ou **energia eólica**. A energia eólica pode ser aproveitada para a geração de eletricidade nas chamadas turbinas eólicas e para a realização de trabalhos mecânicos, como o bombeamento de água ou a trituração de grãos, nos chamados moinhos ou cata-ventos.

Patrick Poendl/Shutterstock/Glow Images

As regiões onde estão instalados os geradores eólicos são chamadas de centrais eólicas.

O interesse do ser humano em aproveitar a energia dos ventos remonta à Pré-História:

> [...] *existem indícios de que moinhos de vento foram utilizados na Babilônia e na China entre 2000 e 1700 a.C. para bombear água e moer grãos. Os moinhos de vento foram introduzidos na Europa por volta do século XII e, em 1750, a Holanda tinha 8 mil deles, e a Inglaterra, 10 000. Sua utilização entrou em declínio após a introdução do motor a vapor de Watt no final do século XVIII e este declínio foi acelerado no início do século XX como resultado da disponibilidade de combustíveis fósseis baratos e confiáveis, assim como da energia hidráulica. A extração de energia do vento, especialmente na forma de eletricidade, tem despertado cada vez mais o interesse das empresas e do governo.*
>
> HINRICHS, R. A.; KLEINBACH, M. *Energia e meio ambiente*. São Paulo: Pioneira Thomson Learning, 2003.

No Brasil, a utilização da energia eólica ainda é pequena, de acordo com dados da Agência Nacional de Energia Elétrica (Aneel):

> [...] *A primeira turbina eólica comercial ligada à rede elétrica pública foi instalada em 1976, na Dinamarca. Atualmente, existem mais de 30 mil turbinas eólicas em operação no mundo.* [...] *Estima-se que, em 2020, o mundo terá 12% da energia gerada pelo vento, com uma capacidade instalada de mais de 1 200 GW [1 200 gigawatts]* [...]
>
> [...]
>
> *No Brasil, os primeiros anemógrafos computadorizados e sensores especiais para energia eólica foram instalados no Ceará e em Fernando de Noronha (PE), no início dos anos 1990. Os resultados dessas medições possibilitaram a determinação do potencial eólico local e a instalação das primeiras turbinas eólicas do Brasil.*
>
> [...]
>
> Disponível em: <www.aneel.gov.br/aplicacoes/atlas/pdf/06-Energia_Eolica(3).pdf>. Acesso em: 18 out. 2012.

- Faça uma pesquisa sobre a participação da energia eólica no total de energia elétrica produzido no Brasil (para isso, visite o *site* <www.aneel.gov.br>) e sobre o potencial de produção brasileira dessa energia. Inclua também os principais benefícios e desvantagens nesse tipo de geração de energia.

2 O trabalho de uma força

Quando o módulo da velocidade de um corpo é alterado, para mais ou para menos, sua energia cinética também se altera. Por exemplo, se dobrarmos a velocidade de um carro, sua energia cinética será quadruplicada (figura 7.17), pois, como veremos no tópico 4, a energia cinética varia com o quadrado da velocidade.

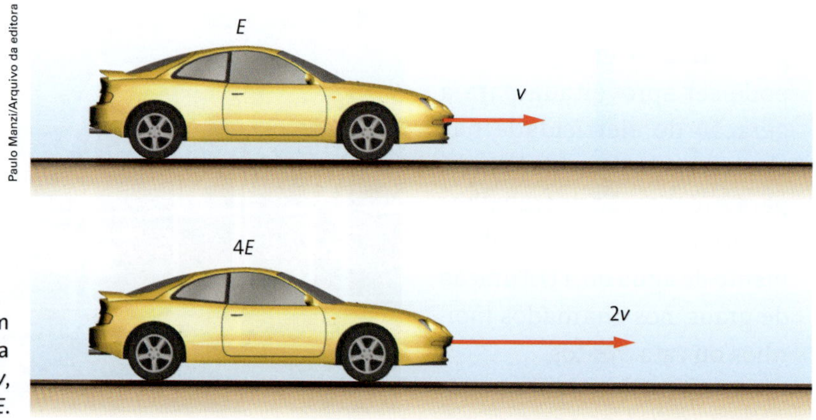

Figura 7.17 Um carro com velocidade v possui energia cinética E; com velocidade $2v$, a energia cinética é $4E$.

Esse aumento de energia – e o consequente aumento de velocidade – está associado a uma **força** que agiu ao longo de um **deslocamento**.

Vejamos outro exemplo. Quando mudamos a posição vertical de um corpo, para cima ou para baixo, estamos alterando a sua energia potencial. Na figura 7.18, se um halterofilista dobra a altura de um haltere em relação ao solo, a energia potencial do haltere, em relação ao solo, também dobra.

Figura 7.18 Dobrando-se a altura de um haltere em relação ao solo, sua energia potencial, em relação ao solo, também dobra.

Também nesse caso, o aumento de energia potencial – causado pelo aumento de altura – está associado a uma força que agiu ao longo de um deslocamento.

Quando uma força age ao longo de um determinado deslocamento, acarretando variação de energia, dizemos que ela realizou trabalho:

Trabalho é a medida das transformações de energia.

Uma condição necessária para que uma força realize trabalho é que ela deve apresentar uma componente na direção do deslocamento, podendo ser a favor ou contra ele (figura 7.19).

Figura 7.19 A força $\vec{F}$ que a mulher aplica ao puxar o trenó realiza trabalho, pois apresenta uma componente na direção do deslocamento $\vec{d}$.

Na situação mostrada na figura 7.20, a força $\vec{F}$ não é a favor nem contra o deslocamento $\vec{d}$. Como a força não possui componente na direção do deslocamento, ela não realiza trabalho. Em outras palavras: **forças perpendiculares ao deslocamento não realizam trabalho**.

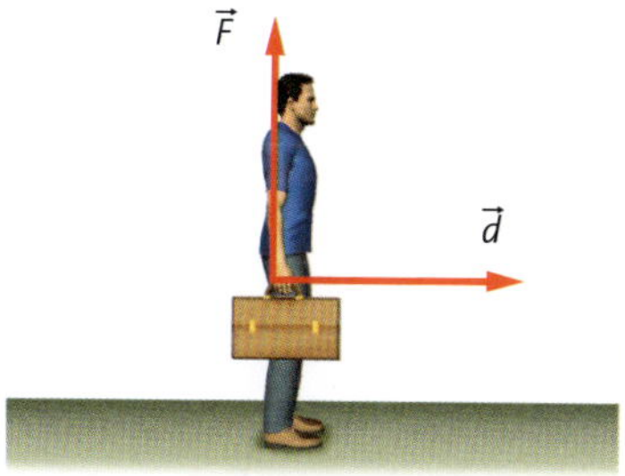

Figura 7.20 Como $\vec{F}$ e $\vec{d}$ são perpendiculares, o trabalho da força $\vec{F}$ é nulo.

Matematicamente, o trabalho τ realizado por uma força $\vec{F}$, ao longo de um deslocamento $\vec{d}$, é dado pelo produto da **intensidade** da componente da força na direção do deslocamento pelo módulo do deslocamento, ou seja:

$$\tau = F \cdot d \cdot \cos\theta$$

Nessa expressão, F representa o módulo da força aplicada pela pessoa, d representa o módulo do deslocamento e θ é o ângulo formado entre os vetores $\vec{F}$ e $\vec{d}$.

Embora as grandezas força e deslocamento sejam vetoriais, o trabalho é uma grandeza escalar. No SI, medimos essas grandezas com as seguintes unidades: força em newton (N), deslocamento em metros (m) e trabalho em **joules** (J).

De acordo com a definição de trabalho ($\tau = F \cdot d \cdot \cos\theta$), toda força que age sobre um corpo durante um deslocamento realiza trabalho, desde que ela não seja perpendicular ao deslocamento. Dependendo do ângulo entre os vetores $\vec{F}$ e $\vec{d}$, o trabalho de uma força pode ser positivo, negativo ou nulo:

- se $0° \leq \theta < 90°$, o trabalho é positivo (**motor**);
- se $90° < \theta \leq 180°$, o trabalho é negativo (**resistente**);
- se $\theta = 90°$, o trabalho é nulo.

Trabalho de uma força variável

Veremos agora como calcular o trabalho realizado por uma força cuja intensidade varia ao longo do deslocamento. Para isso, vamos considerar o exemplo de uma caixa que é empurrada ao longo de um piso horizontal. Vamos supor que $\vec{F}$ seja uma força horizontal cuja intensidade aumenta uniformemente de 20 N para 100 N, enquanto a caixa sofre um deslocamento de 5,0 m (**figura 7.21**).

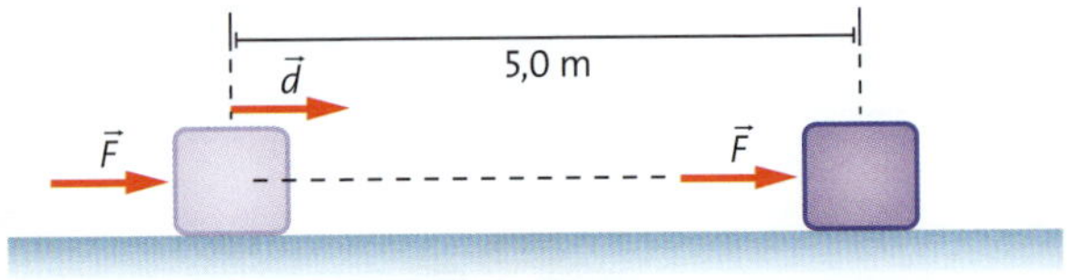

Figura 7.21 Qual o trabalho ao se empurrar uma caixa por 5,0 m?

A representação gráfica da intensidade da força em função do deslocamento está na **figura 7.22**. Nessa figura, o trabalho é dado numericamente pelo cálculo da área da figura determinada pela linha vermelha do gráfico com o eixo horizontal, dentro do intervalo considerado (área do trapézio):

$$\tau \overset{n}{=} \text{área do trapézio}$$

$$\tau = \frac{100 + 20}{2} \cdot 5 \Rightarrow \tau = 300 \text{ J}$$

Como generalização, podemos estabelecer que, no gráfico $F \times d$ da **figura 7.23**, em que F representa a intensidade da componente da força na direção do deslocamento d, o trabalho é dado pela área amarela da figura determinada pela linha vermelha do gráfico com o eixo do deslocamento (eixo horizontal), dentro do intervalo considerado.

$$\tau \overset{n}{=} \text{área da figura}$$

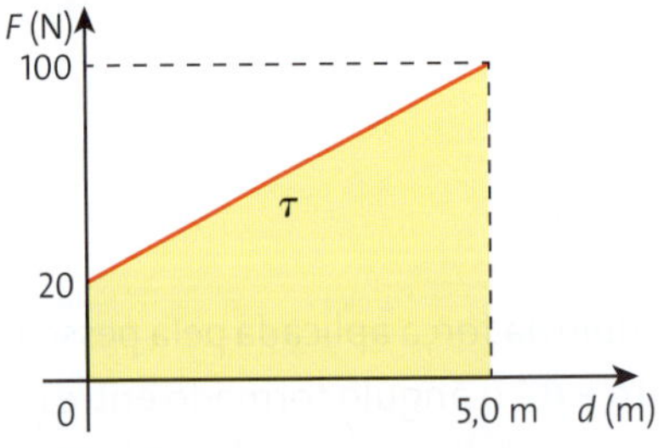

Figura 7.22 Força por deslocamento com relação linear.

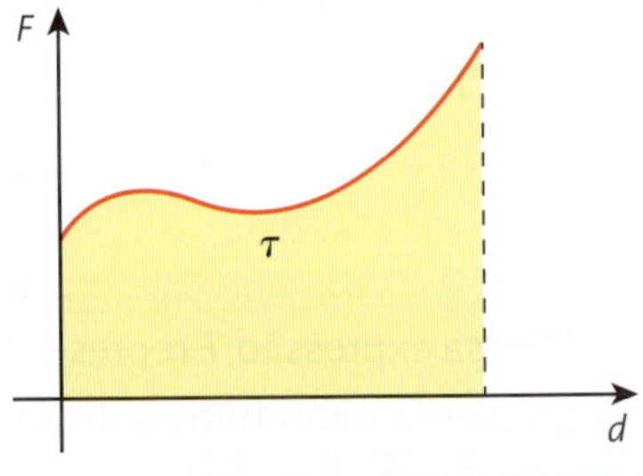

Figura 7.23 Força por deslocamento com relação qualquer.

Trabalho na força peso

No movimento vertical temos, desconsiderando forças de atrito com o ar, apenas uma força atuando no corpo, a força peso $\vec{P}$, e o deslocamento é igual à altura (h). Vamos analisar as duas opções do movimento:

- Movimento de subida (**figura 7.24**):

$$\tau = P \cdot d \cdot \cos \theta \Rightarrow \tau = m \cdot g \cdot h \cdot \cos 180° \Rightarrow \tau = -m \cdot g \cdot h$$

  Assim, o trabalho é resistente, pois a força é contrária ao deslocamento.

- Movimento de descida (**figura 7.25**):

$$\tau = P \cdot d \cdot \cos \theta \Rightarrow \tau = m \cdot g \cdot h \cdot \cos 0° \Rightarrow \tau = m \cdot g \cdot h$$

  Assim, o trabalho é motor, pois a força é a favor do deslocamento.

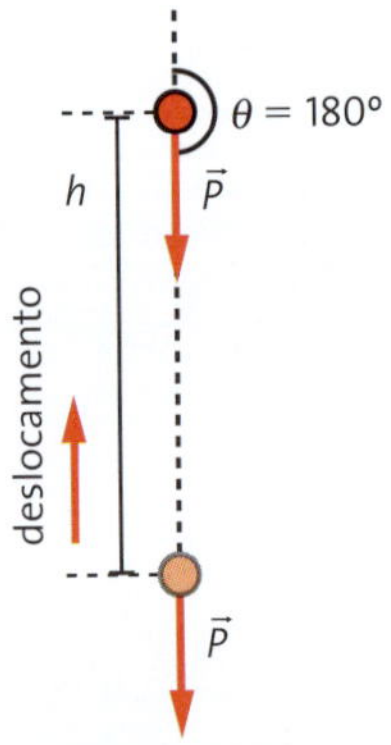

Figura 7.24 Lançamento vertical.

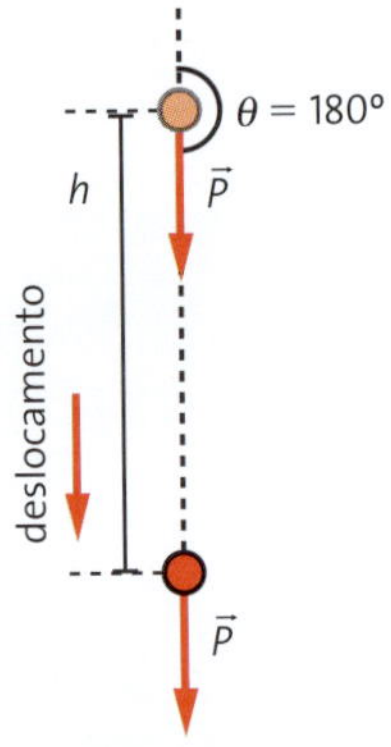

Figura 7.25 Queda livre.

Trabalho resultante

Consideremos um objeto sujeito a um conjunto de forças atuando simultaneamente durante um determinado deslocamento (**figura 7.26**).

Para calcular o trabalho total sobre o bloco (trabalho resultante), podemos proceder de dois modos:

1º) ou determinamos o trabalho de cada força, em particular, e efetuamos a soma de todos os trabalhos:

$$\tau_R = \tau_1 + \tau_2 + ... + \tau_n \text{ (soma algébrica)}$$

2º) ou determinamos a resultante das forças e aplicamos a definição geral do trabalho:

$$\tau_R = F_R \cdot d \cdot \cos\theta$$

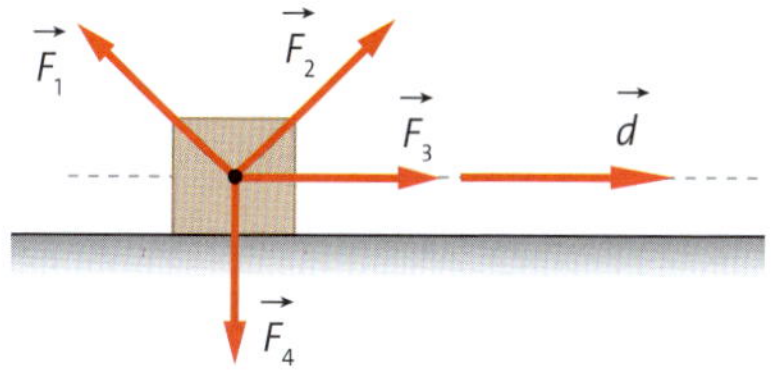

Figura 7.26 Conjunto de forças atuando em um bloco se deslocando.

Exercício resolvido

1. Um corpo de 2,0 kg cai, a partir do repouso, de uma altura de 5,0 m em relação ao solo. Considerando $g = 10 \text{ m/s}^2$ e desprezando a resistência do ar:
   a) qual é o trabalho realizado pela força peso durante a queda do corpo? Trata-se de um trabalho motor ou resistente?
   b) durante a queda, o que acontece com a energia cinética? E com a energia potencial?

Resolução

a) Desprezando a resistência do ar, a única força que age no corpo durante sua queda é a força peso, que tem a mesma direção e o mesmo sentido do deslocamento dele. Assim, a força peso realiza **trabalho motor** ao longo do deslocamento do corpo.

Sendo $F_d = P = m \cdot g$ e $d = h$, o valor do trabalho é:

$\tau = F_d \cdot d = m \cdot g \cdot h \Rightarrow$

$\Rightarrow \tau = 2{,}0 \cdot 10 \cdot 0{,}5 \Rightarrow$

$\Rightarrow \tau = 100 \text{ J}$

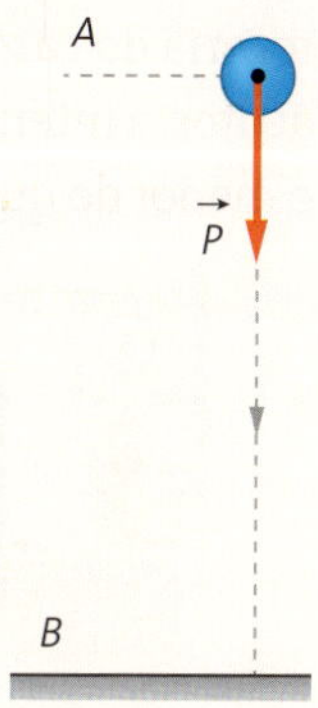

b) Durante a queda, observamos que a velocidade do corpo aumenta; portanto, a energia cinética dele aumenta. Já a altura do corpo, em relação ao solo, diminui; portanto, a energia potencial, em relação ao solo, diminui. Assim, na queda, temos transformação de energia potencial em energia cinética.

Exercícios

3. Um corpo é abandonado do repouso de uma altura *h*, acima do solo. Despreze a resistência do ar e adote o solo como referencial. Com base nessas informações, responda:
   a) Qual é a forma de energia (cinética ou potencial) do corpo ao atingir o solo?
   b) Qual é a forma de energia (cinética ou potencial) do corpo ao ser abandonado?
   c) Houve realização de trabalho durante a queda do corpo? Em caso positivo, identifique a força; em caso negativo, justifique.

4. Sob a ação de quatro forças, um bloco desloca-se 10 m em uma superfície horizontal, conforme mostra a figura.

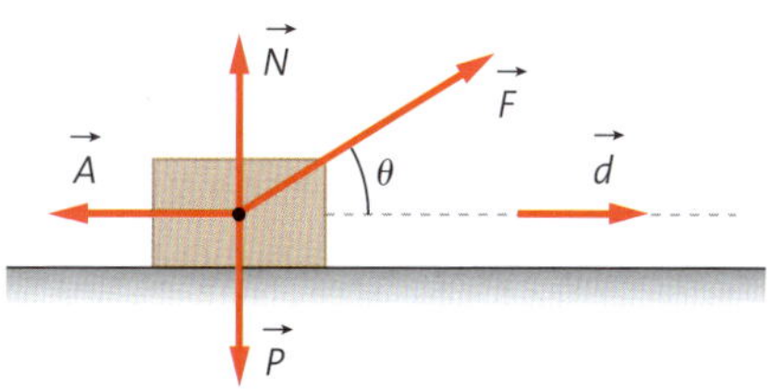

   a) Quais das forças mostradas na figura realizam trabalho no bloco? Justifique.
   b) Calcule o trabalho de cada uma das quatro forças mostradas na figura. Considere: $P = 100$ N; $F = 50$ N; $N = 70$ N; $A = 25$ N; sen $\theta = 0{,}60$; $\cos\theta = 0{,}80$ e $\cos 180° = -1$.

5. Um elevador com massa 1 000 kg está descendo com velocidade constante.
   a) A energia cinética do elevador, durante a descida, aumenta, diminui ou permanece constante?
   b) As forças peso do elevador e de tração no cabo realizam trabalho motor ou resistente? Justifique.

6. Por que geralmente as pessoas utilizam uma rampa para colocar uma geladeira na carroceria de um caminhão?

7. Qual é a vantagem em se construir uma estrada que contorna uma montanha em vez de uma que suba em linha reta?

Física explica

Força × deslocamento

Para uma pessoa colocar uma geladeira na carroceria de um caminhão, ela pode levantá-la verticalmente ou empurrá-la sobre uma rampa. Nos dois casos, temos a realização de um trabalho por uma força. Em qual das duas situações o trabalho é maior? Qual dos dois métodos é mais prático?

No levantamento vertical (figura **a**) a intensidade da força que a pessoa aplica na geladeira é, no mínimo, igual à da força peso da geladeira. No caso da utilização de uma rampa para o acesso à carroceria do caminhão (figura **b**) desprezando-se os atritos, a intensidade da força aplicada pela pessoa é menor do que a da força peso da geladeira.

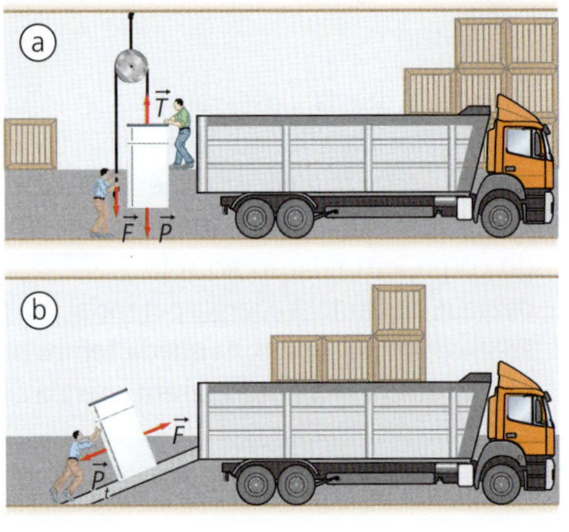

Se nossa análise se restringir somente à comparação entre as intensidades das forças, diremos que a utilização da rampa é o modo mais prático, pois aplicamos uma força de menor intensidade. Será que poderíamos dizer que na rampa o trabalho realizado seria menor do que no levantamento vertical?

A resposta é **não**! No cálculo do trabalho, além da intensidade da força, precisamos levar em conta também o deslocamento. O deslocamento vertical da geladeira é menor do que o deslocamento ao longo da rampa. Então, se nossa análise se restringisse somente à comparação entre os deslocamentos, o trabalho seria maior ao longo da rampa, pois apresenta um maior deslocamento.

Como o trabalho realizado por uma força é dado pelo produto da intensidade desta pelo módulo do deslocamento, precisamos levar em conta os dois fatores – força e deslocamento. Um dado interessante é que, nos dois casos, o produto da força pelo deslocamento é o mesmo, ou seja, **o trabalho é o mesmo nas duas situações**. Ao optarmos pelo deslocamento ao longo da rampa, optamos por uma força de menor intensidade, mas um deslocamento maior. Assim, se a intensidade da força na rampa for, por exemplo, um terço da intensidade da força na vertical, o deslocamento na rampa será o triplo do deslocamento vertical. Embora a utilização de uma rampa exija que a força seja aplicada por uma distância maior, o fato de resolver a situação com uma força menor é decisivo na escolha: sem dúvida, **o método mais prático é o da rampa**.

A engenharia utiliza esse mesmo raciocínio nas construções de estradas em regiões montanhosas. Opta-se pela construção de pistas com inclinação suave; a estrada vai contornando a montanha ou é construída em zigue-zague, como na imagem, e não subindo em linha reta.

Gianluca Figliola Fantini/Shutterstock/Glow Images

Estrada construída em zigue-zague na região montanhosa de Thera, Grécia.

Desprezando-se os atritos, a força exercida pelo motor de um carro que sobe uma montanha realiza o mesmo trabalho, quer subindo por uma pista em linha reta, quer subindo por uma pista em zigue-zague.

- Se o trabalho é o mesmo, justifique o fato de os engenheiros optarem por um caminho maior (em zigue-zague) em vez de subir em linha reta, na construção de estradas em regiões montanhosas.

3 Potência mecânica e rendimento

Para subir até o 5º andar de um prédio, podemos utilizar o elevador ou a escada. Nos dois casos, o trabalho realizado é o mesmo para elevar o corpo a uma altura de aproximadamente 15 m acima. Então, por que a maioria das pessoas geralmente opta pelo elevador? Basicamente, por dois motivos.

O primeiro diz respeito à energia envolvida no processo. A realização de trabalho exige a aplicação de uma força ao longo de um deslocamento. Assim, se a opção for o elevador, essa força será aplicada por um motor externo – o motor do elevador. Caso a opção seja a escada, o motor será o próprio corpo da pessoa – que, usando as pernas, realiza a tarefa.

O segundo diz respeito à rapidez com que o trabalho é realizado. Na utilização da escada, o intervalo de tempo é maior do que na utilização do elevador. Nesse caso, estamos comparando duas forças aplicadas por máquinas diferentes – o motor do elevador e o corpo humano. Como essas forças efetuam o mesmo trabalho, mas em intervalos de tempo diferentes, dizemos que possuem potências diferentes. Podemos afirmar que a potência associada à força aplicada pelo corpo humano é menor do que a associada à força do motor do elevador.

Para refletir

Quais são os benefícios do uso da escada em vez do elevador para subir alguns andares de um prédio?

Podemos, então, falar em **potência média P_m de uma força**, dada pelo quociente entre o trabalho τ realizado pela força e o intervalo de tempo Δt gasto para a realização desse trabalho:

$$P_m = \frac{\tau}{\Delta t}$$

No SI, a unidade de trabalho é o joule (J), a de intervalo de tempo é o segundo (s) e a unidade de potência é o **watt (W)**.

Podemos também relacionar a potência média com a velocidade média do deslocamento por meio da expressão:

$$P_m = \frac{\tau}{\Delta t} = \frac{F \cdot d}{\Delta t} \Rightarrow P_m = F \cdot v_m$$

A potência média de uma força é o produto da força pela velocidade média. Se usarmos a velocidade instantânea no lugar da média, teremos a potência instantânea, dada por:

$$P = F \cdot v$$

Do mesmo modo que falamos em potência de uma força, podemos falar em potência de uma máquina. No caso das máquinas, a potência representa a rapidez com que a energia está sendo transferida ou transformada pela máquina. Assim, a potência média de uma máquina é dada pela razão entre a quantidade de energia ΔE transformada pela máquina e o intervalo de tempo Δt gasto nessa operação:

$$P_m = \frac{\Delta E}{\Delta t}$$

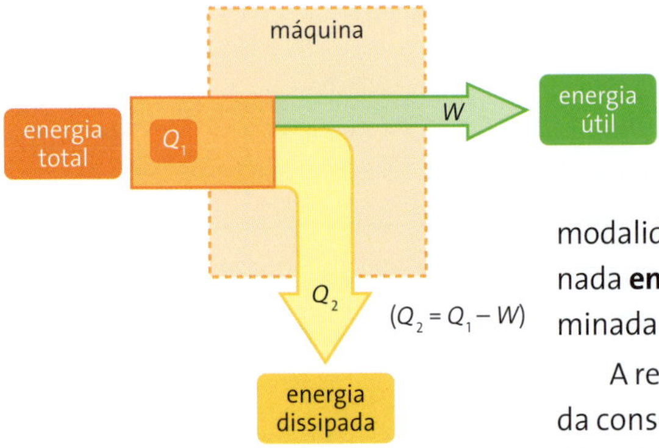

Figura 7.27 Esquema ilustrativo do funcionamento de uma máquina térmica.

De modo geral, o funcionamento de uma máquina pode ser entendido da forma como esquematizado na figura 7.27.

Uma quantidade de energia, de um determinado tipo, é fornecida à máquina. Essa quantidade de energia é denominada **energia total**. Uma parte dessa energia é transformada na modalidade de energia para a qual a máquina foi projetada, e é denominada **energia útil**. A diferença entre a energia total e a energia útil é denominada **energia dissipada**, que não atende à finalidade da máquina.

A relação entre as energias total, útil e dissipada obedece ao princípio da conservação da energia, ou seja, a energia total, fornecida à máquina, é igual à soma das energias útil e dissipada pela máquina.

No caso específico das máquinas térmicas, a energia útil (aproveitável) é menor do que a energia dissipada (perdida), o que justifica a largura das setas na figura 7.27.

Comparando a energia útil com a energia total, em um dado intervalo de tempo, obtemos a grandeza denominada **rendimento**, η. O rendimento de uma máquina nos informa sobre o aproveitamento desta, ou seja, o quanto da energia fornecida a ela foi transformada na modalidade desejada. O rendimento pode ser obtido pelo quociente entre a potência útil e a potência total:

$$\eta = \frac{P_{\text{útil}}}{P_{\text{total}}}$$

Geralmente, o resultado obtido nessa expressão é multiplicado por 100 e, assim, expressamos o rendimento em porcentagem.

De acordo com o princípio da conservação de energia, a potência útil nunca supera a potência total. Em decorrência, o rendimento de uma máquina não pode ser superior a 100%.

Horse power e cavalo-vapor

As primeiras máquinas a vapor marcaram o início da Revolução Industrial na Inglaterra do século XVIII (figura 7.28). Durante a Revolução Industrial, um número crescente de máquinas a vapor foi construído em diversas oficinas.

Figura 7.28 Oficina de Boulton & Watt em Soho, perto de Birmingham, Inglaterra (por volta de 1790). Nessa oficina eram construídos diversos tipos de máquinas a vapor.

Universal History Archive/UIG/The Bridgeman Art Library/Keystone

Nessa época, uma das principais finalidades das máquinas a vapor era a retirada de água das minas de carvão – combustível que impulsionou a Revolução Industrial. Até então, esse serviço era realizado principalmente com o uso da força de cavalos, fato que tornou inevitável a comparação entre as máquinas e esses animais.

Para expressar a potência das máquinas, na Inglaterra estabeleceu-se a unidade **hp** (*horse power*) e, na França, adotou-se o **cv** (*cheval vapeur*, cavalo-vapor). Embora não façam parte do SI, essas duas unidades são empregadas até hoje, consagradas pelo uso, principalmente na indústria automobilística.

As relações entre essas unidades com o watt são as seguintes:

$$1\ \text{hp} = 746\ \text{W e } 1\ \text{cv} = 736\ \text{W}$$

Exercícios

8. (UFRN) Entre as novas tecnologias mais divulgadas pelas mídias escritas e televisivas, merecem destaque as reportagens sobre os novos modelos de carros movidos a eletricidade.

Em uma dessas reportagens, estava disponível o gráfico da velocidade em função do tempo, como representado na figura a seguir, para um desses carros de massa, m, igual a 1472 kg e potência de 120 cv. Aproveitando as informações disponíveis na reportagem, um estudante aficionado por automobilismo resolveu determinar algumas grandezas mecânicas que lhe permitissem aplicar seus conhecimentos de Física. Neste sentido, ele determinou a distância percorrida, d, o trabalho, τ, realizado sobre o carro, a potência média, P, durante os 10 segundos mostrados no gráfico de velocidade, $v(t)$, em função do tempo, t.

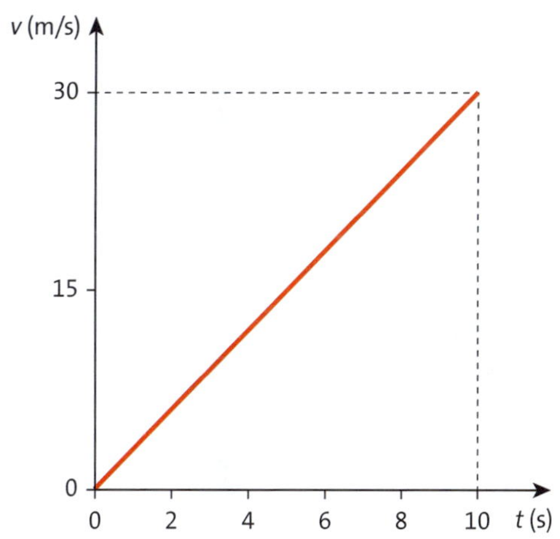

Considerando os dados disponíveis na questão, obtenha:

a) a distância percorrida pelo carro em 10 s;

b) o trabalho realizado sobre o carro em 10 s;

c) a potência média desenvolvida pelo carro em 10 s. Verifique se esta é compatível com a de um automóvel de 120 cv.

9. Um automóvel parte do repouso sob a ação de uma força com intensidade de 2 000 N aplicada pelo motor. Sabe-se que o rendimento desse motor é 40%. Após percorrer 1000 m, sob a ação exclusiva dessa força, determine:

a) o trabalho útil realizado pela força do motor nesse deslocamento;

b) o consumo de energia proveniente do combustível.

10. Na tabela estão apresentados os trabalhos realizados por três motores e os respectivos intervalos de tempo gastos na realização desses trabalhos.

Motor	Trabalho (J)	Intervalo de tempo (s)
A	200	2
B	$4 \cdot 10^3$	20
C	$5 \cdot 10^4$	$5 \cdot 10^2$

Com base nesses dados, responda:

a) Qual dos três motores realiza o maior trabalho?

b) Qual deles é o mais potente?

11. A potência dos motores de automóveis pode ser dada em cv (cavalo-vapor). Essa unidade, proposta no tempo das primeiras máquinas a vapor, correspondia à capacidade de um cavalo típico, que conseguia erguer verticalmente, com o auxílio de uma roldana, um bloco de 75 kg a uma altura de 1,0 m em um intervalo de tempo igual a 1,0 s.

a) A quantos cavalos típicos corresponde o motor de um automóvel de 80 cv?

b) Teoricamente, qual seria a massa do bloco que um motor de 100 cv poderia erguer na mesma velocidade do cavalo típico mencionado no texto?

12. Faça uma estimativa da potência média, em hp, de um atleta cujo tempo na prova dos 100 m rasos é 10 s.

13. (Vunesp-SP) O teste Margaria de corrida em escada é um meio rápido de medida de potência anaeróbica de uma pessoa. Consiste em fazê-la subir uma escada de dois em dois degraus, cada um com 18 cm de altura, partindo com velocidade máxima e constante de uma distância de alguns metros da escada. Quando pisa no 8º degrau, a pessoa aciona um cronômetro, que se desliga quando pisa no 12º degrau. Se o intervalo de tempo registrado para uma pessoa de 70 kg foi de 2,8 s, e considerando a aceleração da gravidade igual a 10 m/s^2, a potência média avaliada por este método foi de:

a) 180 W.

b) 220 W.

c) 432 W.

d) 500 W.

e) 644 W.

4 Energia mecânica: cinética e potencial

A montanha-russa constitui um dispositivo excelente para o estudo da energia mecânica, nas suas formas de energia cinética e potencial. Durante a subida, que se processa lentamente, os carrinhos vão armazenando energia potencial em relação ao solo, até atingir o ponto mais alto da montanha-russa (**figura 7.29**).

Ao longo da descida, a energia cinética vai se tornando cada vez maior, enquanto a energia potencial (armazenada na subida) vai diminuindo. A energia cinética no ponto mais baixo da montanha será usada para subir a segunda rampa – que, com certeza, é mais baixa do que a primeira. Após algumas subidas e descidas, o passeio termina com os carrinhos retornando à altura inicial.

Paul Brennan/Shutterstock/Glow Images

Figura 7.29 Na montanha-russa a energia é armazenada quando o sistema é elevado para o ponto mais alto e vai se transformando em energia cinética no decorrer da primeira descida.

John Leung/Shutterstock/Glow Images

Energia cinética

Como vimos no início deste capítulo, para que um corpo de massa *m* apresente energia cinética, ele deve estar em movimento. Um corpo em movimento tem condições de realizar um trabalho e isso o diferencia de um corpo em repouso.

Vamos tomar como exemplo um bate-estaca, equipamento muito utilizado na construção de edifícios. O bate-estaca é constituído por um bloco de grande massa que é usado para cravar estacas no solo, as quais servirão de sustentação para o edifício. Para que o dispositivo funcione é preciso que o bloco (bate-estaca) caia de determinada altura sobre a estaca (**figura 7.30.a**). Durante a queda, o bloco adquire energia cinética cada vez maior, que é utilizada na realização de um trabalho: ao bater na estaca, o bloco exerce uma força sobre ela, fazendo-a penetrar no solo (**figura 7.30.b**). Observe que a simples colocação do bloco sobre a estaca não resolveria a questão.

A energia associada ao movimento de um corpo, denominada **energia cinética**, é uma grandeza que depende da massa, *m*, do corpo e varia com o quadrado da velocidade, *v*, com que esse corpo se movimenta, sendo dada por:

$$E_c = \frac{m \cdot v^2}{2}$$

No SI, utilizamos as seguintes unidades: massa em **quilograma (kg)**, velocidade em **metro por segundo (m/s)** e energia cinética em **joule (J)**.

Figura 7.30 Durante a queda do bate-estaca, a energia potencial transforma-se em energia cinética.

Nic Neufeld/Shutterstock/Glow Images

McPhoto/Ode/Keystock

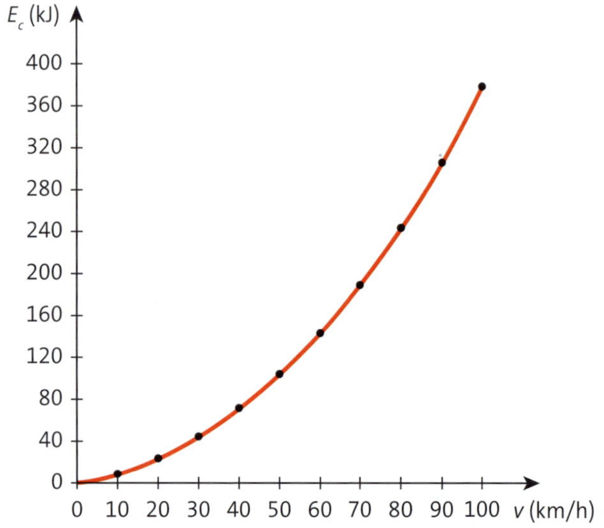

Figura 7.31 Gráfico da correspondência entre a energia cinética e a velocidade de um carro de massa 1000 kg.

O fato de a energia cinética variar com o quadrado da velocidade é fundamental para o entendimento do comportamento dos carros nas ruas e nas estradas. No gráfico mostrado na **figura 7.31**, vemos a correspondência entre a energia cinética e a velocidade e, na sua construção, consideramos um carro com massa de 1000 kg, que corresponde à maioria dos carros que circulam em nossas cidades. Vale ressaltar que a correspondência entre a energia cinética e a velocidade não é linear, e que o desconhecimento desse fato pode acarretar sérias consequências. Vejamos um exemplo.

Suponha que um carro a 100 km/h seja freado até parar. Vamos analisar a redução da velocidade do carro em dois intervalos: de 100 km/h a 50 km/h e de 50 km/h a 0.

De acordo com o gráfico, a energia cinética do carro a 100 km/h vale, aproximadamente, 386 kJ, e a 50 km/h essa energia é de 96 kJ. Assim, na redução de 100 km/h para 50 km/h, o carro perde uma energia cinética igual a 290 kJ (a diferença entre 386 kJ e 96 kJ). Já na redução de 50 km/h para 0, o carro perde apenas 96 kJ de energia cinética. Embora a variação de velocidade tenha sido a mesma nos dois intervalos, a perda de energia cinética no primeiro intervalo corresponde a 75% do total, restando para o segundo uma perda de apenas 25% do total da energia.

Vamos admitir que a intensidade da força resultante associada à redução da velocidade do carro seja constante ao longo de toda a freada. Nessas condições o carro percorre, no primeiro intervalo, 75% da distância total de parada; no segundo, 25% dessa distância, conforme mostra a **figura 7.32**.

Figura 7.32 Altas velocidades atingidas em estradas exigem do motorista mais atenção em razão do maior espaço necessário para a frenagem.

O conhecimento dessa relação quadrática entre energia cinética e velocidade pode ser útil na avaliação da distância entre veículos, necessária para se evitarem acidentes.

De modo análogo, essas proporções também se verificam nos aumentos de velocidade. Se um carro acelera uniformemente de 0 a 100 km/h, seu deslocamento, no intervalo de 0 a 50 km/h, corresponde a 25% do total; já no intervalo de 50 km/h a 100 km/h, o carro percorre 75% do deslocamento total.

Teorema da energia cinética

A relação entre variação de energia cinética e deslocamento pode ser estabelecida com base em uma proposição a ser demonstrada, denominada **teorema da energia cinética**. Esse teorema relaciona as variações de energia cinética com o trabalho da força resultante.

Vamos demonstrar esse teorema utilizando a relação da velocidade que não depende do tempo: $v_f^2 = v_i^2 + 2 \cdot a \cdot \Delta x$. Para facilitar a visualização, utilizaremos a variação em x e não em S, mas considere que a variação deve ocorrer no espaço.

Isolando a aceleração, temos:

$$a = \frac{v_f^2 - v_i^2}{2 \cdot \Delta x}$$

A segunda lei de Newton nos diz que $F = m \cdot a$. Substituindo a aceleração encontrada nessa lei, fica:

$$F = m \cdot \left(\frac{v_f^2 - v_i^2}{2 \cdot \Delta x} \right) \Rightarrow F \cdot \Delta x = \left(\frac{1}{2} m \cdot v_f^2 - \frac{1}{2} m \cdot v_i^2 \right)$$

Como $\tau = F \cdot \Delta x$ e $E_c = \frac{1}{2} m \cdot v^2$, podemos escrever que:

O trabalho resultante é igual à variação de energia cinética.

Em símbolos, temos:

$$\tau_R = \Delta E_C = E_{C(\text{final})} - E_{C(\text{inicial})}$$

Exercício resolvido

2. Um automóvel de massa 1000 kg tem sua velocidade aumentada de 36 km/h para 108 km/h, em razão da ação de uma força $\vec{F}$ constante e paralela ao deslocamento do automóvel. Considerando que, nesse intervalo, o automóvel percorreu 100 m, determine:

a) a intensidade da força $\vec{F}$;

b) os deslocamentos do automóvel em dois intervalos seguidos – de 36 km/h para 72 km/h e de 72 km/h para 108 km/h.

Resolução

a) Lembrando que 36 km/h = 10 m/s e 108 km/h = 30 m/s, aplicamos o teorema da energia cinética para obter a intensidade da força $\vec{F}$:

$$\tau_R = E_{C\,(\text{final})} - E_{C\,(\text{inicial})} \Rightarrow$$

$$\Rightarrow F_R \cdot d = \frac{m \cdot v_f^2}{2} - \frac{m \cdot v_i^2}{2} \Rightarrow$$

$$\Rightarrow F \cdot 100 = \frac{1000}{2} \cdot [(30)^2 - (10)^2] \Rightarrow$$

$$\Rightarrow F = 4\,000 \text{ N}$$

b) Como a força $\vec{F}$ é constante, no intervalo de 36 km/h (ou 10 m/s) para 72 km/h (ou 20 m/s), o deslocamento é de:

$$F_R \cdot d = \frac{m \cdot v_f^2}{2} - \frac{m \cdot v_i^2}{2} \Rightarrow$$

$$\Rightarrow 4\,000 \cdot d_1 = \frac{1000}{2} \cdot [(20)^2 - (10)^2] \Rightarrow$$

$$\Rightarrow d_1 = 37{,}5 \text{ m}$$

E, no intervalo de 72 km/h (ou 20 m/s) para 108 km/h (ou 30 m/s), obtemos um deslocamento de:

$$F_R \cdot d = \frac{m \cdot v_f^2}{2} - \frac{m \cdot v_i^2}{2} \Rightarrow$$

$$\Rightarrow 4\,000 \cdot d_2 = \frac{1000}{2} \cdot [(30)^2 - (20)^2] \Rightarrow d_2 = 62{,}5 \text{ m}$$

Energia potencial

Energia potencial

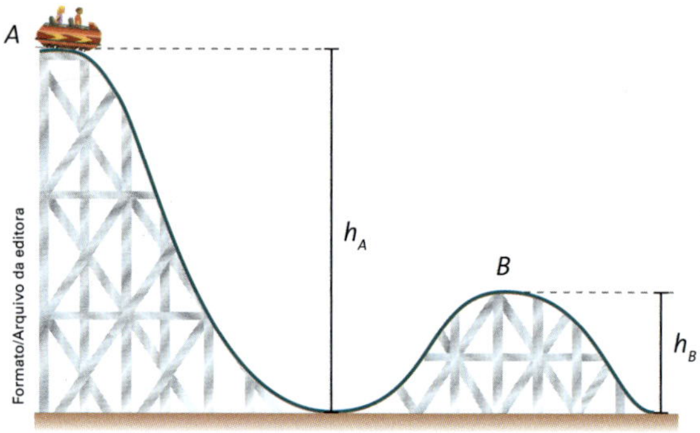

Formato/Arquivo da editora

Figura 7.33 A energia potencial armazenada pelo carrinho, em relação ao solo, em *A* é maior que a energia potencial que o carrinho apresentaria se estivesse em *B*.

Observe, na figura 7.33, a posição ocupada pelo carrinho em uma montanha-russa.

Em virtude de o carrinho encontrar-se a uma altura *h*, ele apresenta, em relação ao solo, uma **energia potencial**. Essa energia, armazenada no sistema Terra-carrinho, pode ser transformada em energia cinética, ou seja, essa energia pode produzir movimento.

Quando utilizamos o campo gravitacional da Terra para armazenar energia, esta recebe o nome de **energia potencial gravitacional**. Por exemplo, quando uma empilhadeira retira uma caixa do solo e a coloca em uma prateleira a 2,0 m de altura, ela aumenta a distância de separação entre a caixa e o centro da Terra, o que dá uma nova configuração ao sistema caixa-Terra (figura 7.34).

Antonio Robson/Arquivo da editora

Figura 7.34 A empilhadeira, ao retirar a caixa do solo, realiza um trabalho, fazendo com que a energia seja armazenada na forma de energia potencial gravitacional.

No levantamento da caixa houve a realização de um trabalho, e o sistema caixa-Terra armazena essa energia na forma de energia potencial gravitacional. Em outras palavras, a energia armazenada no sistema caixa-Terra pode ser entendida como a energia potencial da caixa no campo gravitacional da Terra.

Assim, adotando-se o solo (superfície da Terra) como ponto de altura zero, a energia potencial gravitacional é zero quando a caixa está no solo. Quando a caixa está a uma altura *h* acima do solo, a energia potencial gravitacional é dada por:

$$E_{PG} = m \cdot g \cdot h$$

Nessa expressão, *m* é a massa da caixa em quilogramas (kg), *g* é a aceleração da gravidade em metro por segundo por segundo (m/s^2) e *h* é a altura, em relação ao solo, em metros (m). Com essas unidades, a energia potencial gravitacional é dada em joule (J).

Observe que a expressão para o cálculo da energia potencial gravitacional é a mesma que usamos para calcular o módulo do trabalho da força peso de um corpo quando ele cai de uma altura *h* acima do solo, ou quando ele é lançado para cima a partir do solo, até atingir a altura *h*.

De modo geral podemos dizer que, para elevar um corpo de massa *m* do solo até um ponto de altura *h*, devemos, por meio da aplicação de uma força $\vec{F}$, realizar um trabalho contra a força peso do corpo, conforme mostra a figura 7.35.

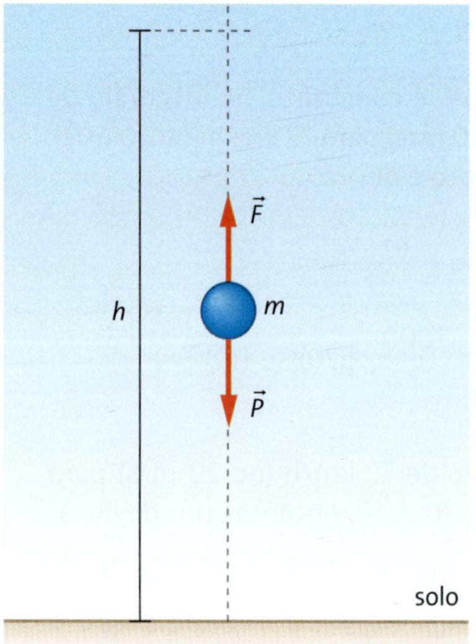

Formato/Arquivo da editora

Figura 7.35 Na elevação do corpo do solo até a altura *h*, o trabalho realizado pela força $\vec{F}$ é motor e o da força peso é resistente.

Para iniciar o movimento do corpo, a intensidade da força $\vec{F}$ deve ser ligeiramente maior do que a intensidade da força peso $\vec{P}$. Uma vez iniciado o movimento, as intensidades das forças $\vec{F}$ e $\vec{P}$ podem ser iguais, pois o corpo prosseguirá em movimento uniforme. Nessas condições, a variação de energia cinética do corpo pode ser desprezada, e podemos dizer que o trabalho realizado pela força $\vec{F}$ ao longo do deslocamento do corpo, do solo até o ponto de altura h, é, em módulo, igual ao trabalho realizado pela força peso do corpo nesse mesmo deslocamento. Desse modo, o trabalho da força $\vec{F}$ é armazenado no sistema corpo-Terra na forma de energia potencial gravitacional do corpo de massa m.

Outra forma de armazenamento de energia está associada às deformações elásticas que determinados corpos apresentam quando são submetidos a forças de tração ou de compressão, ou seja, quando são tracionados ou comprimidos. Em alguns dispositivos, como nos elásticos usados para prender papéis (**figura 7.36**) e no arco e flecha (**figura 7.37**), as deformações são bem visíveis.

As imagens estão fora de escala.

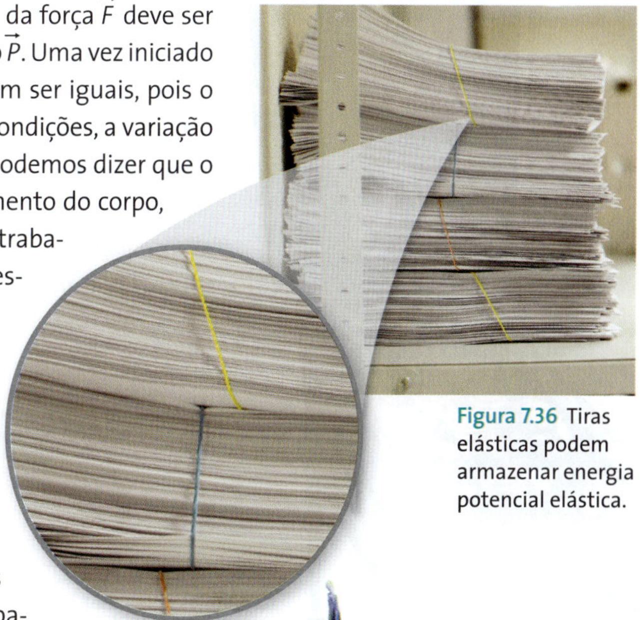

Frank Herfort/Keystock

Figura 7.36 Tiras elásticas podem armazenar energia potencial elástica.

Produzir deformação significa realizar trabalho. No caso do elástico, esse trabalho é realizado aplicando-se uma força de tração às extremidades da tira elástica, de tal modo que o comprimento da tira de borracha aumenta. Com a retirada da força de tração, a deformação desaparece, isto é, a tira de borracha volta a seu comprimento original. Deformações desse tipo, que deixam de existir quando cessa a força, são denominadas **deformações elásticas**.

Do mesmo modo, uma arqueira, para retesar o arco, precisa realizar um trabalho. Enquanto com uma das mãos ela segura o arco, com a outra, mantendo a extremidade traseira da flecha entre os dedos, ela traciona a corda, que, como o elástico, sofre uma deformação elástica. Após a flecha ser liberada, a deformação desaparece (observe a **figura 7.37**).

Nos dois casos, o que acontece com o trabalho realizado pela força de tração aplicada? Como produto final, podemos dizer que esse trabalho é armazenado nas tiras de borracha, no caso do elástico, ou na corda, no caso do arco e flecha, na forma de energia potencial. Como se trata de armazenamento de energia em deformações elásticas, a energia é denominada **energia potencial elástica**.

A energia potencial elástica, armazenada em corpos elásticos, pode ser utilizada para produzir movimento, isto é, para produzir energia cinética. Isso acontece, por exemplo, quando a flecha no arco é lançada em direção ao alvo que se quer atingir.

Andrew Barker/Shutterstock/Glow Images

Figura 7.37 Ao liberar a flecha, a energia potencial elástica é transformada, em parte, em energia cinética.

Ralf Juergen Kraft/Shutterstock/Glow Images

Figura 7.38 Ao comprimir a mola de uma mesa de *pinball*, armazenamos a energia potencial elástica. Essa energia é transferida à bola em forma de energia cinética, dando início ao jogo.

Podemos, também, obter uma energia potencial elástica por meio de uma compressão, como acontece em alguns dispositivos que utilizam molas (figura 7.38). Ao comprimirmos elasticamente uma mola, estamos armazenando energia potencial elástica, que pode ser utilizada na realização de um trabalho quando a mola for liberada.

Dentro de certos limites, as molas são corpos elásticos que podem armazenar energia potencial quando tracionadas ou comprimidas, conforme mostra a figura 7.39.

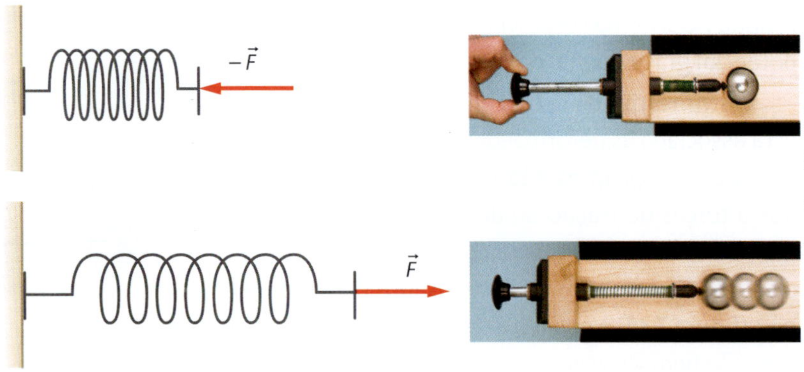

Formato/Arquivo da editora

Edward Kinsman/Getty Images

Figura 7.39 A mola tracionada ou comprimida possui energia potencial elástica.

Conforme visto no capítulo 4, todo corpo elástico oferece certa resistência à deformação. Essa resistência se traduz por uma força, que se opõe à força de tração ou de compressão, denominada força elástica, cuja intensidade é proporcional à deformação produzida no corpo, conforme mostra o gráfico da figura 7.40.

De acordo com o gráfico, sendo k a constante de proporção entre a intensidade da força elástica $F_{el.}$ e a deformação x do corpo, podemos escrever:

$$F_{el.} = k \cdot x$$

Como se trata de uma força cuja intensidade é variável, o trabalho realizado pela **força elástica** em uma deformação x é obtido pela área do triângulo compreendido entre a linha do gráfico e o eixo das abscissas, dentro do intervalo de 0 a x (figura 7.40):

$$\tau_{el.} = (\text{área do triângulo}) = \frac{k \cdot x^2}{2}$$

Considerando que, durante a deformação de um corpo elástico, a variação de energia cinética é desprezível, o trabalho realizado pela força de tração (ou de compressão) é igual, em módulo, ao trabalho da força elástica. Então, a energia potencial elástica armazenada em um corpo elástico é dada por:

$$E_{Pel.} = \frac{k \cdot x^2}{2}$$

Nessa expressão, k (constante elástica) é dado em newtons por metro (N/m); x (deformação), em metros (m); e $E_{Pel.}$ (energia potencial elástica), em joule (J).

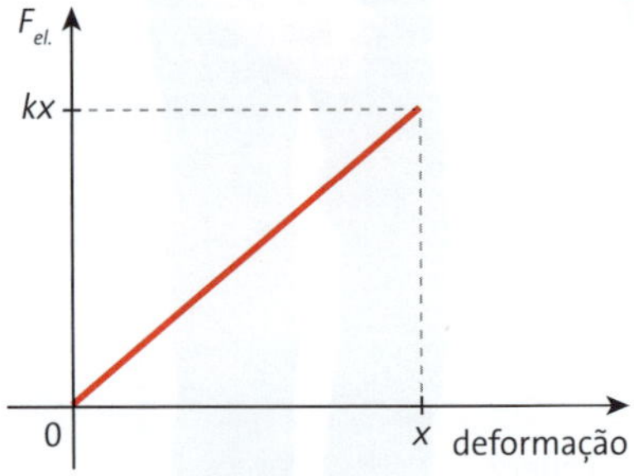

Figura 7.40 Gráfico do módulo da força elástica em função da deformação x.

Diagramas de energia

Quando um sistema é conservativo, o gráfico da energia cinética em função do tempo tem o mesmo aspecto do gráfico da energia potencial, porém, eles são espelhados em relação a um eixo horizontal. Isso ocorre porque a soma dessas duas parcelas de energia (energia mecânica) deve permanecer constante com o decorrer do tempo.

Vejamos um exemplo desse fato para o lançamento vertical. Tomando a trajetória orientada para cima ($a = -g$) e o lançamento a partir do solo, as funções horárias da altura e da velocidade são:

$$h = v_0 \cdot t - \frac{1}{2} \cdot g \cdot t^2 \text{ e } v = v_0 - g \cdot t$$

Substituindo-se essas funções nas expressões da energia potencial gravitacional e da energia cinética, segue que:

$$-E_p = m \cdot g \cdot h \Rightarrow E_p = m \cdot g \cdot v_0 \cdot t - \frac{1}{2} \cdot m \cdot g^2 \cdot t^2$$

$$-E_c = \frac{m}{2} \cdot v^2 \Rightarrow E_c = \frac{m}{2} \cdot v_0^2 - m \cdot v_0 \cdot g \cdot t + \frac{1}{2} \cdot m \cdot g^2 \cdot t^2$$

Nota-se que as duas funções são quadráticas, mas com gráficos de concavidades opostas (**figura 7.41**), simétricos em relação à horizontal. Além disso, a soma das duas, como previsto, tem resultado constante (independente do tempo):

$$E_M = E_c + E_p = \frac{m}{2} \cdot v_0^2$$

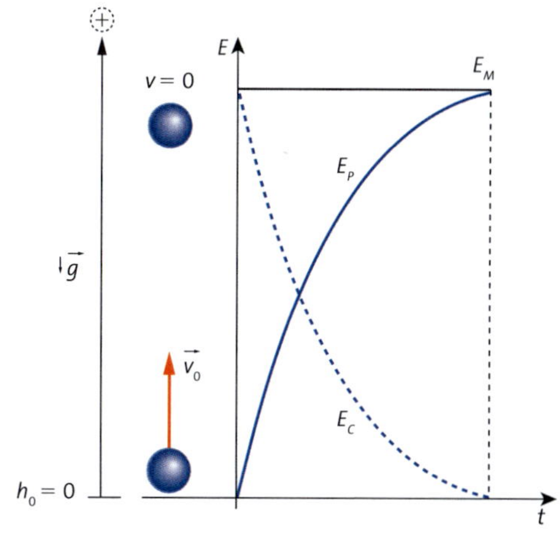

Figura 7.41 Diagrama da energia mecânica para o lançamento vertical para cima.

Raciocínio análogo pode ser empregado para o sistema massa-mola, cujo gráfico está representado na **figura 7.42**.

Já no caso da energia potencial elástica $\left(E_{Pel.} = \frac{k \cdot x^2}{2}\right)$, temos uma equação quadrática. Assim, o diagrama horário $Ep \cdot x$ é dado pela **figura 7.42**.

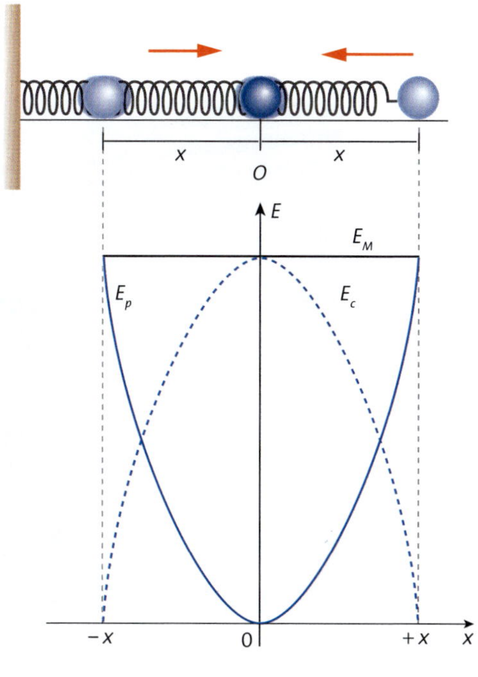

Figura 7.42 Diagrama da energia mecânica para o sistema massa-mola.

Exercícios resolvidos

3. Em uma construção civil, um operário, utilizando uma corda e uma roldana, ergue uma caçamba cheia de tijolos do solo até uma altura de 4,0 m. Considerando que a massa total da caçamba é 20 kg e que $g = 10\ m/s^2$, determine o trabalho realizado pelo operário. Admita que a variação de energia cinética do sistema caçamba-tijolos é desprezível.

Ilustrações: Formato/Arquivo da editora

Resolução

Como não há variação de energia cinética do corpo (caçamba + tijolos), o trabalho realizado pelo operário ($\tau_{op.}$) é numericamente igual ao aumento de energia potencial gravitacional do corpo. Assim, podemos escrever:

$$\tau_{op.} = E_{PG\,(final)} - E_{PG\,(inicial)} \Rightarrow$$

$$\Rightarrow \tau_{op.} = m \cdot g \cdot h - 0 \Rightarrow$$

$$\Rightarrow \tau_{op.} = 20 \cdot 10 \cdot 4{,}0 \Rightarrow$$

$$\Rightarrow \tau_{op.} = 800\ J$$

4. Uma mola de constante elástica $k = 490\ N/m$, presa a uma parede, é comprimida por um bloco de massa 100 g (0,1 kg). Nessas condições, a mola sofre uma deformação de 10 cm, conforme a figura.

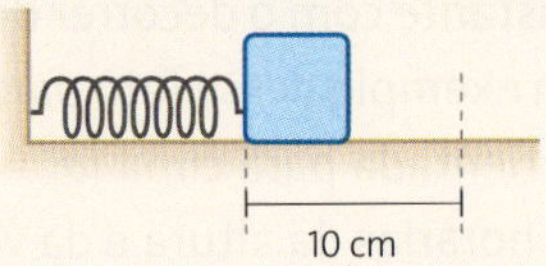

Desprezando atritos, determine a velocidade adquirida pelo bloco ao ser impulsionado pela mola.

Resolução

Ao sofrer a compressão de 10 cm (0,1 m), a mola armazena energia potencial elástica. Essa energia será usada, sem perdas (não há atritos), para impulsionar o bloco. Assim, a energia potencial elástica da mola é transferida integralmente para o bloco na forma de energia cinética, isto é: $E_{P_{el.}} = E_c$. Com essa igualdade, obtemos:

$$E_{P_{el.}} = E_c \Rightarrow \frac{k \cdot x^2}{2} = \frac{m \cdot v^2}{2} \Rightarrow$$

$$\Rightarrow 490 \cdot (0{,}1)^2 = 0{,}1 \cdot v^2 \Rightarrow v = 7{,}0\ m/s$$

O bloco adquire uma velocidade de 7,0 m/s.

Exercícios

14. Considere dois projéteis: o primeiro, com massa de 2,0 kg e velocidade de 10 m/s e, o segundo, com massa de 20 g e velocidade de 100 m/s. Os dois projéteis chocam-se contra um bloco de madeira fixo. O projétil 1 penetra uma distância d_1 no bloco de madeira até parar e o projétil 2 penetra uma distância d_2. Sabendo-se que a resistência imposta pela madeira é a mesma nos dois projéteis, compare as distâncias d_1 e d_2.

15. Um carro de passeio e um caminhão carregado, ambos a 80 km/h, são freados e percorrem a mesma distância até parar. Levando em conta a força que faz cada um deles parar, responda:

a) Em qual dos veículos o trabalho realizado por essa força é maior?

b) Em qual deles a intensidade dessa força é maior?

16. Um bate-estaca é constituído por um bloco de massa 2,0 ton que cai de uma altura de 1,0 m sobre uma estaca. Considere $g = 10\ m/s^2$.

a) Desprezando as perdas por atrito, qual é a energia que o bloco transfere à estaca em cada batida?

b) Após a batida, o bloco é levado de volta à posição original por um motor. Qual é a energia despendida pelo motor se o seu rendimento é 25%?

17. Uma corda elástica utilizada em um *bungee-jump* pode ser considerada uma mola elástica. Um jovem de massa 60 kg, em determinado instante de sua queda, está a 15,0 m de altura em relação ao solo, com velocidade de 3,0 m/s, enquanto a corda está alongada em 2,0 m.

Quais são as formas de energia que o sistema (jovem-corda) tem, nesse instante, em relação ao solo?

Antonio Robson/Arquivo da editora

5 Sistemas mecânicos conservativos e não conservativos

Transformação e conservação de energia

Em termos de energia, os sistemas mecânicos podem apresentar energia cinética e/ou energia potencial (gravitacional ou elástica). A soma dessas formas de energia é denominada energia mecânica.

Graças aos trabalhos de muitos pesquisadores, dentre os quais destacamos James Prescott Joule, foi estabelecido, na década de 1850, um dos princípios fundamentais da Física – o princípio da conservação de energia, que pode ser enunciado da seguinte maneira:

> A energia não pode ser criada, nem destruída. Ela pode, apenas, ser convertida de uma forma para outra, mas a quantidade total de energia permanece constante.

Já vimos exemplos de transformação de energia em alguns equipamentos conhecidos, como a montanha-russa e o bate-estaca. Mas, no enunciado acima, o que significa o trecho "a quantidade total de energia permanece constante"? Será que isso se aplica a qualquer transformação de energia?

Vejamos um exemplo. Na **figura 7.43**, observamos crianças se divertindo em um tobogã (escorregador).

Quando uma pessoa se encontra no alto de um tobogã, pronta para iniciar a descida, sua energia mecânica é dada pela energia potencial gravitacional que ela tem em relação ao solo; já durante a descida, ela perde energia potencial gravitacional, pois sua altura em relação ao solo diminui, mas ganha energia cinética, uma vez que sua velocidade aumenta. Ao chegar ao solo, a sua energia mecânica é dada pela energia cinética.

Figura 7.43 Parte da energia mecânica é transformada em outras formas de energia durante a descida pelo tobogã.

John Birdsall/Age Fotostock/Keystock

Figura 7.44 Para que a pessoa possa escorregar no tobogã, é necessário que armazene certa quantidade de energia mecânica subindo a escada.

Ronfromyork/Shutterstock/Glow Images

Se aplicássemos a lei da conservação de energia – a quantidade total de energia permanece constante – a essa situação, toda a energia potencial gravitacional da pessoa no ponto mais alto do tobogã teria que se transformar em energia cinética durante a descida; nessas condições, a energia mecânica permaneceria constante. Entretanto, não é isso que se observa na prática.

Se o tobogã tivesse, por exemplo, 5 m de altura, a pessoa deveria chegar ao solo com uma velocidade de 36 km/h. Mas as velocidades normalmente observadas em um tobogã com essa altura ficam na faixa de 20 km/h a 25 km/h. Essa diferença significa que a energia mecânica da pessoa no final do tobogã é menor do que no início.

Podemos, então, concluir que a lei da conservação de energia não é válida nesse caso? A resposta é **não**! A lei da conservação da energia se refere a **todas** as formas de energia – e, na análise acima, consideramos somente a energia mecânica.

Em uma análise mais cuidadosa, observaremos que, durante a descida, acontece um ligeiro aquecimento do sistema, em razão do atrito existente entre a roupa da pessoa e a rampa do tobogã. Esse aquecimento justifica, em parte, o fato de a energia mecânica no final do tobogã ser menor do que no início. Durante a descida, uma parte da energia mecânica é transformada em outras modalidades de energia, principalmente energia térmica. O que se conserva é a soma de todas as formas de energia envolvidas na transformação – mecânica, térmica, sonora, etc.

O exemplo da pessoa no tobogã caracteriza **um sistema mecânico não conservativo**, pois a energia mecânica não se manteve constante – fato que não contradiz a lei da conservação da energia. Na prática, a grande maioria dos sistemas mecânicos são não conservativos. Mais do que isso: muitos dos sistemas não conservativos são **dissipativos**, isto é, neles a energia mecânica final é menor do que a inicial.

Podemos ter também um sistema não conservativo no qual a energia mecânica final é maior do que a energia mecânica inicial. Nesse caso, forças não conservativas que agem no sistema realizam trabalho motor e, assim, a energia mecânica dele aumenta. Para exemplificar, retomemos o caso do tobogã. Para que a pessoa possa escorregar, é preciso que ela seja levada até o ponto mais alto do tobogã, conforme a figura 7.44. Em outras palavras, é preciso fornecer a ela certa quantidade de energia mecânica que ela não possuía quando estava no solo. Se ela subir por uma escada, utilizará parte da energia que absorveu dos alimentos para se elevar e, com isso, adquirir energia mecânica; se ela utilizar um elevador, a energia mecânica adquirida virá do trabalho realizado pela força exercida pelo motor do elevador.

Em quais condições um sistema mecânico é conservativo? Em outras palavras, o que é preciso para que a energia mecânica de um sistema permaneça constante?

Em primeiro lugar, no sistema não podem existir forças dissipativas, como a força de atrito e a resistência do ar. Observe que isso dificilmente acontece nos dispositivos mecânicos do nosso cotidiano.

Kruglofff/Shutterstock/Glow Images

Em alguns casos, se o módulo do trabalho das forças dissipativas for pequeno em relação à quantidade de energia mecânica (cinética e potencial) envolvida no fenômeno, podemos considerar o sistema como conservativo.

Em segundo lugar, devem agir no sistema somente forças conservativas, isto é, aquelas cujo trabalho não depende da trajetória. As forças peso e elástica são conservativas. O trabalho (motor ou resistente) realizado pelas forças conservativas está relacionado somente às transformações de energia potencial em cinética ou de cinética em potencial (**figura 7.45**). Isso significa que, nos sistemas mecânicos conservativos, está presente uma única forma de energia – a energia mecânica.

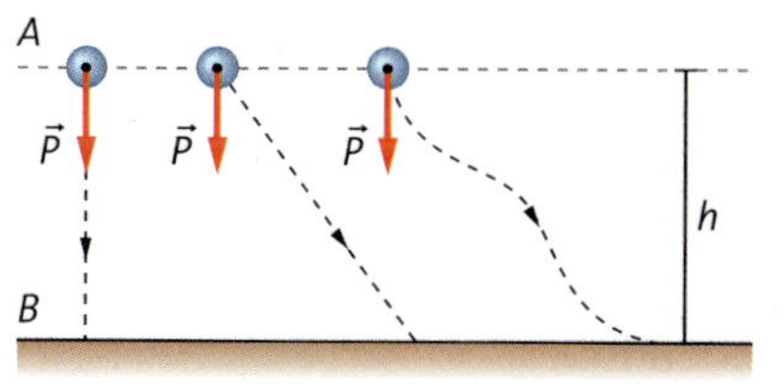

Figura 7.45 O trabalho da força peso é o mesmo em todas as trajetórias.

Considerando a lei da conservação de energia, poderíamos ser levados a pensar que certa quantidade de energia poderia ser transformada quantas vezes quiséssemos e, no final, estaríamos sempre com a mesma quantidade de energia. Entretanto, se essa afirmação é válida, como explicar o fato de as reservas energéticas estarem diminuindo?

Existe um fato que não está expresso diretamente na lei da conservação de energia. Nas transformações, uma parcela da energia é convertida em outra forma que não pode ser recuperada e utilizada na aplicação desejada. Dizemos que uma parcela de energia útil se transforma em energia não útil. Por exemplo, no funcionamento do motor de um automóvel, uma parte da energia contida nos combustíveis é eliminada pelo escapamento, liberada para a atmosfera, e não pode ser recuperada para ser usada novamente no motor.

Exercícios

18. Explique as transformações de energia que ocorrem quando um lutador de luta livre utiliza as cordas para se impulsionar sobre o seu adversário.
Despreze os atritos.

19. Próximo à borda de uma piscina existe um escorregador, conforme mostra a figura.

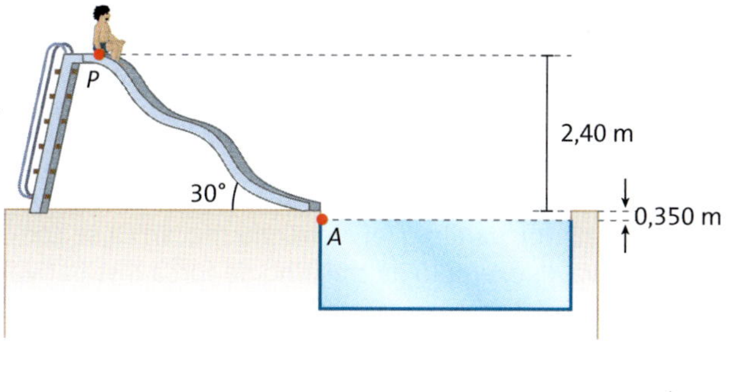

Adote $g = 10$ m/s^2. Se uma criança de massa 40 kg parte do repouso do ponto *P* e perde, durante a descida, 25% da energia mecânica que possuía em *P*, com que velocidade ela atinge o ponto *A*?

20. Na montanha-russa mostrada na figura seguinte, admita que o carrinho parte do repouso do ponto mais alto.

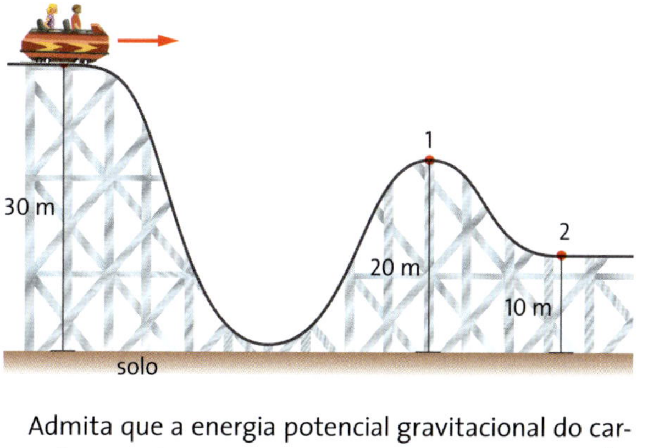

Admita que a energia potencial gravitacional do carrinho no solo seja nula e, no ponto mais alto, $6 \cdot 10^4$ J. Despreze os atritos e adote $g = 10$ m/s^2.

a) Qual é a energia cinética do carrinho no ponto 1?

b) Qual é a energia mecânica do carrinho no ponto 2?

c) Em qual ponto, 1 ou 2, o carrinho possui maior velocidade?

21. Consideradas por muitos um esporte radical, as montanhas-russas constituem um dos grandes atrativos de um parque de diversões. A figura ilustra um carrinho de massa 100 kg movimentando-se em uma montanha-russa, em um local onde a aceleração da gravidade pode ser considerada igual a 10 m/s^2.

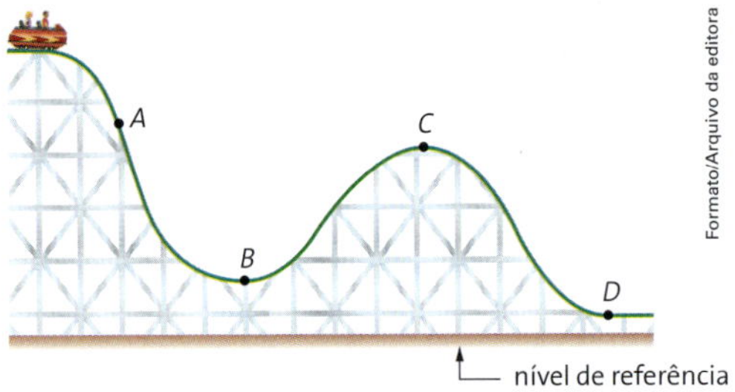

Formato/Arquivo da editora

Em relação ao nível de referência, os pontos *A*, *B*, *C* e *D* encontram-se a 5,0 m, 2,0 m, 4,0 m e 1,0 m de altura, respectivamente.

No gráfico em forma de barras, mostrado na figura seguinte, são fornecidos os valores da energia potencial e da energia cinética do carrinho, em joules, nos pontos *A*, *B* e *D*.

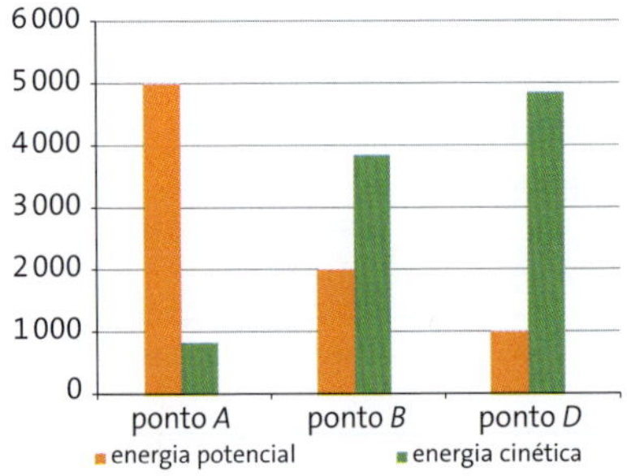

Podemos afirmar que, no ponto *C*, a energia potencial, a energia cinética e a velocidade do carrinho, valem, respectivamente:

a) 5800 J; 0 e 0.

b) 3800 J; 2000 J e 8,7 m/s.

c) 2000 J; 3800 J e 8,7 m/s.

d) 4000 J; 1800 J e 6,0 m/s.

e) 1000 J; 4800 J e 9,8 m/s.

22. Um jovem com massa 60 kg prepara-se para se divertir em uma rampa de *skate*, conforme mostra a figura. Considere que o ponto *C* esteja na mesma altura, em relação a *B*, que o ponto *A*. Se necessário, adote $g = 10$ m/s^2.

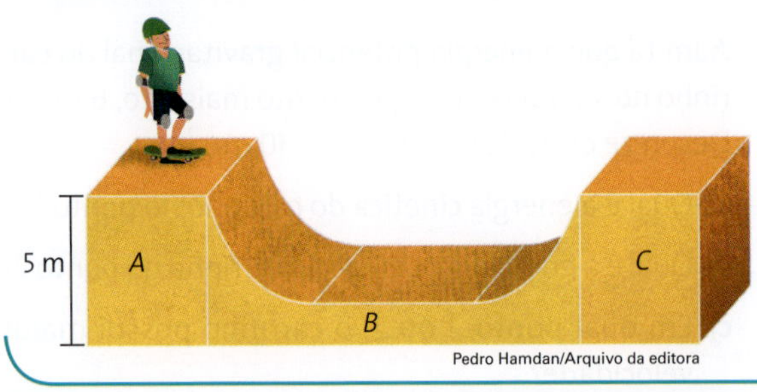

Pedro Hamdan/Arquivo da editora

a) Se o jovem partir do repouso do ponto *A*, ele conseguirá atingir o ponto *C*?

b) Qual é a maior velocidade com que ele pode passar pelo ponto *B*?

c) Considerando o sistema conservativo, qual é a energia cinética do jovem quando ele se encontra em um ponto à direita do ponto *B* e a 1,0 m do solo?

23. (Unifesp) Na figura estão representadas duas situações físicas cujo objetivo é ilustrar o conceito de trabalho de forças conservativas e [forças] dissipativas.

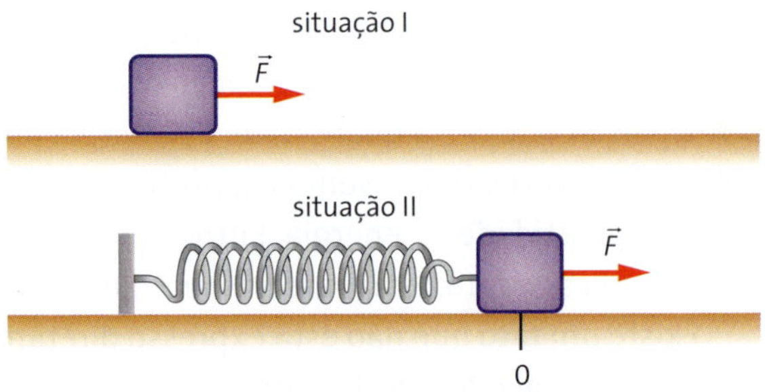

Em I, o bloco é arrastado pela força $\vec{F}$ sobre o plano horizontal; por causa do atrito, quando a força $\vec{F}$ cessa, o bloco para. Em II, o bloco, preso à mola e em repouso no ponto *O*, é puxado pela força $\vec{F}$ sobre o plano horizontal, sem que sobre ele atue nenhuma força de resistência; depois de um pequeno deslocamento, a força cessa e o bloco volta, puxado pela mola, e passa a oscilar em torno do ponto *O*.

Essas figuras ilustram:

a) I: exemplo de trabalho de força dissipativa (força de atrito), para o qual a energia mecânica não se conserva; II: exemplo de trabalho de força conservativa (força elástica), para o qual a energia mecânica se conserva.

b) I: exemplo de trabalho de força dissipativa (força de atrito), para o qual a energia mecânica se conserva; II: exemplo de trabalho de força conservativa (força elástica), para o qual a energia mecânica não se conserva.

c) I: exemplo de trabalho de força conservativa (força de atrito), para o qual a energia mecânica não se conserva; II: exemplo de trabalho de força dissipativa (força elástica), para o qual a energia mecânica se conserva.

d) I: exemplo de trabalho de força conservativa (força de atrito), para o qual a energia mecânica se conserva; II: exemplo de trabalho de força dissipativa (força elétrica), para o qual a energia mecânica não se conserva.

e) I: exemplo de trabalho de força dissipativa (força de atrito); II: exemplo de trabalho de força conservativa (força elástica), mas em ambos a energia mecânica se conserva.

EM CONSTRUÇÃO

James Prescott Joule

James Prescott Joule.

James Prescott Joule nasceu em 24 de dezembro de 1818 em Salford, próximo a Manchester, na Inglaterra, e faleceu em 11 de outubro de 1889 em Sale, próximo a Londres. De família abastada, o início da vida profissional de Joule está ligado à cervejaria do pai, onde, posteriormente, viria a desenvolver suas pesquisas em um laboratório anexo.

Aos 16 anos, Joule foi para a Universidade de Cambridge e iniciou seus estudos em Ciências e Matemática, sob a orientação do célebre químico inglês John Dalton (1786-1844). Dedicou-se inicialmente às pesquisas sobre a constituição dos gases e sobre o calor. Em dezembro de 1840, aos 22 anos, ele encaminhou um trabalho à Royal Society of London sobre a produção de calor na passagem da corrente elétrica em um fio condutor. Esse trabalho, publicado em 1841 na *The Philosophical Magazine*, passou a ser conhecido na eletricidade como o **efeito Joule**.

O nome de Joule está intimamente ligado ao princípio da conservação de energia e, principalmente, ao equivalente mecânico do calor. Nesse tema, muitos outros cientistas deram importantes contribuições, como o físico anglo-americano Benjamin Thompson (1753-1814), conhecido também como conde Rumford, que em 1798 encaminhou à Royal Society of London o trabalho intitulado *Uma investigação concernente à fonte de calor que é produzido por fricção*, no qual conclui ser o calor uma forma de energia. "Esse trabalho representou a primeira tentativa para determinar o equivalente mecânico do calor", relata-nos o físico brasileiro José Maria F. Bassalo. Em 1832, o físico francês Nicolas L. Sadi Carnot (1796-1832) descreveu algumas experiências na tentativa de determinar o equivalente mecânico do calor. Posteriormente, em 1842, o médico alemão Julius Robert Mayer (1814-1878), utilizando um raciocínio semelhante ao de Carnot, apresentou sua própria teoria mecânica do calor no trabalho denominado *Observações sobre as forças da natureza inanimada*.

Entre os anos de 1843 e 1850, Joule realizou e publicou vários experimentos relacionados à lei da conservação de energia que envolvem as energias química, elétrica, calorífica e mecânica. Com esses trabalhos, conseguiu estabelecer que calor e trabalho são equivalentes, isto é, o calor pode ser transformado em trabalho e vice-versa, e concluiu que a relação entre ambos é constante e inteiramente independente dos materiais ou dos processos empregados nessas transformações.

No seu experimento mais importante, apresentado em uma monografia em 1845, Joule realizou medições da variação de temperatura da água contida em um recipiente quando agitada pela rotação de pás acionadas pela queda de massas. Com isso, conseguiu determinar a relação entre o trabalho mecânico (queda das massas) e o calor relacionado ao aumento de temperatura da água.

O reconhecimento à importância de sua obra veio após a sua morte, em 1889: em sua homenagem, a unidade de energia do SI passou a se chamar joule.

Referências: RONAN, Colin A. *História Ilustrada da Ciência.* A ciência nos séculos XIX e XX. Rio de Janeiro: Jorge Zahar, 1997. v. IV;
PIRES, Antonio S. T. *Evolução das ideias da Física.* São Paulo: Livraria da Física, 2008;
ROCHA, José F. (Org.). *Origens e evolução das ideias da Física.* Capítulo II: Evolução das ideias da Termodinâmica e da Mecânica Estatística. Salvador: Edufba, 2002.

Trabalho em equipe

Façam uma pesquisa, em grupo, sobre as contribuições de Benjamin Thompson (conde Rumford), Julius Robert Mayer e James Prescott Joule para o conceito de calor e energia e sua conservação. Nessa pesquisa, alguns pontos merecem destaque: a escala absoluta de temperatura e as observações de Mayer em relação à cor do sangue humano de pessoas na Indonésia.

EXPERIMENTO

Energia mecânica

Nesta atividade propomos a análise de um sistema mecânico com o intuito de verificar se ele é conservativo ou não, ou seja, se a energia mecânica se conserva ou não.

Para isso, cada grupo necessitará de um bloco de madeira, uma prancha de madeira com, pelo menos, 1,5 m de comprimento, uma trena e um cronômetro.

O experimento consiste em utilizar a prancha como plano inclinado, deixando o bloco escorregar a partir do ponto mais alto. A inclinação dessa rampa deve ser tal que o bloco desça em movimento acelerado.

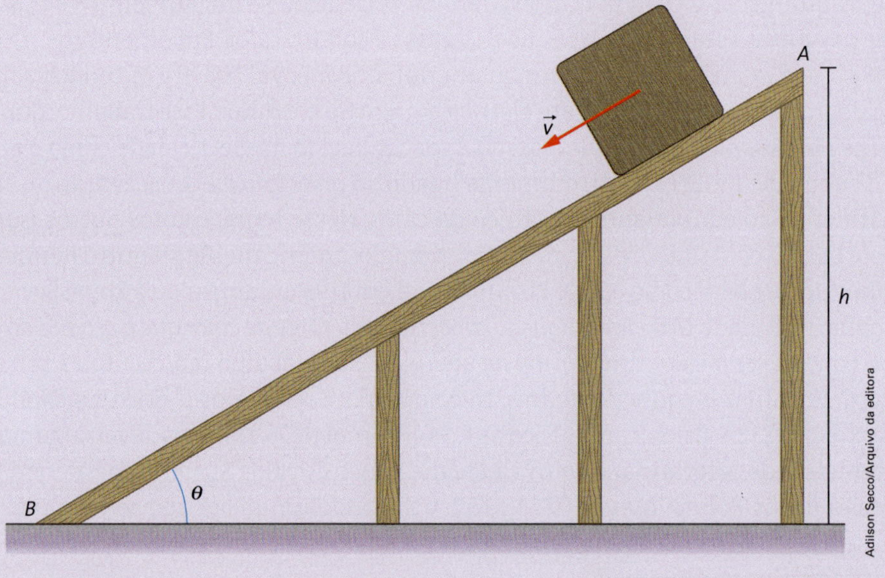

Representação esquemática da montagem do arranjo experimental.

Discuta com os colegas do grupo os procedimentos necessários para verificar se a energia mecânica do bloco, em relação à base do plano inclinado, conserva-se ao longo do movimento. Sugerimos a comparação da energia mecânica do bloco no ponto mais alto do plano inclinado com a energia mecânica dele ao atingir a base do plano.

Quais são as medidas que devem ser feitas para essa verificação? Faça uma tabela com as respectivas grandezas, em sequência, a serem medidas, e os respectivos valores obtidos.

Após realizadas todas as etapas do experimento e efetuados os cálculos necessários, responda:

1. Qual foi o valor obtido para a energia mecânica do bloco no ponto *A*? E no ponto *B*?

2. Esses valores são iguais ou não? O sistema mecânico é conservativo ou não conservativo?

3. O sistema pode ser classificado como dissipativo? Justifique.

4. Quais são as forças que realizam trabalho durante o movimento do bloco ao longo da rampa? Calcule o trabalho realizado para cada uma delas.

5. A lei da conservação de energia é válida nesse experimento? Justifique.

Pensando no Enem

1. Uma das modalidades presentes nas olimpíadas é o salto com vara. As etapas de um dos saltos de um atleta estão representadas nas figuras:

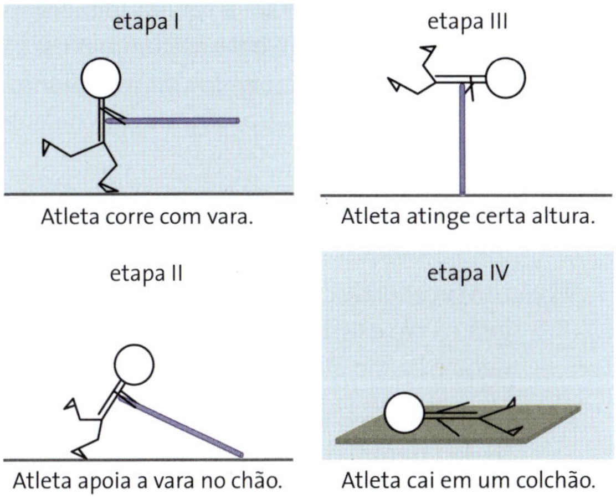

Desprezando-se as forças dissipativas (resistência do ar e atrito), para que o salto atinja a maior altura possível, ou seja, o máximo de energia seja conservada, é necessário que:

a) a energia cinética, representada na etapa I, seja totalmente convertida em energia potencial elástica representada na etapa IV.

b) a energia cinética, representada na etapa II, seja totalmente convertida em energia potencial gravitacional, representada na etapa IV.

c) a energia cinética, representada na etapa I, seja totalmente convertida em energia potencial gravitacional, representada na etapa III.

d) a energia potencial gravitacional, representada na etapa II, seja totalmente convertida em energia potencial elástica, representada na etapa IV.

e) a energia potencial gravitacional, representada na etapa I, seja totalmente convertida em energia potencial elástica, representada na etapa III.

Resolução

Na etapa I o atleta encontra-se em movimento possuindo assim energia cinética. Essa energia será transformada em energia potencial gravitacional, uma vez que ele ganhará altura (etapa III). Para que a altura seja máxima, toda a energia cinética inicial da etapa I deve ser transformada em energia potencial gravitacional, ilustrado na etapa III. Assim, a alternativa correta é a **c**.

Observação: Os esquemas desta questão não mostram que as varas usadas nesse esporte são flexíveis, ou seja, que existe uma transformação de energia intermediária durante o salto com vara que envolve energia potencial elástica. Sendo assim, não se deve esperar que a energia potencial elástica esteja na resposta, pois mesmo que você saiba que ela existe em algum momento entre as etapas I e III, ela não foi representada e, por isso, deve ser desconsiderada.

2. No nosso dia a dia deparamo-nos com muitas tarefas pequenas e problemas que demandam pouca energia para serem resolvidos e, por isso, não consideramos a eficiência energética de nossas ações. No global, isso significa desperdiçar muito calor que poderia ainda ser usado como fonte de energia para outros processos. Em ambientes industriais, esse reaproveitamento é feito por um processo chamado de cogeração. A figura a seguir ilustra um exemplo de cogeração na produção de energia elétrica.

Cogeração de energia elétrica

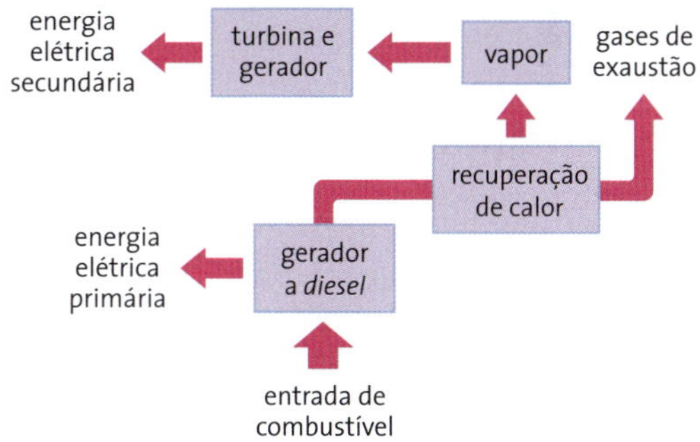

HINRICHS, R. A.; KLEINBACH, M. *Energia e meio ambiente*. São Paulo: Pioneira Thomson Learning, 2003 (adaptado).

Em relação ao processo secundário de aproveitamento de energia ilustrado na figura, a perda global de energia é reduzida por meio da transformação de energia:

a) térmica em mecânica.
b) mecânica em térmica.
c) química em térmica.
d) química em mecânica.
e) elétrica em luminosa.

Resolução

O processo secundário de aproveitamento de energia ilustrado na figura é o de cogeração. De acordo com o texto, esse processo visa aproveitar o calor desperdiçado. Na figura, isso está indicado na caixa de texto "Recuperação de calor". O calor (energia térmica) é utilizado para gerar vapor a alta pressão, vapor que faz girar uma turbina atrelada a um gerador que produz energia elétrica. Assim, o desperdício é reduzido transformando energia térmica (que seria desperdiçada) em energia mecânica (que movimenta a turbina) para posterior transformação em energia elétrica. A alternativa correta é a **a**.

Vestibulares de Norte a Sul

1. **SE** (FMJ-SP – adaptado) Um brinquedo de tiro ao alvo usa energia armazenada em uma mola para lançar dardos.

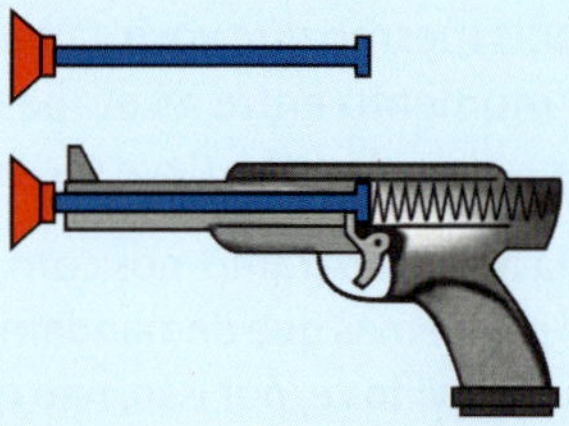

Walmir Santos/Arquivo da editora

Para carregar o lançador de dardos, um garoto aplica uma força progressivamente maior até que a mola encontre a trava. Ao acionar o gatilho, o garoto libera a mola da trava que impulsiona o dardo. Neste procedimento, temos transformação de energia ______________________ da mola em energia ______________________ do dardo.

As palavras que completam a frase são:

a) potencial e cinética.

b) potencial e potencial.

c) potencial e cinética.

d) cinética e potencial.

2. **NE** (Uesc-BA) Sobre um corpo inicialmente em repouso em um plano horizontal sem atrito, atua uma força horizontal de sentido constante, cuja intensidade varia com a distância percorrida, de acordo com o gráfico.

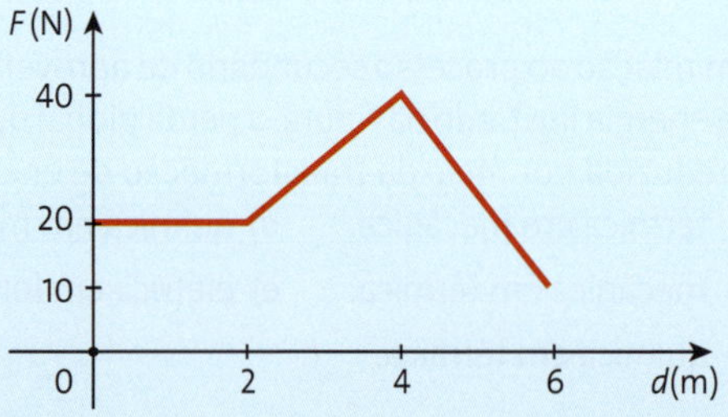

Nessas condições, o trabalho realizado pela força sobre o corpo, após o deslocamento de 6,0 m, é igual, em J, a:

a) 110.
c) 130.
e) 150.
b) 120.
d) 140.

3. **S** (UEL-PR) Um objeto de 2,0 kg cai da janela de um apartamento até uma laje que está 4,0 m abaixo do ponto de início da queda. Se a aceleração da gravidade for 9,8 m/s^2, o trabalho realizado pela força gravitacional será:

a) −4,9 J.
c) −39,2 J.
e) 156,8 J.
b) 19,6 J.
d) 78,4 J.

4. **NE** (UEPB) O princípio da conservação da energia constitui uma das grandes generalizações científicas elaboradas no século XIX. A partir dele, todas as atividades humanas passaram a ter um "denominador comum" – a energia. Com base na compreensão deste princípio, relacione os objetos ou fenômenos numerados de 1 a 5, com as transformações de energia correspondentes, abaixo deles.

(1) No movimento de uma pessoa que escorrega num tobogã.

(2) Um secador de cabelos possui um ventilador que gira e um resistor que se aquece quando o aparelho é ligado à rede elétrica.

(3) Um automóvel em que a bateria constitui a fonte de energia para ligar o motor de arranque, acender os faróis e tocar a buzina, etc.

(4) Na usina hidroelétrica, onde a queda-d'água armazenada em uma represa passa pela tubulação fazendo girar uma turbina e seu movimento de rotação é transmitido a um gerador de eletricidade.

(5) Na usina térmica, onde a queima do carvão ou petróleo (óleo combustível) provoca a vaporização da água contida em uma caldeira. Esse vapor, em alta pressão, faz girar uma turbina e essa rotação é transmitida ao gerador de eletricidade.

( ) A energia elétrica transforma-se em energia de movimento (cinética) e térmica.

( ) A energia potencial transforma-se em energia cinética e térmica.

( ) A energia potencial de interação gravitacional transforma-se em energia cinética, que se transforma em elétrica.

( ) A energia potencial química transforma-se em energia de movimento (ou cinética), em luminosa e em sonora.

( ) A energia potencial química transforma-se em energia térmica, que se transforma em cinética e, por sua vez, transforma-se em elétrica.

Assinale a alternativa que corresponde à sequência correta da numeração.

a) 4 3 2 5 4
d) 2 1 4 3 5
b) 1 2 3 5 4
e) 5 2 4 3 1
c) 3 2 1 4 5

5. **SE** (Uerj) Um homem arrasta uma cadeira sobre um piso plano, percorrendo em linha reta uma distância de 1 m. Durante todo o percurso, a força que ele exerce sobre a cadeira possui intensidade igual a 4 N e direção de 60° em relação ao piso. O gráfico que mais bem representa o trabalho τ, realizado por essa força ao longo de todo o deslocamento d, está indicado em:

a)
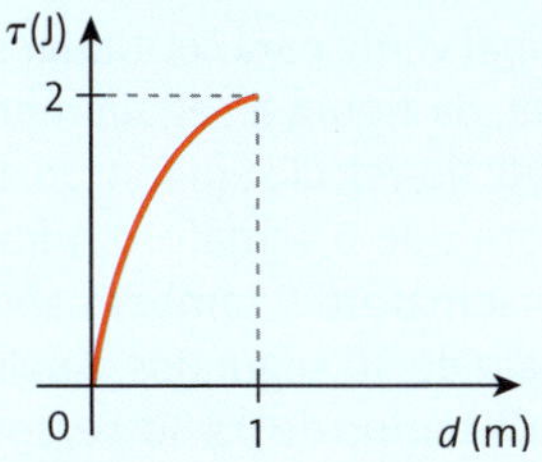

b)
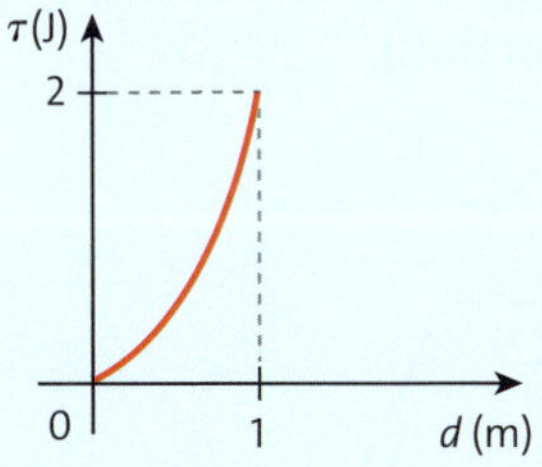

c)
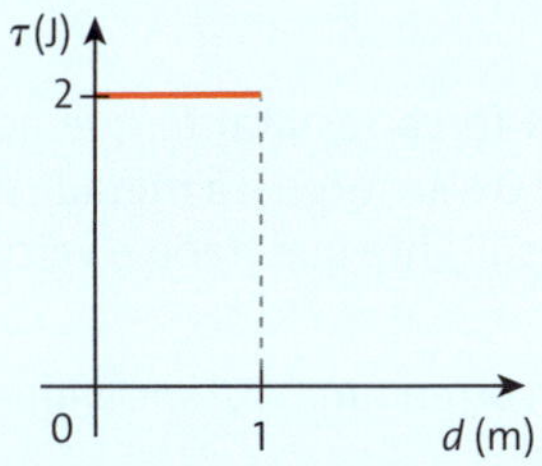

d)
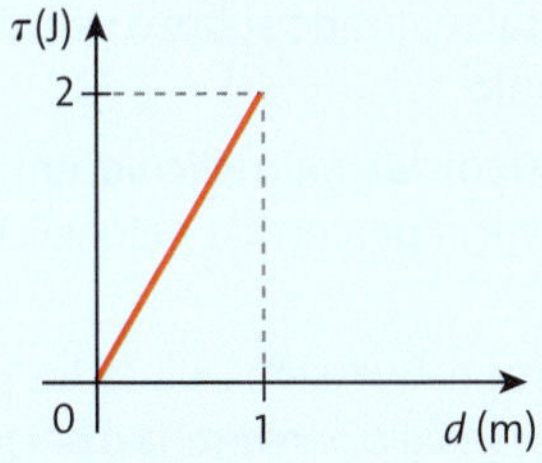

6. **NE** (UFPB) Em todo um trecho João Pessoa-São Paulo, um avião desloca-se horizontalmente e com velocidade constante. Admita que as únicas forças que atuam sobre o avião são: a força propulsora gerada pelas turbinas, a força de resistência do ar (atrito) e a força peso. Com relação aos trabalhos por essas forças, considere as seguintes identificações:

- τ_T: trabalho realizado pela força propulsora das turbinas.
- τ_R: trabalho realizado pela força de resistência do ar.
- τ_P: trabalho realizado pela força peso do avião.

Com base no exposto, é correto afirmar:

a) $\tau_R = \tau_T$, $\tau_P = 0$.
b) $\tau_R = -\tau_T$, $\tau_P = 0$.
c) $\tau_R = \tau_T$, $\tau_P > 0$.
d) $\tau_R = -\tau_T$, $\tau_P > 0$.
e) $\tau_R = 0$, $\tau_P = 2\tau_T$.

7. **N** (Ufam) No futebol, o pênalti (ou penalidade máxima) é marcado toda vez que houver uma falta dentro da grande, ou da pequena área, que favoreça o time adversário ao do goleiro da equipe que defende a baliza (ou gol) de tal área. Para a cobrança do pênalti, a bola é colocada numa marca a 11 m do centro da baliza que mede 7,32 m entre os travessões e 2,4 m da borda inferior do travessão superior ao solo. O duelo acontece unicamente entre o rematador e o goleiro. Admitindo que a massa da bola seja igual a 450 g, e que tenha partido com velocidade de 72 km/h após o chute do rematador, pode-se afirmar que o trabalho realizado sobre a bola pela força impulsiva do chute é igual a:

a) 9 J.
b) 18 J.
c) 90 J.
d) 180 J.
e) 220 J.

8. **S** (UEL-PR) O Brasil prepara-se para construir e lançar um satélite geoestacionário que vai levar banda larga a todos os municípios do país. Além de comunicações estratégicas para as Forças Armadas, o satélite possibilitará o acesso à banda larga mais barata a todos os municípios brasileiros. O ministro da Ciência e Tecnologia está convidando a Índia – que tem experiência neste campo, já tendo lançado 70 satélites – a entrar na disputa internacional pelo projeto, que trará ganhos para o consumidor nas áreas de internet e telefonia 3G.

Adaptado de: BERLINCK, D. *Brasil vai construir satélite para levar banda larga para todo país. O Globo*, Economia, mar. 2012. Disponível em: <http://oglobo.globo.com/economia/brasil-vai-construir-satelite-para-levar-banda-larga-para-todo-pais-4439167>. Acesso em: 16 abr. 2012.

Suponha que o conjunto formado pelo satélite e pelo foguete lançador possua massa de $1{,}0 \cdot 10^3$ toneladas e seja impulsionado por uma força propulsora de aproximadamente $5{,}0 \cdot 10^7$ N, sendo o sentido de lançamento desse foguete perpendicular ao solo. Desconsiderando a resistência do ar e a perda de massa devido à queima de combustível, assinale a alternativa que apresenta, corretamente, o trabalho realizado, em joules, pela força resultante aplicada ao conjunto nos primeiros 2,0 km de sua decolagem.
Considere a aceleração da gravidade $g = 10{,}0$ m/s^2 em todo o percurso descrito.

a) $4{,}0 \cdot 10^7$ J
b) $8{,}0 \cdot 10^7$ J
c) $4{,}0 \cdot 10^{10}$ J
d) $8{,}0 \cdot 10^{10}$ J
e) $10{,}0 \cdot 10^{10}$ J

9. **SE** (Uerj) Uma pessoa adulta, para realizar suas atividades rotineiras, consome, em média, 2 500 kcal de energia por dia.
Calcule a potência média, em watts, consumida em um dia por essa pessoa para realizar suas atividades.

10. **SE** (Cefet-RJ) James Watt (1736-1819) inventou um novo modelo de máquina a vapor que contribuiu enormemente para o crescimento industrial do século XIX. Os primeiros barcos a vapor e as locomotivas usavam sua invenção. Em sua homenagem, seu nome foi atribuído à unidade de medida de potência que relaciona o joule e o segundo. Hoje em dia, existe uma série de aplicações de suas experiências. Se uma força for aplicada sobre um corpo de 20 kg de massa, durante 10 s, provocando uma alteração em sua velocidade de 10 m/s para 25 m/s, ela terá desenvolvido uma potência, em W, de:

a) 15.
b) 125.
c) 375.
d) 525.

11. **SE** (FGV-SP-adaptado) A montadora de determinado veículo produzido no Brasil apregoa que a potência do motor que equipa o carro é de 100 HP (1 HP · 750 W). Em uma pista horizontal e retilínea de provas, esse veículo, partindo do repouso, atingiu a velocidade de 144 km/h em 20 s. Sabendo que a massa do carro é de 1 000 kg, que porcentagem da potência total foi a potência média desenvolvida?

a) 30%.
b) 38%.
c) 45%.
d) 48%.
e) 53%.

12. **N** (Uepa) Na construção de um prédio na cidade de Belém, é empregado um guindaste de potência igual a 6 kW para o transporte de materiais. Admita que uma caixa de 400 kg, contendo ferramentas, seja içada do chão até a parte superior de um prédio de 20 andares, em que cada andar possui 3 m de altura. Neste caso, o tempo de içamento da caixa pelo guindaste, em segundos, é igual a:

Dado: aceleração da gravidade $g = 10\ m/s^2$

a) 10.
b) 20.
c) 30.
d) 40.
e) 50.

13. **S** (UFPR) Uma pessoa de 80 kg, após comer um sanduíche com 600 kcal de valor alimentício numa lanchonete, decide voltar ao seu local de trabalho, que fica a 105 m acima do piso da lanchonete, subindo pelas escadas. Calcule qual porcentagem da energia ganha com o sanduíche será gasta durante essa subida.

14. **CO** (UFMS) O condutor de um veículo, em uma pista plana e retilínea, aguarda em repouso o sinal abrir em um semáforo *A*. No mesmo instante em que o sinal abre, ele coloca o veículo em movimento até outro semáforo *B*, que está na esquina seguinte. Como o semáforo *B* está fechado, então o condutor diminui a velocidade do veículo até atingir o repouso ao chegar no semáforo *B*, e assim permanece por mais um tempo aguardando o sinal verde para continuar seu trajeto. A linha contínua, da figura a seguir, representa o gráfico da velocidade do veículo em função do tempo, desde o instante em que o semáforo *A* abriu até o instante em que o semáforo *B* também abriu, o que totaliza um intervalo de 30 segundos. Analise o percurso no intervalo de tempo de 0 a 30 s e, com fundamentos na Mecânica, dê como resultado a soma da(s) proposição(ões) correta(s).

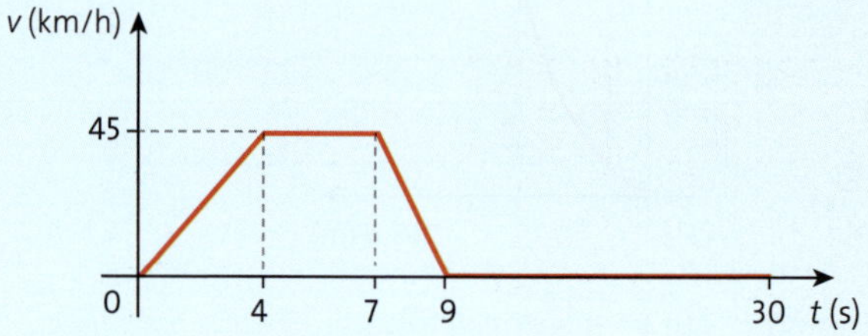

(01) O módulo da força resultante que acelerou o veículo, entre 0 e 4 s, é igual à metade do módulo da força resultante que freou o veículo, entre 7 s e 9 s.

(02) O veículo percorreu uma distância igual a 75 m, entre 0 e 30 s.

(04) O trabalho total realizado sobre o veículo no percurso não é nulo.

(08) A distância percorrida pelo veículo, entre 0 e 4 s, é igual à distância percorrida pelo veículo entre 7 s e 9 s.

(16) Se os semáforos estivessem calibrados para uma "onda verde", o veículo percorreria o percurso com velocidade constante e igual a 45 km/h em 6 s.

15. **CO** (UEG-GO) A habilidade de uma pessoa em exercer uma atividade física depende de sua capacidade de consumir oxigênio. A forma física de uma pessoa é dada pela absorção máxima de oxigênio por períodos relativamente longos.

Considere que uma pessoa, em boa forma física, consiga, por longos períodos, absorver até cerca de 50 mL de O_2 por minuto e por quilograma de sua massa, liberando 4,9 kcal por litro de O_2. Considere 1 kcal = 4 200 J e $g = 10\ m/s^2$.

A energia liberada por uma pessoa que utiliza 2,5 litros de O_2 em sua respiração seria o suficiente para elevar um bloco de 400 kg a uma altura de, aproximadamente:

a) 13,2 m.
b) 12,9 m.
c) 11,5 m.
d) 11,0 m.

CAPÍTULO

8 Quantidade de movimento e impulso

MarcelClemens/Shutterstock/Glow Images

Por que a Terra não para de girar? E por que ela tem rotação constante?

1 Quantidade de movimento linear e impulso

No século XVII, a conservação de determinadas grandezas físicas associadas ao movimento foi um tema controverso entre os físicos. Alguns deles, como René Descartes, defendiam a tese de que a **quantidade de movimento** era a verdadeira grandeza conservada nos movimentos, enquanto outros, como Gottfried Wilhelm von Leibniz (1646-1716), defendiam a **força viva** como a grandeza conservada. Leia o texto da seção **Física tem História**.

Para refletir

Com base no capítulo 7, qual é o significado atual dos termos "força viva" e "força morta", citados no texto abaixo?

Física tem História

"[...] A mecânica newtoniana é uma teoria do movimento. Como tal, ela descreve as variações de certas quantidades – a velocidade e a posição – em função do tempo. No entanto, uma vez que as equações são expressas sob uma forma adequada, constata-se que, apesar da mudança aparente, certas grandezas permanecem invariantes no curso do movimento.

Antes mesmo da aceitação da teoria de Isaac Newton (1642-1727), Descartes e Leibniz haviam sugerido a existência dessas grandezas. No caso de Descartes, foi a 'quantidade de movimento', que ele definiu como o produto da quantidade de matéria do corpo por sua velocidade. Na Mecânica newtoniana, em que a quantidade de matéria nada mais é que a massa, a quantidade de movimento de um corpo é, portanto, igual à sua massa multiplicada por sua velocidade. Leibniz, por sua vez, introduziu uma grandeza conservada, que batizou de 'força' – distinta, lembremos, da força newtoniana – e que é a soma de dois elementos: a 'força viva', definida hoje – em termos um pouco diferentes dos de Leibniz – como a metade do produto da massa pelo quadrado da velocidade, e a 'força morta', igual ao produto do peso por sua altitude.

Os respectivos discípulos de Descartes e de Leibniz discutiram por muito tempo sobre a verdadeira grandeza conservada durante o movimento: seria a quantidade de movimento ou a 'força'? A mecânica newtoniana deveria finalmente dar razão às duas teorias, estabelecendo que a quantidade de movimento cartesiana e a 'força' leibniziana são ambas conservadas."

BEN-DOV, Yoav. *Convite à Física*. Rio de Janeiro: Jorge Zahar, 1996. p. 43.

René Descartes (1596-1650).

Isaac Newton (1642-1727).

Gottfried Wilhelm von Leibniz (1646-1716).

Duas grandezas físicas são relevantes no movimento de um corpo: a **massa** e a **velocidade.** A relevância dessas grandezas pode ser verificada por meio de um experimento simples, no qual esferas maciças de aço de vários tamanhos são soltas de diferentes alturas e se chocam contra uma **massa de vidraceiro** (figuras 8.1.a e 8.1.b).

Massa de vidraceiro – Pasta à base de alvaiade (pigmento branco, que pode ser o carbonato básico de chumbo ou o óxido de zinco) e óleo de linhaça, usada para fixar vidraças em portas e janelas e proporcionar vedação.

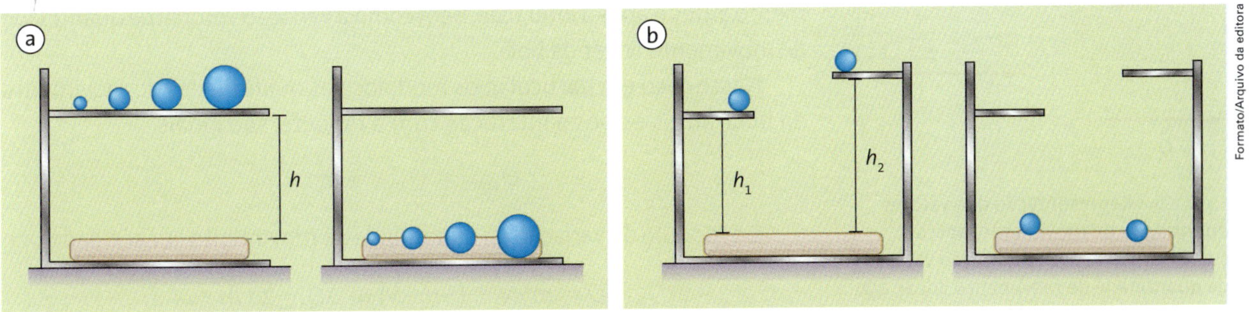

Figura 8.1 Quanto maior a massa das esferas, maior a penetração no bloco de massa de vidraceiro (**a**). Quanto maior a altura de que a esfera é solta, maior a penetração no bloco de massa de vidraceiro (**b**).

A penetração de uma esfera no bloco constituído pela massa de vidraceiro será mais profunda quanto maior for a sua velocidade no momento do impacto ou quanto maior for a massa da esfera para a mesma velocidade.

Assim, quando um corpo está em movimento, associamos a ele uma grandeza vetorial, denominada **quantidade de movimento linear** $\vec{Q}$ ou **momento linear**, dada pelo produto da massa *m* pela velocidade vetorial do corpo $\vec{v}$:

$$\vec{Q} = m \cdot \vec{v}$$

No cálculo da quantidade de movimento de um corpo, utilizamos as unidades do Sistema Internacional (SI): a **massa**, em quilograma (**kg**) e a **velocidade** em metro por segundo (**m/s**). A **quantidade de movimento linear** do corpo é dada em quilograma vezes metro por segundo (**kg · m/s**).

O exemplo a seguir ilustra o caráter vetorial da quantidade de movimento linear. Quando um tenista rebate uma bola com sua raquete (figura 8.2), ele altera a quantidade de movimento linear da bola, mesmo que a rebatida seja na mesma direção inicial e o módulo da velocidade tenha sido mantido. Há mudança no sentido da velocidade, o que caracteriza uma alteração na quantidade de movimento linear da bola.

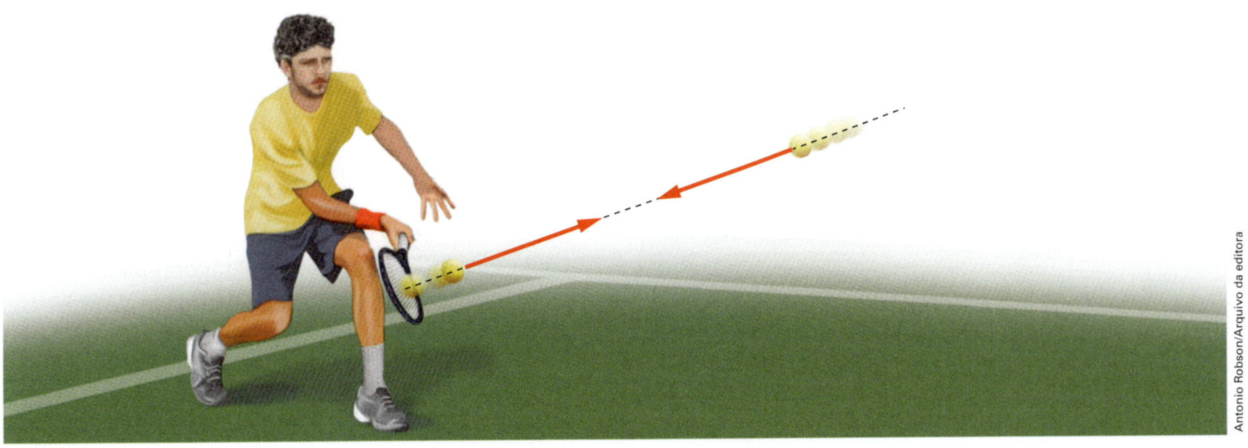

Figura 8.2 Tenista rebatendo uma bola na mesma direção e com o mesmo módulo da velocidade.

A variação vetorial da quantidade de movimento linear da bola, $\Delta\vec{Q}$, é dada pela subtração vetorial entre as quantidades de movimento linear após $\vec{Q}_{após}$ e antes $\vec{Q}_{antes}$ da interação:

$$\Delta\vec{Q} = \vec{Q}_{após} - \vec{Q}_{antes}$$

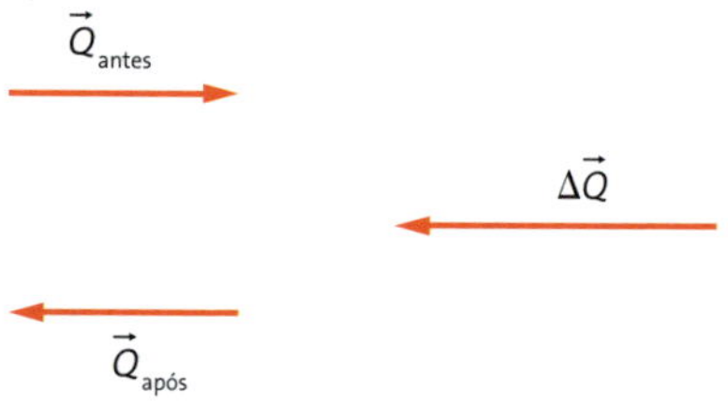

Figura 8.3 Representação dos vetores quantidade de movimento, antes e após a interação, e a variação vetorial da quantidade de movimento linear, $\Delta\vec{Q}$.

Na figura 8.3, temos a representação vetorial das quantidades de movimento antes e após a interação, bem como a variação vetorial da quantidade de movimento linear da bola.

Nesse caso em particular, os módulos das quantidades de movimento da bola, antes e após a interação com a raquete, são iguais:

$$Q_{antes} = Q_{após} = m \cdot v$$

E o módulo da variação da quantidade de movimento linear é dado por:

$$\Delta Q = m \cdot v - (-m \cdot v) \Rightarrow \Delta Q = 2 \cdot m \cdot v$$

Momento linear

Não é comum, porém, que um tenista rebata a bola exatamente na mesma direção inicial e com a mesma velocidade. Com o objetivo de colocar a bola fora do alcance do seu adversário, o tenista pode rebatê-la alterando sua velocidade, tanto em direção e sentido como em intensidade. Nesses casos, o vetor variação quantidade de movimento linear da bola, $\Delta\vec{Q}$, é obtido pela subtração dos vetores $\vec{Q}_{após}$ e $\vec{Q}_{antes}$.

$$\Delta\vec{Q} = \vec{Q}_{após} - \vec{Q}_{antes} = \vec{Q}_{após} + (-\vec{Q}_{antes})$$

Exercício resolvido

Numa mesa de sinuca, um jogador, para acertar a bola vermelha, dá uma tacada na bola branca fazendo com que ela se movimente conforme mostra a figura. Suponha que a bola branca, com massa de 0,3 kg, incida na tabela da mesa com velocidade de 8,0 m/s e retorne, perpendicularmente à direção inicial, com velocidade de 6,0 m/s. Determine o módulo da variação da quantidade de movimento linear da bola.

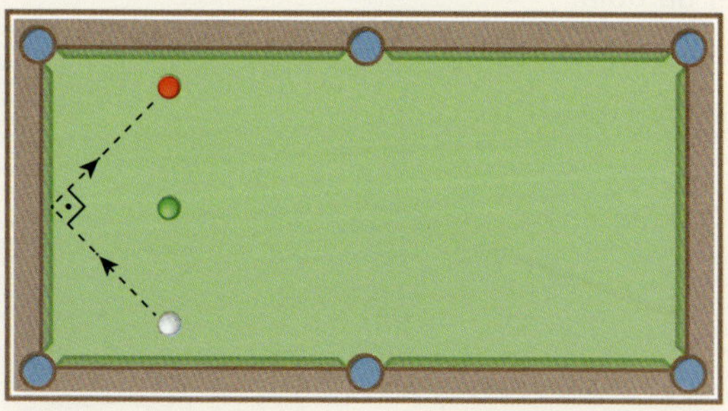

Formato/Arquivo da editora

Resolução

O módulo da quantidade de movimento linear com que a bola incide na tabela é dado por:

$$Q_{antes} = m \cdot v_{antes} \Rightarrow Q_{antes} = 0,3 \cdot 8 = 2,4 \text{ kg} \cdot \text{m/s}$$

E o módulo da quantidade de movimento linear com que a bola se afasta da tabela é dado por:

$$Q_{após} = m \cdot v_{após} \Rightarrow Q_{após} = 0,3 \cdot 6 = 1,8 \text{ kg} \cdot \text{m/s}$$

Na figura seguinte, temos os vetores que representam as quantidades de movimento linear da bola antes ($\vec{Q}_{antes}$) e após ($\vec{Q}_{após}$), bem como o vetor que representa a variação da quantidade de movimento linear da bola, $\Delta\vec{Q}$.

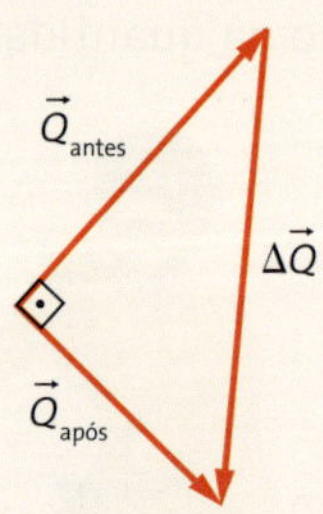

Como os três vetores formam um triângulo retângulo, aplicamos o teorema de Pitágoras para obter o módulo do vetor variação quantidade de movimento linear:

$$\Delta Q^2 = Q^2_{antes} + Q^2_{após} \Rightarrow \Delta Q^2 = 2,4^2 + 1,8^2 \Rightarrow$$
$$\Rightarrow \Delta Q = \sqrt{5,76 + 3,24} \Rightarrow \Delta Q_{após} = 3,0 \text{ kg} \cdot \text{m/s}$$

Impulso de uma força

No tópico anterior, mostramos que a quantidade de movimento linear de um corpo pode sofrer alteração. Mas qual agente é responsável por essa alteração?

A resposta a essa questão está vinculada ao conceito denominado **impulso**: toda vez que um corpo sofre uma variação em sua quantidade de movimento linear, dizemos que ele sofreu um impulso.

A origem do impulso é uma força que age no corpo durante determinado intervalo de tempo. Então, para que um corpo receba um impulso, ele precisa interagir com algum outro corpo. No caso específico mostrado no exercício resolvido, a bola de bilhar interagiu com a tabela da mesa. Essa interação resultou em uma troca de forças entre a bola e a tabela e a força exercida pela tabela, agindo durante determinado intervalo de tempo, provocou um impulso na bola e, consequentemente, uma variação na sua quantidade de movimento linear (**figura 8.4**).

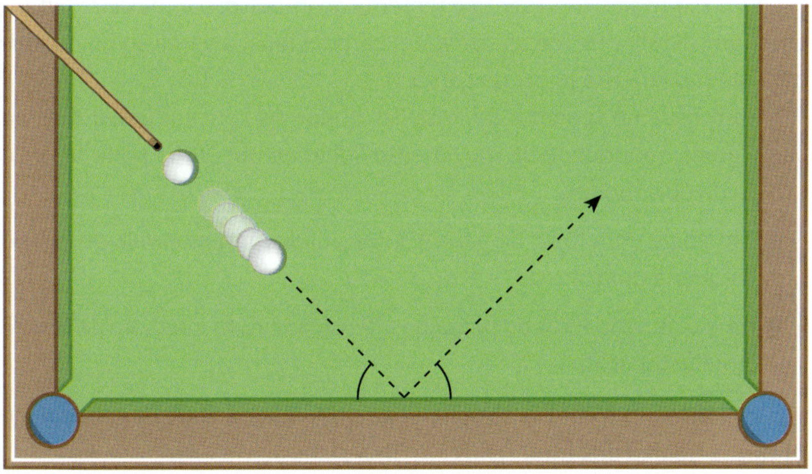

Formato/Arquivo da editora

Figura 8.4 Interação entre a bola e a tabela da mesa resultando numa variação de sua quantidade de movimento linear.

Como a quantidade de movimento linear, o **impulso** $\vec{I}$ também é uma grandeza vetorial, dado pelo produto da força $\vec{F}$ pelo intervalo de tempo Δt:

$$\vec{I} = \vec{F} \cdot \Delta t$$

No SI, temos: força em newton (N); intervalo de tempo em segundo (s) e impulso em newton vezes segundo (N · s).

Em um corpo sob a ação de várias forças que agem simultaneamente, a quantidade de movimento linear pode, ou não, sofrer alteração, dependendo da soma vetorial das várias forças, ou seja, da força resultante no corpo. Se a força resultante for nula, o impulso também será nulo e, nessas condições, a quantidade de movimento linear do corpo não se alterará. Se a força resultante não for nula, o corpo ficará sujeito a um impulso dado pelo produto da força resultante pelo intervalo de tempo considerado:

$$\vec{I}_R = \vec{F}_R \cdot \Delta t$$

Teorema do impulso

S_bukley/Shutterstock/Glow Images

Figura 8.5 A rede de proteção usada no circo por trapezistas amortece uma eventual queda.

O impulso resultante é igual à variação da quantidade de movimento do corpo. Essa relação é conhecida como **teorema do impulso**, que demonstraremos a seguir.

Com base na segunda lei de Newton, o impulso resultante pode ser dado por:

$$\vec{I}_R = \vec{F}_R \cdot \Delta t \Rightarrow \vec{I}_R = m \cdot \vec{a} \cdot \Delta t$$

Lembrando que a aceleração vetorial é igual à variação da velocidade vetorial por unidade de tempo, a expressão acima pode ser escrita como:

$$\vec{I}_R = m \cdot \frac{\Delta \vec{v}}{\Delta t} \cdot \Delta t \Rightarrow \vec{I}_R = m \cdot \Delta \vec{v}$$

$$\vec{I}_R = m \cdot (\vec{v} - \vec{v}_0) \Rightarrow \vec{I}_R = m \cdot \vec{v} - m \cdot \vec{v}_0$$

Como o produto da massa pela velocidade é a quantidade de movimento, temos:

$$\vec{I}_R = \vec{Q} - \vec{Q}_0 = \Delta \vec{Q}$$

Essa expressão representa o teorema do impulso: o impulso resultante de um sistema de forças sobre um corpo é igual à variação da quantidade de movimento linear do corpo.

Com base no teorema do impulso, podemos concluir que a mesma variação na quantidade de movimento linear de um corpo pode ser produzida de dois modos:

- por meio de uma força de grande intensidade num intervalo de tempo de pequena duração; ou,
- por meio de uma força de pequena intensidade num intervalo de tempo de grande duração.

Vejamos um exemplo. Observe na **figura 8.5** que existe uma rede de proteção abaixo dos trapezistas em uma exibição circense.

Se o artista perder o equilíbrio e cair, a rede de proteção amortecerá a queda, evitando o impacto direto contra o solo, o que poderia ser fatal. Na rede, a força média de retardamento age na pessoa por uma distância maior do que se o impacto fosse diretamente contra o solo. Aumentando-se a distância de ação da força, eleva-se o tempo de interação desta e, para produzir a mesma variação na quantidade de movimento, a intensidade da força média é menor.

Impulso de força variável

A intensidade de uma força resultante pode variar com o decorrer do tempo. Nesse caso, o módulo do impulso produzido pela força resultante é obtido, no diagrama horário $F \times t$ (**figura 8.6**), por meio do cálculo da área sombreada em amarelo, determinada pela linha do gráfico com o eixo do tempo, no intervalo de tempo considerado:

$$I \overset{n}{=} \text{área}$$

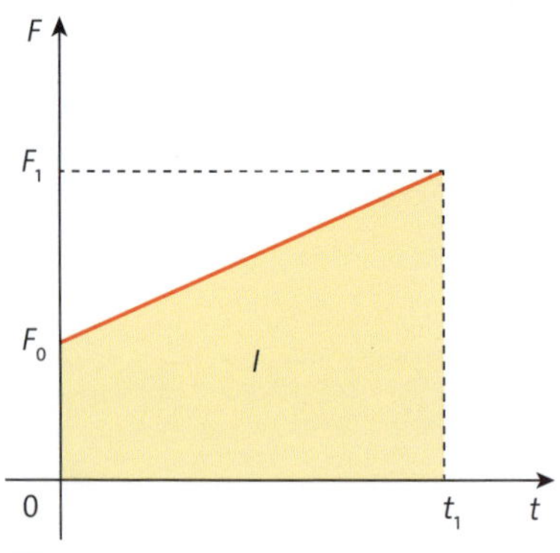

Figura 8.6 Por meio da área do gráfico da força pelo tempo, determinamos o impulso de um corpo.

Exercícios

1. Dois ônibus iguais, parados em um sinal luminoso (sinaleira), são atingidos na traseira – um deles por um caminhão, e o outro, por um carro. Observa-se que o ônibus atingido pelo carro foi mais danificado do que o ônibus atingido pelo caminhão. Como você explica esse fato?

2. Nas figuras seguintes, vemos uma abelha, um rinoceronte e um navio petroleiro, todos em movimento, e um meteorito, no momento em que atinge o planeta Terra.

Daniel Prudek/Shutterstock/Glow Images

John Michael Evan Potter/Shutterstock/Glow Images

Dedi/Shutterstock/Glow Images

Antonio Robson/Arquivo da editora

a) Em sua opinião, qual deles possui a maior quantidade de movimento linear? E qual deles possui a menor?

b) Considere as seguintes quantidades de movimento linear, em ordem crescente de valores, todos em kg · m/s: 10^{22}; 10^{4}; 10^{10} e 10^{13}. Faça a associação de cada um desses valores a um dos quatro corpos citados.

3. Durante uma partida de futebol, o chute de um jogador faz com que a bola, com massa de 400 g e velocidade de 20 m/s, acerte a trave do time adversário. A bola retorna na mesma direção inicial, mas com velocidade de 15 m/s. Nessas condições, houve variação na quantidade de movimento linear da bola? Em caso negativo, justifique. Em caso positivo, calcule a variação.

4. Um carro de corrida, com massa *m*, entra em uma curva com velocidade *v* e sai da curva com a mesma velocidade em módulo, conforme mostra a figura.

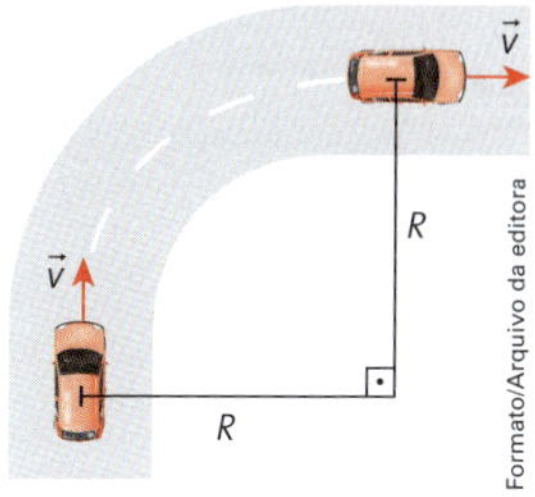

Formato/Arquivo da editora

a) As quantidades de movimento linear no início e no final da curva são iguais? Justifique.

b) Calcule o módulo da variação da quantidade de movimento linear do carro em razão da curva.

5. Um caminhão carregado e um carro movimentam-se com a mesma velocidade. Para freá-los até o repouso no mesmo intervalo de tempo, o que se pode dizer da força necessária em cada caso?

6. Uma pessoa deixa cair dois ovos da mesma altura. Um deles cai no chão e quebra, enquanto o outro cai sobre um tapete espesso e não quebra.

a) Qual deles sofreu a maior variação na quantidade de movimento linear?

b) Explique por que um deles quebrou e o outro não.

7. Após receber as instruções sobre o esporte radical *bungee-jump*, você se prepara para o primeiro salto. O instrutor, apenas para testar os seus conhecimentos, pergunta se você deseja saltar preso a uma corda elástica ou a um cabo de aço. Qual é a sua resposta? Justifique.

8. Dois carros de testes, movimentando-se com a mesma velocidade, sofrem uma colisão frontal. Um deles possui *airbag* e o outro não. Considere que os motoristas dos carros sejam robôs de mesma massa. Sabendo que com o *airbag* o tempo de colisão do motorista, desde o início da colisão até a sua completa imobilização, é maior do que sem o *airbag*, analise as afirmações a seguir e reescreva, em seu caderno, aquelas que você julgar incorretas, corrigindo-as.

I. Em razão da colisão, os dois motoristas sofrem a mesma variação de velocidade e a mesma variação de quantidade de movimento.

II. Os impulsos exercidos sobre os dois motoristas são iguais.

III. A intensidade da força média exercida sobre o motorista com *airbag* é maior do que a exercida sobre o motorista sem *airbag*.

2 Sistemas isolados e centro de massa

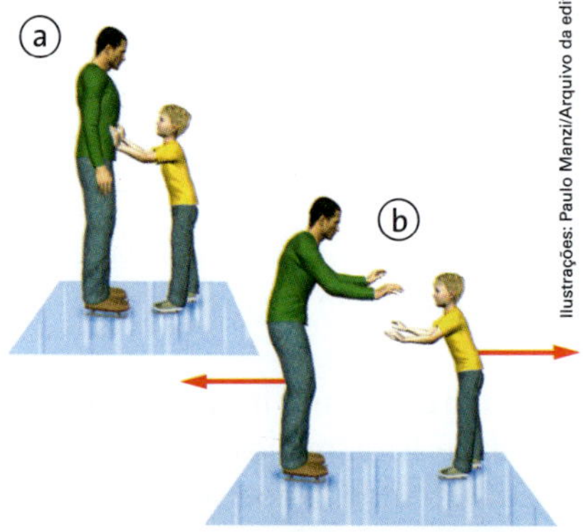

Ilustrações: Paulo Manzi/Arquivo da editora

Figura 8.7 Situação em que a interação entre o homem e o menino demonstra uma força interna ao sistema.

A palavra "sistema" possui vários significados. Em Física, ela é usada para designar uma parte limitada do Universo que escolhemos para observação e análise. De modo geral, qualquer conjunto de corpos, ou de pontos materiais, constitui um sistema. Nada impede, porém, que o sistema seja constituído por um único corpo ou por um único ponto material.

Para exemplificar, vamos considerar a figura 8.7, na qual vemos um menino, de 50 kg, e um homem, de 80 kg, parados numa pista de patinação no gelo (figura 8.7.a). Num determinado instante, o menino empurra o homem e ambos entram em movimento (figura 8.7.b).

Se o nosso interesse for analisar somente o que acontece com o menino, o sistema será constituído por um único elemento: o menino. Nesse caso, o homem, o piso da pista e a Terra serão considerados elementos externos ao sistema. Se o nosso sistema for constituído pelo menino e pelo homem, somente o piso da pista e a Terra serão considerados elementos externos ao sistema.

As interações entre os elementos componentes de um sistema são classificadas como **forças internas** a ele; já as interações de qualquer elemento do sistema com um elemento externo a ele são classificadas como **forças externas ao sistema**.

Suponha que, na figura 8.7, o sistema seja constituído pelo homem e pelo menino. Nesse caso, a interação entre eles, caracterizada pelo empurrão dado pelo menino no homem, é uma força interna ao sistema.

As forças peso do homem e peso do menino (interação de cada componente do sistema com a Terra), bem como as forças de contato (normal e atrito) dos componentes do sistema com o piso da pista de gelo, são consideradas forças externas ao sistema.

Vejamos algo que normalmente acontece nessas situações: o fato de o homem e o menino estarem usando patins torna o atrito praticamente desprezível e, como as forças normal e peso se equilibram, o somatório das forças externas ao sistema é nulo. Nessas condições, dizemos que o sistema (homem + menino) é isolado de forças externas.

Vamos agora, por meio de dois exemplos, analisar uma propriedade importante dos **sistemas isolados de forças externas**. Comecemos com a situação mostrada na figura 8.7. Observe que, antes de o menino empurrar o homem, ambos estavam parados. Desse modo, a quantidade de movimento linear inicial do sistema (homem + menino) é igual a zero.

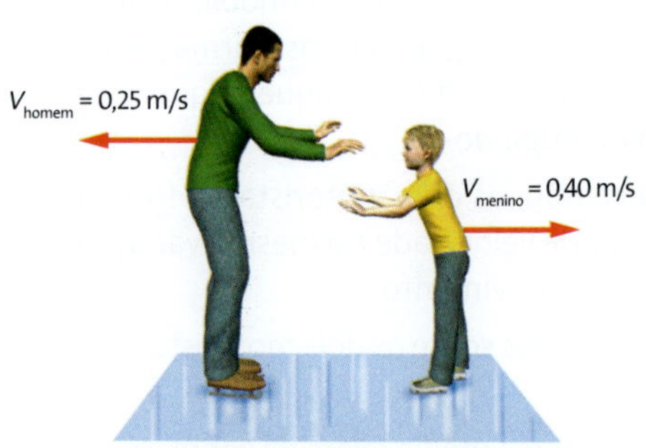

Figura 8.8 Em módulo, as quantidades de movimento do menino e do homem são iguais. Em quais condições isso se verifica?

Suponha que, com o empurrão, o menino (50 kg) consiga fazer com que o homem (80 kg) entre em movimento na horizontal e para a esquerda com velocidade de 0,25 m/s. Se realizarmos essa experiência, verificaremos que o menino entrará em movimento na horizontal e para a direita com velocidade de 0,40 m/s (figura 8.8).

Nas condições da figura 8.8, observamos que a quantidade de movimento linear final do sistema também é igual a zero, pois:

$$Q_{final_{sist.}} = Q_{homem} + Q_{menino} \Rightarrow Q_{final_{sist.}} = m_h \cdot v_h + m_m \cdot v_m \Rightarrow$$

$$\Rightarrow Q_{final_{sist.}} = 80 \cdot 0{,}25 + 50 \cdot (-0{,}40) \Rightarrow Q_{final_{sist.}} = 0$$

Comparando as quantidades de movimento linear do sistema antes e após a interação, vemos que elas são iguais – ambas iguais a zero. Será isso uma coincidência ou algo que sempre se verifica?

Na realidade, não se trata de coincidência. O que se constata em todos os sistemas isolados de forças externas é que a quantidade de movimento permanece constante. Assim, podemos enunciar a conservação da quantidade de movimento linear:

Nos sistemas isolados de forças externas, a quantidade de movimento linear total se conserva.

A conservação da quantidade de movimento linear deve ser aplicada ao sistema – e não aos componentes dele. No caso específico da interação entre o menino e o homem, tanto a quantidade de movimento linear do menino como a do homem variaram em razão da interação entre eles, mas a quantidade de movimento linear total do sistema (menino + homem) se conservou.

As **figuras 8.9** e **8.10** ilustram algumas situações práticas nas quais se verifica o princípio de conservação da quantidade de movimento do sistema.

Os foguetes movimentam-se queimando combustível e expelindo-o com grande velocidade na forma de gases. De acordo com o princípio da conservação da quantidade de movimento linear, à medida que os gases são expelidos em uma dada direção e um dado sentido, o foguete ganha velocidade no sentido contrário.

Brandon Alms/Shutterstock/Glow Images

Figura 8.9 No disparo, o canhão recua, pois adquire quantidade de movimento oposta à do projétil.

Scott Andrews/Nasa

Figura 8.10 Lançamento de nave espacial no JFK Space Center, Flórida, Estados Unidos.

Centro de massa

Observe que o chamado **centro de massa**, que aparece em destaque no **Física explica**, apresenta a mesma altura *L* nos três casos, pois esta é determinada pela impulsão do atleta e não pela forma com que ele ultrapassa o sarrafo.

Esse ponto, que normalmente representamos por **CM** (centro de massa), assume um papel fundamental nos sistemas isolados.

Física explica

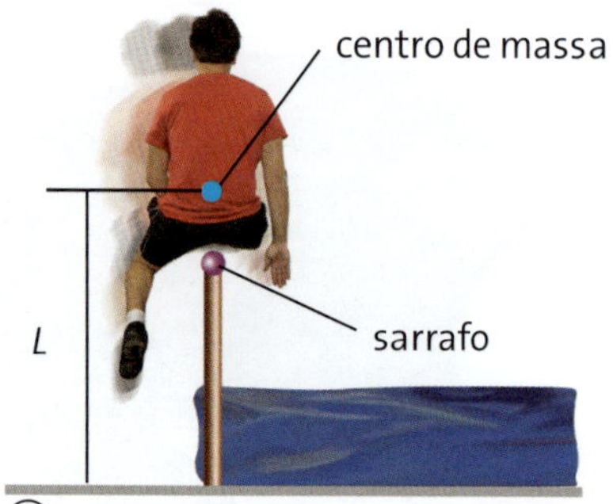

ⓐ

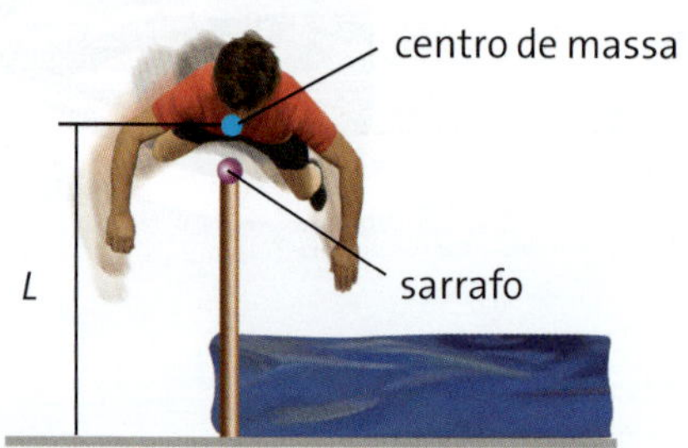

ⓑ

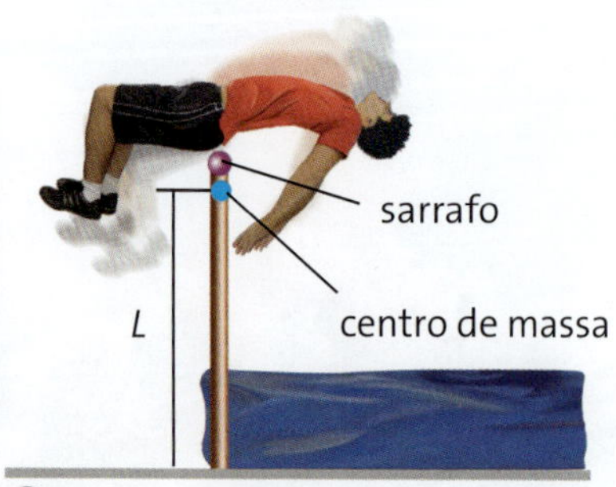

ⓒ

Ilustrações: Antonio Robson/Arquivo da editora

"Quando Richard Douglas 'Dick' Fosbury (1947-) venceu a prova de salto em altura nos Jogos Olímpicos da Cidade do México, em 1968, inaugurou o que parecia ser um jeito muito estranho de saltar. Essa técnica ficou conhecida como *Fosbury flop* e é usada atualmente por quase todos os atletas dessa modalidade. Para executar o salto, o atleta corre a um ritmo cadenciado até o sarrafo e, no último instante, vira o corpo, passando por cima do sarrafo de costas, com a barriga para cima. Qual é a vantagem desse estilo? Por que a aproximação do sarrafo é feita em ritmo cadenciado?

A altura que é registrada no salto é, evidentemente, a altura do sarrafo, não a altura máxima da cabeça ou alguma outra parte do saltador. Suponha que, durante o salto, o atleta seja capaz de elevar o **centro de massa** a uma altura *L*. Se o atleta escolhe saltar conforme mostrado na **figura a**, o sarrafo tem de estar abaixo de *L* para não ser derrubado e, portanto, a altura do salto não é muito grande.

Na **figura b**, o corpo do atleta se estende horizontalmente e pode passar com o **centro de massa** muito próximo do sarrafo, que, assim, pode ficar mais alto. Já no salto em *flop*, como mostrado na **figura c**, a curvatura do corpo em volta do sarrafo faz o **centro de massa** descer abaixo do corpo e o atleta consegue passar por cima de um sarrafo ainda mais alto [...].

Por outro lado, a virada e o salto para trás no último momento do salto também possibilitam uma decolagem mais forte. A aproximação para o salto é mais lenta do que em uma corrida, porque a chave para o sucesso é uma execução impecável, de modo que o sincronismo é essencial."

WALKER, Jearl. *O circo voador da Física*. Rio de Janeiro: LTC, 2008. p. 18.

A altura do centro da massa (*L*) é a mesma nas três figuras.

A **figura 8.11** mostra um atleta em dois saltos ornamentais, executados de um trampolim em uma piscina.

Acompanhe o movimento do ponto *A* assinalado na cabeça do atleta em ambas as situações representadas. Na **figura 8.11.a**, a trajetória descrita por esse ponto é um arco de parábola, acompanhando a linha tracejada da figura. Já em **8.11.b**, o ponto *A* descreve uma trajetória complexa, ora à esquerda, ora à direita da linha tracejada. O movimento do CM é o mesmo nas duas situações; sua trajetória é um arco de parábola, tanto no movimento de translação pura como na combinação dos movimentos de translação e rotação.

Vejamos outro exemplo. As comemorações de final de ano geralmente incluem queima de fogos (**figura 8.12**). Se observarmos a trajetória de qualquer um dos artefatos que são lançados para cima, veremos que os fragmentos da explosão seguem novas trajetórias, mas sempre distribuídos em torno da trajetória original do explosivo. Em outras palavras, a trajetória do centro de massa é a mesma que antes da explosão, ou seja, a trajetória do centro de massa não é alterada por causa da explosão.

Para efeitos dinâmicos, ao estudarmos um determinado sistema, podemos considerar toda a massa dele concentrada no seu centro de massa. O movimento do centro de massa representa o movimento do sistema como um todo.

Figura 8.11 O movimento do atleta é de translação (**a**). O atleta apresenta movimentos de translação e rotação simultâneos (**b**).

Figura 8.12 Fogos de artifício durante festa de Ano-Novo na praia de Copacabana, Rio de Janeiro (RJ), 2011.

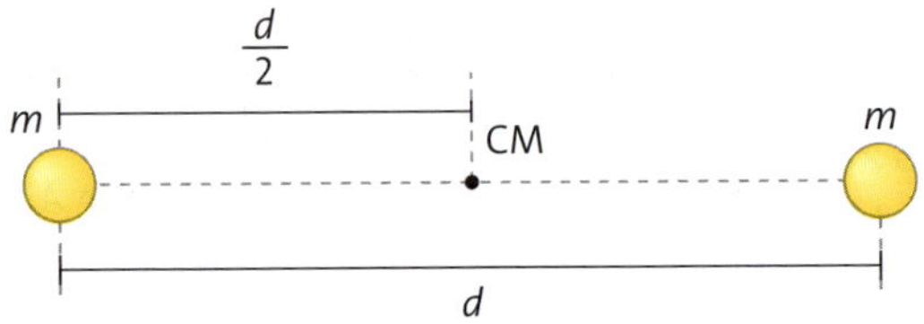

Figura 8.13 Representação unidimensional de um sistema constituído de duas partículas de mesma massa.

Mas como localizar o centro de massa de um sistema? No caso simples de um sistema constituído por apenas duas partículas, ambas de mesma massa e separadas por uma distância *d* (figura 8.13), o CM encontra-se exatamente no ponto médio da distância *d* entre as massas.

Se as partículas forem de massas diferentes (figura 8.14), o centro de massa do sistema também estará entre elas, porém mais próximo da maior massa.

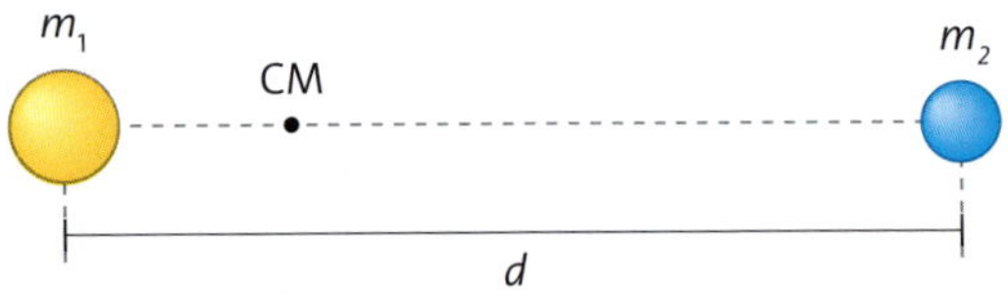

Figura 8.14 Localização do CM num sistema de duas partículas de massas diferentes.

Se usarmos coordenadas cartesianas para representar a posição de cada partícula (figura 8.15), a abscissa do centro de massa do sistema é dada por:

$$x_{CM} = \frac{m_1 \cdot x_1 + m_2 \cdot x_2}{m_1 + m_2}$$

Essa expressão pode ser generalizada para a determinação do centro de massa de um número qualquer (*n*) de partículas:

$$x_{CM} = \frac{m_1 \cdot x_1 + m_2 \cdot x_2 + ... + m_n \cdot x_n}{m_1 + m_2 + ... + m_n}$$

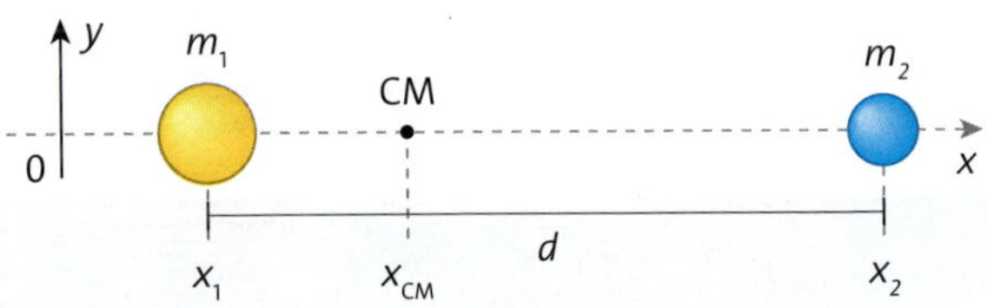

Figura 8.15 Representação cartesiana das posições das partículas de massas m_1 e m_2 e do centro de massa CM do sistema.

Podemos, também, demonstrar que a velocidade do centro de massa $\vec{v}_{CM}$, é dada pela expressão:

$$\vec{v}_{CM} = \frac{m_1 \cdot \vec{v}_1 + m_2 \cdot \vec{v}_2 + ... + m_n \cdot \vec{v}_n}{m_1 + m_2 + ... + m_n}$$

Observe que o denominador dessa fração corresponde à massa total do sistema de partículas (que aqui designaremos por *M*). Sendo assim, essa última expressão pode ser escrita da seguinte maneira:

$$M \cdot \vec{v}_{CM} = m_1 \cdot \vec{v}_1 + m_2 \cdot \vec{v}_2 + ... + m_n \cdot \vec{v}_n$$

Como podemos verificar, o primeiro membro dessa igualdade é a quantidade de movimento do centro de massa ($\vec{Q}_{CM} = M \cdot \vec{v}_{CM}$) e o segundo membro é a quantidade de movimento total do sistema

$$(\vec{Q}_{sistema} = m_1 \cdot \vec{v}_1 + m_2 \cdot \vec{v}_2 + ... + m_n \cdot \vec{v}_n).$$

Assim, concluímos:

$$\vec{Q}_{CM} = \vec{Q}_{sistema}$$

Ou seja:

> A quantidade de movimento linear total de um sistema de corpos é a quantidade de movimento linear do centro de massa desse sistema.

Exercícios

9. Na história em quadrinhos a seguir deixamos uma questão em aberto: a solução imaginada para evitar o choque do asteroide com a Terra tem respaldo científico? Elabore sua resposta com base no princípio da conservação da quantidade de movimento linear.

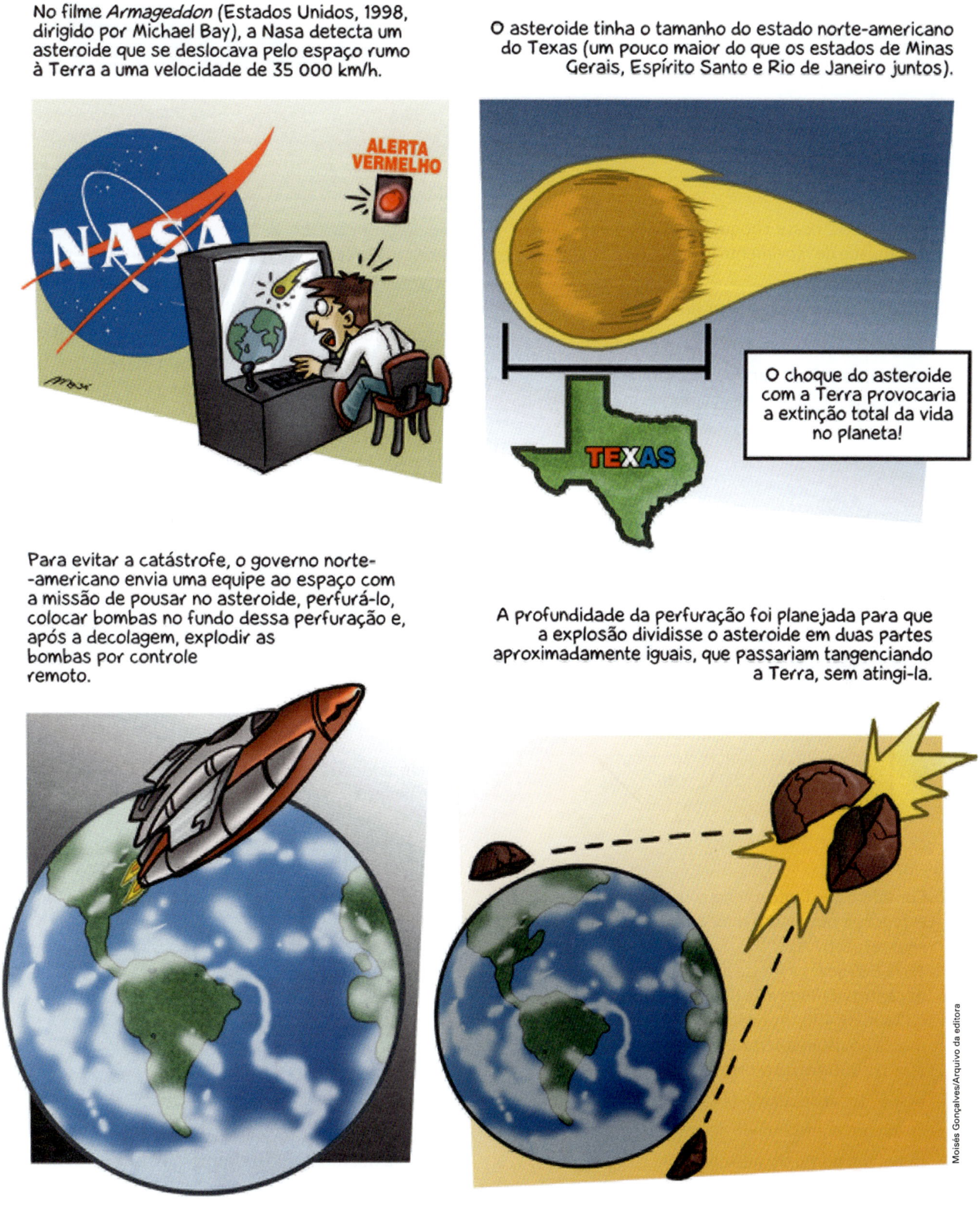

Moisés Gonçalves/Arquivo da editora

10. A figura a seguir representa, esquematicamente, um choque entre duas bolas, 1 e 2, de massas iguais a 6,0 kg e 4,0 kg, respectivamente.

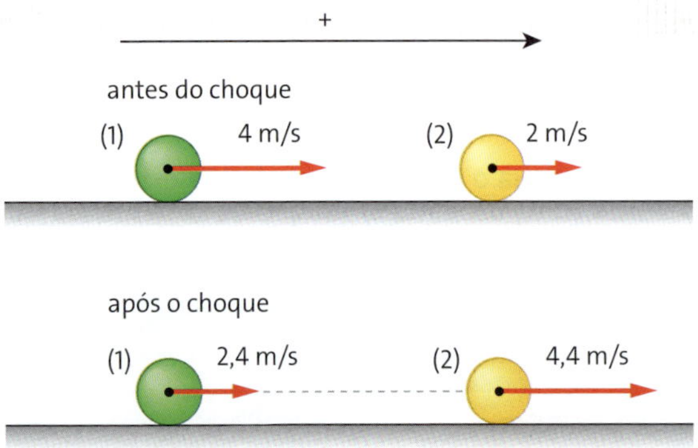

Verifique se, nesse choque, houve conservação da quantidade de movimento linear:

a) de cada bola;

b) do sistema formado pelas duas bolas.

11. Uma explosão divide uma rocha (em repouso) em três partes iguais. Duas partes se movimentam com velocidades de módulos iguais, conforme mostra a figura.

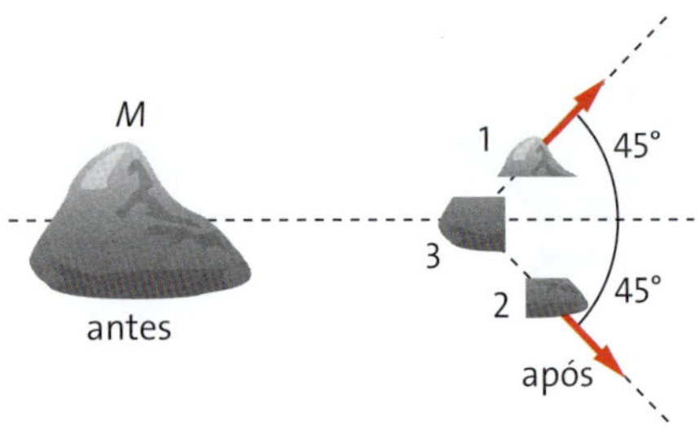

Qual dos vetores a seguir melhor representa o movimento da terceira parte?

a)

b) 

c)

d) 

e) 

12. Considere que tanto a Terra como a Lua sejam corpos esféricos e que toda a massa esteja concentrada em seus respectivos centros. Sabendo-se que a massa da Terra é 80 vezes a massa da Lua, que a distância entre os centros da Terra e da Lua é 384 000 km e que o raio da Terra é 6 400 km, podemos afirmar que o centro de massa do sistema Terra-Lua encontra-se:

a) a 192 000 km do centro da Terra.

b) a 4 741 km do centro da Lua.

c) em um ponto situado dentro da Terra.

d) em um ponto situado dentro da Lua.

13. Uma pessoa está em uma das extremidades de uma canoa que se encontra parada em relação à margem de um rio, conforme mostra a figura.

Pedro Hamdan/Arquivo da editora

Se a pessoa caminhar para a extremidade oposta da canoa, afastando-se da margem:

a) a canoa se move ou permanece parada?

b) o centro de massa do sistema (canoa + pessoa) se move ou permanece parado?

14. Um patinador de 70 kg de massa encontra-se parado no meio de uma pista de gelo, segurando em uma das mãos uma bola de 700 g de massa. Despreze todas as formas de atrito.

a) É possível o patinador entrar em movimento? Justifique.

b) Se o patinador atirar a bola para a frente com velocidade de 10 m/s em relação ao solo, o que acontece com o centro de massa do sistema (patinador + bola): movimenta-se ou permanece parado?

c) De acordo com o item **b**, qual é a velocidade do patinador, em relação ao solo, após a bola ter sido atirada?

15. A figura mostra a fragmentação de um projétil em três pedaços.

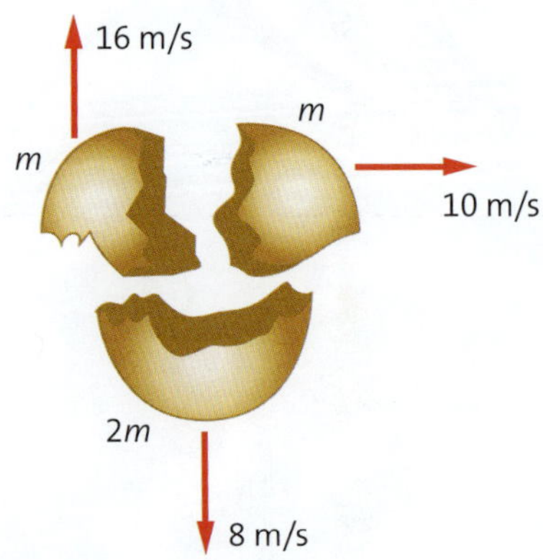

Qual é a velocidade do centro de massa do projétil antes e após a fragmentação na horizontal? E na vertical?

3 Colisões

As colisões ou choques, principalmente entre veículos motorizados, fazem parte da vida moderna. As estatísticas mostram que, nas grandes cidades, dificilmente temos um dia em que não acontecem acidentes entre veículos. Os choques também podem ser verificados quando nos divertimos jogando bilhar, bolinha de gude, boliche (figura 8.16), etc.

Elmantas Buzas/Shutterstock/Glow Images

ZanyZeus/Shutterstock/Glow Images

Figura 8.16 Os jogos de boliche e de bolinha de gude são exemplos práticos de como as colisões estão presentes no cotidiano das pessoas.

Física explica

Acelerador de partículas

Frederic Pitchal/Sygma/Corbis/Latinstock

Vincent Moncorge/Look at Sciences/SPL/Latinstock

Vista aérea do Cern (**a**). Ímã gigante localizado no interior do Cern a 100 metros de profundidade (**b**).

"[...] Hoje em dia, muitos físicos passam o seu tempo jogando o que podemos denominar 'jogos de colisões'. O principal objetivo desse jogo é descobrir, tanto quanto possível, as forças que atuam durante a colisão, conhecendo o estado das partículas antes e após colidirem. Virtualmente, todo o nosso conhecimento acerca do mundo subatômico – elétrons, prótons, nêutrons, *quarks* (nome genérico dado a alguns tipos de partículas elementares constituintes de prótons e nêutrons) e outras partículas – decorre de experiências desse tipo. As regras de um jogo de colisão são as leis da conservação do momento linear (quantidade de movimento) e da energia. A **figura a** mostra um dos 'campos de jogos' onde esse tipo de jogo tem sido praticado com grande sucesso. É o grande acelerador circular de prótons do Cern, Laboratório Europeu de Física de Altas Energias, na França.

Em 2008, o Cern inaugurou o maior acelerador de partículas do mundo, o LHC (Grande Colisor de Hádrons). Um dos objetivos é a descoberta de uma nova partícula, o 'bóson de Higgs', rotulada como a 'partícula Deus'. "

HALLIDAY, David; RESNICK, Robert. *Fundamentos da Física*: Mecânica. Rio de Janeiro: LTC Livros Técnicos e Científicos, 1994.

De modo geral, durante as colisões, os corpos que interagem trocam forças muito intensas. No nível do nosso cotidiano, observamos que essas forças provocam tanto deformações elásticas como deformações permanentes. Já no nível atômico observa-se que, no choque entre duas partículas, pode formar-se uma nova partícula; ou, no choque entre uma partícula e um átomo, pode ocorrer a quebra do átomo, que dá origem a dois átomos menores.

Essas forças, denominadas **forças impulsivas**, são internas em relação ao sistema constituído pelos corpos que se chocam. Elas agem aos pares – ação e reação – e, em relação ao sistema, o somatório vetorial das forças internas é igual a zero.

Quanto às forças externas, mesmo quando existem e agem no sistema durante um choque, os impulsos produzidos por elas no sistema são desprezíveis, pois o tempo de duração de uma colisão é extremamente pequeno.

Em virtude dessas duas condições, podemos considerar um choque um sistema isolado de forças externas. Isso significa que:

> Nos choques, a quantidade de movimento linear total do sistema se conserva.

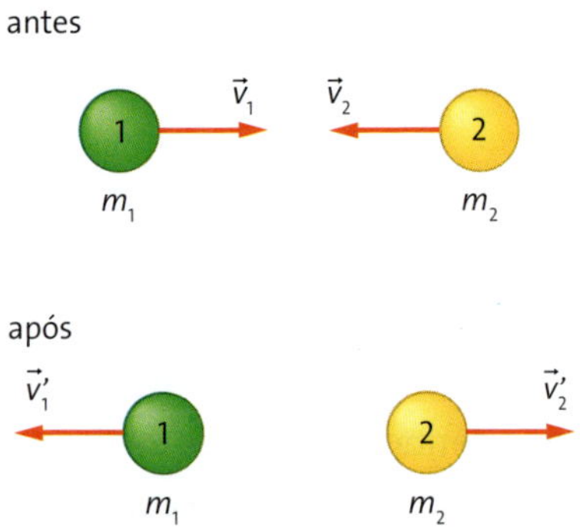

Figura 8.17 $\vec{Q}_{antes_{sist.}} = \vec{Q}_{após_{sist.}}$

Quando dois corpos se chocam, como mostrado na figura 8.17, pode ocorrer variação na quantidade de movimento linear de cada um deles, mas a quantidade de movimento linear total do sistema é a mesma antes e após o choque.

Para a comprovação numérica da conservação da quantidade de movimento linear, precisamos adotar um referencial para as velocidades. Com base no choque mostrado na figura 8.17, adotando-se o referencial positivo para a direita, a conservação da quantidade de movimento linear total do sistema pode ser escrita como:

$$\vec{Q}_{antes_{sist.}} = \vec{Q}_{após_{sist.}} \Rightarrow m_1 \cdot v_1 - m_2 \cdot v_2 = m_2 \cdot \vec{v}_2' - m_1 \cdot \vec{v}_1'$$

Classificação dos choques

Os choques podem ser **elásticos** ou **inelásticos**. Essa classificação leva em conta a conservação da energia cinética total do sistema constituído pelos corpos, como mostramos a seguir.

- Se a energia cinética total do sistema após o choque for igual à energia cinética total do sistema antes do choque, este é **elástico**. Isso significa dizer que há conservação da energia cinética total do sistema.
- Se a energia cinética total do sistema após o choque for menor que a energia total do sistema antes do choque, este é **inelástico**. Nesse caso, não há conservação da energia cinética total do sistema.

Na prática, a maioria dos choques é inelástica, pois o sistema apresenta perda de energia cinética. No caso particular em que os corpos se unem no choque, ele é denominado **totalmente** (completamente) **inelástico**.

Trabalho em equipe

Em equipe e sob orientação de seu professor, façam um levantamento, em revistas e jornais, sobre as pesquisas realizadas com os aceleradores de partículas e suas implicações em nossa sociedade. Apresentem seus resultados em um painel na sala de aula.

Coeficiente de restituição

A fase que antecede um choque é chamada aproximação, e a que o sucede chama-se afastamento. Uma maneira prática de classificar um choque consiste em tomar por base a velocidade relativa de afastamento (após o choque) e a velocidade relativa de aproximação (antes do choque).

Considerando os valores algébricos das velocidades, temos:

- $v_1 > v_2$ (em caso contrário, não haveria colisão, uma vez que a partícula 1 não alcançaria a partícula 2);
- $v'_2 > v'_1$ (se essa relação não for observada, a partícula 1 ainda vai atingir a partícula 2, significando que a interação das duas ainda não terminou).

Vale lembrar que:

$$\vec{v}_{total} = \vec{v}_{relativa} + \vec{v}_{afastamento}$$

Com as projeções desses vetores, obtemos:

$$\vec{v}_{relativa} = \vec{v}_{total} - \vec{v}_{afastamento}$$

Desse modo, temos (**figura 8.18**):

- na fase de aproximação: $v_{\text{aproximação relativa}} = v_1 - v_2$ (uma vez que $v_1 > v_2$);
- na fase de afastamento: $v_{\text{afastamento relativo}} = v'_2 - v'_1$ (visto que $v'_2 > v'_1$).

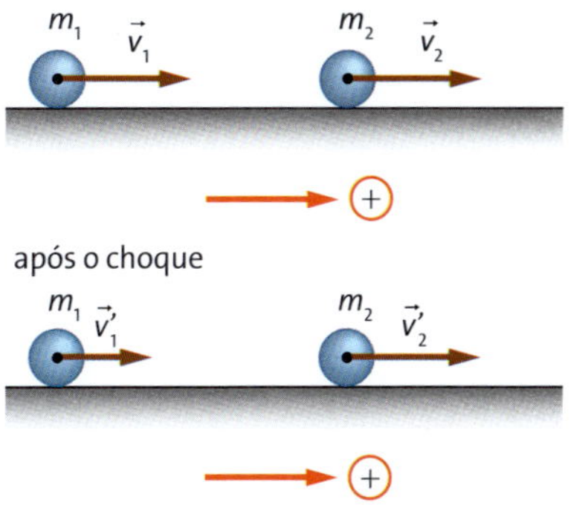

Figura 8.18 Choque entre dois corpos de massas m_1 e m_2 com sua respectivas velocidades antes e após o choque.

A relação entre os módulos das velocidades relativas de afastamento e o módulo da velocidade relativa de aproximação chama-se **coeficiente de restituição** (***e***):

$$e = \frac{v_{\text{afastamento relativo}}}{v_{\text{aproximação relativa}}} \Rightarrow e = \frac{v'_2 - v'_1}{v_1 - v_2}$$

Podemos dividir o pequeno intervalo de tempo em que acontece a colisão em dois períodos: o primeiro período é aquele em que acontece a deformação dos corpos, enquanto o segundo é o período de restituição.

Se os corpos ficam unidos após a colisão, isso significa que não há o período de restituição. Nesse caso, a velocidade relativa após o choque é nula, ou seja, não há restituição.

As várias etapas de um choque podem ser ilustradas em um diagrama das velocidades dos corpos que colidem, em função do tempo (**figura 8.19**).

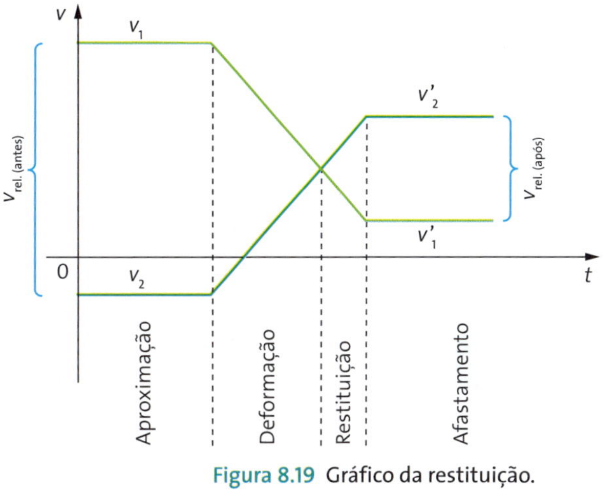

Figura 8.19 Gráfico da restituição.

A tabela 8.1 resume as propriedades das colisões.

Tabela 8.1

	Choque elástico	Choque inelástico	Choque perfeitamente inelástico
Coeficiente de restituição	$e = 1$	$0 < e < 1$	$e = 0$
Energia cinética	Conserva-se	Dissipação parcial	Dissipação máxima
Quantidade de movimento	Conserva-se	Conserva-se	Conserva-se

Caso particular de colisão

Uma situação particularmente importante pode ser observada quando a massa de um dos corpos que colidem é muito maior que a do outro. É o caso, por exemplo, de uma bolinha chocando-se contra uma parede. Nessa situação, para simplificar, equacionamos o choque pelo coeficiente de restituição, baseando-se no fato de que a velocidade do corpo de massa muito maior praticamente não se altera.

Suponhamos que $m_2 = M$ seja muito maior que $m_1 = m$. Denotando as velocidades por $v_1 = v$ e $v_2 = V \simeq v_2$, vamos obter v', a velocidade do corpo de menor massa, considerada imediatamente após o choque.

$$e = \frac{v'_2 - v'_1}{v_1 - v_2} \Rightarrow e = \frac{V - v'}{v - V}$$

Nesse caso, $V = 0$; portanto:

$$e = \frac{0 - v'}{v - 0} \Rightarrow v' = -e \cdot v$$

Em particular, se $e = 1$ (choque perfeitamente elástico), a bolinha retorna com velocidade de mesmo módulo ($v' = -v$), conforme a **figura 8.20**.

Para uma bola que cai de uma determinada altura e se choca contra o solo, podemos obter o coeficiente de restituição entre esses dois corpos que colidem medindo a altura que a bola alcança após a colisão (**figura 8.21**).

Analisando as duas situações, temos:

$$\begin{cases} (v')^2 = 2 \cdot g \cdot h \\ v^2 = 2 \cdot g \cdot H \end{cases} \Rightarrow \left(\frac{v'}{v}\right)^2 = \frac{h}{H}$$

Como $v' = -e \cdot v$, podemos escrever:

$$\left(\frac{-e \cdot v}{v}\right)^2 = \frac{h}{H} \Rightarrow e = \sqrt{\frac{h}{H}}$$

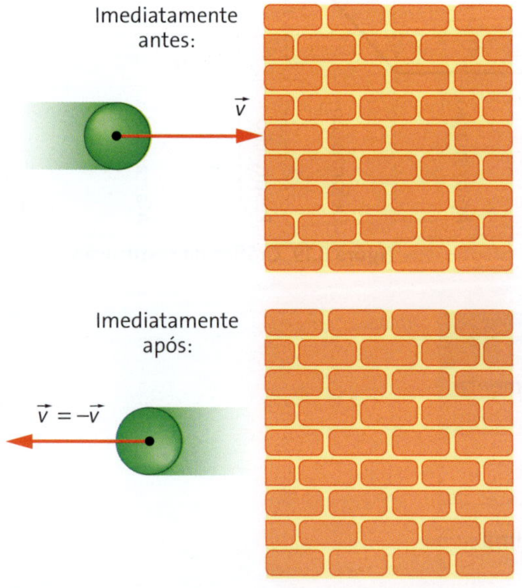

Figura 8.20 Choque perfeitamente elástico de uma bolinha contra uma parede.

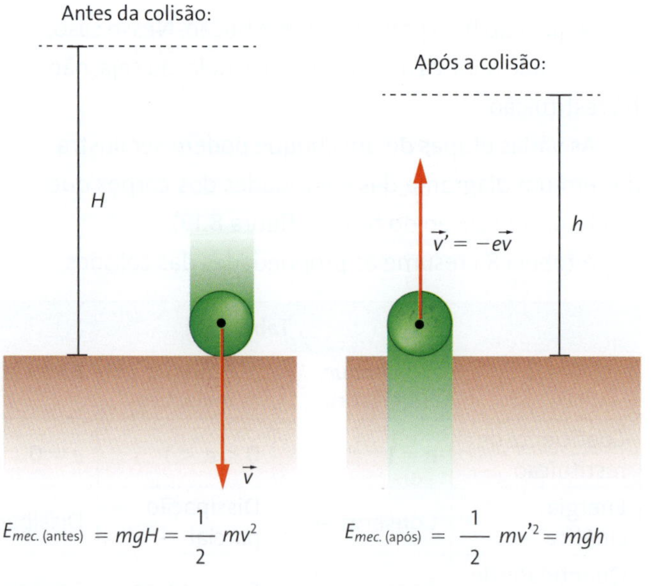

Figura 8.21 Choque inelástico de uma bolinha contra o chão.

Choque oblíquo

No caso de um choque oblíquo entre dois corpos, continua válida a conservação da quantidade de movimento linear do sistema constituído pelos dois corpos.

Nesse caso, os movimentos dos corpos, antes e após o choque, ocorrem em direções variadas. Isso indica que o melhor caminho para a análise da situação é estabelecer dois eixos ortogonais de referência, decompor as velocidades dos corpos segundo esses eixos, antes e após a colisão, e, em seguida, aplicar o princípio da conservação da quantidade de movimento linear, separadamente, na direção de cada um desses eixos.

A **figura 8.22** ilustra um choque oblíquo entre duas esferas (bolas de bilhar, por exemplo) de massas m iguais. Antes do choque, a velocidade da esfera 1 é v_1 e a esfera 2 está parada. Após o choque, a velocidade da esfera 1 é v'_1 e a velocidade da esfera 2 é v'_2.

A **figura 8.23** ilustra a decomposição nas direções x e y das velocidades v'_1 e v'_2 após o choque.

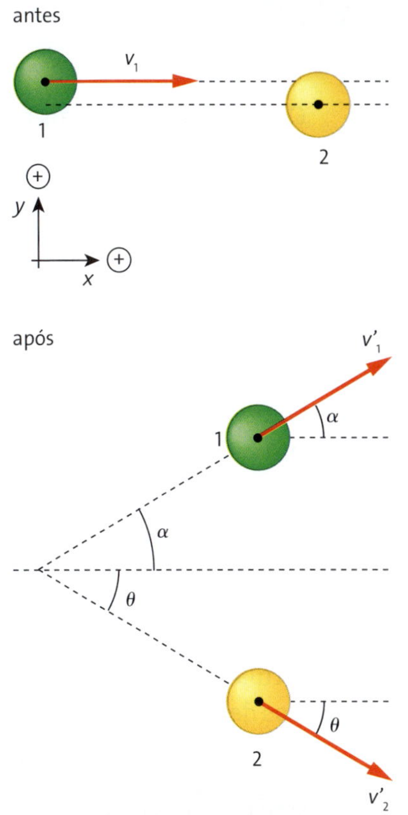

Figura 8.22 Choque oblíquo entre duas bolas de bilhar.

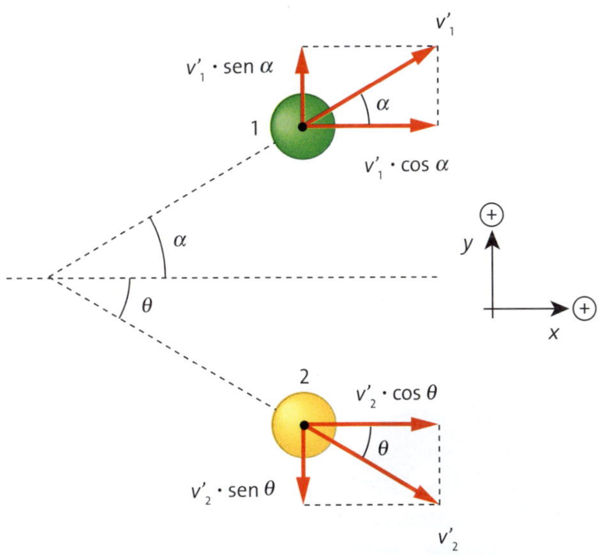

Figura 8.23 Representação cartesiana da decomposição das velocidades das esferas 1 e 2 nas direções x e y.

Na direção x, o princípio da conservação da quantidade de movimento linear do sistema ($\vec{Q}_{antes_{sist.}} = \vec{Q}_{após_{sist.}}$) nos permite escrever:

$$m \cdot v_1 = m \cdot v'_1 \cdot \cos\alpha + m \cdot v'_2 \cdot \cos\theta \Rightarrow$$
$$\Rightarrow v_1 = v'_1 \cdot \cos\alpha + v'_2 \cdot \cos\theta$$

Na direção y, a conservação da quantidade de movimento linear do sistema ($\vec{Q}_{antes_{sist.}} = \vec{Q}_{após_{sist.}}$) nos fornece:

$$0 = m \cdot v'_1 \cdot \text{sen}\,\alpha - m \cdot v'_2 \cdot \text{sen}\,\theta \Rightarrow$$
$$\Rightarrow v'_1 \cdot \text{sen}\,\alpha = v'_2 \cdot \text{sen}\,\theta$$

Observação: Na situação acima, em que as esferas possuem massas iguais, se a colisão for elástica, os ângulos α e θ serão complementares, ou seja, a soma dos dois será 90°.

Física explica

Amortecendo as colisões

Colisões entre automóveis

Os corpos com os quais temos contato no dia a dia são deformáveis; alguns mais, outros menos, mas todos são deformáveis.

Vamos considerar um exemplo. Suponha a colisão de um automóvel com um obstáculo fixo. Se houvesse um carro totalmente indeformável, a força trocada durante a colisão seria muito intensa. Por essa simples razão, materiais duros, como o vidro, se quebram mesmo em pequenas quedas, enquanto um pedaço de pão que cai no chão permanece inteiro. No corpo humano, esse tipo de amortecimento também ocorre: quando sofremos uma queda, articulações são flexionadas e partes moles sofrem deformações momentâneas, amortecendo o choque.

Os primeiros automóveis eram feitos com materiais muito rígidos (**figura a**). Em pequenas colisões, os carros praticamente não sofriam danos, mas os impactos muitas vezes eram letais para os passageiros.

Essas considerações levaram a indústria automobilística a produzir carros mais deformáveis, o que inclui o uso de chapas mais finas na carroceria, dotadas de dobras que também atuam como amortecedores de impactos, e para-choques mais "moles". Desse modo, numa colisão, os danos nesses carros são maiores (**figura b**), mas a preservação dos passageiros é valorizada.

Com a evolução tecnológica, os automóveis são testados em colisões com objetos indeformáveis e deformáveis, o chamado teste de impacto (*crash test*), com o objetivo de verificar o cumprimento de normas de segurança para situações reais de trânsito.

Nejron Photo/Shutterstock/Glow Images

Figura a Os primeiros carros eram feitos para quase não sofrerem deformações.

Tim Wright/Corbis/Latinstock

Figura b Já os carros modernos, quanto mais deformáveis, melhor sua qualidade.

Quais são os objetivos da indústria automobilística ao produzir carros mais deformáveis, com carrocerias mais finas e para-choques mais "moles"?

Exercícios

16. Um pequeno automóvel, de massa 800 kg, parado em um semáforo, sofre uma batida na traseira, causada por uma caminhonete de massa 2 000 kg e velocidade de 36 km/h (10 m/s). Com o choque, a velocidade da caminhonete é reduzida para 10,8 km/h (3 m/s). Qual é a velocidade do automóvel imediatamente após o choque?

17. Um vagão de trem encontra-se em repouso sobre os trilhos. Um segundo vagão, de mesma massa que o primeiro, movimentando-se com velocidade *v*, colide com o primeiro e os dois permanecem engatados após o choque.
   a) Qual lei da Física você aplicaria para calcular a velocidade do conjunto após a colisão?
   b) Determine a velocidade do conjunto após o choque.

18. Na figura seguinte, temos dois veículos, 1 e 2, de massas iguais, que se movimentam em ruas perpendiculares entre si. Ao atingirem o ponto *P*, no cruzamento das ruas, acontece um choque totalmente inelástico entre eles.

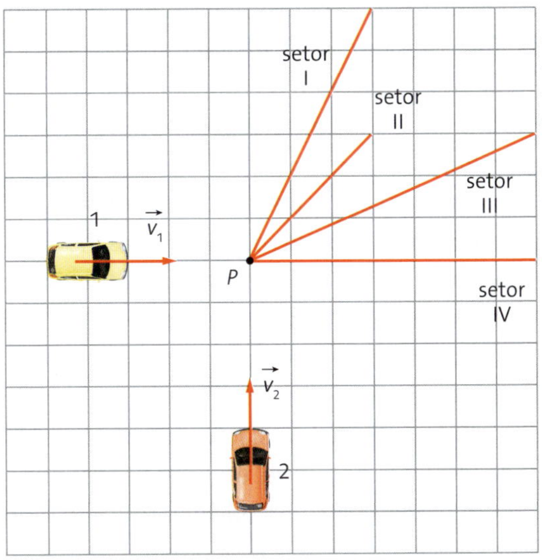

Ilustrações: Formato/Arquivo da editora

Sabe-se que, antes da colisão, a velocidade do carro 2 era ligeiramente maior do que a velocidade do carro 1. Nessas condições, em qual dos setores (I, II, III ou IV), existe maior probabilidade de os veículos deslizarem juntos após o choque?

19. Após uma colisão completamente inelástica entre dois corpos, eles permanecem unidos. Com base nesse fato, responda:
   a) A energia cinética final do sistema pode ser zero? E a inicial?
   b) A quantidade de movimento linear final do sistema pode ser zero? E a inicial?

   Justifique suas respostas com exemplos.

20. Dois móveis deslocam-se na mesma reta, no mesmo sentido e, em determinado instante, ocorre colisão entre eles. Analise as afirmações a seguir e reescreva, em seu caderno, aquelas que você julgar incorretas, corrigindo-as.
   I. Após a colisão, os móveis necessariamente se movimentam unidos.
   II. Se a colisão entre eles foi elástica, tanto a energia cinética como a quantidade de movimento de cada móvel se conserva.
   III. Se a colisão foi inelástica, a quantidade de movimento do sistema se conserva, mas não a energia cinética.

21. (UFMG) Em julho de 1994, um grande cometa denominado Shoemaker-Levi 9 atingiu Júpiter, em uma colisão frontal e inelástica.
   De uma nave no espaço, em repouso em relação ao planeta, observou-se que a velocidade do cometa era de $6{,}0 \cdot 10^4$ m/s antes da colisão. Considere que a massa do cometa é $3{,}0 \cdot 10^{14}$ kg e que a massa de Júpiter é $1{,}8 \cdot 10^{27}$ kg.
   Com base nessas informações, calcule a velocidade, em relação à nave, com que Júpiter se deslocou no espaço, após a colisão.

22. (PUC-SP) Uma esfera de massa M é abandonada do repouso, no ponto 1 de uma rampa de altura h, por onde passa a deslizar sem atrito. No ponto 2, ela se choca frontalmente com outra esfera de massa 1,5 *M*, também inicialmente em repouso.

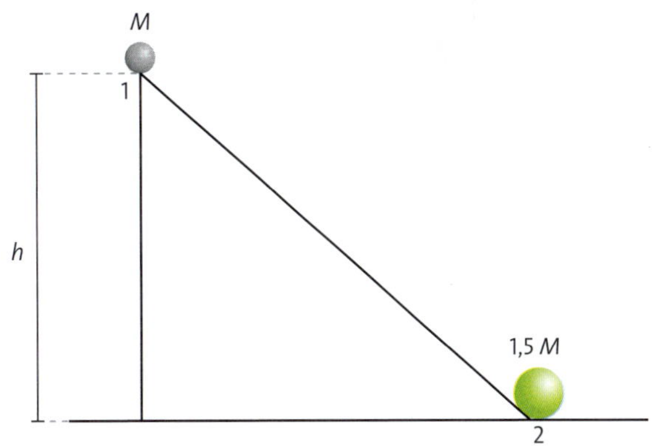

Sendo a colisão perfeitamente elástica, qual a razão *h'*/*h*, expressa em porcentagem (%), entre a nova altura alcançada pela esfera e a inicial?
a) 1
b) 2
c) 3
d) 4
e) 5

4 Inércia rotacional e momento angular

Leia o texto a seguir.

Sob uma tênue luz azulada, a bailarina desliza pelo palco e parece voar, seus pés roçando na Terra imperceptivelmente. [...] Enquanto ela dança, a natureza vai desempenhando o seu papel de modo impecável, com absoluta confiabilidade. Na ***pointe****, o peso da bailarina é precisamente compensado pela força do chão contra a sapatilha: as moléculas em contato são comprimidas exatamente na medida necessária para contrabalançar uma força com igual força contrária. Gravidade equilibrada com eletricidade.*

Uma linha invisível parte do centro da Terra, passa pelo ponto de contato da bailarina com o chão e continua avançando para cima. Se o centro da bailarina se desviar um centímetro que seja dessa linha, conjugados gravitacionais irão derrubá-la. Ela nada sabe sobre mecânica, mas é capaz de permanecer sobre os dedos dos pés por vários minutos, seu corpo efetuando continuamente minúsculas correções que revelam uma intimidade com os conjugados e a inércia.

LIGHTMAN, Alan. *Viagens no tempo e o cachimbo do vovô Joe.* São Paulo: Companhia das Letras, 1998. p. 13-14.

En pointe – Parte do balé clássico em que a bailarina dança na ponta dos dedos dos pés usando sapatilhas especialmente reforçadas para essa finalidade.

Isantilli/Shutterstock/Glow Images

Olga Besnard/Shutterstock/Glow Images

Figura 8.24 Ao deslizar sobre o gelo a patinadora executa movimento de translação (**a**) e, ao girar em torno de um eixo fixo que passa pelo seu corpo, seu movimento é de rotação (**b**).

No texto, o autor nos conduz a uma reflexão sobre os movimentos de uma bailarina e as leis da Física. Nos termos de Alan Lightman (1948-), seus movimentos "revelam uma intimidade com os conjugados e a inércia" e também com o momento angular e sua conservação, assuntos que trataremos neste tópico e no próximo.

Os patinadores que se exibem em pistas de gelo, além de apresentarem belos espetáculos, nos fornecem bons exemplos para ilustrar os movimentos de translação e de rotação. Na figura 8.24.a, vemos uma patinadora deslizando sobre o gelo: seu movimento é de **translação**. Na figura 8.24.b, vemos a patinadora girando em torno de um eixo fixo que passa pelo seu corpo: seu movimento é de **rotação**.

Quando estudamos o movimento de translação de um corpo rígido, observamos que, para dado intervalo de tempo, todos os pontos do corpo apresentam o mesmo deslocamento escalar, ou seja, todos os pontos deslocam-se com a mesma velocidade escalar. Esse fato nos permite analisar o movimento do corpo considerando o movimento de um único ponto: o centro de massa do corpo (figura 8.25). Nesse caso, a massa, denominada massa inercial, nos fornece a medida da dificuldade de alterar o estado de movimento de translação do corpo. A alteração do estado de movimento de translação de um corpo é feita por meio de uma força.

Mark Atkins/Shutterstock/Glow Images

Figura 8.25 O movimento de translação do caminhão pode ser representado pelo movimento do seu centro de massa.

E no caso de um corpo rígido em rotação? Tomemos como exemplo o movimento rotacional das pás de um ventilador.

Quando está em funcionamento, cada ponto das pás (corpo rígido) descreve um movimento circular em torno do eixo de rotação (ponto *O*), como mostra a **figura 8.26**. Observe os dois pontos, *A* e *B*, marcados em uma das pás do ventilador. Embora situados a distâncias diferentes do eixo de rotação, eles efetuam o mesmo número de voltas em um dado intervalo de tempo, isto é, a frequência de rotação é a mesma para os dois pontos. Em termos de deslocamento, dizemos que, para dado intervalo de tempo, eles apresentam o mesmo deslocamento angular, ou seja, eles possuem a mesma velocidade angular. Por esse motivo, as grandezas angulares são mais adequadas para o estudo dos corpos em movimentos de rotação.

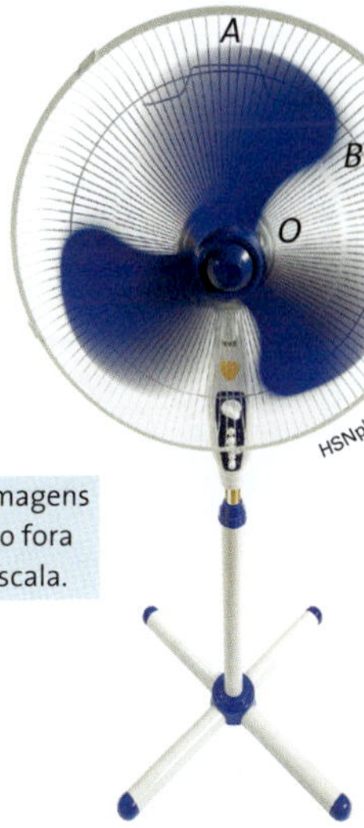

As imagens estão fora de escala.

Figura 8.26 Em um ventilador: os pontos assinalados *A* e *B* descrevem um movimento circular em torno do eixo de rotação indicado como sendo o ponto *O*.

No capítulo 4, ao estudar a primeira lei de Newton, apresentamos o conceito de inércia: a propriedade da matéria de manter seu estado de repouso ou de movimento, ou seja, corpos em repouso tendem a permanecer em repouso, e corpos em movimento tendem a continuar em movimento.

Naquele momento, tratávamos dos corpos em movimento de translação. O que dizer, então, de um corpo em rotação, como uma roda que gira (**figura 8.27**) em torno de um eixo?

A lei da inércia também se aplica aos corpos em rotação. Assim, a tendência de um corpo que roda em torno de um eixo é continuar em rotação, a menos que ele sofra a interferência de um agente externo que mude essa situação. Essa propriedade que os corpos em rotação apresentam é denominada **inércia rotacional** ou **momento de inércia**.

Assim, em razão da inércia rotacional, corpos em rotação tendem a continuar em rotação (**figura 8.28**), e corpos em repouso tendem a continuar em repouso.

Figura 8.28 Um pião poderia girar por um tempo indeterminado se forças externas (como o atrito) não atuassem sobre ele.

Figura 8.27 Roda-gigante iluminada girando à noite é um bonito exemplo de movimento de rotação.

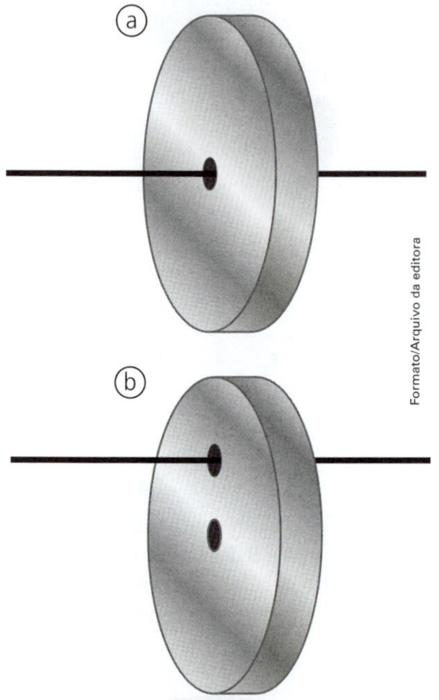

Figura 8.29 A escolha do eixo de rotação influi na inércia rotacional.

Em ambos os casos (translação e rotação), a inércia está relacionada à massa do corpo. No caso dos corpos em rotação, a inércia rotacional depende da distribuição da massa em relação ao eixo de rotação. Por exemplo, é mais fácil colocar uma roda em movimento quando o eixo de rotação passa por seu centro do que quando o eixo passa por qualquer outro ponto, como na **figura 8.29**.

Nas duas situações mostradas na figura, a massa da roda é a mesma, mas a distribuição dessa massa em relação ao eixo de rotação é diferente; por isso, as duas rodas possuem inércias rotacionais (momento de inércia) diferentes.

Em qual das duas situações mostradas a inércia rotacional é menor?

A experiência nos mostra que uma roda gira com mais facilidade quando o eixo de rotação passa por seu centro de massa (**figura 8.29.a**). Expressamos esse fato dizendo que, nessa situação, a roda da **figura 8.29.b** tem uma inércia rotacional menor. Sendo assim, o menor valor da inércia rotacional de um corpo se verifica quando o eixo de rotação passa pelo centro de massa do corpo – e, quanto menor a inércia rotacional, mais fácil se torna colocar o corpo em movimento rotacional.

Em muitas situações práticas, é desejável que a inércia rotacional seja a menor possível, enquanto em outras, busca-se o contrário. No caso de um equilibrista andando sobre uma corda acima do solo, por exemplo, um momento de inércia maior ajuda a pessoa a manter o equilíbrio.

Para conseguir uma inércia rotacional maior, o equilibrista carrega uma vara nas mãos (**figura 8.30**). Quanto maior a vara, maior o momento de inércia do sistema e, nessas condições, torna-se mais difícil alterar o estado de movimento rotacional desse mesmo sistema. Se o equilibrista não dispuser de uma vara, ele pode andar sobre a corda com os braços abertos ao máximo; com isso, ele consegue aumentar a inércia rotacional do seu corpo.

Figura 8.30 A longa vara que o equilibrista carrega ao andar sobre a corda bamba visa aumentar seu momento de inércia.

Torque

A alteração do estado de movimento de translação de um corpo ocorre mediante a ação de uma força. E para alterar o estado de movimento de rotação de um corpo? Nesse caso, é necessário um **torque**.

Para entender o significado físico do torque, que também é conhecido como **momento de uma força**, vamos considerar um exemplo, ilustrado na figura 8.31.

Suponha que uma pessoa necessite trocar um pneu de carro. De posse de uma chave de roda, ela tenta soltar uma das porcas, sem conseguir. Entretanto, ao utilizar um tubo para prolongar a haste da chave de roda, ela consegue o seu objetivo.

Figura 8.31 Aumentando-se o comprimento da haste da chave, aumenta-se o torque na porca a ser desatarraxada.

Vejamos um segundo exemplo. Se duas crianças, uma de 20 kg e outra de 40 kg, resolvem se equilibrar em uma gangorra, como elas devem proceder?

Se cada uma delas sentar em uma extremidade da gangorra, o ponto de apoio deve ser deslocado para mais próximo da criança de maior peso, conforme ilustrado na figura 8.32.

Esse ajuste, porém, quase nunca é possível, pois o ponto de apoio geralmente é fixo, no meio da gangorra. A solução é facilmente encontrada pelas crianças: a mais pesada senta-se mais próxima do apoio do que a criança mais leve.

Essa solução evidencia um fato importante: quanto mais longe do eixo de rotação for aplicada a força, maior será a tendência à rotação. Desse modo, a criança de menor peso consegue equilibrar na gangorra a criança mais pesada. Esse mesmo raciocínio se aplica à chave de roda do exemplo anterior, em que o prolongamento da haste aumenta a tendência de rotação da porca. Dizemos, então, que há um aumento no torque, ou no momento da força, que a pessoa produz na porca.

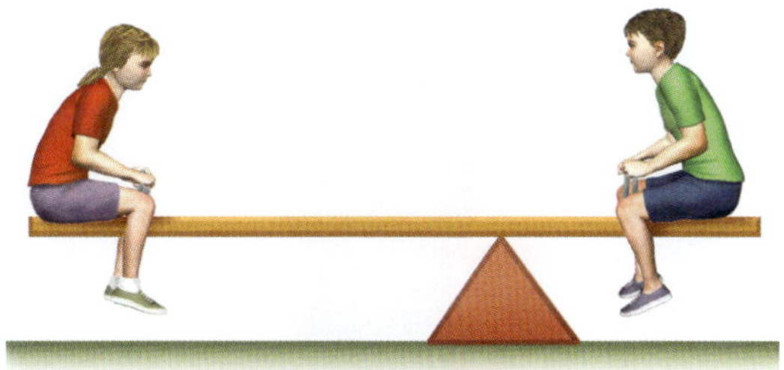

Figura 8.32 O ponto de apoio da gangorra deve estar mais próximo da criança de maior massa.

Com base nesses exemplos, podemos concluir que o torque produzido por uma força, em relação a um eixo de rotação, depende da intensidade da força e da distância da linha de ação da força ao eixo de rotação, como mostra a figura 8.33.

Observe na figura que a força peso da criança de 20 kg, colocada à esquerda do eixo de rotação, dá origem a um torque que tende a produzir a rotação da gangorra no sentido anti-horário, enquanto a força peso do menino de 40 kg, colocado à direita do eixo de rotação, origina outro torque, que tende a produzir a rotação da gangorra no sentido horário. Para expressar esse fato algebricamente, dizemos que um desses torques é positivo e o outro, negativo. Se em módulo eles forem iguais, o torque resultante será nulo. Nessas condições, a gangorra estará em equilíbrio rotacional.

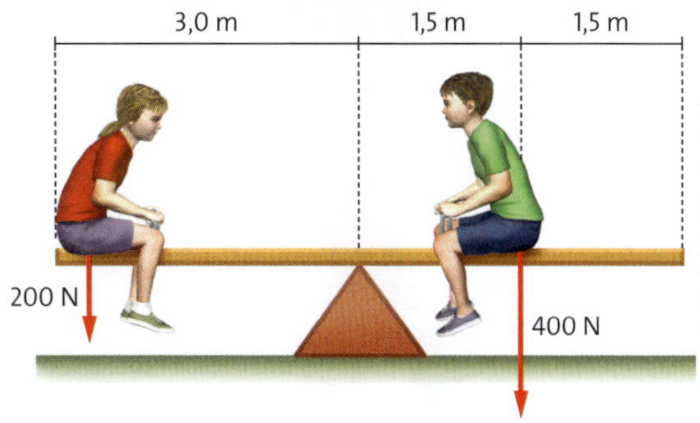

Ilustrações: Paulo Manzi/Arquivo da editora

Figura 8.33 Representação esquemática de duas crianças brincando numa gangorra com as forças e as distâncias envolvidas.

O conceito de torque e o estudo de corpos em equilíbrio rotacional será tema do capítulo 10, no qual estudaremos as principais máquinas simples utilizadas pelas pessoas para facilitar a realização de suas tarefas.

Momento angular e sua conservação

Do mesmo modo que um corpo de massa m, que se desloca com velocidade $\vec{v}$, possui uma quantidade de movimento linear $\vec{Q}$, um corpo de momento de inércia I em movimento rotacional, com velocidade angular ω, possui uma **quantidade de movimento angular**, mais conhecida como **momento angular** $\vec{L}$, uma grandeza vetorial cujo **módulo** é dado por:

$$L = I \cdot \omega$$

A alteração do momento angular de um corpo em rotação ocorre mediante a aplicação de um torque produzido por forças externas ao corpo. No caso particular de um corpo isolado de forças externas, o torque total externo é zero e, nessas condições, não há variação no momento angular do corpo.

Podemos, então, enunciar a lei da conservação do momento angular, que traduz a primeira lei de Newton para os movimentos de rotação:

> Na ausência de torques externos, o momento angular de um sistema se conserva.

Levando em conta que o momento angular de um sistema se conserva, podemos concluir que, se houver mudança na inércia rotacional do sistema, haverá mudança também na velocidade angular de rotação dele, de tal maneira que o momento angular final se mantém igual ao momento angular inicial, ou seja:

$$L_f = L_i \Rightarrow I_f \cdot \omega_f = I_i \cdot \omega_i$$

A conservação do momento angular pode ser observada, por exemplo, durante um espetáculo de patinação: quando uma patinadora gira sem sair do lugar, sua velocidade angular aumenta quando ela aproxima os braços do corpo. Isso acontece porque, ao aproximar os braços do corpo, ela diminui seu momento de inércia em relação ao eixo de rotação (**figura 8.34**).

Como a patinadora é um sistema isolado de forças externas, o torque total externo é nulo e, nesse caso, o momento angular se conserva. Se a aproximação dos braços ao corpo reduzir o momento de inércia à metade, a velocidade angular da patinadora dobrará.

Figura 8.34 Numa apresentação de patinação no gelo, é perceptível o aumento da velocidade de rotação no giro, quando o atleta encolhe os braços junto ao corpo.

Exercícios

23. As figuras seguintes ilustram duas maneiras de se equilibrar um martelo. No primeiro caso, o martelo é colocado com a cabeça para baixo, e no segundo, com a cabeça para cima.

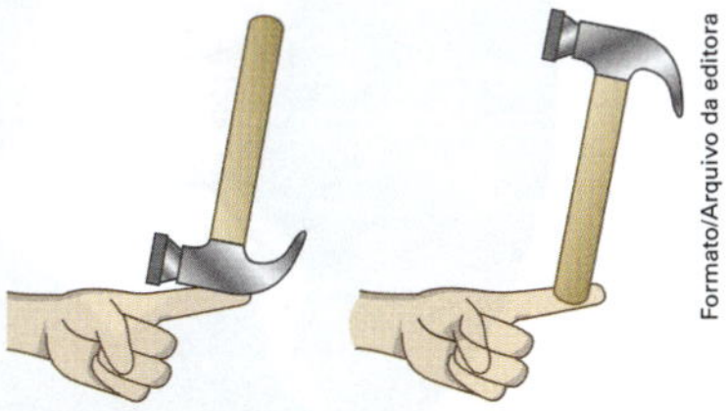

a) Em relação ao dedo da pessoa, em qual dos casos a inércia rotacional do martelo é maior? Justifique.

b) Em qual das duas posições é mais fácil equilibrar o martelo?

24. Explique por que, nas portas, a maçaneta normalmente é colocada o mais longe possível das dobradiças.

25. Estabeleça as diferenças entre força e torque.

26. Nas figuras abaixo, vemos um homem sentado em um banquinho que pode girar em torno de um eixo vertical. Na posição indicada na **figura a**, o homem, que segura um par de halteres em suas mãos, está com os braços abertos, e na **figura b**, ele aproxima os halteres do seu corpo.

a) Em qual das duas posições, **a** ou **b**, o momento de inércia do homem, em relação ao eixo vertical, é maior?

b) Em qual delas a velocidade angular do homem é maior?

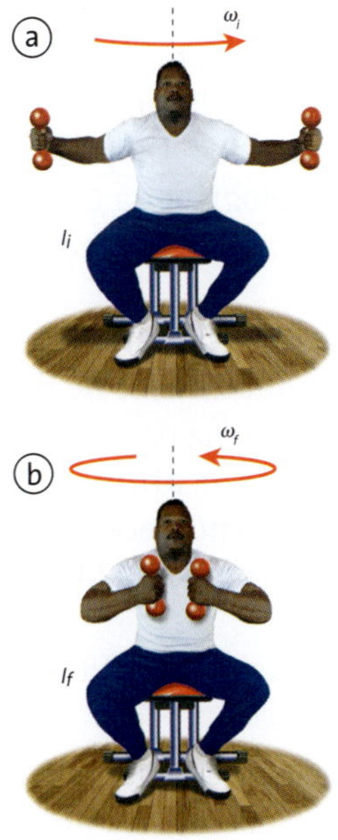

27. A figura seguinte ilustra um atleta executando um salto ornamental.

Como você explica o fato de o atleta conseguir girar, completando uma volta e meia, antes de atingir a água?

28. As crianças aprendem na prática que, para se conseguir bons resultados num balanço, devem se manter agachadas quando o balanço atinge seu ponto mais alto e ficar em pé quando o balanço passa pela posição mais baixa, conforme mostra a figura.

Com base na lei da conservação do momento angular, como você explica tal fato?

EM CONSTRUÇÃO

René Descartes

René Descartes.

René Descartes, também conhecido como Cartesius, nasceu em 1596 na cidade de La Haye – que em 1802 passou a se chamar La Haye-Descartes –, na província de Touraine, na França, e faleceu em 1650 em Estocolmo, na Suécia.

Filho de Joachim Descartes, advogado, juiz e conselheiro do Parlamento da Bretanha, René Descartes praticamente não conheceu sua mãe, Jeanne Brochard, que faleceu quando ele estava com pouco mais de 1 ano de idade. Descartes iniciou seus estudos no Colégio Jesuíta de La Fleche, os quais incluíam Gramática, Retórica e Filosofia (Lógica, Física, Metafísica e Moral) com base nos textos de Aristóteles.

Em 1616, aos 20 anos, René Descartes bacharelou-se em Direito Canônico e Civil pela Universidade de Poitiers, na França, embora não haja registro de que ele tenha exercido o Direito. Em 1618, Descartes foi para a Holanda e se alistou no Exército de Maurício de Nassau (1567-1625), conhecido como centro de estudos de engenharia militar. Esse contato com a formação militar foi para ele um complemento à sua educação. Nesse período, foi estimulado à pesquisa pelo estudioso holandês Isaac Beeckman (1588-1637), que exerceu um papel fundamental na vida e na formação de Descartes. Em uma carta enviada a Beeckman, em abril de 1619, Descartes reconhece essa influência: "Se minha mente produzir algo que não seja desprezível, terá o direito de reivindicá-lo como obra sua, e eu não esquecerei de enviá-lo, seja para que a usufrua, seja para que a corrija.". No seu projeto de conhecer o mundo e solidificar sua formação, Descartes viajou por diversos países da Europa – incluindo a Itália, no período de 1623 a 1625, mas não há registro de que ele tenha se encontrado com Galileu. Na sua volta a Paris, Descartes uniu-se ao grupo do padre franciscano francês Marin Mersenne (1588-1648), que, em 1636, publicou o livro *Harmonia universal*, no qual faz comentários sobre possíveis erros cometidos por Galileu em sua argumentação sobre a rotação da Terra. Nesse grupo, Descartes se dedicou à Matemática e à Física, especialmente à Óptica, na qual determinou e explicou as leis da refração.

Em 1629, Descartes deu início à sua obra de Física *O mundo* (ou *O Tratado do mundo*), fundamentada na teoria heliocêntrica de Nicolau Copérnico, que deveria ter sido publicada em 1633. Contudo, em virtude da condenação de Galileu nesse ano, Descartes resolveu adiar essa publicação. Em 1637, com a publicação de *O discurso sobre o método*, "Descartes edificou os princípios contidos em toda a sua obra, definindo os rumos que a ciência tomaria nos dois séculos seguintes", segundo Roberto I. L. Ponczek, da Universidade Federal da Bahia, em *Origens e evolução das ideias da Física*. Os três apêndices do *Discurso*, denominados "Dióptrica", "Meteoros" e "Geometria", tratam, respectivamente, da Óptica, da Meteorologia e da Geometria. Nesta última, Descartes introduziu o sistema de coordenadas que se tornaria conhecido como "cartesianas", em homenagem ao seu nome (Cartesius).

Em 1644, com a publicação de *Princípios filosóficos*, Descartes apresentou seus estudos sobre os efeitos de uma força em um corpo, classificando-os como a quantidade de movimento do corpo, além de discutir as bases que posteriormente se constituiriam na primeira lei de Newton (lei da inércia). Em sua teoria sobre as origens do Universo, Descartes afirmou: "Deus criou a quantidade de movimento inicial do Universo e, desde então, ela permanece sempre conservada, gerando, dessa maneira, as leis da natureza", como nos relata o prof. José Maria Bassalo, em sua obra *Nascimentos da Física*.

Em 1649, atendendo ao convite da rainha Cristina da Suécia, Descartes partiu para Estocolmo, onde morreu de pneumonia no dia 11 de fevereiro de 1650.

- Quais as principais contribuições de Descartes para a Física e para a Matemática?

EXPERIMENTO

Colisão unidimensional de esferas

A conservação da quantidade de movimento linear em colisões pode ser verificada em um experimento simples envolvendo esferas de aço. Para isso, podemos utilizar um brinquedo decorativo que apresenta esferas suspensas por fios, conforme mostra a figura.

Ali Ender Birer/Shutterstock/Glow Images

Realize o maior número possível de choques entre as esferas e observe o que acontece. Discuta com seus colegas a conservação da quantidade de movimento linear em cada um deles.

Outra possibilidade consiste em utilizar uma calha de alumínio presa em um suporte de madeira, conforme mostra a figura.

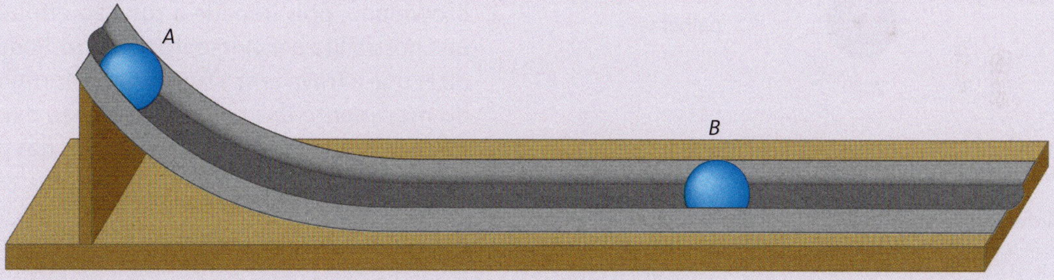

Formato/Arquivo da editora

Solte uma esfera de um ponto da rampa (ponto *A*) e observe o choque entre ela e outra esfera parada no trecho horizontal da calha (ponto *B*). Utilize esferas de mesma massa e esferas de massas diferentes.

E se colocarmos duas esferas juntas, em repouso, no ponto *B*? Podemos, também, soltar duas esferas juntas do ponto *A* para se chocarem com duas esferas paradas no ponto *B*. Variando o número de esferas nos pontos *A* e *B*, observe o que acontece no choque entre elas.

1. Houve conservação da quantidade de movimento linear das esferas em cada colisão?

2. Houve conservação da quantidade de movimento linear do sistema constituído pelas esferas em cada colisão?

Pensando no Enem

Partículas suspensas em um fluido apresentam contínua movimentação aleatória, chamada movimento browniano, causada pelos choques das partículas que compõem o fluido. A ideia de um inventor era construir uma série de palhetas, montadas sobre um eixo, que seriam postas em movimento pela agitação das partículas ao seu redor. Como o movimento ocorreria igualmente em ambos os sentidos de rotação, o cientista concebeu um segundo elemento, um dente de engrenagem assimétrico. Assim, em escala muito pequena, este tipo de motor poderia executar trabalho, por exemplo, puxando um pequeno peso para cima. O esquema, que já foi testado, é mostrado a seguir.

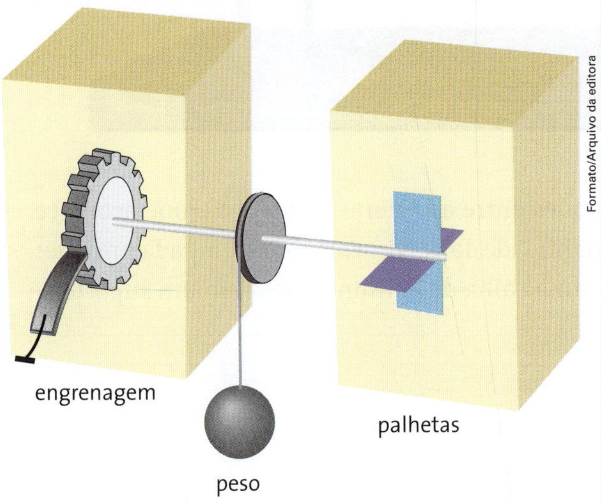

Inovação Tecnológica. Disponível em: <http://www.inovacaotecnologica.com.br>. Acesso em: 22 jul. 2010 (adaptado).

A explicação para a necessidade do uso da engrenagem com trava é:

a) O travamento do motor, para que ele não se solte aleatoriamente.

b) A seleção da velocidade, controlada pela pressão nos dentes da engrenagem.

c) O controle do sentido da velocidade tangencial, permitindo, inclusive, uma fácil leitura do seu valor.

d) A determinação do movimento, devido ao caráter aleatório, cuja tendência é o equilíbrio.

e) A escolha do ângulo a ser girado, sendo possível, inclusive, medi-lo pelo número de dentes da engrenagem.

Resolução

Como o movimento das partículas do fluido é aleatório (movimento browniano), as colisões das partículas com as palhetas geram impulsos que tendem a variar a quantidade de movimento das palhetas em todas as direções. Como o impulso de uma força é uma grandeza vetorial, há de se esperar que a soma vetorial de todos os impulsos que se dão aleatoriamente em todas as direções resulte em um vetor nulo, o que impossibilita seu movimento. O uso da engrenagem com a trava quebra essa simetria gerada pelo movimento browniano, pois impede a rotação em um sentido, o que possibilita o movimento no outro. Podemos, então, dizer que a trava tem a função de determinar o sentido do movimento das palhetas, que não existiria se não fosse o caráter aleatório dos choques das partículas do fluido, que tendem a deixar as palhetas em equilíbrio.

A alternativa correta é a **d**.

Vestibulares de Norte a Sul

1. **S** (UFPR) Recentemente, foi publicada em um jornal a seguinte ocorrência: um homem pegou uma sacola plástica de supermercado, encheu com um litro de água e abandonou-a do oitavo andar de um prédio. A sacola caiu sobre um automóvel que estava estacionado no nível da rua. Admitindo que cada andar do prédio tenha um altura de 2,5 m e que a sacola de água tenha sido freada pelo capô do carro em aproximadamente 0,01 s, calcule o módulo da força normal média de frenagem exercida pelo capô sobre a sacola. Despreze a resistência do ar, o peso da sacola vazia e as correções referentes ao tamanho do carro e ao fato de a sacola não se comportar exatamente como um corpo rígido.

2. **NE** (UFBA) Ao saltar-se de um lugar alto, é comum dobrar os joelhos enquanto se encosta no solo. Isso é feito de modo instintivo, a fim de minimizar a força de interação entre o chão e o corpo, diminuindo o impacto sobre a articulação do joelho.
Desprezando a resistência do ar e considerando uma pessoa de massa igual a 60,0 kg caindo de uma altura de 80,0 cm, em um local cujo módulo da aceleração da gravidade é de 10 m/s^2, calcule a diferença, em módulo, da força de impacto entre o chão e o corpo, com e sem dobrar os joelhos, sabendo que o tempo do impacto sem dobrar os joelhos é de 0,25 s e que, dobrando-os, é de 1,0 s.

3. **SE** (UPM-SP) Certo menino encontra-se sentado sobre uma prancha plana e desce por uma rampa inclinada, conforme ilustração a seguir. O coeficiente de atrito cinético entre a prancha e a rampa é $\mu_c = 0{,}25$, $\cos\theta = 0{,}8$, $\text{sen}\,\theta = 0{,}6$ e $|\vec{g}| = 10$ m/s^2. Sabe-se que o conjunto menino e prancha possui massa de 50 kg e que, ao passar pelo ponto A, sua velocidade era 1,0 m/s.

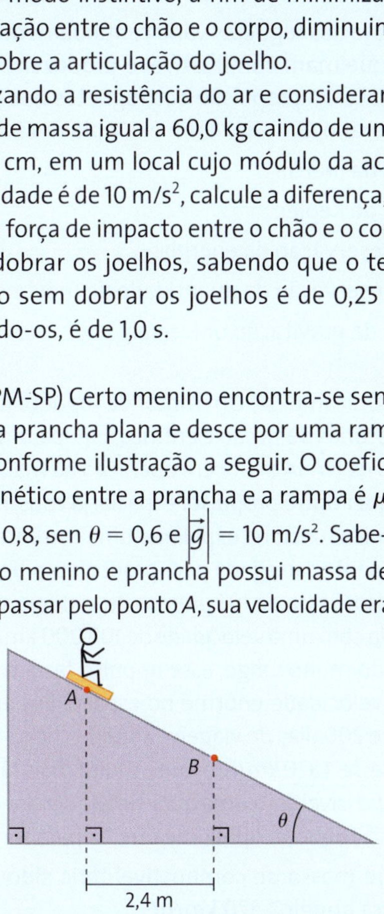

A variação de quantidade de movimento sofrida por esse conjunto entre os pontos A e B foi:

a) 100 Ns.
b) 200 Ns.
c) 300 Ns.
d) 400 Ns.
e) 500 Ns.

4. **SE** (UPM-SP) Em uma competição de tênis, a raquete do jogador é atingida por uma bola de massa 60 g, com velocidade horizontal de 40 m/s. A bola é rebatida na mesma direção e sentido contrário com velocidade de 30 m/s. Se o tempo de contato da bola com a raquete é de 0,01 s, a intensidade da força aplicada pela raquete à bola é:

a) 60 N.
b) 120 N.
c) 240 N.
d) 420 N.
e) 640 N.

5. **SE** (Unicamp-SP) Muitos carros possuem um sistema de segurança para os passageiros chamado *airbag*. Este sistema consiste em uma bolsa de plástico que é rapidamente inflada quando o carro sofre uma desaceleração brusca, interpondo-se entre o passageiro e o painel do veículo. Em uma colisão, a função *airbag* é

a) aumentar o intervalo de tempo de colisão entre o passageiro e o carro, reduzindo assim a força recebida pelo passageiro.
b) aumentar a variação de momento linear do passageiro durante a colisão, reduzindo assim a força recebida pelo passageiro.
c) diminuir o intervalo de tempo de colisão entre o passageiro e o carro, reduzindo assim a força recebida pelo passageiro.
d) diminuir o impulso recebido pelo passageiro devido ao choque, reduzindo assim a força recebida pelo passageiro.

6. **N** (Ufam) Uma rã com 50 g de massa está parada sobre um pedaço de tábua com 1,00 m de comprimento e 1,00 kg de massa, flutuando em repouso na superfície de um lago de águas paradas. Em dado instante, a rã salta com o vetor velocidade de seu centro de massa formando um ângulo de 60° com a tábua, que recua com velocidade de 10 cm/s.

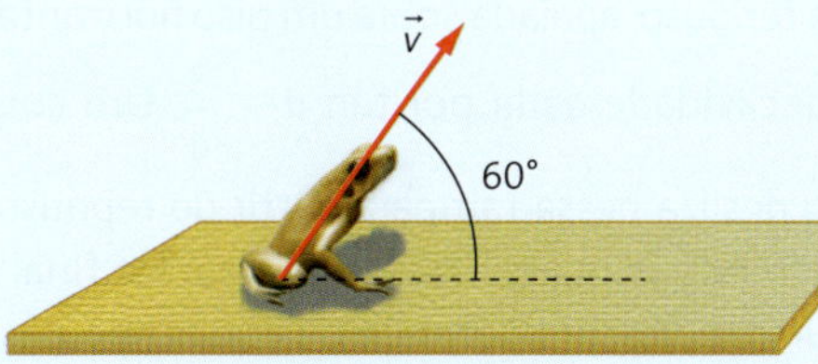

Ilustrações: Walmir Santos/ Arquivo da editora

Podemos afirmar que o módulo do vetor velocidade da rã ao saltar vale:

a) 0,1 m/s.
b) 2,3 m/s.
c) 2,0 m/s.
d) 4,0 m/s.
e) 40 m/s.

7. NE (Uece) Em dois disparos de uma arma de fogo, as balas colidem perpendicularmente à superfície de duas placas de aço verticais idênticas, e diretamente no seu centro geométrico. O projétil do segundo disparo tem massa maior que o do primeiro e em ambos as balas saem com a mesma velocidade inicial. Apenas no segundo disparo a placa foi derrubada. Desprezando-se o atrito do ar, a explicação mais plausível para que a placa tenha sido derrubada é:

a) o momento linear do projétil antes da colisão foi menor no segundo disparo.

b) no segundo disparo, a energia potencial gravitacional antes da colisão do projétil foi maior.

c) no segundo disparo, a energia potencial gravitacional antes da colisão do projétil foi menor.

d) o momento linear do projétil antes da colisão foi maior no segundo disparo.

8. SE (USF-SP) Um corpo *A* de massa 1 kg, no formato de uma rampa, pode se mover sem atrito sobre um plano horizontal. Do seu topo abandona-se uma esfera *B* de massa 500 g, que após deslizar pela rampa, dela se separa com velocidade horizontal de 2 m/s.

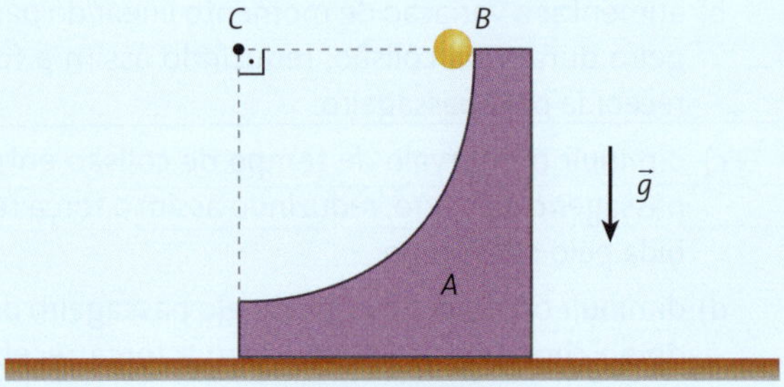

Sendo $g = 10\ m/s^2$, a altura da qual a esfera foi solta equivale a:

a) 0,1 m.
b) 0,2 m.
c) 0,3 m.
d) 0,4 m.
e) 0,5 m.

9. SE (ITA-SP) Uma rampa maciça de 120 kg inicialmente em repouso, apoiada sobre um piso horizontal, tem sua declividade dada por $\tan \theta = \frac{3}{4}$. Um corpo de 80 kg desliza nessa rampa a partir do repouso, nela percorrendo 15 m até alcançar o piso. No final desse percurso, e desconsiderando qualquer tipo de atrito, a velocidade da rampa em relação ao piso é de aproximadamente:

a) 1 m/s.
b) 2 m/s.
c) 3 m/s.
d) 4 m/s.
e) 5 m/s.

10. NE (UPE) "*Curiosity* pousa com sucesso em Marte." Essa foi a manchete em vários meios de comunicação na madrugada do dia 6 de agosto de 2012. O robô da NASA chamado *Curiosity* foi destinado a estudar propriedades do planeta Marte. Após uma viagem de aproximadamente 9 meses, o *Curiosity* chegou a Marte. Ao entrar na atmosfera do planeta, o robô continuava ligado a pequenos foguetes que foram usados para desacelerá-lo. Segundos antes da chegada ao solo, os foguetes foram descontados e se afastaram para bem longe. A figura ilustra o sistema *Curiosity* + foguetes.

Fonte: NASA

A massa dos foguetes varia continuamente, enquanto eles queimam combustível e produzem a exaustão dos gases. A propulsão dos foguetes que fizeram desacelerar o *Curiosity* é um exemplo notável da:

a) lei da inércia.
b) lei de Kepler.
c) conservação da energia.
d) conservação da quantidade de movimento.
e) lei da gravitação universal.

11. SE (Unicamp-SP) Um motor de foguete iônico, digno de histórias de ficção científica, equipa uma sonda espacial da NASA e está em operação há mais tempo que qualquer outro propulsor espacial já construído. O motor iônico funciona expelindo uma corrente de gás eletricamente carregada para produzir um pequeníssimo impulso. Cerca de 103 gramas de xenônio são ejetados por dia com uma velocidade de 108 000 km/h. Após um período muito longo, esse impulso faz a sonda atingir uma velocidade enorme no espaço. Em aproximadamente 200 dias de viagem, a sonda chega a uma velocidade de 4 320 km/h, o que é muito mais rápido do que seria possível com uma quantidade similar de combustível de foguete. Aproxime um dia para $9 \cdot 10^4$ s.

a) Que massa de combustível teria sido consumida para atingir 4 320 km/h?

b) Qual é a aceleração média da sonda? Considere que a sonda parte do repouso.

c) Qual é a quantidade de movimento do combustível ejetado em 1 s?

12. **N** (Uepa) Um motorista atendeu a uma ligação enquanto dirigia seu automóvel, utilizando o telefone celular. A perda de concentração momentânea ocasionada por esse ato durou 2 s, tempo suficiente para o automóvel percorrer 30 m, com velocidade constante. Após esse intervalo de tempo, o automóvel colidiu com um caminhão que estava parado logo à frente, de tal forma que, após a colisão, os dois veículos ficaram atrelados. Admitindo que a massa do automóvel seja de 1 000 kg e que a massa do caminhão seja de 4 000 kg, a velocidade do sistema formado pelos dois veículos, logo após a colisão, em m/s, foi igual a:

a) 1. c) 3. e) 5.
b) 2. d) 4.

13. **CO** (UFGD-MS) No estacionamento de um supermercado, o veículo *A*, de massa 2 000 kg, colide sua frente contra a lateral do veículo *B*, de massa 1 500 kg, que estava em repouso, conforme ilustrado na imagem a seguir.

UFGD/2013

Imediatamente após a colisão, os dois veículos permanecem em movimento, presos um ao outro, e sua velocidade é estimada em 4 m/s. Desconsiderando perdas por atrito, qual era, aproximadamente, a velocidade do veículo *A* antes da colisão?

a) 7 km/h c) 25 km/h e) 14 m/s
b) −4 m/s d) 5 m/s

14. **NE** (UFPB) Um motorista *A* dirige um carro com massa igual a M_A, na BR-230, em linha reta e com velocidade constante de 108 km/h (30 m/s). Ele não percebe que o motorista *B*, que dirige um carro com massa igual a $M_B = 3M_A$, deslocando-se em sua frente no mesmo sentido, diminuiu a velocidade para 72 km/h (20 m/s), para se adequar à velocidade máxima permitida. Os dois carros sofrem uma colisão perfeitamente inelástica de duração 0,1 segundos.
Nessas circunstâncias e desprezando as massas dos motoristas, é correto afirmar que o módulo da aceleração média sofrida pelo carro do motorista *A*, durante a colisão, é de:

a) 25 m/s^2. c) 75 m/s^2. e) 125 m/s^2.
b) 50 m/s^2. d) 100 m/s^2.

15. **SE** (Unicamp-SP) As nuvens são formadas por gotículas de água que são facilmente arrastadas pelo vento. Em determinadas situações, várias gotículas se juntam para formar uma gota maior, que cai, produzindo a chuva. De forma simplificada, a queda da gota ocorre quando a força gravitacional que age sobre ela fica maior que a força do vento ascendente. A densidade da água é $\rho_{água} = 1{,}0 \cdot 10^3$ kg/m³.

a) O módulo da força, que é vertical e para cima, que certo vento aplica sobre uma gota esférica de raio *r* pode ser aproximado por $F_{vento} = br$, com $b = 1{,}6 \cdot 10^{-3}$ N/m. Calcule o raio mínimo da gota para que ela comece a cair.

b) O volume de chuva e a velocidade com que as gotas atingem o solo são fatores importantes na erosão. O volume é usualmente expresso pelo índice pluviométrico, que corresponde à altura do nível da água da chuva acumulada em um recipiente aberto e disposto horizontalmente.
Calcule o impulso transferido pelas gotas da chuva para cada metro quadrado de solo horizontal, se a velocidade média das gotas ao chegar ao solo é de 2,5 m/s e o índice pluviométrico é igual a 20 mm. Considere a colisão como perfeitamente inelástica.

16. **SE** (Fuvest-SP) Uma das hipóteses para explicar a extinção dos dinossauros, ocorrida há cerca de 60 milhões de anos, foi a colisão de um grande meteoro com a Terra. Estimativas indicam que o meteoro tinha massa igual a 10^{16} kg e velocidade de 30 km/s, imediatamente antes da colisão. Supondo que esse meteoro estivesse se aproximando da Terra, numa direção radial em relação à orbita desse planeta em torno do Sol, para uma colisão frontal, determine:

a) a quantidade de movimento P_i do meteoro imediatamente antes da colisão;

b) a energia cinética E_C do meteoro imediatamente antes da colisão;

c) a componente radial da velocidade da Terra, V_r, pouco depois da colisão;

d) a energia E_d, em megatons, dissipada na colisão.

> Note e adote:
> A órbita da Terra é circular.
> Massa da Terra: $6 \cdot 10^{24}$ kg.
> 1 megaton $= 4 \cdot 10^{15}$ J é a energia liberada pela explosão de um milhão de toneladas de trinitrotolueno.

17. **SE** (UFMG) A professora Beatriz deseja medir o coeficiente de restituição de algumas bolinhas fazendo-as colidir com o chão em seu laboratório. Esse coeficiente de restituição é a razão entre a velocidade da bolinha imediatamente após a colisão e a velocidade da bolinha imediatamente antes da colisão. Neste caso, o coeficiente só depende dos materiais envolvidos. Nos experimentos que a professora realiza, a força de resistência do ar é desprezível.

Inicialmente, a professora Beatriz solta uma bolinha – a bolinha 1 – em queda livre da altura de 1,25 m e verifica que, depois de bater no chão, a bolinha retorna até a altura de 0,80 m.

1. Calcule a velocidade da bolinha no instante em que
   a) ela chega ao chão.
   b) ela perde o contato com o chão, na subida.

   Depois de subir até a altura de 0,80 m, a bolinha desce e bate pela segunda vez no chão.

2. Determine a velocidade da bolinha imediatamente após essa segunda batida.

   A seguir, a professora Beatriz pega outra bolinha – a bolinha 2 –, que tem o mesmo tamanho e a mesma massa, mas é feita de material diferente da bolinha 1. Ela solta a bolinha 2 em queda livre, também da altura de 1,25 m, e verifica que essa bolinha bate no chão e fica parada, ou seja, o coeficiente de restituição é nulo. Considere que os tempos de colisão das bolinhas 1 e 2 com o chão são iguais. Sejam F_1 e F_2 os módulos das forças que as bolinhas 1 e 2 fazem, respectivamente, sobre o chão durante a colisão.

3. Assinale com um X a opção que indica a relação entre F_1 e F_2. Justifique sua resposta.

   ( ) $F_1 < F_2$ ( ) $F_1 = F_2$ ( ) $F_1 > F_2$

18. **NE** (UFRN) Uma bailarina inicia uma série de rodopios com os braços bem abertos e afastados do corpo e realiza os últimos rodopios com os braços encolhidos e bem juntos do corpo. Admita que o atrito das sapatilhas da bailarina com o solo seja desprezível. Analise as afirmações abaixo e, em seguida, assinale a opção cujos números correspondem a afirmativas corretas sobre o movimento da bailarina.

I. A bailarina realiza os últimos rodopios girando mais rapidamente do que quando começou.
II. A bailarina realiza os últimos rodopios girando mais lentamente do que quando começou.
III. A mudança da velocidade de rotação é explicada pelo princípio da conservação do momento angular.
IV. A mudança da velocidade de rotação é explicada pelo princípio da conservação do momento linear.

a) I e IV b) II e III c) I e III d) II e IV

19. **NE** (UFRN) Com a mão, Jorge está girando sobre sua cabeça, em um plano horizontal, um barbante que tem uma pedra amarrada na outra extremidade.

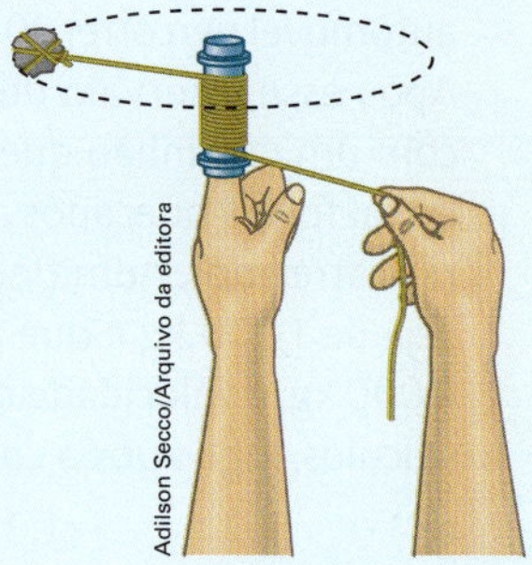
Adilson Secco/Arquivo da editora

Num dado momento, ele para de impulsionar o barbante e, ao mesmo tempo, estica o braço da mão que segura o barbante, não mexendo mais na posição da mão, até o fio enrolar-se todo no carretel de linha. Jorge observa que a pedra gira cada vez mais rapidamente, à medida que o barbante se enrola em seu dedo. Isso pode ser explicado pelo princípio de conservação do(a):

a) momento linear.
b) energia mecânica.
c) momento angular.
d) energia total.

20. **NE** (UFRN) Um dos esportes olímpicos mais tradicionais é o salto ornamental em piscina. Nele, o atleta salta do alto de um trampolim visando executar uma trajetória parabólica até atingir a água. Aliado a esse movimento, ele tem de executar outros movimentos, pontuados pelos juízes, como o de encolher momentaneamente braços e pernas de modo que, além da trajetória parabólica de seu centro de massa, ele passe também a girar seu corpo em torno do seu centro de massa. No final do salto, ele estica novamente os braços e as pernas visando cair de cabeça na água. Essa sequência de movimentos está representada na figura acima.

Antonio Robson/Arquivo da editora

Comparando o movimento inicial feito pelo atleta com braços e pernas estendidos ao movimento realizado com esses membros dobrados junto ao tronco, a lei de conservação do momento angular permite afirmar que:

a) há uma diminuição do momento de inércia do atleta e, portanto, uma diminuição na sua velocidade de rotação.
b) há uma diminuição do momento de inércia do atleta e, portanto, um aumento na sua velocidade de rotação.
c) há um aumento do momento de inércia do atleta e, portanto, um aumento na sua velocidade de rotação.
d) há um aumento do momento de inércia do atleta e, portanto, uma diminuição na sua velocidade de rotação.

CAPÍTULO

9 O Sistema Solar e a Terra

Nasa/Arquivo da editora

É o Sol que gira em torno da Terra ou é a Terra que gira em torno do Sol?

1 Modelos planetários e as leis de Kepler

Modelos planetários

Imagine-se em uma cabine, a bordo de um navio que navega lentamente por águas bem calmas. Sem olhar pela escotilha, você não seria capaz de dizer se esse navio está em repouso ou em movimento em relação à Terra. Como perceber o movimento da embarcação, se você está se movendo junto com ela? Como perceber que a Terra está em movimento, se nos movimentamos junto com ela?

Para refletir

Como você analisa a afirmação de Martinho Lutero citada no texto abaixo?

Física tem História

Tendo a Terra como referência, durante muito tempo prevaleceu o modelo planetário **geocêntrico** aperfeiçoado por Cláudio Ptolomeu (90-168).

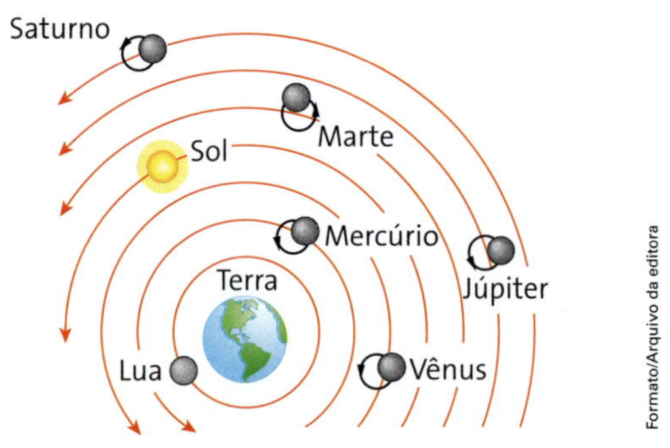

Modelo simplificado do sistema planetário de Ptolomeu.

Imaginava-se a Terra como o centro do Universo e que todos os outros astros giravam ao redor dela. Esse modelo durou enquanto ciência e religião não guardavam entre si uma distinção clara e ambas o apoiavam. Além de Ptolomeu, Aristóteles de Estagira (384 a.C.-322 a.C.) foi um dos principais defensores do geocentrismo.

Somente com o Renascimento (a partir do século XV) foi proposto o modelo **heliocêntrico** – o Sol como centro do sistema planetário. Antes disso, o grego Aristarco de Samos (310 a.C.-230 a.C.) chegou a levantá-lo na Antiguidade, baseado em cálculos que mostravam que o Sol era muito maior do que a Terra e, portanto, deveria ser o corpo central. Mas em sua época suas ideias não foram aceitas.

O astrônomo polonês Nicolau Copérnico (1473-1543) defendia a ideia de que os movimentos dos corpos no céu deveriam ser explicados de modo simples. Para Copérnico, todos os planetas, incluindo a Terra, giravam em torno do Sol em órbitas circulares. Mas houve resistência: na mesma época, Martinho Lutero (1483-1546), teólogo alemão e pai da Reforma Protestante, chegou a afirmar que "admitir a Terra girando ao redor do Sol era como pensar que não é a carroça que vai para a frente, mas que os burros é que fazem o chão ir para trás".

Galileu Galilei mostrou que todo movimento é relativo e levantou a seguinte observação: para um espectador que se move com a Terra, não é possível perceber o movimento dela.

O problema não era simplesmente escolher qual corpo ficava imóvel no centro, mas sim explicar as trajetórias estranhas que alguns planetas descreviam. As explicações sobre as trajetórias ficavam mais simples quando se tomava o Sol como referência.

O astrônomo alemão Johannes Kepler, de posse das medidas precisas das posições dos planetas feitas a olho nu por Tycho Brahe (1546-1601), aperfeiçoou o modelo de Copérnico. A contribuição de Kepler à Astronomia é apresentada em três leis que descrevem os movimentos dos planetas em torno do Sol – as leis de Kepler.

Finalmente, com a teoria da gravitação universal elaborada por Isaac Newton (1642-1727), a humanidade pôde entender melhor como a Terra e os demais planetas do Sistema Solar mantêm-se em órbitas elípticas em torno do Sol.

Adaptado de: CHERMAN, A. *Sobre os ombros de gigantes*: uma história da Física. Rio de Janeiro: Jorge Zahar, 2004 e SIMAAN, A.; FONTAINE, J. *A imagem do mundo*: dos babilônios a Newton. São Paulo: Companhia das Letras, 2003.

Sistema Solar

Planetas fora do Sistema Solar

Na **figura 9.1**, temos os planetas do Sistema Solar representados em escala. A região avermelhada circular, ao fundo, corresponde a um pedaço do Sol, para dar ideia de o quanto esse astro é maior do que os planetas.

Os oito planetas podem ser classificados em duas categorias: os **jovianos** e os **telúricos**. Jove era outro nome atribuído ao deus Júpiter em Roma. Dessa forma, a expressão "planeta joviano" significa que o planeta é parecido com Júpiter, isto é, formado por grandes massas gasosas em torno de um (relativo) pequeno núcleo rochoso. São jovianos (além de Júpiter) Saturno, Urano e Netuno. Todas as suas órbitas são externas à da Terra. Para esses planetas, o termo "superfície" se refere às nuvens mais externas que apresentam. Em suas composições há abundância de elementos leves, como o hidrogênio e o hélio.

Já o termo "telúrico" refere-se à Terra, isto é, os planetas telúricos são aqueles que apresentam composição parecida com a de nosso planeta, como ocorre com Mercúrio, Vênus e Marte. Em suas composições há abundância de elementos pesados, como ferro, níquel, enxofre, silício, etc. Entre eles, apenas Marte tem órbita mais externa que a da Terra.

Figura 9.1 Dimensões dos planetas representadas em escala.

Sistema Solar

As leis de Kepler

O aprimoramento das medições astronômicas ao longo do século XVI mostrou que as órbitas dos planetas não eram exatamente circunferências, como havia proposto Copérnico. Havia pequenas diferenças e Kepler se propôs a elucidá-las.

O período de 1601 a 1612 foi o mais produtivo da vida de Kepler. Nesse período, trabalhando em Praga como matemático imperial, ele elaborou as três leis que descrevem os movimentos planetários.

Primeira lei de Kepler: a lei das órbitas

A primeira lei de Kepler, conhecida como lei das órbitas, estabelece que:

> Todos os planetas, incluindo a Terra, giram em torno do Sol em órbitas elípticas. Em cada uma dessas órbitas, o Sol ocupa um dos focos da elipse (**figura 9.2**).

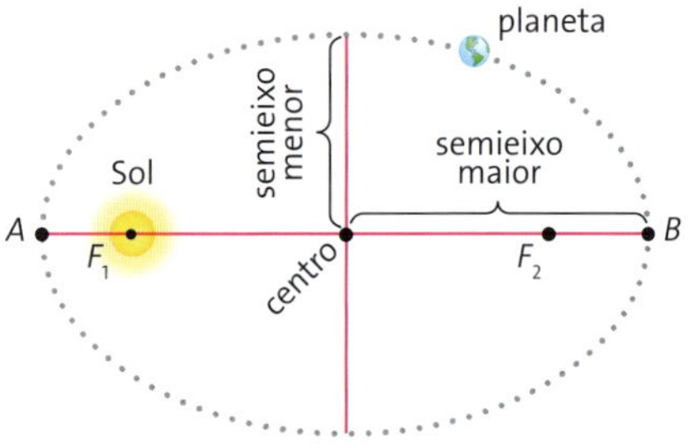

Figura 9.2 O ponto *A* representa o periélio; o ponto *B*, o afélio.

Os oito planetas conhecidos do Sistema Solar (Mercúrio, Vênus, Terra, Marte, Júpiter, Saturno, Urano e Netuno) giram ao redor do Sol em órbitas elípticas. Cada planeta, em seu movimento, passa pelos pontos denominados **periélio** (*A*) e **afélio** (*B*).

O periélio é o ponto da trajetória do planeta mais próximo em relação ao Sol, e o afélio, o ponto mais afastado. Na órbita da Terra, o periélio ocorre no final do mês de dezembro e encontra-se a 147 milhões de quilômetros do Sol e o afélio, no final do mês de junho, a 152 milhões de quilômetros: uma diferença menor do que 4%, isto é, a órbita da Terra é praticamente circular.

Segundo a primeira lei de Kepler, as órbitas dos planetas são elípticas, com o Sol ocupando um dos focos da elipse. A órbita circular pode ser entendida como o caso extremo em que os focos da elipse coincidem; nesse caso, o Sol ocupa o centro da circunferência descrita pelo planeta.

Na **figura 9.3** vemos as órbitas representadas em escala. Na imagem podemos perceber que, em comparação com suas órbitas, os planetas são muito pequenos e que o Sistema Solar é extremamente vazio. O Universo, aliás, é mais vazio ainda. Em uma escala em que a distância Terra-Sol fosse de 1,0 m, por exemplo, o próximo corpo astronômico a ser encontrado, se você saísse do Sistema Solar na direção adequada, seria a estrela Alfa (α) da constelação de Centauro, a cerca de 250 km!

Figura 9.3 Órbitas planetárias em escala e o cinturão de asteroides depois da órbita de Marte. Os planetas não estão representados, pois nesta escala qualquer um deles seria menor que a espessura de um fio de cabelo humano.

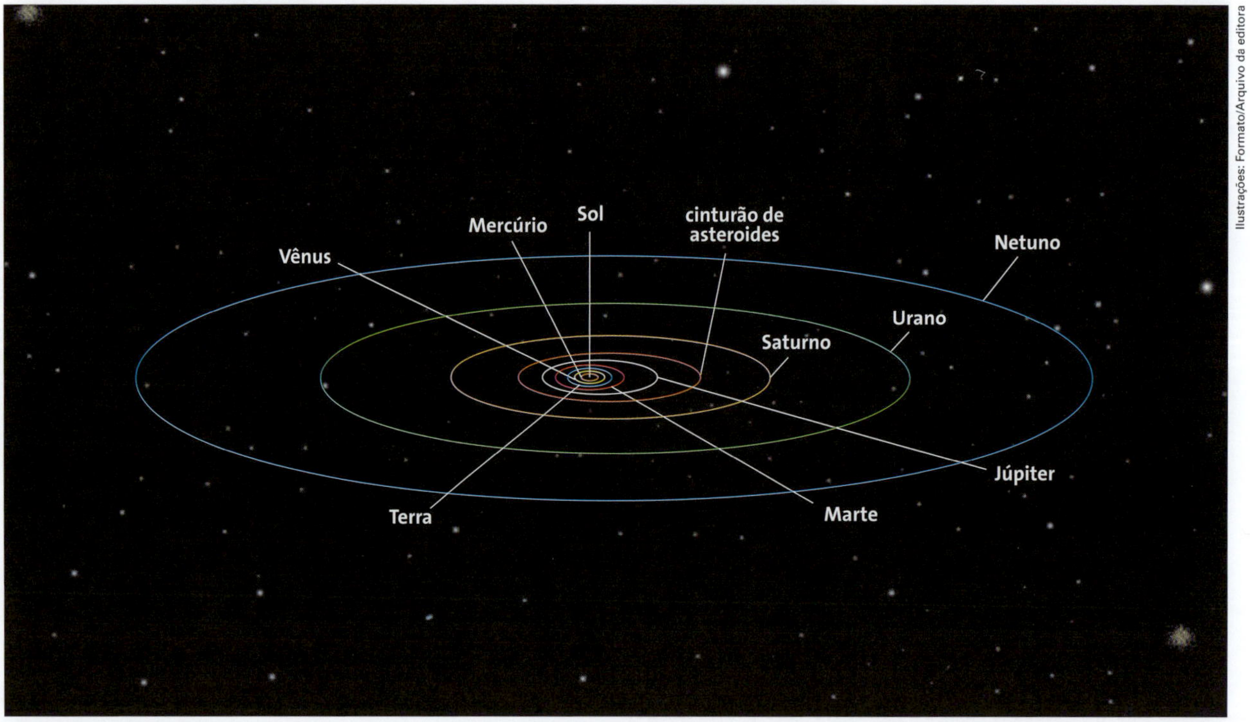

Ilustrações: Formato/Arquivo da editora

Segunda lei de Kepler: a lei das áreas

A segunda lei de Kepler se relaciona com a velocidade de um planeta que gira em torno do Sol. Um planeta, em sua órbita em torno do Sol, move-se de tal forma que o vetor posição com origem no centro do Sol e extremidade no centro do planeta "varre" áreas iguais em intervalos de tempo iguais (**figura 9.4**).

Um planeta qualquer do sistema planetário movimenta-se ao redor do corpo central com velocidade variável, apresentando um valor máximo no periélio e um valor mínimo no afélio. No caso específico da Terra, a velocidade no periélio é de 30,3 km/s; no afélio, 29,3 km/s.

Pela definição de velocidade escalar média, podemos escrever:

$$v_1 = \frac{\Delta S_1}{\Delta t_1} \text{ e } v_2 = \frac{\Delta S_2}{\Delta t_2}$$

Como $\Delta t_1 = \Delta t_2$ e $\Delta S_1 > \Delta S_2$ (observe a **figura 9.4**), concluímos que:

$$v_1 > v_2$$

Ilustrações: Formato/Arquivo da editora

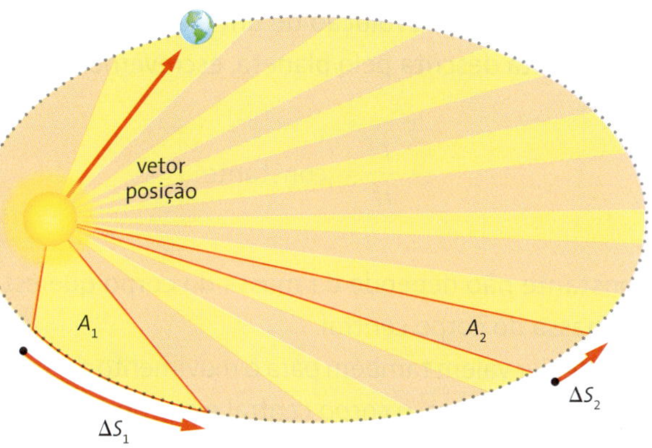

Figura 9.4 Nesta representação, cada área colorida (amarela ou alaranjada) é igual a todas as outras e corresponde a um mesmo intervalo de tempo no percurso do planeta ($A_1 = A_2 \Leftrightarrow \Delta t_1 = \Delta t_2$).

A **figura 9.5** mostra um corpo em órbita elíptica em torno do Sol. Observe que no ponto *P*, um ponto qualquer da trajetória na fase de aproximação, a força gravitacional $\vec{F}_P$ age para acelerar o movimento, pois o ângulo entre a força e a velocidade é agudo, ou seja, a força está realizando trabalho motor. Já no ponto *Q*, um ponto qualquer da fase de afastamento, o ângulo é obtuso e a força $\vec{F}_Q$ age para retardar o movimento.

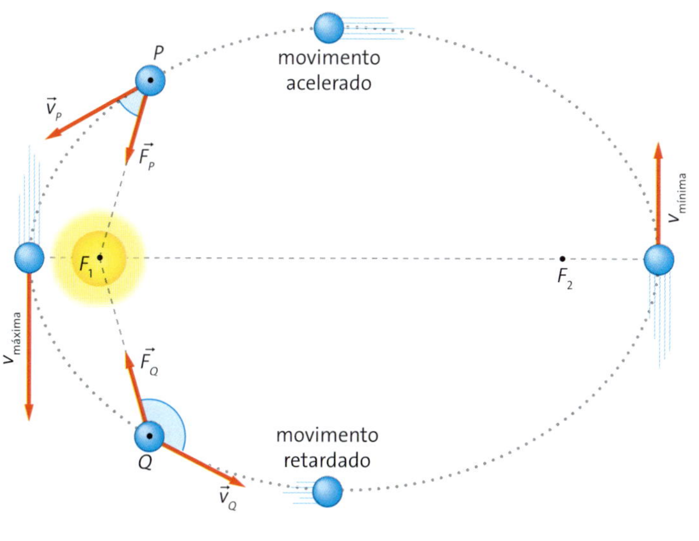

Figura 9.5 Na órbita elíptica, à medida que o corpo orbital se aproxima do Sol, a intensidade de sua velocidade vai aumentando, atingindo o valor máximo no periélio; à medida que ele se afasta do Sol, a intensidade da velocidade vai diminuindo, atingindo o mínimo no afélio.

Terceira lei de Kepler: a lei dos períodos

A terceira lei de Kepler relaciona o intervalo de tempo gasto por um planeta numa volta completa ao redor do Sol (período) com a distância média do planeta até o Sol (raio médio da órbita).

Para órbitas circulares, o raio médio equivale ao raio da órbita. Para órbitas elípticas, o raio médio é a medida do semieixo maior da elipse (**figura 9.6**). Sendo r_a a distância do planeta até o Sol no afélio e r_p a distância no periélio, temos:

$$r = \frac{r_p + r_a}{2}$$

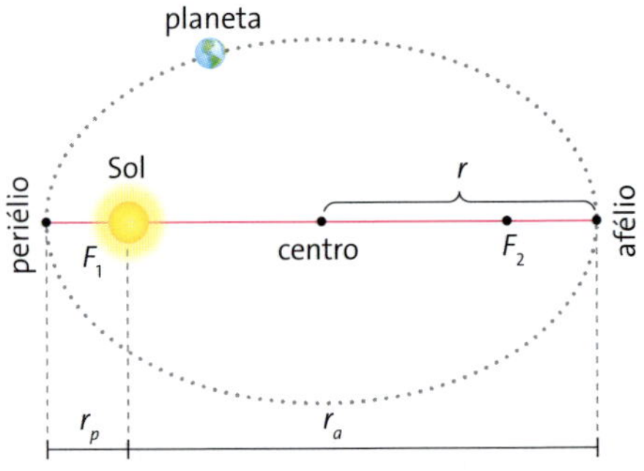

Figura 9.6 Quanto mais distante do Sol é a órbita de um planeta, maior é o tempo gasto por ele para fazer uma revolução (uma volta) em torno do Sol.

A terceira lei de Kepler estabelece que:

> O quadrado do período de revolução é diretamente proporcional ao cubo do raio médio da órbita.

Sendo T o período de revolução de um planeta ao redor do Sol e r o raio médio da órbita descrita pelo planeta, escrevemos:

$$\frac{T^2}{r^3} = \text{constante}$$

Essa constante não depende da massa do corpo que está orbitando, mas sim da massa do corpo central.

As leis de Kepler valem também para o movimento de satélites ao redor dos planetas. Nesses casos, o corpo central é o próprio planeta. Se for um corpo orbitando a Terra, como os satélites artificiais, por exemplo, o ponto da órbita mais próximo é chamado de perigeu, e o mais distante, de apogeu.

A tabela 9.1 reúne as informações sobre os planetas do sistema solar com relação as leis de Kepler.

Tabela 9.1

Planeta	Distância média do Sol (10^8 km)	Período de translação	Período de rotação	Velocidade de translação (km/s)
Mercúrio	0,58	88 dias	58,7 dias	47,9
Vênus	1,08	225 dias	244 dias	35,1
Terra	1,50	1 ano	24 h	29,8
Marte	2,28	1,88 ano	24,5 h	24,1
Júpiter	7,75	11,86 anos	10,0 h	13,1
Saturno	14,2	29,5 anos	10,2 h	9,7
Urano	28,7	84 anos	10,7 h	6,8
Netuno	45,0	164,8 anos	15,8 h	5,4

Asteroides e cometas

Entre as órbitas de Marte e Júpiter, encontram-se centenas de milhares de corpos rochosos em órbita do Sol, alguns com dezenas de quilômetros de extensão, denominados asteroides, que formam um rarefeito cinturão orbital.

Depois da órbita de Netuno, há grandes pedaços de gelo: são os cometas (**figura 9.7**). Alguns deles têm órbita extremamente alongada, isto é, a distância ao Sol no periélio é muito menor do que no afélio, e cada revolução em torno do Sol se faz em grandes períodos (da ordem de centenas de anos). A aproximação do Sol provoca a vaporização de parte do gelo, formando atrás do cometa uma cauda de centenas de quilômetros, muitas vezes visível da Terra a olho nu. Portanto, os cometas não têm cauda incandescente, como sugeriam algumas ilustrações da Idade Média.

Na realidade, de acordo com a concepção mais aceita atualmente pelos astrônomos, asteroides e cometas nunca fizeram parte de algum planeta: são fragmentos, remanescentes dos primórdios do Sistema Solar, que sobraram do processo de aglutinação que formou os planetas. Uma diferença básica entre os asteroides e os cometas é a distância média até o Sol. No caso dos cometas, o grande afastamento do Sol determina a abundância relativa de gelo (CO_2, CH_4 e H_2O) em sua composição.

Dan Burbank/Nasa

Figura 9.7 Os cometas são, basicamente, constituídos de CO_2 (gás carbônico), CH_4 (metano) e H_2O (água), permeados por silicatos (areia) e outros sólidos.

Exercício resolvido

1. Na figura a seguir temos a representação de uma estação orbital *A* de órbita circular, de raio *r*, e geoestacionária, isto é, completa uma revolução em torno da Terra no período de 1 dia. Um pacote é lançado de *A* para outra estação, *B*, situada em outra órbita circular de raio 3*r*.

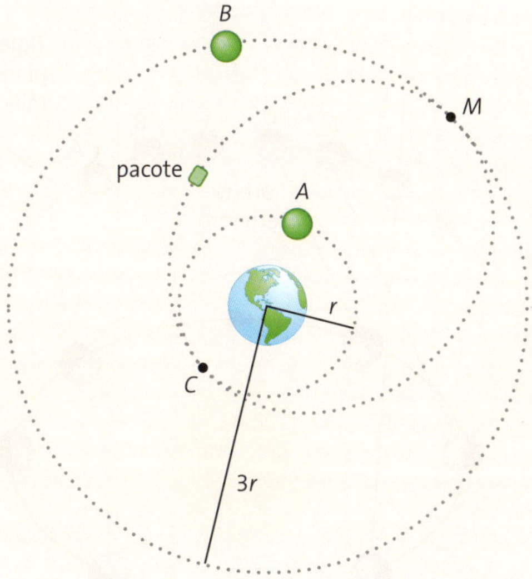

Formato/Arquivo da editora

A órbita do pacote é chamada de **órbita de transferência**. A posição de lançamento é o ponto *C*, conveniente para que o pacote seja recolhido no ponto *M*, da órbita de *B*. O centro do planeta e os pontos *M* e *C* estão alinhados. Após quantos dias, depois de lançado, o pacote será recolhido no ponto *M*?

Resolução

O raio médio r_m da órbita elíptica do pacote é dado por:

$$r_m = \frac{r + 3r}{2} \Rightarrow r_m = 2r$$

E, de acordo com a terceira lei de Kepler, temos:

$$\left(\frac{T^2}{r^3}\right)_{\text{estação } A} = \left(\frac{T^2}{r^3}\right)_{\text{pacote}} \Rightarrow \frac{1^2}{r^3} = \frac{T_p^2}{(2r)^3} \Rightarrow$$

$$\Rightarrow T_p^2 = \frac{1 \cdot 8r^3}{r^3} = 8 \Rightarrow T_p = 2\sqrt{2} \text{ dias}$$

O tempo para o pacote ir de *C* a *M* é a metade do período. Logo:

$$\Delta t = \sqrt{2} \text{ dia}$$

Exercícios

1. Explique a diferença entre o modelo geocêntrico e o heliocêntrico.

2. Qual é a dificuldade em percebermos o movimento da Terra?

3. Considerando a distância Terra-Sol como igual a 1 u, a tabela seguinte apresenta as distâncias dos oito planetas até o Sol.

Planeta	Distância (u)
Mercúrio	0,39
Vênus	0,72
Terra	1,00
Marte	1,52
Júpiter	5,17
Saturno	9,47
Urano	19,13
Netuno	30,00

a) Se a luz do Sol gasta cerca de 500 s para chegar até a Terra, quanto tempo ela gastará para chegar ao planeta Netuno?

b) Se você fizer um desenho em uma escala na qual a distância Terra-Sol corresponda a 1,0 m, qual será o diâmetro do Sol, em milímetros? O diâmetro do Sol é cerca de 1,4 milhão de quilômetros, e a distância Terra-Sol, cerca de $1,5 \cdot 10^8$ km.

4. A figura ao lado esquematiza a trajetória de Marte para dois pontos de vista diferentes – um para um observador na Terra e o outro para um observador no Sol, em vista "superior".

A palavra "planeta" (do grego 'errante') assinala o fato de que, do ponto de vista da Terra, os planetas se deslocam em relação ao fundo estelar. Marte, por exemplo, em determinado trecho de seu movimento, ora avança, ora retrocede em relação ao fundo estelar.

a) Considerando as várias posições assinaladas no esquema, entre quais pontos Marte está retrocedendo para um observador na Terra?

b) Do ponto de vista de um observador na Terra, a trajetória de Marte dá uma "laçada" em relação ao fundo estelar, conforme a figura abaixo.
Reproduza a "laçada" em seu caderno e identifique nela, aproximadamente, os pontos C e D.

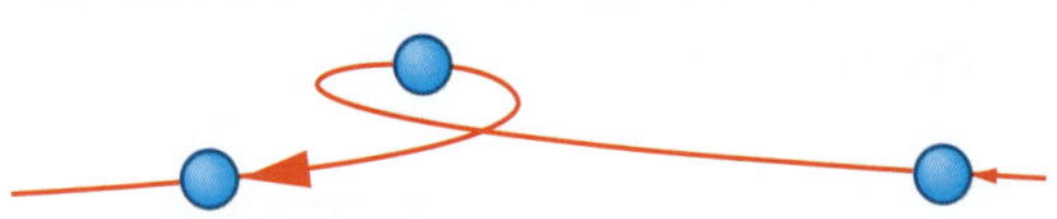

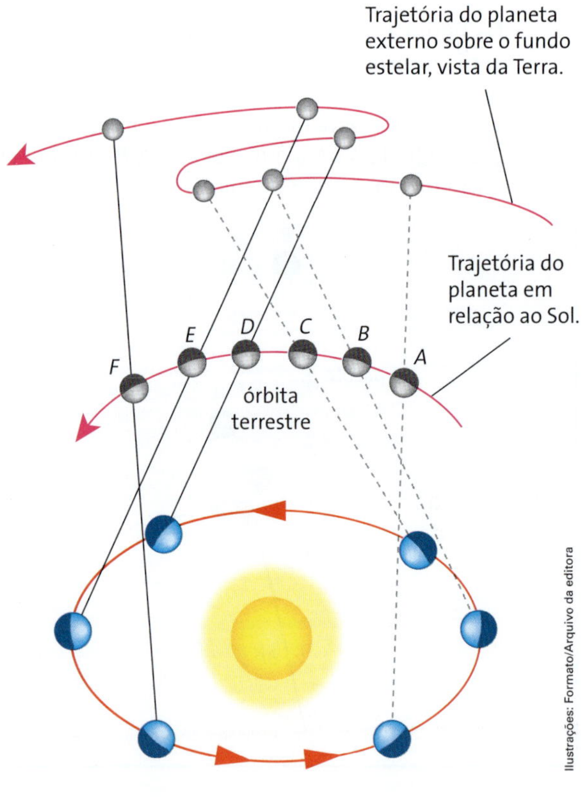

Ilustrações: Formato/Arquivo da editora

5. A figura ao lado ilustra a trajetória elíptica de um satélite artificial em torno da Terra. As áreas dos setores alternadamente pintadas em amarelo e laranja têm todas o mesmo valor. O intervalo de tempo para que esse satélite dê uma volta completa é de 36 h, e ele gira no mesmo sentido de rotação da Terra (anti-horário).

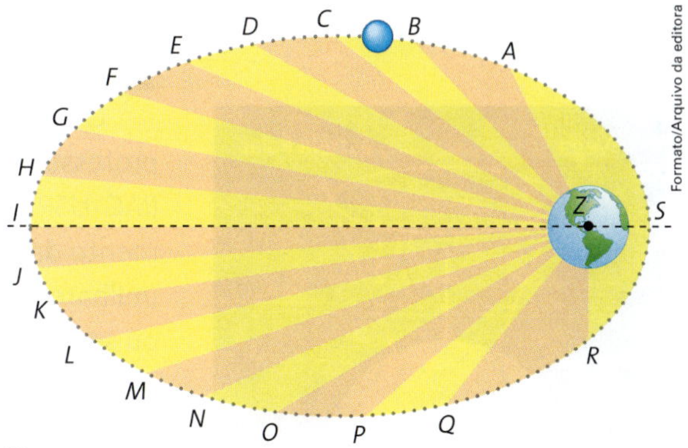

Formato/Arquivo da editora

Analise as afirmações a seguir e reescreva, em seu caderno, aquelas que você julgar incorretas, corrigindo-as.

I. O centro da Terra (ponto *Z*) é um dos focos da elipse.
II. O ponto *S* é o perigeu e *I* é o apogeu dessa órbita.
III. Como as áreas são iguais, todos os trechos são percorridos pelo satélite com a mesma velocidade escalar.
IV. O intervalo de tempo para que o satélite vá de *C* até *D* é 2 h.
V. O intervalo de tempo para que o satélite vá de *E* até *N* é igual ao intervalo para ir de *N* até *E*.
VI. A velocidade escalar do satélite é máxima ao passar pelo ponto *I*.
VII. O trecho da órbita *QR* é percorrido em movimento acelerado.

6. Dois planetas, *X* e *Y*, descrevem órbitas circulares ao redor de uma estrela no sentido anti-horário. Os raios de suas órbitas estão na razão 4 : 1. Em certo instante, eles estão alinhados como mostra a figura **a**. Após cinco anos, o deslocamento angular do planeta *X* foi de 90°, conforme a figura **b**.

Quantas voltas o planeta *Y* deu nesse tempo?

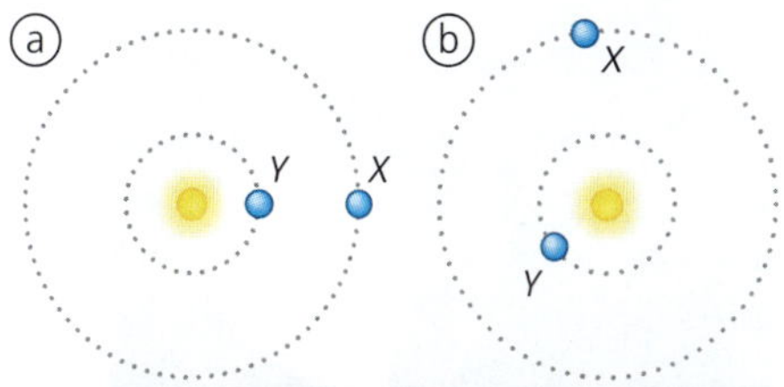

7. O cometa Halley se move em uma órbita elíptica bem alongada ao redor do Sol. Em seu periélio, a distância até o Sol é de $8{,}75 \cdot 10^{10}$ m e no afélio essa distância é de $5{,}26 \cdot 10^{12}$ m. Sua órbita está ilustrada na figura ao lado.

a) Determine o raio médio da órbita desse cometa.

b) Usando a terceira lei de Kepler e sabendo que o raio médio da órbita da Terra é $1{,}5 \cdot 10^{11}$ m (período de um ano), determine o período do movimento do Halley.

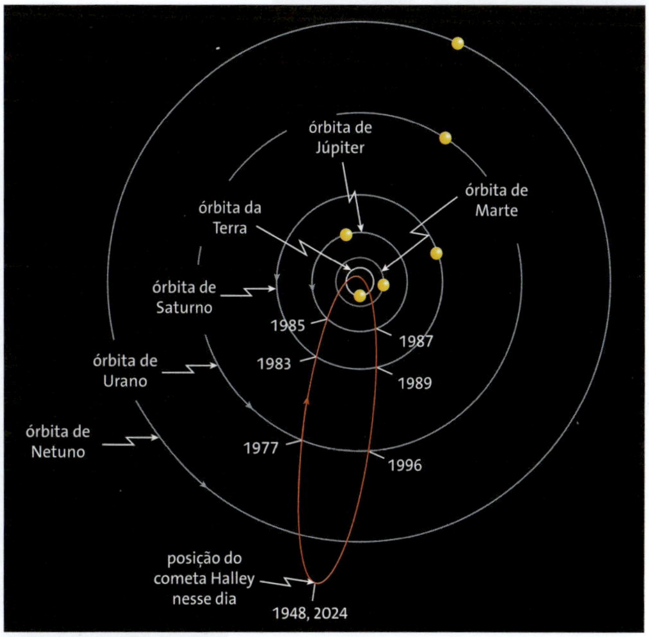

Walmir Santos/Arquivo da editora

Representação esquemática, fora de proporção e com cores fantasia.

8. A distância média Terra-Sol é conhecida como unidade astronômica (UA). O cinturão de asteroides compreende, aproximadamente, uma faixa que vai de 2 UA a 3 UA de distância até o Sol. Lembrando que o período da Terra é de um ano e usando a terceira lei de Kepler, responda às questões seguintes.

a) Qual é o período dos asteroides da parte mais externa do cinturão?

b) Qual é o período dos asteroides da parte mais interna?

c) Se as órbitas de todos os asteroides fossem exatamente circulares e coplanares, haveria possibilidade de colisões entre eles? Por quê?

2 Os movimentos da Terra

Quantos movimentos a Terra apresenta? Segundo Roberto Boczko, professor do Instituto de Astronomia, Geofísica e Ciências Atmosféricas (IAG-USP), a Terra tem um único movimento, que é exatamente o movimento da Terra. No entanto, considerando um longo intervalo de tempo (milhares de anos), identificamos diferentes ciclos no movimento terrestre, ou seja, para efeito de análise, podemos decompor um movimento complexo em movimentos periódicos mais simples. Em quantos movimentos vamos decompor o complexo movimento da Terra depende da precisão que desejamos em cada análise.

A alternância dos dias e das noites é um movimento periódico, de 24 horas, que é denominado dia solar. Esse período está predominantemente relacionado ao movimento de rotação da Terra em torno de seu eixo. Enquanto gira em torno de seu eixo, a Terra contorna o Sol, percorrendo a sua órbita em torno dessa estrela. Esse é o chamado movimento de translação da Terra, cujo período é de um ano. Para muitos propósitos, essa descrição já tem a precisão necessária.

Mas e o eixo da Terra? Ele permanece sempre na mesma direção? Agora devemos passar para observações de maior precisão, e vamos verificar que o eixo de rotação da Terra vai girando, em um movimento chamado de **precessão** (figura 9.8). O período desse movimento é de cerca de 26 mil anos.

Uma observação ainda mais apurada vai nos mostrar que, enquanto o eixo precessa, ele também oscila levemente dentro do cone de precessão, em um movimento chamado de **nutação** (figura 9.9).

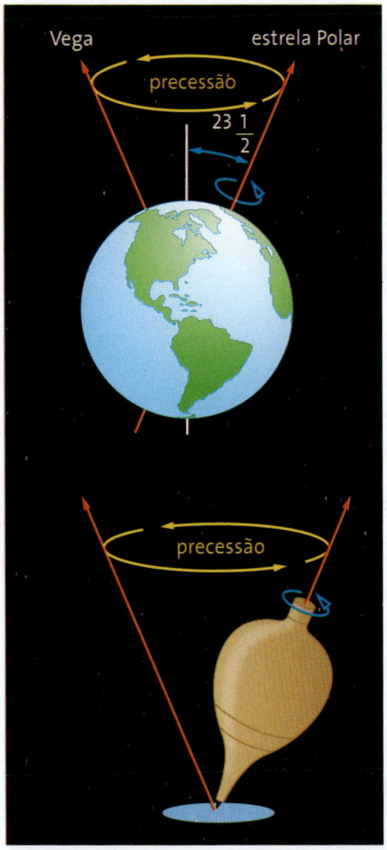

Figura 9.8 Precessão do eixo de rotação da Terra. Daqui a cerca de 13 mil anos, Vega será a estrela Polar do hemisfério norte.

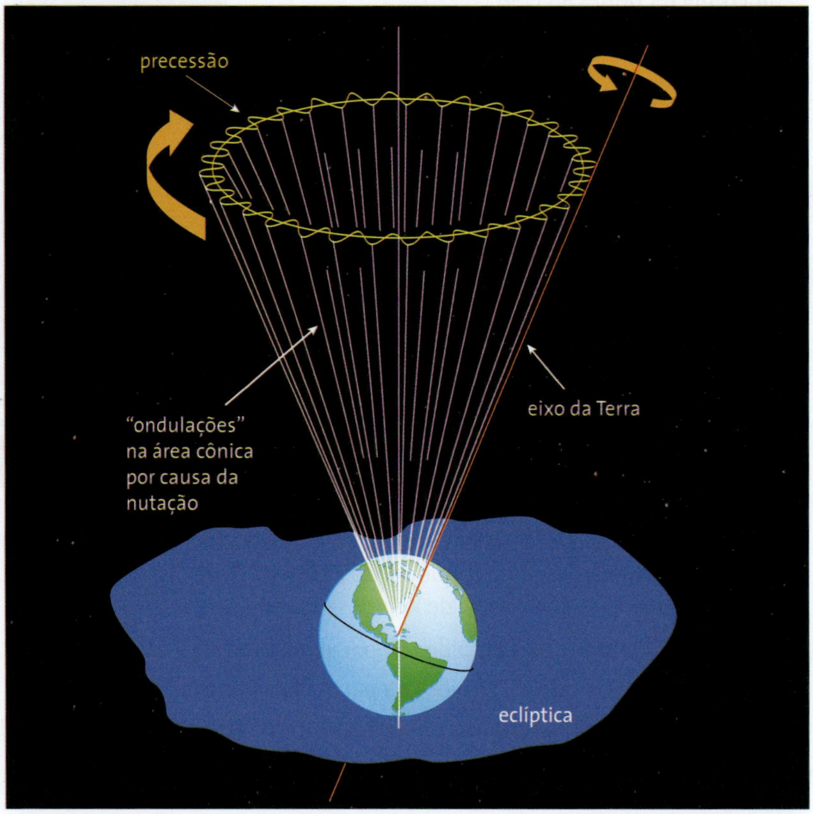

Ilustrações: Formato/Arquivo da editora

Figura 9.9 Nutação do eixo de rotação da Terra. O período desse movimento é de 18,6 anos.

As estações do ano

Enquanto a Terra orbita o Sol, em órbita praticamente circular, ela vai girando em torno de si mesma. Esse eixo de rotação é inclinado em relação ao plano da órbita, daí a razão das estações do ano (**figura 9.10**). Essa inclinação é de, aproximadamente, 23,5°. Se o eixo de rotação da Terra fosse rigorosamente perpendicular ao plano de sua órbita, as estações do ano não existiriam.

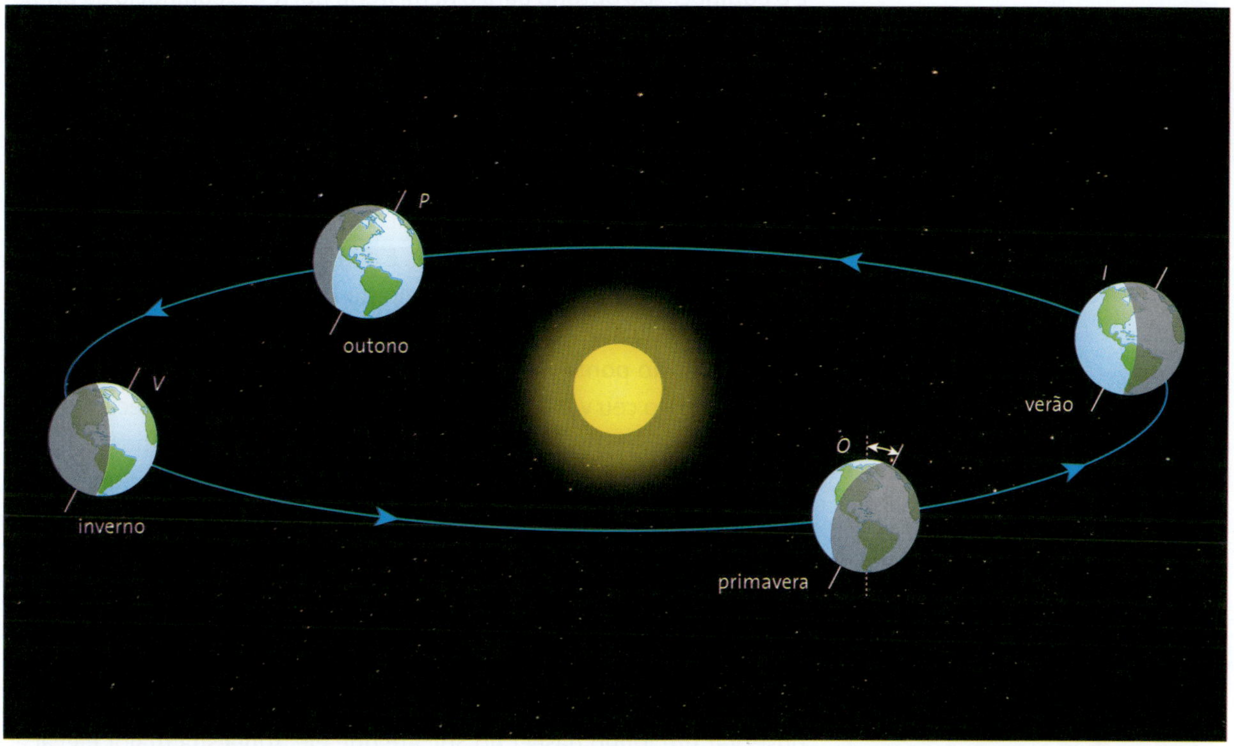

Formato/Arquivo da editora

Figura 9.10 Variação da insolação de diferentes partes do planeta ao longo de um ano em virtude da inclinação do eixo da Terra. A figura não está em escala, para dar destaque ao nosso planeta.

A inclinação da Terra, ajustada com seu movimento ao redor do Sol (translação), determina os períodos climáticos. Na Antiguidade, dividiam-se os períodos climáticos como período quente, que era subdividido em períodos de umidade moderada, de temperatura e umidade elevadas e de temperatura alta e umidade baixa, e período frio, que se subdividia em declínio gradual e período mais frio.

A divisão ocidental das estações do ano se baseia em instantes particulares da órbita da Terra, chamados solstícios e equinócios, determinando o início das quatro estações: primavera, verão, outono e inverno – mas essa divisão depende da cultura.

A **figura 9.10** é um esquema de nosso planeta em sua órbita, cujo período é de um ano, com destaque para quatro ocasiões especiais, designadas por outono (*O*), inverno (*I*), primavera (*P*) e verão (*V*).

Suponha dois pesquisadores, Norberto e Sérgio, que estão em uma estação de pesquisas, respectivamente, no polo norte e no polo sul.

No instante da posição *O*, tanto Norberto quanto Sérgio veem o Sol bem na linha do horizonte. Para Norberto, no polo norte, vai começar um longo crepúsculo (três meses), ao longo do qual ele não verá o Sol.

Mas não será uma completa escuridão, pois o espalhamento da luz pela atmosfera proporciona certa luminosidade, como acontece em qualquer outro local do planeta. É o começo do outono no hemisfério norte.

Para Sérgio, no polo sul, é o começo de um longo pós-alvorecer (também três meses), com o Sol subindo cada vez mais em relação ao horizonte. É o começo da primavera no hemisfério sul. Nesse instante, ambos os hemisférios são igualmente iluminados pelo Sol e, por isso, esse evento é chamado de **equinócio** (*equi*, do latim *aequus*, que significa 'igual'). É o equinócio do outono para o hemisfério norte e o equinócio da primavera para o hemisfério sul.

Quando a Terra atinge a posição *I*, para Norberto é o instante mais escuro do ano. Nessa posição, o Sol está 23,5° abaixo da linha do horizonte. É o começo do inverno no hemisfério norte. Sérgio, por sua vez, vê o Sol na posição mais elevada do ano, em relação ao horizonte; é o começo do verão no hemisfério sul. Para Sérgio, o Sol para de subir, para Norberto, o Sol para de descer. É o instante do **solstício** (em grego: 'Sol parado'). É o solstício de inverno no hemisfério norte e o solstício de verão no sul.

A partir do ponto *I*, Norberto vai observar uma longa pré-alvorada (três meses): o céu vai ficando cada vez mais claro, até aparecer no horizonte, quando a Terra atingir *P*. Para Sérgio, o Sol vai ficando cada vez mais próximo do horizonte, até ficar exatamente no horizonte.

Em *P*, temos um novo equinócio. É o equinócio da primavera para o hemisfério norte e o equinócio do outono para o hemisfério sul. No hemisfério norte está começando a primavera, enquanto no hemisfério sul está começando o outono. A partir desse instante, Sérgio vai observar um longo crepúsculo (três meses), como Norberto observara seis meses antes, com o céu ficando cada vez mais escuro. Por sua vez, Norberto vai observar um longo nascer do Sol, até que ele atinja sua maior elevação em relação ao horizonte, quando a Terra chegar ao ponto *V*.

Quando a Terra estiver em *V*, para Norberto o Sol para de subir; é o solstício de verão no hemisfério norte. Nesse instante, para Sérgio, o Sol para de descer; é o solstício de inverno no hemisfério sul. Nesse instante, começa o verão para o norte e o inverno para o sul. Depois disso, a Terra retorna a *O*. Passou-se um ano e começa um novo ciclo.

As estações do ano têm uma data de começo. A tabela 9.2 fornece, a partir do deslocamento do Sol, ao longo da linha do horizonte, as definições desses quatro instantes.

Tabela 9.2

Hemisfério sul	Data de início entre os dias	Hemisfério norte
equinócio de primavera	22 e 23 de setembro	equinócio de outono
solstício de verão	22 e 23 de dezembro	solstício de inverno
equinócio de outono	20 e 21 de março	equinócio de primavera
solstício de inverno	22 e 23 de junho	solstício de verão

Exercícios

9. (IFSP) Muitos ainda acreditam que como a órbita da Terra em torno do Sol é uma elipse e o Sol não está no centro dessa elipse, as estações do ano ocorrem porque a Terra ora fica mais próxima do Sol, ora mais afastada. Se isso fosse verdade, como se explica o fato de o Natal ocorrer numa época fria (até nevar) nos países do hemisfério norte e no Brasil ocorrer numa época de muito calor? Será que metade da Terra está mais próxima do Sol e a outra metade está mais afastada? Isso não faz sentido.

   A existência das estações do ano é mais explicada:

   a) pelo fato de o eixo imaginário de rotação da Terra ser perpendicular ao plano de sua órbita ao redor do Sol.

   b) pelo fato de em certas épocas do ano a velocidade de translação da Terra ao redor do Sol ser maior do que em outras épocas.

   c) pela inclinação do eixo imaginário de rotação da Terra em relação ao plano de sua órbita ao redor do Sol.

   d) pela velocidade de rotação da Terra em relação ao seu eixo imaginário não ser constante.

   e) pela presença da Lua em órbita ao redor da Terra, exercendo influência no período de translação da Terra ao redor do Sol.

10. Faça um esboço do mapa do Brasil utilizando o esquema do planeta com suas regiões climáticas.

    a) Por que o Brasil é chamado de país tropical?

    b) Que influência tem essa localização em nosso clima?

(Pisa) Leia as informações abaixo e responda às questões **11** e **12**, abaixo.

Duração do dia em 22 de junho de 1998

Hoje, enquanto o hemisfério norte celebra seu dia mais longo, os australianos viverão o seu dia mais curto. Em Melbourne[1]*, Austrália, o Sol nascerá às 7h36 e se porá às 17h08, totalizando nove horas e 32 minutos de claridade.*

Compare [esse dia] com o dia mais longo do ano no hemisfério sul, esperando para 22 de dezembro, quando o sol nascerá às 5h55 e se porá às 20h42 (horário de verão), totalizando 14 horas e 47 minutos de claridade.

O presidente da Sociedade de Astronomia, Sr. Perry Vlahos, disse que a existência de mudanças nas estações entre os hemisférios norte e sul estava ligada à inclinação de 23 graus da Terra.

11. Qual é a afirmação que explica por que a claridade e a escuridão ocorrem na Terra?

    a) A Terra gira em torno do seu eixo.

    b) O Sol gira em torno do seu eixo.

    c) O eixo da Terra é inclinado.

    d) A Terra gira em torno do Sol.

12. A figura seguinte demonstra os raios de luz do Sol incidindo sobre a Terra.

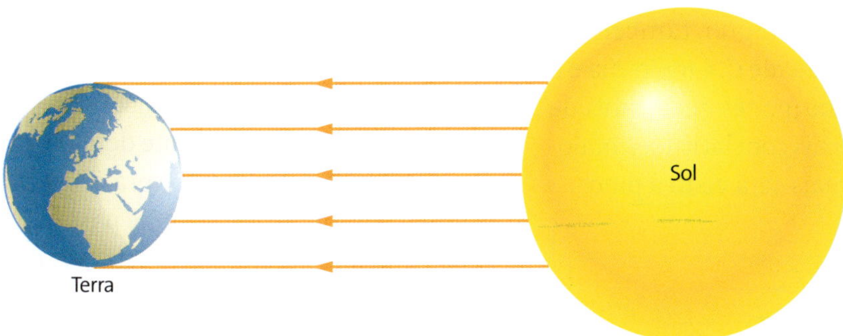

Adilson Secco/Arquivo da editora

Suponha que seja o dia mais curto em Melbourne. Mostre, na figura, o eixo da Terra, o hemisfério norte e o hemisfério sul.

[1] Melbourne é uma cidade no sul da Austrália a uma latitude de cerca de 38 graus ao sul da linha do equador.

Física explica

Os trópicos e os círculos polares

Imagine a Terra exatamente em *V* (verão no hemisfério norte e inverno no hemisfério sul) na **figura 9.10**. Nesse instante, os raios solares tangenciam o hemisfério norte em um ponto que está a 23,5° do polo norte (ponto *A*). A latitude desse ponto é, portanto, 66,5° norte, conforme ilustra a figura a seguir.

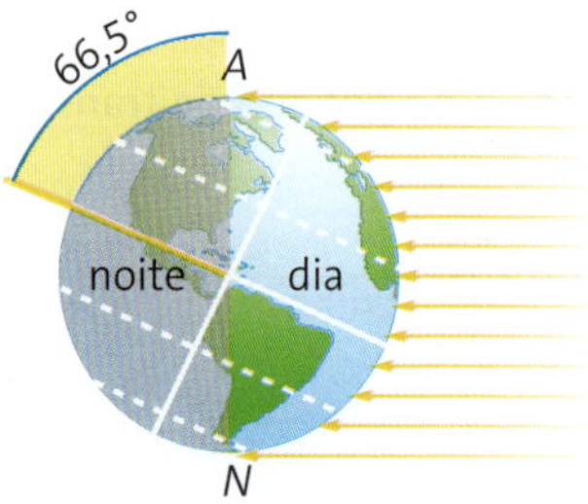

Visão do planeta no solstício de verão do hemisfério norte.

Vamos imaginar uma cidade exatamente no ponto *A*. No dia do instante *V*, os habitantes dessa cidade não verão o Sol se pôr. Será um dia com 24 horas de visão do Sol. Em suma, o Sol será visto, mesmo à meia-noite – que é o instante apresentado para a cidade *A*, na figura. Esse fenômeno, conhecido como "Sol da meia-noite", poderá ser observado também em qualquer ponto da superfície do planeta que tiver a mesma latitude que a cidade *A*. Esses pontos estão em uma circunferência denominada círculo polar – que, nesse exemplo, é o círculo polar Ártico. Seis meses depois, esse fenômeno vai acontecer em *N*. A circunferência que passa por *N* é o círculo polar Antártico.

Observe agora a figura a seguir, também referente ao instante *V*. Na cidade *G*, é meio-dia e o Sol está exatamente a pino (no zênite). A latitude de *G* é 23,5° norte. Nos locais com latitudes maiores do que essa, o Sol jamais será visto a pino.

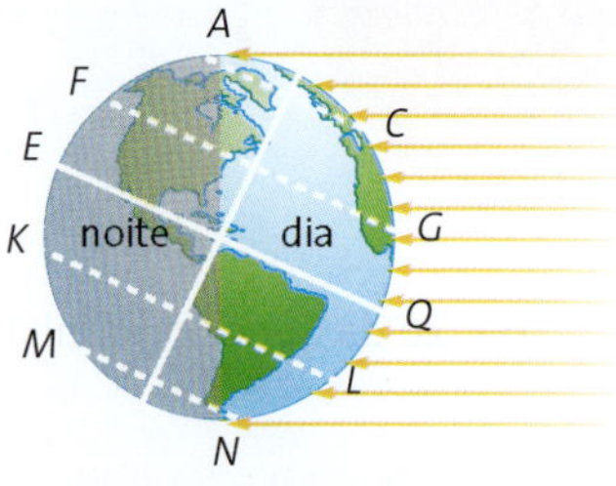

Solstício de verão, no hemisfério norte, com a cidade *G* vendo o Sol a pino. Representação esquemática com cores fantasia.

Ilustrações: Formato/Arquivo da editora

Na cidade *G*, isso acontece somente uma vez por ano – assim como em todos os pontos da superfície terrestre com a mesma latitude. Esses pontos, que têm a mesma latitude de *G*, determinam um trópico: o trópico de Câncer (*GF*), no hemisfério norte, e o trópico de Capricórnio (*LK*), no hemisfério sul.

Para latitudes maiores que a dos círculos polares, seja ao sul, seja ao norte, podemos ter períodos contínuos de insolação maiores do que 24 horas. No limite, isto é, no polo, seis meses de insolação, e seis sem Sol. São regiões extremamente frias, inóspitas e, quando se faz referência a elas, faz pouco sentido falar em estações do ano. São as **zonas frias**.

As zonas climáticas

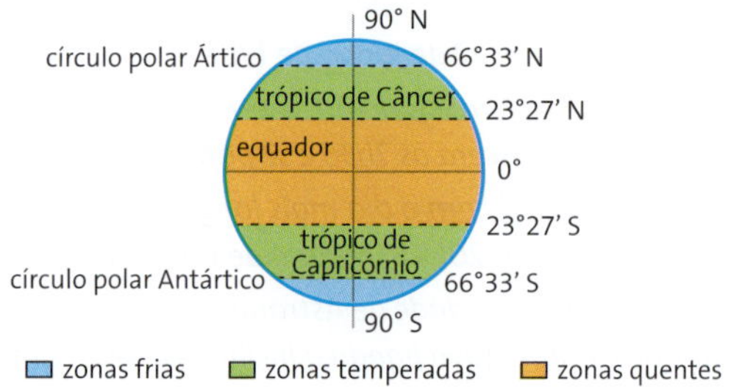

Para as regiões do planeta entre os círculos polares e os trópicos, há somente um dia no ano em que o Sol atinge elevação máxima – o dia do solstício de verão – e somente um dia de elevação mínima – o solstício de inverno. Nessas regiões, as estações do ano, em termos de hora de plantar, de colher, de armazenar, e as previsões do tempo têm grande significado. São as chamadas **zonas temperadas**.

A região entre os dois trópicos é chamada de **zona tropical**, ou zona quente do planeta. Qualquer habitante dessa região verá o Sol a pino duas vezes por ano. Por exemplo, para cidades na linha do equador, isso acontecerá nos dois equinócios. As amplitudes térmicas anuais são menores e as estações do ano **não** são bem definidas como na região temperada.

- A maior parte do território brasileiro está na zona tropical. O que significa ser um país tropical?

3 Gravitação universal

Em 1687, com a publicação de *Princípios matemáticos da Filosofia natural*, Newton lançou as bases da Física clássica, propondo a lei da atração gravitacional para explicar os movimentos dos planetas em torno do Sol, da Lua em torno da Terra e a queda dos **graves** (corpos que sofrem a ação da gravidade).

Os planetas são mantidos em órbita em torno do Sol em virtude de uma ação mútua, ou seja, em razão da força entre o Sol e os planetas. Exaustivamente verificada por processos experimentais, a lei da gravitação universal, associada às leis de Newton, foi o passo decisivo na descrição de nosso sistema planetário. Com essa lei, foi possível explicar e prever as trajetórias dos corpos sob ação gravitacional, além dos fenômenos mecânicos terrestres, derivando desse fato a denominação **universal**.

Segundo a lei da gravitação universal:

> Matéria atrai matéria na razão direta do produto entre suas massas e na razão inversa do quadrado da distância que as separa. (figura 9.11)

Algebricamente, temos:

$$F = G \cdot \frac{m_1 \cdot m_2}{d^2}$$

Nessa expressão, G é a chamada constante de gravitação universal. No Sistema Internacional de Unidades (SI), temos:

$$G = 6{,}67 \cdot 10^{-11} \frac{N \cdot m^2}{kg^2}$$

A força de atração gravitacional se aplica a quaisquer dois corpos, de massas m_1 e m_2, independentemente do meio em que estejam imersos, mas somente se torna apreciável quando pelo menos um dos corpos possui massa extremamente grande (corpo astronômico).

Existe uma folclórica versão segundo a qual Newton, ao elaborar sua teoria da gravitação, teria sido inspirado por uma maçã que caiu em sua cabeça enquanto ele meditava embaixo de uma árvore. Provavelmente, trata-se de uma versão falsa, mas ela tem importância didática e histórica. Segundo Newton, a força com que a Terra atrai uma maçã tem a mesma natureza da força com a qual a Terra atrai a Lua e o Sol atrai a Terra.

Newton não propôs uma explicação para o fato de o Sol agir na Terra, ou de a Terra agir na Lua, ou de a Terra agir na maçã, e vice-versa, sem um meio de transmissão de forças. Atualmente, usa-se o conceito de **campo gravitacional**. Considera-se que todo corpo material origina, na região do espaço ao seu redor, um campo de forças, denominado campo gravitacional. Não podemos vê-lo, não podemos tocá-lo, mas podemos verificar a sua existência com um corpo de prova.

Para refletir

Segundo a lei da gravitação universal, quais são as grandezas físicas importantes no cálculo da força gravitacional?

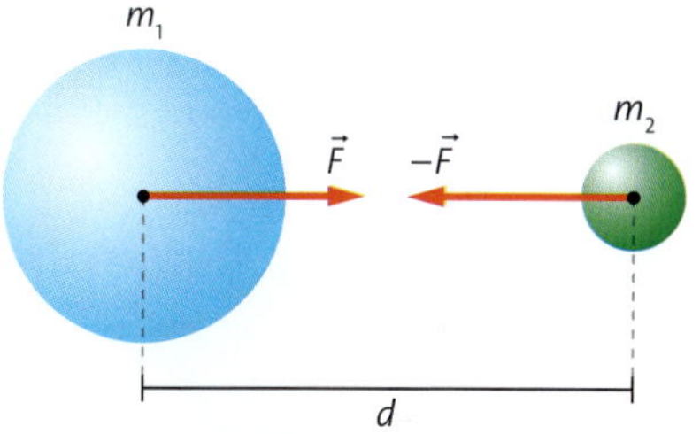

Figura 9.11 Os dois corpos dotados de massa (m_1 e m_2, respectivamente), cujos centros estão separados por uma distância d, exercem um no outro forças de atração mútua (de módulo F).

Para refletir

Por que não sentimos a força gravitacional entre o nosso corpo e este livro? Para responder a essa pergunta, calcule o valor da força que atua sobre o seu corpo e o livro. Para isso, estime a massa do livro.

Campo gravitacional

Qualquer partícula material origina, na região do espaço ao seu redor, um campo de forças denominado campo gravitacional. No caso de um corpo esférico homogêneo, podemos considerar, para regiões externas a esse corpo, que toda a sua massa está localizada em seu centro.

Essa afirmação pode ser verificada facilmente por meio de um experimento simples: basta colocarmos nessa região um pequeno corpo de prova. Em virtude do campo gravitacional, o corpo de prova fica sujeito a uma força de atração gravitacional. É o que acontece, por exemplo, com os corpos colocados no campo gravitacional da Terra: todos são atraídos para o centro do planeta.

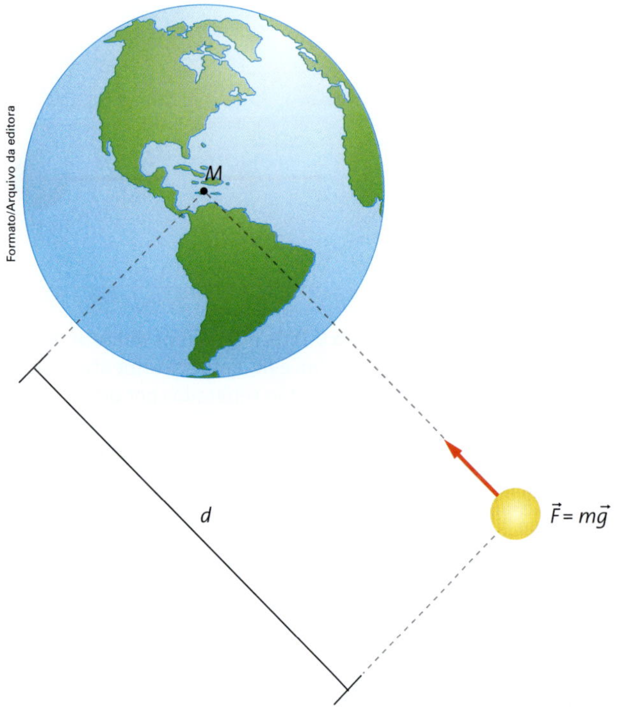

Figura 9.12 Um corpo de massa *M* gera ao seu redor um campo gravitacional.

As fontes do campo gravitacional são os corpos massivos. O corpo de prova pode ser qualquer pequeno objeto, uma vez que a única exigência é que ele tenha massa. A força gravitacional é uma força de campo, ou seja, existe sem a necessidade de contato entre os corpos. Quando dois corpos de massas m_1 e m_2 se atraem, dizemos que cada um deles se encontra imerso em um campo de forças gerado pelo outro.

Observe na **figura 9.12** que, para cada ponto do espaço que circunda um corpo de massa *M*, associamos um vetor denominado vetor campo gravitacional $\vec{g}$, ou simplesmente campo gravitacional, definido de tal forma que, quando nesse ponto colocamos um corpo de massa *m* (corpo de prova), este fica sujeito a uma força dada por $\vec{F}_g = m \cdot \vec{g}$.

De acordo com a lei da gravitação universal, $F = G \cdot \dfrac{m \cdot M}{d^2}$.

Igualando as expressões, obtemos:

$$g = \frac{GM}{d^2}$$

Nessa expressão, no caso de um corpo esférico, *d* representa a distância de um ponto externo até o centro do corpo cuja massa é *M*. Essa expressão deve ser usada somente para pontos externos ao corpo. O campo gravitacional em um ponto qualquer depende somente da posição do ponto considerado e da massa *M* do corpo que gera o campo, ou seja, é uma característica do local, e não do corpo de prova utilizado.

O conceito de campo gravitacional abreviou e simplificou o estudo de vários problemas em gravitação, mas a questão sobre como esse campo é gerado teve de esperar mais de dois séculos, depois de Newton, para encontrar uma resposta, na teoria da relatividade geral, de Albert Einstein (1879-1955).

No caso do campo gravitacional de um astro esférico e de densidade uniforme, temos (**figura 9.13**):

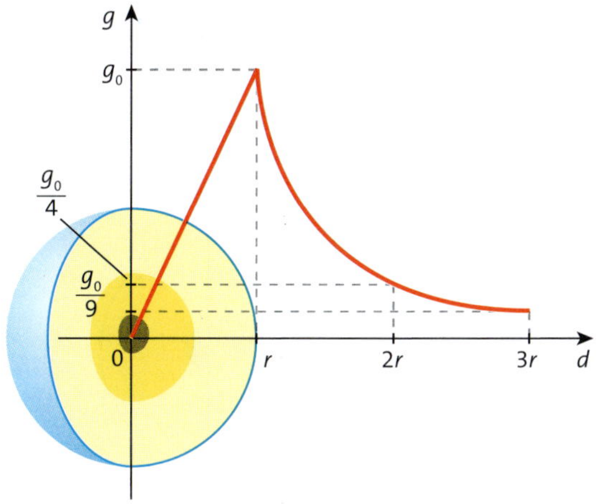

Figura 9.13 Intensidade do campo gravitacional $\vec{g}$ de um astro de densidade constante em função da distância, a partir de seu centro.

- para pontos na superfície do astro ($d = r$): $g = g_0 = \frac{GM}{r^2}$. Em particular, na Terra, obtemos: $g = 9{,}8$ N/kg $= 9{,}8$ m/s^2;
- para pontos a uma distância d do centro ($d > r$): $g = \frac{GM}{d^2}$;
- para pontos no interior do astro ($d < r$), o campo gravitacional varia linearmente com a distância medida a partir de seu centro.

Em uma primeira aproximação, podemos usar as expressões obtidas para estimativas do campo gravitacional à medida que mergulhamos no interior dos astros. Na realidade, porém, a densidade dos astros vai aumentando quando nos aproximamos do centro de cada um.

A variação do campo gravitacional da Terra com a altitude é dada na tabela 9.3. Na tabela 9.4, apresenta-se a intensidade do campo gravitacional na superfície do Sol e dos planetas do Sistema Solar.

Tabela 9.3 – Intensidade do campo gravitacional da Terra com a mudança de altitude

Altitude (m)	g (m/s^2)
0	9,806
1000	9,803
16000	9,757
100000	9,598

Queda livre em outros planetas

Tabela 9.4 – Intensidade do campo gravitacional nas superfícies de alguns astros

Corpo celeste	g (m/s^2)
Sol	274
Mercúrio	3,7
Vênus	8,87
Terra	9,80
Marte	3,71
Júpiter	24,79
Saturno	10,44
Urano	8,69
Netuno	11,15

Fonte: *HANDBOOK of Chemistry and Physics*. Chemical R. Publishing.

Exercício resolvido

2. Em uma competição de salto em distância, um comentarista diz que, em razão da altitude em que a competição está acontecendo, as pessoas ficam mais leves e têm, portanto, melhor desempenho.

a) Em que altitude o peso de uma pessoa ficaria reduzido em 10%?

b) Existe algum ponto na superfície da Terra que obedeça a essa condição? Considere o campo gravitacional ao nível do mar como 9,8 m/s^2 e o raio da Terra igual a 6 400 km.

Resolução

a) Na superfície da Terra, a intensidade do campo gravitacional pode ser obtida por $g_0 = \frac{GM}{r^2}$.

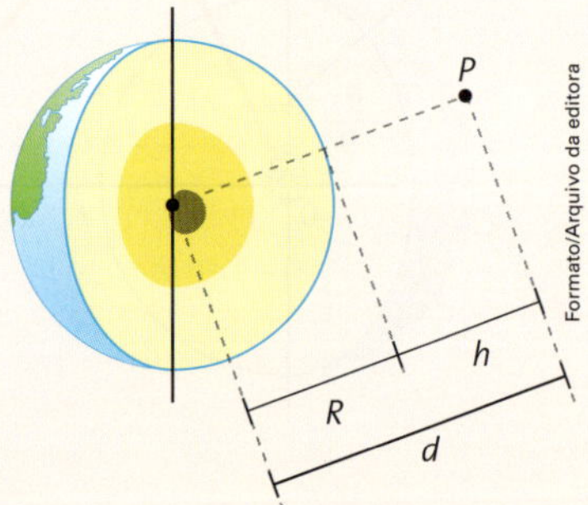

Para um ponto na altura h, conforme a figura,

$g = \frac{G \cdot M}{(R + h)^2}$. Portanto:

$$\frac{g}{g_0} = \frac{G \cdot M}{(R + h)^2} \cdot \frac{R^2}{G + M} \Rightarrow \frac{g}{g_0} = \frac{R^2}{(R + h)^2}$$

Como queremos uma redução de 10% no peso, devemos impor que $g = 0,9 \cdot g_0$ (isto é, 90% de g_0). Logo:

$\frac{0,9 \cdot g_0}{g_0} = \frac{6\,400^2}{(6\,400 + h)^2}$ (expressão na qual h é obtida em quilômetros)

Temos, então:

$$(6\,400 + h)^2 = \frac{6\,400^2}{0,9} = 4,51 \cdot 10^6 \Rightarrow (6\,400 + h) = \sqrt{4,51} \cdot 10^3 = 6\,746 \Rightarrow h = 346 \text{ km}$$

b) Não. Esse valor está muito além das maiores altitudes que encontramos em nosso planeta. As mais altas montanhas não ultrapassam 10 km.

Exercícios

13. O saudoso astrônomo norte-americano Carl Sagan (1934-1996), ao contestar a influência dos astros no futuro dos bebês, dizia que a influência gravitacional da parteira sobre um bebê era mais intensa do que a gerada por Saturno. Compare a força gravitacional exercida por uma parteira de 60 kg que se encontra a 50 cm de um recém-nascido de 3,0 kg com a força gravitacional do planeta Saturno sobre o bebê. Considere a massa de Saturno igual 5,7 · 10^{26} kg e a distância Terra-Saturno igual a 1,3 · 10^{12} m. De acordo com sua comparação, o que influencia mais no nascimento do bebê: a parteira ou Saturno?

14. De acordo com a lei da gravitação universal, a Terra atrai a maçã e a maçã atrai a Terra. Explique por que é a maçã que cai e não a Terra que sobe.

15. Há pessoas que afirmam que nas espaçonaves em órbita não há gravidade, pelo fato de elas estarem muito longe da Terra. Sabendo-se que a Estação Espacial Internacional está em órbita a uma altitude de 400 km, aproximadamente, e considerando o raio da Terra igual a 6 400 km, como você julga essa afirmativa?

16. Suponha que você faça uma viagem a Marte. Ao chegar lá, o que acontece com a sua massa e com o seu peso em relação aos valores da Terra? Justifique.

17. Dois astros esféricos, de massas $M_1 = 3M$ e $M_2 = M$, giram em torno de seu centro de massa (C), conforme ilustra a figura seguinte.

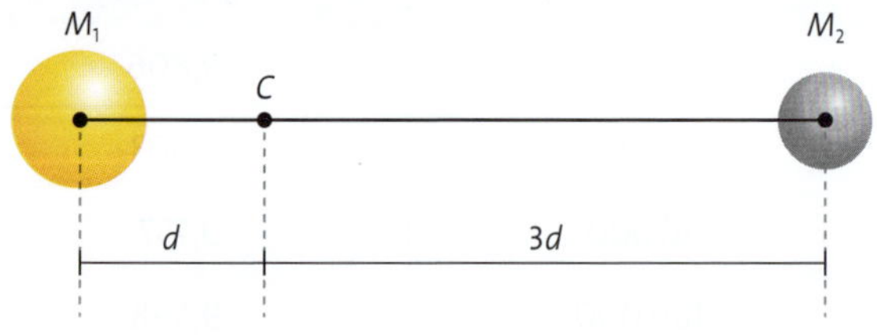

a) Se uma pequena nave de massa m, muito menor que a massa de qualquer um dos astros, for colocada em repouso exatamente no ponto C, ela permanecerá em repouso?

b) Caso a resposta do item anterior seja negativa, calcule a aceleração da nave. Ela depende da massa da nave?

4 Órbitas e energia mecânica

O que é órbita?

Se a Terra atrai a Lua, por que a Lua não cai? Embora possa parecer estranho, a Lua cai, e continuará caindo. O próprio Isaac Newton calculou que, se uma maçã, a partir do repouso, cai 4,9 m no primeiro segundo de queda, então a Lua deveria cair $\frac{1}{20}$ de polegada a cada segundo.

Essa dúvida existe provavelmente porque, quando imaginamos um corpo caindo, pensamos também em um plano que será atingido por ele. Nessa linha de pensamento, se o corpo cai, em algum momento vai chegar ao chão.

Na **figura 9.14**, temos a ilustração de um corpo lançado horizontalmente de um ponto situado à altura *h* próximo da superfície da Terra.

Imagine então que o "chão" seja esférico, como na **figura 9.15**, e observe o mesmo trecho da queda do corpo.

Nessa figura, o corpo está caindo ou não está? Está, mas o "chão" é esférico. Esse é o estado dos corpos em órbita, como é o caso da Lua.

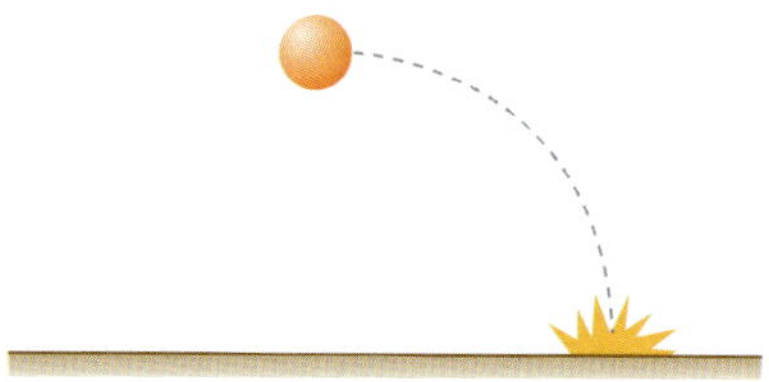

Figura 9.14 Trajetória de um corpo lançado horizontalmente próximo à superfície da Terra.

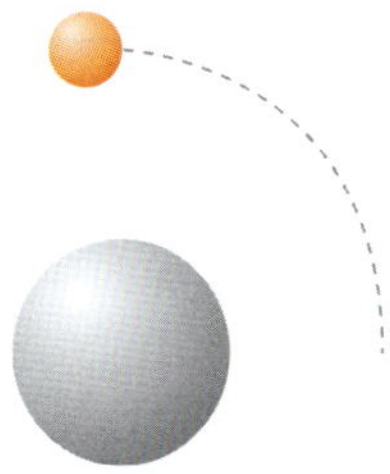

Figura 9.15 Ao cair, o corpo não atinge a Terra, pois esta é esférica.

Órbita circular

Vamos considerar um satélite de massa *m* em órbita circular de raio *r*, ao redor de um planeta de massa *M* (**figura 9.16**).

Nas regiões onde os satélites são colocados em órbita, reina praticamente o vácuo. Nessas condições, a única força que age no satélite é a força peso, resultado da interação do satélite com o planeta. Portanto, a força peso é a força resultante no satélite e, como ela é sempre perpendicular à velocidade, age como resultante centrípeta (**figura 9.17**).

$$R_c = P \Rightarrow m \cdot a_c = m \cdot g \Rightarrow \frac{v^2}{d} = g \Rightarrow v_{circ.} = \sqrt{g \cdot d}$$

O campo gravitacional de um planeta em um ponto de altura *h* acima de sua superfície é:

$$g = \frac{G \cdot M}{d^2} \text{ (sendo } d = R + h\text{)}$$

Nessas condições, a velocidade de órbita circular de um satélite é:

$$v_{circ.} = \sqrt{\frac{G \cdot M}{d^2} \cdot d} \Rightarrow v_{circ.} = \sqrt{\frac{G \cdot M}{d}}$$

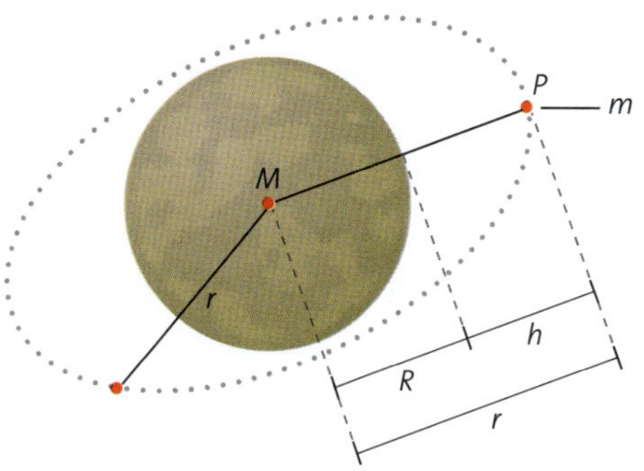

Figura 9.16 Satélite (massa *m*) em órbita circular ao redor de um planeta (massa *M*).

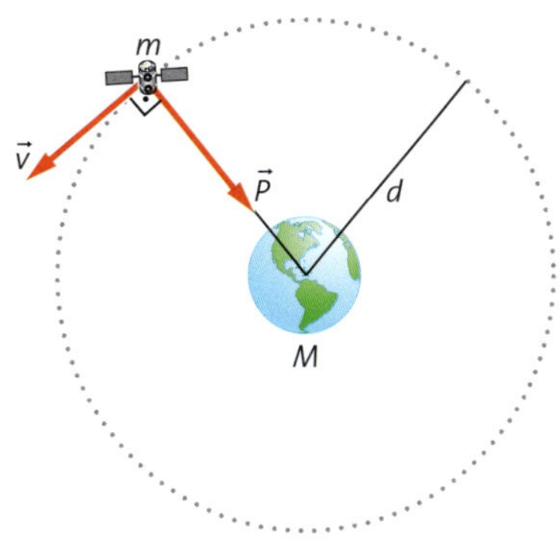

Figura 9.17 A força peso age como resultante centrípeta no satélite.

Ilustrações: Formato/Arquivo da editora

Como vimos, ao estudar a segunda lei de Kepler, o tempo de uma volta completa é denominado período orbital *T*. O percurso referente a uma volta completa em uma órbita circular é o perímetro da circunferência de raio *d* (sendo *d* o raio da órbita). Como o movimento é uniforme, podemos escrever:

$$v = \frac{\Delta S}{\Delta t} \Rightarrow v = \frac{2\pi \cdot d}{T}$$

O valor de *v*, em função da massa do corpo central, foi determinado no tópico anterior. Então, obtemos:

$$\sqrt{\frac{G \cdot M}{d}} = \frac{2\pi \cdot d}{T} = \frac{G \cdot M}{d} = \frac{4\pi^2 \cdot d^2}{T^2} \Rightarrow$$

$$\Rightarrow \frac{d^3}{T^2} = \frac{G \cdot M}{4\pi^2} = \text{constante}$$

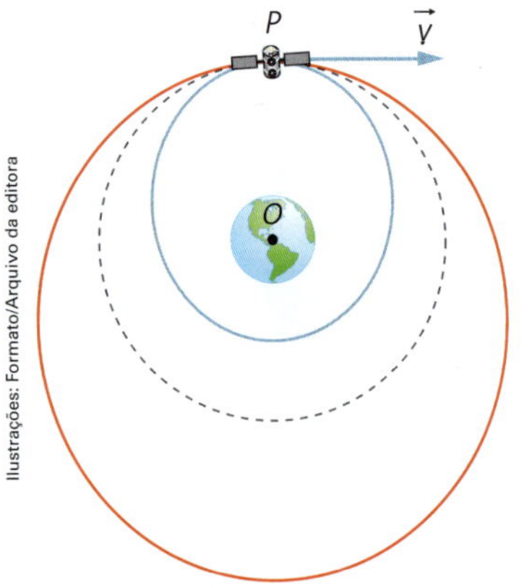

Figura 9.18 Possíveis órbitas para um satélite lançado em *P* com velocidade *v* perpendicular a *PO*.

Essa última expressão é a terceira lei de Kepler. Observamos que a constante do sistema planetário não depende da massa do corpo que está orbitando, mas somente da massa do corpo central.

Em Astronomia, essa expressão é bastante útil. Conhecendo o raio médio da órbita e o período de um dos satélites de determinado planeta, podemos determinar a massa desse planeta.

Órbitas elípticas

Vamos considerar um satélite em órbita em torno da Terra, com uma velocidade $\vec{v}$ que não seja suficiente para ele escapar do campo gravitacional terrestre, conforme a **figura 9.18**.

Se a direção da velocidade for perpendicular à linha que une o satélite ao centro da Terra e o módulo da velocidade *v* for diferente do módulo da velocidade circular $v_{circ.}$, deduzida no item anterior, então o satélite estará em uma órbita elíptica. Nessa situação, temos duas possibilidades:

- se *v* for maior do que $v_{circ.}$, o ponto *P* será o perigeu da órbita do satélite (órbita representada pela elipse vermelho, na **figura 9.18**);
- se *v* for menor do que $v_{circ.}$, o ponto *P* será o apogeu da órbita do satélite (elipse azul, na **figura 9.18**).

Nas altitudes em que os satélites gravitam reina praticamente o vácuo, mas não o vácuo absoluto. Embora ele esteja em uma parte extremamente rarefeita da atmosfera, após anos orbitando, a velocidade do satélite é afetada em virtude da força de resistência do ar, principalmente nas órbitas mais baixas. Com isso, ele pode passar para uma órbita elíptica que intercepta a superfície da Terra, conforme a **figura 9.19**.

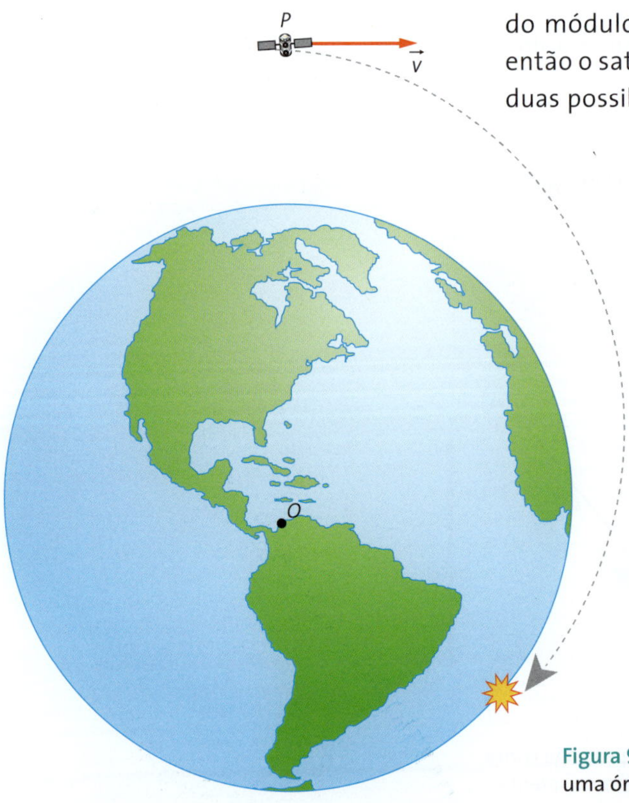

Figura 9.19 A velocidade do satélite em *P* determinou uma órbita que vai interceptar a superfície da Terra.

A energia mecânica e as trajetórias

Como a força gravitacional é conservativa, a energia mecânica $E_{mec.}$ de um corpo em órbita, que corresponde à soma da energia cinética E_c com a energia potencial E_p, é constante.

No caso de um satélite em órbita circular em torno da Terra, como a velocidade dele é constante em módulo, sua energia cinética também é constante. O mesmo acontece com a energia potencial, pois a distância entre o satélite e a Terra é sempre a mesma. Assim, a soma das duas, $E_c + E_p$, dá sempre o mesmo resultado (**figura 9.20**).

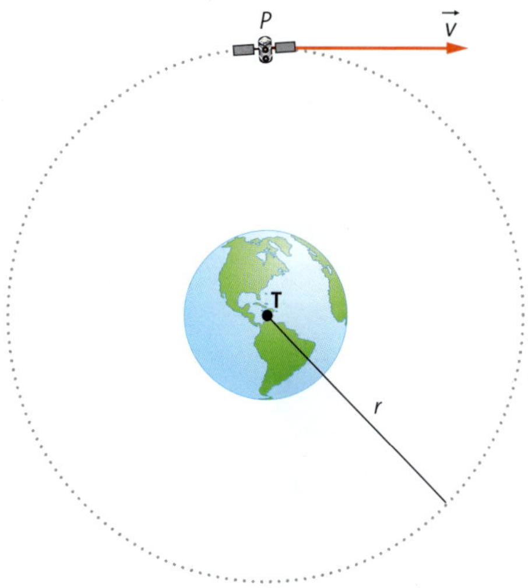

Figura 9.20 Um satélite em órbita circular: a energia mecânica tem o mesmo valor em qualquer ponto da órbita.

Para um corpo em órbita elíptica, vamos considerar o movimento de translação da Terra em torno do Sol. No periélio (ponto *A* da **figura 9.21**), ponto de maior proximidade da Terra em relação ao Sol, a energia potencial é mínima e, como a velocidade da Terra é máxima, sua energia cinética é máxima.

No afélio (ponto *B* da **figura 9.21**), ponto de maior afastamento da Terra em relação ao Sol, a energia potencial é máxima e, como a velocidade nesse ponto é mínima, a energia cinética é mínima.

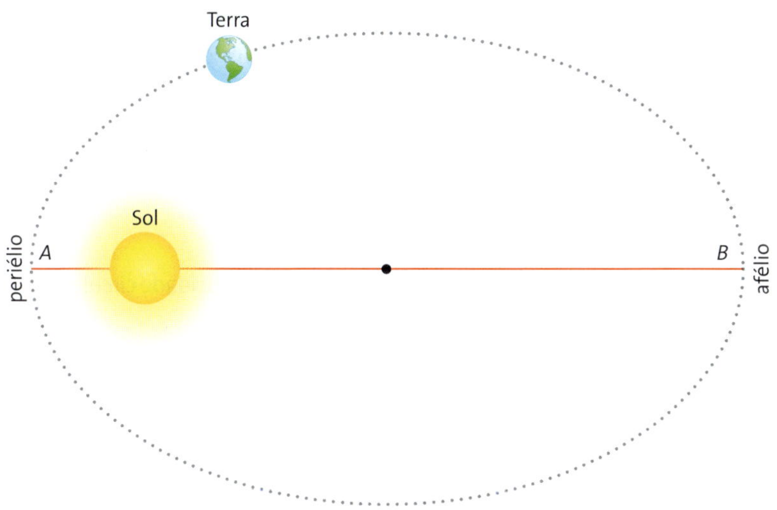

Figura 9.21 Trajetória elíptica (exagerada) da Terra em torno do Sol. As energias cinética e potencial variam, mas a energia mecânica permanece constante.

$$E_{CA} + E_{PA} = E_{CB} + E_{PB} = E_M \text{ (constante)}$$

Como o cálculo para determinar a energia potencial desse sistema não é elementar, nos restringimos ao resultado $E_P = -\frac{G \cdot M \cdot m}{d}$, e a energia cinética é definida como $E_C = -\frac{1}{2} \cdot m \cdot v^2$, assim temos que a energia mecânica é dada por:

$$E_m = \frac{1}{2} \cdot m \cdot v^2 - \frac{G \cdot M \cdot m}{d}$$

Lembrando que a velocidade orbital é $v = \sqrt{\frac{G \cdot M}{d}}$, obtemos:

$$E_m = \frac{1}{2} \cdot m \cdot \left(\sqrt{\frac{G \cdot M}{d}}\right)^2 - \frac{G \cdot M \cdot m}{d}$$

$$E_m = -\frac{G \cdot M \cdot m}{2d}$$

Velocidade de escape

Quando lançamos um corpo para cima, ele sobe até determinado ponto, denominado altura máxima, e em seguida cai. No entanto, se aumentarmos cada vez mais a velocidade de lançamento, chegaremos a um valor, denominado velocidade de escape, v_e, suficiente para que o corpo não mais retorne, escapando da atração gravitacional da Terra.

Para obter a velocidade de escape, vamos considerar um ponto bem afastado da superfície (infinito), livre da ação gravitacional da Terra. Nesse ponto, a energia potencial é nula e é desnecessário que o corpo tenha energia cinética, pois ele já escapou do campo gravitacional. Assim, para um ponto infinitamente afastado da Terra, temos:

$$E_c = 0 \text{ e } E_p = 0$$

Para pontos na superfície da Terra, temos:

$$E_c = \frac{m \cdot v^2}{2} \text{ e } E_p = \frac{G \cdot M \cdot m}{R}$$

Considerando o sistema conservativo, a energia mecânica na superfície da Terra é igual à energia mecânica no infinito (bem distante da Terra). Portanto, para obter a velocidade de escape de um corpo lançado da superfície do planeta, escrevemos:

$$\frac{m \cdot v_e^2}{2} + \left(-\frac{G \cdot M \cdot m}{R}\right) = 0 \Rightarrow v_e^2 = \frac{2 \cdot G \cdot M}{R} \Rightarrow v_e = \sqrt{\frac{2 \cdot G \cdot M}{R}}$$

Comparando esse resultado com a expressão da velocidade circular, temos:

$$v_e = \sqrt{2} \cdot v_{circ.}$$

Essa expressão, que nos dá a velocidade necessária para um corpo escapar do campo gravitacional da Terra, é válida também para qualquer planeta de massa M e raio R, sem levar em conta forças dissipativas.

Substituindo os valores da massa e do raio da Terra, obtemos a velocidade de escape do planeta Terra:

$$v_e = 11\,200 \text{ m/s} = 11{,}2 \text{ km/s} = 40\,000 \text{ km/h}$$

Portanto, desprezando a resistência do ar, um corpo lançado da superfície da Terra com velocidade de 11,2 km/s não mais retorna, escapando assim da atração gravitacional do planeta. Para velocidades superiores a essa, o corpo escapa e, mesmo muito afastado, ainda possui uma sobra de energia cinética.

Observe que estamos falando de um corpo sem propulsão, ou seja, de um corpo para o qual toda a energia necessária ao escape é fornecida no ato do lançamento. Esse não é o caso dos Veículos Lançadores de Satélite (VLS) (**figura 9.22**), que vão ganhando velocidade gradativamente mediante o consumo de combustível.

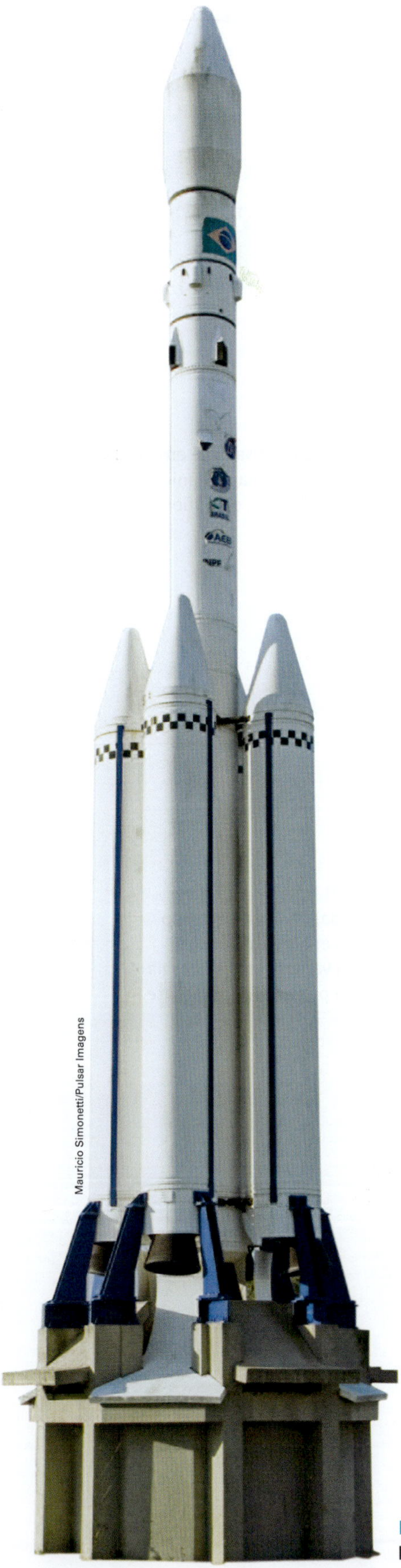

Maurício Simonetti/Pulsar Imagens

Figura 9.22 Os VLS são desenvolvidos pelo Instituto de Aeronáutica e Espaço (IAE).

Relação entre a velocidade e a órbita

Considerando o vetor velocidade perpendicular à linha que une o centro do satélite ao centro da Terra, podemos estabelecer os intervalos referentes a vários tipos de órbita.

Se a velocidade for exatamente $v_{circ.} = \sqrt{\frac{GM}{r}}$, teremos o corpo gravitando em órbita circular. Essa velocidade é conhecida também como "primeira velocidade astronáutica".

Se a velocidade for $v_e = \sqrt{\frac{2GM}{r}} = \sqrt{2} \cdot v_{circ.}$, teremos a velocidade de escape, conhecida como "segunda velocidade astronáutica".

Essas duas velocidades nos servem de guia para a análise das possíveis velocidades de um satélite em órbita, considerando o instante em que o vetor velocidade é perpendicular à linha que o une ao centro da Terra:

- $v < v_{circ.}$: Órbita elíptica com o corpo no apogeu. Eventualmente essa órbita poderia interceptar a superfície da Terra, como ilustra a **figura 9.23**, e o corpo não permaneceria em órbita em razão da colisão (em roxo).
- $v = v_{circ.}$: Órbita circular (em verde).
- $v_{circ.} < v < v_e$: Órbita elíptica com o corpo no perigeu (em azul).
- $v = v_e$: A trajetória é parabólica e não constitui uma órbita, pois o corpo não retorna à mesma posição (em rosa).
- $v > v_e$: A trajetória é um arco de hipérbole e não constitui uma órbita, pois o corpo não retorna à mesma posição (em amarelo).

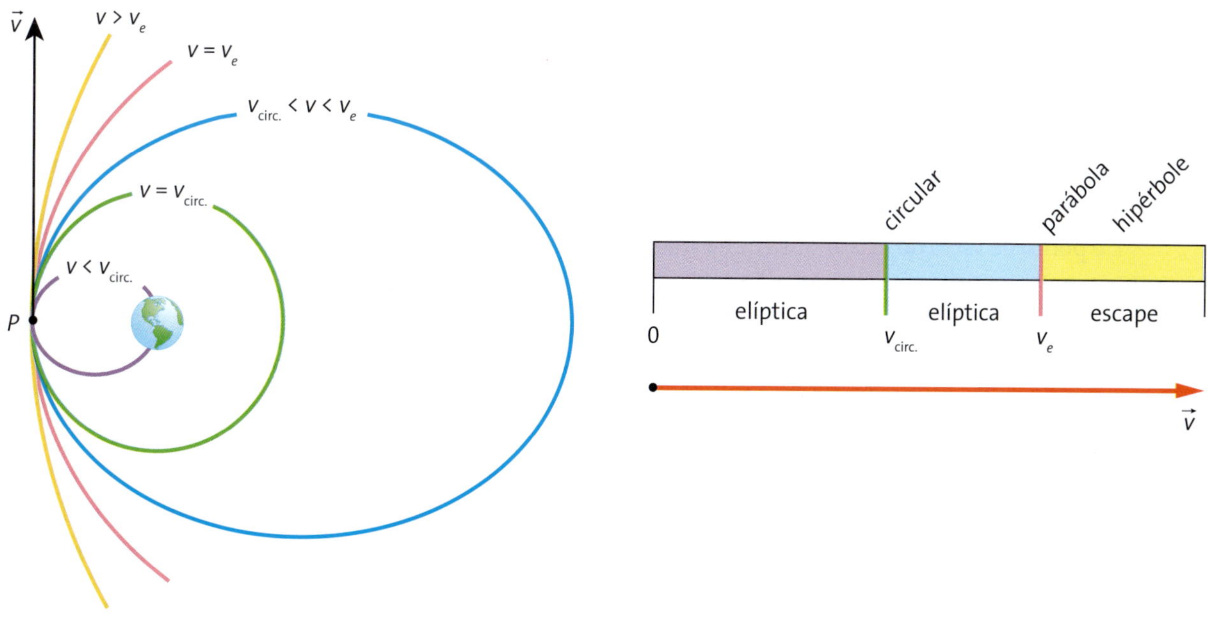

Figura 9.23 As diferentes órbitas, de acordo com o valor da velocidade de lançamento, em comparação com a velocidade da órbita circular ($v_{circ.}$).

Física explica

Imponderabilidade e microgravidade

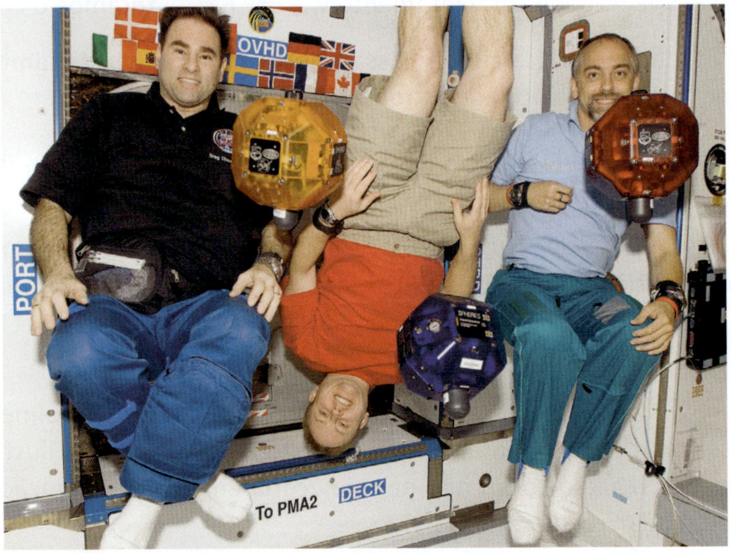

Nasa/Arquivo da editora

A bordo de uma espaçonave em órbita da Terra, o astronauta encontra-se em queda livre. Com isso, ele experimenta a imponderabilidade.

Alguns parques de diversões possuem uma espécie de elevador que leva várias pessoas até uma altura considerável e, em seguida, é liberado, permanecendo em queda livre durante um curto intervalo de tempo. Nesse intervalo, as pessoas sentem que o chão "fugiu de seus pés". Alguns dizem até sentir que "perderam o peso". Na realidade, o que as pessoas perdem durante o curto intervalo de queda livre é o apoio.

Nenhum de nós, no dia a dia, sente o próprio peso: o que sentimos é se estamos apoiados ou não. O apoio impede que a força peso nos leve Terra para dentro e, em decorrência disso, temos a ação de duas forças opostas – que não constituem um par ação e reação – cuja tendência é comprimir as partículas de nosso corpo. Se nos dependurarmos no teto, teremos uma sensação diferente, provocada pela tendência de as partículas do corpo se separarem, em virtude do esforço de tração.

Voltemos ao elevador. Suponha que você decida medir o peso de um corpo usando um dinamômetro, durante o curto intervalo em que o elevador está em queda livre. Quando você tentar dependurar o corpo no dinamômetro, ele estará caindo – com você e também com o dinamômetro. Sendo assim, durante a queda livre, não é possível pesar o corpo por esse processo. A aparente ausência de peso de um corpo em queda livre é denominada imponderabilidade.

Não é estranho que as pessoas confundam a ausência da força de apoio com a ausência de gravidade. Além disso, essas considerações nos ajudam a compreender por que as experiências feitas nas espaçonaves em órbita são chamadas de experiências em microgravidade.

Do ponto de vista do astronauta que está em uma espaçonave em órbita (queda livre), se não olhar pelas janelinhas da espaçonave, não terá como saber se ele está na ausência de gravidade ou em queda livre. As duas situações são equivalentes. Ora, se são equivalentes, por que não considerar que ele se encontra em um local sem gravidade, onde pode fazer seus experimentos, como abrir uma garrafa e ver a formação de esferas de água, carregar um bloco de 1 000 kg, dormir em qualquer posição, se os cálculos forem mais simples?

Para finalizar, por que microgravidade? Porque o próprio astronauta é um corpo massivo e, como tal, gera um campo gravitacional ao seu redor. Embora a intensidade desse campo seja insignificante, um experimento com gravidade zero teria de ser um experimento sem corpos materiais presentes.

1. Por que, ao pesar um corpo com um dinamômetro de molas, esperamos a situação de equilíbrio para fazer a leitura?
2. Se em uma espaçonave em órbita o astronauta tiver uma moeda na mão e soltá-la, o que acontece?

Exercícios

18. Os satélites artificiais podem ser utilizados para estudos climáticos e previsão de furacões. Em julho de 2004, a Nasa lançou o satélite Aura, cuja órbita circular está a 700 km de altitude em relação à superfície da Terra. Considerando o raio da Terra como 6 400 km, responda às questões:

a) Com que velocidade, em km/h, o satélite Aura se desloca em sua órbita?

b) Quanto tempo ele demora para efetuar uma volta completa em torno da Terra?

19. A velocidade da sonda Helios B, lançada para investigação do Sol, era de 71 km/s e ela estava em órbita a $4{,}3 \cdot 10^7$ km do Sol. Conhecendo-se a massa do Sol, como você procederia para determinar se a órbita era circular ou não?

20. Metis é uma pequena lua de Júpiter, descoberta em 1979, por meio de imagens fornecidas pela sonda espacial Voyager I. De acordo com dados da Nasa, essa lua tem raio de 20 km e massa $9{,}0 \cdot 10^{16}$ kg. Um fato curioso a respeito desse astro é que a velocidade necessária para uma órbita rasante (o raio da órbita é igual ao raio do astro) em torno dele é comparável à velocidade de uma bola de futebol num chute a gol.

a) Faça uma estimativa para a velocidade da órbita rasante.

b) Para você verificar se sua estimativa para o item **a** está razoável, calcule o raio da lua Metis e compare com o valor dado no texto.

21. A trajetória de um planeta em torno do Sol é mostrada na figura.

Em qual dos pontos, *A*, *B*, *C* ou *D*, o planeta possui maior:

a) energia cinética?

b) energia potencial?

c) energia mecânica?

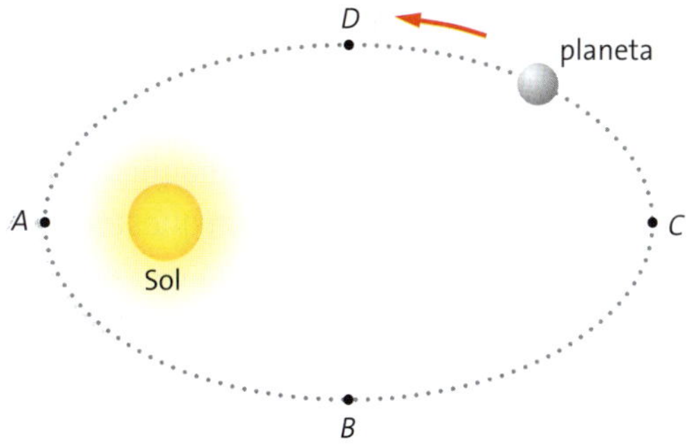

Formato/Arquivo da editora

22. Calcule a velocidade de escape de um corpo na superfície de Marte.

Com base nesse resultado, explique se a atmosfera de Marte é formada pelos mesmos elementos químicos que formam a atmosfera da Terra.

23. A energia mecânica de um corpo orbital pode ser calculada por:

$E_{mec.} = -\dfrac{G \cdot M \cdot m}{2a}$, sendo *a* o raio da órbita, caso ela seja circular, ou o raio médio, caso ela seja elíptica.

Considere um corpo orbital de massa 1,0 kg, ao redor de um planeta de massa *M*, tal que o produto $G \cdot M = 4{,}0 \cdot 10^{10}$ (em unidades do SI), a uma distância de $1{,}0 \cdot 10^4$ m do centro do planeta e com velocidade $2{,}2 \cdot 10^3$ m/s, no periastro, representado pelo ponto *P* da figura seguinte.

a) Mostre que a energia mecânica desse corpo orbital é negativa.

b) Prove que, de fato, a órbita desse corpo não é circular.

c) Obtenha o raio médio dessa órbita.

d) A que distância do centro do planeta está o apoastro?

e) Qual é a velocidade de escape na posição *P*?

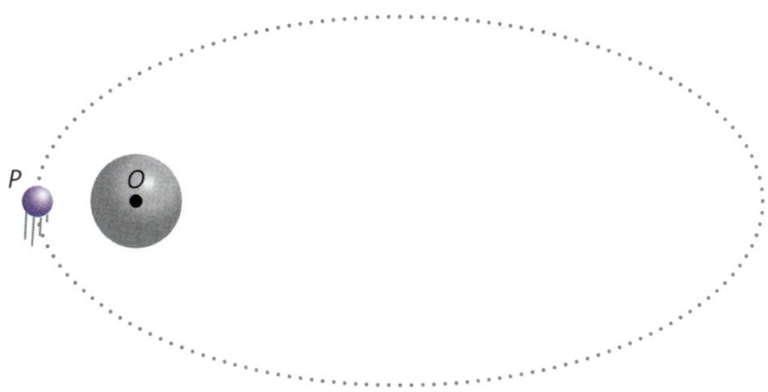

EM CONSTRUÇÃO

Johannes Kepler

Reprodução/Museu de Ciências de Londres, Inglaterra.

Johannes Kepler.

Johannes Kepler (1571-1630) nasceu na Alemanha e ainda muito jovem foi enviado a um seminário protestante cujo objetivo era criar barreiras teológicas contra o avanço dos católicos. Kepler estudou inicialmente para seguir carreira teológica. Na universidade, ele leu sobre os princípios de Nicolau Copérnico e logo se tornou um entusiástico defensor do heliocentrismo. Em 1594, conseguiu um posto de professor de Matemática e Astronomia em uma escola secundária em Graz, na Áustria, mas, poucos anos depois, por pressões da Igreja católica, foi exilado. Seguiu então para Praga, na atual República Tcheca, para trabalhar com Tycho Brahe.

Em defesa da Astrologia, Kepler publicou *Tercius interveniens*, na qual criticava aqueles que, olhando apenas para o viés supersticioso, a atacavam. É importante notar que Kepler defendia a Astrologia como Cosmologia, isto é, como explicação do modo como se processam as relações entre astros e acontecimentos terrenos, dentro do âmbito da atuação divina. É clara sua crítica tanto aos céticos quanto aos supersticiosos.

Vale lembrar que naquela época todos os astrônomos eram também astrólogos, e aconselhar reis e imperadores em questões astrológicas fazia parte das atribuições de qualquer astrônomo. O interessante da obra de Kepler é justamente ele ter feito a transição da superstição à ciência. Quando as observações físicas se chocaram com o dogma, Kepler optou pelos fatos científicos, abandonando a superstição.

Ele se desfez dos epiciclos, equantes e outros artifícios matemáticos criados no tempo de Ptolomeu – e mantidos por Copérnico – para enquadrar as órbitas celestes ao modelo aristotélico das esferas de cristal. Segundo Aristóteles, os céus eram divinamente perfeitos, e os corpos celestes só podiam se mover segundo a mais perfeita das formas – o círculo.

Kepler, usando dados coletados por Tycho Brahe (as oposições de Marte entre 1580 e 1600), mostrou que os planetas não se moviam em órbitas circulares, mas sim elípticas. Esse detalhe, somente perceptível por acuradas medições, deu a Isaac Newton elementos para formular a teoria da gravitação universal, cinquenta anos mais tarde.

Quando Tycho morreu, Kepler herdou seu posto e seus dados, a cujo estudo se dedicou pelos vinte anos seguintes. O planeta para o qual havia o maior número de dados era Marte. Kepler conseguiu determinar as diferentes posições da Terra após cada período sideral de Marte, e assim conseguiu traçar a órbita da Terra. Verificou que essa órbita se ajustava muito bem a um círculo excêntrico, isto é, com o Sol um pouco afastado do centro.

Trabalho em equipe

Conheçam mais profundamente a vida e o trabalho de Kepler, suas relações com a ciência, com a religião e com aquele que possibilitou a elaboração de suas leis sobre o movimento dos planetas: Tycho Brahe. Para isso, propomos a leitura de “O divisor de águas”, quarta parte do livro *O homem e o Universo*, de Arthur Koestler. São Paulo: Ibrasa, 1989, p. 153-293.

Determinação da longitude

Nesta atividade experimental, você poderá determinar a linha norte-sul verdadeira que passa por um local de sua escolha (escola, casa, etc.), os outros pontos cardeais e a longitude do local. Para isso, serão necessários um bastão fino (pode ser um cabo de vassoura), giz, uma bússola e cerca de 2,0 m de barbante.

O bastão é comumente chamado de gnômon e esse método para determinação da linha norte-sul aparece descrito no livro *De Architectura*, escrito por Vitruvius (séc. I a.C.).

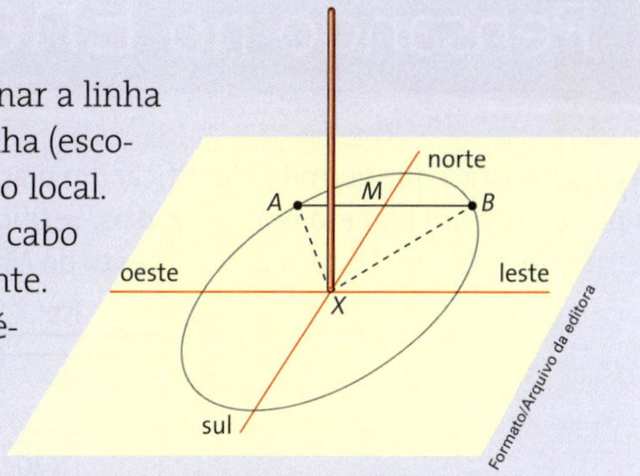

Marcação dos pontos nos instantes em que a sombra toca a circunferência.

Escolha um local que seja iluminado pelo Sol na maior parte do dia. Além disso, esse local deve ser plano e horizontal. Com o giz, faça um pequeno *X* no solo. Nesse ponto você vai fixar o bastão. Se o chão for pavimentado, você pode fixar o bastão em uma lata com terra e depois colocá-la de forma que o bastão fique exatamente sobre o *X*, na posição exatamente vertical. Pendure um pequeno objeto no barbante e utilize-o como fio de prumo para verificar se o bastão está realmente na vertical. Para maior precisão em suas medidas, é interessante que a ponta superior do bastão esteja afunilada (como a ponta de um lápis, por exemplo).

Faça uma marca na extremidade da sombra projetada pelo bastão no solo por volta das 9h da manhã. Não precisa ser exatamente nesse horário, mas próximo disso. Retire o bastão e trace, utilizando o barbante, uma circunferência com centro no *X* e com raio um pouco menor do que a distância entre o *X* e a marca que você fez. Reponha então o bastão e espere até que a extremidade da sombra projetada por ele no solo "toque" a circunferência. Nesse momento, marque o ponto *A* em que esse "toque" acontece.

Feito isso, você ainda terá de fazer outra marca no período da tarde, quando novamente a extremidade da sombra tocar a circunferência. Se o primeiro toque aconteceu por volta de 9h, o segundo deverá ocorrer por volta de 15h. Faça então a segunda marca *B*. Com isso, você terá os pontos necessários para traçar a linha norte-sul do local das medidas.

Determine *M*, o ponto médio do segmento $\overline{AB}$. A reta suporte do segmento $\overline{MX}$ é a linha norte-sul do local. A reta perpendicular a $\overline{MX}$, que passa por *X*, é a linha leste-oeste.

Na maior parte do território brasileiro (fora do horário de verão), a hora nacional é a hora de Greenwich menos 3 horas. Quer dizer, quando em Greenwich são 12h, aqui são 9h. Acerte seu relógio pelo horário oficial menos 3h. Agora você está sincronizado com o horário de Greenwich. Verifique exatamente em que instante a sombra projetada pelo gnômon cai exatamente sobre a linha norte-sul e anote o que marca o seu relógio (horas, minutos e segundos). Em termos locais, esse é o exato meio-dia.

1. Geralmente, o norte indicado pela bússola não é exatamente o norte geográfico. Considerando que o processo que você utilizou para determinar o norte geográfico proporciona boa precisão, compare-o com o indicado por uma bússola. Qual a diferença? Não se assuste. No território brasileiro essa diferença pode ser maior do que 20°, variando de local para local e um pouco ao longo dos anos. No *site* do Observatório Nacional você pode obter essa diferença, chamada de declinação magnética. Acesse o *link* a seguir para verificar a variação magnética de sua cidade: <http://obsn3.on.br/~jlkm/magdec/index.html>.
2. Transforme a hora em que a sombra cai exatamente sobre a linha norte-sul para a forma decimal. Por exemplo, se seu relógio marcava 3h15min, então você terá 3,25h.
3. Tomando-se a Terra como referência, o Sol dá uma volta completa ao redor dela em 24 h, isto é, a cada hora, o Sol "anda" 15°. Utilizando uma regra de três, determine a longitude do local de seu gnômon. Compare com o valor que consta dos mapas. Qual a diferença?
4. Se o meio-dia local de uma cidade ocorre quando o relógio de Greenwich indica exatamente 15h, qual é a longitude desse local?

Pensando no Enem

A característica que permite identificar um planeta no céu é o seu movimento relativo às estrelas fixas. Se observarmos a posição de um planeta por vários dias, verificaremos que sua posição em relação às estrelas fixas se modifica regularmente. A figura destaca o movimento de Marte observado em intervalos de 10 dias, registrado da Terra.

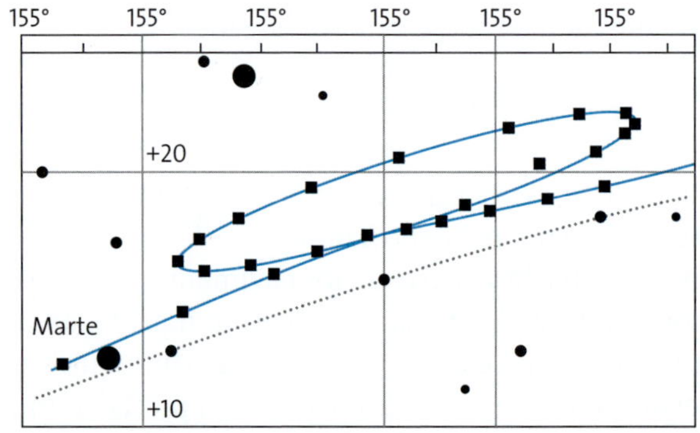

Projecto Física. Lisboa: Fundação Calouste Gulbenkian, 1980 (adaptado).

Qual a causa da forma da trajetória do planeta Marte registrada na figura?

a) A maior velocidade orbital da Terra faz com que, em certas épocas, ela ultrapasse Marte.

b) A presença de outras estrelas faz com que sua trajetória seja desviada por meio da atração gravitacional.

c) A órbita de Marte, em torno do Sol, possui uma forma elíptica mais acentuada que a dos demais planetas.

d) A atração gravitacional entre a Terra e Marte faz com que este planeta apresente uma órbita irregular em torno do Sol.

e) A proximidade de Marte com Júpiter, em algumas épocas do ano, faz com que a atração gravitacional de Júpiter interfira em seu movimento.

Resolução

De acordo com a expressão da velocidade de órbita circular de um satélite, quanto maior é o raio da órbita *d* de um satélite, menor é sua velocidade orbital. Isso pode ser generalizado para os planetas do Sistema Solar, que também possuem órbitas praticamente circulares. Como Marte é um planeta exterior à Terra, se movimenta mais devagar que ela, e sua posição aparente com relação às estrelas fixas varia conforme ilustra a figura a seguir.
Inicialmente nas posições de 1 a 4, a Terra está se aproximando de Marte de modo que sua trajetória forma a primeira parte do laço exibida na figura da questão; durante a ultrapassagem de 4 a 7, o laço é completado e, depois, Marte volta a se mover aparentemente em apenas um sentido. Essa trajetória se repetirá sempre que a Terra for ultrapassar Marte, assim a alternativa certa é a **a**.

Dica: Compreender o exercício 4 pode ajudá-lo a entender ainda mais esse fenômeno.

Trajetória de Marte vista da Terra

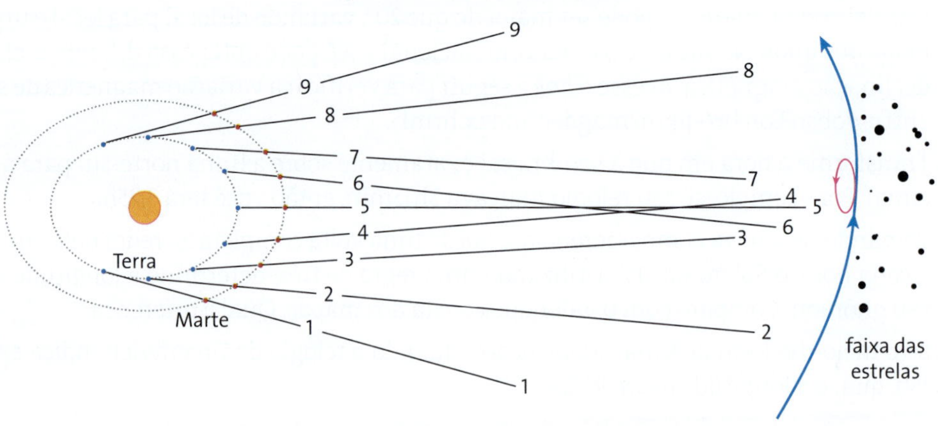

Vestibulares de Norte a Sul

1. CO (UFMT, com adaptações) Um modelo científico deve explicar as observações atuais e passadas e prever observações futuras. Muitas vezes, no estudo da Física ou das Ciências Naturais, à medida que novas evidências surgem, um modelo é aperfeiçoado ou substituído por outro, mais adequado àquele momento.

Sobre a evolução dos modelos científicos para o Sistema Solar, analise os itens a seguir e reescreva, em seu caderno, aqueles que você julgar incorretos, corrigindo-os.

I. O modelo geocêntrico, proposto por Cláudio Ptolomeu, determina que a Terra é o centro do Universo e que a Lua, o Sol e os planetas giram ao redor dela.

II. No modelo heliocêntrico, proposto por Nicolau Copérnico, a Terra é concebida como um planeta e gira ao redor do Sol, que é considerado o centro do Universo.

III. Atualmente, o modelo geocêntrico é o aceito pela comunidade científica.

IV. O modelo de Kepler é compatível com o de Copérnico; no entanto, concebe que a órbita dos planetas teria o formato de uma elipse, na qual o Sol estaria posicionado num dos focos.

2. NE (UFPB) Recentemente, noticiou-se a chegada do robô *Curiosity* a Marte. Antes de descer sobre a superfície, o robô orbitou em torno de Marte com uma trajetória circular de raio R e período T. Esse mesmo satélite orbitaria em torno da Terra com uma trajetória circular de raio $3R$ e período $2T$. Sabendo que a terceira lei de Kepler é dada por $\frac{T^2}{R^3} = \frac{K}{M}$, onde M é a massa do corpo central, e K uma constante, identifique a razão entre as massas da Terra e de Marte.

a) $\frac{27}{4}$

b) $\frac{3}{2}$

c) $\frac{9}{8}$

d) $\frac{8}{9}$

e) $\frac{4}{27}$

3. NE (UFPE) Um planeta realiza uma órbita elíptica com uma estrela em um dos focos. Em dois meses, o segmento de reta que liga a estrela ao planeta varre uma área A no plano da órbita do planeta. Em 32 meses tal segmento varre uma área igual a αA. Qual o valor de α?

4. SE (Vunesp-SP) No dia 5 de junho de 2012, pôde-se observar, de determinadas regiões da Terra, o fenômeno celeste chamado trânsito de Vênus, cuja próxima ocorrência se dará em 2117.

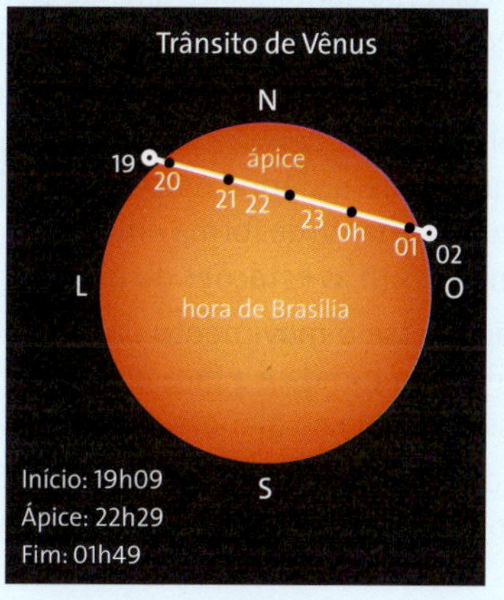

<www.apolo11.com>. Adaptado.

Tal fenômeno só é possível porque as órbitas de Vênus e da Terra, em torno do Sol, são aproximadamente coplanares, e porque o raio médio da órbita de Vênus é menor que o da Terra.

Portanto, quando comparado com a Terra, Vênus tem:

a) o mesmo período de rotação em torno do Sol.

b) menor período de rotação em torno do Sol.

c) menor velocidade angular média na rotação em torno do Sol.

d) menor velocidade escalar média na rotação em torno do Sol.

e) menor frequência de rotação em torno do Sol.

5. CO (UFG-GO) As estações do ano devem-se basicamente à inclinação do eixo de rotação da Terra, a qual possui um período de precessão próximo de 26 000 anos. Na época atual, os solstícios ocorrem próximos ao afélio e ao periélio. Dessa maneira, o periélio ocorre no mês de dezembro, quando a distância Terra-Sol é de $145 \cdot 10^6$ km, e a velocidade orbital da Terra é de 30 km/s. Considere que, no afélio, a distância Terra-Sol é de $150 \cdot 10^6$ km. Nesse sentido, a velocidade de translação da Terra no afélio e o momento astronômico que caracterize o início da respectiva estação do ano devem ser:

a) 28 km/s durante o solstício de verão do hemisfério norte.

b) 29 km/s durante o solstício de inverno do hemisfério sul.

c) 29 km/s durante o equinócio de outono do hemisfério sul.

d) 31 km/s durante o equinócio de primavera do hemisfério sul.

e) 31 km/s durante o solstício de verão do hemisfério norte.

6. **S** (UTFPR) O movimento da Terra em torno do Sol faz com que em qualquer lugar do planeta existam diferenças no tempo atmosférico. Essas diferenças têm origem em dois fatores principais, que são os movimentos de rotação e de translação. Analise as alternativas a seguir e identifique a INCORRETA no que se refere à influência desses movimentos no tempo atmosférico e climas da Terra.

a) É o movimento de rotação que determina os ciclos da produção agrícola e, portanto, indica quando plantar, quando colher, quando guardar e quando descansar.

b) O movimento de translação, combinado com a inclinação do eixo da Terra sempre no mesmo ângulo, faz com que os hemisférios norte e sul sejam expostos alternadamente de forma diferente à luz, proporcionando assim as estações do ano.

c) Se a Terra não tivesse o movimento de rotação, a face iluminada seria tórrida e a face escura gelada sendo impossível à vida no planeta.

d) O movimento de translação é que determina a duração do fotoperíodo diário, sendo que, para o hemisfério sul, a maior duração do dia iluminado ocorre em 22 de dezembro, quando inicia o verão.

e) O movimento de rotação é o responsável pela exposição do planeta à luz solar, fazendo com que haja certo equilíbrio em relação à temperatura, pois gera os dias e noites.

7. **N** (Ufam) Os antigos acreditavam que as estrelas, os planetas e a Lua se movem em círculos divinos, livres de qualquer força propulsora. Para Aristóteles (384-322 a.C.), o movimento circular dos corpos celestes era encarado como natural. Segundo ele, havia dois conjuntos de leis naturais: um para os acontecimentos terrestres, e outro, totalmente diferente, para os movimentos celestes. Entretanto, Isaac Newton (1642-1727) provou que a força entre a Terra e uma maçã que cai é da mesma natureza que a força que atrai a Lua para uma órbita em torno da Terra. De acordo com Newton, toda massa atrai qualquer outra massa com uma força que é diretamente proporcional ao produto das massas envolvidas e inversamente proporcional ao quadrado da distância que as separa. Esta lei da gravitação universal mostra que a força entre dois corpos:

a) duplica quando a distância entre os dois corpos é reduzida à metade.

b) quadruplica quando a distância entre os dois corpos é reduzida à metade.

c) duplica quando a massa de cada um dos dois corpos é duplicada.

d) quadruplica quando a distância entre os dois corpos é duplicada.

e) quadruplica quando a massa de cada um dos dois corpos é reduzida à metade.

8. **SE** (Uerj) *O que mais há na Terra é paisagem. [...] Não faltam cores a esta paisagem. [...] Tem épocas do ano em que o chão é verde, outras, amarelo, e depois castanho ou negro.*

(SARAMAGO, José. *Levantado do chão*. Caminho, Lisboa, 1979.)

O tipo climático que, por sua bem definida sucessão das quatro estações do ano, provavelmente inspirou o autor, denomina-se:

a) polar.

b) equatorial.

c) temperado.

d) tropical úmido.

9. **NE** (UFRN) Para facilitar a comunicação entre os diversos pontos do planeta, convencionou-se um sistema de fusos horários, baseado nos meridianos. Considerando estes fusos horários mundiais, quando for 14h do dia 25 de dezembro de 2011, na cidade de Londres, na Inglaterra, será 11h na cidade de Vitória, no Brasil, e 23h na cidade de Tóquio, no Japão.

Observe o mapa a seguir:

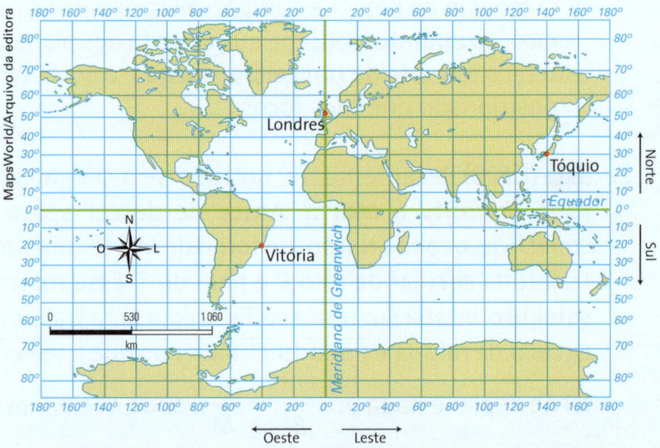

MapsWorld/Arquivo da editora

A diferença de horários entre as cidades mencionadas está associada aos fusos horários, que foram definidos, entre outras razões, pelo:

a) movimento de translação da Terra, que é executado no sentido oeste-leste, de modo que os lugares situados a leste têm horário atrasado em relação aos lugares a oeste.

b) movimento de rotação da Terra, que é executado no sentido leste-oeste, de modo que os lugares situados a oeste têm horário adiantado em relação aos lugares a leste.

c) movimento de rotação da Terra, que é executado no sentido oeste-leste, de modo que os lugares situados a leste têm horário adiantado em relação aos lugares a oeste.

d) movimento de translação da Terra, que é executado no sentido leste-oeste, de modo que os lugares situados a oeste têm horário atrasado em relação aos lugares a leste.

CAPÍTULO

10 Estática e máquinas simples

A tecnologia proporcionou construções duráveis e estéticas, mas que não estão ao alcance de todos.

1 O equilíbrio do corpo rígido

Sob a ação de forças, todos os corpos se deformam. No estudo da Estática, que trata do equilíbrio de corpo rígidos, as deformações sofridas pelos corpos são desprezíveis em relação a suas dimensões iniciais. É para efeito de simplificação que os corpos são considerados indeformáveis, ou seja, rígidos.

Antes da análise que faremos sobre o funcionamento de diversos utensílios comuns no dia a dia, vamos estudar alguns aspectos teóricos que serão fundamentais para essa análise.

Para muitos fenômenos no campo da Mecânica, um sistema constituído por vários pontos materiais pode ser representado por um único ponto material que lhe seja equivalente – o **centro de massa (CM)** do sistema.

Em um sistema formado por dois pontos materiais de mesma massa, o centro de massa localiza-se no ponto médio entre eles. Assim, os dois pontos são simétricos em relação ao centro de massa. Se um corpo homogêneo possui eixo (ou plano) de simetria, o centro de massa pertence a esse eixo (ou plano). No caso de corpos homogêneos com mais de um eixo de simetria, o centro de massa se localiza na interseção desses eixos (tabela 10.1).

Todos os corpos são tridimensionais. Contudo, há situações em que uma das dimensões é predominante. No caso de um pedaço de arame ou um longo trilho de aço, por exemplo, podemos representá-los simplesmente por uma linha. São os **corpos lineares**.

Há também o caso de chapas planas, com espessura muito menor que suas outras dimensões. Para simplificar seu estudo, esses corpos são representados por **figuras planas**.

Tabela 10.1 – Posição do centro de massa de alguns corpos homogêneos	
Corpos lineares	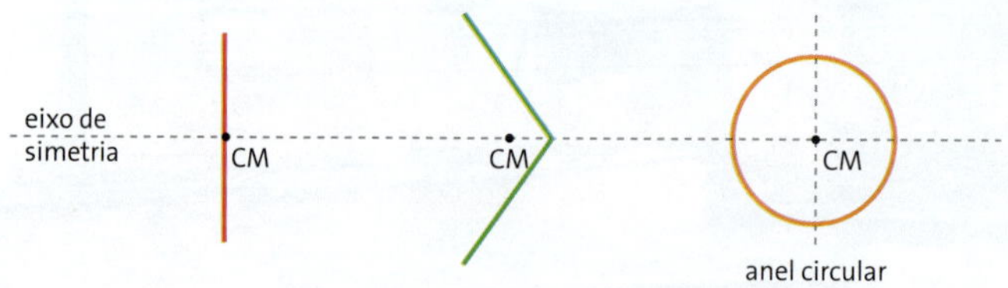
Corpos planos	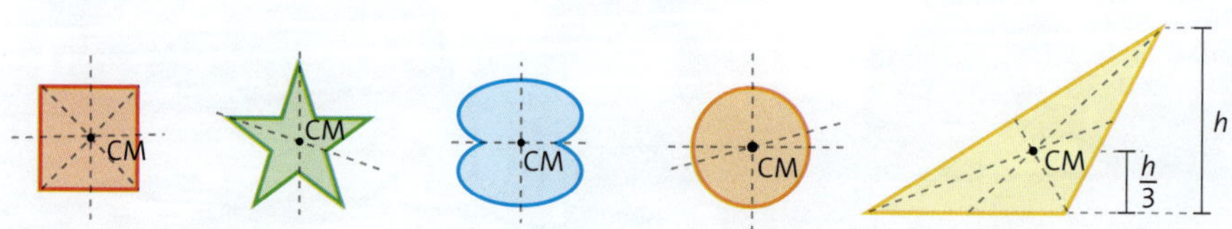
Corpos sólidos	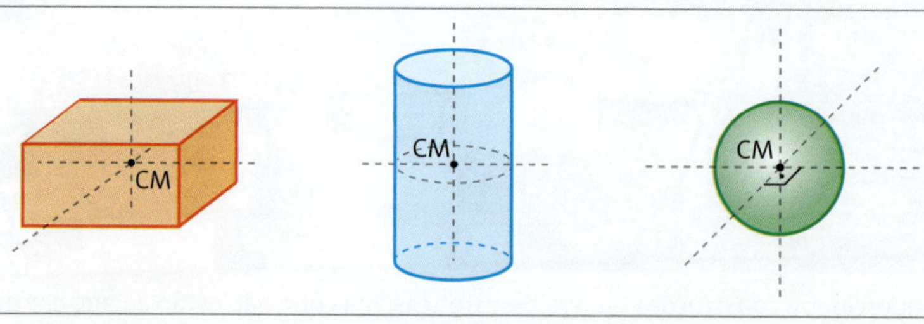

No caso de corpos planos triangulares, as medianas de um triângulo não são eixos de simetria, mas um segmento de reta que une um dos vértices do triângulo com o ponto médio do lado oposto desse vértice (**figura 10.1**). O centro de massa de um triângulo é o ponto de encontro entre as três medianas.

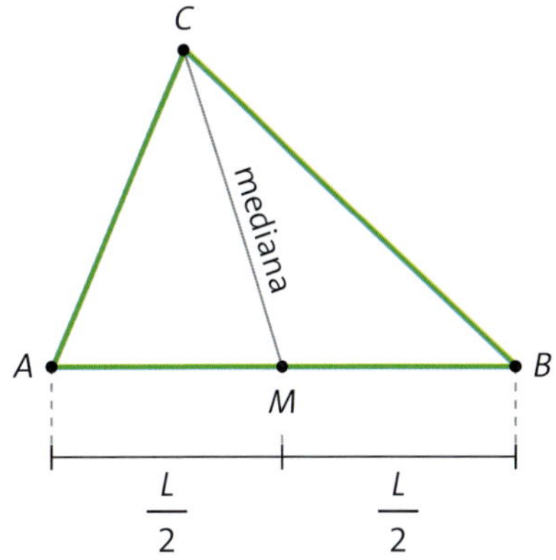

Figura 10.1 No lado oposto do vértice da mediana, temos segmentos de mesma medida – situação análoga ao que ocorre com os eixos de simetria.

Devemos observar que o centro de massa de um objeto sólido (corpo rígido) não se localiza, obrigatoriamente, dentro de sua parte sólida. Como exemplo, podemos citar uma barra em *U* (**figura 10.2**). O centro de massa dessa barra não se localiza na parte sólida.

Observação: O chamado **centro de gravidade** é o ponto em que podemos imaginar que esteja concentrado todo o **peso** do corpo. No caso de um campo gravitacional uniforme, esse ponto coincide com o **centro de massa**, e podemos utilizar todas as propriedades do centro de massa para analisar o equilíbrio do corpo.

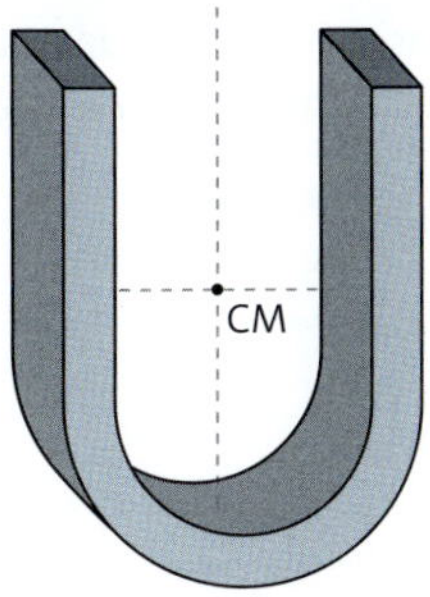

Ilustrações: Formato/Arquivo da editora

Figura 10.2 Centro de massa CM de uma barra em *U*.

Tipos de equilíbrio

As diferentes situações de equilíbrio em que um corpo pode se encontrar podem ser classificadas em três tipos básicos:

- **Equilíbrio estável** – Situação em que qualquer pequeno deslocamento (angular ou linear) sofrido pelo corpo resulta em tendência de retorno à posição de equilíbrio inicial.
- **Equilíbrio instável** – Nessa situação, qualquer pequeno deslocamento resulta em tendência de continuar tombando ou se afastando dessa posição.
- **Equilíbrio indiferente** – Situação em que qualquer pequeno deslocamento resulta em uma nova situação também de equilíbrio.

A tabela 10.2 ilustra essas três possibilidades.

Tabela 10.2 – Tipos de equilíbrio

Estável		Instável		Indiferente	
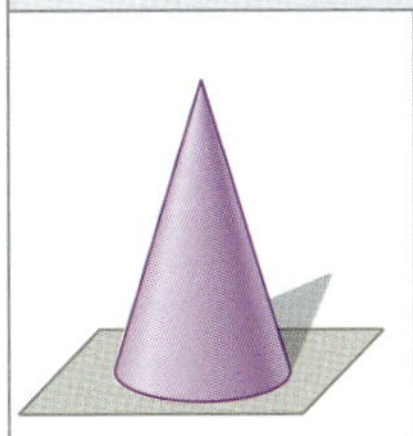	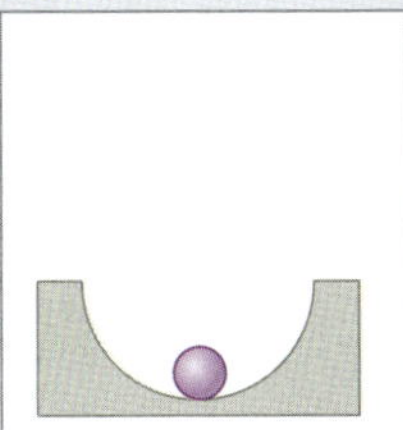	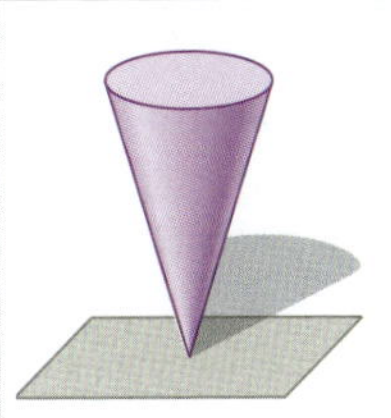		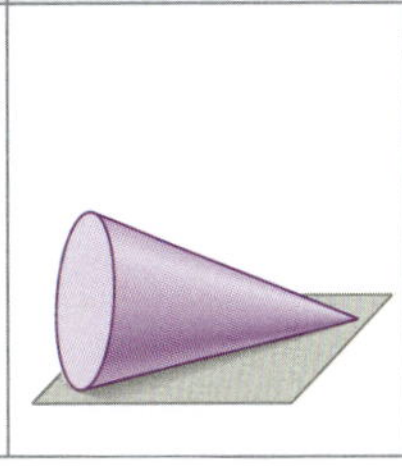	

Corpos simplesmente apoiados

Um corpo simplesmente apoiado fica sob a ação de somente duas forças: a força aplicada pelo apoio e a força peso.

Para que esse corpo esteja em equilíbrio, essas duas forças devem estar na mesma direção, mas com sentidos opostos. Como a força aplicada pelo apoio se localiza na base do corpo e deve ter mesma direção que a força peso, a reta vertical que contém o centro da gravidade do corpo deve passar pela base de apoio para que ele não tombe. A tabela 10.3 mostra alguns corpos apoiados.

<table>
<tr><th colspan="2">Tabela 10.3 – Possibilidades de equilíbrio para corpos simplesmente apoiados</th></tr>
<tr><td colspan="2">A vertical que contém o CM passa pela base de apoio. O corpo não tomba.</td></tr>
<tr><td>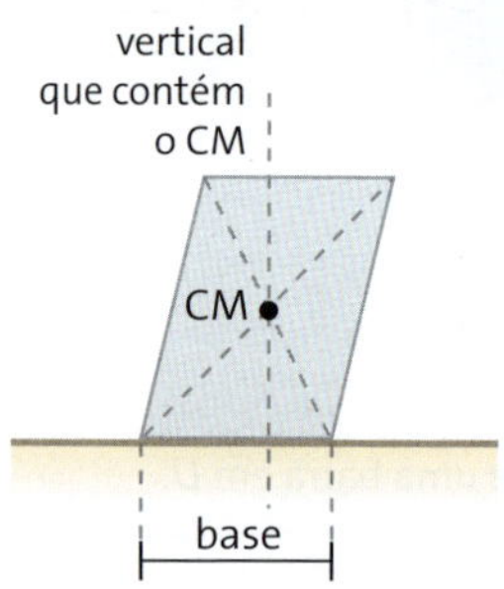
</td><td>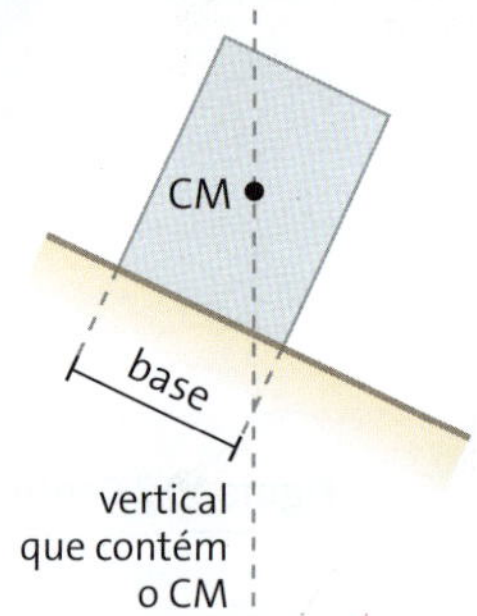
</td></tr>
<tr><td colspan="2">A vertical que contém o CM passa pela extremidade da base de apoio. O corpo está na iminência de tombar.</td></tr>
<tr><td>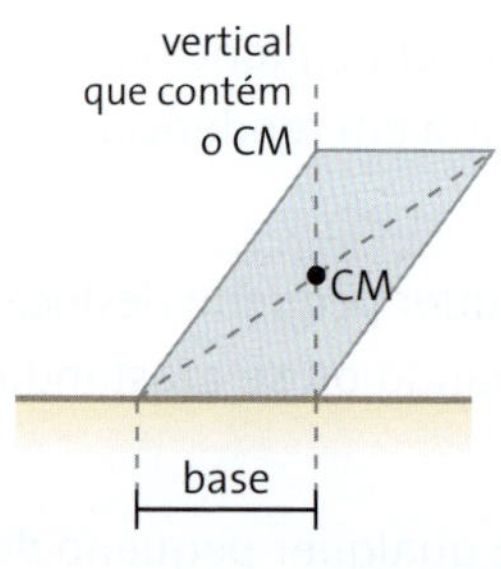
</td><td>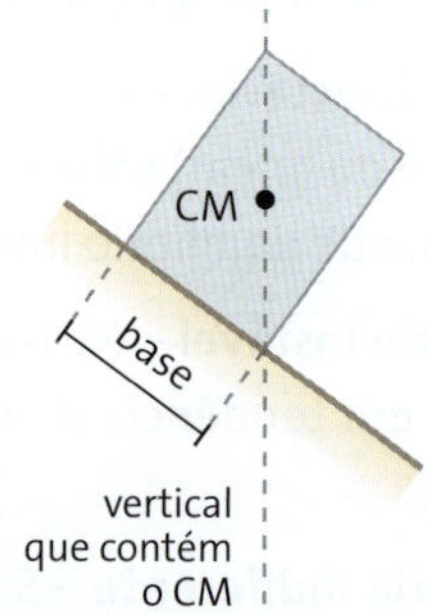
</td></tr>
<tr><td colspan="2">A vertical que contém o CM não passa pela base de apoio. O corpo tomba.</td></tr>
<tr><td>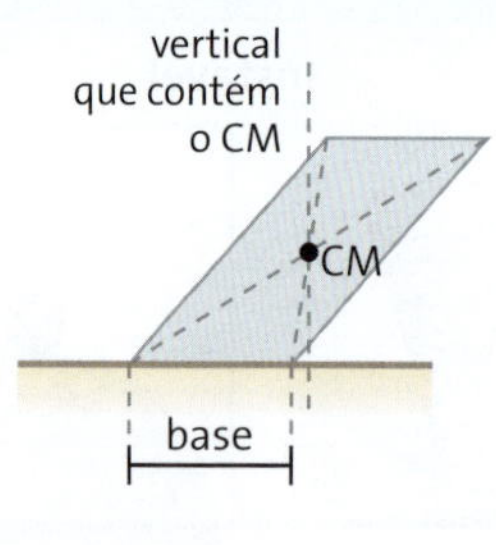
</td><td>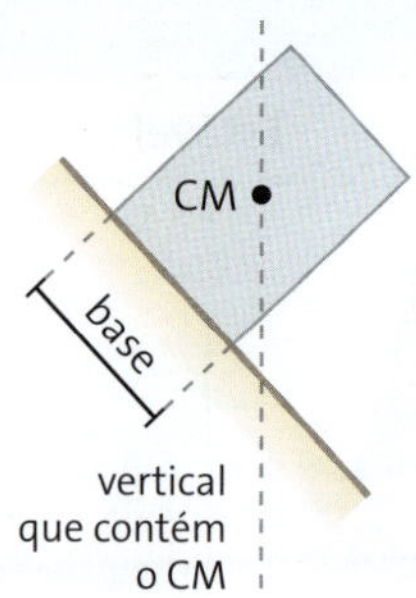
</td></tr>
</table>

A estrutura do arranjo experimental da **figura 10.3.a** é deformável; enquanto o fio de prumo estiver apontando para um ponto pertencente à base, a estrutura não irá tombar. Na **figura 10.3.b** temos uma aplicação do equilíbrio de corpos simplesmente apoiados: são as torres Kio, localizadas em Madri, que formam a chamada Porta da Europa. Os prédios têm inclinação de 15° e, além disso, uma pesada e adequada estrutura subterrânea para garantir o equilíbrio.

(a)

Acervo do autor/Arquivo da editora

(b)

Rafael Ramirez Lee/Shutterstock/Glow Images

Figura 10.3 Estrutura articulada com o objetivo de analisar as condições de equilíbrio (**a**). Porta da Europa: os prédios aparentam estar na iminência de tombar (**b**).

Quando um corpo possui mais de uma região de apoio, consideramos como base a menor superfície convexa que contenha todas essas regiões. A **figura 10.4** mostra as bases de uma mesa com três pés e de uma pessoa descalça. A **figura 10.5** apresenta diversas situações de equilíbrio.

As imagens estão fora de escala.

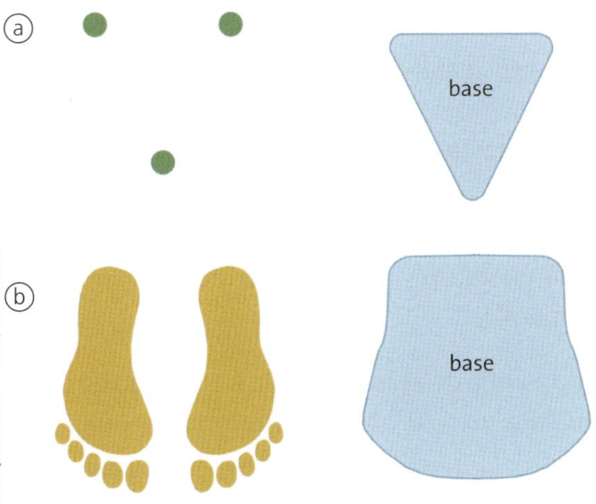

Ilustrações: Paulo Manzi/Arquivo da editora

Figura 10.4 Base de uma mesa com três regiões de apoio (**a**). Base de uma pessoa apoiada nos dois pés (**b**).

Figura 10.5 A vertical que contém o CM passa pela base do corpo.

Momento de uma força

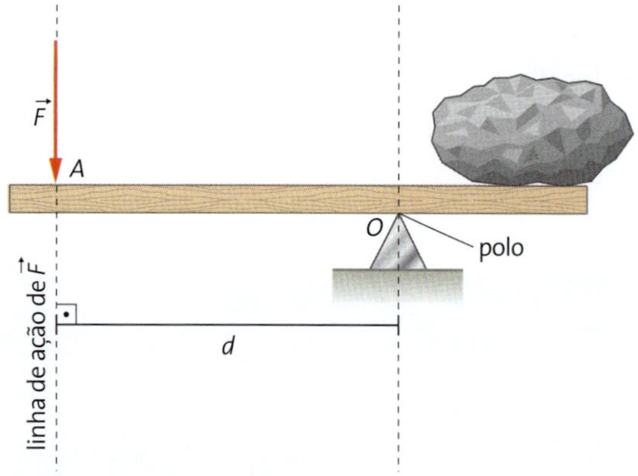

Figura 10.6 Linha de ação de uma força em relação ao polo O.

No capítulo 8 foi discutido o momento (ou torque) de uma força ou de um sistema de forças, no contexto da conservação do movimento de rotação (inércia rotacional).

Consideremos uma força de intensidade F, aplicada no ponto A de uma barra que pode girar livremente em torno do ponto O (polo), conforme a figura 10.6.

A tendência de rotação que a força $\vec{F}$ produz na barra, em relação ao ponto O (polo), é chamada de momento da força F em relação a esse ponto.

A intensidade dessa tendência à rotação é dada por:

$$M_l = F \cdot d$$

Nessa expressão, F é a intensidade da força e d é a distância da linha de ação da força ao eixo de rotação. A distância d recebe o nome de **braço da força**.

No caso de uma força que não seja perpendicular ao segmento de reta que une o ponto de aplicação da força ao polo, representado por a na figura 10.7, podemos calcular o momento dessa força de duas maneiras: decompondo a força ou calculando a medida do seu braço.

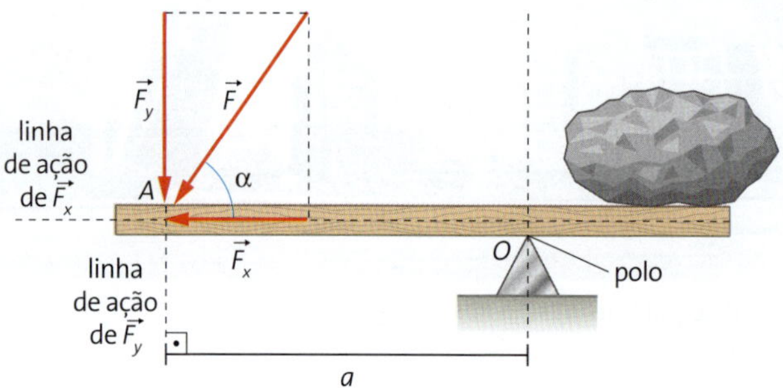

Figura 10.7 Decomposição da força para determinar o seu momento.

- Decompondo a força, temos:

  Nesse diagrama, observamos que a distância entre o ponto O e a linha de ação da componente F_x é nula. Portanto, em relação ao ponto O, a componente F_x não produz tendência de rotação na barra, ou seja: $M_{lx} = 0$.

  $F_x = F \cdot \cos \alpha$

  $F_y = F \cdot \text{sen}\, \alpha$

  $M_{lF} = M_{lx} + M_{ly} \Rightarrow M_{lF} = 0 + F_y \cdot a \Rightarrow$

  $\Rightarrow M_{lF} = 0 + (F \cdot \text{sen}\, \alpha) \cdot a \Rightarrow M_{lF} = F \cdot a \cdot \text{sen}\, \alpha$

- Calculando a medida do braço da força (verifique a equivalência entre esse processo e o anterior), obtemos, do triângulo ABC (figura 10.8):

$$\text{sen}\, \alpha = \frac{d}{a} \Rightarrow d = a \cdot \text{sen}\, \alpha \Rightarrow$$

$$\Rightarrow M_l = F \cdot d = F \cdot a \cdot \text{sen}\, \alpha$$

Duas situações merecem destaque:

- Quando a linha de ação é perpendicular à extensão do corpo (a), ou seja, $\alpha = 90°$, temos o momento máximo, pois $\text{sen}\, \alpha = 1$.
- Quando a linha de ação é paralela à extensão do corpo (a), ou seja, $\alpha = 0°$, temos o momento nulo, pois $\text{sen}\, \alpha = 0$.

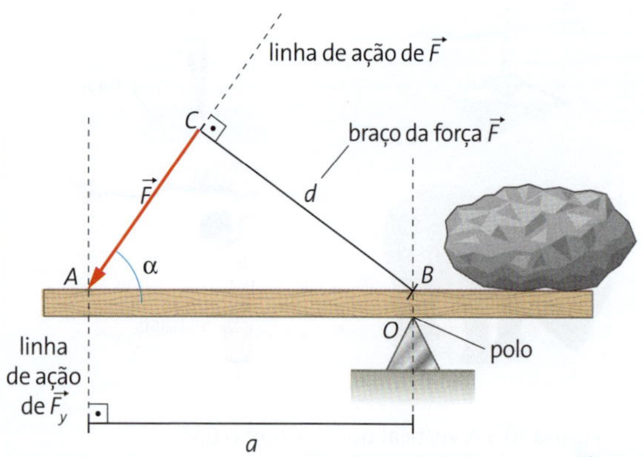

Ilustrações: Adilson Secco/Arquivo da editora

Figura 10.8 Obtendo o braço da força $\vec{F}$.

Vejamos agora algumas importantes considerações sobre o momento de uma força:

Para aplicarmos as condições de equilíbrio de rotação, é necessário adotarmos uma convenção de sinais para momentos. Os esquemas da **figura 10.9** ilustram como ficam as expressões algébricas para o cálculo dos momentos de uma das forças coplanares $\vec{F}_1$ e $\vec{F}_2$ em relação ao polo O.

Temos que: $M_{IF1} = F_1 \cdot d_1 > 0$ e $M_{IF2} = F_2 \cdot d_2 < 0$

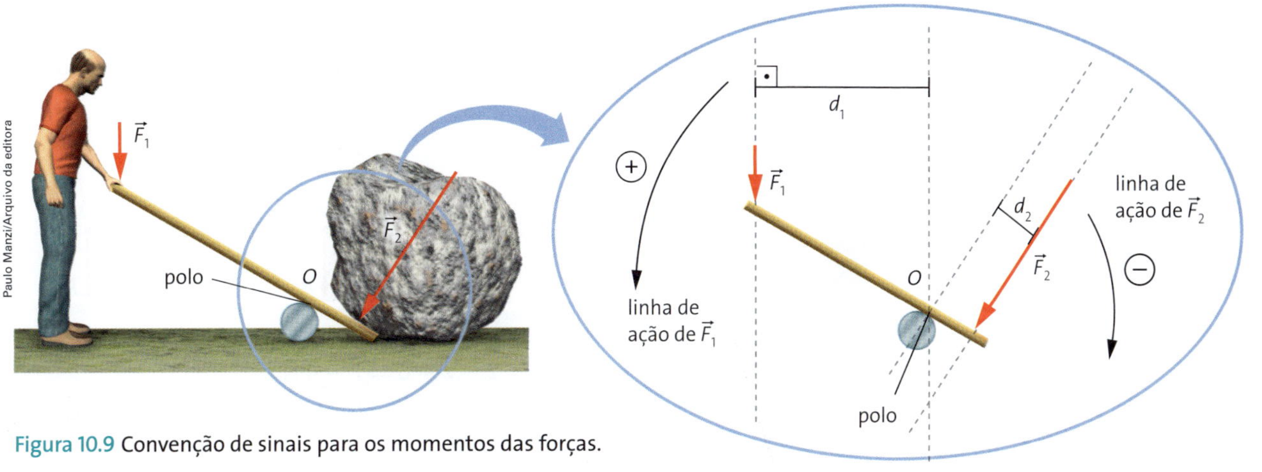

Figura 10.9 Convenção de sinais para os momentos das forças.

O momento resultante de um sistema de forças, em relação a um polo, é obtido pela soma algébrica dos momentos de cada uma das forças, em relação a esse mesmo polo ($M_{IR} = \Sigma M_I$).

Quando um corpo rígido, sujeito à ação simultânea de várias forças, encontra-se em **equilíbrio**, temos as seguintes condições (**as duas devem ser satisfeitas**):

$$\begin{cases} \vec{F}_1 + \vec{F}_2 + ... + \vec{F}_n = \vec{O} & \rightarrow \text{Equilíbrio translacional (centro de massa em repouso ou em MRU).} \\ M_{I1} + M_{I2} + ... + M_{In} = O & \rightarrow \text{Equilíbrio rotacional (repouso ou rotação uniforme).} \end{cases}$$

OED Jogo do momento

Se for escolhido arbitrariamente um polo para o cálculo dos momentos, as duas condições serão satisfeitas; então o somatório dos momentos será nulo em relação a qualquer outro polo.

A **figura 10.10** mostra um arranjo experimental utilizado para verificar que, no equilíbrio, o somatório dos momentos é nulo. Observe que a barra graduada pela sequência alternada de cores está em equilíbrio (indicado pelo ponteiro abaixo da barra). As duas massas, uma colocada a uma distância $2d$ do centro da barra e a outra a uma distância $10d$, têm o somatório dos momentos (devidos aos pesos dos corpos) em relação ao centro da barra igual a zero.

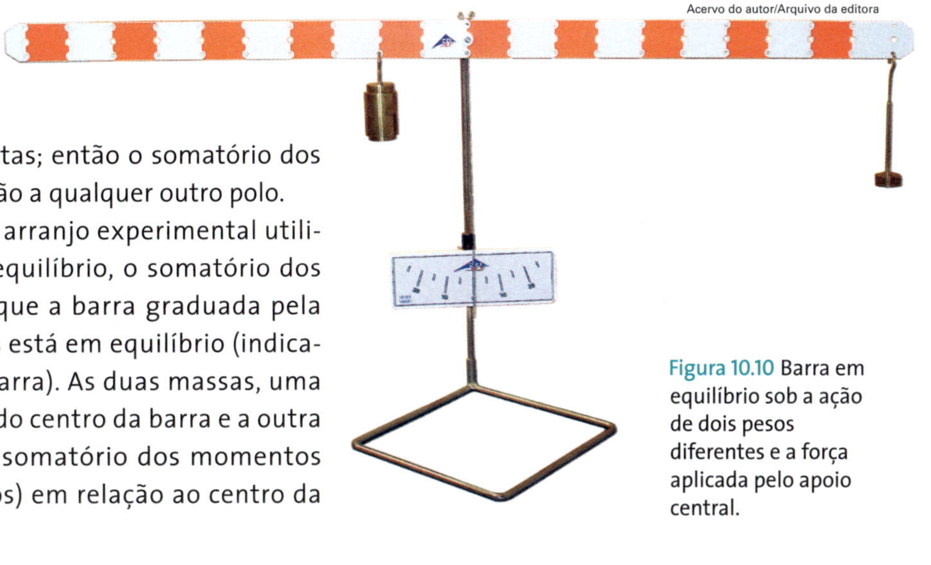

Figura 10.10 Barra em equilíbrio sob a ação de dois pesos diferentes e a força aplicada pelo apoio central.

Exercício resolvido

Agnaldo dispõe de um tênis velho e um cabo de vassoura com 1,60 m de comprimento; ele verificou em uma balança precisa que a massa do tênis (incluindo o cadarço) e a do cabo de vassoura são iguais.

Ele, então, mostra que é capaz de segurar o conjunto formado pelo tênis amarrado à extremidade do cabo de vassoura com apenas um dedo, conforme ilustra a figura a seguir. O cabo de vassoura pode ser considerado um cilindro homogêneo, cujo centro de massa é o ponto *M*.

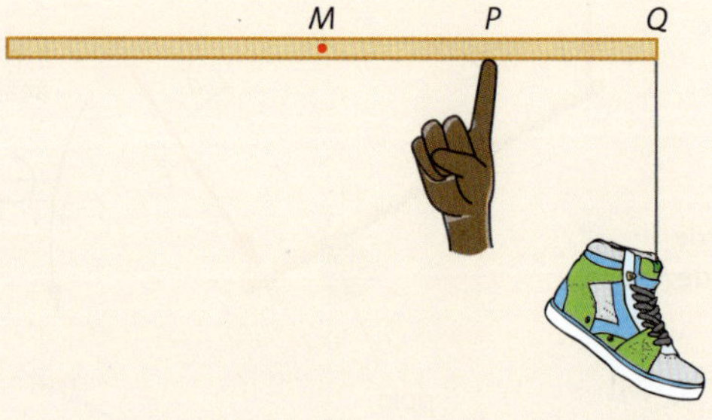

a) Como o cabo de vassoura pode ficar em equilíbrio se só há um objeto dependurado à direita do dedo do estudante?

b) Se o peso do tênis é de 2 N, qual é a força que o estudante aplica no cabo de vassoura?

c) Qual é a abscissa do centro de massa do sistema tênis-cabo, considerando o ponto *M* como origem do eixo das abscissas orientado para a direita?

Resolução

a) À esquerda do dedo de Agnaldo está o centro de massa do cabo, no qual podemos considerar concentrada a força peso desse objeto. Dessa forma, analisando as forças que agem no cabo, podemos fazer o diagrama seguinte.

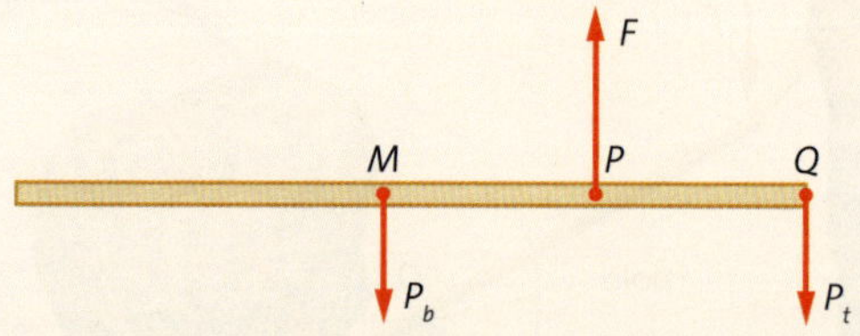

b) Como o somatório das forças é nulo, temos:

$F - 2 - 2 = 0 \Rightarrow F = 4\ \text{N}$

c) A abscissa do centro de massa, com a referência proposta, é:

$$x_{CM} = \frac{0 \cdot 1 + 1 \cdot 0{,}8}{2} \Rightarrow x_{CM} = 0{,}4\ \text{m}$$

É nessa abscissa que o estudante está sustentando o sistema.

Exercícios

1. (UFF-RJ) Uma barra homogênea tem uma das suas extremidades presa por um fio ao teto de uma sala e a outra apoiada no piso. Sendo desprezível o atrito entre a barra e o piso, a alternativa que melhor representa a posição de equilíbrio da barra é:

a)

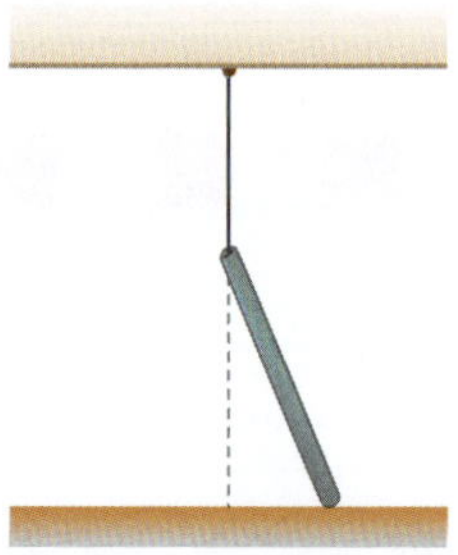

c)

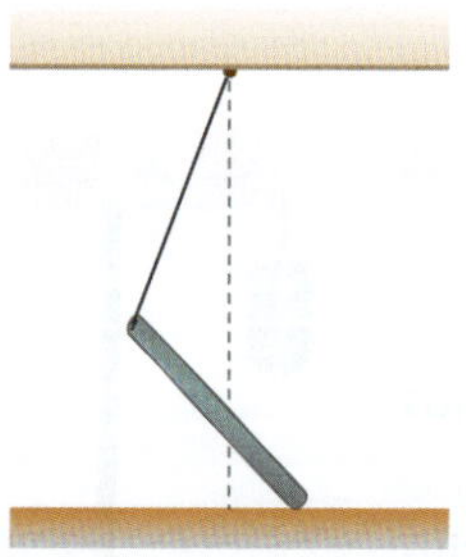

b)

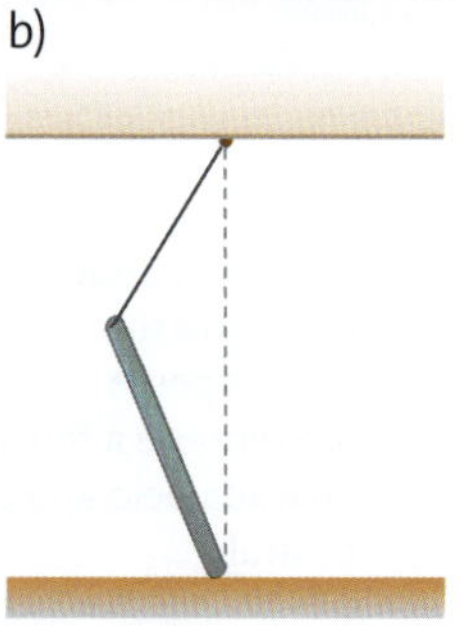

d)

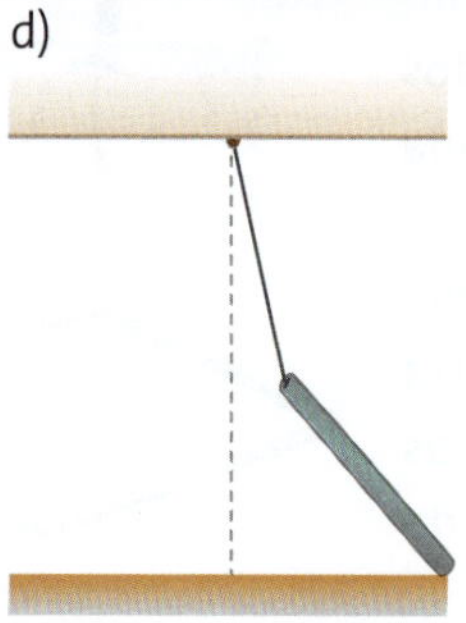

2. Pedro construiu uma engenhosa gangorra na qual ele pode brincar sozinho ou com algum colega. A tábua usada por ele é uniforme e pesa 60 N em cada metro linear.

As figuras seguintes ilustram as duas situações. Na primeira, Pedro está em equilíbrio na gangorra, sozinho; na segunda, um colega com massa igual à dele está do outro lado, e o sistema também está em equilíbrio.

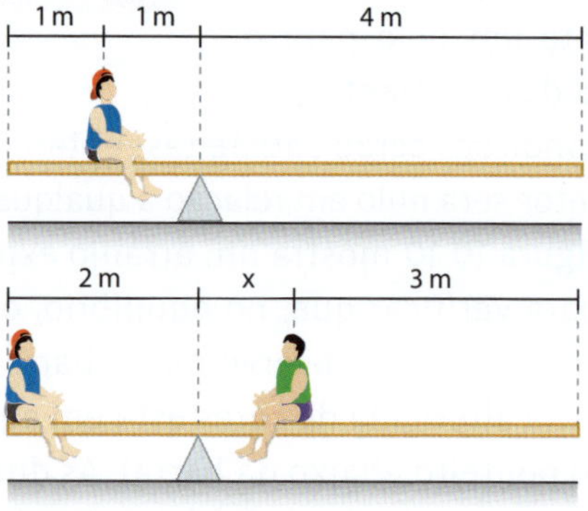

Ilustrações: Formato/Arquivo da editora

a) Qual é a massa de Pedro?

b) Qual é a distância entre o pivô da gangorra e o colega de Pedro, na segunda situação?

3. Na figura a seguir, vemos uma ferramenta conhecida como pé de cabra sendo utilizada por um carpinteiro para extrair um prego.

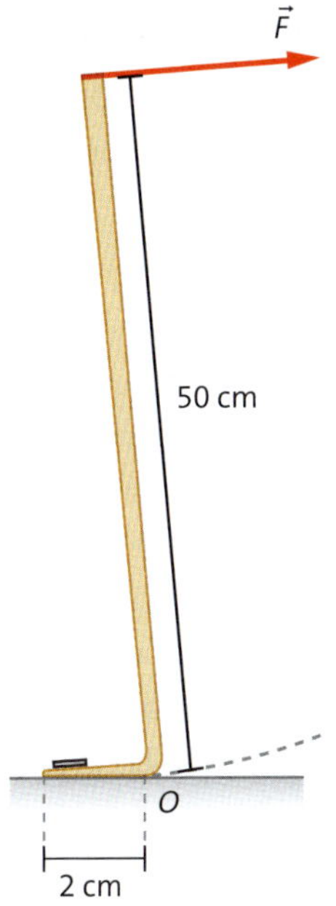

Considerando-se que na situação apresentada o prego esteja na iminência de ser extraído, que os braços das forças em relação ao pivô O sejam os mostrados na figura e que a força aplicada pelo carpinteiro seja de 50 N, qual é a intensidade da força que o pé de cabra está aplicando no prego?

4. Dois trabalhadores, E_1 e E_2, utilizam uma barra homogênea de massa desprezível, apoiada em seus ombros, para carregar três baldes de 20 kg cada, conforme mostra a figura.

Qual é a intensidade da força que a barra exerce sobre o ombro de cada um deles?

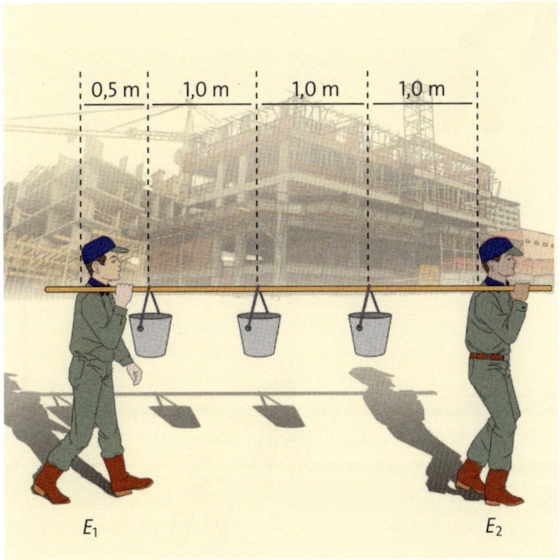

Maspi/Arquivo da editora

5. Uma tábua uniforme de 48 N e 3,6 m de comprimento repousa horizontalmente sobre dois cavaletes, conforme ilustra a figura.

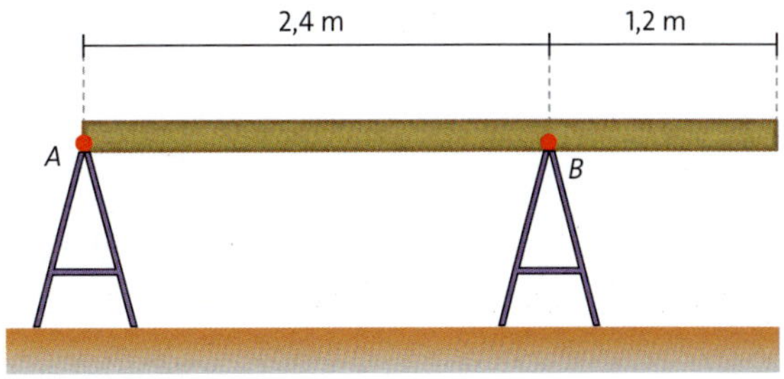

Qual é o valor da força exercida sobre a tábua nos pontos A e B pelos cavaletes?

6. (UFRJ) Um vaso de plantas é suspenso por um suporte metálico rígido e de massa desprezível, que por sua vez está fixado a uma parede lisa (sem atrito) como mostra a figura. Esse suporte tem a forma aproximada de um L. No ponto A o suporte está preso à parede, enquanto no ponto B o suporte está apenas apoiado na parede.

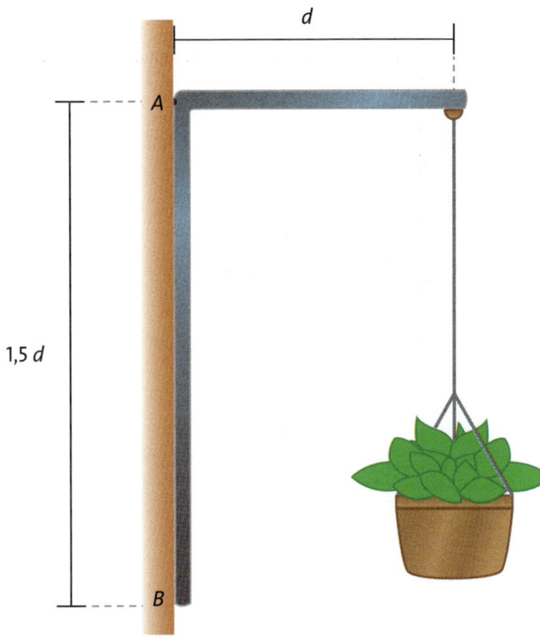

Formato/Arquivo da editora

Usando as dimensões do suporte, especificadas na figura, e supondo que o sistema se encontra em repouso, calcule:

a) o módulo da força que a parede exerce no ponto B do suporte e indique a sua direção e sentido;

b) os módulos das componentes horizontal e vertical da força que a parede exerce no ponto A do suporte e indique sua direção e sentido.

Máquinas simples

2 Máquinas simples

Estamos tão habituados a utilizar uma tesoura, um alicate, um abridor de garrafas, um carrinho de mão, uma pinça ou uma simples vassoura que, às vezes, temos a impressão de que eles sempre existiram. A origem de muitas das ferramentas que usamos hoje coincide com a própria origem da espécie humana.

Alavancas

De modo bem abrangente, qualquer objeto que nos auxilie na realização das tarefas em geral pode ser considerado uma máquina. Sob esse ponto de vista, nossos braços ou nossas pernas também são máquinas.

No funcionamento de todas as máquinas, estão presentes as leis da Física (como em tudo, neste Universo). Em particular aquelas que envolvem os princípios básicos da Mecânica são chamadas de máquinas simples.

A alavanca é uma das máquinas simples mais antigas. Trata-se de um dispositivo constituído de uma barra rígida que pode girar em torno de um ponto fixo. A alavanca apresenta três pontos básicos: entrada, onde é aplicada a força potente $\vec{F}_p$; apoio (ponto fixo), chamado de pivô ou polo *O*; e saída, onde está aplicada a força resistente $\vec{F}_r$. Em geral, a posição do ponto de apoio (pivô *O*) determina se a alavanca é multiplicadora de força ou de movimento, conforme mostram as **figuras 10.11** e **10.12**.

Para a classificação das alavancas, observamos qual é a ação em seu ponto intermediário – o pivô –, a força potente ou a força resistente. Por essa razão, o nome de cada uma das três classes começa sempre com "inter".

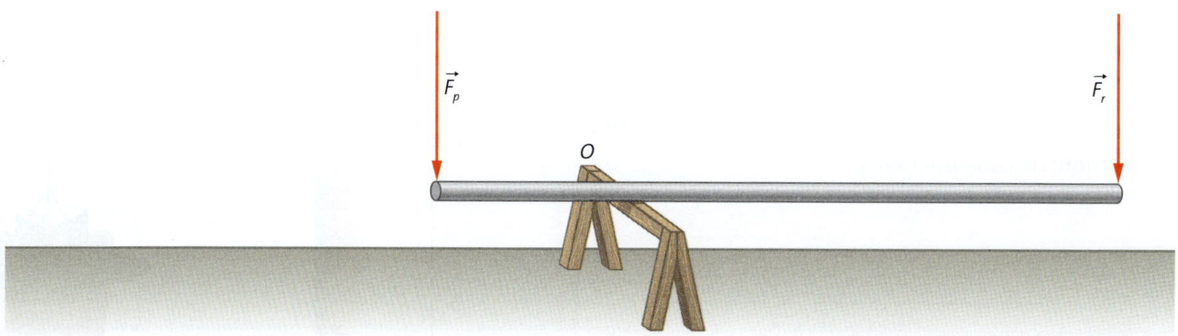

Ilustrações: Adilson Secco/Arquivo da editora

Figura 10.11 Alavanca multiplicadora de força.

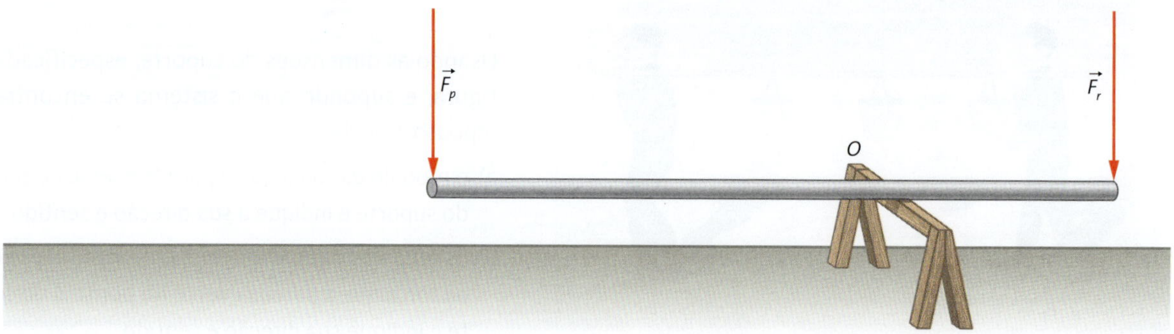

Figura 10.12 Alavanca multiplicadora de movimento.

Física tem História

Na chamada Revolução Agrícola, iniciada há cerca de 10 mil anos, provavelmente na região de Jericó, junto ao mar Morto, "a principal ferramenta de escavação era um pedaço de pau com a extremidade afiada e endurecida ao fogo. Esse pedaço de pau figura entre as invenções fundamentais na história da raça humana – mais importante que o trator – e serviu aos lavradores em várias partes do mundo por milhares de anos", diz o historiador Geoffrey Blainey (1930-), em *Uma breve história do mundo* (São Paulo: Fundamento, 2008).

A invenção da roda, provavelmente em 4000 a.C., na Mesopotâmia, foi um dos passos mais importantes no desenvolvimento da civilização. A sua importância é tão grande, que alguns historiadores ousam dizer que a roda é a máquina simples que pode ser considerada a origem da Mecânica.

No Egito, na época dos faraós, por volta de 3000 a.C., já se usavam as alavancas na captação das águas do rio Nilo. Nas construções das grandes pirâmides, os egípcios, além das alavancas, usavam também a rampa e o guindaste.

E o que dizer da tesoura, do alicate, da pinça e do quebra-nozes, que nada mais são do que modalidades de alavancas, cujas diferenças estão na localização do ponto de apoio?

Os primeiros registros históricos de um objeto com as características de uma tesoura datam de 1500 a.C., no Egito. Por volta do ano 100 d.C. as tesouras, com o formato atual de lâminas, eram usadas pelos romanos para cortar cabelos e tecidos, tosquiar animais e podar árvores. A partir de 1750, com as lâminas de aço, sua popularidade cresceu rapidamente.

A invenção do alicate remonta a 2000 a.C. Construído, inicialmente, para trabalhos com o ferro em fundições, o alicate tornou-se, em nossos dias, uma das ferramentas mais versáteis que o ser humano utiliza nas tarefas diárias.

Acredita-se que a pinça, como instrumento cirúrgico, tenha sido fabricada desde a Antiguidade. Na Grécia e em Roma, médicos desenvolveram vários instrumentos, como o bisturi, o fórceps e a pinça, a partir do bronze, do ferro e da prata.

Em relação ao quebra-nozes, um estudo realizado em 2006 por uma equipe de pesquisadores luso-japonesa na floresta de Bossou, na Guiné-Conakry, levou à descoberta de um quebra-nozes, constituído por quatro elementos de pedra, um complexo objeto construído por chimpanzés selvagens. Segundo esses cientistas, em entrevista dada à revista *Ciência Hoje*, essa descoberta confirma "as semelhanças entre as ferramentas de pedra criadas pelos chimpanzés e os artefatos de pedra usados pelos primeiros hominídeos, há 2,5 ou 2,6 milhões de anos". (INVESTIGADORA portuguesa descobre quebra-nozes complexo feito por chimpanzés. *Ciência Hoje*. Porto, 29 maio 2008. Disponível em: <www.cienciahoje.pt/index.php?oid=26375&op=all>. Acesso em: 12 nov. 2013).

Coleção Stapleton, Londres/foto: The Bridgeman Art Library/Keystone

O ser humano precisou desenvolver ferramentas para a sua sobrevivência.

Trabalho em equipe

Reúnam-se em grupos de três a cinco colegas, sob orientação do professor, e discutam as seguintes questões:

1. Qual a finalidade das primeiras ferramentas inventadas pelo ser humano?
2. Qual o papel das ferramentas na manutenção da vida do ser humano?
3. Há alguma relação entre o aparecimento das ferramentas e a evolução da espécie humana?

Alavanca interfixa

Na **figura 10.13.a**, o operador equilibra o corpo de peso P com o uso de uma alavanca. Observe, pela posição da mão do operador, que a força por ele aplicada é para baixo. As forças que agem nessa alavanca são as representadas na **figura 10.13.b**.

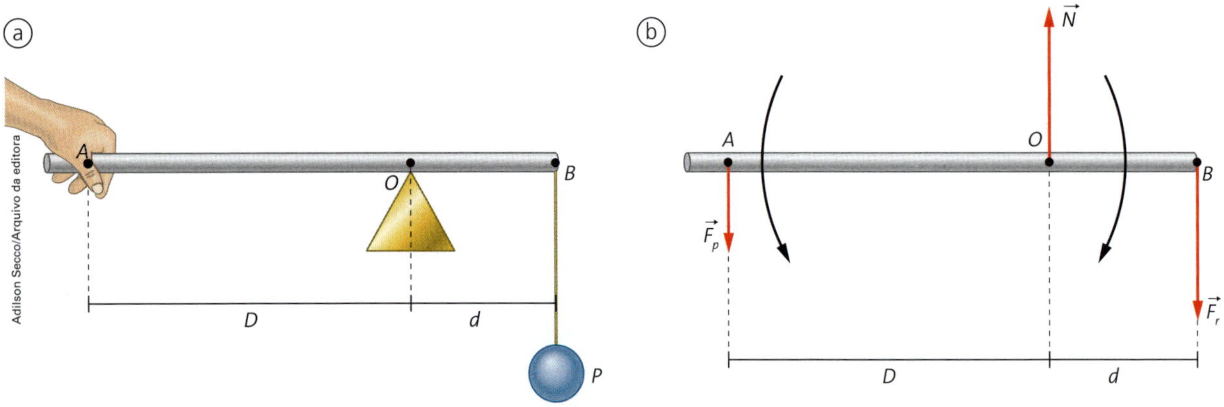

Adilson Secco/Arquivo da editora

Figura 10.13 Ação do operador em uma alavanca interfixa (**a**). Esquema das forças e a tendência de rotação que cada uma provoca (**b**).

Considerando o equilíbrio, vamos calcular os momentos em relação ao polo O (pivô).

$$\Sigma M = 0 \Rightarrow F_p \cdot D = F_r \cdot d$$

Como a resultante é nula, temos: $N = F_p + F_r$; portanto, a força no pivô é a de maior intensidade. Por essa razão, o ponto de apoio desse tipo de alavanca deve ser bastante resistente, pois é o ponto sujeito ao maior esforço.

Esse arranjo, com o pivô entre as extremidades da alavanca, é utilizado em várias ferramentas domésticas simples, como o alicate e a tesoura (**figuras 10.14** e **10.15**). Um tipo de carrinho industrial também é um exemplo de utilização desse arranjo (**figura 10.16**).

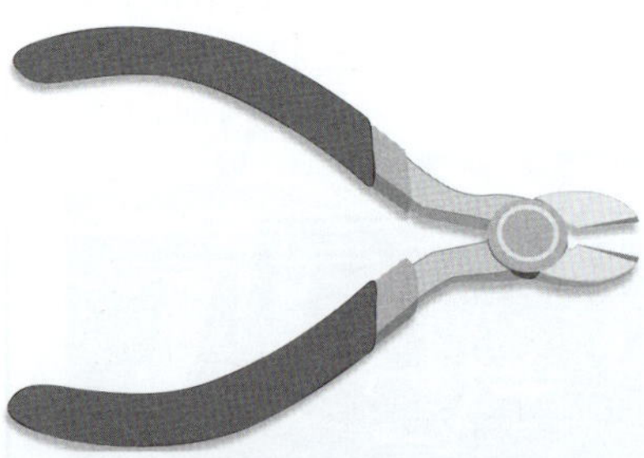

Figura 10.14 Alicate: os braços potentes são bem maiores que os resistentes.

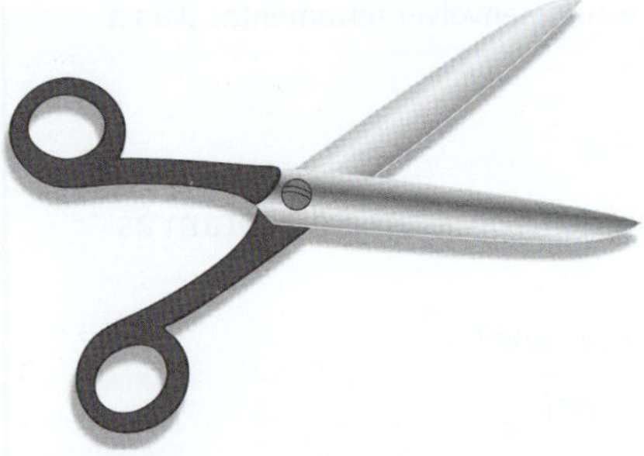

Ilustrações: Formato/Arquivo da editora

Figura 10.15 Tesoura: cada braço resistente tem uma lâmina afiada para facilitar o corte e diminuir o esforço do operador.

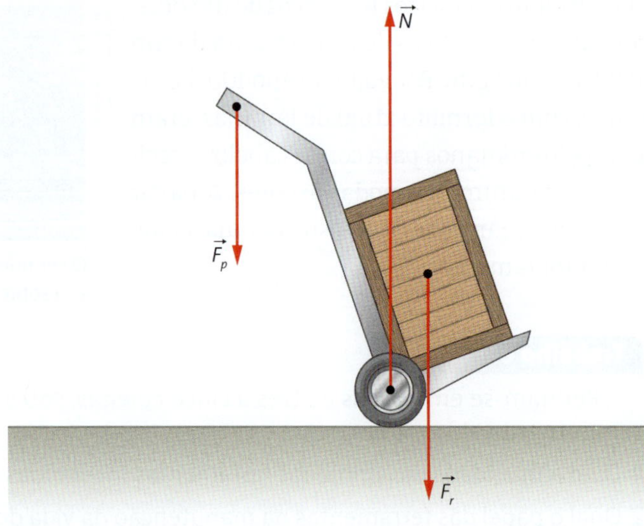

Adilson Secco/Arquivo da editora

Figura 10.16 Carrinho industrial e as forças que nele agem: o operador segura o carrinho com um esforço menor que o peso da carga a ser transportada.

Alavanca inter-resistente

Vamos agora considerar outro arranjo para os elementos da alavanca. Veja a **figura 10.17**. A força resistente está em um ponto intermediário. O pivô está em uma das extremidades e o operador age na extremidade oposta.

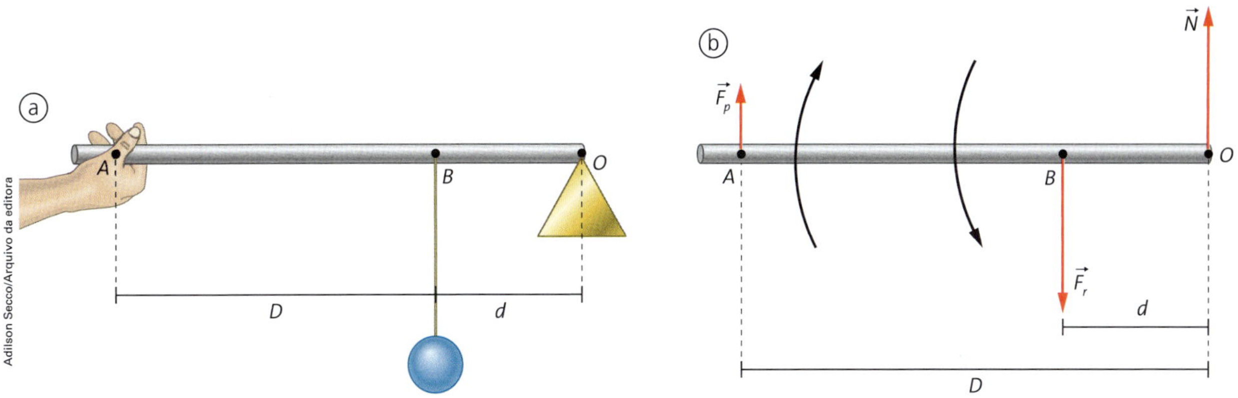

Figura 10.17 Ação do operador (**a**) e esquema de forças em uma alavanca inter-resistente (**b**).

A força aplicada pelo operador é dirigida para cima (observe a posição da mão do operador na **figura 10.17.a**). O esquema de forças está representado na **figura 10.17.b**.

Fazendo o cálculo dos momentos em relação ao polo O, temos:

$$\Sigma M = 0 \Rightarrow F_p \cdot D - F_r \cdot d = 0 \Rightarrow F_p \cdot D = F_r \cdot d$$

Entre as ferramentas domésticas nas quais se utiliza esse arranjo multiplicador, temos o quebra-nozes e o abridor de garrafas (**figuras 10.18** e **10.19**).

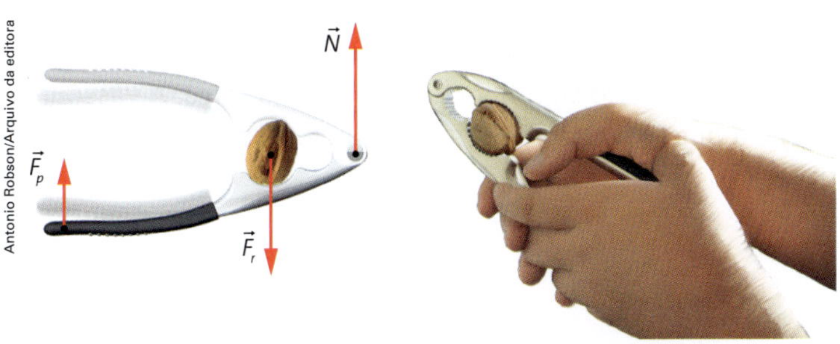

Figura 10.18 Quebra-nozes e as forças que agem na sua metade inferior.

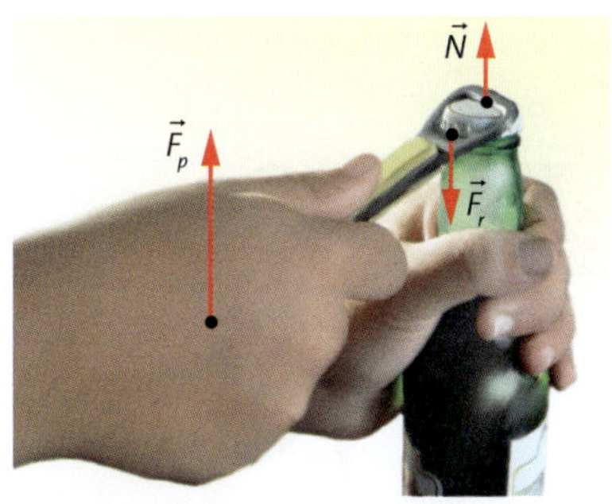

Figura 10.19 Abridor de garrafas e as forças que agem nele.

O carrinho de mão, comum em construção civil, é montado segundo esse mesmo arranjo, facilitando o transporte de material pesado (**figura 10.20**).

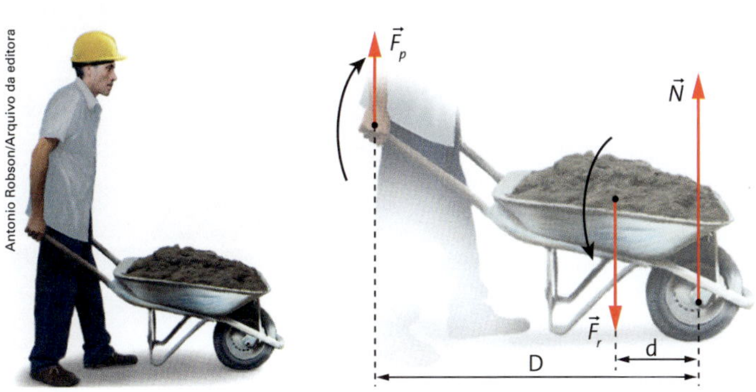

Figura 10.20 A força que o operador aplica é menor do que o peso que o carrinho transporta.

Alavanca interpotente

Existe também a possibilidade de o operador aplicar a força potente entre os extremos da alavanca. A **figura 10.21** ilustra a posição em que age o operador e as forças atuantes na alavanca.

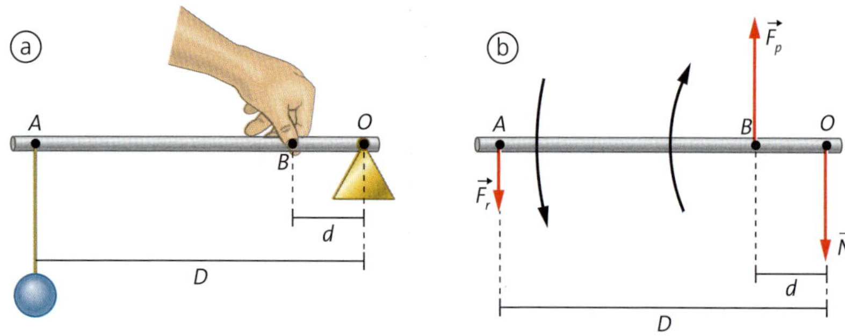

Figura 10.21 Ação do operador (**a**) e esquema das forças em uma alavanca interpotente (**b**).

O cálculo do somatório dos momentos em relação ao polo *O* fornece:

$$\Sigma M = 0 \Rightarrow F_p \cdot D - F_r \cdot d = 0 \Rightarrow F_p \cdot D = F_r \cdot d$$

A **vantagem mecânica** é definida como:

$$\beta = \frac{\vec{F}_r}{\vec{F}_p} \Rightarrow \beta = \frac{d}{D}$$

Nesse tipo de alavanca, $d < D$; logo, $\beta < 1$, isto é: $F_p > F_r$.

A força aplicada pelo operador é, então, mais intensa do que a força que ele obtém no extremo da alavanca. Qual é o ganho?

Esse arranjo se revela útil quando queremos obter ganho no deslocamento, embora isso signifique uma perda na força. A vassoura (**figura 10.22**) e a pinça (**figura 10.23**) são exemplos de ferramentas em que há utilização de alavancas interpotentes.

Figura 10.22 A vassoura e as forças que nela agem durante sua operação. A mão que está na extremidade superior faz o papel de pivô.

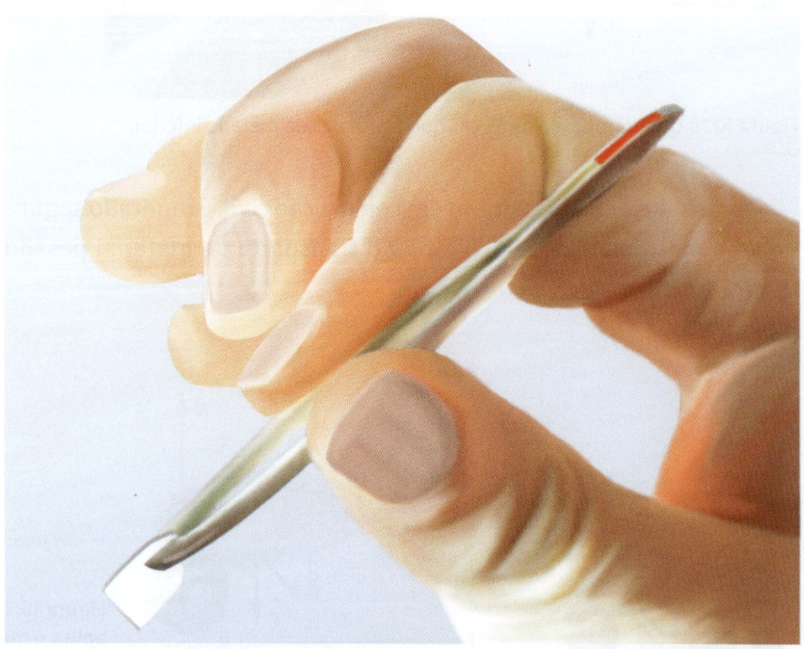

Figura 10.23 A pinça é uma alavanca interpotente.

No remo do caiaque, do ponto de vista da alavanca (remo), o braço esquerdo exerce a força potente, o braço direito é o apoio e a extremidade posta na água exerce a força resistente; mas, do ponto de vista do barco, a força propulsora é a reação à $\vec{F}_p$ interpotente, enquanto a força resistente da água é inter-resistente (**figura 10.24.a**). No remo comum, do ponto de vista do remo, o braço exerce a força potente, a alça em forma de Y é o apoio e a água exerce a força resistente, mas a força propulsora do barco é a reação à força $\vec{N}$ (**figura 10.24.b**).

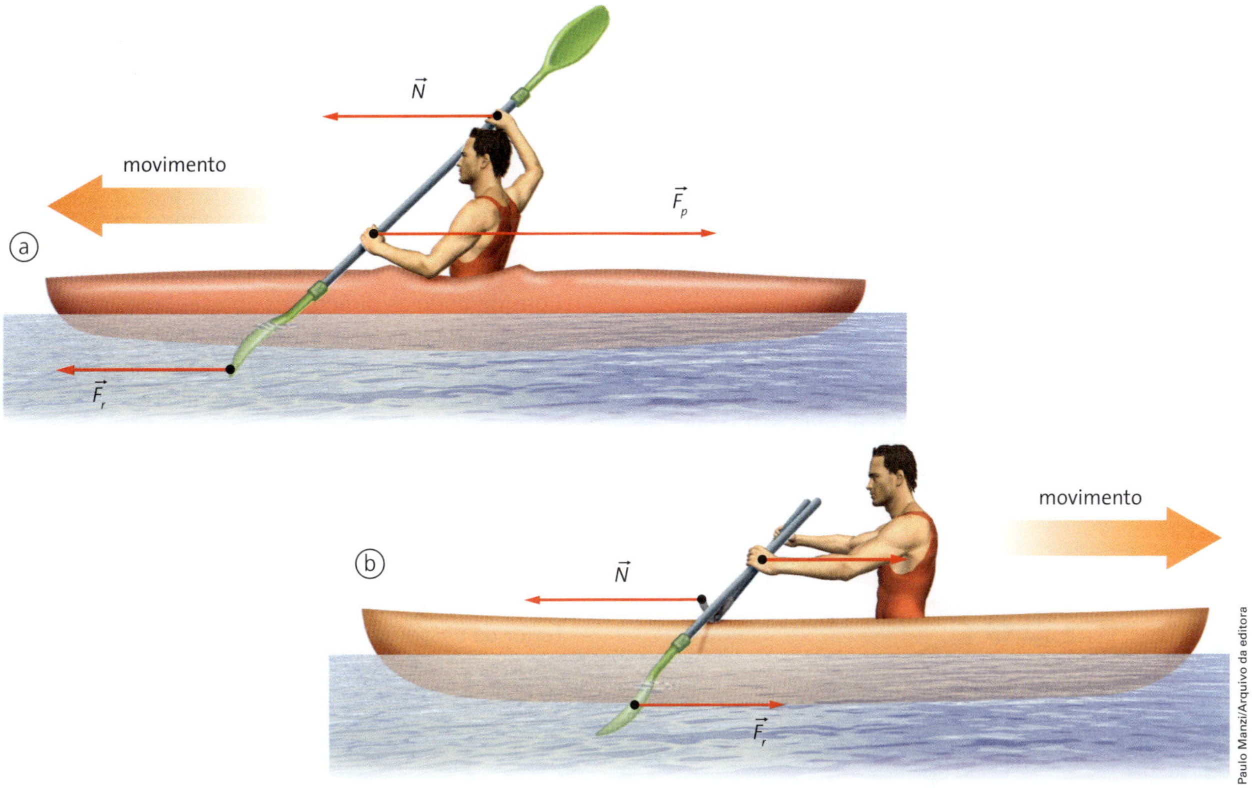

Figura 10.24 Ao remar um caiaque, estamos utilizando uma alavanca interpotente.

Um instrumento simples e de grande utilidade no dia a dia é o cortador de unhas (**figura 10.25**). A parte inclinada é uma alavanca inter-resistente que vai acionar a lâmina horizontal, que por sua vez, é uma alavanca interpotente.

A vantagem mecânica da inter-resistente é muito grande, já que a distância da força resistente ao pivô é muito menor do que a da força potente a esse mesmo ponto. Na parte interpotente a vantagem é pouco menor do que a unidade. Ela existe para garantir o movimento da lâmina cortante.

Figura 10.25 Cortador de unhas. Alavanca inter-resistente (inclinada) acionando uma interpotente (horizontal).

Exercícios

7. A figura abaixo mostra o braço de um homem que aperta um parafuso com uma chave de boca de 0,20 m de comprimento.

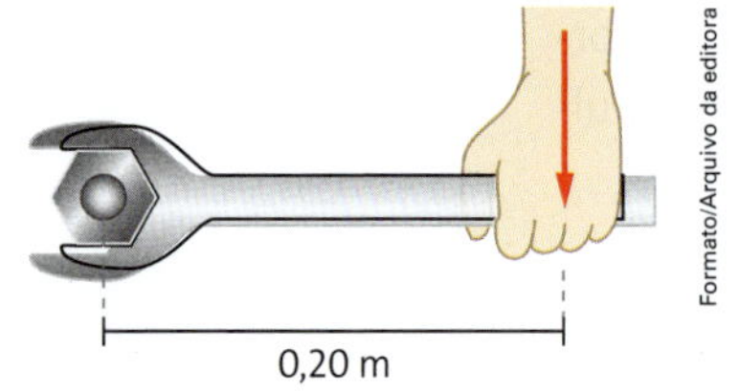

Para dar o aperto final, fazendo a porca girar em torno do eixo que passa por seu centro, é necessário um torque de 100 N · m em relação ao eixo.

a) Qual é a mínima intensidade da força que o operador deve aplicar?

b) Se o braço da ferramenta fosse reduzido à metade, qual seria a nova força mínima?

8. A figura seguinte ilustra um alicate no qual uma pessoa aplica as forças de mesma intensidade $F_C = 200$ N nos pontos dos cabos assinalados, tentando cortar um fio.

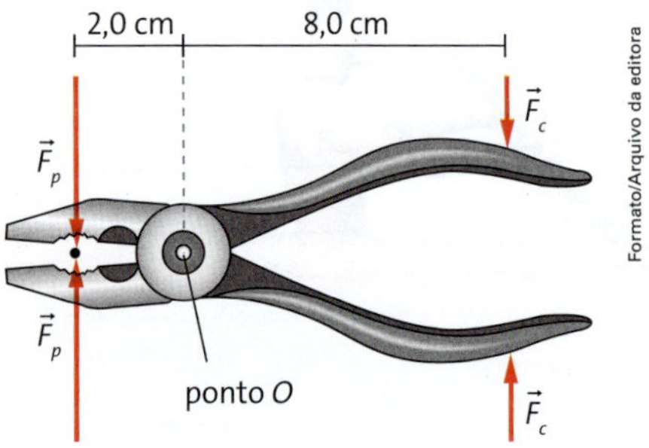

No fio que o operador está tentando cortar, as forças que agem têm intensidade F_p.

a) Em relação à articulação do alicate (ponto *O*) qual é a intensidade do torque da força F_c?

b) Qual é a intensidade da força F_p que age no fio?

9. Considere que para quebrar uma noz seja necessário um par de forças opostas de intensidade 40 N cada uma. Se a pessoa utilizar um quebra-nozes, conforme ilustra a figura, qual será a intensidade mínima da força *F* que ela deve aplicar?

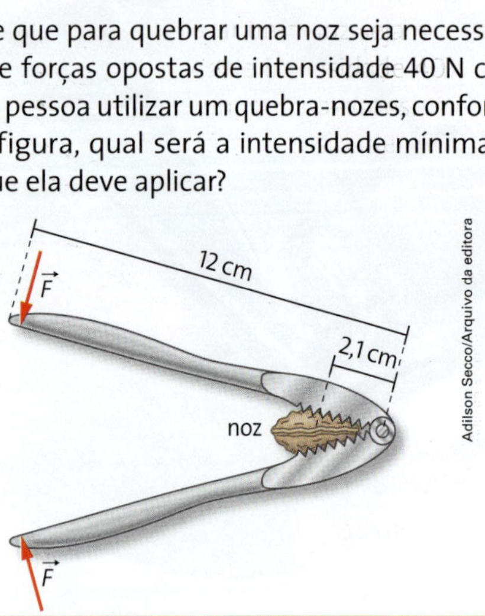

10. A figura seguinte representa um carrinho de jardinagem sendo empurrado por um trabalhador. O peso do conjunto carrinho-terra é de 1200 N e pode ser imaginado como se estivesse concentrado no ponto *A*.

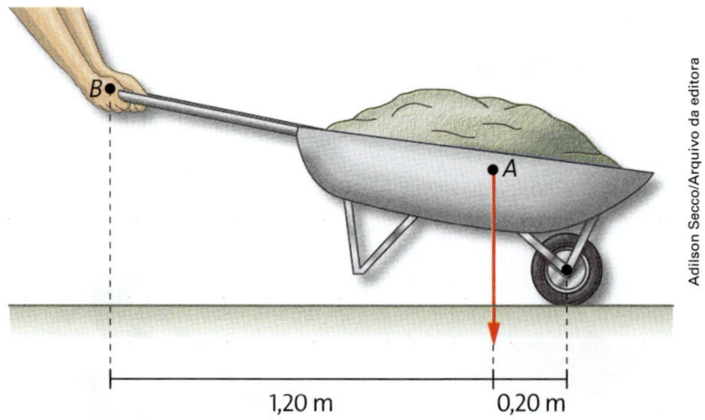

Considerando as dimensões apresentadas na figura, qual é a intensidade da força que cada um dos braços do trabalhador deve aplicar às extremidades dos cabos *B* para que o carrinho fique em equilíbrio?

11. Diego resolve auxiliar sua mãe varrendo as folhas caídas no quintal. Para isso, ele utiliza uma vassoura e coloca suas mãos conforme indica a figura seguinte. Considerando que sua mão esquerda esteja parada e que a direita esteja se movendo com velocidade de 20 km/h, qual é a velocidade da extremidade inferior da vassoura sobre o solo?

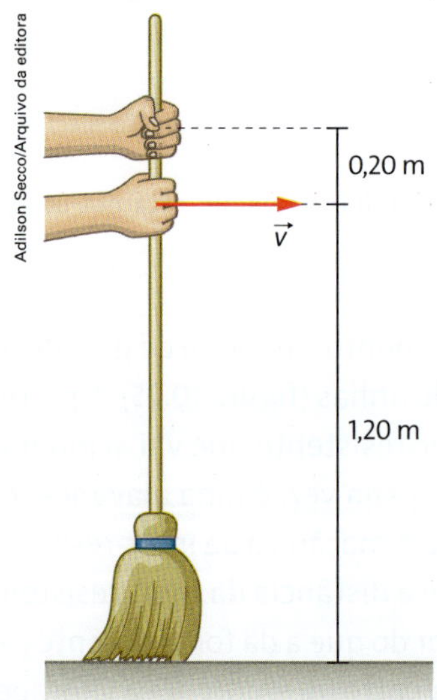

12. (Unicamp-SP) Um homem de massa $m = 80$ kg quer levantar um objeto usando uma alavanca rígida e leve. Os braços da alavanca têm 1,0 m e 3,0 m.

a) Qual é a maior massa que o homem consegue levantar usando a alavanca e o seu próprio peso?

b) Nesse caso, qual é a força exercida sobre a alavanca no ponto de apoio?

3 Fios e cunhas

As propriedades que serão vistas neste tópico foram usadas por antigos artesãos, pelos grandes navegadores da época do descobrimento das Américas, pelos construtores das grandes catedrais, etc. De fato, elas continuam a ser utilizadas hoje, embora com mais aprimoramentos, nessas mesmas tarefas.

Fios

Vejamos um exemplo. Um carro precisa ser puxado de um lamaçal, mas não temos outro veículo para rebocá-lo. Só dispomos de um cabo de aço e algumas árvores ao redor. Amarramos, então, o cabo à dianteira do carro e a uma árvore, de modo que o cabo fique bem esticado. Em seguida, empurramos o cabo transversalmente no seu ponto médio, conforme ilustra a **figura 10.26**.

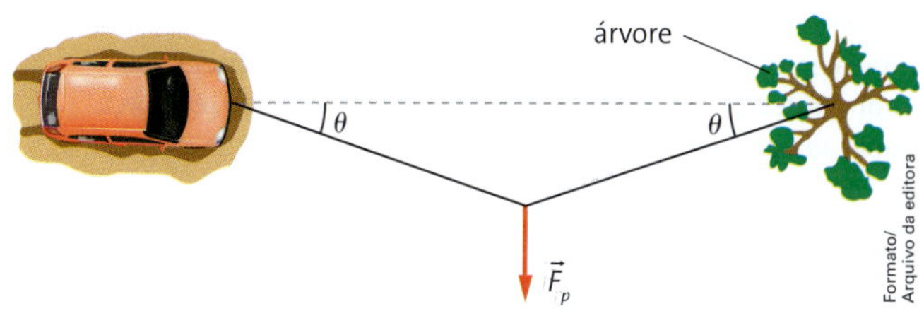

Figura 10.26 Maneira mais eficaz para se desatolar um carro sem o uso de outro automóvel.

Esse arranjo é uma máquina simples que amplia a força aplicada pelo operador. As forças que agem no ponto médio do cabo e o respectivo polígono de forças são mostrados na **figura 10.27**.

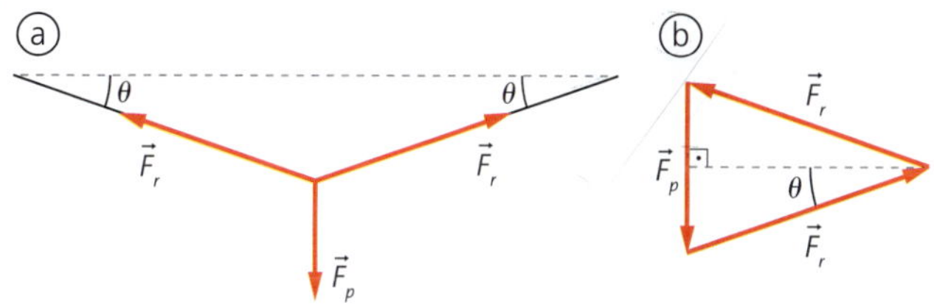

Figura 10.27 Diagrama de forças que atuam no ponto médio do cabo (**a**). Polígono de forças correspondente, considerando-se uma situação de equilíbrio (**b**).

Como o triângulo é isósceles, o segmento de reta que liga o ponto médio do lado relativo à força F_p ao vértice oposto é perpendicular a esse lado.

Usando um transferidor e uma régua, refaça o diagrama de forças, numa escala conveniente, e verifique a relação entre a força aplicada pelo operador e a tração no fio, considerando $\theta = 5°$ (o valor da tração no fio deve corresponder a cerca de seis vezes o valor da força aplicada).

Essa relação também pode ser obtida algebricamente. Do polígono de forças representado na **figura 10.27.b**, obtemos:

$$\text{sen } \theta = \frac{\frac{F_p}{2}}{F_r} \Rightarrow F_r = \frac{F_p}{2 \cdot \text{sen } \theta}$$

Apenas para ilustrar a multiplicação de forças, se $\theta = 5°$, então, sen $\theta = 0{,}087$; logo:

$$F_r = \frac{F_p}{2 \cdot 0{,}087} \Rightarrow F_r = \frac{F_p}{2 \cdot \text{sen } \theta} \Rightarrow F_r = 5{,}7\, F_p$$

Portanto, a tração que obtemos na corda é, praticamente, seis vezes a força que aplicamos.

Quanto menor for o ângulo θ, maior será a multiplicação da força. Por essa razão devemos ter uma corda razoavelmente longa e inicialmente bem esticada. Em seguida, uma vez obtido um pequeno deslocamento, devemos novamente esticar a corda e repetir o processo. Esse arranjo de forças explica também por que uma corda resistente, como a de um violão, arrebenta quando a empurramos transversalmente.

Ilustrações: Paulo Manzi/Arquivo da editora

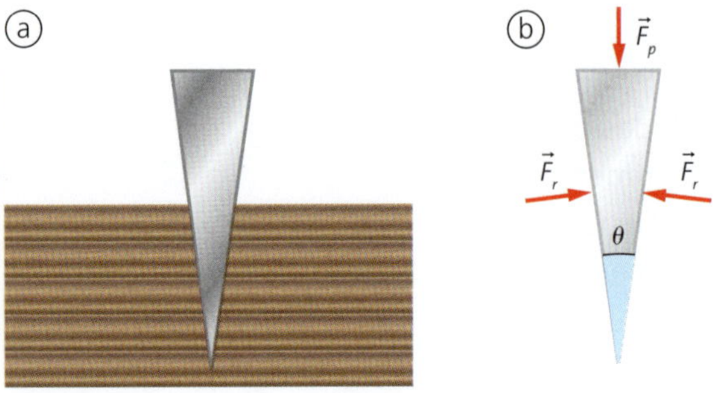

Figura 10.28 Representação esquemática de uma cunha cravada em um bloco de madeira (**a**). Nesta ilustração, F_p é a força aplicada pelo operador (que pode ser muito intensa se administrada, por exemplo, com uma martelada) e F_r é a força aplicada pela região em que a cunha está penetrando (**b**).

Cunhas

A figura 10.28.a representa uma cunha cravada na madeira. Analisando isoladamente a cunha, temos, na direção normal às superfícies, as forças representadas na figura 10.28.b.

O machado é um exemplo de aplicação da cunha na multiplicação de forças (figura 10.29).

A combinação do poder de multiplicação da cunha com o parafuso simples deu origem ao parafuso cônico (figura 10.30). Ele é usado, por exemplo, para penetrar em uma madeira que não tenha sido previamente furada. O formato cônico lhe dá o poder da cunha.

Figura 10.29 O machado é uma cunha.

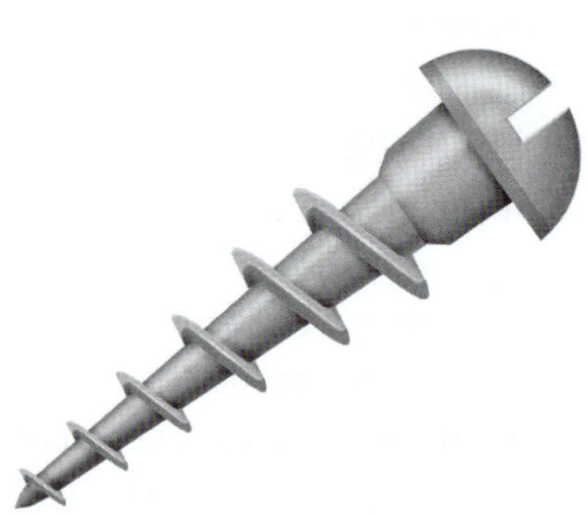

Figura 10.30 Parafuso cônico.

Exercícios

13. (Unifor-CE, adaptado) Com seis pedaços iguais de corda e três corpos de mesma massa e mesmo formato, um estudante fez as montagens representadas abaixo.

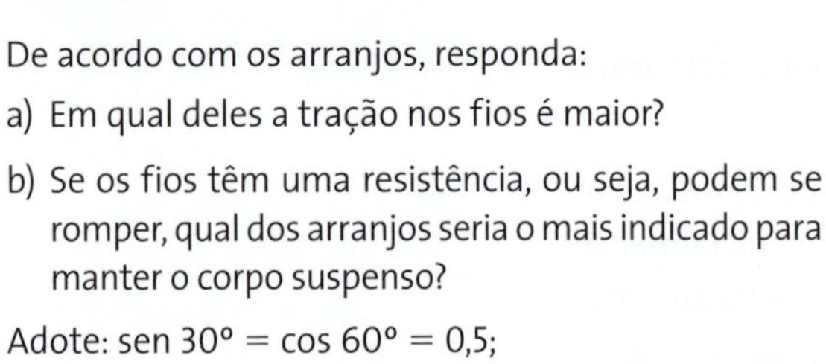

De acordo com os arranjos, responda:

a) Em qual deles a tração nos fios é maior?

b) Se os fios têm uma resistência, ou seja, podem se romper, qual dos arranjos seria o mais indicado para manter o corpo suspenso?

Adote: sen 30° = cos 60° = 0,5;

sen 60° = cos 30° = 0,8; sen 90° = cos 0° = 1

e sen 0° = cos 90° = 0.

14. (Ufla-MG) Um balde de leite de 10 kg está em equilíbrio, como mostra a figura.

(Dados: $g = 10$ m/s^2, cos 60° = sen 30° = 1/2 e cos 30° = sen 60° = $\sqrt{3}/2$)

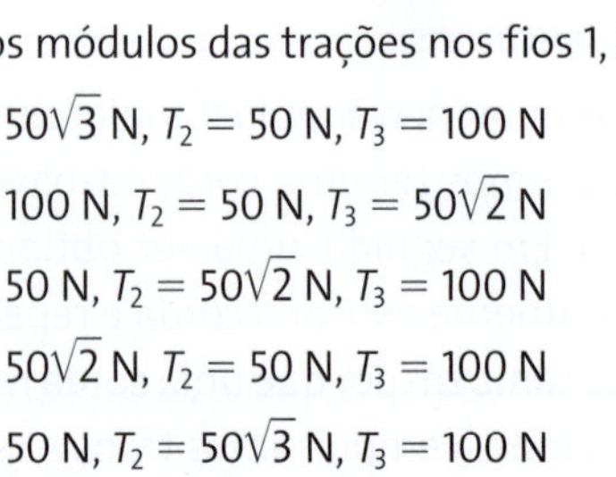

Quais os módulos das trações nos fios 1, 2 e 3?

a) $T_1 = 50\sqrt{3}$ N, $T_2 = 50$ N, $T_3 = 100$ N

b) $T_1 = 100$ N, $T_2 = 50$ N, $T_3 = 50\sqrt{2}$ N

c) $T_1 = 50$ N, $T_2 = 50\sqrt{2}$ N, $T_3 = 100$ N

d) $T_1 = 50\sqrt{2}$ N, $T_2 = 50$ N, $T_3 = 100$ N

e) $T_1 = 50$ N, $T_2 = 50\sqrt{3}$ N, $T_3 = 100$ N

15. (UEA-AM) Um estudante construiu um modelo simplificado para explicar a ação de um cabo da ponte estaiada Rio Negro.

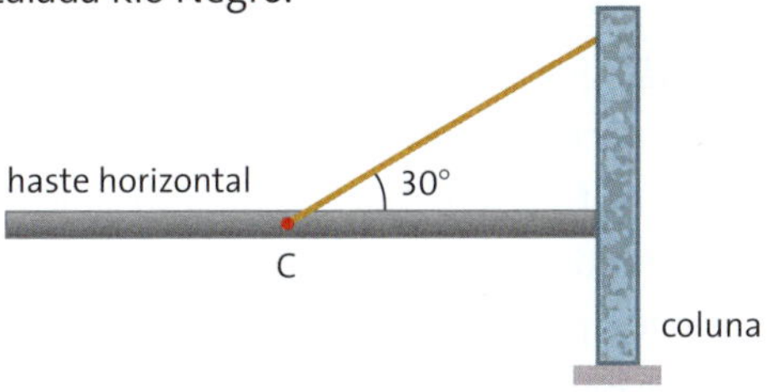

No modelo, um cordão encontra-se preso ao centro de massa C da haste horizontal que pesa 60 N. Em uma de suas extremidades, a haste horizontal, apoia-se na coluna. Admitindo os valores sen 30° = 0,5 e cos 30° = 0,8, a força de tração do cordão conectado à coluna em N, é:

a) 48.
b) 60.
c) 96.
d) 120.
e) 180.

16. (Uepa) A figura abaixo mostra o brasileiro Arthur Zanetti se apresentando nas Olimpíadas de Londres, em três situações, nas argolas, aparelho em que ele conquistou a medalha de ouro para o Brasil. Sejam T_A, T_B e T_C as trações experimentadas pelas cordas que sustentam o atleta, respectivamente nas situações A, B e C.

Arthur Zanetti.com.br

Sendo P o peso do atleta, e sabendo-se que os ângulos α e β satisfazem a desigualdade $\alpha < \beta$, afirma-se que:

a) a tração T_A é menor do que a tração T_B.
b) a tração T_C é a maior do que a tração T_B.
c) as trações T_A, T_B e T_C são iguais e valem $P/2$.
d) desprezando o peso das argolas e das cordas, T_C é igual a $P/2$.
e) nas três situações o equilíbrio do atleta é instável.

17. (UPM-SP) Em uma experiência de laboratório, um estudante utilizou os dados do gráfico da figura 1, que se referiam à intensidade da força aplicada a uma mola helicoidal, em função de sua deformação ($|\vec{F}| = k \cdot |x|$). Com esses dados e uma montagem semelhante à da figura 2, determinou a massa (m) do corpo suspenso.

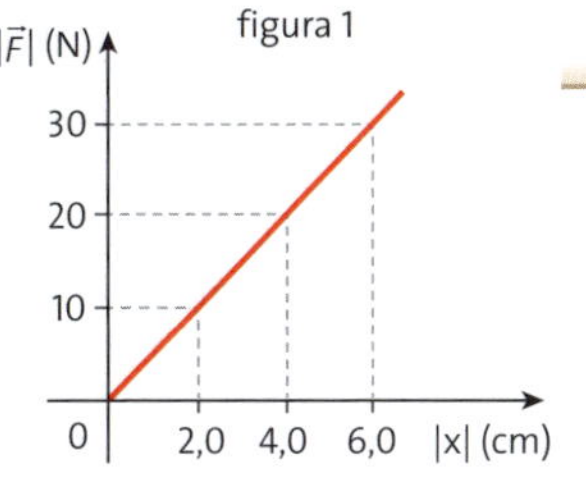

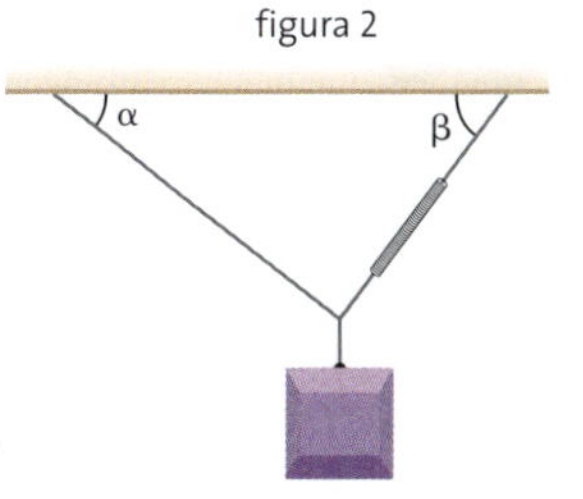

(Dados: sen α = cos β = 0,60, sen β = cos α = 0,80)

Considerando que as massas da mola e dos fios (inextensíveis) são desprezíveis, que $|\vec{g}| = 10\ m/s^2$ e que, na posição de equilíbrio, a mola está deformada de 6,4 cm, a massa (m) do corpo suspenso é:

a) 12 kg.
b) 8,0 kg.
c) 4,0 kg.
d) 3,2 kg.
e) 2,0 kg.

18. Nas fotos a seguir é possível distinguir um detalhe de construção que constitui uma semelhança entre uma agulha de injeção (primeira foto) e uma ferramenta usada para entalhar madeira conhecida como formão (segunda foto).

Dream79/Shutterstock/Glow Images

Donatas1205/Shutterstock/Glow Images

Com base nos conhecimentos que você adquiriu neste tópico, identifique:

a) o detalhe construtivo comum a esses dois instrumentos;
b) o motivo pelo qual eles são construídos dessa maneira;
c) o(s) tipo(s) de máquina(s) simples que está(ão) associada(s) ao detalhe construtivo.

Contração muscular

4 Alavancas do corpo humano

Em toda a estrutura do corpo humano existem dispositivos análogos aos fios (tendões), às alavancas (ossos) e aos fornecedores da força potente (os músculos).

Observe na **figura 10.31** a ação do músculo bíceps.

Considerando os ossos do antebraço como alavanca, vemos que o pivô é o cotovelo e próximo dele vai agir o tendão, tracionado pelo músculo (bíceps).

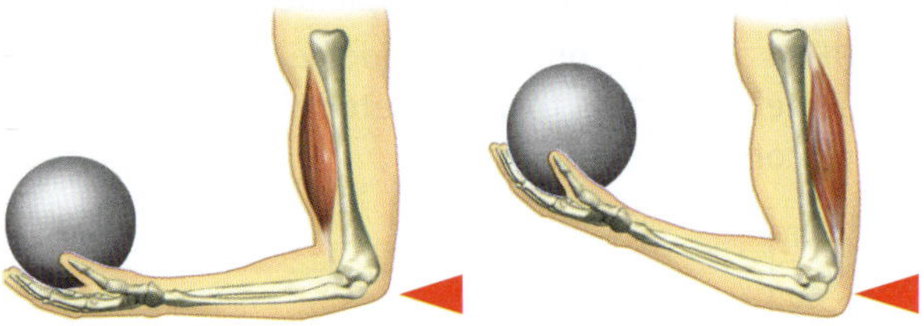

Figura 10.31 Antebraço trabalhando como alavanca interpotente. A ponta de seta vermelha destaca o pivô da alavanca.

Vamos imaginar agora que o mesmo indivíduo do exemplo anterior quisesse erguer a bola de ferro com o dorso da mão, conforme indica a **figura 10.32**.

Nesse caso, o cotovelo faria o papel de pivô e o músculo oposto ao bíceps, o tríceps, seria o responsável pela força potente. A alavanca seria então interfixa. Como a distância da força potente ao pivô é muito menor do que no caso anterior, essa tarefa é bem mais difícil. Isto é, somos mais "fortes" para fechar o antebraço do que para abri-lo.

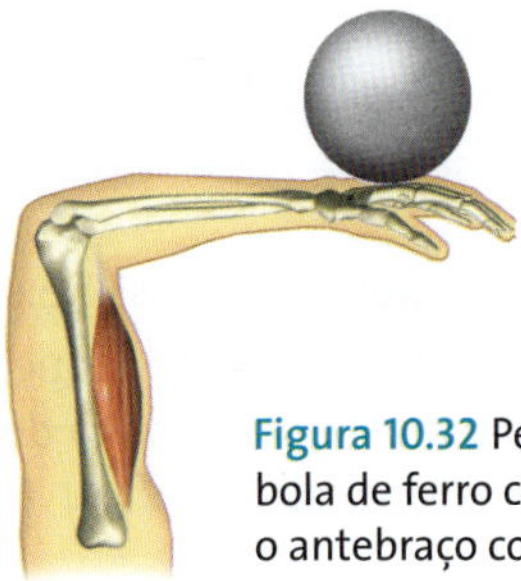

Ilustrações: Paulo Manzi/Arquivo da editora

Figura 10.32 Pessoa tentando erguer uma bola de ferro com o dorso da mão usando o antebraço como alavanca.

Em geral, para todos os nossos movimentos, dispomos de dois (pelo menos) músculos conjugados – um para abrir, outro para fechar. Um para inclinar a cabeça para a direita, outro para a esquerda.

Sob tensão, uma pessoa tem a tendência de retesar todos os músculos, o que provoca ações contrárias. O resultado é a fadiga muscular, decorrente da intercompetição.

Para refletir

Explique quais são os músculos envolvidos no chute de uma bola.

Trabalho em equipe

Sob orientação do professor, formem equipes com três alunos cada e leiam o texto abaixo:

"Um corpo dependurado, sustentado por apenas um de seus pontos, fica sob a ação exclusiva de duas forças:

- a força peso;
- a força exercida pelo elemento de sustentação (um fio, uma haste, um pino, etc.). Assim como no caso do corpo simplesmente apoiado, essas forças também devem ser colineares.

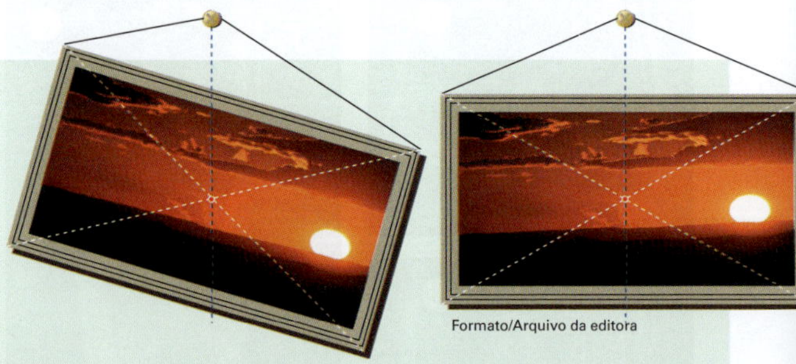

Formato/Arquivo da editora

A diferença é que, na situação de equilíbrio estável, o centro de massa fica abaixo do ponto de sustentação, enquanto no caso do corpo apoiado acontece o contrário".

Observem as duas figuras acima, à direita:

Respondam justificando: onde está o centro de massa, em cada caso?

Observem agora a figura ao lado:

Respondam justificando: onde está o centro de massa do brinquedo? Qual o tipo de equilíbrio apresentado?

Vocês seriam capazes de montar um brinquedo semelhante?

Pavel L. Photo and Video/Shutterstock/Glow Images

Exercícios

19. Justifique porque o antebraço, como mostrado na figura 10.31, funciona como uma alavanca interpotente.

20. Classifique as alavancas do corpo humano mostradas nas figuras: A. bíceps no cotovelo; B. tendão patelar no joelho; e C. deltoide medial no ombro.

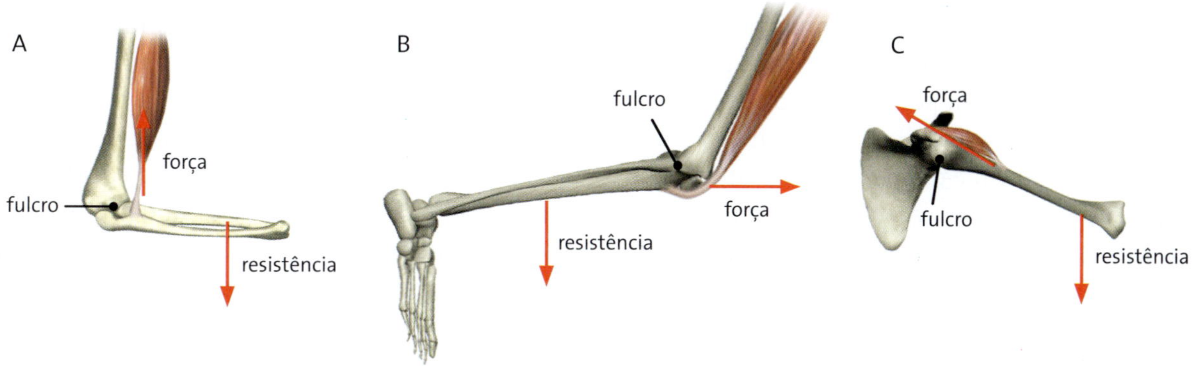

21. Qual deve ser a intensidade da força produzida pelo bíceps braquial, que se insere no rádio formando um ângulo de 90° e a uma distância de 3 cm do centro de rotação na articulação do cotovelo, para sustentar um peso de 70 N na mão a uma distância de 30 cm da articulação do cotovelo, conforme mostra a figura?
Despreze o peso do antebraço e da mão, assim como qualquer ação de outros músculos.

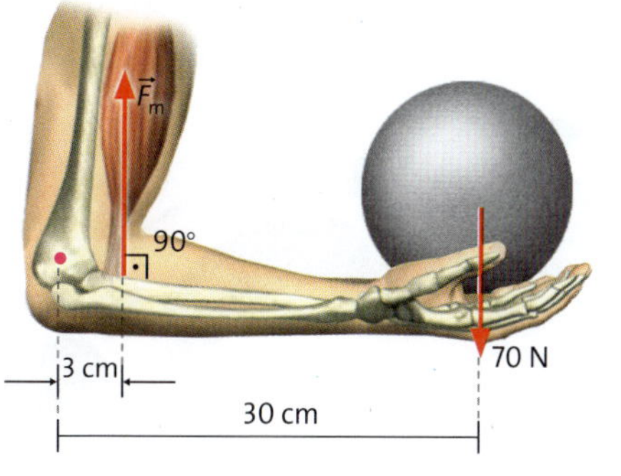

22. O tendão quadricipital se insere na tíbia formando um ângulo de 30° e a 4 cm do centro articular do joelho, conforme mostra a figura.
    a) Quando um peso de 80 N é preso ao tornozelo a 28 cm da articulação do joelho, qual é a intensidade da força que o quadríceps deverá exercer para manter a perna em uma posição horizontal?
    b) Quais são o módulo, a direção e sentido da força de reação exercida pelo fêmur sobre a tíbia?

    Despreze o peso da perna e a ação de outros músculos.

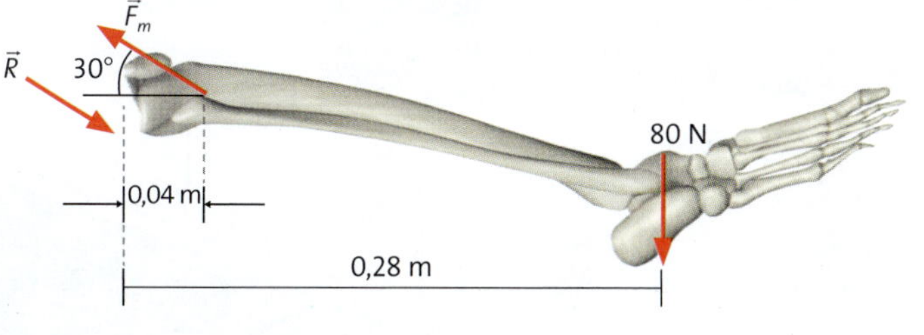

23. Um terapeuta aplica ao antebraço de uma pessoa uma força lateral de intensidade 80 N a uma distância de 25 cm do eixo de rotação no cotovelo, conforme mostra a figura.
Sabendo-se que o bíceps se insere no rádio formando um ângulo de 90° e a uma distância de 3 cm do centro articular do cotovelo, determine a intensidade da força que deve ser exercida pelo bíceps para estabilizar o braço nessa posição.

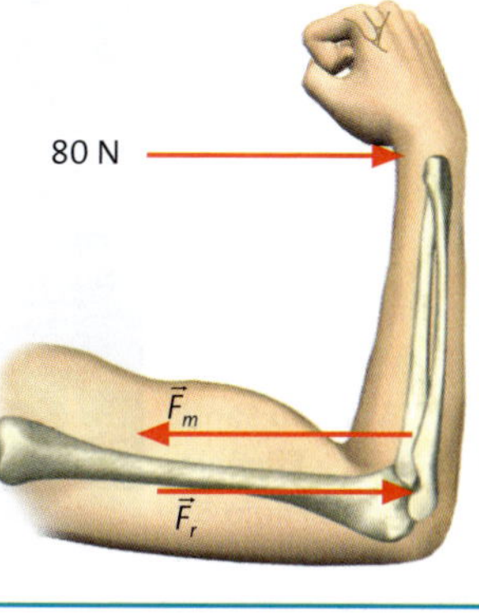

Ilustrações: Paulo Manzi/Arquivo da editora

Física explica

Pontes

As aplicações das leis da estática estão presentes tanto em estruturas milenares, como os aquedutos de Roma, por exemplo, quanto em construções atuais. Os primórdios da engenharia registram pontes apoiadas em pontos. Com o advento dos resistentes cabos de aço, estruturas mais leves e arquitetonicamente diferentes, surgiram as chamadas pontes pênseis. Além disso, estruturas que misturam esses dois modelos também ganharam espaço, à medida que novos materiais e técnicas de cálculos foram desenvolvidos.

As quatro figuras ilustram os casos descritos no parágrafo anterior, isto é, uma ponte apoiada, uma mista e duas dependuradas.

Ultimamente, especial atenção tem sido dada às pontes estaiadas, que utilizam grandes colunas como elementos centrais para ancorar os cabos tracionados que sustentam as estruturas intermediárias.

A Ponte Estaiada Octávio Frias de Oliveira é uma obra pública realizada em São Paulo e é a maior ponte estaiada em curva do mundo. Inaugurada em maio de 2008, a obra tem 138 metros de altura e utilizou aproximadamente 500 toneladas de aço.

Os trechos a seguir foram extraídos da entrevista dos engenheiros projetistas da ponte ao jornal *O Estado de S. Paulo*.

Rubens Chaves/Pulsar Imagens

Aquedutos da Carioca (Arcos da Lapa), Rio de Janeiro, RJ.

Juca Martins/Olhar Imagem

Viaduto Santa Efigênia, São Paulo, SP.

[...]

A tecnologia de ponte estaiada cresceu depois da Segunda Grande Guerra Mundial. Na década de 50 [do século XX], a Alemanha usava tabuleiro metálico, com poucos estais, pois não havia programas de computador para processar e calcular esse tipo de ponte. Os cálculos matemáticos eram feitos à mão. E eram muito difíceis. Na década de 60, os Estados Unidos e outros países da Europa entraram nesse processo de construção. O Brasil só foi fazer ponte estaiada na década de 90.

[...]

Até existe ponte curva na Europa, mas duas pontes curvas, com um mastro só, é a única no mundo.

[...]

A ponte estaiada curva tem cálculo muito complexo. A maioria das obras é reta, porque os estais dão uma componente de força que deve ser absorvida pelo tabuleiro. E quando é curvo, os estais não se equilibram, geram esforços adicionais, que devem ser combatidos internamente pela estrutura. [...]

[Os estais são] tubos, com a bainha que chamamos de invólucro, feitos de PHDE (polietileno de alta densidade), que é para proteger da chuva, do vento e dos raios ultravioleta os cabos que ficam soltos dentro dessa bainha amarela. Os cabos se fixam no mastro e vão até o tabuleiro, para sustentá-lo. [...]

NUNES, Viviane. Ponte estaiada em São Paulo vira referência mundial. *Revista Partes*. 19 dez. 2007. Disponível em: <www.partes.com.br/entrevistas/entrevistadezembro2007.asp>. Acesso em: 30 out. 2012.

1. Em nosso país temos vários tipos de pontes. Considere, por exemplo, a ponte Rio-Niterói. Ela é uma ponte apoiada, dependurada ou mista?

2. Procure pelo menos uma razão pela qual os romanos não tenham optado por pontes dependuradas.

Somchaij/Shutterstock/Glow Images

A ponte Golden Gate, em São Francisco, Estados Unidos. Toda a pista rolante é dependurada em cabos de aço, com um cabo principal formando um arco invertido.

Delfim Martins/Pulsar Imagens

Ponte estaiada em São Paulo, SP. A estrutura está dependurada nos cabos retesados.

EM CONSTRUÇÃO

Arquimedes

Arquimedes é considerado um dos maiores cientistas da Antiguidade. Seu pai, Fídias, era astrônomo.

Arquimedes nasceu em Siracusa, na Sicília, mas estudou em Alexandria com sucessores de Euclides (360 a.C. – 295 a.C.), razão pela qual se acredita que ele estivesse muito familiarizado com a mais avançada matemática da época. Antes de regressar à sua cidade natal, inventou um mecanismo que ficou conhecido como parafuso de Arquimedes, uma espécie de máquina para bombear água.

Arquimedes (277 a.C.-212 a.C.).

Muitas das informações sobre a vida de Arquimedes e suas obras chegaram até nós por outros autores, como Plutarco, por exemplo, visto que muitos de seus originais se perderam. Há muitas referências a Arquimedes nos escritos de sua época, nem tanto pela alta reputação que ele tinha entre os matemáticos, mas sim pelas suas máquinas de guerra.

Regressou à sua cidade natal, provavelmente por causa das suas boas relações com o rei de Siracusa, Hierão II (306 a.C.-215 a.C.).

Uma das mais famosas histórias sobre Arquimedes relata que Hierão pediu ao seu brilhante amigo para determinar se uma coroa, que havia acabado de receber do ourives, era realmente de ouro, como deveria ser, ou se se tratava de uma liga de prata. Arquimedes foi instruído a realizar a tarefa sem estragar a coroa.

Segundo essa história, ele não imaginava como proceder até que um belo dia, entrando em uma banheira cheia, notou que a água transbordava. Repentinamente ocorreu-lhe que a quantidade de água transbordada era igual, em volume, à parte do corpo nela mergulhada. Raciocinou então que, se mergulhasse a coroa na água, poderia determinar seu volume pela subida do líquido. Poderia mais ainda: comparar esse dado com o volume de um pedaço de ouro de igual peso. Se os volumes fossem iguais, a coroa seria de ouro puro. Se a coroa fosse feita de uma liga de prata (menos densa que o ouro), teria um volume maior.

Entusiasmado com a descoberta, diz a história que Arquimedes pulou para fora da banheira, e, completamente nu, correu pelas ruas de Siracusa até o palácio real aos gritos de "Achei! Achei!". Vale destacar que a nudez não perturbava os gregos daquela época tanto como nos perturba hoje. Como Arquimedes falava grego, o que disse foi "*Eureka*! *Eureka*!". Essa expressão é usada desde então como exclamação apropriada ao anúncio de uma descoberta. A conclusão dessa história é que a coroa incluía certa porcentagem de prata, tendo sido o ourives executado.

1. Qual a origem da habilidade de Arquimedes para formular problemas físicos usando conhecimentos de Geometria?

2. Leia o texto "Arquimedes e a coroa do rei: problemas históricos", de Roberto de Andrade Martins (disponível em: <www.periodicos.ufsc.br/index.php/fisica/article/view/6769/6238>; acesso em: nov. 2012) e discuta com seus colegas a possível criação de mitos na ciência.

EXPERIMENTO

Determinação do centro de massa de uma placa

Nesta atividade de observação experimental, você e seu grupo poderão determinar, na prática, a posição do centro de massa de um sistema.

A figura ilustra uma chapa homogênea, porém de forma irregular, perfurada nos pontos *A* e *C*. Ela se encontra dependurada pelo ponto *A* e em equilíbrio. Nessa situação, o ponto de sustentação *A* passa a pertencer à vertical que contém o centro de massa CM do corpo. Concluímos que o segmento de reta *AB* – que podemos traçar na própria chapa, usando um fio de prumo como referência – passa necessariamente sobre o CM desse corpo (**figura a**).

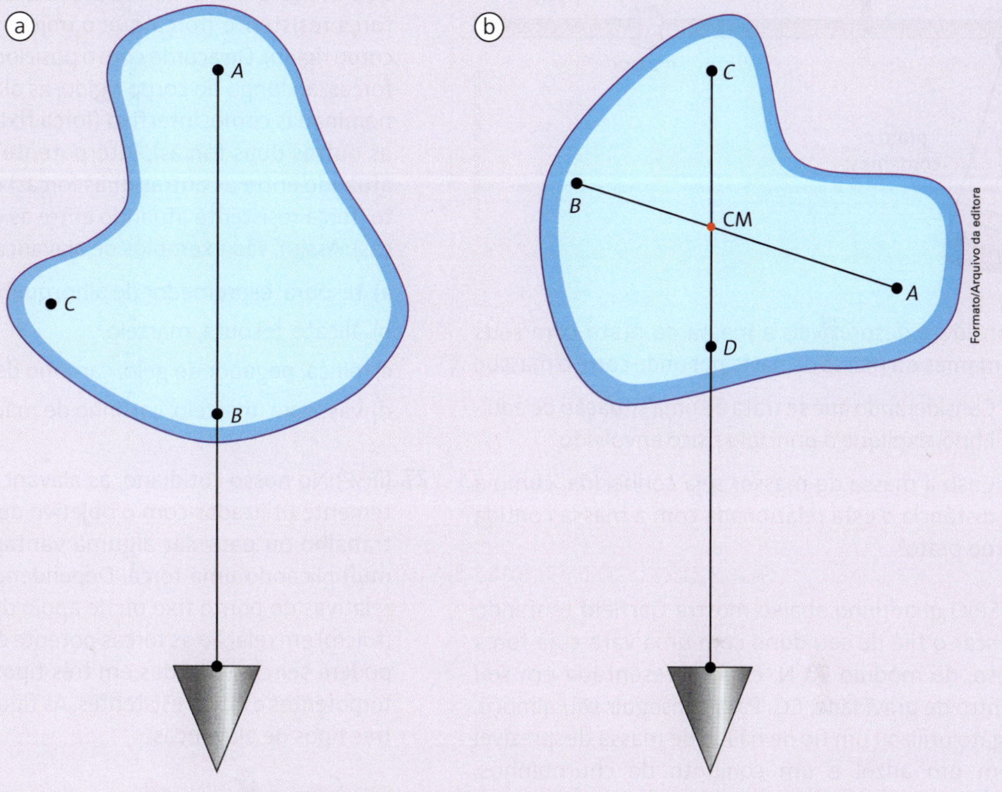

O centro de massa da chapa está em algum ponto do segmento *AB* (**figura a**). Determinação do CM com um fio de prumo (**figura b**).

Se dependurarmos a chapa pelo ponto *C* (**figura b**), teremos outro segmento (*CD*) cuja intersecção com o segmento *AB* nos dará a posição do CM.

1. Se quisermos equilibrar a placa na ponta de um dedo, em que ponto o dedo deverá ser colocado?

2. Recortem de um pedaço de papelão uma chapa triangular e determinem seu centro de massa pelo encontro das medianas. Em seguida, usem o procedimento descrito para obter o CM da chapa irregular no seu triângulo. Os pontos coincidem?

3. Suponham que cada um dos cinco pontos assinalados na chapa, na **figura b**, seja um pequeno furo, e que vamos encaixar um clipe aberto, cada vez em um furo diferente, para fazer a chapa girar chacoalhando a mão. Em quais pontos o procedimento poderá ter sucesso? Por quê?

Exercícios

24. (Etec-SP, adaptado) Você já deve ter visto em seu bairro pessoas que vieram diretamente da roça e, munidas de carrinhos de mão e uma simples balança, vendem mandiocas de casa em casa.

A balança mais usada nessas situações é a apresentada na figura a seguir.

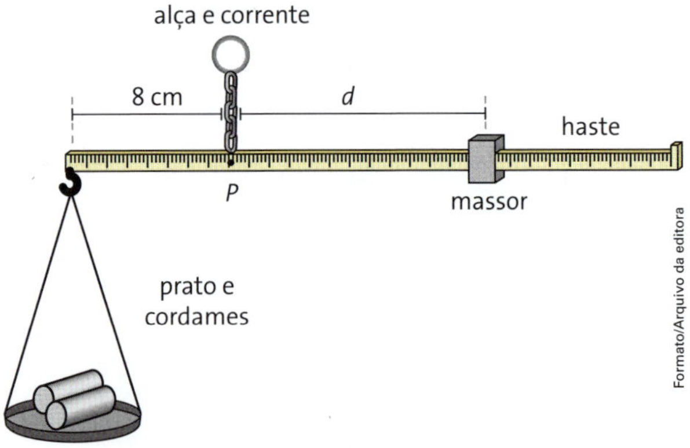

Formato/Arquivo da editora

Considere desprezíveis a massa do prato com seus cordames e a massa da haste por onde corre o massor.

a) Considerando que se trata de uma situação de equilíbrio, explique o princípio físico envolvido.

b) Caso a massa do massor seja conhecida, como a distância *d* está relacionada com a massa contida no prato?

25. (IFSP)O quadrinho abaixo mostra Garfield tentando pescar o filé de seu dono com uma vara cuja força peso, de módulo 20 N, está representada em seu centro de gravidade, CG. Para conseguir seu almoço, o gato utilizou um fio de náilon de massa desprezível com um anzol e um conjunto de chumbinhos, totalizando 0,4 N de peso, dependurados na ponta.

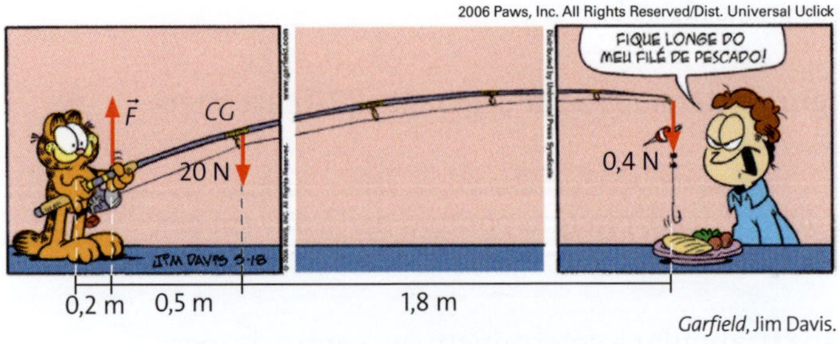

Garfield, Jim Davis.

Considerando-se as distâncias indicadas na figura, numa situação em que a vara esteja em equilíbrio, sendo segurada pelas duas patas de Garfield, a intensidade da força *F*, em newtons, aplicada pela pata esquerda do gato na vara, é igual a:

a) 75.

b) 65.

c) 55.

d) 45.

e) 35.

26. (Ufla-MG) Molas, cunhas, rodas e eixos, engrenagem, polia são exemplos de máquinas simples. Esses dispositivos, apesar da simplicidade, possuem grande aplicabilidade.

Toda alavanca possui um ponto fixo no qual o corpo extenso exigido se apoia. Seu princípio de funcionamento consiste da ação de três forças sobre esse corpo rígido: a força fixa (força que o ponto fixo faz sobre o corpo rígido), a força potente (força que a pessoa que utiliza a alavanca faz sobre o corpo rígido) e a força resistente (força que o objeto exerce sobre o corpo rígido). De acordo com o posicionamento dessas forças, ao longo do corpo rígido, as alavancas são denominadas como: interfixa (força fixa atuando entre as outras duas forças), interpotente (força potente atuando entre as outras duas forças) e inter-resistente (força resistente atuando entre as outras duas forças). Assim, são exemplos de alavanca interfixa:

a) tesoura, espremedor de alho, quebra-nozes.

b) alicate, tesoura, martelo.

c) pinça, pegador de gelo, carrinho de mão.

d) vassoura, martelo, carrinho de mão.

27. (IFSP) No nosso cotidiano, as alavancas são frequentemente utilizadas com o objetivo de facilitar algum trabalho ou para dar alguma vantagem mecânica, multiplicando uma força. Dependendo das posições relativas do ponto fixo ou de apoio de uma alavanca (fulcro) em relação às forças potente e resistente, elas podem ser classificadas em três tipos: interfixas, interpotentes e inter-resistentes. As figuras mostram os três tipos de alavancas.

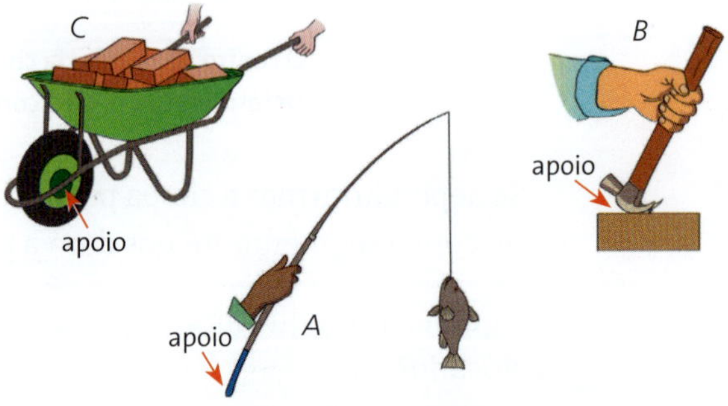

Tânia Ricci/Arquivo da editora

Disponível em: <www.portaldoprofessor.mec.gov.br>. Adaptado. Acesso em: nov. 2012.

As situações *A*, *B* e *C*, nessa ordem, representam alavancas classificadas como:

a) inter-resistente, interpotente e interfixa.

b) interpotente, inter-resistente e interfixa.

c) interpotente, interfixa e inter-resistente.

d) interfixa, inter-resistente e interpotente.

e) interfixa, interpotente e inter-resistente.

28. (UFRJ, adaptado) Para dar uma ideia de quão intensos são os esforços suportados por nossos tendões, a UFRJ propôs, em uma de suas questões de vestibular, um modelo mecânico pelo qual esse esforço poderia ser calculado. A **figura 1** mostra o braço de uma pessoa (com o antebraço na horizontal) que sustenta uma bola de ferro de 10 kg em sua mão. Nela estão indicados os ossos do braço e do antebraço (que se articulam no cotovelo) e o músculo bíceps.

A **figura 2** mostra o modelo mecânico proposto. Uma barra horizontal articulada em O, em equilíbrio, sustentando uma bola de 10 kg. A articulação em O é tal que a barra pode girar livremente, sem atrito, em torno de um eixo perpendicular ao plano da figura, em O.

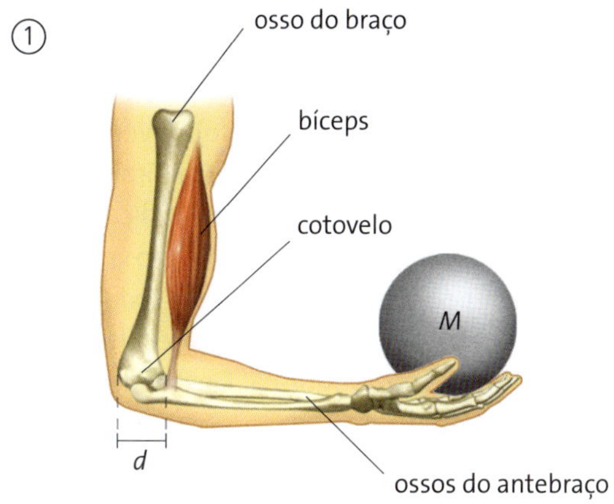

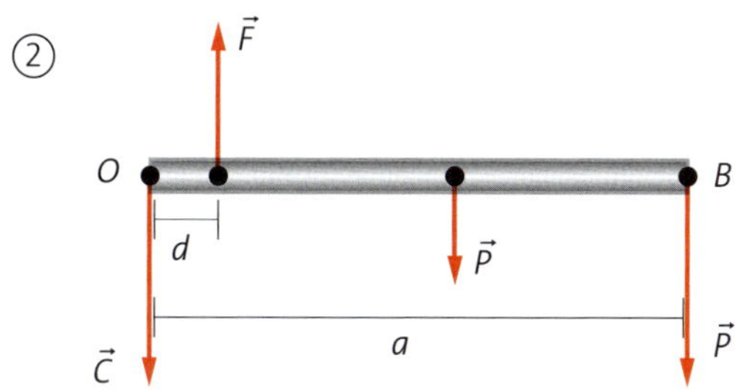

Na **figura 2** estão representados por segmentos orientados:

- a força $\vec{F}$ exercida pelo bíceps, que atua a 4 cm da articulação O sobre os ossos do antebraço;
- a força $\vec{C}$ exercida pelo osso do braço sobre a articulação O;
- o peso $\vec{P}$ do sistema braço-mão, de massa 2,3 kg, aplicado no centro de massa desse sistema, a 20 cm da articulação O;
- o peso $\vec{P}$ da bola, cujo centro de massa se encontra a 35 cm da articulação O.

Utilizando esse modelo, faça o que se pede.

a) Calcule o módulo da força $\vec{F}$ exercida pelo bíceps sobre os ossos do antebraço, considerando $g = 10\ m/s^2$.

b) Qual é o tipo dessa alavanca (interfixa, inter-resistente ou interpotente)?

29. (UnB-DF) Em certos animais, e em particular no homem, os músculos são ligados aos diferentes ossos por tendões, denominados pontos de inserção ou ligamentos. No caso do braço humano, o cotovelo funciona como um ponto de articulação entre o braço e o antebraço, e os movimentos de flexão e extensão são realizados pelos músculos bíceps e tríceps, respectivamente. Sabe-se, também, que apesar de chimpanzés adultos terem uma massa muscular três vezes menor que a de um homem adulto, eles são duas vezes mais fortes em alguns movimentos, em especial naqueles relacionados à flexão dos braços. Essa diferença de desempenho está relacionada com a anatomia do braço dos dois animais. As figuras abaixo ilustram os pontos principais da anatomia do braço humano, em que d_1, d_2 e d_3 são, respectivamente, as distâncias do cotovelo ao ligamento do bíceps, do cotovelo ao centro de massa do braço (CM) e do cotovelo ao centro de massa m segurado pela mão, $\vec{F}_{CM}$ é a força peso do braço e $\vec{F}_M$ é a força peso do objeto de massa m.

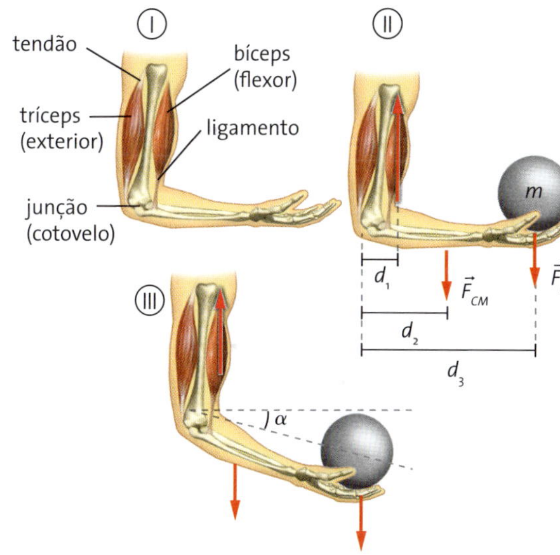

Ilustrações: Paulo Manzi/Arquivo da editora

Com base nas informações e nas figuras acima, julgue os itens que se seguem.

1. Para manter o objeto fixo na posição mostrada na figura II, desprezando-se o peso do braço, a força exercida pelo bíceps no braço é diretamente proporcional à razão $\frac{d_1}{d_3}$.
2. A diferença de desempenho entre o homem e o chimpanzé poderia ser explicada se fosse admitido que d_1 para o chimpanzé é menor que d_1 para o homem.
3. A razão entre os módulos dos torques exercidos pelo bíceps em relação ao cotovelo nas situações mostradas nas figuras III e II, respectivamente, é igual a sen (α).

Pensando no Enem

O mecanismo que permite articular uma porta (de um móvel ou de acesso) é a dobradiça. Normalmente, são necessárias duas ou mais dobradiças para que a porta seja fixada no móvel ou no portal, permanecendo em equilíbrio e podendo ser articulada com facilidade.

No plano, o diagrama vetorial das forças que as dobradiças exercem na porta está representado em

a)

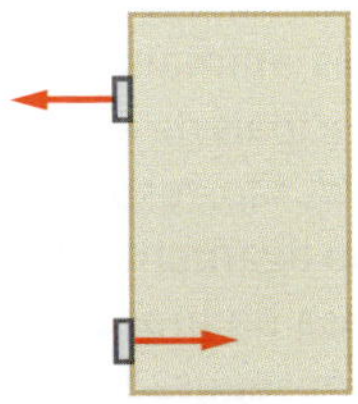

b)

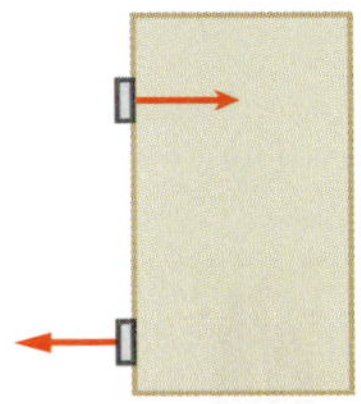

c)

d)

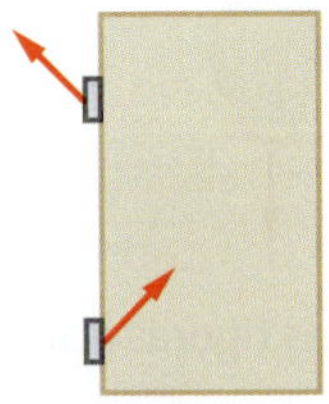

e)

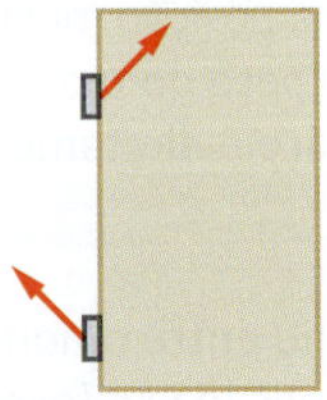

Resolução

Para que um corpo rígido se encontre em equilíbrio, duas condições devem ser satisfeitas:

1. Ele deve estar em equilíbrio translacional, ou seja, a soma de todas as forças deve ser nula.
2. Ele deve estar em equilíbrio rotacional, ou seja, a soma dos momentos de cada força deve ser nula.

- Para que a primeira condição seja satisfeita, na direção vertical as dobradiças superior (1) e inferior (2) devem exercer sobre a porta um componente de força vertical de sentido oposto ao peso da porta, ou seja, para cima, conforme ilustra a figura 1, para equilibrá-lo.

- Para que a segunda condição seja satisfeita, devemos analisar o momento gerado pela força peso sobre o ponto *O*, conforme indica a figura 2. Como a força peso tende a fazer a porta a girar no sentido horário (negativo), os componentes das forças das dobradiças, com linhas de ação perpendiculares à reta que as une ao ponto *O* (polo), devem gerar momentos que tendam fazer a porta girar no sentido anti-horário (positivo), conforme indica a figura 2. Somando os componentes na direção vertical e horizontal das forças que atuam em cada dobradiça identificamos a direção da força resultante nelas, conforme mostra a figura 3. Deste modo, a alternativa correta é a **d**.

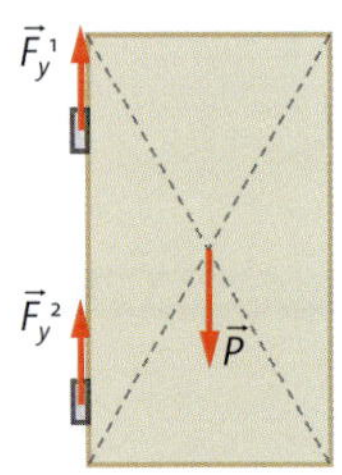

figura 1

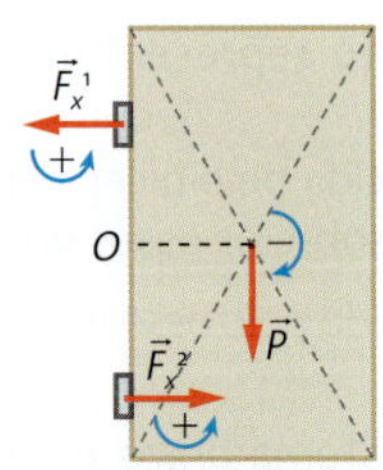

figura 2

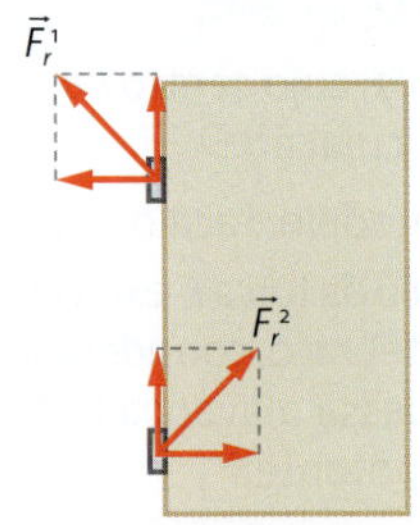

figura 3

Vestibulares de Norte a Sul

1. **NE** (UEPB) Um estudante de Ensino Médio resolveu montar um experimento para melhor compreender os tipos de equilíbrio, que tinha estudado em sua aula de Física. Utilizando dois garfos, uma rolha, um prego e uma garrafa, construiu a estrutura representada na figura abaixo.

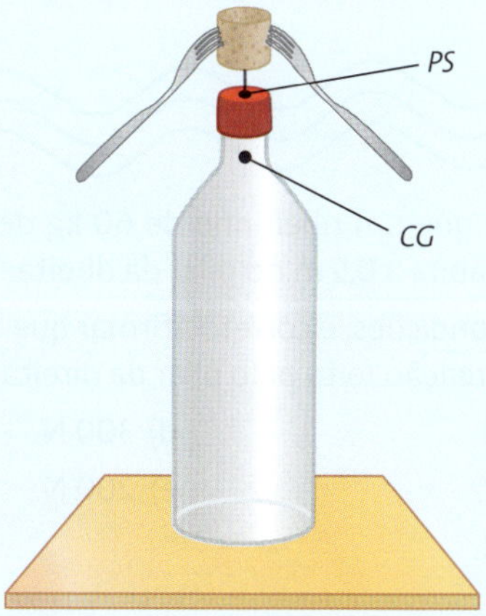

Formato/Arquivo da editora

Sendo *PS* o ponto de sustentação e *CG* o centro de gravidade da estrutura, o estudante concluiu que:

a) o equilíbrio obtido é denominado estável, pois o centro de gravidade encontra-se abaixo do ponto de sustentação.

b) o equilíbrio obtido é denominado estável, porém o centro de gravidade deveria estar acima do ponto de sustentação.

c) e equilíbrio obtido é denominado instável, porém o centro de gravidade encontra-se abaixo do ponto de sustentação.

d) o equilíbrio obtido é denominado instável, porém o centro da gravidade deveria estar acima do ponto de sustentação.

e) o equilíbrio obtido é denominado indiferente, pois, independentemente das posições do centro de gravidade e do ponto de sustentação, o equilíbrio da estrutura é possível.

2. **S** (Acafe-SC) Pode-se construir uma alavanca usando-se simplesmente um régua de papelão, com escala de graduação de 0 a 30, e alguns clipes de massas iguais. Dessa forma, a régua ficará em equilíbrio, suspensa no ponto de graduação 15. Se três clipes forem pendurados no ponto de graduação 7, a alavanca será equilibrada ao prenderem-se dois clipes, juntos, no ponto de graduação, que será:

a) 12. c) 27. e) 20.
b) 24. d) 17.

3. **NE** (UFRN) Vários tipos de carros populares estão sendo montados com algumas economias. Eles vêm, por exemplo, com apenas uma luz de ré e, às vezes, sem o retrovisor do lado direito. Outra economia está associada ao tamanho reduzido da chave de rodas. Essa chave é fabricada com comprimento de 25 cm. Alguns desses carros saem de fábrica com os parafusos de suas rodas submetidos a um aperto compatível a um torque (final) de 100 Nm. Esse torque, *M*, calculado e relacionado com a força aplicada na chave, força *F*, pela expressão $M = F \cdot d$, em que *d* (única dimensão relevante da chave de rodas) é chamado braço da alavanca, conforme ilustrado na figura.

Paulo Manzi/Arquivo da editora

D. Teresinha comprou um desses carros e, quando sentiu a necessidade de trocar um pneu, ficou frustrada por não conseguir folgar os parafusos, pois consegue exercer uma força de, no máximo, 250 N. Para solucionar esse problema, chamou um borracheiro, que, após concluir a troca do pneu, sugeriu a compra de uma mão de ferro para ajudá-la em uma próxima troca. O borracheiro explicou a d. Teresinha que uma mão de ferro é um pedaço de cano de ferro que pode ser usado para envolver o braço da chave de rodas, aumentando assim o seu comprimento e reduzindo, portanto, a força necessária a ser usada para folgar os parafusos. Nessa situação, admita que a mão de ferro cobre todos os 25 cm do braço da chave de rodas. Para poder realizar uma próxima troca de pneu, d. Teresinha deve usar uma mão de ferro de comprimento, no mínimo, igual a:

a) 60 cm.
b) 50 cm.
c) 40 cm.
d) 80 cm.

4. SE (FEI-SP) Em uma plataforma homogênea de 6 m de comprimento e 230 kg de massa, apoiada sobre dois suportes, um fixo (*B*) e outro móvel (*A*), encontra-se uma pessoa de 70 kg na sua ponta livre.

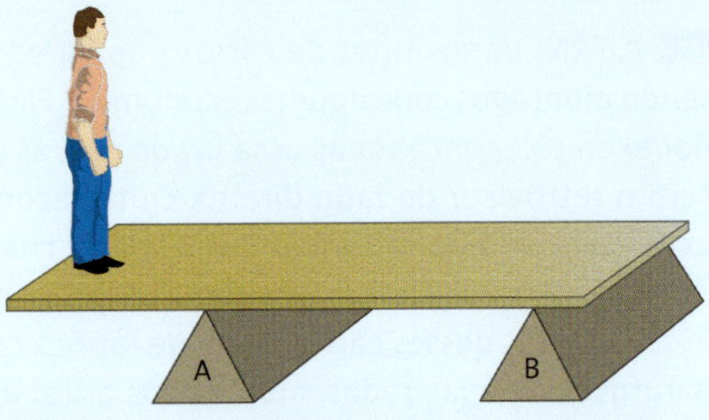

Qual deverá ser a distância mínima, em metros, entre *A* e *B* para que a plataforma não vire?

a) 3,7
b) 3,0
c) 2,3
d) 4,5
e) 5,0

5. SE (Unicastelo-SP) A figura mostra uma barra de aço para levantamento de pesos, com dois discos, um em cada extremidade, sustentada por dois apoios equidistantes das extremidades da barra.

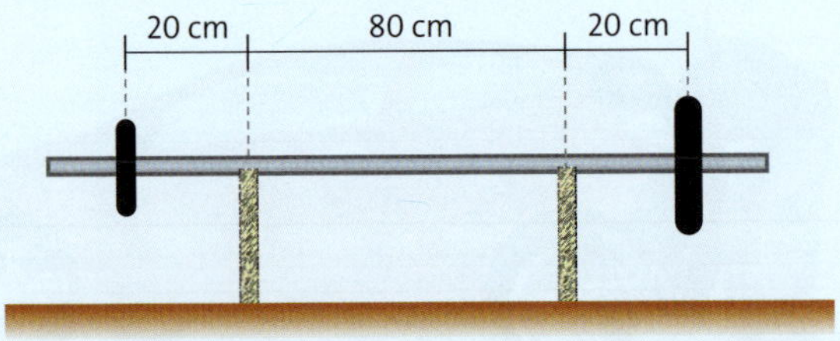

Um aluno de uma academia observa que a barra está na iminência de girar no sentido horário. Se a massa do disco colocado do lado direito da barra é igual a 20 kg e a massa da barra é igual a 7,5 kg, a massa do disco colocado do lado esquerdo, em kg, vale:

a) 8,0.
b) 5,0.
c) 1,0.
d) 2,0.
e) 10.

6. SE (FEI-SP) Uma estrutura metálica para um pórtico é composta de uma viga I (horizontal), de massa 2 toneladas e comprimento 6 m e 2 pilares (verticais), conforme ilustração abaixo.

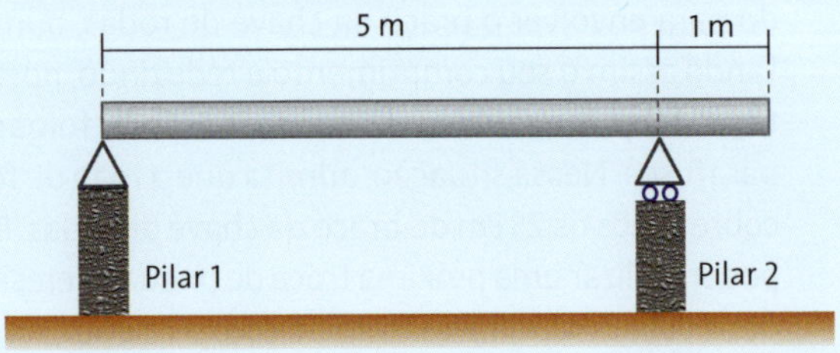

Neste caso, qual é a reação que a viga exerce no pilar 1 quando uma carga de 1 tonelada está suspensa a 1 m do pilar 1?

a) 10 000 N
b) 15 000 N
c) 30 000 N
d) 16 000 N
e) 20 000 N

7. NE (UFPB) Durante a cheia de um rio, a comunidade riberinha teve que construir pontes improvisadas, utilizando tábuas de madeira. A figura mostra o esquema de uma ponte onde uma tábua homogênea de massa 10 kg é apoiada em dois pilares fincados no solo, distantes 2 m entre si.

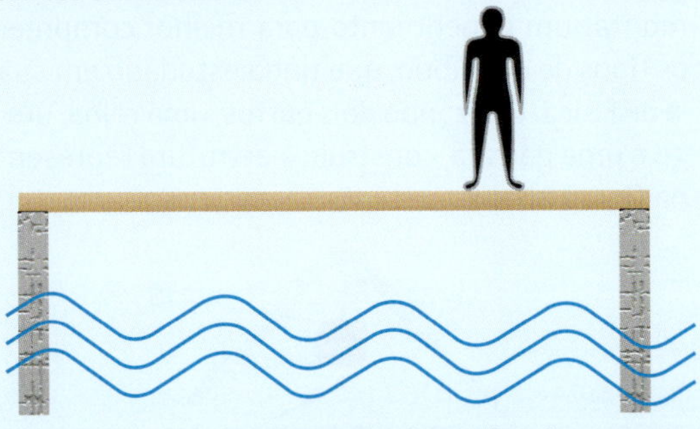

Suponha que um ribeirinho de 60 kg de massa está sobre a tábua a 0,5 m do pilar da direita.

Nessas condições, é correto afirmar que o módulo da força de reação feita pelo pilar da direita na tábua é:

a) 600 N.
b) 500 N.
c) 400 N.
d) 300 N.
e) 200 N.

8. S (UFPR) Uma pessoa *P* de 75 kg, representada na figura, sobe por uma escada de 5 m de comprimento e 25 kg de massa, que está apoiada em uma parede vertical lisa. A escada foi imprudentemente apoiada na parede, formando com esta um ângulo de 60°. O coeficiente de atrito estático entre a sua base e o piso é 0,70 e o centro de gravidade da escada encontra-se a 1/3 do seu comprimento, medido a partir da sua base, que está representada pelo ponto *O* na figura. Despreze o atrito entre a parede e a escada e considere esta como um objeto unidirecional.

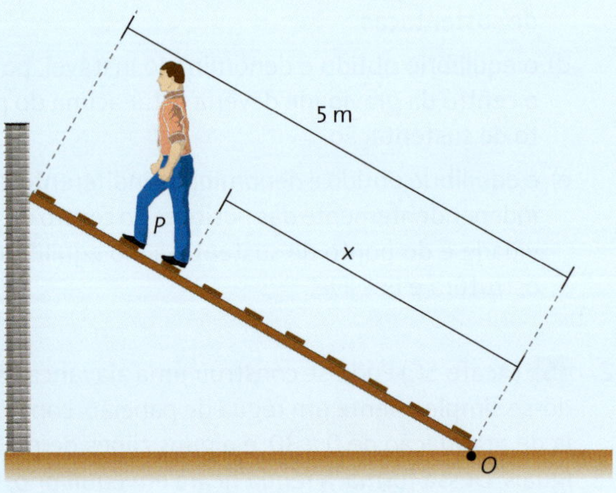

a) Reproduza na folha de respostas o desenho da escada apenas, e represente todas as forças que estão atuando sobre ela, nomeando-as e indicando o seu significado.

b) Determine a distância máxima *x* que essa pessoa poderá subir sem que a escada deslize.

9. **SE** (Vunesp-SP) As figuras a seguir representam esquematicamente, à esquerda, um abridor de garrafas, e à direita, esse abridor abrindo uma garrafa.

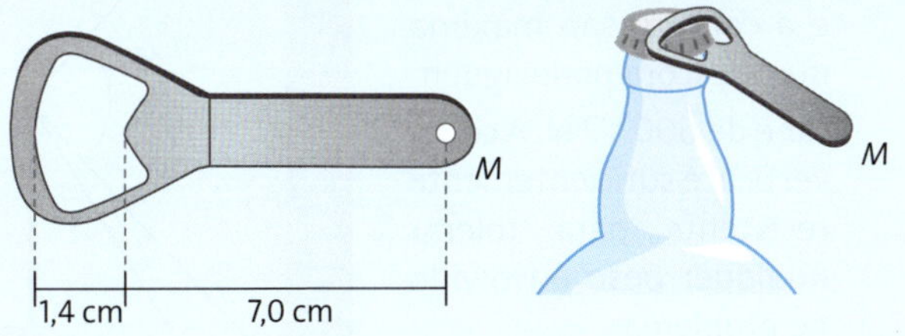

Em ambas as figuras, *M* é ponto de aplicação da força que uma pessoa exerce no abridor para abrir a garrafa.

a) Copie em seu caderno a figura da direita e nela represente as forças que atuam sobre o abridor enquanto a pessoa abre a garrafa. Nomeie as forças representadas e faça uma legenda explicando quem as exerce. Não considere o peso do abridor.

b) Supondo que essas forças atuem perpendicularmente ao abridor, qual é o valor mínimo da razão $\frac{Fp}{Fa}$ entre o módulo da força exercida pela pessoa, $\vec{Fp}$, e o módulo da força $\vec{Fa}$ que retira a tampa e abre a garrafa?

10. **NE** (Uece) Considere uma corda *A*, de massa desprezível, passando por uma polia presa ao teto por outra corda *B*, conforme a figura a seguir. Pelas duas extremidades da corda *A* uma pessoa de massa *m* se pendura e permanece em equilíbrio estático próximo à superfície da Terra. Considere a aceleração gravitacional com módulo *g*.

A relação entre as tensões nas cordas e o peso da pessoa é:

a) $T_A = T_B/2 = mg/2$.

b) $T_A = T_B = mg$.

c) $2T_A = 2T_B = 2mg$.

d) $2T_A = T_B = 2mg$.

11. **SE** (UFSJ-MG) Uma corda de varal sustenta uma esfera de metal pesada, amarrada por meio de uma pequena argola colocada na esfera, conforme mostrado na figura.

Se a corda se encontra na iminência de se romper, é correto afirmar que:

a) é mais provável que a corda se rompa no lado mais longo, porque, por ser mais longo, esse é o lado que sustenta a maior parte do peso da esfera.

b) é mais provável que a corda se rompa no lado que sustenta maior parte do peso da esfera.

c) a corda pode se romper do lado mais curto ou do lado mais longo com igual probabilidade, uma vez que as tensões na corda são iguais em ambos os lados.

d) é mais provável que a corda se rompa no lado mais curto, uma vez que a tensão na corda é maior nesse lado.

12. **NE** (Unifor-CE) Uma haste uniforme e homogênea tem peso de 80 N. Ela é articulada em uma de suas extremidades e permanece na horizontal presa por uma corda que une a outra extremidade da haste à parede vertical.

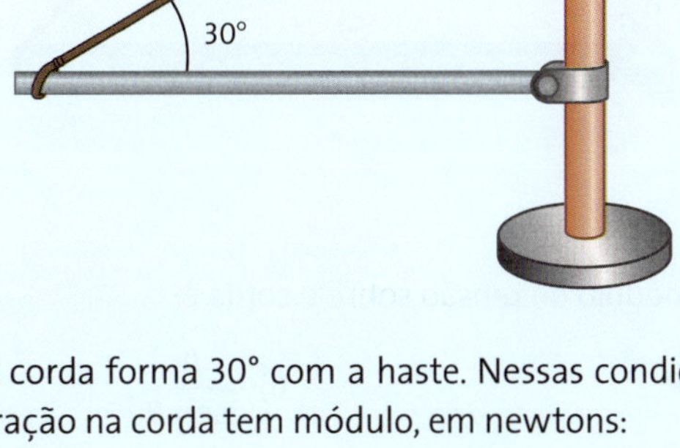

A corda forma 30° com a haste. Nessas condições, a tração na corda tem módulo, em newtons:

a) 160.

b) 80.

c) 50.

d) 40.

e) 20.

13. **NE** (UPE) O sistema da figura a seguir é composto por uma barra homogênea AB, articulada em A e pesa 100 N. O objeto P pesa 50 N para que esse sistema permaneça estático. Analise os seguintes itens:

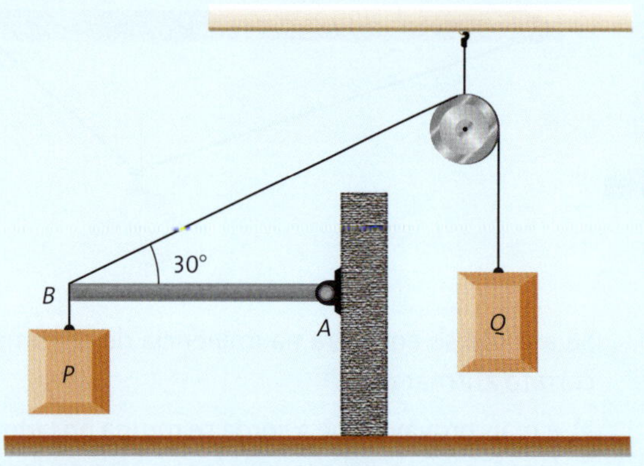

Ilustrações: Formato/Arquivo da editora

I. O objeto Q pesa 200 N.
II. A componente horizontal da reação em A é $R_x = 100$ N.
III. A componente horizontal de Q é $Q_x = 174$ N.
IV. A componente da reação em A é $R_y = 50$ N.

Informações: sen 30° = 0,5 e cos 30° = 0,87

Estão **corretas**:

a) I, II, III e IV.
b) I, II e III, apenas.
c) I e IV, apenas.
d) II, III e IV, apenas.
e) II e IV, apenas.

14. **S** (UFSM-RS) A figura apresenta uma barra homogênea, delgada, de peso P e comprimento L. Essa barra está presa a uma parede vertical por uma articulação. Está também sustentada, em repouso, por uma corda submetida a uma tensão T que forma um ângulo θ com a vertical.

O módulo de tensão sobre a corda é:

a) P.
b) $\frac{P}{2}$.
c) $\frac{P}{\cos\theta}$.
d) $\frac{P}{2\text{sen}\,\theta}$.
e) $\frac{P}{2\cos\theta}$.

15. **SE** (Aman-RJ) Veja a figura ao lado. A tração máxima que a corda superior pode suportar é de $400\sqrt{2}$ N, e a compressão máxima que a escora pode aguentar é de $600\sqrt{2}$ N. A corda vertical é suficientemente resistente para tolerar qualquer peso envolvido no problema.

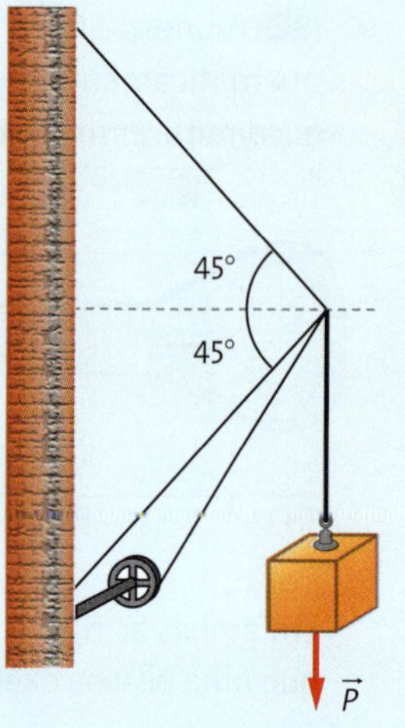

O maior peso que pode ser sustentado pela estrutura da figura é:

a) 800 N.
b) 1 000 N.
c) 200 N.
d) 600 N.
e) 400 N.

16. **CO** (UFG-GO) Em relação aos sistemas que utilizam o princípio das alavancas, é correto afirmar:

01. Para arrancar um prego com um martelo, como indicado na figura a seguir, fazer uma força de 5 N a 20 cm de distância do prego equivale, em relação ao momento da força, a fazer uma de 10 N a 10 cm.

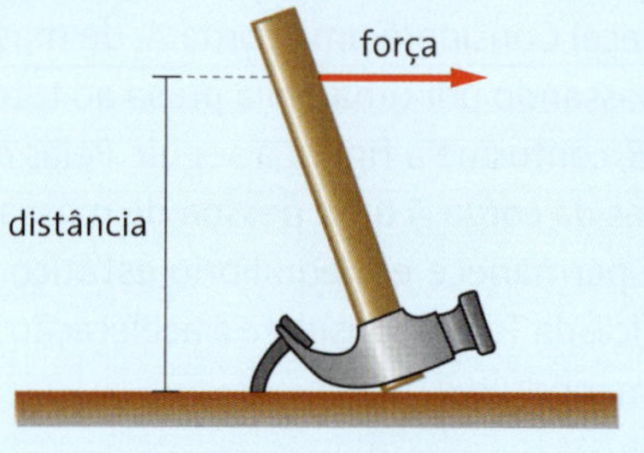

02. O bíceps (músculo do braço), para levantar um objeto como mostra a figura, tem que fazer uma força maior que o peso do objeto segurado pela mão, porém, uma pequena contração desse músculo produz grande deslocamento da mão.

Paulo Manzi/Arquivo da editora

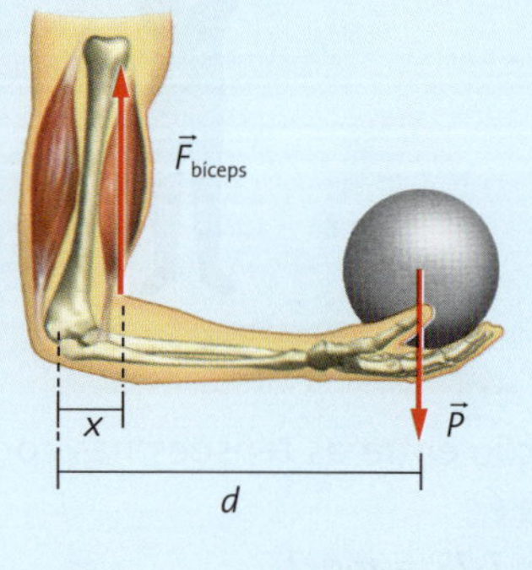

03. A maçaneta de uma porta é colocada o mais longe possível das dobradiças, para que, ao abri-la ou fechá-la, o momento de uma dada força que se aplica na maçaneta seja o menor possível.

CAPÍTULO

11 Hidrostática

Iakov Kalinin/Shutterstock/Glow Images

As águas da cidade de Veneza estão ao nível do mar. Será possível subir acima deste nível?

1 Densidade e pressão

No estudo dos fluidos, um dos conceitos fundamentais é o de **densidade**. Comecemos com um exemplo. Ao final de uma peça de teatro, um espectador fica surpreso ao ver um funcionário carregar uma grande rocha do cenário com apenas uma das mãos. Como isso é possível?

Na realidade, a textura externa daquela "rocha" imita as verdadeiras, mas o material que a constitui pode ser, por exemplo, o poliestireno expandido – um material que torna a rocha cenográfica muito mais leve do que uma rocha real de mesmo volume. Dizemos então que, embora as rochas tenham o mesmo volume, elas possuem densidades diferentes.

A densidade μ de um corpo é a razão entre a massa m desse corpo e o correspondente volume V ocupado por ele:

$$\mu = \frac{m}{V}$$

Uma unidade muito usual para a densidade é g/cm^3, mas no sistema internacional a unidade é kg/m^3. A relação entre essas unidades é:

$$1\,\frac{g}{cm^3} = \frac{10^{-3}\,kg}{10^{-6}\,m^3} = 10^3\,\frac{kg}{m^3}$$

Na tabela 11.1 apresentamos os valores das densidades (massas específicas) de algumas substâncias em g/cm^3, a uma temperatura de 15 °C (com exceção do gelo, cujo valor apresentado corresponde à temperatura de 0 °C).

Tabela 11.1 – Densidades (massas específicas) de algumas substâncias

Substância	μ (g/cm^3)
água	1,00
gelo	0,92
álcool	0,79
alumínio	2,70
ferro	7,87
chumbo	11,3
mercúrio	13,5

Fonte: LIDE, David R. (Ed.). *CRC Handbook of Chemistry and Physics*. 84. ed. Boca Raton: CRC Press, 2003. p. 4-39.

Pressão

Outra grandeza importante no estudo dos fluidos é a **pressão**. Vejamos um exemplo. Quando tentamos cravar um prego em uma tábua, encostamos na tábua a ponta do prego. O motivo dessa escolha é que a ponta do prego penetra na madeira com maior facilidade do que a outra extremidade. Mas por quê? Porque, em razão do formato da ponta do prego, a força aplicada sobre ele fica toda concentrada em uma área muito pequena da tábua.

Já quando um fluido aplica força, por exemplo, no fundo de um recipiente, essa força não é concentrada em uma pequena região, e sim distribuída ao longo de toda a sua superfície.

No estudo dos fluidos, é mais conveniente trabalhar com a massa por unidade de volume (densidade) do que com a massa total. De modo análogo, no caso das forças exercidas por fluidos, é também mais conveniente trabalhar com a **força por unidade de área** – conceito de **pressão**.

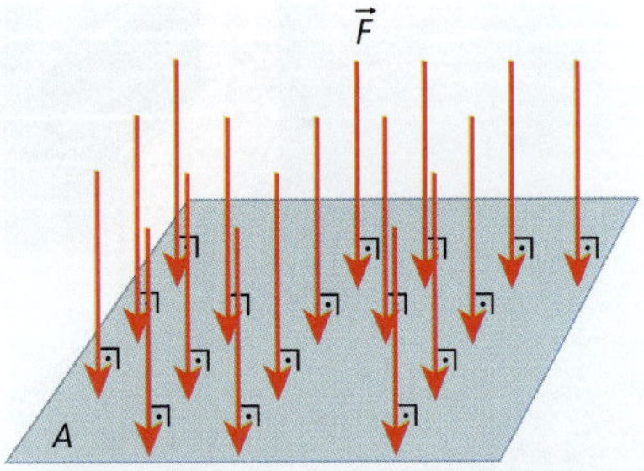

Figura 11.1 Representação esquemática da força que um fluido aplica sobre uma superfície. As diversas setas indicam que a força $\vec{F}$ está distribuída em toda a área A.

Consideremos uma força $\vec{F}$ aplicada perpendicularmente a uma área A (figura 11.1). Definimos a pressão p aplicada pela força F sobre a área A pela relação:

$$p = \frac{F}{A}$$

No Sistema Internacional de Unidades (SI), a unidade de pressão é o newton por metro quadrado (N/m^2), também conhecida como pascal (Pa). A tabela 11.2 apresenta outras unidades de pressão e suas relações com a unidade do SI.

Tabela 11.2 – Unidades usuais de pressão

Unidade	Relação com o pascal (N/m^2), para $g = 10\ m/s^2$
dyn/cm^2 (bária)	$1\ dyn/cm^2 = 0{,}1\ Pa$
kgf/cm^2	$1\ kgf/cm^2 = 10^5\ Pa$
atm (atmosfera)	$1\ atm = 1{,}03 \cdot 10^5\ Pa$
lbf/pol^2 (psi)	$1\ lbf/pol^2 = 6{,}9 \cdot 10^3\ Pa$

Fonte: LIDE, David R. (Ed.). *CRC Handbook of Chemistry and Physics*. 84. ed. Boca Raton: CRC Press, 2003. p. 4-39.

Pressão e área de superfície

O conceito de pressão nos permite entender muitos dos fenômenos físicos que nos cercam. Por exemplo, para cortar um pedaço de pão, utilizamos o lado afiado da faca (menor área), pois, para uma mesma força, quanto menor é a área, maior é a pressão produzida. Como vemos na figura 11.2, a pressão é maior quando utilizamos o lado afiado da faca do que quando utilizamos o outro lado.

Figura 11.2 Utilizando o lado afiado da faca obtemos um resultado mais eficiente (**a**) do que quando utilizamos o lado não afiado da faca (**b**).

Exercício resolvido

1. Um brinquedo antigo, conhecido como perna de pau, é constituído por duas longas hastes que possuem em sua parte inferior calços para que o usuário coloque os pés, conforme a figura. Uma menina, andando com pernas de pau na calçada cimentada, resolve caminhar com elas sobre a terra gramada. A área de contato com o solo de cada perna de pau é $\frac{1}{10}$ da área de apoio de cada pé descalço.

   a) O que acontece com o peso do conjunto menina-brinquedo quando ela passa da calçada para a terra gramada?

   b) Por que a tendência de afundar na terra gramada é maior quando ela usa as pernas de pau?

   c) Desprezando o peso das pernas de pau, quantas vezes aumenta a pressão se a menina deixa de andar descalça e começa a usar o brinquedo?

Thatcher Keats/Photonica/Getty Images

Resolução

a) O peso do conjunto permanece o mesmo.

b) Como há redução na área de apoio, a pressão fica maior.

c) Como a área de contato diminui dez vezes, a pressão é multiplicada por dez.

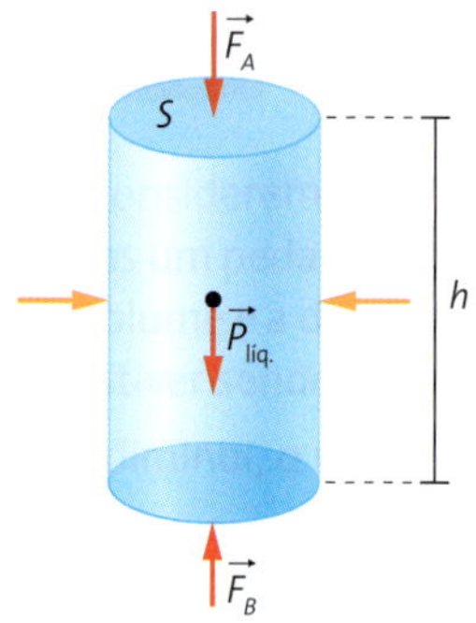

Figura 11.5 Representação esquemática de uma coluna líquida em equilíbrio, na qual o cilindro que contém o líquido (e lhe dá essa forma) foi omitido.

Vamos, agora, analisar a variação da pressão em um líquido, na direção vertical. Para isso, vamos considerar um cilindro que contenha certa quantidade de líquido homogêneo (figura 11.5). A resultante das forças laterais que o líquido exerce sobre o cilindro é nula, pois, para cada elemento de área da superfície lateral, encontramos outro, na mesma horizontal e diametralmente oposto, no qual age uma força de mesma intensidade e sentido oposto. Essa conclusão decorre do fato de que, em um líquido, todos os pontos situados em uma horizontal ficam sujeitos à mesma pressão.

Para o equilíbrio na direção vertical, devemos ter:

$$F_B = F_A + P_{líq.} \quad (I)$$

As forças F_A e F_B são calculadas aplicando-se a definição algébrica de pressão. Considerando que a área da base do cilindro é S, temos:

$$p = \frac{F}{S} \Rightarrow F = p \cdot S \begin{cases} F_A = p_A \cdot S \\ F_B = p_B \cdot S \end{cases} \quad (II)$$

O peso do líquido pode ser calculado por:

$$P_{líq.} = m \cdot g = \mu \cdot V \cdot g = \mu \cdot h \cdot S \cdot g \quad (III)$$

Substituindo os resultados II e III na equação I, obtemos:

$$p_B \cdot S = p_A \cdot S + \mu \cdot g \cdot h \cdot S \Rightarrow p_B = p_A + \mu \cdot g \cdot h \text{ (lei de Stevin)}$$

Se o ponto A estiver na superfície livre do líquido, a pressão p_A é igual à pressão do ar atmosférico no local ($p_{atm.}$). Nesse caso, a lei de Stevin pode ser escrita como:

$$p_B = p_{atm.} + \mu \cdot g \cdot h$$

Observe que a pressão no ponto B é uma soma de duas parcelas: a primeira é a pressão atmosférica; a segunda pode ser interpretada como a pressão exercida exclusivamente pela coluna líquida, chamada de pressão hidrostática (ou pressão efetiva):

$$p_{hidr.} = \mu \cdot g \cdot h$$

Para refletir

A lei de Stevin é válida se os pontos ***A*** e ***B*** não estão na mesma vertical, como mostrado na figura 11.6?

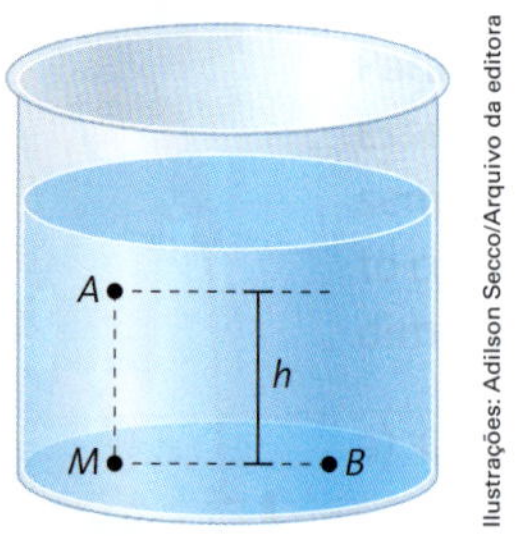

Figura 11.6 Representação esquemática de dois pontos quaisquer (A e B) de um líquido em equilíbrio, havendo entre eles um desnível h.

A pressão hidrostática exprime o quanto a pressão num determinado ponto supera a pressão atmosférica (figura 11.7). Há uma razão técnica para a utilização desse conceito: as paredes de uma caldeira ou a estrutura de um pneu, por exemplo, precisam resistir somente à pressão efetiva, uma vez que no lado de fora já há a resistência da pressão atmosférica. Por essa razão, esse conceito é muito usado na engenharia. Quando medimos a pressão dos pneus de um automóvel, por exemplo, medimos a pressão efetiva, isto é, o **manômetro** indica o quanto a pressão interna está acima da pressão ambiente. Assim, quando esse manômetro indicar zero, essa leitura não vai significar que dentro do pneu haja vácuo, mas sim que a pressão interna é exatamente igual à pressão ambiente.

Manômetro – Instrumento com que se mede a pressão de fluidos.

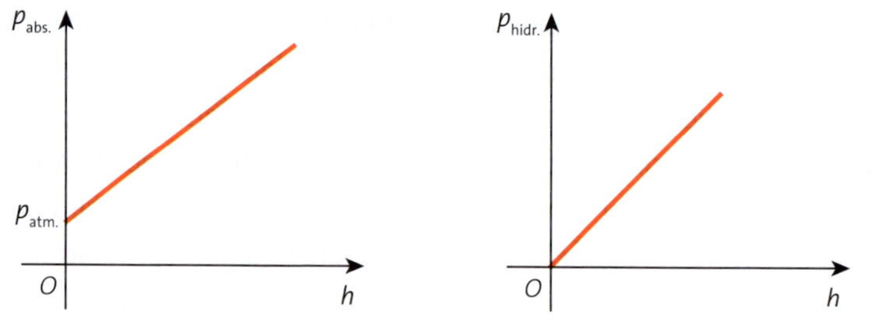

Figura 11.7 Gráficos de pressão absoluta ($p_{abs.}$) e pressão hidrostática ou efetiva ($p_{hidr.}$).

Física explica

Pressão atmosférica

Evangelista Torricelli, discípulo de Galileu Galilei (1564-1642).

A atmosfera é composta de vários gases, que exercem pressão sobre a superfície da Terra. Essa pressão, denominada **pressão atmosférica**, depende da altitude do local, pois, à medida que nos afastamos da superfície do planeta, menor é a extensão da coluna de ar acima da posição em que nos encontramos, por isso a pressão é menor – em outras palavras, o ar fica cada vez mais rarefeito.

O físico e matemático italiano Evangelista Torricelli (1608-1647) idealizou uma experiência para determinar a pressão atmosférica ao nível do mar, que mais tarde foi realizada por Vincenzo Viviani (1622-1703).

Torricelli usou um tubo de aproximadamente 1,0 m de comprimento, cheio de mercúrio e com uma extremidade tampada. Depois, colocou o tubo na vertical, com a extremidade aberta para baixo, tampada e mergulhada em um recipiente que também continha mercúrio. Observou-se que, após destampar o tubo nessa posição, o nível do mercúrio desceu e se estabilizou na posição correspondente a 76 cm, restando vácuo na parte vazia do tubo.

A pressão no ponto *A* corresponde à pressão da coluna de mercúrio dentro do tubo, e a pressão no ponto *B* corresponde à pressão atmosférica ao nível do mar. Assim:

$$p_B = p_A \Rightarrow p_{\text{atm.}} = p_{\text{coluna}_{(\text{Hg})}}$$

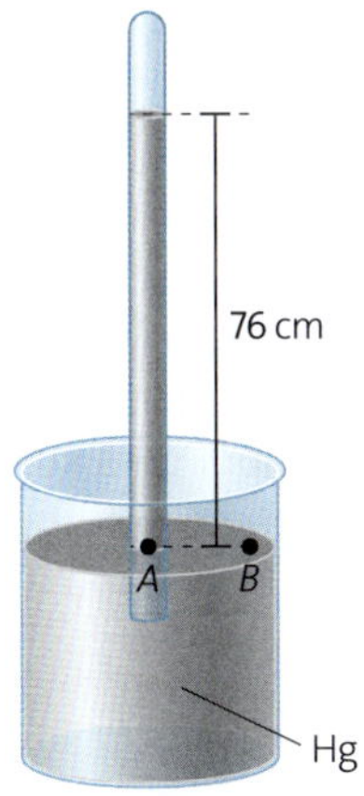

Esquema do experimento idealizado por Torricelli.

Como a coluna de mercúrio que equilibra a pressão atmosférica é de 76 cm, dizemos que a pressão atmosférica ao nível do mar equivale à pressão de uma coluna de mercúrio de 76 cm (ou 0,76 m). Lembrando que a pressão de uma coluna de líquido é dada por $\mu \cdot g \cdot h$, temos, para $\mu_{\text{Hg}} = 13\,600\ \text{kg/m}^3$ e $g = 9{,}8\ \text{m/s}^2$:

$$p_{\text{atm.}} = 13\,600 \cdot 9{,}8 \cdot 0{,}76 \Rightarrow p_{\text{atm.}} = 1{,}01 \cdot 10^5\ \text{N/m}^2$$

Se, no lugar de um líquido tão denso quanto o mercúrio, utilizarmos água, a coluna líquida necessária para equilibrar a pressão atmosférica será bem maior, igual a 10,3 m. Portanto, a pressão atmosférica normal é equivalente à pressão exercida por uma coluna de água de aproximadamente 10 m.

A maior pressão atmosférica na superfície da Terra é a pressão ao nível do mar (altitude nula). Para qualquer outro ponto acima do nível do mar, a pressão atmosférica é menor. A tabela a seguir apresenta a variação da pressão atmosférica de acordo com a altitude.

Altitude (m)	**Pressão atmosférica** (cmHg)
0	76,0
200	74,2
400	72,4
600	70,7
800	69,0
1000	67,4

Fonte: LIDE, David R. (Ed.). *CRC Handbook of Chemistry and Physics*. 84. ed. Boca Raton: CRC Press, 2003. p. 4-39.

1. O que acontece quando fura o pneu de um automóvel?
2. Por que os jogadores de futebol encontram dificuldades para jogar em algumas cidades, como La Paz, na Bolívia, a aproximadamente 3 600 m de altitude?

Exercício resolvido

2. Uma piscina tem 25 m de comprimento, 10 m de largura e 2,0 m de profundidade e encontra-se totalmente cheia de água ($\mu = 1{,}0 \cdot 10^3$ kg/m^3).

Considere $g = 10$ m/s^2 e $p_{atm.} = 1{,}0 \cdot 10^5$ N/m^2.

Se essa piscina for suspensa, em qual valor mínimo de pressão o fundo dela deve ser estruturado para resistir?

Resolução

Como na parte inferior do fundo da piscina já há contraposição da força decorrente da pressão atmosférica, esse fundo deverá ser estruturado para suportar (no mínimo) apenas a pressão exclusivamente devida ao peso da água, ou seja, a pressão hidrostática. Portanto:

$p_{mín.} = p_{hidr.} = \mu \cdot g \cdot h \Rightarrow p_{mín.} = 1{,}0 \cdot 10^3 \cdot 10 \cdot 2 \Rightarrow$

$\Rightarrow p_{mín.} = 2 \cdot 10^4$ N/m^2

Exercícios

6. A expansão da caixa torácica de um ser humano médio não consegue superar diferenças de pressão acima de $\frac{1}{20}$ atmosfera. Com essa condição, até que profundidade podemos estar mergulhados em água e respirar por um canudo, conforme ilustra a figura abaixo?

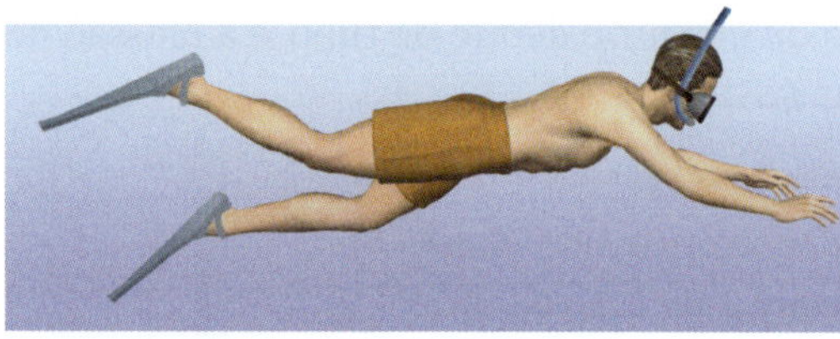

Paulo Manzi/Arquivo da editora

7. A barragem principal da usina de Itaipu tem um formato tal que a pressão exercida pela água represada contribui para sua estabilidade, conforme ilustra a figura seguinte.

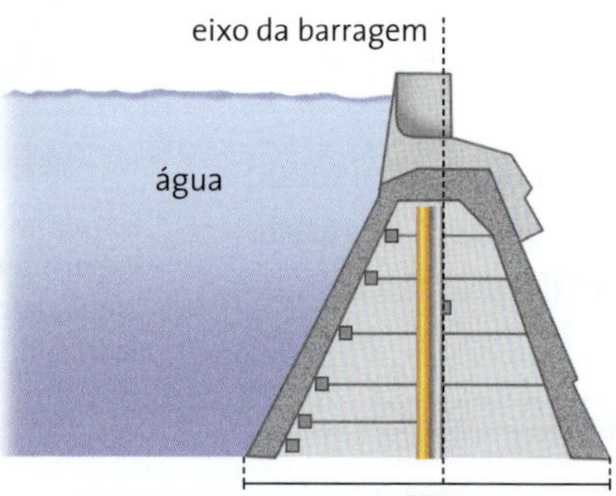

Paulo Manzi/Arquivo da editora

a) Qual seria a direção da força exercida pela água na parede molhada da barragem se essa parede fosse vertical?

b) O que acontece com a intensidade da força que a água exerce na parede à medida que a profundidade aumenta?

c) Considerando um ponto da parede molhada que esteja à profundidade de 120 m, qual é a pressão hidrostática suportada por ele?

8. Nosso coração, em condições normais, é capaz de bombear o sangue a uma pressão média de 120 mmHg acima da pressão ambiente.

a) Considerando a densidade do sangue praticamente igual à da água (1 g/cm^3), calcule até que altura o coração conseguiria elevar uma coluna de sangue.

b) A girafa, em virtude do tamanho de seu pescoço, tem um desnível entre a cabeça e o coração de aproximadamente 2,5 m. Um coração humano seria suficiente para ela receber o sangue necessário no cérebro?

9. O apartamento de Antônio, situado no térreo de um antigo edifício, começou a apresentar uma série de vazamentos de água. O encanador diz que a tubulação antiga de ferro oxidou e não está mais suportando a pressão, pois a caixa-d'água do edifício está 50 m acima do nível das torneiras do apartamento (aproximadamente 17 andares).

a) Em quantas atmosferas a pressão nas torneiras de Antônio supera a pressão ambiente?

b) Qual seria a massa de um corpo cuja base fosse de 1 m^2 que exerceria no solo essa mesma pressão, considerando $g = 10$ m/s^2?

10. Uma aparente contradição da lei de Stevin foi apontada séculos atrás. A questão girou em torno de três recipientes contendo o mesmo volume de um mesmo líquido, porém com formas diferentes, conforme figura.

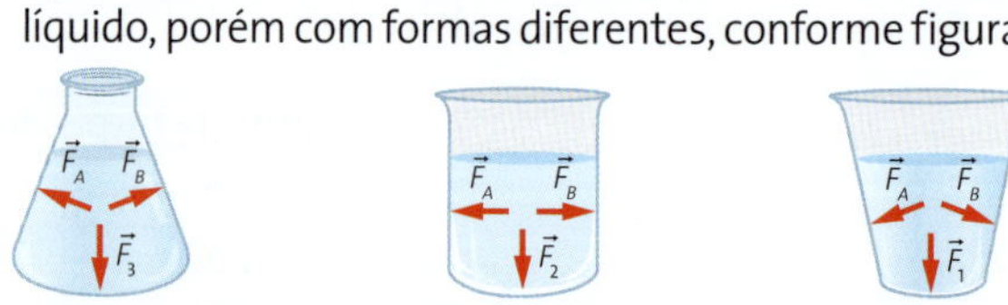

Formato/Arquivo da editora

Como a altura do líquido é a mesma nos três recipientes, resulta na mesma pressão na base de cada um deles: $p_1 = p_2 = p_3$. Mas sendo $A_3 > A_2 > A_1$ a comparação das áreas das bases e $F = p \cdot A$, temos: $F_3 > F_2 > F_1$.

Por outro lado, como as forças F_1, F_2 e F_3 correspondem ao peso do líquido e como os três recipientes contêm o mesmo volume do mesmo líquido, elas deveriam ter o mesmo módulo: $F_3 = F_2 = F_1$.

Como você explica essa aparente contradição (paradoxo)?

3 Medidores de pressão

Os instrumentos destinados à medição de pressões medem, efetivamente, diferenças de pressão, e não a pressão absoluta. Entretanto, pode ser possível medir a diferença entre a pressão de um ambiente em relação a outro cuja pressão é nula. Nesse caso, o resultado da medição corresponde à própria pressão absoluta.

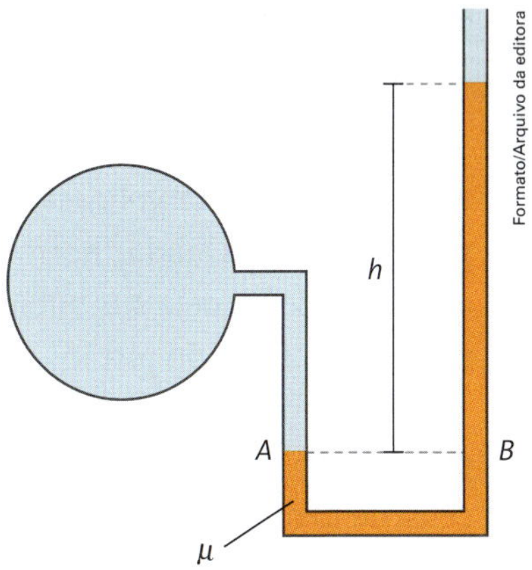

Figura 11.8 Representação esquemática de um manômetro de tubo aberto.

Manômetro

Os manômetros são medidores de pressão nos quais se utiliza a pressão atmosférica como referência, isto é: com esses instrumentos, mede-se a diferença entre a pressão do sistema e a pressão atmosférica. Pressões medidas desse modo chamam-se **pressões manométricas**. A pressão manométrica de um sistema pode ser positiva ou negativa, dependendo de estar acima ou abaixo da pressão atmosférica. Quando o manômetro mede uma pressão manométrica negativa, ele é chamado de **manômetro de vácuo**.

A figura 11.8 representa um manômetro de tubo aberto.

Pela diferença de níveis do líquido nos dois ramos do tubo em U, mede-se a pressão manométrica do sistema contido no reservatório. Escolhendo os dois pontos A e B mostrados na figura, temos:

$$p_A = p_B \Rightarrow p_{sist.} = p_{atm.} + p_{líq.} \Rightarrow$$

$$\Rightarrow p_{sist.} - p_{atm.} = \mu \cdot g \cdot h \Rightarrow p_{man.} = p_{atm.} + \mu \cdot g \cdot h$$

Quando entendemos o funcionamento desse manômetro, no qual uma diferença de pressão provoca um desnível entre as colunas líquidas, compreendemos por que pressões atmosféricas locais baixas, em uma região oceânica, acarretam a subida do nível das águas (como aconteceu em Veneza, em 2008): as águas são "empurradas" dos locais em que a pressão é maior – e, nesses locais, o nível desce.

O uso de manômetros se faz necessário em diversas situações em que os manômetros de tubo aberto não são os mais adequados. O instrumento mostrado na figura 11.9, por exemplo, é um manômetro compacto, projetado para ser transportado e utilizado com facilidade por ciclistas.

Figura 11.9 Manômetro utilizado para verificação da calibração de pneus.

Barômetros

No experimento de Torricelli, o volume que está livre de mercúrio, dentro do tubo, tem, praticamente, vácuo; logo, a altura da coluna de mercúrio é proporcional à pressão atmosférica (figura 11.10). Nessa condição, esse sistema constitui um tipo particular de manômetro, que mede a diferença entre a pressão ambiente e o vácuo. Esse dispositivo é denominado **barômetro**.

Como o mercúrio é um metal altamente tóxico e caro, hoje em dia a maioria dos barômetros é construída usando-se dispositivos eletrônicos com cristais sensíveis à pressão, chamados de **cristais piezelétricos**.

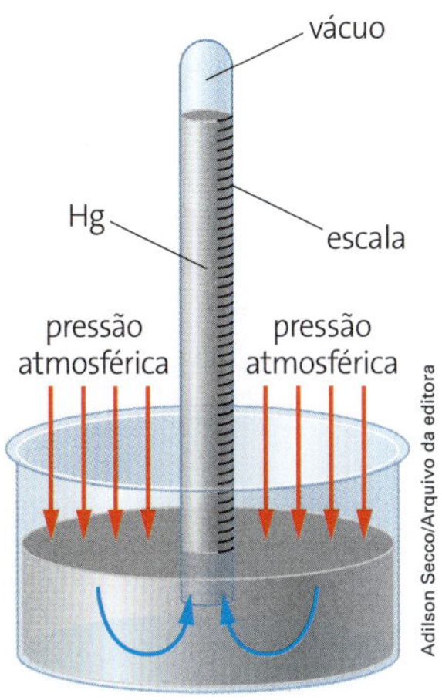

Figura 11.10 A pressão atmosférica equilibra o mercúrio dentro do tubo evacuado na altura em que a pressão exercida pela coluna líquida se iguala à pressão ambiente.

Física tem História

Horror ao vácuo

Na época de Torricelli já eram conhecidas as chamadas "bombas de aspiração", usadas para retirar água dos poços. A explicação para o funcionamento de tais bombas era que a natureza possuía uma propriedade chamada "horror ao vácuo". Portanto, quando o pistão subia, a água corria para ocupar o vazio deixado pela sua subida; em outras palavras, acreditava-se que a água era sugada pelo movimento de subida do pistão.

Nessa época, o duque da Toscana resolveu, num projeto ousado, irrigar os seus jardins retirando água de um poço com 15 m de profundidade. Entretanto, um enigma surgiu: a água subia pela tubulação até cerca de 10 m, e, por mais que a bomba fosse aperfeiçoada, a água não subia mais. A questão foi proposta ao então discípulo de Galileu, Evangelista Torricelli, que conseguiu derrubar a teoria do "horror ao vácuo".

Supondo que a água era empurrada pela atmosfera e não sugada pelo êmbolo, Torricelli concluiu que, se a água subia somente 10 m, significava que a pressão atmosférica era equivalente à pressão exercida por uma coluna de água com 10 m de altura. Ele considerou ainda que, caso fosse utilizado um líquido mais denso, essa altura seria menor. A relação entre as alturas estaria na proporção inversa das densidades. Como o mercúrio é 13,6 vezes mais denso que a água, Torricelli calculou que esse líquido pararia de subir, por aspiração, quando atingisse a altura de 76 cm. A experiência foi realizada com sucesso, quatro anos antes de sua morte, por seu colega, Vincenzo Viviani.

O desmoronamento do "horror ao vácuo" deu origem a uma nova classe de bombas, chamadas bombas de recalque. Nessas bombas, colocadas em um nível próximo ao do líquido a ser transferido, utilizam-se pistões (ou outros impelidores) para empurrar os fluidos, visto que "simplesmente por horror" eles não sobem.

1. Com os conhecimentos de hoje, explique por que a água não subiu mais do que 10 metros.

2. O fato de a pressão atmosférica ser equivalente a uma coluna de 10 m de água é válida em qualquer lugar?

Bomba de recalque.

Volodymyr Kyrylyuk/Shutterstock/Glow Images

Exercícios

11. Um manômetro de mercúrio, contendo um tubo de extremidade aberta, está conectado a um gás e em equilíbrio, conforme mostra a figura.

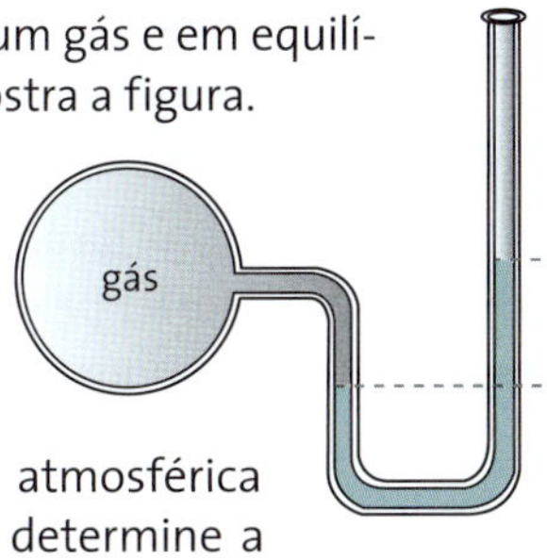

Sendo a pressão atmosférica igual a 76 cmHg, determine a pressão do gás, em cmHg.

12. Em uma cidade que se encontra acima do nível do mar, a altura da coluna de mercúrio de um barômetro mede 70 cm. Considerando $g = 10\ m/s^2$ e a densidade do mercúrio igual a 13,6 g/cm^3, calcule a pressão atmosférica, em N/m^2, nessa cidade.

13. Na edição de 19 de novembro de 2008, a revista *Veja* apresentou uma reportagem sobre as Ilhas Maldivas baseada em um estudo feito pelo oceanógrafo australiano John A. Church e sua equipe. Em seu estudo sobre o nível do mar nessas ilhas, Church faz, para cada medida, uma correção, considerando a pressão atmosférica no momento da medição. Se em determinado momento a pressão atmosférica local estivesse 5% abaixo do normal, qual seria a elevação esperada no nível do mar nessas ilhas, considerando que nas regiões ao redor a pressão atmosférica fosse a normal?

14. Carolina, enquanto estudava fluidos, inventou um dispositivo para encher bexigas sem que ela tenha que soprar, baseada nos manômetros de tubo aberto. Inicialmente, ela encaixa a bexiga vazia na extremidade esquerda de um tubo em U flexível (figura **a**), transparente e parcialmente preenchido com água. Depois, enquanto ela ergue a extremidade direita, baixa a esquerda, até que o nível de água esteja quase chegando ao bocal da bexiga (figura **b**). O processo é um pouco trabalhoso, mas funciona. Considerando que na figura **b** o desnível atingido entre as superfícies livres da água seja de 2,0 m, qual será a pressão efetiva (acima da atmosférica) no interior da bexiga?

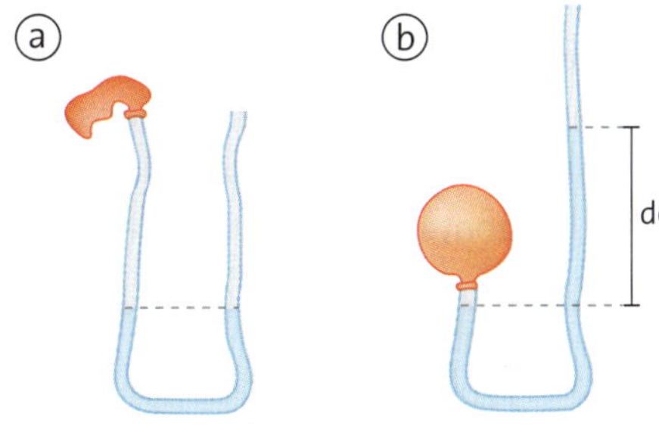

Ilustrações: Formato/Arquivo da editora

15. Utilizando um tubo plástico transparente, em formato de U, preenchido parcialmente com água limpa colorida com pó para refresco, André sopra em um dos ramos até que o desnível entre os dois ramos seja de 1,0 m, conforme ilustra a figura seguinte.

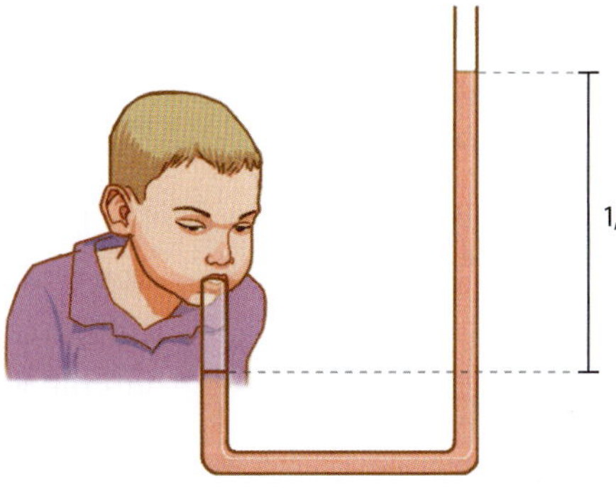

Soud/Arquivo da editora

a) Considerando que a adição do pó para refresco praticamente não tenha afetado a densidade do líquido, ou seja, que a densidade seja 1 g/cm^3, em quanto a pressão do ar situado no ramo esquerdo do tubo supera a pressão ambiente? Use $g = 10\ m/s^2$.

b) Admita que a secção transversal do tubo é uniforme e que, no ramo direito, o líquido esteja a 10 cm da borda. Em quanto André precisa aumentar a pressão que ele exerce com o sopro para que o líquido fique na iminência de transbordar no ramo direito?

16. (UFRJ) Aristóteles acreditava que a Natureza tinha horror ao vácuo. Assim, segundo Aristóteles, num tubo como o da figura, onde se produzisse vácuo pela elevação de um êmbolo, a água subiria até preencher totalmente o espaço vazio.

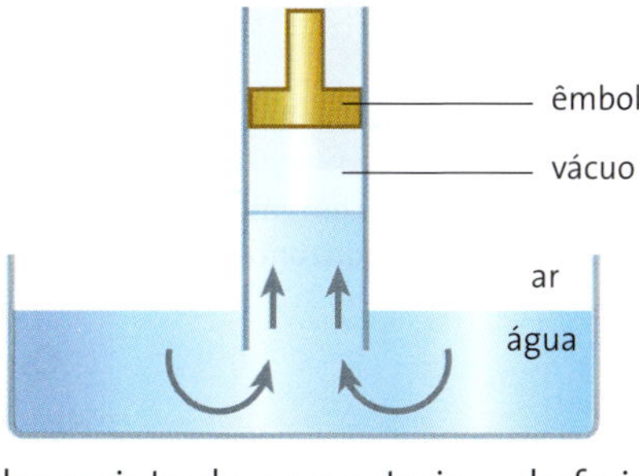

Séculos mais tarde, ao construir os chafarizes de Florença, os florentinos descobriram que a água recusava-se a subir, por sucção, mais do que 10 metros. Perplexos, os construtores pediram a Galileu que explicasse esse fenômeno. Após brincar dizendo que talvez a Natureza não abominasse mais o vácuo acima de 10 metros, Galileu sugeriu que Torricelli e Viviani, então seus alunos, obtivessem a explicação; como sabemos, eles a conseguiram!

Com os conhecimentos de hoje, explique por que a água recusou-se a subir mais do que 10 metros.

4 Vasos comunicantes e prensas hidráulicas

Figura 11.11 Um regador tem o recipiente mais alto que o bico (**a**). A partir do ponto atingido pelo nível da água em (**b**), não se consegue encher mais o regador, pois a água escoa pelo bico.

> **Para refletir**
>
> Como você procederia para fazer com o que o regador transportasse mais água?

Um jardineiro construiu um regador bem longo, com a intenção de transportar bastante água e não ter de voltar várias vezes à torneira para enchê-lo, conforme a figura 11.11.a.

Para seu desapontamento, quando o nível da água chegava um pouco acima da metade, a água começava a escorrer pelo bico (figura 11.11.b). O nível da água no bico é o mesmo que no interior do regador, pois há uma comunicação entre os dois.

Essa é uma situação típica de recipientes interligados de tal maneira que o fluido contido em um deles esteja em contato direto com o fluido contido nos demais – por meio de tubos, por exemplo. Recipientes assim interligados são chamados de vasos comunicantes.

Quando colocamos um líquido qualquer em um conjunto de vasos comunicantes, observamos que a altura que esse líquido atinge é a mesma em todos os vasos, mesmo quando inclinamos o conjunto (figura 11.12).

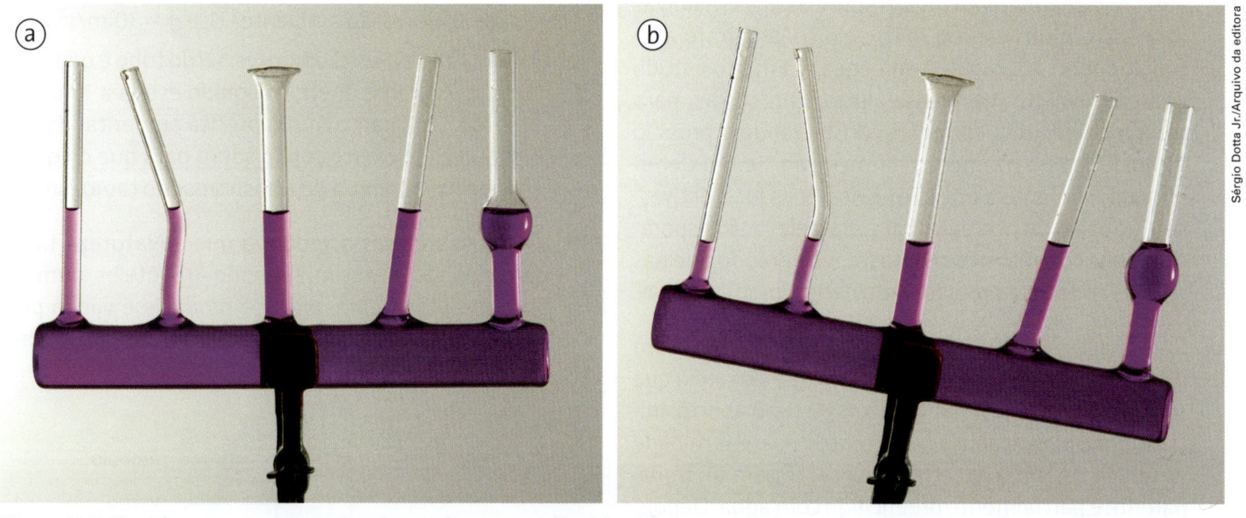

Sérgio Dotta Jr./Arquivo da editora

Figura 11.12 Líquido em vasos comunicantes. A altura que o líquido atinge nos três ramos é a mesma quando o conjunto está apoiado em uma superfície horizontal (**a**) ou quando inclinado (**b**).

Quando colocamos no mesmo recipiente dois líquidos que não se misturam, observamos que o líquido mais denso vai para a parte de baixo do recipiente, enquanto o menos denso fica na parte de cima. Se esse recipiente for um tubo em U, podemos ter a configuração esquematizada na figura 11.13.

No caso dos vasos comunicantes da figura 11.13 (dois ramos de um tubo em U), as alturas medidas a partir do nível de separação dos dois líquidos são inversamente proporcionais às massas específicas dos líquidos. Tomando os pontos A e B, na mesma horizontal e no mesmo líquido, temos:

$$p_A = p_B \Rightarrow p_{atm.} + \mu_1 \cdot g \cdot h_1 = p_{atm.} + \mu_2 \cdot g \cdot h_2 \Rightarrow \mu_1 \cdot h_1 = \mu_2 \cdot h_2$$

Ilustrações: Formato/Arquivo da editora

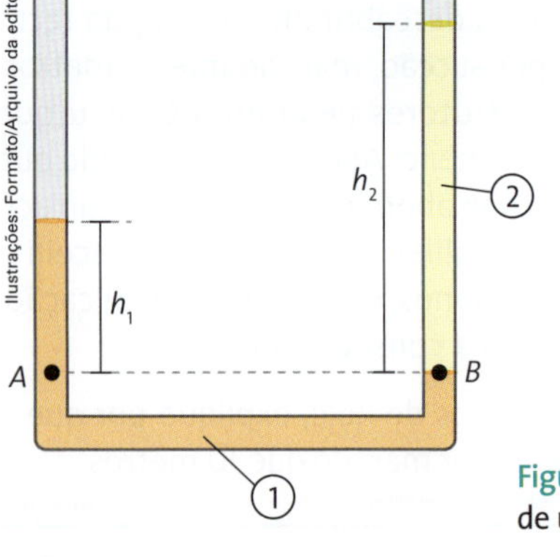

Figura 11.13 Líquidos de diferentes densidades no interior de um tubo em U. O líquido 1 é mais denso que o líquido 2.

Prensa hidráulica

Vimos no capítulo anterior como multiplicar forças usando máquinas simples, como alavancas, arranjos de polias, etc. Com os fluidos, podemos também obter um arranjo de multiplicação de forças. Vejamos como isso é possível.

A **figura 11.14** ilustra uma situação de equilíbrio de um fluido contido por dois pistões.

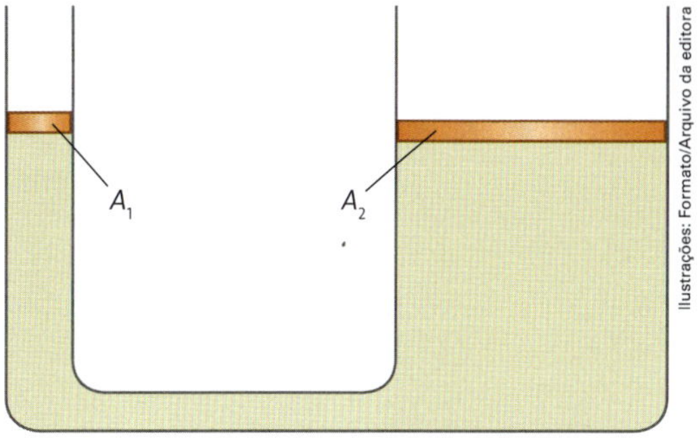

Figura 11.14 Fluido com dois pistões em equilíbrio.

Tanto no pistão à esquerda quanto no pistão à direita a pressão é a mesma. E se aumentarmos a pressão no êmbolo esquerdo, aplicando uma força? No êmbolo direito, a pressão aumenta também na mesma quantidade.

O fato de o acréscimo de pressão ser transmitido a todos os pontos do líquido foi observado por Blaise Pascal (1623-1662), físico e matemático francês. O chamado princípio de Pascal pode ser enunciado da seguinte maneira:

> O acréscimo de pressão em determinada região de um líquido em equilíbrio é transmitido para todos os pontos do líquido.

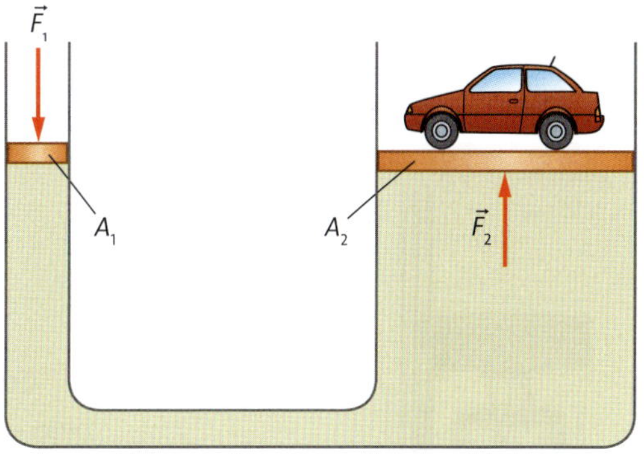

Figura 11.15 No elevador hidráulico, o acréscimo de pressão devido ao peso do carro é equilibrado pela força F_1.

Se o aumento de pressão no êmbolo esquerdo for causado por uma força $\vec{F}_1$, no outro êmbolo, com o mesmo aumento de pressão, teremos uma força $\vec{F}_2$, pois a área é diferente, de tal forma que a razão entre as forças é a razão entre as áreas dos pistões:

$$\Delta p = \frac{F}{A} \Rightarrow \frac{F_1}{A_1} = \frac{F_2}{A_2} \Rightarrow \frac{F_1}{F_2} = \frac{A_1}{A_2}$$

Portanto, se uma das áreas for muito maior do que a outra, a força vai ser multiplicada na mesma proporção. Esse arranjo é conhecido como prensa hidráulica e é utilizado em elevadores hidráulicos (**figuras 11.15** e **11.16**), para movimentar braços de escavadeiras e em sistemas de freios de veículos em geral.

Figura 11.16 Elevador de automóveis.

Em um automóvel, por exemplo, quando o motorista aperta o pedal do freio, está acionando um pistão de área pequena. Esse aumento de pressão é transmitido pelo fluido (óleo de freio) aos pistões que estão nas rodas, de áreas maiores, com a multiplicação da força.

Vamos agora analisar os deslocamentos de cada um dos êmbolos da prensa (**figura 11.17**).

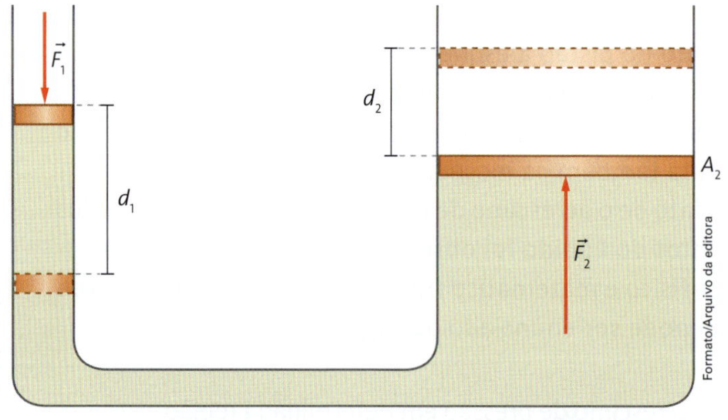

Figura 11.17 Um deslocamento no ramo mais estreito do elevador corresponde a um deslocamento menor no ramo mais largo.

Incompressível – Que não pode ser comprimido.

Considerando o fluido **incompressível**, o volume que for empurrado pelo êmbolo 1 é o acréscimo de volume na região do êmbolo 2. Assim:

$$\Delta V_1 = \Delta V_2 \Rightarrow A_1 \cdot d_1 = A_2 \cdot d_2$$

Como $\frac{A_1}{A_2} = \frac{F_1}{F_2}$, podemos escrever:

$$\frac{F_1}{F_2} = \frac{d_1}{d_2} \Rightarrow F_1 \cdot d_1 = F_2 \cdot d_2$$

Concluímos que à maior força vai corresponder o menor deslocamento, ou seja, com a prensa hidráulica, embora ocorra ganho na intensidade da força, esse ganho vem acompanhado de redução no deslocamento (**figura 11.18**).

Com base na expressão $F_1 \cdot d_1 = F_2 \cdot d_2$, podemos dizer que os trabalhos realizados pelas duas forças são iguais. Desse modo, mesmo considerando que não exista forças dissipativas, na prensa hidráulica não obtemos ganho de energia mecânica.

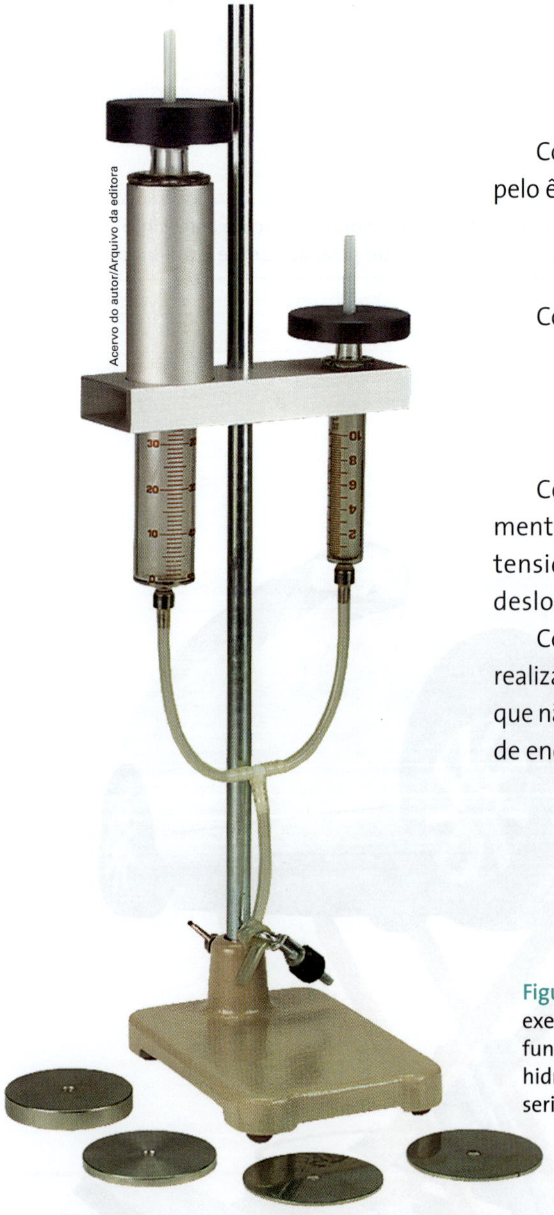

Figura 11.18 Arranjo experimental exemplificando o princípio de funcionamento de uma prensa hidráulica. Quanto maior a área das seringas, maior o número de arruelas.

Exercícios

17. Uma situação que costuma ocorrer em cavernas com reservatórios de água é apresentada esquematicamente na figura ao lado.

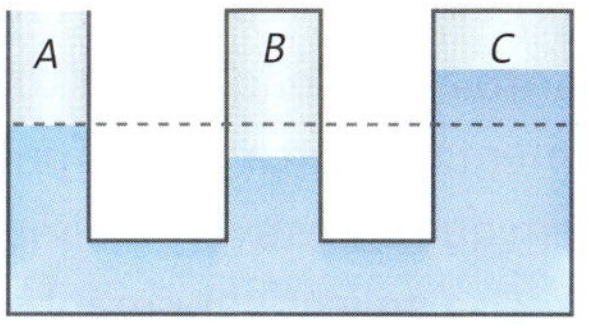

O ramo *A* dos tubos esquematizados está aberto para a atmosfera, enquanto os ramos *B* e *C* são fechados, mas contêm ar.

a) Escreva, em ordem crescente, as pressões nas superfícies livres dos três tubos.

b) Se as partes superiores dos tubos *B* e *C* forem conectadas por um tubo oco, o que acontecerá com o nível da água em cada um deles?

18. Para medir a densidade de um líquido, o professor montou o arranjo mostrado na figura ao lado, em que um fino êmbolo de massa desprezível impede a mistura do líquido *B* com o líquido *A*.

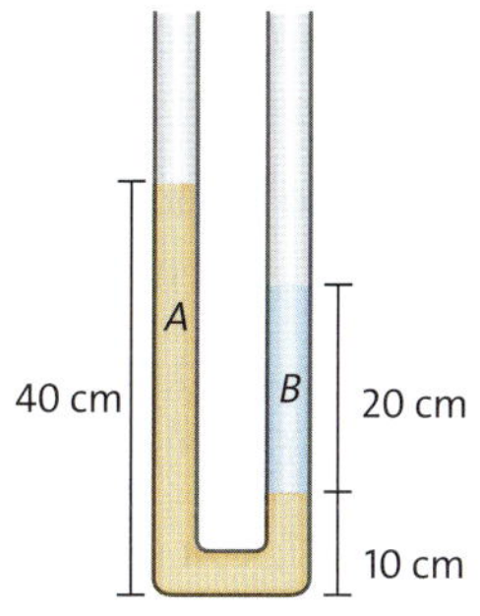

a) Qual é a razão entre as densidades dos líquidos *B* e *A*?

b) Se o líquido *A* for água ($dA = 1\ g/cm^3$), qual será a densidade do líquido *B*?

19. Para retirar líquido de um recipiente, podemos utilizar uma mangueira do seguinte modo: enchemos a mangueira com o próprio líquido, mergulhamos uma das extremidades no recipiente e deixamos a outra do lado de fora, conforme a figura seguinte.

Esse arranjo é chamado de **sifão**. Para que ele funcione, é necessário que a extremidade *B* esteja abaixo do nível do líquido contido no recipiente.

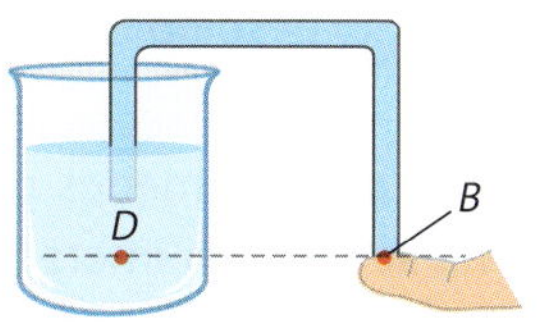

a) Qual é a relação entre as pressões nos pontos *B* e *D* e a pressão atmosférica, com a mangueira totalmente cheia, como indica a figura?

b) O que acontece quando a pessoa retira o dedo da extremidade *B* da mangueira?

c) A figura seguinte mostra o sifão em funcionamento, com o líquido escoando pela extremidade externa da mangueira.

Para o funcionamento do sifão, há alguma restrição para a altura *h*?

20. A figura seguinte mostra, esquematicamente, um arranjo com tubos transparentes montados para comparar as densidades de dois líquidos. A torneira situada na parte superior pode permitir a entrada ou a saída do ar situado na região central e os ramos laterais estão abertos para a atmosfera.

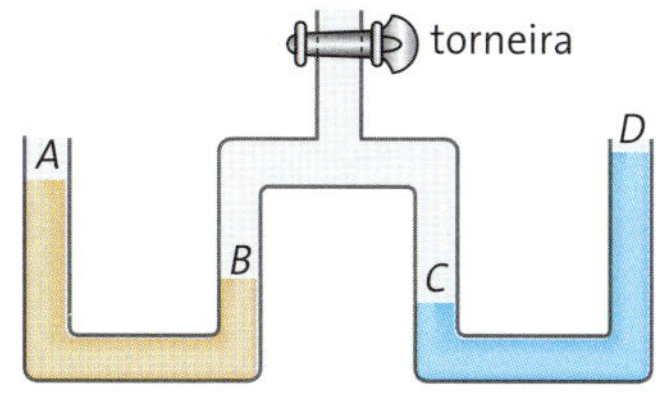

a) Considerando a situação apresentada na figura, a torneira está aberta ou fechada? Por quê?

b) Identifique os pontos que têm a mesma pressão, comparando cada uma das pressões com a pressão atmosférica.

c) Qual dos dois líquidos é mais denso?

21. Vários postos de gasolina possuem um mecanismo hidráulico para elevação de automóveis, conforme mostra a figura.

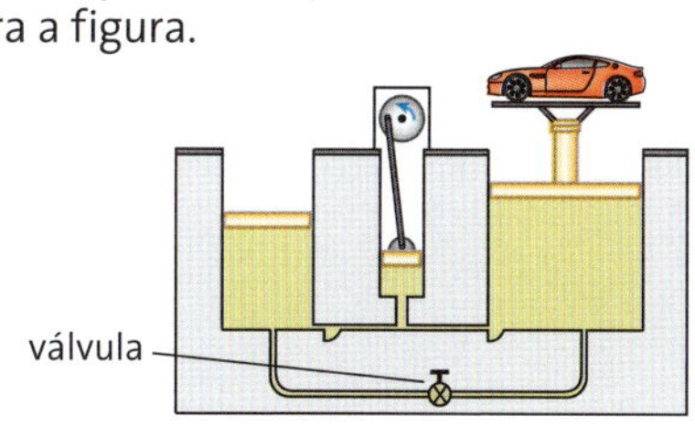

Ilustrações: Formato/Arquivo da editora

O pistão de acionamento realiza várias idas e vindas enquanto ergue o automóvel e as válvulas controlam o fluxo de óleo para que possa entrar pela esquerda e sair pela direita, mas não retornar.

Nesse dispositivo, o que deve ser feito para baixar o automóvel?

22. (Ufscar-SP) Em repouso, o sistema de vasos comunicantes está em equilíbrio, de acordo com a figura.

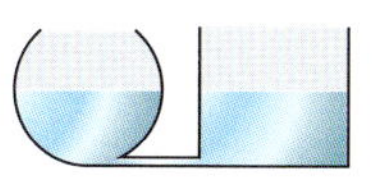

Quando o sistema é submetido a um movimento uniformemente variado devido à ação de uma força horizontal voltada para a direita, o líquido deverá permanecer em uma posição tal qual o esquematizado em:

a) 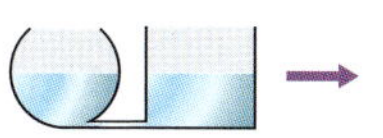

b) 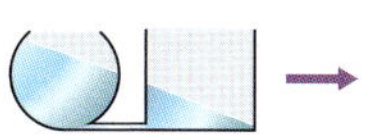

c) 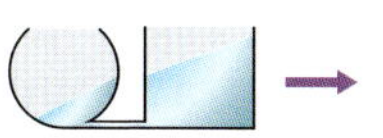

d) 

e) 

5 Princípio de Arquimedes

Experimente mergulhar uma bola em um tanque com água. Você vai perceber que, enquanto a bola não estiver totalmente imersa (mergulhada), você precisa aumentar a força para afundá-la um pouco mais. Mas a partir do momento em que ela estiver totalmente imersa, não há diferença na força que você precisa aplicar para mantê-la um pouco mais funda ou mais rasa.

A origem dessa força nos remete a Arquimedes de Siracusa (282-212 a.C.), inventor e matemático grego, que constatou que um corpo imerso em água torna-se aparentemente mais leve. Isso ocorre em razão da ação de uma força, vertical para cima, que o líquido exerce sobre o corpo – o empuxo.

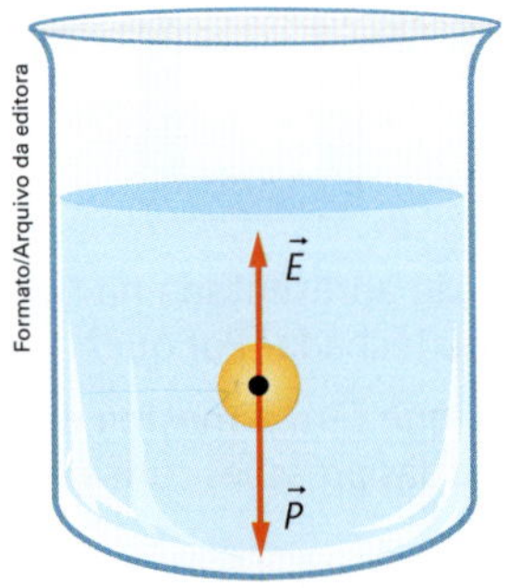

Figura 11.19 Um corpo imerso em um fluido fica sob a ação de uma força denominada empuxo.

Em um corpo que se encontra imerso em um líquido, agem duas forças: a força peso $\vec{P}$, causada pela interação do corpo com a Terra, e a força de empuxo $\vec{E}$, provocada pela interação do corpo com o líquido (**figura 11.19**).

Sendo assim, quando um corpo é colocado totalmente imerso em um líquido, temos as seguintes condições:

- se ele permanecer parado no ponto onde foi colocado, a intensidade da força de empuxo é igual à intensidade da força peso ($E = P$);
- se ele afundar, a intensidade da força de empuxo é menor do que a intensidade da força peso ($E < P$);
- se ele subir para a superfície, a intensidade da força de empuxo é maior do que a intensidade da força peso ($E > P$).

Para analisar situações como essas, vamos considerar o **princípio de Arquimedes**:

> Todo corpo mergulhado num fluido (líquido ou gás) fica sujeito a uma força vertical para cima, exercida pelo fluido, sendo a intensidade dessa força igual ao peso do fluido deslocado pelo corpo.

O raciocínio usado por Arquimedes para elaborar esse princípio foi altamente engenhoso: se o corpo imerso não estivesse ocupando uma região do fluido, teríamos ali um fluido em **equilíbrio**. Logo, o fluido ao redor dessa região deve, necessariamente, exercer sobre ela uma força de intensidade igual à da força exercida pelo fluido deslocado pelo corpo. Desse modo, o empuxo não depende da densidade do corpo, mas sim do peso do fluido que ele desloca.

Sendo V_f o volume do fluido deslocado pelo corpo, a massa desse fluido é dada por:

$$m_f = \mu_f \cdot V_f$$

A intensidade do empuxo é igual à do peso dessa massa deslocada:

$$E = m_f \cdot g \Rightarrow E = \mu_f \cdot V_f \cdot g$$

Para corpos totalmente imersos, o volume de fluido deslocado é igual ao próprio volume do corpo. Nesse caso, a intensidade do peso do corpo e a do empuxo são dadas por:

$$P = \mu_c \cdot g \cdot V_c \text{ e } E = \mu_f \cdot g \cdot V_c$$

Comparando as duas expressões, observamos que:

- se $\mu_c > \mu_f$, temos $P > E$; o corpo desce em movimento acelerado;
- se $\mu_c < \mu_f$, temos $P < E$; o corpo sobe em movimento acelerado;
- se $\mu_c = \mu_f$, temos $P = E$; o corpo encontra-se em equilíbrio.

Quando um corpo mais denso que um líquido é totalmente imerso nesse líquido, observamos que o valor de seu peso, dentro desse líquido, é aparentemente menor do que no ar. A diferença entre o valor do peso do corpo no ar e no líquido (peso aparente) corresponde ao empuxo exercido pelo líquido:

$$P_{ap.} = P_{ar} - E$$

Flutuação

Empuxo

Suponha que um corpo esteja flutuando em um líquido (**figura 11.20**). Nessas condições, observamos que:

- o corpo encontra-se em equilíbrio: $E = P$;
- o volume de líquido deslocado pelo corpo é menor do que seu próprio volume: $V_{desloc.} < V_{corpo}$;
- sua densidade é menor do que a do líquido: $\mu_{corpo} < \mu_{líquido}$;
- o valor do peso aparente do corpo é nulo: $P_{ap.} = 0$.

A relação entre o volume imerso V_i e o volume total do corpo V_{corpo} é dada por:

$$E = P \Rightarrow \mu_{líq.} \cdot V_i \cdot g = \mu_{corpo} \cdot V_{corpo} \cdot g \Rightarrow \frac{V_i}{V_{corpo}} = \frac{\mu_{corpo}}{\mu_{líquido}}$$

A relação $\frac{V_i}{V_{corpo}}$ representa a fração do volume total do corpo que está submersa. Por exemplo, se $\frac{V_i}{V_{corpo}} = 0{,}9$, significa que 90% do corpo está submerso e a densidade do corpo é 90% da densidade do líquido em que flutua. É a relação que observamos entre o gelo e a água, conforme a **figura 11.21**: fora da água, vemos apenas 10% do total do *iceberg*.

Sérgio Dotta Jr./Arquivo da editora

Figura 11.20 Bola de bilhar flutuando em equilíbrio em um recipiente contendo mercúrio.

Figura 11.21 *Icebergs* podem ter mais de 300 milhões de toneladas, porém apenas uma parcela fica exposta.

Danita Delimont Stock/Keystone

Física explica

A bexiga natatória e o submarino

Em 1936, o destacado físico russo Iakov Perelman abordou um fenômeno relacionado ao movimento de peixes submersos providos de um órgão chamado de **bexiga natatória**.

Muitos peixes são dotados dessa bexiga, que é uma espécie de bolsa orgânica em que é armazenado material gasoso. Erradamente, alguns pesquisadores imaginavam que o peixe submerso inflaria essa bolsa para reduzir a própria densidade e alçar pontos mais próximos da superfície e, quando quisesse submergir um pouco mais, faria o procedimento contrário.

Para esclarecer o engano dessa análise, vamos pensar em um objeto de volume constante que esteja submerso: por exemplo, um submarino. Quando submerso e em equilíbrio, o submarino tem densidade total igual à da água. Para mantê-lo em equilíbrio e alcançar uma profundidade maior, não seria adequado encher os tanques de lastro com mais água, pois tal procedimento aumentaria a densidade do submarino e ele afundaria continuamente. Por esse mesmo raciocínio, se os tanques de lastro fossem esvaziados para levar o submarino a profundidades menores, ele se tornaria um corpo menos denso do que a água e, com isso, subiria até surgir na superfície. Sendo assim, uma vez que o lastro é ajustado, a profundidade de submersão é controlada com o uso da propulsão e de aletas, chamadas de profundores, com as quais o movimento do submarino é forçado para baixo ou para cima.

De modo análogo, o peixe possui cauda propulsora e nadadeiras. Utilizando-os adequadamente, ele sobe ou desce, quando submerso. Ao contrário do submarino, porém, o corpo do peixe é constituído de tecidos elásticos. Vejamos, então, como esse fato influencia nossa análise.

Em pontos mais próximos à superfície, a pressão que a água exerce sobre os corpos diminui. Sendo assim, quando o peixe nada para águas mais rasas, a bexiga natatória tende a expandir-se, visto que a pressão interna tende a se tornar maior do que a externa. Se o organismo do peixe não compensasse essa tendência, seu volume aumentaria – e, com isso, a densidade dele iria diminuindo até que ele boiasse, estufado.

Portanto, diversamente da antiga e equivocada interpretação, o controle na subida consiste em, à medida que a pressão vai diminuindo, o peixe retirar massa gasosa de sua bexiga, com o objetivo de preservar o próprio volume.

Na situação inversa, ao nadar para águas mais profundas, o peixe injeta massa gasosa nesse órgão. Para cada profundidade existe uma quantidade adequada de massa gasosa que o mantém em equilíbrio naquele nível – um equilíbrio instável.

Fabio Colombini/Acervo do fotógrafo

Peixe aberto por meio de corte, exibindo bexiga natatória.

1. Alguns pescadores observaram que determinados peixes, quando fisgados subitamente para a superfície, quase expelem a bexiga natatória pela boca. Por que isso ocorre?

2. Um peixe está se deslocando para cima. Nessa situação ele deve injetar ou retirar gás da bexiga?

Exercícios

23. (UFTM-MG) Um estudante de Geologia, durante um trabalho de campo, encontrou uma rocha e, para dar sequência às suas atividades, precisou descobrir sua densidade, utilizando-se de seus conhecimentos de Hidrostática. Pendurou a rocha num dinamômetro com um barbante e leu sua indicação duas vezes: com a rocha pendurada e imersa no ar e, depois, com ela pendurada e totalmente imersa em água, cuja densidade pode ser considerada 1 g/cm³. As figuras, fora de escala, mostram os resultados obtidos.

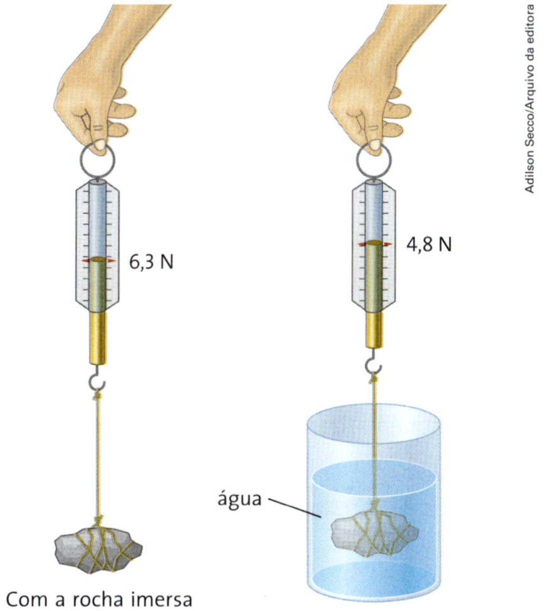

Com a rocha imersa no ar, o dinamômetro indicou 6,3 N.

Com a rocha totalmente imersa na água, o dinamômetro indicou 4,8 N.

Desconsiderando a massa do barbante utilizado, o valor encontrado pelo estudante para a densidade da rocha, em g/cm³, foi de:

a) 1,5.

b) 2,4.

c) 3,6.

d) 4,2.

e) 6,3.

24. Em um experimento de flutuação, um corpo homogêneo de densidade 1,2 g/cm³ e volume 400 cm³ flutua em um líquido com 60% de seu volume submerso, em um local onde $g = 10$ m/s².

a) Qual é o volume de líquido que esse corpo desloca?

b) Qual é a massa de líquido deslocada?

c) Qual é a densidade do líquido em que o corpo flutua?

25. Um balão para pesquisas atmosféricas é preenchido com 20 kg de hélio e passa a ter um volume de 110 m³, sob determinada temperatura. Quando vazio, a massa desse balão é de 50 kg. O sistema fica então preso a uma corda aguardando o momento adequado para ser solto, conforme ilustra a figura a seguir. Adote $g = 10$ m/s².

a) Considerando a densidade do ar igual a 1,3 kg/m³, qual é o empuxo exercido sobre o balão?

b) Qual é a tração na corda?

c) No início do século XX, o gás utilizado nos balões ainda era o hidrogênio (H_2), cuja massa molar é duas vezes menor que a do hélio. O hidrogênio, contudo, é um gás altamente inflamável, fato que motivou a sua substituição pelo hélio (um gás inerte). Quantos quilogramas a mais o balão poderia carregar se fosse utilizado o hidrogênio, nas mesmas condições ambientes?

26. (Udesc) O densímetro é um instrumento que mede a densidade dos líquidos, constituído de um tubo de vidro selado, com uma certa quantidade de chumbo na base, responsável por mantê-lo sempre na vertical quando flutua. Na parte de cima do tubo há uma escala. Quando mergulhado em um líquido, o densímetro afunda até entrar em equilíbrio e flutuar, deixando uma parte da escala submersa. Esse instrumento é muito usado em postos de abastecimento para verificar, por meio da densidade, o grau de pureza do álcool fornecido como combustível.

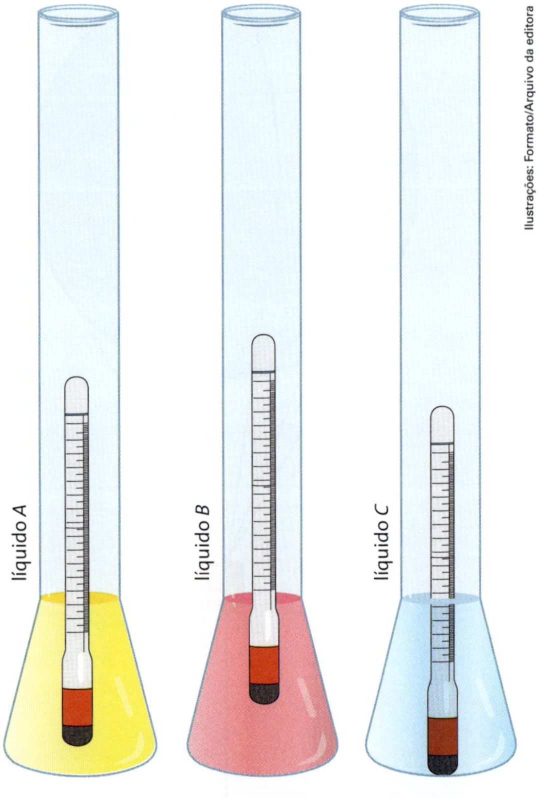

Ilustrações: Formato/Arquivo da editora

Considere a situação mostrada na figura, quando os três densímetros flutuam em equilíbrio em três líquidos de densidades diferentes, e assinale a alternativa correta.

a) O empuxo exercido pelo líquido *C* sobre o densímetro é o maior dentre os três líquidos.

b) O volume de líquido deslocado pelo densímetro é o mesmo nos três casos.

c) Sendo d_A, d_B e d_C, respectivamente, as densidades dos líquidos *A*, *B* e *C*, então, $d_A > d_B > d_C$.

d) O peso do densímetro varia conforme o líquido, mas sua massa permanece inalterada.

e) A razão entre as densidades de dois líquidos quaisquer é igual à razão inversa entre as correspondentes partes das escalas submersas dos densímetros.

27. Uma prancha de madeira com 2 m de comprimento, 50 cm de largura e 15 cm de espessura flutua na água, conforme mostra a figura.

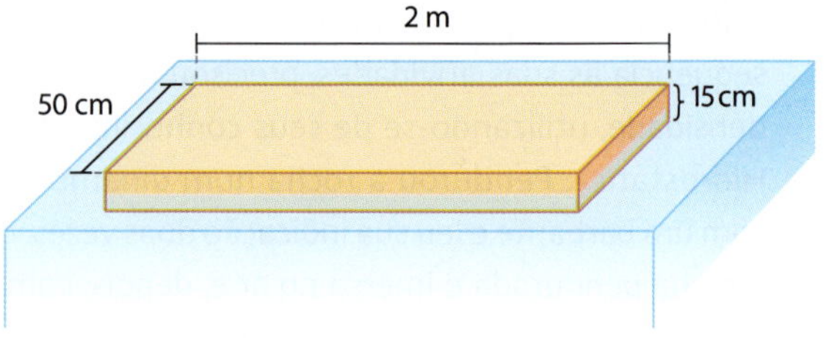

Dados: $\mu_{\text{água}} = 1000 \text{ kg/m}^3$;

$\mu_{\text{madeira}} = 600 \text{ kg/m}^3$ e $g = 10 \text{ m/s}^2$.

Suponha que uma pessoa se deite sobre a prancha e que esta fique com a face superior tangente à superfície da água. Nessas condições, qual é a massa da pessoa?

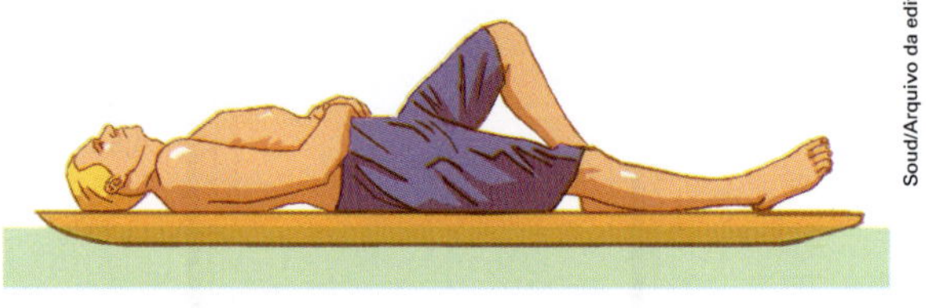

Soud/Arquivo da editora

28. O professor Tadeu levou para a sala de aula o dispositivo esquematizado na figura seguinte.

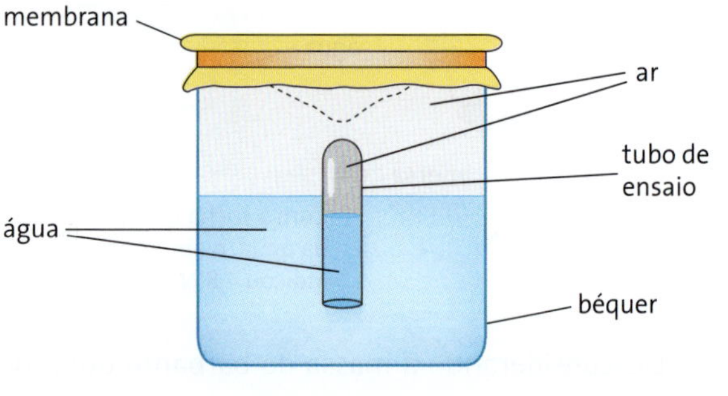

Quando o professor pressiona a membrana superior até a linha pontilhada, o tubo de ensaio flutuante afunda um pouco, mostrando que ele é capaz de movimentar objetos sem tocá-los.

No entanto, com base nos princípios da Hidrostática e no comportamento dos gases, ele apresenta outra explicação.

a) O que acontece com o volume do ar no interior do tubo de ensaio quando a membrana é empurrada para baixo?

b) O que acontece com a densidade do sistema constituído pelo tubo mais o ar e a água em seu interior na condição do item *a*?

c) Considerando as respostas dos itens *a* e *b*, que explicação você daria para o fenômeno?

EM CONSTRUÇÃO

Evangelista Torricelli e o barômetro

Photo Researchers/Getty Images

Evangelista Torricelli.

Evangelista Torricelli, físico e matemático italiano, nasceu em 15 de outubro de 1608 em Faenza, Romagna (atual Itália), e faleceu em 25 de outubro de 1647, em Florença, Itália. Como matemático, seus trabalhos em Geometria tiveram uma participação fundamental no desenvolvimento do cálculo diferencial e integral. Na Física, inspirado pelos trabalhos de Galileu, do qual foi discípulo, Torricelli escreveu um tratado de mecânica *De Motu* (*Concerning Movement*), o qual impressionou Galileu.

Em 1641, Torricelli foi para Florença, onde assumiu as funções de secretário e assistente durante os últimos três meses da vida de Galileu, sendo indicado para substituí-lo como professor de Matemática da Academia de Florença.

Em 1644, Torricelli publicou o livro *Opera Geometrica* (*Trabalhos geométricos*), no qual incluiu seus trabalhos sobre o movimento de fluidos e projéteis.

Torricelli tornou-se mundialmente conhecido pela sua experiência sobre a pressão atmosférica e pela equação que leva seu nome: a equação de Torricelli. Em *Nascimentos da Física*, o Prof. José M. F. Bassalo nos conta que:

> *Em 1643, Torricelli realizou a sua célebre experiência sobre a* ***pressão atmosférica****. Com efeito, esse discípulo de Galileu e de Castelli tomou um tubo de vidro de cerca de quatro pés de comprimento, encheu-o de mercúrio e, com a extremidade tampada, mergulhou-o numa outra cuba contendo também mercúrio. Observou, então, que o nível de mercúrio no tubo descia, deixando no alto um espaço "aparentemente vazio", enquanto a altura da coluna de mercúrio se mantinha em torno de 76 centímetros. Para explicar esse fato, Torricelli afirmou que a coluna de mercúrio se deslocava devido ao "peso do ar" que pressionava o mercúrio na cuba. Nessa experiência, Torricelli observou ainda que a coluna de mercúrio variava diariamente.*
>
> *Ainda em 1643, Torricelli publicou o livro* De Motu Gravium Projectorum *no qual afirmou que a velocidade* (v) *de saída de um líquido, através de um orifício praticado no fundo de um recipiente, é proporcional à raiz quadrada da altura* (h) *do orifício em relação à superfície livre do líquido. Em vista disso, concluiu que as leis de saída dos líquidos são as mesmas da queda livre ou às do lançamento horizontal dos corpos, leis essas que haviam sido demonstradas por Galileu, em 1638. Hoje, tal lei é conhecida como Equação de Torricelli:* $v = \sqrt{2 \cdot g \cdot h}$, *onde* g *é a aceleração da gravidade.*

BASSALO, José M. F. *Nascimentos da Física:* 3500 a.C.-1900 a.D. Belém: EDUFPA, 1996, p. 94-95. Adaptado de: Evangelista Torricelli. *Encyclopaedia Britannica*. Disponível em: <www.britannica.com/EBchecked/topic/600149/Evangelista-Torricelli>. Acesso em: 9 mar. 2013.

Trabalho em equipe

1. De acordo com o texto, qual o comprimento do tubo, em unidades do SI, utilizado por Torricelli na experiência da pressão atmosférica?
2. O que se pode concluir sobre a pressão atmosférica com base na observação de Torricelli que "a coluna de mercúrio variava diariamente"?
3. Façam uma figura que corresponda à conclusão de Torricelli sobre a velocidade de saída dos líquidos através de um orifício com a queda livre de um corpo.

EXPERIMENTO

Princípio de Arquimedes

Nesta atividade experimental propomos um método para a verificação do princípio de Arquimedes. Para isso, vamos determinar o módulo do empuxo por dois processos diferentes e comparar os resultados. Vamos utilizar um bloco, de qualquer formato, com densidade maior do que a densidade da água, um dinamômetro e um recipiente cilíndrico com água.

1º método: A ideia é efetuar duas medidas do peso do bloco: a primeira, com o bloco no ar, e a segunda, com o bloco totalmente imerso na água. Como você realiza essas medidas? Qual delas indica o peso real do bloco? E qual indica o peso aparente? É possível determinar o empuxo que a água exerce sobre o bloco?

2º método: Sabendo-se que o volume de um cilindro é dado por: $V = \pi \cdot R^2 \cdot h$, onde R é o raio da base e h é a altura do cilindro, como você determina o volume da água deslocada pelo objeto?

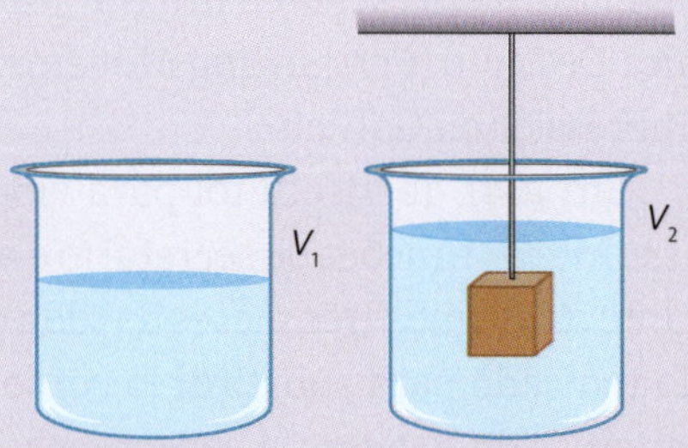

Qual é o modo prático de se medir diretamente o volume de água deslocado pelo bloco? Calcule o valor do empuxo por meio da equação:

$$E = \mu_a \cdot g \cdot V_{desloc.}$$

Utilize $g = 10\ m/s^2$ e $\mu_{água} = 10^3\ kg/m^3$.

Após a realização das medidas necessárias nos dois métodos, faça as atividades, justificando quando necessário.

1. Os valores obtidos para o empuxo pelos métodos 1 e 2 são iguais? Se não forem iguais, explique a diferença.

2. Por que o peso aparente do bloco é menor do que o peso real?

3. O que aconteceria se a densidade do bloco fosse menor do que a da água? Nesse caso, quais seriam os valores do peso real e do peso aparente do bloco?

4. Suponha que, em vez de água, o experimento seja realizado com óleo. Sendo a densidade do óleo menor do que a da água, complete a tabela abaixo indicando se os valores obtidos seriam maiores, menores ou iguais àqueles obtidos com a água.

	Água	Óleo
peso real		
peso aparente		
empuxo		
volume do bloco		
volume do óleo deslocado		

Pensando no Enem

1. Um dos problemas ambientais vivenciados pela agricultura hoje em dia é a compactação do solo, devida ao intenso tráfego de máquinas cada vez mais pesadas, reduzindo a produtividade das culturas. Uma das formas de prevenir o problema de compactação do solo é substituir os pneus dos tratores por pneus mais
   a) largos, reduzindo a pressão sobre o solo.
   b) estreitos, reduzindo a pressão sobre o solo.
   c) largos, aumentando a pressão sobre o solo.
   d) estreitos, aumentando a pressão sobre o solo.
   e) altos, reduzindo a pressão sobre o solo.

Resolução

Para diminuir a compactação do solo é preciso diminuir a pressão sobre ele. Como a pressão depende do módulo da força de compressão aplicada ao solo e da área pela relação $p = \frac{F}{A}$, para diminuir a pressão deve-se ou diminuir a força de compressão ou aumentar a área de contato com o solo.

Uma vez que a força de compressão se deve ao peso das máquinas que transitam sobre o solo, e elas não serão substituídas, deve-se então alterar a área de contato. Isso é possível alargando os pneus, pois assim a área de contato se torna maior, o que diminui a pressão e ameniza o problema em questão.

A alternativa correta é a **a**.

2. Um brinquedo chamado ludião consiste em um pequeno frasco de vidro, parcialmente preenchido com água, que é emborcado (virado com a boca para baixo) dentro de uma garrafa PET cheia de água e tampada. Nessa situação, o frasco fica na parte superior da garrafa, conforme mostra a **figura 1**.

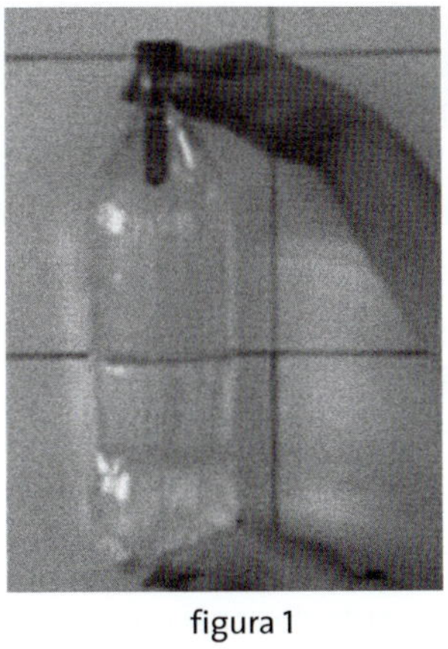

ENEM/2011

figura 1

Quando a garrafa é pressionada, o frasco se desloca para baixo, como mostrado na **figura 2**.

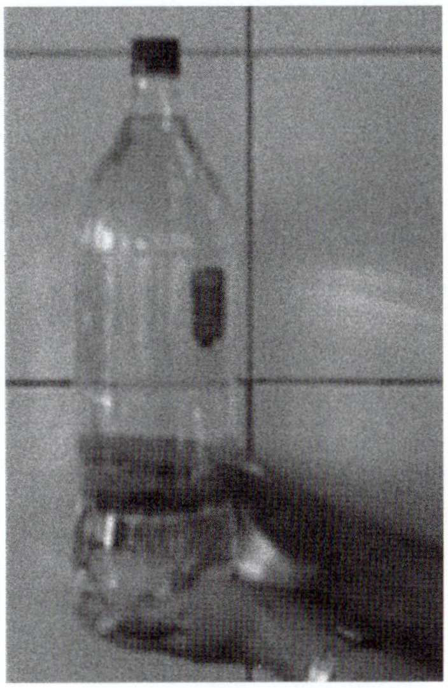

ENEM/2011

figura 2

Ao apertar a garrafa, o movimento de descida do frasco ocorre porque:
   a) diminui a força para baixo que a água aplica no frasco.
   b) aumenta a pressão na parte pressionada da garrafa.
   c) aumenta a quantidade de água que fica dentro do frasco.
   d) diminui a força de resistência da água sobre o frasco.
   e) diminui a pressão que a água aplica na base do frasco.

Resolução

Como dentro do ludião há ar aprisionado, seu peso, em razão do peso do frasco e da quantidade de água que há em seu interior, é equilibrado com o empuxo sobre ele. Quando a garrafa é pressionada, a pressão da água aumenta e, pelo princípio de Pascal, esse aumento de pressão é comunicado a todo o líquido, inclusive à porção do líquido que se encontra dentro do ludião (frasco de vidro emborcado). Com isso, o volume do ar aprisionado se torna menor, pois a quantidade de água dentro do frasco aumenta, o que faz com que o peso do ludião (que é a soma do peso do frasco de vidro com a água em seu interior) aumente, e o empuxo (por causa do volume de água deslocado, que neste caso corresponde ao volume de ar aprisionado) sobre ele diminua, fazendo o ludião descer.

Sendo assim, a alternativa correta é a **c**.

Vestibulares de Norte a Sul

1. S (UEL-PR) Quando as dimensões de uma fossa são alteradas, o aumento da pressão em qualquer ponto de sua base, quando cheia, deve-se, exclusivamente, à mudança de

a) área da base.

b) diâmetro.

c) formato da base.

d) profundidade.

e) perímetro da base.

2. SE (Uerj) A razão entre a massa e o volume de uma substância, ou seja, a massa específica, depende da temperatura. A seguir, são apresentadas as curvas aproximadas da massa em função do volume para o álcool e para o ferro, ambos à temperatura de 0 °C. Considere ρ_f a massa específica do ferro e ρ_a a massa específica do álcool.

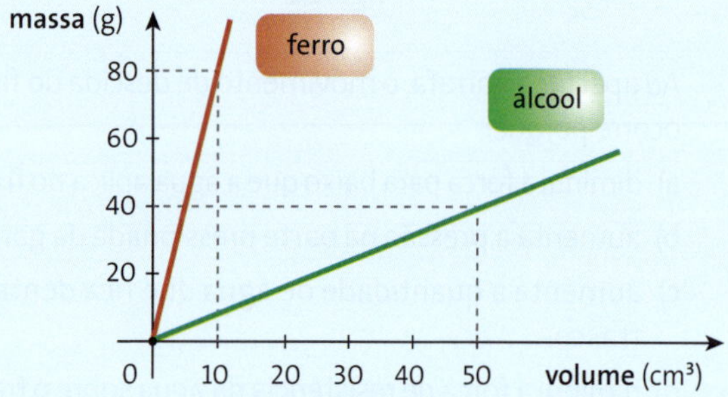

De acordo com o gráfico, a razão $\frac{\rho_f}{\rho_a}$ é igual a:

a) 4.

b) 8.

c) 10.

d) 20.

3. CO (UFG-GO) Os carros modernos utilizam freios a disco em todas as rodas, e o acionamento é feito por um sistema hidráulico fechado, que é acionado quando o motorista pisa no pedal de freio. Neste sistema, ao mover o pistão, as pastilhas de freio entram em contato com o disco nos dois lados. Considere que um carro de 500 kg, viajando a uma velocidade de 20 m/s, precisa parar imediatamente. O motorista o faz sem deslizamento dos pneus, dentro de uma distância de 20 m. Considerando-se o exposto, calcule:

a) A força média com que cada pistão pressiona o disco de freio. Use 0,8 como o coeficiente de atrito entre a pastilha e o disco.

b) A pressão do óleo que empurra o pistão. Use o diâmetro de 4 cm para esse pistão.

4. CO (UFG-GO) Os caminhões ficam maiores a cada dia devido à necessidade de se transportar cargas cada vez maiores em menor tempo. Por outro lado, o pavimento (estrada de asfalto ou concreto) precisa ser dimensionado para que sua resistência seja compatível com a carga suportada repetidamente. Para um pavimento de boa durabilidade, a pressão de 2,0 MPa deve ser suportada. Nessa situação, qual é a máxima massa, em kg, permitida para um caminhão que possui cinco eixos com dois pneus em cada eixo, cuja área de contato de um pneu é de 0,02 m²?

(Dados: $g = 10$ m/s².)

a) $1{,}0 \cdot 10^6$

b) $2{,}0 \cdot 10^5$

c) $1{,}2 \cdot 10^5$

d) $4{,}0 \cdot 10^4$

e) $4{,}0 \cdot 10^3$

5. SE (Vunesp-SP) Em uma competição esportiva, um halterofilista de 80 kg, levantando uma barra metálica de 120 kg, apoia-se sobre seus pés, cuja área de contato com o piso é de 25 cm². Considerando-se $g = 10$ m/s², lembrando-se de que a pressão é o efeito produzido por uma força sobre uma área e considerando-se que essa força atua uniformemente sobre toda a extensão da área de contato, a pressão exercida pelo halterofilista sobre o piso, em pascal, é de:

a) $2 \cdot 10^5$.

b) $8 \cdot 10^5$.

c) $12 \cdot 10^5$.

d) $25 \cdot 10^5$.

e) $2 \cdot 10^6$.

6. S (Acafe-SC) A figura a seguir representa a barragem de uma usina hidrelétrica com uma turbina localizada no ponto *P*. O comprimento do lago é *x*.

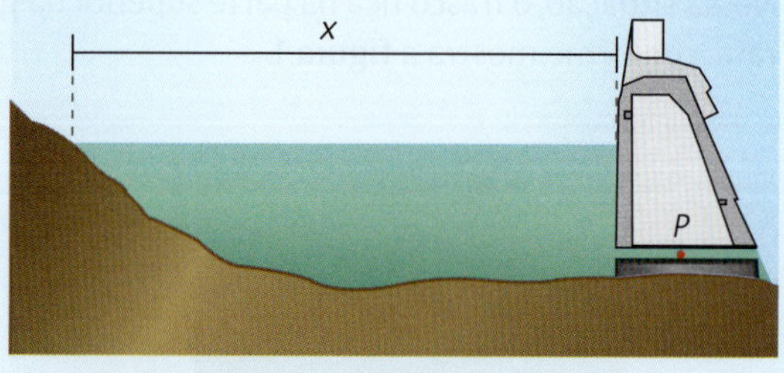

Formato/Arquivo da editora

A pressão exercida pela água na turbina depende:

a) da diferença de altura entre o ponto *P* e a superfície da água.

b) do volume de água represada.

c) do comprimento do lado.

d) da largura da barragem.

e) do comprimento do canal onde está o ponto *P*.

7. **SE** (Unicamp-SP) Alguns tênis esportivos modernos possuem um sensor na sola que permite o monitoramento do desempenho do usuário durante as corridas. O monitoramento pode ser feito através de relógios ou telefones celulares que recebem as informações do sensor durante os exercícios. Considere um atleta de massa $m = 70$ kg que usa um tênis com sensor durante uma série de três corridas.

a) O gráfico 1 abaixo mostra a distância percorrida pelo atleta e a duração em horas de três corridas realizadas em velocidades constantes distintas. Considere que, para essa série de corridas, o consumo de energia do corredor pode ser aproximado por $E = C_{MET}mt$, onde m é a massa do corredor, t é a duração da corrida e C_{MET} é uma constante que depende da velocidade do corredor e é expressa em unidade de $\left(\frac{kJ}{kg \cdot h}\right)$. Usando o gráfico 2 abaixo, que expressa C_{MET} em função da velocidade do corredor, calcule a quantidade de energia que o atleta gastou na terceira corrida.

b) O sensor detecta o contato da sola do tênis com o solo pela variação da pressão. Estime a área de contato entre o tênis e o solo e calcule a pressão aplicada no solo quando o atleta está em repouso e apoiado sobre um único pé.

1.

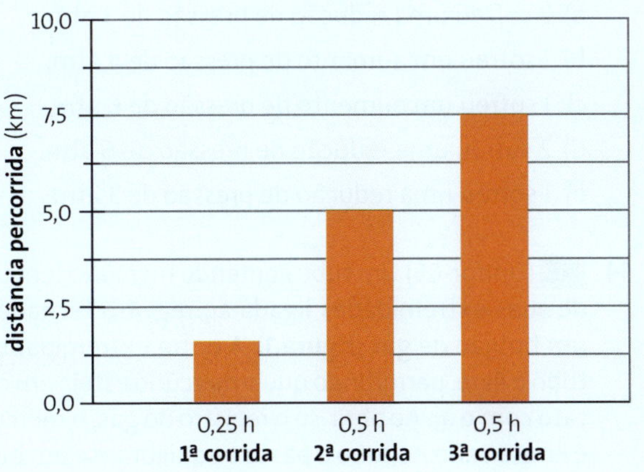

2.

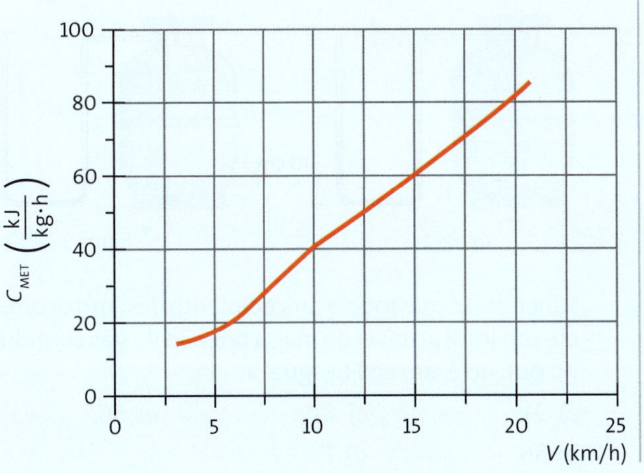

8. **SE** (FEI-SP) Um pote de água filtrada é composto de um vaso de barro com uma torneira na parte inferior, conforme ilustra a figura abaixo. O pote está cheio de água.

Leia as afirmações abaixo e responda.

I. A pressão no ponto 3 é menor que a pressão no ponto 2.

II. Se a torneira estivesse no ponto 2, sua vazão seria a mesma.

III. A pressão no ponto 1 é maior que a pressão no ponto 2.

Estão **corretas** as afirmações:

a) I e II.
b) II e III.
c) I e III.
d) Todas.
e) Nenhuma.

9. **NE** (Uece) A figura a seguir ilustra um sistema de vasos comunicantes. O sistema é completamente preenchido com águas e as extremidades das três colunas verticais são fechadas por tampas rígidas cujas áreas são $A_1 < A_2 < A_3$, conforme a figura.

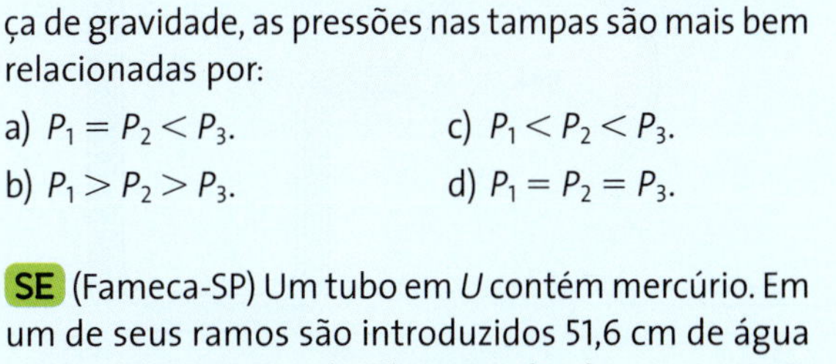

Assim, pode-se afirmar corretamente que, na presença de gravidade, as pressões nas tampas são mais bem relacionadas por:

a) $P_1 = P_2 < P_3$.
b) $P_1 > P_2 > P_3$.
c) $P_1 < P_2 < P_3$.
d) $P_1 = P_2 = P_3$.

10. **SE** (Fameca-SP) Um tubo em *U* contém mercúrio. Em um de seus ramos são introduzidos 51,6 cm de água e, no outro, 18 cm de óleo. Sendo $d_{H_2O} = 1$ g/mL; $d_{Hg} = 13{,}6$ g/mL e $d_{óleo} = 0{,}6$ g/mL, o desnível sofrido pelo mercúrio será de:

a) 2,5 cm.
b) 3 cm.
c) 6 cm.
d) 4,58 cm.
e) 2 cm.

11. **N** (Uepa) A rotina de um mergulhador profissional que trabalha na manutenção de plataformas de petróleo inclui passar semanas vivendo em uma câmara hiperbárica, que simula as mesmas condições de um mergulho em água.

Para compreender melhor o efeito que tais condições exercem no organismo humano, foi realizado um experimento durante o qual um grupo de 32 mergulhadores (grupo agudo) ficou submetido a uma pressão de 6,0 atm durante 88 minutos. Na segunda parte do experimento, outros 30 mergulhadores (grupo crônico) ficaram submetidos a uma pressão de 2,2 atm durante 36 horas.

Gregory MD./Photo Researchers/Getty Images

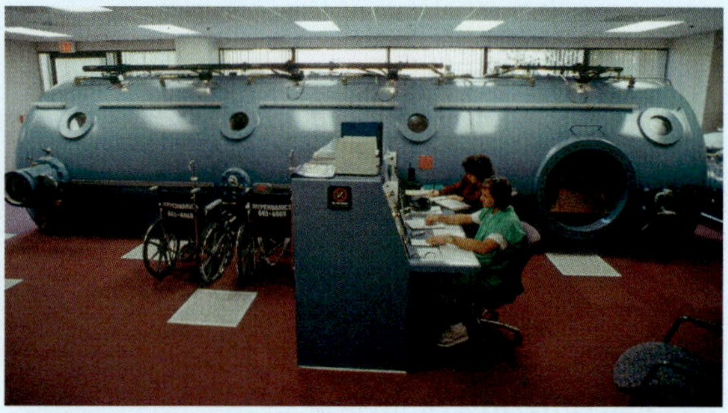

Câmara hiperbárica.

Ciência e Cultura, v. 55, n. 2, 2003.

Com base no texto e sabendo que a pressão de 1 atm corresponde a uma coluna de 10 m de água, a diferença de pressão entre os grupos agudo e crônico corresponde a uma diferença de profundidade de mergulho, em metros, de:

a) 12.
b) 22.
c) 38.
d) 50.
e) 60.

12. **S** (UFSM-RS) Um dos ramos de um tubo em forma de U está aberto à atmosfera, e o outro está conectado a um balão contendo um gás, conforme ilustra a figura.

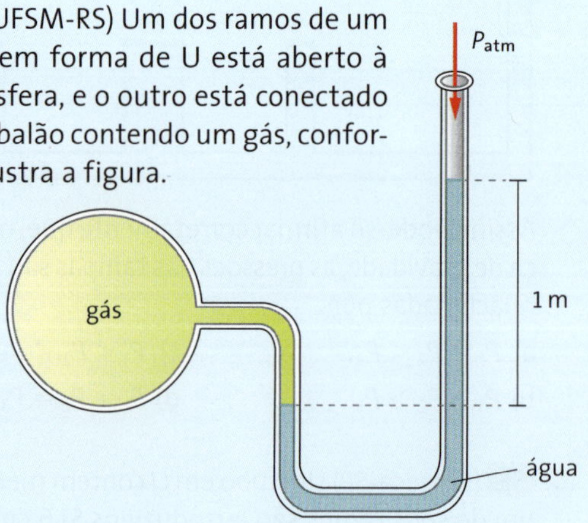

O tubo contém água (cuja densidade é $1 \cdot 10^3$ kg/m^3). Sabendo-se que a pressão exercida pela atmosfera é $1 \cdot 10^5$ N/m^2 e considerando-se a aceleração da gravidade 10 m/s^2, a pressão exercida pelo gás é, em N/m^2:

a) $0{,}9 \cdot 10^5$.
b) $1{,}0 \cdot 10^5$.
c) $1{,}1 \cdot 10^5$.
d) $1{,}2 \cdot 10^5$.
e) $1{,}3 \cdot 10^5$.

13. **SE** (Vunesp-SP) O relevo submarino de determinada região está representado pelas curvas de nível mostradas na figura, na qual os valores em metros representam as alturas verticais medidas em relação ao nível de referência mais profundo, mostrado pela linha vermelha.

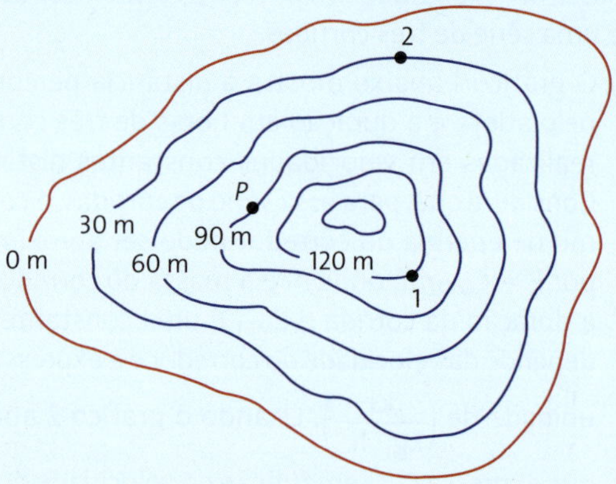

Dois peixes, 1 e 2, estão inicialmente em repouso nas posições indicadas e deslocam-se para o ponto *P*, onde param novamente. Considere que toda a região mostrada na figura esteja submersa, que a água do mar esteja em equilíbrio e que sua densidade seja igual a 10^3 kg/m^3. Se $g = 10$ m/s^2 e 1 atm $= 10^5$ Pa, pode-se afirmar, considerando-se apenas os pontos de partida e de chegada, que, durante seu movimento, o peixe

a) 2 sofreu uma redução de pressão de 3 atm.
b) 1 sofreu um aumento de pressão de 4 atm.
c) 1 sofreu um aumento de pressão de 6 atm.
d) 2 sofreu uma redução de pressão de 6 atm.
e) 1 sofreu uma redução de pressão de 3 atm.

14. **NE** (Unifor-CE) Um tubo contendo mercúrio tem uma de suas extremidades ligada ao registro fechado de um botijão de gás (**figura 1**). A outra extremidade do tubo é livre, permitindo que o mercúrio esteja em contato com o ar. Ao abrir-se o registro do gás, o mercúrio é empurrado no tubo e passa a equilibrar-se em outra posição (**figura 2**).

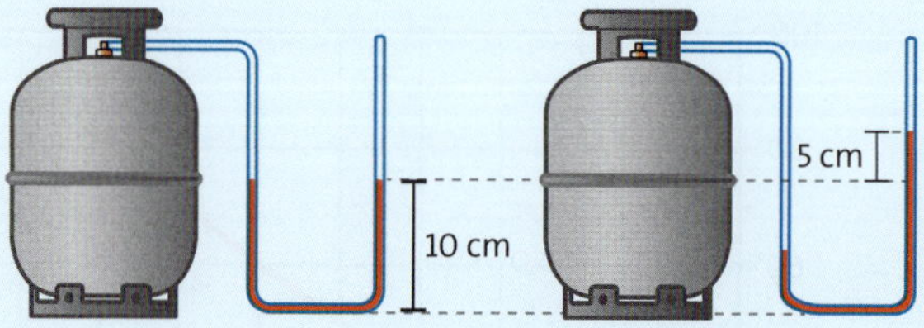

figura 1 figura 2

Ilustrações: Formato/Arquivo da editora

Sabendo-se que todo o procedimento descrito ocorre em um local ao nível do mar, a pressão do gás contido no botijão é, em cmHg, igual a:

a) 91.
b) 86.
c) 81.
d) 71.
e) 66.

15. **SE** (UFTM-MG) Durante um mergulho esportivo autônomo, a profundidade h atingida por um mergulhador foi medida em relação à superfície da água.

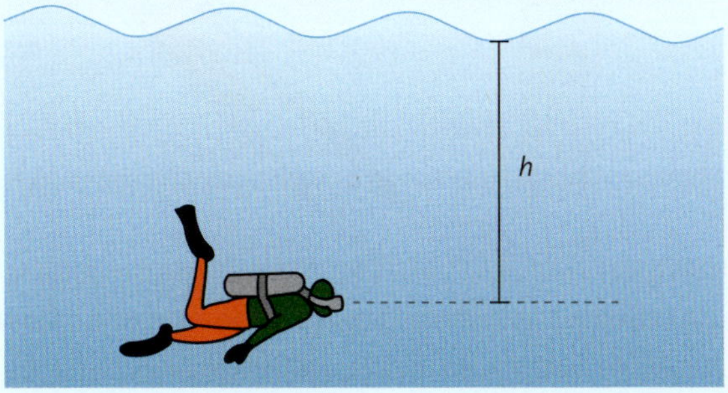

Ilustrações: Formato/Arquivo da editora

A distância do mergulhador à superfície da água, em função do tempo, está registrada no gráfico a seguir.

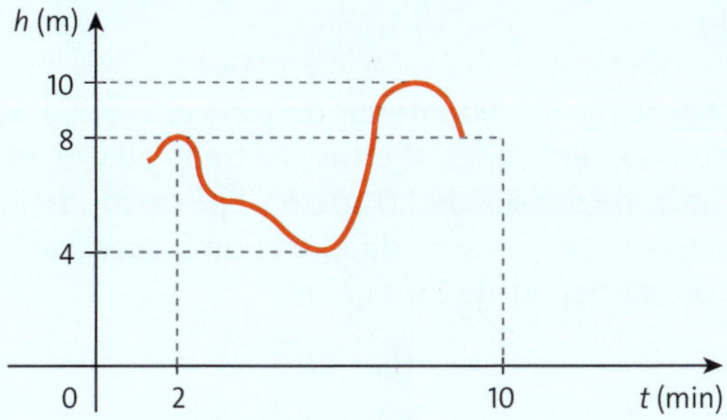

Considerando a densidade da água igual a 10^3 kg/m^3 e $g = 10$ m/s^2, é correto afirmar que no intervalo de tempo entre o segundo e o décimo minuto do mergulho, o mergulhador experimentou uma variação máxima de pressão hidrostática, em pascal, igual a:

a) $8 \cdot 10^4$.
b) $4 \cdot 10^4$.
c) $1 \cdot 10^4$.
d) $3 \cdot 10^4$.
e) $6 \cdot 10^4$.

16. **NE** (UFRN) Na casa de Petúnia, há uma caixa-d'água cúbica, de lado igual a 2,0 m, cuja base está a 4,0 m de altura, em relação ao chuveiro. Depois de a caixa estar cheia, uma boia veda a entrada da água. Certo dia, Petúnia ouve no noticiário que o mosquito transmissor da dengue põe ovos também em água limpa. Preocupada com esse fato, ela espera a caixa encher o máximo possível e, então, veda-a completamente, inclusive os sangradouros. Em seguida, abre a torneira do chuveiro para um banho, mas a água não sai. Isso ocorre porque, como a caixa está toda vedada:

a) a parte acima do nível da água, dentro da caixa, torna-se vácuo, e a tendência é a água subir, e não descer.
b) a força da gravidade não atua na água e, portanto, esta não desce.
c) não há nem gravidade nem pressão interna dentro da caixa.
d) a pressão atmosférica na saída da água no chuveiro é maior que a pressão dentro da caixa-d'água.

17. **SE** (UFV-MG) Em um mesmo laboratório, um manômetro, cujo tubo da direita é aberto, encontra-se ligado separadamente a três recipientes contendo gases, como ilustrado nas figuras a seguir.

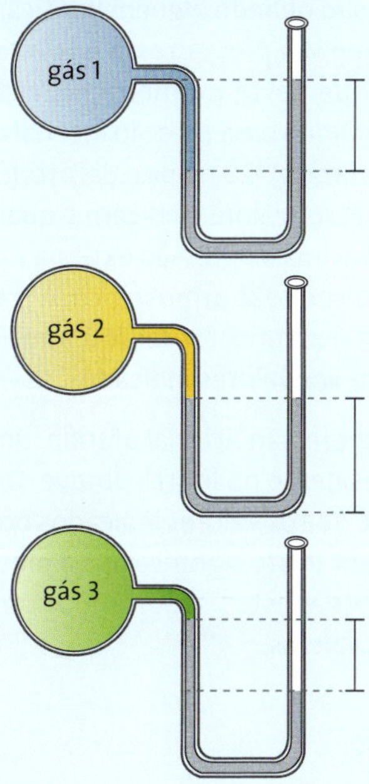

Em relação às pressões p_1, p_2 e p_3 exercidas pelos gases 1, 2 e 3, respectivamente, é correto afirmar que:

a) $p_1 = p_2 = p_3$.
b) $p_1 < p_2 < p_3$.
c) $p_1 > p_2 > p_3$.
d) $p_1 = p_3 < p_2$.

18. **NE** (UFPB) Um mergulhador deseja comparar as pressões de três cilindros, C_1, C_2 e C_3, contendo oxigênio em seus interiores. Para essa comparação, ele conecta, conforme a figura a seguir, os cilindros a três tubos, cujas secções transversais têm áreas A_1, A_2 e A_3. Esses cilindros estão abertos à atmosfera e contêm líquidos, L_1, L_2 e L_3.

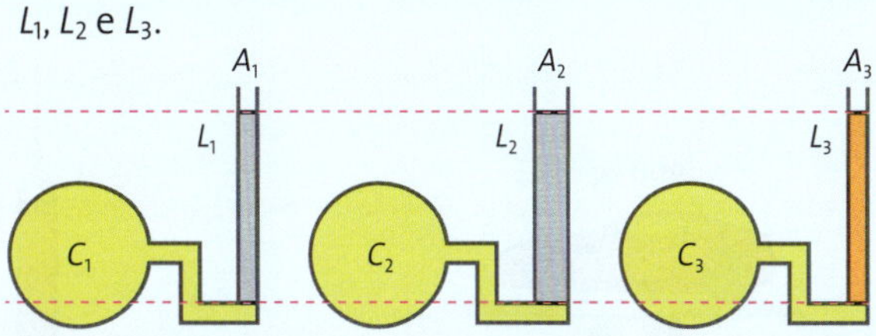

O mergulhador observa que, nos três tubos, as colunas dos líquidos têm as mesmas alturas.

Considere que:

- $A_1 = A_3 < A_2$
- L_1 e L_2 têm as mesmas densidades.
- L_3 tem densidade maior do que L_1 e L_2.

Com base no exposto, considerando as pressões P_1, P_2 e P_3 nos cilindros C_1, C_2 e C_3, é correto afirmar:

a) $P_1 = P_2 = P_3$.
b) $P_1 < P_2 < P_3$.
c) $P_1 = P_3 < P_2$.
d) $P_1 < P_3 < P_2$.
e) $P_1 = P_2 < P_3$.

19. **SE** (Fasm-SP) A pressão arterial das pessoas, sobretudo em hospitais e clínicas, é aferida por aparelhos chamados esfigmomanômetros ou tensiômetros e seus valores são expressos em milímetros de mercúrio (mmHg). Assim quando alguém verifica, por esse instrumento, que sua pressão está nos valores de 12 por 8 significa que neste momento os ciclos cardíacos estão acarretando uma pressão arterial que oscila entre 120 e 80 mmHg, 120 no pico da sístole e 80 no final da diástole. Esses valores indicam o quanto a pressão arterial está acima da pressão externa nas artérias, ou seja, acima da pressão atmosférica. A pressão absoluta na artéria é a atmosférica, 760 mmHg ao nível do mar, somada aos valores indicados.

Após ter sua pressão arterial aferida, uma pessoa hipertensa, residente no litoral, obteve do médico a informação de que os valores indicados no tensiômetro eram de 18 por 9. Isto significa que a pressão absoluta que suas artérias estão suportando corresponde, em mmHg, aos valores:

a) 760 e 90.

b) 940 e 940.

c) 850 e 850.

d) 180 e 90.

e) 940 e 850.

20. **NE** (Uece) No elevador mostrado na figura a seguir, o carro no cilindro à esquerda, na posição *E*, tem massa de 900 kg, e a área da secção transversal do cilindro é 2 500 cm². Considere a massa do pistão desprezível e a aceleração da gravidade igual a 10 m/s². A área da secção transversal do cilindro, na posição *D*, é 25 cm², e o pistão tem massa desprezível.

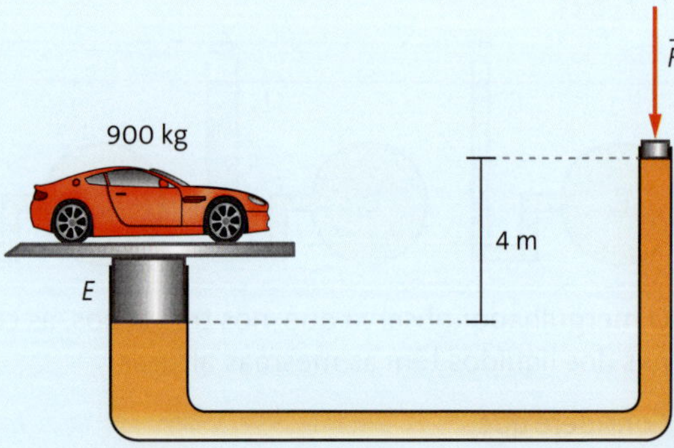

Ilustrações: Formato/ Arquivo da editora

Se o elevador for preenchido com óleo de densidade 900 kg/m³, a força mínima $\vec{F}$, em newtons, necessária para manter o sistema em equilíbrio será:

a) 0.

b) 10.

c) 800.

d) 900.

21. **S** (UEL-PR) A figura a seguir apresenta um vaso preenchido com dois fluidos diferentes não miscíveis.

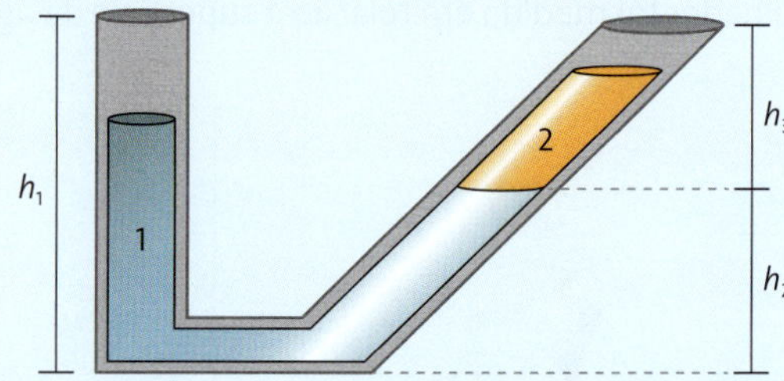

O fluido 1 apresenta densidade de 1 g/cm³ e o fluido 2, densidade de 0,7 g/cm³. Sendo $h_1 = h + h_2$, qual a razão $\frac{h}{h_3}$?

a) 0,7

b) 1

c) 5

d) 3,2

e) 100

22. **SE** (UPM-SP) No interior do tubo em forma de U, com extremidades abertas, ilustrado abaixo, existe água, de densidade 1,0 g/cm³. Em certo instante, despeja-se no ramo da direita uma quantidade de óleo, de densidade 0,80 g/cm³.

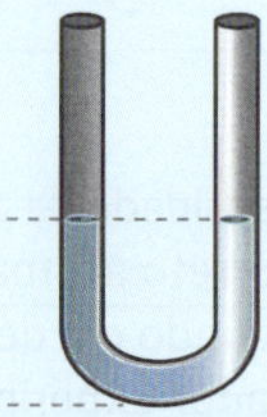

Dentre as alternativas, a figura que melhor representa o estado de equilíbrio desses dois líquidos não miscíveis é:

a)

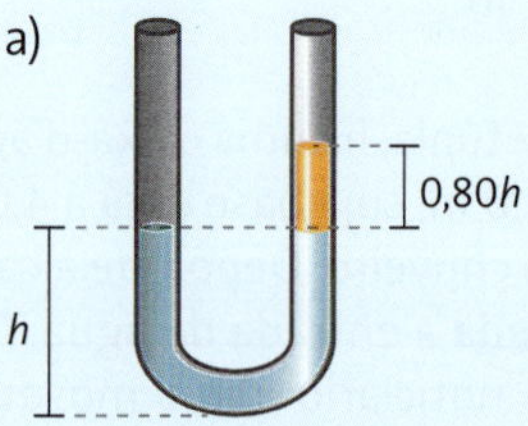

b)

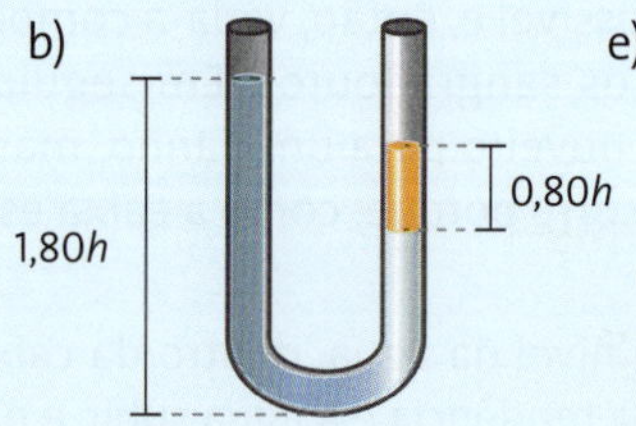

c)

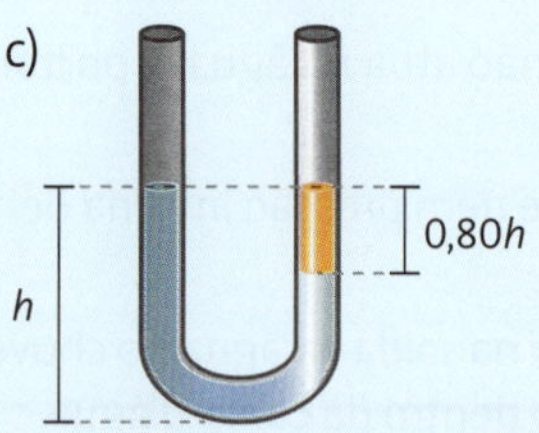

d)

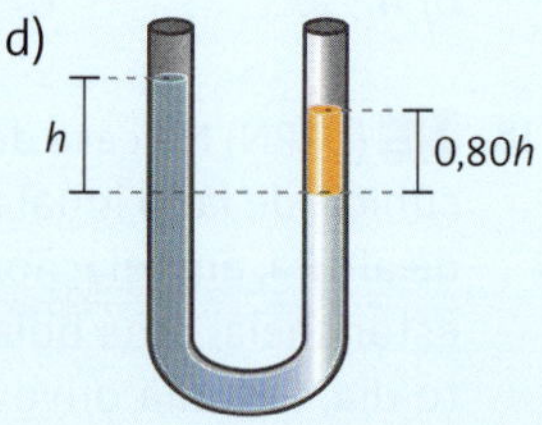

e)

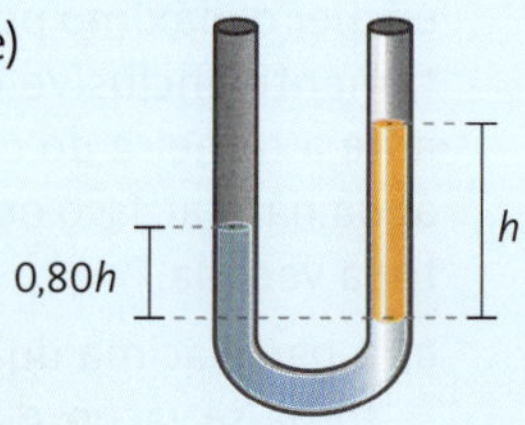

CAPÍTULO

12 Hidrodinâmica

Evlakhov Valeriy/Shutterstock/Glow Images

Por que o filete de água se torna cada vez mais fino?

1 Equações da continuidade e de Bernoulli

Soud/Arquivo da editora

Figura 12.1 Para alcançar pontos mais distantes com uma mangueira diminuímos a área da saída de água.

Uma pessoa está regando o jardim e deseja que o jato de água alcance pontos mais distantes (**figura 12.1**). Ela então obstrui ligeiramente o bocal de saída da água na mangueira e consegue o seu objetivo. Como você explica esse fato?

Para responder a essa questão, precisamos analisar o fluxo de um líquido por uma tubulação cuja secção transversal varie, conforme a **figura 12.2**.

Considerando um **regime** de escoamento constante, ou seja, um regime em que as velocidades não variam com a passagem do tempo, a quantidade de líquido que entra pelo lado esquerdo, em determinado intervalo de tempo, é igual à quantidade de líquido que sai pelo lado direito. Essa ideia traduz o princípio da conservação da massa.

Regime – Conjunto das variações na forma de escoamento de um líquido.

Mas como é possível escoar a mesma quantidade de fluido nas duas partes da tubulação se o trecho da direita é mais estreito, como na figura? A resposta é que, na região mais estreita, o fluido é mais veloz. Enquanto na região 1 o fluido percorre a distância d_1, na região 2 ele percorre uma distância maior, d_2, no mesmo intervalo de tempo.

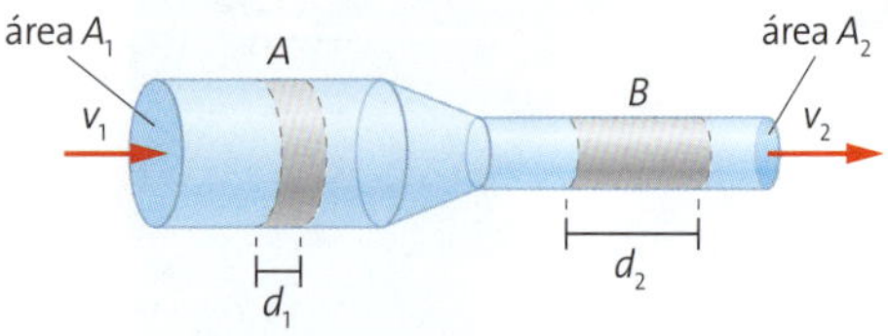

Figura 12.2 Representação esquemática de um trecho de tubulação pelo qual escoa um líquido.

Considerando v_1 e v_2 as velocidades nas regiões de áreas A_1 e A_2, respectivamente, podemos escrever:

$$A_1 \cdot v_1 = A_2 \cdot v_2$$

Essa expressão é conhecida como **equação da continuidade**.

O produto $A \cdot v$, que no SI é expresso em m^3/s, é a vazão Q do escoamento, uma grandeza que mede o volume de fluido que passa pela região por unidade de tempo (**figura 12.3**), ou seja, podemos também obter a vazão por:

$$Q = \frac{\Delta V}{\Delta t} = v \cdot A$$

Figura 12.3 Em fluxo constante, à medida que o filete de água ganha velocidade na queda, a secção transversal do escoamento vai diminuindo.

Ekaterina Pokrovsky/Shutterstock/Glow Images

Equação de Bernoulli

Em um fluido real as partículas não deslizam livremente umas em relação às outras, ou seja, o fluido tem viscosidade. E existe uma espécie de atrito interno em um escoamento. Além disso, os fluidos reais têm outra propriedade: apresentam uma certa aderência em relação à superfície sobre a qual estão escoando. Esses dois fatores são dissipativos, sendo assim: em um escoamento de um fluido real, a energia mecânica não é conservada.

No entanto, muitos fluidos apresentam viscosidade relativamente baixa e, muitas vezes, a aderência ocorre apenas em uma fina camada, bem próxima da superfície em relação à qual o fluido está escoando. Nessas condições, podemos desprezar esses dois fatores, simplificando bastante o estudo. Esse modelo de fluido, sem viscosidade nem aderência, é chamado de **fluido ideal** incompressível. Nesse modelo, a energia mecânica é conservada.

Fluido ideal – É um fluido que experimenta variações muito pequenas de volume, mesmo quando submetido à ação de pressões externas muito intensas.
Os líquidos, para a maioria dos propósitos, podem ser considerados fluidos ideais incompressíveis.

Para estudar a energia nos escoamentos, é mais conveniente trabalhar com a energia por unidade de volume. A energia mecânica por unidade de volume no escoamento de um fluido compreende três parcelas, que detalhamos a seguir:

A equação de Bernoulli

- $\frac{1}{2} \cdot \mu \cdot v^2$: energia cinética por unidade de volume;
- $\mu \cdot g \cdot h$: energia potencial gravitacional por unidade de volume;
- p: energia por unidade de volume referente à pressão a que está submetido o fluido.

Daniel Bernoulli provou que, no escoamento de um fluido ideal, a energia mecânica por unidade de volume H é constante. Considere o escoamento de um fluido ideal incompressível, conforme a figura 12.4.

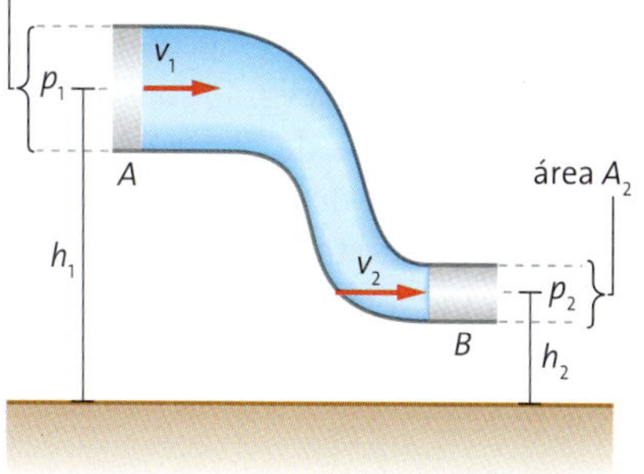

Figura 12.4 Representação esquemática de dois diferentes pontos do escoamento de um fluido ideal, situados em secções transversais distintas e a alturas diferentes.

Observando as áreas 1 e 2 e a conservação da energia mecânica por unidade de volume, podemos escrever:

$$H = p_1 + \mu \cdot \frac{v_1^2}{2} + \mu \cdot g \cdot h_1 = p_2 + \mu \cdot \frac{v_2^2}{2} + \mu \cdot g \cdot h_2$$

Essa expressão, chamada de **equação de Bernoulli**, pode ser generalizada para qualquer ponto do escoamento.

Tubo horizontal

No caso do tubo horizontal (figura 12.5), as alturas h_1 e h_2 são iguais. Nessas condições, a equação de Bernoulli pode ser escrita como:

$$p_1 + \frac{1}{2} \cdot \mu \cdot v_1^2 = p_2 + \frac{1}{2} \cdot \mu \cdot v_2^2$$

Mas, de acordo com a equação da continuidade, uma redução de área provoca um aumento de velocidade. Portanto, a velocidade v_2 é maior do que a velocidade v_1. Colocando essa condição na equação de Bernoulli, concluímos que a pressão p_2 é menor do que a pressão p_1, ou seja, nos pontos onde a velocidade é maior, a pressão é menor.

Um grande aumento de velocidade e a decorrente redução na pressão do fluido podem levar esse fluido à **cavitação**, fenômeno no qual há formação de bolhas. Podemos observar esse fenômeno ao agitar vigorosamente uma colher em um copo de água.

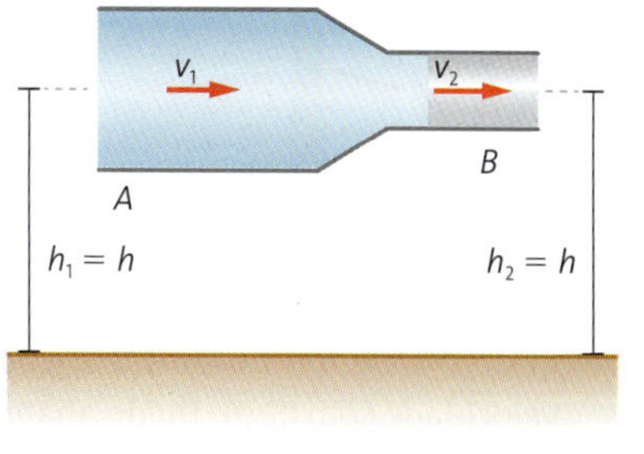

Figura 12.5 Tubo horizontal.

Exercícios

1. Em razão de um vazamento, o nível de determinada caixa-d'água de secção uniforme vai baixando com velocidade constante. A área do furo é 10 000 vezes menor que a área da secção transversal da caixa e o nível da caixa baixa 1 cm a cada 10 min. O nível da água com a caixa cheia é de 1,0 m. Adote $g = 10$ m/s^2 e $\mu_{água} = 10^3$ kg/m^3.
   a) Com a caixa cheia, quanto tempo levará para o nível da água cair à metade?
   b) Qual é a velocidade da água na saída do vazamento?

2. (Favip-PE) A vazão de uma bomba de gasolina de um posto de combustível dá uma medida do volume de gasolina que é injetado no tanque de um automóvel por unidade de tempo. Suponha que uma bomba de gasolina tenha vazão constante de 50 litros por minuto. O tanque de combustível de um automóvel, de capacidade de 40 litros, encontra-se inicialmente vazio. Quanto tempo demorará para encher um quarto do tanque do automóvel utilizando essa bomba?
   a) 10 s
   b) 12 s
   c) 30 s
   d) 45 s
   e) 60 s

3. (UFPE) Um funil tem uma área de saída quatro vezes menor que a área de entrada, como indica a figura. Um fluido em seu interior escoa de modo que seu nível abaixa com velocidade constante.

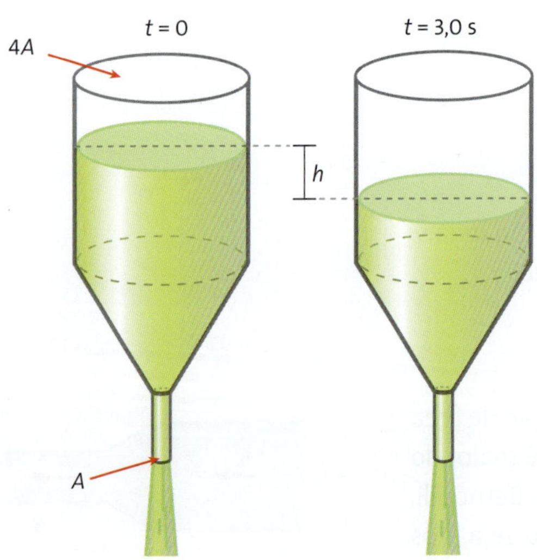

Se esse nível diminui de uma altura $h = 9{,}0$ cm, num intervalo de tempo de 3,0 s, determine, em cm/s, a velocidade com que o fluido abandona o funil na saída.

4. A figura a seguir ilustra o escoamento uniforme de água, considerada como um fluido ideal, por um tubo cuja secção transversal muda da região 1 para a região 2. O desnível de líquido, $h = 3$ cm, entre os tubos conectados ao escoamento mostra que a pressão na região 2 é menor.

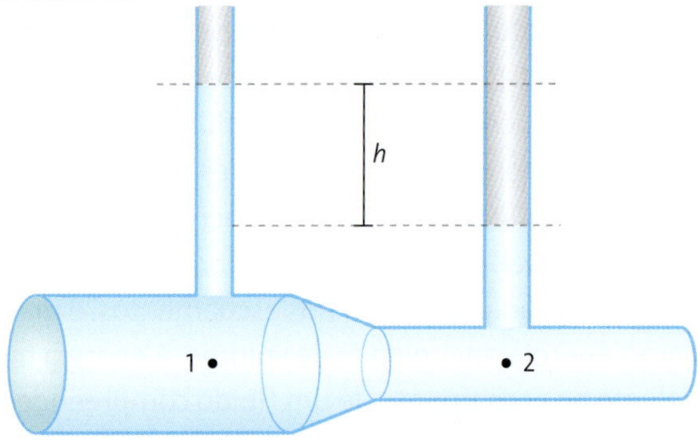

Considere que a secção transversal na região 1 é de 40 cm^2 e na região 2 é de 10 cm^2. Adote $g = 10$ m/s^2 e $\mu_{água} = 10^3$ kg/m^3.
   a) Observando que a vazão é a mesma em todas as secções transversais do tubo, o que acontece com a velocidade do escoamento quando a secção transversal diminui?
   b) Se v é a velocidade do escoamento na região 1, qual é a velocidade do escoamento na região 2?
   c) Qual é a vazão desse escoamento em L/min?

5. Suponha que a água escoa em um tubo horizontal com vazão de 4,0 L/s. Num ponto do tubo, onde a área transversal é 50 cm^2, a pressão efetiva é 200 N/m^2. Qual deve ser a área transversal de um segundo ponto do tubo para que a pressão nele seja reduzida a 20 N/m^2?

6. (Unicamp-SP) Admita que a diferença de pressão entre as partes de baixo e de cima de uma asa-delta seja dada por:

$$\Delta P = \frac{1}{2} \cdot \rho \cdot v^2$$

em que ρ = densidade do ar = 1,2 kg/m^3 e v = velocidade da asa em relação ao ar.
   a) Indique um valor razoável para a área da superfície de uma asa-delta típica.
   b) Qual é a diferença de pressão ΔP para que a asa-delta sustente uma massa total de 100 kg (asa + pessoa)?
   c) Qual é a velocidade de asa-delta na situação do item **b**?

2 Aplicações

Potência associada a um escoamento

Cada parcela da equação de Bernoulli corresponde a uma quantidade de energia por unidade de volume. Assim a parcela p é a energia por unidade de volume relativa à pressão, a parcela $\frac{\mu \cdot v^2}{2}$ corresponde à energia cinética por unidade de volume e a parcela $\mu \cdot g \cdot h$, à energia potencial gravitacional por unidade de volume.

A soma dessas três parcelas é a energia total (E) por unidade de volume (ΔV) que representamos por H. Assim:

$$H = \frac{E}{\Delta V} = p + \mu \cdot g \cdot h + \frac{\mu \cdot v^2}{2}$$

Nos escoamentos ideais, o valor de H permanece constante. Por outro lado, nos escoamentos reais (dissipativos), a grandeza H vai diminuindo ao longo da tubulação, por causa da ação do atrito entre o fluido e as paredes da tubulação e do próprio atrito interno das partículas que compõem o fluido. Por outro lado, quando o fluido atravessa uma bomba, o valor de H aumenta em razão do trabalho motor realizado sobre o fluido.

A definição de potência é dada por: $P = \frac{\Delta E}{\Delta t}$. Mas, de acordo com a definição de H, temos:

$$\Delta E = \Delta H \cdot \Delta V$$

Substituindo a expressão anterior na definição de potência, obtemos:

$$P = \frac{\Delta H \cdot \Delta V}{\Delta t}$$

Porém, como $\frac{\Delta V}{\Delta t}$ é a vazão do fluido (Q), escrevemos:

$$P = Q \cdot \Delta H$$

Ou seja, a potência de uma máquina é dada pelo produto da vazão pela variação de energia por unidade de volume associada a um escoamento.

Velocidade de escoamento através de um orifício

Vamos considerar um recipiente cheio de água que apresenta um furo em uma de suas paredes laterais, conforme mostra a **figura 12.6**.

Para determinar a velocidade com que a água escoa através do orifício, vamos admitir que a área do furo é muito menor que a área do recipiente.

Aplicando a equação da continuidade às regiões de áreas A_1 e A_2 mostradas na **figura 12.6**, obtemos:

$$A_1 \cdot v_1 = A_2 \cdot v_2 \Rightarrow \frac{v_1}{v_2} = \frac{A_2}{A_1}$$

Como a área A_1 é muito maior que a do furo A_2, podemos considerar que a velocidade v_1 é praticamente nula. Sendo assim, considerando $v_1 = 0$, vamos aplicar a equação de Bernoulli à situação proposta, observando que, tanto em 1 quanto em 2, a pressão é a atmosférica. Com isso, obtemos:

$$\cancel{p_{\text{atm.}}} + 0 + \mu \cdot g \cdot h_1 = \cancel{p_{\text{atm.}}} + \frac{\mu \cdot v_2^2}{2} + \mu \cdot g \cdot h_2 \Rightarrow$$

$$\Rightarrow v_2^2 = 2g \cdot (h_1 - h_2) \Rightarrow v_2^2 = 2g \cdot h \Rightarrow v_2 = \sqrt{2g \cdot h}$$

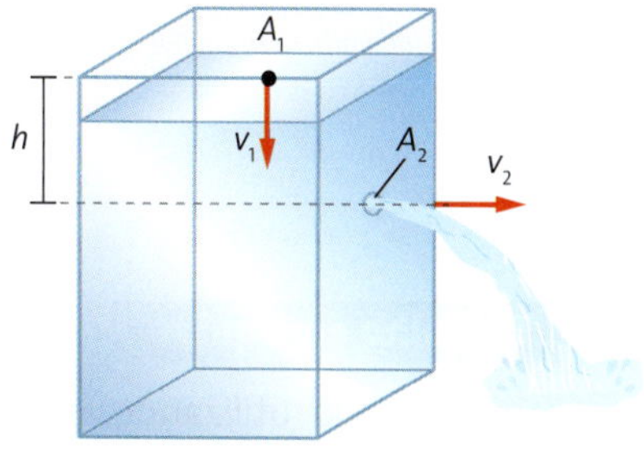

Figura 12.6 Exemplo de escoamento por um orifício.

Tubo de Pitot

Uma medida importante em aviação é a velocidade da aeronave em relação ao ar. Se essa velocidade for muito baixa, a aeronave pode perder sustentação; se for muito alta, ela pode sofrer danos estruturais. Para fazer a medida da velocidade em relação ao ar, os aviões contam com um tubinho do lado de fora, dirigido contra o movimento do ar em relação ao avião, ligado a um tubo em U, ficando a outra extremidade desse tubo aberta para a atmosfera, conforme mostra a **figura 12.7**.

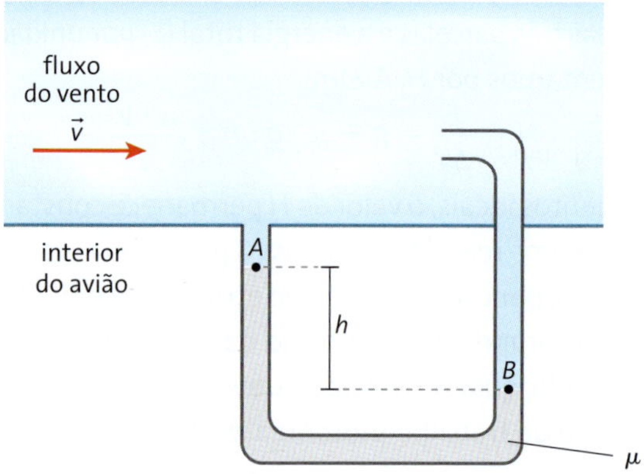

Figura 12.7 Tubo de Pitot.

O tubo em U funciona como manômetro. A densidade do fluido manométrico é μ e a do fluido (ar) é μ_f. Esse dispositivo é conhecido como **tubo de Pitot**.

Para determinar a velocidade do avião, basta medir o desnível h. Considerando-se os pontos 1 e 2 do escoamento, conforme a **figura 12.8**, a velocidade do avião é dada por:

$$v = \sqrt{\frac{2 \cdot \mu \cdot g \cdot h}{\mu_f}}$$

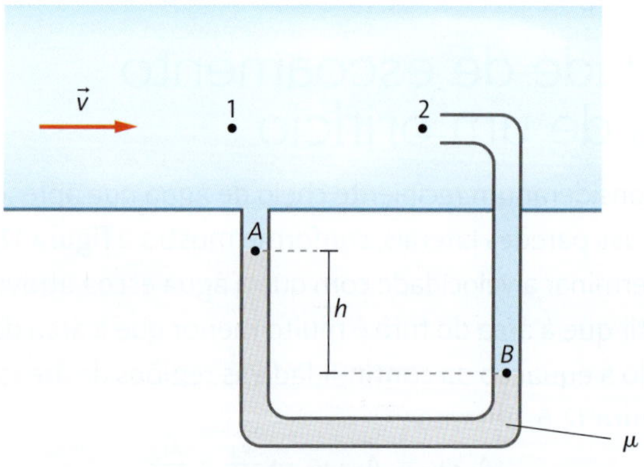

Figura 12.8 Determinação da velocidade do avião.

Esse arranjo pode ser utilizado também para obter a velocidade de um barco em relação às águas.

Trabalho em equipe

Em grupo, utilizando as equações da continuidade e de Bernoulli e com base nas figuras do texto, demonstrem a equação que permite o cálculo da velocidade da aeronave.

Exercícios

7. Um agricultor precisa irrigar uma plantação que está 50 m acima de um lago onde ele vai captar água. Para essa irrigação, ele necessita de, no mínimo, uma vazão de 2,0 L/s. Considere que tanto na entrada como na saída da tubulação a velocidade e a pressão da água sejam as mesmas, $g = 10\ m/s^2$ e a densidade da água $\mu = 10^3\ kg/m^3$.

   a) Qual é a variação na energia total por unidade de volume sofrida pelo fluido nesse processo?

   b) Qual deve ser a potência útil mínima da bomba a ser utilizada?

8. Um buraco circular de $2\ cm^2$ de área foi aberto numa das paredes laterais de um reservatório, a 6 m abaixo do nível da água. Determine:

   a) a velocidade de saída da água pelo buraco;

   b) a vazão de saída da água pelo buraco, em L/min.

9. (UFSM-RS) Um líquido ideal preenche um recipiente até certa altura. A 5 metros abaixo de sua superfície livre, esse recipiente apresenta um orifício com $2 \cdot 10^{-4}\ m^2$ de área, por onde o líquido escoa. Considerando o módulo da aceleração gravitacional $g = 10\ m/s^2$ e não alterando o nível da superfície livre, a vazão através do orifício, em m^3/s, vale:

   a) $1 \cdot 10^{-3}$.
   b) $2 \cdot 10^{-3}$.
   c) $3 \cdot 10^{-3}$.
   d) $4 \cdot 10^{-3}$.
   e) $5 \cdot 10^{-3}$.

10. Um recipiente cilíndrico, aberto para a atmosfera, possui 45 cm de altura e 10 cm de diâmetro. Um furo circular de área $1{,}0\ cm^2$ é feito no centro do fundo do recipiente. A velocidade (v) com que o fluido escoa nesse furo depende da profundidade (h) e pode ser obtida por $v = \sqrt{2gh}$.

    Através de uma torneira a água flui para o recipiente a uma taxa de $200\ cm^3/s$.

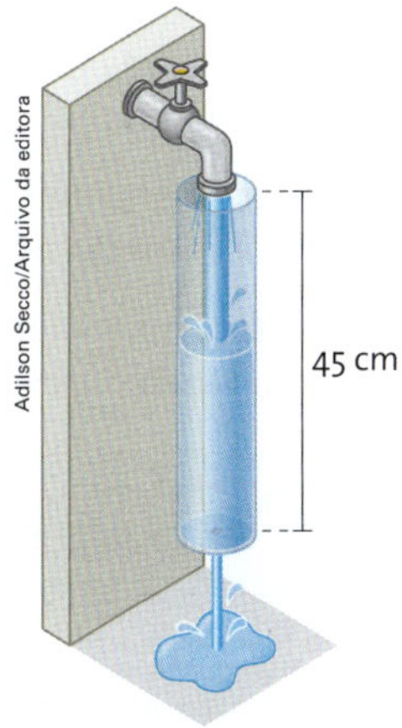

    Considere $g = 10\ m/s^2$ e responda:

    a) Qual seria a vazão máxima de saída de água pelo furo?

    b) Em qual altura o nível do líquido irá se estabilizar?

    c) Qual deveria ser a área do furo para que a torneira pudesse encher o recipiente?

11. Ao embarcar em um avião, o passageiro observa, perto da cabine, um pequeno tubinho em forma de cachimbo fixado no teto da fuselagem. O comissário explica que aquele tubinho permite a medição da velocidade da aeronave em relação ao ar.

    A figura seguinte ilustra o tubinho e o desnível h no tubo em U do líquido manométrico cuja densidade é μ_M.

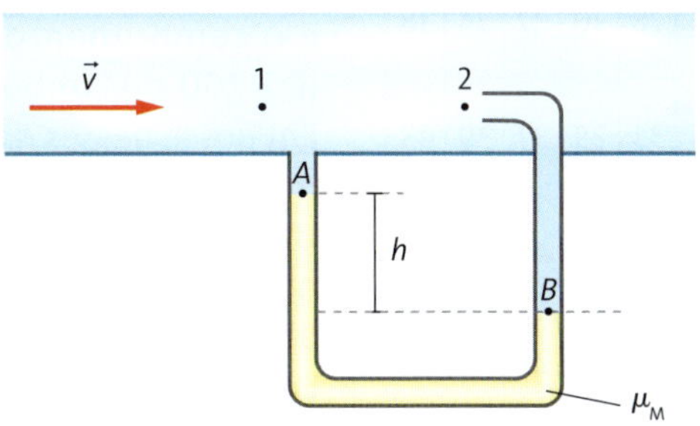

    Considere que o ar naquele local tenha densidade $1{,}36\ kg/m^3$, ou seja, muito menor do que a do líquido manométrico, que é $13{,}6\ g/cm^3$, e que o desnível do líquido manométrico, no momento da decolagem, seja de 5 cm. Adote $g = 10\ m/s^2$.

    a) Qual é a diferença de pressão entre os pontos A e B?

    b) Qual é a velocidade do avião no momento da decolagem?

Pensando no Enem

O uso da água do subsolo requer o bombeamento para um reservatório elevado. A capacidade de bombeamento (litros/hora) de uma bomba hidráulica depende da pressão máxima de bombeio, conhecida como altura manométrica *H* (em metros), do comprimento *L* da tubulação que se estende da bomba até o reservatório (em metros), da altura de bombeio *h* (em metros) e do desempenho da bomba (exemplificado no gráfico). De acordo com os dados a seguir, obtidos de um fabricante de bombas, para se determinar a quantidade de litros bombeados por hora para o reservatório com uma determinada bomba, deve-se:

1. Escolher a linha apropriada na tabela correspondente à altura *h*, em metros, da entrada de água na bomba até o reservatório.
2. Escolher a coluna apropriada, correspondente ao comprimento total da tubulação *L*, em metros, da bomba até o reservatório.
3. Ler a altura manométrica *H* correspondente ao cruzamento das respectivas linha e coluna na tabela.
4. Usar a altura manométrica no gráfico de desempenho para ler a vazão correspondente.

h = Altura (em metros) da entrada da água na bomba até o reservatório	*L* = Comprimento total da tubulação (em metros), da bomba até o reservatório												
	10	20	40	60	80	100	125	150	175	200	225	250	300
	H = Altura manométrica total (em metros)												
5	6	7	8	10	11	13	14	16	18	20	22	24	28
10	11	12	13	15	16	18	19	21	23	25	27	29	33
15	///	17	18	20	21	23	24	26	28	30	32	34	38
20	///	22	23	25	26	28	29	31	33	35	37	39	43
25	///	///	28	30	31	33	34	36	38	40	42	44	48
30	///	///	33	35	36	38	39	41	43	45	47	50	50
35	///	///	38	40	41	43	44	46	48	///	///	///	///
40	///	///	43	45	46	50	50	50	50	///	///	///	///
50	///	///	///	50	50	///	///	///	///	///	///	///	///

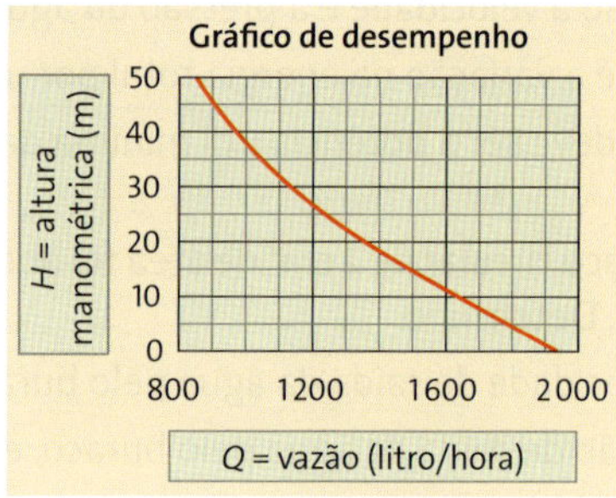

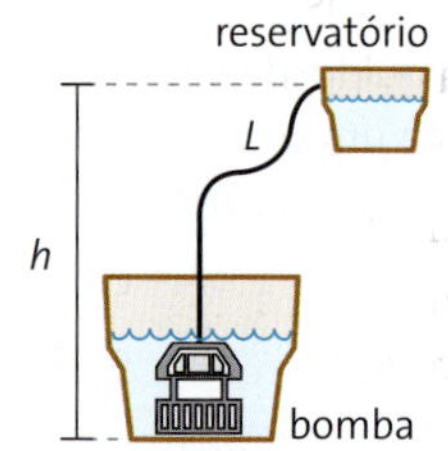

Disponível em: <www.anauger.com.br>. Acesso em: out. 2012. (Adaptado.)

Considere que se deseja usar uma bomba, cujo desempenho é descrito pelos dados acima, para encher um reservatório de 1200 L que se encontra a 30 m acima da entrada da bomba. Para fazer a tubulação entre a bomba e o reservatório, seriam usados 200 m de cano. Nessa situação, é de esperar que a bomba consiga encher o reservatório:

a) entre 30 min e 40 min.
b) em menos de 30 min.
c) em mais de 1 h e 40 min.
d) entre 40 min e 1 h e 10 min.
e) entre 1 h e 10 min e 1 h e 40 min.

Resolução

Vamos analisar os dados fornecidos, tanto no texto, como na tabela e no gráfico, para assim estimar o tempo para a bomba encher o reservatório.

A altura da entrada do reservatório é de 30 m ($h = 30$ m) e o comprimento total da tubulação é de 200 m ($L = 200$ m), ambos dados fornecidos pelo texto.

Em posse desses dados consultamos a tabela e colhemos a altura manométrica para o caso, $H = 45$ m.

Utilizando o valor da altura manométrica, vamos ler no gráfico de desempenho ($Q \times H$) o valor da vazão e obtemos 900 litros/horas ($Q = 900\ \ell/\text{h}$).

Então encontramos o tempo necessário para encher o reservatório:

$$Q = \frac{\Delta V}{\Delta t} \Rightarrow \Delta t = \frac{\Delta V}{Q} = \frac{1200}{900} \Rightarrow$$

$$\Rightarrow \Delta t = \frac{4}{3}\text{ h} = 1 + \frac{1}{3}\text{ h} = 1\text{ h }20\text{ min}$$

A alternativa correta é a **e**.

Daniel Bernoulli

Bettmann/Corbis/Latinstock

Daniel Bernoulli (1700-1782).

Filho de Johann Bernoulli, Daniel nasceu em Groningen, na atual Holanda, mas depois sua família se fixou na Basileia, Suíça, na época em que seu pai ocupava a cadeira de Matemática na universidade local. Seu irmão mais velho era Nicolaus Bernoulli e seu tio era Jacob Bernoulli; portanto, ele nascera no seio de uma família de matemáticos de destaque.

Daniel desejava abraçar a carreira acadêmica, como seu pai. Assim, ele se candidatou três vezes a postos acadêmicos: em Anatomia, Botânica e finalmente em Lógica, não obtendo sucesso em nenhuma das tentativas. Desconsolado, seguiu para Veneza, para se aperfeiçoar em Medicina prática.

Em Veneza, Daniel trabalhou em parceria com Christian Goldbach (1690-1764) e publicou uma coleção de quatro volumes intitulada *Exercitaciones mathematicae* [Exercícios matemáticos], em 1724. Essa publicação lhe trouxe muita fama e o convite para, juntamente com seu irmão mais velho, trabalhar em São Petersburgo, Rússia. Nessa cidade, realizou um trabalho em conjunto com Leonard Euler (1707-1783), que se estendeu de 1727 até 1733. Nesse período Daniel resolveu um dos mais famosos paradoxos nas leis das probabilidades, que ficou conhecido como "o paradoxo de São Petersburgo", e introduziu nas probabilidades dos jogos o conceito de "esperança moral".

Sem dúvida, o mais importante trabalho de Daniel Bernoulli em São Petersburgo foi no campo da Hidrodinâmica – sua famosa equação, que ele tentava aplicar ao fluxo sanguíneo no campo da Medicina. Daniel também estudou bombas e outras máquinas para elevação de água.

Em 1734, Daniel submeteu um trabalho à Academia de Paris, postulando aplicações de seus resultados matemáticos à Astronomia. Nessa ocasião, seu pai também havia apresentado um trabalho e o prêmio foi compartilhado pelos dois.

Em 1737, a Academia de Paris estabeleceu um prêmio para o melhor trabalho sobre um tema náutico: "a melhor forma para a âncora de um navio". Daniel novamente compartilhou o prêmio, dessa vez com Giovanni Poleni (1683-1761).

Seu livro *Hydrodynamica* [Hidrodinâmica] foi publicado em 1738, mas no ano seguinte seu pai publicou *Hydraulica* [Hidráulica], o qual era fortemente baseado no trabalho do filho. Entretanto, Johann aparentemente tentou falsear a data de publicação, apondo na capa o ano de 1732 em vez da data real – que foi, provavelmente, 1739. Não havia como o fato não vir à tona, o que contribuiu tanto para o descrédito do pai como para gerar suspeitas sobre o filho.

Em 1750, Daniel foi aceito na Universidade de Basileia para ensinar Física, o que fez durante 26 anos. No total, ele ganhou o grande prêmio da Academia de Paris dez vezes. Daniel Bernoulli teve o privilégio de ver o seu trabalho amplamente reconhecido durante a vida, o que nem sempre acontece com os cientistas. Foi eleito para as mais prestigiadas academias de Ciências da época, como as de Bolonha, São Petersburgo, Berlim, Paris, Londres, Berna, Turim e Zurique.

Adaptado de: THE MACTUTOR. History of Mathematics. Disponível em: <www-history.mcs.st-andrews.ac.uk/Biographies/Bernoulli_Daniel.html>. Acesso em: 13 nov. 2013.

Trabalho em equipe

Reúnam-se em grupo e discutam sobre a ética na ciência. Pesquisem casos de plágios em trabalhos científicos e como a comunidade científica se posiciona sobre o assunto.

7. **S** (UFSM-RS) A arteriosclerose consiste no estreitamento dos vasos sanguíneos devido, principalmente, ao acúmulo de placas de gordura nas paredes desses vasos. A figura representa esquematicamente essa situação. *A*, *B* e *C* representam três seções retas e contêm, respectivamente, os pontos *A'*, *B'* e *C'*, que se encontram no mesmo nível.

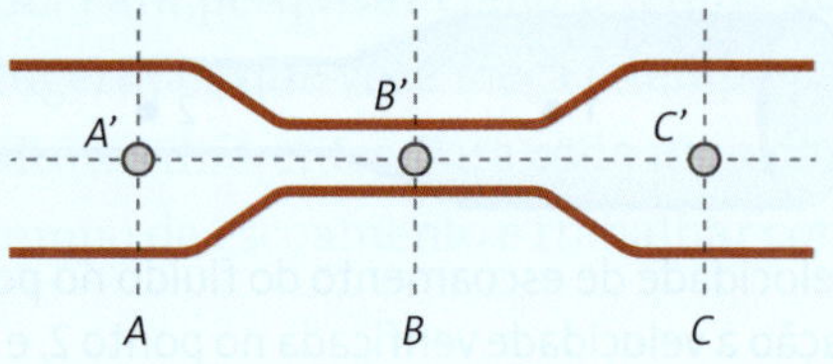

Considerando o sangue como um fluido ideal, que escoa em regime estacionário, marque verdadeiro (V) ou falso (F) em cada afirmativa a seguir.

( ) O módulo da velocidade do sangue em *A'* é igual ao módulo da velocidade do sangue em *C'*.

( ) A pressão do sangue em *B* é maior que a pressão do sangue em *A*.

( ) A vazão do sangue em *B* é menor que a vazão do sangue em *A*.

A sequência correta é:

a) V – F – V.
b) F – F – V.
c) V – V – F.
d) F – V – V.
e) V – F – F.

8. **N** (Unama-PA) Uma piscina, cujas dimensões são 18 m · 10 m · 2 m, está vazia. O tempo necessário para enchê-la é 10 h, através de um conduto de seção $A = 25\ cm^2$. A velocidade da água, admitida constante, ao sair do conduto, terá módulo igual a:

a) 1 m/s.
b) 2 km/s.
c) 3 cm/min.
d) 4 m/s.
e) 5 km/s.

9. **NE** (UPE) O Brasil é um dos países de maior potencial hidráulico do mundo, superado apenas pela China, pela Rússia e pelo Congo. Esse potencial traduz a quantidade de energia aproveitável das águas dos rios por unidade de tempo. Considere que, por uma cachoeira no Rio São Francisco de altura $h = 5$ m, a água é escoada numa vazão $Z = 5\ m^3/s$. Qual é a expressão que representa a potência hídrica média teórica oferecida pela cachoeira, considerando que a água possui uma densidade absoluta $d = 1000\ kg/m^3$, que a aceleração da gravidade tem módulo $g = 10\ m/s^2$ e que a velocidade da água no início da queda é desprezível?

a) 0,25 MW
b) 0,50 MW
c) 0,75 MW
d) 1,00 MW
e) 1,50 MW

10. **SE** (FEI-SP) Em uma usina hidroelétrica, o lago está a 200 m acima da turbina. Quando a água escoa pela tubulação até a entrada da turbina, existe uma perda de cerca de 37,5% da energia por atrito. Nessas condições, qual é a velocidade da água na entrada da turbina?

a) 25,0 m/s
b) 37,5 m/s
c) 45,0 m/s
d) 50,0 m/s
e) 62,25 m/s

11. **SE** (Uerj) Num edifício, deseja-se instalar uma bomba hidráulica capaz de elevar 500 L de água até uma caixa-d'água vazia, situada a 20 m de altura acima desta bomba, em 1 minuto e 40 segundos. Esta caixa de água tem a forma de um paralelepípedo cuja base mede $2\ m^2$. O rendimento de um sistema hidráulico é definido pela razão entre o trabalho fornecido a ele e o trabalho por ele realizado. Espera-se que o rendimento mínimo desse sistema seja de 50%. Calcule:

a) a potência mínima que deverá ter o motor dessa bomba;

b) a pressão, em N/m^2, que os 500 L de água exercerão sobre o fundo da caixa-d'água.

12. **SE** (Fuvest-SP) Um pequeno cata-vento do tipo *Savonius*, como o esquematizado na figura abaixo, acoplado a uma bomba-d'água, é utilizado em uma propriedade rural. A potência útil *P* (*W*) desse sistema para bombeamento de água pode ser obtida pela expressão $P = 0{,}1 \times A \times v^3$, em que *A* ($m^2$) é a área total das pás do cata-vento e *v* (m/s), a velocidade do vento. Considerando um cata-vento com área total das pás de $2\ m^2$, velocidade do vento de 5 m/s e a água sendo elevada de 7,5 m na vertical, calcule:

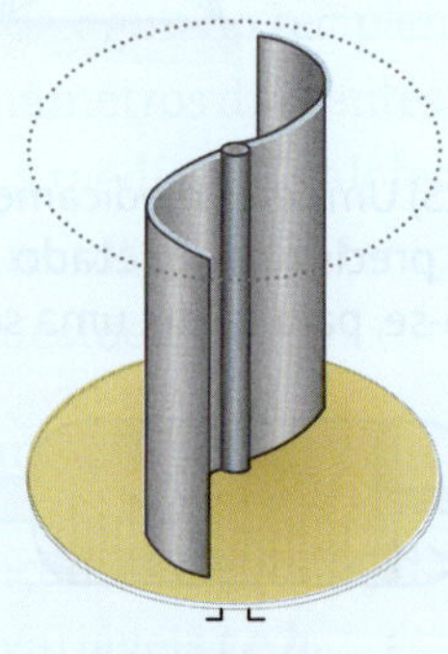

a) a potência útil *P* do sistema;

b) a energia *E* necessária par elevar 1 L de água;

c) o volume V_1 de água bombeado por segundo;

d) o volume V_2 de água, bombeado por segundo, se a velocidade do vento cair pela metade.

> Note e adote:
> Densidade da água $= 1\ g/cm^3$.
> Aceleração da gravidade $g = 10\ m/s^2$.

13. S (UEL-PR) Observe as figuras a seguir.

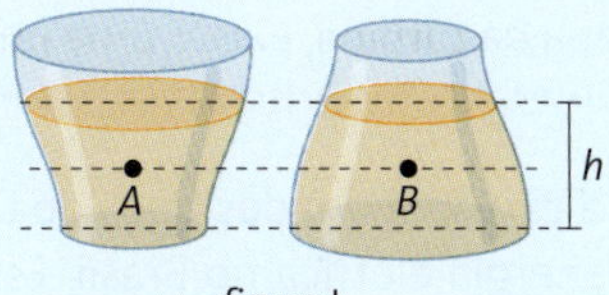

figura I

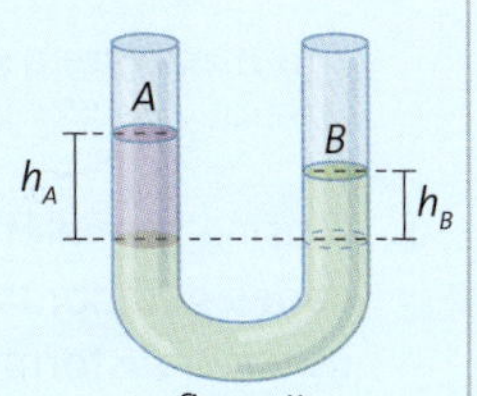

figura II

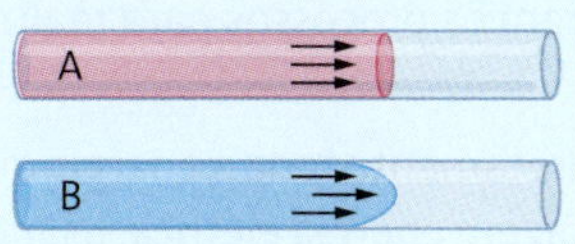

figura III

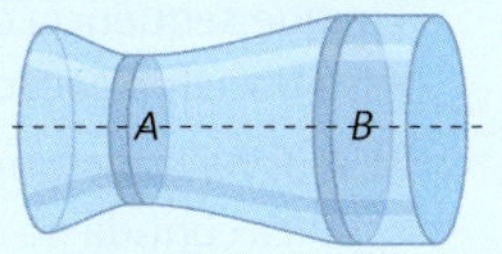

figura IV

Com base nos esquemas físicos apresentados nas figuras, considere as afirmativas a seguir.

I. A figura I mostra dois copos contendo suco de laranja à mesma altura. Independentemente do formato dos copos, a pressão no ponto *A* é igual à pressão no ponto *B*.

II. A figura II mostra um tubo em forma de U contendo dois líquidos que não se misturam. No ramo da esquerda, tem-se óleo de soja e, no da direita, água. A pressão no ponto *A* é igual à pressão no ponto *B*.

III. A figura III mostra dois líquidos de viscosidades diferentes escorrendo através de um capilar: o suco de laranja, menos viscoso, escorre em *A*, ao passo que o xarope de milho, mais viscoso, escorre em *B*.

IV. A figura IV mostra um líquido em escoamento no sentido do ponto *A* para o ponto *B*. Apesar de a velocidade de escoamento no ponto *A* ser maior do que a velocidade de escoamento no ponto *B*, a pressão no ponto *A* é menor que a pressão no ponto *B*.

Assinale a alternativa CORRETA.

a) Somente as afirmativas I e II são corretas.

b) Somente as afirmativas I e III são corretas.

c) Somente as afirmativas II e IV são corretas.

d) Somente as afirmativas I, III e IV são corretas.

e) Somente as afirmativas II, III e IV são corretas.

14. SE (Fuvest-SP) A artéria aorta de um adulto tem um raio de cerca de 1 cm, e o sangue nela flui com velocidade de 33 cm/s.

a) Quantos litros por segundo de sangue são transportados pela aorta?

b) Sendo de 5 litros o volume de sangue no organismo, use o resultado anterior para estimar o tempo médio que o sangue demora a retornar ao coração.

15. N (UFPA) Considere duas regiões distintas do leito de um rio: uma larga *A*, com 200 m^2 de área de secção transversal, onde a velocidade escalar média da água é de 1,0 m/s e outra estreita *B*, com 40 m^2 de área de secção transversal. Calcule:

a) a vazão volumétrica do rio;

b) a velocidade escalar média da água do rio na região estreita *B*.

16. CO (UFMS) A figura a seguir mostra um vaso com água, em cuja boca é soldado um tubo fino, aberto nas duas extremidades, e que não atinge o fundo do vaso. Esse sistema também é chamado de Vaso de Mariote. Inicialmente o vaso se encontra com água até o nível *H* acima da extremidade inferior do tubo que está no ponto *O*. Um registro no fundo do vaso, quando aberto, permite que a água escoe para fora lentamente. Sejam os pontos *A* e *B*, localizados inicialmente no mesmo nível *H*, nas superfícies da água que estão no interior do vaso e no interior do tubo, respectivamente, e os pontos *C* e *D* localizados no interior do vaso e do tubo, respectivamente, e ambos no mesmo nível de *O*, veja a figura. Considere a pressão atmosférica igual a P_0, e despreze os efeitos de pressão cinética devido ao escoamento. Com fundamentos na hidrostática, assinale a(s) proposição(ões) CORRETA(S).

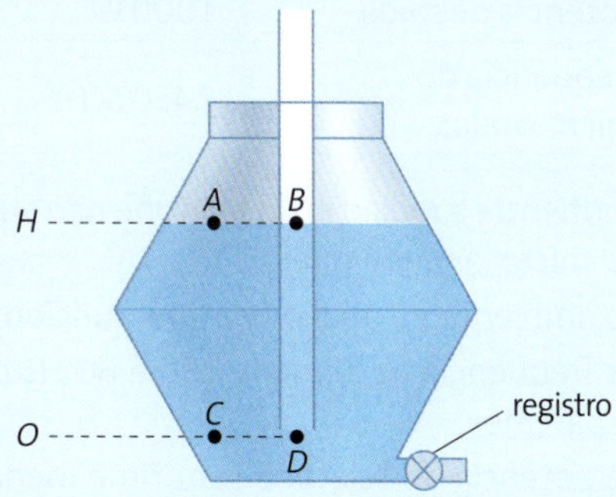

Ilustrações: Adilson Seco/Arquivo da editora

(01) Abrindo o registro para permitir a saída de água do interior do vaso, as pressões, nos pontos *C* e *D*, diminuem.

(02) Abrindo o registro para permitir a saída de água do interior do vaso, as pressões, nos pontos *A* e *B*, diminuem.

(04) Abrindo o registro para permitir a saída de água do interior do vaso, o nível do ponto *B* desce mais rapidamente que o nível do ponto *A*.

(08) Abrindo o registro para permitir a saída de água do interior do vaso, a diferença de pressão entre os pontos *D* e *B* é sempre maior que a diferença de pressão entre os pontos *C* e *A*.

(16) Antes de abrir o registro, a pressão no ponto *A* é igual no ponto *B*, mas a pressão no ponto *C* é maior que no ponto *D*.

Caiu no Enem

1. Os fornos domésticos de micro-ondas trabalham com uma frequência de ondas eletromagnéticas que atuam fazendo rotacionar as moléculas de água, gordura e açúcar e, consequentemente, fazendo com que os alimentos sejam aquecidos. Os telefones sem fio também usam ondas eletromagnéticas na transmissão do sinal. As especificações técnicas desses aparelhos são informadas nos quadros 1 e 2, retirados de seus manuais.

Quadro 1 – Especificações técnicas do telefone	
Frequência de operação	**2 409,60 MHz a 2 420,70 MHz**
modulação	FM
frequência	60 Hz
potência máxima	1,35 W

Quadro 2 – Especificações técnicas do forno de micro-ondas	
capacidade	31 litros
frequência	60 Hz
potência de saída	1 000 W
frequência do micro-ondas	2 450 MHz

O motivo de a radiação do telefone não aquecer como a do micro-ondas é que:

a) o ambiente no qual o telefone funciona é aberto.
b) a frequência de alimentação é 60 Hz para os dois aparelhos.
c) a potência do telefone sem fio é menor que a do forno.
d) o interior do forno reflete as micro-ondas e as concentra.
e) a modulação das ondas no forno é maior do que no telefone.

2. Os carrinhos de brinquedo podem ser de vários tipos. Dentre eles, há os movidos a corda, em que uma mola em seu interior é comprimida quando a criança puxa o carrinho para trás. Ao ser solto, o carrinho entra em movimento enquanto a mola volta à sua forma inicial.

O processo de conversão de energia que ocorre no carrinho descrito também é verificado em:

a) um dínamo.
b) um freio de automóvel.
c) um motor a combustão.
d) uma usina hidroelétrica.
e) uma atiradeira (estilingue).

3. A usina termelétrica a carvão é um dos tipos de unidades geradoras de energia elétrica no Brasil. Essas usinas transformam a energia contida no combustível (carvão mineral) em energia elétrica.

Em que sequência ocorrem os processos para realizar essa transformação?

a) A usina transforma diretamente toda a energia química contida no carvão em energia elétrica, usando reações de fissão em uma célula combustível.
b) A usina queima o carvão, produzindo energia térmica, que é transformada em energia elétrica por dispositivos denominados transformadores.
c) A queima do carvão produz energia térmica, que é usada para transformar água em vapor. A energia contida no vapor é transformada em energia mecânica na turbina e, então, transformada em energia elétrica no gerador.
d) A queima do carvão produz energia térmica, que é transformada em energia potencial na torre da usina. Essa energia é então transformada em energia elétrica nas células eletrolíticas.
e) A queima do carvão produz energia térmica, que é usada para aquecer água, transformando-se novamente em energia química, quando a água é decomposta em hidrogênio e oxigênio, gerando energia elétrica.

4. Um automóvel, em movimento uniforme, anda por uma estrada plana, quando começa a descer uma ladeira, na qual o motorista faz com que o carro se mantenha sempre com velocidade escalar constante.

Durante a descida, o que ocorre com as energias potencial, cinética e mecânica do carro?

a) A energia mecânica mantém-se constante, já que a velocidade escalar não varia e, portanto, a energia cinética é constante.
b) A energia cinética aumenta, pois a energia potencial gravitacional diminui e quando uma se reduz, a outra cresce.
c) A energia potencial gravitacional mantém-se constante, já que há apenas forças conservativas agindo sobre o carro.
d) A energia mecânica diminui, pois a energia cinética se mantém constante, mas a energia potencial gravitacional diminui.
e) A energia cinética mantém-se constante, já que não há trabalho realizado sobre o carro.

5. O manual que acompanha uma ducha higiênica informa que a pressão mínima da água para o seu funcionamento apropriado é de 20 kPa. A figura mostra a instalação hidráulica com a caixa-d'água e o cano ao qual deve ser conectada a ducha.

Maspi/Arquivo da editora

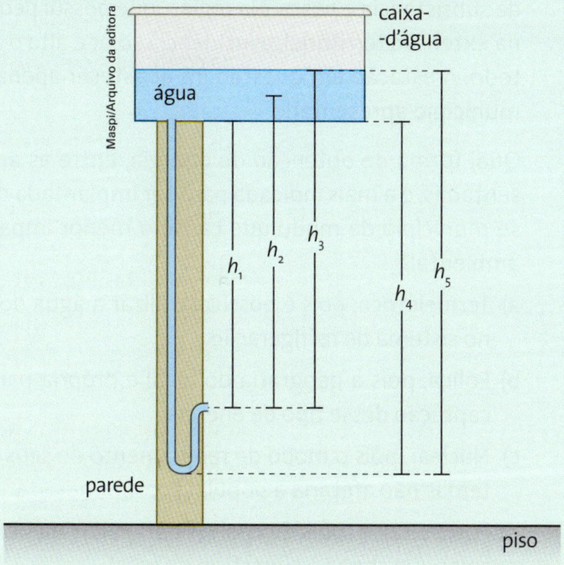

O valor da pressão da água na ducha está associado à altura:

a) h_1.

b) h_2.

c) h_3.

d) h_4.

e) h_5.

6. Um consumidor desconfia que a balança do supermercado não está aferindo corretamente a massa dos produtos. Ao chegar a casa resolve conferir se a balança estava descalibrada. Para isso, utiliza um recipiente provido de escala volumétrica, contendo 1,0 litro de água. Ele coloca uma porção dos legumes que comprou dentro do recipiente e observa que a água atinge a marca de 1,5 litro e também que a porção não ficara totalmente submersa, com $\frac{1}{3}$ de seu volume fora da água. Para concluir o teste, o consumidor, com ajuda da internet, verifica que a densidade dos legumes, em questão, é a metade da densidade da água, onde $\rho_{água} = 1\ \frac{g}{cm^3}$. No supermercado a balança registrou a massa da porção de legumes igual a 0,500 kg (meio quilograma).

Considerando que o método adotado tenha boa precisão, o consumidor concluiu que a balança estava descalibrada e deveria ter registrado a massa da porção de legumes igual a:

a) 0,073 kg.

b) 0,167 kg.

c) 0,250 kg.

d) 0,375 kg.

e) 0,750 kg.

7. Um tipo de vaso sanitário que vem substituindo as válvulas de descarga está esquematizado na figura. Ao acionar a alavanca, toda a água do tanque é escoada e aumenta o nível no vaso, até cobrir o sifão. De acordo com o teorema de Stevin, quanto maior a profundidade, maior a pressão. Assim, a água desce levando os rejeitos até o sistema de esgoto. A válvula da caixa de descarga se fecha e ocorre o seu enchimento. Em relação às válvulas de descarga, esse tipo de sistema proporciona maior economia de água.

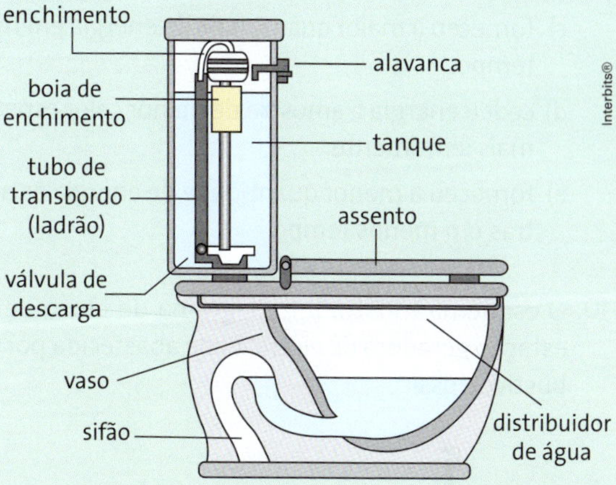

Interbits®

Faça você mesmo. Disponível em: <http://www.facavocemesmo.net>. Acesso em: 22 jul. 2010.

A característica de funcionamento que garante essa economia é devida:

a) à altura do sifão de água.

b) ao volume do tanque de água.

c) à altura do nível de água no vaso.

d) ao diâmetro do distribuidor de água.

e) à eficiência da válvula de enchimento do tanque.

8. Em um experimento realizado para determinar a densidade da água de um lago, foram utilizados alguns materiais conforme ilustrado: um dinamômetro D com graduação de 0 N a 50 N e um cubo maciço e homogêneo de 10 cm de aresta e 3 kg de massa. Inicialmente, foi conferida a calibração do dinamômetro, constatando-se a leitura de 30 N quando o cubo era preso ao dinamômetro e suspenso no ar. Ao mergulhar o cubo na água do lago, até que metade do seu volume ficasse submersa, foi registrada a leitura de 24 N no dinamômetro.

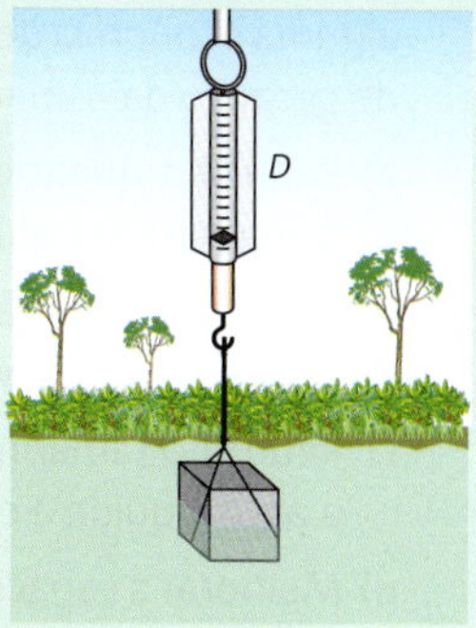

Formato/Arquivo da editora

Considerando que a aceleração da gravidade local é de 10 m/s², a densidade da água do lago, em g/cm³, é:

a) 0,6.

b) 1,2.

c) 1,5.

d) 2,4.

e) 4,8.

9. Com o objetivo de se testar a eficiência de fornos de micro-ondas, planejou-se o aquecimento em 10 °C de amostras de diferentes substâncias, cada uma com determinada massa, em cinco fornos de marcas distintas.

Nesse teste, cada forno operou à potência máxima.

O forno mais eficiente foi aquele que:

a) forneceu a maior quantidade de energia às amostras.

b) cedeu energia à amostra de maior massa em mais tempo.

c) forneceu a maior quantidade de energia em menos tempo.

d) cedeu energia à amostra de menor calor específico mais lentamente.

e) forneceu a menor quantidade de energia às amostras em menos tempo.

10. O esquema mostra um diagrama de bloco de uma estação geradora de eletricidade abastecida por combustível fóssil.

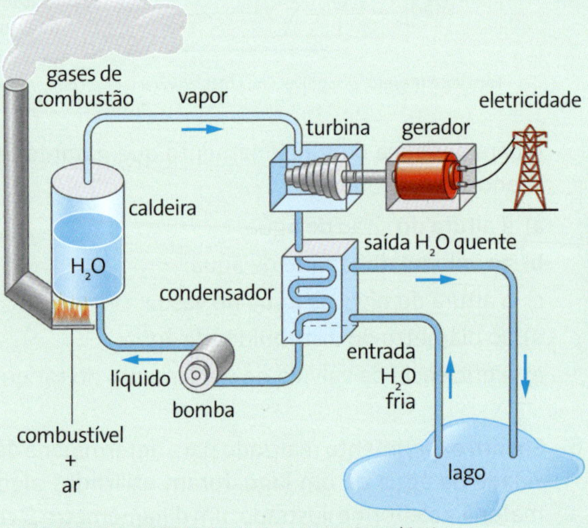

HINRICHS, R. A.; KLEINBACH, M. *Energia e meio ambiente.* São Paulo: Pioneira Thomson Leaning, 2003 (adaptado).

Se fosse necessário melhorar o rendimento dessa usina, que forneceria eletricidade para abastecer uma cidade, qual das seguintes ações poderia resultar em alguma economia de energia, sem afetar a capacidade de geração da usina?

a) Reduzir a quantidade de combustível fornecido à usina para ser queimado.

b) Reduzir o volume de água do lago que circula no condensador de vapor.

c) Reduzir o tamanho da bomba usada para devolver a água líquida à caldeira.

d) Melhorar a capacidade de os dutos com vapor conduzirem calor para o ambiente.

e) Usar o calor liberado com os gases pela chaminé para mover um outro gerador.

11. Deseja-se instalar uma estação de geração de energia elétrica em um município localizado no interior de um pequeno vale cercado de altas montanhas de difícil acesso. A cidade é cruzada por um rio, que é fonte de água para consumo, irrigação das lavouras de subsistência e pesca. Na região, que possui pequena extensão territorial, a incidência solar é alta o ano todo. A estação em questão irá abastecer apenas o município apresentado.

Qual forma de obtenção de energia, entre as apresentadas, é a mais indicada para ser implantada nesse município de modo que cause o menor impacto ambiental?

a) Termelétrica, pois é possível utilizar a água do rio no sistema de refrigeração.

b) Eólica, pois a geografia do local é própria para a captação desse tipo de energia.

c) Nuclear, pois o modo de resfriamento de seus sistemas não afetaria a população.

d) Fotovoltaica, pois é possível aproveitar a energia solar que chega à superfície do local.

e) Hidrelétrica, pois o rio que corta o município é suficiente para abastecer a usina construída.

12. Durante uma obra em um clube, um grupo de trabalhadores teve de remover uma escultura de ferro maciço colocada no fundo de uma piscina vazia. Cinco trabalhadores amarraram cordas à escultura e tentaram puxá-la para cima, sem sucesso.

Se a piscina for preenchida com água, ficará mais fácil para os trabalhadores removerem a escultura, pois a:

a) escultura flutuará. Dessa forma, os homens não precisarão fazer força para remover a escultura do fundo.

b) escultura ficará com peso menor. Dessa forma, a intensidade da força necessária para elevar a escultura será menor.

c) água exercerá uma força na escultura proporcional a sua massa, e para cima. Esta força se somará à força que os trabalhadores fazem para anular a ação da força peso da escultura.

d) água exercerá uma força na escultura para baixo, e esta passará a receber uma força ascendente do piso da piscina. Esta força ajudará a anular a ação da força peso na escultura.

e) água exercerá uma força na escultura proporcional ao seu volume, e para cima. Esta força se somará à força que os trabalhadores fazem, podendo resultar em uma força ascendente maior que o peso da escultura.

13. Para realizar um experimento com uma garrafa PET cheia de água, perfurou-se a lateral da garra em três posições a diferentes alturas. Com a garrafa tampada, a água não vazou por nenhum dos orifícios, e, com a garrafa destampada, observou-se o escoamento da água conforme ilustrado na figura.

Ilustrações: Adilson Secco/Arquivo da editora

Como a pressão atmosférica interfere no escoamento da água, nas situações com a garrafa tampada e destampada, respectivamente?

a) Impede a saída de água, por ser maior que a pressão interna; não muda a velocidade de escoamento, que só depende da pressão.

b) impede a saída de água, por ser maior que a pressão interna; altera a velocidade de escoamento, que é proporcional à pressão atmosférica na altura do furo.

c) Impede a entrada de ar, por ser menor que a pressão interna; altera a velocidade de escoamento, que é proporcional à pressão atmosférica na altura do furo.

d) Impede a saída de água, por ser maior que a pressão interna; regula a velocidade de escoamento, que só depende da pressão atmosférica.

e) Impede a saída de água, por ser menor que a pressão interna; não muda a velocidade de escoamento, que só depende da pressão da coluna de água.

14. Para oferecer acessibilidade aos portadores de dificuldades de locomoção, é utilizado, em ônibus e automóveis, o elevador hidráulico. Nesse dispositivo é usada uma bomba elétrica, para forçar um fluido a passar de uma tubulação estreita para outra mais larga, e dessa forma acionar um pistão que movimenta a plataforma. Considere um elevador hidráulico cuja área da cabeça do pistão seja cinco vezes maior do que a área da tubulação que sai da bomba. Desprezando o atrito e considerando uma aceleração gravitacional de $10\ m/s^2$, deseja-se elevar uma pessoa de 65 kg em uma cadeira de rodas de 15 kg sobre a plataforma de 20 kg.

Qual deve ser a força exercida pelo motor da bomba sobre o fluido, para que o cadeirante seja elevado com velocidade constante?

a) 20 N.

b) 100 N.

c) 200 N.

d) 1000 N.

e) 5000 N.

Respostas

Capítulo 7 • Energia, trabalho e potência

3. a) Energia cinética
b) Energia potencial
c) Durante a queda, a única força que age no corpo é a força peso (atração gravitacional da Terra).

4. a) A força $\vec{F}$ e a força de atrito $\vec{A}$.
b) −250 J

5. a) Permanece constante.
b) A força peso realiza trabalho motor e a tração no cabo do elevador realiza trabalho resistente.

6. Se a geladeira for levantada diretamente, a força necessária para colocá-la na carroceria seria no mínimo igual ao seu próprio peso. Entretanto, se for usada uma rampa (ou plano inclinado), a força seria menor que o peso.

7. Se o carro subir em linha reta, percorrerá uma distância bem menor, mas a força exigida do motor do carro será muito maior. Contudo, se o carro subir por uma inclinação suave, percorrerá uma distância bem maior, porém a força exigida do motor será bem menor, por isso a escolha é por estradas que contornem a montanha.

8. a) 150 m b) 662,4 kJ
c) Não é compatível com a potência calculada pelo carro.

9. a) $2 \cdot 10^6$ J b) $5 \cdot 10^6$ J

10. a) motor *C* b) motor *B*

11. a) 80 cavalos típicos
b) 7 500 kg

12. 400 W **13.** a **14.** $d_1 = d_2$

15. a) No caminhão.
b) No caminhão.

16. a) 20 000 J b) 80 000 J

17. Em relação ao solo, o sistema jovem-corda possui energia potencial gravitacional, porque ele está a 15,0 m de altura; além disso, possui energia potencial elástica, pois a corda está alongada em 2,0 m; e possui também energia cinética, pois o sistema está em movimento com velocidade de 3,0 m/s.

19. 6,4 m/s

20. a) $2 \cdot 10^4$ J c) No ponto 2.
b) $6 \cdot 10^4$ J

21. d

22. a) Sim. b) 10 m/s c) 600 J

23. a

Vestibulares de Norte a Sul

1. a **2.** e **3.** d **4.** d **5.** d **6.** b **7.** c **8.** d **9.** 122 W **10.** d **11.** e **12.** d **13.** 3% **14.** 19 **15.** b

Capítulo 8 • Quantidade de movimento e impulso

2. a) O meteorito é o que possui maior quantidade de movimento linear, e a abelha, a menor.
b) Colocando os objetos em ordem correspondente à dos quatro valores dados, temos: abelha; rinoceronte; superpetroleiro e meteorito.

3. Sim, 14 kg · m/s.

4. a) Não são iguais. b) $\sqrt{2}\ m \cdot v$

6. a) Os dois têm a mesma variação na quantidade de movimento linear.

7. Corda elástica

8. I. Correta; II. Correta; III. Incorreta.

10. a) Não houve conservação da quantidade de movimento linear de nenhuma das bolas.
b) Houve conservação da quantidade de movimento linear total do sistema nesse choque.

11. c **12.** c

13. a) Movimenta-se.
b) O centro de massa do sistema permanece fixo.

14. a) É possível.
b) O sistema é isolado; então, a velocidade do centro de massa permanece constante.
c) 0,1 m/s

15. v_{CM}(horiz.) = 2,5 m/s; v_{CM}(vert.) = 0

16. 17,5 m/s

17. a) Aplicamos a lei da conservação da quantidade de movimento linear.
b) $\frac{v}{2}$

18. Setor II.

19. a) A energia cinética final do sistema após o choque pode ser zero, mas a energia cinética final do sistema antes do choque deve ser diferente de zero.
b) A quantidade de movimento total do sistema antes e após o choque pode ser zero.

20. I. Incorreta; II. Incorreta; III. Correta.

21. $1 \cdot 10^{-8}$ m/s **22.** d

23. a) No segundo caso.
b) No segundo caso.

26. a) Figura **a** b) Figura **b**

Vestibulares de Norte a Sul

1. 2 000 N **2.** 720 N **3.** b **4.** d **5.** a **6.** d **7.** d **8.** c **9.** e **10.** d

11. a) 20,6 kg
b) Aproximadamente $6{,}7 \cdot 10^{-5}$ m/s^2.
c) $3{,}42 \cdot 10^{-2}$ kg · m/s

12. c **13.** c **14.** c

15. a) $2{,}0 \cdot 10^{-4}$ m
b) 50 N · s

16. a) $3 \cdot 10^{20}$ kg · m/s
b) $4{,}5 \cdot 10^{24}$ J
c) $5 \cdot 10^{-5}$ m/s
d) $1{,}125 \cdot 10^9$ megatons.

17. 1. a) 5 m/s; b) 4 m/s.
2. 3,2 m/s; 3. $F_1 > F_2$.

18. c **19.** c **20.** b

Capítulo 9 • O Sistema Solar e a Terra

3. a) 4 h 10 min
b) 9,3 mm

4. a) De *C* para *D*

5. I. Verdadeira; II. Verdadeira; III. Falsa; IV. Verdadeira; V. Verdadeira; VI. Falsa; VII. Verdadeira.

6. Duas voltas completas.

7. a) $2{,}67 \cdot 10^{12}$ m c) Não.
b) 75,1 anos

8. a) 5,2 anos
b) 2,8 anos

9. c

11. a

13. A influência da parteira.

15. Falsa.

16. Em relação à massa, permanece inalterada, pois não muda a quantidade de matéria. Como o campo gravitacional em Marte é cerca de 3 vezes menos intenso que na Terra, a força peso tem sua intensidade dividida por 3.

17. a) A nave não ficaria em repouso.
b) $a = \frac{2GM}{3d^2}$, não.

18. a) $27 \cdot 10^3$ km/h
b) Aproximadamente 1 h 39 min.

19. A sonda não pode estar em órbita circular.

20. a) 20 m/s b) 20 km

21. a) *A* (periélio) b) *C*

c) A energia mecânica é a mesma em todos os pontos.

22. 5,0 km/s

23. a) $-1{,}58 \cdot 10^6$ J. d) $1{,}53 \cdot 10^4$ m

c) $1{,}27 \cdot 10^4$ m. e) $2{,}8 \cdot 10^3$ m/s

Vestibulares de Norte a Sul

1. I. Correto; II. Correto; III. Incorreto; IV. Correto.

2. a **4.** b **6.** a **8.** c

3. 16 **5.** b **7.** b **9.** c

Capítulo 10 • Estática e máquinas simples

1. a **3.** 1250 N

2. a) 36 kg **4.** 343 N; 257 N

b) 1 m **5.** 12 N; 36 N

6. a) $F_b = \frac{2P}{3}$; direção: horizontal; sentido: esquerda para direita.

b) $F_{Ay} = P$ (para cima); $F_{Bx} = \frac{2P}{3}$.

7. a) 500 N **11.** 140 km/h

b) 1000 N **12.** a) 240 kg

8. a) 16 N · m b) 3 200 N

b) 800 N **13.** a) 3

9. 7 N

10. 85,7 N b) 1

14. e **15.** d **16.** d **17.** c

18. a) Cunha.

b) Facilitar penetração.

c) São cunhas.

20. a) Interpotente.

b) Interfixa.

c) Interpotente.

21. 700 N

22. a) 1120 N

b) 1182 N

23. 667 N

24. b) $d\,(\text{cm}) = 8 \cdot \frac{m_{prato}}{m_{massor}}$

25. a **26.** b **27.** c

28. a) 990 N; b) Interpotente.

29. I. Incorreta; II. Incorreta; III. Incorreta.

Vestibulares de Norte a Sul

1. a **9.** b) $\frac{1}{6}$

2. c **10.** a

3. c **11.** d

4. a **12.** b

5. c **13.** c

6. d **14.** e

7. b **15.** a

8. b) 2,1 m **16.** Todas.

Capítulo 11 • Hidrostática

1. d **2.** a) 9

b) Não, pois continua tendo a intensidade do próprio peso da pessoa.

3. $5{,}7 \cdot 10^3$ kg/m³ **5.** d

4. 772 kg **6.** 50 cm

7. a) Horizontal.

b) Aumenta a força na parede da barragem.

c) $1{,}2 \cdot 10^6$ N/m²

8. a) 1,58 m

b) Não, pois a pressão não é suficiente para elevar o sangue até tal altura.

9. a) 4,0 atm **13.** 50 cm

b) 50 toneladas **14.** 0,2 atm

11. 91 cmHg **15.** a) 0,1 atm

12. $9{,}5 \cdot 10^4$ N/m² b) 0,02 atm

17. a) p_C, p_A, p_B

b) Em *B* o nível vai aumentar e em *C* vai diminuir, até que os níveis fiquem iguais.

18. a) 1,5 b) 1,5 g/cm³

19. a) As pressões nos pontos *B* e *D* são iguais.

b) O líquido escoa através do tubo.

c) A pressão exercida pela coluna líquida *d* e altura *h* não pode ser maior que a atmosférica.

20. a) Fechada.

b) $P_A = P_D =$ pressão atmosférica.

$P_B = P_C =$ pressão do ar aprisionado na região central.

$P_B = P_C > P_A = P_D$

c) Esquerda.

21. Deve-se abrir a válvula situada na parte inferior da figura, permitindo o retorno do óleo.

22. b **25.** a) 1430 N

23. d b) 730 N

24. a) 240 cm³ c) 10 kg

b) 480 g **26.** e

c) 2 g/cm³ **27.** 60 kg

28. a) A pressão no interior do béquer aumenta, pressionando o líquido para dentro do tubo de ensaio, fazendo diminuir o volume do ar interior.

b) Como aumenta a massa de água no interior do tubo, a densidade do sistema constituído por tubo + ar + água aumenta.

c) Como aumentou a densidade do sistema (tubo + ar + água interior), aumenta a fração submersa.

Vestibulares de Norte a Sul

1. d **3.** a) 781,25 N

2. c b) $6{,}5 \cdot 10^5$ Pa

4. d **5.** b **6.** a

7. a) 2100 kJ b) $2{,}3 \cdot 10^4$ N/m²

8. c **12.** c **16.** d **20.** a

9. d **13.** d **17.** c **21.** a

10. 3 cm **14.** b **18.** e **22.** e

11. c **15.** e **19.** d

Capítulo 12 • Hidrodinâmica

1. a) 500 min **2.** b

b) 10 m/min **3.** 12 cm/s

4. a) Na vazão constante vale $Q = v_A \cdot S =$ constante. Caso ocorra redução da área *A*, haverá um aumento na velocidade do escoamento.

b) $v_2 = 4v$ c) 0,8 L/s

5. 40 cm²

6. a) 10 m²

b) 100 N/m²

c) 13 m/s²

7. a) $5 \cdot 10^5$ J/m³ b) 1000 W

8. a) 11 m/s

b) 132 L/min

9. b

10. a) $3 \cdot 10^{-4}$ m³/s

b) 20 cm

c) 0,67 cm²

11. a) 6 800 N/m² b) 100 m/s

Vestibulares de Norte a Sul

1. b **4.** c **7.** e **10.** d

2. c **5.** b **8.** d

3. a **6.** b **9.** a

11. a) 2000 W **13.** d

b) $2{,}5 \cdot 10^3$ N/m² **14.** a) 0,1 L/s

12. a) 25 W b) 50 s

b) 75 J **15.** a) 200 m³/s

c) $\frac{1}{3}$ L b) 5,0 m/s

d) $\frac{1}{24}$ L **16.** 13

Caiu no Enem

1. c **6.** d **11.** d

2. e **7.** b **12.** e

3. c **8.** b

4. d **9.** c **13.** a

5. c **10.** e **14.** c

Sugestões de leitura e *sites*

A lista apresentada a seguir é sugerida para ampliar seus conhecimentos e incentivá-lo a fazer outras leituras além do livro didático. Boa leitura!

Livros

- ***A dança do universo: dos mitos de Criação ao* Big-Bang.**
Marcelo Gleiser. São Paulo: Companhia das Letras, 1997.
O livro analisa as teorias propostas para explicar as origens do Universo, desde os gregos antigos, passando por Copérnico, Galileu, Kepler e Newton, até os tempos modernos com a teoria da relatividade.
- ***A imagem do mundo: dos babilônios a Newton.***
Arkan Simaan; Joelle Fontaine. São Paulo: Companhia das Letras, 2003.
O livro apresenta a história da ciência tendo como eixo a Astronomia, desde os primeiros observadores do céu até os fundadores da ciência moderna.
- ***A morte do Sol.***
John Gribbin. Rio de Janeiro: Francisco Alves, 1983.
O livro analisa o nascimento, a vida e a morte de uma estrela – o Sol – e suas consequências para a vida na Terra.
- ***A vitória de Galileu: a luta contra o obscurantismo.***
Jader B. Martins. Rio de Janeiro: Ciência Moderna, 2008.
O autor conta sobre Galileu, o período histórico em que viveu e os homens que foram seus companheiros científicos, que viveram em épocas diferentes, mas que tinham seus pensamentos colimados pelo heliocentrismo.
- ***Arco-íris, flocos de neve,* quarks*: A Física e o mundo que nos rodeia.***
Hanz Christian von Baeyer. Rio de Janeiro: Campus, 1994.
Um físico expõe com elegância a forma pela qual fenômenos corriqueiros revelam a complexa e profunda beleza do mundo natural.
- ***Bússola: a invenção que mudou o mundo.***
Amir Aczel. Rio de Janeiro: Jorge Zahar, 2002.
O autor conta a história da bússola, considerada por muitos como a invenção mais importante depois da roda.
- ***Gigantes da Física: uma história da Física moderna através de oito biografias.***
Richard Brennan. Rio de Janeiro: Jorge Zahar, 1998.
O livro apresenta as biografias de: 1. Isaac Newton; 2. Albert Einstein; 3. Max Planck; 4. Ernest Rutherford; 5. Niels Bohr; 6. Werner Heisenberg; 7. Richard Feynman; 8. Murray Gell-Mann.
- ***Laboratório do mundo: ideias e saberes do século XVIII.***
São Paulo: Pinacoteca – Imprensa Oficial do Estado, 2004.
Trata-se de um catálogo ilustrado e detalhado de uma exposição realizada na Pinacoteca do Estado de São Paulo, em 2004, contendo peças do acervo dos principais polos de ciência de Portugal, no século XVIII. As grandes realizações científicas da época, sementes do desenvolvimento tecnológico e científico atual, estão explicadas e contextualizadas historicamente.
- ***O tempo que o tempo tem.***
Alexandre Cherman; Fernando Vieira. Rio de Janeiro: Jorge Zahar, 2008.
O livro mostra como a Astronomia está na origem de todas as medidas de tempo e conta a história dos diversos calendários usados em diferentes sociedades.
- ***Os grandes experimentos científicos.***
Michel Rival. Rio de Janeiro: Jorge Zahar, 1997.
O autor apresenta 41 experimentos científicos; entre eles, a medição do raio da Terra por Eratóstenes, no século III a.C., a medida da velocidade da luz, em 1676, e a caça às ondas gravitacionais, em 1958.
- ***Retalhos cósmicos.***
Marcelo Gleiser. São Paulo: Companhia das Letras, 1999.
O livro apresenta cinquenta textos, publicados originalmente no jornal *Folha de S.Paulo* e reelaborados para edição em livro, que refletem uma convicção forte do autor: a livre circulação das informações é condição para o exercício da cidadania.
- ***160 séculos de ciência. Aurora da ciência: Pré-História a 1500.***
Adam Hart-Davis. São Paulo: Duetto, 2010.
- ***160 séculos de ciência. Renascimento e Iluminismo: 1500-1700.***
Adam Hart-Davis. São Paulo: Duetto, 2010.
- ***160 séculos de ciência. Revolução Industrial: 1700-1890.***
Adam Hart-Davis. São Paulo: Duetto, 2010.
- ***160 séculos de ciência. O conhecimento das nossas origens: o impacto de Darwin.***
Adam Hart-Davis. São Paulo: Duetto, 2010.

Revistas

- ***A ciência na Antiguidade.***
  Scientific American Brasil: História da ciência. São Paulo, n. 3, Duetto.
  Mesopotâmicos, egípcios e gregos começaram a observar o mundo com olhos críticos, e sua curiosidade levou aos primeiros progressos científicos da humanidade.
- ***A ciência na Era dos Inventores.***
  Scientific American Brasil: História da ciência. São Paulo, n. 4, Duetto.
  No entusiasmo da Revolução Industrial, uma geração de cientistas criou engenhocas que mudaram o mundo. Conheça esses homens extraordinários e suas máquinas maravilhosas.
- ***A ciência na Idade Média.***
  Scientific American Brasil: História da ciência. São Paulo, n. 1, Duetto.
  Com uma série de artigos, é apresentado um surpreendente panorama da extraordinária riqueza da produção científica medieval.
- ***A ciência no Renascimento.***
  Scientific American Brasil: História da ciência. São Paulo, n. 1, Duetto.
  Esta edição apresenta a redescoberta de valores da Antiguidade aliada à explosão de pesquisas em várias áreas, que fincam as raízes do conhecimento moderno.
- ***Aristóteles: O pai de todas as Ciências.***
  Scientific American Brasil: Gênios da Ciência. São Paulo, n. 6, 2. ed., Duetto.
  A edição apresenta artigos sobre a vida e a obra de Aristóteles.
- ***Arquimedes: Pioneiro da Matemática.***
  Scientific American Brasil: Gênios da Ciência. São Paulo, n. 5, 2. ed., Duetto.
  Esta edição apresenta a vida e a obra de Arquimedes.
- ***Einstein: O homem além do mito.***
  Scientific American Brasil: Gênios da Ciência. São Paulo, n. 1, 2. ed. Duetto.
  Esta edição apresenta a vida e obra de Albert Einstein.
- ***Galileu: O ombro gigante da Física.***
  Scientific American Brasil: Gênios da Ciência. São Paulo, n. 3, 2. ed. Duetto.
  Esta edição apresenta a vida e a obra de Galileu Galilei.
- ***Newton: O pai da Física moderna.***
  Scientific American Brasil: Gênios da Ciência. São Paulo, n. 7, 2. ed. Duetto.
  Esta edição apresenta a vida e a obra de Newton.
- ***Novas luzes sobre o Sistema Solar.***
  Scientific American Brasil. Edição especial. São Paulo, n. 9, Duetto.
  Vênus, Marte, Terra e Júpiter são alguns dos assuntos destacados nesta edição.
- ***Stephen Hawking: O triunfo da mente.***
  Scientific American Brasil: Gênios da Ciência. São Paulo, n. 2, 2. ed. Duetto.
  Esta edição apresenta as obras e ideias de Stephen Hawking.

Sites

- A Física na Escola: <www.sbfisica.org.br/fne/>.
- Associação Brasileira de Energia Nuclear: <www.aben.com.br/>.
- Caderno Brasileiro de Ensino de Física: <https://periodicos.ufsc.br/index.php/fisica>.
- Ciência Hoje: <http://cienciahoje.uol.com.br/>.
- Conselho Nacional de Desenvolvimento Científico e Tecnológico (CNPq): <www.cnpq.br>.
- Comissão Nacional de Energia Nuclear (Cnen): <www.cnen.gov.br>.
- Estação Ciência: <www.eciencia.usp.br>.
- Instituto de Pesquisas Energéticas e Nucleares (Ipen): <www.ipen.br>.
- Ministério da Educação (MEC): <www.mec.gov.br>.
- Revista Brasileira de Ensino de Física (RBEF): <www.scielo.br/rbef>.
- Scientific American Brasil: <www.sciam.com.br>.
- Sociedade Brasileira de Física (SBF): <www.sbfisica.org.br>.
- Sociedade Brasileira para o Progresso da Ciência (SBPC): <www.sbpcnet.org.br>.

Bibliografia

BASSALO, J. M. F. *Nascimentos da Física*. Belém: EDUFPA, [s.d.]. 3 v.

CHESMAN, C.; ANDRÉ, C.; MACÊDO, A. *Física Moderna:* experimental e aplicada. 2. ed. São Paulo: Livraria da Física, 2004.

EINSTEIN, A.; INFELD, L. *Evolução da Física*. Rio de Janeiro: Guanabara Koogan, 1998.

FEYNMAN, R.; LEIGHTON, R.; SANDS, M. *Lições de Física de Feynman*. São Paulo: Artmed, 2008. 3 v.

HALLIDAY, D.; RESNICK, R. *Fundamentos de Física*. 3. ed. Rio de Janeiro: Livros Técnicos e Científicos, 1994.

HINRICHS, R. A.; KLEINBACH, M. *Energia e meio ambiente*. São Paulo: Pioneira Thomson Learning, 2003.

KAPLAN, I. *Física Nuclear*. 2. ed. Rio de Janeiro: Guanabara Dois, 1978.

MARTINS, J. B. *A História do átomo:* de Demócrito aos *quarks*. Rio de Janeiro: Ciência Moderna, 2001.

MARTINS, R. A. *Universo:* teorias sobre sua origem e evolução. São Paulo: Moderna, 1994.

NUSSENZVEIG, H. M. *Curso de Física Básica*. São Paulo: Edgard Blücher, 1988. 3 v.

OKUNO, E. et al. *Física para Ciências Biológicas e Biomédicas*. São Paulo: Harbra, 1982.

OREAR, J. *Física*. Rio de Janeiro: Livros Técnicos e Científicos, 1975.

PIRES, A. S. T. *Evolução das ideias da Física*. São Paulo: Livraria da Física, 2008.

RESNICK, R; HALLIDAY, D. *Física*. Rio de Janeiro: Ao Livro Técnico, 1971. 2 v.

ROCHA, J. F. M. (Org.). *Origens e evolução das ideias da Física*. Salvador: EDUFBA, 2002.

RONAN, C. A. *História ilustrada da ciência da Universidade de Cambridge*. Rio de Janeiro: Jorge Zahar, 1997. 4 v.

SALMERON, R. A. *Introdução à Eletricidade e ao Magnetismo*. São Paulo: Nobel, 1963.

SERWAY, R. A.; JEWETT JR., J. W. *Princípios de Física*. 3. ed. São Paulo: Pioneira Thomson Learning, 2004. 4 v.

TIPLER, P. A. *Física*. 4. ed. Rio de Janeiro: Livros Técnicos e Científicos, 2000. 3 v.

YOUNG, H. D.; FREEDMAN, R. A. *Física*. 12. ed. São Paulo: Addison Wesley, 2008. 4 v.

PROJETO MÚLTIPLO

Caderno de Estudo

Física

Ensino Médio

Wilson Carron

Mestre em Energia Nuclear aplicada à agricultura pela Escola Superior de Agricultura Luiz de Queiroz (Esalq) da Universidade de São Paulo (USP), Piracicaba.
Especializado em Eletricidade pelo Instituto Tecnológico da Aeronáutica (ITA), São Paulo.
Licenciado em Física pela FFCL da Universidade de São Paulo (USP).
Professor e gestor aposentado da rede pública de ensino.

Osvaldo Guimarães

Doutor em Engenharia Elétrica pela Escola Politécnica da USP.
Mestre em História da Ciência pela Pontifícia Universidade Católica de São Paulo (PUC-SP).
Pós-graduado pela Escola Politécnica da USP, em Ciência Cognitiva.
Pós-graduado em Teoria de Campos e Mecânica Quântica pelo Instituto de Física Teórica (IFT-SP).
Bacharel em Física pela PUC-SP.
Diretor educacional do Catavento Cultural e Educacional.

José Roberto Piqueira

Livre-docente em Controle e Automação pela Escola Politécnica da USP.
Doutor em Engenharia Elétrica pela Escola Politécnica da USP.
Mestre em Engenharia Elétrica pela Escola de Engenharia de São Carlos da USP.
Engenheiro eletricista pela Escola de Engenharia de São Carlos da USP.
Professor titular e diretor da Escola Politécnica da USP.

editora ática

editora ática

Diretoria editorial: Lidiane Vivaldini Olo
Editoria de Ciências Exatas: Cármen Matricardi
Editores: Alterson Cação e Danilo Claro Zanardi
Supervisor de arte e produção: Sérgio Yutaka
Supervisor de arte e criação: Didier Moraes
Editora de arte e criação: Andréa Dellamagna
Editor de arte: Edson Haruo Toyota
Diagramação: Formato
Design gráfico: Ulhôa Cintra Comunicação Visual e Arquitetura (miolo e capa)
Gerente de revisão: Hélia de Jesus Gonsaga
Equipe de revisão: Rosângela Muricy (coord.), Ana Carolina Nitto, Ana Curci e Ana Paula Chabaribery; Flávia Venézio dos Santos e Gabriela Macedo de Andrade (estags.)
Supervisor de iconografia: Sílvio Kligin
Pesquisadora iconográfica: Claudia Bertolazzi
Tratamento de imagem: Cesar Wolf e Fernanda Crevin
Fotos da capa: Furtseff/Shutterstock/Glow Images
Grafismos: Shutterstock/Glow Images
Ilustrações: Antonio Robson, Formato, João Xavier de Campos

Direitos desta edição cedidos à Editora Ática S.A.
Av. das Nações Unidas, 7221, 3º andar, setor C
Pinheiros – São Paulo – SP – CEP 05425-902
Tel.: 4003-3061
www.atica.com.br/editora@atica.com.br

Dados Internacionais de Catalogação na Publicação (CIP)
(Câmara Brasileira do Livro, SP, Brasil)

Guimarães, Osvaldo
Projeto Múltiplo: Física / Osvaldo Guimarães, José Roberto Piqueira, Wilson Carron. – 1. ed. – São Paulo : Ática, 2014.
Obra em 3 v.
Bibliografia.
1. Física (Ensino Médio) I. Piqueira, José Roberto. II. Carron, Wilson. III. Título.

14-00569 CDD-530.07

Índice para catálogo sistemático:
1. Projeto Múltiplo: Física : Ensino Médio 530.07

2020
ISBN 978 85 08 16674-9 (AL)
ISBN 978 85 08 16675-6 (PR)
Código da obra CL 737766
CAE 501462 (AL)
CAE 501480 (PR)
1ª edição
1ª impressão

Impressão e acabamento: Gráfica Eskenazi

Uma publicação Abril EDUCAÇÃO

Apresentação

O Ensino Médio é a época na qual a maioria dos adolescentes faz uma escolha que os acompanhará por toda a vida: a da profissão que desejam seguir.

Além da profissão, a escolha da universidade também é um fator decisivo para o seu futuro sucesso profissional. E para que você tenha um bom desempenho no exame vestibular da universidade que escolher, além de conhecer muito bem todo o conteúdo do Ensino Médio, você deve ter uma ótima habilidade em resolver exercícios. Por esse motivo, este caderno reúne mais de 200 questões das mais renomadas universidades do país, questões de níveis complexos, que, no todo, representam um momento único de preparação para o vestibular. Para auxiliá-lo com as resoluções, cada sequência de exercícios de um mesmo tema é precedida por quadros-resumos que sintetizam os principais tópicos do conteúdo.

Encare o período de estudo com este caderno como oportunidade de aperfeiçoar sua capacidade de resolver exercícios de forma rápida e segura.

Utilize este caderno como um instrumento de aperfeiçoamento de suas habilidades e não desista dos seus sonhos.

Boa sorte!

Sumário

Vestibular em foco

Theo Szczepanski/Arquivo da Editora

INTRODUÇÃO À CINEMÁTICA

Conceitos gerais

Movimento e repouso

São relativos ao referencial escolhido. Um corpo pode estar em movimento em um referencial ao mesmo tempo que está em repouso em outro.

Trajetória

"Caminho" percorrido por um ponto material. Seu formato depende do referencial em que se observa o movimento.

Distâncias e localização

Origem dos espaços ou marco zero da trajetória ($S = 0$)

Ponto a partir do qual começam as medições de comprimento que indicarão a posição do móvel.

Espaço de um móvel (S)

Medida algébrica do comprimento do trecho de trajetória compreendido entre o marco zero e a posição do móvel.

Espaço inicial (S_0)

Espaço do móvel no instante $t = 0$.

Deslocamento escalar ou variação de posição (ΔS)

$\Delta S = S_f - S_i$

Distância efetivamente percorrida (d)

$d = |\Delta S_1| + |\Delta S_2| + ... + |\Delta S_n|$

Velocidade

Velocidade escalar média (v_m)

- Definida para um intervalo de tempo (Δt).
- $v_m = \dfrac{\Delta S}{\Delta t}$

Velocidade escalar instantânea (v)

- Definida para um instante de tempo (t).
- Cálculo: derivada temporal da função horária de posição.

Conversão

$$=\left[\frac{\text{km}}{\text{h}}\right] \underset{\times 3{,}6}{\overset{\div 3{,}6}{\rightleftarrows}} \left[\frac{\text{m}}{\text{s}}\right]$$

Sentido do movimento

Progressivo

- Movimento a favor da orientação positiva da trajetória.
- $\Delta S > 0$
- $v > 0$

Retrógrado

- Movimento contra a orientação positiva da trajetória.
- $\Delta S < 0$
- $v < 0$

Funções horárias

Função horária da posição: $S(t)$

- Função que relaciona o espaço (S) do móvel com o respectivo instante de tempo (t).
- Não tem relação com o formato da trajetória.
- Resolvendo-se a equação: $S(t) = 0$ obtém-se o instante em que o móvel cruza o marco zero da trajetória.
- O encontro de dois móveis A e B ocorre no instante de encontro ($t_{encontro}$) obtido resolvendo-se a equação: $S_A(t) = S_B(t)$.

Função horária da velocidade: $v(t)$

- Função que relaciona a velocidade escalar instantânea (v) do móvel com o respectivo instante de tempo (t).
- Resolvendo-se a equação: $v_A(t) = v_B(t)$ obtém-se o instante em que A e B apresentam a mesma velocidade escalar.
- Resolvendo-se a equação: $v(t) = 0$ obtém-se o instante de inversão do sentido do movimento.

Movimento Uniforme – MU

O deslocamento escalar tem sempre o mesmo valor quando considerado um mesmo intervalo de tempo.

Função horária do espaço: $S(t)$

$S = S_0 + v \cdot t$

Diagrama horário do espaço

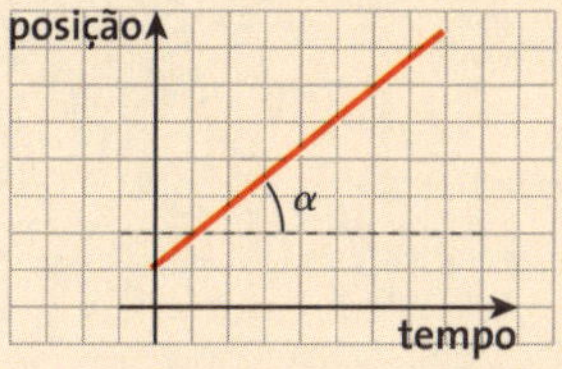

A velocidade escalar é numericamente igual à tangente do ângulo α.

Velocidade escalar: $v(t)$

$v = v_m =$constante

Diagrama horário da velocidade

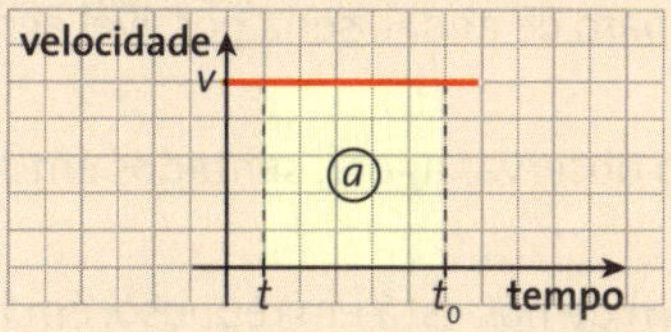

O deslocamento escalar corresponde, numericamente, à área delimitada entre a linha do gráfico e o eixo do tempo.

Aceleração escalar (a)

$a = 0$

Velocidade escalar relativa entre os móveis A e B, com $|v_A| > |v_B|$

Sentidos contrários

$v_{rel.} = |v_A| + |v_B|$

Mesmo sentido

$v_{rel.} = |v_A| - |v_B|$

Encontro

- $v_{rel.} = \dfrac{|\Delta S_{rel.}|}{\Delta t_{enc.}}$
- $|\Delta S_{rel.}|$ é a distância que um dos móveis (A ou B) percorreria caso o outro estivesse em repouso.

Exercícios

1. (Uniube-MG) Considere a seguinte situação: um ônibus movendo-se por uma estrada e duas pessoas, uma *A*, sentada no ônibus, e outra *B*, parada na estrada, ambas observando uma lâmpada fixa no teto do ônibus. *A* diz: "A lâmpada não se move em relação a mim". *B* diz: "A lâmpada está se movimentando, uma vez que ela está se afastando de mim".
   a) *A* está errada e *B* está certa.
   b) *A* está certa e *B* está errada.
   c) Ambas estão erradas.
   d) Cada uma, dentro do seu ponto de vista, está certa.

2. (Paes-Unimontes-MG) Dois aviões do grupo de acrobacias (Esquadrilha da Fumaça) são capazes de realizar manobras diversas e deixam para trás um rastro de fumaça. Nessas condições, para que os aviões descrevam duas semirretas paralelas verticais (perpendiculares ao solo, considerado plano), de tal sorte que o desenho fique do mesmo tamanho, os pilotos controlam os aviões para que tenham velocidades constantes e de mesmo módulo. Considerando o mesmo sentido para o movimento dos aviões durante essa acrobacia, pode-se afirmar corretamente que:
   a) os aviões não se movimentam em relação ao solo.
   b) os aviões estão parados, um em relação ao outro.
   c) um observador parado em relação ao solo está acelerado em relação aos aviões.
   d) um avião está acelerado em relação ao outro.

3. (UEPB) Um professor de Física, verificando em sala de aula que todos os seus alunos encontram-se sentados, passou a fazer algumas afirmações para que eles refletissem e recordassem alguns conceitos sobre movimento. Das afirmações seguintes formuladas pelo professor, a única correta é:
   a) Pedro (aluno da sala) está em repouso em relação aos demais colegas, mas todos nós estamos em movimento em relação à Terra.
   b) Mesmo para mim (professor), que não paro de andar, seria possível achar um referencial em relação ao qual eu estivesse em repouso.
   c) A velocidade dos alunos que eu consigo observar agora, sentados em seus lugares, é nula para qualquer observador humano.
   d) Como não há repouso absoluto, nenhum de nós está em repouso, em relação a nenhum referencial.
   e) O Sol está em repouso em relação a qualquer referencial.

4. (UFPB) Em uma competição de *rally* pelo interior do Brasil, um dos competidores para o seu *jeep* por falta de gasolina. O motorista então anda 200 metros em linha reta para a direita até encontrar um posto de combustível. Em seguida, ele anda mais 10 metros, no mesmo sentido, até uma loja de conveniência para comprar água. Finalmente, o motorista retorna em linha reta para o seu *jeep*.
Considerando o posto de gasolina como origem do sistema de referência e adotando o sentido positivo como sendo o da esquerda para a direita, identifique as afirmativas corretas:

( ) A posição do *jeep* em relação ao posto é −200 m.

( ) O deslocamento do motorista entre o posto e a loja de conveniência foi de 10 m.

( ) O deslocamento do motorista entre a loja de conveniência e o *jeep* foi de −210 m.

( ) O deslocamento do motorista, no trajeto posto de combustível – loja de conveniência – posto de combustível, foi de 20 m.

( ) A distância total percorrida pelo motorista, para comprar gasolina e água e retornar para o *jeep*, foi de 420 m.

5. (Cefet-SC) Uma corrida de Fórmula 1 teve início às 2h10min42s. Se o vencedor levou 3 830 s para terminar a prova, a que horas ele terminou a corrida?

a) 3h14min32s b) 3h17min35s c) 3h15min30s d) 3h18min39s e) 3h10min31s

6. (Unifei-MG) Um certo país ASNU, sentindo-se agredido pelo país Batilã, resolve atacar a sua capital, Bukal. Um avião do país ASNU é incumbido de lançar uma bomba, que cairá somente sob a ação da gravidade, sobre o palácio do governo na capital. Sabendo-se que a bomba atingiu o seu alvo, qual das figuras abaixo melhor representa as trajetórias do avião e da bomba?

a)
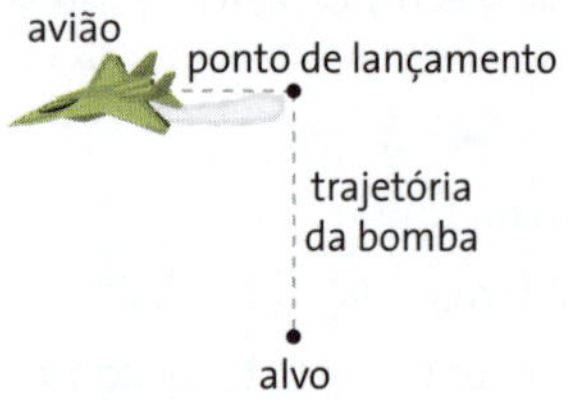

b)
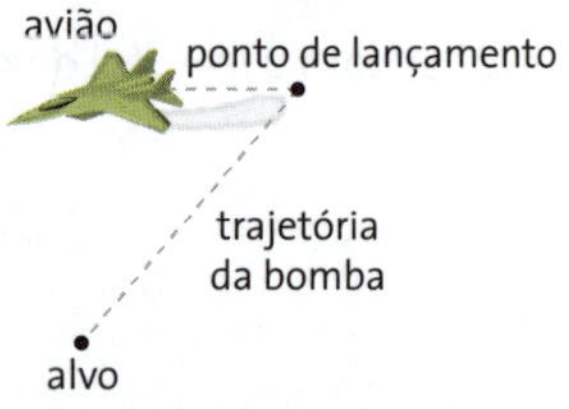

c)
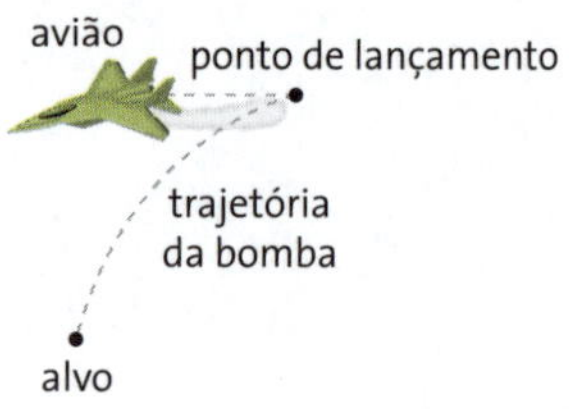

d)
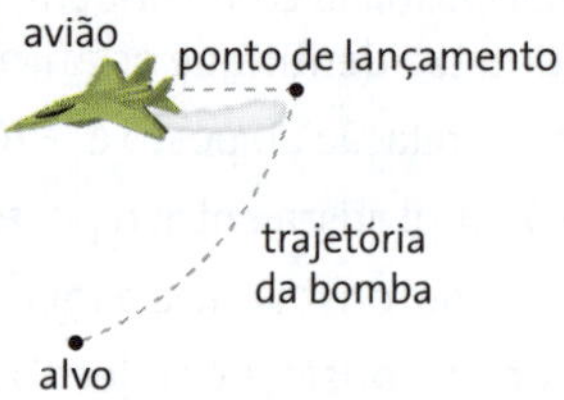

e)
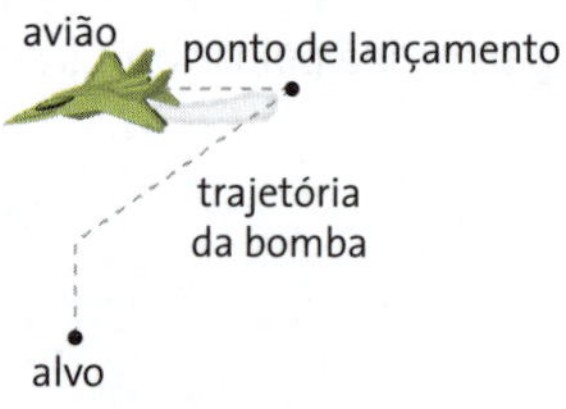

Ilustrações: Formato

7. (Cefet-PR) Imagine um ônibus escolar parado no ponto de ônibus e um aluno sentado em uma de suas poltronas. Quando o ônibus entra em movimento, sua posição no espaço se modifica: ele se afasta do ponto de ônibus. Dada esta situação, podemos afirmar que a conclusão errada é que:

a) o aluno que está sentado na poltrona acompanha o ônibus, portanto, também se afasta do ponto de ônibus.
b) podemos dizer que um corpo está em movimento em relação a um referencial quando a sua posição muda em relação a esse referencial.
c) o aluno está parado em relação ao ônibus e em movimento em relação ao ponto de ônibus, se o referencial for o próprio ônibus.
d) neste exemplo, o referencial adotado é o ônibus.
e) para dizer se um corpo está parado ou em movimento, precisamos relacioná-lo a um ponto ou a um conjunto de pontos de referência.

8. (Fatec-SP) Numa viagem de carro de São Paulo a Santos, percurso de aproximadamente 60 km, um motorista é informado pelo rádio que o tempo médio de viagem é estimado em 45 minutos.
Considerando que ele chegue a Santos no tempo previsto, a velocidade média desenvolvida deverá ser, aproximadamente, em km/h, de:

a) 90.
b) 80.
c) 70.
d) 60.
e) 50.

9. (Famene-PB) O edifício Taipei 101 é um ícone de Taiwan e combina tradição e modernidade. Suas características de segurança permitem-lhe suportar tufões e terremotos, que são frequentes nessa região. O edifício possui 61 elevadores, sendo dois de ultravelocidade. Sabendo que um desses elevadores de ultravelocidade sobe do térreo até o 89º andar percorrendo 380 metros em 40 segundos, conclui-se que a sua velocidade média vale, em m/s:

a) 4,7.
b) 7,2.
c) 9,5.
d) 12,2.
e) 15,5.

(http://maisprojeto.files.wordpress.com. Acesso em: 17.04.2010.)

10. (PUC-RJ) Uma família viaja de carro com velocidade constante de 100 km/h, durante 2 h. Após parar em um posto de gasolina por 30 min, continua sua viagem por mais 1 h 30 min com velocidade constante de 80 km/h. A velocidade média do carro durante toda a viagem foi de:

a) 80 km/h. b) 100 km/h. c) 120 km/h. d) 140 km/h. e) 150 km/h.

11. (Ufla-MG) Uma pessoa tem um compromisso inadiável num local distante 16 km de sua casa. Normalmente, esse percurso é realizado por um veículo em 20 minutos. Para cumprir esse compromisso chegando no horário marcado, essa pessoa deixa sua casa 42 minutos antes da hora prevista para o início. Ao longo do trajeto, um congestionamento nos últimos 6,4 km faz com que a sua velocidade no trânsito diminua para 16 km/h. Essa pessoa chegará ao local com:

a) 6 minutos de antecedência.

b) 30 minutos de atraso.

c) 12 minutos de antecedência.

d) 12 minutos de atraso.

12. (Fuvest-SP) Dirigindo-se a uma cidade próxima, por uma autoestrada plana, um motorista estima seu tempo de viagem, considerando que consiga manter uma velocidade média de 90 km/h. Ao ser surpreendido pela chuva, decide reduzir sua velocidade média para 60 km/h, permanecendo assim até a chuva parar, quinze minutos mais tarde, quando retoma sua velocidade média inicial. Essa redução temporária aumenta seu tempo de viagem, com relação à estimativa inicial, em:

a) 5 minutos.
b) 7,5 minutos.
c) 10 minutos.
d) 15 minutos.
e) 30 minutos.

13. (AFA-SP) Um turista, passeando de bugue pelas areias de uma praia em Natal – RN, percorre uma trajetória triangular, que pode ser dividida em três trechos, conforme a figura ao lado. Os trechos *B* e *C* possuem o mesmo comprimento, mas as velocidades médias desenvolvidas nos trechos *A*, *B* e *C* foram, respectivamente, *v*, 2*v* e *v*. A velocidade escalar média desenvolvida pelo turista para percorrer toda a trajetória triangular vale:

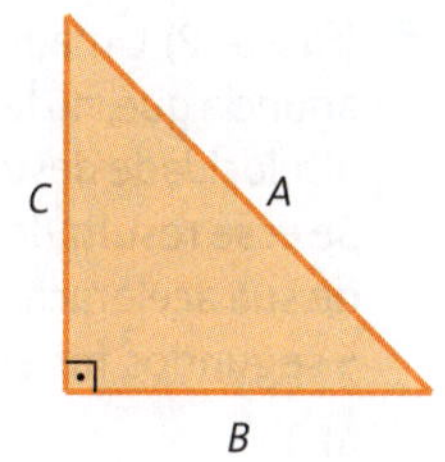

a) $v\sqrt{2}$.
b) $2v\sqrt{2}$.
c) $4v$.
d) $(4 - 2\sqrt{2})v$.

14. (PUC-RJ) Uma tartaruga caminha, em linha reta, a 40 metros/hora, por um tempo de 15 minutos. Qual a distância percorrida?

a) 30 m
b) 10 km
c) 25 m
d) 1 km
e) 10 m

15. (UFPB) Um engenheiro automotivo projeta um carro ecologicamente correto e eficiente que polui pouco e desenvolve altas velocidades. O carro é projetado de maneira que, quando acelerado maximamente em linha reta, a sua velocidade aumenta 10 km/h a cada segundo. Partindo de uma velocidade inicial de 20 km/h, ao final de 8 s de aceleração máxima, o carro terá atingido a velocidade de:

a) 120 km/h.
b) 100 km/h.
c) 80 km/h.
d) 60 km/h.
e) 40 km/h.

16. (Fatec-SP) Uma revista especializada em automóveis anuncia que, no teste de determinado modelo de carro, a velocidade deste foi de 0 a 100 km/h em 5 segundos. Se esse resultado estiver correto, o valor aproximado de sua aceleração média nesse intervalo de tempo de 5 segundos foi, em m/s^2:

a) 1.
b) 3.
c) 6.
d) 9.
e) 10.

17. (Uerj) Suponha constante a desaceleração de um dos carros no trecho retilíneo entre as curvas Laranja e Laranjinha, nas quais ele atinge, respectivamente, as velocidades de 180 km/h e 150 km/h. O tempo decorrido entre as duas medidas de velocidade foi de 3 segundos.

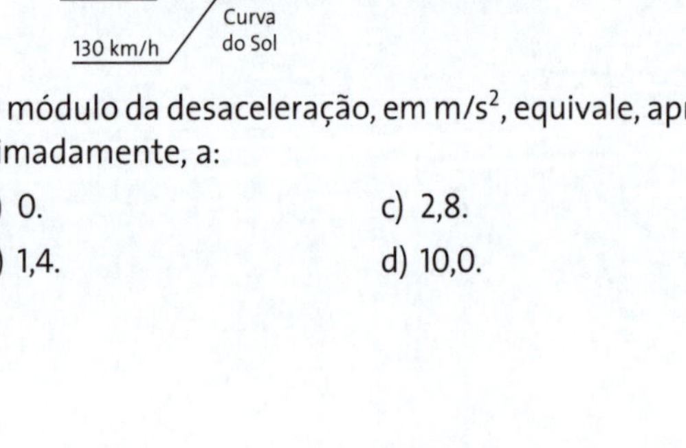

O módulo da desaceleração, em m/s^2, equivale, aproximadamente, a:

a) 0.
b) 1,4.
c) 2,8.
d) 10,0.

18. (Ufpel-RS) Se um corpo se desloca em movimento uniforme, é correto afirmar-se que ele, com certeza,

a) tem vetor aceleração nulo.
b) encontra-se em MRU.
c) percorre distâncias iguais em intervalos de tempos iguais.
d) possui velocidade vetorial constante.

19. (Uerj) Dois automóveis, *M* e *N*, inicialmente a 50 km de distância um do outro, deslocam-se com velocidades constantes na mesma direção e em sentidos opostos. O valor da velocidade de *M*, em relação a um ponto fixo da estrada, é igual a 60 km/h. Após 30 minutos, os automóveis cruzam uma mesma linha da estrada. Em relação a um ponto fixo da estrada, a velocidade de *N* tem o seguinte valor, em quilômetros por hora:

a) 40.
b) 50.
c) 60.
d) 70.

20. (Cefet-SC) Dois corredores partem simultaneamente de um mesmo ponto e percorrem a mesma rua, no mesmo sentido, com velocidades constantes de 4,2 m/s e 5,4 m/s, respectivamente. A distância entre os dois corredores será de 60 metros após:

a) 30 s.
b) 10 min.
c) 50 s.
d) 40 min.
e) 1 h.

21. (UPM-SP) Correndo com uma bicicleta, ao longo de um trecho retilíneo de uma ciclovia, uma criança mantém a velocidade constante de módulo igual a 2,50 m/s. O diagrama horário da posição para esse movimento está ilustrado na figura.

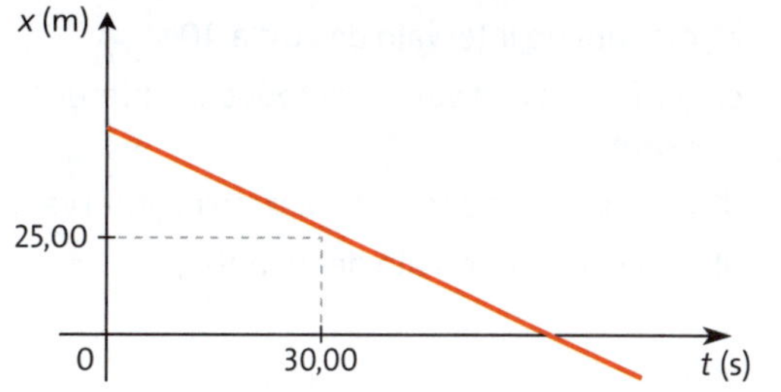

Segundo o referencial adotado, no instante $t = 15{,}00$ s, a posição x da criança é igual a:

a) −37,50 m.
b) −12,50 m.
c) 12,50 m.
d) 37,50 m.
e) 62,50 m.

22. (AFA-SP) O diagrama ao lado representa as posições de dois corpos *A* e *B* em função do tempo. Por este diagrama, afirma-se que o corpo *A* iniciou o seu movimento, em relação ao corpo *B*, depois de:

a) 2,5 s.
b) 5,0 s.
c) 7,5 s.
d) 10 s.

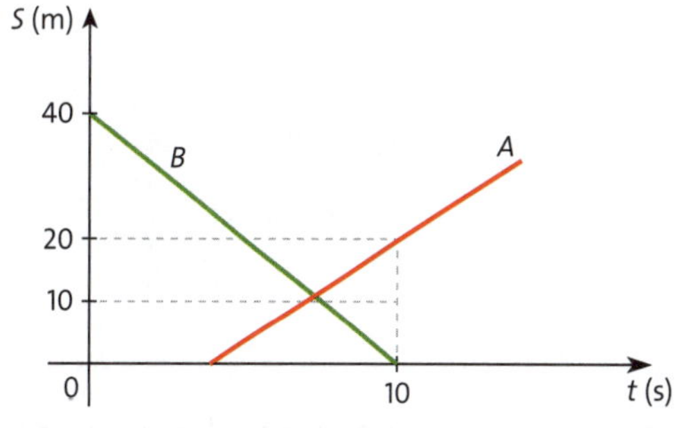

23. (UFSM-RS) No gráfico ao lado representam-se as posições ocupadas por um corpo que se desloca numa trajetória retilínea, em função do tempo. Pode-se, então, afirmar que o módulo da velocidade do corpo:

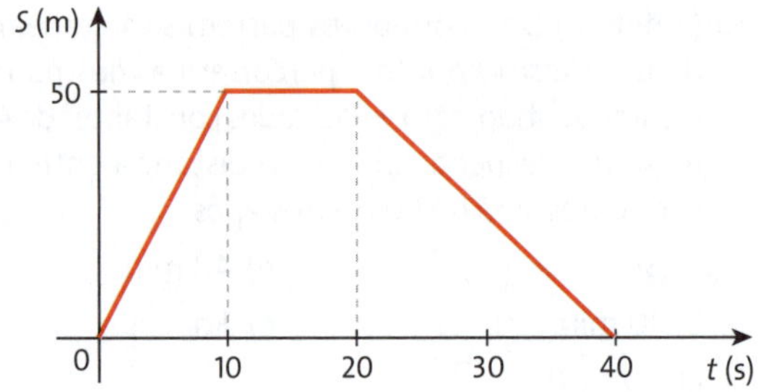

a) aumenta no intervalo de 0 s a 10 s.
b) diminui no intervalo de 20 s a 40 s.
c) tem o mesmo valor em todos os diferentes intervalos de tempo.
d) é constante e diferente de zero no intervalo de 10 s a 20 s.
e) é maior no intervalo de 0 s a 10 s.

24. (Unimontes-MG) Um motorista apressado passa em alta velocidade por uma base da Polícia Rodoviária, com velocidade constante de módulo *v*. Dez segundos depois, uma viatura parte em perseguição desse carro e o alcança nos próximos 30 segundos. A velocidade escalar média da viatura, em todo o percurso, será de:

a) v.
b) $\frac{4v}{3}$.
c) $\frac{2v}{3}$.
d) $\frac{5v}{3}$.

25. (FGV-SP) Em uma passagem de nível, a cancela é fechada automaticamente quando o trem está a 100 m do início do cruzamento. O trem, de comprimento 200 m, move-se com velocidade constante de 36 km/h. Assim que o último vagão passa pelo final do cruzamento, a cancela se abre liberando o tráfego de veículos. Considerando que a rua tem largura de 20 m, o tempo que o trânsito fica contido desde o início do fechamento da cancela até o início de sua abertura é, em s:

Antonio Robson/Arquivo da editora

a) 32.
b) 36.
c) 44.
d) 54.
e) 60.

26. (UFMG) Um carro está andando ao longo de uma estrada reta e plana. Sua posição em função do tempo está representada no gráfico ao lado. Sejam v_A, v_B e v_C os módulos das velocidades do carro, respectivamente, nos pontos *A*, *B* e *C*, indicados nesse gráfico. Com base nessas informações, é correto afirmar que:

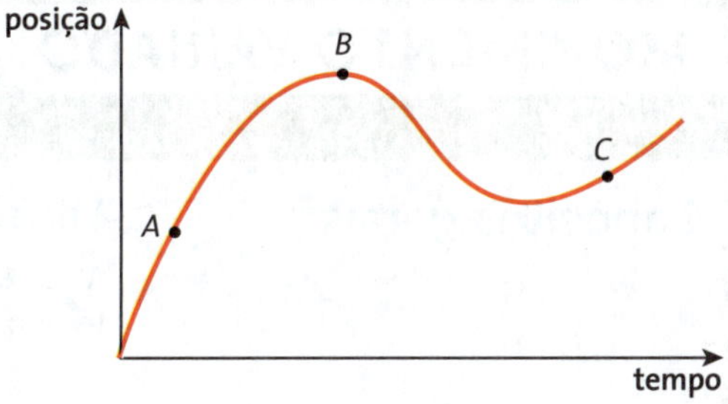

a) $v_B < v_A < v_C$.

b) $v_A < v_C < v_B$.

c) $v_B < v_C < v_A$.

d) $v_A < v_B < v_C$.

27. (Uerj) Os gráficos 1 e 2 representam a posição *S* de dois corpos em função do tempo *t*. No gráfico 1, a função horária é definida pela equação $S = 2 + \frac{1}{2}t$. Assim, a equação que define o movimento representado pelo gráfico 2 corresponde a:

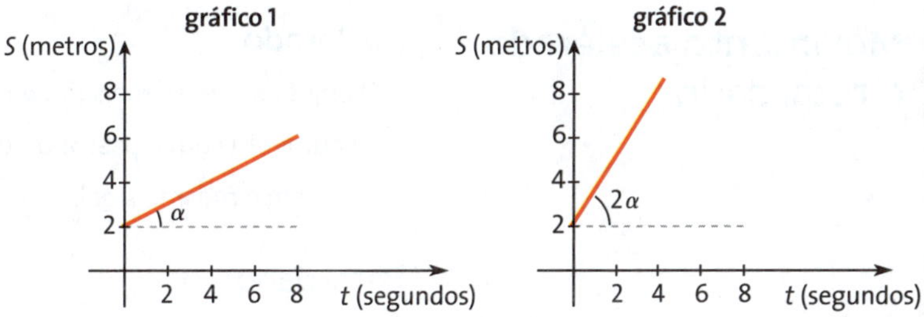

a) $S = 2 + t$.

b) $S = 2 + 2t$.

c) $S = 2 + \frac{4}{3}t$.

d) $S = 2 + \frac{6}{5}t$.

28. (AFA-SP) Dois automóveis *A* e *B* encontram-se estacionados paralelamente ao marco zero de uma estrada. Em um dado instante, o automóvel *A* parte, movimentando-se com velocidade escalar constante $v_A = 80$ km/h. Depois de certo intervalo de tempo, Δt, o automóvel *B* parte no encalço de *A* com velocidade escalar constante $v_B = 100$ km/h. Após 2 h de viagem, o motorista de *A* verifica que *B* se encontra 10 km atrás e conclui que o intervalo Δt, em que o motorista *B* ainda permaneceu estacionado, em horas, é igual a:

a) 0,25. b) 0,50. c) 1,00. d) 4,00.

MOVIMENTO VARIADO

Conceitos gerais	
	Variações A velocidade escalar varia com o tempo. O valor dessa variação, por unidade de tempo, pode ser constante ou também variar.
	Aceleração escalar média (a_m) • Definida para um intervalo de tempo (Δt). • $a_m = \dfrac{\Delta v}{\Delta t}$
	Aceleração escalar instantânea (a) • Definida para um instante de tempo (t). • Cálculo: derivada temporal da função horária da velocidade.

Movimento acelerado e retardado	
	Acelerado • O objeto move-se mais rapidamente com o passar do tempo. • $\lvert v \rvert$ aumenta com o passar do tempo. • v e a têm o mesmo sinal.
	Retardado • O objeto move-se mais lentamente com o passar do tempo. • $\lvert v \rvert$ decresce com o passar do tempo. • v e a têm sinais opostos.

Movimento Uniformemente Variado – MUV	
Caso particular de um movimento variado, no qual a variação sofrida pela velocidade escalar, por unidade de tempo, é constante.	**Aceleração escalar (a)** $a = a_m = \text{constante}$
	Função horária da velocidade (v) $v = v_0 + a \cdot t$
	Função horária do espaço (S) $S = S_0 + v_0 \cdot t + \dfrac{a}{2} \cdot t^2$
	Equação de Torricelli $v^2 = v_0^2 + 2 \cdot a \cdot \Delta S$
	Velocidade média (v_m) $v_m = \dfrac{\Delta S}{\Delta t} = \dfrac{v_1 + v_2}{2}$

Diagramas horários do MUV

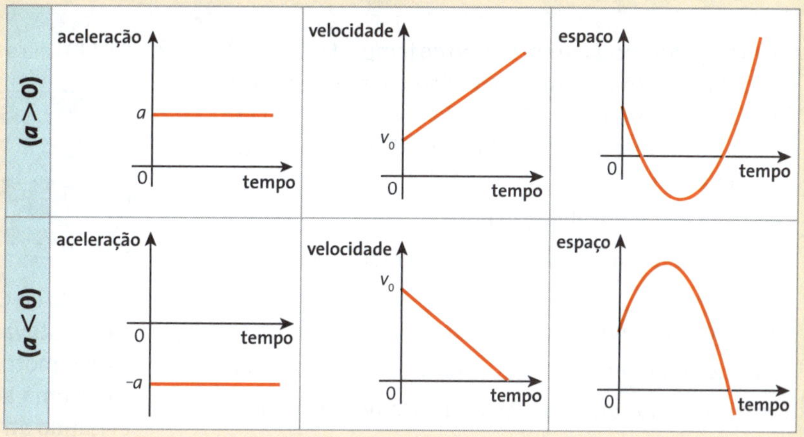

Propriedades

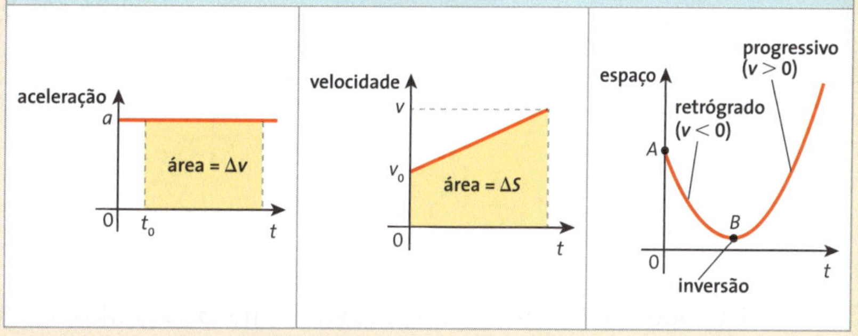

Aplicações do MUV

Queda livre

- Movimento uniformemente acelerado.
- Convenções:

↓ ⊕

$a = +g = \text{constante}$

$S = h$

Lançamento vertical para cima

- Movimento uniformemente retardado na subida e uniformemente acelerado na descida.
- Convenções:

↑ ⊕

$a = -g = \text{constante}$

$S = h$

- Na altura máxima: $v = 0$ e $|a| = g$

Exercícios

1. (Unifesp) A velocidade em função do tempo de um ponto material em movimento retilíneo uniformemente variado, expressa em unidades do SI, é $v = 50 - 10 \cdot t$. Pode-se afirmar que, no instante $t = 5{,}0$ s, esse ponto material tem:

   a) velocidade e aceleração nulas.

   b) velocidade nula e daí em diante não se movimenta mais.

   c) velocidade nula e aceleração $a = -10\ m/s^2$.

   d) velocidade nula e a sua aceleração muda de sentido.

   e) aceleração nula e a sua velocidade muda de sentido.

2. (UEPB) Leia a tirinha a seguir para responder à questão.

Coitado do Cascão! Quase foi atropelado. Por sorte o carro estava a uma velocidade de 36 km/h e foi possível o motorista frear bruscamente, provocando no carro uma aceleração de $-2{,}0\ m/s^2$, e parar o carro, evitando atropelá-lo. Nessas circunstâncias, qual é a distância percorrida em metros, pelo carro, no instante em que o motorista pisa no freio até parar?

a) 2,5 b) 5,0 c) 10,0 d) 20,0 e) 25,0

3. (PUC-RJ) O movimento de um objeto pode ser descrito pelo gráfico velocidade *versus* tempo, apresentado na figura ao lado. Podemos afirmar que:

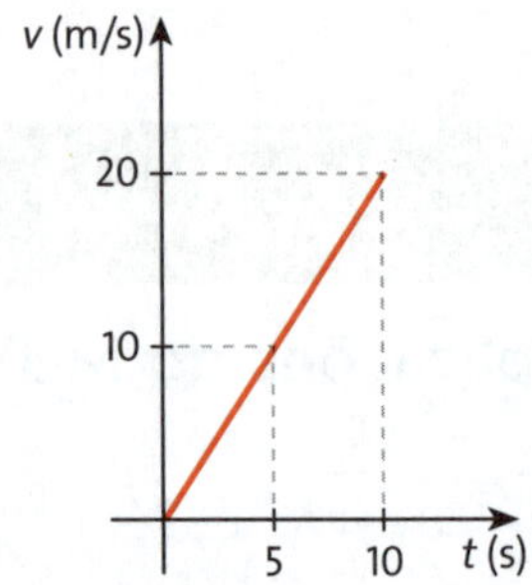

   a) a aceleração do objeto é $2{,}0\ m/s^2$, e a distância percorrida em 5,0 s é 10,0 m.

   b) a aceleração do objeto é $4{,}0\ m/s^2$, e a distância percorrida em 5,0 s é 20,0 m.

   c) a aceleração do objeto é $2{,}0\ m/s^2$, e a distância percorrida em 5,0 s é 25,0 m.

   d) a aceleração do objeto é $2{,}0\ m/s^2$, e a distância percorrida em 5,0 s é 10,0 m.

   e) a aceleração do objeto é $2{,}0\ m/s^2$, e a distância percorrida em 5,0 s é 20,0 m.

4. (IFSP) Numa determinada avenida onde a velocidade de máxima permitida é de 60 km/h, um motorista dirigindo a 54 km/h vê que o semáforo, distante a 63 metros, fica amarelo e decide não parar. Sabendo-se que o sinal amarelo permanece aceso durante 3 segundos aproximadamente, esse motorista, se não quiser passar no sinal vermelho, deverá imprimir ao veículo uma aceleração mínima de ________ m/s^2.
O resultado é que esse motorista ________ multado, pois ________ a velocidade máxima.
Assinale a alternativa que preenche as lacunas, correta e respectivamente.

a) 1,4 – não será – não ultrapassará.
b) 4,0 – não será – não ultrapassará.
c) 10 – não será – não ultrapassará.
d) 4,0 – será – ultrapassará.
e) 10 – será – ultrapassará.

5. (UFPB) Uma partícula em movimento retilíneo tem sua velocidade, em função do tempo, representada no gráfico a seguir.

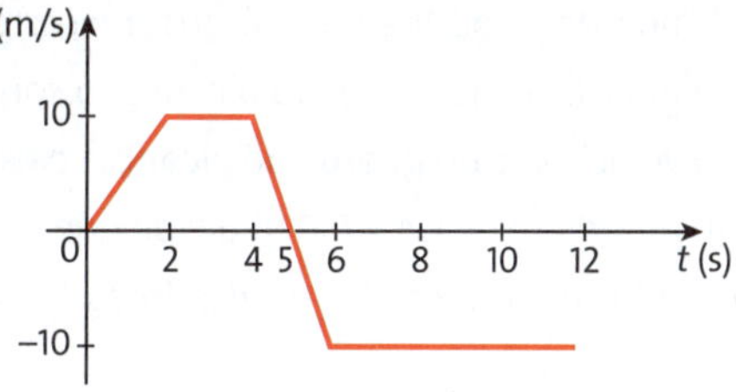

De acordo com o gráfico, o instante de tempo no qual a partícula retorna à posição inicial, correspondente a $t = 0$, é:

a) 3 s. b) 6 s. c) 9 s. d) 12 s. e) 15 s.

6. (Unemat-MT) O gráfico em função do tempo mostra dois carros *A* e *B* em movimento retilíneo. Em $t = 0$ s os carros estão na mesma posição.

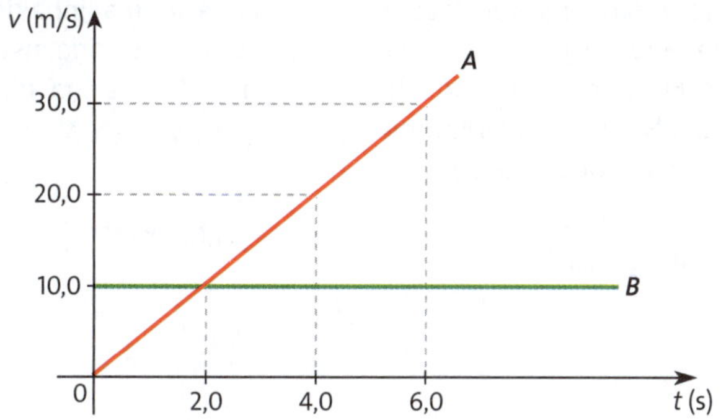

Com base na análise do gráfico, é correto afirmar.

a) Os carros vão estar na mesma posição nos instantes $t = 0$ s e $t = 4,0$ s.
b) Os carros não vão se encontrar após $t = 0$, porque a velocidade de *A* é maior que a do carro *B*.
c) Os carros vão se encontrar novamente na posição $S = 10$ m.
d) Os carros não vão se encontrar, porque estão em sentidos contrários.
e) Os instantes em que os carros vão estar na mesma posição é $t = 0$ s e $t = 8,0$ s.

7. (ITA-SP) Um automóvel a 90 km/h passa por um guarda num local em que a velocidade máxima é de 60 km/h. O guarda começa a perseguir o infrator com a sua motocicleta, mantendo aceleração constante até que atinge 108 km/h em 10 s e continua com essa velocidade até alcançá-lo, quando lhe faz sinal para parar. Pode-se afirmar que:

a) o guarda levou 15 s para alcançar o carro.

b) o guarda levou 60 s para alcançar o carro.

c) a velocidade do guarda ao alcançar o carro era de 25 m/s.

d) o guarda percorreu 750 m desde que saiu em perseguição até alcançar o motorista infrator.

e) nenhuma das respostas anteriores é correta.

8. (Unifesp) Um avião a jato, para transporte de passageiros, precisa atingir a velocidade de 252 km/h para decolar em uma pista plana e reta. Para uma decolagem segura, o avião, partindo do repouso, deve percorrer uma distância máxima de 1960 m até atingir aquela velocidade. Para tanto, os propulsores devem imprimir ao avião uma aceleração mínima e constante de:

a) $1,25\ m/s^2$.

b) $1,40\ m/s^2$.

c) $1,50\ m/s^2$.

d) $1,75\ m/s^2$.

e) $2,00\ m/s^2$.

9. (PUC-RJ) Um corredor olímpico de 100 metros rasos acelera desde a largada, com aceleração constante, até atingir a linha de chegada, por onde ele passará com velocidade instantânea de 12 m/s no instante final. Qual a sua aceleração constante?

a) $10,0\ m/s^2$

b) $1,0\ m/s^2$

c) $1,66\ m/s^2$

d) $0,72\ m/s^2$

e) $2,0\ m/s^2$

10. (PUC-RJ) Os vencedores da prova de 100 m rasos são chamados de homem/mulher mais rápidos do mundo. Em geral, após o disparo e acelerando de maneira constante, um bom corredor atinge a velocidade máxima de 12,0 m/s a 36,0 m do ponto de partida. Esta velocidade é mantida por 3,0 s. A partir deste ponto, o corredor desacelera, também de maneira constante, com $a = -0,5\ m/s^2$, completando a prova em, aproximadamente, 10 s. É correto afirmar que a **aceleração** nos primeiros 36,0 m, a distância percorrida nos 3,0 s seguintes e a velocidade final do corredor ao cruzar a linha de chegada são, respectivamente:

a) $2,0\ m/s^2$; 36,0 m; 10,8 m/s.
b) $2,0\ m/s^2$; 38,0 m; 21,6 m/s.
c) $2,0\ m/s^2$; 72,0 m; 32,4 m/s.
d) $4,0\ m/s^2$; 36,0 m; 10,8 m/s.
e) $4,0\ m/s^2$; 38,0 m; 21,6 m/s.

11. (Ufla-MG) Considere o gráfico $v \times t$ do movimento de um corpo que parte da origem de um referencial e se desloca em linha reta. A seguir, analise as afirmações.

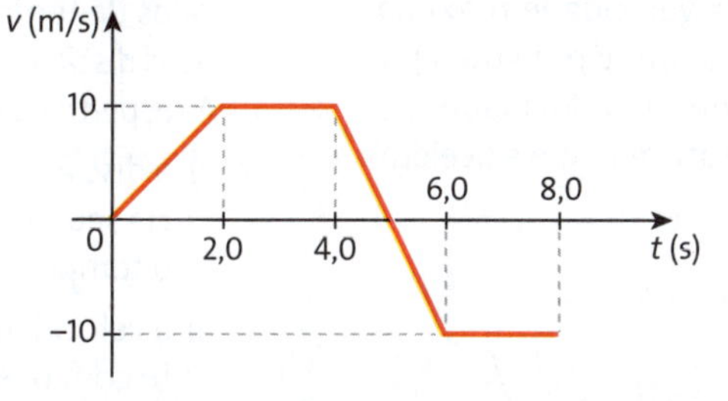

a) ( ) Nos intervalos de tempo de 2,0 s a 4,0 s e de 6,0 s a 8,0 s o corpo permanece em repouso.
b) ( ) De 0 até 8,0 s só há um trecho de movimento uniformemente acelerado.
c) ( ) De 0 até 8,0 s só há um trecho de movimento uniformemente retardado.
d) ( ) O afastamento máximo da origem do referencial é maior do que 40 m.
e) ( ) O corpo passa somente uma vez pela posição 30 m.

12. (PUC-PR) Um motociclista dirige uma motocicleta ao longo de uma estrada reta como mostrado no diagrama velocidade × tempo ao lado. A respeito dessa situação, assinale a alternativa correta.

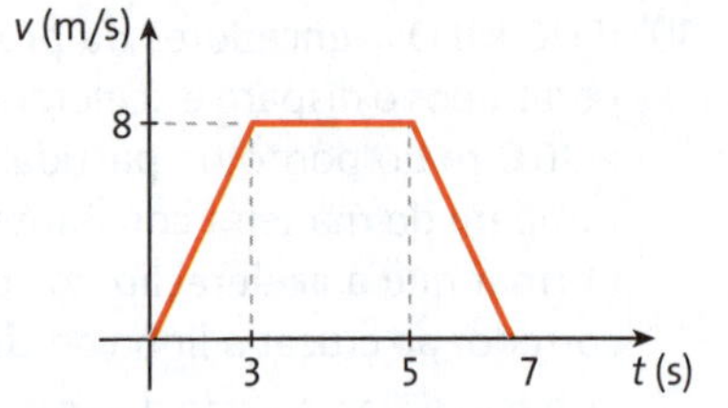

a) Entre os instantes $t = 3$ s e $t = 5$ s o movimento é acelerado.
b) A aceleração no intervalo de tempo entre $t = 5$ s e $t = 7$ s vale $-4\ m/s^2$.
c) O deslocamento do motociclista entre os instantes $t = 3$ s e $t = 5$ s foi de 20 m.
d) A aceleração no intervalo de tempo entre $t = 5$ s e $t = 7$ s vale $2\ m/s^2$.
e) A aceleração no intervalo de tempo entre $t = 0$ e $t = 3$ s é nula.

13. (Unifesp) Em um teste, um automóvel é colocado em movimento retilíneo uniformemente acelerado a partir do repouso até atingir a velocidade máxima. Um técnico constrói o gráfico onde se registra a posição x do veículo em função de sua velocidade v. Através desse gráfico, pode-se afirmar que a aceleração do veículo é:

a) $1{,}5\ m/s^2$.
b) $2{,}0\ m/s^2$.
c) $2{,}5\ m/s^2$.
d) $3{,}0\ m/s^2$.
e) $3{,}5\ m/s^2$.

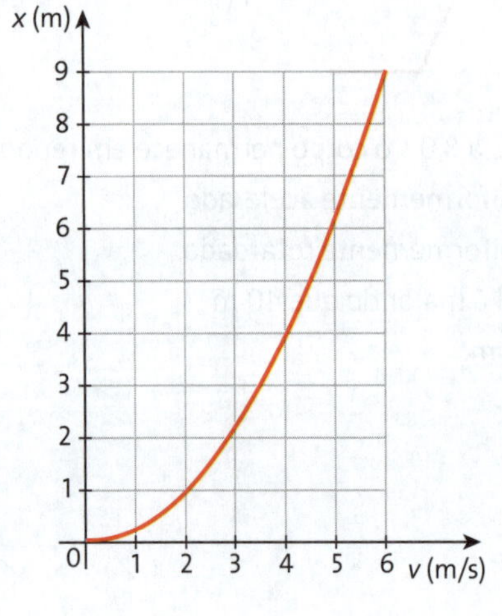

14. (ITA-SP) Uma partícula, partindo do repouso, percorre, no intervalo de tempo t, uma distância D. Nos intervalos de tempo seguintes, todos iguais a t, as respectivas distâncias percorridas são iguais a $3D$, $5D$, $7D$, etc. A respeito desse movimento pode-se afirmar que:

a) a distância da partícula desde o ponto em que inicia seu movimento cresce exponencialmente com o tempo.
b) a velocidade da partícula cresce exponencialmente com o tempo.
c) a distância da partícula desde o ponto em que inicia seu movimento é diretamente proporcional ao tempo elevado ao quadrado.
d) a velocidade da partícula é diretamente proporcional ao tempo elevado ao quadrado.
e) nenhuma das opções acima está correta.

15. (Vunesp-SP) Para deslocar tijolos, é comum vermos em obras de construção civil um operário no solo, lançando tijolos para outro que se encontra postado no piso superior. Considerando o lançamento vertical, a resistência do ar nula, a aceleração da gravidade igual a 10 m/s^2 e a distância entre a mão do lançador e a do receptor 3,2 m, a velocidade com que cada tijolo deve ser lançado para que chegue às mãos do receptor com velocidade nula deve ser de:

a) 5,2 m/s.
b) 6,0 m/s.
c) 7,2 m/s.
d) 8,0 m/s.
e) 9,0 m/s.

16. (Ufla–MG) Um corpo é abandonado a partir do repouso e cai percorrendo uma distância *H* em um tempo *t*. Para um tempo de queda de 2*t*, é CORRETO afirmar que a distância percorrida é:

a) 4*H*. b) 2*H*. c) *H*/2. d) 8*H*.

17. (UFT-TO) Uma pedra, partindo do repouso, cai verticalmente do alto de um prédio cuja altura é *h*. Se ela gasta um segundo (1 s) para percorrer a última metade do percurso, qual é o valor em metros (m) que melhor representa a altura *h* do prédio?
Desconsidere o atrito com o ar, e considere o módulo da aceleração da gravidade igual a 9,8 m/s^2.

a) 80,6 m b) 100,2 m c) 73,1 m d) 57,1 m e) 32,0 m

18. (UFSM-RS) O gráfico a seguir representa a velocidade de um objeto lançado verticalmente para cima, desprezando-se a ação da atmosfera.

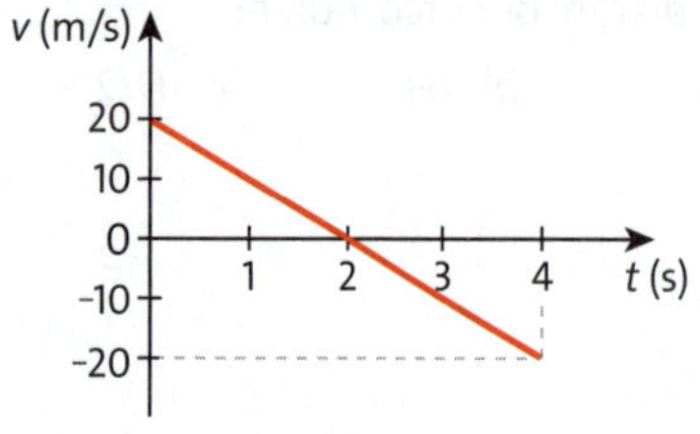

Assinale a afirmativa incorreta.

a) O objeto atinge, 2 segundos após o lançamento, o ponto mais alto da trajetória.

b) A altura máxima atingida pelo objeto é 20 metros.

c) O deslocamento do objeto, 4 segundos após o lançamento, é zero.

d) A aceleração do objeto permanece constante durante o tempo observado e é igual a 10 m/s^2.

e) A velocidade inicial do objeto é igual a 20 m/s.

19. (IFCE-CE) Uma esfera de dimensões desprezíveis é largada, a partir do repouso, de uma altura igual a 80 m do solo considerado horizontal e plano. Desprezando-se a resistência do ar e considerando-se a aceleração da gravidade constante e igual a 10m/s^2, é correto afirmar que a distância percorrida pela esfera, no último segundo de queda, vale:

a) 20 m.
b) 35 m.
c) 40 m.
d) 45 m.
e) 55 m.

20. (UFSC-SC) Uma pedra *A* é lançada para cima com velocidade inicial de 20 m/s. Um segundo antes, outra pedra *B* era largada de uma altura de 35 m em relação ao solo. Supondo o atrito com o ar desprezível, no instante em que elas se encontram, a soma da afirmativas corretas é?

(01) a aceleração da pedra *A* tem sentido oposto à aceleração da pedra *B*.

(02) o módulo da velocidade da pedra *B* é de 20 m/s.

(04) o módulo da velocidade da pedra *A* é de 10 m/s.

(08) a distância percorrida pela pedra *A* é de 16 m.

(16) a posição da pedra *B* em relação ao solo é de 20 m.

21. (UPM-SP) Ao parar em um cruzamento entre duas avenidas, devido ao semáforo ter mudado para vermelho, o motorista de um automóvel vê um menino malabarista jogando 3 bolas verticalmente para cima, com uma das mãos. As bolas são lançadas uma de cada vez, de uma mesma altura em relação ao solo, com a mesma velocidade inicial e, imediatamente após lançar a 3ª bola, o menino pega de volta a 1ª bola. O tempo entre os lançamentos das bolas é sempre igual a 0,6 s. A altura máxima atingida pelas bolas é de

Dado: Aceleração da gravidade = 10 m/s^2.

a) 90 cm. b) 180 cm. c) 240 cm. d) 300 cm. e) 360 cm.

22. (UFPB) Nesta prova adote as seguintes convenções:

- Os vetores unitários *i*, *j* e *k* estão ao longo dos eixos *x*, *y* e *z*, respectivamente, nos sentidos positivos, em um sistema retangular. Considere ainda que o eixo *z* está vertical, com sentido positivo para baixo.
- Valor da aceleração da gravidade: $g = 10 \text{ m/s}^2$.
- O atrito e a resistência do ar podem ser desconsiderados.

Enquanto espera o ônibus, um garoto fica brincando com a sua bola de tênis, lançando-a com a mão para cima e pegando-a de volta no mesmo ponto do lançamento. Ele consegue lançar a bola para cima, completamente na vertical, com uma velocidade em módulo de 10 m/s. A partir dessas informações, entre os gráficos a seguir identifique os que podem representar o movimento de subida e descida da bola:

( ) 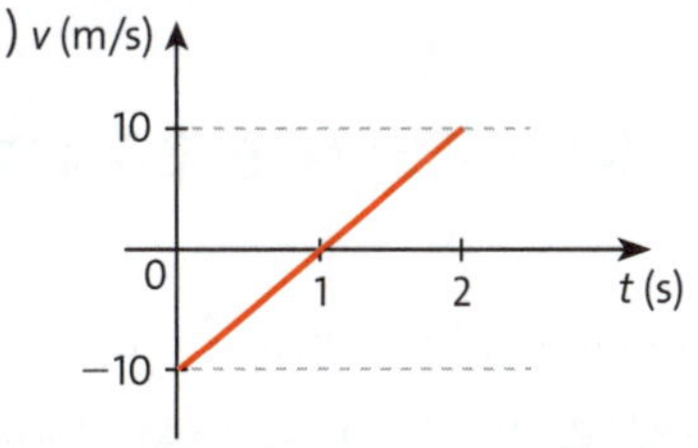

( ) 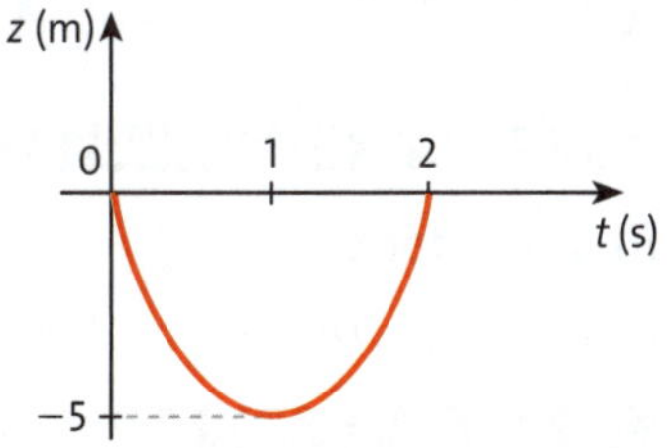

( ) 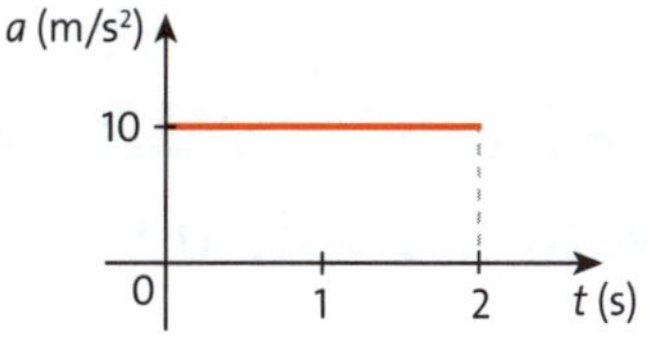

( ) 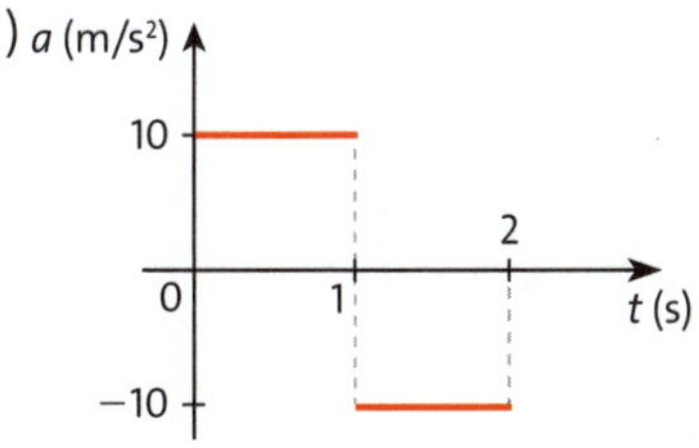

( ) 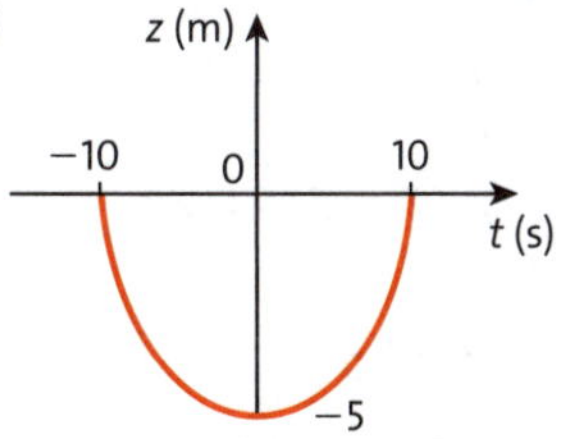

CINEMÁTICA VETORIAL

Soma de dois vetores

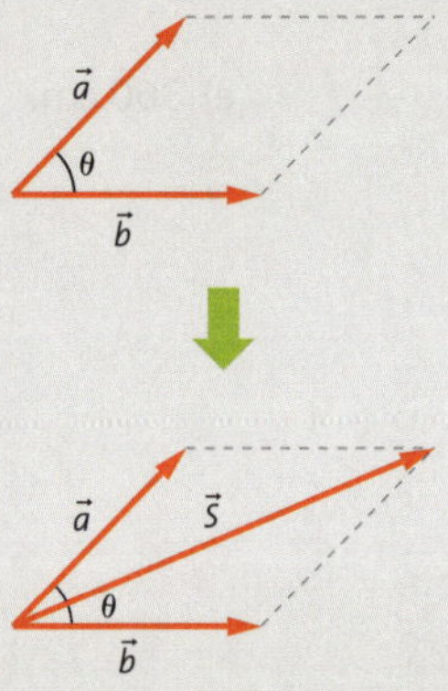

Expressão vetorial

$\vec{S} = \vec{a} + \vec{b}$

Módulo do vetor soma

$S = \sqrt{a^2 + b^2 + 2 \cdot a \cdot b \cdot \cos\theta}$

Subtração de dois vetores

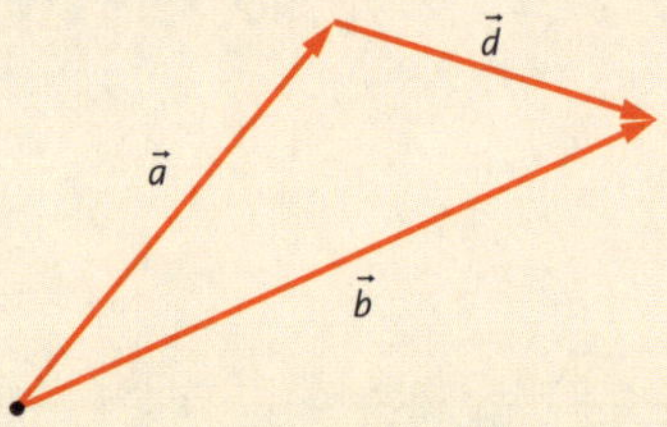

Expressão vetorial

$\vec{d} = \vec{b} - \vec{a}$, em que $\vec{d}$ é chamado de vetor diferença.

Regra prática

$\vec{d} = \vec{b} - \vec{a} = \vec{b} + (-\vec{a})$

Decomposição cartesiana de um vetor

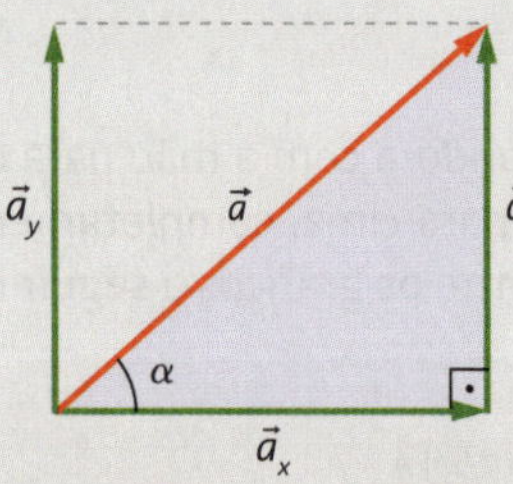

Expressão vetorial

$\vec{a} = \vec{a}_x + \vec{a}_y$

Cálculo das componentes

- $a_x = a \cdot \cos\alpha$
- $a_y = a \cdot \text{sen}\,\alpha$

Vetor posição ($\vec{r}$)

Propriedade

Liga a origem O do sistema de referência à posição P do objeto: $\vec{r} = \overrightarrow{OP}$

Velocidade vetorial média ($\vec{v}_m$)

Cálculos

- $\vec{v}_m + \dfrac{\Delta\vec{r}}{\Delta t}$
- $\Delta\vec{r} = \vec{r}_B - \vec{r}_A = \vec{r}_B + (-\vec{r}_A)$

Comparação

$|\Delta\vec{r}| \leqslant |\Delta S| \Rightarrow |\vec{v}_m| \leqslant |v_m|$

Velocidade vetorial instantânea ($\vec{v}$)

Propriedades

- Tangente à trajetória e mesmo sentido do movimento.
- Tem o mesmo módulo da velocidade escalar instantânea: $|\vec{v}| = |v|$.

Aceleração vetorial média ($\vec{a}_m$)

Cálculos

- $\vec{a}_m + \dfrac{\Delta\vec{v}}{\Delta t}$
- $\Delta\vec{v} = \vec{v}_f - \vec{v}_i = \vec{v}_f + (-\vec{v}_i)$

Aceleração vetorial instantânea ($\vec{a}$)

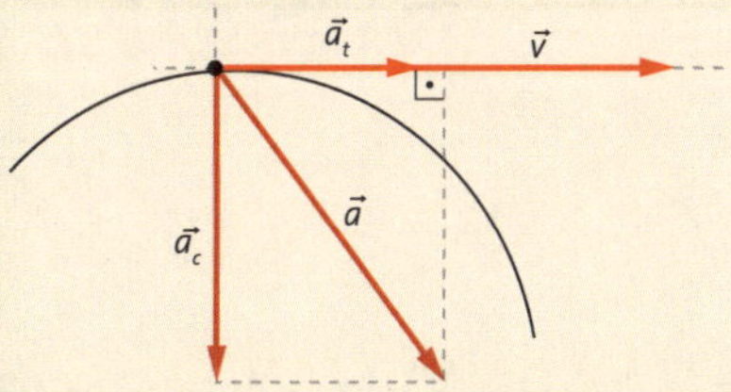

Expressão vetorial

$\vec{a} = \vec{a}_t + \vec{a}_c$

Módulo

$a = \sqrt{a_t^2 + a_c^2}$

Aceleração tangencial ($\vec{a}_t$)

Propriedades

- Ausente em movimentos uniformes (retilíneos ou curvilíneos).
- Mesmo sentido da velocidade em movimentos acelerados e sentido oposto em movimentos retardados.
- Tem o mesmo módulo da aceleração escalar instantânea.

Aceleração centrípeta ($\vec{a}_c$)

Propriedades

- Presente em movimentos curvilíneos e ausente em movimentos retilíneos.
- Perpendicular à velocidade vetorial e orientada para o centro de curvatura da trajetória.
- Módulo: $a_c = \dfrac{v^2}{R} = \omega^2 \cdot R = v \cdot \omega$

Aplicações

Movimento	Aceleração tangencial	Aceleração centrípeta
MRU	Não	Não
MRUA	Sim	Não
MRUR	Sim	Não
MCU	Não	Sim
MCUA	Sim	Sim
MCUR	Sim	Sim

Barco “mirando” no ponto *B* e chegando no ponto *C*

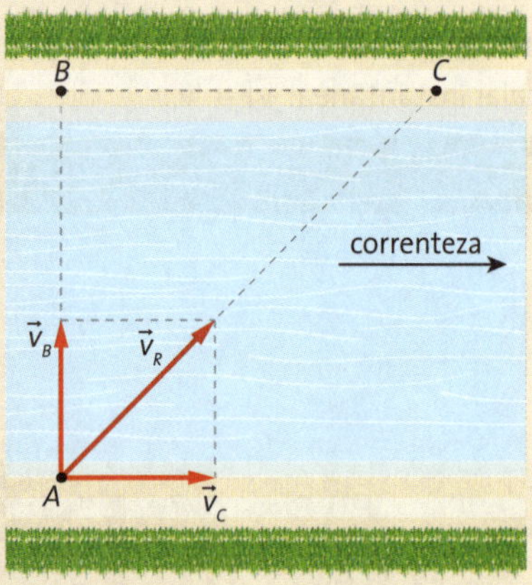

Termos

- v_B: velocidade relativa ou do barco em relação às águas.
- v_C: velocidade da correnteza ou de arrasto.
- v_R: velocidade resultante ou total.

Cálculos

$$v_B = \frac{\overline{AB}}{\Delta t};\ v_C = \frac{\overline{BC}}{\Delta t}$$

$$v_R = \frac{\overline{AC}}{\Delta t};\ v_R = \sqrt{v_B^2 + v_C^2}$$

Lançamento oblíquo

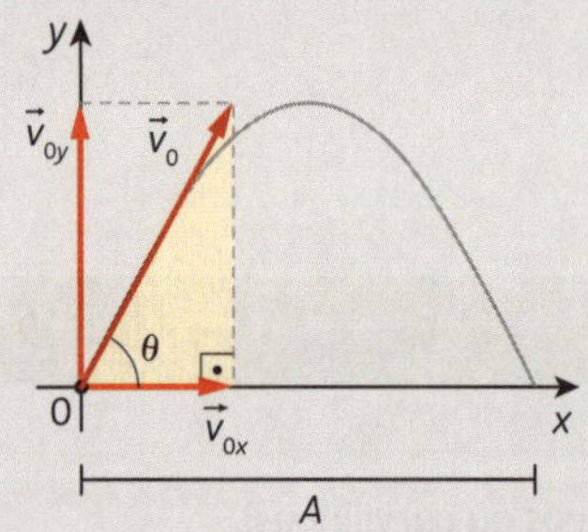

Direção horizontal (*Ox*)

$$v_{0x} = v_0 \cdot \cos\theta$$

$$x = v_{0x} \cdot t$$

$$A = v_{0x} \cdot t_T = \frac{v_0^2}{g} \cdot \text{sen } 2\theta$$

Direção vertical (*Oy*)

$$v_{0y} = v_0 \cdot \text{sen}\theta$$

$$v_y = v_{0y} - g \cdot t$$

$$y = y_0 + v_{0y} \cdot t - \frac{g}{2} \cdot t^2$$

$$v_y^2 = v_{0y}^2 - 2 \cdot g \cdot \Delta y$$

Se o projétil volta ao nível horizontal de partida

- Tempo de subida é igual ao tempo de descida.
- Ângulos complementares têm o mesmo alcance.
- Alcance máximo ocorre para $\theta = 45°$.

Outros cálculos

- Tempo de subida: $t_{sub.} = \frac{v_{0y}}{g}$
- Altura máxima: $h_{máx.} = \frac{v_{0y}^2}{2g}$
- Alcance máximo: $A_{máx.} = \frac{v_0^2}{g}$
- Na altura máxima: $v = v_{0x} \neq 0$; $v_y = 0$; $|a| = g$

Exercícios

1. (PUC-RJ) Os ponteiros de hora e minuto de um relógio suíço têm, respectivamente, 1 cm e 2 cm. Supondo que cada ponteiro do relógio é um vetor que sai do centro do relógio e aponta na direção dos números na extremidade do relógio, determine o vetor resultante da soma dos dois vetores correspondentes aos ponteiros de hora e minuto quando o relógio marca 6 horas.

   a) O vetor tem módulo 1 cm e aponta na direção do número 12 do relógio.
   b) O vetor tem módulo 2 cm e aponta na direção do número 12 do relógio.
   c) O vetor tem módulo 1 cm e aponta na direção do número 6 do relógio.
   d) O vetor tem módulo 2 cm e aponta na direção do número 6 do relógio.
   e) O vetor tem módulo 1,5 cm e aponta na direção do número 6 do relógio.

2. (Fatec-SP) Dados os vetores *A*, *B* e *C*, representados na figura em que cada quadrícula apresenta lado correspondente a uma unidade de medida, é correto afirmar que a resultante dos vetores tem módulo:

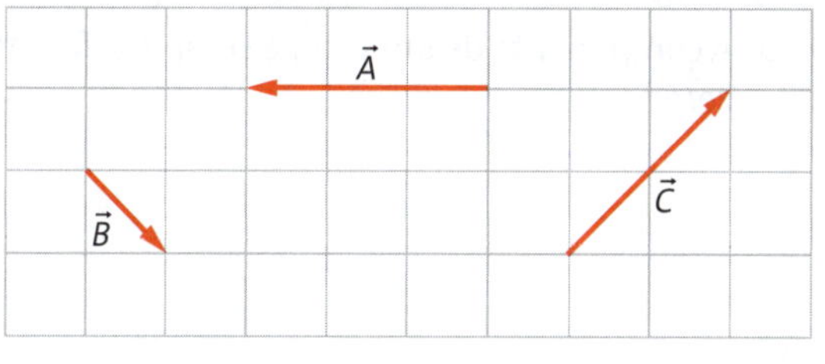

   a) 1. b) 2. c) 3. d) 4. e) 6.

3. (UEPG-PR) O estudo da Física em duas e três dimensões requer o uso de uma ferramenta matemática conveniente e poderosa conhecida como vetor. Sobre os vetores, assinale o que for correto.

   (01) A direção de um vetor é dada pelo ângulo que ele forma com um eixo de referência qualquer dado.
   (02) O comprimento do segmento de reta orientado que representa o vetor é proporcional ao seu módulo.
   (04) Dois vetores são iguais somente se seus módulos correspondentes forem iguais.
   (08) O módulo do vetor depende de sua direção e nunca é negativo.
   (16) Suporte de um vetor é a reta sobre a qual ele atua.

4. (Cefet-CE) Dados os vetores $\vec{a}$, $\vec{b}$, $\vec{c}$, $\vec{d}$ e $\vec{e}$ a seguir representados, obtenha o módulo do vetor soma: $\vec{R} = \vec{a} + \vec{b} + \vec{c} + \vec{d} + \vec{e}$

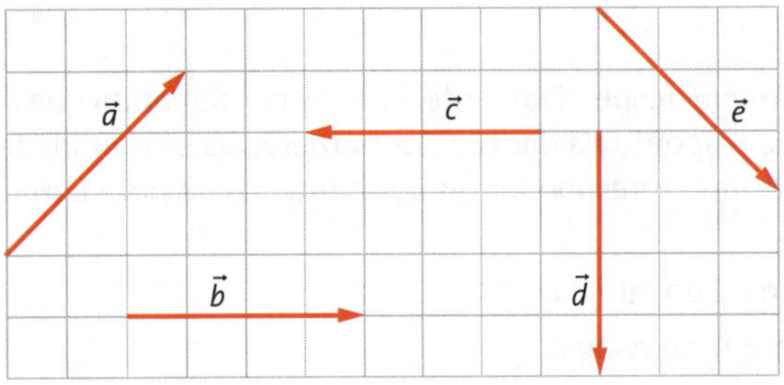

a) zero
b) $\sqrt{20}$
c) 1
d) 2
e) $\sqrt{52}$

6. (Unifor-CE) A velocidade de um corpo que se move num plano horizontal varia de $\vec{v}_1$ para $\vec{v}_2$, num certo intervalo de tempo, conforme a representação abaixo.

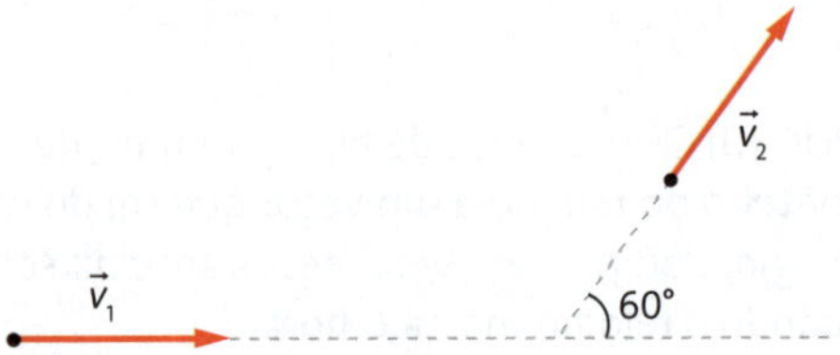

Sendo os módulos de $\vec{v}_1$ e $\vec{v}_2$ iguais a 10 m/s, o módulo da variação da velocidade, nesse intervalo de tempo, em m/s, foi igual a:

a) zero.
b) 2,5.
c) 5,0.
d) 8,6.
e) 10,0.

5. (UFPB) Uma bola de bilhar sofre quatro deslocamentos sucessivos representados pelos vetores $\vec{d}_1$, $\vec{d}_2$, $\vec{d}_3$ e $\vec{d}_4$ apresentados no diagrama abaixo.

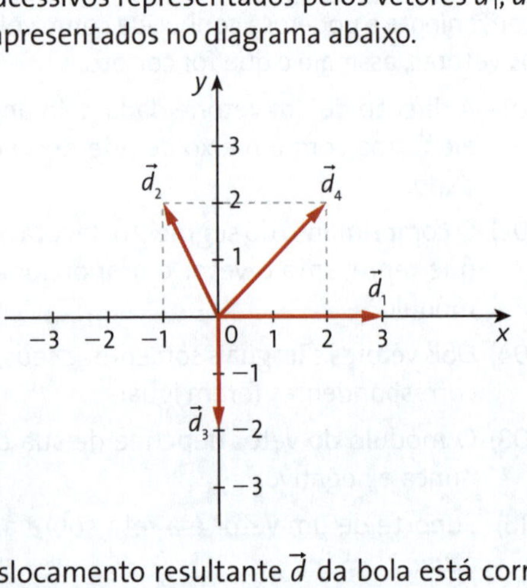

O deslocamento resultante $\vec{d}$ da bola está corretamente descrito em:

a) $\vec{d} = -4i + 2j$.
b) $\vec{d} = -2i + 4j$.
c) $\vec{d} = 2i + 4j$.
d) $\vec{d} = 4i + 2j$.
e) $\vec{d} = 4i + 4j$.

7. (PUC-MG) Assinale a opção correta.

a) Um escalar pode ser negativo.
b) A componente de um vetor não pode ser negativa.
c) O módulo de um vetor pode ser negativo.
d) A componente de um vetor é sempre diferente de zero.

8. (PUC-RJ) Um pequeno avião acelera, logo após a sua decolagem, em linha reta, formando um ângulo de 45° com o plano horizontal. Sabendo que a componente horizontal de sua aceleração é de 6,0 m/s², calcule a componente vertical da mesma.
(Considere $\vec{g} = 10$ m/s².)

a) 6,0 m/s²
b) 4,0 m/s²
c) 16,0 m/s²
d) 12,0 m/s²
e) 3,0 m/s²

9. (UFPB) Considere os vetores $\vec{A}$, $\vec{B}$ e $\vec{F}$, nos diagramas numerados de I a IV.

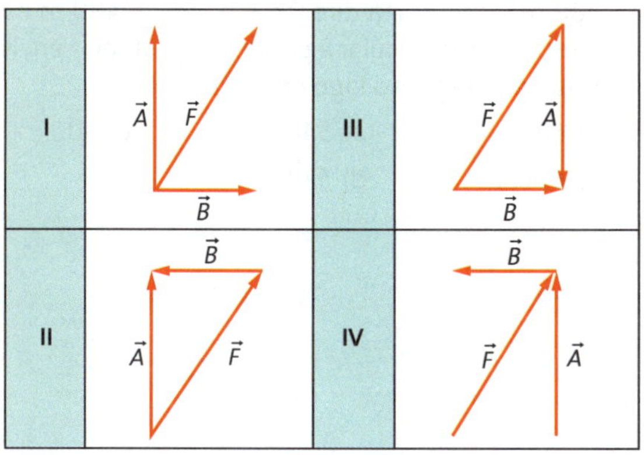

Os diagramas que, corretamente, representam a relação vetorial $\vec{F} = \vec{A} - \vec{B}$ são apenas:

a) I e III.
b) II e IV.
c) II e III.
d) III e IV.
e) I e IV.

10. (Ucsal-BA) Dados os vetores $\vec{a}, \vec{b}, \vec{c}$ e $\vec{d}$ representados no esquema abaixo, vale a seguinte relação:

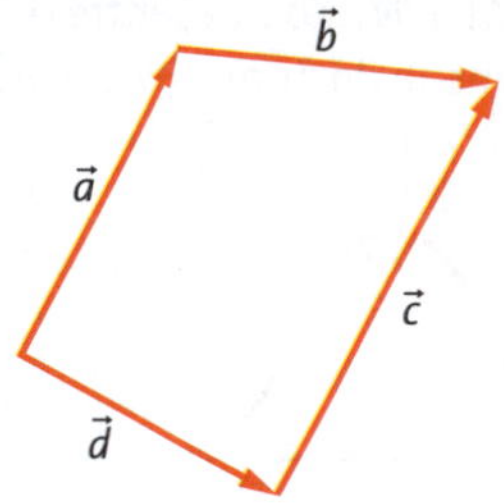

a) $\vec{a} + \vec{b} = \vec{c} + \vec{d}$.
b) $\vec{a} + \vec{b} + \vec{c} + \vec{d} = 0$.
c) $\vec{a} + \vec{b} + \vec{c} = \vec{d}$.
d) $\vec{a} + \vec{b} + \vec{d} = \vec{c}$.
e) $\vec{a} + \vec{c} = \vec{b} + \vec{d}$.

11. (Vunesp-SP) Um caminhoneiro efetuou duas entregas de mercadorias e, para isso, seguiu o itinerário indicado pelos vetores deslocamentos $\vec{d}_1$ e $\vec{d}_2$ ilustrados na figura ao lado.

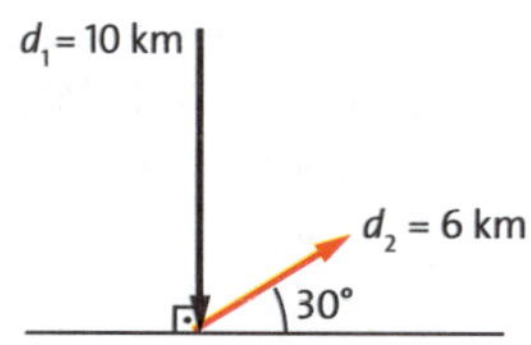

Para a primeira entrega, ele deslocou-se 10 km e, para a segunda entrega, percorreu uma distância de 6 km. Ao final da segunda entrega, a distância a que o caminhoneiro se encontra do ponto de partida é:

a) 4 km.
b) 8 km.
c) $2\sqrt{19}$ km.
d) $8\sqrt{3}$ km.
e) 16 km.

12. (UFC-CE) $\vec{M}$ e $\vec{N}$ são vetores de módulos iguais ($|\vec{M}| = |\vec{N}| = M$). O vetor $\vec{M}$ é fixo e o vetor $\vec{N}$ pode girar em torno do ponto O (veja a figura ao lado) no plano formado por $\vec{M}$ e $\vec{N}$. Sendo $\vec{R} = \vec{M} + \vec{N}$, indique, entre os gráficos a seguir, aquele que pode representar a variação de $|\vec{R}|$ como função do ângulo θ entre $\vec{M}$ e $\vec{N}$.

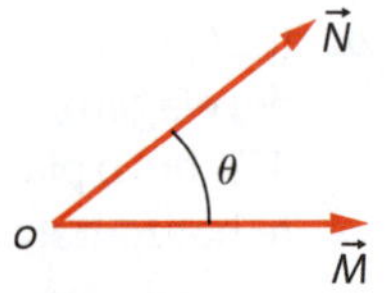

a)

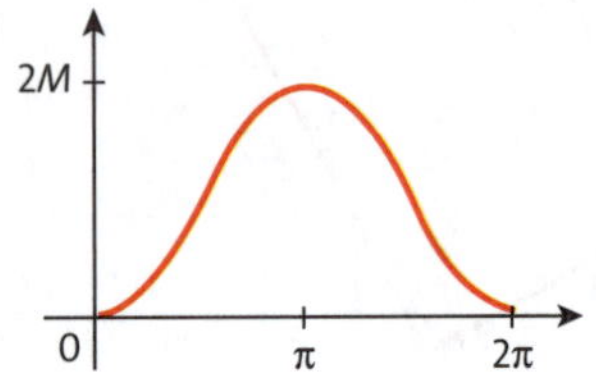

b)

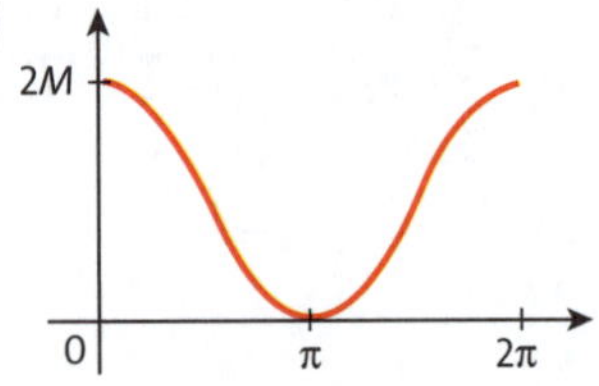

c)

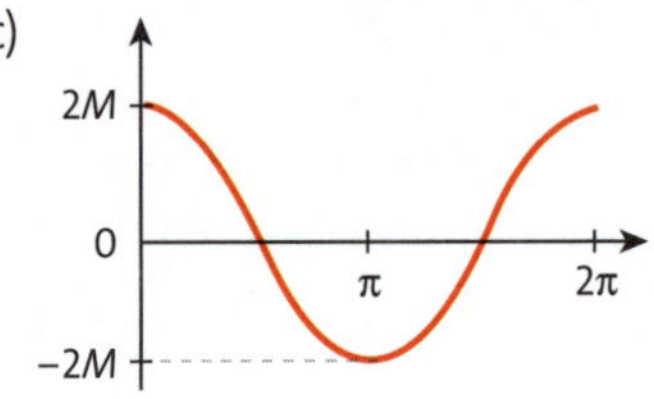

d)

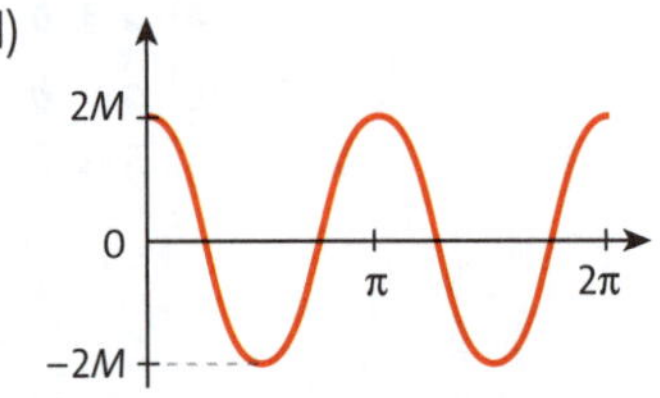

e)

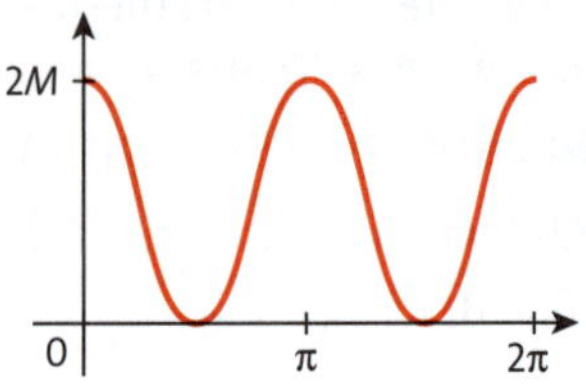

13. (UFC-CE) Na figura a seguir, onde o reticulado forma quadrados de lados $\ell = 0,5$ cm, estão desenhados 10 vetores contidos no plano xy.

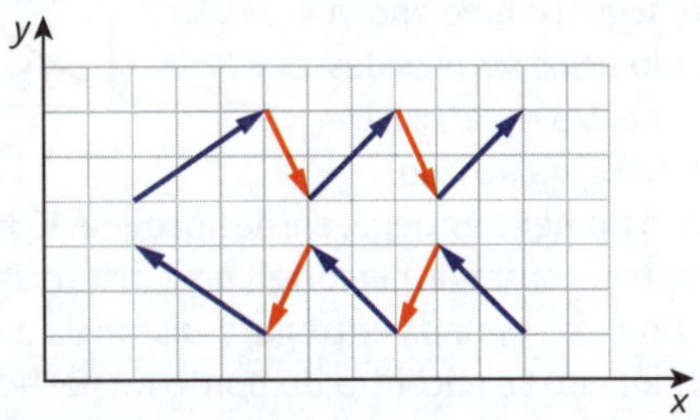

O módulo da soma de todos esses vetores é, em centímetros:

a) 0,0.
b) 0,5.
c) 1,0.
d) 1,5.
e) 2,0.

14. (Ufla-MG) A localização de um lago, em relação a uma caverna pré-histórica, exigia que se caminhasse 200 m numa certa direção e, a seguir, 480 m numa direção perpendicular à primeira. A distância em linha reta da caverna ao lago era, em metros:

a) 680.
b) 600.
c) 540.
d) 520.
e) 500.

15. (Cefet-CE) Para se posicionar em frente ao gol adversário, um jogador efetua deslocamentos rápidos e sucessivos em linha reta, com módulos de 1,8 m e 2,4 m, deixando completamente para trás a defesa oponente. Para que o deslocamento resultante da bola seja de 3,0 m, o ângulo entre estes deslocamentos deve ser de:

a) 0°. c) 60°. e) 120°.
b) 30°. d) 90°.

16. (PUC-PR) Um ônibus percorre em 30 minutos as ruas de um bairro, de *A* até *B*, como mostra a figura ao lado. Considerando a distância entre duas ruas paralelas consecutivas igual a 100 m, analise as afirmações:

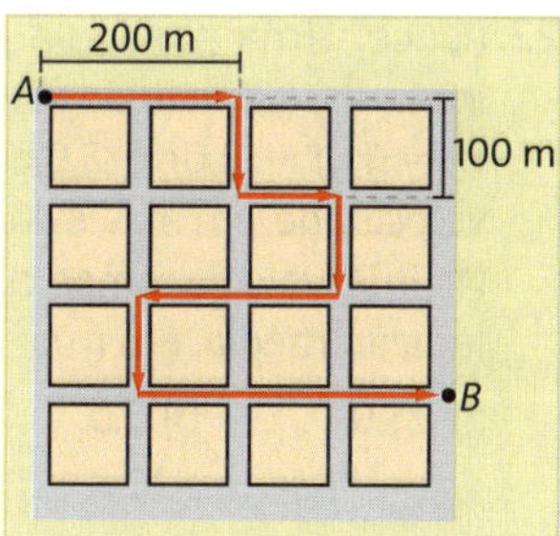

I. A velocidade vetorial média nesse percurso tem módulo 1 km/h.
II. O ônibus percorre 1500 m entre os pontos *A* e *B*.
III. O módulo do vetor deslocamento é 500 m.
IV. A velocidade vetorial média do ônibus entre *A* e *B* tem módulo 3 km/h.

Estão corretas:

a) I e III. c) III e IV. e) II e III.
b) I e IV. d) I e II.

17. (Uesc) Considere um móvel que percorre a metade de uma pista circular de raio igual a 10,0 m em 10,0 segundos. Adotando-se $\sqrt{2}$ como sendo 1,4 e π igual a 3, é correto afirmar:

a) O espaço percorrido pelo móvel é igual a 60,0 m.
b) O deslocamento vetorial do móvel tem módulo igual a 10,0 m.
c) A velocidade vetorial média do móvel tem módulo igual a 2,0 m/s.
d) O módulo da velocidade escalar média do móvel é igual a 1,5 m/s.
e) A velocidade vetorial média e a velocidade escalar média do móvel têm a mesma intensidade.

18. (Uece) Um corpo move-se no plano *xy*, sendo as coordenadas de sua posição dadas pelas funções $x(t) = 3 \cdot t$ e $y(t) = t^3 - 12 \cdot t$, em centímetros, com t em segundos. O módulo do deslocamento entre os instantes $t = 0$ e $t = 4$ segundos, em centímetros, é

a) 4. c) 38.
b) 20. d) 48.

19. (Unitau-SP) Uma partícula tem movimento circular uniforme de velocidade escalar de 10 m/s, dando uma volta a cada 8 segundos. O módulo de aceleração vetorial média para um intervalo de tempo de 2 s é:

a) $\sqrt{2}$ m/s².
b) $5\sqrt{2}$ m/s².
c) $2\sqrt{5}$ m/s².
d) 2 m/s².
e) 5 m/s².

20. (UFC-CE) A figura adiante mostra o mapa de uma cidade em que as ruas retilíneas se cruzam perpendicularmente e cada quarteirão mede 100 m. Você caminha pelas ruas a partir de sua casa, na esquina *A*, até a casa de sua avó, na esquina *B*. Dali segue até sua escola, situada na esquina *C*. A menor distância que você caminha e a distância em linha reta entre sua casa e a escola são, respectivamente:

a) 1800 m e 1400 m.
b) 1600 m e 1200 m.
c) 1400 m e 1000 m.
d) 1200 m e 800 m.
e) 1000 m e 600 m.

21. (Fatec-SP) Num certo instante, estão representadas a aceleração e a velocidade vetoriais de uma partícula. Os módulos dessas grandezas estão também indicados na figura:

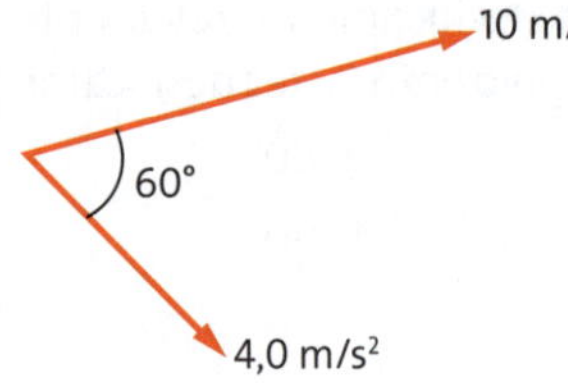

Dados: sen 60° = 0,87; cos 60° = 0,50

No instante considerado, o módulo da aceleração escalar, em m/s², e o raio de curvatura, em metros, são, respectivamente:

a) 3,5 e 25.
b) 2,0 e 2,8.
c) 4,0 e 36.
d) 2,0 e 29.
e) 4,0 e 58.

22. (Uece) Uma partícula puntiforme tem, em certo instante *t*, a velocidade, em m/s, dada por $v_0 = 1{,}0i - 2{,}0j + 5{,}0k$. Dois segundos depois, sua velocidade, em m/s, é dada por $v_2 = 4{,}0i - 2{,}0j + 1{,}0k$. No intervalo de tempo considerado, o módulo da aceleração média, em m/s², é:

a) 25,0.
b) 5,0.
c) 1,0.
d) 2,5.

23. (ITA-SP) Na figura, um ciclista percorre o trecho *AB* com velocidade escalar média de 22,5 km/h e, em seguida, o trecho *BC* de 3,00 km de extensão. No retorno, ao passar em *B*, verifica ser de 20,0 km/h sua velocidade escalar média no percurso então percorrido, *ABCB*. Finalmente, ele chega a *A* perfazendo todo o percurso de ida e volta em 1,00 h, com velocidade de escalar média de 24,0 km/h.

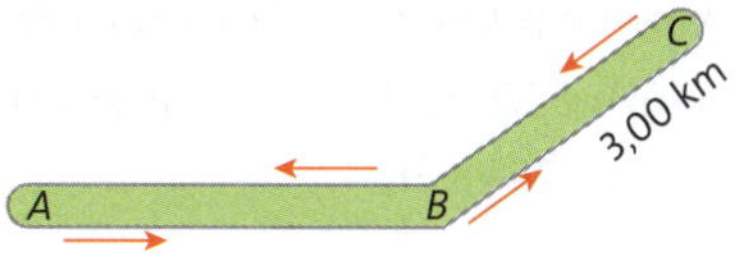

Assinale o módulo $\vec{v}$ do vetor velocidade média referente ao percurso *ABCB*.

a) $v = 12{,}0$ km/h
b) $v = 12{,}00$ km/h
c) $v = 20{,}0$ km/h
d) $v = 20{,}00$ km/h
e) $v = 36{,}0$ km/h

24. (AFA-SP) Um carro percorre uma curva circular com velocidade linear constante de 15 m/s completando-a em $5\sqrt{2}$ s, conforme figura ao lado.

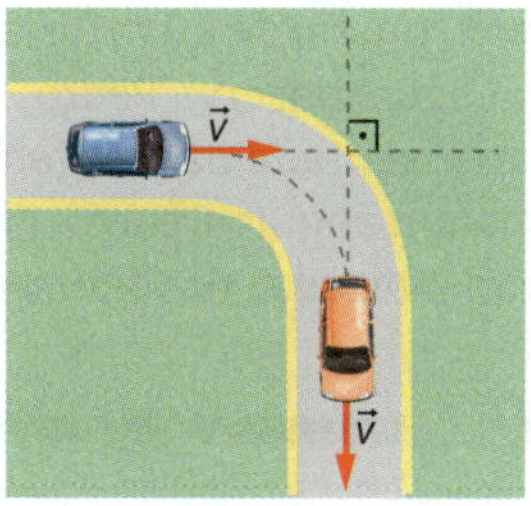

É correto afirmar que o módulo da aceleração média experimentada pelo carro nesse trecho, em m/s^2, é:

a) 0.
b) 1,8.
c) 3,0.
d) 5,3.

25. (Uece) Um barco pode viajar a uma velocidade de 11 km/h em um lago em que a água está parada. Em um rio, o barco pode manter a mesma velocidade com relação à água. Se esse barco viaja no Rio São Francisco, cuja velocidade da água, em relação à margem, assume-se 0,83 m/s, qual é sua velocidade aproximada em relação a uma árvore plantada na beira do rio quando seu movimento é no sentido da correnteza e contra a correnteza, respectivamente?

a) 14 km/h e 8 km/h.
b) 10,2 m/s e 11,8 m/s.
c) 8 km/h e 14 km/h.
d) 11,8 m/s e 10,2 m/s.

26. (UFMG) Um barco tenta atravessar um rio com 1,0 km de largura. A correnteza do rio é paralela às margens e tem velocidade de 4,0 km/h. A velocidade do barco, em relação à água, é de 3,0 km/h perpendicularmente às margens. Nessas condições, pode-se afirmar que o barco:

a) atravessará o rio em 12 minutos.
b) atravessará o rio em 15 minutos.
c) atravessará o rio em 20 minutos.
d) nunca atravessará o rio.

27. (EsPCEx-SP) Um bote de assalto deve atravessar um rio de largura igual a 800 m, numa trajetória perpendicular à sua margem, num intervalo de tempo de 1 minuto e 40 segundos, com velocidade constante. Considerando o bote como uma partícula, desprezando a resistência do ar e sendo constante e igual a 6 m/s a velocidade da correnteza do rio em relação à sua margem, o módulo da velocidade do bote em relação à água do rio deverá ser de:

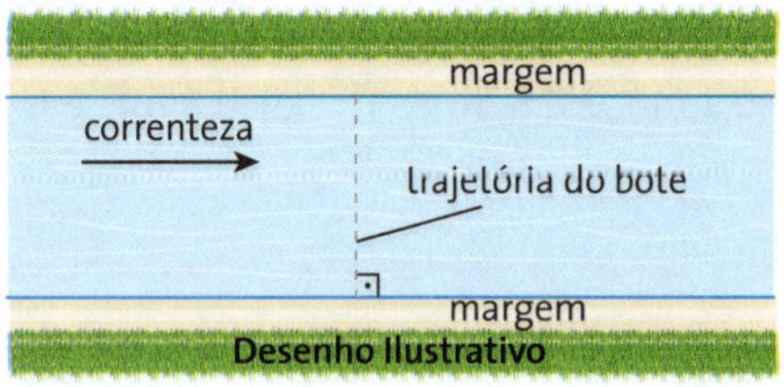

a) 4 m/s.
b) 6 m/s.
c) 8 m/s.
d) 10 m/s.
e) 14 m/s.

28. (PUC-RJ) Um avião em voo horizontal voa a favor do vento com velocidade de 180 km/h em relação ao solo. Na volta, ao voar contra o vento, o avião voa com velocidade de 150 km/h em relação ao solo. Sabendo-se que o vento e o módulo da velocidade do avião (em relação ao ar) permanecem constantes, o módulo da velocidade do avião e do vento durante o voo, respectivamente, são:

a) 165 km/h e 15 km/h.
b) 160 km/h e 20 km/h.
c) 155 km/h e 25 km/h.
d) 150 km/h e 30 km/h.
e) 145 km/h e 35 km/h.

29. (Fuvest-SP) Pedro atravessa a nado, com velocidade constante, um rio de 60 m de largura e margens paralelas, em 2 minutos. Ana, que boia no rio e está parada em relação à água, observa Pedro, nadando no sentido sul-norte, em uma trajetória retilínea, perpendicular às margens. Marta, sentada na margem do rio, vê que Pedro se move no sentido sudoeste-nordeste, em uma trajetória que forma um ângulo θ com a linha perpendicular às margens. As trajetórias, como observadas por Ana e por Marta, estão indicadas nas figuras abaixo, respectivamente por *PA* e *PM*.

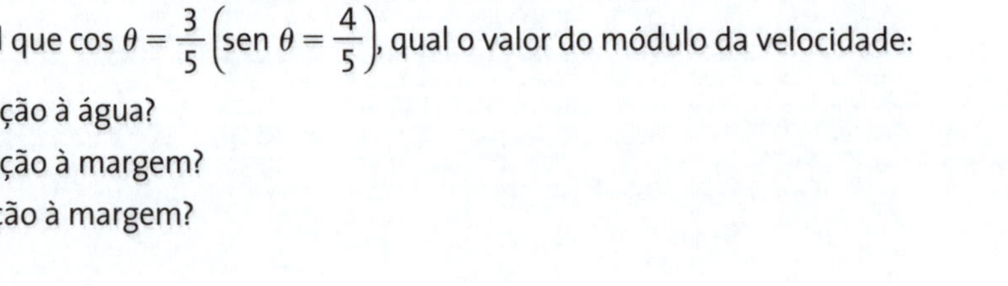

Trajetória vista por Ana — Trajetória vista por Marta

Se o ângulo θ for tal que $\cos\theta = \dfrac{3}{5}\left(\text{sen}\,\theta = \dfrac{4}{5}\right)$, qual o valor do módulo da velocidade:

a) de Pedro em relação à água?
b) de Pedro em relação à margem?
c) da água em relação à margem?

30. (UEL-PR) Um corpo é lançado para cima, com velocidade inicial de 50 m/s, numa direção que forma um ângulo de 60° com a horizontal. Desprezando-se a resistência do ar, pode-se afirmar que no ponto mais alto da trajetória a velocidade do corpo, em m/s, será: (Dados: sen 60° = 0,87 e cos 60° = 0,50.)

a) 5.
b) 10.
c) 25.
d) 40.
e) 50.

31. (UPE-PE) Um naturalista, na selva tropical, deseja capturar um macaco de uma espécie em extinção, dispondo de uma arma carregada com um dardo tranquilizante. No momento em que ambos estão a 45 m acima do solo, cada um em uma árvore, o naturalista dispara o dardo. O macaco, astuto, na tentativa de escapar do tiro se solta da árvore. Se a distância entre as árvores é de 60 m, a velocidade mínima do dardo, para que o macaco seja atingido no instante em que chega ao solo, vale em m/s:
(Adote $\vec{g} = 10$ m/s^2.)

a) 45.
b) 60.
c) 10.
d) 20.
e) 30.

32. (Ufop-MG) Uma pessoa lança uma pedra do alto de um edifício com velocidade inicial de 60 m/s e formando um ângulo de 30° com a horizontal, como mostrado na figura abaixo.

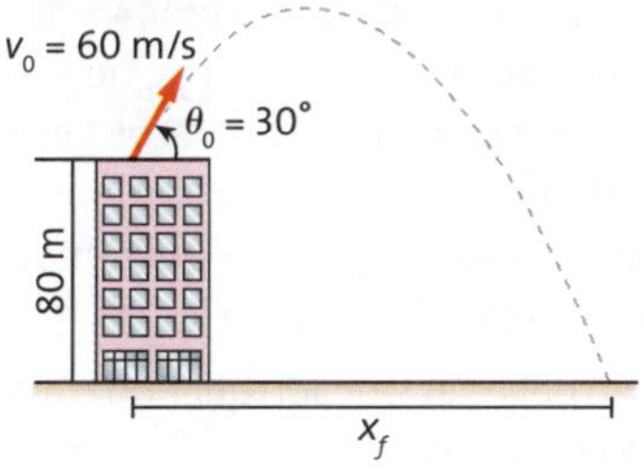

Se a altura do edifício é 80 m, qual será o alcance máximo (x_f) da pedra, isto é, em que posição horizontal ela atingirá o solo? (Dados: sen 30° = 0,5, cos 30° = 0,8 e $g = 10$ m/s^2.)

a) 153 m
b) 96 m
c) 450 m
d) 384 m

33. (AFA-SP) Uma bola de basquete descreve a trajetória mostrada na figura após ser arremessada por um jovem atleta que tenta bater um recorde de arremesso.

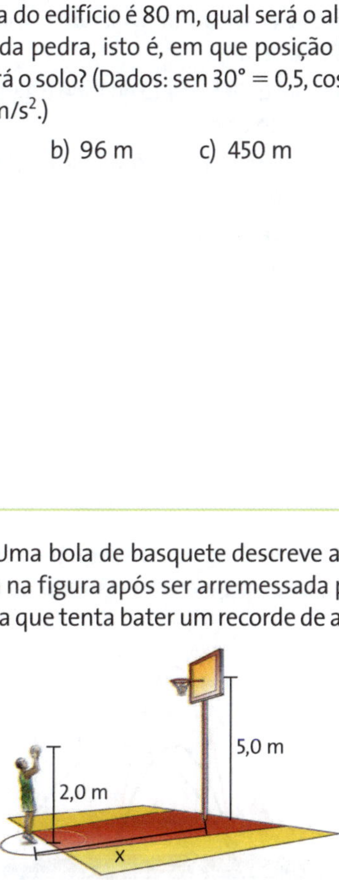

João Xavier de Campos/ Arquivo da editora

A bola é lançada com uma velocidade de 10 m/s e, ao cair na cesta, sua componente horizontal vale 6,0 m/s. Despreze a resistência do ar e considere $g = 10$ m/s^2. Pode-se afirmar que a distância horizontal (x) percorrida pela bola desde o lançamento até cair na cesta, em metros, vale:

a) 3,0.
b) 3,6.
c) 4,8.
d) 6,0.

34. (PUC-RJ) Em um campeonato recente de voo de precisão, os pilotos de avião deveriam "atirar" um saco de areia dentro de um alvo localizado no solo. Supondo que o avião voe horizontalmente a 500 m de altitude com uma velocidade de 144 km/h e que o saco é deixado cair do avião, ou seja, no instante do "tiro" a componente vertical do vetor velocidade é zero, podemos afirmar que:
(Considere a aceleração da gravidade $g = 10\text{m/s}^2$ e despreze a resistência do ar.)

a) o saco deve ser lançado quando o avião se encontra a 100 m do alvo.
b) o saco deve ser lançado quando o avião se encontra a 200 m do alvo.
c) o saco deve ser lançado quando o avião se encontra a 300 m do alvo.
d) o saco deve ser lançado quando o avião se encontra a 400 m do alvo.
e) o saco deve ser lançado quando o avião se encontra a 500 m do alvo.

35. (UFMG) Clarissa chuta, em sequência, três bolas – *P*, *Q* e *R* –, cujas trajetórias estão representadas nesta figura:

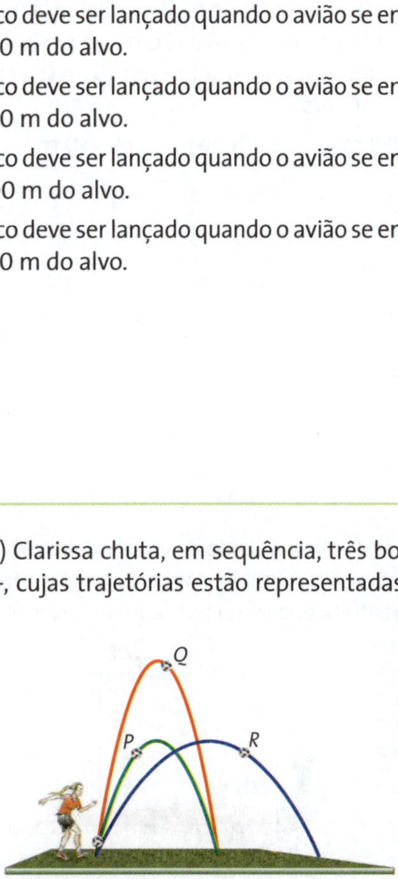

João Xavier de Campos/ Arquivo da editora

Sejam $t(P)$, $t(Q)$ e $t(R)$ os tempos gastos, respectivamente, pelas bolas *P*, *Q* e *R*, desde o momento do chute até o instante em que atingem o solo.
Considerando-se essas informações, é correto afirmar que:

a) $t(Q) > t(P) = t(R)$.
b) $t(R) > t(Q) = t(P)$.
c) $t(Q) > t(R) > t(P)$.
d) $t(R) > t(Q) > t(P)$.

36. (UPE-PE) Em uma revendedora de peças de automóveis, um vendedor lança uma pequena caixa sobre o balcão para ser recolhida por seu ajudante. Este, distraído, não vê o pacote, que escorrega para fora do balcão e atinge o chão a 1,5 m da base do balcão.

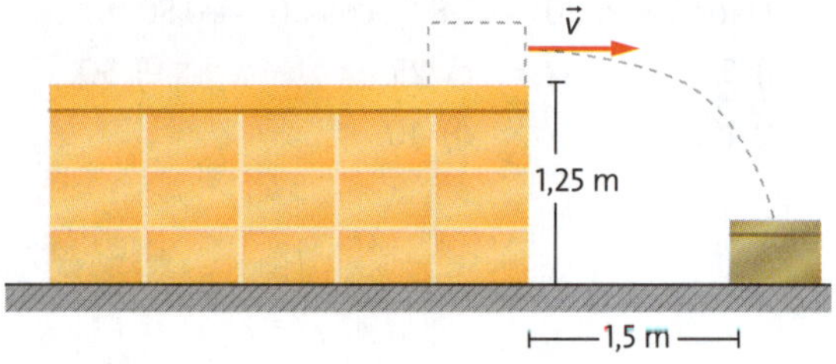

Se a altura do balcão é de 1,25 m, a velocidade com que o pacote deixou o balcão vale, em m/s:

a) 2.
b) 1.
c) 3.
d) 4.
e) 6.

37. (UFPE) Em uma partida de futebol, o goleiro bate um tiro de meta com a bola no nível do gramado. Tal chute dá à bola uma velocidade inicial de módulo 20 m/s e um ângulo de lançamento de 45°. Nessas condições, a distância mínima que um jogador deve estar do ponto de lançamento da bola, para recebê-la no seu primeiro contato com o solo, é:

a) 30 m.
b) 40 m
c) 20 m.
d) 10 m.
e) 5 m.

38. (ITA-SP) Considere hipoteticamente duas bolas lançadas de um mesmo lugar ao mesmo tempo: a bola 1, com velocidade para cima de 30 m/s, e a bola 2, com velocidade de 50 m/s formando um ângulo de 30° com a horizontal. Considerando $g = 10 \text{ m/s}^2$, assinale a distância entre as bolas no instante em que a primeira alcança sua máxima altura.

a) $d = \sqrt{6\,250}$ m
b) $d = \sqrt{2\,717}$ m
c) $d = \sqrt{17\,100}$ m
d) $d = \sqrt{19\,375}$ m
e) $d = \sqrt{262\,875}$ m

---

39. (UFTM-MG) Num jogo de vôlei, uma atacante acerta uma cortada na bola no instante em que a bola está parada numa altura h acima do solo. Devido à ação da atacante, a bola parte com velocidade inicial v_0, com componentes horizontal e vertical, respectivamente em módulo, $v_x = 8$ m/s e $v_y = 3$ m/s, como mostram as figuras 1 e 2.

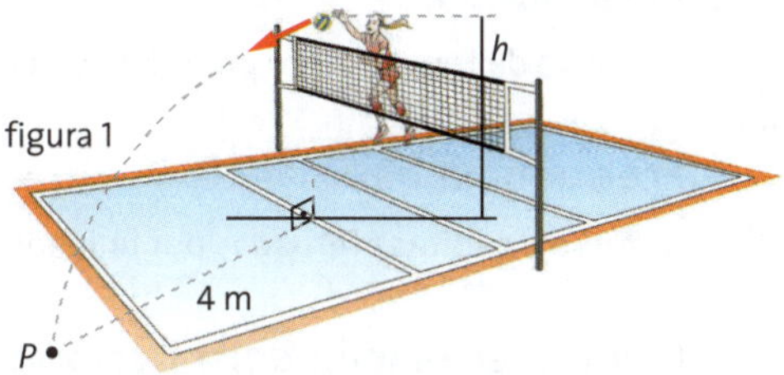

João Xavier de Campos/Arquivo da editora

Após a cortada, a bola percorre uma distância horizontal de 4 m, tocando o chão no ponto P.

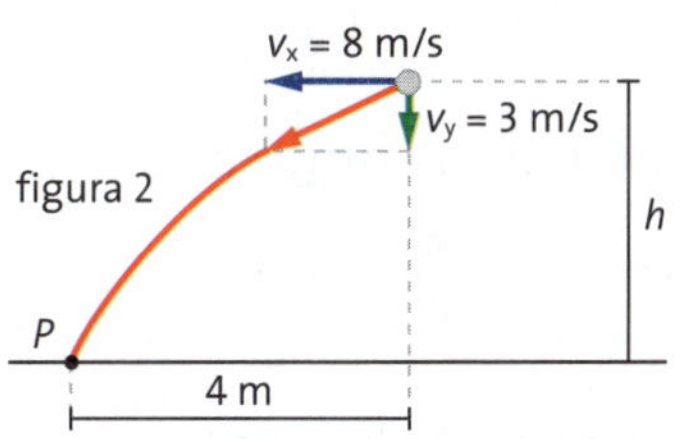

Considerando-se que durante seu movimento a bola ficou sujeita apenas à força gravitacional e adotando $\vec{g} = 10 \text{ m/s}^2$, a altura h, em m, onde ela foi atingida é:

a) 2,25.
b) 2,50.
c) 2,75.
d) 3,00.
e) 3,25.

MOVIMENTO CIRCULAR

Conceitos gerais	
Conceitos gerais Aplicáveis a qualquer tipo de movimento circular, uniforme ou variado, periódico ou não periódico.	**Deslocamento angular ($\Delta\theta$)** Medida do ângulo central compreendido pela trajetória circular.
	Velocidade angular (ω) Medida do ângulo varrido por unidade de tempo.
	Aceleração angular (γ) Medida da variação sofrida pela velocidade angular por unidade de tempo.

Relações entre grandezas lineares e angulares	
Relações entre grandezas lineares e angulares $\text{angular} = \dfrac{\text{linear}}{R}$	**Deslocamento angular ($\Delta\theta$)** $\Delta\theta = \dfrac{\Delta S}{R}$
	Velocidade angular instantânea (ω) $\omega = \dfrac{v}{R}$
	Aceleração angular instantânea (γ) $\gamma = \dfrac{a}{R}$

Movimento circular e uniforme – MCU	
Movimento circular e uniforme – MCU Movimento de trajetória circular em que são constantes as grandezas: velocidade angular, velocidade linear, frequência e período.	**Período (T)** Intervalo de tempo gasto em uma volta completa.
	Frequência (f) Número de voltas efetuadas por unidade de tempo.
	Cálculo e relação com período $f = \dfrac{n^{\underline{o}}\ \text{voltas}}{\Delta t} = \dfrac{1}{T}$
	Velocidade angular (ω) $\omega = \dfrac{\Delta\theta}{\Delta t} = \dfrac{2\pi}{T} = 2\pi \cdot f$
	Velocidade linear (v) $v = \dfrac{\Delta S}{\Delta t} = \dfrac{2\pi \cdot R}{T} = 2\pi \cdot R \cdot f$
	Aceleração centrípeta (a_c) $a_c = \dfrac{v^2}{R} = \omega^2 \cdot R = v \cdot \omega$

Transmissão de movimento circular por correia

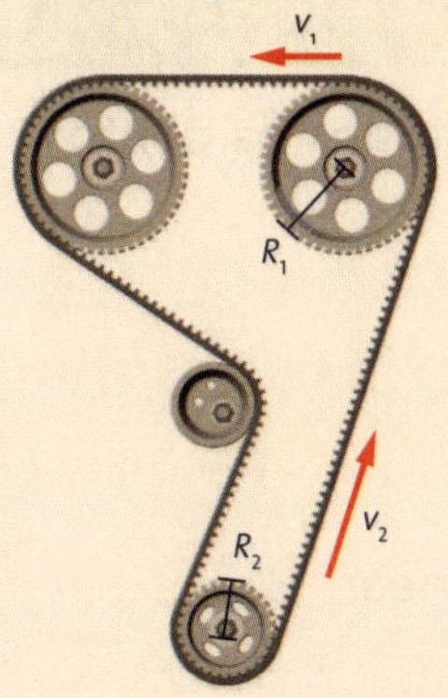

Propriedade

Os pontos da correia e os pontos periféricos das polias apresentam a mesma velocidade linear: $v_1 = v_2 \rightarrow R_1 \cdot f_1 = R_2 \cdot f_2$

Efeito

A frequência de rotação de uma polia qualquer é inversamente proporcional ao raio dessa polia.

Transmissão de movimento circular por contato

Propriedade

Os pontos periféricos das polias apresentam a mesma velocidade linear: $v_1 = v_2 \rightarrow$
$\rightarrow R_1 \cdot f_1 = R_2 \cdot f_2$

Efeito

A frequência de rotação de uma polia qualquer é inversamente proporcional ao raio dessa polia.

Transmissão de movimento circular por eixo

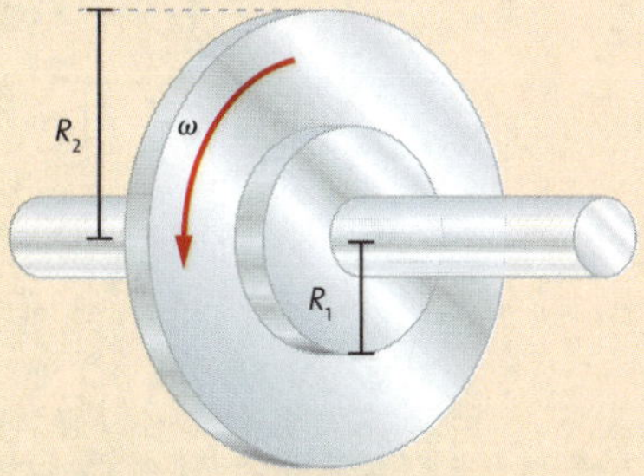

Propriedade

Os pontos (periféricos e não periféricos) das polias giram com a mesma velocidade angular, com o mesmo período e com a mesma frequência:

- $\omega_1 = \omega_2$
- $T_1 = T_2$
- $f_1 = f_2$

Efeito

A velocidade linear de um ponto periférico de uma polia qualquer é diretamente proporcional ao raio dessa polia.

Transmissão de movimento circular em uma bicicleta

Conceitos

- Pedal e coroa giram com transmissão por eixo.
- Coroa e catraca giram com transmissão por correia.
- Catraca e roda traseira giram com transmissão por eixo.

Corpo rígido em rotação

Seus pontos realizam trajetórias circulares de mesmo período em relação a um eixo comum.

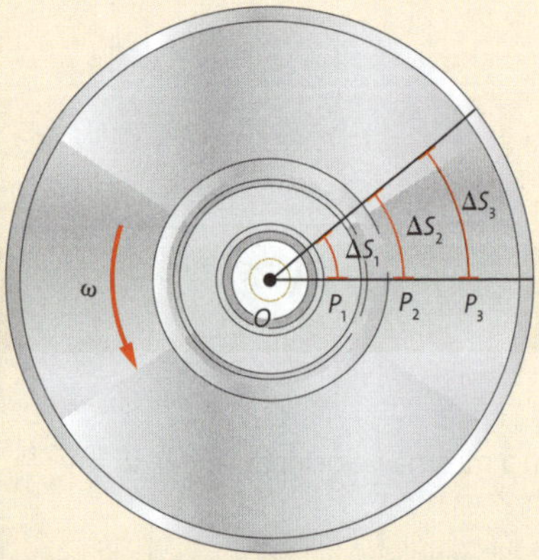

Grandezas com o mesmo valor para todos os pontos

- $\Delta\theta_1 = \Delta\theta_2 = \Delta\theta_3$
- $\omega_1 = \omega_2 = \omega_3$
- $T_1 = T_2 = T_3$
- $f_1 = f_2 = f_3$

Deslocamento escalar e velocidade linear

- $\Delta S_1 < \Delta S_2 < \Delta S_3 \Rightarrow v_1 < v_2 < v_3$
- A velocidade linear de um ponto qualquer do corpo é diretamente proporcional à distância desse ponto ao centro *O*.

Exemplos

- O carrossel.
- Polias e engrenagens.
- Planetas.

Exercícios

1. (UFPB) Na modalidade de arremesso de martelo, o atleta gira o corpo juntamente com o martelo antes de arremessá-lo. Em um treino, um atleta girou quatro vezes em três segundos para efetuar um arremesso. Sabendo que o comprimento do braço do atleta é de 80 cm, desprezando o tamanho do martelo e admitindo que esse martelo descreve um movimento circular antes de ser arremessado, é correto afirmar que a velocidade com que o martelo é arremessado é de:

a) 2,8 m/s. c) 5,0 m/s. e) 7,0 m/s.
b) 3,0 m/s. d) 6,4 m/s.

2. (PUC-MG) Leia atentamente os itens a seguir, tendo em vista um movimento circular e uniforme:

I. A direção da velocidade é constante.
II. O módulo da velocidade não é constante.
III. A aceleração é nula.

Assinale:

a) se apenas I e III estiverem incorretas.
b) se I, II e III estiverem incorretas.
c) se apenas I estiver incorreta.
d) se apenas II estiver incorreta.
e) se apenas III estiver incorreta.

3. (UEPG–PR) A figura a seguir ilustra três polias *A*, *B* e *C* executando um movimento circular uniforme. A polia *B* está fixada à polia *C* e estas ligadas à polia *A* por meio de uma correia que faz o sistema girar sem deslizar. Sobre o assunto, assinale o que for correto.

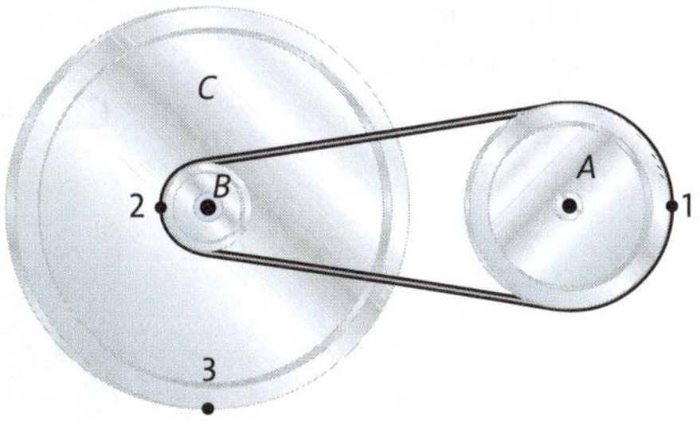

(01) A velocidade escalar do ponto 1 é maior que a do ponto 2.
(02) A velocidade angular da polia *B* é igual à da polia *C*.
(04) A velocidade escalar do ponto 3 é maior que a velocidade escalar do ponto 1.
(08) A velocidade angular da polia *C* é maior do que a velocidade angular da polia *A*.

4. (UFPB) Em uma bicicleta, a transmissão do movimento das pedaladas se faz através de uma corrente, acoplando um disco dentado dianteiro (coroa) a um disco dentado traseiro (catraca), sem que haja deslizamento entre a corrente e os discos. A catraca, por sua vez, é acoplada à roda traseira de modo que as velocidades angulares da catraca e da roda sejam as mesmas (ver ao lado figura representativa de uma bicicleta).
Em uma corrida de bicicleta, o ciclista desloca-se com velocidade escalar constante, mantendo um ritmo estável de pedaladas, capaz de imprimir no disco dianteiro uma velocidade angular de 4 rad/s, para uma configuração em que o raio da coroa é $4R$, o raio da catraca é R e o raio da roda é 0,5 m.
Com base no exposto, conclui-se que a velocidade escalar do ciclista é:

a) 2 m/s.
b) 4 m/s.
c) 8 m/s.
d) 12 m/s.
e) 16 m/s.

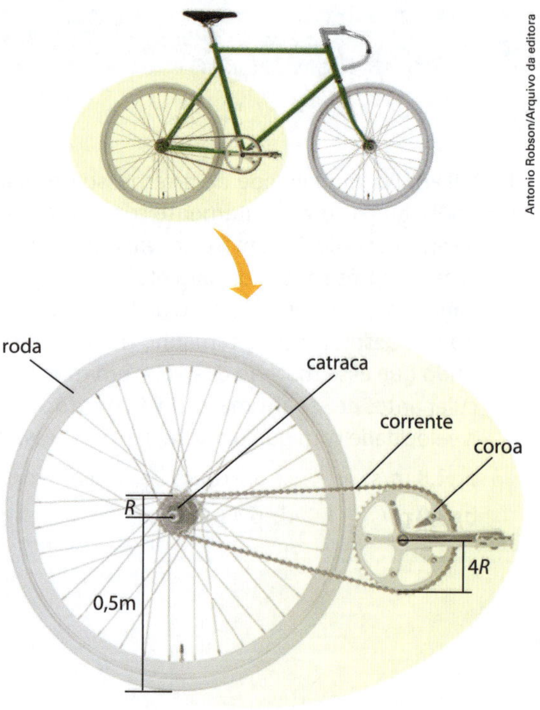

Antonio Robson/Arquivo da editora

5. (Uece) Uma roda de raio R, dado em metros, tem uma aceleração angular constante de 3,0 rad/s^2. Supondo que a roda parta do repouso, assinale a alternativa que contém o valor aproximado do módulo da aceleração total, em m/s^2, de um ponto na sua periferia, depois de 1 segundo da partida.

a) 3,6 R
b) 6,0 R
c) 9,5 R
d) 8,0 R

6. (UFSC) Um carro com velocidade de módulo constante de 20 m/s percorre a trajetória descrita na figura, sendo de A a C trajetória retilínea e de D a F, circular, no sentido indicado.

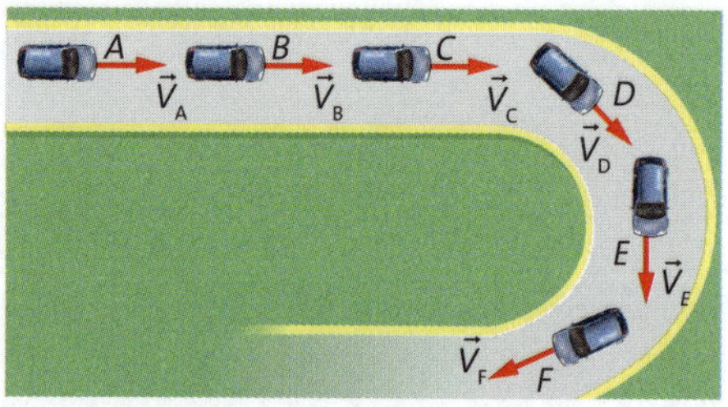

Assinale a(s) proposição(ões) correta(S).

(01) O carro tem movimento uniforme de A até C.
(02) O carro tem movimento uniforme de A até F.
(04) O carro tem aceleração de A até C.
(08) O carro tem aceleração de D até F.
(16) O carro tem movimento retilíneo uniformemente variado de D até F.

7. (UEPB) A bicicleta move-se a partir do movimento dos pedais, os quais fazem girar uma roda dentada chamada coroa, por meio de uma corrente. Esta coroa está acoplada a outra roda dentada, chamada de catraca, a qual movimenta a roda traseira da bicicleta.
Um ciclista, preparando sua bicicleta para um torneio, percebeu que a coroa tem um raio 5 vezes maior que o da catraca. Por ser aluno de Física, ele raciocinou: "para que eu vença o torneio, se faz necessário que eu pedale na minha bicicleta à razão de 40 voltas por minuto, no mínimo". A partir destas informações, pode-se afirmar que a frequência de rotação da roda da bicicleta, em rotação por minuto (rpm), vale:

a) 160.
b) 180.
c) 200.
d) 220.
e) 170.

8. (PUC-MG) A roda de um carro tem diâmetro de 60 cm e efetua 150 rotações por minuto (150 rpm). A distância percorrida pelo carro em 10 s será, em centímetros, de:

a) 2000π
b) 3000π
c) 1800π
d) 1500π

9. (Udesc) O velódromo, nome dado à pista onde são realizadas as provas de ciclismo, tem forma oval e possui uma circunferência entre 250,0 m e 330,0 m, com duas curvas inclinadas a 41°. Na prova de velocidade o percurso de três voltas tem 1000,0 m, mas somente os 60π últimos metros são cronometrados. Determine a frequência de rotação das rodas de uma bicicleta, necessária para que um ciclista percorra uma distância inicial de 24π metros em 30 segundos, considerando o movimento uniforme. (O raio da bicicleta é igual a 30,0 cm.) Assinale a alternativa **correta** em relação à frequência:

a) 80 rpm
b) $0,8\pi$ rpm
c) 40 rpm
d) 24π rpm
e) 40π rpm

10. (UMC-SP) Um ponto material possui movimento circular uniforme e realiza uma volta a cada 2,0 s. O período, a frequência e a velocidade angular desse móvel são, respectivamente:

a) 0,50 s, 2,0 Hz e (π /2) rad/s.

b) 2,0 s, 0,50 Hz e π rad/s.

c) 2,0 s, 1,0 Hz e 2 π rad/s.

d) 0,50 s, 2,0 Hz e π rad/s.

e) 2,0 s, 2,0 Hz e 2 π rad/s.

11. (UFES) Uma pessoa está em uma roda-gigante que tem raio de 5 m e gira em rotação uniforme. A pessoa passa pelo ponto mais próximo do chão a cada 20 segundos. Podemos afirmar que a frequência do movimento dessa pessoa, em rpm, é:

a) 1. b) 2. c) 3. d) 4. e) 5.

12. (FCC-SP) Uma partícula executa um movimento uniforme sobre uma circunferência de raio 20 cm. Ela percorre metade da circunferência em 2,0 s. A frequência, em hertz, e o período do movimento, em segundos, valem, respectivamente:

a) 4,0 e 0,25.

b) 1,0 e 1,0.

c) 0,25 e 4,0.

d) 2,0 e 0,5.

e) 0,5 e 2,0.

13. (UFG-GO) Uma partícula executa um movimento circular uniforme de raio 1,0 m com aceleração 0,25 m/s^2. O período do movimento, em segundos, é:

a) 2 π. b) 4 π. c) 8 π. d) π/2. e) π/4.

14. (FCC-SP) Uma roda gira em torno de seu eixo, de modo que um ponto de sua periferia executa um movimento circular uniforme. Excetuando o centro da roda, é correto afirmar que:

a) todos os pontos da roda têm a mesma velocidade escalar.

b) todos os pontos da roda têm aceleração centrípeta de mesmo módulo.

c) o período do movimento é proporcional à frequência.

d) todos os pontos da roda têm a mesma velocidade angular.

e) o módulo da aceleração angular é proporcional à distância do ponto ao centro da roda.

15. (UFBA-BA) Um pêndulo oscila de um ponto extremo *A* a outro ponto extremo *B*, em 3 s.

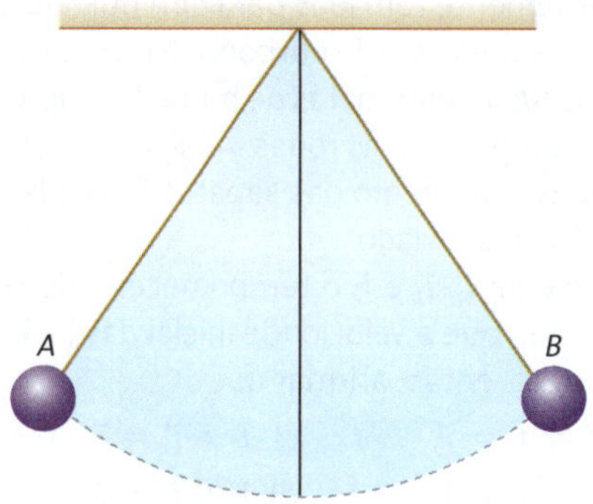

Qual é o seu período e sua frequência?

16. (Fatec-SP) Em um estádio esportivo, uma pista circular tem raio igual a 12,0 m. Dois atletas *A* e *B* percorrem a pista no mesmo sentido com velocidades constantes $v_A = 8$ m/s e $v_B = 6$ m/s. Ambos passam por um mesmo ponto na data zero. O corredor mais veloz estará com uma volta de vantagem sobre o outro na data: (considere $\pi = 3$)

a) 35 s.
b) 15 s.
c) 20 s.
d) 60 s.
e) 36,0 s.

17. (UFF-RJ) Medidas para facilitar o uso de bicicletas como meio de transporte individual estão entre aquelas frequentemente tomadas para diminuir a produção de poluentes pelo trânsito urbano. Numa bicicleta, o freio é constituído por sapatas de borracha que, quando acionadas, comprimem as rodas. Analise as três possibilidades de posicionamento das sapatas indicadas em vermelho nas figuras ao lado.

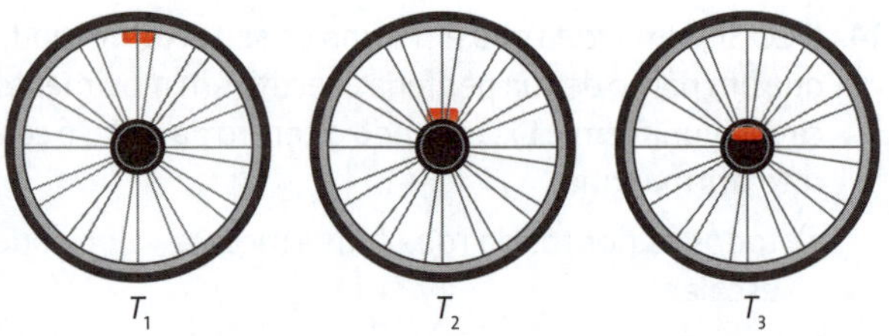

Chame de T_1, T_2 e T_3 o tempo necessário para a parada total das rodas da bicicleta com cada um desses arranjos. Supondo que a velocidade inicial das bicicletas é a mesma e que a força feita pelas sapatas é igual nos três casos, é correto, então, afirmar que

a) $T_1 = T_2 = T_3$
b) $T_1 > T_2 > T_3$
c) $T_1 > T_2 = T_3$
d) $T_1 < T_2 = T_3$
e) $T_1 < T_2 < T_3$

18. (Fuvest-SP) Uma bicicleta tem a roda dianteira com raio 27 cm e a roda traseira com raio 33 cm. Estando a bicicleta parada, dois pontos *A* e *B* são marcados, nas rodas dianteira e traseira, nos respectivos pontos de contato com o solo, conforme a figura.

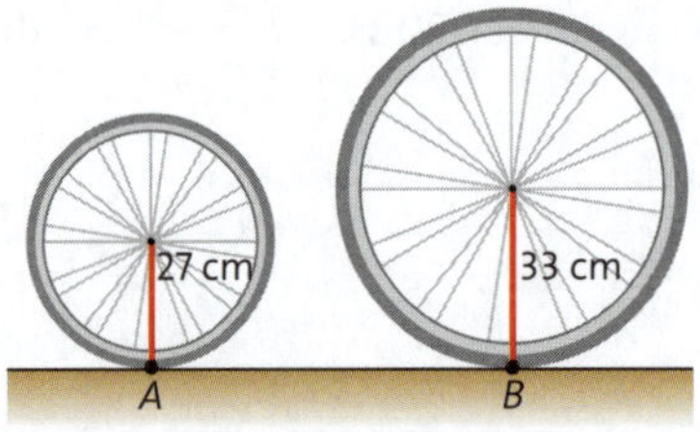

Depois de a bicicleta percorrer uma distância *d*, os pontos *A* e *B* voltam a ficar, simultaneamente, em contato com o solo. Assumindo que não há escorregamento das rodas da bicicleta, o menor valor de *d*, em metros, para o qual essa situação acontece, é

a) 1,98 π.
b) 2,97 π.
c) 5,94 π.
d) 8,91 π.
e) 17,82 π.

19. (UFJF-MG) Na leitura de um CD (Compact Disk), a superfície do CD passa por cima de um dispositivo de leitura com uma certa velocidade linear. Essa velocidade linear deve ser mantida constante durante toda a leitura.

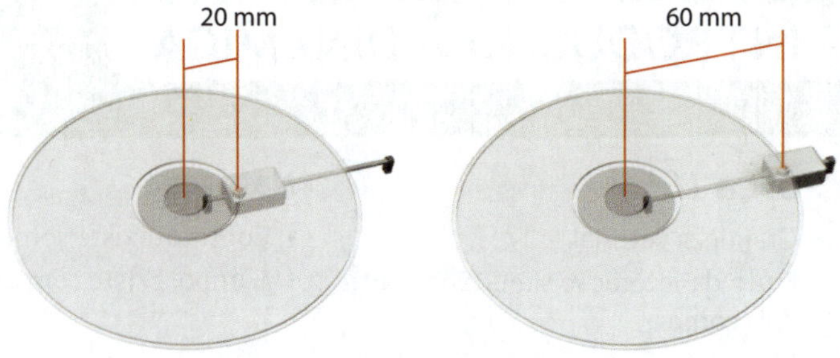

Antonio Robson/Arquivo da editora

Quando o dispositivo de leitura está lendo os dados na região próxima do centro do CD, ele está a uma distância de $r = 20$ mm do centro do disco. Já para leituras na beirada, esta distância é maior e vale $r = 60$ mm.

Se a velocidade linear é 1,26 m/s, podemos dizer que o número de rotações por minuto (rpm) é (considere $2\pi = 6{,}3$):

a) 600 rpm próximo ao centro e 200 rpm próximo à beirada.

b) 200 rpm próximo ao centro e 600 rpm próximo à beirada.

c) 300 rpm próximo ao centro e 500 rpm próximo à beirada.

d) 500 rpm próximo ao centro e 300 rpm próximo à beirada.

e) 300 rpm próximo ao centro e 300 rpm próximo à beirada.

---

20. (Ufscar-SP) Para possibilitar o translado da fábrica até a construção, o concreto precisa ser mantido em constante agitação. É por esse motivo que as betoneiras, quando carregadas, mantêm seu tambor misturador sob rotação constante de 4 rpm. Esse movimento só é possível devido ao engate por correntes de duas engrenagens, uma grande, presa ao tambor e de diâmetro 1,2 m, e outra pequena, de diâmetro 0,4 m, conectada solidariamente a um motor. Na obra, para que a betoneira descarregue seu conteúdo, o tambor é posto em rotação inversa, com velocidade angular 5 vezes maior que a aplicada durante o transporte. Nesse momento, a frequência de rotação do eixo da engrenagem menor, em rpm, é:

a) 40. b) 45. c) 50. d) 55. e) 60.

INTRODUÇÃO À DINÂMICA

Força ($\vec{F}$)

- Grandeza vetorial.
- Fruto da interação simultânea entre dois corpos.
- Possíveis efeitos: aceleração, deformação, equilíbrio.

Natureza

- Contato: existe somente enquanto houver contato entre os corpos.
- Campo: existe com ou sem o contato entre os corpos.

Resultante ($\vec{F}_R$)

- Força hipotética que produziria o mesmo efeito de todas as forças atuantes.
- Expressão vetorial: $\vec{F}_R = \vec{F}_1 + \vec{F}_2 + ... + \vec{F}_n$

Força peso ($\vec{P}$)

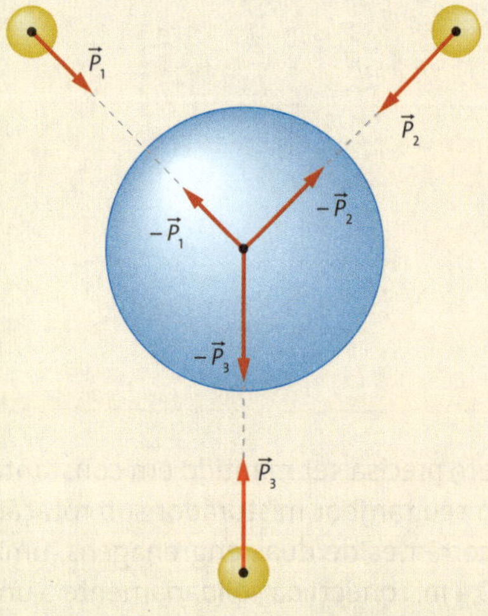

Expressão vetorial

$\vec{P} = m \cdot \vec{g}$

Características

- Força de campo.
- Força de atração gravitacional entre um planeta e um corpo.
- Orientação dirigida para o centro do planeta.
- Diretamente proporcional à massa do corpo e à aceleração da gravidade do planeta.
- Massa é propriedade do corpo, enquanto a força peso depende do corpo e do planeta.

Força normal ($\vec{N}$)

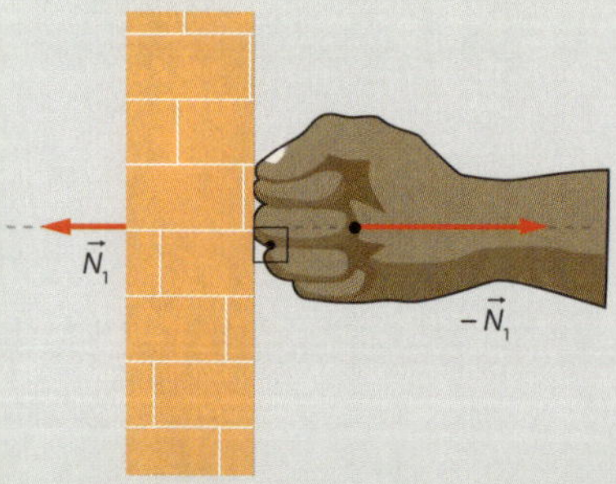

Características

- Força de contato, perpendicular à superfície.
- Presente quando há compressão entre dois corpos.
- Sua intensidade deve ser avaliada para cada situação.

Força de atrito ($\vec{A}$)

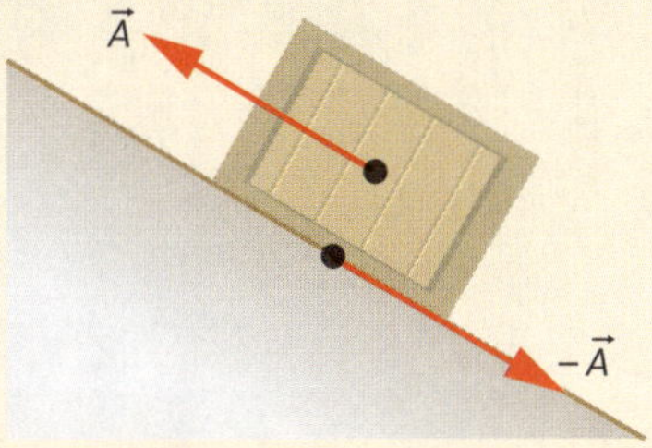

Características

- Força de contato, paralela à superfície.
- Está presente quando o corpo está deslizando (atrito dinâmico: $\vec{A}_{din}$) ou apresenta uma tendência de deslizar (atrito estático: $\vec{A}_e$).
- Não existe sem a presença simultânea da força normal $\vec{N}$.
- Causada pelas rugosidades microscópicas das superfícies.

Atrito estático ($\vec{A}_e$)

- Equilibra a ação da força que solicita o movimento até atingir um valor máximo denominado força de atrito de destaque: $\vec{A}_{e_{máx}} = \mu_e \cdot N$
- Sentido oposto à tendência de deslizamento.

Atrito dinâmico ($\vec{A}_{din}$)

- Sentido oposto ao deslizamento relativo.
- Para sólidos secos e indeformáveis, é calculado como: $A_{din.} = \mu_d \cdot N$

Coeficientes de atrito estático (μ_e) e dinâmico (μ_d)

- Dependem do material de que são constituídas as superfícies.
- São grandezas adimensionais.
- O estático costuma ser maior do que o dinâmico.

Força de tração ($\vec{T}$)

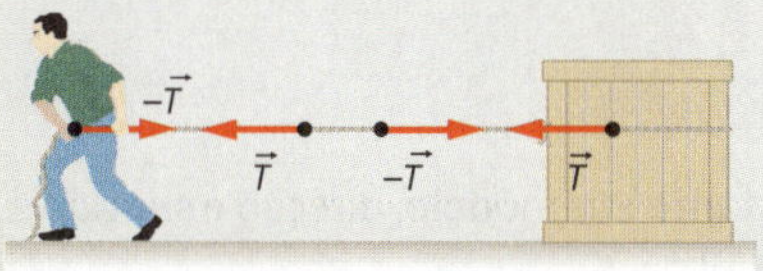

Características

- Força de contato transmitida por um fio tracionado.
- Sua intensidade deve ser avaliada para cada situação.
- Tem a direção do fio e o sentido de "puxar".
- Para fio inextensível e de massa desprezível (ideal), a tração tem a mesma intensidade nas duas extremidades.

Força elástica ($\vec{F}_e$)

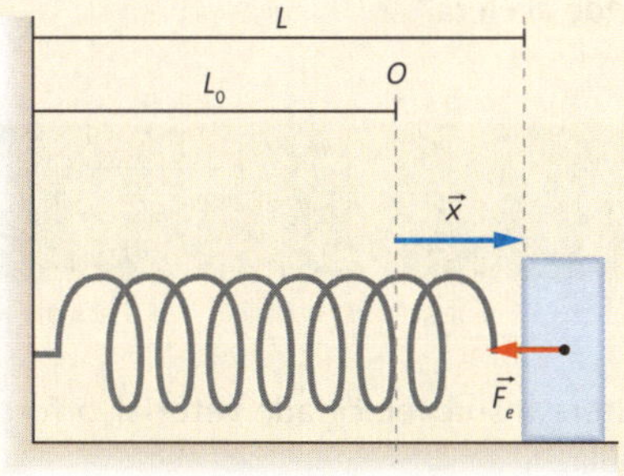

Características

- Força de contato exercida por um corpo elástico como, por exemplo, uma mola.
- Tem o sentido de restaurar o tamanho original da mola: para fora quando a mola está comprimida e para dentro quando a mola está estendida.
- Para molas ideais, tem a mesma intensidade nas duas extremidades.

Força de resistência do ar ($\vec{R}_{ar}$)

Arena Creative/Shutterstock/ Glow Images

Características

- Origem na colisão entre um corpo em movimento com as partículas de ar que o envolvem.
- Oposta à velocidade do corpo em relação ao ar.

Para altas velocidades

$$R_{ar} = \frac{1}{2} \cdot d \cdot A \cdot C \cdot v^2$$

d: densidade do ar;

A: área frontal do corpo;

C: coeficiente de arrasto aerodinâmico;

v: velocidade em relação ao ar.

Corpo em queda

- No ato do abandono:
  $v = 0 \rightarrow R_{ar} = 0 \rightarrow F_R = P \rightarrow a = g$ e o movimento é acelerado.
- Enquanto $|\vec{P}| > |\vec{R}_{ar}|$:
  $\vec{F}_R$ tem o sentido da velocidade de queda $\rightarrow v$ aumenta $\rightarrow R_{ar}$ aumenta $\rightarrow$ $\rightarrow F_R$ diminui $\rightarrow a$ diminui, mas movimento ainda é acelerado.
- Quando $|\vec{P}| = |\vec{R}_{ar}|$:
  $F_R = 0 \rightarrow a = 0 \rightarrow$ o corpo entra em MRU, com a velocidade chamada terminal ou limite.

Equilíbrio de ponto material

Equilíbrio estático

O ponto material está em repouso: $v = 0$

Equilíbrio dinâmico

O ponto material está em MRU: $\vec{v}$ é constante em módulo, direção e sentido.

Inércia

Propriedade – presente em todo corpo dotado de massa – de resistir a variações em sua velocidade vetorial.

No dia a dia

O corpo parece ser lançado para "fora" quando o automóvel faz curva, para a frente, quando ele freia e, para trás, quando acelera.

Primeira lei de Newton

Enquanto a força resultante sobre um ponto material é nula, ele se mantém, por inércia, em equilíbrio estático ou dinâmico.

Corolário

Para que o corpo deixe o repouso ou altere a sua velocidade vetorial, a força resultante sobre ele deve deixar de ser nula.

Métodos para que a força resultante seja nula

- Polígono de forças deve ser fechado.
- As projeções das forças sobre dois eixos perpendiculares devem se cancelar.

Segunda lei de Newton

Expressa o fato de a força causar alteração da velocidade vetorial.

Expressão vetorial

$\vec{F}_R = m \cdot \vec{a}$

Consequências

- Para a mesma massa, quanto maior a intensidade da força resultante, mais rapidamente a velocidade se altera.
- Para a mesma força resultante, quanto maior a massa, mais lentamente a velocidade se altera, ou seja, a massa é uma medida da inércia de um corpo.
- Se $F_R = 0 \rightarrow a = 0 \rightarrow$ não existe aceleração tangencial nem centrípeta, ou seja, o ponto material está em equilíbrio.

Terceira lei de Newton

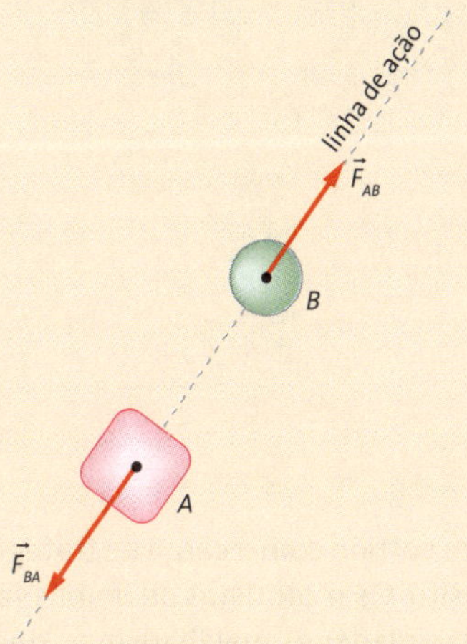

Expressão vetorial

$\vec{F}_{AB} = -\vec{F}_{BA}$

Forças de ação e reação

- São simultâneas.
- Têm mesma direção, mesma intensidade e sentidos opostos.
- Atuam em corpos distintos, portanto nunca se anulam.
- Têm a mesma natureza; a reação da força peso, por exemplo, também é uma força peso.
- Seus efeitos podem ser diferentes, já que dependem da massa e das características físicas dos corpos *A* e *B*.

Aplicações das leis de Newton

Regra geral

Blocos, polias, elevadores, plano inclinado e trajetórias curvas:

- Analisam-se todas as forças atuantes; a análise pode ser feita para cada corpo separadamente ou para o sistema de corpos.
- Obtém-se a componente tangencial ou centrípeta da força resultante.

Componente tangencial da força resultante (R_t)

- Mesma direção e sentido da aceleração tangencial.
- Mesmo sentido da velocidade vetorial em movimentos acelerados e sentido oposto a ela em movimentos retardados.
- Cálculo: $R_t = m \cdot a_t$

Componente centrípeta da força resultante (R_c)

- Mesma direção e sentido da aceleração centrípeta.
- Perpendicular à velocidade vetorial e sentido para o centro de curvatura.
- Cálculo: $R_c = m \cdot a_c = m \cdot \dfrac{v^2}{R} = m \cdot \omega^2 \cdot R$

Exercícios

1. (EsPCEx -SP) Deseja-se imprimir a um objeto de 5 kg, inicialmente em repouso, uma velocidade de 15 m/s em 3 segundos. Assim, a força média resultante aplicada ao objeto tem módulo igual a:

a) 3 N.
b) 5 N.
c) 15 N.
d) 25 N.
e) 45 N.

2. (IFSC) Um bloco, apoiado sobre uma superfície horizontal, está submetido a duas forças, $\vec{F}_1 = 4$ N e $\vec{F}_2 = 2$ N, como mostra a figura.

É correto afirmar que:

a) a resultante das forças é igual a 6 N.
b) o bloco não está em equilíbrio.
c) a resultante das forças que atuam sobre o bloco é nula.
d) a resultante das forças é diferente de zero e perpendicular à superfície.
e) se o bloco estiver em repouso continuará em repouso.

3. (Cefet-SC) Uma partícula de massa igual a 10 kg é submetida a duas forças perpendiculares entre si, cujos módulos são 3,0 N e 4,0 N. Pode-se afirmar que o módulo da aceleração desta partícula, em m/s^2, será:

a) 0,7.
b) 5,0.
c) 7,0.
d) 0,5.
e) 50,0.

4. (UFPA) Belém tem sofrido com a carga de tráfego em suas vias de trânsito. Os motoristas de ônibus fazem frequentemente verdadeiros malabarismos, que impõem desconforto aos usuários devido às forças inerciais. Se fixarmos um pêndulo no teto do ônibus, podemos observar a presença de tais forças. Sem levar em conta os efeitos do ar em todas as situações hipotéticas, ilustradas abaixo, considere que o pêndulo está em repouso com relação ao ônibus e que o ônibus move-se horizontalmente.

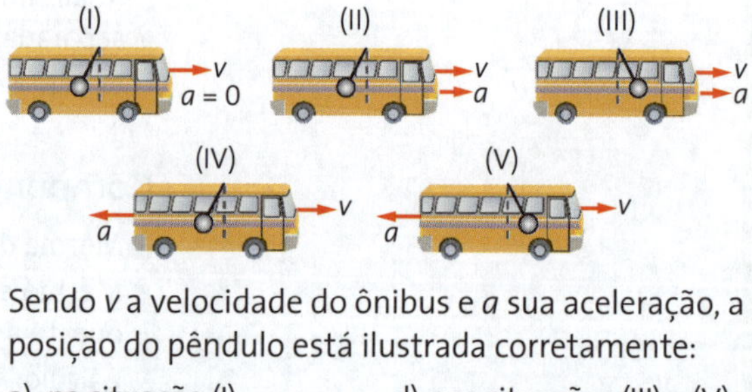

Sendo *v* a velocidade do ônibus e *a* sua aceleração, a posição do pêndulo está ilustrada corretamente:

a) na situação (I).
b) nas situações (II) e (V).
c) nas situações (II) e (IV).
d) nas situações (III) e (V).
e) nas situações (III) e (IV).

5. (Unesp-SP) Um corpo de 1,0 kg em repouso é submetido à ação de 3 forças coplanares, como ilustrado na figura ao lado. Esse corpo passa a se locomover em movimento retilíneo acelerado no plano.

Pode-se afirmar que o módulo da aceleração do corpo, em m/s^2, a direção e o sentido do movimento são, respectivamente.

a) 1, paralela ao eixo *y* e para cima.

b) 2, paralela ao eixo *y* e para baixo.

c) 2,5, formando 45° com *x* e para cima.

d) 4, formando 60° com *x* e para cima.

e) 4, paralela ao eixo *y* e para cima.

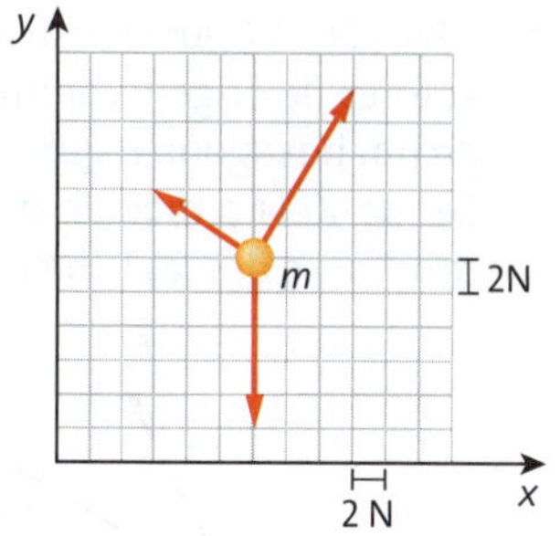

6. (UFRGS-RS) Para um observador inercial, um corpo que parte do repouso, sob ação exclusiva de uma força $\vec{F}$ constante, adquire a velocidade *v* de módulo 5 m/s após certo intervalo de tempo. Qual seria, para o mesmo observador, o módulo da velocidade adquirida pelo corpo, após o mesmo intervalo de tempo, supondo que ele já tivesse inicialmente a velocidade *v* e que a força exercida sobre ele fosse $4\vec{F}$?

a) 1,50 m/s

b) 20 m/s

c) 25 m/s

d) 40 m/s

e) 80 m/s

7. (Unifesp) Às vezes, as pessoas que estão num elevador em movimento sentem uma sensação de desconforto, em geral na região do estômago. Isso se deve à inércia dos nossos órgãos internos localizados nessa região, e pode ocorrer

a) quando o elevador sobe ou desce em movimento uniforme.

b) apenas quando o elevador sobe em movimento uniforme.

c) apenas quando o elevador desce em movimento uniforme.

d) quando o elevador sobe ou desce em movimento variado.

e) apenas quando o elevador sobe em movimento variado.

8. (UPM-SP) A figura mostra 5 forças representadas por vetores de origem comum, dirigindo-se aos vértices de um hexágono regular.

Sendo 10 N o módulo da força $\vec{F}_C$, a intensidade da resultante dessas 5 forças é:

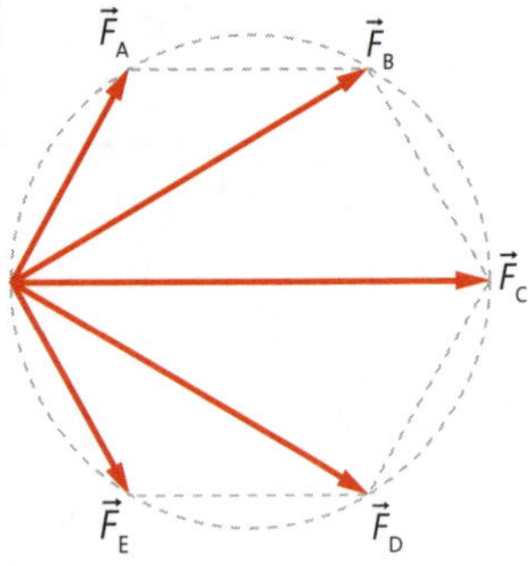

a) 50 N.
b) 45 N.
c) 40 N.
d) 35 N.
e) 30 N.

9. (UFT-TO) Assinale a afirmativa abaixo que não é sempre verdadeira:

a) No movimento circular uniforme de um determinado objeto existe força atuando no objeto.
b) Se um objeto está acelerado é porque existem forças atuando sobre ele e sua velocidade muda com o passar do tempo.
c) Se existem forças atuando sobre um objeto, ele está acelerado e sua velocidade muda com o passar do tempo.
d) No movimento circular uniforme de um objeto existe aceleração do objeto e, portanto, a velocidade do mesmo muda com o passar do tempo.
e) No movimento circular uniforme de um determinado objeto não existe aceleração angular.

10. (UFPB) Um avião é autorizado a decolar, mas a aeromoça esquece de travar as rodas do carrinho de alimentos que se encontra no corredor, na parte da frente do avião. Admita que as rodas desse carrinho estão bem polidas, de modo que o atrito entre elas e o piso do avião é desprezível.

Três observadores, localizados nos pontos especificados abaixo, fazem considerações acerca do movimento do carrinho enquanto o avião acelera para decolar.

- O primeiro observador está parado na pista, ao lado do avião.
- O segundo observador está sentado em uma poltrona, no interior do avião, com o cinto de segurança afivelado.
- O terceiro observador está na pista, deslocando-se em linha reta e paralelamente ao avião, com velocidade constante em relação ao primeiro observador.

Nesse contexto, identifique as afirmativas corretas:

I. O primeiro observador, fundamentado pela Lei da Inércia, deduz que o carrinho não entra em movimento.

II. O segundo observador constata que o carrinho adquire um movimento, entretanto ele não pode aplicar as leis de Newton para explicar esse movimento.

III. O terceiro observador afirma que esse carrinho está se deslocando com velocidade constante.

IV. O primeiro observador pode ser considerado um sistema de referência inercial, para descrever o movimento do carrinho.

V. O segundo e terceiro observadores não podem ser considerados sistemas de referência inerciais.

11. (Uece) Uma única força agindo sobre uma massa de 2,0 kg fornece a esta uma aceleração de 3,0 m/s^2. A aceleração, em m/s^2, produzida pela mesma força agindo sobre uma massa de 1 kg é

a) zero. b) 1,5. c) 3,0. d) 6,0.

12. (Unemat-MT) Um ônibus de peso igual a 10 000 N está em movimento com velocidade de 15 m/s. O motorista que dirige o ônibus avista na pista de rolamento um animal e aciona o freio. O ônibus percorre 9 metros durante a frenagem até parar completamente.
O módulo da força de frenagem é igual a:
(Dado: $g = 10$ m/s^2)

a) 15 000 N.
b) 12 500 N.
c) 11 250 N.
d) 10 000 N.
e) 9 000 N.

13. (UFMG) Na figura ao lado, está representado um balão dirigível que voa para a direita, em altitude constante e com velocidade *v*, também constante.
Sobre o balão, atuam as seguintes forças: o peso *P*, o empuxo *E*, a resistência do ar *R* e a força *M*, que é devida à propulsão dos motores.
Assinale a alternativa que apresenta o diagrama de forças em que estão **mais bem** representadas as forças que atuam sobre esse balão.

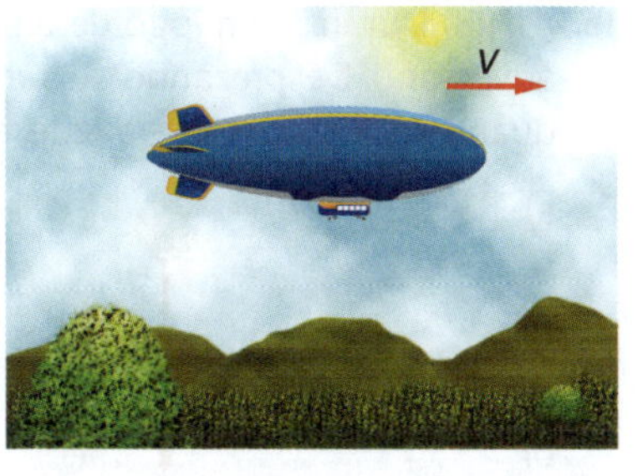

a)

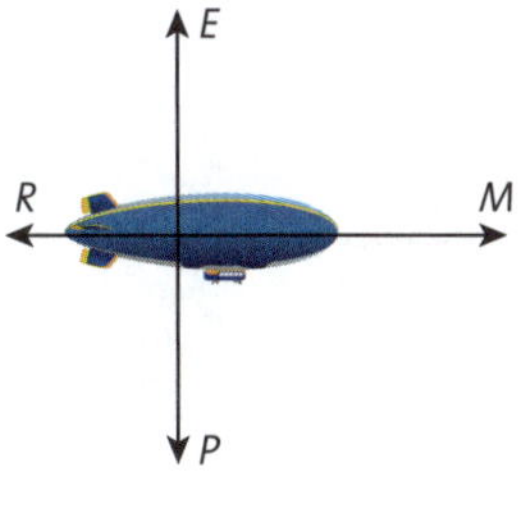

b)

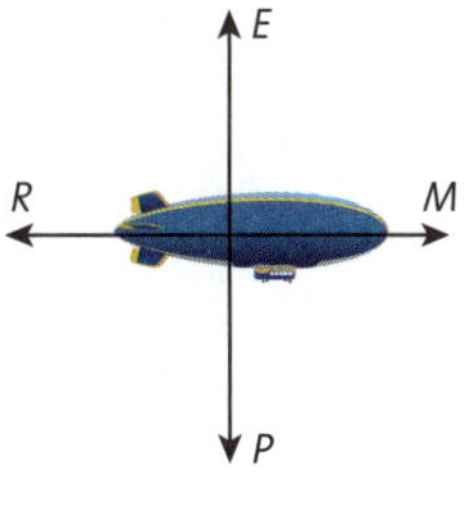

c)

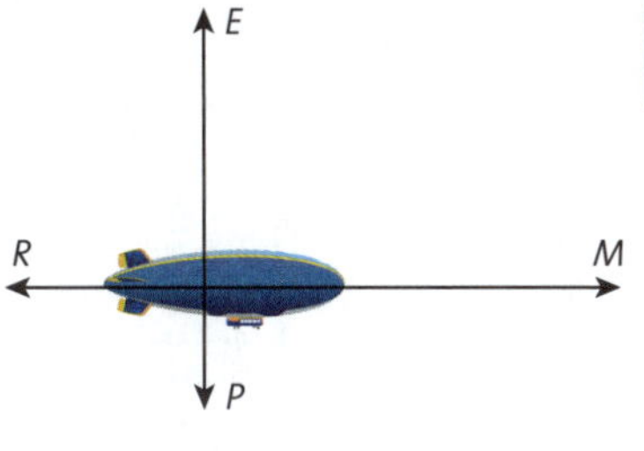

d)

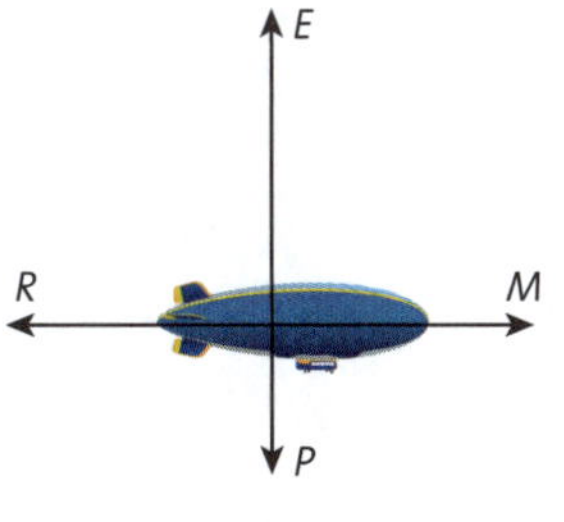

14. (Fuvest-SP) O gráfico ao lado representa a força F exercida pela musculatura eretora sobre a coluna vertebral, ao se levantar um peso, em função do ângulo Φ, entre a direção da coluna e a horizontal. Ao se levantar pesos com postura incorreta, essa força pode se tornar muito grande, causando dores lombares e problemas na coluna.

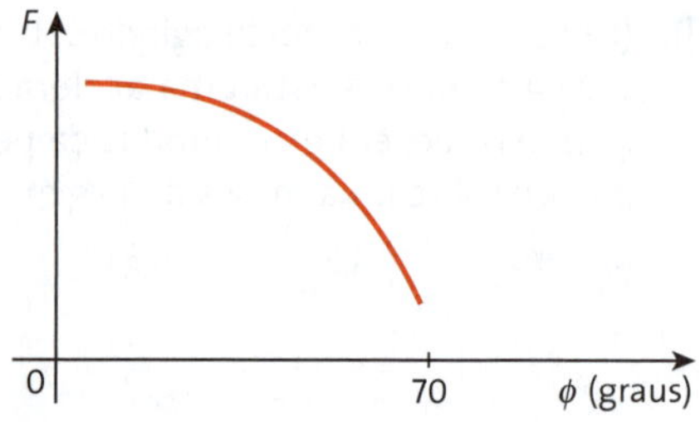

Com base nas informações dadas e no gráfico ao lado, foram feitas as seguintes afirmações:

I. Quanto menor o valor de Φ, maior o peso que se consegue levantar.

II. Para evitar problemas na coluna, um halterofilista deve procurar levantar pesos adotando postura corporal cujo ângulo Φ seja grande.

III. Quanto maior o valor de Φ, menor a tensão na musculatura eretora ao se levantar um peso.

Está correto apenas o que se afirma em

a) I. b) II. c) III. d) I e II. e) II e III.

15. (UFPB) Durante um jogo de tênis, um jogador bate na bola que, sem nenhum efeito, se dirige para a quadra do adversário. Desprezando-se a resistência do ar, o gráfico que melhor representa a(s) força(s) que atua(m) na bola, quando ela passa sobre a rede, é:

a)

b)
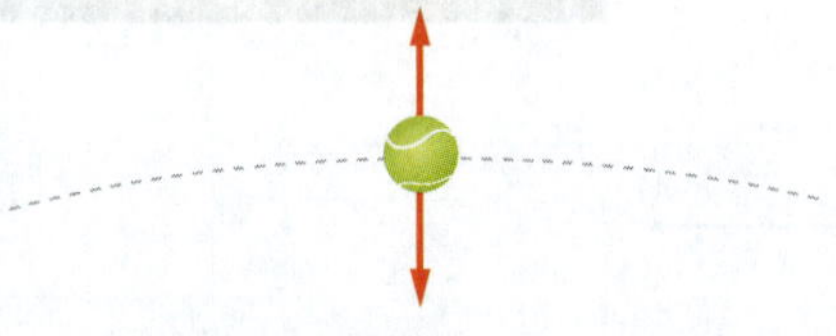

c)
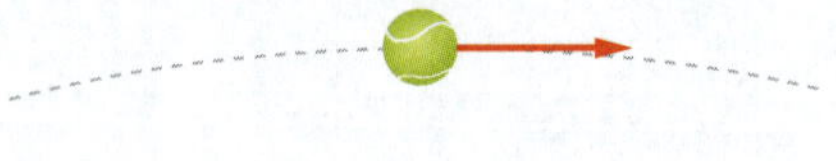

d)
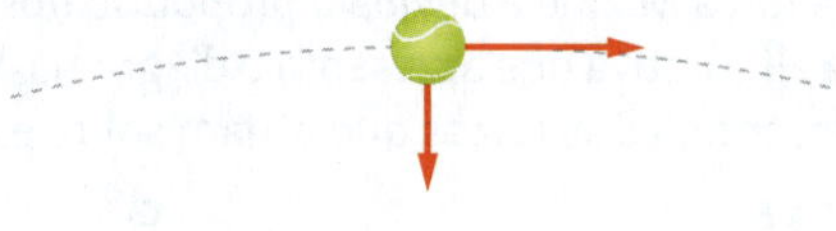

e)
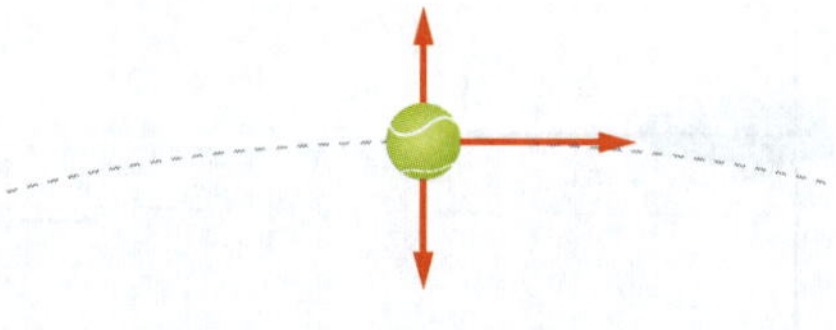

16. (UFPB) Dois homens, com auxílio de duas cordas, puxam um bloco sobre uma superfície horizontal lisa e sem atrito, conforme representação.

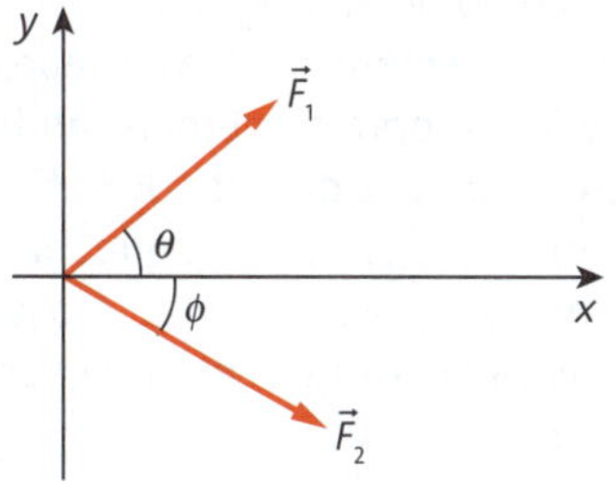

Dado: $\cos \theta = 0{,}8$; $\text{sen } \theta = 0{,}6$; $\cos \Phi = 0{,}6$; $\text{sen } \Phi = 0{,}8$.

Nessa situação, é correto afirmar que a equação cartesiana da força resultante no bloco, em newtons, é:

a) $-5i + 10j$
b) $10i + 10j$
c) $10i - 5j$
d) $-10i - 5j$
e) $5i + 10j$

17. (Uece) Uma motocicleta de 120 kg se choca de frente com um automóvel de 800 kg, em uma rua horizontal. Sobre a força sofrida pelos veículos, devido à colisão, assinale o correto.

a) O módulo das forças sofridas pelos dois veículos são iguais.
b) A motocicleta sofre maior força.
c) O automóvel sofre maior força.
d) As forças sofridas pelos dois veículos vão depender de a colisão ser ou não elástica.

18. (UFTM-MG) Após a cobrança de uma falta, num jogo de futebol, a bola chutada acerta violentamente o rosto de um zagueiro. A foto mostra o instante em que a bola se encontra muito deformada devido às forças trocadas entre ela e o rosto do jogador.

Reprodução/<www.StrangeSports.com>

A respeito dessa situação são feitas as seguintes afirmações:

I. A força aplicada pela bola no rosto e a força aplicada pelo rosto na bola têm direções iguais, sentidos opostos e intensidades iguais, porém, não se anulam.

II. A força aplicada pelo rosto na bola é mais intensa do que a aplicada pela bola no rosto, uma vez que a bola está mais deformada do que o rosto.

III. A força aplicada pelo rosto na bola atua durante mais tempo do que a aplicada pela bola no rosto, o que explica a inversão do sentido do movimento da bola.

IV. A força de reação aplicada pela bola no rosto é a força aplicada pela cabeça no pescoço do jogador, que surge como consequência do impacto.

É correto o contido apenas em

a) I.
b) I e III.
c) I e IV.
d) II e IV.
e) II, III e IV.

19. (PUC-RS) No estudo das leis do movimento, ao tentar identificar pares de forças de ação-reação, são feitas as seguintes afirmações:

I. Ação: A Terra atrai a Lua.
Reação: A Lua atrai a Terra.

II. Ação: O pulso do boxeador golpeia o adversário.
Reação: O adversário cai.

III. Ação: O pé chuta a bola.
Reação: A bola adquire velocidade.

IV. Ação: Sentados numa cadeira, empurramos o assento para baixo.
Reação: O assento nos empurra para cima.

O princípio da ação-reação é corretamente aplicado

a) somente na afirmativa I.

b) somente na afirmativa II.

c) somente nas afirmativas I, II e III.

d) somente nas afirmativas I e IV.

e) nas afirmativas I, II, III e IV.

20. (PUC-MG) Quando um cavalo puxa uma charrete, a força que possibilita o movimento do cavalo é a força que:

a) o solo exerce sobre o cavalo.

b) ele exerce sobre a charrete.

c) a charrete exerce sobre ele.

d) a charrete exerce sobre o solo.

21. (Cefet-MG) Uma experiência realizada em laboratórios de Física, no estudo das Leis de Newton, consiste em prender a um carrinho de brinquedo um balão de borracha cheio de ar. A ejeção do ar faz com que o carrinho se movimente, pois as paredes do balão exercem uma força sobre o ar, empurrando-o para fora, e o ar exerce, sobre as paredes do balão, uma força de mesma (o) ________________ que faz com que o carrinho se mova ________________ do jato de ar.
As lacunas são corretamente preenchidas, respectivamente, por:

a) módulo e direção / em sentido oposto ao

b) módulo e sentido / em direção oposta ao

c) direção e sentido / perpendicularmente ao sentido

d) módulo e direção / perpendicularmente ao sentido

22. (FGV-SP) Usado para missões suborbitais de exploração do espaço, o VS-30, foguete de sondagem brasileiro, possui massa total de decolagem de, aproximadamente, 1 500 kg e seu propulsor lhe imprime uma força de $95 \cdot 10^3$ N. Supondo que um desses foguetes seja lançado verticalmente em um local onde a aceleração da gravidade tem valor 10 m/s^2, desconsiderando a gradual perda de massa devido à combustão, a aceleração imprimida ao conjunto nos instantes iniciais de sua ascensão, relativamente ao solo, é, aproximadamente,

a) 15 m/s^2.
b) 24 m/s^2.
c) 36 m/s^2.
d) 42 m/s^2.
e) 53 m/s^2.

23. (Fuvest-SP) Um homem tenta levantar uma caixa de 5 kg, que está sobre uma mesa, aplicando uma força vertical de 10 N. Nesta situação, o valor da força que a mesa aplica na caixa é: (Adote: $g = 10 \text{ m/s}^2$).

a) 0 N. c) 10 N. e) 50 N.

b) 5 N. d) 40 N.

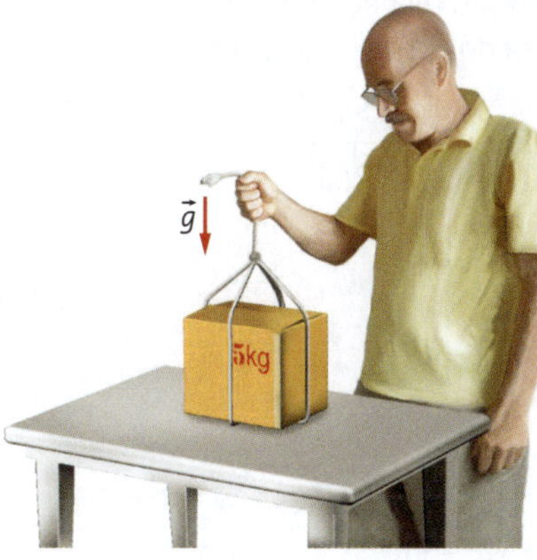

Antonio Robson/Arquivo da editora

24. (UFPB) Uma locomotiva, desenvolvendo uma aceleração de 2 m/s^2, puxa três vagões ao longo de uma ferrovia retilínea, conforme a figura.

Se o vagão 3 pesa $2 \cdot 10^4$ N, a força exercida sobre ele pelo vagão 2 é:

a) $4 \cdot 10^4$ N c) $1 \cdot 10^3$ N e) $4 \cdot 10^3$ N

b) $1 \cdot 10^4$ N d) $2 \cdot 10^3$ N

25. (Unifesp-SP) Suponha que um comerciante inescrupuloso aumente o valor assinalado pela sua balança, empurrando sorrateiramente o prato para baixo com uma força *F* de módulo 5,0 N, na direção e sentido indicados na figura.

Com essa prática, ele consegue fazer com que uma mercadoria de massa 1,5 kg seja medida por essa balança como se tivesse massa de

a) 3,0 kg. b) 2,4 kg. c) 2,1 kg. d) 1,8 kg. e) 1,7 kg.

26. (EsPCEx-SP) Três blocos *A*, *B* e *C* de massas 4 kg, 6 kg e 8 kg, respectivamente, são dispostos, conforme representado no desenho abaixo, em um local onde a aceleração da gravidade $\vec{g}$ vale 10 m/s^2.

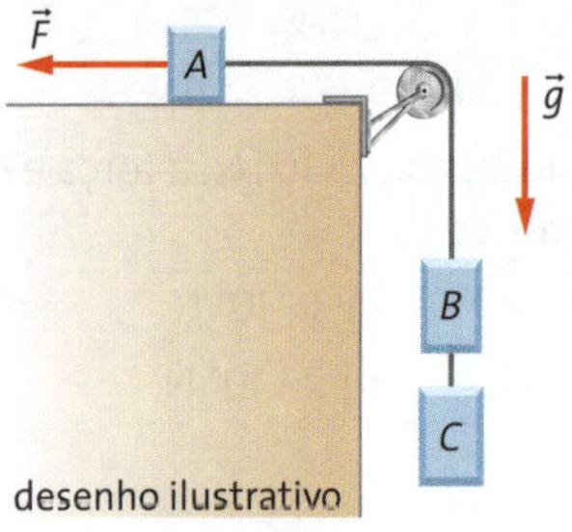

Desprezando-se todas as forças de atrito e considerando-se ideais as polias e os fios, a intensidade da força horizontal $\vec{F}$ que deve ser aplicada ao bloco *A*, para que o bloco *C* suba verticalmente com uma aceleração constante de 2m/s^2, é de:

a) 100 N.
b) 112 N.
c) 124 N.
d) 140 N.
e) 176 N.

27. (Fatec-SP) Três blocos, *A*, *B* e *C*, deslizam sobre uma superfície horizontal cujo atrito com estes corpos é desprezível, puxados por uma força $\vec{F}$ de intensidade 6,0 N.

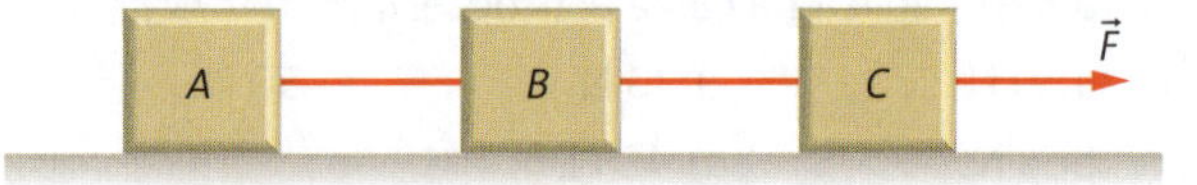

A aceleração do sistema é de 0,60 m/s^2, e as massas de *A* e *B* são respectivamente 2,0 kg e 5,0 kg.
A massa do corpo *C* vale, em kg,

a) 1,0.
b) 3,0.
c) 5,0.
d) 6,0.
e) 10.

28. (UFPB) A cana-de-açúcar depois de cortada é transportada até a usina por treminhões, que são compostos da cabina, também chamada de cavalo, e mais dois reboques. Por lei, a carga máxima permitida que pode ser transportada por um treminhão é de 60 toneladas; entretanto, cada reboque pode suportar uma carga máxima de até 45 toneladas.
Considere que:

- os reboques estão acoplados por um cabo de massa desprezível o qual pode suportar uma tensão máxima de até $35 \cdot 10^3$ N;
- o papel do cavalo é aplicar uma força $\vec{F}$ nos dois reboques, conforme ilustração a seguir.

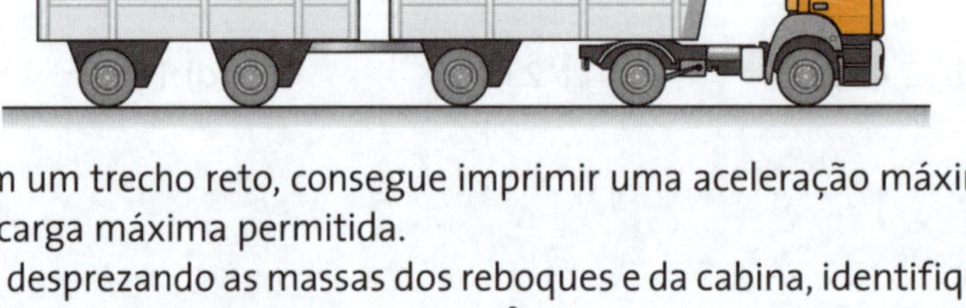

Nesse contexto, o cavalo, em um trecho reto, consegue imprimir uma aceleração máxima de módulo 0,5 m/s^2 ao treminhão transportando a carga máxima permitida.
A partir dessas informações, desprezando as massas dos reboques e da cabina, identifique as afirmativas corretas:

( ) A tensão máxima que o cabo vai suportar é de $27,5 \cdot 10^3$ N.
( ) A tensão mínima que o cabo vai suportar é de $7,5 \cdot 10^3$ N.
( ) A tensão no cabo dependerá da distribuição da carga nos dois reboques.
( ) A força que o motor do caminhão aplicará aos dois reboques é de $30 \cdot 10^3$ N.
( ) A força que o motor do caminhão aplicará aos dois reboques dependerá da distribuição da carga nos mesmos.

29. (Fatec-SP) Uma corrente com dez elos, sendo todos de massas iguais, está apoiada sobre o tampo horizontal de uma mesa totalmente sem atrito. Um dos elos é puxado para fora da mesa, e o sistema é abandonado, adquirindo, então, movimento acelerado. No instante em que o quarto elo perde contato com a mesa, a aceleração do sistema é

a) $\vec{g}$

b) $\left(\frac{2}{3}\right)\vec{g}$

c) $\left(\frac{3}{5}\right)\vec{g}$

d) $\left(\frac{2}{5}\right)\vec{g}$

e) $\left(\frac{1}{10}\right)\vec{g}$

30. (Ufla-MG) Um trator utiliza uma força motriz de 2000 N e arrasta, com velocidade constante, um tronco de massa 200 kg ao longo de um terreno horizontal e irregular. Considerando-se $\vec{g} = 10\ m/s^2$, é correto afirmar que o coeficiente de atrito cinético μ entre o tronco e o terreno é:

a) 1,0. b) 0,5. c) 0,25. d) zero.

31. (Vunesp-SP) As figuras 1 e 2 representam dois esquemas experimentais utilizados para a determinação do coeficiente de atrito estático entre um bloco *B* e uma tábua plana, horizontal.

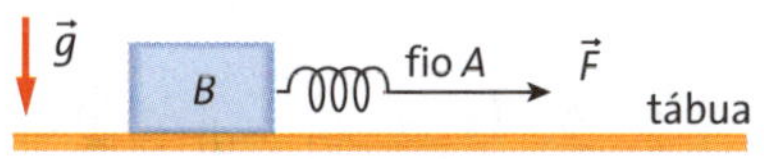

figura 1

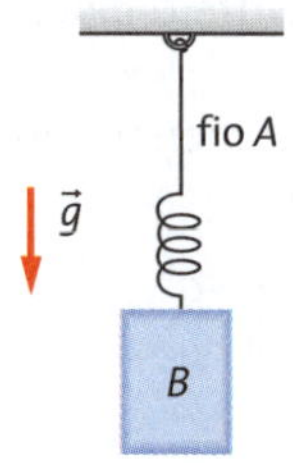

figura 2

No esquema da figura 1, um aluno exerceu uma força horizontal $\vec{F}$ no fio *A* e mediu o valor 2,0 cm para a deformação da mola, quando a força $\vec{F}$ atingiu seu máximo valor possível, imediatamente antes que o bloco *B* se movesse. Para determinar a massa do bloco *B*, este foi suspenso verticalmente, com o fio *A* fixo no teto, conforme indicado na figura 2, e o aluno mediu a deformação da mola igual a 10,0 cm, quando o sistema estava em equilíbrio. Nas condições descritas, desprezando-se a resistência do ar, o coeficiente de atrito entre o bloco e a tábua vale

a) 0,1. b) 0,2. c) 0,3. d) 0,4. e) 0,5.

32. (UFPB) Na cidade de Sousa, no sertão paraibano, é comum agricultores subirem, sem ajuda de equipamentos, em coqueiros. Para descer, um determinado agricultor exerce forças com suas mãos e pés sobre o coqueiro, de modo a descer com velocidade constante. (Ver figura esquemática ao lado.) Considerando que cada membro, pés e mãos desse agricultor, exerce uma força $\vec{F}$ perpendicular ao tronco do coqueiro, e que o coeficiente de atrito entre os membros e o tronco do coqueiro é μ, julgue os itens a seguir:

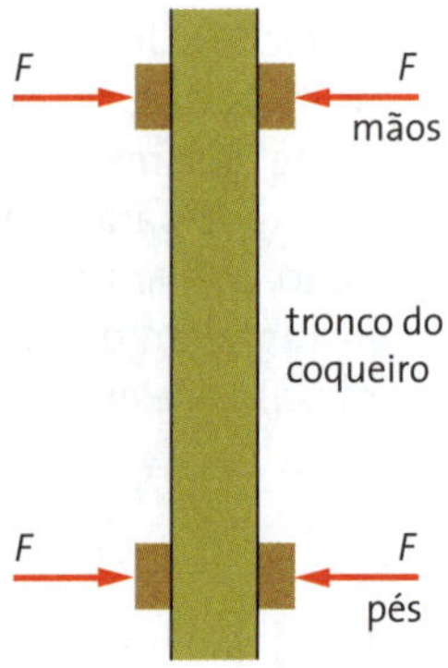

( ) A força normal exercida pelo tronco em cada membro do agricultor tem módulo igual a F.

( ) O atrito é estático, pois a aceleração é nula.

( ) A força de atrito é paralela ao tronco e orientada para cima.

( ) O peso do agricultor é $P = 4\ \mu \cdot F$.

( ) A velocidade escalar do agricultor, imediatamente antes de chegar ao solo, diminuirá, se o coeficiente de atrito diminuir.

---

33. (UPE) Sejam os blocos P e Q de massas m e M, respectivamente, ilustrados na figura ao lado. O coeficiente de atrito estático entre os blocos é μ, entretanto não existe atrito entre o bloco Q e a superfície A. Considere $\vec{g}$ a aceleração da gravidade.

A expressão que representa o menor valor do módulo da força horizontal $\vec{F}$, para que o bloco P não caia, é

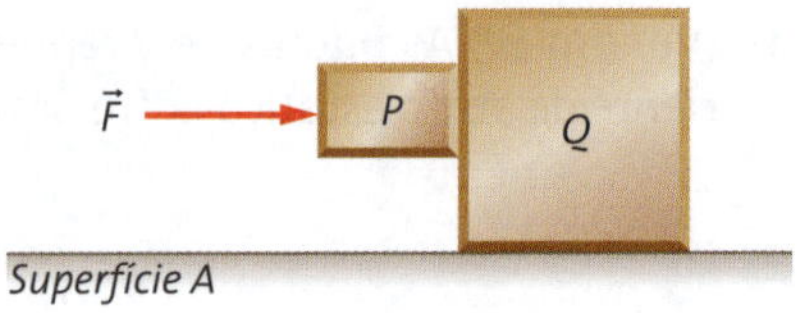

a) $\frac{m \cdot g}{\mu} \cdot \left(\frac{M + m}{M + 2m}\right)$ b) $\frac{m \cdot g}{M \cdot \mu}(M + m)$ c) $\frac{m \cdot M}{\mu} \cdot \left(\frac{g}{M + m}\right)$ d) $\frac{M \cdot g}{m \cdot \mu} \cdot \left(\frac{1}{M + m}\right)$ e) $\frac{m \cdot g}{\mu}$

34. (UPE) De acordo com a figura a seguir, uma força de intensidade 20 N é aplicada sobre um bloco de massa 4 kg. O coeficiente de atrito entre o bloco e a superfície é $\mu_c = 0,3$, e a velocidade inicial do bloco é de 1 m/s. Dado: $g = 10\ m/s^2$.

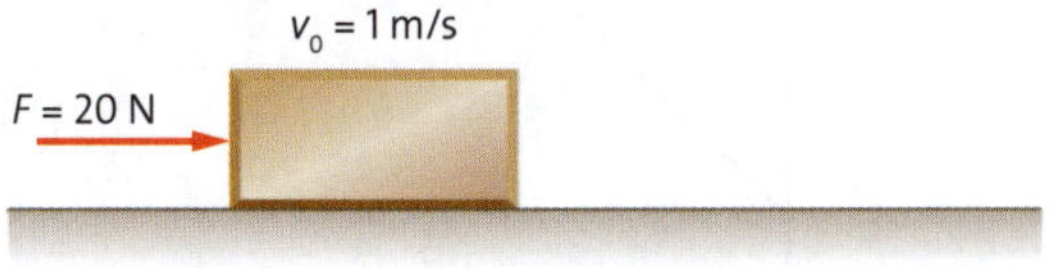

( ) a força resultante que atua no bloco é de 16 N.

( ) a intensidade da força de atrito é de 12 N.

( ) a aceleração do bloco é de 2 m/s^2.

( ) após percorrer 12 m, a velocidade do bloco é de 7 m/s.

( ) após percorrer 12 m, sendo retirada a força de 20 N, o bloco percorrerá 10 m, até parar.

35. (UPM-SP) Um corpo de peso 30 N repousa sobre uma superfície horizontal de coeficiente de atrito estático 0,4. Por meio de uma mola de massa desprezível, de comprimento natural 20 cm e constante elástica 20 N/m, prende-se esse corpo em uma parede como mostra a figura. A máxima distância a que podemos manter esse corpo da parede e em equilíbrio será de:

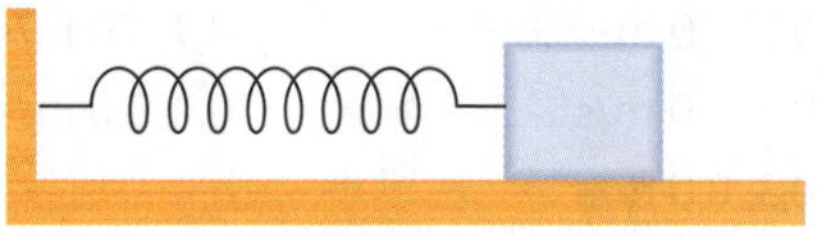

a) 26 cm.
b) 40 cm.
c) 80 cm.
d) 90 cm.
e) 100 cm.

36. (UFPB) A superfície de uma mesa é constituída de dois materiais distintos, *A* e *B*. Um bloco de metal com massa igual a 2,0 kg é lançado sobre essa mesa com velocidade inicial de 5,0 m/s. Inicialmente, o bloco desliza sobre o material *A* e, a seguir, passa a deslizar sobre o material *B*. Os coeficientes de atrito cinético entre o bloco e os dois materiais são, respectivamente, $\mu_c^A = 0,35$ e $\mu_c^B = 0,25$ e estão representados no gráfico ao lado, em função da posição *d*. Nesse contexto, a distância percorrida pelo bloco até atingir o repouso é:

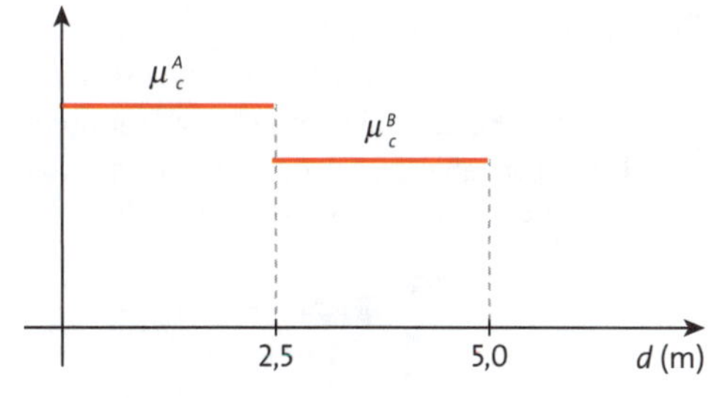

a) 2,0 m.
b) 4,0 m.
c) 1,0 m.
d) 5,0 m.
e) 3,0 m.

37. (PUC-SP) Um bloco de borracha de massa 5,0 kg está em repouso sobre uma superfície plana e horizontal. O gráfico representa como varia a força de atrito sobre o bloco quando sobre ele atua uma força $\vec{F}$ de intensidade variável paralela à superfície. O coeficiente de atrito estático entre a borracha e a superfície e a aceleração adquirida pelo bloco quando a intensidade da força $\vec{F}$ atinge 30 N são, respectivamente, iguais a

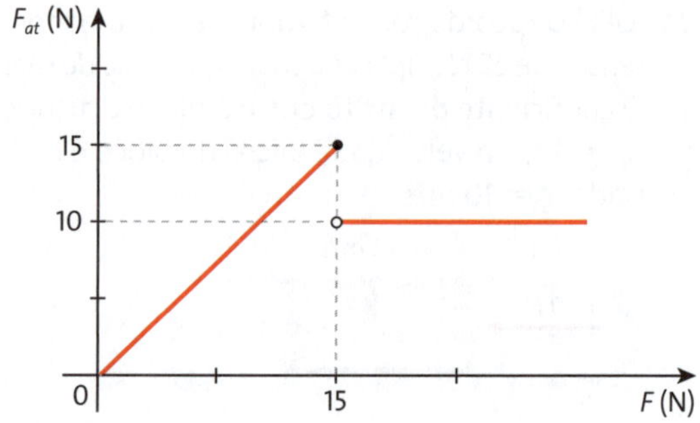

a) 0,3; 4,0 m/s².
b) 0,2; 6,0 m/s².
c) 0,3; 6,0 m/s².
d) 0,5; 4,0 m/s².
e) 0,2; 3,0 m/s².

38. (UPM-SP) Um balde de 400 g é suspenso por um fio ideal que tem uma extremidade presa a um bloco de massa 12 kg. O conjunto está em repouso, quando se abre a torneira, que proporciona uma vazão de água ($\rho = 1$ kg/L), constante e igual a 0,2 L/s.

Sabendo-se que o coeficiente de atrito estático entre o bloco e a superfície horizontal que o suporta é $\mu_e = 0,4$ e que a polia é ideal, esse bloco iniciará seu deslocamento no instante imediatamente após:
Dado: $g = 10$ m/s²

a) 22 s.
b) 20 s.
c) 18 s.
d) 16 s.
e) 14 s.

39. (PUC-MG) Na montagem experimental ilustrada a seguir, os fios e a polia têm massas desprezíveis e pode-se desconsiderar o atrito no eixo da polia. Considere $\vec{g} = 10$ m/s².

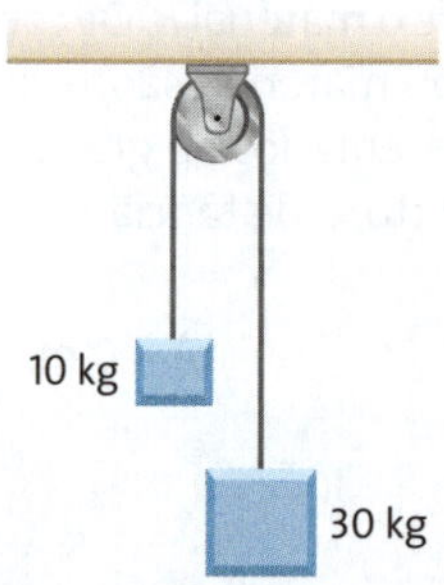

Nessas condições, é correto afirmar:

a) Os corpos movem-se com velocidade constante.
b) A tensão no fio é de 30 N.
c) A força do conjunto sobre a haste de sustentação é de 50 N.
d) A aceleração dos corpos é de 5,0 m/s².

40. (UFPB) Um vagão gôndola, mostrado na figura ao lado, transportando minério de ferro, deve descer uma rampa inclinada para entrar em uma mina a certa profundidade do solo.

Para controlar a velocidade de descida do vagão, um cabo de aço é amarrado a esse vagão e a uma máquina que está na parte superior da rampa. Esse cabo aplica, no vagão, uma força paralela à rampa e orientada para a máquina. Essa situação pode ser descrita em um diagrama vetorial em que as forças aplicadas possuem as seguintes notações:

<http://de.wikipedia.org/wiki/G%C3%BCterlore>. Acesso em: 12 ago. 2011

- $\vec{T}$ é a força feita pelo cabo de aço na gôndola;
- $\vec{F}_{at}$ é a força de atrito na gôndola;
- $\vec{P}$ é a força peso da gôndola;
- $\vec{N}$ é a força normal na gôndola.

Nesse contexto, a situação descrita está corretamente reproduzida no diagrama vetorial:

a)

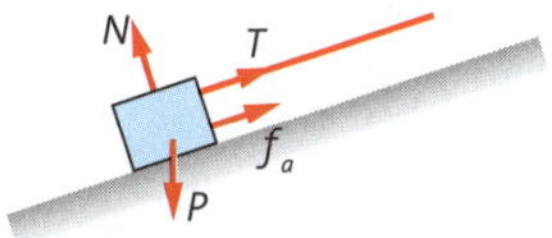

b)

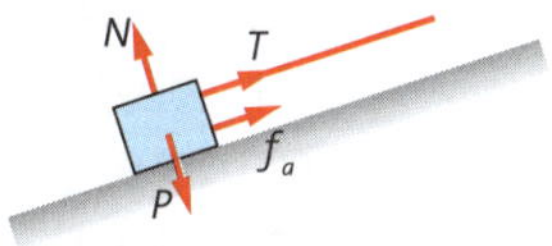

c)

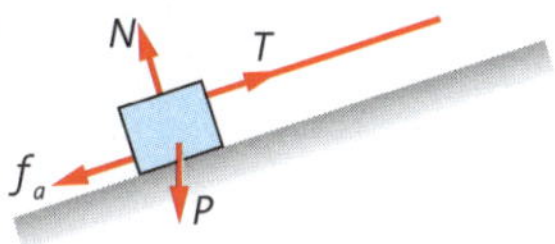

d)

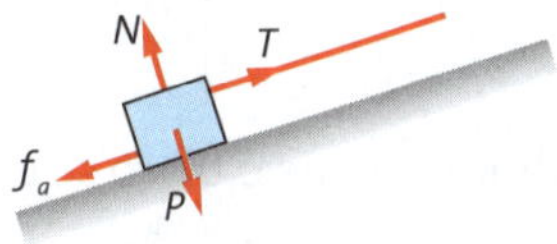

e)

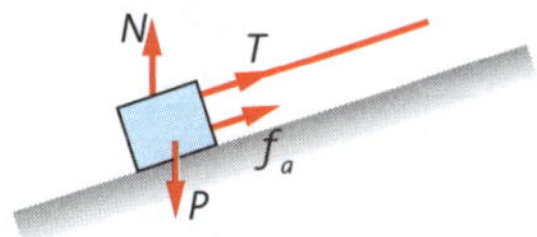

41. (Uerj) Uma pequena caixa é lançada sobre um plano inclinado e, depois de um intervalo de tempo, desliza com velocidade constante.

Observe a figura ao lado, na qual o segmento orientado indica a direção e o sentido do movimento da caixa.

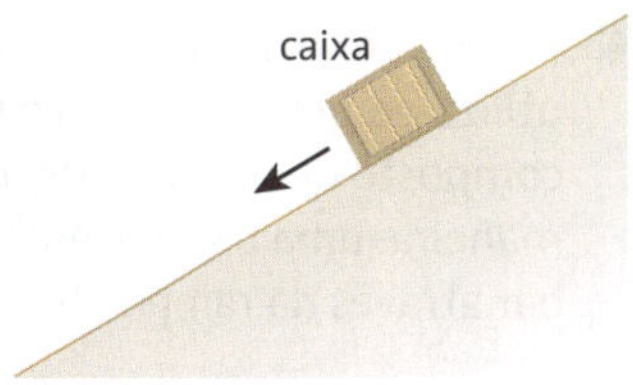

Entre as representações a seguir, a que melhor indica as forças que atuam sobre a caixa é:

a)

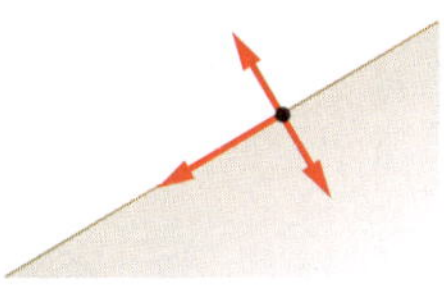

b)

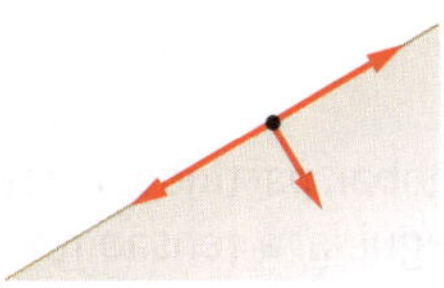

c)

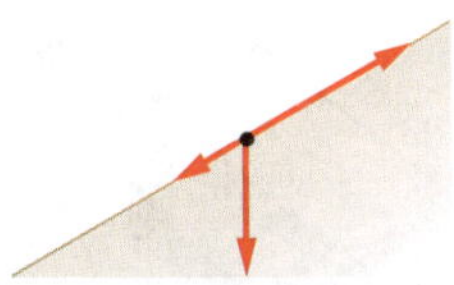

d)

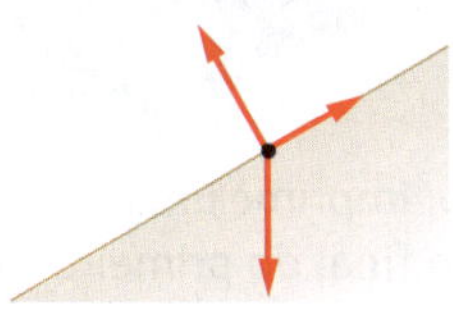

42. (Vunesp-SP) Um bloco sobe uma rampa deslizando sem atrito, em movimento uniformemente retardado, exclusivamente sob a ação da gravidade, conforme mostrado na figura 1.
Ele parte do solo no instante $t = 0$ e chega ao ponto mais alto em 1,2 s. O módulo da velocidade em função do tempo é apresentado no gráfico na figura 2.

figura 1

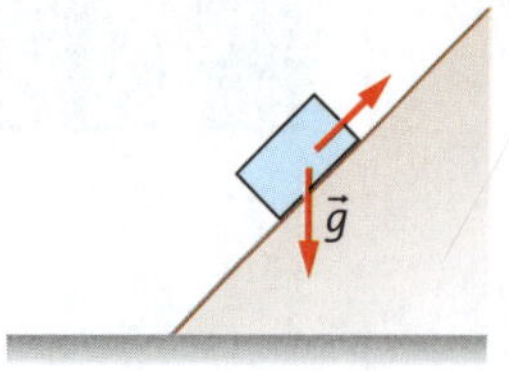

figura 2

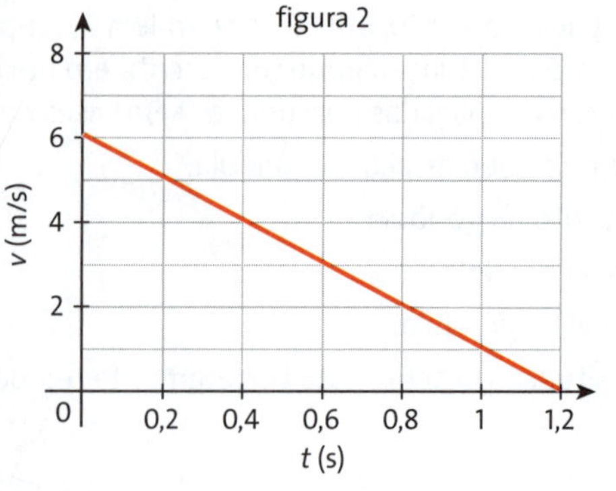

Considerando $g = 10{,}0\ m/s^2$, a altura em que o bloco se encontrava em $t = 0{,}4$ s era

a) 0,5 m. b) 1,0 m. c) 1,6 m. d) 2,5 m. e) 3,2 m.

43. (UFPB) Um frigobar de massa de 10 kg será transportado para dentro de um caminhão do tipo baú. Para esse fim, utiliza-se uma rampa inclinada de 3 m de comprimento com 1,5 m de altura, acoplada a um sistema mecânico composto de um cabo de aço de massa desprezível, uma polia e um motor. O procedimento funciona da seguinte maneira: uma das extremidades do cabo é presa ao frigobar e a outra extremidade, ao motor, que puxará o frigobar através da rampa até ficar em segurança dentro do baú, conforme ilustrado na figura a seguir.

Antonio Robson/Arquivo da editora

Nesse contexto, ao ser ligado, o motor imprime uma tensão ao cabo, de forma que o frigobar, partindo do repouso, atinge uma velocidade de 0,8 m/s no final do primeiro metro de deslocamento. Em seguida, a tensão no cabo é modificada para 50 N.
Nesse caso, o módulo da velocidade com que o frigobar entrará no caminhão é de:

a) 0,8 m/s. b) 1,0 m/s. c) 1,2 m/s. d) 1,5 m/s. e) 1,8 m/s.

44. (UPM-SP) No sistema a seguir, o fio e a polia são considerados ideais e o atrito entre as superfícies em contato é desprezível. Abandonando-se o corpo *B* a partir do repouso, no ponto *M*, verifica-se que, após 2 s, ele passa pelo ponto *N* com velocidade de 8 m/s. Sabendo-se que a massa do corpo *A* é de 5 kg, a massa do corpo *B* é:
Dados: $\vec{g} = 10 \text{ m/s}^2$, cos 37° = 0,8 e sen 37° = 0,6

a) 1 kg.
b) 2 kg.
c) 3 kg.
d) 4 kg.
e) 5 kg.

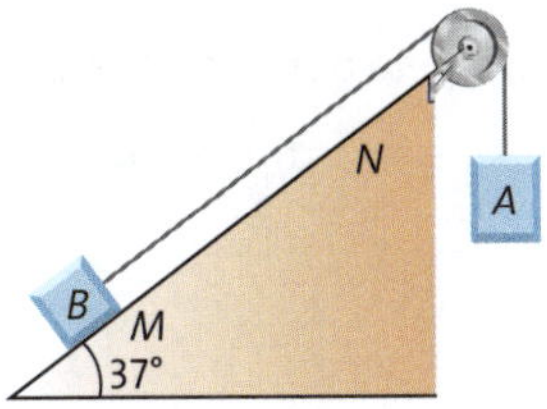

45. (UFU-MG) Um bloco de massa $M = 8$ kg encontra-se apoiado em um plano inclinado e conectado a um bloco de massa *m* por meio de polias, conforme figura a seguir.

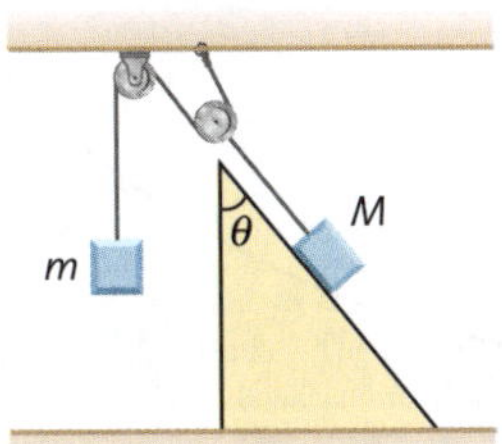

O sistema encontra-se em equilíbrio estático, sendo que o plano inclinado está fixo no solo. As polias são ideais e os fios de massa desprezível. Considerando $g = 10 \text{ m/s}^2$, $\theta = 30°$ e que não há atrito entre o plano inclinado e o bloco de massa *M*, marque a alternativa que apresenta o valor correto da massa *m*, em kg.

a) $2\sqrt{3}$ b) $4\sqrt{3}$ c) 2 d) 4

46. (UFF-RJ) Uma criança se balança em um balanço, como representado esquematicamente na figura a seguir. Assinale a alternativa que melhor representa a aceleração $\vec{a}$ da criança no instante em que ela passa pelo ponto mais baixo de sua trajetória.

a) $\vec{a} = \vec{0}$
b) $\vec{a}$ →
c) $\vec{a}$ ↑
d) $\vec{a}$ ↓
e) $\vec{a}$ ←

João Xavier de Campos/Arquivo da editora

47. (UPE) Um coelho está cochilando em um carrossel parado, a uma distância de 5 m do centro. O carrossel é ligado repentinamente e logo atinge a velocidade normal de funcionamento na qual completa uma volta a cada 6 s. Nessas condições, o coeficiente de atrito estático mínimo entre o coelho e o carrossel, para que o coelho permaneça no mesmo lugar sem escorregar, vale:
Considere $\pi = 3$ e $g = 10 \text{ m/s}^2$.

a) 0,2.
b) 0,5.
c) 0,4.
d) 0,6.
e) 0,7.

48. (Epcar-MG) Um garoto, que se encontra em repouso, faz girar, com velocidade constante, uma pedra de massa m presa a um fio ideal. Descrevendo uma trajetória circular de raio R num plano vertical, essa pedra dá diversas voltas, até que, em um dado instante, o fio arrebenta e ela é lançada horizontalmente, conforme ilustra a figura ao lado.

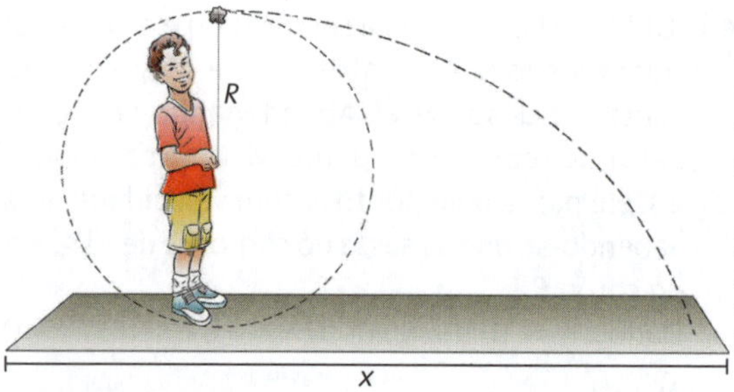

João Xavier de Campos/Arquivo da editora

Sujeita apenas à aceleração da gravidade $\vec{g}$, a pedra passou, então, a descrever uma trajetória parabólica, percorrendo uma distância horizontal x equivalente a $4R$.

A tração experimentada pelo fio toda vez que a pedra passava pelo ponto onde ele se rompeu era igual a

a) $m \cdot \vec{g}$.

b) $2m \cdot \vec{g}$.

c) $3m \cdot \vec{g}$.

d) $4m \cdot \vec{g}$.

---

49. (PUC-SP) Um automóvel de massa 800 kg, dirigido por um motorista de massa igual a 60 kg, passa pela parte mais baixa de uma depressão de raio = 20 m com velocidade escalar de 72 km/h. Nesse momento, a intensidade da força de reação que a pista aplica no veículo é: (Adote $g = 10\ m/s^2$.)

a) 231 512 N.

b) 215 360 N.

c) 1 800 N.

d) 25 800 N.

e) 24 000 N.

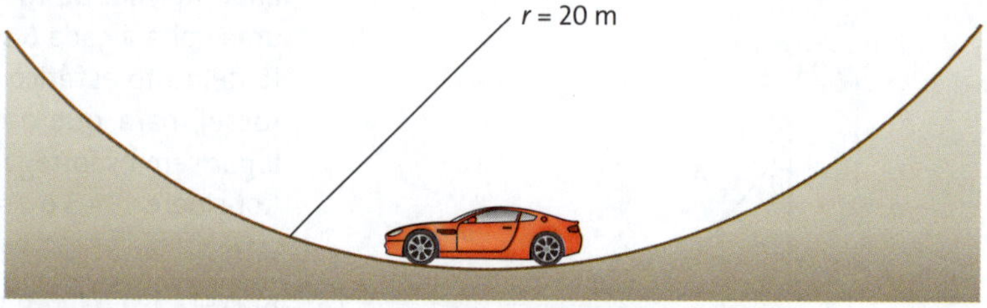

Formato/Arquivo da editora

50. (UFSC) Rotor é um brinquedo que pode ser visto em parques de diversões. Consiste em um grande cilindro de raio *R* que pode girar em torno de seu eixo vertical central. Após a entrada das pessoas no rotor, elas se encostam nas suas paredes e este começa a girar. O rotor aumenta sua velocidade de rotação até que as pessoas atinjam uma velocidade *v*, quando, então, o piso é retirado. As pessoas ficam suspensas, como se estivessem "ligadas" à parede interna do cilindro enquanto o mesmo está girando, sem nenhum apoio debaixo dos pés e vendo um buraco abaixo delas.
Em relação à situação descrita, é correto afirmar que:

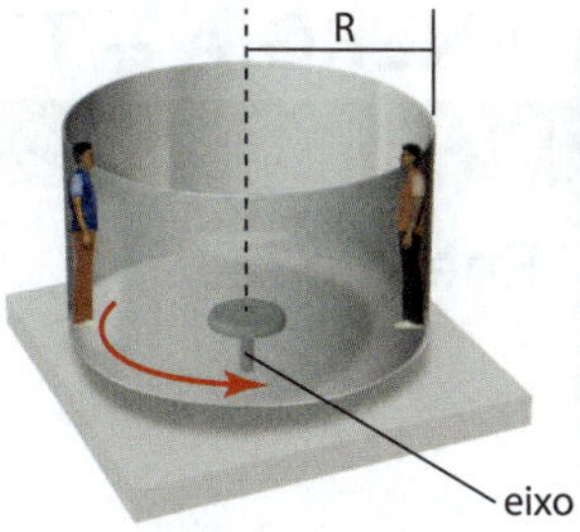

Antonio Robson/Arquivo da editora

(01) a força normal, ou seja, a força que a parede faz sobre uma pessoa encostada na parede do rotor em movimento, é uma força centrípeta.

(02) se duas pessoas dentro do rotor tiverem massas diferentes, aquela que tiver maior massa será a que terá maior chance de deslizar e cair no buraco abaixo de seus pés.

(04) o coeficiente de atrito estático entre a superfície do rotor e as roupas de cada pessoa dentro dele deve ser maior ou igual a $\frac{g \cdot R}{v^2}$.

(08) o coeficiente de atrito estático entre a superfície do rotor e as roupas de cada pessoa dentro dele é proporcional ao raio do rotor.

(16) o coeficiente de atrito estático entre a superfície do rotor e as roupas de cada pessoa dentro dele é proporcional à velocidade *v* do rotor.

51. (Cesgranrio-RJ) Uma esfera de massa igual a 3 kg está amarrada a um fio inextensível e de massa desprezível. A esfera gira com velocidade constante em módulo igual a $\frac{4\sqrt{6}}{15}$ m/s, formando um cone circular imaginário, conforme a figura ao lado.
O fio permanece esticado durante todo o movimento, fazendo um mesmo ângulo α com a vertical, cuja tangente é $\frac{8}{15}$. A componente horizontal da tração no fio vale 16 N e é a força centrípeta responsável pelo giro da esfera. O volume do cone imaginário, em cm^3, é

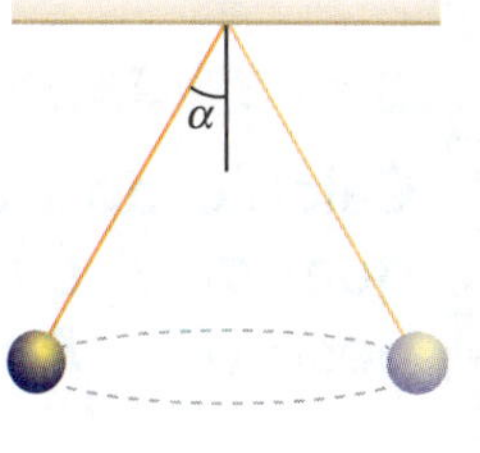

a) 280 π.
b) 320 π.
c) 600 π.
d) 960 π.
e) 1800 π.

ENERGIA – TRABALHO – POTÊNCIA

Energia (E)	**Princípio da conservação** Não pode ser criada ou destruída, apenas transformada; assim, sua quantidade total sempre se conserva.
	Formas Cinética, potencial, térmica, química, elétrica, luminosa, solar, sonora, nuclear, etc.
Trabalho de uma força (τ)	**Conceito** Representa a medida da energia transformada por intermédio de uma força.

Cálculo do trabalho quando $\vec{F}$ é constante em módulo, direção e sentido	**$\vec{F}$ tem direção constante qualquer** $\tau = F \cdot d \cdot \cos\theta$
	$\vec{F}$ tem sentido do movimento ($\theta = 0°$) $\tau = +F \cdot d$
	$\vec{F}$ é contra o movimento ($\theta = 180°$) $\tau = -F \cdot d$

Forças que não realizam trabalho	**$\vec{F}$ é perpendicular ao movimento ($\theta = 90°$)** $\tau = 0$
	Não promove o deslocamento do corpo ($d = 0$) $\tau = 0$

Cálculo do trabalho quando $\vec{F}$ é a força peso ($F = P = m \cdot g$)	**Na descida** $\tau = +m \cdot g \cdot h$
	Na subida $\tau = -m \cdot g \cdot h$
	Propriedade A altura 'h' representa o desnível vertical e não depende do tamanho ou formato da trajetória percorrida entre a posição inicial e a final.

Cálculo do trabalho quando $\vec{F}$ tem direção do deslocamento e intensidade variável	**Gráfico de $F \times d$** 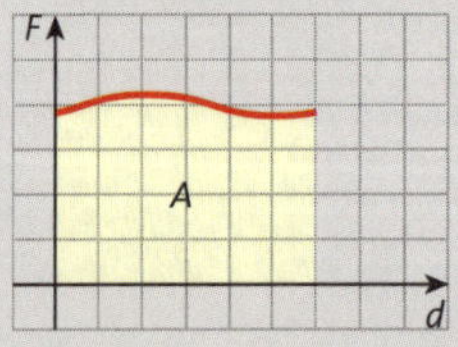 O trabalho corresponde, numericamente, à área delimitada entre a linha do gráfico e o eixo do deslocamento.

Quando $\vec{F}$ é a força resultante	**Teorema da energia cinética (TEC)** $\tau_R = \tau_{F1} + \tau_{F2} + ... + \tau_{Fn} = \Delta E_c = E_{c(\text{final})} - E_{c(\text{inicial})}$

Energia mecânica (E_M)	
• Associada ao movimento ou à possibilidade de movimento. • Cálculo: $E_M = E_c + E_{PG} + E_{Pel}$	**Energia cinética (E_c)** • Própria de um objeto em movimento. • Cálculo: $E_c = \dfrac{m \cdot v^2}{2}$
	Energia potencial gravitacional (E_{PG}) • Armazenada no sistema massa-Terra. • Cálculo: $E_{PG} = m \cdot g \cdot h$
	Energia potencial elástica (E_{Pel}) • Armazenada no sistema massa-mola. • Cálculo: $E_{Pel} = \dfrac{k \cdot x^2}{2}$

Sistemas conservativos	
Sistemas em que ocorrem somente transformações de energia potencial em cinética e vice-versa.	**Podem atuar as forças** Peso ($\vec{P}$), elástica ($\vec{F}_{el}$) e outras forças de trabalho nulo.
	Consequência $E_{M\,(final)} = E_{M\,(inicial)}$
	Exemplos • Quedas e lançamentos sem resistência do ar. • Blocos e carrinhos deslizantes sem atrito nem resistência do ar.

Sistemas não conservativos	
Sistemas em que ocorrem transformações de energia mecânica (cinética e potencial) em outras formas de energia e vice-versa.	**Consequência** • Quando atuam forças dissipativas, como o atrito e a resistência do ar: $E_{M\,(final)} < E_{M\,(inicial)}$ Exemplos: quedas e lançamentos com resistência do ar; blocos e carrinhos deslizantes em superfície com atrito. • Quando atuam forças motrizes: $E_{M\,(final)} > E_{M\,(inicial)}$ Exemplos: explosão de uma bomba.
	Conservação Apesar de a energia mecânica aumentar ou diminuir, a energia total se conserva.

Potência (P)	
Representa a "rapidez" com que a energia é transformada.	**Potência média (P_m)** $P_m = \dfrac{\tau}{\Delta t}$
	Potência instantânea (P) (supondo $\vec{F}$ no sentido do movimento) $P = F \cdot v$
	Observações • Quanto maior o trabalho e menor o tempo, maior a potência. • Para duas forças que realizam trabalho de mesmo valor, tem maior potência aquela que o faz mais rapidamente.

Exercícios

1. (EsPCEx-SP) Um bloco, puxado por meio de uma corda inextensível e de massa desprezível, desliza sobre uma superfície horizontal com atrito, descrevendo um movimento retilíneo e uniforme. A corda faz um ângulo de 53° com a horizontal e a tração que ela transmite ao bloco é de 80 N. Se o bloco sofrer um deslocamento de 20 m ao longo da superfície, o trabalho realizado pela tração no bloco será de:
(Dados: sen 53° = 0,8 e cos 53° = 0,6)
a) 480 J.
b) 640 J.
c) 960 J.
d) 1280 J.
e) 1600 J.

2. (UFPB) Um avião decola e segue, inicialmente, uma trajetória de ascensão retilínea por 3 km, formando um ângulo de 30° com a horizontal. Se a força gravitacional realizou um trabalho de $-1{,}5 \cdot 10^8$ J, a massa do avião, em toneladas, vale:
a) 10.
b) 5.
c) 4,5.
d) 1,5.
e) 1,0.

3. (UPE) Um corpo de massa *m* desliza sobre o plano horizontal, sem atrito ao longo do eixo *AB*, sob ação das forças $\vec{F}_1$ e $\vec{F}_2$ de acordo com a figura ao lado.
A força $\vec{F}_1$ é constante, tem módulo igual a 10 N e forma com a vertical um ângulo $\theta = 30°$.
A força $\vec{F}_2$ varia de acordo com o gráfico ao lado.
O trabalho realizado pelas forças para que o corpo sofra um deslocamento de 0 a 4 m, em joules, vale

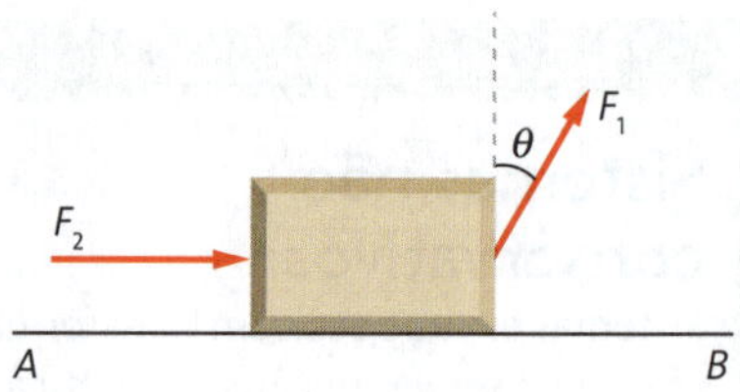

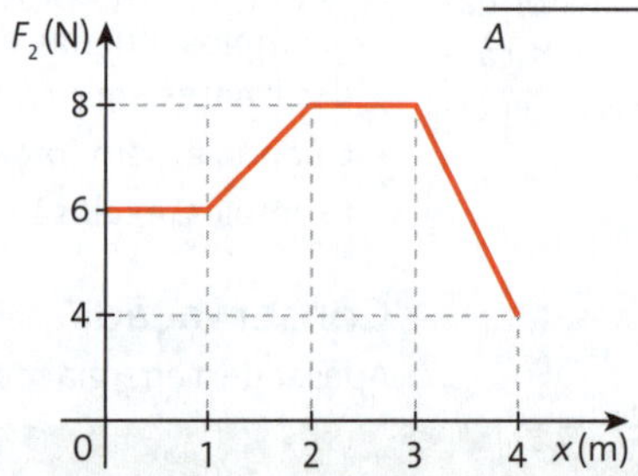

a) 20.
b) 47.
c) 27.
d) 50.
e) 40.

4. (FGV-SP) Contando que ao término da prova os vestibulandos da GV estivessem loucos por um docinho, o vendedor de churros levou seu carrinho até o local de saída dos candidatos. Para chegar lá, percorreu 800 m, metade sobre solo horizontal e a outra metade em uma ladeira de inclinação constante, sempre aplicando sobre o carrinho uma força de intensidade 30 N, paralela ao plano da superfície sobre a qual se deslocava e na direção do movimento. Levando em conta o esforço aplicado pelo vendedor sobre o carrinho, considerando todo o traslado, pode-se dizer que:

a) na primeira metade do trajeto, o trabalho exercido foi de 12 kJ, enquanto, na segunda metade, o trabalho foi maior.

b) na primeira metade do trajeto, o trabalho exercido foi de 52 kJ, enquanto, na segunda metade, o trabalho foi menor.

c) na primeira metade do trajeto, o trabalho exercido foi nulo, assumindo, na segunda metade, o valor de 12 kJ.

d) tanto na primeira metade do trajeto como na segunda metade, o trabalho foi de mesma intensidade, totalizando 24 kJ.

e) o trabalho total foi nulo, porque o carrinho parte de um estado de repouso e termina o movimento na mesma condição.

5. (Vunesp-SP) Uma força atuando em uma caixa varia com a distância x de acordo com o gráfico.

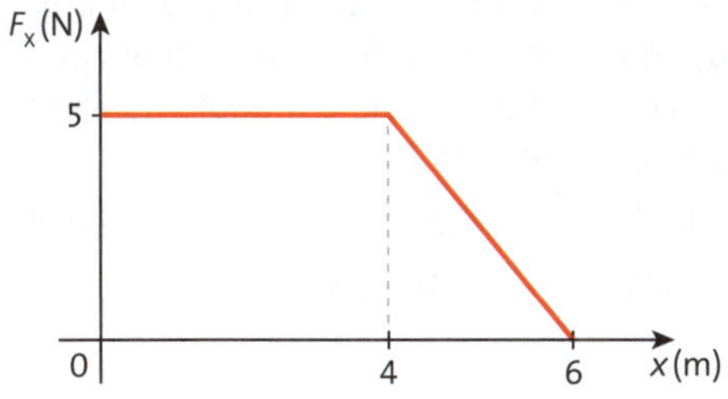

O trabalho realizado por essa força para mover a caixa da posição $x = 0$ até a posição $x = 6$ m vale

a) 5 J. b) 15 J. c) 20 J. d) 25 J. e) 30 J.

6. (Uece) Em um corredor horizontal, um estudante puxa uma mochila de rodinhas de 6 kg pela haste, que faz 60° com o chão. A força aplicada pelo estudante é a mesma necessária para levantar um peso de 1,5 kg, com velocidade constante. Considerando a aceleração da gravidade igual a 10 m/s^2, o trabalho, em joule, realizado para puxar a mochila por uma distância de 30 m é:

a) Zero. b) 225,0. c) 389,7. d) 900,0.

7. (UPE) Considere um bloco de massa m ligado a uma mola de constante elástica $k = 20$ N/m, como mostrado na figura a seguir. O bloco encontra-se parado na posição $x = 4{,}0$ m. A posição de equilíbrio da mola é $x = 0$.

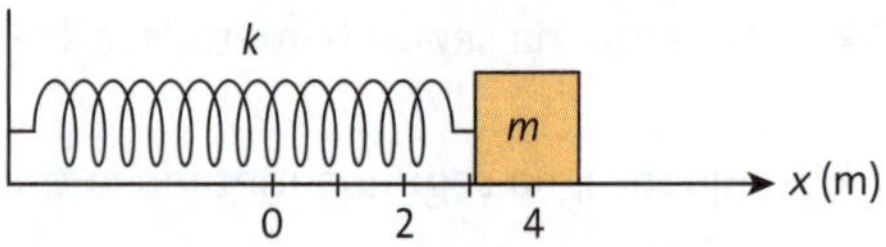

O gráfico a seguir indica como o módulo da força elástica da mola varia com a posição x do bloco.

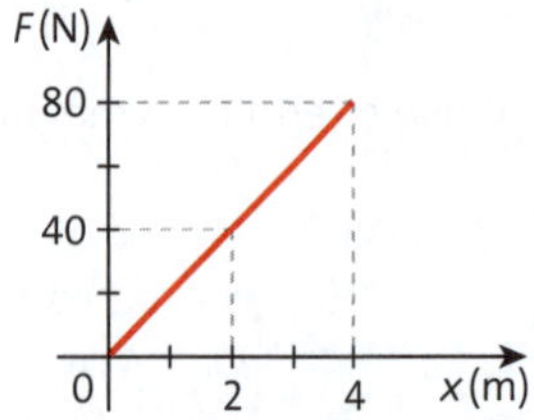

O trabalho realizado pela força elástica para levar o bloco da posição $x = 4{,}0$ m até a posição $x = 2{,}0$ m, em joules, vale

a) 120. b) 80. c) 40. d) 160. e) −80.

8. (Vunesp-SP) Suponha que os tratores 1 e 2 da figura arrastem toras de mesma massa pelas rampas correspondentes, elevando-as à mesma altura h. Sabe-se que ambos se movimentam com velocidades constantes e que o comprimento da rampa 2 é o dobro do comprimento da rampa 1.

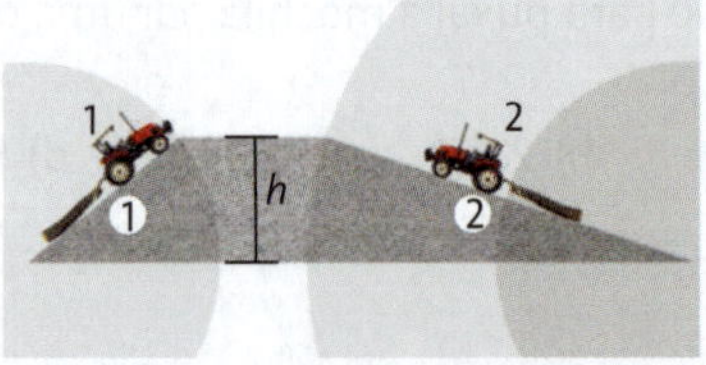

Antonio Robson/ Arquivo da editora

Chamando de τ_1 e τ_2 os trabalhos realizados pela força gravitacional sobre essas toras, pode-se afirmar que:

a) $\tau_1 = 2\tau_2$; $\tau_1 > 0$ e $\tau_2 < 0$.

b) $\tau_1 = 2\tau_2$; $\tau_1 < 0$ e $\tau_2 > 0$.

c) $\tau_1 = \tau_2$; $\tau_1 < 0$ e $\tau_2 < 0$.

d) $2\tau_1 = \tau_2$; $\tau_1 > 0$ e $\tau_2 > 0$.

e) $2\tau_1 = \tau_2$; $\tau_1 > 0$ e $\tau_2 < 0$.

9. (Uerj) Uma pessoa empurrou um carro por uma distância de 26 m, aplicando uma força $\vec{F}$ de mesma direção e sentido do deslocamento desse carro. O gráfico abaixo representa a variação da intensidade de $\vec{F}$, em newtons, em função do deslocamento d, em metros.

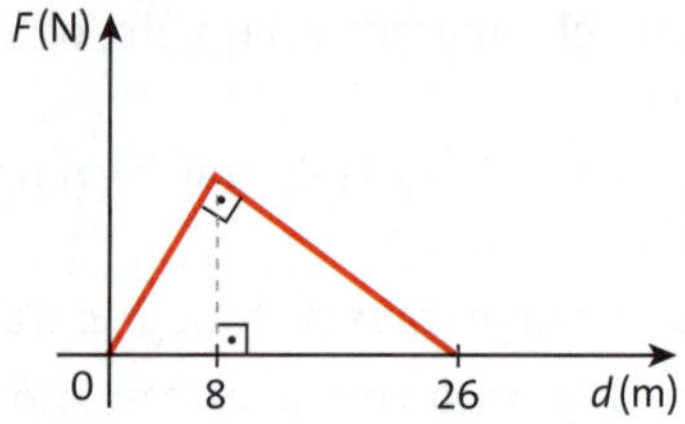

Desprezando-se o atrito, o trabalho total, em joules, realizado por $\vec{F}$ equivale a:

a) 117. b) 130. c) 143. d) 156.

10. (UFPE) Um automóvel se desloca em uma estrada plana e reta com velocidade constante $v = 80$ km/h. A potência do motor do automóvel é $P = 25$ kW. Supondo que todas as forças que atuam no automóvel são constantes, calcule o módulo da força de atrito total, em newtons.

a) 1125
b) 2250
c) 3120
d) 3200
e) 4500

11. (UFPA) A Hidrelétrica de Tucuruí, no Pará, é a maior usina hidrelétrica em potência 100% brasileira. A sua barragem cria um desnível de 72 m no rio Tocantins. Quantos litros de água precisam descer desta altura para que a correspondente variação de energia potencial gravitacional, transformada em energia elétrica, mantenha ligado um ferro de passar roupa de 1 kW de potência durante uma hora? Para responder à questão, assuma que o processo é 100% eficiente, ou seja, a variação de energia potencial gravitacional da água converte-se integralmente na energia elétrica consumida pelo ferro de passar. Considere também que 1 litro de água tem uma massa de 1 kg e que a aceleração da gravidade é 10 m/s^2.
A resposta correta é:

a) 50 litros.
b) 720 litros.
c) 2 000 litros.
d) 3 600 litros.
e) 5 000 litros.

12. (Uesc-BA) Muitas vezes, uma pessoa se surpreende com o aumento de consumo de combustível apresentado por um veículo que faz uma viagem em alta velocidade. Considere uma situação em que a intensidade da força total de resistência ao movimento, $\vec{F}_R$, seja proporcional ao quadrado da intensidade da velocidade *v* do veículo.
Se o veículo descrever movimento retilíneo e uniforme e duplicar o módulo da sua velocidade, então a potência desenvolvida pelo motor será multiplicada por:

a) 4. b) 6. c) 8. d) 10. e) 12.

13. (UFRGS-RS) O resgate de trabalhadores presos em uma mina subterrânea no norte do Chile foi realizado através de uma cápsula introduzida numa perfuração do solo até o local em que se encontravam os mineiros, a uma profundidade da ordem de 600 m. Um motor com potência total aproximadamente igual a 200,0 kW puxava a cápsula de 250 kg contendo um mineiro de cada vez.
Considere que para o resgate de um mineiro de 70 kg de massa a cápsula gastou 10 minutos para completar o percurso e suponha que a aceleração da gravidade local é 9,8 m/s^2. Não se computando a potência necessária para compensar as perdas por atrito, a potência efetivamente fornecida pelo motor para içar a cápsula foi de

Antonio Robson/Arquivo da editora

a) 686 W.
b) 2 450 W.
c) 3 136 W.
d) 18 816 W.
e) 41 160 W.

14. (UFPB) Um livro de massa $m = 0,4$ kg está numa prateleira da biblioteca do colégio, a uma altura de 1 m do chão. A bibliotecária muda o livro para uma prateleira mais alta, situada a 1,30 m acima do chão, gastando 2 segundos nessa operação. A potência média mínima necessária para realizar a tarefa é

a) 0,5 W.
b) 0,6 W.
c) 0,8 W.
d) 1,3 W.
e) 2,0 W.

15. (Ufla-MG) Uma pedra é arremessada horizontalmente por uma pessoa que lhe aplica uma força de intensidade F que varia com a velocidade v da pedra segundo o gráfico.

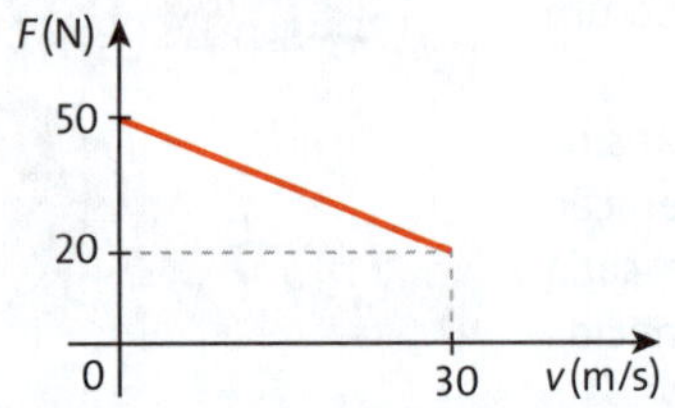

A potência instantânea da força F quando a velocidade da pedra é de 20 m/s é, em W:

a) $8,0 \cdot 10^2$.
b) $6,0 \cdot 10^2$.
c) $4,0 \cdot 10^2$.
d) $2,0 \cdot 10^2$.
e) $1,0 \cdot 10^2$.

16. (Unicamp-SP) As eclusas permitem que as embarcações façam a transposição dos desníveis causados pelas barragens. Além de ser uma monumental obra de engenharia hidráulica, a eclusa tem um funcionamento simples e econômico. Ela nada mais é do que um elevador de águas que serve para subir e descer as embarcações. A eclusa de Barra Bonita, no rio Tietê, tem um desnível de aproximadamente 25 m. Qual é o aumento da energia potencial gravitacional quando uma embarcação de massa $m = 1,2 \cdot 10^4$ kg é elevada na eclusa?

a) $4,8 \cdot 10^2$ J.
b) $1,2 \cdot 10^5$ J.
c) $3,0 \cdot 10^5$ J.
d) $3,0 \cdot 10^6$ J.

17. (UEM-PR) Sobre a energia mecânica e a conservação de energia, assinale o que for correto.

(01) Denomina-se energia cinética a energia que um corpo possui por este estar em movimento.
(02) Pode-se denominar energia potencial gravitacional a energia que um corpo possui por se situar a uma certa altura acima da superfície terrestre.
(04) A energia mecânica total de um corpo é conservada, mesmo com a ocorrência de atrito.
(08) A energia total do universo é sempre constante, podendo ser transformada de uma forma para outra; entretanto, não pode ser criada nem destruída.
(16) Quando um corpo possui energia cinética, ele é capaz de realizar trabalho.

18. (Udesc) Três homens, João, Pedro e Paulo, correm com velocidades horizontais constantes de 1,0 m/s, 1,0 m/s e 2,0 m/s, respectivamente (em relação a *O*, conforme mostra a figura).
A massa de João é 50 kg, a de Pedro é 50 kg e a de Paulo é 60 kg.

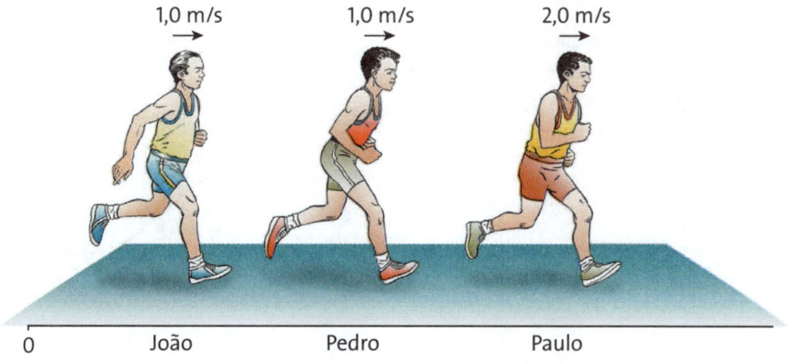

João Xavier de Campos/Arquivo da editora

As energias cinéticas de Pedro e Paulo em relação a um referencial localizado em João são:

a) 0 J e 30 J.
b) 25 J e 120 J.
c) 0 J e 0 J.
d) 100 J e 270 J.
e) 100 J e 120 J.

19. (UFPB) Em uma mina de carvão, o minério é transportado para fora da mina por meio de um vagão gôndola. A massa do vagão mais a carga de carvão totalizam duas toneladas. A última etapa do traslado do vagão ocorre em uma região completamente plana e horizontal. Um cabo de aço, com uma das extremidades acoplada ao vagão e a outra a um motor, puxa o vagão do interior da mina até o final dessa região plana. Considere que as rodas do vagão estão bem lubrificadas a ponto de poder-se desprezar o atrito das rodas com os trilhos. Durante esse último traslado, o motor acoplado ao cabo de aço executa um trabalho de 4 000 J. Nesse contexto, considerando que o vagão, no último traslado, partiu do repouso, é correto afirmar que esse vagão chega ao final da região plana com uma velocidade de:

a) 10 m/s.
b) 8 m/s.
c) 6 m/s.
d) 4 m/s.
e) 2 m/s.

20. (IFSC) A ilustração abaixo representa um bloco de 2 kg de massa, que é comprimido contra uma mola de constante elástica $k = 200$ N/m. Desprezando qualquer tipo de atrito, é correto afirmar que, para que o bloco atinja o ponto *B* com uma velocidade de 1,0 m/s, é necessário comprimir a mola em:

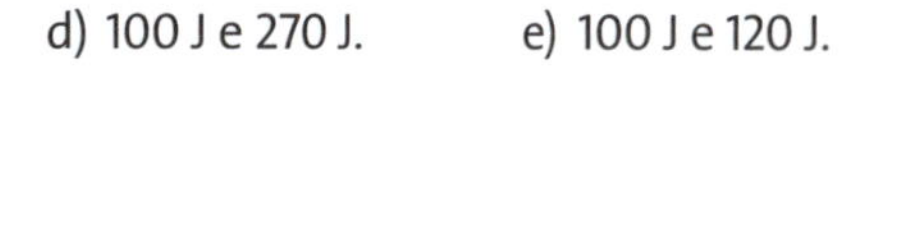

a) 0,90 cm.
b) 90,0 cm.
c) 0,81 m.
d) 81,0 cm.
e) 9,0 cm.

21. (UPE) A figura ao lado representa um trecho de uma montanha-russa na qual os carrinhos foram projetados para que cada ocupante não experimente uma força normal contra seu assento com intensidade maior do que 3,5 vezes seu próprio peso. Considerando que os carrinhos tenham velocidade de 5 m/s no início da descida e que os atritos sejam desprezíveis, o menor raio de curvatura R que o trilho deve ter no seu ponto mais baixo vale, em m:

a) 25.

b) 5.

c) 3,5.

d) 40.

e) 10.

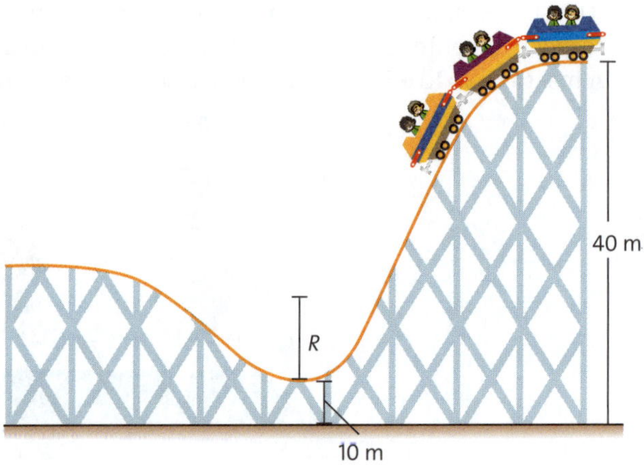

22. (Fuvest-SP) Um esqueitista treina em uma pista cujo perfil está representado na figura abaixo. O trecho horizontal AB está a uma altura $h = 2,4$ m em relação ao trecho, também horizontal, CD. O esqueitista percorre a pista no sentido de A para D. No trecho AB, ele está com velocidade constante, de módulo $v = 4$ m/s; em seguida, desce a rampa BC, percorre o trecho CD, o mais baixo da pista, e sobe a outra rampa até atingir uma altura máxima H, em relação a CD. A velocidade do esqueitista no trecho CD e a altura máxima H são, respectivamente, iguais a:

Note e adote:

$g = 10$ m/s^2

Desconsiderar:

- efeitos dissipativos;
- movimentos do esqueitista em relação ao esqueite.

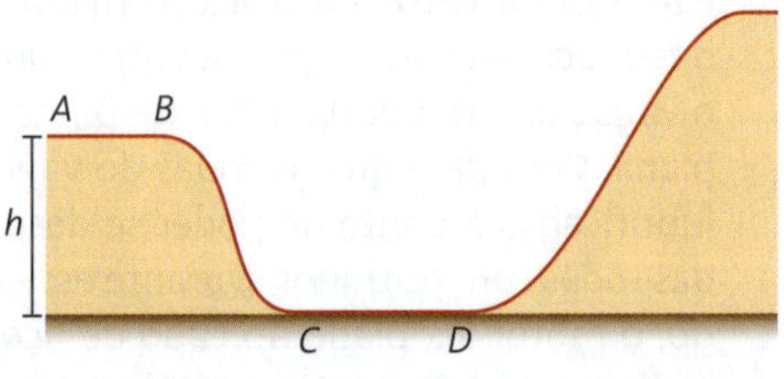

a) 5 m/s e 2,4 m.

b) 7 m/s e 2,4 m.

c) 7 m/s e 3,2 m.

d) 8 m/s e 2,4 m.

e) 8 m/s e 3,2 m.

23. (UFPB) Em uma partida de futebol, o goleiro põe a bola em jogo através de um tiro de meta: um chute na bola que se encontra em repouso no gramado. O tiro de meta imprime à bola uma trajetória parabólica, como ilustrada na figura ao lado.

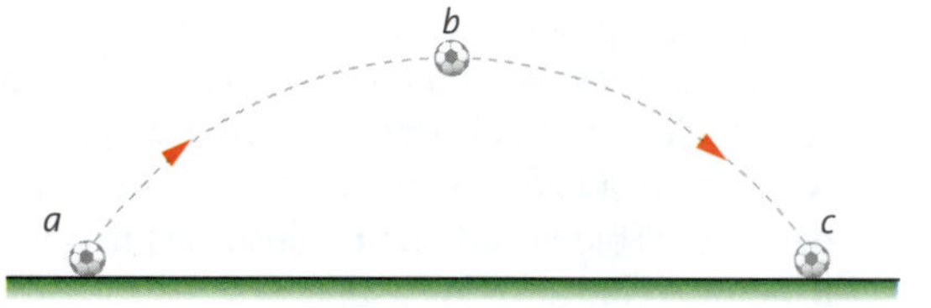

Nesse contexto, considere:

1. O ponto *a* é o ponto em que a bola perde o contato com o solo.
2. O ponto *c* é o ponto imediatamente anterior àquele em que a bola entra em contato com o solo.
3. O ponto *b* é o ponto mais alto da trajetória.

A partir dessas informações e admitindo que o ponto *a* encontra-se no nível de referência para a energia potencial nula, identifique as afirmativas corretas:

( ) Toda a energia transferida do jogador para a bola no ponto *a* será transformada em energia cinética.

( ) Toda a energia da bola no ponto *b* é potencial.

( ) Toda a energia da bola no ponto *c* é cinética.

( ) A única força que exerce trabalho sobre a bola, durante a sua trajetória *abc*, é a força gravitacional.

( ) As energias cinética e potencial são, isoladamente, conservadas durante o trajeto *abc*.

24. (Ufla-MG) A figura mostra um bloco de peso 10 N em equilíbrio contraindo uma mola ideal de constante elástica 100 N/m. Não existe atrito entre o bloco e o plano inclinado e sabe-se que sen $\theta = 0{,}8$ e cos $\theta = 0{,}6$. Considere que a energia potencial elástica é nula quando a mola não está nem contraída nem distendida, e que a energia potencial gravitacional é nula no nível do ponto *P*, situado a uma altura de 10 cm acima do centro de massa do bloco. Nesse contexto, pode-se afirmar que a soma das energias potenciais elástica da mola e gravitacional do bloco na situação da figura vale:

a) −0,68 J.
b) −0,32 J.
c) zero.
d) 0,32 J.
e) 0,68 J.

25. (Uesc-BA) O progresso alcançado até hoje, no campo da Física, baseou-se nas investigações e nas descobertas das diferentes modalidades de energia e na constatação de que as várias formas de energia obedecem a um princípio de conservação.

A figura ao lado representa a trajetória descrita por um bloco sobre uma superfície circular de raio *R*. O bloco parte do repouso, de um ponto *A*, desliza sem atrito e, ao atingir o ponto *B*, perde o contato com a superfície.

Sabendo-se que o módulo da aceleração da gravidade local é $\vec{g}$ e desprezando-se a resistência do ar, o valor de cos θ, determinado com base na conservação da energia mecânica, é igual a

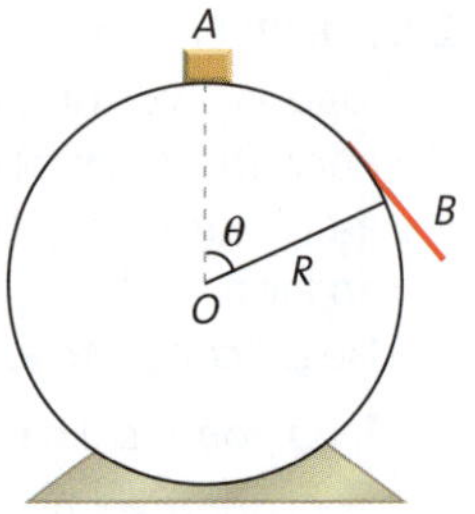

a) $\frac{5}{3}$. b) $\frac{4}{3}$. c) 1. d) $\frac{2}{3}$. e) $\frac{1}{3}$.

26. (UPM-SP) A figura ao lado mostra o instante em que uma esfera de 4 kg é abandonada do repouso, da posição *P*, e cai sobre a mola ideal de constante elástica $2 \cdot 10^2$ N/m. O maior valor da velocidade atingida por essa esfera, no seu movimento descendente, é:

a) 3 m/s. b) 4 m/s. c) 5 m/s. d) 6 m/s. e) 7 m/s.

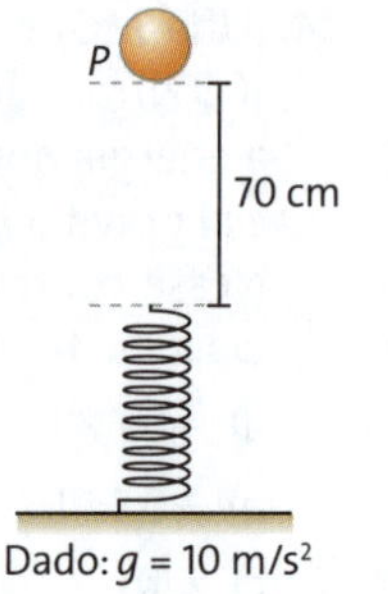

Dado: $g = 10$ m/s²

27. (FGV-SP) Ao passar pelo ponto *A*, a uma altura de 3,5 m do nível de referência *B*, uma esfera de massa 2 kg, que havia sido abandonada de um ponto mais alto que *A*, possui velocidade de 2 m/s. A esfera passa por *B* e, em *C*, a 3,0 m do mesmo nível de referência, sua velocidade torna-se zero. A parcela de energia dissipada por ações resistentes sobre a esfera é, em J,

Dado: $g = 10 \text{ m/s}^2$

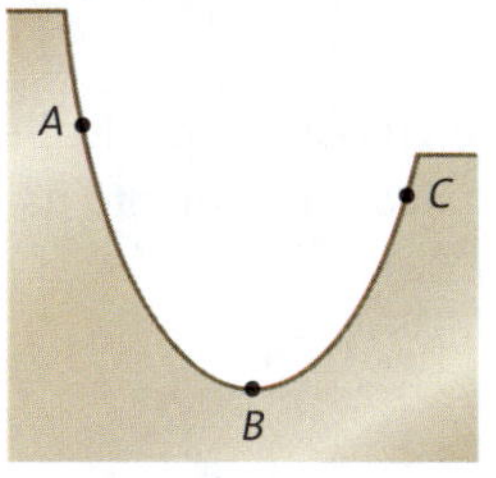

a) 10.

b) 12.

c) 14.

d) 16.

e) 18.

28. (Ufla-MG) Uma esfera de massa 500 gramas desliza em uma canaleta circular de raio 80 cm, conforme a figura a seguir, completamente livre de atrito, sendo abandonada na posição P_1. Considerando-se $g = 10 \text{ m/s}^2$, é correto afirmar que essa esfera, ao passar pelo ponto P_2 mais baixo da canaleta, sofre uma força normal de intensidade:

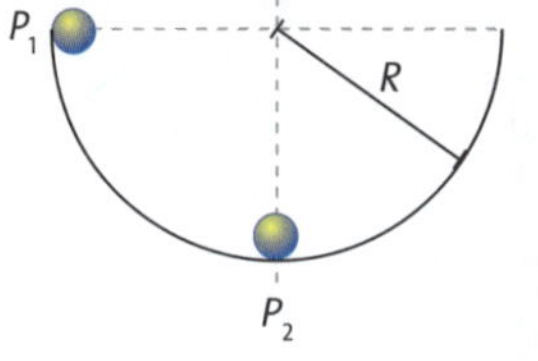

a) 5 N.

b) 20 N.

c) 15 N.

d) π N.

29. (Uesc) A figura ao lado representa as forças que atuam sobre um piloto que tomba sua motocicleta em uma curva para percorrê-la com maior velocidade. Sabendo-se que a massa do conjunto moto-piloto é igual a *m*, a inclinação do eixo do corpo do piloto em relação à pista é θ, o módulo da aceleração da gravidade local é *g* e que o raio da curva circular é igual a *R*, contida em um plano horizontal, em movimento circular uniforme, é correto afirmar que a energia cinética do conjunto moto-piloto é dada pela expressão:

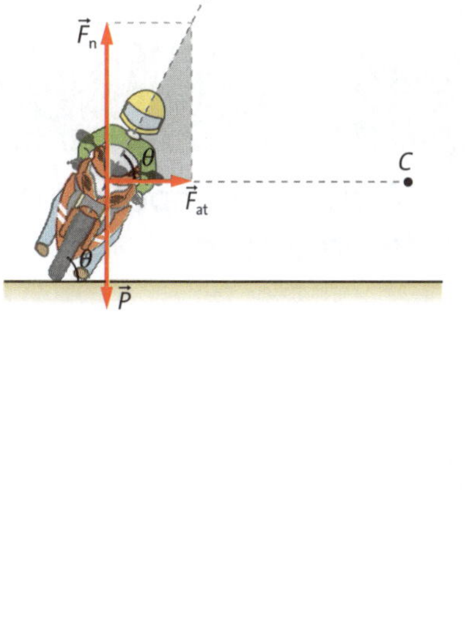

a) $\dfrac{m \cdot R^2}{2 \cdot g \cdot \tan \theta}$.

b) $\dfrac{m \cdot R \cdot \tan \theta}{2 \cdot g}$.

c) $\dfrac{m \cdot g \cdot R}{2 \cdot \tan \theta}$.

d) $\dfrac{m \cdot R \cdot g \cdot \tan \theta}{2}$.

DINÂMICA IMPULSIVA

Quantidade de movimento linear ($\vec{Q}$)

Expressão vetorial

$\vec{Q} = m \cdot \vec{v}$

Conceitos

- Tem mesma direção e sentido da velocidade vetorial instantânea ($\vec{v}$).
- Seu módulo aumenta com o aumento da massa ou da velocidade escalar instantânea.

Variação ($\Delta\vec{Q}$)

- $\Delta\vec{Q} = \vec{Q}_{\text{após}} - \vec{Q}_{\text{antes}} = \vec{Q}_{\text{após}} + (-\vec{Q}_{\text{antes}})$
- $\Delta\vec{Q} \neq 0$ quando $\vec{Q}$ muda de valor e/ou de direção.

Impulso ($\vec{I}$) de uma força

Conceitos

- Mesma direção e sentido de $\vec{F}$.
- Mesma unidade de medida da quantidade de movimento linear.

Aplicação

Redes de proteção, cintos de segurança e *airbags* aumentam o intervalo de tempo da interação, o que reduz a força de impacto, ainda que o impulso resultante tenha a mesma intensidade que teria sem o uso desses dispositivos.

Cálculo do impulso ($\vec{I}$) de uma força

Quando $\vec{F}$ é constante em módulo, direção e sentido

$I = F \cdot \Delta t$

Quando $\vec{F}$ tem direção constante e intensidade variável

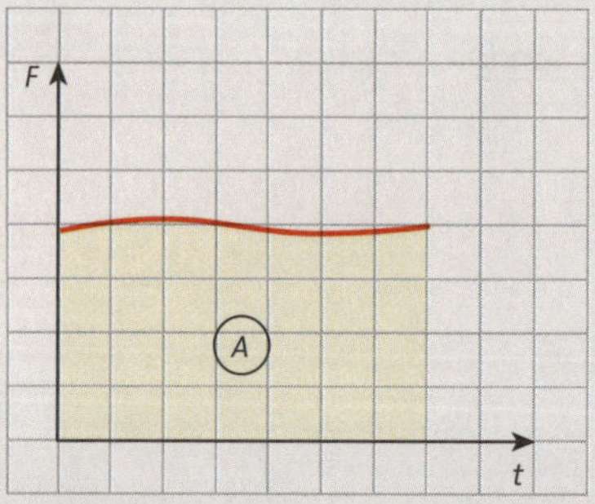

O módulo do impulso corresponde, numericamente, à área delimitada entre a linha do gráfico e o eixo do tempo.

Quando $\vec{F}$ é a força resultante (Teorema do impulso)

$\vec{I}_R = \vec{I}_{F_1} + \vec{I}_{F_2} + ... + \vec{I}_{F_N} = \Delta\vec{Q} = \vec{Q}_{\text{após}} - \vec{Q}_{\text{antes}}$

Sistemas isolados de forças externas

- Sistemas nos quais a força resultante externa é nula ou muito menor do que a interna.
- Exemplos: colisões, explosões, propulsões e empurrões.

Consequência

A quantidade de movimento linear do sistema se conserva:

$\vec{Q}_{sist.antes} = \vec{Q}_{sist.depois}$

Observações

- $\vec{Q}_{sist.}$ é a soma vetorial dos $\vec{Q}$ individuais.
- $\vec{Q}$ individual pode sofrer variações.
- A conservação de $\vec{Q}_{sist.}$ é válida para os instantes imediatamente anteriores e posteriores à interação.

Colisão unidimensional entre dois corpos *A* e *B*

Os centros de massa dos corpos *A* e *B* estão alinhados a uma mesma linha reta, tanto antes como após a colisão.

Conservação da quantidade de movimento linear do sistema

No caso unidimensional, a soma vetorial ($\vec{Q}_{sist.}$) pode ser substituída pela soma algébrica ($\vec{Q}_{sist.}$), observando-se que velocidades de sentidos opostos têm sinais contrários:

$$\underbrace{m_A \cdot v_A + m_B \cdot v_B}_{\text{imediatamente antes da colisão}} = \underbrace{m_A \cdot v'_A + m_B \cdot v'_B}_{\text{imediatamente após a colisão}}$$

Tipos de colisão unidimensional e o coeficiente de restituição

$$e = \frac{\overbrace{V_{afastamento}}^{\text{após a colisão}}}{\underbrace{V_{aproximação}}_{\text{antes da colisão}}} = \frac{v'_B - v'_A}{v_A - v_B}$$

Perfeitamente elástica

- $e = 1$
- $E_{c.sist.após} = E_{c.sist.antes}$
- Sistema isolado e conservativo.
- Caso os dois corpos tenham massas de mesmo valor, eles trocam de velocidade após a colisão.

Parcialmente elástica

- $0 < e < 1$
- $E_{c.sist.após} < E_{c.sist.antes}$

Perfeitamente inelástica

- $e = 0$
- $E_{c.sist.após} < E_{c.sist.antes}$
- Corpos se unem no ato da colisão.
- Ocorre máxima dissipação de energia cinética.

Observações

- Nos dois tipos de colisão inelástica, parte da energia cinética se transforma em outras formas de energia, como energia térmica, sonora, etc.
- Nos três tipos de colisão a energia total se conserva.

Exercícios

1. (UFPB) Pai e filho são aconselhados a correr para perder peso. Para que ambos percam calorias na mesma proporção, o instrutor da academia sugeriu que ambos desenvolvam a mesma quantidade de movimento. Se o pai tem 90 kg e corre a uma velocidade de 2 m/s, o filho, com 60 kg, deverá correr a:

   a) 1 m/s.

   b) 5 m/s.

   c) 4 m/s.

   d) 2 m/s.

   e) 3 m/s.

2. (ITA-SP) Um automóvel para quase instantaneamente ao bater frontalmente numa árvore. A proteção oferecida pelo *airbag*, comparativamente ao carro que dele não dispõe, advém do fato de que a transferência para o carro de parte do *momentum* do motorista se dá em condição de:

   a) menor força em maior período de tempo.

   b) menor velocidade, com mesma aceleração.

   c) menor energia, numa distância menor.

   d) menor velocidade e maior desaceleração.

   e) mesmo tempo, com força menor.

3. (FGV-RJ) Leonardo, de 75 kg, e sua filha Beatriz, de 25 kg, estavam patinando em uma pista horizontal de gelo, na mesma direção e em sentidos opostos, ambos com velocidade de módulo $v = 1,5$ m/s. Por estarem distraídos, colidiram frontalmente, e Beatriz passou a se mover com velocidade de módulo $u_B = 3,0$ m/s, na mesma direção, mas em sentido contrário ao de seu movimento inicial. Após a colisão, a velocidade de Leonardo é

   a) nula.

   b) 1,5 m/s no mesmo sentido de seu movimento inicial.

   c) 1,5 m/s em sentido oposto ao de seu movimento inicial.

   d) 3,0 m/s no mesmo sentido de seu movimento inicial.

   e) 3,0 m/s em sentido oposto ao de seu movimento inicial.

4. (PUC-RS) Em uma rodoviária, um funcionário joga uma mala de 20,0 kg, com velocidade horizontal de 4,00 m/s, sobre um carrinho de 60,0 kg que estava parado. O carrinho pode mover-se livremente sem atrito; além disso, a resistência do ar é desprezada. Considerando-se que a mala escorrega sobre o carrinho e para, é correto afirmar que, nessa colisão entre a mala e o carrinho, o módulo da velocidade horizontal adquirida pelo sistema carrinho-mala é ________ e a energia mecânica do sistema ____________.
As expressões que completam correta e respectivamente as lacunas são:

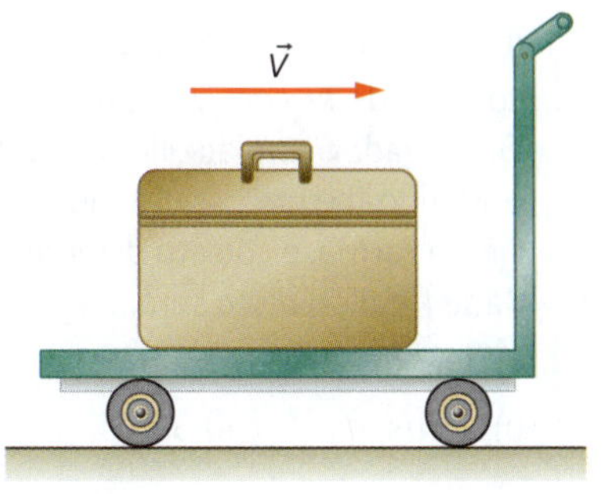

a) 1,33 m/s; permanece a mesma.
b) 1,33 m/s; diminui.
c) 1,00 m/s; diminui.
d) 1,00 m/s; aumenta.
e) 4,00 m/s; permanece a mesma.

5. (Fuvest-SP) Um gavião avista, abaixo dele, um melro e, para apanhá-lo, passa a voar verticalmente, conseguindo agarrá-lo. Imediatamente antes do instante em que o gavião, de massa $m_G = 300$ g, agarra o melro, de massa $m_M = 100$ g, as velocidades do gavião e do melro são, respectivamente, $v_G = 80$ km/h na direção vertical, para baixo, e $v_M = 24$ km/h na direção horizontal, para a direita, como ilustra a figura ao lado. Imediatamente após a caça, o vetor velocidade $\vec{u}$ do gavião, que voa segurando o melro, forma um ângulo α com o plano horizontal tal que tan α é aproximadamente igual a:

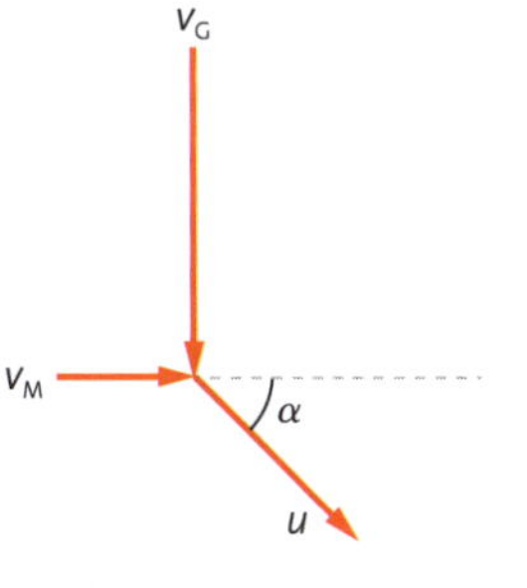

a) 20.
b) 10.
c) 3.
d) 0,3.
e) 0,1.

6. (UFPB) Um disco de 0,03 kg de massa move-se sobre um colchão de ar com velocidade de 4 m/s na direção *i*. Um jogador, com auxílio de um taco, bate o disco imprimindo-lhe um impulso de 0,09 kg m/s na direção *j*. Desta forma, é correto dizer que o módulo da velocidade final do disco será:

a) 1 m/s.
b) 2 m/s.
c) 3 m/s.
d) 5 m/s.
e) 7 m/s.

7. (UFPB) Um ginasta de 60 kg de massa, exercitando-se sobre uma cama elástica, deseja saltar cada vez mais alto. Sabe-se que, após atingir a altura de 0,8 m acima do nível da cama, o ginasta cai sobre a mesma e sobe até a altura de 1,25 m.
Nesse contexto, é correto afirmar que, para esse último salto, o módulo do impulso transmitido pela cama elástica ao atleta foi de:

a) 60 kg · m/s.
b) 100 kg · m/s.
c) 150 kg · m/s.
d) 270 kg · m/s.
e) 540 kg · m/s.

8. (Uerj) Observe a tabela abaixo, que apresenta as massas de alguns corpos em movimento uniforme.

Corpos	Massa (kg)	Velocidade (km/h)
leopardo	120	60
automóvel	1100	70
caminhão	3600	20

Admita que um cofre de massa igual a 300 kg cai a partir do repouso e em queda livre de uma altura de 5 m. Considere Q_1, Q_2, Q_3 e Q_4, respectivamente, as quantidades de movimento do leopardo, do automóvel, do caminhão e do cofre ao atingir o solo. As magnitudes dessas grandezas obedecem à relação indicada em:

a) $Q_1 < Q_4 < Q_2 < Q_3$
b) $Q_4 < Q_1 < Q_2 < Q_3$
c) $Q_1 < \vec{Q}_4 < Q_3 < Q_2$
d) $Q_4 < Q_1 < Q_3 < Q_2$

9. (UFRGS-RS) A figura representa uma mola, de massa desprezível, comprimida entre dois blocos, de massas $M_1 = 1$ kg e $M_2 = 2$ kg, que podem deslizar sem atrito sobre uma superfície horizontal. O sistema é mantido inicialmente em repouso.

Num determinado instante, a mola é liberada e se expande, impulsionando os blocos. Depois de terem perdido contato com a mola, as massas M_1 e M_2 passam a deslizar com velocidades de módulos $v_1 = 4$ m/s e $v_2 = 2$ m/s, respectivamente.

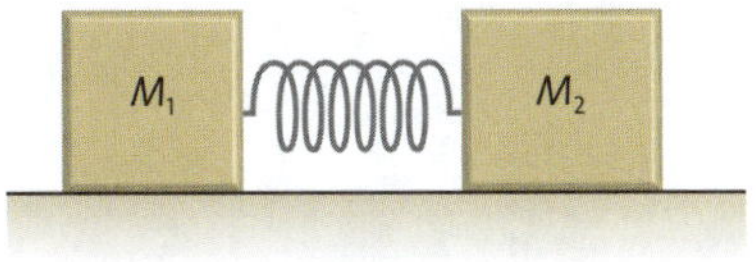

Quanto vale, em kg · m/s, o módulo da quantidade de movimento total dos dois blocos, depois de perderem contato com a mola?

a) 0. b) 4. c) 8. d) 12. e) 24.

10. (FGV-SP) Um brinquedo muito simples de construir, e que vai ao encontro dos ideais de redução, reutilização e reciclagem de lixo, é retratado na figura.

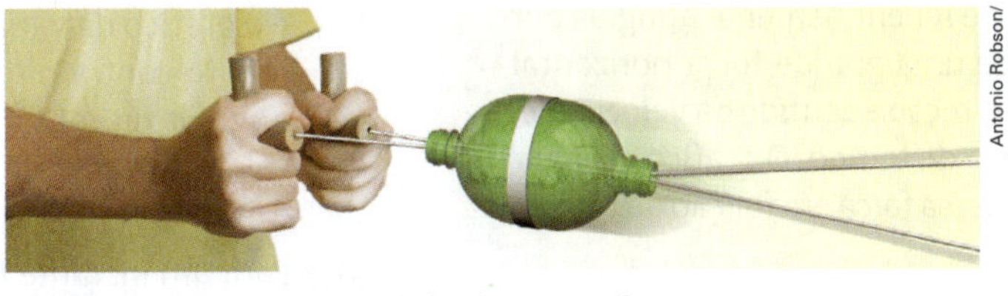

Antonio Robson/ Arquivo da editora

A brincadeira, em dupla, consiste em mandar o bólido de 100 g, feito de garrafas plásticas, um para o outro. Quem recebe o bólido mantém suas mãos juntas, tornando os fios paralelos, enquanto aquele que o manda abre com vigor os braços, imprimindo uma força variável, conforme o gráfico ao lado.

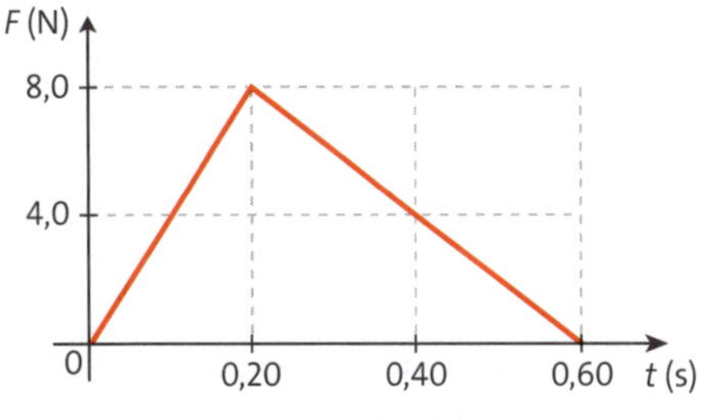

Considere que:

- a resistência ao movimento causada pelo ar e o atrito entre as garrafas com os fios sejam desprezíveis;
- o tempo que o bólido necessita para deslocar-se de um extremo ao outro do brinquedo seja igual ou superior a 0,60 s.

Dessa forma, iniciando a brincadeira com o bólido em um dos extremos do brinquedo, com velocidade nula, a velocidade de chegada do bólido ao outro extremo, em m/s, é de:

a) 16. b) 20. c) 24. d) 28. e) 32.

11. (UFPE) Uma bala de massa $m = 20$ g e velocidade $v = 500$ m/s atinge um bloco de massa $M = 480$ g e velocidade $V = 10$ m/s, que se move em sentido contrário sobre uma superfície horizontal sem atrito. A bala fica alojada no bloco. Calcule o módulo da velocidade do conjunto (bloco + bala), em m/s, após colisão.

a) 10,4. b) 14,1. c) 18,3. d) 22,0. e) 26,5.

12. (UPE) Uma pedra de 2,0 kg está deslizando a 5 m/s da esquerda para a direita sobre uma superfície horizontal sem atrito, quando é repentinamente atingida por um objeto que exerce uma grande força horizontal sobre ela, na mesma direção e sentido da velocidade, por um curto intervalo de tempo. O gráfico a seguir representa o módulo dessa força em função do tempo.

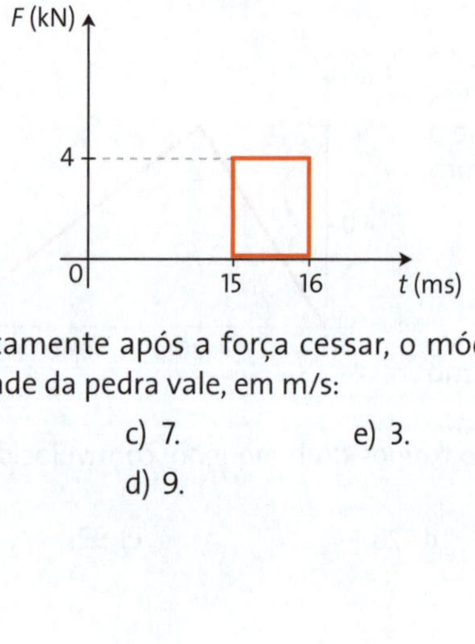

Imediatamente após a força cessar, o módulo da velocidade da pedra vale, em m/s:

a) 4. c) 7. e) 3.
b) 5. d) 9.

13. (UEPG-PR) Considerando o teorema da impulsão, assinale o que for correto.

(01) No gráfico da variação da quantidade de movimento contra o tempo ($\Delta Q \times t$), o coeficiente angular da reta apresentada corresponde ao valor da massa do corpo sobre o qual a força $\vec{F}$ é aplicada.

(02) Para um instante $t = 0$, a quantidade de movimento de um corpo é nula.

(04) Se a resultante de um sistema de força que atua sobre um corpo em movimento for nula, a velocidade do corpo poderá ser alterada se houver variação da massa do corpo.

(08) O impulso é uma grandeza vetorial e a sua direção e sentido são os mesmos que os da força.

(16) O impulso causado por uma força resultante sobre um corpo é igual à variação de sua quantidade de movimento.

14. (Fuvest-SP) Maria e Luísa, ambas de massa M, patinam no gelo. Luísa vai ao encontro de Maria com velocidade de módulo V. Maria, parada na pista, segura uma bola de massa m e, num certo instante, joga a bola para Luísa. A bola tem velocidade de módulo v, na mesma direção de V. Depois que Luísa agarra a bola, as velocidades de Maria e Luísa, em relação ao solo, são, respectivamente:

João Xavier de Campos/
Arquivo da editora

a) $0; v - V$.

b) $-v; v + \frac{V}{2}$.

c) $\frac{-m \cdot v}{M}; \frac{M \cdot V}{m}$.

d) $\frac{-m \cdot v}{M}; \frac{m \cdot v - M \cdot V}{m + M}$.

e) $\frac{\frac{m \cdot v}{2 - m \cdot v}}{M}; \frac{\frac{m \cdot v - M \cdot V}{2}}{m + M}$.

15. (Fuvest-SP) Um caminhão, parado em um semáforo, teve sua traseira atingida por um carro. Logo após o choque, ambos foram lançados juntos para a frente (colisão inelástica), com uma velocidade estimada em 5 m/s (18 km/h), na mesma direção em que o carro vinha. Sabendo-se que a massa do caminhão era cerca de três vezes a massa do carro, foi possível concluir que o carro, no momento da colisão, trafegava a uma velocidade aproximada de:

a) 72 km/h.

b) 60 km/h.

c) 54 km/h.

d) 36 km/h.

e) 18 km/h.

16. (UFRGS-RS) Duas bolas de bilhar colidiram de forma completamente elástica. Então, em relação à situação anterior à colisão,

a) suas energias cinéticas individuais permaneceram iguais.

b) suas quantidades de movimento individuais permaneceram iguais.

c) a energia cinética total e a quantidade de movimento total do sistema permaneceram iguais.

d) as bolas de bilhar se movem, ambas, com a mesma velocidade final.

e) apenas a quantidade de movimento total permanece igual.

17. (UFSC) Um corpo de massa m_1 e velocidade de módulo v_1 (corpo 1) choca-se com outro de massa m_2 e velocidade de módulo v_2 (corpo 2). Durante o choque, o corpo 1 exerce uma força $\vec{F}_2$ no corpo 2 e o corpo 2 exerce uma força $\vec{F}_1$ no corpo 1.

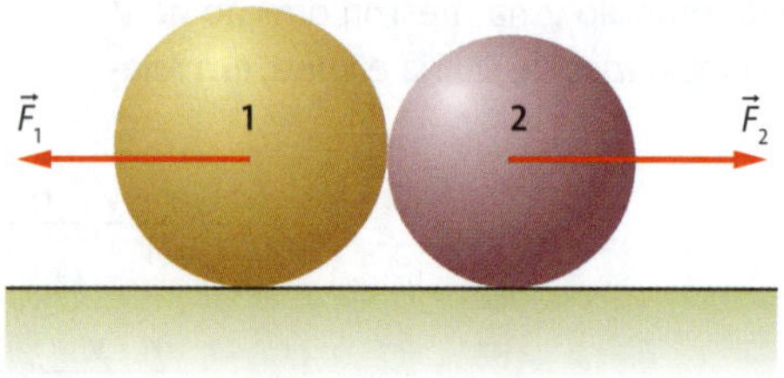

(01) No sistema internacional, a unidade da quantidade de movimento dos corpos é kg · m/s.

(02) A variação da quantidade de movimento de cada um dos dois corpos é uma grandeza vetorial que tem sempre a direção e o sentido da sua velocidade.

(04) O impulso produzido pela força $\vec{F}_2$ tem a mesma direção e sentido de $\vec{F}_1$.

(08) Se a resultante das forças externas que atuam sobre o sistema constituído pelos dois corpos for nula, a quantidade de movimento deste sistema também será nula.

(16) Se a resultante das forças externas que atuam sobre o sistema constituído pelos dois corpos for nula, o impulso que age em cada um dos corpos deste sistema também será nulo.

18. (UPE) Na figura ao lado, observa-se que o bloco *A* de massa $m_A = 2{,}0$ kg, com velocidade de 5,0 m/s, colide com um segundo bloco *B* de massa $m_B = 2{,}0$ kg, inicialmente em repouso. Após a colisão, os blocos *A* e *B* ficam grudados e sobem juntos, numa rampa até uma altura *h* em relação ao solo. Despreze os atritos.

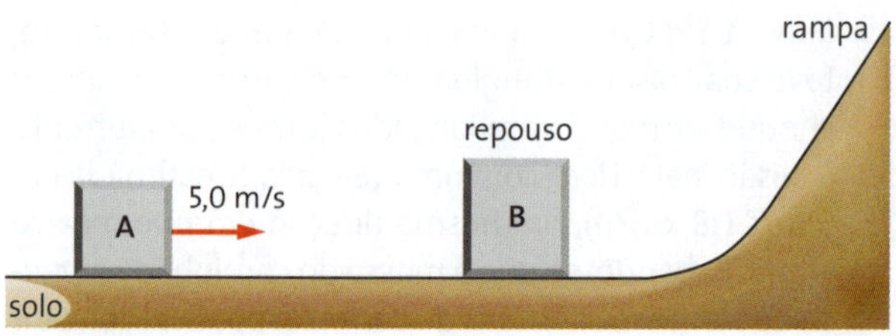

Analise as proposições a seguir e conclua.

( ) A velocidade dos blocos, imediatamente após a colisão, é igual a 1,0 m/s.

( ) A colisão entre os blocos *A* e *B* é perfeitamente inelástica.

( ) A energia mecânica do sistema formado pelos blocos *A* e *B* é conservada durante a colisão.

( ) A quantidade de movimento do bloco *A* é conservada durante a colisão.

( ) A altura *h* em relação ao solo é igual a 5 cm.

19. (UEPG-PR) Um projétil de massa m é projetado horizontalmente com velocidade v_0 contra um pêndulo vertical de massa M, inicialmente em repouso. O projétil aloja-se no pêndulo e, devido ao choque, o conjunto sobe até a altura h relativamente à posição inicial do pêndulo (ver figura ao lado). Sobre esse evento físico, assinale o que for correto.

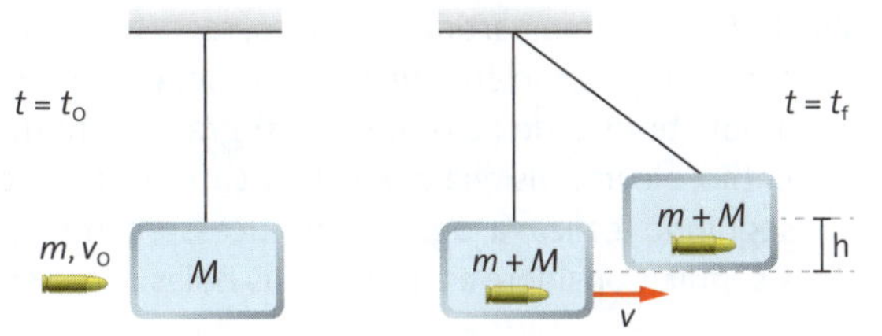

(01) O choque é perfeitamente inelástico.

(02) A energia mecânica do sistema foi conservada.

(04) A velocidade v do sistema imediatamente após o choque é menor que a velocidade v_0 do projétil.

(08) A velocidade v_0 do projétil é dada por $v_0 = \dfrac{m + M}{m} \cdot \sqrt{2 \cdot g \cdot h}$.

(16) A altura h é igual a $\dfrac{v^2}{2g}$.

20. (PUC-SP) Nas grandes cidades é muito comum a colisão entre veículos nos cruzamentos de ruas e avenidas.
Considere uma colisão inelástica entre dois veículos, ocorrida num cruzamento de duas avenidas largas e perpendiculares. Calcule a velocidade dos veículos, em m/s, após a colisão.
Considere os seguintes dados dos veículos antes da colisão:

Veículo 1: $m_1 = 800$ kg; $v_1 = 90$ km/h

Veículo 2: $m_2 = 450$ kg; $v_2 = 120$ km/h

a) 30
b) 20
c) 28
d) 25
e) 15

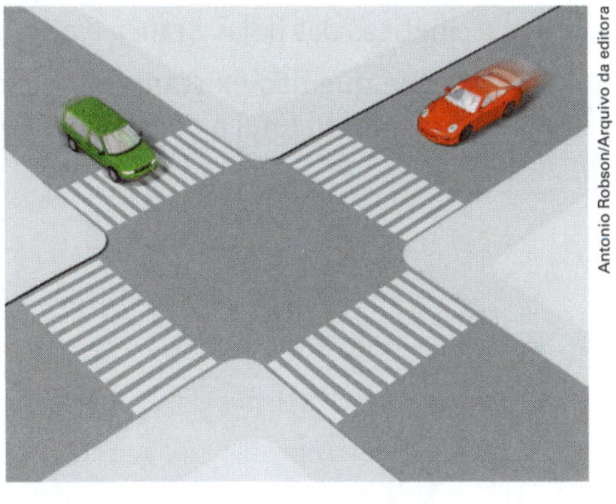

Antonio Robson/Arquivo da editora

21. (UFSC) Em uma partida de sinuca, resta apenas a bola oito a ser colocada na caçapa. O jogador da vez percebe que, com a disposição em que estão as bolas na mesa, para ganhar a partida ele deve desviar a bola oito de 30 graus, e a bola branca de pelo menos 60 graus, para que a mesma não entre na caçapa oposta, invalidando sua jogada. Então, ele impulsiona a bola branca, que colide elasticamente com a bola oito, com uma velocidade de 5 m/s, conseguindo realizar a jogada com sucesso, como previra, vencendo a partida. A situação está esquematizada na figura a seguir. Considere as massas das bolas como sendo iguais e despreze qualquer atrito.

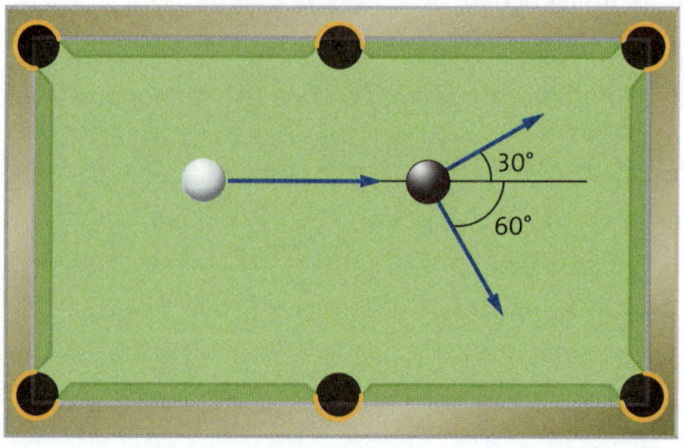

Considerando o sistema constituído pelas duas bolas, assinale a(s) proposição(ões) correta(s).

(01) Devido à colisão entre a bola branca e a bola oito, a quantidade de movimento do sistema de bolas não é conservada.

(02) A velocidade da bola branca, após a colisão, é de 2,5m/s.

(04) A energia cinética da bola oito, após a colisão, é maior do que a energia cinética da bola branca, antes da colisão.

(08) Após a colisão, a quantidade de movimento total, na direção perpendicular à direção de incidência da bola branca, é nula.

(16) A energia cinética da bola branca, após a colisão, é três vezes menor que a energia cinética da bola oito.

(32) Como a colisão é elástica, a energia cinética da bola branca, antes da colisão, é maior do que a soma das energias cinéticas das bolas branca e oito, após a colisão.

(64) Desde que não existam forças externas atuando sobre o sistema constituído pelas bolas, a quantidade de movimento total é conservada no processo de colisão.

22. (IFCE) Uma esfera A é largada, a partir do repouso, do ponto mais alto de uma calha, cujo trilho possui uma parte em forma de *looping* (circulo), como mostra a figura ao lado.

A distância horizontal atingida pela esfera A até tocar o solo é $X_0 = 1$ m. Em seguida, a mesma esfera A é largada do mesmo ponto anterior, a partir do repouso, e colide frontalmente com uma segunda esfera B colocada em repouso na extremidade horizontal da calha (ponto C na figura). Ambas atingem as distâncias horizontais $X_A = 0{,}3$ m e $X_B = 0{,}6$ m, respectivamente.

Desprezando-se a resistência do ar e considerando-se a aceleração da gravidade g, constante, o coeficiente de restituição do choque, entre as duas esferas, vale:

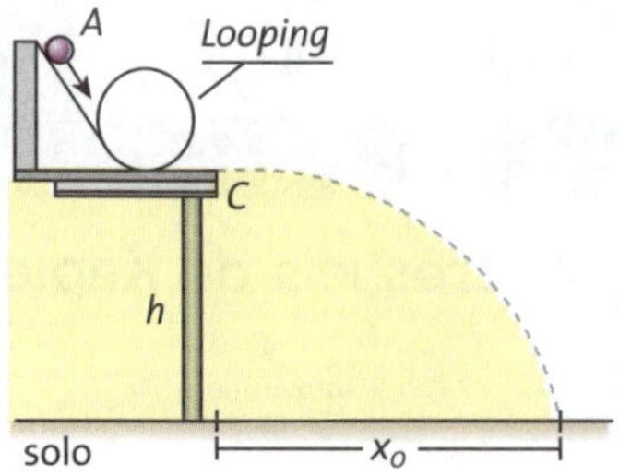

Calha com *looping*

a) 0,3.
b) 0,5.
c) 0,7.
d) 0,9.
e) 1,0.

23. (ITA-SP) Um vagão-caçamba de massa M se desprende da locomotiva e corre sobre trilhos horizontais com velocidade constante $v = 72{,}0$ km/h (portanto, sem resistência de qualquer espécie ao movimento). Em dado instante, a caçamba é preenchida com uma carga de grãos de massa igual a $4M$, despejada verticalmente a partir do repouso de uma altura de 6,00 m (veja figura). Supondo que toda a energia liberada no processo seja integralmente convertida em calor para o aquecimento exclusivo dos grãos, então a quantidade de calor por unidade de massa recebido pelos grãos é

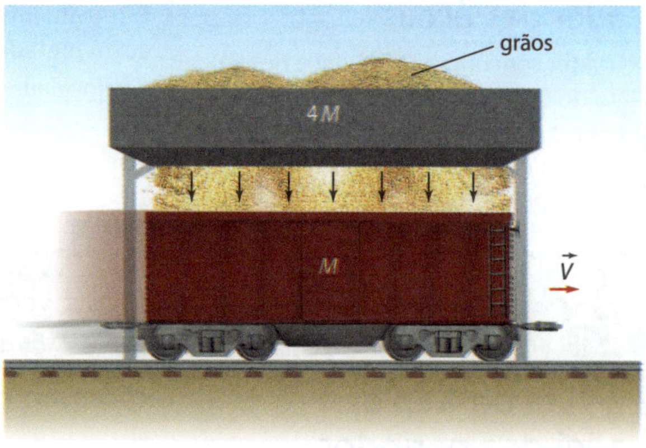

Antonio Robson/Arquivo da editora

a) 15 J/kg.
b) 80 J/kg.
c) 100 J/kg.
d) 463 J/kg.
e) 578 J/kg.

GRAVITAÇÃO

As três leis de Kepler

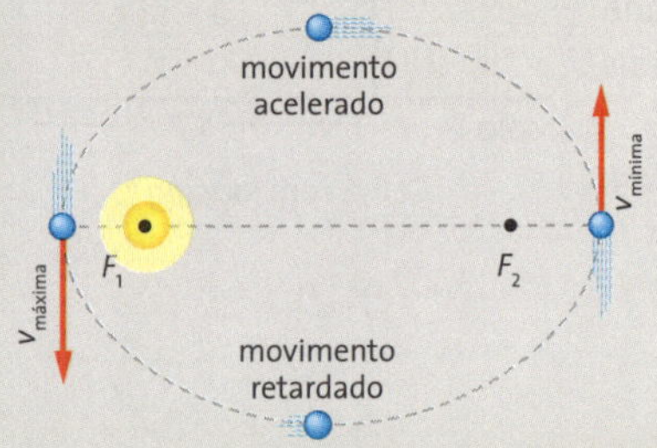

Origem e validade

Apesar de sua origem estar relacionada à observação cuidadosa do movimento dos planetas do nosso sistema solar, as três leis de Kepler também valem para outros sistemas planetários e para o movimento dos satélites ao redor da Terra.

1ª Lei de Kepler: a lei das órbitas

Cada planeta gira em torno do Sol em uma órbita elíptica, com o Sol posicionado em um dos focos da elipse.

Observações

- Teoricamente não há restrições para órbitas circulares, mas a elíptica é mais provável.
- As elipses orbitais costumam ter baixa excentricidade.
- A posição mais próxima do Sol denomina-se periélio e a mais afastada, afélio.

2ª Lei de Kepler: a lei das áreas

O vetor com uma extremidade no centro do Sol e a outra no centro do planeta varre áreas de mesmo valor quando considerado um mesmo intervalo de tempo.

Consequências

- O movimento do planeta é acelerado do afélio até o periélio e retardado na outra metade do percurso.
- A velocidade escalar é máxima no periélio e mínima no afélio.

3ª Lei de Kepler: a lei dos períodos

A razão entre o quadrado do período de revolução e o cubo do raio médio da órbita elíptica é igual para todos os planetas.

Expressão matemática

$$\left(\frac{T^2}{r^3}\right)_{\text{Mercúrio}} = \left(\frac{T^2}{r^3}\right)_{\text{Vênus}} = \left(\frac{T^2}{r^3}\right)_{\text{Terra}} = \dots = \frac{4\pi^2}{GM_{sol}}$$

Consequência

Quanto mais afastada do Sol é a órbita elíptica do planeta, mais tempo ele leva para completar uma revolução em torno do Sol, ou seja, maior é o seu ano solar.

Observação

O raio médio é igual ao maior semieixo da órbita elíptica.

Planeta Terra

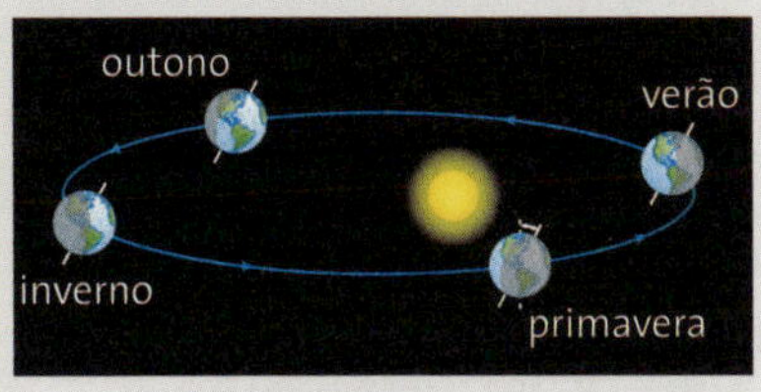

Translação

Movimento da Terra ao redor do Sol: período de um ano.

Rotação

Movimento da Terra ao redor de si mesma: período de um dia.

Precessão

Movimento periódico do eixo de rotação: período de vinte e seis mil anos.

Estações do ano

Variação da insolação em virtude da inclinação do eixo de rotação da Terra. A figura mostra o eixo de rotação, a órbita elíptica e as estações experimentadas por um habitante do hemisfério sul.

Força de atração gravitacional ($\vec{F}_g$)

Força de campo que expressa o fato de matéria atrair matéria.

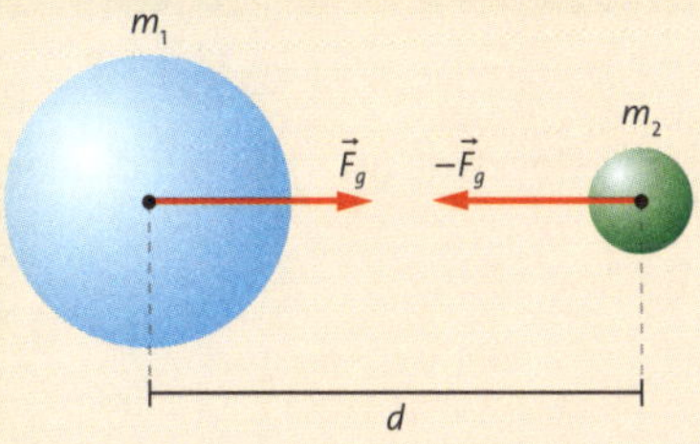

Lei da gravitação universal (na forma algébrica)

$$F_g = G \cdot \frac{m_1 \cdot m_2}{d^2} \qquad G \simeq 6{,}67 \cdot 10^{-11} \frac{N \cdot m^2}{kg^2}$$

Observações

- Presente entre quaisquer dois corpos dotados de massa.
- Obedece ao princípio da ação e reação.
- Recebe o nome de força peso quando um dos corpos é um planeta.

Aplicações

- “Prende” os corpos à superfície da Terra.
- Mantém a Lua girando ao redor da Terra e ambas ao redor do Sol.
- Causa as marés.
- Possibilita a formação das galáxias, estrelas e planetas.

Campo gravitacional ($\vec{g}$)

Agente transmissor da força gravitacional que envolve qualquer corpo provido de massa.

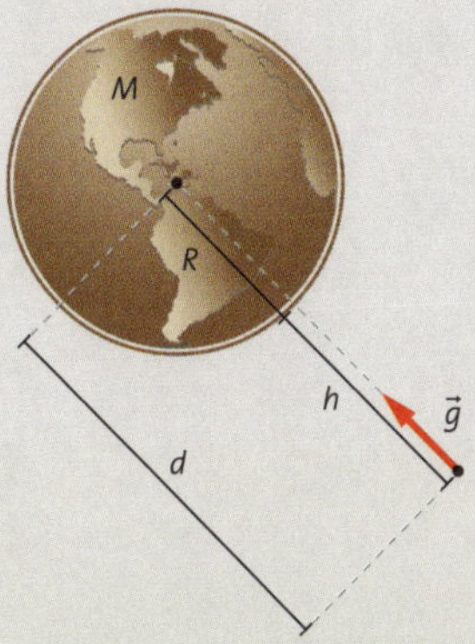

Cálculo do campo gerado por um planeta esférico de densidade constante

Para pontos internos ($d < R$)

$$g = K \cdot d$$

Para pontos externos ($d > R$)

$$g = \frac{GM}{d^2} = \frac{GM}{(R + h)^2}$$

Para pontos próximos à superfície ($d \simeq R$)

$$g = \frac{GM}{d^2} = \frac{GM}{R^2}$$

Satélite ao redor da Terra

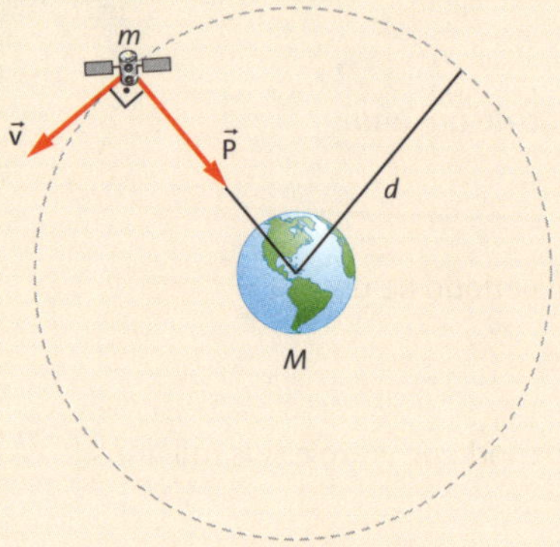

Supondo movimento circular uniforme (MCU)

A única força atuante no satélite é a força peso:

$$R_c = P \rightarrow m \cdot a_c = m \cdot g \Rightarrow \frac{v^2}{d} = g$$

- $v_{circ.} = \sqrt{g \cdot d}$
- $v_{circ.} = \sqrt{\frac{GM}{d}}$

Consequências

- Satélites à mesma distância (*d*) da Terra apresentam a mesma velocidade e, portanto, o mesmo período.
- Astronautas no interior de uma nave em órbita experimentam a mesma sensação (conhecida por imponderabilidade) que experimentariam caso estivessem dentro de um elevador em queda livre; isso ocorre porque nesses dois casos a única força atuante é a força gravitacional.

Satélite geoestacionário

- Tem período igual a um dia, portanto parece parado para um observador fixo na superfície da Terra.
- Sua órbita circular está contida no plano equatorial da Terra.
- Sua distância aproximada até o centro da Terra é de 6,7 raios terrestres.

Velocidade de escape (v_e)

Velocidade necessária para que um corpo lançado na superfície de um planeta de massa *M* e raio *R* atinja o infinito com velocidade nula:

$$v_e = \sqrt{\frac{2 \cdot G \cdot M}{R}}$$

Possíveis trajetórias

Considerando-se que o corpo seja lançado com velocidade ($v_{lanç.}$) perpendicular à linha que o une ao centro do planeta.

Órbita circular

$v_{lanç.} = v_{circ.}$

Órbita elíptica

$v_{circ.} < v_{lanç.} < v_e$

Arco de parábola

$v_{lanç.} = v_e$

Arco de hipérbole

$v_{lanç.} > v_e$

Exercícios

1. (UFPR) Dois satélites, denominados S_A e S_B, estão orbitando um planeta *P*. Os dois satélites são esféricos e possuem tamanhos e massas iguais. O satélite S_B possui uma órbita perfeitamente circular, e o satélite S_A, uma órbita elíptica, conforme mostra a figura ao lado.

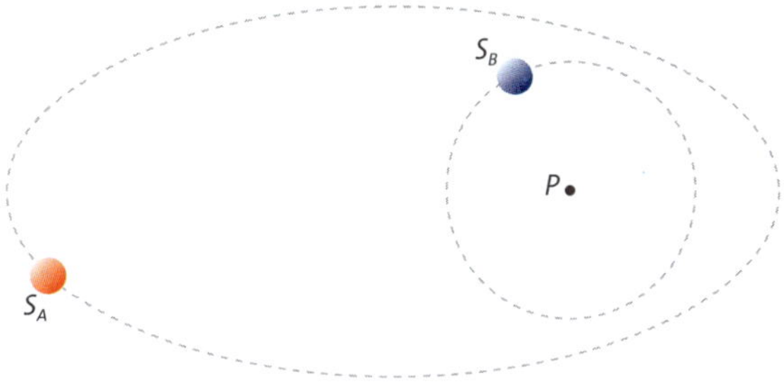

Em relação ao movimento desses dois satélites, ao longo de suas respectivas órbitas, considere as seguintes afirmativas:

1. Os módulos da força gravitacional entre o satélite S_A e o planeta *P* e entre o satélite S_B e o planeta *P* são constantes.
2. A energia potencial gravitacional entre o satélite S_A e o satélite S_B é variável.
3. A energia cinética e a velocidade angular são constantes para ambos os satélites.

Assinale a alternativa correta.

a) Somente a afirmativa 1 é verdadeira.
b) Somente a afirmativa 2 é verdadeira.
c) Somente a afirmativa 3 é verdadeira.
d) Somente as afirmativas 1 e 2 são verdadeiras.
e) Somente as afirmativas 2 e 3 são verdadeiras.

2. (FGV-SP) Curiosamente, no sistema solar, os planetas mais afastados do Sol são os que têm maior quantidade de satélites naturais, principalmente os de maior massa, como Júpiter e Saturno, cada um com mais de 60 satélites naturais.
Considere 2 satélites *A* e *B* de Júpiter. O satélite *A* dista *R* do centro de Júpiter e o satélite *B* dista 4*R* do mesmo centro. Se *A* demora *n* dias terrestres para completar uma volta em torno de Júpiter, o número de dias terrestres em que *B* completa uma volta em torno do mesmo planeta é:

a) $\sqrt{2} \cdot n$.
b) $2 \cdot n$.
c) $4 \cdot n$.
d) $8 \cdot n$.
e) $8 \cdot \sqrt{2}n$.

3. (Udesc) A aceleração centrípeta de um satélite que gira em uma órbita circular em torno da Terra é aproximadamente 10 vezes menor do que a aceleração gravitacional na superfície da Terra. A distância aproximada do satélite à superfície da Terra é:

Dado: Raio da Terra $= 6{,}4 \cdot 10^6$ m

a) $6{,}4 \cdot 10^6$ m b) $3{,}2 \cdot 10^8$ m c) $1{,}4 \cdot 10^7$ m d) $4{,}5 \cdot 10^7$ m e) $4{,}5 \cdot 10^8$ m

4. (Uece) Considere *m* a massa de um satélite que está sendo projetado para descrever uma órbita circular a uma distância *d*, acima da superfície da Terra. Sejam *M* e *R* a massa e o raio da Terra, respectivamente, e *G* a constante gravitacional universal. Considerando-se apenas os efeitos gravitacionais da Terra, o módulo da velocidade tangencial do satélite na órbita será:

a) $\left(\frac{G \cdot M}{d}\right)^{\frac{1}{2}}$.

b) $\left[\frac{G \cdot M}{(d + R)}\right]^{\frac{1}{2}}$.

c) $\left(\frac{G \cdot M}{R}\right)^{\frac{1}{2}}$.

d) $\left(\frac{G \cdot M \cdot m}{R}\right)^{\frac{1}{2}}$.

5. (Unicamp-SP) Em setembro de 2010, Júpiter atingiu a menor distância da Terra em muitos anos. As figuras abaixo ilustram a situação de maior afastamento e a de maior aproximação dos planetas, considerando-se que suas órbitas são circulares, que o raio da órbita terrestre (R_T) mede $1,5 \cdot 10^{11}$ m e que o raio da órbita de Júpiter (R_J) equivale a $7,5 \cdot 10^{11}$ m.

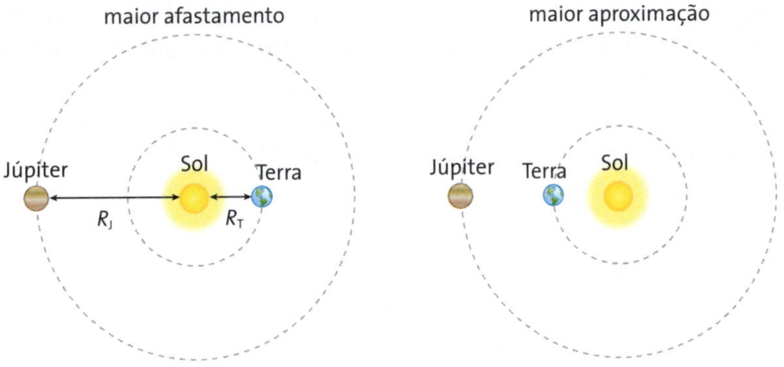

A força gravitacional entre dois corpos de massas m_1 e m_2 tem módulo $F = G \cdot \frac{m_1 \cdot m_2}{r^2}$, em que r é a distância entre eles e $G = 6,7 \cdot 10^{-11} \frac{N \cdot m^2}{kg^2}$. Sabendo-se que a massa de Júpiter é $m_J = 2,0 \cdot 10^{27}$ kg e que a massa da Terra é $m_T = 6,0 \cdot 10^{24}$ kg, o módulo da força gravitacional entre Júpiter e a Terra no momento de maior proximidade é:

a) $1,4 \cdot 10^{18}$ N. b) $2,2 \cdot 10^{18}$ N. c) $3,5 \cdot 10^{19}$ N. d) $1,3 \cdot 10^{30}$ N.

6. (Ufac) Na trajetória elíptica de um planeta, o ponto mais distante do Sol é chamado de Afélio, e o mais próximo, de Periélio. Além disso, o movimento dos planetas, ao redor do Sol, acontece respeitando as três leis de Kepler, as quais são:

1ª lei: "As trajetórias descritas pelos planetas, ao redor do Sol, são elipses com o Sol em um dos focos".
2ª lei: "O raio vetor que liga um planeta ao Sol descreve áreas iguais, em tempos iguais".
3ª lei: "Os quadrados dos períodos de revolução, de dois planetas quaisquer, estão, entre si, assim como os cubos de suas distâncias médias ao Sol".

Considerando-se que os períodos de revolução de dois planetas sejam T_1 e T_2, e que suas distâncias médias ao Sol sejam R_1 e R_2, respectivamente, a terceira lei pode ser descrita pela relação:

$$\left(\frac{T_1}{T_2}\right)^2 = \left(\frac{R_1}{R_2}\right)^3$$

Nesse sentido, pelas leis de Kepler, a afirmação verdadeira é:

a) Os planetas têm a mesma velocidade média nas vizinhanças do Afélio e do Periélio.

b) Um dado planeta pode ter um movimento mais rápido no Afélio do que no Periélio, ou vice-versa, porque isso só dependerá do próprio planeta.

c) Sendo o período de revolução do Planeta Mercúrio de 0,241 anos, pode-se dizer que $\frac{T^2}{R^3}$ é 2,734 $\frac{\text{anos}^2}{(\text{U.A.})^3}$, em que 1 U.A. é a distância média entre o Sol e a Terra.

d) Os planetas se movimentam mais rapidamente no Periélio do que no Afélio.

e) Os planetas se movimentam mais rapidamente nas vizinhanças do Afélio do que nas do Periélio.

7. (Fuvest-SP) Há um ponto no segmento de reta unindo o Sol à Terra denominado "Ponto de Lagrange L_1". Um satélite artificial colocado nesse ponto, em órbita ao redor do Sol, permanecerá sempre na mesma posição relativa entre o Sol e a Terra.

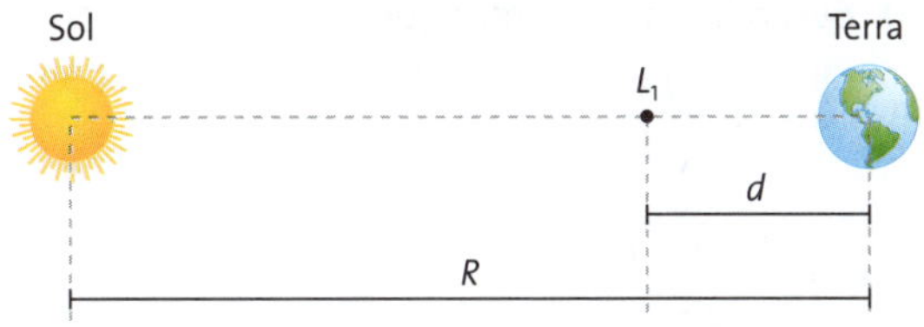

Nessa situação, ilustrada na figura acima, a velocidade angular orbital ω_A do satélite em torno do Sol será igual à da Terra, ω_T. Para essa condição, determine:

a) ω_T em função da constante gravitacional G, da massa M_S do Sol e da distância R entre a Terra e o Sol;

b) o valor de ω_A em rad/s;

c) a expressão do módulo F_r da força gravitacional resultante que age sobre o satélite, em função de G, M_S, M_T, m, R e d, sendo M_T e m, respectivamente, as massas da Terra e do satélite e d a distância entre a Terra e o satélite.

Note e adote:

1 ano $\simeq 3{,}14 \cdot 10^7$ s

O módulo da força gravitacional F entre dois corpos de massas M_1 e M_2, sendo r a distância entre eles, é dado por $F = G \cdot \frac{M_1 \cdot M_2}{r^2}$.

Considere as órbitas circulares.

8. (ITA-SP) Uma lua de massa m de um planeta distante, de massa $M >> m$, descreve uma órbita elíptica com semieixo maior a e semieixo menor b, perfazendo um sistema de energia E. A lei das áreas de Kepler relaciona a velocidade v da lua no apogeu com sua velocidade v' no perigeu, isto é, $v' \cdot (a - e) = v \cdot (a + e)$, em que e é a medida do centro ao foco da elipse. Nessas condições, podemos afirmar que:

a) $E = -G \cdot \frac{M \cdot m}{2a}$.

b) $E = -G \cdot \frac{M \cdot m}{2b}$.

c) $E = -G \cdot \frac{M \cdot m}{2e}$.

d) $E = -G \cdot \frac{M \cdot m}{\sqrt{a^2 + b^2}}$.

e) $v' = \sqrt{\frac{2 \cdot G \cdot m}{a - e}}$.

9. (Uerj) A intensidade F da força de atração gravitacional entre o Sol e um planeta é expressa pela seguinte relação:

- $F = G \cdot \frac{M_1 \cdot M_2}{r^2}$;
- G – constante universal da gravitação;
- m – massa do planeta;
- M – massa do Sol;
- r – raio da órbita do planeta.

Admitindo que o movimento orbital dos planetas do sistema solar é circular uniforme, estime a massa do Sol.

10. (IME-RJ) Um planeta desloca-se em torno de uma estrela de massa M, em uma órbita elíptica de semieixos a e b ($a > b$). Considere a estrela fixa em um dos focos. Determine as velocidades mínima e máxima do planeta.
Dados: constante gravitacional: G; distância entre os focos: $2c$.

ESTÁTICA DOS CORPOS RÍGIDOS

Corpos rígidos

- Todos os seus pontos se movimentam de forma coesa e simultânea, com distâncias fixas em relação ao centro de massa.
- Seu movimento de translação pode ser representado pelo movimento de seu centro de massa.

Centro de massa

- Ponto em que se representa toda a concentração de massa de um corpo.
- Em alguns casos, está localizado na região externa ao corpo.
- Para corpos homogêneos, localiza-se na intersecção dos eixos de simetria.

Centro de gravidade

- Ponto em que se representa a ação da força peso.
- Ponto pelo qual é possível manter um corpo suspenso em equilíbrio indiferente.
- Coincide com o centro de massa quando o corpo está em um campo gravitacional uniforme.

Tipos de equilíbrio

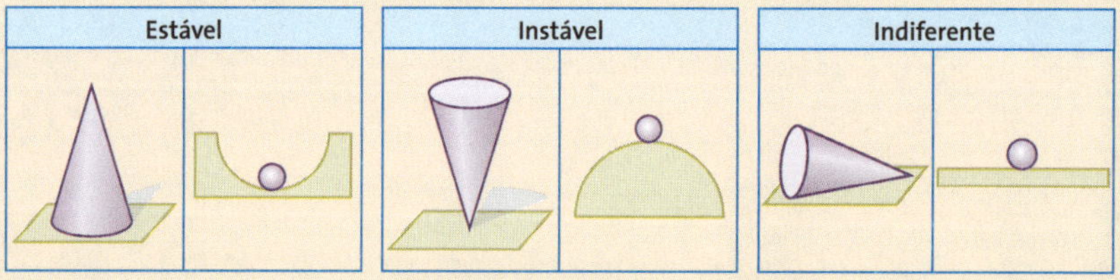

Equilíbrio de corpos rígidos apoiados em superfície plana

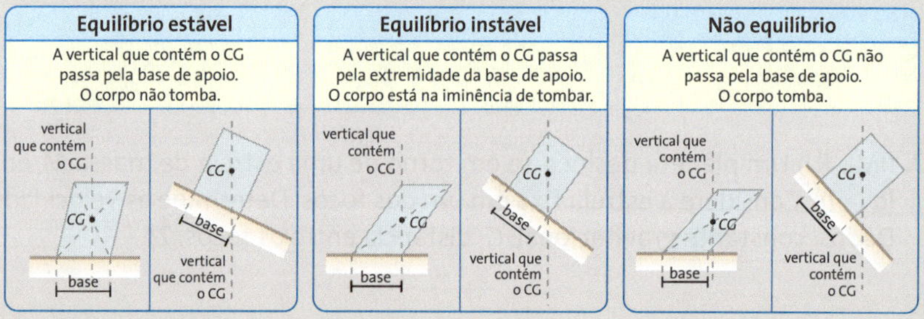

Momento (*M*) de uma força

Medida da capacidade de uma força de fazer girar um corpo extenso.

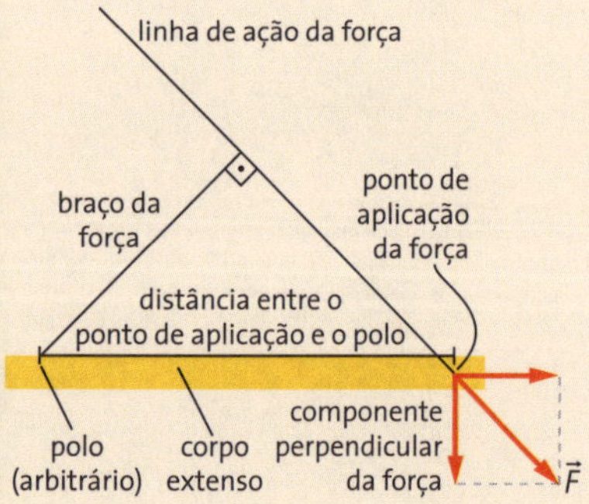

Cálculo

$M = F \cdot d$

Convenções

- $M > 0$, quando a força tenta girar o corpo no sentido anti-horário.
- $M < 0$, quando a força tenta girar o corpo no sentido horário.

Duas maneiras de usar a expressão

- *F* é a componente perpendicular da força e *d*, a distância entre o ponto de aplicação e o polo.
- *F* é o módulo da força e *d* é o braço da força, ou seja, a distância entre o polo e a linha de ação.

Casos particulares

- Linha de ação da força é perpendicular à direção do corpo: momento é máximo.
- Linha de ação da força passa pelo polo: momento é nulo e a força não tem capacidade de girar o corpo.

Condições de equilíbrio para um corpo rígido

Força resultante nula: equilíbrio translacional

- $\vec{F}_R = \vec{0}$
- CG do corpo está em repouso ou em MRU.

Momento resultante nulo: equilíbrio rotacional

- $M_R = 0$
- Soma dos momentos no sentido horário tem mesmo módulo da soma dos momentos no sentido anti-horário.
- Extensão do corpo não gira ou gira em rotação uniforme.

Máquinas simples

- Alteram a direção ou o módulo ou a distância de ação da força, de modo a facilitar a realização do trabalho pelo operador.
- Exemplos: alavancas, plano inclinado, polias, roda, cunha, etc.

Alavancas

- Barra rígida que pode girar em torno de um ponto fixo denominado fulcro ou pivô (ponto O nas figuras).
- Força potente ($\vec{F}_p$): aplicada pelo operador em um dos braços da alavanca.
- Força resistente ($\vec{F}_r$): força que se deseja "vencer" com o uso da alavanca.

Interfixa

- Exemplos: tesouras e alicates usam um par de alavancas interfixas.
- Fulcro entre os pontos de aplicação de $\vec{F}_p$ e $\vec{F}_r$:

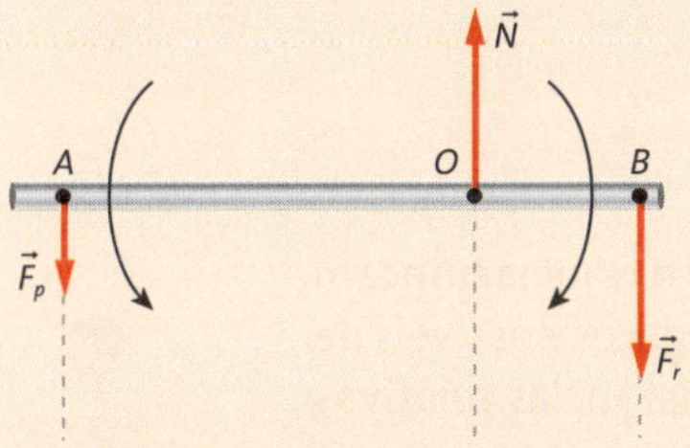

Inter-resistente

- Exemplos: quebra-nozes e abridor de garrafas.
- $\vec{F}_r$ é aplicada entre o fulcro e $\vec{F}_p$:

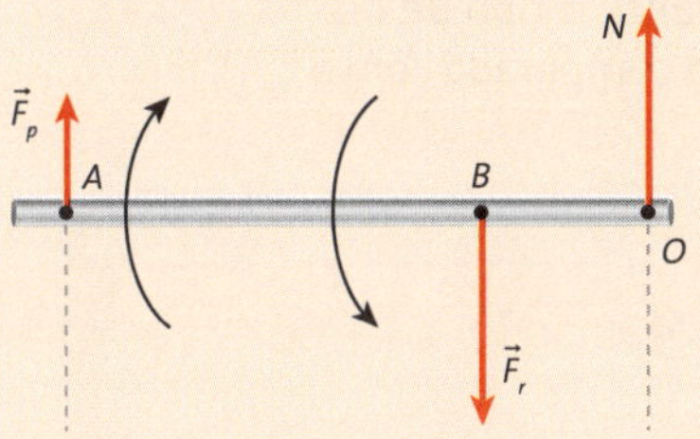

Interpotente

- Exemplos: pinça e cortador de unha.
- $\vec{F}_p$ é aplicada entre o fulcro e $\vec{F}_r$:

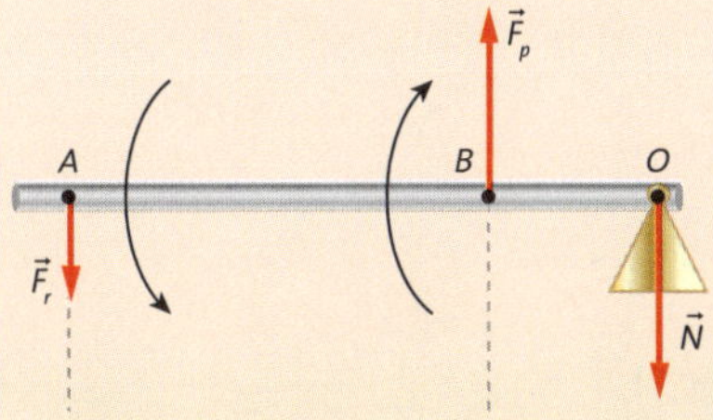

Exercícios

1. (UnB-DF) A figura I, ao lado, ilustra o braço humano, cujo movimento é similar ao de uma alavanca com ponto de apoio no fulcro. Na figura I, o braço está segurando um objeto de peso igual a $\vec{P}$, enquanto o músculo em destaque se contrai, criando um esforço contrário ao peso. Na figura II, é apresentado um diagrama de forças, que mostra uma situação de equilíbrio estático. Considerando-se essas informações e as figuras I e II, verifica-se que

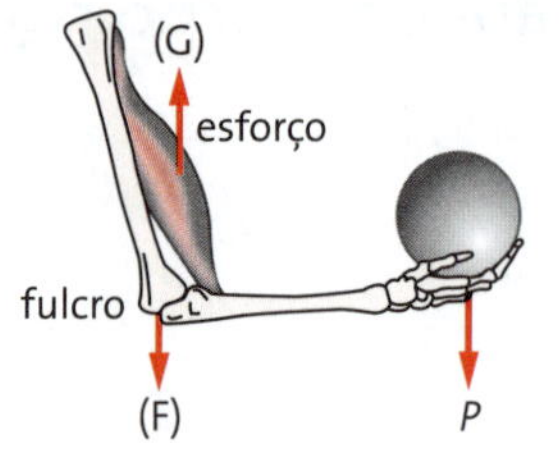

Figura I

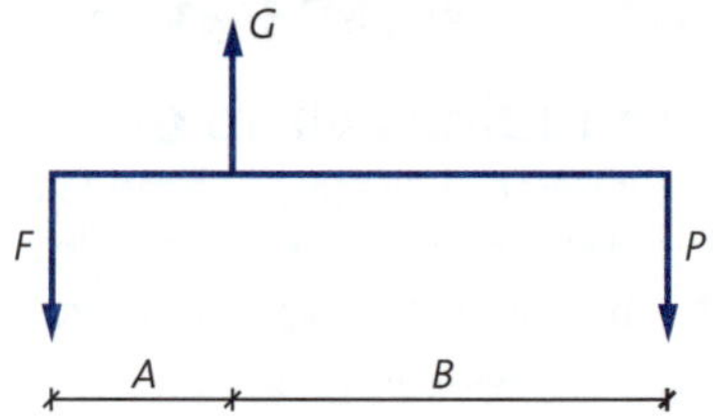

Figura II

a) a razão $\frac{G}{F}$ será sempre constante, para quaisquer valores de distâncias A e B.
b) o ponto de aplicação das forças representadas na figura I não interfere no equilíbrio do braço.
c) é suficiente, para que o braço ilustrado esteja em equilíbrio estático, que seja nulo o somatório das forças que atuam sobre ele.
d) os módulos das forças $\vec{G}$ e $\vec{F}$ podem ser determinados, respectivamente, pelas expressões: $G = \frac{A \cdot P}{A + B}$ e $F = \frac{B \cdot P}{A + B}$.
e) os módulos das forças $\vec{G}$ e $\vec{F}$ podem ser determinados, respectivamente, pelas expressões: $G = \frac{(A + B) \cdot P}{A}$ e $F = \frac{B \cdot P}{B}$.

2. (IFSP) Em um parque de diversão, Carlos e Isabela brincam em uma gangorra que dispõe de dois lugares possíveis de se sentar nas suas extremidades. As distâncias relativas ao ponto de apoio (eixo) estão representadas conforme a figura ao lado.
Sabendo-se que Carlos tem 70 kg de massa e que a barra deve permanecer em equilíbrio horizontal, assinale a alternativa correta que indica respectivamente o tipo de alavanca da gangorra e a massa de Isabela comparada com a de Carlos.

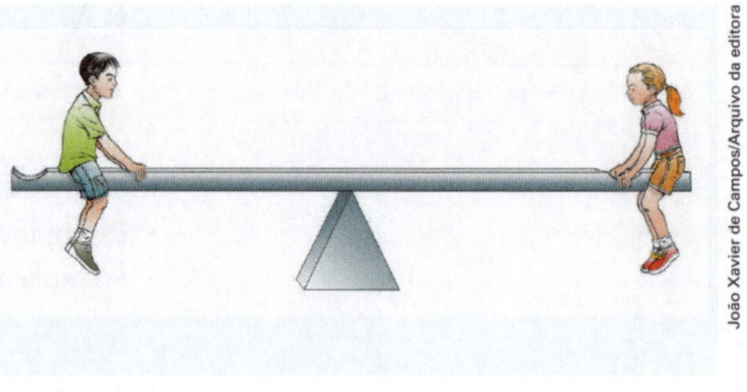
João Xavier de Campos/Arquivo da editora

a) Interfixa e maior que 70 kg.
b) Inter-resistente e menor que 70 kg.
c) Interpotente e igual a 70 kg.
d) Inter-resistente e igual a 70 kg.
e) Interfixa e menor que 70 kg.

3. (Uerj) Um homem de massa igual a 80 kg está em repouso e em equilíbrio sobre uma prancha rígida de 2,0 m de comprimento, cuja massa é muito menor que a do homem.
A prancha está posicionada horizontalmente sobre dois apoios, *A* e *B*, em suas extremidades, e o homem está a 0,2 m da extremidade apoiada em *A*.
A intensidade da força, em newtons, que a prancha exerce sobre o apoio *A* equivale a:
Dados: $M = 80$ kg

a) 200.
b) 360.
c) 400.
d) 720.

4. (UFPE) A figura a seguir mostra um conjunto de objetos pontuais com massas iguais, dispostos ao longo de uma reta. A distância entre os objetos 1 e 2 é 4 *L*, enquanto a distância entre os objetos 2 e 3 é igual a 16 *L*. Calcule a posição do centro de massa do conjunto, medida a partir do objeto 2, em unidades de *L*.

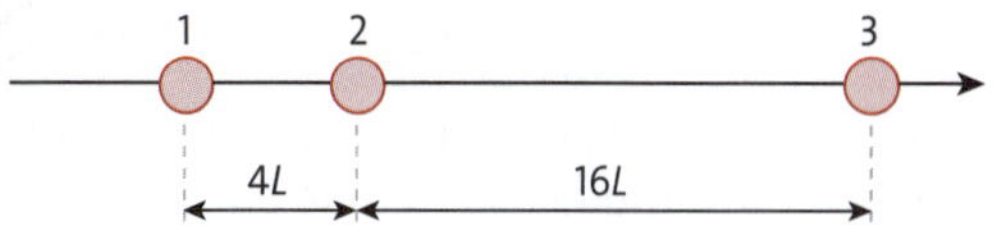

5. (PUC-RJ) Deseja-se construir um móbile simples, com fios de sustentação, hastes e pesinhos de chumbo. Os fios e as hastes têm peso desprezível. A configuração está demonstrada na figura abaixo.

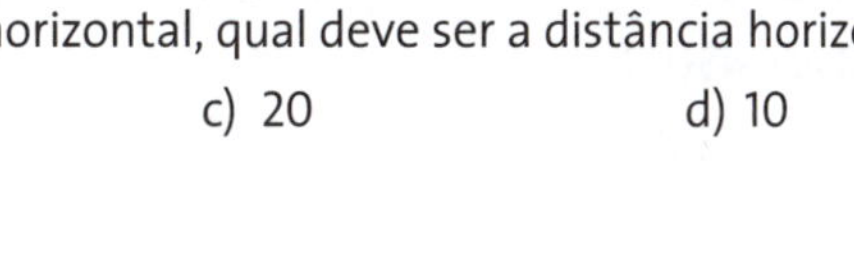

O pesinho de chumbo quadrado tem massa 30 g, e os pesinhos triangulares têm massa 10 g.
Para que a haste maior possa ficar horizontal, qual deve ser a distância horizontal *x*, em centímetros?

a) 45
b) 15
c) 20
d) 10
e) 30

6. (Uerj) A figura abaixo ilustra uma ferramenta utilizada para apertar ou desapertar determinadas peças metálicas.

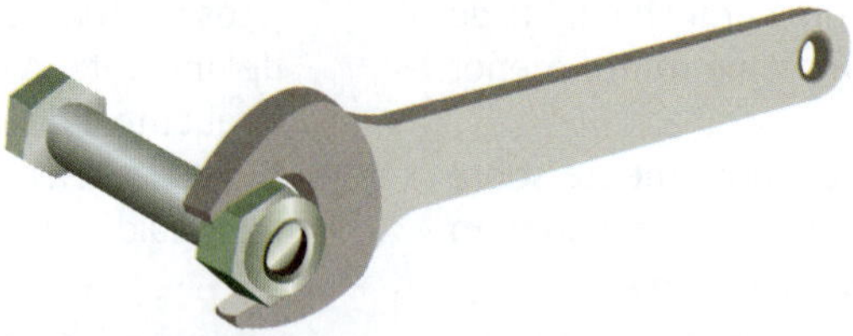

Para apertar uma peça, aplicando-se a menor intensidade de força possível, essa ferramenta deve ser segurada de acordo com o esquema indicado em:

a) 

b) 

c) 

d) 

7. (Aman-RJ) Um portão maciço e homogêneo de 1,60 m de largura e 1,80 m de comprimento, pesando 800 N, está fixado em um muro por meio das dobradiças *A*, situada a 0,10 m abaixo do topo do portão, e *B*, situada a 0,10 m de sua parte inferior. A distância entre as dobradiças é de 1,60 m, conforme o desenho ao lado.
Elas têm peso e dimensões desprezíveis, e cada dobradiça suporta uma força cujo módulo da componente vertical é metade do peso do portão.
Considerando-se que o portão está em equilíbrio, e que o seu centro de gravidade está localizado em seu centro geométrico, o módulo da componente horizontal da força em cada dobradiça *A* e *B* vale, respectivamente:

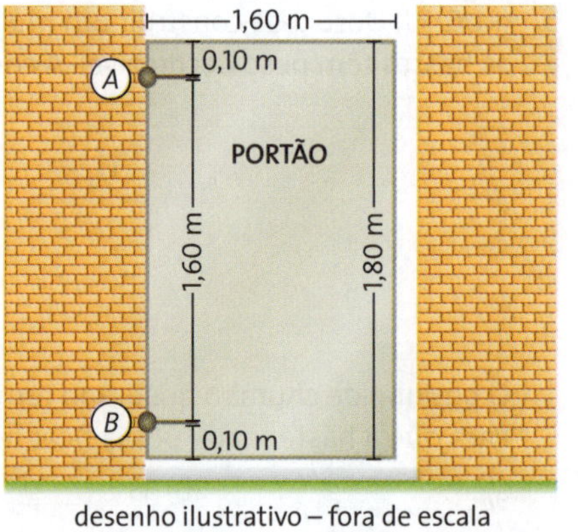

desenho ilustrativo – fora de escala

a) 130 N e 135 N.
b) 135 N e 135 N.
c) 400 N e 400 N.
d) 450 N e 450 N.
e) 600 N e 650 N.

8. (UFRGS-RS) Nas figuras X e Y abaixo, está representado um limpador de janelas trabalhando em um andaime suspenso pelos cabos 1 e 2, em dois instantes de tempo.

(X)

(Y)

Ilustrações: Antonio Robson/Arquivo da editora

Durante o intervalo de tempo limitado pelas figuras, você observa que o trabalhador caminha sobre o andaime indo do lado esquerdo, figura *X*, para o lado direito, figura *Y*.

Assinale a alternativa que preenche corretamente as lacunas da sentença abaixo, na ordem em que aparecem.

Após o trabalhador ter se movido para a direita (figura *Y*), podemos afirmar corretamente que, em relação à situação inicial (figura *X*), a soma das tensões nos cabos 1 e 2 ________, visto que ________:

a) permanece a mesma – as tensões nos cabos 1 e 2 permanecem as mesmas.

b) permanece a mesma – a diminuição da tensão no cabo 1 corresponde a igual aumento na tensão no cabo 2.

c) aumenta – aumenta a tensão no cabo 2 e permanece a mesma tensão no cabo 1.

d) aumenta – aumenta a tensão no cabo 1 e permanece a mesma tensão no cabo 2.

e) diminui – diminui a tensão no cabo 1 e permanece a mesma tensão no cabo 2.

9. (UPE) O sistema da figura ao lado é composto de uma barra homogênea *AB*, onde está articulada em *A* e pesa 100 N. O objeto *P* pesa 50 N para que esse sistema permaneça estático. Analise os seguintes itens:

Informações: sen 30° = 0,5 e cos 30° = 0,87

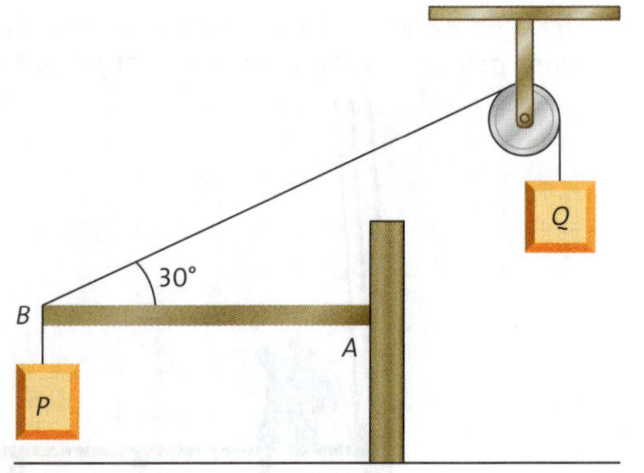

I. O objeto *Q* pesa 200 N.

II. A componente horizontal da reação em *A* é R_x = 170 N.

III. A componente horizontal de *Q* é Q_x = 174 N.

IV. A componente vertical da reação em *A* é R_y = 50 N.

Estão corretas:

a) I, II, III e IV.
b) I, II e III, apenas.
c) I, III e IV, apenas.
d) II, III e IV, apenas.
e) II e IV, apenas.

10. (ITA-SP) Duas partículas, de massas m e M, estão respectivamente fixadas nas extremidades de uma barra de comprimento L e massa desprezível. Tal sistema é então apoiado no interior de uma casca hemisférica de raio r, de modo a se ter equilíbrio estático com m posicionado na borda P da casca e M, num ponto Q, conforme mostra a figura. Desconsiderando forças de atrito, a razão m/M entre as massas é igual a:

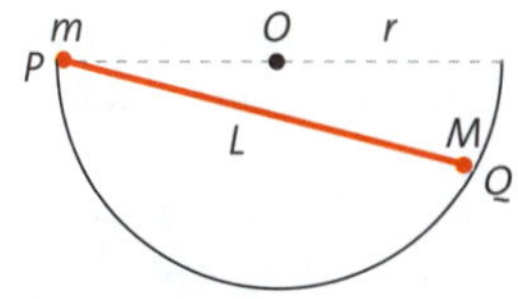

a) $(L^2 - 2r^2)/(2r^2)$.

b) $(2L^2 - 3r^2)/(2r^2)$.

c) $(L^2 - 2r^2)/(r^2 - L^2)$

d) $(2L^2 - 3r^2)/(r^2 - L^2)$.

e) $(3L^2 - 2r^2)/(L^2 - 2r^2)$.

11. (Cefet-MG) A ilustração abaixo mostra o deslocamento dos remadores em um lago, sendo que os remos são considerados alavancas.

João Xavier de Campos/Arquivo da editora

Um estudante, ao analisar essa situação, na margem do lago, afirmou que:

I. a alavanca é do tipo interfixa.

II. o ponto fixo da alavanca encontra-se na água.

III. o braço da força resistente é menor que o da força potente.

IV. a força da água sobre o barco é menor que a exercida pelos remadores.

São corretas apenas as afirmativas:

a) I e II.

b) I e IV.

c) II e III.

d) III e IV.

12. (IME-RJ) A figura ao lado mostra uma estrutura em equilíbrio, formada por uma barra vertical *AC* e um cabo *CD*, de pesos desprezíveis, e por uma barra horizontal *BD*. A barra vertical é fixada em *A* e apoia a barra horizontal *BD*. O cabo de seção transversal de 100 mm^2 de área é inextensível e está preso nos pontos *C* e *D*. A barra horizontal é composta de dois materiais de densidades lineares de massa μ_1 e μ_2. Diante do exposto, a força normal por unidade de área, em MPa, no cabo *CD* é:
Dados: aceleração da gravidade: 10 m/s^2; densidades lineares de massa: $\mu_1 = 600$ kg/m e $\mu_2 = 800$ kg/m.

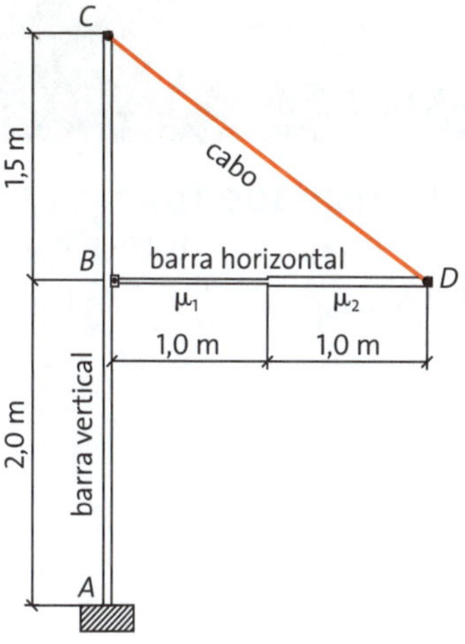

a) 100.

b) 125.

c) 150.

d) 175.

e) 200.

FLUIDOS

Densidade (μ)

Definida como a massa por unidade de volume: $\mu = \frac{m}{V}$

Conceitos

- Indica a concentração de massa de uma substância.
- Para dois corpos maciços de mesma massa, tem maior volume o de menor densidade.
- Para dois corpos maciços de mesmo volume, tem maior massa o de maior densidade.
- Para uma mesma substância, varia em função da pressão e da temperatura.

Conversão

$$\left[\frac{g}{cm^3}\right] \underset{\div 10^3}{\overset{\times 10^3}{\rightleftarrows}} \left[\frac{kg}{m^3}\right]$$

Pressão (p)

Definida como a componente perpendicular da força por unidade de área: $p = \frac{F}{A}$

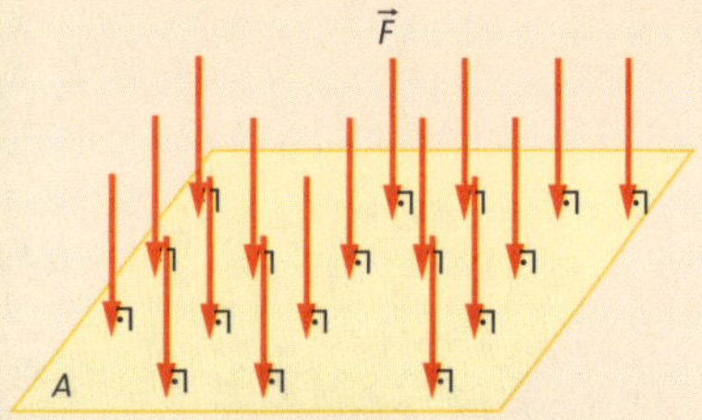

Conceitos

Quanto menor a área em que é aplicada uma força, maior a pressão que ela causa e maior o seu poder de penetração.

Conversão

$$1 \text{ atm} \simeq 10^5 \frac{N}{m^2} \simeq 76 \text{ cmHg}$$

Pressão hidrostática ($p_{hidr.}$)

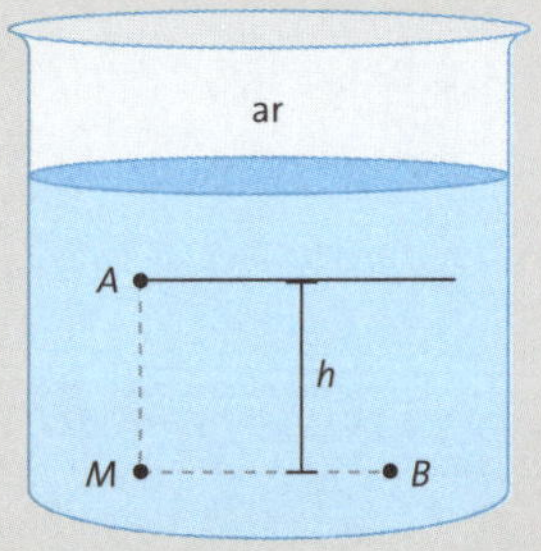

Conceitos

- Não depende da quantidade lateral de líquido.
- Tem o mesmo valor para pontos situados a uma mesma profundidade e internos ao mesmo líquido.
- Aumenta com o aumento da profundidade.
- Atua em todas as direções.

Lei de Stevin

- p_A = pressão atmosférica local ($p_{atm.}$)
- $p_B = p_M$
- $p_M = p_{atm.} + \underbrace{\mu \cdot g \cdot h}_{\text{pressão hidrostática}}$

Manômetro de tubo aberto

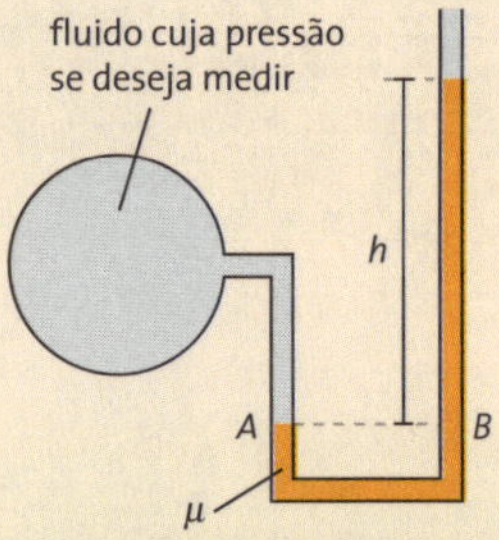

Cálculos

- $p_{fluido} = p_A$
- $p_A = p_B$
- $p_B = p_{atm.} + \mu \cdot g \cdot h \rightarrow p_{fluido} = p_{atm.} + \mu \cdot g \cdot h$
- Manômetro indica a diferença entre a pressão do fluido e a pressão atmosférica: $\mu \cdot g \cdot h$

Princípio de Pascal

O acréscimo de pressão em uma região de um líquido incompressível e em equilíbrio é transmitido integralmente para todos os pontos do líquido e para as paredes do recipiente que o contém.

Prensa hidráulica

- $\frac{F_1}{A_1} = \frac{F_2}{A_2}$
- O volume de líquido que desce em um tubo é igual ao que sobe no outro.

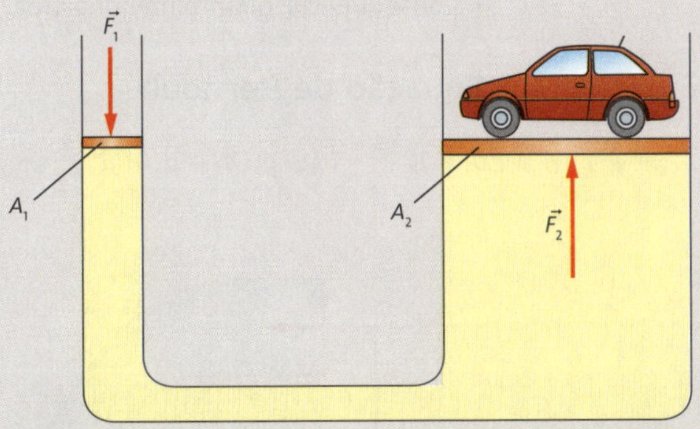

Princípio de Arquimedes

Todo corpo mergulhado num fluido fica sujeito a uma força – denominada empuxo – de direção vertical, sentido para cima e intensidade igual ao peso do fluido deslocado pela presença do corpo.

Empuxo ($\vec{E}$)

- Oriundo da diferença de pressão nas bases inferior e superior do corpo.
- Obedece ao princípio da ação e reação: o fluido exerce empuxo ascendente no corpo e o corpo exerce empuxo descendente no fluido.

Aplicações

- Faz os corpos parecerem mais leves quando mergulhados na água.
- Causa a flutuação dos balões no ar e das embarcações na água.

Cálculo

$E = \mu_f \cdot V_i \cdot g$

μ_f: densidade do fluido.

V_i: volume do fluido deslocado pela presença do corpo = volume da parte do corpo que está imersa.

g: aceleração da gravidade.

Corpo maciço e totalmente imerso é abandonado do repouso

- $\mu_{corpo} > \mu_{fluido} \rightarrow P > E \rightarrow$ desce acelerando.
- $\mu_{corpo} = \mu_{fluido} \rightarrow P = E \rightarrow$ equilíbrio indiferente.
- $\mu_{corpo} < \mu_{fluido} \rightarrow P < E \rightarrow$ sobe acelerando.

Corpo flutuando só com $\vec{E}$ e $\vec{P}$

- $E = P \rightarrow \mu_f \cdot V_i \cdot g = \mu_{corpo} \cdot V_{corpo} \cdot g \rightarrow \mu_f \cdot V_i = \mu_{corpo} \cdot V_{corpo} \rightarrow$

  $\rightarrow V_i = \frac{\mu_{corpo}}{\mu_f} \cdot V_{corpo}$

Exemplo: $V_{imerso\ do\ gelo} = 90\%\ V_{total\ do\ gelo}$

Conceitos gerais da Hidrodinâmica

Válidos para líquidos incompressíveis e não viscosos (ideais) e em regime estacionário de escoamento.

Vazão

$$Q = \frac{\Delta V}{\Delta t} = A \cdot v$$

Equação da continuidade

- Pela conservação da massa, a vazão deve ser constante e independente da área: $A_1 \cdot v_1 = A_2 \cdot v_2 =$ constante.
- Consequência: quanto menor a área, maior a velocidade de escoamento.

Equação de Bernoulli

$$p_1 + \mu \cdot \frac{v_1^2}{2} + \mu \cdot g \cdot h_1 = p_2 + \mu \cdot \frac{v_2^2}{2} + \mu \cdot g \cdot h_2$$

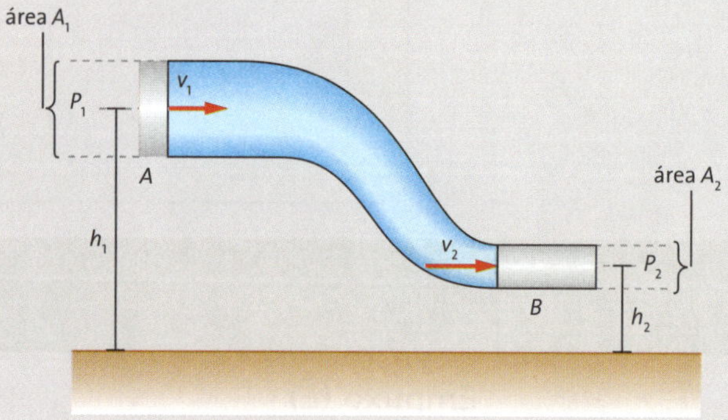

Aplicações

- Para a mesma altura, quanto maior a velocidade de escoamento, menor a pressão.
- Em uma ventania, a velocidade do ar externo é maior que a do ar interno; disso decorre que a pressão atmosférica interna é maior que a externa, o que pode fazer com que telhados sejam arremesados para cima e janelas, para fora.
- A diferença de velocidade de escoamento do ar nas faces superior e inferior de cada asa é acompanhada por uma diferença de pressão (e respectiva diferença de força) que explica a sustentação do avião.

Exercícios

1. (FGV-SP) O esquema ao lado ilustra uma prensa hidráulica, operada manualmente, constituída de um sistema de vasos comunicantes 1 e 2, com êmbolos de áreas de seção transversal respectivas S_1 e S_2. O sistema é preenchido com um líquido homogêneo e viscoso. O êmbolo 2 é ligado a uma alavanca inter-resistente articulada em sua extremidade *A*. O operador aplica forças verticais $\vec{F}$ na extremidade *B* da alavanca para transmitir forças $\vec{F}_1$ através do êmbolo 1.

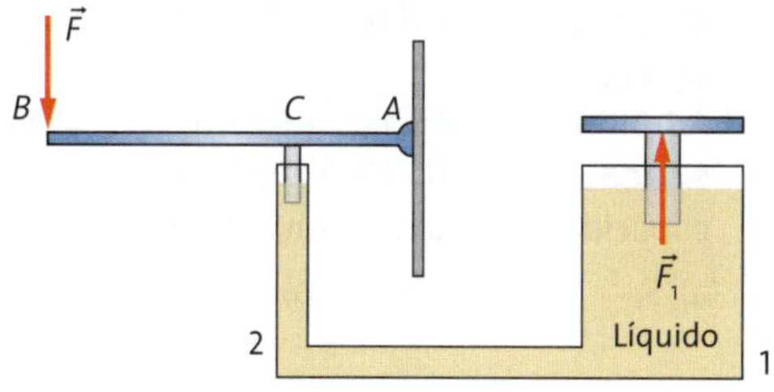

A relação correta entre F, F_1, S_1, S_2, AB e AC, que permite obter vantagem mecânica, é:

a) $F = F_1 \cdot \left(\frac{S_2}{S_1}\right) \cdot \left(\frac{AC}{AB}\right)$.

b) $F = F_1 \cdot \left(\frac{S_2}{S_1}\right) \cdot \left(\frac{AC}{BC}\right)$.

c) $F = F_1 \cdot \left(\frac{S_2}{S_1}\right) \cdot \left(\frac{AB}{AC}\right)$.

d) $F = F_1 \cdot \left(\frac{S_1}{S_2}\right) \cdot \left(\frac{AC}{AB}\right)$.

e) $F = F_1 \cdot \left(\frac{S_1}{S_2}\right) \cdot \left(\frac{AB}{BC}\right)$.

2. (Uerj) Observe, na figura a seguir, a representação de uma prensa hidráulica, na qual as forças F_1 e F_2 atuam, respectivamente, sobre os êmbolos dos cilindros I e II.

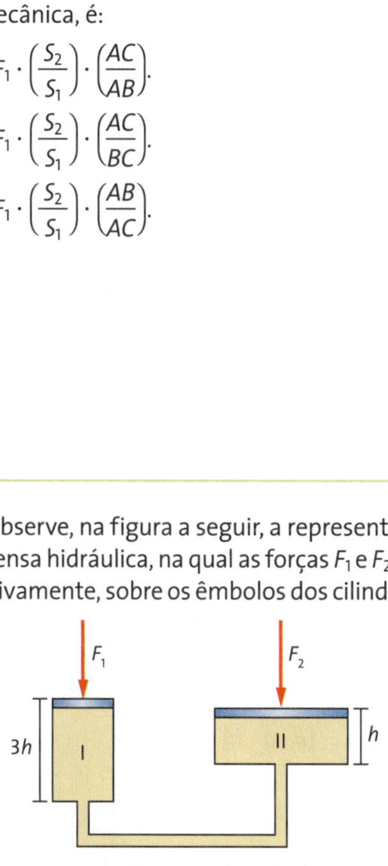

Admita que os cilindros estejam totalmente preenchidos por um líquido.
O volume do cilindro II é igual a quatro vezes o volume do cilindro I, cuja altura é o triplo da altura do cilindro II.

A razão $\frac{F_2}{F_1}$ entre as intensidades das forças, quando o sistema está em equilíbrio, corresponde a:

a) 12. b) 6. c) 3. d) 2.

3. (UFRJ) Um recipiente contém dois líquidos imiscíveis em equilíbrio hidrostático, como mostra a figura abaixo:

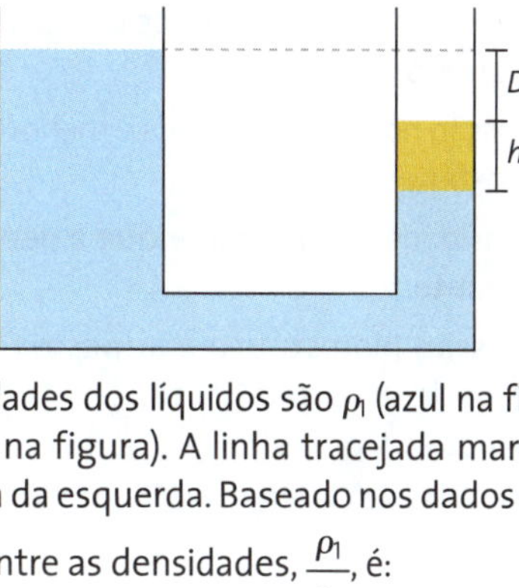

As densidades dos líquidos são ρ_1 (azul na figura) e ρ_2 (amarelo na figura). A linha tracejada marca o nível da coluna da esquerda. Baseado nos dados da figura, a razão entre as densidades, $\frac{\rho_1}{\rho_2}$, é:

a) $\frac{D}{h}$.

b) $1 + \frac{h}{D}$.

c) $\frac{h}{(D + h)}$.

d) $1 + \frac{D}{h}$.

e) $\left(\frac{D}{h}\right)^3$.

4. (FGV-SP) Uma cisterna cilíndrica de 2 m de altura armazena a água captada de um telhado, recolhendo-a por uma abertura em seu topo. Na base, um tubo de vidro de 30 cm de altura foi graduado em centímetros, com o zero da escala coincidente com o nível do fundo da cisterna. Conforme a água entra na cisterna, o ar que preenche o tubo vertical, considerado um gás perfeito, fica aprisionado e, devido à compressão, seu volume diminui, tornando o sistema um medidor indireto do nível de água armazenada.

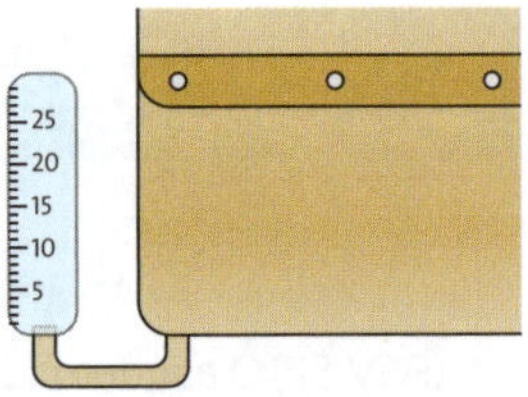

Admitindo-se que a temperatura tenha sido sempre a mesma, e conhecidas a pressão atmosférica, $1 \cdot 10^5$ Pa, a densidade da água, $1 \cdot 10^3$ kg/m^3 e a aceleração da gravidade, 10 m/s^2, no momento em que a cisterna estiver com sua capacidade máxima, o nível da água no interior do medidor corresponderá, em cm, aproximadamente a:

a) 5.
b) 7.
c) 9.
d) 11.
e) 13.

5. (Fuvest-SP) Quando se toma um refrigerante em um copo com canudo, o líquido sobe pelo canudo porque:

a) a pressão atmosférica cresce com a altura ao longo do canudo.
b) a pressão no interior da boca é menor que a pressão atmosférica.
c) a densidade do ar é maior que a densidade do refrigerante.
d) a pressão hidrostática é a mesma em todos os pontos de um plano horizontal.

6. (Uece) Um bloco cúbico, de massa *M* e aresta *L*, repousa no fundo de um tanque com água parada, como mostra a figura. O valor da força normal *N* que a parede do fundo exerce sobre o bloco, considerando-se *g* a aceleração da gravidade, *ρ* a massa específica da água e desprezível a ação da atmosfera, é:

a) $M \cdot g - (\rho \cdot g \cdot h) \cdot L^2$.
b) $\rho \cdot g \cdot L^3$.
c) zero.
d) $M \cdot g + (\rho \cdot g \cdot h) \cdot L^2$.

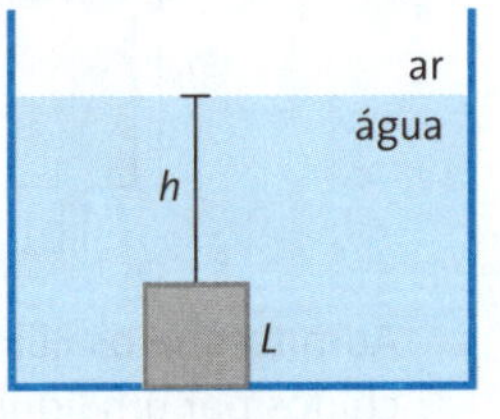

7. (Uerj) Um automóvel de massa igual a 942 kg é suspenso por um elevador hidráulico cujo cilindro de ascensão tem diâmetro de 20 cm.

Calcule a pressão a ser aplicada ao cilindro para manter o automóvel em equilíbrio a uma determinada altura.

8. (UEL) Quando as dimensões de uma fossa são alteradas, o aumento da pressão em qualquer ponto de sua base, quando cheia, deve-se, exclusivamente, à mudança de:

a) área da base.
b) diâmetro.
c) formato da base.
d) profundidade.
e) perímetro da base.

9. (Aman-RJ) Um cubo maciço e homogêneo, com 40 cm de aresta, está em equilíbrio estático flutuando em uma piscina, com parte de seu volume submersa, conforme desenho abaixo.

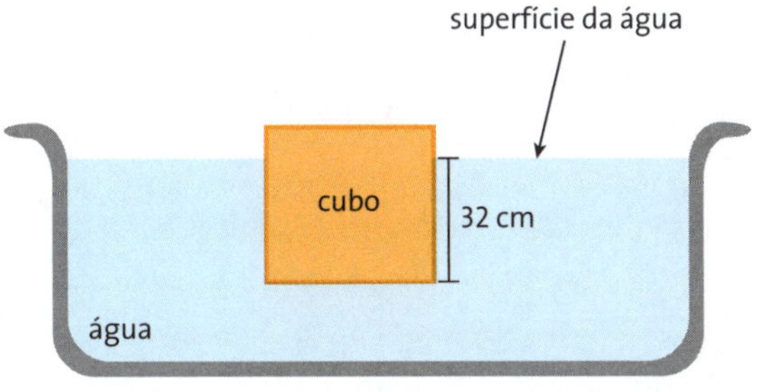

Sabendo-se que a densidade da água é igual a 1 g/cm^3 e a distância entre o fundo do cubo (face totalmente submersa) e a superfície da água é de 32 cm, então a densidade do cubo é:

a) 0,20 g/cm^3.
b) 0,40 g/cm^3.
c) 0,60 g/cm^3.
d) 0,70 g/cm^3.
e) 0,80 g/cm^3.

10. (Unicamp-SP) Uma boia de sinalização marítima muito simples pode ser construída unindo-se dois cilindros de mesmas dimensões e de densidades diferentes, sendo um de densidade menor e outro de densidade maior que a da água, tal como esquematizado na figura abaixo.

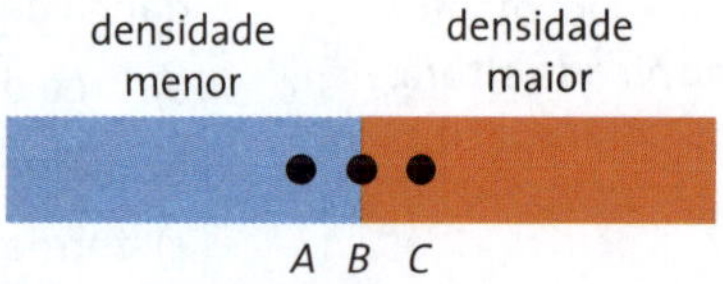

Submergindo-se totalmente esta boia de sinalização na água, quais serão os pontos efetivos mais prováveis de aplicação das forças peso e empuxo?

a) Peso em *C* e empuxo em *B*.

b) Peso em *B* e empuxo em *B*.

c) Peso em *C* e empuxo em *A*.

d) Peso em *B* e empuxo em *C*.

11. (Fuvest-SP) Um bloco de madeira impermeável, de massa M e dimensões $2 \cdot 3 \cdot 3\ cm^3$ é inserido muito lentamente na água de um balde, até a condição de equilíbrio, com metade de seu volume submersa. A água que vaza do balde é coletada em um copo e tem massa m. A figura ilustra as situações inicial e final; em ambos os casos, o balde encontra-se cheio de água até sua capacidade máxima. A relação entre as massas m e M é tal que:

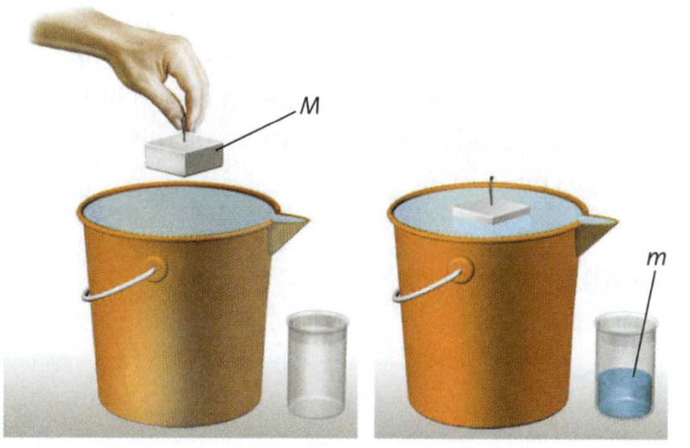

Antonio Robson/Arquivo da editora

a) $m = M/3$.   b) $m = M/2$.   c) $m = M$.

d) $m = 2M$.   e) $m = 3M$.

12. (UFG-GO) Os carros modernos utilizam freios a disco em todas as rodas, e o acionamento é feito por um sistema hidráulico fechado, que é acionado quando o motorista pisa no pedal de freio. Neste sistema, ao mover o pistão, as pastilhas de freio entram em contato com o disco nos dois lados. Considere que um carro de 500 kg, viajando a uma velocidade de 20 m/s, precisa parar imediatamente. O motorista o faz sem deslizamento dos pneus, dentro de uma distância de 20 m. Considerando-se o exposto, calcule:

a) A força média com que cada pistão pressiona o disco de freio. Use 0,8 como o coeficiente de atrito entre a pastilha e o disco.

b) A pressão do óleo que empurra o pistão. Use o diâmetro de 4 cm para esse pistão.

13. (PUC-RJ) Um recipiente contém 0,0100 m^3 de água e 2 000 cm^3 de óleo. Considerando-se a densidade da água 1,00 g/cm^3 e a densidade do óleo 0,900 g/cm^3, a massa, medida em quilogramas, da mistura destes líquidos é:

a) 11,8.
b) 101,8.
c) 2,8.
d) 28.
e) 118.

14. (UTFPR) Em uma proveta que contém 100 cm^3 de água, é colocada cuidadosamente uma pepita de ouro com massa de 152 g. Observa-se que o nível da água aumenta para 108 cm^3. Qual a densidade da pepita?

a) 15,2 g/cm^3.
b) 14 g/cm^3.
c) 19 g/cm^3.
d) 15,2 kg/m^3.
e) 14 kg/m^3.

15. (UEM-PR) Analise as alternativas abaixo e assinale o que for correto.

(01) No Sistema Internacional de Unidades, a unidade de densidade volumétrica é o kg/m^3.

(02) A pressão é uma grandeza escalar.

(04) A diferença de pressão entre dois pontos no interior de um líquido homogêneo em repouso é proporcional à diferença da altura entre esses dois pontos.

(08) A pressão que uma força exerce sobre um objeto é diretamente proporcional à área sobre a qual a força é aplicada.

(16) Quando um corpo é imerso em um líquido, uma força, na direção vertical, é exercida sobre o corpo, e o módulo dessa força é diretamente proporcional ao volume do líquido deslocado.

16. (UEPB) Em 1643, o físico italiano Evangelista Torricelli (1608-1647) realizou sua famosa experiência, medindo a pressão atmosférica por meio de uma coluna de mercúrio, inventando, assim, o barômetro. Após esta descoberta, suponha que foram muitos os curiosos que fizeram várias medidas de pressão atmosférica. Com base na experiência de Torricelli, pode-se afirmar que o maior valor para altura da coluna de mercúrio foi encontrado:

a) no Pico do Jabre, ponto culminante do estado da Paraíba, no município de Matureia.
b) no alto de uma montanha a 1 500 metros de altitude.
c) no 10º andar de um prédio em construção na cidade de Campina Grande.
d) numa bonita casa de veraneio em João Pessoa, no litoral paraibano.
e) no alto do Monte Everest, o ponto culminante da Terra.

17. (UEPB) Os precursores no estudo da Hidrostática propuseram princípios que têm uma diversidade de aplicações em inúmeros "aparelhos" que simplificam as atividades extenuantes e penosas das pessoas, diminuindo muito o esforço físico, como também encontraram situações que evidenciam os efeitos da pressão atmosférica. A seguir, são apresentadas as situações-problema que ilustram aplicações de alguns dos princípios da Hidrostática.

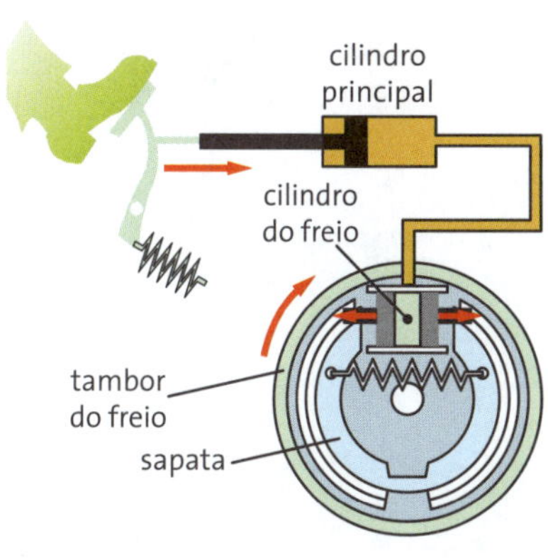

Situação I – Um sistema hidráulico de freios de alguns carros, em condições adequadas, quando um motorista aciona o freio de um carro, este para após alguns segundos, como mostra a figura acima.

João Xavier de Campos/Arquivo da editora

Situação II – Os pedreiros, para nivelar dois pontos em uma obra, costumam usar uma mangueira transparente, cheia de água. Observe a figura acima, que mostra como os pedreiros usam uma mangueira com água para nivelar os azulejos nas paredes.

João Xavier de Campos/Arquivo da editora

Situação III – Ao sugar na extremidade de um canudo, você provoca uma redução na pressão do ar em seu interior. A pressão atmosférica, atuando na superfície do líquido, faz com que ele suba pelo canudinho.

Assinale a alternativa que corresponde, respectivamente, às aplicações dos princípios e do experimento formulados por:

a) Arquimedes (Situação I), Pascal (Situação II) e Arquimedes (Situação III).

b) Pascal (Situação I), Arquimedes (Situação II) e Stevin (Situação III).

c) Stevin (Situação I), Torricelli (Situação II) e Pascal (Situação III).

d) Pascal (Situação I), Stevin (Situação II) e Torricelli (Situação III).

e) Stevin (Situação I), Arquimedes (Situação II) e Torricelli (Situação III).

18. (UFG-GO) Os caminhões ficam maiores a cada dia devido à necessidade de se transportar cargas cada vez maiores em menor tempo. Por outro lado, o pavimento (estrada de asfalto ou concreto) precisa ser dimensionado para que sua resistência seja compatível com a carga suportada repetidamente. Para um pavimento de boa durabilidade, a pressão de 2,0 MPa deve ser suportada. Nessa situação, qual é a máxima massa, em kg, permitida para um caminhão que possui cinco eixos com dois pneus em cada eixo, cuja área de contato de um pneu é de 0,02 m^2?
Dado: $g = 10\ m/s^2$.

a) $1{,}0 \cdot 10^6$
b) $2{,}0 \cdot 10^5$
c) $1{,}2 \cdot 10^5$
d) $4{,}0 \cdot 10^4$
e) $4{,}0 \cdot 10^3$

---

19. (Aman-RJ) Um elevador hidráulico de um posto de gasolina é acionado por um pequeno êmbolo de área igual a $4 \cdot 10^{-4}\ m^2$. O automóvel a ser elevado tem peso de $2 \cdot 10^4$ N e está sobre o êmbolo maior de área 0,16 m^2. A intensidade mínima da força que deve ser aplicada ao êmbolo menor para conseguir elevar o automóvel é de:

a) 20 N.
b) 40 N.
c) 50 N.
d) 80 N.
e) 120 N.

Desafio

Theo Szczepanski/Arquivo da Editora

Olimpíada Brasileira de Física (OBF)

As questões de 1 a 4 são referentes ao texto abaixo:

Le Parkour ***salta do anonimato e cai nas graças dos jovens aventureiros.***

Se você já viu um sujeito escalando muros ou torres elétricas ele pode não ser um ladrão, um pichador ou simplesmente um maluco que não tem amor à vida. Na verdade esse rapaz pode ser um amante do Le Parkour, a nova febre entre os praticantes de exercícios. Le Parkour *significa "O Percurso" e tem esse nome em francês porque o seu criador vem de lá. David Belle herdou do pai e do avô bombeiros a paixão por aventura e situações de aparente perigo. A partir daí tornou isso um esporte e um meio de ganhar a vida. Outro pioneiro dessa atividade, Sébastien Foucan, protagonizou uma cena incrível na abertura do filme* **007 – Casino Royale**, *de 2006. Ele foi contratado pela produção para a cena de introdução do longa. A função de seu personagem era fugir do agente James Bond. São seis minutos de pulos, puxões e voos nos quais ele sobe até num guindaste de um arranha-céu em construção. A premissa básica do* Le Parkour *é esquecer que existem obstáculos à sua frente. Na teoria, essa aventura não tem limites. Não importa se o obstáculo é um tronco de árvore de um metro ou um prédio de cinco andares. Se ele estiver em seu caminho, você tem que saber como superá-lo.*

Disponível em: <http://www.abril.com.br/noticia/diversao/no_250823.shtml>. Acesso em: fev. 2011.

1. Em um salto vertical a tíbia humana é capaz de suportar um impacto de 130 vezes o peso de um adulto de 75 kg. Ao saltar de uma altura h a articulação do joelho é comprimida em 1 cm quando chega ao solo. Para que o atleta pare completamente ao chegar ao solo sem que frature a tíbia, este deve desacelerar a uma taxa de (g é a aceleração gravitacional local):

   a) g.

   b) 7,5 g.

   c) 75 g.

   d) 130 g.

   e) 150 g.

2. A altura máxima de um salto para que o atleta não tenha a tíbia fraturada é aproximadamente:

   a) 1,10 m.

   b) 1,30 m.

   c) 1,50 m.

   d) 1,75 m.

   e) 2,60 m.

3. A velocidade à qual o atleta chega ao solo é aproximadamente:

a) 5,0 m/s.

b) 8,2 m/s.

c) 10,4 m/s.

d) 11,0 m/s.

e) 12,5 m/s.

4. O tempo necessário para que o atleta pare completamente depois de chegar ao solo, em milésimos de segundo (ms), é:

a) 1,35 ms.

b) 1,82 ms.

c) 2,30 ms.

d) 2,75 ms.

e) 3,85 ms.

5. Vítimas de paralisia cerebral ou lesão na coluna necessitam de fisioterapia para a melhora da qualidade de vida. Tal trabalho é realizado dentro da água para exigir menor esforço do paciente. A razão entre o trabalho realizado dentro e fora da água para um corpo que se encontra 75% fora da água deslocar-se uma distância *d* na vertical é (onde ρ_a é a densidade da água e ρ_c a densidade do corpo):

a) $1 - \frac{\rho_a}{\rho_c}$.

b) $1 - \frac{\rho_a}{2\rho_c}$.

c) $1 - \frac{3\rho_a}{4\rho_c}$.

d) $1 - \frac{\rho_a}{4\rho_c}$.

e) $1 - \frac{\rho_a}{5\rho_c}$.

As questões 6 e 7 são referentes ao texto abaixo.

Um aluno interessado em estudar a física do corpo humano elaborou o seguinte experimento para simular o funcionamento do pulmão humano. Para isso utilizou uma garrafa PET (sem fundo), canudos de refrigerante e bexigas (ver figura abaixo). A bexiga presa ao fundo da garrafa faz o papel do diafragma, que varia a pressão interna do sistema ao ser esticado. Assim o ar externo entra pelo canudo (nariz) e infla a bexiga interna (pulmões).

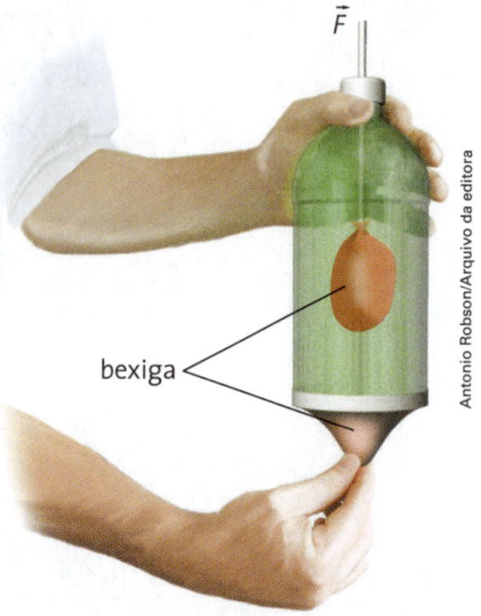

6. Sobre o texto e a figura acima é correto afirmar que:
   a) Ao esticarmos a bexiga no fundo da garrafa a pressão dentro dos "pulmões" se iguala à pressão externa.
   b) Inicialmente o ar preso na garrafa está a uma pressão menor que a pressão externa.
   c) Ao aumentarmos o volume do sistema diminuímos a pressão dentro dos "pulmões".
   d) Para que os "pulmões" inflem é necessário que a pressão interna do sistema aumente.
   e) A quantidade de gás dentro dos "pulmões" não se mantém constante mesmo não esticando a bexiga, pois o canudo está aberto.

7. Em uma inspiração/expiração forçada trocamos 4,5 litros de ar com o ambiente. Porém o pulmão nunca está completamente vazio. Há sempre um volume de ar residual, de aproximadamente 1,5 litro. Se a bexiga pudesse expandir seu volume na mesma proporção que o pulmão humano, o aumento percentual da quantidade de ar dentro da bexiga seria:
   a) 100%.
   b) 150%.
   c) 180%.
   d) 200%.
   e) 230%.

As questões de 8 a 10 são referentes ao texto abaixo:

Desafiando o tempo contra o perigo – Perigos do rebite

(...) "Após o efeito inicial de euforia que mantém a pessoa acordada, as drogas estimulantes apresentam um efeito colateral chamado de rebote, que provoca intensa depressão do sistema nervoso e sono profundo incontrolável", alerta a doutora Patrícia Bighetti, coordenadora médica do Atendimento Pré-Hospitalar da Intervias. "Muitos acidentes acontecem devido a esse sono profundo, que chega de repente passado um certo tempo da ingestão de substâncias estimulantes", afirma. Outros sintomas da droga são irritabilidade, dilatação das pupilas e náuseas, entre outros.

Disponível em: <http://www.revistaclubtruck.com.br/revistaclubtruck/revista/truck02/saude.htm>. Acesso em: fev. 2011.

Considere um caminhão descendo uma ladeira à velocidade constante na iminência de se chocar com um carro que se move a velocidade constante (ver figura ao lado). Após o choque os dois veículos permanecem unidos. A massa do caminhão é 40 vezes maior que a massa do carro (m).

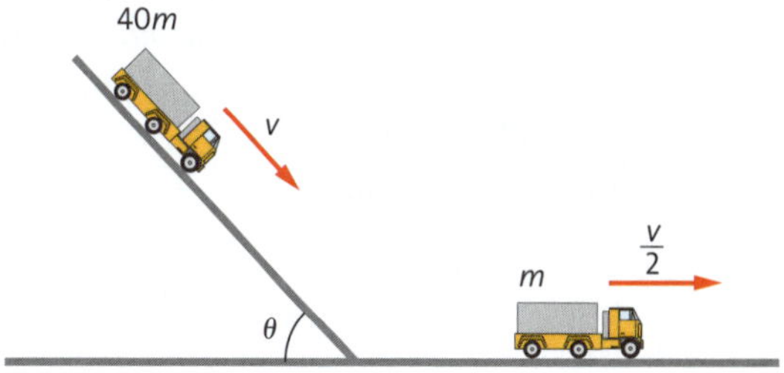

8. De acordo com a figura, o coeficiente de atrito cinético dos pneus do caminhão com o asfalto é:

a) sen θ.
b) cos θ.
c) tan θ.
d) sen (2θ).
e) tan (2θ).

9. De acordo com a figura anterior e com as informações fornecidas é correto afirmar que:

a) após o choque a velocidade do conjunto caminhão-carro é igual à média aritmética das velocidades iniciais respectivas.
b) a energia final do sistema é maior que a inicial devido ao choque.
c) o choque não altera a energia do sistema.
d) a quantidade de movimento total do sistema é conservada, pois não há forças externas.
e) em choques como esse não há conservação de quantidade de movimento.

10. A velocidade final do conjunto caminhão-carro é:

a) $\frac{77}{96}v$.
b) $\frac{81}{82}v$.
c) $\frac{63}{74}v$.
d) $\frac{31}{23}v$.
e) $\frac{41}{26}v$.

As questões 11 e 12 são referentes ao texto abaixo:

Os reflexos envolvem circuitos nervosos simples, principalmente entre os músculos e a medula espinhal, embora o cérebro também possa tomar parte. O ato de retirar subitamente a mão de uma chama é um reflexo. Receptores sensoriais na pele transmitem impulsos nervosos para a medula espinhal. Em seguida, os impulsos voltam, através de células nervosas motoras especiais, aos músculos, que controlam o movimento da mão. Os músculos contraem-se. A mão dá um salto e se afasta. Uma "fração de segundo" depois sentimos a dor, mas a mão está a salvo.

Disponível em: <http://super.abril.com.br/superarquivo/1989/conteudo_111781.shtml>.

11. Um motorista viaja a 72 km/h quando vê um obstáculo a 100 m de distância. Felizmente os freios são acionados a tempo e este para a 71 m do obstáculo. Porém os freios não são acionados imediatamente, o ser humano possui um tempo de reflexo. O tempo de reflexo médio do ser humano é (o coeficiente de atrito estático entre o asfalto e os pneus é aproximadamente 0,8; ms $= 10^{-3}$ s):

a) 50 ms. b) 100 ms. c) 150 ms. d) 200 ms. e) 300 ms.

12. Para distâncias da ordem de 100 m, a velocidade máxima aproximada que o motorista do problema anterior pode ter é:

a) 100 km/h.
b) 120 km/h.
c) 140 km/h.
d) 160 km/h.
e) 180 km/h.

13. No decorrer do último século o ser humano sempre buscou por lugares onde possa haver vida. A Nasa (Agência Espacial Americana) tem enviado sondas de exploração a Marte com o intuito de receber informações advindas do planeta vermelho, objetivando uma futura colonização. Apesar de apresentar condições favoráveis, tal colonização enfrentaria problemas como a elevada pressão atmosférica, baixa gravidade, entre outros. Marte situa-se a 1,5 UA (uma unidade astronômica é igual à distância da Terra ao Sol), sua massa é cerca de nove vezes menor que a massa da Terra, e seu raio equatorial é cerca de metade do raio terrestre. Um ano marciano (tempo necessário para que Marte complete uma volta em torno do Sol) equivale a (AT = ano terrestre):

a) $2\sqrt{6}$ AT.
b) $\frac{3\sqrt{6}}{4}$ AT.
c) $\sqrt{6}$ AT.
d) $\frac{3\sqrt{6}}{2}$ AT.
e) $\frac{\sqrt{6}}{4}$ AT.

As questões 14 e 15 são referentes ao texto abaixo.

Os pilotos de F1 passam por um rigoroso treinamento físico para suportar os efeitos das enormes acelerações durante a corrida. Dentre as partes do corpo do piloto, a que mais sofre os efeitos da chamada "força G" é a musculatura do pescoço, que sofre acelerações da ordem de grandeza do valor da gravidade terrestre. Porém a "força G" do ponto de vista da mecânica newtoniana não é uma força, e sim apenas um efeito da inércia sobre o piloto.

14. De acordo com o texto e seus conhecimentos de física assinale a alternativa falsa.

a) Ao realizar a curva, o piloto tem a sensação de ser empurrado para o centro da curva na direção radial.

b) A inércia é a tendência que um corpo tem de permanecer em repouso ou em movimento retilíneo uniforme, a menos que sofra a ação de uma força externa.

c) A massa de um corpo é a medida quantitativa de sua inércia.

d) Ao acelerar em uma reta, o piloto é pressionado contra o banco do carro.

e) Quando o carro vira contornando o centro da curva, o piloto tende a continuar seu movimento na direção tangencial.

---

15. Um carro de F1 entra numa curva de raio igual a 50 m com velocidade igual a 180 km/h. A aceleração sofrida pelo pescoço do piloto, em termos da aceleração gravitacional local (g), é:

a) $4\,g$. b) $5\,g$. c) $6\,g$. d) $7\,g$. e) $8\,g$.

16. Você gostaria de medir a profundidade h de um poço deixando cair uma moeda e medindo o tempo entre o início da queda e o retorno do som devido à colisão com o fundo. Para um tempo medido de 2 s qual a profundidade h? (desconsidere o efeito da velocidade finita do som)

a) 10 m b) 20 m c) 30 m d) 40 m e) 50 m

17. Armas de tiro podem ser feitas com molas. O atirador empurra o projétil no cano, comprimindo a mola, e trava o projétil. Ao puxar o gatilho, a trava é liberada e a mola transmite a energia acumulada para a bala. Supondo que a mola tem comprimento inicial de 15 cm, se o atirador empurra o projétil 10 cm antes de travar, qual a força exercida na trava? Considere que a constante elástica da mola é de 600 N/m.

a) 30 N
b) 60 N
c) 300 N
d) 3 000 N
e) 6 000 N

18. Uma ampulheta composta de dois recipientes de vidro separados por uma pequena abertura é posicionada sobre uma balança conforme a figura abaixo. Em $t = 0$ toda a areia está na parte de baixo. Em $t = 0{,}001$ h, após a ampulheta ser virada, a areia cai para a parte de baixo e em $t = 1$ hora todo o material está na parte de baixo novamente. O que acontece no mostrador da balança à medida que a areia cai?

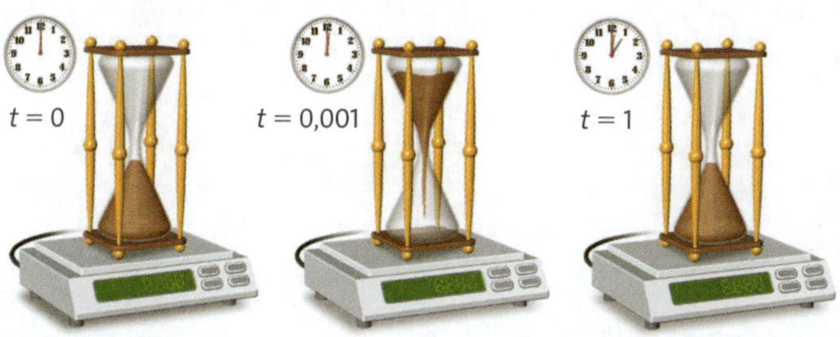

Antonio Robson/Arquivo da editora

a) O mostrador permanece constante.
b) O mostrador sempre anotará um peso menor.
c) O mostrador sempre anotará um peso maior.
d) O mostrador aumenta o seu valor com relação ao peso em $t = 0$, à medida que a areia cai, voltando novamente ao valor inicial em $t = 1$ h.
e) O mostrador diminui o seu valor com relação ao peso em $t = 0$, à medida que a areia cai, voltando novamente ao valor inicial em $t = 1$ h.

As questões de 19 até 22 são referentes ao texto abaixo:

Johannes Kepler (1571-1630)

Foi um astrônomo, matemático e astrólogo alemão e uma das figuras-chave da revolução científica do século XVII. É mais conhecido por formular as três leis fundamentais da mecânica celeste, conhecidas como leis de Kepler, codificadas por astrônomos posteriores com base em suas obras Astronomia Nova, Harmonicies Mundi *e* Epítome da Astronomia de Copérnico. *Elas também forneceram uma das bases para a teoria da gravitação universal de Isaac Newton. Também fez um trabalho fundamental no campo da óptica, inventou uma versão melhorada do telescópio refrator (o telescópio de Kepler) e ajudou a legitimar as descobertas telescópicas de seu contemporâneo Galileo Galilei. Foi um defensor do heliocentrismo. Kepler conseguiu determinar as diferentes posições da Terra após cada período sideral de Marte, e assim conseguiu traçar a órbita da Terra. Descobriu que essa órbita era muito bem descrita por um círculo excêntrico, isto é, com o Sol um pouco afastado do centro. Kepler conseguiu também determinar a órbita de Marte, ajustando-a através de uma elipse, sendo que o Sol coincidia com um dos focos.*

Adaptado de <http://pt.wikipedia.org/wiki/Kepler>.

19. Qual das alternativas abaixo é uma afirmação incorreta com relação às leis de Kepler?

a) A velocidade orbital de um planeta permanece constante durante todo o período orbital.

b) A velocidade orbital do planeta é maior quando este se aproxima do Sol.

c) A velocidade orbital do planeta é menor quando este se afasta do Sol.

d) Planetas descrevem órbitas elípticas ao redor do Sol.

e) O Sol está num dos focos da elipse que representa a órbita de um planeta.

20. Qual a velocidade orbital da Terra considerando que seu raio médio é de 150 000 000 km?

a) 10 km/s

b) 10 km/h

c) 30 km/s

d) 30 km/h

e) 50 m/s

21. Retome o problema 20 fazendo uma composição da velocidade orbital com a velocidade devido à rotação da Terra, na sua superfície, faça uma estimativa da máxima velocidade que um observador posicionado no referencial do Sol observaria de um objeto na superfície da Terra. (Adote como diâmetro médio da Terra 12 000 km.)

a) 9,6 km/s

b) 10 km/s

c) 1 000 m/s

d) 30,4 km/s

e) 410 m/s

22. Uma das técnicas utilizadas para determinar a massa de uma estrela num sistema de estrelas binárias é baseada na medida da distância a (separação entre as estrelas – *vide* figura ao lado) através de uma técnica chamada de paralaxe e do período de revolução do sistema T. Suponha que as estrelas têm massas iguais a m. Determine o valor de m em função de T e a.

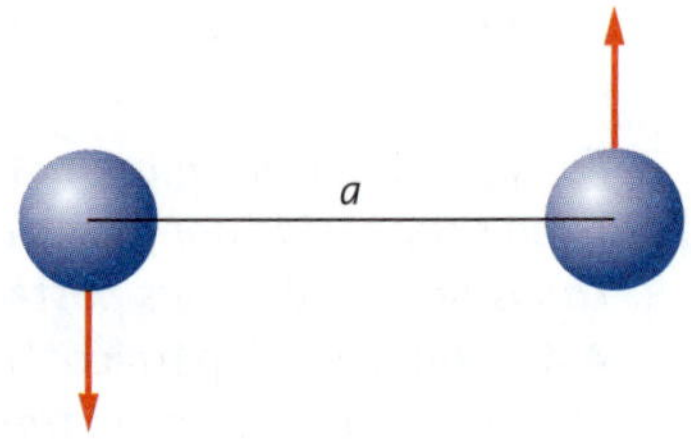

a) $\frac{\pi^2 a^3}{T^2}$

b) $\frac{2\pi^2 a^3}{T^2}$

c) $\frac{4\pi^2 a^3}{T^2}$

d) $\frac{8\pi^2 a^3}{T^2}$

e) $\frac{4\pi^2 T^2}{a^3}$

23. A posição de um móvel foi registrada em função do tempo e os resultados estão representados na tabela abaixo:

Tempos (s)	**Posição** (cm)
0	10
1	11
2	14
3	19
4	26
5	35
6	46
7	59
8	74
9	91
10	110

Determine a velocidade média do móvel no intervalo de tempo de 0 a 10 s.

a) 1 m/s
b) 1 cm/s
c) 5 cm/s
d) 10 m/s
e) 10 cm/s

24. Parte da energia metabolizada pelo atleta nas provas de corrida é transformada em que tipo de energia?

a) Potencial gravitacional.
b) Cinética.
c) Potencial.
d) Potencial elástica.
e) Nenhuma das formas.

As questões de 25 a 30 são referentes ao texto abaixo:

Isaac Newton (1643-1727)

Cientista inglês, mais reconhecido como físico e matemático, embora tenha sido também astrônomo, alquimista, filósofo natural e teólogo. Sua obra, Philosophiae Naturalis Principia Mathematica, *é considerada uma das mais influentes em História da ciência. Publicada em 1687, essa obra descreve a lei da gravitação universal e as três leis de Newton, que fundamentaram a mecânica clássica. Ao demonstrar a consistência que havia entre o sistema por si idealizado e as leis de Kepler do movimento dos planetas, foi o primeiro a demonstrar que o movimento de objetos, tanto na Terra como em outros corpos celestes, é governado pelo mesmo conjunto de leis naturais. O poder unificador de suas leis era centrado na revolução científica, no avanço do heliocentrismo e na difundida noção de que a investigação racional pode revelar o funcionamento mais intrínseco da natureza. Entre 1670 e 1672 trabalhou intensamente em problemas relacionados com a óptica e a natureza da luz. Newton demonstrou, de forma clara e precisa, que a luz branca é formada por uma banda de cores (vermelho, laranja, amarelo, verde, azul, anil e violeta) que podiam separar-se por meio de um prisma. Como resultado de muito estudo, concluiu que qualquer telescópio "refrator" sofreria de uma aberração hoje denominada "aberração cromática", que consiste na dispersão da luz em diferentes cores ao atravessar uma lente. Para evitar esse problema, Newton construiu um "telescópio refletor" (conhecido como telescópio newtoniano). Isaac Newton acreditava que existiam outros tipos de forças entre partículas, conforme diz na obra* Principia. *Essas partículas, capazes de agir a distância, agiam de maneira análoga à força gravitacional entre os corpos celestes.*

Adaptado de <http://pt.wikipedia.org/wiki/Isaac_Newton>.

25. Considere o pêndulo balístico como indicado na figura ao lado. Um projétil m de massa 10 g é lançado sobre o pêndulo M de massa 2 kg. Após a colisão, o projétil fica preso ao corpo M e este se eleva a uma altura de 20 cm acima do nível de repouso. Determine qual a velocidade inicial do projétil.

a) 10 m/s b) 100 m/s c) 200 m/s d) 300 m/s e) 400 m/s

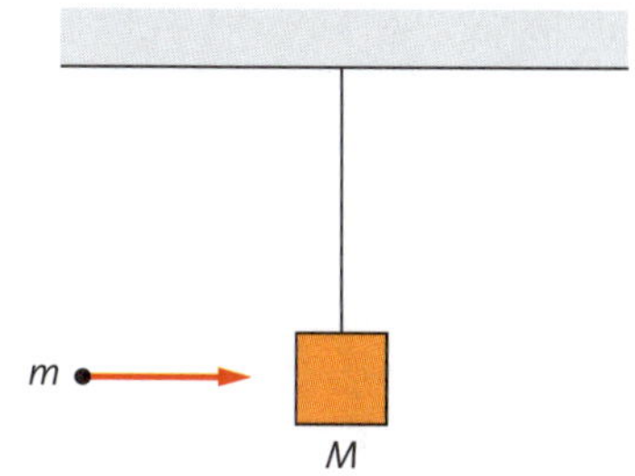

26. Uma esfera de massa m desliza sem rolar num plano inclinado conforme indicado na figura abaixo.

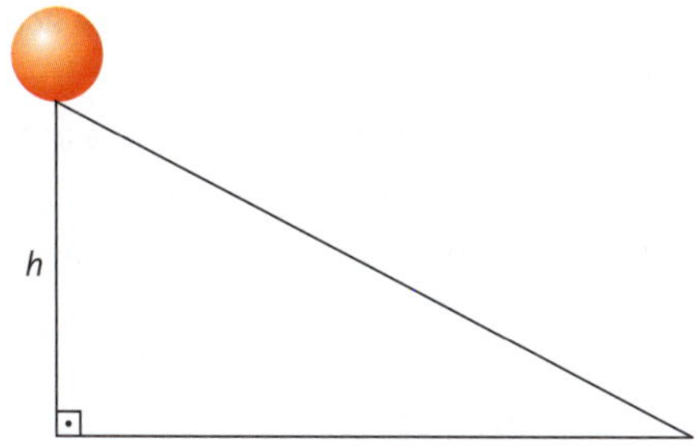

Determine a velocidade da esfera no ponto mais baixo do plano (use g como aceleração gravitacional e desconsidere o atrito entre as superfícies).

a) $\sqrt{g \cdot h}$

b) $\sqrt{4 \cdot g \cdot h}$

c) $2 \cdot g \cdot h$

d) $\sqrt{2 \cdot g \cdot h}$

e) $g \cdot h$

27. Encontre a tensão T_2 na corda 2 para o sistema em equilíbrio da figura abaixo (cos 60° = 0,5; sen 60° = 0,87).

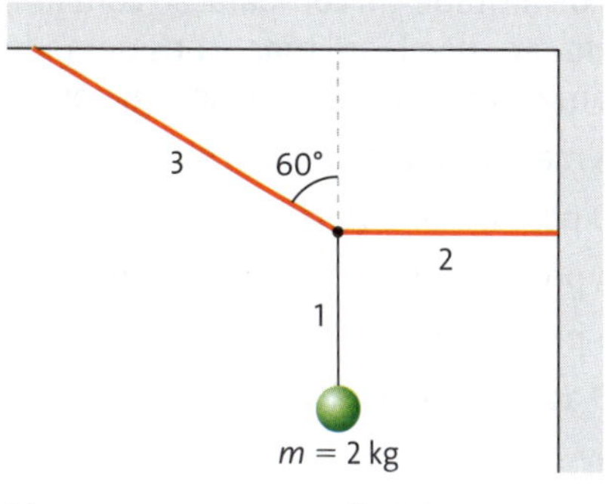

a) 19,6 N

b) 39,2 N

c) 0 N

d) 17,0 N

e) 34,8 N

28. Analise as seguintes afirmativas e indique qual a incorreta.

a) Todo corpo permanece em movimento uniforme caso não haja ação de uma força externa.

b) Corpos em queda livre, soltos de uma mesma altura, chegam ao solo com velocidades que variam de acordo com sua massa.

c) A velocidade de queda livre (sem ação da resistência do ar) de um corpo depende apenas da massa da Terra.

d) As leis da mecânica são as mesmas em qualquer referencial inercial.

e) No sistema Terra-Sol, o Sol pode ser considerado um centro de referencial inercial.

29. Por que uma bola de futebol pode alcançar uma velocidade maior num estádio de futebol a 3 000 metros de altitude em comparação com um estádio situado ao nível do mar, considerando-se como parâmetro o chute do mesmo jogador?

a) A massa da bola é menor.

b) O peso da bola varia.

c) A pressão interna da bola é menor.

d) A pressão interna da bola é maior.

e) O ar é mais rarefeito.

30. Qual das afirmativas abaixo não está de acordo com as leis propostas por Newton para a mecânica?

a) A aceleração de um corpo é devido à ação de uma força externa.

b) Uma pessoa parada e em pé sofre a ação da força de atração gravitacional da Terra.

c) O movimento do sistema Terra-Lua é explicado pelas leis de Newton.

d) Se um corpo está em repouso não há força externa atuando no corpo.

e) O movimento do sistema Terra-Lua-Sol é explicado pelas leis de Newton.

31. Considerando que ao saltar de um trampolim de 10 m um atleta adquira uma velocidade de 5 m/s, a velocidade em metros por segundo que o atleta possui ao atingir a profundidade de 1 m dentro da piscina é: (Considere que o volume de um atleta de 70 kg é cerca de 0,075 m^3.)

a) 18.

b) 17.

c) 16.

d) 15.

e) o atleta não atinge essa profundidade.

32. Ao ficar em repouso sobre um trampolim um atleta faz com que o mesmo fique inclinado cerca de 30°. O valor do coeficiente de atrito estático mínimo entre o pé do atleta e o trampolim para que o pé não deslize deve ser aproximadamente:

a) 0,5.

b) 0,57.

c) 0,63.

d) 0,75.

e) 0,87.

33. Considerando que um ciclista usa o atrito para frear, qual coeficiente de atrito (aproximadamente) está associado com uma desaceleração de 8 m/s^2?

a) 1,25 b) 0,8 c) 0,5 d) 0,4 e) 0,2

34. Um ciclista que se move a 36 km/h começa a frear quando avista um obstáculo a 10 m. Qual é a aceleração mínima que garante que ele não bata no obstáculo?

a) 10 m/s^2

b) 5 m/s^2

c) 3 m/s^2

d) 6,5 m/s^2

e) 0,5 m/s^2

O texto a seguir refere-se às questões de 35 a 38.

Usain S. Leo Bolt é um atleta (corredor velocista) que participa das provas de 100 m e 200 m rasos e 4 × 100 m (prova de revezamento na qual uma equipe de 4 corredores percorre uma distância total de 400 m, e cada corredor percorre 100 m). É dele o recorde mundial das provas de 100 m e 200 m com tempos respectivos de 9,58 s e 19,19 s. Junto com seus colegas da equipe da Jamaica também é recordista da prova de revezamento 4 × 100 m com o tempo de 37,04 s.

35. Qual a velocidade média de Usain Bolt na prova dos 100 m rasos na qual bateu o recorde mundial?

a) 6 m/s.
b) 8,5 m/s.
c) 10,4 m/s.
d) 12,1 m/s.
e) 13,2 m/s

36. Qual a velocidade média de Usain Bolt na prova dos 200 m rasos na qual bateu o recorde mundial?

a) 52 km/h
b) 37,5 km/h
c) 20,4 km/h
d) 10 km/h
e) 5 km/h

37. Vamos considerar que na prova dos 200 m rasos Usain Bolt realize um movimento uniformemente acelerado durante toda a prova. Qual a aceleração que ele deve impor durante a corrida para que ele atinja a marca do tempo do recorde mundial?

a) 1,1 m/s^2
b) 10 m/s^2
c) 4,3 m/s^2
d) 6,2 m/s^2
e) 0,5 m/s^2

38. Supondo que na prova do revezamento 4 × 100 m Usain Bolt mantenha a mesma velocidade média da prova dos 100 m rasos em que obteve o recorde mundial, qual a velocidade média dos outros três corredores da equipe, supondo que estas sejam iguais?

a) 9,8 m/s
b) 11,8 m/s
c) 12,1 m/s
d) 10,3 m/s
e) 10,9 m/s

Respostas

Introdução à cinemática

1. d
2. b
3. b
4. V V V F V
5. a
6. c
7. d
8. b
9. c
10. a
11. a
12. a
13. d
14. e
15. b
16. c
17. c
18. c
19. a
20. c
21. e
22. b
23. e
24. b
25. a
26. c
27. c
28. b

Movimento variado

1. c
2. e
3. c
4. d
5. c
6. a
7. d
8. a
9. d
10. a
11. F F V F F
12. b
13. b
14. c
15. d
16. a
17. d
18. d
19. b
20. 06
21. b
22. V V V F F

Cinemática vetorial

1. a
2. a
3. (01) Correta
   (02) Correta
   (04) Incorreta
   (08) Incorreta
   (16) Correta
4. e
5. d
6. e
7. a
8. a
9. b
10. a
11. c
12. b
13. e
14. d
15. d
16. a
17. c
18. b
19. b
20. c
21. d
22. d
23. a
24. c
25. a
26. c
27. d
28. a
29. a) 0,5 m/s;
    b) 0,83 m/s;
    c) 0,67 m/s.
30. c
31. d
32. d
33. d
34. d
35. a
36. c
37. b
38. c
39. c

Movimento circular

1. d
2. b
3. (01) Errada
   (02) Correta
   (04) Correta
   (08) Correta
4. c
5. c
6. (01) Correta
   (02) Correta
   (04) Errada
   (08) Correta
   (16) Errada
7. c
8. d
9. a
10. b
11. c
12. c
13. b
14. d
15. 6 s; $\frac{1}{6}$ Hz
16. e
17. e
18. c
19. a
20. e

Introdução à dinâmica

1. d
2. b
3. d
4. b
5. e
6. c
7. d
8. e
9. c
10. I. V; II. V; III. V; IV. V; V. F
11. d
12. b
13. b
14. e
15. a
16. c
17. a
18. a
19. d
20. a
21. a
22. e
23. d
24. e
25. d
26. e
27. b
28. F V V V F
29. d
30. a
31. b
32. V F V V F
33. b
34. F V V V F
35. c
36. b
37. a
38. a
39. d
40. a
41. d
42. b
43. a
44. c
45. a
46. c
47. b
48. c
49. e
50. 01) V; 02) F; 04) V; 08) F; 16) F
51. b

Energia – Trabalho – Potência

1. c
2. a
3. b
4. d
5. d
6. b
7. a
8. c
9. d
10. a
11. e
12. c
13. c
14. b
15. b
16. d
17. (01) Correta
    (02) Correta
    (04) Falsa
    (08) Correta
    (16) Correta
18. a
19. e
20. b
21. a
22. e
23. Correta
    Errada
    Correta
    Correta
    Errada
24. a
25. d
26. b
27. c
28. c
29. c

Dinâmica impulsiva

1. e
2. a
3. a
4. c
5. b
6. d
7. e
8. c
9. a
10. c
11. a
12. c
13. (01) Errada
    (02) Errada
    (04) Correta
    (08) Correta
    (16) Correta
14. d
15. a
16. c
17. (01) Correta
    (02) Errada
    (04) Correta
    (08) Errada
    (16) Errada
18. Errada
    Correta
    Errada
    Errada
    Errada
19. (01) Correta
    (02) Incorreta
    (04) Correta
    (08) Correta
    (16) Correta
20. b
21. (01) Incorreta
    (02) Correta
    (04) Incorreta
    (08) Correta
    (16) Correta
    (32) Incorreta
    (64) Correta
22. a
23. c

Gravitação

1. b
2. d
3. c
4. b
5. b
6. d
7. a) $\omega_T = \sqrt{\frac{G \cdot M_S}{R^3}}$
   b) $\omega_T = 2 \cdot 10_{-7}$ rad/s
   c) $F_{res} = G \cdot m \cdot$
   $\cdot \left[\frac{M_S}{(R-d)^2} - \frac{M_T}{d^2}\right]$
8. a
9. $M = 2{,}2 \cdot 10^{30}$ kg
10. $v_0 = \sqrt{\frac{G \cdot M \cdot (a-c)}{a \cdot (a+c)}}$
    $v = \sqrt{\frac{G \cdot M \cdot (a+c)}{a \cdot (a-c)}}$

Estática dos corpos rígidos

1. e
2. e
3. d
4. 4
5. c
6. d
7. c
8. b
9. c
10. a
11. c
12. b

Fluidos

1. a
2. a
3. c
4. a
5. b
6. d
7. $p = 3 \cdot 10^5$ N/m²
8. d
9. e
10. a
11. c
12. a) $F_N = 781$ N
    b) $p = 6{,}5 \cdot 10^5$ P_a
13. a
14. c
15. 23
16. d
17. d
18. d
19. c

Desafio

1. d
2. b
3. a
4. e
5. d
6. c
7. d
8. c
9. d
10. b
11. d
12. c
13. b
14. a
15. b
16. b
17. b
18. d
19. a
20. c
21. d
22. b
23. e
24. b
25. e
26. d
27. e
28. b
29. e
30. d
31. d
32. b
33. b
34. b
35. c
36. b
37. a
38. e

Significado das siglas

Acafe-SC	Associação Catarinense das Fundações Educacionais (Santa Catarina)
Cesgranrio-RJ	Centro de Seleção de Candidatos ao Ensino Superior do Grande Rio (Rio de Janeiro)
CPS-SP	Centro Paula Souza (São Paulo)
ESCS-DF	Escola Superior de Ciências da Saúde (Distrito Federal)
Facisb-SP	Faculdade de Ciências da Saúde de Barretos Dr. Paulo Prata (São Paulo)
Fameca-SP	Faculdade de Medicina de Catanduva (São Paulo)
FASM-SP	Faculdade Santa Marcelina (São Paulo)
Fatec-SP	Faculdade de Tecnologia (São Paulo)
FGV-SP	Fundação Getúlio Vargas (São Paulo)
FMABC-SP	Faculdade de Medicina do ABC (São Paulo)
FMTM-MG	Faculdade de Medicina do Triângulo Mineiro (Minas Gerais)
FPS-PE	Faculdade Pernambucana de Saúde (Pernambuco)
Fuvest-SP	Fundação Universitária para o Vestibular (São Paulo)
IFSP	Instituto Federal de Educação, Ciência e Tecnologia de São Paulo
IME-RJ	Instituto Militar de Engenharia (Rio de Janeiro)
OBF	Olímpiada Brasileira de Física
PUCC-SP	Pontifícia Universidade Católica de Campinas (São Paulo)
PUC-MG	Pontifícia Universidade Católica de Minas Gerais
PUC-PR	Pontifícia Universidade Católica do Paraná
PUC-RJ	Pontifícia Universidade Católica do Rio de Janeiro
PUC-RS	Pontifícia Universidade Católica do Rio Grande do Sul
PUC-SP	Pontifícia Universidade Católica de São Paulo
UCS-RS	Universidade de Caxias do Sul (Rio Grande do Sul)
Udesc	Universidade do Estado de Santa Catarina
Uece	Universidade Estadual do Ceará
UEFS-BA	Universidade Estadual de Feira de Santana (Bahia)
UEG-GO	Universidade Estadual de Goiás
UEL-PR	Universidade Estadual de Londrina (Paraná)
Uema	Universidade Estadual do Maranhão
UEM-PR	Universidade Estadual de Maringá (Paraná)
UENP-PR	Universidade Estadual do Norte do Paraná
UEPB	Universidade Estadual da Paraíba
UEPG-PR	Universidade Estadual de Ponta Grossa (Paraná)
Uerj	Universidade do Estado do Rio de Janeiro
Uesc-BA	Universidade Estadual de Santa Cruz (Bahia)
Uespi	Universidade Estadual do Piauí
UFABC-SP	Universidade Federal do ABC (São Paulo)
Ufal	Universidade Federal de Alagoas
UFC-CE	Universidade Federal do Ceará
UFCG-PB	Universidade Federal de Campina Grande (Paraíba)
UFF-RJ	Universidade Federal Fluminense (Rio de Janeiro)
UFGD-MS	Universidade Federal de Grande Dourados (Mato Grosso do Sul)
UFG-GO	Universidade Federal de Goiás
Ufla-MG	Universidade Federal de Lavras (Minas Gerais)
UFMA	Universidade Federal do Maranhão
UFMG	Universidade Federal de Minas Gerais
UFMS	Universidade Federal de Mato Grosso do Sul
UFPA	Universidade Federal do Pará
UFPB	Universidade Federal da Paraíba
UFPE	Universidade Federal de Pernambuco
UFPR	Universidade Federal do Paraná
UFRGS-RS	Universidade Federal do Rio Grande do Sul
UFRN	Universidade Federal do Rio Grande do Norte
UFSC	Universidade Federal de Santa Catarina
Ufscar-SP	Universidade Federal de São Carlos (São Paulo)
UFTM-MG	Universidade Federal do Triângulo Mineiro (Minas Gerais) [antiga FMTM-MG]
UFT-TO	Universidade Federal do Tocantins
UFV-MG	Universidade Federal de Viçosa (Minas Gerais)
Uncisal	Universidade Estadual de Ciências da Saúde de Alagoas
Uneb-BA	Universidade do Estado da Bahia
Unicamp-SP	Universidade Estadual de Campinas (São Paulo)
Unifacs-BA	Universidade Salvador (Bahia)
Unifesp	Universidade Federal de São Paulo
Unifor-CE	Fundação Edson Queiroz Universidade de Fortaleza (Ceará)
Unimontes-MG	Universidade de Montes Claros (Minas Gerais)
Unioeste-PR	Universidade Estadual do Oeste do Paraná
Unisa-SP	Universidade de Santo Amaro (São Paulo) [antiga Osec-SP]
Unisinos-RS	Universidade do Vale do Rio dos Sinos (Rio Grande do Sul)
UPE	Universidade de Pernambuco
UPM-SP	Universidade Presbiteriana Mackenzie (São Paulo)
Vunesp-SP	Fundação para o Vestibular da Unesp (São Paulo)